Springer-Lehrbuch

Weitere Bände in der Reihe http://www.springer.com/series/1183

Ingolf V. Hertel · Claus-Peter Schulz

Atome, Moleküle und optische Physik 1

Atome und Grundlagen ihrer Spektroskopie

2. Auflage

Springer Spektrum

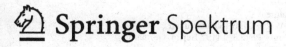

Ingolf V. Hertel
Max-Born-Institut für Nichtlineare
Optik und Kurzzeitspektroskopie
Berlin, Deutschland

Claus-Peter Schulz
Max-Born-Institut für Nichtlineare
Optik und Kurzzeitspektroskopie
Berlin, Deutschland

ISSN 0937-7433
Springer-Lehrbuch
ISBN 978-3-662-53103-7 ISBN 978-3-662-53104-4 (eBook)
DOI 10.1007/978-3-662-53104-4

Die Deutsche Nationalbibliothek verzeichnet diese Publikation in der Deutschen Nationalbibliografie; detaillierte bibliografische Daten sind im Internet über http://dnb.d-nb.de abrufbar.

Springer Spektrum

Planung: Margit Maly

Gedruckt auf säurefreiem und chlorfrei gebleichtem Papier

Springer Spektrum ist Teil von Springer Nature
Die eingetragene Gesellschaft ist Springer-Verlag GmbH Deutschland
Die Anschrift der Gesellschaft ist: Heidelberger Platz 3, 14197 Berlin, Germany

Für meine Frau Erika
IVH

Für meine Frau Gudrun
CPS

Vorwort zur 2. Auflage

Anfang 2015 wurden die englischsprachige Fassung der beiden Bände dieses Lehrbuchs veröffentlicht – nicht einfach als Übersetzung, sondern als deutlich erweiterte und, so hoffen wir, verbesserte Fassung. Da inzwischen die deutsche Erstauflage vergriffen ist, lag es nahe, die zweite deutsche Auflage entsprechend anzupassen. Dabei haben wir die seither erkannten Druckfehler beseitigt und zahlreiche konstruktive Hinweise unserer Leser[1] in den hier vorgelegten Text eingebracht.

Die Reihenfolge der Kapitel ist in Band 1 unverändert geblieben. Einem Anliegen mehrerer Leser entsprechend soll sie aber nachfolgend begründet werden: Die einführenden Kap. 1 und 2 wurden wesentlich erweitert und entsprechen jetzt einer ausgedehnten Liste von Schlüsselbegriffen für eine elementare Vermittlung der Mikrophysik – mit kompakten Erklärungen und Beispielen. Im Hauptteil decken wir die zentralen Themen der Atomphysik ab und führen die wichtigsten Methoden moderner Spektroskopie ein. Dabei versuchen wir, unsere Leser auf einigen ausgewählten Spezialgebieten bis zum *State-of-the-Art* moderner Forschung zu führen – soweit dies im Rahmen eines akzeptablen Gesamtvolumens möglich erschien. Die Abfolge der Kapitel orientiert sich an der Logik der Störungstheorie. Die stärkste Störung wird zuerst behandelt, es folgen die weniger starken Wechselwirkungen. Nachdem in Kap. 1 und 2 das H-Atom und die reine COULOMB-Wechselwirkung im Zentrum standen, wird in Kap. 3 die erste grobe Abweichung vom $1/r$ Potenzial für Quasi-Einelektronensystemen behandelt. Damit, mit etwas Allgemeinwissen und dem PAULI-Prinzip kann man bereits das Periodensystem der Elemente entwickeln. In Kap. 4 müssen aber als Nächstes die optisch (genauer elektromagnetisch) induzierten und spontanen Übergänge verstanden werden, die ein zentrales Thema der AMO-Physik sind. Dazu ist es notwendig, auf kompakte Weise in die zeitabhängige Störungstheorie einzuführen, die für die gesamte AMO-Physik ein unverzichtbares Werkzeug ist – und die meist in der Einführungen zur Quantenmechanik im Anfängerstudium vernachlässigt wird. Um den Lesern den Zugang zu diesem anspruchsvollen Thema schrittweise

---

[1]**Bemerkung zum Sprachmodus (gilt für das gesamte Lehrbuch):**
Im Sinne einer guten, kompakten Lesbarkeit wollen wir nicht auf das generische Maskulinum verzichten. *Gemeint sind aber stets weibliche wie auch männliche Personen*, wenn wir den Leser ansprechen oder über Wissenschaftler, Forscher, Physiker usw. berichten.

zu ermöglichen, benutzen wir zunächst ‚nur' die semiklassische Näherung zur Beschreibung der Übergänge zwischen stationären Zuständen – womit 95 % der einschlägigen Probleme behandelt werden können, insbesondere auch die elektrischen Dipolübergänge. Die Feldquantisierung verschieben wir auf Band 2 und vertiefen in Kap. 5 zunächst das gerade Gelernte anhand der Profile und Breiten von Spektrallinien. Wir führen Mehrphotonenprozesse ein, erwähnen aber auch die magnetischen Dipol- und elektrischen Quadrupolübergänge und eröffnen ein gewisses Grundverständnis für die Photoionisation. Damit sind wir bereits gut gerüstet, um in Kap. 6 die nächst feinere Komplikation anzugehen, nämlich die Feinstrukturwechselwirkung(en) (FS) einschließlich der damit verbundenen Multiplettstrukturen der Spektren. Um dem Leser einen Einblick in die Komplexität der damit verbundenen experimentellen Methoden zu ermöglichen, stellen wir zunächst einige Ansätze der hochauflösenden Präzisionsspektroskopie (auch mit Lasern) vor. Das führt uns zwangsläufig auch zur LAMB-Shift und nötigt uns zu einem kurzen Ausflug in die Grundelemente der Quantenelektrodynamik (QED). In Kap. 7 werden dann Zweielektronensysteme behandelt, hauptsächlich das He-Atom und He-artige Ionen. Die dafür relevante Austauschwechselwirkung kann kleiner oder auch größer sein als die FS-Wechselwirkung, je nach betrachtetem System, aber der Schritt zu Mehrelektronensystemen eröffnet einen neuen Schwierigkeitsgrad und bietet das Szenario für eine quantitative Behandlung des PAULI-Prinzips. Den nächsten, wiederum feineren Schritt in der Störungshierarchie gehen wir Kap. 8 mit der quantitativen Berücksichtigung der Wechselwirkungen zwischen den Atomelektronen und externen magnetischen wie auch elektrischen Feldern, also mit dem ZEEMAN- bzw. dem STARK-Effekt. An dieser Stelle bietet sich ein kurzer Ausflug in die Welt der Wechselwirkung zwischen Atomen und sehr starken Laserfeldern an, die heute ein wichtiges Thema der aktuellen Forschung ist. Es zeigt sich, dass der theoretische Formalismus zur Behandlung dieser Phänomene als eine Erweiterung des sogenannten *dynamischen* STARK-*Effekts* verstanden werden kann. Als letzte Verfeinerung erschließen wir in Kap. 9 die Hyperfeinwechselwirkungen zwischen Atomkern und Elektronen. Diese führen u.a. zu sehr kleinen, aber für die Bestimmung der Kerneigenschaften außerordentlich signifikanten Aufspaltungen der atomaren Energieniveaus (HFS) und ermöglichen zugleich eine Reihe wichtiger praktischer Anwendungen. Im letzten Kap. 10 von Bd. 1 sind wir schließlich ausreichend gerüstet, um das allgemeine Vielelektronenproblem zu behandeln und so auch schwere Atome mit hoher Kernladungszahl im Ansatz zu verstehen. Wir besprechen dort auch die theoretischen Werkzeuge dafür, wie die HF-Gleichungen oder CI-Methoden und geben eine Einführung in die Dichtefunktionaltheorie (DFT). Dazu gehört auch eine kurze Übersicht über die einschlägigen Quellen für RÖNTGEN-Strahlung und die Methoden der RÖNTGEN-Spektroskopie an größeren Atomen.

Bei all diesen Themen versuchen wir, auf extensive mathematische Ableitungen zu verzichten. Statt dessen ist der ‚Geist dieser Bücher' darauf gerichtet, dem Leser plausible, modellhafte Hinweise für ein Verständnis der physikalisch wichtigen Ergebnisse zu geben – die wir dann meist recht detailliert und anschaulich vorstellen. Ergänzend dazu bieten die in dieser Auflage noch erweiterten Anhänge reichlich

Material auch für jene Leser, die stärker am theoretischen Detail interessiert sind. So haben wir z. B. einen recht umfänglichen ‚Werkzeugkasten' für die in der Atom- und Molekülphysik gelegentlich unverzichtbare *Drehimpulsalgebra* und die Auswertung der Matrixelemente diverser Tensoroperatoren aufbereitet – ohne Anspruch auf volle mathematische Konsistenz, aber recht kompakt und hilfreich in der Praxis. Auch Symmetrien, Faltungen, FOURIER-Transformationen und die Normierung von Wellenfunktionen im Kontinuum werden in diesen Anhängen behandelt.

Einige Hinweise zu Formaten, Notationen, Einheiten und Typographie, z. T. schon im Vorwort zur 1. Auflage erwähnt und z. T. in Anhang A weiter ausgeführt, seien hier zusammengefasst:

- Jedes Kapitel beginnt mit einem kurzen „Motto" zur Einstimmung in die Thematik. Es folgt eine kurze Zusammenfassung, die den Leser durch den Text führen soll. Am Ende jedes Abschnitts befindet sich eine kurze Zusammenfassung, die dem Leser verdeutlicht, was er im vorangehenden Text gelernt haben sollte. Alle Kapitel bauen aufeinander auf, können aber vom fortgeschrittenen Leser auch einzeln bearbeitet werden, was durch zahlreiche Querverweise auf Gleichungen und Abbildungen erleichtert wird. Ausführliche Literaturhinweise und eine Liste der benutzten Akronyme findet man am Ende jedes Kapitels, ein umfangreiches Sachverzeichnis am Ende des Buches.
- Der Klarheit und Einheitlichkeit wegen reproduzieren wir keine Originalgrafiken und -diagramme aus der Literatur. Vielmehr sind die Abbildungen neu und in einheitlicher Form erstellt worden, ggf. unter Verwendung veröffentlichter und, soweit erforderlich, digitalisierter Daten. Die dafür benutzten Quellen werden jeweils in den Abbildungen bzw. im Text eindeutig zitiert.
- Wir benutzen konsequent das SI-System für alle messbaren physikalischen Größen und wir betonen den pädagogischen und praktischen Wert von ‚Dimensionsanalysen' für komplexe physikalische Zusammenhänge.[2] Oft erleichtern atomare Einheiten (a.u.) die Schreibweise wichtiger Beziehungen in der Atom- und Molekülphysik sehr. Daher benutzen wir diese intensiv – betrachten aber E_h, a_0 und t_0 usw. einfach als Abkürzungen für dimensionsbehaftete Größen. Sätze wie „wir setzen $\hbar$, e, m_e, c gleich eins" vermeiden wir, da sie sehr irreführend sind.
- Die endliche Zahl der Buchstaben der lateinischen und griechischen Alphabete macht einige Inkonsistenzen oder ungewöhnliche Bezeichnungen unvermeidbar: Wir erwähnen insbesondere, dass wir den Buchstaben E für die elektrische Feldstärke reservieren (eine sehr wichtige Größe in der AMO-Physik), sodass wir den Buchstaben W (mit entsprechenden Indizes) für Energien der verschiedensten Art benutzen (mit Ausnahme der atomaren Energieeinheit, die international als E_h definiert ist). Gelegentlich benutzen wir den Buchstaben T für die

---

[2]Wir machen dabei allerdings Gebrauch von den zulässigen Vorsätzen (NIST 2000a), wie z. B. bei cm^{-1} als Einheit der Wellenzahl (die in der Literatur unausrottbar zu sein scheint). Auch benutzen wir die sogenannten akzeptierten Einheiten außerhalb des SI (NIST 2000b), so etwa die außerordentlich praktische Energieeinheit eV (Elektronenvolt), oder das b (Barn) als Einheit für Wirkungsquerschnitte.

kinetische Energie, wobei wir versuchen, die Nachbarschaft zu Zeit und Temperatur zu vermeiden, ggf. benutzen wir den Buchstaben Θ für letztere. Vektoren werden (fett) als $\boldsymbol{r}$ oder $\boldsymbol{k}$ usw. bezeichnet. Für die Einheitsvektoren in diesen Richtungen verwenden wir die Frakturbuchstaben $\mathfrak{e}_r$ bzw. $\mathfrak{e}_k$. Operatoren schreiben wir als $\widehat{H}$, Vektoroperatoren als $\widehat{\boldsymbol{p}}$ und Tensoren des Rangs k als C_k. Für den Einheitsoperator und die Einheitsmatrix verwenden wir $\widehat{\mathbf{1}}$. Für ganze Zahlen (Anzahl von Teilchen, Elektronen usw.) benutzen wir meist kalligraphische Buchstaben wie $\mathcal{N}$, während Teilchendichten einfach mit N bezeichnet werden, um sie vom Brechungsindex n zu unterscheiden, eine ebenfalls häufig auftretende Größe. Entartungsfaktoren und Zustandsdichten bezeichnen wir mit $\mathcal{g}$, um sie vom g-Faktor der magnetischen Momente zu unterscheiden. Oszillationen und andere periodische Prozesse charakterisieren wir durch ihre Winkelfrequenzen ω (gelegentlich auch durch ihre Frequenzen ν), und die entsprechenden Photonenenergien sind $\hbar\omega$ (bzw. $h\nu$).

Wir hoffen, dass diese Neuauflage dazu beiträgt, diese Lehrbücher weiterhin als Standard-Referenz für den anspruchsvollen Leser zu etablieren, der auf dem Gebiet der AMO-Physik arbeitet oder sie in anderen Feldern als wichtig erlebt. Wir bitten Sie alle, uns freundlicherweise auch mit entsprechendem ‚Feedback' zu bedenken. Wir werden auch in Zukunft versuchen, hilfreiche Anregungen prompt aufzugreifen. Auf der Web-Seite dieser Lehrbücher, http://www.mbi-berlin.de/AMO, werden wir kontinuierlich über den aktuellen Status berichten und eine Liste potenzieller Druckfehler und möglicher Zusätze aktuell halten. Zur weiteren Vertiefung bzw. Erweiterung des Blickwinkels haben wir nachstehend einige Lehrbücher und Monographien zusammengestellt – als typische Beispiele ohne jeden Anspruch auf Vollständigkeit.

Wir wünschen eine erfolgreiche, effiziente und anregende Lektüre.

Berlin-Adlershof, Deutschland
im März 2017

Ingolf Hertel
Claus-Peter Schulz

Akronyme

AMO: 'Atome, Moleküle und Optische', Physik.

a.u.: 'atomare Einheiten', siehe Abschn. 2.6.2 auf Seite 129.

CI: 'Konfigurationswechselwirkung (engl. *Configuration Interaction*)', Mischung von Zuständen mit verschiedenen Elektronenkonfigurationen in Strukturberechnungen für Atome und Moleküle durch lineare Superposition von Slater-Determinanten (siehe Abschn. 10.2.3 auf Seite 553).

DFT: 'Dichtefunktionaltheorie', heute eine der Standardmethoden für die Berechnung atomarer und molekularer Elektronendichteverteilungen und Energien (siehe Abschn. 10.3 auf Seite 555).

FS: 'Feinstruktur', Aufspaltung von atomaren und molekularen Energieniveaus durch Spin-Bahn-Kopplung und andere relativistische Effekte (Kap. 6).

HF: 'Hartree-fock-Methode', Näherungsverfahren zur Lösung der Schrödinger-Gleichung bei Vielelektronensystemen unter Einschluss der Austauschwechselwirkung (siehe Abschn. 10.2 auf Seite 548).

HFS: 'Hyperfeinstruktur', Aufspaltung von atomaren und molekularen Energieniveaus durch Wechselwirkung der aktiven Elektronen mit dem Atomkern (Kap. 9).

NIST: 'National Institute of Standards and Technology', Standorte Gaithersburg (MD) und Boulder (CO), USA. http://www.nist.gov/index.html.

PTB: 'Physikalisch-Technische Bundesanstalt', das nationale Metrologie-Institut (Standorte Braunschweig und Berlin) mit wissenschaftlich-technischen Dienstleistungsaufgaben http://www.ptb.de/cms/dieptb.html.

QED: 'Quantenelektrodynamik', kombiniert die Quantentheorie mit der klassischen Elektrodynamik und der speziellen Relativitätstheorie und erlaubt eine vollständige Beschreibung der Licht-Materie-Wechselwirkung.

SI: 'Système international d'Unités', internationales System der Maßeinheiten (m, kg, s, A, K, mol, cd), Details findet man z.B. auf der Website des Bureau International des Poids et Mesures (BIPM) http://www.bipm.org/en/si/ oder bei der Physikalisch-Technischen Bundesanstalt (PTB) http://www.ptb.de/cms/fileadmin/internet/publikationen/ptb_mitteilungen/mitt2007/Heft2/PTB-Mitteilungen_2007_Heft_2.pdf.

Literatur

Bergmann, L. und C. Schaefer: 1997. *Constituents of Matter - Atoms, Molecules, Nuclei and Particles*. Berlin, New York: Walter der Gruyter, 902 Seiten.

Blum, K.: 2012. *Density Matrix Theory and Applications*. Atomic, Optical, and Plasma Physics. Berlin, Heidelberg: Springer Verlag, 3. Aufl., 343 Seiten.

Born, M. und E. Wolf: 2006. *Principles of Optics*. Cambridge University Press, 7. (erweiterte) Aufl.

Bransden, B. H. und C. J. Joachain: 2003. *The Physics of Atoms and Molecules*. Prentice Hall Professional.

Brink, D. M. und G. R. Satchler: 1994. *Angular Momentum*. Oxford: Oxford University Press, 3. Aufl., 182 Seiten.

Demtröder, W.: 2010. *Experimentalphysik*, Bd. 4, Kern-, Teilchen- und Astrophysik. Heidelberg: Springer Verlag, 3. Aufl., 706 Seiten.

Drake, G. W. F., Hrsg.: 2006. *Handbook of Atomic, Molecular and Optical Physics*. Heidelberg, New York: Springer, 1503 Seiten.

Edmonds, A. R.: 1996. *Angular Momentum in Quantum Mechanics*. Princeton, NJ, USA: Princeton University Press, 154 Seiten.

NIST: 2000a. 'International System of Units (SI): SI prefixes', NIST. http://physics.nist.gov/cuu/Units/prefixes.html, letzter Zugriff: 16.04.2016.

NIST: 2000b. 'International System of Units (SI): Units outside the SI', NIST. http://physics.nist.gov/cuu/Units/outside.html, letzter Zugriff: 16.04. 2016.

Steinfeld, J. I.: 1985. *Molecules and Radiation - 2nd Edition, An Introduction to Modern Molecular Spectroscopy*. MIT-Press.

Weissbluth, M.: 1978. *Atoms and Molecules*. Student Edition. New York, London, Toronto, Syndey, San Francisco: Academic Press, 713 Seiten.

Vorwort zur 1. Auflage

Atome, Moleküle und Optische Physik, ein Lehrbuch über zentrale Themen aus dem Kanon moderner Physik – in deutscher Sprache! Schon während des Schreibens sind wir oft gefragt worden, warum wir dieses anspruchsvolle Unternehmen nicht in der *lingua franca* der Wissenschaft, also in Englisch, publizieren. Am Anfang stand vor allem die Absicht, von Springer nachdrücklich unterstützt, deutschsprachigen Studierenden die Möglichkeit zu geben, sich auf anspruchsvollem Niveau in einen Kernbereich der modernen Physik auch in ihrer Muttersprache einzuarbeiten. Denn erfahrungsgemäß geht vieles an wichtigen Details verloren oder prägt sich viel schwerer durch fremdsprachliche Vermittlung ein, weil die englischen Sprachkenntnisse der angehenden Jungwissenschaftler eben in aller Regel doch nur sehr langsam reifen, und weil die notwendige Präzision bei der begrifflichen Aufarbeitung komplexer physikalischer Sachverhalte ganz wesentlich durch Sprache vermittelt wird. Das merkt auch der gelernte und in den angesprochenen Themenfeldern langjährig praktizierende Physiker, dessen tägliche Umgangssprache ja das Englische ist. Wenn er sich darum bemühen muss, scheinbar selbstverständliches Grundwissen, das als englische Begriffswelt im Großhirn gespeichert vorliegt, in klarem Deutsch zu Papier zu bringen – genauer gesagt: auf den Bildschirm – ist dies kein triviales Unterfangen. So haben wir es denn, von Kapitel zu Kapitel mit mehr Freude, auch als sehr nützliche Anstrengung empfunden, dieses spannende Themenfeld von seinen Grundlagen bis zum aktuellen Stand der Forschung zu entwickeln und präzise zu formulieren – in der uns sonst so vertrauten deutschen Sprache, die wir im täglichen Forscherleben kaum noch benutzen, und in der vor etwas über 100 Jahren die wesentlichen Anfangsgründe moderner Physik gelegt wurden. Oft mussten wir feststellen, dass man sich mit den Begriffen dabei schwer tut und fanden es häufig nützlich, den englischen Fachausdruck in Klammern oder Anführungszeichen zu notieren.

Wir legen hier also den ersten Band eines Lehrbuchs vor, das sich zum einen an fortgeschrittene Studierende der Physik, Chemie und anderer Nachbarfächer richtet, typischerweise nach dem Vordiplom, im Masterstudium oder während der Promotion. Zum anderen wollen wir aber auch erfahrenere Wissenschaftler ansprechen, die sich mit diesem Themenfeld wieder einmal neu und aktuell vertraut machen möchten. Denn Atom- und Molekülphysik und ihre Spektroskopie sind immer noch – immer wieder und heute mehr denn je – ein hoch aktuelles Themenfeld moderner Physik. Mehrere Nobelpreise der letzten Jahre unterstreichen dies. Zugleich geht es um zentrale Grundlagen für ein breites Spektrum moderner Naturwissenschaften, auf deren solide Kenntnis auch in vielen interdisziplinären Themenfeldern und Anwendungsbereichen nicht verzichtet werden kann. Betrachtet man die technische, mit der modernen Physik verbundene Entwicklung, so kann man das 20. Jahrhundert als das Jahrhundert des Elektrons, das 21. Jahrhundert als das des Photons bezeichnen (COMMITTEE OPTICAL SCIENCE AND ENGINEERING, 1998). Dieses interessante Teilchen, welches schon seit NEWTON die Menschheit mit seinem Welle-Teilchen-Dualismus erstaunt, ist aufs engste mit der modernen Optik und Quantenoptik verbunden, und (im weitesten Sinne) primärer Übermittler fast aller Information, die wir über die Bausteine der Materie und Materialien erlangen können. Selbst bei einem Teilchenstoß kann man die Wechselwirkung als Austausch virtueller Photonen verstehen. Das Photon und die von ihm bewirkten oder modifizierten Prozesse stehen daher im Zentrum dieses Werkes.

Die Grundlagen der klassischen geometrischen Optik und der Wellenoptik, ebenso wie die der Elektrodynamik setzen wir dabei voraus. Wir erwarten vom Leser auch bereits ein gewisses Grundverständnis physikalisch atomistischen Denkens. Kenntnisse der Quantenmechanik sollten sich als nützlich erweisen. Wir versuchen jedoch, in den ersten beiden Kapiteln ein kurzes Repetitorium dieser Grundlagen zusammenzustellen – stichwortartig und aufs Handwerkliche fokussiert. Einiges an ‚Handwerkszeug' für Fortgeschrittene haben wir in ausführlichen Anhängen versammelt, wo wir insbesondere das notwendige Rüstzeug an Drehimpulsalgebra für die Atom- und Molekülphysik aufbereitet haben – handlich, wie wir hoffen, und ohne Anspruch auf systematische mathematische Ableitung. Der Hauptteil von Band 1 entfaltet das klassische Standardgebäude der Atomphysik und präsentiert ausgewählte Beispiele moderner spektroskopischer Methoden. Dabei versuchen wir, soweit dies die räumliche Begrenzung des Textes zulässt, bis zum aktuellen Stand der Forschung zu führen.

Jedem Kapitel sind eine kurze Inhaltsangabe und eine Lesehilfe vorangestellt, die eine rasche Orientierung geben und eine effiziente Erarbeitung des Stoffes erleichtern sollen. Die Kapitel bauen aufeinander auf, sollten aber wegen der Querverweise auch unabhängig voneinander gelesen werden können: So hoffen wir zugleich ein Nachschlagewerk auch für anspruchsvollere Leser anzubieten, die Zusammenhänge suchen. Wir bitten herzlich um anregende Rückkopplung und werden versuchen, darauf zu reagieren. Wir haben unter http://www.mbi-berlin.de/AMO eine „Homepage" für dieses Buch eingerichtet, wo wir aktuell über den Stand der Dinge berichten, ggf. Errata notieren und Ergänzungen vorstellen wollen. Die im Text verwendeten Quellen sind nachverfolgbar zitiert, weshalb das Literaturverzeichnis etwas umfangreich ausgefallen ist. An vielen Stellen verweisen wir auch auf das heute unverzichtbare WWW und werden uns bemühen, die Links auf der Homepage dieses Buches aktuell zu halten. Der Klarheit halber haben wir darauf verzichtet, Originalzeichnungen zu reproduzieren, und präsentieren publizierte Daten in möglichst einheitlicher Darstellung.

Schließlich seien noch einige Hinweise zur Notation und Typografie des Textes gegeben. Wir benutzen grundsätzlich das SI-System für alle Maßangaben und empfehlen nachdrücklich, komplexere physikalische Formeln und Zusammenhänge stets einer ‚Dimensionsanalyse' zu unterziehen, um sich der Plausibilität einer Relation zu vergewissern. In diesem Sinne sind auch die ebenfalls intensiv von uns genutzten atomaren Einheiten (a.u.) nur als Abkürzung für jeweils dimensionsbehaftete Größen zu verstehen. Sie erleichtern andererseits die Schreibweise vieler Zusammenhänge in Atom- und Molekülphysik gewaltig. Eine kleine Inkonsistenz erlauben wir uns mit den Wellenzahlen (cm^{-1}) und atomaren Längen (Å), die aufgrund langjähriger Tradition unausrottbar erscheinen. Der internationalen Kompatibilität halber benutzen wir durchgängig den Dezimalpunkt und nicht das kontinentaleuropäische Komma. Die Endlichkeit des lateinischen und des griechischen Alphabets bringt zwangsläufig gewisse Entscheidungen und Limitierungen mit sich, und einige Inkonsistenzen sind nicht zu vermeiden. Wir weisen ausdrücklich darauf hin, dass wir Energien mit dem Buchstaben W (ggf. mit entsprechenden Indizes) bezeichnen, um die ebenfalls häufig vorkommende elektrische Feldstärke E nennen zu können. Vektoren werden fett geschrieben, normale Operatoren unfett mit Dach, Vektoroperatoren fett mit Dach. Anzahlen schreiben wir meist „calligraphic", also z. B. $\mathcal{N}$, Dichten dagegen als N ggf. mit entsprechenden Indices, um diese vom Brechungsindex n zu unterscheiden. Periodische Vorgänge charakterisieren wir meist durch Kreisfrequenzen, seltener durch Frequenzen und schreiben für die entsprechenden quantisierten Energien meist $\hbar\omega$, seltener $h\nu$. Schließlich versuchen wir, der neuen deutschen Rechtschreibung Genüge zu tun – und machen extensiv Gebrauch von ihren neuen Freiheiten.

Berlin-Adlershof
im November 2007

Ingolf Hertel
Claus-Peter Schulz

Akronyme

a.u.: 'atomare Einheiten', siehe Abschn. 2.6.2 auf Seite 129.

Literatur

Committee Optical Science and Engineering: 1998. *Harnessing Light: Optical Science and Engineering for the 21st Century*. Washington, D.C: National Academy Press, 360 Seiten.

Danksagungen

Seit der Erstauflage von Band 1 unseres Lehrbuchs im Jahr 2008 (in deutscher Sprache) haben uns viele Kollegen ermutigt, mit dieser Arbeit fortzufahren, eine englische Fassung zu erstellen und kontinuierlich an der Verbesserung des Textes zu arbeiten. Viele hilfreiche Hinweise und Empfehlungen, sowie lehrreiche Materialien zum Stand der Forschung haben uns erreicht, die zunächst in die englische und jetzt in die deutsche Neuauflage eingeflossen sind.

Wir möchte daher allen, die auf die eine oder andere Weise beigetragen haben, sehr herzlich danken. Wir hoffen, dass es dadurch gelungen ist, noch bestehende Lücken zwischen dem aktuellen Stand dieses wichtigen Fachgebiets moderner Physik und unserem Lehrbuch zu schließen. Ganz speziell möchten wir dankend nennen: *Andreas Bauch, Robert Bittl, Wolfgang Demtröder, Melanie Dornhaus, Ulrich Eichmann, Kai Godehusen, Uwe Griebner, Hartmut Hotop, Marsha Lester, John P. Maier, Reinhardt Morgenstern, Hans-Hermann Ritze, Horst Schmidt-Böcking, Ernst J. Schumacher, Günter Steinmeyer, Joachim Ullrich, Marc Vrakking und Roland Wester;* ihre jeweiligen speziellen Beiträge sind auch in den entsprechenden Quellenverzeichnissen genannt.

Natürlich sind dort auch alle weiteren Quellen dokumentiert, anhand derer wir Text, Tabellen und Abbildungen in diesem Lehrbuch erstellt haben.

Einer der Autoren (IVH) ist insbesondere dem Max-Born-Institut sehr dankbar für die Bereitstellung ausgezeichneter Infrastruktur (u.a. Computer- und EDV-Technik, Bibliothekszugang, Büroraum usw.), ohne welche eine effiziente, kontinuierliche Arbeit an diesen Büchern nicht möglich gewesen wäre.

Inhaltsverzeichnis

Über die Autoren

Ingolf V. Hertel Geboren am 9. Juni 1941 in Dresden, Ingenieurausbildung, in Lübeck, Studium der Physik in Freiburg/Breisgau. Doktorarbeit in Southampton/UK, 1969 Promotion an der Universität Freiburg. Assistent Universität Mainz, 1970–1978 Professor Universität Kaiserslautern, 1978 o. Professor f. Experimentalphysik Freie Universität (FU) Berlin, 1986 Ordinarius Universität Freiburg, Forschungsaufenthalte in Boulder (CO), USA, und Orsay, Frankreich, 1992–2009 Direktor am Max-Born-Institut für Nichtlineare Optik und Kurzzeitspektroskopie in Berlin-Adlershof, 1993–2009 zugleich Universitätsprofessor an der FU Berlin. 2010–2015 Wilhelm und Else Heraeus-Seniorprofessor, 2016 Senior Advisor an der Humboldt-Universität zu Berlin, Inst. f. Physik, ProMINT-Kolleg.

Claus-Peter Schulz Geboren am 7. Dezember 1953 in Berlin, Studium der Physik an der Technischen Universität Berlin. 1987 Promotion an der Freien Universität Berlin. Anschließend Postdoc-Aufenthalt am JILA in Boulder (CO), USA. 1988–1993 wiss. Assistent an der Universität Freiburg, seit 1993 wiss. Mitarbeiter am Max-Born-Institut für Nichtlineare Optik und Kurzzeitspektroskopie in Berlin-Adlershof. Ausgedehnte Forschungsaufenthalte an der Université Paris-Nord und in Orsay, Frankreich, sowie in Boulder (CO), USA.

Grundlagen

1

In diesem Kapitel fassen wir kompakt die wichtigsten Konzepte, Experimente, Beobachtungen, Phänomene und Modelle zusammen, die Voraussetzung für eine intensivere Beschäftigung mit vielen wichtigen Themen der modernen Physik sind.

Überblick

Abschnitt 1.1 gibt eine kompakte Zusammenstellung der kanonischen Fachgebiete der Physik, der Geschichte der Physik, der Quantennatur atomistischer Phänomene und eine Einführung in die Größenordnungen von Längen, Zeiten und Energien, mit denen sich die Physik befasst. Abschnitt 1.2 bietet eine für die folgenden Kapitel nützliche Formelsammlung zur speziellen Relativitätstheorie, und Abschn. 1.3 versucht das Gleiche für Grundlagen der statistischen Mechanik und Thermodynamik. Das Photon, *das* Teilchen in diesen Lehrbüchern, stellen wir mit einer Auswahl wichtiger Erscheinungs- und Anwendungsformen erstmals in Abschn. 1.4 vor. Abschnitt 1.5 macht einen (sehr) kurzen Ausflug in die Welt der Elementarteilchen und der ‚vier fundamentalen Wechselwirkungen'. Abschnitt 1.6 beschäftigt sich mit dem eher trivialen Thema, wie sich freie, geladene Teilchen unter dem Einfluss elektrischer und magnetischer Felder bewegen. Um ‚Teilchen und Wellen' geht es in Abschn. 1.8, was uns zusammen mit dem BOHR'schen Modell des H-Atoms in Abschn. 1.7 zu den Anfängen der *modernen Physik* führt. Ein Schlüsselkonzept der Quantenmechanik, die *Richtungsquantisierung,* wird in Abschn. 1.9 vorgestellt – entdeckt in dem berühmten STERN-GERLACH-Experiment, das – mehr oder weniger direkt – schließlich zur Entdeckung des Elektronenspins führte, der in Abschn. 1.10 eingeführt wird.

I.V. Hertel und C.-P. Schulz, *Atome, Moleküle und optische Physik 1*,
Springer-Lehrbuch, DOI 10.1007/978-3-662-53104-4_1

1.1 Fachgebiete, Geschichte, Größenordnungen

Tabelle 1.1 gibt eine kompakte Übersicht über die Teildisziplinen der modernen Physik und ordnet die Inhalte dieses Lehrbuchs andeutungsweise ein: *Kursiv markierte* Gebiete werden, zumindest auszugsweise, behandelt.

Die Geschichte der Atom- und Molekülphysik und der Optischen Physik war zu Anfang des vergangenen Jahrhunderts mit der Geschichte der modernen Physik weitgehend identisch. Wir stellen hierzu in Tab. 1.2 einige wichtige Meilensteine zusammen, welche für die Themenfelder dieses Lehrbuchs von prägender Bedeutung waren – freilich ohne jeden Anspruch auf Vollständigkeit. Auf die vielen spannenden Details der Entwicklung der modernen Physik können wir hier leider nicht eingehen. Tabelle 1.3 gibt aber einige Hinweise auf wichtige Entwicklungsschritte der modernen Elementarteilchentheorie, auch wenn eine Fülle interessanter Entwicklungen der modernen Physik unerwähnt bleiben muss.

Tabelle 1.1 Teilgebiete der Physik (*Kursiv: relevant für* AMO)

Theorie	Kanonische Themen der modernen Physik	Anwendungen und Spezialthemen
Klassische Mechanik und Spezielle Relativität	*Atomphysik*	Meteorologie
		Metrologie[a]
Thermodynamik und Statistik	*Molekülphysik*	*Chemische Physik*
Elektrodynamik und *Optik*		*Streuphysik*
Quantenmechanik		*Quantenoptik*
		Nichtlineare Optik
Quantenelektrodynamik (QED)		*Laser*
		Ultrakurzzeitphysik
		Cluster-Physik
	Festkörperphysik (Kondensierte Materie)	Oberflächenphysik
		Halbleiterphysik
		Medizinische Physik
		Biophysik
Quantenfeldtheorie		
Quantenchromodynamik	Kernphysik	Reaktorphysik
Allgemeine Relativität	Elementarteilchenphysik	
‚Große Vereinheitlichung'	Astrophysik	Plasmaphysik
Quantengeometrodynamik	Astroteilchenphysik	

[a]Wissenschaftliche Standards, Maße, Einheiten und Messtechnik

Tabelle 1.2 Höhepunkte der Physikgeschichte von der Idee des Atoms bis zur modernen Atom- und Molekülphysik, und zur Quantenoptik (unvollständige Liste)

400 v. Chr.	DEMOCRITOS	$\alpha\tau o\mu o\varsigma$ (unteilbar)
1808	DALTON	Multiple Proportionen
1811	AVOGADRO	Molekültheorie der Gase
1814	FRAUNHOFER	Brauchbares Spektrometer
1834	FARADAY	Induktionsgesetz, Elektrolyse (FARADAY-Konstante), FARADAY-Effekt
1868	MENDELEEV	Periodensystem der Elemente
1869	HITTORF	Kathodenstrahlen
1886	GOLDSTEIN	Kanalstrahlen
1895	RÖNTGEN	RÖNTGEN-Strahlung
1896	BECQUEREL	Radioaktivität
1897	J.J. THOMSON	e/m für Elektronen
1898	Marie & Pierre CURIE	Polonium, Radium
1898	WIEN	e/m für Ionen
1900	PLANCK	$E = h\nu$
1903	RUTHERFORD	Atomkerne
1905	EINSTEIN	$E = mc^2$
1913	BOHR	Atommodell
1913	MILLIKAN	e-Bestimmung
1921–1922	STERN & GERLACH	Richtungsquantisierung
1925	Max BORN	Fundamentale Beiträge zur Quantenmechanik
1925	PAULI	Ausschließungsprinzip (PAULI-Prinzip)
1926	SCHRÖDINGER	Wellengleichung
1927	HEISENBERG	Unschärferelation
1947	LAMB & RETHERFORD	LAMB-Shift für angeregtes H
1958–1966	SCHAWLOW, TOWNES, BASOV, PROKHOROV, MAIMAN, JAVAN, KASTLER	Maser, Laser und Spektroskopie
1971	NOBEL-Preis Gerhard HERZBERG	Molekülspektroskopie
1986	NOBEL-Preis Dudley R. HERSCHBACH, Yuan T. LEE, John C. POLANYI	Dynamik chemischer Elementarprozesse[a]

(Forsetzung)

Tabelle 1.2 (Forsetzung)

1989	NOBEL-Preis Norman G. RAMSEY, Hans DEHMELT, Wolfgang PAUL	RAMSEY-Streifen, Atomuhren[b], Ionenfallen[a]
1996	NOBEL-Preis R. F. CURL Jr., H. KROTO, R. E. SMALLEY	Entdeckung der Fullerene[a] ... C_{60} usw.
1997	NOBEL-Preis S. CHU, C. COHEN- TANNOUDJI, W. D. PHILLIPS	Methoden zur Kühlung und Speicherung von Atomen mit Lasern
1999	NOBEL-Preis Ahmed ZEWAIL	Femto(sekunden)chemie[a]
2001	NOBEL-Preis Eric A. CORNELL, Wolfgang KETTERLE, Carl E. WIEMAN	Kalte Atome und BOSE-EINSTEIN-Kondensation[a]
2002	NOBEL-Preis John FENN, Koichi TANAKA	Elektrospray, Molekularstrahlen[a], MALDI-Massenspektroskopie[a]
2005	NOBEL-Preis Roy GLAUBER, John HALL und Theodor HÄNSCH	Theorie der optischen Kohärenz[c] und Laser-Präzisionsspektroskopie[a]
2007	NOBEL-Preis Gerhard ERTL	Chemische Prozesse an Oberflächen
2014	NOBEL-Preis E. BETZIG, S. W. HELL, W. E. MOERNER	superauflösende Fluoreszenzmikroskopie

[a] Arbeiten aus mehreren vorangehenden Jahren
[b] Arbeiten aus den 1950er Jahren
[c] Arbeiten aus den 1960er Jahren

1.1.1 Quantennatur der Materie

Viele fundamentale physikalische Beobachtungen und Experimente lassen sich nur quantenmechanisch deuten. Beispiele dafür sind:

- Photoelektrischer Effekt (EINSTEIN 1905)
- COMPTON-Effekt (COMPTON 1922)
- Frequenzverteilung der Schwarzkörperstrahlung (PLANCK 1900)
- Beugung und Interferenz von Teilchenstrahlen – Welle-Teilchen-Dualismus (DE BROGLIE Wellenlänge 1923)
- Wärmekapazität bei tiefen Temperaturen (EINSTEIN, DEBYE 1906)
- Linienspektren von Atomen (RYDBERG, BOHR 1913)

Tabelle 1.3 Theorie auf dem Weg von der Elektrodynamik zum Standard-Modell der fundamentalen Wechselwirkungen (die hier im Zusammenhang mit den NOBEL-Preisen angegebenen Daten beziehen sich auf Entwicklungen und Entdeckungen, die typischerweise lange vorausgingen)

ca. 1850	James Clerk MAXWELL	Elektrodynamik
1918 NOBEL-Preis	Max PLANCK	Energiequanten
1921 NOBEL-Preis	Albert EINSTEIN	Erklärung des photoelektrischen Effekts
1932 NOBEL-Preis	Werner HEISENBERG	Entwicklung der Quantenmechanik
1933 NOBEL-Preis	Erwin SCHRÖDINGER, Paul DIRAC	Wellenmechanik der Materie
1945 NOBEL-Preis	Wolfgang PAULI	Entdeckung des Ausschließungsprinzips
1949 NOBEL-Preis	Hideki YUKAWA	Vorhersage von Mesonen
1954 NOBEL-Preis	Max BORN	Statistische Interpretation der Quantenmechanik
1963 NOBEL-Preis	WIGNER, GÖPPERT- MAYER, JENSEN	Struktur des Atomkerns
1965 NOBEL-Preis	TOMONAGA, SCHWINGER, FEYNMAN	Quantenelektrodynamik
1967 NOBEL-Preis	BETHE	Theorie der Kernreaktionen
1969 NOBEL-Preis	GELL-MANN	Quarkmodell
1979 NOBEL-Preis	GLASHOW, WEINBERG, SALAM	Theorie der schwachen Wechselwirkung
1982 NOBEL-Preis	WILSON	Renormierung, kritische Phänomene
1999 NOBEL-Preis	't HOOFT, VELTMAN	Quantenstruktur der elektroschwachen Wechselwirkungen
2004 NOBEL-Preis	GROSS, POLITZER, WILCZEK	Asymptotische Freiheit der Quarks

Wir begegnen dabei dem Phänomen der *Quantisierung*, das uns durch alle Kapitel dieses Buchs begleiten wird. Von zentraler Bedeutung ist die in Abschn. 1.8.1 noch ausführlicher zu besprechende *Beziehung zwischen Impuls* $\boldsymbol{p}$ und *Wellenlänge* λ bzw. Wellenvektor $\boldsymbol{k}$, die den sogenannten *Welle-Teilchen-Dualismus* quantifiziert:

$$p = h/\lambda \quad \text{und} \quad \boldsymbol{p} = \hbar\boldsymbol{k} \quad \text{mit} \quad k = 2\pi/\lambda \tag{1.1}$$

mit der fundamentalen PLANCK*'schen Konstanten h* (siehe auch Abschn. 1.4.6):

$$h = 6.62606957(29) \times 10^{-34}\,\text{J s} = 4.135667516(91) \times 10^{-15}\,\text{eV s}. \tag{1.2}$$

Damit zusammenhängend und ergänzend werden wir auch die Quantisierung der Energie berücksichtigen. Wir nennen hier zwei Beispiele.

- Die Energie eines Photons (siehe Abschn. 1.4.1):

$$W_{\mathrm{ph}} = h\nu = \hbar\omega, \quad \text{und} \tag{1.3}$$

- Die Energien des H-Atoms (siehe Abschn. 1.7):

$$W_n = E_{\mathrm{h}}/2n^2 \quad \text{mit} \quad n = 1, 2, 3, \ldots . \tag{1.4}$$

Ebenso wichtig ist die *Quantisierung des Drehimpulses* und seiner Richtung im Raum (die sog. *Richtungsquantisierung*) – die wir auf verschiedenen Abstraktionsniveaus behandeln werden (siehe z. B. Abschn. 1.9.1). An dieser Stelle mag es genügen zu sagen, dass *Drehimpulse entweder ganzzahlige oder halbzahlige Vielfache von* $\hbar = h/2\pi$ annehmen können. Die folgenden Gleichungen fassen das zusammen:

- Für den Betrag des Drehimpulses gilt:

$$J = \sqrt{j(j+1)}\,\hbar \tag{1.5}$$

  Für die Drehimpulsquantenzahlen j unterscheiden wir:
  für Bosonen

$$j = 0, 1, 2, \ldots \tag{1.6}$$

  für Fermionen

$$j = 1/2, 3/2, \ldots \tag{1.7}$$

- Es gibt jeweils $(2j+1)$ Projektionswerte für den Drehimpuls auf eine vorgegebene z-Achse:

$$J_z = m_j \hbar \tag{1.8}$$

  mit den Projektionsquantenzahlen

$$m_j = -j, -j+1, \ldots, j. \tag{1.9}$$

Hier entspricht J dem Betrag des Drehimpulses und J_z seiner Projektion auf eine gegebene Achse im Raum (hier z). Man unterscheidet den *Bahndrehimpuls* (ganzzahlige Quantenzahlen) und den *intrinsischen Drehimpuls* oder *Spin* (ganzzahlig für sog. *Bosonen,* halbzahlig für sog. *Fermionen,* mehr dazu in Abschn. 1.5). Um diese Eigenschaften für ein bestimmtes Teilchen in einem wohldefinierten Zustand zu charakterisieren, sagen wir einfach (etwas unpräzise), sein Spin oder sein Bahndrehimpuls sei 0, 1/2, 1, usw.

1.1.2 Größenordnungen

Bevor wir uns mit den Einzelheiten der AMO-Physik befassen, wollen wir uns einen Überblick verschaffen über die Größenordnungen der relevanten physikalischen Observablen, mit denen wir es zu tun haben werden. Eine tabellarische Zusammenstellung der wichtigsten physikalischen Naturkonstanten mit ihren aktuell genauesten Werten gibt Anhang A.

Längenskalen von der PLANCK-Länge bis zur Astrophysik

Die gesamte physikalisch relevante Längenskala ist in Abb. 1.1 illustriert. Die kleinste Länge ist die sogenannte PLANCK-*Länge* $\ell_P = \hbar/(m_P c) = \sqrt{\hbar G/c^3} = 1.616252 \times 10^{-35}$ m, die sozusagen die Körnigkeit des Raumes beschreibt (mit der PLANCK-*Masse* $m_P = \sqrt{\hbar c/G} = 2.176437375 \times 10^{-8}$ kg). Beide, ℓ_P und m_P, sind konstruiert aus der PLANCK'schen *Konstanten* bzw. *dem Drehimpulsquant* $\hbar$, der *Gravitationskonstante G* und der *Lichtgeschwindigkeit c*.

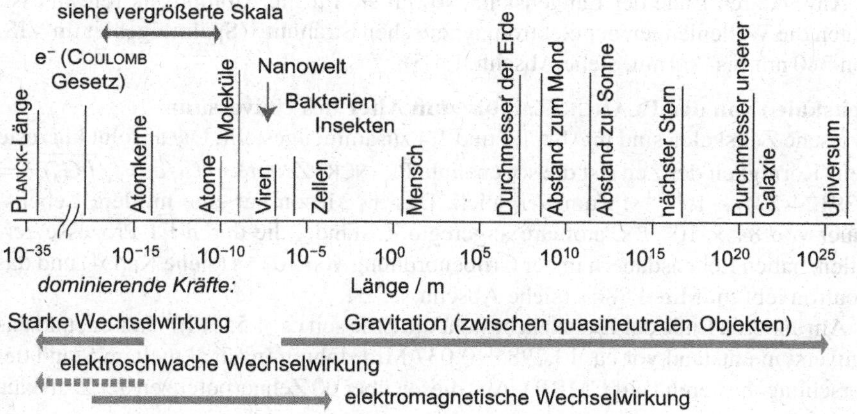

Abb. 1.1 Längenskalen, auf der sich moderne Physik abspielt – von der PLANCK-Länge (‚Körnigkeit des Raumes') bis zur Ausdehnung des Universums. Der mit Doppelpfeil markierte Bereich wird in Abb. 1.2 genauer beschrieben

Abb. 1.2 Vergrößerter Ausschnitt aus Abb. 1.1: charakteristische Größe von Bausteinen der Materie. Links in m, rechts in am (Attometer = 10^{-18} m). Die ‚Bilder' der Elementarteilchen sind nur schematisch zu verstehen

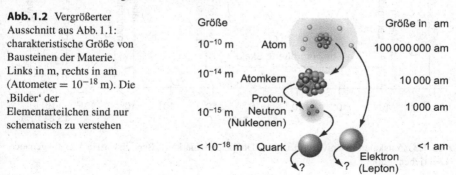

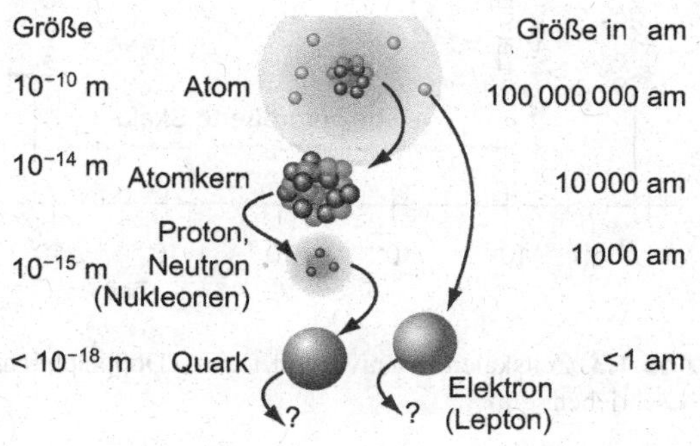

Am anderen Ende der Längenskala stehen kosmische Objekte, wie z. B. der Durchmesser unserer Galaxie (Milchstraße) mit ca. 100 000 Lichtjahren (1 Lichtjahr $\simeq 9.46 \times 10^{15}$ m) und schließlich das bekannte Universum. Sein Alter wird gegenwärtig zu 13.8 Mrd. Jahren abgeschätzt (basierend auf neuesten Messungen der CMBR), womit eine Obergrenze für seine Ausdehnung von 13.8×10^9 a (Lichtjahren) (siehe MATHER und SMOOT 2006) anzunehmen ist.

Atom- und Molekülphysik beschäftigen sich dagegen mit Objekten im Bereich von 0.5×10^{-10} bis 10^{-9} m. In diesem Zusammenhang ist es hilfreich, sich die Ausdehnungen (Radien) der Grundbausteine der Materie ins Gedächtnis zu rufen, die schematisch in Abb. 1.2 skizziert sind. ‚Elementarteilchen' im strengen Sinne sind nur Quarks und Elektronen (sowie ihre Antiteilchen) – mit einer Ausdehnung, die mit Sicherheit unter 1 am liegt. Während solche Längenskalen im Allgemeinen für Phänomene in der Atom- und Molekülphysik kaum von Bedeutung sind, sei aber schon hier darauf hingewiesen, dass die endliche *Ausdehnung der Atomkerne* (Protonenradius, ca. 0.88×10^{-15} m) für die Hochpräzisionsspektroskopie sehr wohl messbar ist (siehe Kap. 9).

Am anderen Ende der Längenskala, soweit sie für die Atomphysik relevant ist, liegen die Wellenlängen der elektromagnetischen Strahlung (Spektralgebiet im VIS, von 380 nm bis 760 nm, siehe Abschn. 1.4.5).

Zeitskalen von der PLANCK-Zeit bis zum Alter des Universums

Typische Zeitskalen sind in Abb. 1.3 und 1.4 zusammengestellt. Die absolut kürzeste Zeit (Körnigkeit der Zeit) ist die sogenannte PLANCK- *Zeit*, $t_P = \ell_P/c = \sqrt{\hbar G/c^5} = 5.39124(27) \times 10^{-44}$ s. Zum Vergleich: Das π_0-Meson hat eine mittlere Lebensdauer von 84×10^{-18} s, atomare angeregte Zustände, die durch E1-Prozesse zerfallen, haben Lebensdauern in der Größenordnung von 10^{-9} s (siehe Kap. 4) und das Neutron lebt im Mittel 886 s (siehe Abschn. 1.5.3).

Am anderen Ende der Zeitskala besteht die Erde seit ca. 4.55×10^9 Jahren, und das Universum entstand vor ca. 13.798 ± 0.037 Mrd. Jahren (nach aktuellem Stand der Forschung, basierend auf CMBR). Aus diesen über 60 Zehnerpotenzen der Zeitskala

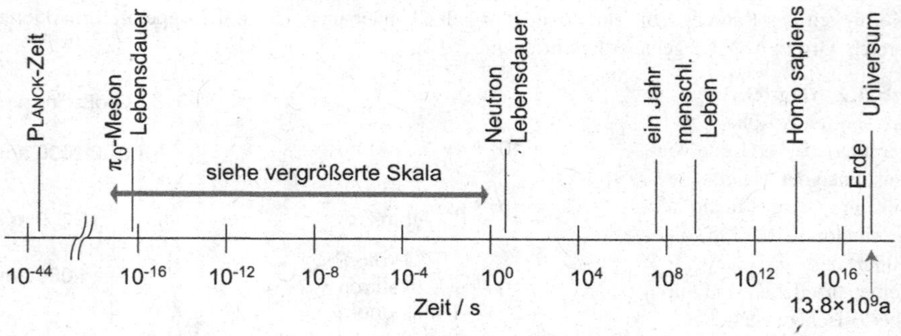

Abb. 1.3 Zeitskalen im Universum. Der mit Doppelpfeil markierte Bereich wird in Abb. 1.4 genauer beschrieben

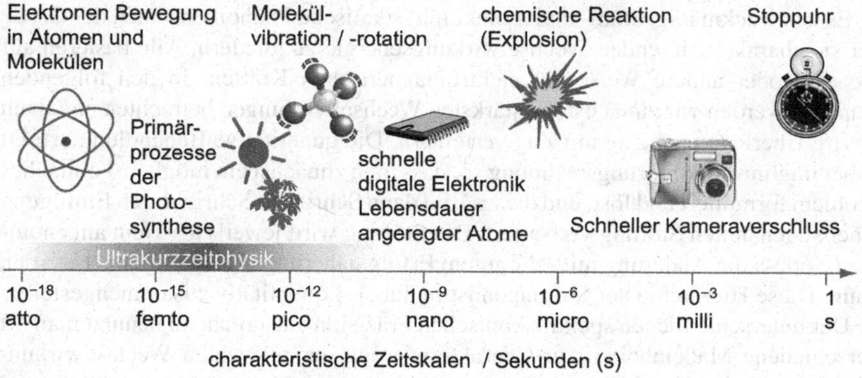

Abb. 1.4 Ausschnitt aus Abb. 1.3: Zeitskala von Attosekunden 1 as $= 10^{-18}$ s bis zu Sekunden. Die Ultrakurzzeitphysik (heute bis hin zum Bereich von 100 as) ist ein aktueller Forschungszweig moderner Physik

ist der für Atom-, Molekül- und optische Physik, sowie für Technik, Biologie und Medizin besonders interessante Zeitbereich in Abb. 1.4 illustriert.

Energieskalen der Physik

Neben Ort und Zeit spielt die Energie in Atom-, Molekül-, Optischer-, Festkörper- und Teilchenphysik eine zentrale Rolle. Eine Orientierung dazu gibt Abb. 1.5, wo typische Energieinhalte physikalischer Objekte und Anregungsenergien von Quantensystemen zusammengestellt sind. Im Kontext der Atomphysik sind vor allem Energien zwischen einigen μeV und einigen zig keV wichtig.

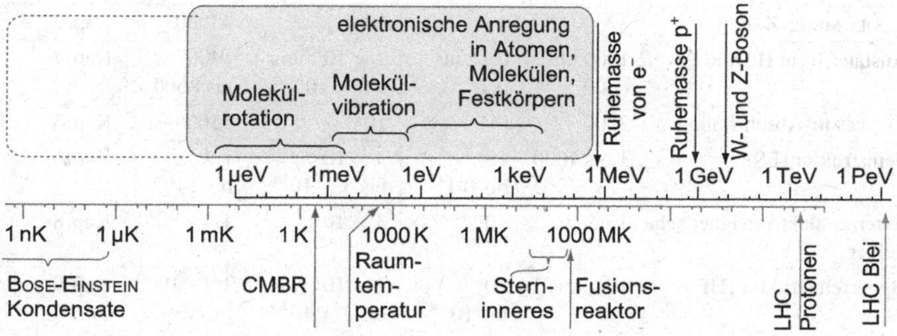

Abb. 1.5 Energie und äquivalente Temperatur von Quantensystemen: Die Skala reicht heute von 500 pK (derzeit kältestes Bose-Einstein-Kondensat) bis zur Stoßenergie im Large-Hadron-Collider (LHC) von 14 TeV für Protonen und über 1000 TeV für Bleikerne. Uns interessiert hier vor allem der markierte Energiebereich

Es ist zweckmäßig, atom- und molekülphysikalische Phänomene nach der Größe der sie charakterisierenden Wechselwirkungsenergie zu gliedern. Alle basieren auf die eine oder andere Weise auf elektromagnetischen Kräften. In den folgenden Kapiteln werden wir zunächst die stärksten Wechselwirkungen betrachten und dann unsere Überlegungen Zug um Zug verfeinern. Die quantitative Behandlung erfolgt dabei im Sinne der Störungsrechnung so, dass man zunächst ein möglichst einfaches Problem formuliert und löst, und dieses Bild dann Schritt für Schritt durch Einfügung einer sogenannten Störung verbessert. Die Störung wird jeweils als klein angenommen, sodass die Änderung mit sehr gutem Erfolg näherungsweise berechnet werden kann. Diese Hierarchie der Störungen ist in Tab. 1.4 quantitativ zusammengestellt.

Der unterschiedlichen spektroskopischen Präzision entsprechend benutzt man oft verschiedene Maßeinheiten zur Charakterisierung der relevanten Wechselwirkungen. Die genauen Umrechnungsfaktoren findet man in Anhang A. Am häufigsten wird in der Spektroskopie die *Wellenzahl* (1.79) bzw. cm^{-1} zur Energiemessung benutzt (natürlich ist das im strengen Sinne keine Energieeinheit, sie wird aber aus praktischen und historischen Gründen sehr viel benutzt). Alternativ werden Energien in Atomen und Molekülen in eV oder in atomaren Einheiten (a.u.) $E_\mathrm{h} = 27.211\,\mathrm{eV}$ gemessen (siehe Abschn. 1.7.3). Das obere Ende der Energieskala für die AMO-Physik wird man in Bezug zur *Ruhemasse des Elektrons* $m_\mathrm{e}c^2 \simeq 0.511\,\mathrm{MeV}$ sehen (mit der Elektronenmasse m_e und der Lichtgeschwindigkeit im Vakuum c, siehe Abschn. 1.2).

Tabelle 1.4 Größenordnung atomarer Wechselwirkungen – hier für typische Beispiele wie H, Alkalimetalle und He; die Struktur von Band 1 dieser Lehrbücher folgt im Wesentlichen diesem energetischen Schema

Wechselwirkung	**Größenordnung**				**Siehe**
	cm^{-1}	**eV**	**kHz**	**K**	
COULOMB $\propto Z/r$	30000	4	10^{15}	43000	Kap. 2
Austausch (in He $n = 2$)	1000 bis 6000	0.12 bis 0.7	3×10^{10} bis 1.8×10^{11}	1400 bis 8600	Kap. 7
COULOMB-Abschirmung	3000	0.4	10^{14}	4300	Kap. 3
Feinstruktur (FS)	1 bis 1000	10^{-4} bis 0.1	3×10^{10} bis 3×10^{13}	1.4 bis 1400	Kap. 6
Externe elektromagnetische Felder	1	10^{-4}	3×10^{10}	1.4	Kap. 8
Hyperfeinstruktur (HFS)	10^{-3} bis 1	10^{-7} bis 10^{-4}	3×10^{7} bis 3×10^{10}	1.4×10^{-3} bis 1.4	Kap. 9

Der Quotient der beiden Bezugsenergien E_h und $m_\mathrm{e}c^2$ definiert eine fundamentale Naturkonstante, die sogenannte *Feinstrukturkonstante*

$$\alpha = \sqrt{\frac{E_\mathrm{h}}{m_\mathrm{e}c^2}} = \frac{e^2}{4\pi\varepsilon_0\hbar c} \simeq \frac{1}{137}, \tag{1.10}$$

die man kennen sollte. In den folgenden Kapiteln wird sie uns noch oft begegnen und typischerweise auf einen Zusammenhang der beschriebenen Physik mit der speziellen Relativitätstheorie hinweisen. Den gegenwärtig besten Wert für α, mit extrem hoher Präzision gemessen, findet man in Anhang A, basierend auf 2014 CODATA (NIST 2014b). Dort kann man online Energien auch in die verschiedenen Maßeinheiten umrechnen, jeweils mit den aktuell besten Umrechnungsfaktoren.

Abschließend erwähnen wir noch, dass man mit den fundamentalen Naturkonstanten auch eine sogenannte PLANCK-*Energie* $W_\mathrm{P} = c^2(\hbar c/G)^{1/2} = 1.221 \times 10^{19}$ GeV definieren kann. Dies ist eine Energie von kosmischer Größenordnung, die mit den ersten Augenblicken nach dem *Urknall (Big Bang)* in Verbindung gebracht werden kann. Es gibt Anzeichen dafür, dass eine Vereinheitlichung der *vier fundamentalen Wechselwirkungen* (siehe Abschn. 1.5) bei solchen Energien möglich wird, zumindest drei der Kopplungskonstanten scheinen bei diesen Energien zu konvergieren.

Was haben wir in Abschnitt 1.1 gelernt?

- Die Geschichte der AMO-Physik ist identisch mit der frühen Geschichte der modernen Physik insgesamt. Wir haben einige grundlegende Befunde besprochen, welche die Quantennatur der submikroskopischen Materie belegen.
- Das Ziel aller Physik ist es, eine quantitative Beschreibung der Natur zu ermöglichen. Zahlen und Größenordnungen und ein gutes Gefühl für Maßstäbe im Bereich der Länge, der Zeit und der Energie sind wichtig für die praktische Arbeit in und mit der Physik. Abschnitt 1.1.2 gibt einen Überblick.
- Spezifisch sei hier zum Merken noch einmal die PLANCK'sche Konstante $h \simeq 6.63 \times 10^{-34}$ J s und die dimensionslose Feinstrukturkonstante $\alpha \simeq 1/137$ genannt, die stetige Begleiter bei unserer Reise durch die AMO-Physik sein werden.

1.2 Relativität – kurz und bündig

1.2.1 Masse, Impuls, Energie und Beschleunigung

Wir wollen hier keine Einführung in die Relativitätstheorie geben und gehen davon aus, dass der Leser grob mit den Grundbegriffen von EINSTEIN's *spezieller Relativitätstheorie* vertraut ist. Es erweist sich aber als zweckmäßig, einige Formeln für die spätere Benutzung zusammenzutragen, die im Verlauf dieser Lehrbücher immer wieder vorkommen.

EINSTEIN's Überlegungen gehen von der Zeitdilatation bzw. Längenkontraktion für gegeneinander bewegte Bezugssysteme aus und basieren ganz wesentlich auf der LORENTZ-*Transformation*. Wir führen (als einzige Beziehung ohne Beweis)

den *relativistischen Impuls* ein:

$$\boldsymbol{p} = \frac{m\boldsymbol{v}}{\sqrt{1-\beta^2}} = \gamma m\boldsymbol{v} \quad \text{und} \quad p = \gamma m\beta c = mc\sqrt{\gamma^2 - 1} \tag{1.11}$$

Hier ist m die *Ruhemasse* des mit der Geschwindigkeit v bewegten Körpers (Teilchens),[1] und

γ ist der sogenannte LORENTZ-*Faktor:*

$$\gamma = \frac{1}{\sqrt{1-\beta^2}} \quad \text{mit} \quad \beta = \frac{v}{c} \tag{1.12}$$

Die mechanischen Bewegungsgleichungen gelten auch unter relativistischen Bedingungen, wenn sie auf den so definierten Impuls (und nicht auf die Geschwindigkeit) anwendet werden. Insbesondere gilt die Kraftgleichung, also das *zweite* NEWTON'*sche Axiom*, in der Form

$$\frac{\mathrm{d}\boldsymbol{p}}{\mathrm{d}t} = \boldsymbol{F} \tag{1.13}$$

auch bei hohen Geschwindigkeiten $\boldsymbol{v}$. Man kann (1.12) auch umschreiben

$$\gamma^2 - \gamma^2\beta^2 = 1, \tag{1.14}$$

was einen unter LORENTZ-Transformation invarianten Ausdruck darstellt (eine Konstante). *Für hochrelativistische Teilchen* $\beta \lesssim 1$ wird

$$1 - \beta \simeq 1/\left(2\gamma^2\right). \tag{1.15}$$

Den *relativistischen Energiesatz* erhalten wir über die Berechnung der kinetischen Energie durch Integration der Bewegungsgleichung (1.13) mit (1.11), beginnend zur

[1] Die Ruhemasse m nennt man auch *intrinsische* Masse des Körpers oder *invariante Masse*. In der älteren Literatur findet man oft die Abkürzung

$$m_{\mathrm{rel}} = \frac{m}{\sqrt{1-\beta^2}} = \gamma m, \quad \text{sodass} \quad \boldsymbol{p} = m_{\mathrm{rel}}\boldsymbol{v} \quad \text{und} \quad W = m_{\mathrm{rel}}c^2,$$

und bezeichnet m_{rel} als *‚relativistische Masse'*, womit sich der (relativistische) Impuls $\boldsymbol{p}$ bzw. die (relativistische) Energie W (s. u. Gl. 1.19) kompakt schreiben lassen.

In der modernen theoretischen Literatur wird diese Abkürzung m_{rel} aber meist vermieden, um Fehlinterpretationen zu vermeiden: Es ist der Impuls und die Energie, die sich mit der Geschwindigkeit ändert, während die Masse (=Ruhemasse) LORENTZ-invariant ist!

Zeit $t = 0$ am Ort $\boldsymbol{s} = 0$ bei $\boldsymbol{v} = 0$:

$$W_{\mathrm{kin}} = \int_0^s \boldsymbol{F} d\boldsymbol{s} = \int_0^s \frac{\mathrm{d}\boldsymbol{p}}{\mathrm{d}t} d\boldsymbol{s} = m \int_0^s \frac{\mathrm{d}(\gamma \boldsymbol{v})}{\mathrm{d}t} d\boldsymbol{s}$$

$$= m \int_0^s \left(\frac{\mathrm{d}\gamma}{\mathrm{d}t} \boldsymbol{v} + \gamma \frac{\mathrm{d}\boldsymbol{v}}{\mathrm{d}t} \right) \mathrm{d}\boldsymbol{s} = m \int_0^t \left(\dot{\gamma} v^2 + \gamma \dot{\boldsymbol{v}} \boldsymbol{v} \right) \mathrm{d}t$$

Durch Differenzieren von (1.12) ergibt sich die Beziehung $\dot{\gamma} = \mathrm{d}\gamma/\mathrm{d}t = \gamma^3 \boldsymbol{v}\dot{\boldsymbol{v}}/c^2$. Hiermit wird unter Berücksichtigung von (1.14) und $\gamma(t = 0) = 1$ die *relativistische kinetische Energie:*

$$W_{\mathrm{kin}} = m \int_0^t \gamma^3 \boldsymbol{v}\dot{\boldsymbol{v}}\, \mathrm{d}t = mc^2 \int_1^\gamma \mathrm{d}\gamma = \gamma mc^2 - mc^2 \doteq W - W_{\mathrm{r}} \tag{1.16}$$

Wir interpretieren diesen aus zwei Komponenten bestehenden Ausdruck als Differenz zwischen der Gesamtenergie W und der *Energie des Teilchens im ruhenden Bezugssystem:*

$$W_{\mathrm{r}} = mc^2 \tag{1.17}$$

Dies ist die berühmte EINSTEIN'sche Beziehung für die *Äquivalenz von Masse und Energie*. Mit $p^2 = \gamma^2 m^2 \beta^2 c^2 = m^2 c^2 \left(\gamma^2 - 1\right)$ nach (1.11) verifiziert man leicht, dass damit auch gilt:

$$W^2 = \gamma^2 m^2 c^4 = p^2 c^2 + m^2 c^4 \tag{1.18}$$

Die *relativistische Gesamtenergie* des bewegten Teilchens wird also

$$W = \gamma mc^2 = \sqrt{m^2 c^4 + p^2 c^2}. \tag{1.19}$$

Für ruhende Teilchen ($p = 0$ und $\gamma = 1$) wird dies identisch mit der EINSTEIN'schen Beziehung (1.17).

Offensichtlich muss mit (1.12) die *fundamentale Beziehung*

$$\beta = \frac{v}{c} < 1 \quad \text{sowie} \quad \gamma \geqq 1$$

gelten, da sonst der LORENTZ-Faktor divergieren würde.

Die *Geschwindigkeit von Teilchen mit endlicher Ruhemasse ist stets kleiner als die Lichtgeschwindigkeit*. Im Gegensatz dazu können Teilchen ohne Masse, wie z. B. das Photon, nur existieren, wenn sie sich mit Lichtgeschwindigkeit bewegen.

Durch externe Kräfte, z. B. durch Beschleunigung in einem elektrischen Feld, können wir nur die kinetische Energie W_{kin} verändern. Mit (1.16) schreiben wir daher den LORENTZ-Faktor (1.12) auch

$$\gamma = \frac{W}{mc^2} = \frac{mc^2 + W_{\mathrm{kin}}}{mc^2} = 1 + w_{\mathrm{kin}} \quad \text{mit } w_{\mathrm{kin}} = \frac{W_{\mathrm{kin}}}{mc^2}. \tag{1.20}$$

Oft ist es dann auch wichtig, die Geschwindigkeit eines Teilchens als Funktion seiner kinetischen Energie zu kennen (d. h. als Funktion der ihm in elektrischen Feldern zugeführten Energie). Mit (1.20) und der Definition (1.12) findet man

$$\beta = \sqrt{2w_{\text{kin}}}\frac{\sqrt{1+w_{\text{kin}}/2}}{1+w_{\text{kin}}} \simeq \sqrt{2w_{\text{kin}}}\left[1-\frac{3}{4}w_{\text{kin}}+\cdots\right]. \tag{1.21}$$

Die näherungsweise Angabe ist eine Entwicklung für kleine kinetische Energien. Den Zusammenhang zwischen Impulsbetrag p und kinetischer Energie W_{kin} leitet man ab durch Einsetzen von (1.20) in (1.19) und Quadratur, sodass

$$\begin{aligned} p^2c^2 &= W_{\text{kin}}^2 + 2W_{\text{kin}}mc^2\text{, woraus folgt} \\ p &= \sqrt{2mW_{\text{kin}}}\sqrt{1+\frac{W_{\text{kin}}}{2mc^2}} \simeq \sqrt{2mW_{\text{kin}}}\left(1+\frac{W_{\text{kin}}}{4mc^2}-\cdots\right) \\ p &= mc\sqrt{2w_{\text{kin}}}\sqrt{1+w_{\text{kin}}/2} \simeq mc\sqrt{2w_{\text{kin}}}\left(1+\frac{w_{\text{kin}}}{4}-\cdots\right). \end{aligned} \tag{1.22}$$

Für kleine kinetische Energien ergibt das wieder die klassische Beziehung $W_{\text{kin}} = p^2/2m$.

Nichtrelativistisch darf man nur dann rechnen, wenn die kinetische Energie der betrachteten Teilchen klein gegen die Ruheenergie W_{r} ist: $W_{\text{kin}} \ll W_{\text{r}} = mc^2$ ist. *Für Elektronen* ist das ein recht begrenzter Bereich, denn

$$W_{\text{r}}(\text{e}^-) = m_{\text{e}}c^2 = 0.511\,\text{MeV}. \tag{1.23}$$

1.2.2 Energieerhaltung relativistisch, Vierervektoren

Bei mehreren wechselwirkenden Teilchen gilt in einem gegebenen Bezugssystem

der relativistische Energieerhaltungssatz:

$$\sum W_i = const,$$

wobei über die relativistischen Gesamtenergien W_i aller Teilchen nach (1.19) zu summieren ist. Ggf. müssen auch noch potenzielle Energien durch interne oder externe Felder addiert werden.

Ebenso *gilt die relativistische Impulserhaltung*

$$\sum \mathbf{p}_i = const$$

mit den Impulsen $\boldsymbol{p}_i$ der beteiligten Teilchen nach (1.11). In kompakter Form fasst man beide Erhaltungsgleichungen im MINKOWSKI-Raum zusammen:[2]

Die *Summe der Viererimpulsvektoren* $\boldsymbol{P}$ *aller Teilchen in einem abgeschlossenen System ist eine Erhaltungsgröße:*

$$\boldsymbol{P} = \sum_i \boldsymbol{P}_i = const \quad \text{wobei } \boldsymbol{P}_i = \left\{\frac{W_i}{c}, \boldsymbol{p}_i\right\} = \left\{\frac{W_i}{c}, p_i^x, p_i^y, p_i^z\right\}.$$

Das innere Produkt der Viererimpulsvektoren $\boldsymbol{P}_1$ und $\boldsymbol{P}_2$ ist:

$$\boldsymbol{P}_1 \cdot \boldsymbol{P}_2 = W_1 W_2/c^2 - \boldsymbol{p}_1 \cdot \boldsymbol{p}_2$$

Die Erhaltungssätze sagen aus: *Der Betrag der Viererimpulsvektoren ist invariant unter* LORENTZ-*Transformation* (MINKOWSKI-*Norm*):

$$P^2 = \frac{W^2}{c^2} - p^2$$

$$W^2 - p^2c^2 = W'^2 - p'^2c^2 = const. \tag{1.24}$$

Dieser Ausdruck beschreibt ein Teilchensystem mit der Gesamtenergie W und dem Impuls $\boldsymbol{p}$ in einem bestimmten Bezugssystem, während W' und $\boldsymbol{p}'$ sich auf ein anderes System beziehen. Speziell für die Transformation vom Laborsystem (lab) ins Schwerpunktsystem (CM) gilt für eine beliebige Zahl von Teilchen

$$\left(W^{(\text{lab})}\right)^2 - \left(p^{(\text{lab})}\right)^2 c^2 = \left(W^{(\text{CM})}\right)^2. \tag{1.25}$$

Im Laborsystem ist $W^{(\text{lab})}$ die Gesamtenergie aller Teilchen, und $\boldsymbol{p}^{(\text{lab})}$ ist die Summe aller Impulse; $W^{(\text{CM})}$ ist die Summe aller Teilchenenergien im Schwerpunktsystem – in welchem per Definition die Summe aller Teilchenimpulse $\boldsymbol{p}^{(\text{CM})} = \sum \boldsymbol{p}_i^{(\text{CM})} = 0$ ist.

1.2.3 Zeitdilatation und LORENTZ-Kontraktion

Wir wollen Zeiten und Orte, die im Ruhesystem eines bewegten Teilchens (Koordinaten $\{t', x', y', z'\}$) gegeben sind, im Laborsystem messen (Koordinaten $\{t, x, y, z\}$). Die Zeitdifferenz zweier Ereignisse im Abstand $\Delta t'$ im bewegten System wird im Laborsystem verlängert gemessen *(Zeitdilatation):*

$$\Delta t = \gamma \Delta t' \tag{1.26}$$

[2] Der MINKOWSKI-Raum ist ein reeller, vierdimensionaler Vektorraum mit Vektoren $\{x^0, x^1, x^2, x^3\}$. Das Skalarprodukt zweier solcher Vierervektoren $\boldsymbol{a}$ und $\boldsymbol{b}$ ist

$$\boldsymbol{a} \cdot \boldsymbol{b} = a^0b^0 - a^1b^1 - a^2b^2 - a^3b^3.$$

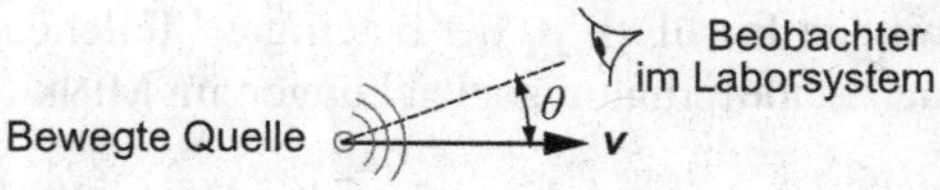

Abb. 1.6 Relativistische DOPPLER-Verschiebung

(Zwillingsparadoxon: Der Bruder im Raumflugzeug wurde nur ein Jahr älter, seinem Zwilling auf der Erde erschien der Raumflug aber viele Jahre zu dauern). Umgekehrt wird ein Abstand $\Delta x'$ im bewegten System im Laborsystem kürzer wahrgenommen (LORENTZ-*Kontraktion*):

$$\Delta x = \Delta x'/\gamma. \tag{1.27}$$

Eng damit verwandt ist auch die *relativistische* DOPPLER-*Verschiebung*. Wie in Abb. 1.6 skizziert, emittiere ein bewegtes System elektromagnetische Strahlung der Kreisfrequenz ω' (Wellenvektor $\boldsymbol{k}'$ mit $k' = \omega'/c$, Wellenlänge $\lambda' = c/\nu'$). Im (ruhenden) Laborsystem wird unter dem Winkel θ gegenüber der Bewegungsrichtung die Kreisfrequenz ω (Wellenvektor $k = \omega/c$) beobachtet:

$$\frac{\omega}{\omega'} = \frac{\nu}{\nu'} = \frac{k}{k'} = \frac{\lambda'}{\lambda} = \frac{1}{\gamma(1-\beta\cos\theta)} = \frac{1}{\gamma - \sqrt{\gamma^2-1}\cos\theta}. \tag{1.28}$$

Für *Absorption* muss man $-\beta$ durch $+\beta$ ersetzen. Für *senkrechte Beobachtung* ($\theta = \pi/2$) führt dies in beiden Fällen zum nichtklassischen, sogenannten *quadratischen* DOPPLER-*Effekt* $\nu/\nu' = 1/\gamma = \sqrt{1-\beta^2}$.

In Vorwärts- und Rückwärtsrichtung, $\theta = 0$ und π vereinfacht sich (1.28) (wieder mit umgekehrten Vorzeichen für Absorption):

$$\frac{\omega}{\omega'} = \frac{\nu}{\nu'} = \frac{k}{k'} = \frac{1}{\gamma(1\mp\beta)} = \gamma(1\pm\beta) = \sqrt{\frac{1\pm\beta}{1\mp\beta}} = \gamma \pm \sqrt{\gamma^2-1}. \tag{1.29}$$

Im Grenzfall hochrelativistischer Energien, mit $\gamma \gg 1$, wird die Strahlung in Vorwärtsrichtung bei der Frequenz

$$\omega = 2\gamma\omega' \tag{1.30}$$

emittiert. Wir kommen auf diesen bemerkenswerten Umstand im Zusammenhang mit der *Synchrotronstrahlung* in Abschn. 10.6.2 auf Seite 579 zurück.

Im Grenzfall kleiner Geschwindigkeiten v entwickelt man (1.28) in Potenzen von $\beta = v/c$ und erhält wieder die *klassische* DOPPLER-*Verschiebung:*

$$\Delta\nu/\nu \underset{v\to 0}{\rightarrow} \beta\cos\theta = (v/c)\cos\theta \quad \text{oder} \tag{1.31}$$

$$\Delta\omega = \boldsymbol{k}\cdot\boldsymbol{v}. \tag{1.32}$$

Für den späteren Gebrauch notieren wir auch die Abhängigkeit von der normierten kinetischen Energie $w_{\mathrm{kin}} = W_{\mathrm{kin}}/mc^2$. Für $w_{\mathrm{kin}} = \gamma - 1 \ll 1$ erhalten wir mit (1.29) bei $\theta = 0$ und π:

$$\frac{\Delta\nu}{\nu} = w_{\mathrm{kin}} \pm \sqrt{2w_{\mathrm{kin}} + w_{\mathrm{kin}}^2} \simeq \pm\sqrt{2w_{\mathrm{kin}}}\left(1 \pm \sqrt{\frac{w_{\mathrm{kin}}}{2}} + \cdots\right). \tag{1.33}$$

Was haben wir in Abschnitt 1.2 gelernt?

- Die meisten Beziehungen der speziellen Relativitätstheorie, die wir hier kommuniziert haben, werden recht oft in diesen Lehrbüchern benutzt. Die Gleichungen (1.11), (1.12), (1.16), (1.18) und (1.23)–(1.26) erscheinen dabei besonders merkenswert.

1.3 Etwas elementare Statistik und Anwendungen

Thermodynamik und Statistik bilden zusammen ein großes und wichtiges Gebiet in der Physik und in der Physikalischen Chemie. Es gibt dazu eine ganze Reihe guter, umfassender Lehrbücher und viele wichtige Aspekte kann man auch im Internet, z. B. in Vorlesungsskripten finden. Hier präsentieren wir lediglich eine Sammlung von Themen und Formeln aus diesem weiten Fachgebiet, die von besonderer Bedeutung für die Atom- und Molekülphysik sind. Wir beginnen mit einigen recht elementaren Anmerkungen zu exponentiellen Wahrscheinlichkeitsverteilungen. Diese illustrieren wir dann an den Beispielen des spontanen Zerfalls angeregter Zustände von Quantensystemen und der Absorption von Strahlung. Es folgt eine Sammlung von Beziehungen aus der kinetischen Gastheorie und schließlich besprechen wir die Wahrscheinlichkeitsverteilungen für klassische Teilchen, Fermionen und Bosonen.

Bevor wir auf spezifische Beispiele eingehen, definieren wir einige allgemeine Begriffe. Eine Wahrscheinlichkeitsverteilung $w(x)$ beschreibt die Wahrscheinlichkeit $w(x)\mathrm{d}x$, in einem physikalischen System eine beliebige Variable zwischen x und $x + \mathrm{d}x$ anzutreffen. *Richtig normiert* muss die Wahrscheinlichkeit, das System *bei irgend einem Wert* dieser Variablen anzutreffen, Eins sein:

$$\int_0^\infty w(x)\mathrm{d}x = 1. \tag{1.34}$$

Der *mittlere Wert irgend einer Observablen* $f(x)$, die von x abhängt, ist

$$\langle f \rangle = \int_0^\infty f(x)w(x)\mathrm{d}x. \tag{1.35}$$

Speziell wird der *Mittelwert (oder Erwartungswert) der Variablen selbst* gegeben durch

$$\langle x \rangle = \int_0^\infty x w(x)\mathrm{d}x, \tag{1.36}$$

und die sogenannte *Varianz* ist definiert als

$$\begin{aligned}\sigma^2 &= \int_0^\infty (x - \langle x \rangle)^2 w(x)\mathrm{d}x = \int_0^\infty (x^2 - 2x\langle x \rangle + \langle x \rangle^2) w(x)\mathrm{d}x \\ &= \langle x^2 \rangle - 2\langle x \rangle^2 + \langle x \rangle^2 = \langle x^2 \rangle - \langle x \rangle^2. \end{aligned}\tag{1.37}$$

Die Wurzel aus der Varianz nennt man *Standardabweichung*, $\sigma = \sqrt{\langle x^2 \rangle - \langle x \rangle^2}$. Sie gibt ein Maß für die Breite der Verteilung.

1.3.1 Exponentialverteilungen

Spontaner Zerfall und mittlere Lebensdauer

Exponentielle Zerfallswahrscheinlichkeiten spielen bei vielen später hier zu vermittelnden Inhalten eine wichtige Rolle. Wir haben im Vorangehenden ja mehrfach Begriffe wie ‚instabile' Teilchen, β-Zerfall, Halbwertszeit u. ä. in der stillschweigenden Annahme benutzt, dass diese Begriffe bekannt seien. Die praktische Erfahrung lehrt aber leider etwas Anderes. Wir wollen diese Dinge daher hier rekapitulieren.

Die Quantenmechanik kann nur Wahrscheinlichkeitsaussagen über den Aufenthaltsort und die zeitliche Entwicklung von Quantenobjekten machen. Wenn also ein Teilchen oder ein Zustand nicht stabil ist, so zerfällt es/er (in ein oder mehrere andere Teilchen bzw. Zustände) mit einer gewissen Wahrscheinlichkeit A. Diese misst man in $[A] = \mathrm{s}^{-1}$. Man kann sie häufig mithilfe der Quantenmechanik (ggf. der QED oder der QCD) berechnen. Zwei Charakteristika dieser Wahrscheinlichkeiten, die auf die meisten der uns hier interessierenden Zerfallsprozesse zutreffen, wollen wir festhalten:

1. Die Zerfallswahrscheinlichkeit hängt nicht von der Zahl der zufällig vorhandenen Teilchen ab, sondern ist eine Eigenschaft jedes einzelnen Teilchens.
2. Sie hängt auch nicht von der Zeit ab: Das Teilchen zerfällt irgendwann einmal, und wir können nicht vorhersagen, wann – wir kennen lediglich die Wahrscheinlichkeit pro Zeiteinheit, dass ein solcher Zerfall passiert. Im Zeitintervall $\mathrm{d}t$ zerfällt das Teilchen mit der Wahrscheinlichkeit $A\mathrm{d}t$.

Wir können über das *Schicksal eines einzelnen Teilchens* bzw. *Zustandes keine weiteren quantitativen Voraussagen* machen – *wohl aber für eine große Zahl* $\mathcal{N}$ von Teilchen. Diese ändert sich während der Zeit $\mathrm{d}t$ um

$$\mathrm{d}\mathcal{N} = -\mathcal{N} A \mathrm{d}t \tag{1.38}$$

durch Zerfall (wobei das Minuszeichen Abnahme bedeutet). Wenn wir zur Zeit $t = 0$ z. B. $\mathcal{N}_0$ Teilchen vorfinden, so ergibt sich zur Zeit t die Anzahl der noch im Anfangszustand vorhandenen Teilchen $\mathcal{N}(t)$ durch Integration von (1.38):

$$\int \frac{\mathrm{d}\mathcal{N}}{\mathcal{N}} = -\int_0^t A\mathrm{d}t \quad \Rightarrow \quad \ln \mathcal{N}(t) - \ln \mathcal{N}_0 = -At$$

$$\mathcal{N}(t) = \mathcal{N}_0 \mathrm{e}^{-At} = \mathcal{N}_0 \mathrm{e}^{-t/\tau} = \mathcal{N}_0 \mathrm{e}^{-t \ln 2/\tau_{1/2}} \tag{1.39}$$

Dabei haben wir eine charakteristische Zeit $\tau = 1/A$ eingeführt (wir werden gleich sehen, dass dies die *mittlere Lebensdauer* ist). Die sogenannte *Halbwertszeit* $\tau_{1/2} = \ln 2/A$ gibt diejenige Zeit an, nach der die Hälfte aller anfänglich vorhandenen Teilchen zerfallen ist. Oft ist man an der *Zahl der Zerfallsprozesse pro Zeiteinheit* in einer Probe zur Zeit t interessiert:[3]

[3]In der Kernphysik nennt man das *Aktivität* – nicht zu verwechseln mit *Zerfallskonstante* (oder *Rate*) A, für welche in der Kernphysik oft der Buchstabe λ benutzt wird.

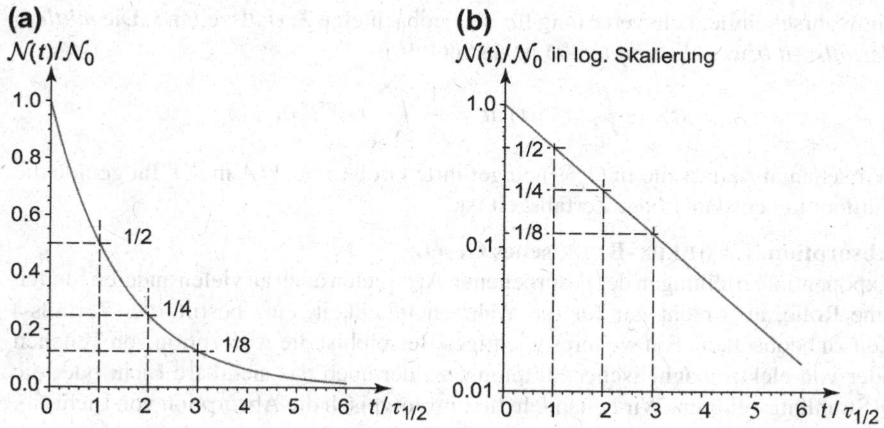

Abb. 1.7 Exponentielles Zerfallsgesetz (**a**) in linearer, und (**b**) in semilogarithmischer Auftragung. Man beachte, dass die Zeitachse hier in Einheiten der Halbwertszeit $\tau_{1/2}$ kalibriert ist, sodass bei $t = 1$ bzw. $t = 2$ bzw. $t = 3$ die Wahrscheinlichkeit auf $1/2$, $1/4$ bzw. $1/8$ abgefallen ist, wie durch die gestrichelten Linien angedeutet

$$\mathcal{A} = -\frac{\mathrm{d}\mathcal{N}}{\mathrm{d}t} = A\mathcal{N}(t) = \frac{\mathcal{N}(t)}{\tau} = \frac{\ln 2}{\tau_{1/2}}\mathcal{N}(t) = \frac{\mathcal{N}_0}{\tau}\mathrm{e}^{-t/\tau}. \tag{1.40}$$

Das hier entwickelte exponentielle Zerfallsgesetz ist von grundlegender Natur und beschreibt den statistischen (spontanen oder natürlichen) Zerfall angeregter Atome und Moleküle, oder z. B. von angeregten Elektron-Loch-Paaren (Exzitonen) in der Festkörperphysik, ebenso wie die Zerfallswahrscheinlichkeit radioaktiver Atomkerne (also das Abklingen radioaktiver Strahlung). Das gleiche gilt für den Zerfall von Baryonen und Mesonen, wie auch für den β-Zerfall des Neutrons, den wir in Abschn. 1.5.3 besprechen werden.

Das Zerfallsgesetz (1.39) wird in Abb. 1.7 dargestellt. Man erkennt direkt die Bedeutung der Halbwertszeit $\tau_{1/2}$. In Abb. 1.7a zeigen wir die Zeitabhängigkeit der angeregten Teilchenzahl (relativ zu $\mathcal{N}_0$) in linearem Maßstab, und in (b) alternativ in einer semilogarithmischen Darstellung. Letztere wird häufig benutzt, um sofort den exponentiellen Zerfall erkennbar zu machen und auch, um ggf. mehrere Zerfallskonstanten zu unterscheiden.

Abschließend formulieren wir (1.39) in eine Wahrscheinlichkeit *bezogen auf ein Teilchen* um. Man definiert also eine Zerfallswahrscheinlichkeit

$$w(t) = -\frac{1}{\mathcal{N}_0}\frac{\mathrm{d}\mathcal{N}}{\mathrm{d}t} = \frac{1}{\tau}\mathrm{e}^{-t/\tau} \quad \text{mit} \quad \int_0^\infty w(t)\mathrm{d}t = 1. \tag{1.41}$$

$w(t)\mathrm{d}t$ gibt an, wie wahrscheinlich es ist, dass ein bestimmtes Teilchen (von den ursprünglich $\mathcal{N}_0$) zur Zeit t noch nicht zerfallen ist und mit einer Wahrscheinlichkeit $w(t)\mathrm{d}t$ im Zeitraum zwischen t und $t + \mathrm{d}t$ zerfallen wird. Dabei ist die Normierungskonstante $1/\tau$ so gewählt, dass Summe aller Wahrscheinlichkeiten, also das Integral über alle Zeiten von 0 bis ∞, gerade $= 1$ wird. Man kann sagen, $w(t)$ sei die Wahrscheinlichkeitsverteilung für die beobachteten Zerfallszeiten t. Die *mittlere Zerfallszeit bzw. Lebensdauer* $\langle t\rangle$ ist nach (1.36):

$$\langle t\rangle = \int_0^\infty t\,w(t)\,\mathrm{d}t = \frac{1}{\tau}\int_0^\infty t\,\mathrm{e}^{-t/\tau}\mathrm{d}t = \tau$$

Wir sehen also, dass die in (1.39) eingeführte Größe $\tau = 1/A$ in der Tat gerade die mittlere Lebensdauer oder Zerfallszeit ist.

Absorption, LAMBERT-BEER'sches Gesetz

Exponentialverteilungen der besprochenen Art spielen auch an vielen anderen Stellen eine Rolle, also nicht nur für die Wahrscheinlichkeit, eine bestimmte (Zerfalls-) Zeit zu beobachten. Ein weiteres wichtiges Beispiel ist die Absorption von Teilchen oder von elektromagnetischer Strahlung, zu der auch das sichtbare Licht oder die γ-Strahlung gehören. Wir behandeln hier prototypisch die Absorption von Licht (im allgemeinsten Sinne), das durch seine Wellenlänge $\lambda = c/\nu$ und seine Intensität $I(z)$ am Ort z charakterisiert ist. Die Lichtintensität ist definiert als die Energie, die pro Zeiteinheit und Flächeneinheit mit dem Licht transportiert wird, und hat die Dimension $\mathsf{Enrg} \times \mathsf{T}^{-1} \times \mathsf{L}^{-2}$ (typisch in $[I] = \mathrm{W\,m^{-2}}$).

Wie in Abb. 1.8 angedeutet, wird das Licht der Intensität $I(z)$ am Ort z auf dem Weg dz durch das Medium um dI abgeschwächt. In Analogie zu (1.38) und (1.39) ist die absorbierte Intensität zu dieser Wegstrecke und zur einfallenden Strahlung proportional (das gilt jedenfalls bei moderaten Intensitäten):

$$\mathrm{d}I = -\mu I(z)\mathrm{d}z \tag{1.42}$$

Ganz analog zu dem eben behandelten zeitlichen Zerfall angeregter Zustände führt dies in einem ausgedehnten homogenen Medium *wieder zu einem exponentiellen Abfall.*

Die Proportionalitätskonstante μ heißt *Absorptionskoeffizient* und hat die Dimension L^{-1}. Das Medium kann z. B. ein atomares Gas im elektronischen Grundzustand sein, ein Glas oder eine Flüssigkeit. Alternativ kann man den Absorptionsprozess auch im Teilchenbild, d. h. auf atomistischer Basis beschreiben, indem man die Abnahme des *Photonenflusses (Teilchenstroms)* $\Phi(z) = I(z)/(h\nu)$ mit der Dimension $\mathsf{Teilchen} \times \mathsf{T}^{-1} \times \mathsf{L}^{-2}$ als Funktion des Ortes z verfolgt (jedes Photon trägt eine Energie $h\nu$, s. Abschn. 1.4). Nun besteht das Medium ja aus absorbierenden Atomen oder Molekülen, die jeweils einen sogenannten *Wirkungsquerschnitt* σ (Dimension L^2) für die Absorption von Photonen haben, und der so etwas wie die effektive Fläche eines Targetteilchens für die Absorption eines auftreffenden Photons angibt. Ist die

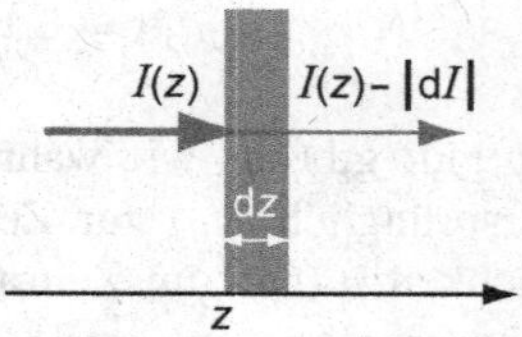

Abb. 1.8 Absorption von Licht: zum LAMBERT-BEER'schen Gesetz

Dichte der Absorberteilchen N (Dimension Teilchen $\times$ L^{-3}), so wird die Abnahme des Photonenflusses $\mathrm{d}I$ über eine Strecke $\mathrm{d}z$ jetzt

$$\mathrm{d}\Phi = -N \cdot \sigma \cdot \Phi \cdot \mathrm{d}z.$$

Multiplizieren wir beide Seiten mit $h\nu$ und vergleichen mit (1.42), so haben wir offenbar eine *atomistische Deutung des Absorptionskoeffizienten* gefunden:

$$\mu = N \cdot \sigma$$

Durch Integration von (1.42) finden wir, dass die anfängliche Intensität I_0 bei $z{=}0$ zu[4]

$$I(z) = I_0 \exp(-\mu z) = I_0 \exp(-\sigma N z) \tag{1.43}$$

am Ort z reduziert wird. Man nennt diesen Zusammenhang das LAMBERT-BEER*'sche Gesetz*. Bei Interpretation des Lichts als Teilchenstrom können wir alternativ auch

$$\Phi(z) = I(z)/(h\nu) = \Phi_0 \exp(-\mu z) = \Phi_0 \exp(-\sigma N z). \tag{1.44}$$

schreiben. Die Wahrscheinlichkeitsverteilung dafür, dass ein Photon gerade am Ort z absorbiert wird ergibt sich damit zu

$$w(z) = \frac{1}{\Phi_0}\frac{\mathrm{d}\Phi}{\mathrm{d}z} = \frac{1}{l}\mathrm{e}^{-z/l} \quad \text{mit} \quad l = 1/(\sigma N). \tag{1.45}$$

Dabei ist $l = 1/(\sigma N_a)$, mit der Dimension L, die sogenannte *mittlere freie Weglänge* des Photons. Das ist die Strecke, die ein Photon im Mittel im Medium zurücklegt, ohne absorbiert zu werden. Und $w(z)$ gibt an, wie wahrscheinlich es ist, dass das Photon bis zum Punkt z noch nicht absorbiert wurde. Graphisch lässt sich die Absorption ganz analog zu Abb. 1.7 auf Seite 19 beschreiben.

Weitere exponentielle Verteilungen

Statistische Überlegungen spielen eine zentrale Rolle in der gesamten Physik. Von großer Bedeutung ist dabei die sogenannte BOLTZMANN-Verteilung. Wir werden diese in Abschn. 1.3.3 zusammen mit weiteren statistischen Verteilungen besprechen. Hier sei lediglich darauf hingewiesen, dass auch die BOLTZMANN-Verteilung eine Exponentialverteilung ist. Statt um Zeit oder Ort, wie bei den eben besprochenen Verteilungen, geht es dabei um die Wahrscheinlichkeit, eine bestimmte Energie anzutreffen. Exponentialverteilungen sind grundsätzlich eine gute Anfangsvermutung, wenn man sich für die Wahrscheinlichkeit interessiert, irgendeine Observable anzutreffen. Wir werden in Abschn. 1.3.3 allerdings auch sehen, dass nicht alle Wahrscheinlichkeitsverteilungen Exponentialverteilungen sind. Die gesamte Quantenmechanik handelt letztlich von (meist) nicht exponentiellen Wahrscheinlichkeitsverteilungen.

---

[4] In der chemischen Literatur wird die *Absorption* (oder *Extinktion*) oft in der Form $\log(I_0/I(z)) = \varepsilon C z$ benutzt. Hierbei ist C die Konzentration des Absorbers (z. B in einer verdünnten Flüssigkeit oder in einem Gas), gemessen in $[C] = \mathrm{mol\,L^{-1}}$, und ε der sog. *molare Absorptionskoeffizienten (auch Extinktionskoeffizient)*, der normalerweise in den Einheiten $[\varepsilon] = \mathrm{L\,mol^{-1}\,cm^{-1}}$ angegeben wird. Der Zusammenhang mit dem in (1.42) definierten Absorptionskoeffizient ist demnach $\mu = \ln 10\, \varepsilon C \simeq 2.303\, \varepsilon C$.

1.3.2 Kinetische Gastheorie

Die statistische Interpretation der Eigenschaften von idealen und realen Gasen hat in der Geschichte der Atom- und Molekülphysik eine gewichtige Rolle gespielt. Wir kommunizieren hier lediglich die in unserem Kontext benutzte Terminologie und einige grundlegende Zusammenhänge (ohne Ableitung). Um Verwechslungen mit der kinetischen Energie und der Zeit zu vermeiden, benutzen wir für die Temperatur den Buchstaben Θ.

Zunächst erinnern wir daran, das ein ‚mol' eines Gases (eine SI Einheit) definiert ist als die Menge einer Substanz, die soviel elementare Einheiten (z. B. Atome, Moleküle, Ionen, Elektronen) enthält, wie es Atome in 12 g des Kohlenstoffisotops ^{12}C gibt. Die entsprechende Zahl von Teilchen heißt AVOGADRO-*Konstante*

$$N_{\mathrm{A}} = 6.02214179(30) \times 10^{23}\,\mathrm{mol}^{-1}\,. \tag{1.46}$$

Die *relative atomare (oder molekulare) Masse*[5] M_{r} ist definiert als $M_{\mathrm{r}}(X) = m(X)/[m(^{12}\mathrm{C})/12]$, wobei $m(X)$ die Masse der entsprechenden Atome ist, speziell $m(^{12}\mathrm{C})$ die Masse von ^{12}C. *Wir notieren beiläufig:* M_{r} wird häufig (und nicht korrekt) mit der Einheit $[M_{\mathrm{r}}] = \mathrm{g\,mol}^{-1}$ angegeben, sodass die Masse eines Atoms (Moleküls) dieser Substanz dann gerade $m = M_{\mathrm{r}}/N_{\mathrm{A}}$ ist. Streng formal ist M_{r} jedoch eine dimensionslose Größe und es gilt $m = (M_{\mathrm{r}}/N_{\mathrm{A}})\,\mathrm{g\,mol}^{-1}$.

Das klassische Äquipartitionstheorem (auch Gleichverteilungssatz) der Thermodynamik besagt,[6] dass

> im *thermodynamischen Gleichgewicht jeder Freiheitsgrad, der quadratisch an der Energie eines Stoffsystems beteiligt ist, im Mittel mit einem Betrag $k_{\mathrm{B}}\Theta/2$ zur Gesamtenergie beiträgt.* Die innere Energie eines Systems von N_{A} Teilchen wird dann gegeben durch
>
> $$U = f \times N_{\mathrm{A}} \frac{k_{\mathrm{B}}\Theta}{2} = f \times \frac{R\Theta}{2}. \tag{1.47}$$

Hier ist f die *Anzahl der energetischen Freiheitsgrade* pro Teilchen, Θ die *absolute Temperatur* des Gases,

$$k_{\mathrm{B}} = 1.3806504(24) \times 10^{-23}\,\mathrm{J\,K}^{-1} \tag{1.48}$$

die BOLTZMANN-*Konstante* und R die *molare Gaskonstante* $R = N_{\mathrm{A}} k_{\mathrm{B}}$.[7]

---

[5] $M_{\mathrm{r}}(X)$ wurde früher auch (Standard) Atomgewicht (bzw. Molekülgewicht) eines Isotops (einer Substanz) X genannt.

[6] Mikroskopisch trägt jedes Teilchen mit seinen energetischen Freiheitsgraden bei, soweit sie angeregt werden können, durch:

Translation: $m\dot{x}^2/2$
Rotation: $I\omega^2/2$
Schwingung: $m\dot{q}^2/2 + kq^2/2$.

Hier sind: x Ortskoordinaten, m Teilchenmasse, ω Winkelgeschwindigkeit um eine Achse, I zugehöriges Trägheitsmoment, q Schwingungskoordinate, k entsprechende Kraftkonstante.

[7] Wir benutzen den traditionellen Buchstaben U für die innere Energie/mol und u für den Mittelwert pro Teilchen.

Für Moleküle erhöht sich die Zahl der Freiheitsgrade f für jeden anregbaren Freiheitsgrad der Rotation um 1, für jeden Freiheitsgrad der Vibration um 2 (für kinetische *und* potentielle Energie). Im Festkörper wird $f = 6$ pro Atom (3 Freiheitsgrade der Schwingung), im zweiatomigen Gas ist $f = 7$ pro Molekül (drei Translationen, zwei Rotationsachsen, eine Schwingungsmode). Für lineare und nichtlineare dreiatomige Moleküle haben wir $f = 9$ bzw. 10, und so weiter. In all diesen Fällen muss man aber berücksichtigen, dass die Freiheitsgrade der Rotation und Vibration quantisiert sind: Bei sehr tiefen Temperaturen kann man sie daher im Gegensatz zur Translation überhaupt nicht anregen (sie sind ‚eingefroren'). Das Äquipartitionstheorem in seiner simplen Form (1.47) gilt also nur bei hinreichend hohen Temperaturen. Wir werden darauf in Band 2 noch zurückkommen, wenn wir die Temperaturabhängigkeit der spezifischen Wärmekapazität von molekularen Gasen diskutieren.

Eine zentrales Modell der kinetischen Gastheorie ist das *ideale Gas,* das man sich aus vielen punktförmig gedachten Teilchen (Atomen) aufgebaut vorstellt, die sich ungeordnet bewegen, keine eigene Ausdehnung haben und nur im Augenblick eines Zusammenstoßes miteinander wechselwirken. Auch wenn dies ein sehr simplifiziertes Modell der Realität ist, kann man doch vielerlei wichtige Eigenschaften von realen Gasen darüber erschließen.

Im idealen Gas gibt es nur kinetische Teilchenenergie und es gilt $f = 3$. Die Temperatur entspricht einer *mittleren inneren kinetischen Energie* u der Teilchen von

$$u = \frac{1}{2} m \overline{v^2} = \frac{3}{2} k_B \Theta. \tag{1.49}$$

Die Teilchen bewegen sich im Gas mit einer mittleren Geschwindigkeit $\overline{v} \simeq \sqrt{\overline{v^2}}$, ihr mittlerer Impuls ist $m\sqrt{\overline{v^2}}$. Daraus berechnen wir den *Druck P* als *Impulsübertrag pro Zeiteinheit und Fläche* durch elastische Stöße mit und Rückreflexion von den Wänden, die das Gas einschließen. Da $1/6$ aller Atome im Mittel in eine Richtung laufen ($\pm x, \pm y, \pm z$), treffen bei einer Teilchendichte N im zeitlichen Mittel $\sqrt{\overline{v^2}} N/6$ Teilchen pro Zeiteinheit auf eine Wand auf und übertragen jeweils einen Impuls von $2m\sqrt{\overline{v^2}}$. Somit wird der Druck

$$P = Nm\overline{v^2}/3 = Nk_B\Theta. \tag{1.50}$$

Für ν mol Gas in einem Volumen V (also für νN_A Teilchen) ist die Teilchendichte $N = \nu N_A / V$ und wir erhalten aus (1.50) das wohlbekannte *ideale Gasgesetz* für ein makroskopisches System

$$PV = \nu N_A k_B \Theta = \nu R \Theta. \tag{1.51}$$

Der *Teilchenfluss* – also die Zahl der Teilchen, die durch einen Querschnitt der Einheitsfläche während einer Zeiteinheit fließen – ist vN, wenn v die Geschwindigkeit der Teilchen ist. Die Anzahl der Stöße der Teilchen untereinander wird durch den sogenannten *gaskinetischen Wirkungsquerschnitt* σ bestimmt mit der Dimension L^2. Für typische elastische Stöße zwischen Atomen oder Molekülen bei Normaltemperatur hat σ die Größenordnung von $10^{-19}\,\mathrm{m}^2$. Die Zeit t_{col} und der Abstand l, welche ein Teilchen zwischen zwei Stößen im Mittel frei durchläuft, sind miteinander über

$$t_{\mathrm{col}} = \frac{1}{\langle \sigma v N \rangle} \quad \text{und} \quad l = \langle v \rangle t_{\mathrm{col}} \tag{1.52}$$

verknüpft. Die Klammer $\langle\ \rangle$ deutet wieder eine Mittelung an, hier über die Geschwindigkeitsverteilung $N(v)$ der Gasteilchen. Etwas präziser ist v im Nenner die Relativgeschwindigkeit zwischen den stoßenden Teilchen. Wenn nur eine Teilchensorte beteiligt ist, dann ist deren relative mittlere Geschwindigkeit $\sqrt{2}\langle v \rangle$. Somit wird die *mittlere freie Weglänge*

$$l = \frac{1}{\sqrt{2}\sigma N}. \tag{1.53}$$

Ähnliche Beziehungen gelten auch für die Absorption von Ionen, Nukleonen, Licht, RÖNTGEN-Strahlung oder auch γ-Strahlung beim Durchgang durch Materie (siehe auch (1.45)).

1.3.3 Klassische und Quantenstatistik, Fermionen und Bosonen

Wenn wir von einer mittleren Energie, Geschwindigkeit, Lebensdauer oder Weglänge eines Teilchens oder Systems von Teilchen sprechen (Photonen, Atome, Moleküle, Ionen, Elektronen, Atomkerne usw.) impliziert dies stets, dass diese Größen durch eine statische Verteilung beschrieben werden. Klassisch bildet die BOLTZMANN-*Statistik dabei* ***die*** *Basis für statistische Energieverteilungen* in allen Bereichen der Physik. Sie beschreibt die *Wahrscheinlichkeit, eine gewisse Energie* u pro Teilchen in einem Ensemble von Teilchen zu finden. Diese Energie mag kinetische Energie sein oder innere Anregung der Teilchen (z. B. elektronische Anregung, Vibrations- oder Rotationsanregung in einem Molekül). Die Quantenphysik erfordert gewisse Modifikationen der BOLTZMANN-Statistik. Sofern aber die Teilchendichten niedrig genug und die Temperatur hinreichend hoch ist, sind diese Quantenkorrekturen sehr klein, wie wir gleich sehen werden.

Mit Blick auf die mögliche Quantisierung der Energie (bei gebundenen Zuständen) haben wir diskrete und kontinuierliche Energieverteilungen zu unterscheiden. Die Energien eines Systems können durch unterschiedliche Quantenzustände realisiert werden. Verschiedene Zustände i mit gleichen Energien u_i nennt man *entartet* und die Zahl der möglichen Realisierungen der Energie u_i nennt man *Entartung* g_i. Im Fall kontinuierlicher Energien u charakterisiert die sogenannte *Zustandsdichte* $g(u)$ die Zahl $g(u)\mathrm{d}u$ von Zuständen in einem Energieintervall zwischen u und $u+\mathrm{d}u$ (hier *pro Einheitsvolumen*).

Die BOLTZMANN-*Verteilung* wird in der klassischen statistischen Mechanik entwickelt. Die *Teilchenzahldichte* N_i mit der Energie u_i, also die Teilchenzahl pro Volumeneinheit (bzw. im Fall kontinuierlicher Energien $\mathrm{d}N$ mit Energien zwischen u und $u + \mathrm{d}u$) kann geschrieben werden als

$$\frac{N_i}{N} = \frac{g_i}{Z(\Theta)} \exp(-u_i/k_B\Theta) \tag{1.54}$$

$$\text{bzw.} \quad \mathrm{d}N \propto g(u)\exp(-u/k_B\Theta)\mathrm{d}u \tag{1.55}$$

mit der Gesamt-Teilchenzahldichte N und der sogenannten *Zustandssumme* $Z(\Theta) = \sum g_i \exp(-u_i/k_B\Theta)$, die sicherstellt, dass bei Summation von (1.54) über alle Zustände i die rechte Seite 1 ergibt.

Die Normierung im Kontinuum erfordert eine etwas detailliertere Überlegung. Wir erläutern das am Beispiel der Geschwindigkeitsverteilung im idealen Gas. Die Geschwindigkeitskomponenten in den drei Raumrichtungen seien v_x, v_y, v_z, die Teilchenmasse wieder m und die kinetische Energie pro Teilchen somit $u = m(v_x^2 + v_y^2 + v_z^2)/2$. Dann ist $g(v_x, v_y, v_z) = const$ (da für $-\infty < v_{x,y,z} < \infty$ kein Geschwindigkeitsvektor a priori wahrscheinlicher ist als ein anderer). Man kann also die Geschwindigkeitsverteilung schreiben als

$$\frac{\mathrm{d}N}{N} = \left(\frac{m}{2\pi k_B\Theta}\right)^{3/2} \exp\left[-\frac{m(v_x^2 + v_y^2 + v_z^2)}{2k_B\Theta}\right]\mathrm{d}v_x\mathrm{d}v_y\mathrm{d}v_z, \tag{1.56}$$

was so normiert ist, dass die Integration über all Geschwindigkeiten 1 ergibt. Wenn man andererseits aber an der Wahrscheinlichkeit interessiert ist, einen *bestimmten Betrag der Geschwindigkeit zu finden*, sagen wir im Bereich von v und $v + \mathrm{d}v$, dann muss man über alle Raumwinkel integrieren, sodass $\mathrm{d}v_x\mathrm{d}v_y\mathrm{d}v_z = 4\pi v^2\mathrm{d}v$ wird. Das führt schließlich zu der wohlbekannten MAXWELL-BOLTZMANN'schen *Geschwindigkeitsverteilung*

$$\frac{\mathrm{d}N}{N} = \sqrt{\frac{2}{\pi}}\left(\frac{m}{k_B\Theta}\right)^{3/2} v^2 \exp\left[-\frac{mv^2}{2k_B\Theta}\right]\mathrm{d}v, \tag{1.57}$$

die wiederum ordentlich normiert ist, sodass das Integral über alle Geschwindigkeiten $0 \le v < \infty$ gleich 1 wird. Die wahrscheinlichste Geschwindigkeit (Maximum der Verteilung) ist $v_m = \sqrt{2k_B\Theta/m}$. Man kann (1.57) als Energieverteilung umschreiben, indem man $u = mv^2/2$ substituiert:

$$\frac{\mathrm{d}N}{N} = \frac{2}{\sqrt{\pi}}\left(\frac{1}{k_B\Theta}\right)^{3/2} \sqrt{u}\exp\left(-\frac{u}{k_B\Theta}\right)\mathrm{d}u. \tag{1.58}$$

Der Vergleich mit (1.55) zeigt, dass die Zustandsdichte im Kontinuum der kinetischen Energien $g(u) \propto \sqrt{u}$ ist. Die mittlere Energie ergibt sich zu

$$\langle u\rangle = \frac{2}{\sqrt{\pi}}\left(\frac{1}{k_B\Theta}\right)^{3/2} \int_0^\infty u\sqrt{u}\exp\left(-\frac{u}{k_B\Theta}\right)\mathrm{d}u = \frac{3}{2}k_B\Theta \tag{1.59}$$

und bestätigt somit das klassische Äquipartitionstheorem für drei Freiheitsgrade in der Form (1.49). Auch der Ausdruck (1.49) für die quadratisch gemittelte Geschwindigkeit $\sqrt{\langle v^2 \rangle} = \sqrt{3k_B\Theta/m}$ und $\langle v \rangle = \sqrt{8\Theta k_B/\pi m}$ lässt sich mit (1.57) leicht bestätigen.

So viel zur klassischen Statistik. Wenn wir *dies aus quantenmechanischer Sicht betrachten,* müssen wir die Quantisierung des Phasenraums ebenso mitberücksichtigen wie die Ununterscheidbarkeit identischer Teilchen. Der erstere Aspekt impliziert, dass selbst das Kontinuum nicht vollständig kontinuierlich ist. Statt dessen hat der 6-dimensionale Phasenraum (3 Ortskoordinaten und 3 Impulskoordinaten) eine endliche Zellengröße h^3. Damit und mit der Entartung $g_s = 2s + 1$ durch den Spin s der betrachteten Teilchen (siehe Gl. 1.8) folgt die *Zustandsdichte für ein Gas von nicht wechselwirkenden Teilchen im Kontinuum:*

$$g(u) = \frac{g_s}{4\pi^2}\frac{(2m)^{3/2}}{\hbar^3}\sqrt{u} = g_s\frac{4\sqrt{2}\pi m^{3/2}}{h^3}\sqrt{u}. \tag{1.60}$$

Die Dimension der Zustandsdichte im Kontinuum ist $\mathsf{Enrg}^{-1}\mathsf{L}^{-3}$. In Abschn. 2.4.3 auf Seite 115 werden wir $g(u)$ für das Modell des freien Elektronengases ableiten, und in Band 2 wird uns dies noch einmal im Zusammenhang mit der Quantisierung des elektromagnetischen Feldes beschäftigen. Hier verzichten wir auf Ableitung der statistischen Verteilungen und verweisen auf Standard-Lehrbücher zur statistischen Thermodynamik und Quantenstatistik. Wir fassen hier lediglich einige wichtige Beziehungen zusammen und illustrieren kurz deren Bedeutung.

In Hinblick auf die Ununterscheidbarkeit identischer Teilchen kennt die Quantenmechanik zwei Teilchenarten: *Bosonen und Fermionen,* die wir bereits in Abschn. 1.1.1 als Teilchen mit *ganz- bzw. halbzahligem Spin s* kennengelernt haben. Für Fermionen (z. B. e^-, e^+, p, ^{3}He, usw.) gilt das PAULI-Prinzip (NOBEL-Preis 1945), auch PAULI'sches Ausschlussprinzip. Es besagt, dass jeder Quantenzustand (diskret oder im Kontinuum) maximal von einem Teilchen besetzt werden kann (siehe auch Abschn. 3.1.2 auf Seite 150). Im Gegensatz dazu gilt für Bosonen (z. B. Photonen, ^{2}H = D, ^{4}He, ^{12}C, usw.) keine solche Einschränkung, d. h. jeder Zustand kann im Prinzip von beliebig vielen Teilchen besetzt werden. Aber auch die Bosonen sind nicht unterscheidbar – ganz im Gegensatz zur klassischen Annahme, nach der man im Prinzip die Teilchen durchnummerieren kann. Abbildung 1.9 illustriert diesen fundamentalen Unterschied an der Statistik für das einfachste Beispiel: Wie kann man *zwei Teilchen* auf *drei Zustände* verteilen?

Detaillierte Überlegungen, auf die wir hier nicht eingehen können, führen dann zu drei verschiedenen Statistiken, nach denen man (viele) Energieniveaus mit vielen Teilchen besetzen kann: Die BOLTZMANN-*Verteilung* gilt für klassische Teilchen, die BOSE-EINSTEIN-*Verteilung*[8] für Bosonen und die FERMI-DIRAC-*Verteilung* für Fermionen.[9] Um die drei Statistiken zu vergleichen (wobei wir uns auf das

[8] BOSE hat diese zuerst auf Photonen angewendet, während EINSTEIN sie für beliebige Bosonen erweitert hat.

[9] FERMI und DIRAC haben sie unabhängig voneinander 1926 entwickelt, FERMI etwas früher als DIRAC.

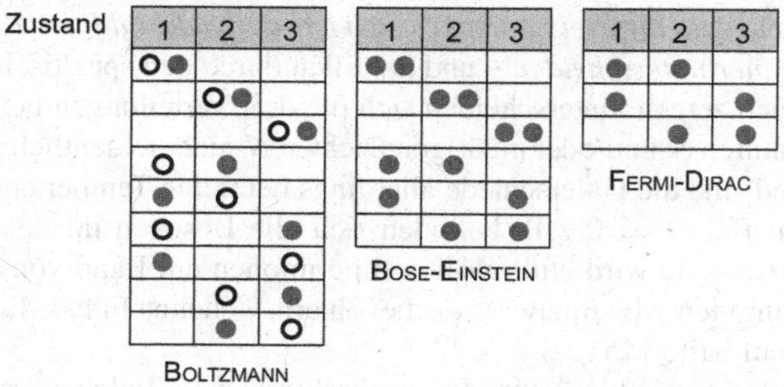

Abb. 1.9 Wie *zwei Teilchen* auf *drei Zustände* verteilt werden können: Dies illustriert die grundsätzlichen Unterschiede zwischen den Statistiken nach BOLTZMANN (klassische Teilchen, unterscheidbar, ○ und ●), BOSE-EINSTEIN (Teilchen nicht unterscheidbar, sonst beliebig), FERMI-DIRAC (Teilchen nicht unterscheidbar, PAULI-Prinzip: maximal 1 Teilchen pro Zustand)

Kontinuum konzentrieren), schreiben wir auch die BOLTZMANN-Verteilung (1.55) leicht um:

$$\text{BOLTZMANN} \quad \mathrm{d}N = \frac{1}{\exp[(u-\mu)/(k_B\Theta)]} \times g(u)\mathrm{d}u \tag{1.61}$$

$$\text{FERMI-DIRAC} \quad \mathrm{d}N = \frac{1}{\exp[(u-\mu)/(k_B\Theta)]+1} \times g(u)\mathrm{d}u \tag{1.62}$$

$$\text{BOSE-EINSTEIN} \quad \mathrm{d}N = \frac{1}{\exp[(u-\mu)/(k_B\Theta)]-1} \times g(u)\mathrm{d}u. \tag{1.63}$$

Die Größe μ wird als das *chemische Potenzial* bezeichnet. Sie erlaubt es uns, die Verteilungen richtig auf 1 zu normieren.[10] Man beachte, dass die Dimension dieser Ausdrücke L^{-3} ist, da die Zustandsdichte nach (1.60), $g(u)\mathrm{d}u$ ebenfalls eine Zahl pro Volumen (Dimension $\mathsf{V}^{-1} = \mathsf{L}^{-3}$) ist, was ebenfalls für N gilt. Im Falle diskreter Zustände hat man einfach $\mathrm{d}N$ durch N_i/N und $g(u)\,\mathrm{d}u$ durch $g_i/\mathcal{Z}(\Theta)$ zu ersetzen. Die Brüche, die in der Mitte dieser Gleichungen stehen sind *der* BOLTZMANN-*Faktor, die* FERMI-*Funktion* und *die* BOSE-EINSTEIN-*Funktion* (*keine Verteilungen,* als die sie manchmal im Sprachgebrauch bezeichnet werden).

Ordentliche Normierung erfordert, dass die Integration über alle Energien $0 \le u < \infty$ durchgeführt wird, und zwar über die ganze rechte Seite der Gleichungen, einschließlich der Zustandsdichte. Das Ergebnis muss N sein, die Teilchenzahldichte im untersuchten Gas. Auf diesem Wege bestimmt man das *chemische Potenzial* μ. Wie wir gleich sehen werden, hängt es ab von Θ, N, m und g_s sowie vom Typ der verwendeten Statistik.

---

[10] In der Thermodynamik wird das *chemische Potenzial* definiert als die partielle Ableitung $\partial G/\partial \mathcal{N}$ der freien Enthalpie G (GIBBS-Potenzial) nach der Teilchenzahl $\mathcal{N}$ bei konstanter Temperatur und Druck. Daher gibt μ die Menge Energie an, die notwendig ist, um die Zahl der Teilchen im System (um 1) zu ändern, ohne das Gleichgewicht des Systems zu stören.

Wir bemerken, dass *die drei Statistiken sich nur durch die additive Konstante* 0, 1 *bzw.* -1 *im Nenner unterscheiden* – und natürlich durch den spezifischen Wert von μ. Wie wir gleich zeigen, unterscheiden sich die drei Verteilungen bei hinreichend hohen Temperaturen Θ und/oder niedrigen Dichten N nicht wesentlich voneinander. Ganz gravierend sind die Unterschiede allerdings bei tiefen Temperaturen und/oder hohen Dichten: Bei $\Theta = 0$ z.B. befinden sich alle Bosonen im tiefsten Zustand und die Gesamtenergie wird Null, während Fermionen ein Band von Energien bis zu einem bestimmten Maximalwert ϵ_F bevölkern, genannt FERMI-Energie (siehe Abschn. 2.4.3 auf Seite 115).

Für ein Gas freier, nicht miteinander wechselwirkender Teilchen können wir die Zustandsdichte $g(u)$ nach (1.60) explizit einsetzen, eine Größe

$$A = g_s \frac{4\sqrt{2}\pi m^{3/2}}{Nh^3} \tag{1.64}$$

einführen, welche die Quantennatur dieser Statistiken betont, und wir erhalten:

$$\text{BOLTZMANN} \quad \frac{\mathrm{d}N}{N} = A \times \frac{\sqrt{u}\mathrm{d}u}{\exp(\frac{u-\mu}{k_\mathrm{B}\Theta})} \tag{1.65}$$

$$\text{FERMI-DIRAC} \quad \frac{\mathrm{d}N}{N} = A \times \frac{\sqrt{u}\mathrm{d}u}{\exp(\frac{u-\mu}{k_\mathrm{B}\Theta}) + 1} \tag{1.66}$$

$$\text{BOSE-EINSTEIN} \quad \frac{\mathrm{d}N}{N} = A \times \frac{\sqrt{u}\mathrm{d}u}{\exp(\frac{u-\mu}{k_\mathrm{B}\Theta}) - 1}. \tag{1.67}$$

Zur Normierung müssen wir wieder die rechten Seiten der Gleichungen (1.65)–(1.67) integrieren. Wir substituieren $x = u/(k_\mathrm{B}\Theta)$ und $\xi = \mu/(k_\mathrm{B}\Theta)$ und erhalten als Normierungsbedingung

$$A(k_\mathrm{B}\Theta)^{3/2} \int_0^\infty \frac{\sqrt{x}\mathrm{d}x}{\exp(x-\xi)+\delta} \stackrel{!}{=} 1 \tag{1.68}$$

mit $\delta = 0$ bzw. ± 1 für die BOLTZMANN, FERMI-DIRAC bzw. BOSE-EINSTEIN-Wahrscheinlichkeitsverteilungen.

Für die BOLTZMANN-*Verteilung* kann das Integral in geschlossener Form ausgewertet werden und ergibt $\sqrt{\pi}/2\exp(\xi)$ sodass man für das *chemische Potenzial* μ findet:

$$\exp(-\xi) = \frac{g_s(2\pi m k_\mathrm{B}\Theta)^{2/3}}{Nh^3} \tag{1.69}$$

$$\text{oder} \quad \xi = \frac{\mu}{k_\mathrm{B}\Theta} = -\ln\frac{g_s(2\pi m k_\mathrm{B}\Theta)^{3/2}}{Nh^3} \tag{1.70}$$

Bei hohen Temperaturen und nicht zu hohen Dichten ist das *chemische Potenzial* daher negativ. Um ein Gefühl für die typische Größenordnungen dieses Parameters zu bekommen, notieren wir, dass man bei Normalbedingungen ($N = N_\mathrm{L} = 2.687 \times 10^{25}\,\mathrm{m}^{-3}$ und 273 K) für He mit $m \simeq 4\,\mathrm{u}$, $s = 0$ und $g_s = 1$ findet: $\exp(-\xi) \simeq 252106$ – wogegen die additiven Konstanten $\delta = \pm 1$ im Nenner von

(1.66) bzw. (1.67) völlig belanglos sind. Das ist charakteristisch für *Gase unter Standardbedingungen, wo es keinen Unterschied zwischen den drei Statistiken gibt,* und $\mu \simeq -0.293\,\mathrm{eV}$ ist praktisch identisch für alle drei Fälle.

Im Gegensatz dazu gibt es *bei tiefen Temperaturen und/oder hohen Teilchenzahldichten deutliche Unterschiede.* Für die FERMI-DIRAC und BOSE-EINSTEIN-Statistik muss man μ durch numerische Integration von (1.68) mit $\delta = \pm 1$ ermitteln.

Es ist wichtig zu beachten, dass μ bei BOSE-EINSTEIN-Gasen *positiv sein muss* um Singularitäten in (1.67) zu vermeiden. Für $\mu = 0$ wird das Integral auf der linken Seite von (1.68) maximal und kann in geschlossener Form ausgewertet werden. Durch Vergleich mit (1.64) leitet man die sogenannte *kritische Temperatur* ab:

$$\Theta_c = 2\pi N^{2/3}\left(\zeta(3/2) g_s\right)^{-2/3} \frac{\hbar^2}{mk_\mathrm{B}} = 3.31 \frac{\hbar^2}{mk_\mathrm{B}} g_s{}^{-2/3} N^{2/3} \tag{1.71}$$

Im letzten Schritt wurde der Wert $\zeta(3/2) = 2.612$ aus der RIEMANN'schen Zeta-Funktion eingesetzt. Bei dieser kritischen Temperatur findet die viel zelebrierte BOSE-EINSTEIN-*Kondensation* (BEC) statt (Pionierarbeiten hierzu von CORNELL *et al.* wurden 2001 mit dem NOBEL-Preis ausgezeichnet).

In Abb. 1.10 zeigen wir zwei Beispiele für die drei statistischen Verteilungen – mit Θ etwas oberhalb der kritischen Temperatur Θ_c. Die Energieverteilungen wurden für ein Gas mit der Molekülmasse 4 u bei einem Druck von 100 mbar bei den Temperaturen (a) $\Theta = 2.5\,\mathrm{K}$ und (b) 1 K berechnet. In der Realität würde He-Gas unter diesen Bedingungen durch die mit BE gekennzeichnete Kurve beschreiben, welche die BOSE-EINSTEIN-Statistik illustriert. Die beiden anderen Kurven sollen lediglich

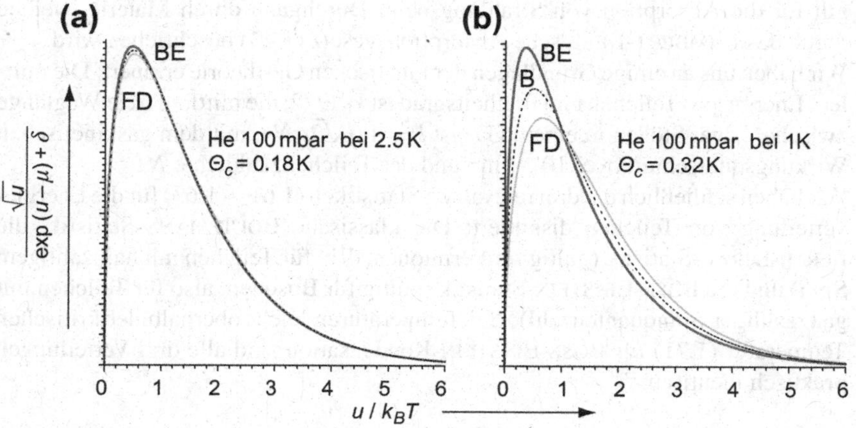

Abb. 1.10 Vergleich der drei Statistiken für Atome der Masse 4 u bei 100 mbar und zwei verschiedenen Temperaturen **(a)** 2.5 K und **(b)** 1 K; (BE ——) bezieht sich auf die BOSE-EINSTEIN-Statistik, wie sie auf ^{4}He Atome zutrifft, (B · · ·) illustriert die klassische BOLTZMANN-Verteilung und (FD ——) repräsentiert die Energieverteilung bei einer FERMI-DIRAC-Statistik

dem Vergleich dienen. Wir erkennen die Unterschiede der drei Statistiken. Wenn man den Trend zwischen den beiden Temperaturen verfolgt, so wird offenkundig, dass man die drei Verteilungen bei Temperaturen oberhalb einiger Θ_c kaum noch wird unterscheiden können.

Im Gegensatz zur BOSE-EINSTEIN-Statistik (wo das *chemische Potenzial* $\mu \leq 0$ sein muss,) kann im FERMI-DIRAC-Fall μ durchaus positive Werte annehmen, da es keine Singularitäten in (1.66) gibt. Ein für die Anwendung besonders wichtiges Beispiel ist das Modell des freien Elektronengases, das Elektronen in einem Metall recht gut beschreibt. Dort ist die Teilchenzahldichte (der Elektronen) sehr hoch und die Temperaturen können klein sein. In diesem Fall wird μ FERMI-*Energie* genannt. Sie kann recht hohe positive Werte annehmen (im Vergleich zu $k_B\Theta$). Wir werden das in Abschn. 2.4.3 diskutieren und illustrieren. Es wird sich zeigen, dass diese Verteilung sich dann sehr von einer BOLTZMANN-Verteilung unterscheidet.

Was haben wir in Abschnitt 1.3 gelernt?

- Statistische Verteilungen sind in vielen Bereichen der klassischen Physik wie der Quantenphysik wichtig. Sie beschreiben die Wahrscheinlichkeit, Observable bei bestimmten Werten von Ort, Zeit, Energie oder Frequenz zu finden. Charakteristisch sind dabei die Mittelwerte (1.36) und die Varianz (1.37) einer Observablen.
- Sehr häufig findet man Exponentialverteilungen, die wir im Kontext des spontanen Zerfalls (1.39) von angeregten Zuständen eingeführt haben. Man charakterisiert diese durch eine Halbwertszeit (die Zeit, nach welcher die Hälfte aller angeregten Zustände zerfallen ist) $t_{1/2} = \ln 2/A = \tau \ln 2$, mit der mittleren Lebensdauer τ und der Übergangswahrscheinlichkeit A. Eine analoge Beziehung gilt für die Absorption von Strahlung beim Durchgang durch Materie, welche durch das LAMBERT-BEER'sche Absorptionsgesetz (1.43) beschrieben wird.
- Wir haben uns an einige Grundlagen der kinetischen Gastheorie erinnert: Die mittlere Energie pro Teilchen und Freiheitsgrad ist $k_B\Theta/2$; die mittlere freie Weglänge zwischen zwei Stößen in einem Gas ist $l = 1/(\sqrt{2}\sigma N)$, mit dem gaskinetischen Wirkungsquerschnitt $\sigma \simeq 10^{-19}\,\mathrm{m}^2$ und der Teilchenzahldichte N.
- Wir haben schließlich die drei relevanten Statistiken (1.61)–(1.63) für die Energieverteilung von Teilchen diskutiert: Die klassische BOLTZMANN-Statistik, die FERMI-DIRAC-Statistik (gültig für Fermionen, d. h. für Teilchen mit halbzahligem Spin) und die BOSE-EINSTEIN-Statistik (gültig für Bosonen, also für Teilchen mit ganzzahliger Spinquantenzahl). Bei Temperaturen leicht oberhalb der kritischen Temperatur (1.71) für BOSE-EINSTEIN-Kondensation sind alle drei Verteilungen praktisch identisch.

1.4 Photonen

Aus der klassischen Wellenoptik wissen wir, dass Licht als elektromagnetische Wellen beschrieben werden kann: Beugung und Interferenz sind experimentelle Beobachtungen, auf denen dieser Blickwinkel basiert. Phänomene der geometrischen Optik lassen sich sogar sinnvoll durch ‚Lichtstrahlen‘ beschreiben,[11] welche die geradlinige Ausbreitung des Lichtes symbolisieren.

Licht hat aber auch Teilcheneigenschaften. Das erste Experiment, welches versuchte, diese Doppeleigenschaft des Photons – Teilchen und Welle – nachzuweisen, war ein Beugungsexperiment am Doppelspalt mit stark abgeschwächtem Licht von TAYLOR (1909), welches einzelne Photonen auf einer Photoplatte nachweisen konnte. Richard FEYNMAN soll gesagt haben, dass „all of quantum mechanics can be gleaned from carefully thinking through the implications of this single experiment.“

Wir wollen hier nicht in die Tiefen der philosophischen Deutung solcher Experimente zum „Welle-Teilchen-Dualismus“ eindringen. Noch heute wird vehement darüber debattiert, ob das Photon (oder das Elektron oder sonst ein Elementarteilchen) zugleich Teilchen *und* Welle sei, oder *weder* Teilchen *noch* Welle. Die physikalische Interpretation der Beugungsexperimente von Licht am Doppelspalt ist unzweideutig: Das Betragsquadrat der Feldamplitude am Detektor bestimmt die Wahrscheinlichkeit dafür, ein Photon nachzuweisen. Heute kann man solche Experimente in überzeugender Weise mit empfindlichen CCDs durchführen (siehe z. B. DIMITROVA und WEIS 2008). Man beobachtet dabei, wie das Beugungsbild am Doppelspalt aus zunächst statistisch erscheinenden Punkten (also einzeln nachgewiesenen Photonen) entsteht und kann ggf. die Photonen unter Einsatz entsprechender Elektronik auch ‚hören‘. Puristen können sich sogar davon überzeugen, dass solche Experimente wirklich mit *einzelnen* Photonen aus einer „single photon source“ durchgeführt werden können, die zweifellos nur „mit sich selbst interferieren“ (ROCH *et al.* 2015; JACQUES *et al.* 2006).

Schlüsselexperimente, welche den Teilchenaspekt von Photonen dokumentieren, werden nachfolgend in diesem Abschnitt behandelt. Die Quantenmechanik, der das nächste Kapitel gewidmet ist, verbindet beide Blickwinkel – oder genauer gesagt: Sie gibt uns Regeln an die Hand für eine konsistente Interpretation aller experimentellen Beobachtungen.

1.4.1 Photoeffekt und Energiequantisierung

Eine der grundlegenden Beobachtungen zur Quantennatur des Lichtes ist der *photoelektrische Effekt* (kurz *Photoeffekt*). Man bestrahlt dabei eine Metalloberfläche mit Licht der Wellenlänge λ (Frequenz $\nu = c/\lambda$), typischerweise im UV oder VUV und misst die kinetische Energie W_{kin} der dabei aus dem Metall austretenden Elektronen. Hier die entscheidenden Befunde:

[11] Wir werden diesen etwas unpräzisen Begriff in Band 2 noch quantifizieren.

- Im Gegensatz zur klassischen Erwartung ist die Energie der Photoelektronen unabhängig von der Intensität des Lichts; diese bestimmt lediglich die Anzahl der beobachteten Photoelektronen.
- Die beobachtete *kinetische Energie* W_{kin} *der Elektronen hat einen Maximalwert*

$$W_{\mathrm{kin}}^{(\mathrm{max})} = h\nu - W_{\mathrm{A}}, \tag{1.72}$$

mit h, der PLANCK'schen Konstante (1.2), und W_{A}, der sogenannten *Austrittsarbeit der Elektronen* aus der Festkörperoberfläche. Für Experimente in der Gasphase ist W_{A} durch das Ionisationspotenzial W_{I} der untersuchten Atome bzw. Moleküle zu ersetzen.

EINSTEIN gelang in seinem ‚annus mirabilis' 1905 die Deutung des photoelektrischen Effekts – einer der entscheidenden Schritte in den frühen Tagen der Quantenmechanik, wofür er 1921 den NOBEL-Preis in Physik erhielt: Lichtenergie kommt nur in *wohldefinierten Energiepaketen* von

$$W_{\mathrm{ph}} = h\nu = \hbar\omega \tag{1.73}$$

vor. Dieses Energiepaket ist das *elementare Lichtquant,* auch *Photon* genannt. *Licht hat offensichtlich sowohl Wellen- als auch Teilchencharakter.*

Um eine Vorstellung von den Größenordnungen zu bekommen, betrachten wir gelbes Licht (Sonne, Na-Straßenlampen) bei einer Wellenlänge von $\lambda = 589\,\mathrm{nm}$. Mit $c = \lambda\nu$ ist $\nu = 5.09 \times 10^{14}\,\mathrm{Hz}$ und $W_{\mathrm{ph}} = h\nu = 3.37 \times 10^{-19}\,\mathrm{J} = 2.10\,\mathrm{eV}$. Zur Veranschaulichung des Photoeffekts kann man ein einfaches Modell, den Potenzialtopf, für quasi freie Elektronen im Metall heranziehen. Die energetischen Zusammenhänge zwischen W_{kin}, W_A und $h\nu$ sind in Abb. 1.11 dargestellt. Der Photoeffekt ist die Basis für die moderne Photoelektronenspektroskopie: Man kann sich anhand von Abb. 1.11 leicht vorstellen, dass die genaue Vermessung des Spektrums von W_{kin} ein empfindliches Werkzeug zur Bestimmung der elektronischen Struktur des Untersuchungsobjekts ist. Der Potenzialtopf ist dann natürlich nur eine allererste Annäherung an die Realität, z. B. die Bandstruktur an einer Festkörperoberfläche.

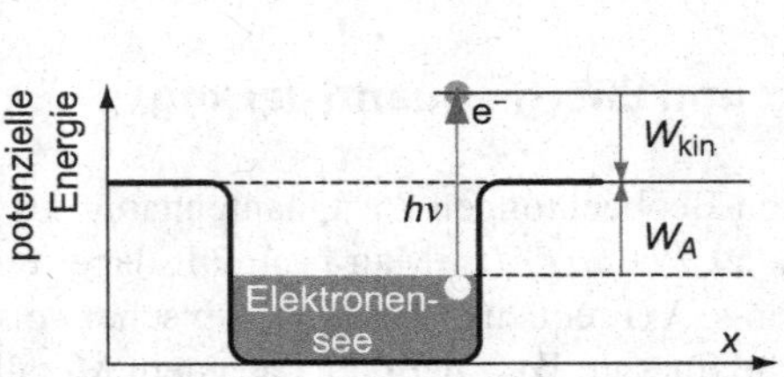

Abb. 1.11 Einfaches Potenzialtopfmodell zur Erklärung des Photoeffekts: Ein Photon der Energie $h\nu$ hebt ein Elektron • aus dem ‚Elektronensee' im Metall (gebunden) ins Kontinuum *(frei);* ein Loch bleibt im See zurück

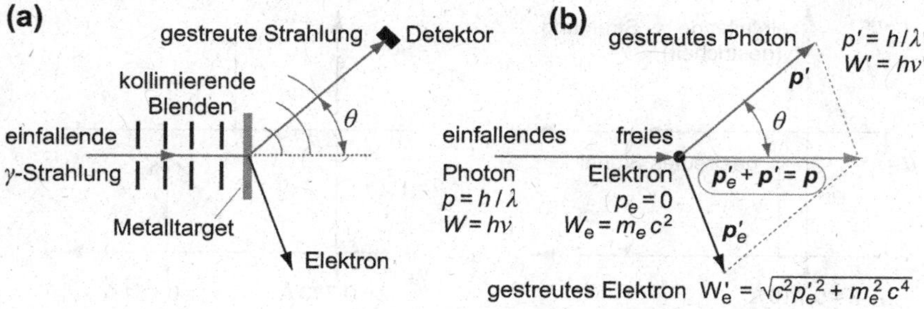

Abb. 1.12 (**a**) Experimentelles Schema zum COMPTON-Effekt. (**b**) Kinematik des Streuprozesses: Energie W bzw. W_e und Impuls p bzw. p_e für Photon bzw. Elektron vor dem Stoß und danach (W' bzw. W'_e und p' bzw. p'_e)

Anmerkung: Die hier beschriebenen Beobachtungen gelten nur für sehr niedrige Lichtintensitäten (linearer Bereich). Wenn man intensive Laserimpulse benutzt, wie sie heute mit modernen Techniken problemlos hergestellt werden können, ändert sich die Situation. Mit zunehmender Lichtintensität sind die Prozesse nicht mehr linear und die beobachteten Phänomene nähern sich auf gewisse Weise sogar wieder der klassischen Vorstellung (siehe Abschn. 8.5.1 auf Seite 473).

1.4.2 COMPTON-Effekt und der Impuls des Photons

Der COMPTON-Effekt (NOBEL-Preis in Physik 1927) kann nach dem Schema von Abb. 1.12 beobachtet werden. Er liefert den direkten Nachweis des *Photonenimpulses*

$$\boldsymbol{p} = \hbar \boldsymbol{k} \quad \text{bzw.} \quad p = h/\lambda = \hbar\omega/c \tag{1.74}$$

und ist damit neben dem Photoeffekt eine weitere quantitative Bestätigung der Teilcheneigenschaften des Photons. Hochenergetische Photonen (γ-Strahlung) werden an quasi freien Metallelektronen gestreut. In Abb. 1.12a ist der experimentelle Aufbau skizziert, in (b) die entsprechende Kinematik. Das experimentelle Resultat dieses Streuexperiments ist in Abb. 1.13 dargestellt. Quantitativ kann man die beobachtete Wellenlängenverschiebung leicht als Funktion des Streuwinkels θ aus der Kinematik ableiten. Dazu ist entsprechend Abb. 1.12b Impulserhaltung $\boldsymbol{p} = \boldsymbol{p}' + \boldsymbol{p}'_e$ und relativistischer Energieerhaltungssatz anzusetzen: $W + W_{\mathrm{kin}} = W' + W'_{\mathrm{kin}}$. Nach kurzer Rechnung zeigt sich, dass die Wellenlänge des gestreuten Lichts um

$$\lambda' - \lambda = \lambda_{\mathrm{C}}(1 - \cos\theta) \tag{1.75}$$

verschoben ist. Die sogenannte COMPTON-*Wellenlänge* des Elektrons

$$\lambda_{\mathrm{C}} = \frac{h}{m_{\mathrm{e}}c} = 2\pi\alpha a_0 = 2.4262 \times 10^{-12}\,\mathrm{m} \tag{1.76}$$

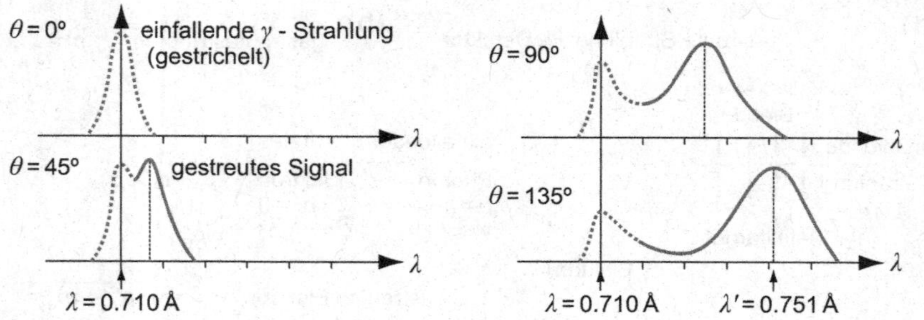

Abb. 1.13 Wellenlänge der γ-Strahlung nach COMPTON-Streuung

ist unabhängig von der eingestrahlten Wellenlänge λ. Ganz allgemein entspricht die COMPTON-Wellenlänge eines Teilchens der Wellenlänge eines Photons mit der Energie $h\nu = hc/\lambda_C^T = m_T c^2$, welche der Ruhemasse m_T dieses Teilchens entspricht. Zur Einordnung der Größenordnungen mögen die folgenden Längen dienen:

Wellenlänge VIS Licht	$\lambda = 6 \times 10^{-7}$ m
Atomradius (H(1s)Atom)	$a_0 = 0.529 \times 10^{-10}$ m
COMPTON-Wellenlänge von e$^-$	$\lambda_C = 2.4262 \times 10^{-12}$ m
Protonradius	$R_p = 0.875 \times 10^{-15}$ m .

Die COMPTON-Wellenlänge liegt also zwischen Atom- und Kernradius.[12]

1.4.3 Paarerzeugung

Der photoelektrische Effekt und der COMPTON-Effekt sind zwei Hauptmechanismen, durch welche hochenergetische Photonen mit Materie wechselwirken. Der Vollständigkeit halber erwähnen wir in diesem Kontext auch die Paarerzeugung: In der Nähe eines Atomkerns kann ein Photon hinreichend hoher Energie in ein Elektron und ein Positron umgewandelt werden. Symbolisch schreibt man diesen Prozess als $\gamma \to e^- + e^+$. Für ihn gilt die *Energiebilanz*

$$h\nu_\gamma = 2m_e c^2 + W_{kin^-} + W_{kin^+}, \tag{1.77}$$

sodass der Prozess dann und nur dann möglich wird, wenn für die Photonenenergie gilt $h\nu_\gamma > 2m_e c^2 \simeq 1.022\,\text{MeV}$, wenn sie also größer ist als die doppelte Ruheenergie eines Elektrons. Die Überschussenergie wird (im Wesentlichen) in kinetische Energie $W_{kin^-} + W_{kin^+}$ der entstehenden Teilchen umgewandelt. Um die *Impulserhaltung* sicher zu stellen, muss der Prozess in der Nähe eines Atomkerns geschehen,

[12] Oft wird die reduzierte COMPTON-Wellenlänge $\hbar/m_e c = \alpha a_0 = 3.8110 \times 10^{-12}$ m benutzt. In der relativistischen Quantenmechanik gibt man typischerweise Längen in Einheiten der reduzierten COMPTON-Wellenlänge $\hbar/m_e c$ an, während Energien in Einheiten von $m_e c^2$ gemessen werden.

der – durch COULOMB-Wechselwirkung – den überschüssigen Impuls des Photons aufnehmen kann (an der Schwelle sind die Impulse von Elektron und Positron ja sehr klein). Paarerzeugung kann auch als Anregung eines Elektrons durch das Photon aus dem ‚DIRAC-See' ins Kontinuum verstanden werden. Dabei wird das Positron als Loch im DIRAC-See erzeugt – das Bild dazu ist fast identisch zu dem in Abb. 1.11 skizzierten, das den photoelektrischen Effekt bei niedrigen Photonenenergien illustriert.

Alle drei Prozesse, photoelektrischer Effekt, COMPTON-Effekt und Paar-Erzeugung, sind die entscheidenden Mechanismen für die Absorption von hochenergetischer elektromagnetischer Strahlung in Atomen und speziell in Festkörpern. Wir kommen darauf in Abschn. 10.5.3 zurück.

Der Vollständigkeit halber erwähnen wir noch, dass der umgekehrte Prozess, also die Erzeugung eines Photons durch Annihilation von Elektron und Positron, aufgrund von Überlegungen zum dafür verfügbaren Phasenraum sehr unwahrscheinlich ist. Im Gegensatz dazu ist aber die Annihilation durch *Erzeugung zweier* γ-Quanten ($e^- + e^+ \rightarrow 2\gamma$) ein wohlbekannter Prozess, der leicht zu realisieren ist. Die zwei Photonen werden in genau entgegengesetzte Richtung emittiert. Man nutzt diesen Prozess bei der *Positron-Emissions-Tomografie aus* (PET), die heute als wichtiges diagnostisches Mittel der Medizin in der Tumorbekämpfung eingesetzt wird, weil sie eine präzise Ortsbestimmung und damit Bilderzeugung ermöglicht. Das Positron stammt in diesem Falle von einem künstlichen Radioisotop, das in ein spezielles Molekül eingebaut wird, das zur Anlagerung an Tumorzellen konzipiert wurde. Der Nachweis von zwei Photonen nach e^-e^+ Annihilation in Koinzidenz erlaubt es, den Entstehungsort der Strahlung im menschlichen Körper zu identifizieren.

1.4.4 Drehimpuls und Masse des Photons

Das Teilchen ‚Photon' hat auch einen intrinsischen Eigendrehimpuls $\hbar$, genau gesagt seine Spinquantenzahl ist $s = 1$: Photonen sind also Bosonen, was von großer Bedeutung für seine Statistik ist und so wunderbare Geräte wie den Laser überhaupt ermöglicht: Viele Photonen können den gleichen Zustand besetzen, was z. B. die hohe Kohärenz von Laserlicht ermöglicht. In Abschn. 4.1.4 auf Seite 189 erfahren wir etwas über den experimentellen Nachweis des *Photonenspin*. Er wird eine wichtige Rolle in verschiedenen Zusammenhängen spielen, und eine quantenmechanische Beschreibung werden wir in Band 2, im Kap. Kohärenz und Photonen präsentieren.

Über die Äquivalenz von Energie und Masse können wir dem Teilchen *Photon* sogar eine (relativistische) Masse zuordnen:

$$m_{\mathrm{Ph}} = h\nu / c^2 \tag{1.78}$$

Man beachte allerdings: Die *Ruhemasse des Photons ist Null, das Photon existiert nur als Teilchen, welches sich mit Lichtgeschwindigkeit bewegt* (siehe auch Fußnote 1 auf Seite 12). Dies hat ernste Konsequenzen für die räumliche Quantisierung des Drehimpulses, die wir später besprechen werden. Kurz gesagt besitzt das masselose Teilchen Photon mit Spin $s = 1$ nur zwei Unterzustände mit $s_z = j_z = \pm\hbar$, während nach (1.9) ein Teilchen mit Ruhemasse und Drehimpuls $j = s = 1$ drei mögliche Unterzustände annehmen kann.

1.4.5 Das elektromagnetische Spektrum

Elektromagnetische Strahlung ist der Schlüssel für die Spektroskopie in der Atom- und Molekülphysik. Die relevante Strahlung reicht von Radiofrequenzen (RF) mit Photonenenergien im μeV Bereich bis hin zu harten RÖNTGEN- und γ-Strahlung mit Energien bis zu vielen MeV. Zur Orientierung gibt Abb. 1.14 auf der nächsten Seite eine umfassende Übersicht über das gesamte elektromagnetische Spektrum mit Hinweisen zur Anwendung und Erzeugung, soweit dies für die AMO-Spektroskopie relevant ist. In unterschiedlichen Anwendungsfeldern werden oft unterschiedliche Bezeichnung für die verschiedenen spektralen Bereiche benutzt. Wir folgen den Spezifikationen von ISO 21348 (2007).[13] In den unterschiedlichen spektralen Bereichen benutzt man oft unterschiedliche Größen, um das Licht zu charakterisieren: Frequenzen ν im sehr langwelligen Spektralgebiet, Wellenlängen λ im infraroten (IR), sichtbaren (VIS), ultravioletten (UV) und vakuumultravioletten (VUV) Spektralbereich. Für noch kürzere Wellenlängen, d. h. für extrem ultraviolette (EUV), weiche und harte RÖNTGEN- (X) und γ-Strahlung benutzt man schließlich Energieeinheiten (typisch $[\hbar\omega] = \text{eV}$). In der Spektroskopie sehr häufig verwendet wird auch die sog. *Wellenzahl*

$$\bar{\nu} = 1/\lambda, \tag{1.79}$$

die proportional zur Energie des Photons ist:

$$\begin{aligned} W_{\text{ph}} &= hc\bar{\nu} = \hbar\omega = h\nu = hc/\lambda \qquad (1.80) \\ &= \bar{\nu} \times 1.239\,841\,875(31) \times 10^{-4}\,\text{eV cm} \end{aligned}$$

Die SI-Einheit der Wellenzahl ist natürlich m^{-1}, auch wenn in der Literatur nach wie vor meist $[\bar{\nu}] = \text{cm}^{-1}$ gebraucht wird, oder oft einfach wörtlich ‚*Wellenzahl(en)*'. Aktuelle Konversionsfaktoren und eine automatische Konversionsroutine findet man z. B. bei NIST (2014a).

1.4.6 PLANCK'sches Strahlungsgesetz

Am Anfang der Quantenmechanik stand, so kann man sagen, das Verständnis des Photoeffekts durch EINSTEIN (1905) (NOBEL-Preis in Physik 1921). Jedoch hatte bereits 1900 das PLANCK'sche Strahlungsgesetz die Welt der Physik revolutioniert (NOBEL-Preis 1918) – mit einer genauen Interpretation der *Strahlung des schwarzen Körpers*. Deren Abhängigkeit von der Wellenlänge λ und der absoluten Temperatur Θ war bereits extrem genau vermessen worden. Das charakteristische Verhalten ist in Abb. 1.15 für einige wichtige Beispiele illustriert. Bei der Deutung

[13] Bis auf RF und MW, wo wir der technischen Literatur folgen.

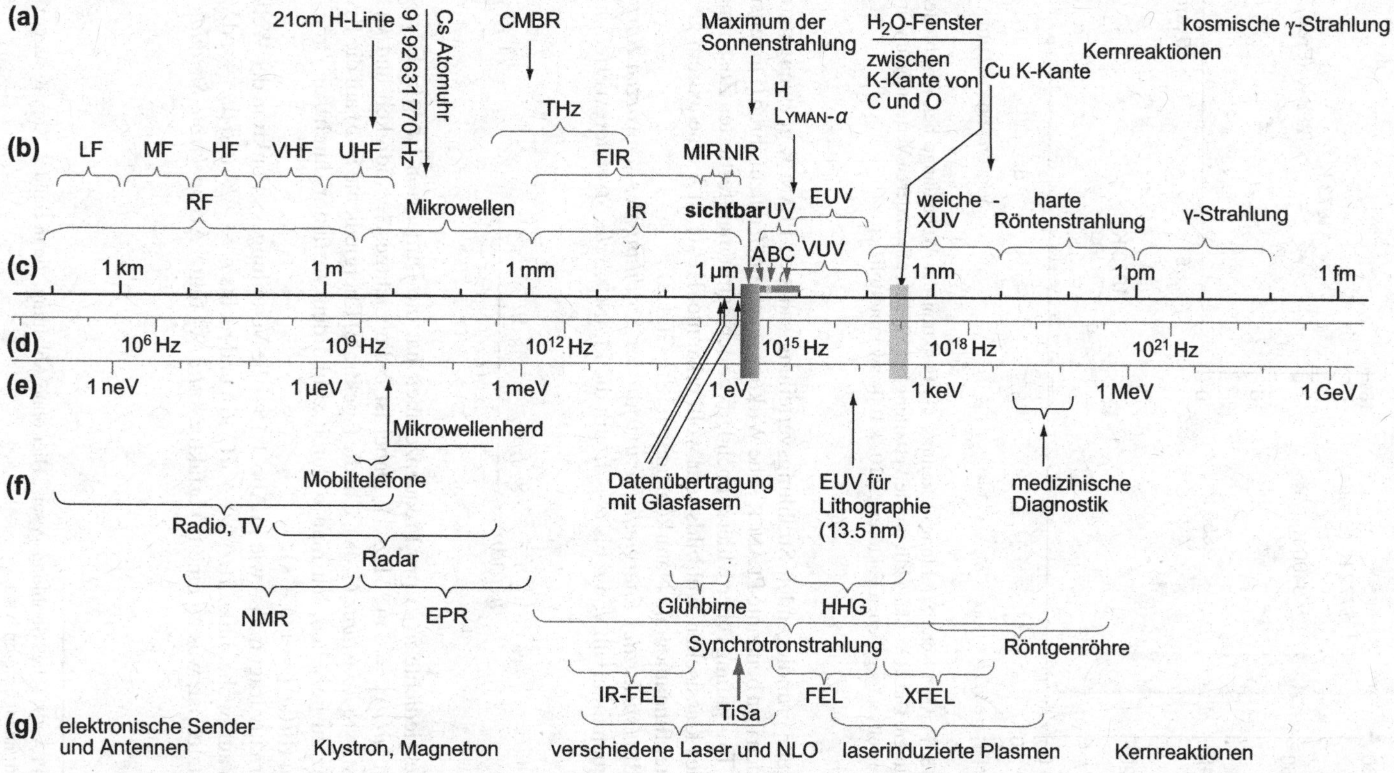

Abb. 1.14 Spektrum elektromagnetischer Strahlung (Erklärung der Akronyme s. Text und S. 90 ff.) (**a**) Spezifische Besonderheiten verschiedener Wellenlängenbereiche, (**b**) Bezeichnung der Bereiche, (**c**) Wellenlängenskala λ, (**d**) Frequenzskala, (**e**) Energieskala, (**f**) Beispiele für Anwendungsfelder, (**g**) Beispiele für Strahlungsquellen; nur einige wenige spezielle Strahlungsarten werden speziell benannt, wie z. B. SR, CMBR und H Lyman-α. Im ultravioletten Bereich (UV) unterscheidet man UVA, UVB, und UVC, hier einfach A, B, und C

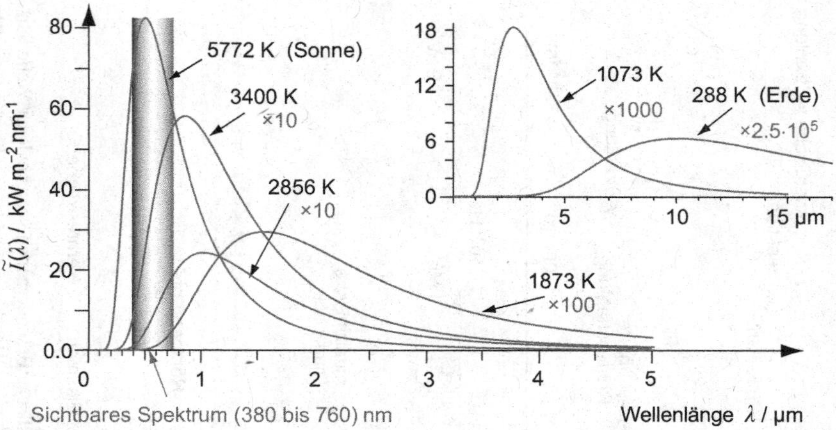

Abb. 1.15 PLANCK'sche Strahlungsverteilung als Funktion der Wellenlänge bei verschiedenen Temperaturen. Die $\tilde{I}(\lambda)$-Skala gilt für die Verteilung bei 5772 K; alle anderen Verteilungen wurden mit den jeweils angegebenen Faktoren ($\times 10$, $\times 100$ usw.) multipliziert.

dieser sehr grundlegenden Strahlungsverteilung sah sich PLANCK gezwungen, das heute nach ihm benannte PLANCK'sche Wirkungsquantum h einzuführen (Dimension Enrg × T) – anfangs eher widerstrebend, da er den damit manifestierten Zusammenbruch des klassischen Weltbilds sehr wohl erkannte. Heute ist h eine extrem genau bekannte, fundamentale Naturkonstante (siehe Gl. 1.2).

Für die *(spektrale) Energiedichte* $\tilde{u}(\nu)\mathrm{d}\nu$ der *Strahlung des schwarzen Körpers* im Frequenzintervall von ν bis $\nu + \mathrm{d}\nu$ gilt die PLANCK*'sche Strahlungsverteilung*[14]

$$\tilde{u}(\nu)\mathrm{d}\nu = \frac{8\pi h\nu^3}{c^3}\frac{\mathrm{d}\nu}{\exp(h\nu/k_\mathrm{B}\Theta) - 1}. \tag{1.81}$$

Die Energiedichte $\tilde{u}(\nu)$ pro Frequenzeinheit hat die Dimension Enrg × L^{-3} × T (typisch $\left[\tilde{u}(\nu)\right] = \mathrm{J\,m^{-3}\,Hz^{-1}}$). Dabei ist c die Lichtgeschwindigkeit und k_B die BOLTZMANN-*Konstante* (1.48). Um die (spektrale) Energiedichte $\tilde{u}(\omega)$ auf die Kreisfrequenz zu beziehen, hat man ν durch ω und den Vorfaktor durch $\hbar\omega^3/\pi^2 c^3$ zu ersetzen ($[\tilde{u}(\omega)] = \mathrm{J\,m^{-3}\,s}$).

Alternativ trägt man – wie in Abb. 1.15 – die Verteilung als Funktion der Wellenlänge λ auf, wobei links $\tilde{u}(\nu)\mathrm{d}\nu \to \tilde{u}(\lambda)\mathrm{d}\lambda$ und rechts $\nu \to c/\lambda$ und $\mathrm{d}\nu \to c\mathrm{d}\lambda/\lambda^2$ zu ersetzten ist, was zu einem Vorfaktor $8\pi hc/\lambda^5$ führt. Als *spektrale Strahldichte*

[14] Auch PLANCK'sches Strahlungsgesetz. Hier ohne Ableitung, die in Band 2, Kap. Kohärenz und Photonen, nachgetragen wird.

(engl. *spectral radiance*) $\tilde{L}(\lambda)$ ist die Leistung, welche von der Quelle pro Fläche,[15] pro Wellenlängenintervall und pro Raumwinkel emittiert wird (typischerweise in $[L_\lambda] = \mathrm{W\,m^{-2}\,sr^{-1}\,nm^{-1}}$). Da die Schwarzkörperstrahlung isotrop ist, ergibt sich der entsprechende Ausdruck einfach, indem man noch mit $c/4\pi$ multipliziert, d. h. man ersetzt $8\pi hc/\lambda^5 \to 2hc^2/\lambda^5$. Schließlich interessiert man sich aber meist für die spektrale Verteilung $\tilde{I}(\lambda)$ der *Intensität,*[16] also für die Strahlungsleistung (pro Fläche), die insgesamt in die vordere Hemisphäre emittiert wird. Dazu hat man über die $\cos\theta$ Winkelverteilung (Projektion der Oberfläche auf die Richtung der Emission) zu integrieren und erhält mit $2\pi\int_0^{\pi/2}\sin x\cos x dx = \pi$ einen zusätzlichen Faktor π, sodass sich schließlich für die insgesamt im Wellenlängenbereich $\mathrm{d}\lambda$ abgestrahlte Intensität

$$\tilde{I}(\lambda)\mathrm{d}\lambda = \frac{2\pi hc^2}{\lambda^5}\frac{\mathrm{d}\lambda}{\exp(hc/\lambda k_\mathrm{B}\Theta) - 1} \tag{1.82}$$

ergibt, typischerweise gemessen in $[\tilde{I}(\lambda)] = \mathrm{W\,m^{-2}\,nm^{-1}}$. Die Gl. (1.81) und (1.82) sind *Standardformen des* PLANCK'*schen Gesetzes* – fast genau so von PLANCK (1900) veröffentlicht, wobei PLANCK aus den damals vorliegenden Messungen der Strahlungsverteilung die Werte von h und k_B bereits erstaunlich gut bestimmt hat.

Die Wellenlänge λ_{max}, bei der die Strahlungsverteilung ein Maximum aufweist, nimmt, wie in Abb. 1.15 zu sehen, mit der Temperatur Θ ab. Explizit findet man durch Differenziation für das Maximum der Verteilung das WIEN'*sche Verschiebungsgesetz*

$$\lambda_{\mathrm{max}}\Theta = b \quad \text{mit } b = 2.8977721(26) \times 10^6\,\mathrm{nm\,K}. \tag{1.83}$$

Die *Gesamtstrahlungsintensität* I (in $\mathrm{W\,m^{-2}}$), die pro Flächeneinheit von der Quelle emittiert wird, erhält man durch Integration über alle Wellenlängen:

$$I(\Theta) = \int_0^\infty \tilde{I}(\lambda)\mathrm{d}\lambda = \frac{2}{15}\frac{\pi^5 k_\mathrm{B}^4}{h^3 c^2}\Theta^4 = \sigma_B\Theta^4. \tag{1.84}$$

Dies ist das STEFAN-BOLTZMANN-*Gesetz* mit der STEFAN-BOLTZMANN-*Konstante* $\sigma_B = 5.6704 \times 10^{-8}\,\mathrm{W\,m^{-2}\,K^{-4}}$. Die Gesamtintensität hängt also von der vierten (!) Potenz der absoluten Temperatur Θ des Strahlers ab.

1.4.7 Sonneneinstrahlung auf die Erde

An dieser Stelle erscheint es nützlich, ein paar Worte über die Strahlung zu sagen, die wir jeden Tag von unserer Sonne empfangen. Einige relevante Parameter sind in Tab. 1.5 zusammengestellt. Die spektrale Verteilung der Sonnenstrahlung oberhalb

---

[15] Gemeint ist die Projektion der Quellenfläche normal zur Ausbreitungsrichtung.

[16] In der Radiometrie benutzt man den Ausdruck *Irradianz* oder *Strahlungsfluss* (siehe auch Abschn. 1.4.8). Um konsistent mit der üblicherweise in der AMO-Physik gebrauchten Terminologie zu bleiben, nennen wir diese Größe meist *Intensität* der Strahlung, gemessen in $[I] = \mathrm{W\,m^{-2}}$.

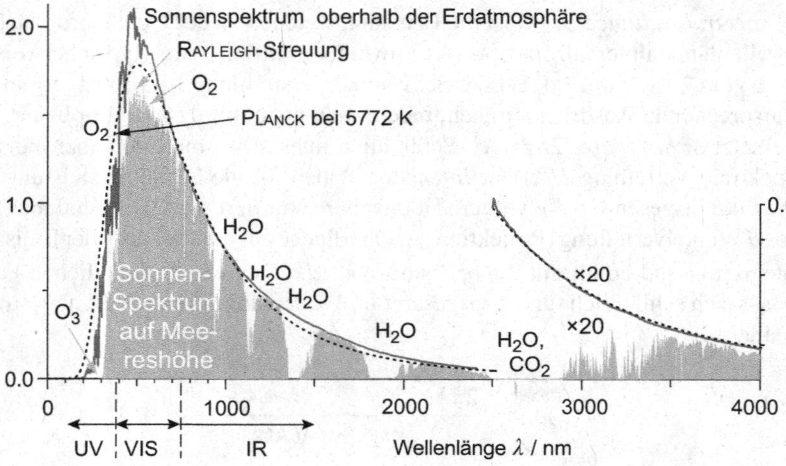

Abb. 1.16 Spektrale Intensitätsverteilung $\tilde{I}(\lambda)$ der Sonnenstrahlung (SORCE 2012): —— oberhalb der Erdatmosphäre gemessen (nach ASTM 2008); auf Meereshöhe (AM1.5 global geneigtes Spektrum nach ASTM 2008, siehe Text) ; ··· entspricht einem Schwarzkörperstrahler bei 5772 K mit Radius $R_\odot$ im Abstand R_{SE}. Angedeutet sind auch die wichtigsten Absorptionsbanden von Molekülen in der Erdatmosphäre

der Erdatmosphäre ist in Abb. 1.16 dargestellt (volle Messkurve, *online rot*). Seit etwa 2004 wird diese ständig durch Satelliten gemessen. Die sogenannte *Solarkonstante* S ist das Integral über dieses Spektrum. Die täglichen Resultate können Online über SORCE (2012) verfolgt werden (die dort kommunizierten Daten sind renormiert auf eine astronomische Längeneinheit 1 ua, siehe Tab. 1.5). Die spektrale Verteilung ist über die Zeit erstaunlich konstant, mit mittleren Abweichungen unterhalb der Linienstärke der Messkurve in Abb. 1.16. Wie dort gezeigt, entspricht diese Verteilung gut der PLANCK-Verteilung eines Schwarzkörperstrahlers bei 5772 K (schwarze Linie).[17] Es bedarf keiner weiteren Parameter, um diese gute, wenn auch nicht perfekte Anpassung an die experimentellen Daten zu erhalten.

Wenn man bedenkt, welch gigantischer Fusionsreaktor die Sonne tatsächlich ist, und welch komplizierte Photosphäre sie hat, dann ist die Ähnlichkeit mit einem Schwarzkörperstrahler doch höchst beachtenswert – ebenso wie die Stabilität der gemessenen Strahlungsverteilung. In der Literatur findet man eine Vielzahl von Angaben über die ‚Sonnentemperatur' Θ_S. Mit den jüngsten, hoch genauen Messungen der Solarkonstante, $S = 1360.8\,\mathrm{W\,m^{-2}}$ von KOPP und LEAN (2011) (siehe auch SORCE 2012) und der richtigen Skalierung mithilfe des STEFAN-BOLTZMANN-Gesetzes (1.84) erhalten wir aber in der Tat den in Abb. 1.16 für den Vergleich

[17] Die gesamte von der Sonne emittierte Strahlungsleistung pro Wellenlängeneinheit nach Abb. 1.15 ist $\tilde{I}(\lambda) \cdot 4\pi R_\odot^2$, wovon $1/(4\pi R_{SE}^2)$ pro Flächeneinheit die Erde erreicht.

benutzten Wert für die *Effektive Schwarzkörper-Temperatur der Sonne:*

$$\Theta_S = (1\,\text{ua}\,/R_\odot)^{1/2}\,(S/\sigma_B)^{1/4} = 5772\,\text{K}$$

Dabei ist $R_\odot$ der Sonnenradius und 1 ua entspricht dem mittleren Abstand Erde-Sonne. Natürlich variiert die tatsächliche Oberflächentemperatur der Sonne bereits innerhalb ihrer Photosphäre (siehe Tab. 1.5), und im Sonneninneren herrschen Temperaturen von über 15 Mio. K.

Ebenfalls gezeigt wird in Abb. 1.16 die spektrale Verteilung der Strahlung, welche die Erdoberfläche erreicht, nachdem sie durch die Gasmoleküle der Erdatmosphäre teilweise absorbiert und gestreut wurde. Wie in Abb. 1.17 gezeigt, hängt das offensichtlich vom Zenitwinkel ζ der Sonne ab ($\zeta = 90° -$ Breitengrad). Für nicht zu große ζ ist die optische Weglänge durch die Atmosphäre durch $h_x = h_0/\cos\zeta$ gegeben, wobei $h_0 \simeq 7.7\,\text{km}$ die effektive vertikale Dicke der Erdatmosphäre ist (man definiert diese als die Höhe, bei welcher der Luftdruck auf $1/e$ seines Wertes auf Meeresspiegel abgefallen ist). Das Verhältnis

$$AM = \frac{h_x}{h_0} \simeq \frac{1}{\cos\zeta} \tag{1.85}$$

Tabelle 1.5 Einige Eigenschaften von Sonne und Erde im Zusammenhang mit der der Strahlung der Sonne (Daten nach SSE 2012, soweit nicht anders spezifiziert)

Mittlerer Sonnenradius	$R_\odot$	6.9551×10^5 km	
Mittlerer Erdradius	R_E	6371.0 km	
Mittlerer Abstand Sonne-Erde[a]	R_{SE}	149.60×10^6 km	$\simeq$1 ua[b]
Solarkonstante[c]	S	1360.8(5) W m^{-2}	s. KOPP und LEAN (2011)
Gesamte Strahlungsleistung der Sonne		384×10^9 PW	in 4π sr
Strahlungsleistung, empfangen auf der Erde[d]		173.5 PW	von der Sonne
Effektive Temperatur	Θ_S	5772 K	für obigen Wert von S
Temperatur Sonnenoberfläche	Θ_{ph}	4400 K–6600 K	Photosphäre, oben – unten
Albedo (nach G.P. BOND)	a	0.306	Anteil reflektierter Strahlung
Erdtemperatur[e]	Θ_E	254 K	effektiv, Schwarzkörper
	Θ_{Ea}	288 K	Mittelwert an Oberfläche

[a]Wegen der Elliptizität der Umlaufbahn ändert sich der Abstand zwischen Parhelion (min.) und Aphelion (max.) um etwa 6.9 % zwischen 4. Jan. und 4. Jul.
[b]Per Definition ist die *astronomische Einheit der Länge* 1 ua = 149597870700 m (im deutschen Sprachraum AE) fast identisch mit dem mittleren Abstand R_{SE} Erde – Sonne
[c]Definiert als mittlere Irradianz bei 1 ua Abstand von der Sonne
[d]Oberhalb der Erdatmosphäre
[e]$T_E = [S \times (1-a)/(4\sigma_B)]^{1/4}$ nach (1.84); empfangende Oberfläche πR_E^2, emittiert in $4\pi R_E^2$

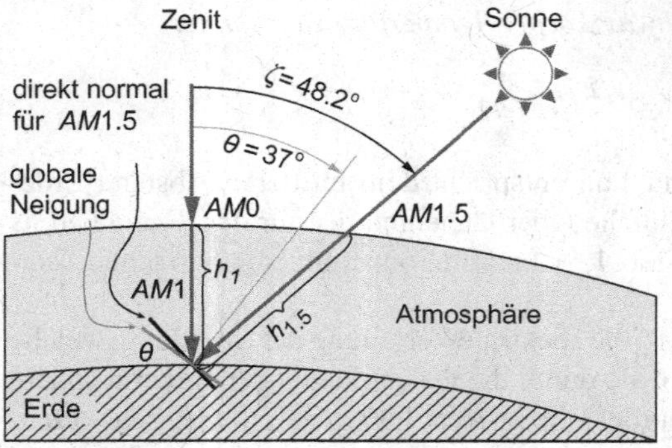

ζ	AM	Gl. (1.86) $\mathrm{W\,m^{-2}}$	ASTM G-173-3 $\mathrm{W\,m^{-2}}$
–	0	1360.8	1347.9
0°	1	1048	
48.2°	1.5	936	1000.4‡
60°	2	846	

Abb. 1.17 Definition des Luftmassenkoeffizienten AM als Standard für die eingestrahlte Solarenergie. Tabelle rechts: Sonneneinstrahlung (integriert von 280 nm bis 4000 nm) bei normaler Inzidenz auf der Erdoberfläche für verschiedene Zenitwinkel ζ; ‡ globale Einstrahlung, 37° geneigte Fläche, siehe Text

wird *Luftmassenkoeffizient* (engl. *air mass coefficient*) genannt. Eine näherungsweise Formel (siehe z. B. HONSBERG und BOWDEN 2012) für die Intensität, welche die Erdoberfläche erreicht, ist

$$I = 1.1\, I_0 \times 0.7^{AM^{0.678}}, \tag{1.86}$$

mit der Strahlung I_0, welche oberhalb der Atmosphäre ankommt (im Wesentlichen ist das die Solarkonstante S nach Tab. 1.5). Der Vorfaktor 1.1 berücksichtigt die von der Luft gestreute und vom Erdboden zurückreflektierte Strahlung, der exponentielle Abfall berücksichtigt das LAMBERT-BEER'sche Absorptionsgesetz. In Abb. 1.17 ist die Geometrie skizziert. Wir halten fest, dass die Intensität nicht nur vom Zenitwinkel ζ, sondern auch vom Einfallswinkel $(\zeta - \theta)$ des Lichts auf die empfangende Fläche abhängt, $I_{\mathrm{sur}} = I \times \cos(\zeta - \theta)$, wobei I nach (1.86) sich auf Lichteinfall normal zur Fläche bezieht.

Als Standardwert hat man $AM = 1.5$ (kurz AM1.5) festgelegt, da dies als repräsentativ für die meisten Industriestaaten der Welt zur Mittagszeit gilt. Basierend auf Messungen und Modellierung wurden zwei Spektralverteilungen als Standard definiert, welche das auf der Erdoberfläche eintreffende Spektrum repräsentieren sollen, beide gültig für AM1.5: i) für direktes normales Auftreffen der Strahlung und ii) hemisphärisches (globales) Auftreffen auf eine um 37° geneigte Oberfläche, wobei zugleich die gestreute und rückreflektierte Strahlung berücksichtigt wird (daher spricht man von *globaler* Einstrahlung, ASTM 2008, G173-3).[18] Das letztgenannte Spektrum ist in Abb. 1.16 gezeigt; die in der Tabelle zu Abb. 1.17 markierten Werte beziehen sich darauf.

[18] Siehe auch ISO 60904-3 (2008) oder DIN EN 60904-3. Man beachte, dass sich für AM1.5 normale Einstrahlung und Einstrahlung auf eine um 37° geneigte Oberfläche nur um 2 % unterscheiden.

Man beachte, dass das Sonnenspektrum sein Maximum bei ca. 500 nm hat, d. h. nahe am Maximum der spektralen Empfindlichkeit des menschlichen Auges bei 555 nm. Der evolutionäre Zusammenhang dieses Zusammentreffens der beiden Maxima ist evident.

Nun strahlt natürlich auch die Oberfläche der Erde Wärmestrahlung ab: Die eingestrahlte Sonnenenergie ($S \times \pi R_\mathrm{E}^2$), korrigiert um den Anteil a der direkt reflektierten Energie (sog. Albedo), muss genau gleich der von der Erde wieder abgestrahlten Energie sein, denn wir befinden uns ja im Strahlungsgleichgewicht mit unserem Energiespender Sonne. Nehmen wir an, dass auch das Spektrum der Erde im Wesentlichen dem eines schwarzen Körpers entspricht, so wird nach dem STEFAN-BOLTZMANN-Gesetz (1.84) eine Energie von ($\sigma_\mathrm{B} \Theta_E^4 4\pi R_\mathrm{E}^2$) abgestrahlt, wobei Θ_E die effektive Schwarzkörpertemperatur der Erde ist. Setzt man die beiden Energien gleich und benutzt die Werte für S und a nach Tab. 1.5, dann ergibt sich eine effektive Schwarzkörpertemperatur der Erde von $\Theta_E = 254\,\mathrm{K}$ – eine Temperatur bei der Leben, wie wir es kennen, nicht möglich wäre. Tatsächlich liegt die mittlere Erdtemperatur lebensfreundlich bei $\Theta_{Ea} \simeq 288\,\mathrm{K}$.

Woran liegt dieser Glücksfall? Schaut man das PLANCK'sche Strahlungsgesetz für einen schwarzen Körper der Temperatur 288 K an (siehe Einschub in Abb. 1.15), so stellt man fest, dass er überwiegend im IR-Spektralbereich abstrahlt, und zwar nach dem WIEN'schen Verschiebungsgesetz (1.83) maximal bei ca. 10 μm. Wie es nun der ‚Zufall' will, absorbiert gerade dort das viel gescholtene ‚Treibhausgas' CO_2 besonders gut (wir werden im Zusammenhang mit der Molekülphysik und Spektroskopie des CO_2 darauf in Band 2 zurückkommen). Und das verändert natürlich die Details des Abstrahlungsvorgangs ganz erheblich. Die Absorption des IR in der Atmosphäre führt zu einem Temperaturanstieg gegenüber dem Modell des nackten schwarzen Körpers. *Glücklicherweise,* müssen wir also sagen, *gibt es das* CO_2 – und je nach philosophischer Grunddisposition mag man vielleicht von Vorsehung sprechen. Jedenfalls wäre ohne das CO_2 in unserer Atmosphäre Leben hier nicht möglich – freilich muss man hinzufügen: Seine aktuell vorhandene Konzentration in der Atmosphäre scheint optimal zu sein. Sie sollte möglichst stabil gehalten werden, wenn wir einen gefährlichen Temperaturanstieg vermeiden wollen!

1.4.8 Photometrie – Lichtausbeute und Effizienz

Laut *International Energy Agency* (IEA) repräsentiert Beleuchtung fast 20 % des globalen Verbrauchs an elektrischer Energie. Die in der Vergangenheit dafür fast ausschließlich benutzten Glühlampen (praktisch Schwarzkörperstrahler) sind dafür sehr ineffizient. Selbst unsere Sonne emittiert nur einen Bruchteil ihrer Strahlung im sichtbaren (VIS) Spektralbereich: Nur 45 % der gesamten Strahlungsleistung fallen in den Wellenlängenbereich zwischen 380 und 760 nm, wie man durch Integration von (1.82) herausfindet; ein Blick auf die 5772 K Kurve in Abb. 1.15 und der Vergleich mit dem VIS-Bereich macht das sehr deutlich. Glühlampen mit ihren weit niedrigeren Temperaturen haben eine noch wesentlich geringere Effizienz. Angesichts der aktuell großen Anstrengungen beim ‚Energiesparen' geht die gute alte Glühbirne daher mit Riesenschritten ihrem Ende entgegen – sie hat der Menschheit über mehr als 100 Jahre hervorragende Dienste geleistet.

Die Effizienz dieser Schwarzkörperstrahler bei der Erzeugung eines *Lichtstroms* Φ_v, der vom menschlichen Auge als solcher registriert wird, ist sogar noch wesentlich geringer: Das menschliche Auge ist für unterschiedliche Farben, d. h. Wellenlängen λ, unterschiedlich empfindlich, am besten sieht man bei 555 nm (grün),[19] an den Rändern des VIS Bereichs sieht man gar nichts mehr. Dies subjektive Wahrnehmung des menschlichen Auges wird durch den sogenannte *spektralen Hellempfindlichkeitsgrad* (engl. *standard luminosity function*) $V(\lambda)$ beschrieben, der von der *Commission international de l'éclairage* (CIE) standardisiert wurde – für einen *‚photometrischen Normalbeobachter'*. $V(\lambda)$ ist maximal bei 555 nm und wird Null außerhalb des VIS.[19,20] Den genauen Verlauf findet man z. B. bei CIE (auch auf vielen Webseiten, z. B. unter DICKLYON 2006, mit detaillierten Quellenangaben).

Eine kompakte kleine Einführung in die Photometrie findet man z. B. bei OHNO (2010). Tabelle 1.6 wurde aus dieser Arbeit adaptiert. Sie vergleicht (physiologisch gewichtete) *photometrische Größen* mit den direkt auf die Energie bezogenen, physikalischen *radiometrischen Größen*. Die hierfür relevante *photometrische* SI *Einheit* ist das *Candela* (cd). Sie ist definiert als ‚... *die* ***Lichtstärke*** *(in einer bestimmten Richtung einer Strahlungsquelle, die monochromatische Strahlung der Frequenz*[21] 540×10^{12} Hz *aussendet und deren* ***Strahlstärke*** *in dieser Richtung* (1/683) W *durch Steradiant* sr *beträgt.*' Die Lichtstärke ist also das photometrische Äquivalent zur physikalischen Leistung pro Raumwinkeleinheit (Strahlstärke).

Die physikalisch anschaulichere und auch volkswirtschaftlich bedeutendere Einheit ist freilich das Lumen (lm), die Einheit für den sogenannten *Lichtstrom* Φ_v (engl. *luminous flux*). Der Lichtstrom misst das *photometrische Äquivalent der Strahlungsleistung* Φ_e, die eine gegebene Lichtquelle insgesamt emittiert, und wird in W gemessen. Aus der spektralen Verteilung $\tilde{\Phi}_e(\lambda)$ dieser energetischen Größe berechnet sich der Lichtstrom unter Berücksichtigung des standardisierten Hellempfindlichkeitsgrad $V(\lambda)$ des Auges zu

$$\Phi_v = K_\mathrm{m} \int_0^\infty V(\lambda)\tilde{\Phi}_e(\lambda)\,\mathrm{d}\lambda. \tag{1.87}$$

Die Integration erstreckt sich im Wesentlichen über das CIE Spektralgebiet, außerhalb dessen $V(\lambda)$ gegen Null geht. Die Konstante $K_\mathrm{m} = 683\,\mathrm{lm/W}$ entspricht der obigen Definition des Candela bzw. der Lichtstärke: Sie übersetzt gewissermaßen

[19]Das gilt für das Sehen bei hellem Tageslicht, *photopisch* genannt, im Gegensatz zum *skotopischen* (Nachtsehen) bei niedrigen Lichtstärken, wo das Maximum der Augenempfindlichkeit bei ca. 498 nm liegt.

[20]Für eine erste Abschätzung kann $V(\lambda)$ sehr grob genähert werden durch eine GAUSS-Verteilung mit einem Maximum von 1 bei 560 nm und einer FWHM $\simeq$100 nm.

[21]Das entspricht einer Wellenlänge $\lambda = 555$ nm, wo $V(\lambda)$ maximal ist.

Tabelle 1.6 Beziehung zwischen photometrischen und radiometrischen Größen nach OHNO (2010)

Photometrisch	Einheit	Beziehung zu lm	Radiometrisch	Einheit
Lichtstrom	lm (Lumen)		Strahlungsfluss (Strahlungsleistung)	W (Watt)
Lichtstärke	cd (Candela)	$\mathrm{lm\,sr^{-1}}$	Strahlungsstärke (Strahlstärke)	$\mathrm{W\,sr^{-1}}$
Leuchtdichte	$\mathrm{cd\,m^{-2}}$	$\mathrm{lm\,sr^{-1}\,m^{-2}}$	Strahldichte	$\mathrm{W\,m^{-2}\,sr^{-1}}$
Beleuchtungsstärke	lx (Lux)	$\mathrm{lm\,m^{-2}}$	Bestrahlungsstärke (Strahlungsstromdichte)	$\mathrm{W\,m^{-2}}$
Spezifische Lichtausstrahlung	$\mathrm{lm\,m^{-2}}$		Spezifische Ausstrahlung (Intensität)	$\mathrm{W\,m^{-2}}$
Belichtung	lx s		Bestrahlung	$\mathrm{J\,m^{-2}}$
Lichtmenge	lm s		Strahlungsenergie	J (Joule)
Farbtemperatur	K (Kelvin)		Strahlungstemperatur	K

die von den Photonen transportierte Gesamtenergie pro Zeit in subjektiv empfundene Lichthelligkeit. Nach der gleichen Formel bestimmt man grundsätzlich aus radiometrischen die entsprechenden photometrischen Größen.

Für die Strahlungsleistung gilt dagegen

$$\Phi_e = \int_0^\infty \tilde{\Phi}_e(\lambda)\,\mathrm{d}\lambda, \tag{1.88}$$

wobei diese in Form von Photonen transportierte Leistung stets kleiner ist als die gesamte für die Lichtquelle aufgebrachte elektrische Leistung P_{el}. Als *energetische Effizienz einer Lichtquelle* bezeichnet man nun die dimensionslose Größe $\eta = \Phi_e / P_{\mathrm{el}} \leq 1$ (meist in % angegeben). Dagegen definiert man die *Lichtausbeute* (engl. *luminous efficacy*) als $\eta_v = \Phi_v / P_{\mathrm{el}}$, gemessen in lm / W. Sie kann maximal 683 lm / W für photopisches Sehen werden, nämlich genau dann, wenn sie monochromatisch bei 555 nm strahlt und $\eta = 1$ ist. Nur ist solches grünes Licht sicher keine akzeptable Beleuchtungsquelle, denn sie schließt z. B. jede Farbunterscheidung aus.

Sinnvolle Leuchtmittel haben daher eine Lichtausbeute weit unter dem Maximalwert. Um dies quantitativ zu bewerten, definiert man die *Lichteffizienz* (engl. *luminous efficiency*) als den *dimensionslosen Quotienten* der beiden Integrale in (1.87) und (1.88), ggf. multipliziert mit der energetischen Effizienz der Quelle:

$$\text{Lichteffizienz} = \eta \times \frac{\int_0^\infty V(\lambda)\tilde{I}(\lambda)\mathrm{d}\lambda}{\int_0^\infty \tilde{I}(\lambda)\mathrm{d}\lambda} \tag{1.89}$$

Da die Bezugsfläche herausfällt, haben wir hier statt $\tilde{\Phi}_e(\lambda)$ die Intensität $\tilde{I}(\lambda)$ eingesetzt. Für Schwarzkörperstrahler berechnet man danach die Lichteffizienz mit (1.82), wobei der Nenner nach (1.84) den Wert $\sigma_B \Theta^4$ ergibt. Die Lichteffizienz[22] und damit die Lichtausbeute sind Funktionen der Temperatur Θ. Das absolute Maximum der Lichtausbeute von Schwarzkörperstrahlern wird bei $\Theta \simeq 6800\,\mathrm{K}$ erreicht, wo die Lichteffizienz (bzw. Lichtausbeute) ca. 14.5 % ($\eta_v \simeq 99\,\mathrm{lm / W}$) betragen, für unsere Sonne bei 5772 K sind es 13.6 % (93 lm / W), und für eine 100 W Glühbirne, deren Wolframdraht bei ca. 2856 K leuchtet, sind es 2.5 % (17 lm / W) – im Gegensatz zur energetischen Effizienz von ca. 9 %. Von der gesamten elektrischen Leistung, welche die 100 W Glühbirne benötigt, sind also 97.5 % für die Beleuchtung verloren, werden als IR-Strahlung emittiert und schlussendlich als Hitze dissipiert!

Die sogenannten Halogenlampen sind etwas effizienter, da ein spezieller chemischer Prozess die Verdampfung des Glühdrahtmaterials reduziert und die Temperatur erheblich höher sein kann. Das generelle Effizienzproblem bleibt aber bestehen.

Die große Herausforderung ist es daher, möglichst viel elektrische Energie im sichtbaren Bereich zu generieren. Mit Quecksilberdampf gefüllte Gasentladungslampen produzieren UV-Linienstrahlung, die dann mit ausgeklügelten Schemata über Fluoreszenz ins VIS konvertiert wird. Die Lichtausbeute aktueller ‚Energiesparlampen' liegt in der Größenordnung von $\eta_v = (50 \text{ bis } 60)\,\mathrm{lm\,W^{-1}}$, das entspricht einer Lichteffizienz von 7.3 bis 8.7 %. Bis zu $100\,\mathrm{lm\,W^{-1}}$ (14.6 % Lichteffizienz) kann man mit langen Fluoreszenzröhren erreichen. Für Straßenbeleuchtung werden auch Hoch- und Niederdruck-Natriumdampf-Entladungslampen benutzt. Sie emittieren bei ca. 590 nm, was man an ihrer intensiv dunkelgelb-orangen Farbe erkennt. Natrium-Niederdruckbogenlampen haben eine Lichtausbeute von bis zu $200\,\mathrm{lm\,W^{-1}}$ (29 % Effizienz) und gehören damit zu den effizientesten aller derzeit benutzten Beleuchtungsmittel. Die intensive gelbe Farbe macht sie allerdings nur für die Straßenbeleuchtung anwendbar.

Die Zukunft dürfte den Licht emittierenden Dioden gehören (LED). Sie können im Prinzip all diese Werte übertreffen, da sie elektrische Energie im Idealfall mehr oder weniger direkt in Licht umwandeln können. Um tatsächlich den Eindruck von weißem Licht zu erzeugen, braucht man mindestens drei LED's in verschiedenen Farben. Entscheidend für diese Technologie war die Entwicklung effizienter blau emittierenden LED's auf der Basis von Galliumnitrid. Für die wissenschaftliche Leistung, die dies ermöglichte, erhielten AKASAKI *et al.* (2014) den NOBEL-Preis in Physik.

Die typische Lichtausbeute heutiger kommerziell erhältlicher LED-Leuchten liegt im Bereich von 50 bis $110\,\mathrm{lm\,W^{-1}}$ (Lichteffizienz 8 bis 16 %) und die Preise sind noch recht hoch. Man kann aber davon ausgehen, dass letztere im Zuge einer Massen-

---

[22] Die Begriffe werden in der Literatur nicht immer ganz sauber getrennt. Oft wird η hier nicht erwähnt, aber stillschweigend benutzt. Für Schwarzkörperstrahler kann man von $\eta = 1$ ausgehen: Das Integral im Nenner repräsentiert praktisch die gesamte elektrische Energie, die ja in Strahlung übergeht – wenn auch überwiegend nicht in den VIS Bereich.

produktion in den kommenden Jahren deutlich fallen werden. Über Forschungsergebnisse mit Lichtausbeuten bis zu 300 lm W^{-1} wird berichtet.

Allerdings muss man die Frage stellen, ob dies noch eine sinnvolle Lichtquelle für normale Beleuchtungszwecke sein kann, und wo überhaupt ein sinnvolles Maximum der Lichtausbeute liegen kann: Stellen wir uns (ganz hypothetisch) eine Lichtquelle vor, welche die elektrische Leistung zu 100 % in ein Spektrum umwandelt, das im sichtbaren Spektralbereich exakt dem idealen weißen Licht unserer Sonne entspräche und überall sonst Null wäre. Wertet man dafür die Lichteffizienz (1.89) mit (1.82) aus (MURPHY JR. 2013), so erhält man (je nachdem bei welchen Wellenlängen genau man denn abschneidet) $\eta_v = (260 \text{ bis } 348)\,\text{lm}\,\text{W}^{-1}$, entsprechend einer Lichteffizienz von (38 bis 50) %.

Um die Qualität solcher Lichtquellen zu bewerten, wird die korrelierte Farbtemperatur und der *Farbwiedergabeindex* (CRI, *colour rendering index*) ermittelt. Während mit der Farbtemperatur die Ähnlichkeit der Lichtquelle mit einem Schwarzkörperstrahler im sichtbaren Spektralbereich quantifiziert wird, bewertet der CRI, wie gut man Farben im Licht der untersuchten Quelle erkennen kann. Dazu werden die Reflexe eines Satzes von 8 Standardfarben vermessen: Ein Wert von 100 ist das Optimum (Glühbirne), unter 50 ist die Lichtquelle für Standardbeleuchtungszwecke nicht mehr zumutbar. Die eben skizzierten, abgeschnittenen Schwarzkörperspektren entsprechen CRI-Werten von 99.4 bis 68.6 % (MURPHY JR. 2013), Natriumdampflampen haben CRI-Werte <20. Auf Details können wir hier nicht weiter eingehen und verweisen auf die einschlägigen technischen Standards des CIE. Freilich ist bislang noch keine Lichtquelle auf dem Markt, die den eben genannten Maximalwerten von 38 bis 50 % Lichteffizienz auch nur nahe kommt. Wir werden in den kommenden Jahren also eine spannende Entwicklung in der Beleuchtungstechnik erleben.

1.4.9 RÖNTGEN-Beugung und Strukturanalyse

Elektromagnetische Strahlung in allen Spektralbereichen – also Licht im weitesten Sinne – ist heute eines der wichtigsten Werkzeuge zur Aufklärung des Aufbaus und der Dynamik von Materie. Von den vielfältigen spektroskopischen Methoden, die dabei zum Einsatz kommen, werden wir in späteren Kapiteln einige im Detail kennenlernen.

Hier wollen wir auf eine der bedeutendsten Methoden zur Strukturanalyse, also zur Aufklärung der räumlichen Anordnung von Atomen in fester Materie, wenigstens hinweisen (siehe auch Abschn. 1.8.2). Sie wird systematisch in der Festkörperphysik behandelt. Die Rede ist von der sogenannten RÖNTGEN-Beugung, also von der Streuung und Interferenz kurzwelliger, elektromagnetischer Strahlung an kristallin geordneter Materie. Die Basis für all diese Verfahren ist die Vielstrahlinterferenz an Kristallen. Wie in Abb. 1.18 skizziert, kann man sich durch jedes regelmäßige Kristallgitter eine Vielzahl sogenannte Gitterebenen gelegt denken, an denen das Licht reflektiert wird. Der Gangunterschied zwischen parallelen Strahlen, die an nebeneinander liegenden Gitterebenen reflektiert werden, beträgt nach Abb. 1.18

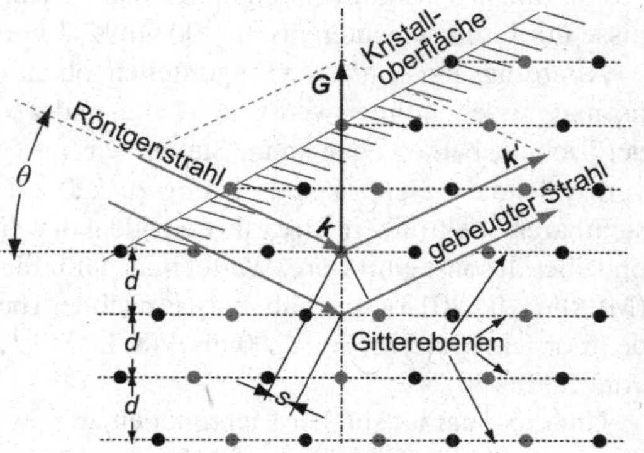

Abb. 1.18 BRAGG-Reflexion im Kristall an zwei Gitterebenen im Abstand d. Beachte, dass der BRAGG- *Winkel* θ *komplementär zum Einfallswinkel* definiert ist, der üblicherweise in der Optik benutzt wird

$2s = 2d \sin\theta$, wobei d der Abstand zweier Gitterebenen im Kristall und θ der sogenannte BRAGG-Winkel ist (man beachte, dass dieser Winkel komplementär zu dem in der Optik üblichen Einfallswinkel definiert ist). Bei einer Wellenlänge λ des gestreuten RÖNTGEN-Lichts können die Teilstrahlen (gezeigt sind in der Abbildung nur zwei) genau dann *konstruktiv interferieren,* wenn die BRAGG-*Beziehung*

$$2d \sin\theta = z\lambda \quad \text{mit} \quad z = 0, 1, 2... \tag{1.90}$$

erfüllt ist. Wir vermerken hier als Referenz – ohne Ableitung – einige wichtige quantitative Zusammenhänge zur RÖNTGEN-Beugung (BRAGG-Reflexion). Man definiert den *Gittervektor*

$$\boldsymbol{G} = hg_1 + kg_2 + lg_3 \tag{1.91}$$

mit den MILLER'*schen Indizes* h, k, l (ganze Zahlen ≥ 0), welche die Netzebenen im Gitter charakterisieren, und den *Basisvektoren der Einheitszelle* g_1, g_2, g_3 im reziproken Gitter. Ohne weiter in die Details der Gittertheorie für Kristalle zu gehen, erwähnen wir lediglich, dass letztere mit den normalen Basisvektoren $\boldsymbol{a}_1, \boldsymbol{a}_2, \boldsymbol{a}_3$ des räumlichen Kristallgitters über

$$g_i \cdot \boldsymbol{a}_j = 2\pi\delta_{ij} \tag{1.92}$$

verknüpft sind (in Abb. 1.18 auf der vorherigen Seite ist $|\boldsymbol{G}| = 2\pi/d$). Mit den Wellenvektoren $\boldsymbol{k}$ und $\boldsymbol{k}'$ der ein- und ausfallenden RÖNTGEN-Strahlung kann man die BRAGG-Gleichung (1.90) auch

$$\Delta\boldsymbol{k} = \boldsymbol{k} - \boldsymbol{k}' = \boldsymbol{G} \tag{1.93}$$

schreiben. Üblicherweise untersucht man nur die elastische RÖNTGEN-Streuung, für welche $|\boldsymbol{k}| = |\boldsymbol{k}'|$ und man kann dann (1.93) als $(\boldsymbol{k} - \boldsymbol{G})^2 = k^2$ oder $G^2 - 2\boldsymbol{k}\boldsymbol{G} = 0$ schreiben. Wir halten schließlich fest, dass BRAGG-Reflexion erfolgt, wenn für den Wellenvektor $\boldsymbol{k}$ der eingestrahlten RÖNTGEN-Strahlung gilt:

$$\boldsymbol{k} = \boldsymbol{k}_{\mathrm{BZ}} \quad \text{wobei} \quad 2\boldsymbol{k}_{\mathrm{BZ}}\boldsymbol{G} = G^2 \quad \text{oder} \quad \boldsymbol{k}_{\mathrm{BZ}}\frac{\boldsymbol{G}}{2} = \left(\frac{G}{2}\right)^2 \tag{1.94}$$

Der so definierte Vektor $\boldsymbol{k}_{\mathrm{BZ}}$ beschreibt die Ebene, welche den reziproken Gittervektor $\boldsymbol{G}$ halbiert und senkrecht zu ihm liegt. Man kann solche Ebenen für alle reziproken Gittervektoren konstruieren und sie zu geschlossenen Flächen im reziproken Gitterraum kombinieren. Diese sogenannten BRILLOUIN-*Zonen* (BZ) repräsentieren dann alle Wellenvektoren $\boldsymbol{k} = \boldsymbol{k}_{\mathrm{BZ}}$, für die BRAGG-*Reflexion* im Kristall erfolgt. BZn sind ein sehr wichtiges Konzept in der Festkörperphysik, speziell im Zusammenhang mit der Theorie der Bandstruktur, wie wir kurz in Abschn. 2.8 auf Seite 144 diskutieren werden. Da mehrere verschiedene Gittervektoren mit unterschiedlicher Raumrichtung existieren (typischerweise mehr als 3, s. Gl. 1.91), können BZn ziemlich komplexe Polygone sein. Entsprechende Flächen können auch mit $2\boldsymbol{G}, 3\boldsymbol{G}$ usw. konstruiert werden und man unterscheidet daher die 1., 2., 3., usw. BRILLOUIN-Zone.

Die *Intensität* der gebeugten RÖNTGEN-Strahlung hängt von der Verteilung der Ladungsdichte $\rho(\boldsymbol{r})$ der Elektronen im Gitter ab und ist proportional zum Betragsquadrat des sogenannten *Strukturfaktors*

$$\begin{aligned}\mathcal{F}(hkl) &= \int_{\mathrm{cell}} \mathrm{d}^3\boldsymbol{r}\,\rho(\boldsymbol{r})\exp(\mathrm{i}\boldsymbol{G}\cdot\boldsymbol{r}) \\ &= \sum_j \mathcal{F}_j(\boldsymbol{G})\exp\left[\mathrm{i}2\pi(x_j h + y_j k + z_j l)\right].\end{aligned} \tag{1.95}$$

Die Summe ist über alle Atome in der Einheitszelle des Kristalls zu bilden. Jedes einzelne Atom wird durch einen *atomaren Formfaktor* charakterisiert:[23]

$$\mathcal{F}_j(\boldsymbol{q}) = \int_{\mathrm{atom}} \mathrm{d}^3\boldsymbol{r}\,N^{(j)}(\boldsymbol{r})\exp(\mathrm{i}\boldsymbol{q}\cdot\boldsymbol{r}). \tag{1.96}$$

Diese Formfaktoren müssen für jedes Atom durch Integration über die Teilchendichte $N^{(j)}(\boldsymbol{r})$ für alle seine Elektronen gebildet werden (die Dimension von N ist L^{-3}). Ohne in die Details zu gehen, erwähnen wir hier, dass aus dem Imaginärteil der atomaren Formfaktoren der *Photoabsorptionsquerschnitt* folgt, während der Realteil die (kohärente) elastische Streuung charakterisiert. Für radialsymmetrische Ladungsverteilungen gilt

$$\operatorname{Re}\mathcal{F}_j(q) = 4\pi\int_0^\infty \frac{N^{(j)}(r)\sin(qr)}{qr}r^2\mathrm{d}r, \tag{1.97}$$

mit dem Betrag des Impulsübertrags $q = 2k\sin\theta = 4\pi(\sin\theta)/\lambda$. Hier ist θ der BRAGG-Winkel (oder etwas allgemeiner: 2θ ist der Streuwinkel des Lichts). Heute sind diese Atomformfaktoren gut bekannt und tabelliert (siehe z. B. CHANTLER *et al.* 2005).

Auf die verschiedenen experimentellen Verfahren können wir nicht im Einzelnen eingehen. Neben Laborquellen für die RÖNTGEN-Strahlung spielt heute die Synchrotronstrahlung (SR, s. Abschn. 10.6.2 auf Seite 579) eine zentrale Rolle, so etwa

[23] Das korrekte quantenmechanische Äquivalent wird in Band 2 besprochen.

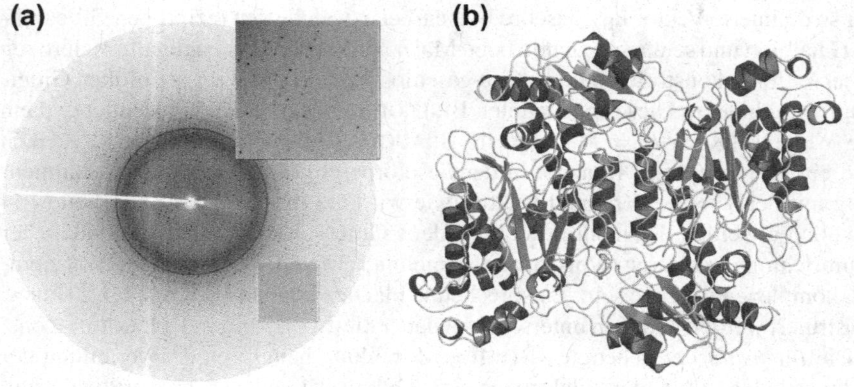

Abb. 1.19 (**a**) RÖNTGEN-Beugungsbild eines $80 \times 100 \times 50\,\mu m$ großen Einkristalls des menschlichen Enzyms Prolidase, aufgenommen mit $h\nu = 13.05\,keV$ am Strahlrohr BL14.1 der FU-Berlin bei BESSY. Die maximale Auflösung des Beugungsbildes entspricht einem Netzebenenabstand des Kristallgitters von 0.25 nm. Die Quadrate sind Ausschnittvergrößerungen. (**b**) Sekundärstrukturmodell des Enzyms in der Dimerenform, mit gebundenem Mn^{2+} (vier kleine Kugeln, *online rot*). Nach MUELLER *et al.* (2007)

bei der Strukturanalyse großer, komplexer Biomoleküle. Um die erstaunliche Leistungsfähigkeit heutiger ‚*State-of-the-Art*' RÖNTGEN-Beugungstechnik zu illustrieren, zeigen wir in Abb. 1.19 auf der vorherigen Seite aber ein besonders eindrucksvolles Beispiel: Das mit Synchrotronstrahlung in einer sogenannten Rotationsaufnahme gewonnene Röntgenbeugungsbild eines menschlichen Enzyms. Man bestrahlt das Objekt mit sehr schmalbandigem RÖNTGEN-Licht ($W/\Delta W \simeq 5000$–10000) und rotiert den Kristall dabei um ein bestimmtes Winkelinkrement, in diesem Fall um 0.5°. Dabei werden dann die zahlreichen, in Abb. 1.19 gezeigten Reflexe sichtbar.

Was haben wir in Abschnitt 1.4 gelernt?

- Photonen haben i) eine wohldefinierte Energie $W = h\nu = \hbar\omega$ (mit $\nu = c/\lambda$ oder $\omega = ck$ und $k = 2\pi/\lambda$), was der photoelektrischen Effekt klar dokumentiert, ii) einen Impuls $\boldsymbol{p} = \hbar\boldsymbol{k}$ belegt durch den COMPTON-Effekt, und iii) einen intrinsischen Drehimpuls $\hbar$. Sie haben keine Ruhemasse und existieren nur als mit Lichtgeschwindigkeit bewegte Teilchen.
- Das Spektrum der elektromagnetischen Strahlung (wir nennen es ‚Licht' in generellem Sinn) reicht von Radiofrequenzen ($\nu \sim$ MHz, $\lambda \sim$ km, $h\nu \sim 10^{-9}$ eV) bis zu γ-Strahlung (10^{-5} nm, $h\nu \sim 10^{8}$ eV). Das sichtbare Spektrum ist nur ein sehr kleiner Teil davon (seine Wellenlängen umfassen 380 bis 760 nm).
- Das PLANCK'sche Strahlungsgesetz (1.81) war ein Eckstein für die Entwicklung der Quantenphysik. Es beschreibt das Spektrum eines ‚schwarzen Körpers' wie z. B. unsere Sonne oder eine Glühlampe. Sein Maximum verschiebt sich

mit der Temperatur Θ nach dem WIEN'schen Verschiebungsgesetz $\lambda_{max}\Theta \simeq 2.9 \times 10^6$ nm K, die Gesamtintensität (Leistung pro Fläche) folgt dem STEFAN-BOLTZMANN-Gesetz $I(\Theta) = \sigma_B \Theta^4$.

- Eine hypothetische ideale Lichtquelle mit einer Lichteffizienz von 100 %, die mit 1 W elektrischer Leistung betrieben wird, emittiert 683 lm (Lumen) bei 555 nm. Glühlampen haben eine Lichteffizienz von nur 2–3 %.
- RÖNTGEN-Strahlung ist ein sehr leistungsfähiges Werkzeug für die Strukturanalyse. Konstruktive Interferenz findet für solche Einfallswinkel θ statt (in Bezug auf eine Gitterebene), für welche die BRAGG-Gleichung $2d \sin\theta = z\lambda$ erfüllt ist. Andere Formulierungen der BRAGG-Gleichung benutzen den reziproken Gittervektor (1.91) und MILLER'sche Indizes. Der Strukturfaktor (1.95) und der atomare Formfaktor (1.96) beschreiben die Intensitäten des Beugungsbildes.

1.5 Die vier fundamentalen Wechselwirkungen

„Was die Welt im innersten zusammenhält" (VON GOETHE 1808, Vers 380) beschreiben wir in der Physik heute durch vier fundamentale Wechselwirkungen:

1. Gravitation
2. Elektromagnetische Wechselwirkung
3. Schwache Wechselwirkung
4. Starke Wechselwirkung

Im täglichen Leben begegnen uns dabei fast ausschließlich die beiden erstgenannten Wechselwirkungen – vor allem die Gravitation spielt eine zentrale Rolle in unserer täglichen Erfahrung, während wir elektromagnetische Wechselwirkungen eher indirekt durch die Wirkung der verschiedensten elektrischen Maschinen und Geräte, Beleuchtungskörper, gelegentlich auch in Form elektrostatischer Aufladungen oder magnetischer Anziehung (z. B. Kompassnadel) oder in Naturphänomenen wie dem Blitz begegnen.

Dagegen wird die gesamte Physik und Chemie der Atome, Moleküle, Festkörper und anderer Materialien praktisch ausschließlich durch die elektromagnetische Wechselwirkung bestimmt – die dagegen extrem schwache Gravitation spielt nur in Ausnahmen eine Rolle und auch die schwache oder starke Wechselwirkung kann man dabei in fast allen Fällen vergessen (auf Ausnahmen werden wir später hinweisen).

Schwache und starke Wechselwirkungen spielen aber eine zentrale Rolle, wenn wir uns für den Aufbau und Zusammenhalt von Atomkernen interessieren, für ihre Stabilität und ihren Zerfall … und natürlich dann, wenn wir die Entstehung und Entwicklung des Universums verstehen wollen. Die vereinheitlichte Beschreibung von elektromagnetischer und schwacher Wechselwirkung wird als *elektroschwache Wechselwirkung* bezeichnet.

Tabelle 1.7 Die vier fundamentalen Wechselwirkungen, Austauschbosonen und Kopplungskonstanten

Wechsel-wirkung	Fermion (z. B.)	Austausch-boson	Masse /GeV c^{-2}	Kopplung[a]	Reich-weite/m	Abstands-abhängigkeit
Gravitation	$e^{\pm}, p, n$	Graviton[b]	0	5.9×10^{-39}	∞	$1/r^2$
Elektromagn.	$e^{\pm}, p$	Photon	0	7.30×10^{-3}	∞	$1/r^2$
Schwache	$e^{\pm}, \nu$	$W^{\pm}$-Boson	80.4	10^{-5}	10^{-18}	$1/r^5$
		Z^0-Boson	91.2	bis 10^{-7}		bis $1/r^7$
Starke	p, n	π-Meson	135, 139[c]	$\simeq 1$	$\simeq 10^{-15}$	$1/r^7$
	Quarks	Gluonen	0	0.119		

[a]Werte für Gravitation und elektromagnetische WW beziehen sich auf ein Protonenpaar
[b]Hypothetisch, noch nicht gefunden
[c]für π^0 bzw. π^+

In Tab. 1.7 auf der vorherigen Seite sind die wichtigsten Charakteristika der vier fundamentalen Wechselwirkungen zusammengestellt: Die zweite Spalte gibt Beispiele für Bausteine der Materie (hier *Fermionen,* also Teilchen mit Spin $1/2\hbar$), auf welche diese Kräfte wirken. Vermittelt werden die Kräfte jeweils durch charakteristische Wechselwirkungsteilchen, die sog. *Austauschbosonen* (Spin $1\hbar$), die in der dritten Spalte genannt sind. Ihre jeweilige Masse ist in Spalte 4 angegeben. Man stellt sich vor, dass diese Teilchen ‚virtuell', also für ganz kurze Zeit und nicht direkt beobachtbar, gebildet werden. Eine Größenordnung für die jeweilige Stärke wird in Spalte 5 von Tab. 1.7 abgeschätzt, wobei freilich ein direkter Vergleich wegen der unterschiedlichen Ortsabhängigkeit und Symmetrieeigenschaften eigentlich nur zwischen elektromagnetischer Wechselwirkung (COULOMB-Potenzial) und Gravitation möglich ist. Auch da muss man genau spezifizieren, für welche Teilchen man den Vergleich macht. Die Reichweite von COULOMB-Potenzial und Gravitation wird in der Tabelle mit ∞ angegeben – gemeint ist, dass unabhängig vom Abstand r der Teilchen die Kraft $\propto 1/r^2$ abnimmt. Dagegen sind schwache und starke Kraft in ihrer Reichweite tatsächlich beschränkt und wirken nur im Inneren von Atomkernen, bzw. in einer engen Umgebung der in der Tabelle genannten Teilchen.

1.5.1 COULOMB- und Gravitationswechselwirkung

Die Wechselwirkung zweier Teilchen der Massen m_1 und m_2 und Ladungen q_1 bzw. q_2 hängt stets in mehr oder weniger komplexer Weise vom Abstand r ab. Nur die allseits bekannten Kraftgesetze für die *Gravitation* und die *elektromagnetische Wechselwirkung* (COULOMB-*Gesetz*)

$$\boldsymbol{F}_G = -G\frac{m_1 m_2}{r^2}\frac{\boldsymbol{r}}{r} \quad \text{bzw.} \quad \boldsymbol{F}_e = \frac{1}{4\pi\varepsilon_0}\frac{q_1 q_2}{r^2}\frac{\boldsymbol{r}}{r}$$

lassen sich aber in dieser einfachen, geschlossenen Weise darstellen. Sie können mit

$$\boldsymbol{F} = -\operatorname{grad} V(r) \tag{1.98}$$

auf ein *skalares Potenzial* $\propto 1/r$ zurückgeführt werden.

Die Größe der Kopplungskonstanten G bzw. $1/(4\pi\varepsilon_0)$ entnimmt man Anhang A. Mit den dort gegebenen Werten findet man, dass die elektromagnetische Kraft bezogen auf die Anziehungs- bzw. Abstoßungskräfte zweier Protonen aufeinander um einen Faktor 1.2×10^{36} stärker ist als die Gravitation! Daher spielt die elektromagnetische Wechselwirkung auf der molekularen und atomaren Längenskala die zentrale Rolle (und ist auch bei subatomaren Abständen noch von wesentlicher Bedeutung). Sie ist (praktisch ausschließlich) für den Aufbau der Atome und Moleküle verantwortlich. Das COULOMB-Potential

$$V(r) = \frac{1}{4\pi\varepsilon_0}\frac{q_1 q_2}{r} \tag{1.99}$$

wird uns also durch praktisch alle Kapitel dieser Lehrbücher begleiten.

Dagegen erscheinen die makroskopischen Objekte unseres täglichen Lebens wie auch die Planeten und Sterne im Kosmos nach außen hin als vollständig ungeladen – sie bestehen stets aus einer praktisch gleichen Anzahl von Protonen und Elektronen (Quasineutralität). Daher wirken makroskopischer Objekte aufeinander nur über die Schwerkraft. Diese bestimmt deren Bewegung praktisch ausschließlich (trotz der extrem kleinen Kopplungskonstanten G) – sofern sie nicht auf sonstige mechanische, chemische oder elektromagnetische Weise angetrieben oder gebremst werden. Selbst dabei ist stets auch Gravitation mit im Spiel (man denke ans Auto- oder Fahrstuhlfahren, ans Fliegen, an Raketenantriebe oder an Ebbe und Flut usw.). Auch die wesentlichen Strukturentwicklungen unseres nunmehr ca. 13.8 Mrd. Jahre alten Universums wurden ab etwa 1 Mio. Jahren nach dem Urknall praktisch ausschließlich durch die Gravitation bestimmt.

1.5.2 Das Standardmodell der fundamentalen Wechselwirkungen

Die beiden anderen Kräfte, die starke und die schwache Wechselwirkung, spielen erst auf subatomarer Längenskala eine wesentliche Rolle, da ihre Reichweiten (im Gegensatz zum COULOMB-Gesetz und zur Gravitation) begrenzt sind, wie in Tab. 1.7 auf Seite 52 angedeutet. Die starke Wechselwirkung ist für den Zusammenhalt der Atomkerne verantwortlich, die schwache Wechselwirkung spielt z. B. eine entscheidende Rolle beim β-Zerfall (also bei der Emission eines Elektrons aus einem Atomkern).

Elektromagnetische, starke und schwache Wechselwirkung werden heute konsistent und überzeugend im sogenannten *Standardmodell* (SM) *der Quantenchromodynamik* (QCD) beschrieben – lediglich die Gravitation entzieht sich noch einer vereinheitlichten Darstellung. Wir können hier auf diese nicht ganz triviale Theorie nicht im Detail eingehen, wollen aber einige Grundbegriffe kommunizieren. Im Zentrum der Theorie stehen die Elementarteilchen, die man sich als wirklich unteilbar vorzustellen hat (und wenn man so will, als beliebig punktförmig und strukturlos).[24]

[24]Für Experten: $e^- + p$ Stoßexperimente bei HERA mit Momentüberträgen bis zu $Q^2 = 40\,000\,\mathrm{GeV}^2$ haben keine Abweichung des Streusignals von dem für punktförmige Elektronen- und Quarkstruktur Vorhergesagten beobachtet. Dies entspricht einer Auflösung von $<10^{-3}$ fm oder weniger als $1/1000$ des Protonenradius.

	Die drei Generationen von Materieteilchen (Fermionen)			Austauschteilchen (Eichbosonen)	
Masse[1] Ladung Spin Name	$2.4\ \text{MeV}/c^2$ 2/3 1/2 **u** Up	$1.27\ \text{GeV}/c^2$ 2/3 1/2 **c** Charm	$171.2\ \text{GeV}/c^2$ 2/3 1/2 **t** Top	0 0 1 γ Photon	elektro- magnet. Wechsel- wirkung
	$4.8\ \text{MeV}/c^2$ -1/3 1/2 **d** Down	$104\ \text{MeV}/c^2$ -1/3 1/2 **s** Strange	$4.2\ \text{GeV}/c^2$ -1/3 1/2 **b** Bottom	0 0 1 **g** Gluon[2]	starke Wechsel- wirkung
	$< 2.2\ \text{eV}/c^2$ 0 1/2 ν_e El.-Neutrino	$<0.17\ \text{MeV}/c^2$ 0 1/2 ν_μ Myon-Neutrino	$<15.5\ \text{MeV}/c^2$ 0 1/2 ν_τ Tau-Neutrino	$91.2\ \text{GeV}/c^2$ 0 1 $\mathbf{Z^0}$ Z-Boson	elektro- schwache Wechsel- wirkung
	$0.511 \text{MeV}/c^2$ -1 1/2 **e** Elektron	$105.7 \text{MeV}/c^2$ -1 1/2 μ Myon	$1.777\ \text{GeV}/c^2$ -1 1/2 τ Tauon	$80.4\ \text{GeV}/c^2$ ±1 1 $\mathbf{W^\pm}$ W-Boson	elektro- schwache Wechsel- wirkung

(Linke Randbeschriftung: **Leptonen** – farblos: Neutrinos; **Quarks**: Jedes trägt auch eine Farbladung: rot grün blau)

[1] $1 \text{MeV}/c^2 = 1.073 \times 10^{-3}\,\text{u} = 1.957\ \text{a.u.}\ (m_e)$

[2] je eine Farbe + eine Antifarbe (8 Kombinationen)

ca.
$125\ \text{GeV}/c^2$
HIGGS-
Boson[*]

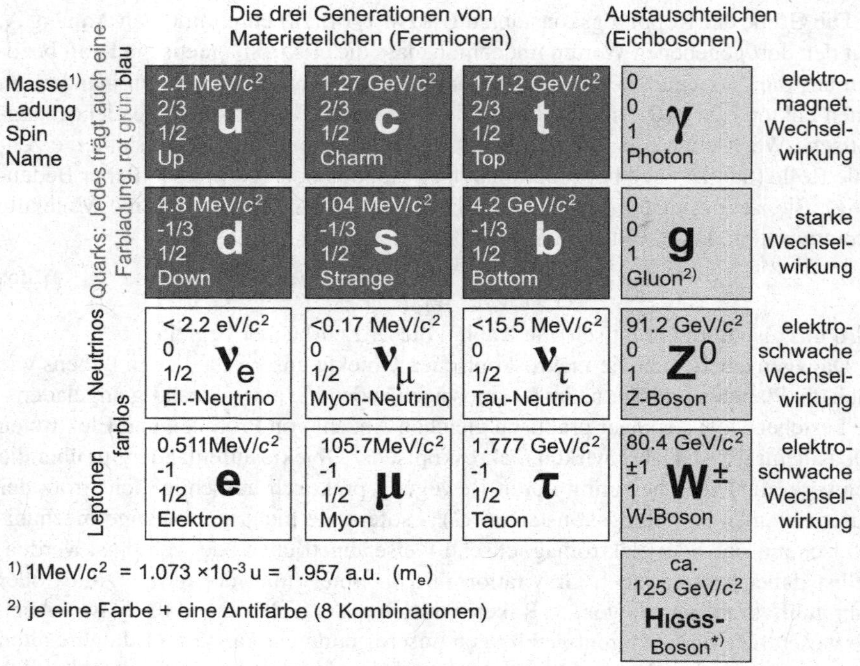

Abb. 1.20 Elementarteilchen nach dem Standardmodell (SM): Materieteilchen (Fermionen, Spin $1/2\hbar$) und Austauschteilchen (Eichbosonen, Spin $1\hbar$). Die Massen und Ladungen sind angegeben. [*] zum HIGGS Boson schreibt CERN (2013) ‚Am 4. Juli 2012, gaben die ATLAS und CMS Experimente bei CERN's *Large Hadron Collider* bekannt, sie hätten beide ein neues Teilchen beobachtet mit einer Masse von ca. 125 GeV $/c^2$ …‘. Inzwischen scheint sich dies zu bestätigen. Für die theoretischen Arbeiten, auf welchen diese Entdeckung basiert, wurden ENGLERT und HIGGS (2013) mit dem NOBEL-Preis ausgezeichnet

Sie sind in Abb. 1.20 mit ihren charakteristischen, wohldefinierten Eigenschaften zusammengestellt.

Das Standardmodell unterscheidet zwei Arten von Elementarteilchen:

1. Materieteilchen (sie alle sind Fermionen mit Spin $1/2\hbar$) und zwar

   - 6 *Quarks* und 6 *Antiquarks,* die der starken Wechselwirkung unterliegen und jeweils eine von drei Farbladungen tragen (rot, grün, blau); sie sind auch elektrisch geladen und zwar mit einer Ladung von $+2/3e$ bzw. $-1/3e$. Sie unterliegen außerdem der elektromagnetischen wie auch der schwachen Wechselwirkung;

- 6 *Leptonen* und 6 *Antileptonen,* die zwar der schwachen, aber nicht der starken Wechselwirkung unterliegen (sie sind also ‚farblos'; Elektron, Myon und Tauon haben außerdem die elektrische Ladung $-e$ und unterliegen der elektromagnetischen Wechselwirkung. Dagegen haben die entsprechenden Neutrinos keine Ladung, wohl aber eine (sehr kleine) Masse.

2. Austauschteilchen (die sog. Eichbosonen mit Spin $1\hbar$). Man stellt sich diese als Vermittler der Kräfte vor. Sie werden bei der Wechselwirkung virtuell ausgetauscht.

Bei der elektromagnetischen Wechselwirkung, der alle elektrisch geladenen Teilchen unterliegen, ist das Austauschteilchen ein Photon, das wir in Abschn. 1.4 bereits behandelt haben. Die starke Wechselwirkung ist charakteristisch für die Quarks und Antiquarks, die mit einer elektrischen Ladung von $\pm 2/3e$ bzw. $\mp 1/3e$ ausgestattet sind, aber niemals als freie Teilchen auftreten können, sondern nur im Verbund vorkommen (Confinement). In Anlehnung an die elektrische Ladung spricht man den Quarks eine Farbladung (Flavour) zu, entsprechend der sie miteinander wechselwirken. Sie kann rot, grün oder blau sein. In jedem aus ihnen aufgebauten Teilchen müssen sich diese Farben stets zu Weiß addieren (ganz analog zur Farbzusammensetzung des sichtbaren Spektrums, wo rot, grün und blau auch zusammen Weiß ergibt). Antiquarks sind mit den komplementären Farben eingefärbt. Das Austauschteilchen der starken Wechselwirkung ist das Gluon ‚g' (angelehnt an englisch *glue = Kleber*), das auf 8 verschiedene Weisen mit Farbe *und* Antifarbe belegt ist – im Gegensatz zum Photon, das ja keine Ladung trägt, und zu den ebenfalls farblosen drei Wechselwirkungsteilchen der schwachen Wechselwirkung Z^0 (ladungslos), W^+ ($+e$ Ladung) und W^- ($-e$ Ladung).

1.5.3 Hadronen

Aus den in Abb. 1.20 zusammengestellten Elementarteilchen (und nur aus diesen) sind nun alle weiteren in der Natur vorkommenden oder in Beschleunigeranlagen erzeugten Teilchen zusammengesetzt. Die sog. *Hadronen* bestehen aus Quarks. Hadronen unterliegen der starken Wechselwirkung (und natürlich, soweit elektrisch geladen, auch der elektromagnetischen Wechselwirkung). Man unterscheidet zwei Arten von Hadronen, die *Baryonen* und die *Mesonen.*

Baryonen
Baryonen bestehen aus drei Quarks. Von besonderer Bedeutung sind die *beiden Nukleonen Proton* p und *Neutron* n, deren Zusammensetzung in Abb. 1.21 skizziert ist. Man beachte, dass die Ladung von Proton ($1e$) und Neutron (0) sich einfach durch Addition der Ladungen der beteiligten Quarks ($2/3+2/3-1/3$ bzw. $2/3-1/3-1/3$) ergibt. Der Spin von Proton und Neutron (beide $1/2\hbar$) muss aber aus den drei Spins (je $1/2\hbar$) nach den Regeln der Drehimpulsalgebra zusammengesetzt werden, wonach dieser sowohl $1/2\hbar$ als im Prinzip auch $3/2\hbar$ sein könnte.

Dagegen sei darauf hingewiesen, dass die *Masse* von up- und down-Quarks, nur etwa um einen Faktor 5 bzw. 10 größer ist als die Masse m_e des Elektrons. Daher

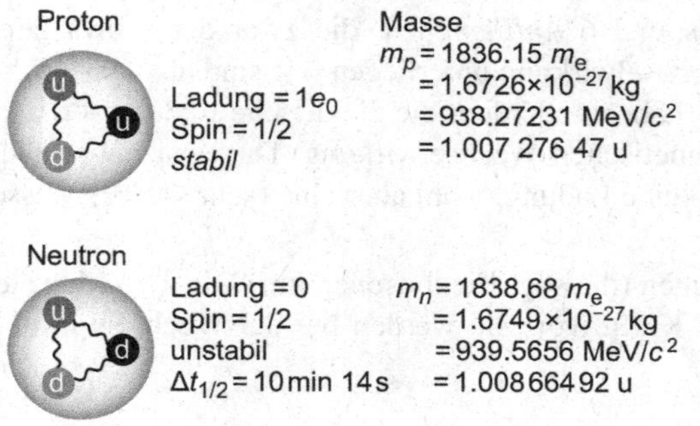

Abb. 1.21 Aufbau von Proton und Neutron (Nukleonen, allgemein Baryonen) aus up- und down-Quarks (u bzw. d). Die spezielle Wahl der Farben der Quarks ist hier ohne Bedeutung und soll lediglich das Farbprinzip der Quantenchromodynamik andeuten: Es muss jede der drei Grundfarben *rot, grün, blau* genau einmal vorkommen. Die Schlangenlinien deuten den Gluonaustausch an

ergibt sich die Masse von Proton und Neutron keineswegs einfach durch Summation der beteiligten Massen. Vielmehr trägt die Bindungsenergie über $W_{n,p} = \Delta mc^2$ den überwiegenden Teil der Masse dieser beiden wichtigen Materiebausteine bei. Die drei Farbladungen der beteiligten Quarks, rot, grün und blau, addieren sich wie oben gefordert zu weiß, wobei ihre konkrete Zuweisung zu den einzelnen Quarks hier beliebig ist. Im Übrigen mag Abb. 1.21 für sich selbst sprechen. Mit weiteren Kurzkommentierungen können wir hier der insgesamt doch sehr anspruchsvollen Theorie (SM und QCD) nicht gerecht werden.

Auf ähnliche Weise wie diese beiden (langlebigen) Nukleonen lassen sich alle übrigen (mehrere hundert) bekannten, sogenannten *Baryonen* (schwere Teilchen) als aus drei Quarks aufgebaut verstehen. Sie sind allesamt sehr kurzlebig und unterscheiden sich in ihrer inneren Struktur, Energie (und damit Masse), Spin und Ladung voneinander. Die drei Farbladungen müssen sich stets zu Weiß addieren.

Zerfall des Neutrons

Ein typisches Beispiel für eine solche Wechselwirkung ist der β-Zerfall des Neutrons, das zwar recht langlebig (Halbwertszeit 10.2 min), aber außerhalb der Atomkerne nicht dauerhaft stabil ist. Dieser Zerfall erfolgt durch die schwache Wechselwirkung und ist schematisch in Abb. 1.22 in Form eines sogenannten FEYNMAN-*Diagramms* dargestellt: Die drei Konstituenten des Neutrons bewegen sich, wie durch Pfeile angedeutet, durch die Zeit. Ein Down-Quark emittiert nun ein virtuelles W^--Boson und wird dabei zu einem Up-Quark (das Neutron wird zum Proton, s. Abb. 1.21). Das W^--Boson verwandelt sich schließlich in ein neu erzeugtes Paar $\bar{\nu}_e + \mathrm{e}^-$. Dass dabei zwei Leptonen entstehen müssen, ergibt sich einfach aus Energie- und Impulserhaltungssatz, die mit nur einem neu erzeugten Teilchen nicht gleichzeitig erfüllt werden können.

Mesonen

Anders als die Baryonen sind die sogenannten *Mesonen* (mittelschwere Teilchen) aus zwei Quarks mit komplementären Farben (Farbe und Antifarbe) aufgebaut. Insgesamt sind sie also ebenfalls weiß. Typische Beispiele sind die Pionen $\pi^\pm$ und

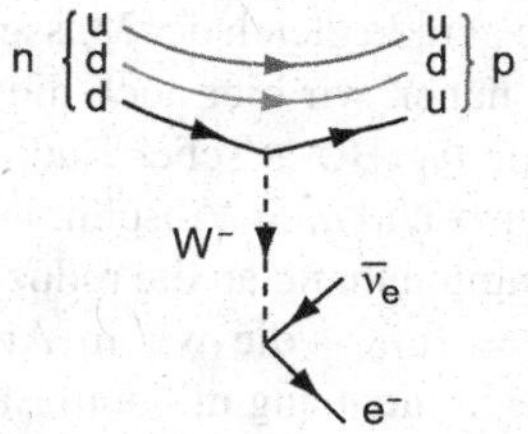

Abb. 1.22 FEYNMAN-Diagramm für den Zerfall des Neutrons durch die schwache Wechselwirkung (Halbwertszeit $\tau_{1/2} = 10.2$ min): Durch Emission eines Elektrons e^- und eines Anti-Elektron-Neutrinos $\bar{\nu}_e$ wird ein ‚Down-Quark' d (Ladung $-1/3e$) in ein ‚Up-Quark' (Ladung $+2/3e$) umgewandelt. Die Wechselwirkung wird durch ein ‚virtuelles' W^--Boson vermittelt

π^0, die jeweils aus einem Up-Quark und einem Anti-Down-Quark bzw. umgekehrt bestehen.

1.5.4 Das Elektron

Die *Leptonen,* also die leichten Teilchen, *Elektron, Myon* und *Tauon* und ihre jeweiligen Neutrinos (sowie ihre Antiteilchen) sind im Gegensatz zu den Hadronen *echte (punktförmige) Elementarteilchen,* jedenfalls soweit wir es bis heute messen können.[25] Sie unterliegen nicht der starken Wechselwirkung (sie sind farblos), wohl aber der schwachen Wechselwirkung (und natürlich der elektromagnetische Wechselwirkung). Über diese können sie miteinander, mit Quarks, Protonen, anderen geladenen Baryonen und Atomkernen wechselwirken.

In der AMO-Physik können wir uns fast ausschließlich auf die elektromagnetische Wechselwirkung konzentrieren, und das bei weitem wichtigste Teilchen ist das Elektron als (neben den Nukleonen) Bestandteil der für uns relevanten Materie. Wir betrachten seine Eigenschaften etwas genauer. Seine Ruhemasse ist

$$m_e = 9.10938291(40) \times 10^{-31}\,\text{kg} = 5.4857990946(22) \times 10^{-4}\,\text{u},$$

seine Ausdehnung ist mindestens drei Größenordnungen kleiner als die des Protons. Das Elektron hat aber einen inhärenten Drehimpuls, den sogenannten Spin $s = \pm\hbar/2$ und ein magnetisches Moment $-g_s\mu_B \boldsymbol{s}$, was wir in Abschn. 1.9.3 noch genauer behandeln werden, aber keine räumliche Ausdehnung. *Aus klassischer Sicht ist das ein sehr merkwürdiges Objekt*! Der sogenannte *klassische Elektronenradius*

$$r_e = e^2/(4\pi\varepsilon_0 m_e c^2) = \alpha^2 a_0 = 2.82 \times 10^{-6}\,\text{nm} \tag{1.100}$$

ist dagegen eine reine Rechengröße, die freilich oft als nützliche Abkürzung dient: Es ist der Abstand eines Elektrons von einer ebenfalls punktförmigen positiven Ladung,

[25] s. Fußnote 24 auf Seite 53.

bei dem die COULOMB-Energie gerade gleich der Massenenergie $m_e c^2$ des Elektrons ist. Der Vollständigkeit halber haben wir hier auch die Beziehung zwischen r_e und α (Feinstrukturkonstante) sowie a_0 (BOHR'scher Radius) notiert. Wir kommen auf die beiden wichtigen Parameter α und a_0 in Abschn. 1.7 noch zurück.

Wir erinnern in diesem Zusammenhang an die reduzierte COMPTON-Wellenlänge des Elektrons $\bar{\lambda}_C = \lambda_C/2\pi = \alpha a_0$ – die wir in Abschn. 1.4.2 als eine weitere charakteristische Länge im Zusammenhang mit dem Elektron kennengelernt haben.

Erste Versuche zur Bestimmung der *Elektronenladung* wurden 1899 von J.J. THOMSON durchgeführt, der e/m_e aus der Ablenkung im magnetischen Feld bestimmte. Die erste genauere Bestimmung von e geht auf Millikan (1913) zurück. Wie in Abb. 1.23 auf der vorherigen Seite skizziert, bestimmte er die Ladung q von kleinsten Öltröpfchen der Masse m dadurch, dass er sie im elektrischen Feld fallen bzw. steigen ließ. Die Geschwindigkeit v der Teilchen ergibt sich aus Schwerkraft mg, elektrischer Kraft $\pm qE$ und Reibungskraft $6\pi\eta r v = mg \pm qE$ mit $E = U/d$. Die Ladung $q = \pm\mathcal{N}e$ ist ein (kleines) Vielfaches der Elementarladung e und lässt sich bei Kenntnis von Teilchenradius r und Viskosität η des Trägergases durch Variation des Feldes bestimmen. Die *Elementarladung*

$$e = 1.602\,176\,6208(98) \times 10^{-19}\,\mathrm{C}. \tag{1.101}$$

ist natürlich eine außerordentlich wichtige Größe, die heute sehr genau bestimmt werden kann (s. NIST 2014b). Bei freien, isolierten Teilchen beobachtet man stets nur (positive oder negative) Vielfache der Elementarladung. Die (gebundenen) Quarks haben allerdings eine Ladung $-e/3$ bzw. $+2e/3$.

Mit der Elementarladung ist das *Elektronenvolt*

$$1\,\mathrm{eV} = 1.602\,176\,6208(98) \times 10^{-19}\,\mathrm{J}\ [\text{pro Teilchen}]. \tag{1.102}$$

verbunden, eine wichtige Energieeinheit in der gesamten Quantenphysik: Die Änderung der kinetischen Energie $\Delta W_{\mathrm{kin}} = \Delta(mv^2/2) = eU$ einer Ladung e nach Durchlaufen einer Spannung von 1 V.

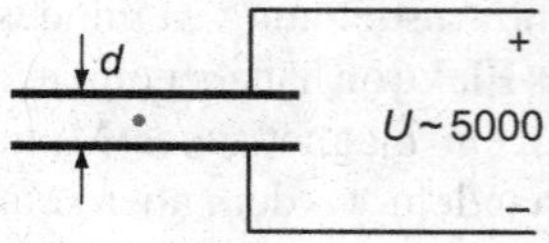

Abb. 1.23 Prinzip der Anordnung zur Bestimmung der Elementarladung nach MILLIKAN

Was haben wir in Abschnitt 1.5 gelernt?

- Es sind die vier fundamentalen Wechselwirkungen, welche „die Welt im innersten zusammenhalten“: Gravitation, elektromagnetische Wechselwirkung, schwache Wechselwirkung und starke Wechselwirkung. Gravitations- und elektrostatische Wechselwirkungsenergie sind $\propto 1/r$, d. h. sie haben im Prinzip unendliche Reichweite. Sie sind dominant in der makroskopischen Physik bzw. in der Atom- und Molekülphysik. Schwache und starke Wechselwirkung haben eine kurze Reichweite in der Größenordnung von 10^{-18} m bzw. 10^{-15} m und beziehen sich – aus Sicht der Atomphysik – auf Kräfte innerhalb der Atomkerne.
- Das *Standardmodell* der Elementarteilchenphysik beschreibt elektromagnetische, schwache und starke Wechselwirkung in einem einheitlichen Schema. Es beinhaltet 6 Quarks (Materieteilchen, Fermionen), 6 Leptonen (einschließlich des Elektrons, ebenfalls alle Fermionen), sowie 4 Typen von Austauschteilchen (Bosonen), einschließlich des Photons, das die elektromagnetische Wechselwirkung vermittelt. Die Quarks haben Ladungen $+2e/3$, $-e/3$, Spin $1/2$ und es gibt sie mit drei verschiedenen ‚Farbladungen‘. Sie unterliegen den schwachen, starken und elektromagnetischen Kräften. Sie sind die Bausteine aller anderen massiven Teilchen, einschließlich der Neutronen und Protonen (den sog. Nukleonen), die ihrerseits Bausteine der Atomkerne sind.
- Leptonen sind eine andere Art von Elementarteilchen, die nur der schwachen und (sofern geladen) der elektromagnetischen Wechselwirkung unterliegen. Von speziellem Interesse in der Atom- und Molekülphysik ist das Elektron. Wir merken uns seine elektrische Ladung $e \simeq 1.6 \times 10^{-19}$ C. Seine Bewegung durch ein elektrisches Feld benötigt Energie oder setzt Energie frei. Die atomare Einheit der Energie ist daher das Elektronenvolt: $1\,\mathrm{eV} \simeq 1.6 \times 10^{-19}$ J.

1.6 Teilchen in elektrischen und magnetischen Feldern

Die Charakteristika der Trajektorien bewegter, geladener Teilchen in elektrischen ($\boldsymbol{E}$) und magnetischen Feldern ($\boldsymbol{B}$) können zur *Massenspektrometrie* benutzt werden. Hier wollen wir die Möglichkeiten und Grenzen dafür erkunden. Auf ein Teilchen der Masse m, Ladung q und Geschwindigkeit $\boldsymbol{v}$ wirkt im Feld stets die LORENTZ-*Kraft*

$$\boldsymbol{F} = \frac{\mathrm{d}\boldsymbol{p}}{\mathrm{d}t} = q(\boldsymbol{E} + \boldsymbol{v} \times \boldsymbol{B}). \qquad (1.103)$$

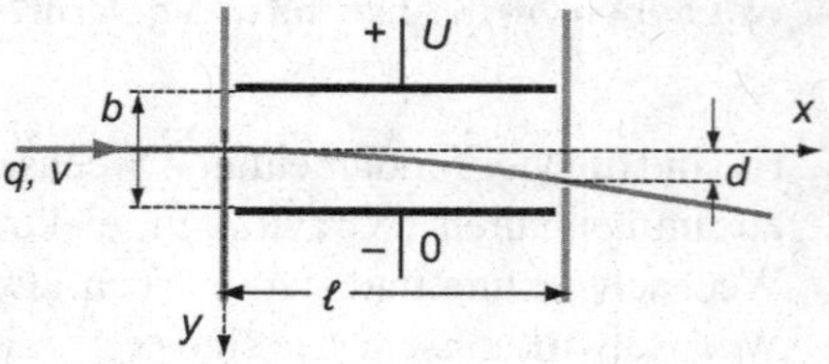

Abb. 1.24 Ablenkung eines geladenen Teilchens im elektrischen Feld

1.6.1 Ladungen im elektrischen Feld

Wir betrachten einen Teilchenstrahl, der in $+x$-Richtung mit der Geschwindigkeit v in ein rein elektrisches Feld $E = U/b$ eintritt ($\boldsymbol{B} = 0$), wie in Abb. 1.24 skizziert. Wir wählen die Geometrie so, dass $m\dot{v}_x = 0$ und $m\dot{v}_y = qU/b$. Für die laterale Ablenkung des Strahles gilt dann:

$$d = \frac{q}{2m}\frac{U}{b}t^2 = \frac{q}{2m}\frac{U}{b}\left(\frac{\ell}{v}\right)^2 = \frac{qU\ell^2}{4W_{\text{kin}}b} \tag{1.104}$$

Geometrie und angelegte Spannung sind bekannt. *Mit der elektrischen Ablenkmethode bestimmt man nach* (1.104) *nur das Verhältnis von kinetischer Energie* W_{kin} *zu Ladung* q*!* Dies gilt ganz grundsätzlich, unabhängig davon wie kompliziert die Anordnung ist.

In der praktischen Anwendung benutzt man häufig spezielle Kondensatoranordnungen (z. B. Zylinderkondensator, Kugelkondensator) oder Segmente davon zur Bestimmung der Energie von Elektronen und Ionen (bei bekannter Ladung der Teilchen). Die damit erzeugten Feldverteilungen ermöglichen neben der Energiemessung auch die Fokussierung der Teilchentrajektorien vom Eintrittsspalt auf den Austrittsspalt des Energieselektors.

1.6.2 Ladung im Magnetfeld

Um die Masse zu bestimmen, braucht man also eine weitere Messgröße. In einem rein magnetischen Feld ($\boldsymbol{E} = 0$) wird die Bewegung der Ladung q durch

$$\boldsymbol{F} = \frac{\mathrm{d}\boldsymbol{p}}{\mathrm{d}t} = q\boldsymbol{v} \times \boldsymbol{B}$$

bestimmt, wobei unter Einschluss relativistischer Energien $\boldsymbol{p} = \gamma m\boldsymbol{v}$ ist. $\boldsymbol{F}$ steht also stets senkrecht zu $\boldsymbol{v}$ und zu $\boldsymbol{B}$. Die Änderung der Energie

$$\frac{\mathrm{d}W}{\mathrm{d}t} = \boldsymbol{v}\boldsymbol{F} = q\boldsymbol{v} \cdot \boldsymbol{v} \times \boldsymbol{B} \equiv 0$$

ist daher identisch Null und es bleibt $v = const$. Dies gilt auch relativistisch, sodass auch $\dot{\gamma} = 0$ bzw. $\gamma = const$ wird. Die Bewegungsgleichung wird somit

$$\frac{\mathrm{d}\boldsymbol{p}}{\mathrm{d}t} = \gamma m\frac{\mathrm{d}\boldsymbol{v}}{\mathrm{d}t} = q\boldsymbol{v} \times \boldsymbol{B},$$

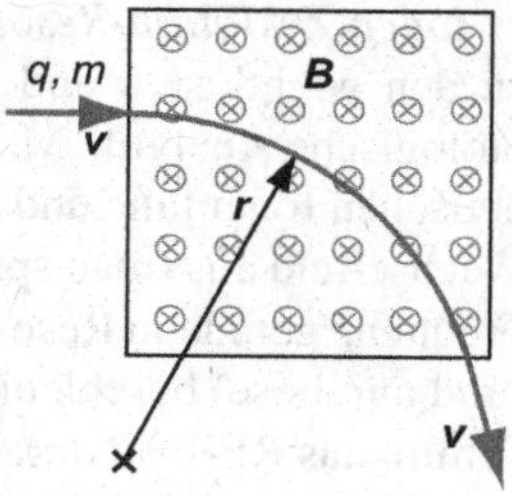

Abb. 1.25 Bewegte Ladung (Kreisbogen) im Magnetfeld **B** (in die Zeichnungsebene gerichtet)

und die Bewegung erfolgt – wie in Abb. 1.25 skizziert – auf einer Kreisbahn, die durch das Gleichgewicht zwischen Zentrifugalkraft F_c und magnetischer Kraft $F = qvB$ bestimmt wird:

$$\left|\frac{\mathrm{d}\boldsymbol{p}}{\mathrm{d}t}\right| = F_c = \frac{\gamma m v^2}{r} = qvB, \tag{1.105}$$

$$\text{sodass} \quad \gamma m v = p = qBr \ \text{ bzw. } \frac{p}{q} = rB \tag{1.106}$$

$$\text{und} \quad r = \frac{\gamma m v}{qB} = \frac{p}{qB} \tag{1.107}$$

Will man diesen Bahnradius r zur Massenselektion benutzen, so kann man wiederum nur eine Größe bestimmen: *Mit einem Magnetfeld wird das Verhältnis von Impuls zu Ladung p/q gemessen.*

Diese Ausdrücke sind auch relativistisch korrekt. Für nichtrelativistische Energien geht $\gamma \to 1$. Für den umgekehrten Grenzfall hochrelativistischer Energien, wie man sie z. B. in Elektronenspeicherringen für Synchrotronstrahlung realisiert, wird beliebig genau $v \simeq c$. Damit wird nach (1.19) $\gamma m v^2 \simeq \gamma m c^2 = W$, und (1.105) kann man auch

$$\left|\frac{\mathrm{d}\boldsymbol{p}}{\mathrm{d}t}\right| \simeq \frac{W}{r} \quad \text{oder} \quad \dot{\beta}_\perp = \frac{c}{r} \tag{1.108}$$

schreiben, wobei $\dot{\beta}_\perp$ die Radialbeschleunigung $a_\perp$ (dividiert durch c) angibt. Dies folgt aus (1.105) mit $a_\perp = F_c/(\gamma m) = v^2/r \simeq c^2/r$.

1.6.3 Zyklotronfrequenz und ICR-Spektrometer

In einem hinreichend ausgedehnten Magnetfeld läuft also nach (1.105) ein geladenes Teilchen mit konstanter Geschwindigkeit auf einer Kreisbahn um. Für eine Ladung e ist die Kreisfrequenz dabei die sogenannte *Zyklotronfrequenz*

$$\omega_c = \frac{v}{r} = \frac{eB}{m}\frac{1}{\gamma} = \frac{eB}{m}\frac{1}{1 + W_{\mathrm{kin}}/mc^2}. \tag{1.109}$$

Sie ist unabhängig vom Radius und nahezu unabhängig von der Geschwindigkeit, bedarf aber bei hohen Geschwindigkeiten der relativistischen Korrektur durch den Faktor $1/\gamma$ (m ist die Ruhemasse). Die Umlaufzeit ist $T_c = 2\pi/\omega_c = 2\pi\gamma m/Be$.

Ionen-Zyklotron-Resonanz-Spektrometer (kurz: ICR-Spektrometer) gehören heute zu den wichtigsten und genauesten Massenspektrometern für die chemische und biologische Analytik. Man speichert Ionen mit unterschiedlichem m/q in einer magnetischen Ionenfalle und setzt sie dann einem externen, hochfrequenten elektrischen Wechselfeld aus (man spricht meist von ‚radio frequency (RF)'. Ist die eingestrahlte Frequenz gerade in Resonanz mit ω_c für ein bestimmtes m/q, so werden diese Ionen (und nur diese) beschleunigt, was zu leicht nachweisbaren ‚Bildströmen' führt. Man stimmt das RF-Feld durch oder strahlt ein breites Frequenzband ein (kurzer Impuls) und führt eine FOURIER-Analyse des resultierenden Signals durch (FT-ICR).

Diese Technik wird auch in der optischen Spektroskopie angewendet. Wir verweisen hierzu auf Band 2. Heutige kommerzielle Geräte erlauben es, m/q bis zu mehreren 1000 u zu untersuchen. Dabei kann q sehr hoch werden, sodass auf diese Weise auch große Biomoleküle untersucht werden können. Massenauflösungen (FWHM) bis zu $m/\Delta m \simeq 100\,000$ sind erreichbar.

1.6.4 Andere Massenspektrometer

Die sogenannten *magnetischen Massenspektrometer* basieren auf einer Kombination von elektrischen und magnetischen Feldern. Wie wir gesehen haben, bestimmt

$$\text{das } \textbf{elektrische Feld}: \quad \frac{W_{\text{kin}}}{q} = f(U,\ \text{Geometrie})$$
$$\text{das } \textbf{magnetische Feld}: \quad \frac{p}{q} = rB.$$

Kombiniert man beide Feldarten geschickt, so gelingt mit $W_{\text{kin}} = p^2/2m$ eine Bestimmung von m/q:

$$\frac{m}{q} = \frac{1}{2}\frac{p^2/q^2}{W_{\text{kin}}/q}$$

Bei den klassischen, *doppelfokussierenden Massenspektrometern* werden magnetisches und elektrisches Feld nacheinander zum Einsatz gebracht. Sie sind nach wie vor im Einsatz, haben aber gegenüber den FT-ICR Spektrometern (siehe Abschn. 1.6.3) erheblich an Bedeutung verloren.

Weitere, heute weit verbreitete Typen von Massenspektrometern sind die *Quadrupolmassenfilter* (QMS), bei denen man die dynamische Stabilität spezieller Ionenbahnen in einem elektrischen, wechselnden Quadrupolfeld nutzt (siehe z. B. DEHMELT und PAUL 1989). Je nach Verhältnis von angelegter DC- und AC-Spannung können nur Ionen mit einem bestimmten m/q Verhältnis das Spektrometer auf einer stabilen Bahn durchlaufen. Alle anderen Massen geraten in heftige Oszillationen und erreichen nicht den Austrittsspalt. Die interessante Mathematik dieser Anordnung (parametrischer Oszillator) wird durch die MATHIEU'sche Differenzialgleichung beschrieben (siehe z. B. WIKIPEDIA CONTRIBUTORS 2013).

In *Flugzeit-Massenspektrometern* (TOF), bei denen die Ionen in geschickten geometrischen Anordnungen durch elektrische Felder beschleunigt und über ihre Flugzeit nach m/q selektiert werden. In modernen Aufbauten verwendet man eine

Reihe von Tricks, um Ionen der gleichen Masse auch von verschiedenen Startpunkten in der Ionenquelle (WILEY und MCLAREN 1955) und mit unterschiedlichen Startenergien (MAMYRIN 1994) zur gleichen Zeit auf den Detektor zu fokussieren. Mit kommerziellen Lösungen erreicht man zur Zeit hohe m/q Werte bis zu $\simeq$4000 u und Massenauflösungen bis zu $m/\Delta m \simeq 60\,000$.

Für spezielle Zwecke von Bedeutung sind zwei weitere, klassische Anordnungen, die hier nicht unerwähnt bleiben sollen. Bei den schon von J.J. THOMSON *benutzten parallelen elektrischen* (E) *und magnetischen* (B) *Feldern* (diese mögen in y-Richtung zeigen) durchquert ein schnelles, in z-Richtung bewegtes Ion der kinetischen Energie W_{kin} (Geschwindigkeit v_z) diese Felder auf einer Länge l. Dort bewirkt die LORENTZ-Kraft (1.103) eine Beschleunigung sowohl in y- als auch in x-Richtung und führt am Ende des Felds (Durchflugzeit $t_1 = l/v_z$) zu Geschwindigkeiten

$$v_y = \frac{qE}{m}t_1 = \frac{qEl}{mv_z} \quad \text{bzw.} \quad v_x = \frac{qBv_z}{m}t_1 = \frac{qBl}{m}. \tag{1.110}$$

Treffen die Ionen in einem Abstand s hinter dem Feld, also nach einer Zeit $t_2 = s/v_z$, auf einem Schirm auf, so ist ihre Ablenkung dort

$$y = v_y t_2 = \frac{qEls}{mv_z^2} = \frac{qEls}{2W_{\text{kin}}} \quad \text{bzw.} \quad x = v_x t_2 = \frac{qBls}{mv_z} = \frac{qBls}{\sqrt{2mW_{\text{kin}}}}. \tag{1.111}$$

Eliminiert man v_z, so ergeben sich die THOMSON-*Parabeln*

$$y = \frac{m}{q}\frac{E}{B^2 ls}x^2, \tag{1.112}$$

welche die Orte beschreiben, bei denen Ionen je nach m/q auf den Schirm treffen. Die Ablenkung in y-Richtung erlaubt nach (1.111) darüber hinaus bei Kenntnis von q eine Bestimmung der kinetischen Energie.

Im Gegensatz zum THOMSON'schen Aufbau benutzt man beim sogenannten WIEN-*Filter gekreuzte elektrische und magnetische Felder*, um geladene Teilchen nach ihren Geschwindigkeiten zu selektieren. Für Teilchen die senkrecht zu E und B in den Filter eintreten, kann man E und B so einstellen, dass sich die resultierenden Kräfte nach (1.103) für eine bestimmte Geschwindigkeit

$$v = E/B$$

gerade kompensieren, sodass die Teilchen geradeaus fliegen. Kennt man die Masse der Teilchen, so lässt sich damit der Impuls oder auch die kinetische Energie selektieren.

1.6.5 Plasmafrequenz

Elektronen in Plasmen, aber auch Elektronen in Clustern oder in kondensierter Materie (insbesondere in Metallen und Halbleitern) können kollektive Schwingungen, sogenannte Plasmaschwingungen, ausführen. Die dabei auftretende Plasmafrequenz spielt eine wichtige Rolle in vielen Bereichen der Physik. Beim einfachsten Modell zum Verständnis der erwarteten Dynamik geht man von einem quasi

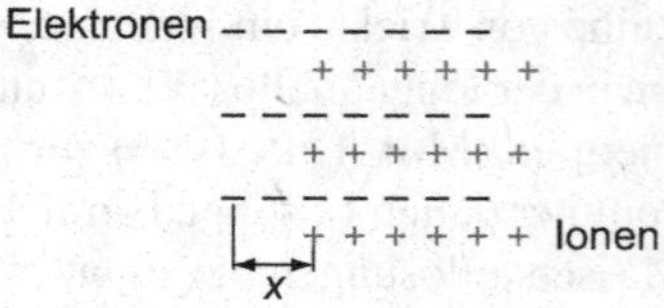

Abb. 1.26 Ladungen in einem Leiter, die durch ein äußeres elektrisches Feld verschoben sind (zur Ableitung der Plasmafrequenz)

neutralen Plasma der Ladungsträgerdichte N aus. Verschiebt man die Elektronen gegen die Ionen um die Strecke x, wie in Abb. 1.26 skizziert, so führt dies auf einer Seite zu einem Überschuss an Flächenladungsdichte $\sigma = -eNx$, woraus ein elektrisches Feld $E = \sigma/\varepsilon\varepsilon_0$ entsteht. Die Bewegungsgleichung für jedes Elektron ist dann gegeben durch:

$$m_e \ddot{x} = eE = e\sigma/\varepsilon\varepsilon_0 = (e^2 N/\varepsilon\varepsilon_0)x$$

Diese Differenzialgleichung hat eine Lösung wie ein harmonischer Oszillator, dessen Kreisfrequenz die sogenannte *Plasmafrequenz*

$$\omega_p = \sqrt{\frac{Ne^2}{m_e \varepsilon\varepsilon_0}} \tag{1.113}$$

ist. Sie wird gelegentlich auch LANGMUIR- oder DRUDE-Frequenz genannt und spielt eine zentrale Rolle bei der Beschreibung der elektrischen und optischen Eigenschaften von *Elektronengasen* in Metallen, Halbleitern oder Plasmen. Die Plasmafrequenz ist freilich keine gewöhnliche Schwingungsfrequenz. Wenn man z. B. ein ausgedehntes Elektronengas zu erzwungenen Schwingungen anregt, gibt es keine Resonanzfrequenz, in deren Nachbarschaft besonders stark absorbiert wird. Das Plasma wird vielmehr durch eine dielektrische Funktion

$$\varepsilon_r(\omega) = 1 - \frac{\omega_p^2}{\omega^2} \tag{1.114}$$

beschrieben, die für $\omega < \omega_p$ negativ wird. Der Brechungsindex $n = \sqrt{\varepsilon}$ wird daher unterhalb der Plasmafrequenz imaginär,[26] d. h. das Medium absorbiert alle Frequenzen $\omega < \omega_p$ und transmittiert solche mit $\omega > \omega_p$.

Wir erwähnen schließlich, dass die Situation in isolierten Teilchen etwas komplizierter ist. So beobachtet man z. B. in Metallclustern sog. *Plasmonresonanzen,* wenn man mit einer Welle der Frequenz ω_p eingestrahlt: Sie sind z. B. der Grund für die wunderschönen Farben, die man in Kirchenfenstern bewundert. Dort wurden und werden Metallcluster als Farbpigmente benutzt.

[26] Zur Erinnerung betrachten wir eine sich in Richtung x ausbreitende Welle: $\exp[\mathrm{i}(kx - \omega t)]$ mit $k = \omega n/c$, dem Betrag des Wellenvektors im Medium. Ist n imaginär, so wird auch $k = \mathrm{i}\kappa$ imaginär, und die Welle wird entsprechend $\propto \exp(-\kappa x)\exp(-\mathrm{i}\omega t)$ gedämpft.

Was haben wir in Abschnitt 1.6 gelernt?

- In einem elektromagnetischen Feld $\boldsymbol{E}$, $\boldsymbol{B}$ sind Teilchen mit einer Ladung q der LORENTZ-Kraft $\boldsymbol{F} = q(\boldsymbol{E} + \boldsymbol{v} \times \boldsymbol{B})$ ausgesetzt, wobei $\boldsymbol{v}$ die Geschwindigkeit des Teilchens ist.
- Dies kann man nutzen, um geladene Teilchen (typischerweise Elektronen und Ionen) zu manipulieren und zu führen und nach Energie und/oder Verhältnis von Masse zu Ladung zu selektieren.
- Wir notieren zwei interessante Frequenzen: 1) In einem homogenen magnetischen Feld $\boldsymbol{B}$ bewegt sich ein Elektron auf einer Kreisbahn (oder Spiralbahn) senkrecht zum Feld mit der Zyklotronfrequenz $\omega_c = v/r = eB/(\gamma m_e)$. 2) Die Plasmafrequenz $\omega_p = \sqrt{Ne^2/(m_e \varepsilon_r \varepsilon_0)}$ ist charakteristisch für Schwingungen von quasi freien Elektronen in Clustern und Metallen (N ist die Elektronendichte).

1.7 BOHR'sches Atommodell

Niels BOHR (1885–1962, NOBEL-Preis in Physik 1922) arbeitete 1913 als junger Postdoc aus Dänemark mit Ernest RUTHERFORD in Manchester, England. RUTHERFORD hatte ein Atommodell entwickelt, das auf seinen Streuexperimenten von Alpha-Teilchen an Atomen basierte. Danach ‚*...bestehen die Atome aus einem positiv geladenen Kern, der von einem System von Elektronen umgeben ist, das durch die attraktiven Kräfte des Kerns zusammengehalten wird; die gesamte negative Ladung der Elektronen ist gleich der positiven Ladung des Kerns. Weiterhin wird angenommen, dass der Atomkern der Sitz des größten Teils der Masse des Atoms ist und eine extrem kleine Ausdehnung im Vergleich zum gesamten Atom hat*‘. J.J. THOMSON erweiterte das Modell, indem er annahm, dass ‚*... das Atom aus einer Kugel uniformer, positiver Elektrifikation besteht, innerhalb welcher sich die Elektronen auf kreisförmigen Bahnen bewegen*‘ (beide Zitate nach BOHR 1913).

Das große Dilemma der klassischen Physik zu Anfang des 20sten Jahrhunderts war die Unmöglichkeit, stabile Bahnen des Elektrons um den Atomkern zu erklären. Denn kreisende Elektronen sind ja beschleunigte Ladungen. Diese strahlen nach der klassischen Physik ständig Energie ab und sollten daher kontinuierlich langsamer werden. Warum gibt es offenbar stabile Konfigurationen der Elektronen? Warum fallen die (negativ geladenen) Elektronen nicht schlussendlich unter Abstrahlung ihrer Bewegungsenergie in den (positiv geladenen) Atomkern hinein?

BOHR löste den Gordischen Knoten gewissermaßen durch einen gezielten Schwerthieb und entwickelte so die grundlegenden Ideen für eine Theorie der atomaren Struktur. Er wusste aus BALMER's spektroskopischer Arbeit, dass die Energieniveaus mit den ganzen Zahlen n durch die phänomenologische Gleichung $W \propto n^{-2}$ verknüpft sind. Diese ganzen Zahlen wurden die BOHR'schen Quantenzahlen.

Erst 1923 postulierte DE BROGLIE 1923 die Materiewellen (siehe Abschn. 1.8), 1926 formulierte SCHRÖDINGER seine Wellengleichung für Materieteilchen (siehe Abschn. 2.2 auf Seite 101) und 1927 stellte HEISENBERG die Unschärferelation auf (siehe Abschn. 1.8.3) – was das Problem grundlegend klärte bzw. eine feste theoretische Basis für die Berechnung von Atom- und Molekülstrukturen schaffte.

Freilich klärte die SCHRÖDINGER'sche Wellenmechanik keineswegs alle offenen Fragen: Zum einen hat sie keine Erklärung für den Spin des Elektrons (sofern man den überhaupt ‚erklären' kann: Er ergibt sich aus den Lösungen der DIRAC-Gleichung, kann aber in die SCHRÖDINGER-Gleichung nachträglich eingeführt werden). Zum anderen blieben die spontanen Übergänge zunächst unerklärt, die dazu führen, dass angeregte Atome instabil sind. Man behalf sich zunächst weiter mit dem zweiten BOHR'schen Postulat und einer semiklassischen Argumentation nach EINSTEIN. Erst TOMONAGA, SCHWINGER und FEYNMAN entwickelten in den 1940iger Jahren eine konsistente QUANTENELEKTRODYNAMIK (QED), auf deren Basis die spontane Emission durch das auch im Vakuum vorhandene elektromagnetische Feld beschrieben werden kann (wir werden dies in Bd. 2 behandeln).

1.7.1 Grundannahmen

In der Literatur findet man den Ausdruck ‚BOHR'sche Postulate' für eine Reihe von unterschiedlichen Aussagen. In der Originalarbeit nennt BOHR (1913) zwei ‚*principle assumptions*' (Grundannahmen, Postulate):

1. Das dynamische Gleichgewicht der Systeme in stationären Zuständen kann mithilfe der klassischen Mechanik diskutiert werden, während der Übergang der Systeme zwischen verschiedenen stationären Zuständen nicht auf dieser Basis behandelt werden kann.
2. Dem letzteren Prozess folgt die Emission von homogener Strahlung, für welche die Beziehung zwischen Frequenz und emittierter Energie diejenige ist, welche die PLANCK'sche Theorie angibt.

BOHR betrachtete im Prinzip elliptische Bahnen, konzentrierte sich aber (weise) auf kreisförmige. Dabei war ihm bereits völlig klar, dass ‚*die gewöhnliche Mechanik keine absolute Gültigkeit haben kann, sondern nur für die Berechnung gewisser Mittelwerte der Elektronenbewegung richtig sein wird*' (BOHR 1913, S.7).

Durch Vergleich der gemessenen Energien ($\propto 1/n^2$) mit den nach der klassischen Mechanik für Kreisbahnen bestimmten – beide skalieren invers zum Quadrat des Drehimpulses – erschloss BOHR die *„einfache Bedingung [..], dass der Drehimpuls des Elektrons um den Atomkern in einem stationären Zustand des Systems gleich einem ganzzahligen Vielfachen eines universellen Wertes unabhängig von der Ladung des Kerns"* sei. Diesen Wert identifizierte er als $h/2\pi$, heute $\hbar$ genannt. Er hat die Dimension eines Drehimpulses. Zusammen mit dem $W = h\nu$ von PLANCK und EINSTEIN, kann man diese geniale Erkenntnis der Drehimpulsquantisierung als den Beginn der Quantenmechanik bezeichnen.

Diese Drehimpulsquantisierung ist also im BOHR'schen Modell streng genommen kein Axiom, sondern das Ergebnis eines Vergleichs von klassischer Mechanik (erstes Axiom) mit dem Experiment. Sie kann nicht bewiesen werden, aber BOHR zeigte, dass man mit diesen Annahmen das Spektrum des Wasserstoffs mit bis dahin einzigartiger Genauigkeit vorhersagen konnte.

Die Drehimpulsquantisierung ist für die gesamte atomare und subatomare Physik von fundamentaler Bedeutung. In der Quantenmechanik wird sie für den Bahndrehimpuls aus der Forderung nach der Periodizität der Wellenfunktionen bei der Kreisbewegung ‚abgeleitet' (siehe Abschn. 2.5 auf Seite 118).

In kompakter, heutiger Sprechweise besagt dieser, heute häufig als **erstes BOHR'sches Postulat** bezeichnete Satz, dass der *Drehimpuls* $\boldsymbol{L} = \boldsymbol{r} \times \boldsymbol{p}$ *quantisiert* ist und seine Größe für stationäre, kreisförmige Bahnen durch

$$L = r m_e v = n \frac{h}{2\pi} = n\hbar, \tag{1.115}$$

gegeben ist, mit der Geschwindigkeit v, der Elektronenmasse m_e und dem Radius r der Bahn. In Abschn. 2.5 auf Seite 118 werden wir diese Vermutung auf Basis der Quantenmechanik modifizieren und ergänzen müssen.

Das **zweite** BOHR'**sche Postulat** betrifft die *Photonenenergie, die bei einem Übergang* von einem stationären Orbital n in einen anderen n' emittiert wird. In mathematischer Form lautet es

$$h\nu = W_n - W_{n'}. \tag{1.116}$$

Der Rest ist klassische Mechanik. Das Elektron (Ladung $-e$) rotiert um den Atomkern (Ladung $= +Ze$). Dabei wird die *Zentripetalkraft gerade gleich der* COULOMB-*Kraft,* woraus der Bahnradius r folgt:

$$\frac{m_e v^2}{r} = \frac{Ze^2}{4\pi\varepsilon_0 r^2} \implies r = \frac{Ze^2}{4\pi\varepsilon_0 m_e v^2}. \tag{1.117}$$

Für die kinetische Energie W_{kin} und ihren Zusammenhang mit dem COULOMB-Potenzial (1.99) ergibt sich daraus

$$W_{\text{kin}} = \frac{m_e v^2}{2} = \frac{Ze^2}{8\pi\varepsilon_0 r} = -\frac{1}{2} V(r).$$

(Letztere Gleichheit folgt direkt aus dem COULOMB-Potential, entspricht aber auch dem klassischen Virialtheorem). Die Gesamtenergie wird damit

$$W = W_{\text{kin}} + V = -W_{\text{kin}} = -\frac{Ze^2}{8\pi\varepsilon_0 r} < 0, \tag{1.118}$$

wobei das Minuszeichen gebundene Zustände charakterisiert: *Man legt den Energienullpunkt so fest, dass ein gerade nicht mehr gebundenes Elektron ohne kinetische Energie die Gesamtenergie* $W = 0$ *hat.*

Schließlich drückt man die kinetische Energie durch den Drehimpuls aus und benutzt für letzteren die Quantisierungsbedingung (1.115). So erhält man schließlich die gesuchten Energien der stationären Zustände:

$$W = -W_{\text{kin}} = -\frac{L^2}{2m_e r^2} = -\frac{(n\hbar)^2}{2m_e r^2} \tag{1.119}$$

1.7.2 Radien und Energien

Man kann nun unabhängige Ausdrücke $r(n) = a_n$ und $W(n) = W_n$ für jeden Wert von $n = 1, 2, \ldots < \infty$ bestimmen, indem man die Gleichungspaare (1.118) und (1.119) auflöst. Man findet die BOHR'*schen Bahnradien*

$$a_n = \frac{n^2}{Z} \frac{\varepsilon_0 h^2}{e^2 \pi m_e} = \frac{n^2}{Z} a_0 \tag{1.120}$$

für die stationären Zustände von Wasserstoff ($Z = 1$) und der Wasserstoff-ähnlichen Ionen ($Z > 1$). Dabei ist n die *Hauptquantenzahl* und a_0 der sogenannte BOHR'*sche Radius*

$$a_0 = \frac{\varepsilon_0 h^2}{e^2 \pi m_e} = 5.2918 \times 10^{-11}\,\text{m}, \tag{1.121}$$

die Längeneinheit der Atomphysik. Wir merken uns $a_0 \simeq 0.05$ nm. Die entsprechenden Energien der stationären Zustände ergeben sich aus (1.118):

$$W_n = -\frac{Z^2}{n^2} \frac{m_e e^4}{8\varepsilon_0^2 h^2} = \frac{Z^2}{2n^2} E_h = -\frac{Z^2}{n^2} R_\infty hc \tag{1.122}$$

Die Größe E_h wird als *atomare Energieeinheit benutzt*[27] und beträgt

$$E_h = 2R_\infty hc = \frac{m_e e^4}{4\varepsilon_0^2 h^2} = \frac{e^2}{4\pi\varepsilon_0 a_0} = 4.359 \times 10^{-18}\,\text{J} \mathrel{\widehat{=}} 27.211\,\text{eV}, \tag{1.123}$$

während die RYDBERG-*Konstante*

$$R_\infty = E_h/(2hc) = 10973731.568\,508(65)\,\text{m}^{-1} \tag{1.124}$$

in spektroskopischem Kontext gebraucht wird und oft in ‚Wellenzahlen', cm^{-1} angegeben wird. Sie ist heute die am genauesten gemessene fundamentale Naturkonstante (siehe auch Abschn. 6.5.4 auf Seite 349).

[27] Nicht zu verwechseln mit der Ruheenergie des Elektrons $W_{\text{rest}} = m_e c^2$, die gelegentlich auch als *natürliche Energieeinheit* bezeichnet wird (siehe z. B. NIST 2014b).

1.7.3 Atomare Einheiten (a.u.)

Es ist oft bequem, atomare Größen in sogenannten *atomaren Einheiten* (a.u.) anzugeben: Also Energien in W/E_h mit E_h nach (1.123), Längen in r/a_0 mit dem BOHR'schen Radius a_0 nach (1.121), und Zeiten in t/t_0. Die atomare Einheit der Zeit t_0 ergibt sich mit der atomaren Geschwindigkeit

$$v_0 = \sqrt{E_h/m_e} = \sqrt{E_h/m_e c^2}c = \hbar/m_e a_0 = \alpha c \tag{1.125}$$

und der Feinstrukturkonstante α nach (1.10) zu

$$t_0 = \frac{a_0}{v_0} = 2\pi m_e \frac{a_0^2}{h} = \frac{2\varepsilon_0^2 h^3}{\pi m_e e^4} = 2.4189 \times 10^{-17}\,\mathrm{s} = 24.189\,\mathrm{as}\,. \tag{1.126}$$

Die *atomare Einheit der Masse* ist die Ruhemasse des freien Elektrons:

$$1\,\mathrm{au} \equiv 1\,m_e = 9.109\,383\,56(11) \times 10^{-31}\,\mathrm{kg}\,. \tag{1.127}$$

Man beachte, dass man dies *nicht verwechseln* darf *mit* der *atomaren Masseneinheit* (engl.: ***unified** atomic mass unit*)

$$1\,\mathrm{u} = 1.660\,539\,040(20) \times 10^{-27}\,\mathrm{kg}, \tag{1.128}$$

die als 1/12 der Masse des ungebundenen Atoms des Nuklids ^{12}C definiert ist (in Ruhe und im Grundzustand). Dies ist eine Einheit außerhalb des SI, die international aber sehr intensiv benutzt wird und zu den vom *Comité International des Poids et Mesures* empfohlenen Einheiten gehört.

1.7.4 Korrekturfaktoren für endliche Kernmasse

Bislang haben wir stets angenommen, dass die Kernmasse ruht ($m_n = \infty$). Korrekterweise müssen wir aber die Elektronenbewegung im Schwerpunktsystem beschreiben.

Für ein Zweiteilchensystem haben wir daher die Elektronenmasse m_e durch die reduzierte Masse zu ersetzen:

$$m_e \rightarrow \bar{m}_e = \frac{m_e M}{m_e + M} \tag{1.129}$$

Der BOHR'sche Radius ist also zu ersetzen durch

$$a_0 \rightarrow \bar{a}_0 = a_0 \frac{m_e}{\bar{m}_e}, \tag{1.130}$$

und die Termenergie wird

$$W_n = -\frac{Z^2}{n^2} R_H, \tag{1.131}$$

wobei die RYDBERG-Konstante (1.124) ersetzt wurde durch

$$R_H = \frac{\bar{m}_e}{m_e} R_\infty. \tag{1.132}$$

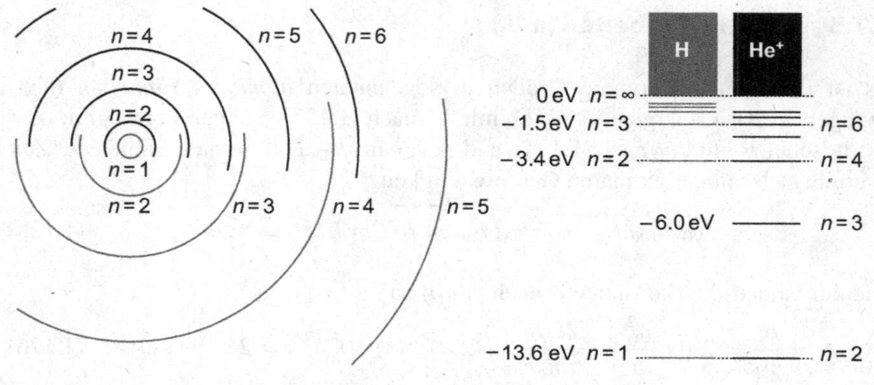

Abb. 1.27 Bahnradien und Energien für das H-Atom und das He^+-Ion

1.7.5 Energien und Spektren wasserstoffähnlicher Ionen

Ionen mit nur einem Elektron, also He^+, Li^{++} ....U^{91+} nennt man Wasserstoffähnlich. Anhand der Beispiele H und He^+ ergibt sich das in Abb. 1.27 skizzierte Bild für die Bahnradien $r_n = n^2 a_0/Z$ und Energien $W_n = -\left(Z^2/2n^2\right) E_\mathrm{h}$.

Aus den Termenergien (1.122) ergibt sich mit (1.116) die *berühmte* RYDBERG- oder RYDBERG-RITZ-Formel für die Spektren.

$$W_{n_1 n_2} = \hbar\omega = h\nu = W_{n_1} - W_{n_2} = Z^2 R_\infty hc\left(\frac{1}{n_1^2} - \frac{1}{n_2^2}\right) \tag{1.133}$$

$$\bar{\nu} = \frac{1}{\lambda} = Z^2 R_\infty\left(\frac{1}{n_1^2} - \frac{1}{n_2^2}\right) \quad \text{in Wellenzahlen} \tag{1.134}$$

$$\nu = Z^2 R_\infty c\left(\frac{1}{n_1^2} - \frac{1}{n_2^2}\right) \quad \text{als Übergangsfrequenz} \tag{1.135}$$

Moderne Präzisionsspektroskopie des Wasserstoffatoms trägt heute ganz wesentlich zu den genauesten Messungen fundamentaler Naturkonstanten bei. Wir werden dies ausgeklügelten Methoden und ihrer erstaunliche Genauigkeit in Abschn. 6.5.4 auf Seite 349 in einigem Detail besprechen. Um diese experimentellen Daten mit verschiedenen theoretischen Vorhersagen vergleichen zu können, muss man sie natürlich noch nach (1.132) mit den für jede Kernmasse verschiedenen kinematischen Korrekturfaktoren multiplizieren.

1.7.6 Grenzen des BOHR'schen Modells

Das BOHR'sche Modell funktioniert überraschend gut für das H-Atom und für H-ähnliche Ionen. Die BOHR'schen Termenergien sind *identisch mit denen, welche sich aus der nichtrelativistischen Quantenmechanik* ergeben. Wir müssen aber feststellen, dass es für alle anderen Atome versagt. Das *Modell der Elektronenbahnen mit wohldefinierten Radien* ist eben ein Modell, das wie alle Modelle Grenzen hat! Wir werden das in Abschn. 2.6.11 auf Seite 138 im Anschluss an die quantenmechanische Behandlung des H-Atoms noch genauer besprechen.

Natürlich versagt das BOHR'sche Modell auch im relativistischen Fall bei $1 \gtrsim v/c = \left(e^2/2\varepsilon_0 hc\right)(Z/n) = Z\alpha/n$ (wie übrigens auch die SCHRÖDINGER-Gleichung). Hier taucht wieder die *Feinstrukturkonstante* $\alpha \simeq 1/137$ nach (1.10) auf. *Relativistische Effekte* werden demnach wichtig für *große* Z und *niedrige* n, können aber für $Z\alpha/n \ll 1$ vernachlässigt werden. Auch der Spin des Elektrons (siehe Abschn. 1.10), der letztlich ebenfalls relativistischen Ursprungs ist, kommt bei BOHR ebenso wie in der SCHRÖDINGER-Gleichung nicht vor (kann aber in letzterer nachträglich berücksichtigt werden, wie wir in Kap. 6 besprechen werden).

Dennoch kann das BOHR'sche Modell in vielen Fällen ein hilfreicher erster Schritt bei der Formulierung atomistischer Fragestellungen sein und zu einem anschaulichen Verständnis der korrekten quantenmechanischen Theorie beitragen. Als Meilenstein bei der Entwicklung der modernen Physik kann man es überhaupt nicht überschätzen.

Was haben wir in Abschnitt 1.7 gelernt?

- Das BOHR'sche Modell des Wasserstoffatoms (und der H-ähnlichen Ionen), war ein Meilenstein bei der Entwicklung der modernen Physik. Es macht überraschend gute Vorhersagen für die Energieniveaus, $W_n = -E_h Z/(2n^2)$ und Übergangsfrequenzen $h\nu = W_n - W_{n'}$ ...obwohl es auf rein heuristischen Postulaten basiert. Sogar die BOHR'schen Radien $r_n = a_0 n^2/Z$ erlauben eine vernünftige Deutung, wie wir im nächsten Kapitel sehen werden. Daher bleibt das BOHR'sche Modell ein Beziehungspunkt für schnelle Abschätzungen und Vergleiche. Sein Bildungswert sollte auf keinen Fall unterschätzt werden.
- Für Präzisionsmessungen müssen kleine Korrekturen bezüglich der endlichen Masse der Atomkerne vorgenommen werden, wie dies in Abschn. 1.7.4 erläutert wird.
- Mit den Resultaten des BOHR'schen Modells haben wir ein System von atomaren Einheiten eingeführt (a.u.). Energien werden dabei in E_h gemessen (zweimal die Bindungsenergie des H Atoms im Grundzustand), Längen in a_0 (dem Radius des ersten BOHR'schen Orbits), Zeiten in t_0 (der Zeit, die ein Elektron für einen Umlauf auf diesem Orbit benötigt), und Massen in m_e (der Ruhemasse des Elektrons).

1.8 Teilchen und Wellen

1.8.1 DE BROGLIE-Wellenlänge

Im Jahr 1923 argumentierte Louis DE BROGLIE (ein französischer Aristokrat, NOBEL-Preis in Physik 1929), im Rahmen seiner Dissertationsschrift, dass ebenso wie die elektromagnetischen Wellen manchmal auch Teilcheneigenschaften haben (z. B. beim photoelektrischen Effekt oder beim COMPTON-Effekt), umgekehrt auch Teilchen Welleneigenschaften haben sollten. Sein inzwischen beliebig genau bestätigtes Postulat besagt, in Analogie zum Licht, dass der Impuls nach (1.74) mit der Wellenlänge über $p = h/\lambda$ zusammenhängt. Für die DE BROGLIE-*Wellenlänge* λ_{dB} gilt

$$\lambda_{dB} = h/p \quad \text{und} \quad \boldsymbol{p} = \hbar \boldsymbol{k}, \tag{1.136}$$

und $\boldsymbol{k}$ ist der entsprechende Wellenvektor. Das Postulat von DE BROGLIE begründete das berühmte Konzept des *Welle-Teilchen-Dualismus*. Im allereinfachsten Fall können Materiewellen geschrieben werden als

$$\psi(\boldsymbol{r}) = C \exp(i\boldsymbol{k} \cdot \boldsymbol{r}), \tag{1.137}$$

d. h. als *ebene Welle* mit einer sinnvoll zu wählenden Normierungskonstante C (wir kommen darauf noch mehrfach zurück).

Im nichtrelativistischen Grenzfall hat ein *langsames Elektron* mit der kinetischen Energie W_{kin} eine Wellenlänge

$$\lambda_{dB} = \frac{h}{\sqrt{2m_e W_{kin}}} = \frac{1.23\,\text{nm}}{\sqrt{W_{kin}/\text{eV}}}. \tag{1.138}$$

Für relativistische Teilchen muss man den Impuls nach (1.22) zur Berechnung der DE BROGLIE-Wellenlänge benutzen. Speziell für Elektronen, die insgesamt eine Beschleunigungsspannung U durchlaufen haben, ist

$$p = \sqrt{2m_e eU}\sqrt{1 + \frac{eU}{2m_e c^2}} \tag{1.139}$$

in (1.136) zu setzen. Mit der Ruheenergie $m_e c^2 = 0.511\,\text{MeV}$ für Elektronen ergibt dies schon bei einer moderaten kinetischen Energie von 50 keV eine Verkürzung der Wellenlänge um 2.5 %, was bei einem Präzisionsexperiment zweifelsohne zu berücksichtigen ist.

1.8.2 Experimentelle Evidenz

Wir erinnern hier an einige wenige, markante Beispiele, welche die Wellennatur der Materie besonders deutlich illustrieren.

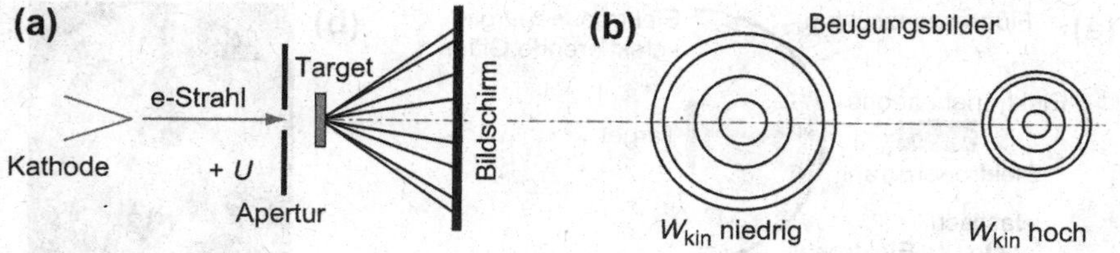

Abb. 1.28 DEBYE-SCHERRER-Beugung schematisch: (**a**) Aufbau und Entstehung der Beugungskegel. (**b**) Typische Beugungsbilder für ein polykristallines Target (Aufsicht auf den Schirm von rechts)

Elektronenbeugung am Doppelspalt
Wie beim Photon (siehe Abschn. 1.4) ist das konzeptionell einfachste und überzeugendste Experiment die Beugung am Doppelspalt. Dabei werden einzelne Elektronen nachgewiesen, und man kann direkt beobachten, wie sich aus einem scheinbar statistischen Rauschen von Messpunkten (die einzeln nachgewiesene Elektronen repräsentieren) allmählich das bekannte Beugungsbild am Doppelspalt aufbaut. Eine sehr überzeugende Realisierung eines solchen Experiments haben TONOMURA *et al.* (1989) vorgestellt (das Video von Tonomura findet man auch direkt auf der Website von Hitachi). Eine jüngere, didaktisch gut aufgearbeitete Fassung des Experiments wurde von BACH *et al.* (2013) vorgestellt.

DEBYE-SCHERRER-Beugung von Elektronen
Bei diesem Verfahren benutzt man polykristallines Material (z. B. auf einen dünnen Kohlenstofffilm aufgebracht). Die Anordnung ist in Abb. 1.28a skizziert. Die Beugungsstrukturen entstehen aus vielen Einzelreflexen an den Mikrokristalliten, die nach der BRAGG-Gleichung (1.90) unter den Beugungswinkeln $2\theta = \arcsin(z\lambda/2d)$ auftreten (mit $z = 0, 1, 2...$). Dabei ist d der Abstand der Gitternetzebenen in den Kristallstrukturen. Da die Kristallite statistisch in alle Raumrichtungen orientiert sind, werden die gebeugten Elektronen also unter dem Winkel 2θ in einen Kegel um den einfallenden Elektronenstrahl reflektiert. Für jedes z und jedes d gibt es einen solchen Kegel, dessen Schnitt mit der Beobachtungsebene (Photoplatte, CCD-Kamera) je einen Kreis bildet. In Abb. 1.28b sind solche Beugungsbilder für Elektronen niedriger und höherer Energie schematisch skizziert.

Beugung niederenergetischer Elektronen (LEED)
Elektronenbeugung wird in den verschiedensten Variationen zur Strukturaufklärung der Materie benutzt. Die Beugung an Einkristallen führt in einer dem DEBYE-SCHERRER-Verfahren analogen Anordnung zu einem Punktemuster, wie in Abb. 1.29 illustriert. Niederenergetische Elektronen werden im sogenannten LEED *(low energy electron diffraction)* Verfahren vorteilhaft für die Strukturaufklärung an Oberflächen benutzt.

Beugung von Neutronen, Atomen und Molekülen an einem Gitter
Niederenergetische Neutronen haben DE BROGLIE-Wellenlängen in der Größenordnung von Atomabmessungen (1 eV $\widehat{=}$ 0.029 nm). Im Gegensatz zu geladenen Teilchen, die über die COULOMB-Kraft mit der Hülle der Atome wechselwirken,

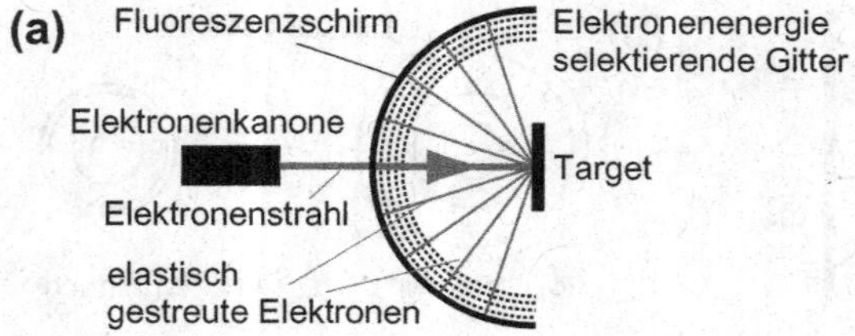

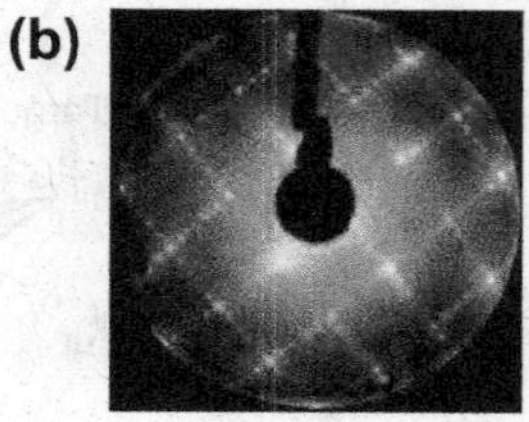

Abb. 1.29 Niederenergieelektronenbeugung, LEED: (**a**) Experimentelle Anordnung. (**b**) Typisches Beugungsbild für einkristallin geordnete Oberflächen

interagieren Neutronen lediglich auf sehr kurze Distanz mit den Atomkernen. Zugleich dringen sie beliebig tief in die untersuchte Materie ein. Sie sind daher ein ganz ausgezeichnetes Werkzeug, wenn man die Lage der Atome in Kristallgittern genau bestimmen will. Die spezielle Form der Atomhüllen spielt bei der Neutronenbeugung keine Rolle. Solche Experimente werden heute an speziell dafür gebauten Kernreaktoren durchgeführt und sind aus der gesamten Strukturaufklärung nicht mehr wegzudenken. Für die Zukunft sind alternativ weltweit sogenannte Spallationsquellen geplant bzw. im Bau, z. B. die *Europäische Spallationsquelle* (ESS) in Lund (Schweden); erste Neutronen werden dort 2019 erwartet.

Auch thermische oder suprathermische, neutrale He-Atome werden für die Strukturaufklärung genutzt. Da sie nicht in die Materie eindringen, eignen sie sich zur Oberflächenanalyse. Abbildung 1.30 dokumentiert eindrucksvoll, dass langsame He-Atome sogar an quasi-makroskopischen Objekten gebeugt werden können und interferieren. Für diese schöne Experiment wurde ein Transmissionsgitter mit ‚State-of-the-Art' Nanotechnologie hergestellt. Das Beugungsbild kann vollständig mithilfe der KIRCHHOFF'schen Beugungstheorie verstanden werden, die vor über 150 Jahren entwickelt wurde.

Man kann sich natürlich fragen, wieweit man die Wellenoptik von Teilchenstrahlen treiben kann. Ein interessantes, und potentiell auch für die technische Anwendung (Lithografie) wichtiges Themenfeld ist die Atomoptik mit sehr kalten

Abb. 1.30 Streuung eines Helium-Atomstrahls durch ein Transmissions-Beugungsgitter mit 100 nm Spaltabstand nach SCHÖLLKOPF und TOENNIES (1996)

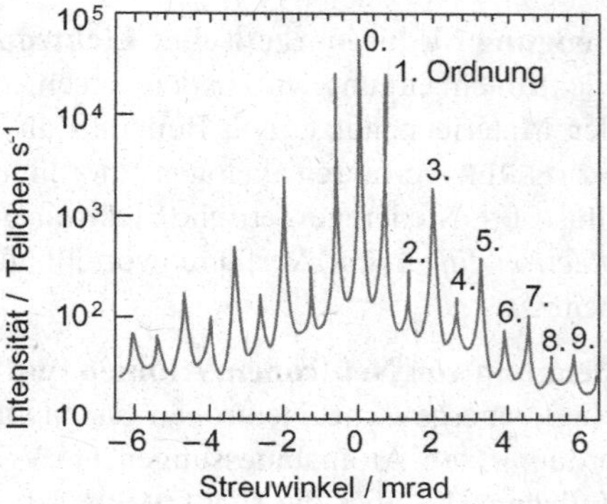

Atomen. Wir haben bereits in Abschn. 1.3.3 kurz die Forschung zur BOSE-EINSTEIN-Kondensation (BEC) erwähnt. Ein besonders faszinierender Aspekt ist dabei die Tatsache, dass die Wellenlänge λ der Materiewellen mit abnehmender Temperatur nach (1.136) zunimmt. Schließlich erreicht sie Werte, die vergleichbar sind mit dem mittleren Teilchenabstand (wenn also die Teilchendichte $N \simeq \lambda^{-3}$ wird). Mit (1.136) und (1.49) ($p^2 = 3mk_B\Theta$) passiert das bei Temperaturen

$$\Theta \simeq \frac{h^2}{3mk_B} N^{2/3}. \tag{1.140}$$

Ein Vergleich mit (1.71) zeigt, dass diese Abschätzung mit der kritischen Temperatur für die BEC übereinstimmt – bis auf einen numerischen Vorfaktor und die fehlende Spinentartung. Das ist ein schönes, plausibles Resultat.

Man mag das Wellenkonzept auch in umgekehrter Richtung an die Grenze treiben und nach den makroskopischen Grenzen des Welle-Teilchen-Dualismus fragen: Bei konstanter kinetischer Energie nimmt die DE BROGLIE-Wellenlänge nach (1.136) ja umgekehrt proportional zur Wurzel aus der Masse m des Teilchens ab. Beugungsexperimente mit großen Molekülen sind daher zunehmend schwieriger und stellen eine große Herausforderung ans Experiment dar. ZEILINGER und Mitarbeiter (siehe z. B. ARNDT *et al.* 1999) konnten aber zeigen, dass sogar so große Objekte wie Fullerenmoleküle, C_{60}, sich beim Beugungsexperiment am Spalt – erwartungsgemäß – wie ganz normale Wellen verhalten: so dokumentiert in Abb. 1.31a. Und man kann sich wohl die Frage stellen, wie das denn bei wirklich großen Objekten aussehen mag, wie in der Karikatur Abb. 1.31b skizziert: eine kleine Denksportaufgabe, die der Leser sich selbst mit einer simplen Größenabschätzung für das einschlägige Experiment beantworten möge.

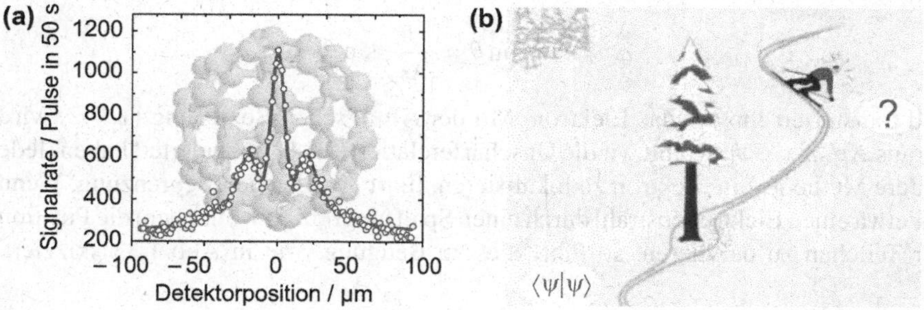

Abb. 1.31 (**a**) Beugung von C_{60}-Molekülen an einem Spalt, Experiment nach ARNDT *et al.* (1999). Der graue Hintergrund deutet die Struktur von C_{60} an. (**b**) Welle-Teilchen-Dualismus für makroskopische Objekte? Zeichnung nach Wolfram VON OERTZEN (persönliche Mitteilung)

1.8.3 Unschärferelation und Beobachtung

Die HEISENBERG'*sche Unschärferelation*

$$\Delta p_x \Delta x \geq \hbar \tag{1.141}$$

gehört heute nachgerade zum Bildungskanon eines Kulturbürgers (sofern er denn überhaupt ein Interesse für die Naturwissenschaften zeigt): Ort und Impuls (allgemeiner: kanonisch konjugierte Variable) sind nicht gleichzeitig genau messbar. Da solche Messungen mikroskopischer Größen stets auf Wahrscheinlichkeitsverteilungen beruhen, sei darauf hingewiesen, dass der genaue Wert auf der rechten Seite der Unschärferelation ($\hbar$, $h/2$, h usw.) davon abhängt, wie man die Unschärfe Δ genau definiert (z. B. als Halbwertsbreite einer gemessenen Verteilung, als Fußbreite, $1/e$ Breite usw.).

Das *klassische* HEISENBERG'*sche Gedankenexperiment* nach Abb. 1.32 analysiert den Versuch, mit einem Lichtmikroskop ein Elektron zu beobachten. Es zeigt sich, dass alle Bemühungen, das Elektron genau zu lokalisieren, durch die Wellennatur begrenzt wird. Um das Elektron zu beobachten, müssen wir nämlich die Lichtwellenlänge $\lambda_{h\nu}$ klein und den Öffnungswinkel des Mikroskops θ groß halten, um ein hohes Auflösungsvermögen zu erzielen. Nach ABBE ist ja die kleinste, im optischen Mikroskop auflösbare Struktur Δx durch die numerische Apertur $n \sin\theta$ und die Wellenlänge bestimmt:

$$\Delta x = \frac{\lambda_{h\nu}}{n \sin\theta} \,. \tag{1.142}$$

Wir setzen hier für den Brechungsindex (im Vakuum) $n = 1$. Kleines $\lambda_{h\nu}$ und großes $\sin\theta$ implizieren aber bereits einen Eingriff in die experimentelle Situation, denn das Photon ändert dabei seinen Impuls p um

$$\Delta p_x = p \sin\theta = \frac{h}{\lambda_{h\nu}} \sin\theta,$$

und transferiert ihn auf das Elektron. Mit der ABBE'schen Beziehung (1.142) wird daraus $\Delta p_x \Delta x \sim h$, womit wir die Unschärferelation (1.141) ‚abgeleitet' haben. Jede andere Methode, ein Elektron zu lokalisieren, führt zur gleichen Begrenzung. Wenn wir etwa einen Elektronenstrahl durch einen Spalt eingrenzen wollen, um die Position der Teilchen zu definieren, so führt dies zu Beugung, wie in Abb. 1.33 skizziert.

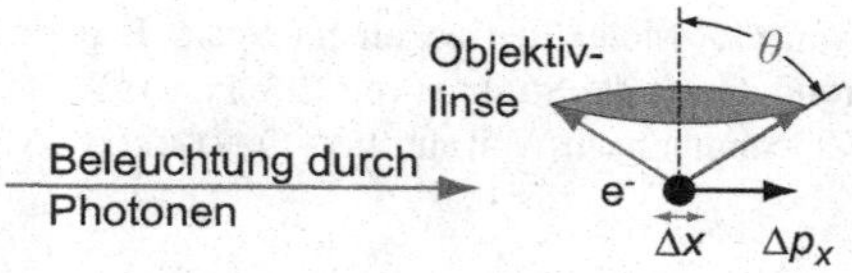

Abb. 1.32 Überlegung nach HEISENBERG, warum ein Elektron mit einem Lichtmikroskop nicht genauer lokalisiert werden kann, als dies die Unschärferelation angibt

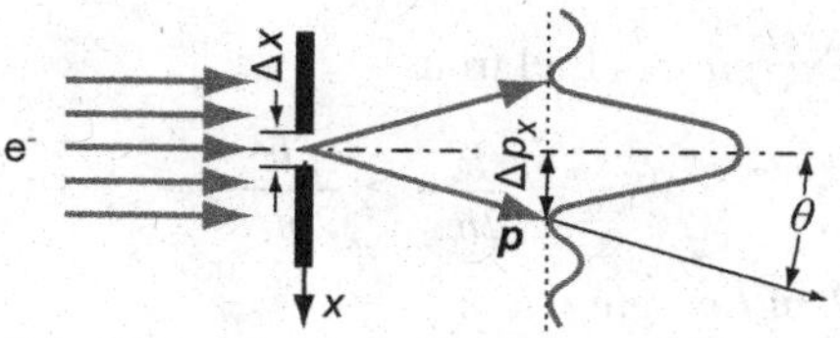

Abb. 1.33 Der Versuch, Elektronen durch eine Aperturblende zu lokalisieren, führt zu Beugung und damit zu einer Ungenauigkeit bei der Bestimmung des Impulses

Der Winkel, unter welchem das erste Minimum der Beugungsfigur erscheint, führt uns zu einer Abschätzung für die Unsicherheit bei der Festlegung des Impulses in x-Richtung. Es gilt ja

$$\sin \theta_{\min} = \frac{\lambda}{\Delta x} ,$$

und wie man in Abb. 1.33 abliest, wird

$$\Delta p_x = p \cdot \sin \theta = p \frac{\lambda}{\Delta x} = p \frac{h/p}{\Delta x} \Longrightarrow \Delta p_x \Delta x = h,$$

womit wiederum die Unschärferelation (1.141) erfüllt ist.

Wir notieren an dieser Stelle noch, dass eine analoge Relation zwischen Energie W und Zeitbestimmung t besteht, nämlich die

Energie-Zeit-Unschärferelation:

$$\Delta W \Delta t \geq \hbar \tag{1.143}$$

1.8.4 Stabilität des atomaren Grundzustands

Warum also bleiben die Elektronen auf stabilen Bahnen? Wie wir in Abschn. 1.7 ausgeführt haben, postulierte BOHR diese stabilen, stationären Zustände einfach – unter gewissen Bedingungen kreisen danach die Elektronen stabil um den Atomkern. Unter diesen stationären Zuständen gibt es auch angeregte Zustände, die unter Emission von Strahlung spontan zerfallen – nach einem Wahrscheinlichkeitsgesetz $\exp(-At)$. Der Grundzustand jedoch ist auch im BOHR'schen Modell vollkommen stabil!

Eine quantitative Lösung des Problems bringt die Quantenmechanik. Doch bereits das, was wir jetzt über die Wellennatur des Elektrons wissen, erlaubt es uns, die Frage grundsätzlich zu beantworten. Wir benutzen die HEISENBERG'sche Unschärferelation, um eine Abschätzung für das Minimum der Energie zu machen, ohne bereits ein spezifisches Atommodell im Auge zu haben: Sei a der mittlere Radius des Atoms, dann befinden sich die Elektronen typischerweise innerhalb dieses Radius, was eine Unsicherheit in der Bestimmung des Impulses von Δp bedingt. Also wird

$$a \cdot \Delta p \geq \hbar \quad \text{und} \quad p \geq \Delta p \geq \hbar / a, \tag{1.144}$$

sodass die *kinetische Energie* des Elektrons

$$W_{\mathrm{kin}} = \frac{p^2}{2m_{\mathrm{e}}} \geq \frac{\hbar^2}{2m_{\mathrm{e}}a^2}$$

wird. Mit der *potentiellen Energie*

$$V(a) = -\frac{e^2}{4\pi\varepsilon_0 a}$$

wird die *Gesamtenergie* $W \geq W_{\mathrm{kin}} + V$, und wenn wir das Gleichheitszeichen als gültig ansetzen, wird

$$W = \frac{\hbar^2}{2m_{\mathrm{e}}a^2} - \frac{e^2}{4\pi\varepsilon_0 a}. \tag{1.145}$$

W hängt offenbar noch vom Atomdurchmesser a ab. Wir fragen jetzt nach der tiefsten möglichen Energie, suchen also das Minimum nach den Regeln der Differenzialrechnung:

$$\frac{\mathrm{d}W}{\mathrm{d}a} = -\frac{1}{4}\frac{4\pi\varepsilon_0\hbar^2 - e^2 m_{\mathrm{e}} a}{\pi\varepsilon_0 m_{\mathrm{e}} a^3} \overset{!}{=} 0,$$

woraus für den Radius des Grundzustands

$$a_0 = \frac{4\pi\varepsilon_0\hbar^2}{e^2 m_{\mathrm{e}}} = \frac{\varepsilon_0 h^2}{\pi e^2 m_{\mathrm{e}}} \tag{1.146}$$

folgt. Damit wird nach (1.145) die Grundzustandsenergie:

$$W_{\mathrm{min}} = -\frac{1}{32\pi^2\hbar^2}\frac{m_{\mathrm{e}}e^4}{\varepsilon_0^2} = -\frac{m_{\mathrm{e}}e^4}{8\varepsilon_0^2 h^2}$$

Dies ist genau der Wert, welchen auch das BOHR*'sche Modell für den Grundzustand liefert!* Man darf freilich die quantitative Aussage dieser Überlegung nicht überschätzen: Das numerische Resultat kommt nur zustande, weil wir $\hbar$ und nicht h in der Unschärferelation (1.144) verwendet haben, die ja lediglich eine Abschätzung des Minimalwerts für das Produkt aus Orts- und Impulsunsicherheit ist.

Was haben wir in Abschnitt 1.8 gelernt?

- Während das Teilchen ‚Photon' mit elektromagnetischen Wellen assoziiert wurde, betrachten wir hier umgekehrt die Welleneigenschaften von wohlbekannten Teilchen. Die DE BROGLIE-Wellenlänge von Teilchen ist $\lambda_{\mathrm{dB}} = h/p$ (mit dem Impuls p nach (1.11) auch für relativistische Geschwindigkeiten). Für den Grenzfall langsamer Elektronen merken wir uns $\lambda_{\mathrm{dB}} \simeq 1.2\,\mathrm{nm}/\sqrt{W_{\mathrm{kin}}/\mathrm{eV}}$. Bestätigung liefern zahlreiche Beugungsexperimente mit Teilchenstrahlen.
- Die HEISENBERG'sche Unschärferelation drückt den Welle-Teilchen-Dualismus quantitativ für die Messung von zwei kanonisch konjugierten Variablen aus, z. B. für Impuls und Ort $\Delta p \Delta x \geq \hbar$ oder für Energie und Zeit $\Delta W \Delta t \geq \hbar$. Der genaue Wert der unteren Grenze ($\hbar$, $h/2$ o. ä.) hängt vom spezifischen Problem ab.

- Die Stabilität des atomaren Grundzustands kann als Konsequenz der Unschärferelation betrachtet werden. Salopp ausgedrückt: Elektronen fallen nicht in den (stark attraktiven) Atomkern, weil diese Lokalisierung im Ortsraum eine unendlich hohe Unsicherheit der Energie zur Folge hätte.

1.9 STERN-GERLACH-Experiment und Richtungsquantisierung

Eines der Schlüsselexperimente zur Quantenmechanik wurde 1922 von Otto STERN (1943) und Walter GERLACH durchgeführt. Es zeigte in einer bis dahin nicht da gewesenen Deutlichkeit, dass die klassische Mechanik und Elektrodynamik nicht in der Lage sind, die grundlegenden Beobachtungen im Bereich atomarer Dimensionen zu erklären. Um dieses Experiment und seine Konsequenzen zu verstehen, rekapitulieren wir hier zunächst ein paar Grundkenntnisse aus der Mechanik und Elektrodynamik.

1.9.1 Magnetisches Moment und Drehimpuls

Nach dem BOHR'schen Modell kreist das Elektron ja um den Atomkern. Wie in Abb. 1.34 skizziert, ist damit ein Strom

$$I = \frac{e}{t} = \frac{ev}{2\pi r}$$

verbunden, der eine Fläche $\boldsymbol{A}$ ($A = \pi r^2$) umschließt. Er bewirkt ein magnetisches Moment $\mathcal{M}$ vom Betrag

$$\mathcal{M} = I\,A = \frac{ev}{2\pi r}\pi r^2 = \frac{evr}{2} = \frac{eL}{2m_e},$$

welches direkt proportional zum Betrag des Drehimpulses $\boldsymbol{L}$ und ihm entgegengerichtet ist. Es ergibt sich also ein *magnetisches Moment der Bahn*

$$\boldsymbol{\mathcal{M}} = -\frac{e}{2m_e}\boldsymbol{L} = -\mu_B\frac{\boldsymbol{L}}{\hbar}. \tag{1.147}$$

Beachte: Das hier abgeleitete *gyromagnetische Verhältnis* $\mathcal{M}/L = -e/2m_e$ ist eine universelle Beziehung zwischen magnetischem Moment und Bahndrehimpuls

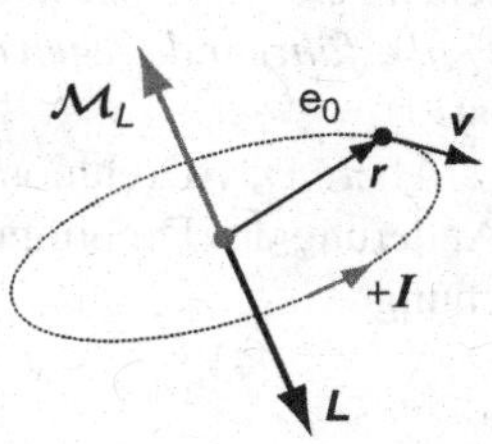

Abb. 1.34 Magnetisches Moment eines um den Atomkern kreisenden Elektrons

für jede klassische Ladungsverteilung. Es ist nicht abhängig von der spezifischen Geometrie der Bewegung, ist also nicht auf die Kreisbahn oder ein punktförmiges Teilchen beschränkt.

Nach dem BOHR'schen Atommodell sind Drehimpulse (1.115) quantisiert und kommen nur in Einheiten von $\hbar$ vor. $\boldsymbol{L}/\hbar$ ist in der BOHR'schen Theorie eine ganze Zahl. Die Einheit des magnetischen Moments ist das sogenannte BOHR*'sche Magneton*

$$\mu_{\text{B}} = \frac{e\hbar}{2m_{\text{e}}} = 927.400\,9994(57) \times 10^{-26}\,\text{J}\,\text{T}^{-1} \qquad (1.148)$$
$$\cong 5.788 \times 10^{-5}\,\text{eV}\,\text{T}^{-1} = h \times 14.00\,\text{GHz}\,\text{T}^{-1}.$$

Man beachte: Die hier präsentierte klassische Ableitung des gyromagnetischen Verhältnisses gilt *nur für Bahndrehimpulse*. Auf der Basis des gleich zu besprechenden STERN-GERLACH-Experiments werden wir (1.147) ergänzen müssen.

1.9.2 Das magnetische Moment im magnetischen Feld

In einem Magnetfeld $\boldsymbol{B}$ wirkt – als Konsequenz der LORENTZ Kraft (1.103) – auf ein magnetisches Moment $\boldsymbol{\mathcal{M}}$ ein Drehmoment

$$\boldsymbol{T} = \boldsymbol{\mathcal{M}} \times \boldsymbol{B}. \qquad (1.149)$$

Die potenzielle Energie $\int \boldsymbol{T} \cdot \mathrm{d}\boldsymbol{\theta}$ des Dipols im Magnetfeld ist daher

$$V_B = -\boldsymbol{\mathcal{M}} \cdot \boldsymbol{B} = -\mathcal{M}B\cos\theta, \qquad (1.150)$$

wo θ der Winkel zwischen $\boldsymbol{\mathcal{M}}$ und $\boldsymbol{B}$ ist. Der Energienullpunkt wurde für $\boldsymbol{\mathcal{M}} \perp \boldsymbol{B}$ angenommen. Minimale potenzielle Energie wird erreicht, wenn $\boldsymbol{\mathcal{M}}$ parallel zu $\boldsymbol{B}$ und $\boldsymbol{L}$ antiparallel dazu ist.

Für die Kraft in einem Potenzialfeld $V(\boldsymbol{r})$ gilt bekanntlich

$$\boldsymbol{F} = -\operatorname{grad} V(\boldsymbol{r}),$$

Da $\boldsymbol{\mathcal{M}}$ unabhängig von $\boldsymbol{r}$ ist, erhält man

$$\boldsymbol{F} = \boldsymbol{\mathcal{M}} \cdot \nabla\boldsymbol{B} = \mathcal{M}_x\frac{\partial \boldsymbol{B}}{\partial x} + \mathcal{M}_y\frac{\partial \boldsymbol{B}}{\partial y} + \mathcal{M}_z\frac{\partial \boldsymbol{B}}{\partial z}, \qquad (1.151)$$

(siehe z. B. STERN 1921, in SI Einheiten geschrieben). In einem *homogenen magnetischen Feld wirkt also keine Kraft auf den magnetischen Dipol*. In einem *inhomogenen Feld erfährt er dagegen eine Kraft,* die proportional zu seinem magnetischen Moment ist.

Aber: Das Drehmoment (1.149), welches auf den Dipol wirkt, führt zu einer Änderung des Drehimpulses des Kreisels. Mit $\mathrm{d}\boldsymbol{L} = \boldsymbol{L}\mathrm{d}\varphi$ wird die Bewegungsgleichung

$$\boldsymbol{T} = \frac{\mathrm{d}\boldsymbol{L}}{\mathrm{d}t} = \boldsymbol{L}\frac{\mathrm{d}\varphi}{\mathrm{d}t} = \boldsymbol{L}\omega_L. \qquad (1.152)$$

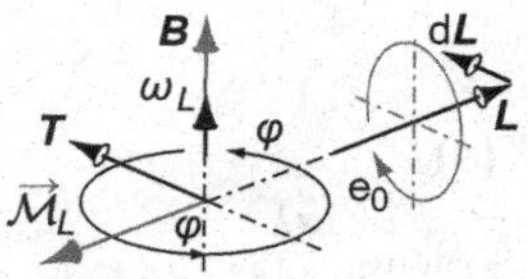

Abb. 1.35 Präzession des Bahndrehimpulses $\boldsymbol{L}$ im magnetischen Feld $\boldsymbol{B}$-Feld

In der speziellen, in Abb. 1.35 skizzierten Geometrie mit $\boldsymbol{L} \perp \boldsymbol{B}$ gilt also

$$L\omega_L = \mathcal{M}B = -\mu_\mathrm{B}\frac{L}{\hbar}B.$$

Wir sehen, dass infolge des Drehmoments $\boldsymbol{T}$ der Drehimpuls $\boldsymbol{L}$ um $\boldsymbol{B}$ herum präzediert (gyroskopische Bewegung, siehe Kreisel), und zwar mit einer Kreisfrequenz, die man LARMOR-*Frequenz* nennt:

$$\omega_L = \frac{\mathcal{M}}{L}B = \frac{\mu_\mathrm{B}}{\hbar}B = \frac{e}{2m_\mathrm{e}}B. \tag{1.153}$$

Auch dieser Ausdruck wird in Abschn. 1.9.5 zu modifizieren sein.

1.9.3 Das Experiment

Otto STERN hatte die sogenannte *Molekularstrahlmethode*[28] erfunden und bereits erfolgreich zur Messung der MAXWELL-BOLTZMANN'schen Geschwindigkeitsverteilung in Gasen angewandt. In seiner berühmten Arbeit „Ein Weg zur experimentellen Prüfung der *Richtungsquantelung*" im Magnetfeld schlug STERN (1921) ein Experiment zur Bestimmung des magnetischen Moments eines Atoms vor, bei dem die Ablenkung eines Atomstrahls im inhomogenen Magnetfeld genutzt werden sollte.

Das Atomstrahl-Experiment
Das 1922 von STERN und GERLACH mit Silberatomen (Ag) durchgeführte Experiment ist schematisch in Abb. 1.36a, b dargestellt. Mit (1.151) und $\boldsymbol{B} = (0, 0, B)$ bei $y = 0$ ergibt sich aus der Symmetrie der Anordnung, dass dort $F_x = 0$ und $F_y = 0$ gilt. Da die $\mathcal{M}_x$ und $\mathcal{M}_y$ um die z-Achse präzedieren werden, bleibt nur die z-Komponente der Kraft (1.151) übrig:

$$F_z = \mathcal{M}_z \cdot \frac{\partial B}{\partial z} \tag{1.154}$$

Zum genauen Verständnis der experimentellen Beobachtung muss man freilich beachten, dass diese Kraft auch von y abhängt und für $y = 0$ maximal ist.

---

[28] Hier und später in anderem Zusammenhang können wir uns als Quelle für einen Atom- oder Molekularstrahl einfach ein Reservoir mit der zu untersuchenden Spezies vorstellen, das möglicherweise geheizt oder auch gekühlt wird, ggf. auch gemischt wird mit einem sog. inerten ‚Trägergas'. Durch eine kleine Öffnung in diesem Reservoir (Düse genannt, in Spezialfällen konisch geformt) diffundieren oder strömen die Atome bzw. Moleküle ins umgebende Vakuum. Ihr Divergenzwinkel wird dann durch eine oder mehrere Blenden entlang der Strahlachse begrenzt. Das Vakuum wird durch differenzielle Pumpstufen möglichst gut aufrecht erhalten.

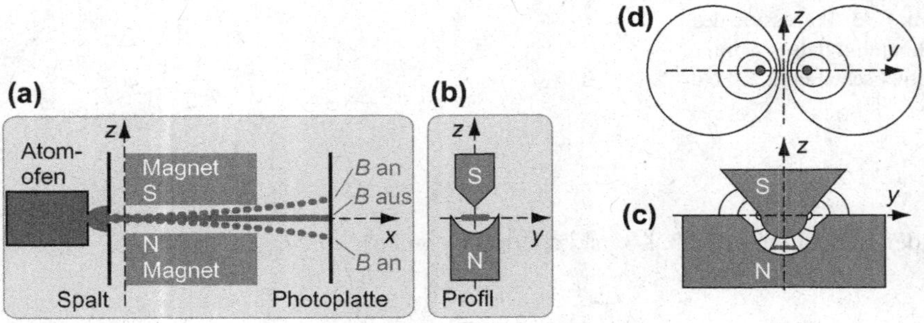

Abb. 1.36 STERN-GERLACH-Experiment (**a**) schematisch: Der aus dem ‚Atomofen' tretende Atomstrahl wird kollimiert, in einem inhomogenen Magnetfeld abgelenkt und trifft schließlich auf eine Photoplatte, (**b**) Seitenansicht (Profil) der Magnetpolschuhe schematisch, (**c**) in realistischem Detail, (**d**) idealisiertes Zweidrähtefeld (siehe Text)

Als kleines, aber wichtiges Detail weisen wir hier auf die physikalische Realisierung des inhomogenen Magnetfeldes hin. Im STERN-GERLACH-Experiment wird ein sogenanntes *Zweidrähtefeld* approximiert: Es entsteht, wenn durch zwei Drähte ein Strom fließt. Der entsprechende Magnetfeldverlauf ist in Abb. 1.36d dargestellt. In der Praxis kann man dieses Feld durch ein Paar geeignet geformter Permanentmagnete realisieren, wie in Abb. 1.36c skizziert. Die fette, kurze Linie in y-Richtung *(online rot)* deutet die Lage des von hinten kommenden Atomstrahls an, der durch diese Anordnung in $\pm z$-Richtung abgelenkt werden soll.

Was erwarten wir?

Klassisch sind die magnetischen Momente der Atome $\boldsymbol{\mathcal{M}}$ statistisch in alle Richtungen verteilt, ihre Projektion in $+z$-Richtung ($\mathcal{M}_z$) wird klassisch von $-\mu_B \frac{L}{\hbar}$ bis $+\mu_B \frac{L}{\hbar}$ reichen, wie in Abb. 1.37b auf der nächsten Seite dargestellt. Der Atomstrahl trete nun durch den Magneten, und wir betrachten die ankommenden Atome auf der Photoplatte. Ohne Magnetfeld wird dort die Geometrie des Atomstrahls abgebildet (Abb. 1.37a). Bei eingeschaltetem Magnetfeld erwarten wir eine Verschmierung des Strahls, da die Ablenkung proportional zur – klassisch gedacht – statistisch verteilten $\mathcal{M}_z$ Komponente der Dipolmomente sein sollte. Die Ablenkung wird in der Mitte ($y = 0$) am stärksten sein, da dort der Feldgradient $\partial B / \partial z$ besonders stark ist (Abb. 1.37c).

Und was findet man wirklich im Experiment?

STERN und GERLACH benutzten bei ihrem Experiment mit Ag-Atomen eine Photoplatte, auf der sich die Spuren des Silberstrahls niederschlugen. Das höchst überraschende Ergebnis dieser Anstrengungen ist das in Abb. 1.38 skizzierte Muster – völlig konträr zur klassischen Erwartung: Es gibt offenbar im wesentlichen nur zwei

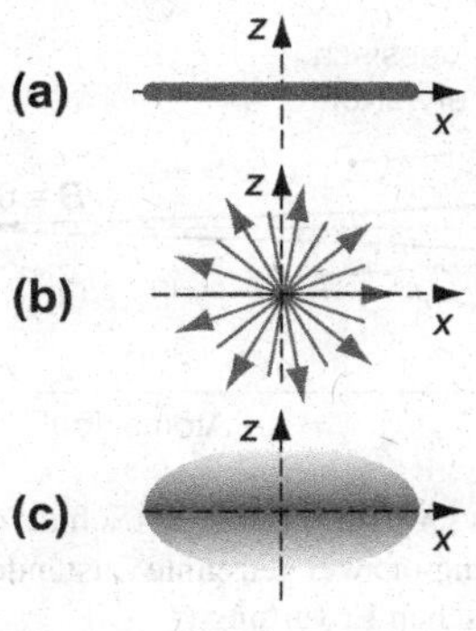

Abb. 1.37 Klassische Erwartung zum STERN-GERLACH-Experiment: Blick auf den aus der *yz*-Ebene kommenden Atomstrahl. (**a**) Strahlprofil ohne Magnetfeld, (**b**) Richtung der magnetischen Dipolmomente (vor dem Magnetfeld) statistisch verteilt, (**c**) klassisch erwartetes Profil nach Ablenkung im inhomogenen Magnetfeld

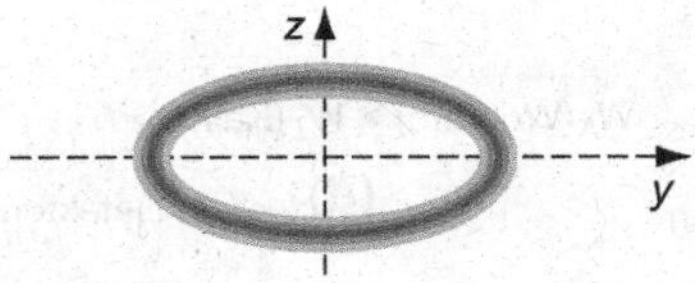

Abb. 1.38 Ergebnis des STERN-GERLACH-Experiments: Der Strahl wird in zwei Komponenten aufgespalten

Richtungen der Einstellung des atomaren magnetischen Moments. Die Ellipsenform ist dem Verschwinden des Feldgradienten an den beiden Rändern geschuldet.[29]

Noch deutlicher erkennt man das Ergebnis, wenn man einen Schnitt entlang der z-Achse durch Abb. 1.38 macht und die Schwärzung als Funktion von z aufträgt. Das Resultat ist in Abb. 1.39 skizziert. Der Vergleich mit und ohne Magnetfeld zeigt eine *dramatische Aufspaltung in zwei Komponenten*. Diese Beobachtung, die auch bei vielen anderen Atomen gemacht wird, ist auf die nachfolgend zu besprechende Richtungsquantisierung zurückzuführen.

LANGMUIR-TAYLOR-Detektor

Heute hat man viel effizientere Methoden zur Teilchendetektion als die Photoplatte. Beim Nachbau des STERN-GERLACH-Versuchs (aber auch bei vielen modernen Atomstrahl-Experimenten) benutzt man zur Detektion von neutralen Atomen den sogenannten LANGMUIR-TAYLOR-Effekt, der das Experiment wesentlich empfindlicher macht. Der LANGMUIR-TAYLOR-Detektor basiert auf dem Tunneleffekt, dem das Valenzelektron eines Atoms mit niedrigem Ionisationspotenzial W_I (z. B. K) aus-

[29] Eine kuriose Randnotiz: Die Silberspuren wurden erst dadurch sichtbar, dass Otto STERN den Rauch seiner schwefelhaltigen Zigarre darauf blies – ein früher, unfreiwilliger Beitrag zur Photochemie und Katalyse des photografischen Entwicklungsvorgangs.

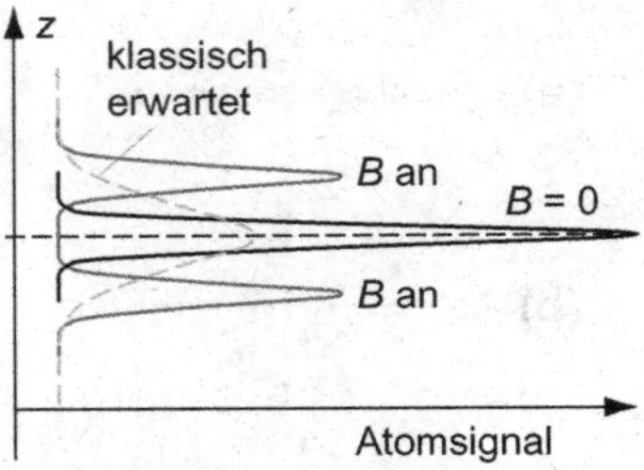

Abb. 1.39 Ergebnis des STERN-GERLACH-Experiments (Schnitt entlang der z-Achse in Abb. 1.38): Ohne Magnetfeld (——), Aufspaltung in zwei getrennte Zustände bei eingeschaltetem Magnetfeld (——) und Vergleich mit der klassischen Erwartung (- - - -)

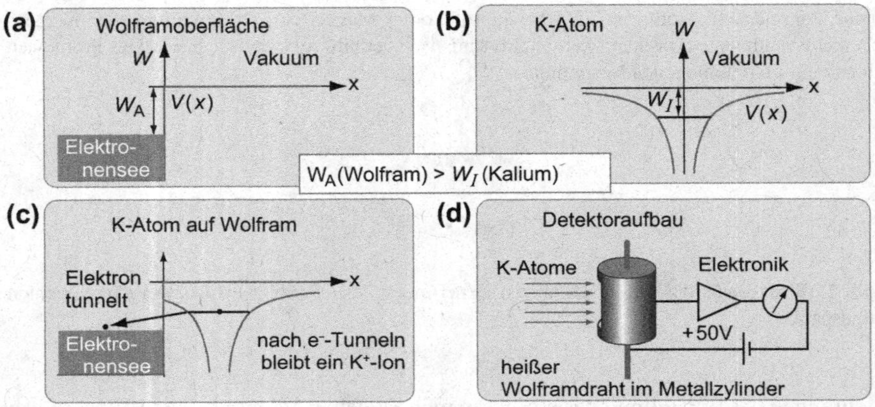

Abb. 1.40 Schema des LANGMUIR-TAYLOR -Detektors: (**a**) Potenzial für ein Elektron an einer isolierten Wolframoberfläche, (**b**) Potenzial und Energie W_I des Valenzelektrons im K-Atom, (**c**) Potenzialverhältnisse, wenn ein K-Atom auf eine Wolframoberfläche trifft; (**d**) Schema der Detektoranordnung

gesetzt ist, wenn es auf eine Metalloberfläche mit hoher Austrittsarbeit W_A (z. B. W) trifft. Abbildung 1.40 gibt eine weitgehend selbsterklärende Darstellung eines solchen Detektoraufbaus. Das Elektron tunnelt ins Metall hinein, zurück bleibt ein K^+-Ion, das man leicht elektrisch nachweisen kann, z. B. mit einem Sekundärelektronenvervielfacher (siehe Anh. Band 2).

1.9.4 Interpretation des STERN-GERLACH-Experiments

Wie kann man die Ergebnisse des STERN-GERLACH-Experiments deuten? Das BOHR'sche Modell postuliert ja, dass Bahndrehimpulse nach (1.115) quantisiert sind: $L = \ell\hbar$, wobei ℓ eine positive ganze Zahl bzw. Null ist.

Nehmen wir nun an, dass eine ähnliche Beziehung auch für die Komponente des Drehimpulses L_z in z-Richtung gelte, so könnte L_z im Prinzip $2\ell + 1$ ganzzahlige Werte von $-\ell\hbar$ bis $+\ell\hbar$ annehmen. Diese Art der Quantisierung der Komponente L_z des Drehimpulses $\boldsymbol{L}$ nennt man *Richtungsquantisierung* (engl. *space quantization*)

$$L_z = m\hbar \quad \text{mit} \quad m = -\ell, -\ell + 1, \ldots, \ell. \tag{1.155}$$

Die Zahl m wird *Richtungsquantenzahl* oder magnetische Quantenzahl genannt. Man schließt also: Im Gegensatz zur klassischen erwarteten statistischen Verteilung der Drehimpulse (siehe Abb. 1.37 auf Seite 83 oben), gibt es nur $2\ell + 1$ erlaubte Projektionen des Drehimpulses $L = \ell\hbar$ auf die z-Achse, man sagt auch $2\ell + 1$ sei die *Multiplizität* des Zustands. Da für das magnetische Moment $\boldsymbol{\mathcal{M}} = -\mu_B \boldsymbol{L}/\hbar$ gilt, impliziert die Richtungsquantisierung von $\boldsymbol{L}$ auch eine Richtungsquantisierung von $\boldsymbol{\mathcal{M}}$. Die Komponente $\mathcal{M}_z$ nimmt also Werte von $|\mathcal{M}|$ bis $-|\mathcal{M}|$ an, die den Drehimpulskomponenten $-|L|$ bis $|L|$ entsprechen.

Eine genauere quantenmechanische Betrachtung (siehe Kap. 2) zeigt, dass diese Vermutung schon nahezu richtig ist – abgesehen davon, dass der *Betrag des Drehimpulses*

$$L = \sqrt{\ell(\ell + 1)}\hbar \tag{1.156}$$

ist, was für große Werte von ℓ wieder zu $L \sim \ell\hbar$ führt. Dennoch erklärt dieses Schema nach dem BOHR'schen Modell noch immer nicht unmittelbar das Ergebnis des STERN-GERLACH-Experiments. Wir beobachten ja eine Aufspaltung in nur zwei Komponenten, d. h. die beobachtete *Multiplizität ist* 2, während man schon beim niedrigsten, nichtverschwindenden Bahndrehimpuls $\ell = 1$ mit der Multiplizität $2\ell + 1 = 3$ eine Dreifachaufspaltung erwartet würde!

1.9.5 Konsequenzen des STERN-GERLACH-Experiments

Das STERN-GERLACH-Experiment offenbarte drei dramatische, nichtklassische Befunde:

1. Die *Richtungsquantisierung* (auch *Richtungsquantelung*), die klassisch völlig unerwartet war, aber im Licht der BOHR'schen Quantentheorie durchaus plausibel erscheint.
2. Die beobachtete *Multiplizität* entspricht aber auch nicht der Erwartung für ganzzahlige Drehimpulse ℓ nach dem BOHR'schen Modell. Die Zweifachaufspaltung lässt mit $2 = 2j + 1$ nur den Schluss zu, dass das untersuchte Atom (Ag) eine *Drehimpulsquantenzahl* $j = 1/2$ hat. Dies gilt sowohl für Silber wie auch für die Alkalimetalle wie Na, K, …. Wir müssen also das BOHR'sche Modell erweitern und ganz allgemein annehmen, dass es auch halbzahlige Drehimpulse gibt. Alle experimentellen Beobachtungen von Quantensystemen bestätigen die Hypothese: *Drehimpulse* $\boldsymbol{J}$ *kommen nur als ganz- oder halbzahliges Vielfaches von* $\hbar$ *vor.* Wir haben die entsprechenden quantenmechanischen Beziehungen bereits in (1.5)–(1.9) vorweggenommen.

3. Schließlich führt eine quantitative Auswertung des STERN-GERLACH-Experiments, dass die Größe des beobachteten magnetischen Moments nicht mit der klassischen Vorhersage (1.147) übereinstimmt. Man muss diese daher generalisieren und definiert[30] ein *magnetisches Moment für* $\boldsymbol{J}$

$$\mathcal{M}_J = -g_J\,\mu_B \frac{\boldsymbol{J}}{\hbar} \quad \text{mit} \quad \mu_B = \frac{e\hbar}{2m_e} \tag{1.157}$$

und seine Projektion auf eine gegebene Achse, sagen wir z, ist

$$\mathcal{M}_{Jz} = -g_J \mu_B m_j \quad \text{mit} \quad m_j = -j, -j+1, \ldots, j. \tag{1.158}$$

Der sogenannte LANDÉ'*sche g-Faktor* ist $g_L = 1$ für reine Bahndrehimpulszustände und $g_s = 2$ für reine Spinzustände (siehe Abschn. 1.10.1). Eine Vielzahl weiterer Experimente bestätigt, dass das magnetische Moment von Atomen oder Molekülen (sofern es nicht verschwindet) dem Gesamtdrehimpuls $\boldsymbol{J}$ proportional und umgekehrt zu ihm gerichtet ist. Wir werden g_J für ausgewählte Quantensysteme in Kap. 8 im Detail behandeln. Entsprechend muss man auch (1.153) modifizieren und erhält die LARMOR-*Frequenz* für $\boldsymbol{J}$

$$\omega_j = g_J \frac{e}{2m_e} B = g_J \omega_L. \tag{1.159}$$

Was haben wir in Abschnitt 1.9 gelernt?

- Das STERN-GERLACH-Experiment war ein weiterer Eckpfeiler bei der Entwicklung der Quantenmechanik. Es belegt, was wir *Richtungsquantisierung* nennen: Drehimpulse $\boldsymbol{J}$ sind im Raum so orientiert, das ihre Projektion auf eine gegebene Achse z nur $J_z = m_j\hbar$ sein kann, mit $m_j = -j, -j+1, \ldots, j$ wobei j die entsprechende Drehimpulsquantenzahl ist.
- Bahndrehimpulse haben ganzzahlige Quantenzahlen. Intrinsische (Spin) Drehimpulsquantenzahlen von Teilchen können halbzahlig (Fermionen) oder ganzzahlig sein (Bosonen).

[30]Mit dem negativen Vorzeichen in der Definition (1.157) folgen wir der Schreibweise, die in der atomphysikalischen und chemischen Literatur am häufigsten gebraucht wird,

$$\widehat{\mathcal{M}}_J = g \frac{q}{2m} \frac{\widehat{\boldsymbol{J}}}{\hbar}$$

für magnetische Dipolmomente von Teilchen mit Drehimpuls $\boldsymbol{J}$, Ladung q und Masse m. Für den Elektronenspin mit $q = -e$ ist somit $g_s = 2$ (in guter Näherung). Dagegen schließt die Definition nach CODATA (MOHR *et al.* 2012, 2015; NIST 2014b), an der wir uns sonst in der Regel orientieren, das Vorzeichen der Ladung in die g-Faktoren ein. Für das Elektron ist danach $g_e = -g_s = -|g_s|$ und sein magnetisches Dipolmoment $\mu_e = (g_e/2)\,\mu_B < 0$.

- Mit jedem Drehimpuls $\boldsymbol{J}$ ist auch ein magnetisches Moment $\boldsymbol{\mathcal{M}} = -g_J \mu_B \boldsymbol{J}/\hbar$ verbunden, wobei $\mu_B = e\hbar/2m_e \simeq 927.4 \times 10^{-26}\,\mathrm{J\,T^{-1}}$ das BOHR'sche Magneton ist. Der LANDÉ'sche g_J Faktor ist 1 für Bahndrehimpulse und 2 für den Elektronenspin (im Rahmen der DIRAC-Theorie).
- In einem externen magnetischen Feld $\boldsymbol{B}$ haben magnetische Momente eine potenzielle Energie $V_B = -\boldsymbol{\mathcal{M}} \cdot \boldsymbol{B} = -\mathcal{M}B\cos(\measuredangle \boldsymbol{\mathcal{M}}, \boldsymbol{B})$. Sie präzedieren unter dem Einfluss des Drehmoments $\boldsymbol{T} = \boldsymbol{\mathcal{M}} \times \boldsymbol{B}$ mit der LARMOR-Frequenz $\omega_j = g_J Be/2m_e$. Nur in einem inhomogenen Feld wirkt eine Kraft (1.151) auf den magnetischen Dipol insgesamt.

1.10 Elektronenspin

Die Erklärung für das bahnbrechende Experiment von STERN und GERLACH wurde erst 1925 von GOUDSMIT und UHLENBECK im Kontext der Aufspaltung von atomaren Linien im Magnetfeld geliefert (anomaler ZEEMAN-Effekt, siehe Abschn. 8.1.2 auf Seite 417): Das Elektron hat ein intrinsisches magnetisches Moment $\boldsymbol{\mathcal{M}}_S$, welches mit einem *intrinsischen Drehimpuls* $\boldsymbol{S}$ assoziiert ist, dem sogenannten *Elektronenspin.*

Wenn wir in (1.5) also $\boldsymbol{J}$ mit $\boldsymbol{S}$ identifizieren und die *Spinquantenzahl* $s = 1/2$ ansetzen, erklärt dies die beim STERN-GERLACH-Experiment *beobachtete Multiplizität von* $2 = 2s+1$. Wir haben also zwei mögliche Orientierungen des Spins mit den *Richtungsquantenzahlen* $m_s = \pm 1/2$, sodass $S = |\boldsymbol{S}| = \hbar\sqrt{3}/2$ und $S_z = \pm\hbar/2$. Man veranschaulicht sich dies am besten anhand des in Abb. 1.41 dargestellten *Vektordiagramms*. Entsprechend den allgemeinen Ausdrücken (1.5)–(1.9) für Drehimpulse $\boldsymbol{J}$ gilt für den Spin $\boldsymbol{S}$:

Betrag des Spins $$|\boldsymbol{S}| = \sqrt{s(s+1)}\,\hbar = \frac{\sqrt{3}}{2}\hbar \simeq 0.88\hbar \qquad (1.160)$$

Quantenzahl $$s = 1/2 \qquad (1.161)$$

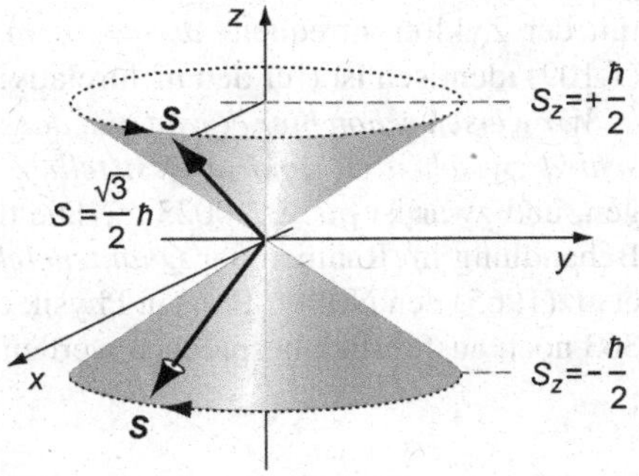

Abb. 1.41 Vektordiagramm für den Elektronenspin *(dicke, schwarze Pfeile)*: Er präzediert auf einem Konus um die z-Achse (······ *Kreise mit Pfeil*) so, dass die Projektion auf die z-Achse (- - - -) entweder $+\hbar/2$ oder $-\hbar/2$ ist

Multiplizität	$2s + 1 = 2$	(1.162)
z-Komponente	$S_z = m_s \hbar \quad \text{mit} \quad m_s = \pm 1/2.$	(1.163)

1.10.1 Magnetisches Moment des Elektrons

Eine quantitative Auswertung der im STERN-GERLACH-Experiment beobachteten Atomablenkung im inhomogenen Magnetfeld für eine ganze Reihe von Atomen wie Ag, K, Na... führte zu dem Ergebnis, dass für die Projektion des magnetischen Moments $\mathcal{M}_z = \mp \mu_\mathrm{B}$ gilt, mit dem BOHR'schen Magneton nach (1.148). Nach der für Bahndrehimpulse geltenden Regel (1.147) $\boldsymbol{\mathcal{M}} = -(e/2m_\mathrm{e})\,\boldsymbol{L} = -\mu_\mathrm{B}\boldsymbol{L}/\hbar$ und mit $S_z/\hbar = \pm 1/2$ wäre $\mathcal{M}_z = \mp \mu_\mathrm{B}/2$ zu erwarten. Wir müssen also statt dessen die allgemeinere Relation (1.157) $\boldsymbol{\mathcal{M}}_J = -g_J\,\mu_B\,\boldsymbol{J}/\hbar$ anwenden.

Speziell für ein Elektron ohne Bahndrehimpuls, d. h. bei $\ell = 0$ (wie dies bei Na, K, Ag im atomaren Grundzustand der Fall ist), wird das magnetische Moment des Atoms ausschließlich durch das Elektron bestimmt. Es folgt daraus

das *magnetische Moment des Elektrons*	$\boldsymbol{\mathcal{M}}_S = -g_s\,\mu_\mathrm{B}\dfrac{\boldsymbol{S}}{\hbar} \quad \text{und}$	(1.164)
der *g-Faktor des Elektrons*	$g_s = 2$	(1.165)

Dieser Wert für den g-Faktor des Elektrons steht im *Gegensatz zu* (1.147) mit $g_L = 1$, die *für jede rein klassische, irgendwie rotierende Ladungsverteilung gilt,* sofern Massen- und Ladungsverteilungen identisch sind.

Dagegen führt die (relativistisch korrekte) DIRAC-*Gleichung* zu exakt $g_s = 2$ *für den Spin des Elektrons*. Damit wird in der Tat die Komponente des magnetischen Moments in z-Richtung

$$\mathcal{M}_z = \mp g_s\,\mu_\mathrm{B}/2 = \mp \mu_\mathrm{B} \text{ für } m_s = \pm 1/2. \tag{1.166}$$

Beachte: Es ist interessant festzustellen, dass die LARMOR-Frequenz (1.159) für ein Elektron mit $g_s = 2$

$$\omega_L = g_s \frac{e}{2m_\mathrm{e}} B = \frac{e}{m_\mathrm{e}} B \tag{1.167}$$

mit der Zyklotronfrequenz $\omega_c = (e/m_\mathrm{e})B$ eines Elektrons im Magnetfeld nach (1.109) identisch ist (für den nichtrelativistischen Grenzfall).

Wir weisen schon hier darauf hin, dass genauere Messungen einen kleinen Unterschied zwischen ω_L und ω_c feststellen, d. h. eine Abweichung von (1.165) belegen, und zwar ist $g_s \simeq 2.0023\ldots$ Die theoretische Erklärung dafür erfordert eine Behandlung im Rahmen der *Quantenelektrodynamik* (QED) für welche Tomonaga et al. (1965) den NOBEL-Preis in Physik erhielten – wie wir in Abschn. 6.6 auf Seite 363 noch ausführlich besprechen werden.

1.10.2 EINSTEIN-DE HAAS-Effekt

Abschließend diskutieren wir noch einen anderen eindrucksvollen Beleg für das anomale magnetische Moment des Elektrons, der auf einer makroskopischen Messung beruht. Es geht dabei um die Magnetisierung eines Ferromagneten. Es zeigt sich, wie hier nicht weiter ausgeführt wird, dass der Ferromagnetismus auf einer parallelen Ausrichtung vieler Elektronenspins basiert.

Beim sogenannten EINSTEIN-DE HAAS-Effekt misst man nun das Drehmoment, welches auf einen Weicheisenkern (Zylinder) durch Änderung seiner Magnetisierung ausgeübt wird: Dabei richten sich die magnetischen Momente parallel aus, d. h. auch die Spins (Drehimpulse) werden parallel. Um den Gesamtdrehimpuls eines Systems zu ändern, muss ein Drehmoment wirken. Dieses wird in der Anordnung, wie sie in Abb. 1.42 skizziert ist, von einem externen Feld ausgeübt. Man kann es messen, indem man die Verdrillung φ eines dünnen Quarzfadens bestimmt.

In einem quantitativen Experiment beginnt man mit einer vollständig demagnetisierten Probe und lässt einen wohldefinierten Stromstoß durch den Solenoiden laufen. Das führt zu einem Magnetfeldverlauf $H_{\mathrm{Solenoid}}(t)$, wie er in Abb. 1.43 skizziert ist. Während des Stromstoßes wirkt ein Drehmoment auf das System, das ursprünglich in Ruhe war. Nachdem das Magnetfeld abgeklungen ist, sei die verbleibende Magnetisierung $\mathfrak{M}_{\mathrm{rem}}$. Man nimmt nun an, dass sie $\mathcal{N}$ mal die z-Komponente des magnetischen Moments $\mathcal{M}_z$ eines individuellen Elektrons ist. Mit (1.158) wird

$$\mathcal{M}_z = g_s \mu_{\mathrm{B}} m_s = -g_s \frac{e}{2m_{\mathrm{e}}} S_z \quad \Rightarrow \quad \mathfrak{M}_{\mathrm{rem}} = B_{\mathrm{rem}} = -\mathcal{N} g_s \frac{e}{2m_{\mathrm{e}}} S_z, \qquad (1.168)$$

mit der Anzahl $\mathcal{N}$ von Elektronen, die nach dem Feldimpuls in Richtung des angelegten Feldes magnetisiert verbleiben *(Remanenz)*. Der darauf beruhende magnetische Fluss B_{rem} kann leicht bestimmt werden, z. B. durch eine elektromagnetische Messung über eine durch den Magneten induzierte Spannung.

Wegen der Drehimpulserhaltung muss gelten

$$\mathcal{N} S_z = I_{\mathrm{rod}} \omega_{\mathrm{rod}}, \qquad (1.169)$$

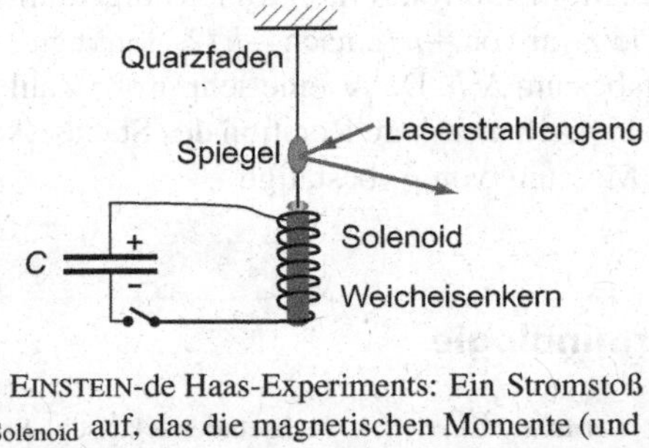

Abb. 1.42 Prinzip des EINSTEIN-de Haas-Experiments: Ein Stromstoß aus dem Kondensator C baut ein Magnetfeld H_{Solenoid} auf, das die magnetischen Momente (und Spins) der Elektronen im Weicheisenkern invertiert; die daraus folgende Verdrillung des Quarzfadens wird mit dem Laserstrahl gemessen

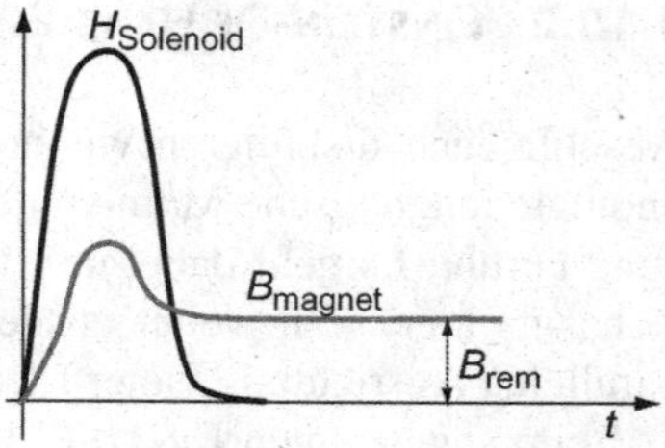

Abb. 1.43 Zeitlicher Verlauf des im Solenoiden erzeugten Magnetfeldes H_{Solenoid} und der daraus resultierenden magnetischen Induktion B_{magnet} mit einem remanenten Anteil B_{rem}

mit $I_{\text{rod}} = \frac{m}{2}R^2$, dem Trägheitsmoment des Weicheisenkerns. Seine Kreisfrequenz ω_{rod} nach Anwendung des Magnetfeldes kann aus der maximalen Verdrillung $\varphi_{\max}$ des Quarzfadens bestimmt werden, an dem der Zylinder hängt: Die anfängliche kinetische Energie wurde in potenzielle Energie umgewandelt:

$$\frac{I_{\text{rod}}}{2}\omega_{\text{rod}}^2 = \frac{k_{\text{r}}}{2}\varphi_{\max}^2 \tag{1.170}$$

Aus dem Verhältnis von B_{rem} nach (1.168) zum Drehimpuls $I_{\text{rod}}\omega_{\text{rod}}$ nach (1.169)

$$\frac{B_{\text{rem}}}{I_{\text{rod}}\omega_{\text{rod}}} = \frac{\mathcal{N} g_s S_z}{\mathcal{N} S_z}\frac{e}{2m_{\text{e}}} = g_s \frac{e}{2m_{\text{e}}},$$

können wir schließlich g_s bestimmen. Die quantitative Auswertung entsprechender Experimente führt ebenfalls zu $g_s \simeq 2$.

Was haben wir in Abschnitt 1.10 gelernt?

- Die auf den Spin bezogenen Eigenschaften des Elektrons wurden noch einmal in (1.160)–(1.165) zusammengefasst.
- Das EINSTEIN-DE HAAS-Experiment demonstriert den Elektronenspin auf einer makroskopischen Skala mithilfe eines ferromagnetischen Weicheisenkerns. Wenn seine Magnetisierung in einem externen magnetischen Feld umgedreht wird, werden die magnetischen Momente von $\mathcal{N}$ Elektronen umgedreht, und somit auch der Spindrehimpuls – und zwar von $+\hbar/2$ nach $-\hbar/2$. Somit ändert sich das gesamte Drehmoment des Stabes um $\mathcal{N}\hbar$. Da $\mathcal{N}$ eine sehr große Zahl ist, induziert dieser Prozess eine makroskopisch messbare Rotation des Stabes. Auf diese Weise wird die mikroskopische Messung von g_s bestätigt.

Akronyme und Terminologie

AC: ‚Wechselstrom (engl. *Alternating Current*)', wechselnde elektrische Spannung und Strom.
AMO: ‚Atome, Moleküle und Optische', Physik.
a.u.: ‚atomare Einheiten', siehe Abschn. 2.6.2 auf Seite 129.

BEC: ‚BOSE-EINSTEIN-Kondensation'.

BZ: ‚BRILLOUIN-Zone', repräsentiert alle Wellenvektoren der einfallenden Strahlung, die vom Kristallgitter BRAGG-reflektiert werden können. Wichtiges Konzept der Festköperphysik.

CCD: ‚Ladungsgekoppeltes elektronisches Bauelement (engl. *Charge coupled device*)', Halbleiterbauelement, typischerweise für die digitale Bildaufnahme (z. B. in elektronischen Kameras).

CIE: ‚Commission international de de l'éclairage', Internationale Beleuchtungskommission http://www.cie.co.at; zuständig für die internationale Standardisierung im Bereich Licht, Beleuchtung, Farbe, Sehen, Photobiologie und bildgebende Technik.

chemisches Potenzial: ‚In der statistischen Thermodynamik definiert als die Menge an Energie oder Arbeit, die notwendig ist, um die Zahl der Teilchen in einem System (um 1) zu ändern, ohne das Gleichgewicht des Systems zu stören.' (siehe μ in Abschn. 1.3.3 auf S. 24.)

CM: ‚Schwerpunkt (engl. *Centre of Mass*)', Koordinatensystem, in welchem die Summe aller Impulse $\sum \boldsymbol{p}_i^{(\mathrm{CM})} = 0$ ist.

CMBR: ‚Kosmische Mikrowellen-Hintergrundstrahlung (engl. *Cosmic Microwave Background Radiation*)', etwa entsprechend einem schwarzen Körper bei 2.725 K; stammt vom Ursprung des Universums und wurde erstmals vermessen von MATHER und SMOOT (neueste Daten vom PLANCK-Satelliten der ESA, siehe PLANCK COLLABORATION, 2014).

CRI: ‚Farbwiedergabeindex (engl: *Color Rendering Index*)', zur Bewertung der Farbwiedergabe bei Beleuchtung mit künstlichen Lichtquellen, die eine optimierte Lichtausbeute haben (0<CRC<100, bei Schwarzkörperstrahlern = 100).

DC: ‚Gleichstrom (engl. *Direct Current*)', Strom und Spannung konstant in eine Richtung gepolt.

E1: ‚Elektrischer Dipol-', Übergang, induziert durch die Wechselwirkung eines elektrischen Dipols (z. B. Elektron + Atomkern) mit der elektrischen Feldkomponente der elektromagnetischen Strahlung (Kap. 4).

ESS: ‚Europäische Spallationsquelle in Lund, Schweden (engl. *European Spallation Source*)', Großforschungseinrichtung für die Strukturforschung mit Neutronen – im Bau. Die Neutronen werden durch Protonenbeschuss eines Wolframtargets erzeugt, siehe http://europeanspallationsource.se/.

EUV: ‚Extremes Ultraviolett', Spektralbereich der elektromagnetischen Strahlung jenseits des UV-Bereichs. Wellenlängen zwischen 10 nm und 121 nm nach ISO 21348 (2007).

FIR: ‚Fernes Infrarot', Spektralbereich der elektromagnetischen Strahlung. Wellenlängenbereich zwischen 3 μm und 1 mm nach ISO 21348 (2007).

FS: ‚Feinstruktur', Aufspaltung von atomaren und molekularen Energieniveaus durch Spin-Bahn-Kopplung und andere relativistische Effekte (Kap. 6).

FT: ‚FOURIER-Transformation', siehe Anhang I.

FWHM: ‚Volle Halbwertsbreite (engl. *Full Width at Half Maximum*)'.

HERA: ‚Hadron-Elektron-Ring-Anlage', für Stoßexperimente zwischen Elektronen von 30 GeV und Protonen von 820 GeV – sehr erfolgreich betrieben von DESY-Hamburg bis 2007.

HF: ‚Hochfrequenz, Teil des RF-Spektrums. Wellenlängen von 10 m bis 100 m oder Frequenzen von 3 MHz bis 30 MHz nach ISO 21348 (2007).

HFS: ‚Hyperfeinstruktur', Aufspaltung von atomaren und molekularen Energieniveaus durch Wechselwirkung der aktiven Elektronen mit dem Atomkern (Kap. 9).

ICR: ‚Ionenzyklotronresonanz (engl. *Ion Cyclotron Resonance*)', Spektrometrie, insbes. Massenspektrometrie; dabei werden Ionen in einem Magnetfeld einer Radiofrequenz ausgesetzt; im Resonanzfall wird die Bahn instabil (siehe Abschn. 1.6.3 auf Seite 61).

IEA: ‚International Energy Agency', http://www.iea.org/topics/energyefficiency/lighting/.

IR: ‚Infrarot', Spektralbereich der elektromagnetischen Strahlung. Wellenlängenbereich zwischen 760 nm und 1 mm nach ISO 21348 (2007).

LED: ‚Licht emittierende Diode', siehe NOBEL-Preis in Physik für AKASAKI *et al.* (2014).

LEED: ‚Niederenergetische Elektronenbeugung (engl. *Low Energy Electron Diffraction*)', siehe Abschn. 1.8.2 auf Seite 72.

LF: ‚Niederfrequenz (engl. *Low Frequency*)', Teil des RF-Spektrums von 30 kHz bis 300 kHz.

LHC: ‚engl. *Large Hadron Collider*', nicht zu verwechseln mit linkshändig polarisiertem Licht. Hochenergiespeicherring bei CERN (Genf), der Teilchenstrahlen mit Energien bis zu 14 TeV (Protonen) und bis zu 1 PeV (schwere Ionen) bereitstellt.

MF: ‚mittlere Frequenz', Teil des RF-Spektrums von 300 kHz bis 3 MHz.

MIR: ‚mittleres Infrarot', Spektralbereich der elektromagnetischen Strahlung. Wellenlängenbereich zwischen 1.4 und 3 μm nach ISO 21348 (2007).

MW: ‚Mikrowelle', Bereich elektromagnetischer Strahlung. In der Spektroskopie bezeichnet man mit MW meist Wellenlängen von 1 mm bis 1 m bzw. Frequenzen zwischen 0.3 GHz und 300 GHz; ISO 21348 (2007) definiert MW als Wellenlängenbereich zwischen 1 mm und 15 mm.

NIR: ‚Nahes Infrarot', Spektralbereich der elektromagnetischen Strahlung. Wellenlängenbereich zwischen 760 nm und 1.4 μm nach ISO 21348 (2007).

NIST: ‚National Institute of Standards and Technology', Standorte Gaithersburg (MD) und Boulder (CO), USA. http://www.nist.gov/index.html.

PET: ‚Positron-Emissions-Tomografie', Nutzung der Positron-Elektron-Vernichtung in der medizinischen Diagnostik (siehe Abschn. 1.4.3 auf Seite 34).

PTB: ‚Physikalisch-Technische Bundesanstalt', das nationale Metrologie-Institut (Standorte Braunschweig und Berlin) mit wissenschaftlich-technischen Dienstleistungsaufgaben http://www.ptb.de/cms/dieptb.html.

QCD: ‚Quantenchromodynamik', die Theorie der starken Wechselwirkung (Farbkraft, Kernkraft), eine der vier fundamentalen Kräfte für Quarks und Gluonen, die Bestandteile aller Hadronen.

QED: ‚Quantenelektrodynamik', kombiniert die Quantentheorie mit der klassischen Elektrodynamik und der speziellen Relativitätstheorie und erlaubt eine vollständige Beschreibung der Licht-Materie-Wechselwirkung.

QMS: ‚Quadrupolmassenspektrometer', eine kurze Erklärung findet man in Abschn. 1.6.4 auf Seite 62.

RF: ‚Radiofrequenz', Spektralbereich der elektromagnetischen Strahlung. Frequenzbereich von 3 kHz bis zu 300 GHz oder Wellenlängen von 100 km bis 1 mm; ISO 21348 (2007) definiert RF als Wellenlängen von 100 m bis 0.1 mm; in der Spektroskopie meint man meist Frequenzen von 100 kHz bis zu einigen GHz.

SI: ‚Système international d'Unités', internationales System der Maßeinheiten (m, kg, s, A, K, mol, cd), Details findet man z. B. auf der Website des *Bureau International des Poids et Mesures* (BIPM) http://www.bipm.org/en/si/ oder bei der *Physikalisch-Technischen Bundesanstalt* (PTB) http://www.ptb.de/cms/fileadmin/internet/publikationen/ptb_mitteilungen/mitt2007/Heft2/PTB-Mitteilungen_2007_Heft_2.pdf.

SM: ‚Standardmodell', der Elementarteilchenphysik. Die Basis für unser heutiges Verständnis der Materie.

SR: ‚Synchrotronstrahlung', elektromagnetische Strahlung in einem breiten Spektralgebiet, die durch relativistische Elektronen auf gekrümmten Bahnen erzeugt wird.

THz: ‚Terahertz', Spektralbereich der elektromagnetischen Strahlung. Der Wellenlängenbereich überstreicht Teile des MW- und IR-Bereich.

TOF: ‚Flugzeit (engl. *Time of Flight*)', Spektrometer, bei denen durch Messung der Flugzeit die Geschwindigkeit geladener Teilchen bestimmt wird; daraus folgt deren Energie (sofern das Verhältnis Ladung zu Masse bekannt ist) oder alternativ ihr Verhältnis Masse zu Ladung (sofern die Energie bekannt ist).

UHF: ‚Ultrahochfrequenz', Teil des RF-Spektrums. Wellenlängen von 10 cm bis 1 m oder Frequenzen von 3 GHz bis 300 MHz nach ISO 21348 (2007).

UV: ‚Ultraviolett', Spektralbereich der elektromagnetischen Strahlung mit Wellenlängen zwischen 100 nm und 400 nm (nach ISO 21348, 2007).

UVA: ‚Ultraviolett A', Spektralbereich der elektromagnetischen Strahlung. Wellenlängenbereich zwischen 315 nm und 400 nm nach ISO 21348 (2007).

UVB: ‚Ultraviolett B‘, Spektralbereich der elektromagnetischen Strahlung. Wellenlängenbereich zwischen 280 nm und 315 nm nach ISO 21348 (2007).

UVC: ‚Ultraviolett C‘, Spektralbereich der elektromagnetischen Strahlung. Wellenlängenbereich zwischen 100 nm und 280 nm nach ISO 21348 (2007).

VHF: ‚sehr hohe Frequenz (engl. *very high frequency*)‘, Teil des RF-Spektrums. Wellenlängen von 1 m bis zu 10 m oder Frequenzen von 300 MHz bis 30 MHz nach ISO 21348 (2007).

VIS: ‚Sichtbar (engl. *Visible*)‘, Spektralbereich der elektromagnetischen Strahlung mit Wellenlängen zwischen 380 nm und 760 nm (nach ISO 21348, 2007).

VUV: ‚Vakuumultraviolett‘, Spektralbereich der elektromagnetischen Strahlung mit Wellenlängen zwischen 10 nm und 200 nm (nach ISO 21348, 2007).

WW: ‚Wechselwirkung‘.

XUV: ‚Weiche Röntgenstrahlung (manchmal auch extremes UV genannt)‘, Spektralbereich der elektromagnetischen Strahlung. Wellenlängenbereich zwischen 0.1 nm und 10 nm (nach ISO 21348, 2007), manchmal auch bis zu 40 nm.

Literatur

AKASAKI, I., H. AMANO und S. NAKAMURA: 2014. 'NOBEL-Preis in Physik: „for the invention of efficient blue light-emitting diodes which has enabled bright and energy-saving white light sources“', Stockholm: Nobel Media AB. http://www.nobelprize.org/nobel_prizes/physics/laureates/2014/, letzter Zugriff: 26. Jan. 2015.

ARNDT, M., O. NAIRZ, J. VOS-ANDREAE, C. KELLER, G. VAN DER ZOUW und A. ZEILINGER: 1999. 'Wave-particle duality of C_{60} molecules'. *Nature*, **401**, 680–682.

ASTM: 2008. 'G173-03 Reference Spectra Derived from SMARTS v. 2.9.2', American Society for Testing and Materials (ASTM). http://rredc.nrel.gov/solar/spectra/am1.5/ASTMG173/ASTMG173.html, letzter Zugriff: 7 Jan 2014.

BACH, R., D. POPE, S.-H. LIOU und H. BATELAAN: 2013. 'Controlled double-slit electron diffraction'. *New J. Phys.*, **15**, 033 018, Institute of Physics. http://iopscience.iop.org/1367-2630/15/3/033018, letzter Zugriff: 30.7.2015.

BOHR, N.: 1913. 'On the constitution of atoms and molecules'. *Philosophical Magazine, Sixth Series*, **26**, 1–25.

BOHR, N. H. D.: 1922. 'NOBEL-Preis in Physik: „for his services in the investigation of the structure of atoms and of the radiation emanating from them“', Stockholm. http://nobelprize.org/nobel_prizes/physics/laureates/1922/.

DE BROGLIE, L.: 1929. 'NOBEL-Preis in Physik: „for his discovery of the wave nature of electrons“', Stockholm. http://nobelprize.org/nobel_prizes/physics/laureates/1929/.

CERN: 2013. 'The search for the HIGGS boson', Geneva. http://home.web.cern.ch/about/physics/search-higgs-boson, letzter Zugriff: 8 Jan 2013.

CHANTLER, C. T., K. OLSEN, R. A. DRAGOSET, J. CHANG, A. R. KISHORE, S. A. KOTOCHIGOVA und D. S. ZUCKER: 2005. 'X-ray form factor, attenuation, and scattering tables (version 2.1)', NIST. http://physics.nist.gov/ffast, letzter Zugriff: 7 Jan 2014.

COMPTON, A. H.: 1927. 'NOBEL-Preis in Physik: „for his discovery of the effect named after him“', Stockholm. http://nobelprize.org/nobel_prizes/physics/laureates/1927/.

CORNELL, E. A., W. KETTERLE und C. E. WIEMAN: 2001. 'NOBEL-Preis in Physik: „for the achievement of bose-einstein condensation in dilute gases of alkali atoms, and for early fundamental studies of the properties of the condensates“', Stockholm. http://nobelprize.org/nobel_prizes/physics/laureates/2001/.

DEHMELT, H. G. und W. PAUL: 1989. 'NOBEL-Preis in Physik: „for the development of the ion trap technique“', Stockholm. http://nobelprize.org/nobel_prizes/physics/laureates/1989/.

DICKLYON: 2006. 'Luminosity function', Wikimedia Commons. http://commons.wikimedia.org/wiki/File:Luminosity.png, letzter Zugriff: 30. Jan. 2015.

DIMITROVA, T. L. und A. WEIS: 2008. 'The wave-particle duality of light: a demonstration experiment'. *Am. J. Phys.*, **76**, 137–142, American Physical Society. http://www.sps.ch/en/articles/progresses/wave-particle-duality-of-light-for-the-classroom-13/, letzter Zugriff: 30.7.2015.

EINSTEIN, A.: 1905. 'Über einen die Erzeugung und Verwandlung des Lichtes betreffenden heuristischen Gesichtspunkt'. *Ann. Phys.*, **17**, 132.

EINSTEIN, A.: 1921. 'NOBEL-Preis in Physik: „for his services to Theoretical Physics, and especially for his discovery of the law of the photoelectric effect"', Stockholm. http://nobelprize.org/nobel_prizes/physics/laureates/1921/.

ENGLERT, F. und P. W. HIGGS: 2013. 'NOBEL-Preis in Physik: „for the theoretical discovery of a mechanism that contributes to our understanding of the origin of mass of subatomic particles, and which recently was confirmed through the discovery of the predicted fundamental particle, by the ATLAS and CMS experiments at CERN's large hadron collider"', Stockholm. http://nobelprize.org/nobel_prizes/physics/laureates/2013/.

HONSBERG, C. und S. BOWDEN: 2012. 'PVCDROM – Air Mass', UNSW and Solar Power Labs at ASU, Australia. http://www.pveducation.org/pvcdrom/properties-of-sunlight/air-mass, letzter Zugriff: 7 Jan 2014.

ISO 21348: 2007. 'Space environment (natural and artificial) – Process for determining solar irradiances'. Genf, Schweiz: Internationale Organisation für Normung.

JACQUES, V., E. WU, T. TOURY, F. TREUSSART, A. ASPECT, P. GRANGIER und J.-F. ROCH: 2006. 'Interférences à un photon avec un biprisme de FRESNEL'. *J. Phys. IV France*, **135**, 197–198.

KOPP, G. und J. L. LEAN: 2011. 'A new, lower value of total solar irradiance: evidence and climate significance'. *Geophysical Research Letters*, **38**, L01 706.

MAMYRIN, B. A.: 1994. 'Laser-assisted reflectron time-of-flight mass-spectrometry'. *Int. J. Mass Spectrom. Ion Processes*, **131**, 1–19.

MATHER, J. C. und G. F. SMOOT: 2006. 'The NOBEL-Preis in Physik: „for their discovery of the blackbody form and anisotropy of the cosmic microwave background radiation"', Stockholm: Nobel Media AB. http://nobelprize.org/nobel_prizes/physics/laureates/2006/.

MOHR, P. J., D. B. NEWELL und B. N. TAYLOR: 2015. 'CODATA Recommended Values of the Fundamental Physical Constants: 2014'. arXiv:1507.07956 [physics.atom-ph], 1–11. http://arxiv.org/abs/1507.07956, letzter Zugriff: 10. Jan. 2016.

MOHR, P. J., B. N. TAYLOR und D. B. NEWELL: 2012. 'CODATA recommended values of the fundamental physical constants: 2010'. *Rev. Mod. Phys.*, **2013**, 1527–1605. http://physics.nist.gov/constants, letzter Zugriff: 8 Jan 2014.

MUELLER, U., F. H. NIESEN, Y. ROSKE, F. GOETZ, J. BEHLKE, K. BUESSOW und U. HEINEMANN: 2007. 'Crystal structure of human prolidase: the molecular basis of PD disease', Hinxton, UK: PDB entry 2okn. The European Molecular Biology Laboratory (EMBL-EBI). http://www.ebi.ac.uk/pdbe-srv/view/entry/2okn/summary.html, letzter Zugriff: 7 Jan 2014.

MURPHY JR., T. W.: 2013. 'Maximum Spectral Luminous Efficacy of White Light'. *arXiv:1309.7039v1 [physics-optics]*. http://arxiv.org/abs/1309.7039v1.

NIST: 2014a. 'Conversion factors for energy equivalents', NIST. http://physics.nist.gov/cuu/Constants/energy.html, letzter Zugriff: 14. 1. 2016.

NIST: 2014b. 'The 2014 CODATA Recommended Values of the Fundamental Physical Constants', Gaithersburg, MD 20899: NIST, National Institute of Standards and Technology. http://physics.nist.gov/cuu/Constants/, letzter Zugriff: 14.5.2016.

OHNO, Y.: 2010. 'Radiometry and photometry for vision optics'. In: M. Bass, Hrsg., 'Handbook of Optics', Bd. II, 37.1. New York: McGraw-Hill.

PAULI, W.: 1945. 'NOBEL-Preis in Physik: „for the discovery of the exclusion principle, also called the pauli principle"', Stockholm. http://nobelprize.org/nobel_prizes/physics/laureates/1945/.

PLANCK, M.: 1900. 'Zur Theorie des Gesetzes der Energieverteilung im Normalenspektrum'. *Verh. Deutsche Phys. Ges.*, **2**, 235–245.

PLANCK, M. K. E. L.: 1918. 'NOBEL-Preis in Physik:' in recognition of the services he rendered to the advancement of physics by his discovery of energy quanta"', Stockholm. http://www.nobelprize.org/nobel_prizes/physics/laureates/1918/.

PLANCK COLLABORATION: 2014. 'Planck 2013 results. I. Overview of products and scientific results'. *Astronomy & Astrophysics*, **571**, A1.

ROCH, J.-F., F. TREUSSART und P. GRANGIER: 2015. 'Single photon interference with a fresnel biprism', Paris. http://www.physique.ens-cachan.fr/old/franges_photon/interference.htm, letzter Zugriff: 30.7.2015.

SCHÖLLKOPF, W. und J. P. TOENNIES: 1996. 'The nondestructive detection of the helium dimer and trimer'. *J. Chem. Phys.*, **104**, 1155–1158.

SORCE: 2012. 'SORCE Solar Spectral Irradiance', Boulder, Col.: Laboratory for Atmospheric and Space Physics, University of Colorado and NASA. http://lasp.colorado.edu/lisird/sorce/sorce_ssi/, letzter Zugriff: 7 Jan 2014.

SSE: 2012. 'Solar System Exploration – Our Solar System', NASA. http://solarsystem.nasa.gov/planets/profile.cfm?Display=Facts&Object=Sun, letzter Zugriff: 7 Jan 2014.

STERN, O.: 1921. 'Ein Weg zur experimentellen Prüfung der Richtungsquantelung im Magnetfeld'. *Zeitschrift f. Physik*, **VII**, 249–253 Nachdruck: Z. Phys. D –Atoms, Molecules and Clusters 10, 111–116 , 1988.

STERN, O.: 1943. 'NOBEL-Preis in Physik: „for his contribution to the development of the molecular ray method and his discovery of the magnetic moment of the proton"', Stockholm. http://nobelprize.org/nobel_prizes/physics/laureates/1943/.

TAYLOR, G. I.: 1909. 'Interference fringes with feeble light'. *Proc. Camb. Phil. Soc.*, **15**, 114–115.

TOMONAGA, S.-I., J. SCHWINGER und R. P. FEYNMAN: 1965. 'NOBEL-Preis in Physik:' „'for fundamental work in quantum electrodynamics, with deep-ploughing consequences for the physics of elementary particles"', Stockholm. http://nobelprize.org/nobel_prizes/physics/laureates/1965/.

TONOMURA, A., J. ENDO, T. MATSUDA, T. KAWASAKI und H. EZAWA: 1989. 'Demonstration of single-electron buildup of an interference pattern'. *American Journal of Physics*, **57**, 117–120.

VON GOETHE, J. W.: 1808. *Faust: Der Tragödie Erster Teil*. Drama. Tübingen.

WIKIPEDIA CONTRIBUTORS: 2013. 'Mathieu function', Wikipedia, The Free Encyclopedia. http://en.wikipedia.org/wiki/Mathieu_function, letzter Zugriff: 7 Jan 2014.

WILEY, W. C. und I. H. MCLAREN: 1955. 'Time-of-flight mass spectrometer with improved resolution'. *Rev. Sci. Instrum.*, **26**, 1150–1157.

Elemente der Quantenmechanik und das H-Atom

2

Die Quantenmechanik stellt uns die Werkzeuge für das quantitative Verständnis der Atome und Moleküle zur Verfügung. Die Leser sollten zumindest mit ihren Grundzügen vertraut sein. Hier wiederholen wir die wichtigsten Begriffe und Methoden, sodass wir in den folgenden Kapiteln direkt damit arbeiten können.

Überblick

Dem bereits mit der Quantenmechanik Vertrauten soll dieses Kapitel eine kurze Wiederholung bieten, die er rasch überfliegen und bei Gelegenheit wieder aufgreifen kann. Wer Quantenmechanik bislang aber eher als mathematische Pflichtübung verstanden hat, der wird das Kapitel vielleicht mit Gewinn lesen und sich so dem unverzichtbaren Instrumentarium nähern, ohne allzu große formale Hürden überwinden zu müssen. In den Abschn. 2.1–2.3 stellen wir ein Minimum an Formalismus zusammen. Abschnitt 2.4 behandelt Teilchen im Kastenpotenzial und als konkretes Beispiel das freie Elektronengas, ein erstes, elementares Modell, das man kennen muss. Abschnitt 2.5 fasst die in allen folgenden Kapiteln gebrauchten Grundlagen für die Behandlung von Bahndrehimpulsen zusammen, Abschn. 2.5.4 ergänzt dies für den Spin. Abschnitt 2.6 ist eine Art ‚Schnellkurs' zur nichtrelativistischen Behandlung des H-Atoms, den man für das Verständnis aller folgenden Kapitel ebenfalls verinnerlichen sollte. Auf formale Ableitungen wird dabei zugunsten anschaulicher Modelle und Bilder verzichtet. Abschnitt 2.7 bietet einen ersten, elementaren Zugang zur Wechselwirkung der Atomelektronen mit einem externen Feld, der in Kap. 8 zu vertiefen sein wird. Schließlich macht Abschn. 2.8, aufbauend auf Abschn. 2.4.3, einen kleinen Abstecher in das Grenzgebiet zur Festkörperphysik. Natürlich ersetzt diese Einführung in die Quantenmechanik nicht deren gründliches Studium, sollte aber den Einstieg erleichtern.

I.V. Hertel und C.-P. Schulz, *Atome, Moleküle und optische Physik 1*,
Springer-Lehrbuch, DOI 10.1007/978-3-662-53104-4_2

2.1 Materiewellen

2.1.1 Grenzen der klassischen Theorie

Das klassische Bild einer wohldefinierten Trajektorie mit definierten $x(t)$ und $p(t)$ verliert in der Quantenmechanik seine Gültigkeit, wie im Phasendiagramm Abb. 2.1 skizziert.

Ort und Impuls sind nicht gleichzeitig messbar und können nur mit einer Genauigkeit im Rahmen der Unschärferelation $\Delta p_i \Delta x_i \geq h/2\pi$ bzw. $\Delta W \Delta t \geq h/2\pi$ bestimmt werden (siehe Abschn. 1.8.3). Die Quantenmechanik macht lediglich Aussagen über die Wahrscheinlichkeitsamplitude $\Psi(\boldsymbol{r}, t)$, die ein *sog. Wellenpaket* definiert. *Man findet ein Teilchen am Ort* $\boldsymbol{r}$ *zur Zeit* t mit *der Wahrscheinlichkeit*

$$w(\boldsymbol{r}, t) = |\Psi(\boldsymbol{r}, t)|^2 . \tag{2.1}$$

Dies ist die Kernhypothese der statistischen Deutung der Quantenmechanik, wie sie von Max BORN (1927) in den frühen Tagen der Quantenmechanik formuliert wurde, und wofür er 1954 den NOBEL-Preis erhielt. Verfolgt man die quantenmechanische Entwicklung eines zur Zeit $t = 0$ durch $\Delta p_i(0)\Delta x_i(0)$ bestimmten Wellenpaketes, so ergibt sich für größere Zeiten t stets $\Delta p_i(t)\Delta x_i(t) > \Delta p_i(0)\Delta x_i(0)$. Das Wellenpaket läuft also auseinander, wie in Abb. 2.1 angedeutet.

2.1.2 Wahrscheinlichkeitsamplitude in der Optik

Am Beispiel von Photonen beim Doppelspaltexperiment kann man den Begriff der Wahrscheinlichkeitsamplitude einfach veranschaulichen. Die Wahrscheinlichkeit, ein Photon am Ort $\boldsymbol{r}$ zum Zeitpunkt t zu finden, ist proportional zur Intensität $I(\boldsymbol{r}, t)$ des Lichtes, und jene ist proportional zum Betragsquadrat der Feldamplitude. Betrachten wir davon nur eine Polarisationskomponente, sagen wir E_x, so können wir deren Ortsabhängigkeit auch als

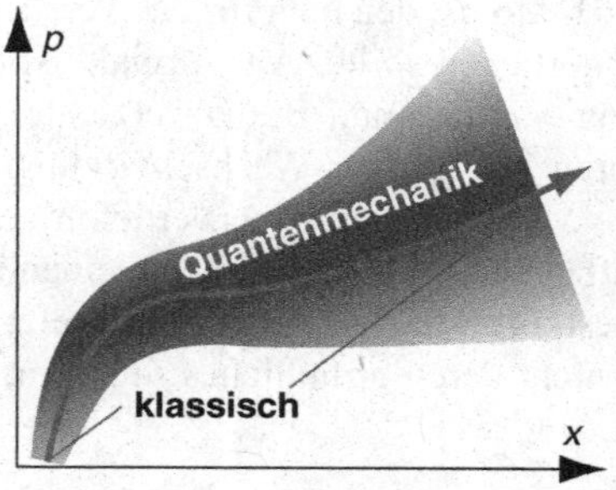

Abb. 2.1 Klassische Trajektorie *(online rot)* und quantenmechanische Wahrscheinlichkeit (grau schattiert) im Phasenraum. Beachte: auch am Anfang der quantenmechanischen ‚Trajektorie' sind Ort und Impuls nicht genau bestimmt – entsprechend der Unschärferelation

$$I(\boldsymbol{r}) \propto |E_x(\boldsymbol{r})|^2 = |\psi(\boldsymbol{r})|^2 = w(\boldsymbol{r})$$

schreiben. Die letzten beiden Schritte der Gleichung sollen uns das Eingewöhnen in die Terminologie der Quantenmechanik erleichtern: Wir nennen die Größe $\psi(\boldsymbol{r})$ nun eine ortsabhängige *Wahrscheinlichkeitsamplitude* (die im Falle des Lichts einfach durch die Feldkomponente E_x repräsentiert wird). Man bestimmt sie nach den Gesetzen der Optik durch Lösung der entsprechenden *Wellengleichung*

$$\Delta\psi(\boldsymbol{r}) + k^2\psi(\boldsymbol{r}) = 0 \tag{2.2}$$

zu den gegebenen Randbedingungen, mit $\Delta = \partial^2/\partial x^2 + \partial^2/\partial y^2 + \partial^2/\partial z^2$. Für optische Anordnungen haben sich dabei vielerlei Näherungen entwickelt, wie das HUYGENS-FRESNEL'sche Prinzip oder die KIRCHHOFF'sche Beugungstheorie. Die Wellengleichung ist eine lineare, partielle *Differenzialgleichung* (PDGL), die das lineare Superpositionsprinzip zur Beschreibung der Interferenz der Wellen ermöglicht. Für die Beugung an zwei Spalten gilt also

$$\psi(\boldsymbol{r}) = \psi_1(\boldsymbol{r}) + \psi_2(\boldsymbol{r}), \tag{2.3}$$

wenn $\psi_{1,2}$ jeweils die Welle vom einen und vom anderen Spalt beschreibt. Damit ergibt sich für die Wahrscheinlichkeit, ein Photon am Beobachtungsort zu finden:

$$w = |\psi(\boldsymbol{r})|^2 = |\psi_1(\boldsymbol{r}) + \psi_2(\boldsymbol{r})|^2 = |\psi_1|^2 + |\psi_2|^2 + 2\,\mathrm{Re}\left(\psi_1^*\psi_2\right) \tag{2.4}$$

Dieser Ausdruck enthält den Interferenzterm $\psi_1^*\psi_2$ und ist nicht einfach eine Superposition von Wahrscheinlichkeiten.

Wir können diesen Ausdruck also als alternative Interpretation des klassischen YOUNG'schen Doppelspaltexperiments durch quantenmechanische Wahrscheinlichkeiten für die Registrierung von Photonen ansehen.

Nun kann man auch in einem realen Experiment die Intensität des untersuchten Lichts so weit reduzieren, dass sich stets nur ein einzelnes Photon in der Nähe des Doppelspalts befindet und zum Beugungsbild beiträgt. Dies ist mit einem Teilchenzähler eindrucksvoll nachweisbar und man hört gewissermaßen ‚die einzelnen Photonen klicken'.[1] Wenn man dann aber hinreichend viele solche Ereignisse aufaddiert, ergibt sich – ganz entgegen der Intuition – wieder das Beugungsbild der klassischen Optik! Die Wahrscheinlichkeitsverteilung *jedes einzelnen Photons* wird also hinter dem Doppelspalt von der Welle $\psi = \psi_1 + \psi_2$ bestimmt und man kann nicht sagen, durch welchen Spalt das Photon gelaufen ist (siehe Abb. 1.31b auf Seite 75). Man sagt auch, *ein Photon interferiert immer nur mit sich selbst*. Wir werden diese Aussage in Band 2 noch ausführlicher diskutieren und statistisch quantifizieren.

---

[1] Für Experten: Mit einiger intellektueller und experimenteller Anstrengung kann man wirklich sicherstellen, dass stets tatsächlich maximal *nur ein Photon* den Doppelspalt erreicht (vgl. z. B. den Übersichtsartikel zu *Einzelphotonenquellen von* EISAMAN *et al.* 2011). Für die gegenwärtige Diskussion wollen wir aber zufrieden sein, wenn der mittlere zeitliche Abstand zweier Interferenzereignisse t_{av} (registrierter Photonen) groß ist gegen die Kohärenzzeit $\tau_c = 1/\Delta\omega \ll t_{\mathrm{av}}$ der Photonenquelle mit der Bandbreite $\Delta\omega$ der Quelle.

2.1.3 Wahrscheinlichkeitsamplitude bei Materiewellen

Betrachten wir jetzt die bereits in Abschn. 1.8.1 eingeführten Materiewellen. Den von Louis-Victor DE BROGLIE festgestellten Zusammenhang zwischen Impuls und Wellenlänge $\boldsymbol{p} = \hbar \boldsymbol{k}$ bzw. $p = h/\lambda$ (NOBEL-Preis in Physik 1929) und entsprechende Beugungsphänomene haben wir dort bereits kennengelernt. Auch für Materiewellen schreiben wir die Wahrscheinlichkeitsamplitude als $\psi(\boldsymbol{r})$ und die Wahrscheinlichkeit, ein Teilchen bei $\boldsymbol{r}$ und t im Volumenelement $\mathrm{d}^3\boldsymbol{r}$ zu finden, ist wieder

$$\mathrm{d}w(\boldsymbol{r}) = w(\boldsymbol{r})\mathrm{d}^3\boldsymbol{r} = |\psi(\boldsymbol{r})|^2\mathrm{d}^3\boldsymbol{r}. \tag{2.5}$$

Auch hier gibt es, wie in der Optik, Interferenzen z. B. am Doppelspalt, wo (2.4) gilt.

Im Gegensatz zur elektromagnetischen Strahlung, wo wir ψ mit der elektrischen oder magnetischen Feldstärke identifizieren können, hat $\psi(\boldsymbol{r})$ bei Materiewellen allerdings keine anschauliche direkte Bedeutung. Wir sprechen hier einfach von der *Wahrscheinlichkeitsamplitude,* ein Teilchen zu finden. Die beobachtbare Physik wird durch $w(\boldsymbol{r})$ beschrieben.

Ansonsten gelten für Photonen und für Materieteilchen analoge Überlegungen: Wenn wir versuchen, diese Objekte auf einem der Teilwege zu verfolgen, verlieren wir die Interferenz! Es gilt die *wichtige allgemeine Regel:* Interferenzphänomene werden beobachtet, wenn verschiedene Wege (also verschiedene Beiträge der vollen Materiewellenfunktion) im Prinzip ununterscheidbar sind. Dagegen gibt es keine Interferenz, wenn zwei Wege unterschieden werden können (und sei dies auch nur prinzipiell der Fall).

Was haben wir in Abschnitt 2.1 gelernt?

- In der klassischen Mechanik beschreiben wohldefinierte Trajektorien im Orts- $\boldsymbol{r}(t)$ und Impulsraum $\boldsymbol{p}(t)$ die Bewegung von Teilchen. Im Gegensatz dazu beschreibt die Quantenmechanik Wahrscheinlichkeitsamplituden $\psi(\boldsymbol{r})$ und Wahrscheinlichkeiten $\mathrm{d}w(\boldsymbol{r}) = |\psi(\boldsymbol{r})|^2\,\mathrm{d}^3\boldsymbol{r}$ dafür, ein Teilchen an einem bestimmten Ort $\boldsymbol{r}$ in einem Volumenelement $\mathrm{d}^3\boldsymbol{r}$ zu finden (oder analog auch für den Impuls $w(\boldsymbol{p})$).
- Beugung und Interferenz von Materiewellen können mit Konzepten beschrieben werden, die analog zu denen in der Wellenoptik sind. Der große Unterschied ist, dass die ‚Wahrscheinlichkeitsamplitude' dort eine direkt messbare Größe ist (elektrisches oder magnetisches Feld), während $\psi(\boldsymbol{r})$ für Materiewellen nicht direkt gemessen werden kann – nur die Wahrscheinlichkeiten $|\psi(\boldsymbol{r})|^2$ machen eine Aussage über die reale Welt.

2.2 SCHRÖDINGER-Gleichung

2.2.1 Eine Wellengleichung

Im Unterschied zu den Photonen kann auf Teilchen natürlich eine externe Kraft wirken. Für Teilchen der Masse m mit der Gesamtenergie W im Potenzialfeld $V(\boldsymbol{r})$ errät man aus der Wellengleichung (2.2), was zu tun ist: Wir benutzen einfach den (nichtrelativistischen!) Energiesatz der klassischen Mechanik $W = W_{\text{kin}} + V$, um aus der kinetischen Energie W_{kin} den Impuls zu bestimmen:

$$p^2 = 2mW_{\text{kin}} = 2m\,(W - V(\boldsymbol{r}))$$

W ist nun eine Konstante der Bewegung und so können wir aus diesem Ausdruck mit (1.136) den absoluten Wert des Wellenvektors $k = p/\hbar$ ermitteln und in die Wellengleichung (2.2) einsetzen:

$$\Delta\psi(\boldsymbol{r}) + \frac{p^2}{\hbar^2}\psi(\boldsymbol{r}) = \Delta\psi(\boldsymbol{r}) + \frac{2m\,(W - V(\boldsymbol{r}))}{\hbar^2}\psi(\boldsymbol{r}) = 0.$$

Diese simple ‚Ableitung' führt also zur (zeitunabhängigen) *stationären* SCHRÖDINGER-*Gleichung*

$$-\frac{\hbar^2}{2m}\Delta\psi(\boldsymbol{r}) + V(\boldsymbol{r})\,\psi(\boldsymbol{r}) = W\psi(\boldsymbol{r}), \tag{2.6}$$

oder etwas kompakter:

$$\widehat{H}\psi(\boldsymbol{r}) = W\psi(\boldsymbol{r}) \tag{2.7}$$

mit dem Operator der Gesamtenergie, dem sog. HAMILTON-*Operator*

$$\widehat{H} = -\frac{\hbar^2}{2m}\Delta + V(\boldsymbol{r})\,. \tag{2.8}$$

Im eindimensionalen Fall vereinfacht sich die SCHRÖDINGER-Gleichung zu:

$$-\frac{\hbar^2}{2m}\frac{\mathrm{d}^2\psi(x)}{\mathrm{d}x^2} + V(x)\,\psi(x) = W\psi(x) \tag{2.9}$$

2.2.2 HAMILTON- und Impulsoperator

Wir können den HAMILTON-Operator (2.8) noch etwas suggestiver

$$\widehat{H} = -\frac{\hbar^2}{2m}\nabla^2 + V(\boldsymbol{r}) = \frac{\widehat{\boldsymbol{p}}^2}{2m} + V(\boldsymbol{r}) \tag{2.10}$$

schreiben. Dabei haben wir ganz formal den *Impulsoperator*

$$\widehat{\boldsymbol{p}} = -\mathrm{i}\hbar\boldsymbol{\nabla} = -\mathrm{i}\hbar \begin{pmatrix} \frac{\partial}{\partial x} \\ \frac{\partial}{\partial y} \\ \frac{\partial}{\partial z} \end{pmatrix} \tag{2.11}$$

als Vektoroperator so eingeführt, dass

$$\widehat{\boldsymbol{p}}^2 = \widehat{\boldsymbol{p}} \cdot \widehat{\boldsymbol{p}} = -\hbar^2 \boldsymbol{\nabla}^2 = -\hbar^2 \Delta = -\hbar^2 \left(\frac{\partial^2}{\partial x^2} + \frac{\partial^2}{\partial y^2} + \frac{\partial^2}{\partial z^2} \right) \tag{2.12}$$

wird. Damit können wir (2.8) bzw. (2.10) auch als *Operatorform des klassischen Energieerhaltungssatzes* verstehen:

$$W = W_{\mathrm{kin}} + V = \frac{p^2}{2m} + V(\boldsymbol{r})$$

2.2.3 Zeitabhängige SCHRÖDINGER-Gleichung

Soweit haben wir nur die Ortsabhängigkeit der Wahrscheinlichkeitswellen betrachtet. Natürlich ist ihre Zeitabhängigkeit ebenfalls von höchstem Interesse. Die elektromagnetischen Wellen der Photonen werden nach der allgemeinen, zeitabhängigen Wellengleichung berechnet – also mithilfe einer aus den MAXWELL-Gleichungen abgeleiteten PDGL zweiter Ordnung in Raum und Zeit. Für Materiewellen gilt dagegen die *zeitabhängige* SCHRÖDINGER-*Gleichung*

$$\widehat{H}\Psi(\boldsymbol{r},t) = \mathrm{i}\hbar\frac{\partial\Psi(\boldsymbol{r},t)}{\partial t} \quad \text{bzw. explizit} \tag{2.13}$$

$$-\frac{\hbar^2}{2m}\Delta\Psi(\boldsymbol{r},t) + V(\boldsymbol{r})\Psi(\boldsymbol{r},t) = \mathrm{i}\hbar\frac{\partial\Psi(\boldsymbol{r},t)}{\partial t},$$

die wir nicht ableiten, sondern nur so kommunizieren können, wie sie von Erwin SCHRÖDINGER Anfang 1926 ‚gefunden' wurde – übrigens beim Winterurlaub in den Schweizer Bergen, wofür er 1933 (zusammen mit Paul DIRAC) den Nobelpreis in Physik erhielt. *Wir notieren einige Charakteristika:*

- Dies ist eine lineare, partielle PDGL zweiter Ordnung im Raum, erster Ordnung und komplex in der Zeit!
- Das lineare Superpositionsprinzip kann also angewendet werden.
- Die statistische Deutung der Quantenmechanik (BORN 1927) interpretiert die Lösungen $\Psi(\boldsymbol{r},t)$ dieser PDGL zu gegebenen Randbedingungen entsprechend der fundamentalen Gl. (2.1) als Wahrscheinlichkeitsamplitude für das Auffinden eines Teilchens am Ort $\boldsymbol{r}$ zur Zeit t.

- Diese zeitabhängige SCHRÖDINGER-Gleichung kann noch weniger ‚abgeleitet' werden, als die stationäre SCHRÖDINGER-Gleichung. Auch eine strenge, formale Quantenmechanik kann sie nur auf einen ebenfalls heuristischen, in sich konsistenten Satz von Axiomen zurückführen.
- Die SCHRÖDINGER-Gleichung hat sich aber bei der Beschreibung einer Vielzahl atomistischer, experimentell beobachteter Phänomene im nichtrelativistischen Bereich hervorragend bewährt. Dies allein ist es, was den ‚Wahrheitsgehalt' einer physikalischen Theorie ausmacht.
- Es gibt konsistente Alternativen für die Wellengleichung der Materie, so die DIRAC-Gleichung für (relativistische) Fermionen (eine mehrkomponentige Spinorgleichung) und die KLEIN-GORDON-Gleichung für relativistische Bosonen (PDGL zweiter Ordnung in der Zeit).

Für den *trivialen* Fall eines nicht explizit zeitabhängigen HAMILTON-Operators $\widehat{H}(\boldsymbol{r},t) = \widehat{H}(\boldsymbol{r})$ können wir die Wellenfunktion mit einem *Produktansatz faktorisieren:*

$$\Psi(\boldsymbol{r},t) = \psi(\boldsymbol{r})\varphi(t) \tag{2.14}$$

$$\widehat{H}\Psi(\boldsymbol{r},t) = \mathrm{i}\hbar\frac{\partial\Psi(\boldsymbol{r},t)}{\partial t} \Rightarrow \widehat{H}\psi(\boldsymbol{r})\varphi(t) = \mathrm{i}\hbar\frac{\partial\psi(\boldsymbol{r})\varphi(t)}{\partial t}$$

$$\frac{\widehat{H}\psi(\boldsymbol{r})}{\psi(\boldsymbol{r})} = \frac{\mathrm{i}\hbar}{\varphi(t)}\frac{\partial\varphi(t)}{\partial t} \equiv W$$

Letztere Identität muss gelten (für konstantes W, das es zu bestimmen gilt), um die vorangehende für alle Werte von $\boldsymbol{r}$ und t erfüllen zu können. Zu lösen haben wir dann $\mathrm{i}\hbar\mathrm{d}\varphi(t)/\mathrm{d}t = W\varphi(t)$ und $\widehat{H}\psi(\boldsymbol{r}) = W\psi(\boldsymbol{r})$. Während die Zeitabhängigkeit in diesem Fall die triviale Lösung

$$\varphi(t) \propto \exp\left(-\mathrm{i}\frac{W}{\hbar}t\right) \tag{2.15}$$

hat, bestimmt man den ortsabhängigen Teil $\psi(\boldsymbol{r})$ aus der stationären SCHRÖDINGER-Gleichung (2.7), die abhängig vom Potenzial gelöst werden muss. Der dabei eingeführte Parameter W ist also die Gesamtenergie des Systems. Somit wird:

$$\Psi(\boldsymbol{r},t) = \psi(\boldsymbol{r})\exp\left(-\mathrm{i}\frac{W}{\hbar}t\right) \tag{2.16}$$

Man beachte: Die Zeitabhängigkeit ist *echt komplex* und die imaginäre Einheit als Vorfaktor i ist notwendig zur Lösung! Im vorliegenden Fall ($\widehat{H} \neq \widehat{H}(t)$) ist die Zeitabhängigkeit allerdings trivial, da nur

$$w(\boldsymbol{r},t) = |\Psi(\boldsymbol{r},t)|^2 = |\psi(\boldsymbol{r})|^2 \tag{2.17}$$

messbar ist. Eine Messung kann also in diesem Fall nur etwas über die stationären Zustände aussagen!

2.2.4 Frei bewegtes Teilchen – das einfachste Beispiel

Als einfachstes Beispiel betrachten wir ein freies Teilchen der Masse m mit der Energie W und dem Impuls $\boldsymbol{p}$. Die stationäre SCHRÖDINGER-Gleichung (2.6) dafür ist

$$-\frac{\hbar^2}{2m}\Delta\psi(\boldsymbol{r}) = W\psi(\boldsymbol{r}) \quad \text{mit der Lösung} \quad \psi(\boldsymbol{r}) = C \cdot \exp\left(-\mathrm{i}\boldsymbol{kr}\right). \tag{2.18}$$

Wie man durch Einsetzen verifiziert, gilt mit dem Wellenvektor $\boldsymbol{k} = \boldsymbol{p}/\hbar$ für die Energie $W = \hbar^2 k^2/(2m) = p^2/(2m) = W_{\text{kin}}$. Mit (2.16) wird die Wahrscheinlichkeitsamplitude dieses freien Teilchens eine ebene Welle:

$$\begin{aligned}\Psi(\boldsymbol{r},t) &= C \cdot \exp\left[\mathrm{i}\left(\omega t - \boldsymbol{kr}\right)\right] = C \cdot \exp\left[\mathrm{i}\left(\frac{\hbar k^2}{2m}t - \boldsymbol{kr}\right)\right] \\ &= C \cdot \exp\left[\mathrm{i}\left(\frac{W}{\hbar}t - \frac{\boldsymbol{pr}}{\hbar}\right)\right]\end{aligned} \tag{2.19}$$

Wir notieren hier die *Dispersionsrelation der freien Teilchenwelle*[2]

$$W(k) = \hbar\omega(k) = \frac{p^2}{2m} = \frac{\hbar^2}{2m}k^2. \tag{2.20}$$

Beachte: Die Wahrscheinlichkeit, dieses Teilchen zu finden, $w(\boldsymbol{r},t) = |\Psi(\boldsymbol{r},t)|^2 = |C|^2$, ist unabhängig von Raum und Zeit – wie man es für eine unendlich ausgedehnte ebene Welle erwartet. Das heißt, ein Teilchen mit wohldefiniertem Impuls kann überhaupt nicht lokalisiert werden – wie es die Unschärferelation (1.141) konstatiert.

Was haben wir in Abschnitt 2.2 gelernt?

- Die stationäre SCHRÖDINGER-Gleichung (2.6) kann erraten werden durch Kombination der klassischen Wellengleichung mit einer freien Interpretation der DE BROGLIE-Wellenlänge in einem konservativen Potenzial. Sie wird bestätigt durch hervorragende Übereinstimmung ihrer Ergebnisse mit experimentell beobachteten Daten in der submikroskopischen Welt bei nichtrelativistischen Energien.
- In kompaktester Form lautet sie $\widehat{H}\psi = W\psi$, wo der HAMILTON-Operator (2.10) – im englischen auch ‚Hamiltonian' – in voller Analogie zu seinem klassischen Gegenstück konstruiert wird: Dabei ist lediglich der Impuls durch den quantenmechanischen Impulsoperator $\widehat{\boldsymbol{p}} = -\mathrm{i}\hbar\boldsymbol{\nabla}$ zu ersetzen.

[2] Allerdings ist die hier mit $W = \hbar\omega$ eingeführte Kreisfrequenz ω nicht als Beschreibung der zeitlichen Veränderung einer messbaren Größe zu verstehen; so verschiebt eine andere Festlegung des Energienullpunktes ω entsprechend: Nur die Wahrscheinlichkeiten, nicht die Amplituden der Materiewelle beschreiben die Realität.

- Die zeitabhängige Wellenfunktion wird durch die zeitabhängige SCHRÖDINGER-Gleichung (2.13) beschrieben. Im einfachsten Fall ist der HAMILTON-Operator selbst nicht zeitabhängig. Stationäre Lösungen sind dann ein Produkt von Lösungen $\psi(\boldsymbol{r})$ der stationären Gl. (2.6) und einer einfachen Exponentialfunktion $\propto \exp(-\mathrm{i}(W/\hbar)t)$.
- Die einfachste Lösung der zeitabhängigen SCHRÖDINGER-Gleichung ist eine ebene Welle $\exp[-\mathrm{i}((W/\hbar)t - \boldsymbol{kr})]$, mit der Energie $W = \hbar k^2/(2m)$.

2.3 Axiome und Begriffe der Quantenmechanik

2.3.1 Grundbegriffe

Hier fassen wir kurz die etwas abstrakten, aber recht simplen und später häufig gebrauchten Grundregeln der Quantenmechanik zusammen.

Quantenzustände und Wellenfunktionen
Zustände von Quantensystemen (in der Welt, in der Atomphysik ...) werden durch *Zustandsvektoren* beschrieben, für die wir hier die *‚bra‘* und *‚ket‘* Notation nach DIRAC einführen, $\langle\psi|$ bzw. $|\psi\rangle$. Typischerweise werden Zustände durch *Basiszustände* (oder Basisvektoren) dargestellt, nennen wir sie hier $|f_1\rangle$, $|f_2\rangle$, $|f_3\rangle$, ... $|f_n\rangle$ .... Wir sprechen von einer *vollständigen Basis,* wenn sich jeder Zustand $|\psi\rangle$ eines Systems durch

$$|\psi\rangle = \sum_{i=1}^{\infty} c_i \, |f_i\rangle \qquad \text{oder alternativ durch} \qquad \langle\psi| = \sum_{i=1}^{\infty} c_i^* \, \langle f_i| \tag{2.21}$$

beschreiben lässt. *Man beachte:* Die Summe schließt im Prinzip alle gebundenen (diskrete Energien) und ungebundenen (Kontinuum) Basiszustände des Systems ein.

Man definiert ein *Skalarprodukt* $\langle\psi\,|\phi\rangle$ *zweier Zustandsvektoren* $|\psi\rangle$ und $|\phi\rangle$ und spricht von einer *orthonormalen Basis,* wenn

$$\langle f_i \,| f_k\rangle = \delta_{ik}. \tag{2.22}$$

Damit wird die Projektion des Zustands $|\psi\rangle$ auf den Basisvektor $|f_k\rangle$

$$\langle f_k|\psi\rangle = \sum_{i=1}^{\infty} c_i \langle f_k|f_i\rangle = c_k. \tag{2.23}$$

Wellenfunktionen, die am häufigsten benutzte Repräsentation von Zuständen, erhält man formal durch Entwicklung von $|\psi\rangle$ in eine kontinuierliche ‚Ortsbasis‘ $\{|\boldsymbol{r}\rangle\}$ wobei $\boldsymbol{r}$ sich über alle Punkte im 3D-Ortsraum erstreckt. Wir schreiben (2.21) als *ket*

$$|\psi\rangle = \iiint \mathrm{d}^3\boldsymbol{r}'\psi(\boldsymbol{r}')|\boldsymbol{r}'\rangle \quad \text{oder als } bra \quad \langle\psi| = \iiint \mathrm{d}^3\boldsymbol{r}'\psi^*(\boldsymbol{r}')\langle\boldsymbol{r}'|. \tag{2.24}$$

Per Definition gilt für die Basiszustände des Ortsraums, in Analogie zu (2.22), die Orthonormalitätsrelation

$$\langle \boldsymbol{r} | \boldsymbol{r}' \rangle = \delta(\boldsymbol{r} - \boldsymbol{r}'), \tag{2.25}$$

und mit (2.24) erhalten wir als *Definition einer Wellenfunktion im Ortsraum*

$$\langle \boldsymbol{r} | \psi \rangle = \langle \psi | \boldsymbol{r} \rangle^* = \iiint \mathrm{d}^3 \boldsymbol{r}' \psi(\boldsymbol{r}') \langle \boldsymbol{r} | \boldsymbol{r}' \rangle = \psi(\boldsymbol{r}) \tag{2.26}$$

und $\psi^*(\boldsymbol{r}) = \langle \psi | \boldsymbol{r} \rangle$. In der Praxis werden Wellenfunktionen durch Lösung der stationären SCHRÖDINGER-Gleichung bestimmt. Mit (2.24) und (2.25) finden wir (nach einer 3D-Integration) das *Skalarprodukt zweier Wellenfunktionen:*[3]

$$\langle \psi | \phi \rangle = \iiint \psi^*(\boldsymbol{r}) \phi(\boldsymbol{r}) \mathrm{d}^3 \boldsymbol{r} = \langle \phi | \psi \rangle^*. \tag{2.27}$$

Für die Eigenzustände der SCHRÖDINGER-Gleichung $|\psi_k\rangle$ schreibt sich damit die *Orthonormalitätsrelation* (2.22) als

$$\langle \psi_i | \psi_k \rangle = \iiint \psi_i^*(\boldsymbol{r}) \psi_k(\boldsymbol{r}) \mathrm{d}^3 \boldsymbol{r} = \delta_{ik}. \tag{2.28}$$

Schließlich notieren wir, dass man – völlig äquivalent zur Entwicklung im Ortsraum – Zustände auch im Impulsraum entwickeln kann. Man definiert dann Wellenfunktionen $\psi(\boldsymbol{p})$ durch

$$|\psi\rangle = \iiint \boldsymbol{p}' \psi(\boldsymbol{p}') |\boldsymbol{p}'\rangle \quad \text{und erhält}$$

$$\langle \boldsymbol{p} | \psi \rangle = \iiint \mathrm{d}^3 \boldsymbol{p}' \psi(\boldsymbol{p}') \langle \boldsymbol{p} | \boldsymbol{p}' \rangle = \psi(\boldsymbol{p}).$$

Operatoren

Lineare Operatoren spielen eine Schlüsselrolle in der Quantenmechanik: Ganz allgemein ändert ein Operator die Eigenschaften eines Objekts, auf welches er wirkt (z. B. einen Zustandsvektor, eine Wellenfunktion, einen anderen Operator). Nennen wir den Operator $\widehat{A}$ und lassen wir ihn auf einen ket Vektor $|\psi\rangle$ wirken. Mit (2.21) kann man dann schreiben:

$$\widehat{A}|\psi\rangle = \widehat{A} \sum c_i \, |f_i\rangle = \sum \widetilde{c_i} \, |f_i\rangle = |\tilde{\psi}\rangle.$$

Für eine Superposition (Überlagerung) von Zuständen $|\psi\rangle = c_1|\psi_1\rangle + c_2|\psi_2\rangle + \cdots$ impliziert Linearität, dass

$$\widehat{A}\big(c_1|\psi_1\rangle + c_2|\psi_2\rangle + \cdots\big) = c_1 \widehat{A}|\psi_1\rangle + c_2 \widehat{A}|\psi_2\rangle + \cdots .$$

Das *Produkt zweier Operatoren* $\widehat{A}\widehat{B}$ wird definiert durch

$$(\widehat{A}\widehat{B})|\psi\rangle = \widehat{A}\big(\widehat{B}|\psi\rangle\big). \tag{2.29}$$

[3] Wir werden die Symbole ⟨bra| und |ket⟩ relativ locker benutzen. Insbesondere werden wir oft Wellenfunktionen einfach als $|\psi\rangle$, $|\psi_k\rangle$, usw. schreiben.

Die Multiplikation von Operatoren ist distributiv, d. h. $\widehat{A}\widehat{B}\widehat{C} = (\widehat{A}\widehat{B})\widehat{C} = \widehat{A}(\widehat{B}\widehat{C})$, aber nicht notwendigerweise kommutativ. Im Allgemeinen ist $\widehat{A}\widehat{B} \neq \widehat{B}\widehat{A}$, und man definiert einen *Kommutator*

$$[\widehat{A}, \widehat{B}] = \widehat{A}\widehat{B} - \widehat{B}\widehat{A}, \tag{2.30}$$

der nur in speziellen Fällen verschwindet (siehe Abschn. 2.3.3). Wenn $|\psi\rangle$ und $|\varphi\rangle$ zwei Zustandsvektoren oder Wellenfunktionen sind, so definiert man als *Matrixelement von* $\widehat{A}$ zwischen den Zuständen $|\varphi\rangle$ und $|\psi\rangle$ (die Basiszustände des Operators $\widehat{A}$ sein können oder auch nicht):

$$A_{\psi\phi} = \langle\psi|\widehat{A}\phi\rangle = \int \psi^*(\widehat{A}\phi)\mathrm{d}^3\boldsymbol{r}. \tag{2.31}$$

Ohne näher ins Detail zu gehen, definieren wir einen sogenannten *adjungierten* (oder HERMITE'*sch konjugierten*) *Operator* $\widehat{A}^\dagger$ durch

$$\langle\widehat{A}^\dagger\psi|\phi\rangle = \langle\psi|\widehat{A}\phi\rangle \quad \text{oder} \quad \langle\phi|\widehat{A}^\dagger\psi\rangle = \langle\psi|\widehat{A}\phi\rangle^* \tag{2.32}$$

$$\text{oder} \quad \int \left(\widehat{A}^\dagger\psi\right)^* \phi\mathrm{d}^3\boldsymbol{r} = \int \psi^* \left(\widehat{A}\phi\right) \mathrm{d}^3\boldsymbol{r}. \tag{2.33}$$

Von besonderer Bedeutung sind die sog. HERMITE'*schen Operatoren,* wir nennen sie hier $\widehat{O}$. Sie sind *selbstadjungiert:*

$$\widehat{O}^\dagger \equiv \widehat{O}. \tag{2.34}$$

Durch diese Definition und mit (2.31)–(2.33) sind für HERMITE'sche Operatoren die nachfolgenden Matrixelemente

$$\langle\widehat{O}\psi|\phi\rangle = \langle\psi|\widehat{O}\phi\rangle = \int (\widehat{O}\psi)^*\phi\mathrm{d}^3\boldsymbol{r} = \int \psi^*(\widehat{O}\phi)\mathrm{d}^3\boldsymbol{r} \tag{2.35}$$

$$= \langle\psi|\widehat{O}\phi\rangle = \langle\phi|\widehat{O}\psi\rangle^* \tag{2.36}$$

identisch.[4]

Observable

Observable sind im Prinzip alle physikalisch beobachtbaren Größen. Sie werden *in der Quantenmechanik durch* HERMITE'*sche Operatoren beschrieben.* Jedes Quantensystem kann durch einen vollständigen, orthonormalen Satz von Eigenzuständen (Eigenvektoren) $|f_k\rangle$ einer beliebigen Observablen $\widehat{O}$ beschrieben werden. Für diese ermittelt man nach der *Eigenwertgleichung*

$$\widehat{O}\,|f_k\rangle = \omega_k\,|f_k\rangle \tag{2.37}$$

den *Eigenwert* ω_k der *Observablen* $\widehat{O}$ zum *Eigenvektor* $\{|f_k\rangle\}$.[5] In jeder einzelnen Messung einer *physikalischen Observablen können nur Eigenwerte dieser Observablen beobachtet werden.*

---

[4] Um diese Relation zu verifizieren, expandiert man $|\psi\rangle$ und $|\phi\rangle$ einfach in eine Basis von Eigenvektoren (Eigenfunktionen) von $\widehat{O}$.

[5] Mit geschweiften Klammern $\{\ldots\}$ bezeichnen wir hier (und im übrigen Buch) einen Satz von indizierten Größen, hier $|f_k\rangle$ für $0 \le k \le \infty$ im HILBERT-Raum unter Einschluss des Kontinuums.

Mit (2.37) und der Orthonormalität (2.28) der $|f_k\rangle$ Basis sieht man, dass für die *Matrixelemente* von $\widehat{O}$ *in der Basis seiner Eigenzustände*

$$O_{ik} = \langle f_i|\widehat{O} f_k\rangle = \omega_k \delta_{ik} \tag{2.38}$$

gilt, d. h. die Matrix $\widehat{O}_{ik}$ ist diagonal. Und wegen (2.36) sind die Eigenwerte ω_k reell – wie man es für messbare physikalische Größen zu erwarten hat!

Superposition und Erwartungswerte

Im Allgemeinen wird ein zu untersuchendes Quantensystem sich in einem *Zustand* $|\psi\rangle$ befinden, *der kein Eigenzustand des Operators* $\widehat{O}$ ist. Wir nehmen hier aber an, der Zustand $|\psi\rangle$ lasse sich beschreiben als lineare Superposition (Überlagerung) von Eigenzuständen $|f_i\rangle$ des Operators $\widehat{O}$ mit den Eigenwerten ω_i nach (2.37):

$$|\psi\rangle = \sum_i c_i|f_i\rangle \quad \text{mit den Entwicklungskoeffizienten} \quad c_i = \langle f_i|\psi\rangle. \tag{2.39}$$

Letztere Beziehung folgt direkt durch Multiplikation von links mit $\langle f_k|$ aus (2.22). Wenn wir nun die Observable $\widehat{O}$ viele Male messen (wie man das in einem realen Experiment tut), so erhalten wir für jede individuelle Messung einen Eigenwert ω_i von $\widehat{O}$. Die Wahrscheinlichkeit, diesen speziellen Eigenwert ω_i anzutreffen, wird durch die Wahrscheinlichkeitsamplitude c_i bestimmt. Es gilt

$$\widehat{O}|\psi\rangle = \widehat{O}\sum c_i|f_i\rangle = \sum c_i\omega_i|f_i\rangle. \tag{2.40}$$

Der gemessene Mittelwert für diese Observable, also das Resultat von vielen individuellen Messungen an immer dem gleichen Zustand $|\psi\rangle$, wird *Erwartungswert der Observablen* genannt:

$$\langle\widehat{O}\rangle \equiv \sum |c_i|^2\omega_i = \langle\psi|\widehat{O}\psi\rangle. \tag{2.41}$$

Letztere Identität folgt aus

$$\begin{aligned}\langle\psi|\widehat{O}|\psi\rangle &= \left\langle\sum_i c_i f_i\middle|\widehat{O}\sum_k c_k f_k\right\rangle = \left\langle\sum c_i f_i\middle|\sum c_k\widehat{O} f_k\right\rangle \\ &= \sum_i\sum_k \omega_k c_i^* c_k\langle f_i|f_k\rangle = \sum_i\sum_k \omega_k c_i^* c_k\delta_{ik} = \sum_i \omega_i|c_i|^2.\end{aligned}$$

Man kann das leicht noch etwas verallgemeinern. Nehmen wir an, der Zustand des Systems ist $|\psi\rangle = \sum_i c_i^{(\psi)}|g_i\rangle$, d. h. er wird in einer willkürlichen Basis $\{|g_i\rangle\}$ beschrieben und die $|g_i\rangle$ sind nicht Eigenzustände von $\widehat{O}$. In diesem Fall kann der Erwartungswert von $\widehat{O}$ geschrieben werden:[6]

$$\langle\widehat{O}\rangle = \langle\psi|\widehat{O}|\psi\rangle = \sum_i c_i^{*(\psi)}\langle g_i|\widehat{O}|\sum_k c_k^{(\psi)}|g_k\rangle = \sum_{ik} c_i^{*(\psi)}\langle g_i|\widehat{O}|g_k\rangle c_k^{(\psi)} \tag{2.42}$$

[6] Auch dies ist noch nicht der allgemeinste Fall. Oft hat man es mit sog. *gemischten Zuständen* zu tun, die nicht durch eine einzige lineare Superposition vom Typ (2.39) zu beschreiben sind. Wir werden hierfür in Band 2 die sog. Dichtematrix einführen.

Einheitsoperator
Wir erwähnen bei dieser Gelegenheit einen mathematischen Trick, indem wir (2.39) umschreiben als

$$|\psi\rangle = \sum_i |f_i\rangle c_i = \sum_i |f_i\rangle\langle f_i|\psi\rangle = \Big(\sum_i |f_i\rangle\langle f_i|\Big)|\psi\rangle .$$

Man sieht, dass der Ausdruck (Operator) in runden Klammern seinen Operanden $|\psi\rangle$ offenbar nicht ändert – sofern die Summe über eine vollständige, orthonormale Basis $\{|f_i\rangle\}$ ausgeführt wird. Wir haben somit die oft sehr nützliche *Vollständigkeitsrelation* bzw. den *quantenmechanischen Einheitsoperator* $\widehat{\mathbf{1}}$ abgeleitet:[7]

$$\widehat{\mathbf{1}} = \sum_i |f_i\rangle\langle f_i| \tag{2.43}$$

Quantisierung
Bei der Bestimmung einer Observablen $\widehat{O}$ misst man stets einen ihrer *Eigenwerte* ω_k. Wenn man das tut, präpariert man zugleich den entsprechenden *Eigenzustand* $|f_k\rangle$ dieser Observablen *(Eigenvektor, Eigenfunktion)*. Man kann sagen, dass durch die Messung dieser Eigenvektor aus dem ursprünglich vorgefundenen Zustand $|\psi\rangle$ herausprojiziert wird.

Beispiel: HAMILTON-Operator
Der HAMILTON-Operator $\widehat{H}$ mit seinen (Energie)-Eigenwerten W_n und Eigenfunktionen ψ_n ist ein besonders wichtiges Beispiel für eine Observable:

$$\widehat{H}\,|\psi_n\rangle = W_n\,|\psi_n\rangle$$

Beispiel: Spin-Projektion auf die z-Achse
Als weiteres Beispiel nennen wir die Projektion des Spins auf eine Achse (Komponente des Spindrehimpulses) $\widehat{S}_z$, die wir in Abschn. 1.10 auf Seite 87 bereits im Zusammenhang mit dem STERN-GERLACH-Experiment kennengelernt haben. Die Eigenwerte sind hier $m_s\hbar$ und die Eigenzustände schreiben wir ganz formal als $|sm_s\rangle$. Damit wird die Eigenwertgleichung:

$$\widehat{S}_z\,|sm_s\rangle = m_s\hbar\,|sm_s\rangle$$

[7] In Matrix-Darstellung entspricht dies der Einheitsmatrix

$$\widehat{\mathbf{1}} = \begin{pmatrix} 1 & 0 & \cdots & 0 \\ 0 & 1 & \cdots & 0 \\ \vdots & \vdots & \ddots & \vdots \\ 0 & 0 & \cdots & 1 \end{pmatrix}$$

2.3.2 Repräsentationen

SCHRÖDINGER-Bild
Im SCHRÖDINGER-*Bild* (auch SCHRÖDINGER-Repräsentation) *sind die Operatoren Differenzialoperatoren.* Die Zustände sind die *Wellenfunktionen*. Das Skalarprodukt ist ein Integral nach (2.27) und die Orthogonalität der Basiszustände wird durch (2.28) beschrieben. Schließlich definiert man für Operatoren *Matrixelemente*

$$A_{ik} \equiv \langle f_i | \widehat{A} f_k \rangle = \int f_i^* (\boldsymbol{r})\, \widehat{A} f_k (\boldsymbol{r})\, \mathrm{d}^3\boldsymbol{r} = \langle f_k | \widehat{A}^\dagger f_i \rangle^* = A_{ki}^*, \tag{2.44}$$

wobei wir Gebrauch von der Definition (2.32) für die adjungierten Operatoren gemacht haben. Wenn die Operatoren HERMITE'sch sind, d. h. Observable repräsentieren, kann man diesen Ausdruck schreiben als

$$O_{ik} \equiv \langle f_i | \widehat{O} f_k \rangle = \int f_i^*(\boldsymbol{r}) \big(\widehat{O} f_k(\boldsymbol{r})\big) \mathrm{d}^3\boldsymbol{r} \tag{2.45}$$

$$= \left[\int \big(\widehat{O} f_k^*(\boldsymbol{r})\big)^* f_i(\boldsymbol{r}) \mathrm{d}^3\boldsymbol{r} \right]^* = \langle f_k | \widehat{O} f_i \rangle^* = O_{ki}^*. \tag{2.46}$$

HEISENBERG-Bild
Im HEISENBERG-*Bild* (Repräsentation) sind die Operatoren $\widehat{A}$ Matrizen, die durch ihre Matrixelemente A_{ik} bestimmt sind (wir erwähnen in diesem Zusammenhang den NOBEL-Preis für HEISENBERG 1932). Die Zustände, sagen wir $|\psi\rangle$ oder $|\phi\rangle$, sind *Vektoren im* HILBERT-*Raum*[8]. Wir schreiben sie als

$$|\psi\rangle = \boldsymbol{\psi} = b_1 \boldsymbol{f}_1 + b_2 \boldsymbol{f}_2 + b_3 \boldsymbol{f}_3 + \cdots$$
$$|\phi\rangle = \boldsymbol{\phi} = c_1 \boldsymbol{f}_1 + c_2 \boldsymbol{f}_2 + c_3 \boldsymbol{f}_3 + \cdots$$

mit den Komponenten $\{b_i \boldsymbol{f}_i\}$ bzw. $\{c_i \boldsymbol{f}_i\}$. Ihr Skalarprodukt ist hier

$$\langle \psi | \phi \rangle = \sum b_i^* c_i. \tag{2.47}$$

Beide Repräsentationen sind physikalisch und mathematisch äquivalent.

2.3.3 Gleichzeitige Messung von zwei Observablen

Wir generalisieren hier die HEISENBERG'sche Unschärferelation (1.141), die aussagt, dass zwei kanonisch konjugierte Koordinaten[9] nicht gleichzeitig gemessen werden können.

Zwei Observable $\widehat{A}$ und $\widehat{B}$ können gleichzeitig gemessen werden, dann und nur dann, wenn die Eigenzustände von $\widehat{A}$ zugleich auch Eigenzustand von $\widehat{B}$ sind, d. h. wenn

$$\widehat{A} |\varphi_i\rangle = \alpha_i |\varphi_i\rangle \quad \textbf{und} \quad \widehat{B} |\varphi_i\rangle = \beta_i |\varphi_i\rangle.$$

---

[8] Ein HILBERT-Raum ist eine Erweiterung des 3D-Vektorraums für unendliche Dimensionen – speziell in der Quantenmechanik zu einem unendlichdimensionalen Funktionsraum.
[9] z. B. Ort und Impuls, Energie und Zeit usw.

Es müssen also folgende Beziehungen gelten, *um die Observablen $\widehat{A}$ und $\widehat{B}$* gleichzeitig messen zu können:

$$\widehat{A}\widehat{B}|\varphi_i\rangle = \widehat{A}\beta_i|\varphi_i\rangle = \beta_i\widehat{A}|\varphi_i\rangle = \beta_i\alpha_i|\varphi_i\rangle = \widehat{B}\widehat{A}|\varphi_i\rangle.$$

Die Operatoren müssen also kommutieren, $\widehat{A}\widehat{B} \stackrel{!}{=} \widehat{B}\widehat{A}$:

Gleichzeitige Messung zweier Observabler $\widehat{A}$ und $\widehat{B}$ ist möglich, wenn und nur wenn ihr Kommutator verschwindet:

$$\widehat{A}\widehat{B} - \widehat{B}\widehat{A} = [\widehat{A}, \widehat{B}] = 0 \tag{2.48}$$

2.3.4 Operatoren für Ort, Impuls und Energie

Aus den oben erläuterten Regeln folgen einige praktische Vorschriften, wie man aus klassischen Größen quantenmechanische Operatoren macht. Für die nichtrelativistische Quantenmechanik gilt das folgende Rezept für die *Substitution:*

$$\boldsymbol{r} \longrightarrow \boldsymbol{r} \quad \text{und} \quad p_i \longrightarrow -\mathrm{i}\hbar\frac{\partial}{\partial x_i} = \widehat{p}_i \quad \text{bzw.} \tag{2.49}$$

$$\boldsymbol{p} \longrightarrow \left\{-\mathrm{i}\hbar\frac{\partial}{\partial x}, -\mathrm{i}\hbar\frac{\partial}{\partial y}, -\mathrm{i}\hbar\frac{\partial}{\partial z}\right\} = -\mathrm{i}\hbar\boldsymbol{\nabla} = \widehat{\boldsymbol{p}}.$$

Alles andere folgt daraus. Insbesondere wird aus der klassischen HAMILTON'schen Gesamtenergie

$$H_{\text{klass}} = \frac{p^2}{2m} + V(\boldsymbol{r}) = W_{\text{kin}} + V \quad \text{mit} \quad p^2 = \boldsymbol{p}\cdot\boldsymbol{p}$$

der HAMILTON-Operator:

$$\widehat{H} = \frac{1}{2m}(-\mathrm{i}\hbar\boldsymbol{\nabla})\cdot(-\mathrm{i}\hbar\boldsymbol{\nabla}) + V(\boldsymbol{r}) = -\frac{\hbar^2}{2m}\Delta + V(\boldsymbol{r})$$

Der Ort x und sein kanonisch konjugierter Impuls $\widehat{p}_x$ sind das Paradebeispiel für zwei nicht kommutierende Observable:

$$(\widehat{p}_x x)\,\varphi(x) = -\mathrm{i}\hbar\frac{\partial}{\partial x}\,(x\varphi(x)) = -\mathrm{i}\hbar\left(x\frac{\partial}{\partial x}\varphi(x) + \varphi(x)\right)$$
$$\neq (x\widehat{p}_x)\,\varphi(x) = -\mathrm{i}\hbar x\frac{\partial}{\partial x}\varphi(x)$$

Die Observablen x und $\widehat{p}_x$ können also nicht gleichzeitig gemessen werden. Dies ist die formale Bestätigung der HEISENBERG'schen Unschärferelation.

2.3.5 Eigenfunktionen des Impulses $\widehat{p}$

Wir suchen die Eigenfunktionen und Eigenwerte des Impulses im SCHRÖDINGER-Bild, zunächst für den eindimensionalen Fall:

$$\widehat{p}_x \varphi(x) = p\varphi(x) \quad \Rightarrow \quad -\mathrm{i}\hbar \frac{\mathrm{d}\varphi(x)}{\mathrm{d}x} = p\varphi(x)$$

Wie man leicht verifiziert, sind $\varphi(x) = e^{\mathrm{i}px/\hbar} = e^{\mathrm{i}kx}$ Lösungen dieses Eigenwertproblems und jeder Wert von p (mit $-\infty < p < \infty$) ist ein Eigenwert des Impulsoperators $\boldsymbol{p}_x$ in x-Richtung: Das Ergebnis ist also eine ebene Welle mit einem Kontinuum von Eigenwerten.

Man kann dies leicht auf den 3D-Raum erweitern. Wir beschreiben eine Richtung im Raum durch den Einheitsvektor $\mathfrak{e} = a_x \mathfrak{e}_x + a_y \mathfrak{e}_y + a_z \mathfrak{e}_z$ mit $a_x^2 + a_y^2 + a_z^2 = 1$. Uns interessiert der Betrag des Impulses $\widehat{\boldsymbol{p}}$ in eine Richtung $\mathfrak{e}$. Für den entsprechenden Operator

$$\widehat{p}_{\mathfrak{e}} = \mathfrak{e} \cdot \widehat{\boldsymbol{p}} = a_x \widehat{p}_x + a_y \widehat{p}_y + a_z \widehat{p}_z = -\mathrm{i}\hbar \left(a_x \frac{\partial}{\partial x} + a_y \frac{\partial}{\partial y} + a_z \frac{\partial}{\partial y} \right) \tag{2.50}$$

wird jede ebene Welle $\exp(\mathrm{i}\boldsymbol{k} \cdot \boldsymbol{r})$ in beliebiger Richtung $\boldsymbol{k}$ eine Eigenfunktion zum Eigenwert $p \cos \gamma$, denn es gilt

$$\begin{aligned} \widehat{p}_{\mathfrak{e}} \exp(\mathrm{i}\boldsymbol{k} \cdot \boldsymbol{r}) &= \mathfrak{e} \cdot \hbar \boldsymbol{k} \exp(\mathrm{i}\boldsymbol{k} \cdot \boldsymbol{r}) \\ &= \hbar k \cos \gamma \exp(\mathrm{i}\boldsymbol{k} \cdot \boldsymbol{r}) = p \cos \gamma \exp(\mathrm{i}\boldsymbol{k} \cdot \boldsymbol{r}) \end{aligned} \tag{2.51}$$

mit $p = \hbar k$ und dem Winkel γ zwischen $\mathfrak{e}$ und $\boldsymbol{k}$ – ganz wie es der Anschauung entspricht.

Was haben wir in Abschnitt 2.3 gelernt?

- Im SCHRÖDINGER-Bild werden die Zustände (bra $|\psi\rangle$ bzw. ket $\langle\phi|$) eines Quantensystems durch Wellenfunktionen $\psi(\boldsymbol{r})$ bzw. $\psi^*(\boldsymbol{r})$ repräsentiert. Das HEISENBERG-Bild benutzt Zustandsvektoren im HILBERT-Raum.
- Quantenzustände können als lineare Superposition von Zuständen (2.21) in einer vollständigen, orthonormalen Basis dargestellt werden – mit $\langle f_i | f_k \rangle = \delta_{ik}$. Der Einheitsoperator kann als $\widehat{\mathbf{1}} = \sum_i |f_i\rangle \langle f_i|$ geschrieben werden.
- Das SCHRÖDINGER-Bild benutzt Differenzialoperatoren. Die klassische Theorie wird in die Quantenmechanik überführt durch die Ersetzungen $\boldsymbol{r} \to \boldsymbol{r}$ und $\boldsymbol{p} \to \widehat{\boldsymbol{p}} = -\mathrm{i}\hbar\nabla$.
- Matrixelemente eines Operators $\widehat{A}$ sind im SCHRÖDINGER-Bild $A_{ik} \equiv \langle f_i | \widehat{A} f_k \rangle = \int f_i^*(\boldsymbol{r}) \widehat{A} f_k(\boldsymbol{r}) \, \mathrm{d}^3\boldsymbol{r}$. Im HEISENBERG-Bild werden Operatoren durch die entsprechenden Matrixelemente repräsentiert.
- Der adjungierte Operator $\widehat{A}^\dagger$ zu $\widehat{A}$ ist definiert durch $\langle \widehat{A}^\dagger \psi | \phi \rangle = \langle \psi | \widehat{A} \phi \rangle$. HERMITE'sche Operatoren sind selbstadjungiert, d. h. $\widehat{A}^\dagger = \widehat{A}$ und $\widehat{A}_{ik} = \widehat{A}_{ki}^*$.
- Observable werden durch HERMITE'sche Operatoren dargestellt. Mit $\widehat{O} | f_k \rangle = \omega_k | f_k \rangle$ sind deren Eigenwerte ω_k die einzigen Werte, die man für die entsprechende Messgröße experimentell beobachten kann.

- Ein solches Experiment projiziert stets einen der Eigenzustände $\{|f_k\rangle\}$ der Observablen auf den Zustand $|\psi\rangle$, der untersucht wird. Wenn die Operatoren $\widehat{A}$ und $\widehat{B}$ für zwei Observable kommutieren – Kommutator $[\widehat{A}\widehat{B}] = 0$ – und nur dann, können sie gleichzeitig gemessen werden.
- Der Mittelwert einer Observablen in einem Zustand $|\psi\rangle$ wird *Erwartungswert genannt:* $\langle\widehat{O}\rangle = \langle\psi|\widehat{O}\psi\rangle = \int \psi^*(\widehat{O}\psi)\,\mathrm{d}^3\boldsymbol{r}$.
- Eigenzustände des Impulsoperators $\widehat{\boldsymbol{p}}$ sind ebene Wellen $\exp(\mathrm{i}\hbar\boldsymbol{k}\cdot\boldsymbol{r})$, mit $\boldsymbol{p} = \hbar\boldsymbol{k}$.

2.4 Teilchen im Kasten – freies Elektronengas

2.4.1 Teilchen im eindimensionalen Potenzialkasten

In einem 1D-Potenzialkasten mit unendlich hohen Wänden im Abstand L führt die 1D-SCHRÖDINGER-Gleichung (2.9)

$$-\frac{\hbar^2}{2m}\frac{\mathrm{d}^2\psi_n(x)}{\mathrm{d}x^2} = W_n\psi_n(x).$$

innerhalb des Kastens im Prinzip zu Lösungen $\propto \sin(kx)$ oder $\cos(kx)$. Da die Wellenfunktion nicht ins Metall eindringt, muss sie Knoten auf den Wänden haben, sodass stehende Wellen vom Typ

$$\psi_n(x) = \sqrt{\frac{2}{L}}\sin\frac{n\pi x}{L} \quad \text{mit diskreten Energien} \quad W_n = \frac{n^2h^2}{8mL^2} \tag{2.52}$$

die Lösung sind. Den Erwartungswert des Impulses $\widehat{p}_x$ erhalten wir hier als

$$\begin{aligned}\langle\widehat{p}_x\rangle = \langle\psi_n\widehat{p}_x\psi_n\rangle &= \int \psi_n^*(x)\,\widehat{p}_x\psi_n(x)\,\mathrm{d}x \\ &= \frac{2}{L}\int_0^L \sin\frac{n\pi x}{L}\left(-\mathrm{i}\hbar\frac{\mathrm{d}\sin\frac{n\pi x}{L}}{\mathrm{d}x}\right)\mathrm{d}x \\ &= \frac{-\mathrm{i}\hbar 2n\pi}{L^2}\int_0^L \sin\frac{n\pi x}{L}\cos\frac{n\pi x}{L}\mathrm{d}x \equiv 0.\end{aligned}$$

Das entspricht der Tatsache, dass das Teilchen im Kasten hin und her mit gleicher Wahrscheinlichkeit läuft. Dagegen wird

$$\begin{aligned}\left\langle\widehat{p}_x^2\right\rangle = \left\langle\psi_n\widehat{p}_x^2\psi_n\right\rangle &= \int\psi_n^*\widehat{p}_x^2\psi_n\mathrm{d}x = \frac{2}{L}\int_0^L \sin\frac{n\pi x}{L}\left(\hbar^2\frac{\mathrm{d}^2\sin\frac{n\pi x}{L}}{\mathrm{d}x^2}\right)\mathrm{d}x \\ &= \frac{2\,(n\pi\hbar)^2}{L^3}\int_0^L \sin^2\frac{n\pi x}{L}\mathrm{d}x = \frac{1}{4}n^2\frac{h^2}{L^2},\end{aligned}$$

nicht Null. Wir können daraus mit $\langle\widehat{H}\rangle = \left\langle\widehat{p}_x^2\right\rangle/2m$ wieder die Energieeigenwerte (2.52) gewinnen.

2.4.2 Dreidimensionales Kastenpotenzial

Im nächsten Schritt – in den 3D-Raum – nähert man sich bereits der Realität an. Man beschränkt also die freie Bewegung eines Teilchens auf einen zwar großen, aber endlich ausgedehnten 3-dimensionalen Potenzialkasten. Der Einfachheit halber beschränken wir uns auf eine Würfel mit einer Kantenlänge L wie in Abb. 2.2a skizziert. Im Inneren ist das Teilchen frei beweglich, also durch ebene Wellen darstellbar, am Rand muss die Wellenfunktionen aber verschwinden, damit sie stetig sein kann, denn jenseits der Wand soll die Wahrscheinlichkeit, ein Teilchen zu finden, ja verschwinden. Stationäre Lösungen sind wieder ebene Wellen (2.18), die wir als reelle Funktionen schreiben – jetzt als Produkt in drei Dimensionen:

$$\psi(x, y, z) = \sin(k_x x)\sin(k_y y)\sin(k_z z). \tag{2.53}$$

Damit die Wellenfunktion stetig bleibt, muss sie auf den Wänden des Würfels verschwinden:

$$\sin(k_j L) = 0 \quad \Rightarrow \quad k_j = n_j \frac{\pi}{L} \quad \text{für } j = x, y, z. \tag{2.54}$$

Mit diesen Randbedingungen und in Analogie zum 1D-Fall (2.52) wird die *Energie des Teilchens im Kasten*

$$W = \frac{\hbar^2}{2m}\left(k_x^2 + k_y^2 + k_z^2\right) = \frac{\hbar^2 k^2}{2m} = \frac{\hbar^2 \pi^2}{2mL^2} n^2, \tag{2.55}$$

jetzt mit drei Quantenzahlen n_x, n_y, n_z und $n^2 = n_x^2 + n_y^2 + n_z^2$.

Man kann das im $\boldsymbol{k}$- oder $\boldsymbol{n}$-Raum darstellen wie in Abb. 2.2b skizziert. Gleichung (2.54) sagt aus, das genau eine Lösung für jeden Gitterpunkt mit ganzzahligen n_x, n_y und n_z existiert. In der Abbildung können wir also die Gesamtzahl der Quantenzustände ablesen, für welche die Quantenzahlen 1 bis n_x, 1 bis n_y und 1 bis n_z sind: Die Anzahl der Zustände für welche $n \le \sqrt{n_x^2 + n_y^2 + n_z^2}$ gilt, ist gerade gleich 1/8 des entsprechenden Kugelvolumens: $\mathcal{N}_Z(n) = 1/8 \times 4\pi n^3/3$. Wenn wir nun die n durch die Energie W ausdrücken, wird die *Anzahl der Zustände mit Energien* $\le W$

$$\mathcal{N}_Z(W) = \frac{1}{6\pi^2}\frac{(2mW)^{3/2}}{\hbar^3}L^3.$$

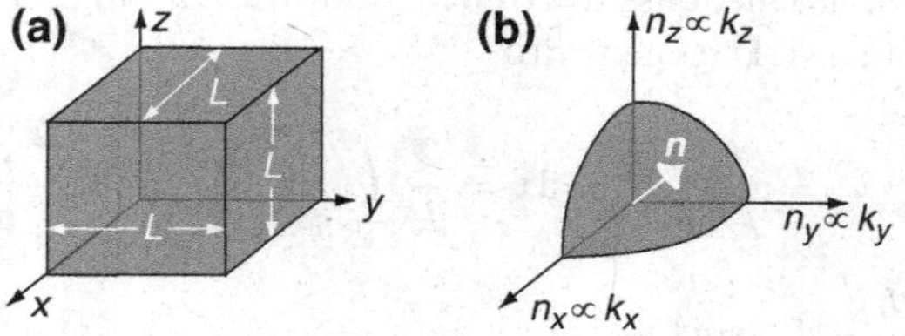

Abb. 2.2 Randbedingungen für Teilchen im Potenzialkasten der Seitenlänge L; (**a**) die Knoten der Wellenfunktionen befinden sich auf den Wänden des Kastens im 3D-Ortsraum; (**b**) man zählt die Zustände innerhalb einer Kugel mit Radius n im $\boldsymbol{n}$- bzw. $\boldsymbol{k}$-Raum

Wenn das Teilchen einen Spin s hat, dann müssen wir auch die Energieentartung $g_s = 2s+1$ durch entsprechende Orientierungen im Raum berücksichtigen. Division durch das Volumen des Kastens L^3 führt zur Gesamtzahl der verfügbaren Zustände pro Einheitsvolumen L^3:

$$N_Z(W) = \frac{g_s}{6\pi^2}\frac{(2mW)^{3/2}}{\hbar^3}. \tag{2.56}$$

Die Anzahl der Zustände in einem Energieintervall von W bis $W + \mathrm{d}W$ nennt man *Zustandsdichte* (DOS), hier pro Einheitsvolumen:

$$g(W) = \frac{\mathrm{d}N_Z(W)}{\mathrm{d}W} = \frac{g_s}{4\pi^2}\frac{(2m)^{3/2}}{\hbar^3}\sqrt{W} = g_s\frac{4\sqrt{2}\pi m^{3/2}}{h^3}\sqrt{W}. \tag{2.57}$$

Wir notieren hier am Rande, dass man genau das gleiche Ergebnis erhält, wenn man annimmt, dass der *Phasenraum* ($[L]^3[p]^3$) *quantisiert ist und eine Zellengröße* h^3 hat.[10] Für spätere Zwecke geben wir hier auch die Zustandsdichte in Bezug auf ein spezifisches Raumwinkelelement $\mathrm{d}\Omega$ und drücken die Energie durch den Betrag k des Wellenvektors aus:

$$\mathrm{d}g = \frac{\mathrm{d}N_Z(W)}{\mathrm{d}W}\frac{\mathrm{d}\Omega}{4\pi} = \frac{g_s mk}{(2\pi)^3\hbar^2}\mathrm{d}\Omega. \tag{2.58}$$

Wir werden auf das Kastenpotenzial auch in Band 2 noch einmal zurückkommen, wo es von grundlegender Bedeutung für das Verständnis der Photonenstatistik ist, wie wir sehen werden.

2.4.3 Das freie Elektronengas

Für Elektronen leistet ein darauf aufbauendes einfaches Modell des freien Elektronengases schon sehr gute Dienste in vielen Bereichen der Physik. Wir haben es bereits im Zusammenhang mit dem Photoeffekt in Abschn. 1.4.1 eingeführt. Mit kleinen Modifikationen bildet es die Grundlage bei der Einführung der elektronischen Bänder in metallischen Festkörpern, wie wir in Abschn. 2.8 ausführen werden. Aber auch in der Atomphysik ist es von grundlegender Bedeutung, wenn es z. B. um die Modellierung eines Kontinuums von Zuständen bei Atomen mit vielen Elektronen geht (siehe Abschn. 10.1.5 auf Seite 544).

Betrachten wir also speziell *Elektronen* (Masse m_e) im Kastenpotenzial, mit der Teilchendichte N_e (Zahl der Elektronen pro Volumeneinheit). Wegen der hohen Teilchendichte N_e unterscheidet sich die FERMI-DIRAC-Statistik im Metall von der im Gas, wie wir sie in Abschn. 1.3.3 auf Seite 24 behandelt haben. Wir

[10] Die Größe des Phasenraums mit Impulsen bis zu p ist $(4\pi/3)p^3L^3$. Wenn wir p durch die kinetische Energie W ausdrücken und durch h^3 und L^3 dividieren, ergibt sich die Anzahl der Phasenraumzellen pro Einheitsvolumen zu: $N_Z = (4\pi/3)(2mW)^{3/2}/h^3$. Differenziation in Bezug auf W führt dann gerade zu (2.57).

schätzen $N_e = \nu \times N_A \rho / M_r$, mit der Zahl der Valenzelektronen ν pro Atom, der AVOGADRO-Zahl N_A, der (Massen)-Dichte ρ des Materials und der relativen Atommasse M_r (hier nicht ganz korrekt in der Einheit $[\mathrm{g\,mol^{-1}}]$). Ein typischer Wert ist von der Größenordnung $10^{28}\,\mathrm{m^{-3}}$ bis $10^{29}\,\mathrm{m^{-3}}$. Im Gegensatz zu der Situation, wie wir sie für Gase behandelt haben, ist das *chemische Potenzial* μ jetzt positiv und $\mu \gg k_B T$. Am absoluten Temperaturnullpunkt, $T = 0$ (bzw. bei sehr niedrigen Temperaturen T), wird *jeder verfügbare Zustand* (mit beliebiger Ortswellenfunktion nach Gl. 2.53 und 2.54) entsprechend den *zwei Einstellmöglichkeiten* des Spins mit zwei Elektronen gefüllt ($g_s = 2$). Das Kastenpotenzial wird also ‚aufgefüllt' bis zu einer Energie ϵ_F. Mit (2.56) wird die *Gesamtzahl der Elektronen pro Volumen* mit kinetischen Energien zwischen 0 und ϵ_F daher

$$N_e = N_Z(\epsilon_F) = \frac{1}{3\pi^2}\left(\frac{2m_e\epsilon_F}{\hbar^2}\right)^{3/2}. \tag{2.59}$$

Wir können das invertieren und erhalten die sog. FERMI-*Energie* ϵ_F. Am absoluten Temperaturnullpunkt ist ϵ_F dann das *chemische Potenzial* μ, wie wir es in Abschn. 1.3.3 eingeführt haben, und entspricht der maximalen (kinetischen) Elektronenenergie im Metall. Ein Zustand nach dem anderen wird gefüllt, jeweils mit zwei Elektronen, bis zur FERMI-Energie:

$$\epsilon_F = \frac{\hbar^2}{2m_e}\left(3\pi^2 N_e\right)^{2/3}. \tag{2.60}$$

Typische FERMI-Energien für Metalle reichen von $\simeq 1.6\,\mathrm{eV}$ (Cs) bis zu $14.3\,\mathrm{eV}$ (Be).

Die Wahrscheinlichkeitsverteilung w für Energien des Elektronengases im Kastenpotenzial erhalten wir nach (1.66). Drücken wir den statistischen Vorfaktor A nach (1.64) mit $g_s = 2$ durch die FERMI-Energie ϵ_F aus, dann ergibt sich $w(W)$ als Funktion der Energie W:

$$w(W)\mathrm{d}W = \frac{\mathrm{d}N_e}{N_e} = \frac{3}{2}\left(\frac{1}{\epsilon_F}\right)^{3/2} \frac{\sqrt{W}}{\exp[(W-\mu)/(k_B T)] + 1}\mathrm{d}W \tag{2.61}$$
$$\text{mit} \quad \mu \simeq \epsilon_F \quad \text{solange} \quad k_B T \ll \epsilon_F .$$

Das wird in Abb. 2.3 für ein charakteristisches Beispiel erläutert, wobei $\epsilon_F = 7\,\mathrm{eV}$ etwa dem Wert für Cu entspricht. Die strichpunktierte Linie entspricht der Zustandsdichte (DOS) nach (2.57), die $\propto \sqrt{W}$ ist. Die grau schattierte Fläche unter der Kurve deutet für $T = 0\,\mathrm{K}$ an, wie diese Zustände bis zur FERMI-Energie ϵ_F (gestrichelte vertikale Linie) mit Elektronen besetzt werden. Für Temperaturen $T > 0\,\mathrm{K}$ werden die Zustände entsprechend der FERMI-DIRAC-Statistik (1.66) besetzt. Wie man auf der gespreizten Skala in Abb. 2.3b deutlich sieht, wird die Grenze zwischen besetzten und unbesetzten Zuständen mit zunehmender Temperatur unscharf. Das Grenzgebiet hat eine Breite von der Größenordnung $\simeq 2k_B T$ – die Abnahme der Besetzungswahrscheinlichkeit für $W < \epsilon_F$ wird näherungsweise kompensiert durch

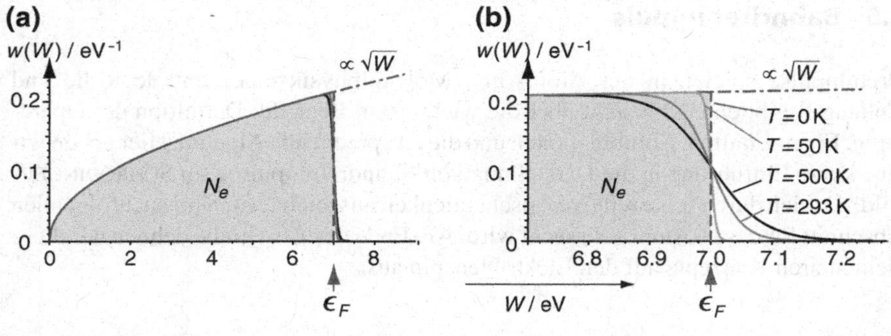

Abb. 2.3 FERMI-DIRAC-Wahrscheinlichkeitsverteilung nach (2.61) als Funktion der Energie für Elektronen in einem Metall mit einer FERMI-Energie $\epsilon_F = 7\,\text{eV}$ bei verschiedenen Temperaturen T: (**a**) Energiebereich von 0 eV bis 9 eV, (**b**) vergrößerte Skala um ϵ_F herum; bei $T = 0$ erstreckt sich der mit Elektronen der Dichte N_e besetzte Bereich bis zu ϵ_F (*vertikale Linie* – – – – – –); auch oberhalb von ϵ_F ist die Zustandsdichte $\propto \sqrt{W}$ (—·—)

deren Zunahme für $W > \epsilon_F$, sodass die FERMI-Verteilung mit $\mu = \epsilon_F$ in sehr guter Näherung normiert bleibt, d. h. $\int_0^\infty w(W)\mathrm{d}W \simeq 1$ (da für Metalle bei Zimmertemperatur typischerweise $k_\text{B}T/\epsilon_F < 1/100$).

Allerdings muss man für höhere Temperaturen ($k_\text{B}T/\epsilon_F \gtrsim 0.1$), ebenso wie für kleinere Teilchendichten (z. B. in Halbleitern), das *chemische Potenzial* μ neu adjustieren, um die Normalisation von $w(W)$ sicher zu stellen. In der Festkörperphysik wird $\mu = W_F$ häufig FERMI-*Niveau* genannt. W_F ist, genau genommen, *mit der* FERMI-*Energie* ϵ_F *nur bei* $T = 0$ *identisch.*

Was haben wir in Abschnitt 2.4 gelernt?

- Das *Teilchen im Kastenpotenzial* bildet das einfachste Modell für die Bewegung eines Elektrons in einem Metall. Die Wellenfunktion (2.53) im 3D-Kasten (Volumen L^3) haben Knoten an den Begrenzungsflächen des Kastens. Die entsprechenden Energien sind $W = \hbar^2\pi^2 n^2/(2mL^2)$ mit $n = \sqrt{n_x^2 + n_y^2 + n_z^2}$, wobei n_i positive Werte im 3D-Raum der ganzen Zahlen repräsentiert.
- Hieraus wird die DOS (2.57) abgeleitet. Nach (2.57) ist sie $\propto g g_\text{s} m^{3/2}\sqrt{W}$, mit der Teilchenmasse m und der Entartung $g_\text{s} = 2s+1$ durch den Spin des Teilchens.
- Im Fall von Elektronen *(Fermionen)* kann jeder Zustand mit bis zu 2 Elektronen besetzt werden. Bei $T = 0\,\text{K}$ wird die höchste Energie mit besetzten Zuständen, die sog. FERMI-Energie, $\varepsilon_F = \hbar^2\left(3\pi^2 N_\text{e}\right)^{2/3}/(2m_\text{e})$.
- Bei Temperaturen $T > 0\,\text{K}$ wird die Grenze zwischen besetzten und unbesetzten Zuständen unscharf entsprechend (2.61). Die Breite der Grenzschicht ist von der Größenordnung $k_\text{B}T$.

2.5 Bahndrehimpuls

Drehimpulse spielen in der Atom- und Molekülphysik eine zentrale Rolle und Anhang B gibt eine Übersicht über die wichtigsten Begriffe: Definition der Operatoren, Eigenschaften, Kombinationen und die entsprechende Algebra. Hier geben wir eine kurze Einführung in die Darstellung von Bahndrehimpulsen im SCHRÖDINGER-Bild, das sich durch seine relative Anschaulichkeit auszeichnet und im nachfolgenden Abschnitt für das H-Atom gebraucht wird. Am Ende des Abschnitts dehnen wir diese elementaren Konzepte auf den Elektronenspin aus.

2.5.1 Polarkoordinaten

Wir erinnern zunächst an das Polarkoordinatensystem, in dem man quantenmechanische Probleme besonders dann vorteilhaft behandelt, wenn das Potenzial nur vom Abstand r vom Ursprung abhängt $V(\boldsymbol{r}) = V(r)$, wie z. B. das COULOMB-Potenzial.

Im SCHRÖDINGER-Bild müssen wir dabei die kartesischen Koordinaten $\{x, y, z\}$ in Polarkoordinaten $\{r, \theta, \varphi\}$ umrechnen. Wie man in Abb. 2.4 abliest, gilt

$$\begin{aligned} x &= r \sin\theta \cos\varphi \\ y &= r \sin\theta \sin\varphi \\ z &= r \cos\theta, \end{aligned} \tag{2.62}$$

und das Volumenelement transformiert sich nach

$$\mathrm{d}x\,\mathrm{d}y\,\mathrm{d}z \rightarrow r^2 \sin\theta\,\mathrm{d}\theta\,\mathrm{d}\varphi\,\mathrm{d}r. \tag{2.63}$$

Die quantenmechanischen Operatoren, wie z. B.

$$\frac{\widehat{\boldsymbol{p}}^2}{2m} = -\frac{\hbar^2}{2m}\nabla^2 = -\frac{\hbar^2}{2m}\left(\frac{\partial^2}{\partial x^2} + \frac{\partial^2}{\partial y^2} + \frac{\partial^2}{\partial z^2}\right)$$

müssen entsprechend transformiert werden. Das erfordert einige – im Prinzip triviale – Umformungen der partiellen Differenziationen, die wir nicht im Einzelnen ausführen. Das Resultat ist

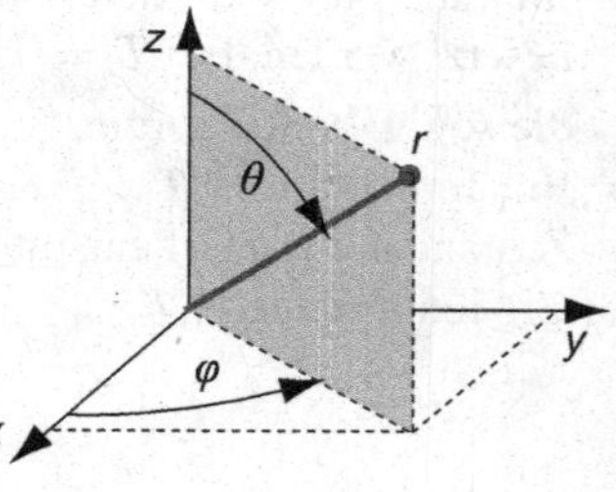

Abb. 2.4 Kartesisches Koordinatensystem (x, y, z) und Polarkoordinaten (r, θ, φ)

$$\frac{\widehat{\boldsymbol{p}}^2}{2m} = -\frac{\hbar^2}{2m}\nabla^2 = -\frac{\hbar^2}{2m}\frac{1}{r^2}\frac{\partial}{\partial r}\left(r^2\frac{\partial}{\partial r}\right) + \frac{\widehat{\boldsymbol{L}}^2}{2mr^2} \quad \text{mit} \tag{2.64}$$

$$\widehat{\boldsymbol{L}}^2 = -\hbar^2\left[\frac{1}{\sin\theta}\frac{\partial}{\partial\theta}\left(\sin\theta\frac{\partial}{\partial\theta}\right) + \frac{1}{\sin^2\theta}\frac{\partial^2}{\partial\varphi^2}\right]. \tag{2.65}$$

$\widehat{\boldsymbol{L}}^2$ ist hier zunächst einmal eine Abkürzung, aber wir vermuten schon, dass dieser Operator das Quadrat des Drehimpulses sein könnte! Dies legt schon die Analogie zur klassischen Aufteilung der kinetischen Energie in

Radialenergie $$\widehat{H}_r = -\frac{\hbar^2}{2m}\frac{1}{r^2}\frac{\partial}{\partial r}\left(r^2\frac{\partial}{\partial r}\right) \quad \text{und} \tag{2.66}$$

Rotationsenergie $$\widehat{H}_{\text{rot}} = \frac{\widehat{\boldsymbol{L}}^2}{2mr^2} \tag{2.67}$$

nahe. Wir werden darauf in Abschn. 2.6.1 zurückkommen und widmen uns jetzt zunächst einer formalen Betrachtung des Drehimpulses $\widehat{\boldsymbol{L}}$.

2.5.2 Definition des Bahndrehimpulses

In der klassischen Mechanik ist der Drehimpuls als $\boldsymbol{L} = \boldsymbol{r} \times \boldsymbol{p}$ definiert. Nach dem Rezept (2.49) erhalten wir den quantenmechanischen Operator für den *Bahndrehimpuls*,[11] indem wir $\boldsymbol{p} \to \widehat{\boldsymbol{p}}$ substituieren:

$$\widehat{\boldsymbol{L}} = \boldsymbol{r} \times \widehat{\boldsymbol{p}} \tag{2.68}$$

Dies muss nun in Polarkoordinaten ausgedrückt werden. Wir berechnen hier als Beispiel nur eine Komponente:

$$\widehat{L}_z = -\mathrm{i}\hbar\left(x\frac{\partial}{\partial y} - y\frac{\partial}{\partial x}\right) \tag{2.69}$$

Mit (2.62) kann man den Klammerausdruck in Polarkoordinaten umrechnen und findet:

$$\begin{aligned}\frac{\partial}{\partial\varphi} &= \frac{\partial x}{\partial\varphi}\frac{\partial}{\partial x} + \frac{\partial y}{\partial\varphi}\frac{\partial}{\partial y} + \frac{\partial z}{\partial\varphi}\frac{\partial}{\partial z} = -r\sin\theta\sin\varphi\frac{\partial}{\partial x} + r\sin\theta\cos\varphi\frac{\partial}{\partial y} + 0\\ &= -y\frac{\partial}{\partial x} + x\frac{\partial}{\partial y} = x\frac{\partial}{\partial y} - y\frac{\partial}{\partial x}\end{aligned}$$

Somit wird der Operator für die

z-Komponente des Bahndrehimpulses $$\widehat{L}_z = -\mathrm{i}\hbar\frac{\partial}{\partial\varphi} \tag{2.70}$$

[11] ‚Bahndrehimpuls', um z. B. vom Spindrehimpuls zu unterscheiden.

offenbar in völliger Analogie zum linearen Impuls $\widehat{p}_x = -\mathrm{i}\hbar\partial/\partial x$ gebildet – mit den kanonisch konjugierten Koordinatenpaaren (L_z, φ) bzw. (p_x, x).

Die Umrechnung der Komponenten $\widehat{L}_x$ und $\widehat{L}_y$ gestaltet sich etwas komplizierter aber unproblematisch. Im Ergebnis findet man, hier ohne Beweis, dass der *Operator für den Gesamtdrehimpuls* $\widehat{\boldsymbol{L}}^2 = \widehat{L}_x^2 + \widehat{L}_y^2 + \widehat{L}_z^2$ in der Tat durch (2.65) gegeben ist. Weitere Details findet man in Anhang B.

2.5.3 Eigenwerte und Eigenfunktionen

Wir können nun daran gehen, die Eigenwerte und Eigenfunktionen der Drehimpulsoperatoren zu besprechen, die wir in praktisch allen folgenden Kapiteln benutzen werden. Wir skizzieren hier nur die Grundüberlegungen, stellen das später benötigte Handwerkszeug zusammen, und verweisen für die detaillierte Rechnung auf einschlägige Lehrbücher der Quantenmechanik.

z-Komponente des Bahndrehimpulses

Die z-Achse ist wegen der Definition von θ in Polarkoordinaten eine bevorzugte Koordinate. Die Eigenwertgleichung wird mit (2.70) eine PDGL 1. Ordnung

$$\begin{aligned} \widehat{L}_z \Phi(\varphi) &= \ell_z \Phi(\varphi) \\ -\mathrm{i}\hbar\frac{\partial}{\partial\varphi}\Phi(\varphi) &= \ell_z \Phi(\varphi) \end{aligned} \tag{2.71}$$

und lässt sich direkt integrieren. Die Lösung ist

$$\Phi = C \exp\left(\mathrm{i}\frac{\ell_z}{\hbar}\varphi\right)$$

mit einer Normierungskonstanten C. Wir müssen nun etwas *Physik* anwenden: Welche Werte von ℓ_z sind physikalisch sinnvoll? Offenbar muss $\Phi\,(\varphi)$ eindeutig sein:

$$\Phi(0) \stackrel{!}{=} \Phi\,(2\pi) \text{ bzw. } \exp(0) \stackrel{!}{=} \exp\left(\mathrm{i}\frac{\ell_z}{\hbar}2\pi\right) \tag{2.72}$$

Das ist nur möglich, wenn $\ell_z/\hbar = m$ eine ganze Zahl $m = 0, \pm 1, \pm 2, \ldots$ ist. Dann wird nämlich

$$\exp\left(\mathrm{i}\frac{\ell_z}{\hbar}2\pi\right) = \exp\left(\mathrm{i}m2\pi\right) = 1,$$

und somit sind die Funktionen $\Phi_m(\varphi) = C_m \exp\left(\mathrm{i}m\varphi\right)$ die Eigenfunktionen, welche die Eigenwertgleichung (2.71) lösen. Wir nennen m die *magnetische* oder *Projektionsquantenzahl.* Damit diese Wellenfunktionen *orthonormal* sind, muss gelten:

$$\begin{aligned} \delta_{mm'} \stackrel{!}{=} \langle \Phi_m | \Phi_{m'} \rangle &= C_m^* C_{m'} \int_0^{2\pi} \exp\left(-\mathrm{i}m\varphi\right) \exp\left(\mathrm{i}m'\varphi\right) \mathrm{d}\varphi \\ \langle \Phi_m | \Phi_{m'} \rangle &= C_m^* C_{m'} \begin{cases} 0 & \text{für } m \neq m' \\ 2\pi & \text{für } m = m' \end{cases} \end{aligned} \tag{2.73}$$

Die Normierungskonstante wird also durch $|C_m|^2\,2\pi \stackrel{!}{=} 1 \Rightarrow C_m = 1/\sqrt{2\pi}$ bestimmt, wobei man als *Phasenkonvention* festlegt, dass C_m reell ist! Somit haben wir für die $\widehat{L}_z$-Komponente des

$$\textit{Bahndrehimpulses}\quad \widehat{L}_z\Phi_m = m\hbar\Phi_m$$

$$\text{mit den }\textit{Eigenfunktionen}\quad \Phi_m = \frac{1}{\sqrt{2\pi}}\exp\left(\mathrm{i}m\varphi\right) \tag{2.74}$$

$$\text{und den }\textit{Eigenwerten }\hbar m\text{ mit}\quad m = 0, \pm 1, \pm 2, \ldots$$

Komponenten in x- und y-Richtung
Für die $\widehat{L}_x$- und $\widehat{L}_y$-Komponenten ist die Rechnung aufwendiger, aber im Prinzip trivial. Wir teilen ohne Beweis mit: $\widehat{L}_x$, $\widehat{L}_y$ und $\widehat{L}_z$ sind nicht paarweise gleichzeitig messbar (d. h. sie kommutieren nicht). Man kann vielmehr zeigen, dass

$$\begin{aligned}\left[\widehat{L}_x, \widehat{L}_y\right] &= \widehat{L}_x\widehat{L}_y - \widehat{L}_y\widehat{L}_x = \mathrm{i}\hbar\widehat{L}_z, \\ \left[\widehat{L}_y, \widehat{L}_z\right] &= \mathrm{i}\hbar\widehat{L}_x \text{ und } \left[\widehat{L}_z, \widehat{L}_x\right] = \mathrm{i}\hbar\widehat{L}_y.\end{aligned} \tag{2.75}$$

Der Nichtkommutierbarkeit entspricht, dass alle Komponenten $\widehat{L}_i$ durch unterschiedliche Funktionen von φ und θ dargestellt werden.

Quadrat des Bahndrehimpulses
Die Eigenwertgleichung für $\widehat{\boldsymbol{L}}^2$ nach (2.65) schreiben wir

$$\widehat{\boldsymbol{L}}^2 Y(\theta, \varphi) = \mathcal{L}^2 Y(\theta, \varphi) \tag{2.76}$$

und machen den *Produkt-Ansatz:*

$$Y(\theta, \varphi) = \Theta(\theta)\,\Phi(\varphi)\,. \tag{2.77}$$

Wir versuchen es mit den Eigenfunktionen (2.74) von $\widehat{L}_z$ und setzen $\Phi_m = \left(1/\sqrt{2\pi}\right)\exp\left(\mathrm{i}m\varphi\right)$ in die Eigenwertgleichung (2.76) für $\widehat{\boldsymbol{L}}^2$ ein und schreiben die *Eigenwerte von* $\widehat{\boldsymbol{L}}^2$ als

$$\mathcal{L}^2 = \ell(\ell+1)\hbar^2, \tag{2.78}$$

womit wir die *Bahndrehimpulsquantenzahl* ℓ einführen. Damit wird (2.76) zu

$$\begin{aligned}&-\hbar^2\left[\frac{1}{\sin\theta}\frac{\partial}{\partial\theta}\left(\sin\theta\frac{\partial\Theta_\ell(\theta)}{\partial\theta}\right)\Phi_m(\varphi) + \frac{1}{\sin^2\theta}\Theta_\ell(\theta)\frac{\partial^2}{\partial\varphi^2}\Phi_m(\varphi)\right] \\ &= \ell(\ell+1)\hbar^2\Theta_\ell(\theta)\,\Phi_m(\varphi) = \ell(\ell+1)\hbar^2 Y_{\ell m}(\theta,\varphi) \\ &\Rightarrow -\hbar^2\left[\frac{1}{\sin\theta}\frac{\mathrm{d}}{\mathrm{d}\theta}\left(\sin\theta\frac{\mathrm{d}\Theta(\theta)}{\mathrm{d}\theta}\right) - \frac{m^2}{\sin^2\theta}\Theta(\theta)\right] = \ell(\ell+1)\hbar^2\Theta(\theta)\end{aligned} \tag{2.79}$$

Man hat nun also nur noch eine gewöhnliche GDGL zu lösen. Verschiedene Verfahren führen zum Ziel, sei es über die direkte Lösung der GDGL (2.79) mithilfe der *assoziierten* LEGENDRE-*Polynome,* sei es eleganter über die Eigenschaften der Drehimpulsoperatoren und entsprechende Rekursionsformeln. In jedem Fall muss man analog zu (2.72) physikalisch sinnvolle Randbedingungen fordern (also Wellenfunktionen, die endlich und eindeutig für $0 \leq \theta \leq \pi$ sind).

Wir weisen ausdrücklich darauf hin, dass die Quantenmechanik an dieser Stelle eine axiomatische Festlegung trifft – ganz äquivalent zur BOHR*'schen Quantisierungsbedingung* (1.115).[12]

Ähnlich wie bei $\widehat{L}_z$, wenn auch etwas aufwendiger, zeigt man, dass solche *physikalisch vernünftigen Lösungen* für $\ell = 0, 1, 2, 3 \ldots$ *existieren*. Man bezeichnet sie kurz auch mit $s, p, d, f \ldots$ Für diese Eigenfunktionen bzw. Zustände gilt:

Eigenwertgleichung für $\widehat{\boldsymbol{L}}^2$
$$\widehat{\boldsymbol{L}}^2 Y_{\ell m}(\theta, \varphi) = \ell(\ell+1)\hbar^2 Y_{\ell m}(\theta, \varphi) \tag{2.80}$$
Eigenwertgleichung für $\widehat{L}_z$
$$\widehat{L}_z Y_{\ell m}(\theta, \varphi) = m\hbar\, Y_{\ell m}(\theta, \varphi) \tag{2.81}$$

Quantenzahlen
$$\ell = 0, 1, 2, \ldots \quad \text{und} \quad m = 0, \pm 1, \ldots \pm, \ell \tag{2.82}$$
Entartung
$$2\ell + 1 \tag{2.83}$$

Die Gültigkeit von (2.81) folgt direkt aus (2.74) und (2.77), da $\widehat{L}_z$ nur auf die φ Komponente von $Y_{\ell m}(\theta, \varphi)$ wirkt. Das heißt

$$\widehat{\boldsymbol{L}}^2 \widehat{L}_z = \widehat{L}_z \widehat{\boldsymbol{L}}^2 \quad \text{oder} \quad \left[\widehat{\boldsymbol{L}}^2, \widehat{L}_z\right] = 0, \tag{2.84}$$

was auch bedeutet, dass $\widehat{\boldsymbol{L}}^2$ *und* $\widehat{L}_z$ *gleichzeitig gemessen werden können*. Das gilt natürlich auch für $\widehat{\boldsymbol{L}}^2$ und $\widehat{L}_x$ sowie für $\widehat{\boldsymbol{L}}^2$ und $\widehat{L}_y$, jedoch nach (2.75) *nicht für die Komponenten* $\widehat{L}_x$, $\widehat{L}_y$ *und* $\widehat{L}_z$ *untereinander*.

Vektordiagramm

Man kann – etwas locker – mit (2.80) den Betrag des Drehimpulses schreiben:

$$\left|\widehat{\boldsymbol{L}}\right| = \sqrt{\ell(\ell+1)}\,\hbar \tag{2.85}$$

Die genaue Richtung des Drehimpulses für einen gegebenen Satz Quantenzahlen ℓm ist nicht bestimmt. Definiert ist nur die Komponente $m\hbar$ in Bezug auf die z-Achse und der Betrag. Eine anschauliche Darstellung dieses Zusammenhangs vermittelt das sogenannte Vektordiagramm, welches wir schon im Zusammenhang mit dem Elektronenspin (s. Abb. 1.41) kennengelernt haben. In Abb. 2.5 wird das Beispiel $\ell = 2$, $\left|\widehat{\boldsymbol{L}}\right|/\hbar = \sqrt{6} \simeq 2.45$ mit $\widehat{L}_z/\hbar = m = -2, -1, 0, 1, 2$ illustriert. Man denke sich die Vektorpfeile jeweils um die z-Achse statistisch verteilt, also einen Konus der Höhe $m\hbar$ und der Seitenlänge $\sqrt{\ell(\ell+1)}\,\hbar$ beschreibend.

[12] Auch wenn diese Forderung nach Eindeutigkeit sehr plausibel ist und wesentlich allgemeiner als die von BOHR anhand des Vergleichs mit dem Experiment konstatierte Drehimpulsquantisierung, ist sie im strengen Sinne nicht begründbar und rechtfertigt sich nur durch experimentelle Belege. Entsprechende axiomatische Festlegungen müssen auch für den Radialteil der Wellenfunktion getroffen werden.

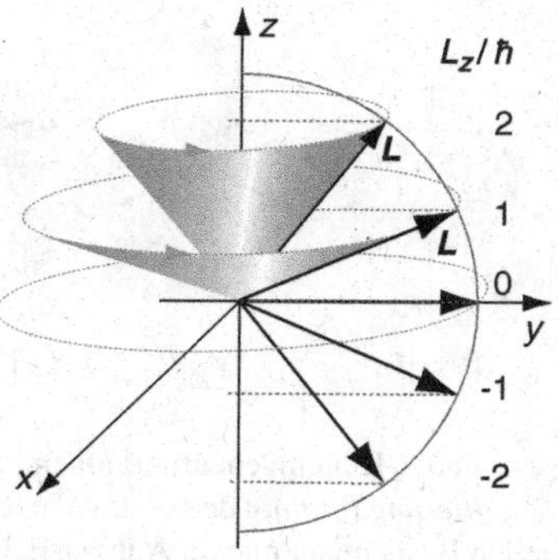

Abb. 2.5 Schematische Darstellung der $2\ell + 1$-fachen Einstellmöglichkeiten eines Drehimpulses $\ell\hbar$ im Raum (hier für das Beispiel $\ell = 2$)

Kugelflächenfunktionen

Die Eigenfunktionen $Y_{\ell m}(\theta, \varphi)$ von $\widehat{\boldsymbol{L}}^2$ und $\widehat{L}_z$ nennt man *Kugelflächenfunktionen* (englisch *Spherical Harmonics*), und charakterisiert sie kurz als *s*-, *p*-, *d*-, *f*- ... *Orbitale* (auch Zustände oder Wellenfunktionen) entsprechend $\ell = 0, 1, 2, 3 \ldots$ Eine graphische Illustration ihrer Winkelabhängigkeiten zeigt Abb. 2.6 für einige Beispiele. Allgemeine Formeln und ihre Eigenschaften werden in Anhang B.1.2 zusammengefasst, und spezifische Ausdrücke bis zu $\ell = 3$ findet man dort in Tab. B.1 auf Seite 612.

Die Kugelflächenfunktionen $Y_{\ell m}(\theta, \varphi)$ sind *orthonormiert:*

$$\int_0^{2\pi} \mathrm{d}\varphi \int_0^{\pi} Y^*_{\ell m}(\theta, \varphi) Y_{\ell' m'}(\theta, \varphi) \sin\theta \mathrm{d}\theta = \delta_{\ell' \ell} \delta_{m' m} . \tag{2.86}$$

Die konjugiert komplexe Funktion ist

$$Y^*_{\ell m}(\theta, \varphi) = (-1)^m Y_{\ell -m}(\theta, \varphi), \tag{2.87}$$

und Inversion am Ursprung ($\boldsymbol{r} \to -\boldsymbol{r}$) führt zu

$$Y_{\ell m}(\pi - \theta, \pi + \varphi) = (-1)^\ell Y_{\ell -m}(\theta, \varphi). \tag{2.88}$$

Das bedeutet (siehe auch die detaillierte Diskussion in Anhang E) sogenannte *positive oder negative Parität*, je nachdem ob ℓ *gerade* oder *ungerade* ist.

An dieser Stelle führen wir eine wichtige Schreibweise für die Kugelflächenfunktionen als *‚bra'* und *‚ket'* Vektoren ein, die häufig benutzt wird. Wir schreiben

$$Y_{\ell m}(\theta, \varphi) \to |\ell m\rangle \quad \text{und} \quad Y^*_{\ell m}(\theta, \varphi) \to \langle \ell m| . \tag{2.89}$$

In dieser Notation schreiben wir die Orthogonalitätsrelationen (2.86) und die Matrixelemente (2.31) eines Operators $\widehat{A}$ als

$$\left\langle \ell m \middle| \ell' m' \right\rangle = \delta_{\ell \ell'} \delta_{m m'} \quad \text{und} \quad A_{\ell m, \ell' m'} = \left\langle \ell m \middle| \widehat{A} \middle| \ell' m' \right\rangle . \tag{2.90}$$

Viele nützliche Beziehungen sind in den Anhängen B, C und D zusammengestellt.

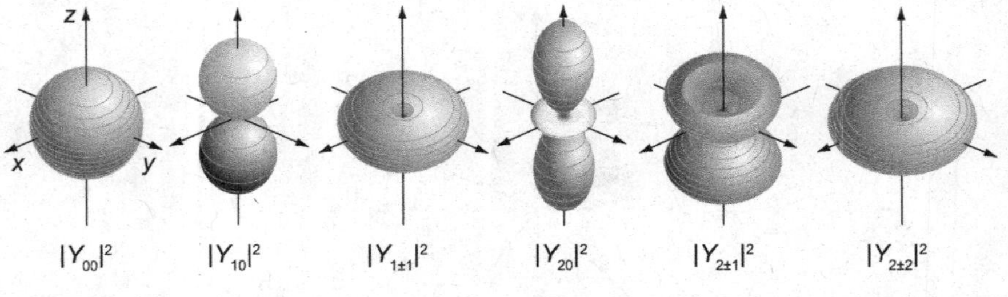

Abb. 2.6 Betragsquadrat der s-, p- und d-Kugelflächenfunktionen in 3D-Darstellung als Funktion des Raumwinkels. Die *farbige Schattierung (online)* deutet das Vorzeichen von $Y_{\ell m}(\theta, \varphi)$ an. Eine alternative Darstellung in der reellen Basis findet man in Anhang E.3, speziell in Abb. E.1

Häufig benutzt man der einfacheren Schreibweise wegen auch die sog. *renormierten Kugelflächenfunktionen*

$$C_{\ell m}(\theta, \varphi) = \sqrt{\frac{4\pi}{2\ell + 1}}\, Y_{\ell m}(\theta, \varphi) . \tag{2.91}$$

Sie sind normiert entsprechend

$$\int^{4\pi} C^*_{\ell m}(\theta, \varphi)\, C_{\ell' m'}(\theta, \varphi)\, \mathrm{d}\Omega = \frac{4\pi}{2\ell + 1} \delta_{\ell' \ell} \delta_{m' m} . \tag{2.92}$$

Schließlich sei hier darauf hingewiesen, dass die *komplexe Formulierung der Kugelflächenfunktionen* $Y_{\ell m}(\theta, \varphi)$, deren Winkelabhängigkeit in Abb. 2.6 illustriert ist, gut an viele Probleme *der Atomphysik angepasst* ist. Sie ist aber keinesfalls die einzig mögliche und sinnvolle Repräsentation des Winkelanteils der atomaren Orbitale. Eine häufig in der Molekülphysik und stets in der Chemie benutzte Alternative (siehe Band 2) sind reelle Kombinationen von Kugelflächenfunktionen. Sie werden recht detailliert in Anhang E beschrieben.

2.5.4 Elektronenspin

Wir hatten beim STERN-GERLACH-Experiment in Abschn. 1.9 auf Seite 79 gesehen, dass das Elektron neben Ladung und Masse eine weitere Eigenschaft hat, die wir in Abschn. 1.10 mit einem Drehimpuls, genannt *Spin*, identifiziert haben. Der Spin ist durch die Spinquantenzahl $s = 1/2$ charakterisiert, er ist dem Betrag nach $|S| = \sqrt{s(s+1)}\,\hbar$ und hat zwei Einstellmöglichkeiten mit den Werten $\hbar/2$ und $-\hbar/2$. Schließlich hat das Elektron ein magnetisches Moment mit einem g-Faktor von ziemlich genau $g_s \simeq 2$.

Man überträgt nun einfach die formalen Regeln für Operatoren und Quantenzustände, die wir in Abschn. 2.5 kennengelernt haben, sinngemäß auf den Spin. Natürlich lässt sich dieser nicht im Ortsraum abbilden. Aber wir können wie beim Bahndrehimpuls formal einen Vektoroperator $\widehat{\boldsymbol{S}}$ definieren, mit dem Betragsquadrat $\widehat{\boldsymbol{S}}^2$ und einer Komponente $\widehat{S}_z$ in z-Richtung, für welche die gleichen allgemeinen *Vertauschungsregeln für Drehimpulse* (2.75) und (2.84) gelten:

$$\left[\widehat{S}_x, \widehat{S}_y\right] = \mathrm{i}\hbar\widehat{S}_z, \; \left[\widehat{S}_y, \widehat{S}_z\right] = \mathrm{i}\hbar\widehat{S}_x, \; \left[\widehat{S}_z, \widehat{S}_x\right] = \mathrm{i}\hbar\widehat{S}_y, \; \left[\widehat{\boldsymbol{S}}^2, \widehat{S}_z\right] = 0 \tag{2.93}$$

Dies bedeutet, dass die *Komponenten des Spins* nicht gleichzeitig gemessen werden können, wohl aber sein *Betrag gleichzeitig mit einer Komponente* (hier wurde z ausgewählt).

Wir führen nun *Spinzustände* $|sm_s\rangle$ ein, für die analog zum Bahndrehimpuls nach (2.80) und (2.81) gilt:

$$\widehat{\boldsymbol{S}}^2 \, |sm_s\rangle = s(s+1)\hbar^2 \, |sm_s\rangle \quad \text{und} \quad \widehat{S}_z \, |sm_s\rangle = m_s\hbar \, |sm_s\rangle \tag{2.94}$$

Für die Zustände des Elektronenspins gibt es also nur zwei Basiszustände

$$\left|\tfrac{1}{2}\,\tfrac{1}{2}\right\rangle = |\alpha\rangle = |+\rangle \quad \text{und} \quad \left|\tfrac{1}{2}\,\tfrac{-1}{2}\right\rangle = |\beta\rangle = |-\rangle\,, \tag{2.95}$$

für die der Spin in $+z$ bzw. in $-z$-Richtung zeigt. Der Kompaktheit halber haben wir auch die Abkürzungen $|\alpha\rangle$ bzw. $|\beta\rangle$ sowie die gelegentlich ebenfalls benutzten $|+\rangle$ bzw. $|-\rangle$ eingeführt. Man spricht auch von ‚spin up' ($\uparrow$) bzw. ‚spin down' ($\downarrow$) Zuständen. In der Literatur findet man oft auch die Bezeichnung *Spinfunktion* α und β ohne *bra* und *ket*. Es gilt jedenfalls trivialerweise

$$\begin{aligned} \widehat{\boldsymbol{S}}^2 \, |\alpha\rangle &= \tfrac{3}{4}\hbar^2 \, |\alpha\rangle & \qquad \widehat{\boldsymbol{S}}^2 \, |\beta\rangle &= \tfrac{3}{4}\hbar^2 \, |\beta\rangle \\ \widehat{S}_z \, |\alpha\rangle &= \tfrac{\hbar}{2} \, |\alpha\rangle & \qquad \widehat{S}_z \, |\beta\rangle &= -\tfrac{\hbar}{2} \, |\beta\rangle \end{aligned} \tag{2.96}$$

mit den Orthonormalitätsrelationen

$$\langle\alpha|\,\beta\rangle = \langle\beta|\,\alpha\rangle = 0 \quad \text{und} \quad \langle\alpha|\,\alpha\rangle = \langle\beta|\,\beta\rangle = 1. \tag{2.97}$$

Aus den Vertauschungsrelationen kann man mit etwas Algebra, die wir hier aus Platzgründen unterschlagen, auch ermitteln, wie die anderen Komponenten von $\widehat{\boldsymbol{S}}$ auf die Basisspinfunktionen wirken:

$$\widehat{S}_x \, |\alpha\rangle = \frac{\hbar}{2} \, |\beta\rangle \quad \widehat{S}_x \, |\beta\rangle = \frac{\hbar}{2} \, |\alpha\rangle \quad \widehat{S}_y \, |\alpha\rangle = \frac{\mathrm{i}\hbar}{2} \, |\beta\rangle \quad \widehat{S}_y \, |\beta\rangle = -\frac{\mathrm{i}\hbar}{2} \, |\alpha\rangle \tag{2.98}$$

In dieser Basis kann jeder beliebige Spinzustand eines einzelnen Elektrons als

$$|\chi\rangle = \chi_+ \, |\alpha\rangle + \chi_- \, |\beta\rangle \tag{2.99}$$

mit den *Wahrscheinlichkeitsamplituden* χ_+ bzw. χ_- geschrieben werden. Die *Zustände sind normiert*, d. h. $\langle\chi|\,\chi\rangle = |\chi_+|^2 + |\chi_-|^2 = 1$. Die *Wahrscheinlichkeit*, den Zustand α bzw. β zu finden (also mit Spin aufwärts $\uparrow$ bzw. abwärts $\downarrow$), ist also $|\chi_+|^2$ bzw. $|\chi_-|^2$. Die *Erwartungswerte der Spinkomponenten* $\widehat{S}_k$ (mit $k = x, y$ oder z) erhält man für den Zustand (2.99) aus $\langle\widehat{S}_k\rangle = \langle\chi|\,\widehat{S}_k\,|\chi\rangle$ unter Benutzung von (2.96) und (2.98).

Man beachte dabei, dass zwar die drei Spinkomponenten nicht gleichzeitig gemessen werden können. Betrag und Phase der (komplexen) Amplituden χ_+ und χ_- bestimmen aber dennoch die genaue Orientierung des Spins im dreidimensionalen Raum. Hat man etwa einen reinen Basiszustand, z. B. $|\alpha\rangle$, vorliegen – mit einem idealen STERN-GERLACH-Experiment erzeugt man diesen in einem der zwei Teilstrahlen hinter dem Magneten – so kann man ihn etwa in ein neues Koordinatensystemen einführen, in dem entsprechend gedrehte STERN-GERLACH-Magneten die neue x-, y-, und z-Richtung definieren. Aus den in vielen Einzelmessungen gewonnenen Erwartungswerten (in mindestens zwei Raumrichtungen) kann man dann die Amplituden χ_+ und χ_- bestimmen. Bequemerweise schreibt man dafür

$$\chi_+ = \cos\frac{\theta}{2}\exp\left(-\mathrm{i}\frac{\varphi}{2}\right) \quad \text{und} \quad \chi_- = \sin\frac{\theta}{2}\exp\left(\mathrm{i}\frac{\varphi}{2}\right), \tag{2.100}$$

womit die Amplituden automatisch normiert sind. Wie man als leichte Übungsaufgabe mithilfe von (2.98) zeigen kann, geben die Parameter θ bzw. φ den Polar- bzw. Azimutwinkel an, unter welchem der so definierte Spinzustand im Raum orientiert ist.

Obwohl das hier skizzierte Rüstzeug für die Beschreibung des Spins völlig ausreicht, schreibt man gelegentlich – weil es vielleicht handlicher ist oder auch aus historischen Gründen – die *Operatoren als Matrizen* und die *Eigenzustände als Vektoren*, die sogenannten *Spinoren:*

$$\boldsymbol{\chi} = \begin{pmatrix} \chi_+ \\ \chi_- \end{pmatrix} \quad \text{und} \quad \boldsymbol{\chi}^\dagger = \begin{pmatrix} \chi_+^* & \chi_-^* \end{pmatrix} \tag{2.101}$$

$$\text{mit der Basis} \quad \boldsymbol{\alpha} = \begin{pmatrix} 1 \\ 0 \end{pmatrix} \quad \text{und} \quad \boldsymbol{\beta} = \begin{pmatrix} 0 \\ 1 \end{pmatrix} \tag{2.102}$$

Mit (2.98) kann man die Matrixelemente der Operatoren $\widehat{S}_x$, $\widehat{S}_y$ und $\widehat{S}_z$ berechnen und erhält so eine Matrixdarstellung für

$$\widehat{\boldsymbol{S}} = \frac{\hbar}{2}\widehat{\boldsymbol{\sigma}}, \tag{2.103}$$

wobei $\widehat{\boldsymbol{\sigma}}$ ein Vektoroperator ist, der aus den sogenannten PAULI'*schen Spinmatrizen* besteht:

$$\sigma_x = \begin{pmatrix} 0 & 1 \\ 1 & 0 \end{pmatrix} \quad \sigma_y = \begin{pmatrix} 0 & -\mathrm{i} \\ \mathrm{i} & 0 \end{pmatrix} \quad \text{und} \quad \sigma_z = \begin{pmatrix} 1 & 0 \\ 0 & -1 \end{pmatrix} \tag{2.104}$$

$$\widehat{\boldsymbol{S}}^2 = \widehat{S}_x^2 + \widehat{S}_y^2 + \widehat{S}_z^2 = \frac{3}{4}\hbar^2 \begin{pmatrix} 1 & 0 \\ 0 & 1 \end{pmatrix} \tag{2.105}$$

Zur späteren Verwendung halten wir hier fest, dass die PAULI-Matrizen antikommutieren:

$$\sigma_i\sigma_j + \sigma_j\sigma_i = 2\delta_{ij} \quad \text{und daher wird}$$

$$\sigma_x^2 = \sigma_y^2 = \sigma_z^2 = 1 \quad \text{und} \quad \sigma_x\sigma_y = -\sigma_y\sigma_x = \mathrm{i}\sigma_z. \tag{2.106}$$

Was haben wir in Abschnitt 2.5 gelernt?

- Bahndrehimpulsoperatoren können aus $\widehat{\boldsymbol{L}} = \boldsymbol{r} \times \widehat{\boldsymbol{p}}$ abgeleitet werden mit $\widehat{\boldsymbol{p}} = -\mathrm{i}\hbar\nabla$. Man kann sie auch mithilfe der Vertauschungsrelationen (2.75) konstruieren.
- Mit der räumlichen Darstellung der Operatoren $\widehat{\boldsymbol{L}}^2$ und $\widehat{L}_z$ nach (2.65) und (2.70) erhält man Eigenwerte und Wellenfunktionen, die in (2.80)–(2.83) summiert sind. Das Vektordiagramm Abb. 2.5 illustriert diese schematisch.
- Die Form der Orbitale mit den niedrigsten Drehimpulsen (s, p und d), die in Abb. 2.6 skizziert sind, sollte man sich merken. Allgemeine Beziehungen und Eigenschaften der Kugelflächenfunktionen sind in Anhang B.1.2 zusammengestellt, spezifische Ausdrücke sind in Tab. B.1 tabelliert.

- Der Elektronenspin gehorcht den gleichen Vertauschungsrelationen wie die Bahndrehimpulse. Sein intrinsischer Drehimpuls, der Spin, ist jedoch $s = 1/2$ und die Projektionsquantenzahl $m_s = \pm 1/2$. Eine häufig benutzte Repräsentation des Spinoperators sind die PAULI-Matrizen (2.104) und (2.105), die auf die sog. Spinoren wirken – das sind zweikomponentige Repräsentationen der Spin-Eigenfunktionen.

2.6 Einelektronensysteme und das H-Atom

Wir sind jetzt dafür gerüstet, ein Teilchen im zentralsymmetrischen Potenzial $V(r)$ zu behandeln, speziell also das Einelektronenproblem. Vieles, was wir nachfolgend behandeln werden, basiert auf dem, was wir in Abschn. 2.5 über den Bahndrehimpuls gelernt haben. Wir halten die Diskussion zunächst allgemein und spezialisieren dann in Abschn. 2.6.5 für das Wasserstoffatom (H und H-ähnliche Ionen), also für ein COULOMB-Potenzial $V(r) \propto -1/r < 0$.

2.6.1 Quantenmechanik des Einteilchenproblems

Wir präzisieren zunächst die SCHRÖDINGER-Gleichung: Mit (2.67) und (2.66) können wir den HAMILTON-Operator (2.10) schreiben als

$$\widehat{H} = \frac{\widehat{\boldsymbol{p}}^2}{2m_\mathrm{e}} + V(r) = \widehat{H}_r + \frac{\widehat{\boldsymbol{L}}^2}{2m_\mathrm{e}r^2} + V(r) \tag{2.107}$$

$$\text{mit} \quad \widehat{H}_r = -\frac{\hbar^2}{2m_\mathrm{e}}\frac{1}{r^2}\frac{\partial}{\partial r}\left(r^2\frac{\partial}{\partial r}\right), \tag{2.108}$$

und erhalten die *Einteilchen-*SCHRÖDINGER*-Gleichung in Polarkoordinaten:*

$$\left[\widehat{H}_r + \frac{\widehat{\boldsymbol{L}}^2}{2m_\mathrm{e}r^2} + V(r)\right]\psi_{n\ell m}(r,\theta,\varphi) = W_{n\ell m}\psi_{n\ell m}(r,\theta,\varphi) \tag{2.109}$$

Die Eigenfunktionen $Y_{lm}(r,\theta,\varphi)$ von $\widehat{\boldsymbol{L}}^2$ und die Eigenwerte $\hbar^2\ell(\ell+1)$ haben wir in Abschn. 2.5 ausführlich behandelt. Wir machen hier daher den *Separationsansatz*

$$\psi_{n\ell m}(r,\theta,\varphi) = R_{n\ell}(r)Y_{\ell m}(\theta,\varphi) \tag{2.110}$$

zur Lösung von (2.109). Damit wird

$$\left[\widehat{H}_r + \frac{\widehat{\boldsymbol{L}}^2}{2m_\mathrm{e}r^2} + V(r)\right]R_{n\ell}(r)Y_{\ell m}(\theta,\varphi) = W_{n\ell m}\,R_{n\ell}(r)Y_{\ell m}(\theta,\varphi)$$

Da nun $\widehat{H}_r$ und $V(r)$ nur auf den radialen Anteil der Wellenfunktion wirken, und $\widehat{\boldsymbol{L}}^2$ nur auf den Winkelanteil, erhalten wir mit (2.108) und (2.80)

$$\left[-\frac{\hbar^2}{2m_\mathrm{e}}\frac{1}{r^2}\frac{\mathrm{d}}{\mathrm{d}r}\left(r^2\frac{\mathrm{d}}{\mathrm{d}r}\right)+\frac{\hbar^2\ell(\ell+1)}{2m_\mathrm{e}r^2}-\frac{1}{4\pi\varepsilon_0}\frac{Ze^2}{r}\right]R_{n\ell}(r)=W_{n\ell}\,R_{n\ell}(r). \tag{2.111}$$

Die Summe aus *Zentrifugalpotenzial* $\hbar^2\ell(\ell+1)/\left(2m_\mathrm{e}r^2\right)$ und Zentralpotenzial $V(r)$ nennt man *effektives Potenzial:*

$$V_\mathrm{eff}(r)=\frac{\hbar^2\ell(\ell+1)}{2m_\mathrm{e}r^2}+V(r) \tag{2.112}$$

Damit und mit der Substitution

$$R_{n\ell}(r)=u_{n\ell}(r)/r \tag{2.113}$$

erhält man eine übersichtliche, eindimensionale Differenzialgleichung, die relativ problemlos integriert werden kann:

$$\frac{\hbar^2}{2m_\mathrm{e}}\frac{\mathrm{d}^2u_{n\ell}}{\mathrm{d}r^2}+\left[W_{n\ell}-V_\mathrm{eff}(r)\right]u_{n\ell}(r)=0 \tag{2.114}$$

Man beachte: Die Gesamtenergie $W_{n\ell}$ ist nicht von der azimutalen (Projektions-) Quantenzahl m abhängig, da auch die Eigenwerte von $\widehat{\boldsymbol{L}}^2$ nicht davon abhängen. Das wiederum liegt daran, dass der HAMILTON-Operator nicht vom Azimutwinkel φ abhängig ist. In (2.114) haben wir als weitere (ganzzahlige) Quantenzahl, die sogenannte *Hauptquantenzahl* n, eingeführt, welche die radiale Wellenfunktion $R_{n\ell}(r)$ bzw. $u_{n\ell}(r)$ charakterisiert. Man definiert n so, dass $n-\ell$ gerade die Anzahl der Nullstellen von $u_{n\ell}(r)$ angibt und $0\le\ell\le n-1$ wird (dazu mehr in den folgenden Abschnitten).

Der Energienullpunkt wird üblicherweise so festgelegt, dass ein Elektron, welches gerade nicht mehr gebunden ist, die Gesamtenergie Null hat. Gebundene Elektronen haben daher negative Energien $W_{n\ell}<0$, *während freie Elektronen Gesamtenergien* $W>0$ *haben*. Häufig wendet man (2.89) auf die gesamte Wellenfunktion des Elektrons an und schreibt

$$R_{n\ell}(r)Y_{\ell m}(\theta,\varphi)\to|n\ell m\rangle. \tag{2.115}$$

Noch spezifischer bezeichnet man diese sog. *Atomorbitale* (AO) kurz als $n\ell=1s$, $2s$, $2p$, $3s$, $3p$, $3d$, usw. in der Notation, die wir in Abschn. 2.5.3 eingeführt haben.

2.6.2 Atomare Einheiten

Wir erinnern noch einmal an die bereits in Abschn. 1.7.3 eingeführten *atomaren Einheiten* (a.u.):

$$\begin{array}{ll} \textit{Energie} & E_\mathrm{h} = m_\mathrm{e} e^4 \epsilon_0^{-2} h^{-2}/4 \\ \textit{Länge} & a_0 = \epsilon_0 h^2 e^{-2} m_\mathrm{e}^{-1}/\pi = \hbar/\sqrt{m_\mathrm{e} E_\mathrm{h}} \\ \textit{Zeit} & t_0 = 2\epsilon_0^2 h^3 e^{-4} m_\mathrm{e}^{-1}/\pi . \end{array}$$

Die derzeit genauesten Zahlenwerte sind in Anhang A zusammengestellt und die aktuellsten Werte findet man bei NIST (2014). Wir wollen diese Definitionen jetzt dazu benutzen, um die radiale SCHRÖDINGER-Gleichung (2.114) dimensionslos zu schreiben. Wir multiplizieren (2.114) zunächst mit $m_\mathrm{e}/\hbar^2$ und a_0^2. Sodann benutzen wir die Identität $a_0 = \hbar/\sqrt{m_\mathrm{e} E_\mathrm{h}}$ und erhalten in dimensionsloser Form:

$$\frac{1}{2}\frac{\mathrm{d}^2 u_{n\ell}}{\mathrm{d}(r/a_0)^2} + \left[W_{n\ell}/E_\mathrm{h} - \frac{\ell(\ell+1)}{2(r/a_0)^2} + \frac{V(r/a_0)}{E_\mathrm{h}} \right] u_{n\ell}(r) = 0. \qquad (2.116)$$

Schließlich schreiben wir der Einfachheit halber wieder $r/a_0 \to r$ und $W_{n\ell}/E_\mathrm{h} \to W_{n\ell}$ bzw. $V(r)/E_\mathrm{h} \to V(r)$, wir *messen also alle Observablen in atomaren Einheiten* und die SCHRÖDINGER-Gleichung (2.114) wird schließlich:

$$\frac{1}{2}\frac{\mathrm{d}^2 u_{n\ell}}{\mathrm{d}r^2} + [W_{n\ell} - V_\mathrm{eff}(r)] u_{n\ell}(r) = 0 \qquad (2.117)$$

$$\text{mit} \quad V_\mathrm{eff}(r) = V(r) + \frac{\ell(\ell+1)}{2r^2}.$$

Auf diese Weise kann man alle atomaren Gleichungen in sehr übersichtlicher Form dimensionslos schreiben und erhält alle Ergebnisse in atomaren Einheiten. Speziell für das H-Atom und H-ähnliche Ionen ist in atomaren Einheiten $V(r) = -Z/r$. Theoretiker lieben diese Form ganz besonders und sagen gelegentlich, *man setze* $\hbar = e = m_\mathrm{e} = 1$ *– was natürlich eine unzulässige Vereinfachung ist.* Das Verfahren hat in jedem Fall einen gravierenden Nachteil: Eine Dimensionsanalyse ist jetzt nicht mehr möglich. Daher versuchen wir in der Regel die Gleichungsform (2.116) zu nutzen und führen die a.u. a_0, E_h, und t_0 explizit mit. Manchmal kann man auch Kombinationen von fundamentalen Naturkonstanten zu dimensionslosen Größen zusammenfügen, so z. B. zur Feinstrukturkonstante $\alpha = \sqrt{E_\mathrm{h}/m_\mathrm{e}c^2}$ nach (1.10). Wir werden das im Verlauf dieses Buches an vielen Beispielen illustrieren.

2.6.3 Schwerpunktbewegung und reduzierte Masse

Bislang haben wir so getan, als kreise das Elektron um ein raumfestes Zentrum. Da die Kernmasse m_n viel größer als die Elektronenmasse ist – im einfachsten Falle des Protons als Atomkern mit $m_\mathrm{p} \simeq 1840\, m_\mathrm{e}$ – liegt der Schwerpunkt tatsächlich nahezu bei $r = 0$. Für genauere Ansprüche muss man das aber korrigieren. Wie in der klassischen Mechanik macht man aus dem tatsächlichen Zweiteilchenproblem ein effektives Einteilchenproblem, indem man die *Elektronenmasse* m_e durch die *reduzierte Masse des Systems* $\bar{m}_e$ nach (1.129) ersetzt. Für die atomaren Einheiten ist dann entsprechend zu substituieren:

$$a_0 \to \bar{a}_0 = a_0 \frac{m_e}{\bar{m}_e}, \quad E_h \to \bar{E}_h = E_h \frac{\bar{m}_e}{m_e}, \quad \text{und} \quad t_0 \to \bar{t}_0 = t_0 \frac{\bar{m}_e}{m_e} \tag{2.118}$$

und es gilt $\bar{a}_0 = \hbar/\sqrt{\bar{m}_e \bar{E}_h}$. Der Übersichtlichkeit halber werden wir im weiteren Text aber in der Regel weiterhin m_e und die Einheiten a_0, E_h und t_0 benutzen, gelegentlich aber auf die exakte Berechnung hinweisen.

2.6.4 Qualitative Überlegungen

Aus der generellen Forderung, dass sich physikalisch sinnvolle Lösungen für gebundene Zustände vernünftig bei $r \to 0$ *verhalten müssen und auch bei* $r \to \infty$ *nicht divergieren dürfen (Randbedingungen), folgt zwangsläufig, dass nur ganz bestimmte, diskrete, negative Gesamtenergien* $W_{n\ell}$ *möglich sind.*

Die so spezifizierten Lösungen der radialen SCHRÖDINGER-Gleichung (2.117) gilt es zu suchen. Bevor wir mit streng mathematischen Werkzeugen daran gehen, wollen wir uns anschaulich überlegen, wie die Wellenfunktionen aussehen müssen. In Abb. 2.7 ist dies für den Fall $\ell = 0$ in einem attraktiven Potenzial skizziert (letzteres kann, muss aber kein COULOMB-Potenzial $V(r) \propto -Z/r$ sein). Wir gehen von der Energiebilanz $W_{kin} = W_{n\ell} - V(r)$ aus und nehmen die DE BROGLIE-Wellenlänge $\lambda = h/p = h/(2m_e W_{kin})^{1/2}$ als Hinweis auf die Änderung der Wellenfunktion $u_{n\ell}(r)$. Diese muss sich offenbar bei kleinem r (großes W_{kin}) rascher ändern als

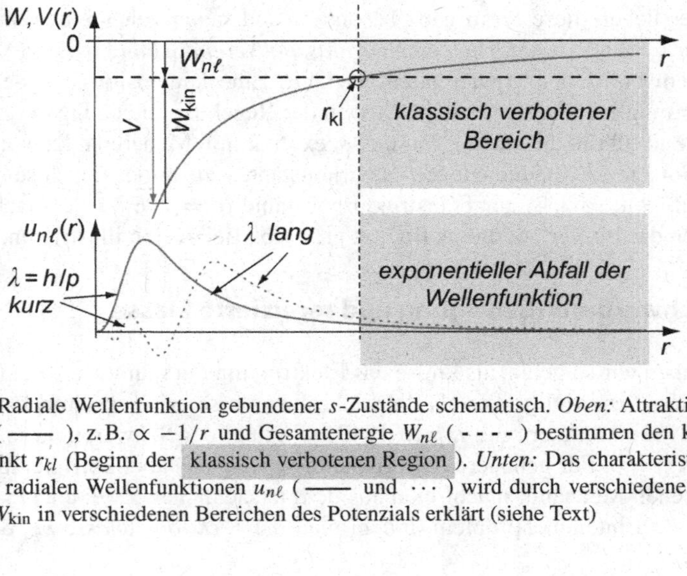

Abb. 2.7 Radiale Wellenfunktion gebundener s-Zustände schematisch. *Oben:* Attraktives Potenzial $V(r)$ (——), z. B. $\propto -1/r$ und Gesamtenergie $W_{n\ell}$ (- - - -) bestimmen den klassischen Umkehrpunkt r_{kl} (Beginn der klassisch verbotenen Region). *Unten:* Das charakteristische Verhalten von radialen Wellenfunktionen $u_{n\ell}$ (—— und ···) wird durch verschiedene kinetische Energien W_{kin} in verschiedenen Bereichen des Potenzials erklärt (siehe Text)

in der Nähe des klassischen Umkehrpunktes r_{kl}, wo $W_{kin} = 0$ wird. Für $r < r_{kl}$ wird die Wellenfunktion als also oszillatorisches Verhalten zeigen. Dagegen wird im klassisch verbotenen Bereich ($W_{kin} < 0$) eine exponentielle Dämpfung der Wellenfunktion erwartet, so wie in Abb. 2.7 illustriert. Die nachfolgende, bereits semiquantitative Überlegung bestätigt dies für *die beiden Grenzfälle von sehr großem und sehr kleinem r*.

Für $r \to \infty$ können wir das effektive Potenzial V_{eff} vernachlässigen und (2.117) geht in eine einfache Schwingungsgleichung über:

$$\text{für } r \to \infty: \qquad \frac{1}{2}\frac{d^2 u_{n\ell}}{dr^2} + W_{n\ell} u_{n\ell}(r) = 0$$

Die klassische Lösung ist $u_{n\ell}(r) \propto \exp\left(\pm i\sqrt{2W_{n\ell}}\, r\right)$. Wie man durch Einsetzen leicht überprüft, ist für großes r aber auch noch ein Vorfaktor r^n möglich. Im Falle eines gebundenen Zustands ist überdies $W_{n\ell} < 0$.

Daher ergibt sich *für große r* der erwartete exponentielle Abfall zu:

$$\lim_{r\to\infty} u_{n\ell}(r) = \lim_{r\to\infty} \left(r R_{n\ell}(r)\right) \propto r^n \exp\left(-\sqrt{2|W_{n\ell}|}\, r\right) \tag{2.119}$$

Im umgekehrten Grenzfall $r \to 0$ dominiert der Zentrifugalterm $\ell(\ell+1)/2r^2$ das Potenzial, sodass sich (2.117) vereinfacht zu

$$\text{für } r \to 0: \qquad \frac{1}{2}\frac{d^2 u_{n\ell}}{dr^2} - \frac{\ell(\ell+1)}{2r^2} u_{n\ell}(r) = 0.$$

Diese gewöhnliche GDGL hat die Lösung $u_{n\ell}(r) \overset{r\to 0}{\hat{=}} A r^{\ell+1}$, wie man durch Differenzieren leicht verifiziert.

Daher wird *für kleine r*

$$\lim_{r\to 0} u_{n\ell}(r) = \lim_{r\to 0} \left(r R_{n\ell}(r)\right) \propto r^{\ell+1}. \tag{2.120}$$

Für den speziellen Fall von verschwindendem Bahndrehimpuls $\ell = 0$, d. h. für s-Zustände, nimmt $R_{n\ell}(0)$ einen endlichen Wert an, in allen übrigen Fällen, also für $\ell \geq 1$ verschwindet die Radialfunktion am Ursprung, $R_{n\ell}(0) = 0$.

2.6.5 Exakte Lösung für das H-Atom

Wir spezialisieren jetzt für das H-Atom und H-ähnliche Ionen. Dabei kann die Größe des (Z-fach geladenen) Atomkerns zunächst vernachlässigt werden, da Kernradien r_{nuc} sehr viel kleiner als Atomradien sind, typischerweise $r_{atom} \approx 10^5 r_{nuc}$. Wir haben es also mit einem *reinen* COULOMB-*Potenzial*

$$V(r) = -\frac{1}{4\pi\varepsilon_0}\frac{Ze^2}{r} \tag{2.121}$$

zu tun – bis auf sehr feine Effekte, die wir in Kap. 6 und 9 behandeln werden. Allgemein löst man die radiale SCHRÖDINGER-Gleichung (2.114) durch einen Potenzreihenansatz vom Typ

$$R_{n\ell}(r) = \exp\left(-\sqrt{2\,|W_{n\ell}|r}\right) \sum_{k=\ell}^{n-1} A_k r^k,$$

der mit $0 \leq \ell \leq n-1$ die eben behandelten Grenzfälle einschließt. Man kann dabei auf bewährte Resultate aus der Mathematik zurückgreifen. *Für ein Elektron im* COULOMB-*Potenzial* (2.121) *wird die Radialfunktion*

$$R_{n\ell}(r) = A_{n\ell}\, e^{-\rho/2}\, \rho^{\ell}\, L_{n+\ell}^{2\ell+1}(\rho) \tag{2.122}$$

$$\text{mit} \quad \rho = \frac{2Z}{n}\frac{r}{a_0} \quad \text{und} \quad A_{n\ell} = -\left(\frac{Z}{a_0}\right)^{3/2} \frac{2}{n^2}\sqrt{\frac{(n-\ell-1)!}{[(n+\ell)!]^3}}.$$

Hier werden die wohlbekannten *assoziierten* LAGUERRE-*Polynome* benutzt:

$$L_{n+\ell}^{2\ell+1}(\rho) = \sum_{k=0}^{n-\ell-1} (-1)^{k+1} \frac{[(n+\ell)!]^2}{(n-\ell-1-k)!\,(2\ell+1+k)!}\frac{\rho^k}{k!} \tag{2.123}$$

Mit $A_{n\ell}$ sind die Radialfunktionen orthonormiert:

$$\int_0^\infty R_{n\ell}(r) R_{n'\ell'}(r) r^2 \mathrm{d}r = \delta_{nn'}\delta_{\ell\ell'} \tag{2.124}$$

Wir führen hier noch den häufig gebrauchten Begriff *„gute Quantenzahl"* ein: Man nennt so die *Eigenwerte derjenigen Observablen, die gleichzeitig mit dem* HAMILTON-*Operator messbar sind.* Wir kennen bereits n, ℓ und m als Beispiele dafür, denn dies sind die Quantenzahlen, welche die Energiezustände charakterisieren: $\widehat{\boldsymbol{L}}^2$ ist Bestandteil des HAMILTON-Operators $\widehat{H}$ nach (2.107), sodass beide gleichzeitig messbar sind. Auch $\widehat{L}_z$ und $\widehat{\boldsymbol{L}}^2$ sind gleichzeitig messbar, wie wir in Abschn. 2.5.3 ausgeführt haben.

2.6.6 Energieniveaus im H-Atom

Die soeben vorgestellten Lösungen der SCHRÖDINGER-Gleichung sind also das quantenmechanische Äquivalent zu den BOHR'schen Bahnen und beschreiben die stationären Atomzustände.[13] Setzt man $u_{nl}(r)$ nach (2.113) in die Radialgleichung (2.114) ein, so findet man zu den o. g. Randbedingungen die *Eigenenergien* $W_{n\ell}$ für das System. Interessanterweise sind diese im Falle des H-Atoms und H-ähnlicher Ionen (und nur für diese) *identisch mit den Energien* (1.122) *aus dem* BOHR'*schen Modell.*

[13]Für hohe Genauigkeitsansprüche sind auch hier ggf. die Korrekturen für die endliche Masse des Atomkerns nach Abschn. 1.7.4 anzuwenden.

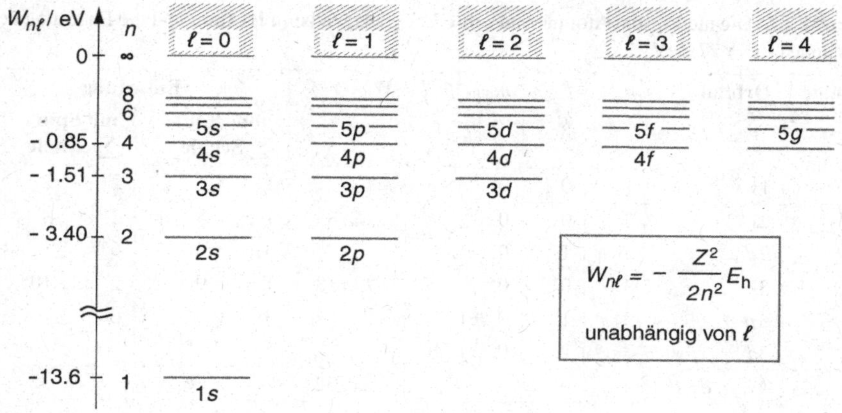

Abb. 2.8 Die Termlagen des Wasserstoffatoms ($Z = 1$) für verschiedene n und ℓ

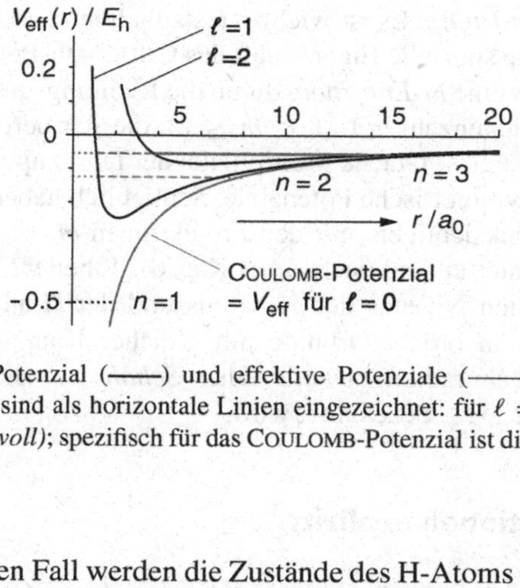

Abb. 2.9 COULOMB-Potenzial (——) und effektive Potenziale (——) für das H-Atom. Die Energieeigenwerte $W_{n\ell}$ sind als horizontale Linien eingezeichnet: für $\ell = 0$ *(gepunktet)*, $\ell = 1$ *(gestrichelt)* und $\ell = 2$ *(voll)*; spezifisch für das COULOMB-Potenzial ist die Entartung zu gleichem n aber verschiedenem ℓ

Wie im allgemeinen Fall werden die Zustände des H-Atoms charakterisiert durch die *Hauptquantenzahl* $n = 1, 2, 3, \ldots$, die *Bahndrehimpulsquantenzahl* ℓ ($0 \leq \ell \leq n - 1$) und die *Projektionsquantenzahl* m ($-\ell \leq m \leq \ell$).[14] Jeder Satz $n\ell m$ von Quantenzahlen bezieht sich auf eine unterschiedliche Wellenfunktion (AO). Eine schematische Übersicht über die Energieniveaus im H-Atom gibt Abb. 2.8. Dabei wird eine ganz *spezielle Eigenschaft des* COULOMB*-Potenzials deutlich, dass nämlich die Eigenenergie $W_{n\ell}$ für eine bestimmte Hauptquantenzahl n unabhängig von der Bahndrehimpulsquantenzahl ℓ ist.* Wir illustrieren dies in Abb. 2.9 auch im Potenzialbild, wo die effektiven Potenziale $V_{\text{eff}}(r) = -Z/r + \ell(\ell+1)/(2r^2)$ (in a.u.) für $\ell = 1$ und $\ell = 2$ eingetragen sind (für $\ell = 0$ sind effektives und COULOMB-Potenzial identisch).

[14]Die Grenzen für $\ell = 0, 1, \ldots n-1$ verifiziert man mit dem Ausdruck für $A_{n\ell}$ in (2.122).

Tabelle 2.1 Die niedrigsten Atomniveaus, ihre Energielagen beim H-Atom und die Entartung der Zustände ($E_h = 27.2\,\mathrm{eV}$)

Schale	Orbital	n	ℓ	m	$W_{n\ell}$	Entartung			
						ohne Spin	$\sum$ Schale	mit Spin	$\sum$ Schale
K	$1s$	1	0	0	$-E_h/2$	1	1	2	2
L	$2s$	2	0	0	$-E_h/8$	1	4	2	8
	$2p$	2	1	$0, \pm 1$		3		6	
M	$3s$	3	0	0	$-E_h/18$	1	9	2	10
	$3p$	3	1	$0, \pm 1$		3		6	
	$3d$	3	2	$0, \pm 1, \pm 2$		5			
N	$4s, p, d, f$	4			$-E_h/32$		16		32

Ganz allgemein bezeichnet man die Identität von Energieniveaus für verschiedene Quantenzahlen als *Entartung*. Es ist wichtig festzuhalten, dass die *ℓ-Entartung* für $\ell = 0, 1, \ldots n-1$ eine spezielle Eigenschaft des COULOMB-Potenzials ist. Darüber hinaus gibt es offenbar eine *m-Entartung* durch die Richtungsquantisierung, charakterisiert durch die Quantenzahl m ($-\ell \le m \le \ell$), die wir bereits in Abschn. 1.9.4 behandelt haben. Diese $2\ell + 1$-fache Multiplizität der Drehimpulszustände gilt ganz allgemein für zentralsymmetrische Potenziale. Schließlich haben wir noch den Spin des Elektrons zu berücksichtigen, mit den Projektionen $m_s = \pm 1/2$, die in erster Näherung ebenfalls entartet sind (siehe aber Kap. 6). Tabelle 2.1 fasst diese Ergebnisse für die niedrigsten Niveaus des H-Atoms und der H-ähnlichen Ionen noch einmal zusammen. Man ordnet Orbitale mit gleicher Hauptquantenzahl n (vergleichbare mittlere Bahnradien) jeweils einer *Schale* zu, die mit K, L, M … entsprechend $n = 1, 2, 3\ldots$ bezeichnet wird.

2.6.7 Radialfunktionen explizit

Die radialen Wellenfunktionen haben eine sehr spezifische Gestalt, die man recht gut anhand der effektiven Potenziale verstehen kann. Abbildung 2.10 illustriert dies schematisch am Beispiel des $n = 3$ Niveaus für die Bahndrehimpulsquantenzahlen $\ell = 0$ und 1. Gezeigt sind COULOMB-Potenzial, Zentrifugalpotenzial und das effektive Potenzial für $\ell = 1$. In die klassisch verbotenen Bereiche mit $W_{\mathrm{kin}} < 0$ *(grau schattiert)* kann die Wellenfunktion *(untere Graphen)* nicht tief eindringen. Auch das Verhalten bei kleinem r ist gut zu erkennen: Während die Radialfunktion für $\ell = 0$ mit einem endlichen Wert beginnen kann, ist für $\ell = 1$ wegen $\ell(\ell+1)/(2r^2) \to \infty$ die Aufenthaltswahrscheinlichkeit dort $= 0$. Oszillationen der Radialfunktion können wir nur im klassisch erlaubten Bereich erwarten.

Aus der Radialfunktion kann man sofort auch die *Aufenthaltswahrscheinlichkeit*

$$w(r)\mathrm{d}r = [R_{n\ell}(r)]^2 r^2 \mathrm{d}r = u_{n\ell}(r)^2 \,\mathrm{d}r \tag{2.125}$$

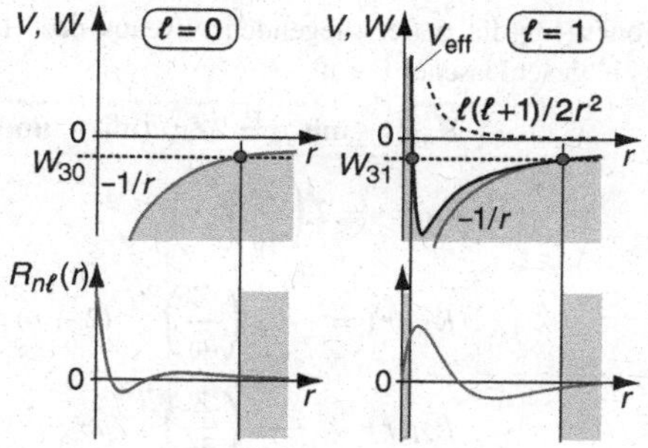

Abb. 2.10 Schematische Illustration der Form von Potenzial *(oben)* und zugehöriger Wellenfunktion *(unten)* bei verschiedenem ℓ am Beispiel des $n = 3$ Niveaus für $\ell = 0$ und 1; schematisch angedeutet ist der klassisch verbotene Bereich

des Elektrons zwischen r und $r + \mathrm{d}r$ bestimmen. Wenn man die quantenmechanischen Aussagen über Gestalt und Radius des Atoms mit dem klassischen Bild eines auf der Bahn kreisenden Elektrons vergleichen will, dann muss man diese Aufenthaltswahrscheinlichkeit in einem gewissen Abstand vom Atomkern heranziehen. Eine graphische Darstellung der Wellenfunktionen $R_{n\ell}(r)$ und der radialen Aufenthaltswahrscheinlichkeiten $w(r)$ gibt Abb. 2.11 für die 6 energetisch tiefstliegenden Zustände ($n \leq 3$) beim H-Atom, und Tab. 2.2 auf der nächsten Seite stellt die dazu gehörigen analytischen Ausdrücke für die Radialfunktionen $R_{n\ell}(r)$ zusammen.

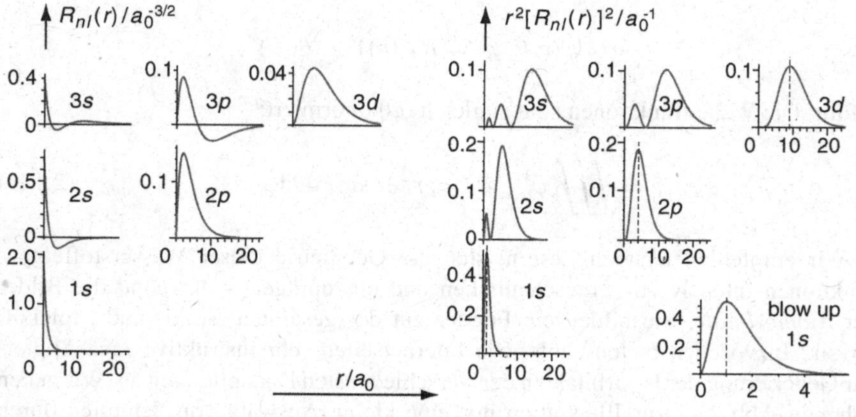

Abb. 2.11 Radiale Wellenfunktionen des H-Atoms $R_{n\ell}(r)$ und Aufenthaltswahrscheinlichkeiten $r^2 R_{n\ell}^2(r)$ für die K-, L- und M-Schale. Die gestrichelten vertikalen Linien deuten für $\ell = n - 1$ die Maxima der BOHR'schen Bahnen an

Tabelle 2.2 Radialfunktionen für die 6 tiefstliegenden Niveaus des H-Atoms ($Z = 1$) und H-ähnliche Atome ($Z > 1$) in geschlossener Form

n	ℓ	$R_{n\ell}(r)$ mit $\rho = 2Zr/(n\bar{a}_0)$ und $\bar{a}_0 = a_0 m_e/\bar{m}_e$
1	0	$R_{10}(r) = 2\left(\frac{Z}{\bar{a}_0}\right)^{3/2} e^{-\rho/2}$
2	0	$R_{20}(r) = \frac{1}{2\sqrt{2}}\left(\frac{Z}{\bar{a}_0}\right)^{3/2} (2-\rho)\, e^{-\rho/2}$
	1	$R_{21}(r) = \frac{1}{2\sqrt{6}}\left(\frac{Z}{\bar{a}_0}\right)^{3/2} \rho e^{-\rho/2}$
3	0	$R_{30}(r) = \frac{1}{9\sqrt{3}}\left(\frac{Z}{\bar{a}_0}\right)^{3/2} (6-6\rho+\rho^2)\, e^{-\rho/2}$
	1	$R_{31}(r) = \frac{1}{9\sqrt{6}}\left(\frac{Z}{\bar{a}_0}\right)^{3/2} \rho\,(4-\rho)\, e^{-\rho/2}$
	2	$R_{32}(r) = \frac{1}{9\sqrt{30}}\left(\frac{Z}{\bar{a}_0}\right)^{3/2} \rho^2 e^{-\rho/2}$

2.6.8 Dichtedarstellungen

Zur vollständigen Lösung $\psi_{n\ell m}(r,\theta,\varphi)$ der SCHRÖDINGER-Gleichung (2.109) gehört natürlich auch noch die Winkelabhängigkeit. Zusammen mit den bereits in (2.5.3) gefundenen Kugelflächenfunktionen und den eben bestimmten Radialfunktionen $R_{n\ell}(r)$ wird der Ansatz (2.110)

$$\psi_{n\ell m}(r,\theta,\varphi) = R_{n\ell}(r) Y_{\ell m}(\theta,\varphi)$$

erfüllt. Die Wellenfunktionen sind zugleich orthonormiert:

$$\int d^3\boldsymbol{r}\; \psi^*_{n\ell m}\psi_{n'\ell'm'} = \iiint \psi^*_{n\ell m}\psi_{n'\ell'm'} r^2 dr \sin\theta d\theta d\varphi = \delta_{nn'}\delta_{\ell\ell'}\delta_{mm'} \quad (2.126)$$

Wir empfehlen unseren Lesern, sich die Geometrie dieser Wasserstoffeigenfunktionen intensiv zu veranschaulichen und einzuprägen – dies sind die Bilder der *Atomorbitale*. Sie bilden ein Fundament der gesamten Atom- und Molekülphysik. Inzwischen bieten zahlreiche Internetseiten sehr instruktive Java-Applets zur Generierung der H-Orbitale in den verschiedensten Darstellungen an. Wir geben daher in Abb. 2.12 zur Illustration nur eine kleine Auswahl von Schnitten durch die Dichteverteilung. Dabei sind Höhenlinien der Dichte $|\psi_{n\ell m}(x, y=0, z)|^2 = |R_{n\ell}(r)Y_{\ell m}(\theta,\varphi)|^2$ in der z-x-Ebene linear aufgetragen (im Gegensatz zu vielen Darstellungen im WWW, wo die Dichte logarithmisch aufgetragen wird). Der Übersichtlichkeit halber haben wir die Höhenlinien für besonders *hohe Spitzen* durch entsprechende gefüllte Kreise *(online rot)* ersetzt.

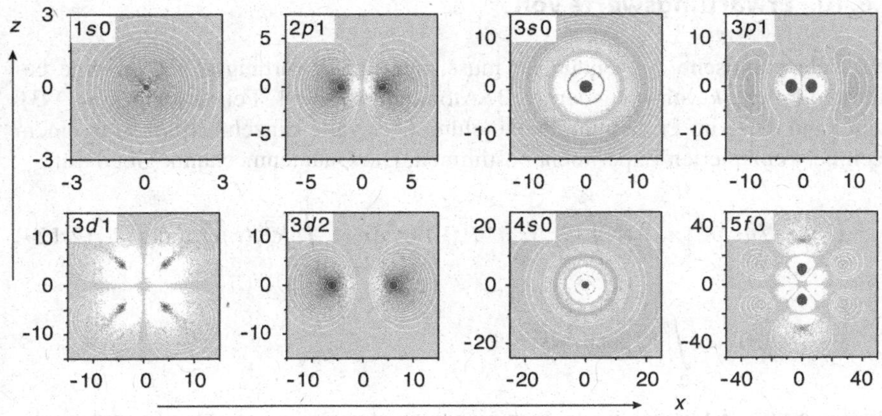

Abb. 2.12 Dichteplots für einige charakteristische H-Wellenfunktionen. Aufgetragen sind die Höhenlinien der Dichte *(online rot für hohe Dichte)*. Die Abmessungen sind in atomaren Einheiten a_0 gegeben

Wir halten hier noch einmal fest, dass nur die ns AO's am Ursprung eine endliche Dichte haben, alle anderen werden dort $\equiv 0$. Für den späteren Gebrauch halten wir nach Auswertung von (2.122) mit $Y_{00}(\theta, \varphi) = 1/\sqrt{4\pi}$ fest:

$$|\psi_{n00}(0)|^2 = \frac{Z^3}{\pi a_0^3 n^3} \tag{2.127}$$

2.6.9 Die Spektren des H-Atoms

Wie beim BOHR'schen Modell gilt unter Berücksichtigung der ℓ- und m-Entartung für die bei einem Übergang $n\ell \to n'\ell'$ beobachteten Spektrallinien

$$\hbar\omega = h\nu = W_{n\ell} - W_{n'\ell'} = Z^2 \frac{E_h}{2} \frac{\bar{m}_e}{m_e} \left(\frac{1}{n'^2} - \frac{1}{n^2} \right). \tag{2.128}$$

Natürlich gibt es wegen der ℓ-Entartung beim H-Atom auch in den Spektren keinen Einfluss des Bahndrehimpulses (in dieser ersten Näherung; sehr kleine Abweichungen werden wir in Kap. 6 kennenlernen).

Viel wissenschaftliche Detektivarbeit der frühen Pioniere in der Spektroskopie hat die Verbindung zwischen Spektren und Lagen der Termenergie W_n erschlossen. Die Serien sind nach ihren jeweiligen Entdeckern benannt. Die prominentesten davon sind die LYMAN ($n' = 1$ im VUV), BALMER ($n' = 2$ im VIS sowie im nahen VUV) und die PASCHEN-Serie ($n' = 3$ im NIR). Traditionell werden die BALMER Linien als ‚H-alpha', ‚H-beta', ‚H-gamma' usw. bezeichnet, etwas allgemeiner spricht man bei den verschiedenen Serien von Ly-α, Ly-β, Ly-γ ..., Ba-α, Ba-β, Ba-γ ... und so weiter, mit $\alpha = n' + 1$, $\beta = n' + 2$ usw.

2.6.10 Erwartungswerte von r^k

Für viele praktische Anwendungen muss man die Erwartungswerte für eine bestimmte Potenz k von r kennen (z. B. Atomradius $k = 1$, Feinstruktur $k = -3$). Man kann diese im Prinzip durch Mittelung über viele Einzelmessungen in einem geeignet konzipierten Experiment bestimmen. Die Quantenmechanik gibt dafür:

$$\left\langle r^k \right\rangle = \left\langle n\ell \left| r^k \right| n\ell \right\rangle = \int_0^\infty R_{n\ell}(r) r^k R_{n\ell}(r) r^2 \mathrm{d}r = \int_0^\infty R_{n\ell}^2(r) r^{2+k} \mathrm{d}r \tag{2.129}$$

$$\text{wobei} \quad \int_0^\infty R_{n\ell}^2(r) r^2 \mathrm{d}r = 1$$

Die Integration ist trivial, wenn auch bisweilen etwas mühsam. Man kann dazu die in (2.122) und (2.123) gegebenen Ausdrücke benutzen.

Die wichtigsten Ergebnisse für das H-Atom gibt die folgende Übersicht:[15]

$$\begin{aligned}
\langle r \rangle_{n\ell m} &= a_0 \frac{n^2}{Z} \left[1 + \frac{1}{2} \left(1 - \frac{\ell(\ell+1)}{n^2} \right) \right] \\
\left\langle r^2 \right\rangle_{n\ell m} &= a_0^2 \frac{n^4}{Z^2} \left\{ 1 + \frac{3}{2} \left[1 - \frac{\ell(\ell+1) - 1/3}{n^2} \right] \right\} \\
\left\langle \frac{1}{r} \right\rangle_{n\ell m} &= \frac{1}{a_0} \frac{Z}{n^2} \\
\left\langle \frac{1}{r^2} \right\rangle_{n\ell m} &= \frac{1}{a_0^2} \frac{Z^2}{n^3 (\ell + 1/2)} \\
\left\langle \frac{1}{r^3} \right\rangle_{n\ell m} &= \frac{1}{a_0^3} \frac{Z^3}{n^3 \ell (\ell + 1/2)(\ell + 1)}
\end{aligned} \tag{2.130}$$

2.6.11 Vergleich mit dem Bohr'schen Modell

Das BOHR'sche Atom-Modell, so hört man oft, sei grundsätzlich falsch – auch wenn es die korrekten Termenergien $W_{n\ell}$ (1.122) und Spektren (1.133) für das H-Atom in Übereinstimmung mit der Quantenmechanik vorhersagt – und sollte daher aus Vorlesungen und Unterricht zur modernen Atomphysik verbannt werden. Wir sind keine Anhänger dieser dogmatischen Ansicht!

Natürlich müssen die BOHR'schen ‚Bahnen' durch Atomorbitale ersetzt werden, d. h. durch Dichteverteilungen von Elektronen in den Atomen. Und die BOHR'sche Quantisierungsbedingung (1.115), die besagt, dass $L = n\hbar$ sei, muss ihrer quantenmechanischen Entsprechung, $\widehat{L}_z \Phi(\varphi) = m\hbar\Phi(\varphi)$ gegenübergestellt werden. Ganz offensichtlich ist $|m| \le \ell \le n-1$, während das BOHR'sche Modell $\ell = n$ impliziert –

[15] Auch hier ist für genauere Ansprüche wieder $a_0 \to \bar{a}_0 = a_0 m_e / \bar{m}_e$ zu ersetzen.

was aber durchaus eine gute Anfangsvermutung war, wie man das von einfachen Modellen erwartet.

Gelegentlich liest man auch die Kritik, dass das BOHR'sche Modell mit nur einer Quantenzahl n der dreidimensionalen Realität nicht gerecht werden konnte. Interessant ist in diesem Kontext, dass auch (BOHR 1920) bei dem Versuch, die Spektren der Alkaliatome zu erklären, bereits eine weitere Quantenzahl einführte, die er mit den S, P, D usw. Serien in Verbindung brachte – man könnte das als Drehimpulsquantenzahl deuten.

Ganz ohne Zweifel war das Konzept der Drehimpulsquantisierung, der stationären Zustände und der Strahlungsemission bei Übergängen zwischen diesen mit einer Frequenz entsprechend $h\nu = \Delta W_{n\ell}$ ein brillanter, gewagter und bedeutungsvoller Schritt auf dem Weg zur Quantennatur der submikroskopischen Phänomene.

Natürlich gibt es grundlegende Defizite des Modells: Die große Überraschung der Quantenmechanik nach SCHRÖDINGER (1926) war aber nicht die Erkenntnis, dass es keine scharfen Elektronenbahnen in den Atomen gibt – das hatte schon BOHR gewusst (siehe Abschn. 1.7.1 auf Seite 66), und 1923 postulierte DE BROGLIE die Wellennatur des Elektrons. Überraschend war nicht zuletzt, dass es *auch* Zustände *ohne* Drehimpuls gibt ($\ell = 0$). Das BOHR'sche Modell kann solche Zustände nicht erklären, obwohl gerade diese in der Natur eine zentrale Rolle spielen (die meisten Grundzustände gehören dazu). Dennoch wäre es falsch zu behaupten, dass Elektronen grundsätzlich nicht um die Atomkerne kreisen, denn dann gäbe es keinen Bahndrehimpuls und weder ein Zentrifugalpotenzial im HAMILTON-Operator noch ein (bahn)magnetisches Moment, das wir gleich besprechen werden, noch könnten die wichtigsten optisch induzierten Übergänge (E1) stattfinden, wie wir in Kap. 4 sehen werden.

Zwar müssen wir die Vorstellung von scharf definierten Trajektorien aufgeben – diese verbietet schon die Unschärferelation – es ist aber so, dass die Atomorbitale den BOHR'schen Bahnen um so besser entsprechen, je größer der Bahndrehimpuls ist. Ganz allgemein gilt das *Korrespondenz-Prinzip:*

- *Quantenmechanische und klassische Werte von Observablen nähern sich einander um so besser an, je größer die Quantenzahlen der beschriebenen Zustände werden.*

Ein quantitativer Vergleich von AOs mit den BOHR'schen Bahnen für H-ähnliche Atome bzw. Ionen zeigt, dass die Maxima der Elektronenradien (siehe Abb. 2.11) für $\ell_{\max} = n - 1$ in der Tat genau bei $r = a_0 n^2/Z$ liegen, das heißt, sie entsprechen genau den BOHR'schen Radien nach (1.120). Noch etwas spezifischer: Atomorbitale (der Elektronen) mit $m = \pm\ell$ können in gewisser Weise mit Elektronen assoziiert werden, die sich auf einem Kreis bewegen – eine Sichtweise, die wiederum besonders gut gilt für große ℓ. Solche ‚Kreiszustände' sind übrigens ein interessanter Forschungsgegenstand und werden im Zusammenhang mit hoch angeregten RYDBERG- Atomen untersucht.

Wir müssen freilich feststellen, dass die Maxima der Wahrscheinlichkeits verteilungen nicht direkt beobachtbar sind; statt dessen können wir im Prinzip aber

Erwartungswerte messen, also z. B. $\langle n\ell|r|n\ell\rangle = \langle r\rangle$. *Für die höchsten Bahndrehimpulse* $\ell = n - 1$ erhält man nach (2.130)

$$\langle r\rangle = \lim_{n\gg 1}\left[\frac{1}{2}n + n^2\right]\frac{a_0}{Z} = n^2\frac{a_0}{Z}, \tag{2.131}$$

was im Grenzfall offenbar mit den BOHR'schen Bahnradien (1.120) übereinstimmt. Umgekehrt gilt *für den kleinsten Wert* $\ell = 0$, dass der mittlere Radius $\langle r\rangle$ der AOs deutlich größer ist als die BOHR'schen Radien, nämlich $(3/2)n^2 a_0/Z$.

Zusammenfassend meinen wir, dass das BOHR'sche Modell auf keinen Fall gänzlich vergessen werden sollte. Auch jenseits der außergewöhnlichen historischen Bedeutung gibt es zahlreiche Aspekte und Entdeckungen in der modernen AMO-Physik, für deren Entwicklung einfache Modelle und Konzepte auf der Basis von klassischen Trajektorien ganz wesentlich zum Verständnis und Fortschritt beigetragen haben – meist kombiniert mit entsprechenden Quantisierungsregeln. Denken wir z. B. an die BORN-OPPENHEIMER-Näherung, ohne welche moderne Molekülphysik gar nicht denkbar wäre, oder an semiklassische Trajektorienrechnungen in der atomaren Streutheorie, um nur zwei wichtige und erfolgreiche Beispiele zu nennen – oder an die im folgenden Abschnitt benutzte, rein klassische Herleitung des magnetischen Moments, das mit dem Bahndrehimpuls eines Elektrons assoziiert ist (siehe Abschn. 1.9.1 auf Seite 79).

Was haben wir in Abschnitt 2.6 gelernt?

- Die Eigenenergien des H-Atoms, $W_{n\ell} = E_\mathrm{h} Z^2/(2n^2)$, hängen nur von der Hauptquantenzahl n ab ... eine spezielle Konsequenz des reinen COULOMB-Potenzials. Für Präzisionsmessungen muss dies mit $\bar{m}_\mathrm{e}/m_\mathrm{e}$ korrigiert werden, wobei $\bar{m}_\mathrm{e}$ die reduzierte Masse des Elektrons ist.
- Die elektronischen Wellenfunktionen für das H-Atom kann man in analytischer Form ausdrücken als $\psi_{n\ell m}(r,\theta,\varphi) = R_{n\ell}(r)Y_{\ell m}(\theta,\varphi)$ mit den Kugelflächenfunktionen $Y_{\ell m}(\theta,\varphi)$ und den Radialfunktionen $R_{n\ell}(r)$, die proportional zu den LAGUERRE'schen Polynomen sind.
- Das asymptotische Verhalten der Wellenfunktionen sollte man kennen: $\lim_{r\to\infty} R_{n\ell}(r) \propto r^n \exp(-\sqrt{2|W_{n\ell}|}r)$ und $\lim_{r\to 0} R_{n\ell}(r) \propto r^\ell$.
- *Gute Quantenzahlen* charakterisieren die Eigenwerte solcher Observablen, die gemeinsam mit denen des HAMILTON-Operators gemessen werden können.

2.7 Normaler ZEEMAN-Effekt

Der sogenannte *normale* ZEEMAN-*Effekt* ist eigentlich überhaupt nicht normal und kommt nur sehr selten vor. Es geht um die Frage, was geschieht, wenn man eine Atom in ein externes, statisches Magnetfeld bringt. Das Wort ‚normal' bezieht sich auf die klassische Deutung der Dinge *ohne Berücksichtigung des Elektronenspins*. Wir behandeln das Thema später in Kap. 8 ausführlich. Wir erwähnen es hier lediglich kurz, da wir hiermit erstmals die Aufhebung einer speziellen Energieentartung kennenlernen, nämlich die der m-Entartung beim H-Atom.

2.7.1 Bahndrehimpuls im externen Magnetfeld

Wie in Abschn. 1.9.1 besprochen, hat der Bahndrehimpuls eines geladenen Teilchens ein magnetisches Moment (1.147) das wir in Operatorform schreiben

$$\widehat{\boldsymbol{\mathcal{M}}} = -\frac{e}{2m_\mathrm{e}}\widehat{\boldsymbol{L}} = -\mu_\mathrm{B}\frac{\widehat{\boldsymbol{L}}}{\hbar}, \tag{2.132}$$

mit dem BOHR'*schen Magneton* μ_B. Seine potenzielle Energie (1.150) in einem externen magnetischen Feld $\boldsymbol{B}$ ist

$$\widehat{V}_B = -\widehat{\boldsymbol{\mathcal{M}}}\cdot\boldsymbol{B} = \mu_\mathrm{B}\frac{\widehat{\boldsymbol{L}}}{\hbar}\cdot\boldsymbol{B}. \tag{2.133}$$

Wählen wir der Einfachheit halber $z \parallel \boldsymbol{B}$, dann wird $\widehat{V}_B = +\mu_\mathrm{B}(\widehat{L}_z/\hbar)B$, wie man dem Vektordiagramm Abb. 2.13 entnimmt. Der HAMILTON-Operator enthält jetzt einen zusätzlichen Term $\widehat{V}_B$,

$$\widehat{H} = \widehat{H}_0 + \widehat{V}_B = \widehat{H}_0 + \mu_\mathrm{B}\frac{\widehat{L}_z}{\hbar}B, \tag{2.134}$$

wobei für das ungestörte Atom ohne Feld angenommen wird, dass die SCHRÖDINGER-Gleichung

$$\widehat{H}_0\psi_{n\ell m} = W^{(0)}\psi_{n\ell m}$$

gelte. $\widehat{H}_0$ ist z. B. der oben besprochene HAMILTON-Operator (2.107) für das ungestörte H-Atom. Demnach ist in Gegenwart des externen Feldes die SCHRÖDINGER-Gleichung (bzw. die Energieeigenwertgleichung)

$$\left(\widehat{H}_0 + \mu_\mathrm{B}(\widehat{L}_z/\hbar)B\right)|n\ell m\rangle = \left(W^{(0)} + \Delta W\right)|n\ell m\rangle, \tag{2.135}$$

zu lösen, wobei ΔW die Änderung der Gesamtenergie gegenüber dem ungestörten Zustand ausdrückt. Hier und im Folgenden benutzen wir Zustandsvektoren anstelle von Wellenfunktionen $\psi_{n\ell m} \to |n\ell m\rangle$, da dies eine sehr kompakte Schreibweise erlaubt.

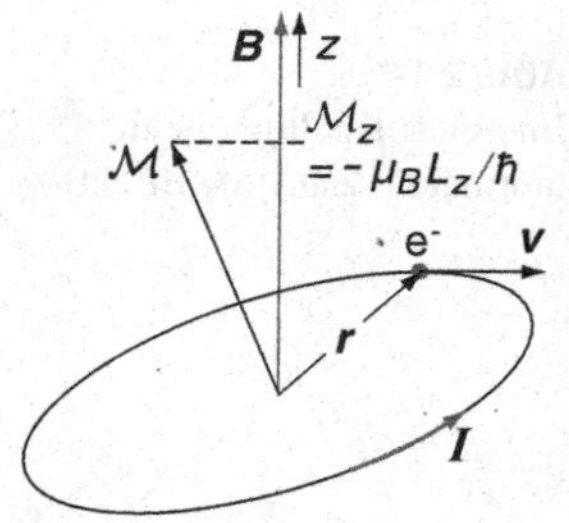

Abb. 2.13 Elektron auf einer Kreisbahn im magnetischen Feld $\boldsymbol{B}$ und sein magnetisches Moment $\widehat{\boldsymbol{\mathcal{M}}}$

Dieses Problem ist ein besonders einfacher Fall für die sogenannte *Störungstheorie,* die wir später noch im Detail besprechen werden. Hier erinnern wir uns lediglich daran, dass die Eigenfunktionen $\psi_{n\ell m}(r,\theta,\varphi) = R_{n\ell}(r)Y_{n\ell}(\theta,\varphi)$ beim H-Atom (bzw. seine Eigenzustände $|n\ell m\rangle$) nach (2.80) und (2.81) zugleich auch Eigenfunktionen (Eigenzustände) von $\widehat{\boldsymbol{L}}^2$ und $\widehat{L}_z$ sind, mit

$$\widehat{L}_z|n\ell m\rangle = m\hbar|n\ell m\rangle. \tag{2.136}$$

Somit sind die Eigenzustände $|n\ell m\rangle$ des ungestörten HAMILTON-Operators $\widehat{H}_0$ auch Eigenzustände des vollen $\widehat{H}$, sodass wir (2.136) in (2.135) einsetzen können und erhalten:

$$\begin{aligned}(\widehat{H}_0 + \mu_{\mathrm{B}} m B)|n\ell m\rangle &= \left(W^{(0)} + \Delta W_m\right)|n\ell m\rangle \\ \text{mit } \Delta W_m &= \mu_{\mathrm{B}} m B\end{aligned} \tag{2.137}$$

2.7.2 Aufhebung der m-Entartung

Die gerade entwickelte Beziehung besagt also, dass die Energieentartung der m-Zustände im magnetischen Feld aufgehoben wird. Die ursprünglich identischen Energien der $2\ell + 1$ Zustände $|n\ell m\rangle$ eines Niveaus mit den Quantenzahlen n und ℓ spalten jetzt in $2\ell + 1$ verschiedene Unterniveaus auf. Nach (2.137) ist die *Aufspaltung proportional zu m und B*. Diese Aufspaltung erfolgt, *weil das Magnetfeld die sphärische Symmetrie bricht,* welche charakteristisch für das ungestörte H-Atom war.

Wir illustrieren das zunächst am Beispiel $|npm\rangle$ eines np-Zustands mit $\ell = 1$ und den Unterniveaus $m = -1, 0, 1$. Abbildung 2.14 zeigt die Energieänderung ΔW_m als Funktion des Magnetfeldes B. Man beobachtet diese Aufspaltung z. B. in optischen Emissionsspektren, die wir später noch ausführlich behandeln werden. Die Entstehung der Spektren ist in Abb. 2.15a für einen $p \to s$ und in (b) für einen $d \to p$ Übergang illustriert. Die Übergänge sind durch schwarze Pfeillinien nach unten gekennzeichnet. Die dabei benutzten *Auswahlregeln für die Übergänge sind* $\Delta\ell = \pm 1$ *und* $\Delta m = 0, \pm 1$, wie in Abschn. 4.4 auf Seite 213 noch ausführlich besprochen wird.

Da die Entartung und demnach die Aufspaltung $2\ell + 1$-fach ist, gibt es bei größerem ℓ auch mehr als drei Niveaus, wie dies in Abb. 2.15b oben für das d-Niveau

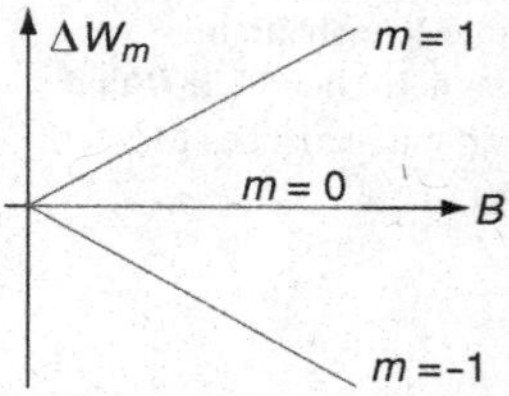

Abb. 2.14 Energieaufspaltung beim ‚normalen' ZEEMAN-Effekt

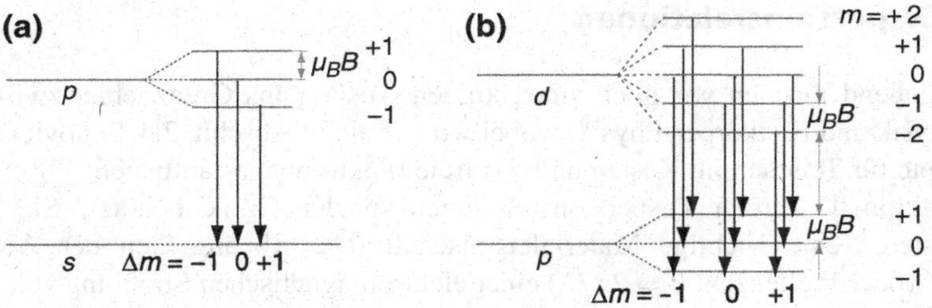

Abb. 2.15 ‚Normaler' ZEEMAN-Effekt für **(a)** $p \to s$ und **(b)** $d \to p$ Übergänge. Im Falle gleicher Aufspaltung in den angeregten und in den Grundzuständen beobachtet man in jedem Fall ein Linientriplett – obwohl der d-Zustand 5-fach aufgespalten ist

angedeutet ist. Nun ist aber unabhängig von ℓ und m beim normalen ZEEMAN-Effekt der Abstand zwischen den Unterzuständen des oberen wie des unteren Niveaus nach (2.137) stets $\mu_B B$, wie in Abb. 2.15b gezeigt. Da andererseits für die Übergänge $\Delta m = 0, \pm 1$ gilt, hängt die Differenz $\Delta W_m^{\text{oben}} - \Delta W_m^{\text{unten}} = \mu_B \Delta m B$ (also die Aufspaltung der Übergangsenergie) nur von Δm ab und nicht von ℓ oder m: Man sieht also in allen Fällen nur ein Triplett von Linien.

Wie zu Beginn dieses Abschnitts bereits erwähnt, beobachtet man diese Art des ZEEMAN-Effekts in der Realität freilich nur in speziellen Fällen, da meist der Spin eine wichtige Rolle spielt und die Verhältnisse verkompliziert (siehe auch Abschn. 8.1.2 auf Seite 417).

Wir notieren hier eine wichtige Botschaft für eine Situation, die man typischerweise bei Quantensystemen mit zwei oder mehr entarteten Zuständen $|1\rangle$, $|2\rangle$, $|3\rangle$ antrifft: Die *Entartung wird aufgehoben*, sobald man eine *zusätzliche, störende Wechselwirkung* V_1 berücksichtigen muss, für welche die *Matrixelemente* $\langle i|V_1|j\rangle$ zwischen einigen dieser Zustände *nicht verschwinden*.

Was haben wir in Abschnitt 2.7 gelernt?

- Ein magnetisches Feld $\boldsymbol{B}$ hebt die zentrale Symmetrie und daher die m-Entartung auf. Für den sogenannten ‚normalen' ZEEMAN-Effekt sagt die Theorie eine $(2\ell + 1)$-fache Aufspaltung der Niveaus bei den Zuständen $|n\ell m\rangle$ entsprechend $\Delta W_m = \mu_B m B$ voraus.
- Die Auswahlregeln für optische Übergänge sind $\Delta \ell = \pm 1$ *und* $\Delta m = 0, \pm 1$. Beim ‚normalen' ZEEMAN-Effekt, der freilich in der Praxis nur selten vorkommt, führt dies zur Emission bzw. Absorption von Linien-Tripletts.

2.8 Dispersionsrelationen

Abschließend machen wir noch einen kurzen Ausflug ins Grenzgebiet zwischen AO-Physik und Festkörper-Physik, wobei wir auf die in Abschn. 2.4.1 entwickelten Konzepte für Teilchen im Kasten und das freie Elektronengas aufbauen.

Traditionell werden Dispersionsrelationen in der Optik benutzt. Sie charakterisieren eine wichtige Materialeigenschaft: Die Abhängigkeit der Wellenlänge λ (oder Wellenzahl $k = 2\pi/\lambda$) einer elektromagnetischen Strahlung von ihrer Kreisfrequenz ω. Aus quantenmechanischer Sicht kann man das generalisieren, um den Zusammenhang zwischen der Photonenenergie $W = \hbar\omega$ (oder auch der Energie irgend eines anderen Teilchens) und seinem Wellenvektor $\boldsymbol{k}$ zu beschreiben.

Für das masselose Teilchen Photon im Vakuum, mit $c = \nu\lambda = \omega/k$, beschreibt die *Dispersionsrelation*

$$W = \hbar\omega = \hbar c|\boldsymbol{k}| \tag{2.138}$$

offenbar einen *linearen Zusammenhang zwischen Energie und Wellenvektor.*[16] Im Gegensatz dazu ist die Energie eines *frei bewegten, nichtrelativistischen Elektrons der Masse m_e*

$$W(\boldsymbol{k}) = W_P + \frac{m_e}{2}v^2 = W_P + \frac{p^2}{2m_e} = W_P + \frac{\hbar^2\boldsymbol{k}^2}{2m_e}, \tag{2.139}$$

wobei wir die DE BROGLIE-Beziehung (1.136) benutzt haben. W_P erlaubt eine willkürliche Energiekalibration und mag z. B. der potenziellen Energie des Teilchens oder seiner Ruhemasse Rechnung tragen. Daher ist *in diesem Fall die Dispersionsrelation quadratisch.* Beide Fälle sind graphisch in Abb. 2.16a bzw. b dargestellt.

Wir bemerken, dass die quadratische Beziehung (2.139) für Teilchen mit Masse auch den bereits abgeleiteten Beziehungen für freie Teilchen im 1D- oder 3D-Kasten nach (2.52) bzw. (2.55) entspricht. Sofern der Kasten groß genug ist, können die Energien als kontinuierlich angenommen werden, d. h. sie folgen im Allgemeinen (2.139). Freilich ist dies noch kein wirkliches Modell für eine elektronische Bandstruktur im Festkörper. Das Modell des Teilchens im Kastenpotenzial berücksichtigt insbesondere nicht, dass die Elektronen sich in einem Gitter aus atomaren Ionen bewegen und somit ein *periodisches Potenzial durchlaufen,* welches in der Nähe der Ionenrümpfe stark anziehend wirkt. Im übrigen Gebiet ist dieses Potenzial durch andere freie oder gebundene Elektronen stark abgeschirmt. Daraus ergeben sich zwei entscheidende Konsequenzen, die wir im Folgenden näher betrachten wollen.

Erstens muss man die Dispersionsrelation (2.139) modifizieren, was im Prinzip eine ernsthafte Bandstrukturrechnung erfordert. Allerdings zeigt sich, dass man viele Phänomene bereits mit der sogenannten *parabolischen Näherung* recht gut beschreiben kann. Man parametrisiert die Energie der Bänder, indem man eine

---

[16] In einem Medium mit dem Brechungsindex n ist c durch die Phasengeschwindigkeit $v_p = c/n$ zu ersetzen (siehe Abschn. 8.4 auf Seite 458). Da n dann auch von k bzw. ω abhängen kann, wird auch die Dispersionsrelation nicht mehr (überall) linear sein.

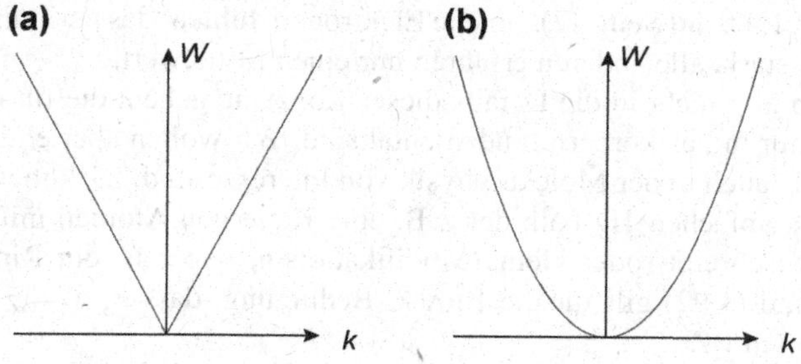

Abb. 2.16 Dispersionsbeziehungen: (**a**) linear für eine masseloses Teilchen (z. B. ein Photon) und (**b**) quadratisch für ein Teilchen mit Masse (z. B. ein Elektron), das sich frei im $3D$ Raum bewegt

effektive Masse m_e^* *des Elektrons* einführt, die auch noch von der Richtung abhängen kann, in die sich das Elektron bewegt:

$$W(\boldsymbol{k}) = W_P \pm \hbar^2 \left(\frac{k_x^2}{2m_x^*} + \frac{k_y^2}{2m_y^*} + \frac{k_z^2}{2m_z^*} \right). \tag{2.140}$$

Das $\pm$ Vorzeichen erlaubte es, das Konzept auch auf Elektronenlöcher anzuwenden (das sind fehlende Elektronen, die sich wie positive Ladungen im Gitter bewegen). Beide ‚Quasiteilchen' können unterschiedliche Massen haben. Diese Masse geht nun in alle weiteren Berechnungen der Dynamik und Statistik von Elektronen und Löchern im Festkörper ein. Für beide gilt die FERMI-DIRAC-Statistik im Sinne von Abschn. 1.3.3 und 2.4.3.

Zweitens muss man die Periodizität der Bewegung im Gitter berücksichtigen. Die Lösungen dieses Problems sind die sogenannten BLOCH-*Wellen*

$$\psi(\boldsymbol{r}) \propto \exp(\mathrm{i}\boldsymbol{k}\boldsymbol{r})u_{\boldsymbol{k}}(\boldsymbol{r}), \tag{2.141}$$

die das Produkt einer ebenen Welle $\exp(\mathrm{i}\boldsymbol{k}\boldsymbol{r})$ und einer periodischen Funktion $u_{\boldsymbol{k}}(\boldsymbol{r})$ sind. Letztere muss perdiodische Randbedingungen

$$u_{\boldsymbol{k}}(\boldsymbol{r} + \boldsymbol{T}) = u_{\boldsymbol{k}}(\boldsymbol{r}), \tag{2.142}$$

erfüllen, wo $\boldsymbol{T}$ jede lineare Translation charakterisieren kann, die einer Elementarzelle in eine andere Zelle überführt. Insgesamt erwarten wir aber, dass die Dispersionsrelation (2.139) für die Elektronenenergien mehr oder weniger gültig bleibt. Wie detaillierte Studien zeigen, lässt sich dieses ‚mehr oder weniger' u. a. dadurch charakterisieren, dass man die Elektronenmasse m_e durch die eben eingeführte effektive Masse m_e^* ersetzt, wobei die quadratische Abhängigkeit der Gesamtenergie W vom Wellenvektor typischerweise bestehen bleibt: Die Elektronenbewegung mittelt gewissermaßen über das periodische Potenzial. Jedoch werden die Energien und Eigenfunktionen stark beeinflusst, wenn sich die Elektronen besonders nahe an den ionischen Kernen bewegen – oder auch besonders weit entfernt davon. Das gilt insbesondere, wenn der Wellenvektor $\boldsymbol{k} = \boldsymbol{k}_{BZ}$ ist, oder nahe an eine die BRILLOUIN-Zone (BZ) kommt, d. h. wenn die Wellenfunktionen konstruktiv interferieren (siehe Abschn. 1.4.9 auf Seite 47). Solche Elektronen ‚fühlen' das periodische Potenzial besonders stark, alle anderen erfahren nur einen Mittelwert.

Wir können hier nicht in die Details dieser Konzepte gehen, die für die Theorie der Bandstruktur in Festkörpern fundamental sind. Wir wollen aber einige Aspekte ansprechen, die auch in der Molekülphysik von Interesse sind. Diskutieren wir also den besonders einfachen 1D-Fall, der z. B. eine Kette von Atomen mit Abstand a voneinander beschreibt (oder kleine Modifikationen, wie z. B. ein Ringmolekül). Nach (1.94) und (1.92) gilt für die BRAGG-Bedingung, dass $k = k_{\mathrm{BZ}}$ sein muss, wobei an der $n$ten BZ

$$k_{\mathrm{BZ}} = n\frac{\pi}{a} \quad \text{mit} \quad n = 1,\ 2,\ 3\ \ldots \tag{2.143}$$

ist. Die entsprechenden Wellenfunktionen sind im Wesentlichen $\exp(\mathrm{i}k_{\mathrm{BZ}}x)$ und $\exp(-\mathrm{i}k_{\mathrm{BZ}}x)$, und für frei bewegliche Elektronen wäre die Energie in beiden Fällen $\hbar^2\boldsymbol{k}_{\mathrm{BZ}}^2/2m_{\mathrm{e}}$. Es gibt also zwei energetisch entartete Lösungen. Dann ist die allgemeinste Lösung eine lineare Überlagerung von beiden, d. h. eine stehende Welle mit wiederum zwei physikalisch sinnvollen Fällen:

$$\psi(x) \propto \exp(\mathrm{i}k_{\mathrm{BZ}}x) \pm \exp(-\mathrm{i}k_{\mathrm{BZ}}x).$$

Diese entsprechen also $\cos k_{\mathrm{BZ}}x$ und $\sin k_{\mathrm{BZ}}x$. Die Wahrscheinlichkeit $|\psi(x)|^2$, ein Elektron nahe bei einem Ion des Kristallgitters zu finden, ist maximal im ersten Falle, minimal im zweiten. Als *Konsequenz* der Störung durch das periodische Potenzial ist die *Aufhebung der Entartung*, ganz ähnlich wie bei der ZEEMAN-Aufspaltung, die wir in Abschn. 2.7 behandelt haben. Das Störungspotenzial ist jetzt stark anziehend, und $|\cos k_{\mathrm{BZ}}x|^2$ bzw. $|\sin k_{\mathrm{BZ}}x|^2$ bedeuten wegen (2.143) an den BRILLOUIN-Zonen ($x = a$) maximale bzw. minimale Aufenthaltswahrscheinlichkeit der Elektronen. Daher erwarten wir eine Absenkung der Energie im ersten Fall, eine Anhebung im zweiten. Als Ergebnis erwarten wir, dass die Energien an den Grenzen der BZ in zwei aufspalten und dass eine *Bandlücke* zwischen zwei Bändern entsteht, die im übrigen Gebiet kontinuierlich einer $\hbar^2\boldsymbol{k}^2/2m_{\mathrm{e}}^*$ Beziehung folgen.

Das ist in Abb. 2.17a illustriert. Da die Periodizität des Systems keinen speziellen Ursprung im reziproken Gitter favorisiert, projektiert man alle Energien auf die erste BZ, wie das in in Abb. 2.17b gezeigt ist. Die Elektronen des Systems können alle Energien W in den *grau schattierten* ‚Energiebändern' annehmen. Die als ‚Bandlücke' gekennzeichneten Energiebereiche sind energetisch verboten.

Zusammenfassend bilden sich in kristallinen Festkörpern kontinuierliche Energiebänder aus, mit Lücken zwischen ihnen, die an Stelle der diskreten Energieniveaus treten, welche wir bei den Atomen kennengelernt haben (in diesem Kapitel speziell für das Beispiel des H-Atoms). Man muss sich freilich darüber im Klaren sein, dass Abb. 2.17 eine besonders einfache Situation illustriert, nämlich den eindimensionalen Fall mit nur einem Valenzelektron pro Atom. Im Allgemeinen ist die Bänderstruktur in Festkörpern weit komplizierter und hängt nicht zuletzt davon ab, wieviele Elektronen verfügbar sind, um die Bänder zu füllen. Dies bildet die Basis dafür, dass es so verschiedene Materialien gibt, wie Metalle, Halbleiter und Isolatoren.

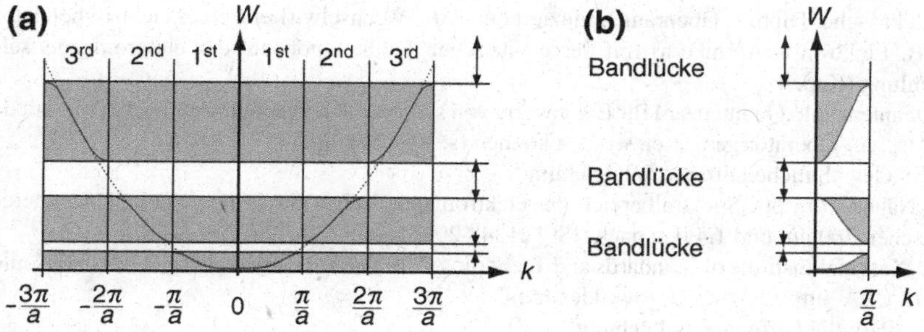

Abb. 2.17 Entstehung von Energiebändern und Bandlücken in einem periodischen Gitter (die Gitterkonstante ist a): (**a**) erlaubte Energien (——) mit Verbiegungen an den Grenzen der 1., 2. und 3. BRILLOUIN-Zone im Vergleich zum freien Teilchen (· · · · · ·) als Funktion von k; (**b**) Projektion auf die 1. BRILLOUIN- Zone

Was haben wir in Abschnitt 2.8 gelernt?

- Dispersionsrelationen beschreiben, wie die Energie W eines Systems vom Wellenvektor $\boldsymbol{k}$ der Teilchen oder der Strahlung abhängt, deren Verhalten wir beschreiben wollen. Die einfachsten Beispiele sind a) das Photon (ein masseloses Teilchen) für welches im Vakuum $W = \hbar ck$, und b) das Elektron (ein Teilchen mit Masse); wenn es frei beweglich ist, gilt $W = \hbar^2 k^2 / (2m_e)$.
- Der Einfluss eines gemittelten Potenzials kann in erster Näherung durch ein effektive Masse m_e^* beschrieben werden, die m_e ersetzt – sie wird in der Regel sogar von der Richtung des Elektronenimpulses abhängen.
- BLOCH-Wellen, $\psi(\boldsymbol{r}) \propto \exp(i\boldsymbol{kr})\, u_{\boldsymbol{k}}(\boldsymbol{r})$, werden benutzt, um der Periodizität des Gitters Rechnung zu tragen, wobei $u_{\boldsymbol{k}}(\boldsymbol{r}) = u_{\boldsymbol{k}}(\boldsymbol{r} + \boldsymbol{T})$ angesetzt wird.

Akronyme und Terminologie

AMO: ‚Atome, Moleküle und Optische', Physik.

AO: ‚Atomorbital', Wellenfunktion eines einzelnen Elektrons im Atom (in der Regel stationär); die AO's aller Atomelektronen bilden eine typische Basis für Strukturrechnung.

a.u.: ‚atomare Einheiten', siehe Abschn. 2.6.2 auf Seite 129.

BZ: ‚BRILLOUIN-Zone', repräsentiert alle Wellenvektoren der einfallenden Strahlung, die vom Kristallgitter BRAGG-reflektiert werden können. Wichtiges Konzept der Festköperphysik.

chemisches Potenzial: ‚In der statistischen Thermodynamik definiert als die Menge an Energie oder Arbeit, die notwendig ist, um die Zahl der Teilchen in einem System (um 1) zu ändern, ohne das Gleichgewicht des Systems zu stören.' (siehe μ in Abschn. 1.3.3 auf S. 24.)

DOS: ‚Zustandsdichte (engl. *Density of states*)', Zahl der Zustände für eine spezifizierte Observabel pro Einheit dieser Observablen. Meist ist die Observable die Energie der Teilchen im System, typischerweise gegeben pro Volumeneinheit des untersuchten Systems.

E1: ‚Elektrischer Dipol-', Übergang, induziert durch die Wechselwirkung eines elektrischen Dipols (z. B. Elektron + Atomkern) mit der elektrischen Feldkomponente der elektromagnetischen Strahlung (Kap. 4).

gute Quantenzahl: ‚Quantenzahl für Eigenwerte von solchen Observablen, die gleichzeitig mit dem HAMILTON-Operator gemessen werden können (s. Abschn. 2.6.5)'

GDGL: ‚Gewöhnliche Differenzialgleichung'.

NIR: ‚Nahes Infrarot', Spektralbereich der elektromagnetischen Strahlung. Wellenlängenbereich zwischen 760 nm und 1.4 μm nach (ISO 21348 2007).

NIST: ‚National Institute of Standards and Technology', Standorte Gaithersburg (MD) und Boulder (CO), USA. http://www.nist.gov/index.html.

PDGL: ‚Partielle Differenzialgleichung'.

UV: ‚Ultraviolett', Spektralbereich der elektromagnetischen Strahlung mit Wellenlängen zwischen 100 und 400 nm (nach ISO 21348 2007).

VIS: ‚Sichtbar (engl. *Visible*)', Spektralbereich der elektromagnetischen Strahlung mit Wellenlängen zwischen 380 und 760 nm (nach ISO 21348 2007).

VUV: ‚Vakuumultraviolett', Spektralbereich der elektromagnetischen Strahlung mit Wellenlängen zwischen 10 und 200 nm (nach ISO 21348 2007).

Literatur

BOHR, N.: 1920. 'On the series spectra of elements'. *Zeitschrift für Physik*, **2**, 423–469.

BORN, M.: 1927. 'Das Adiabatenprinzip in der Quantenmechanik'. *Zeitschrift für Physik*, **40**, 167–192.

BORN, M.: 1954. 'NOBEL-Preis in Physik: „for his fundamental research in quantum mechanics, especially for his statistical interpretation of the wave function"', Stockholm. http://nobelprize.org/nobel_prizes/physics/laureates/1954/.

DE BROGLIE, L.-V.: 1923. 'RADIATION – Waves and Quanta'. *Comptes rendus*, **177**, 507–510.

EISAMAN, M. D., J. FAN, A. MIGDALL und S. V. POLYAKOV: 2011. 'Invited Review Article: Single-photon sources and detectors'. *Rev. Sci. Instrum.*, **82**, 071 101.

HEISENBERG, W. K.: 1932. 'NOBEL-Preis in Physik: „in recognition of the great merits of his theoretical and experimental investigations on the conduction of electricity by gases"', Stockholm. http://www.nobelprize.org/nobel_prizes/physics/laureates/1932/.

ISO 21348: 2007. 'Space environment (natural and artificial) – Process for determining solar irradiances'. Genf, Schweiz: Internationale Organisation für Normung.

NIST: 2014. 'The 2014 CODATA Recommended Values of the Fundamental Physical Constants', Gaithersburg, MD 20899: NIST, National Institute of Standards and Technology. http://physics.nist.gov/cuu/Constants/, letzter Zugriff: 14.5.2016.

SCHRÖDINGER, E.: 1926. 'Quantisierung als Eigenwertproblem I–IV'. *Ann. Phys. - Berlin*, **79–81**, 361–376, 489–527, 734–756, 109–139.

Periodensystem und Aufhebung der ℓ-Entartung

3

Die SCHRÖDINGER-*Gleichung des Wasserstoffatoms ließ sich analytisch exakt lösen. Wir hatten dabei festgestellt, dass dies den besonderen mathematischen Eigenschaften des* COULOMB-*Potenzials zu danken sei. Wir führen nun Schritt um Schritt Abweichungen davon ein, um nach und nach immer feinere und später dann auch komplexere Phänomene beschreiben zu können, die in der Spektroskopie und Dynamik von Atomen, Molekülen und Clustern beobachtet werden.*

Überblick

Dies ist ein recht kompaktes und wichtiges Kapitel, welches die Leser nach erfolgreicher Auffrischung ihres Grundlagenwissens in den vorangehenden zwei Kapiteln schnell und ohne Probleme erarbeiten können. Wir fassen in Abschn. 3.1 zunächst die wesentlichen Befunde zum Periodensystem der Elemente zusammen, betrachten also Mehrelektronensysteme. Ein erster Schritt zu deren quantitativer Behandlung ist die Verallgemeinerung der beim H-Atom erprobten Methode auf ein Wechselwirkungspotenzial, welches nicht mehr streng proportional zu $-1/r$ ist. Die wichtigsten und zugleich noch einfachen Beispiele hierfür sind die Alkaliatome. Wir beschreiben in Abschn. 3.2 ihre Spektren phänomenologisch und – unter Einführung der Quantendefekttheorie QDT – auch quantitativ. Abschnitt 3.3 gibt schließlich eine Kompakteinführung in die später häufig benutzte zeitunabhängige Störungstheorie, die wir mit dem Beispiel der Alkaliatome illustrieren.

I.V. Hertel und C.-P. Schulz, *Atome, Moleküle und optische Physik 1*,
Springer-Lehrbuch, DOI 10.1007/978-3-662-53104-4_3

3.1 Schalenaufbau der Atome, Periodensystem der Elemente

Manches von dem, was hier behandelt wird, werden die Leser in der einen oder anderen Form schon gehört haben. Da das Periodensystem aber Basis und ordnendes Schema für all unser Verständnis von Atomen und Molekülen bildet, ist es hilfreich, die zugrunde liegenden Konzepte, Beobachtungen und Definitionen hier kompakt zusammenzustellen.

3.1.1 Elektronenkonfiguration

Die Theorie des Wasserstoffatoms als Prototyp eines Atoms enthält bereits alle Ingredienzen, die wir zum Verständnis des Aufbaus auch komplexer Atome benötigen. *Das Periodensystem der Elemente* ergibt sich daraus zwanglos durch das *Aufbauprinzip* (auch im Englischen so bezeichnet): Als sozusagen 0. Näherung behandeln wir die $\mathcal{N}$ Elektronen eines Atoms (mit der Kernladung Z) so, als seien sie voneinander unabhängig, und ihre jeweiligen Wellenfunktionen hätten einen ähnlichen Verlauf wie beim Elektron des H-Atoms. Es zeigt sich, dass dieser Ansatz erstaunlich weit trägt, wobei man sich freilich darüber im Klaren sein muss, dass das von den Elektronen gesehene Potenzial zu modifizieren ist und nicht einfach Z/r sein kann. Denn die Kernladung wird ja von all den anderen Elektronen mehr oder weniger vollständig *abgeschirmt*.

Wir werden diese Abschirmung und ihren Einfluss in Abschn. 3.2.3 noch genauer besprechen. Hier halten wir erst einmal fest, dass *jedes Elektron* (nummeriert mit $i = 1, 2, \ldots \mathcal{N}$) durch einen charakteristischen Satz von

Quantenzahlen	$(n_i \ell_i m_i m_{si})$	(3.1)
mit der Hauptquantenzahl	$n_i = 1, 2, \ldots \infty,$	
der Bahndrehimpulsquantenzahl	$\ell_i = 1, 2, \ldots n_i - 1,$	
der Richtungsquantenzahl	$m_i = -\ell_i, -\ell_i + 1, \ldots, \ell_i$	
und der Spinrichtungsquantenzahl	$m_{si} = \pm 1/2$	

beschrieben wird. Sie entsprechen den Quantenzahlen des Elektrons im Wasserstoffatom. Die *Gesamtheit der Quantenzahlen für alle Elektronen eines Atoms* in einem bestimmten Zustand bezeichnen wir als

$$\textbf{Konfiguration} \quad \{n_1\ell_1 m_1 m_{s1}, n_2\ell_2 m_2 m_{s2}, \ldots n_{\mathcal{N}}\ell_{\mathcal{N}} m_{\mathcal{N}} m_{s\mathcal{N}}\} \tag{3.2}$$

oder etwas präziser als *Elektronenkonfiguration* des Atoms.

3.1.2 PAULI-Prinzip

Das PAULI-Prinzip beschreibt eine spezifische, *empirisch bestätigte Eigenschaft von Fermionen* (also von Teilchen mit halbzahligem Spin: 1/2, 3/2 usw.) *von größter Tragweite*. In seiner bekanntesten Formulierung besagt es:

In einem Quantensystem müssen sich zwei gleiche Fermionen (z. B. Elektronen) um mindestens eine Quantenzahl unterscheiden! ... oder kompakt formuliert:

$$\text{PAULI-}\textbf{Prinzip} \qquad (n_a \ell_a m_a m_{sa}) \neq (n_b \ell_b m_b m_{sb}) \quad \text{sofern} \quad a \neq b \tag{3.3}$$

Wir werden in Kap. 7 die – inhaltlich völlig äquivalente – quantenmechanische Formulierung besprechen und benutzen: *Die Gesamtwellenfunktion identischer Fermionen ist antisymmetrisch in Bezug auf die Vertauschung von je zwei Teilchen.*

Die fundamentalen Auswirkungen, welche das PAULI-Prinzip auf die Struktur von Quantensystemen hat, lädt geradezu ein, von einer fünften fundamentalen Kraft zu sprechen (neben COULOMB-Kraft, Gravitation, starker und schwacher Wechselwirkung) – obwohl das üblicherweise nicht so diskutiert wird: In welcher Distanz sich zwei Fermionen auch immer befinden, ihre gemeinsame Wellenfunktion ist antisymmetrisch (wenn man diese denn aufschreiben will). Es gibt keinen uns bekannten Kommunikationsmechanismus dafür (etwa im Sinne eines Feldes): Die Fermionen „wissen das einfach“! Wir Physiker haben uns heute an diese extrem bemerkenswerte Tatsache so sehr gewöhnt, dass wir uns gar nicht mehr darüber wundern (siehe aber z. B. MARGENAU 1984).

3.1.3 Wie die Schalen gefüllt werden

Wir können nun das Aufbauprinzip des Periodensystems entwickeln. Man definiert sogenannte *Atomschalen*, zu denen jeweils alle diejenigen Elektronen eines Atoms gehören, welche die gleiche Hauptquantenzahl n haben.

Man bezeichnet diese Schalen mit den Buchstaben K, L, M, N ..., wie in Tab. 3.1 zusammengestellt. Zur Schale mit der Hauptquantenzahl n gehören $2n^2$-Zustände (einschließlich der Spinzustände mit $m_s = \pm 1/2$), die beim Wasserstoffatom in erster Näherung entartet sind.

Die Buchstaben s, p, d, f, g stehen für die Bahndrehimpulsquantenzahl $\ell = 0, 1, 2, 3, 4$. Jeder Zustand kann maximal mit einem Elektron besetzt werden. Damit schreibt man die Elektronenkonfiguration eines Atoms in kompakter Form wie in Tab. 3.2 für die Grundzustandskonfigurationen einiger leichter Atome zusammengestellt. Für größeren Atome (Bsp. Na) fasst man die inneren Schalen durch das in Klammern [ ] gesetzte Symbol für das nächst kleinere Edelgasatom zusammen. Das *Aufbauprinzip des Periodensystems nimmt an, dass diese Schalen – im Prinzip – nacheinander durch die mit Z wachsende Zahl von Elektronen gefüllt werden.* Abbildung 3.1 stellt das

Tabelle 3.1 Elektronenschalen, Orbitale (Zustände), Hauptquantenzahl und Entartung

Schale	Zustände	n	Anzahl der Zustände
K	$1s$	1	2
L	$2s, 2p$	2	8
M	$3s, 3p, 3d$	3	18
N	$4s, 4p, 4d, 4f$	4	32

Tabelle 3.2 Grundzustandskonfigurationen einiger leichter Atome

Z	Atom	Grundzustandskonfiguration	Schale
1	H	$1s$	K
2	He	$1s^2$	
3	Li	$1s^2 2s$	L
4	Be	$1s^2 2s^2$	
5	B	$1s^2 2s^2 2p$	
…	…	…	
10	Ne	$1s^2 2s^2 2p^6$	
11	Na	$1s^2 2s^2 2p^6 3s = [\mathrm{Ne}]\,3s$	M

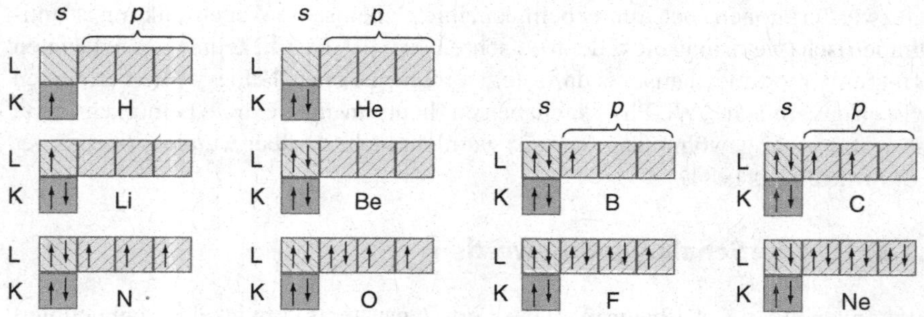

Abb. 3.1 Wie die K- und L-Schalen des Periodensystems der Elemente mit Elektronen gefüllt werden. Pfeile deuten die Spinausrichtung ($\pm 1/2$) der Elektronen an

Schema der Schalenauffüllung bis zum Neon grafisch dar. Wir werden gleich sehen, dass es wichtige Abweichungen von der einfachen Aufbauregel gibt.

3.1.4 Das Periodensystem der Elemente

Ein tieferes Verständnis des Periodensystems werden wir in Kap. 10 entwickeln. Tabelle 3.3 gibt aber schon hier eine Gesamtübersicht, die wir im Folgenden gelegentlich konsultieren werden. Der Vollständigkeit halber ist durch Schattierungen *(online farbig)* auch das Schema angedeutet, nach welchem die Atomschalen gefüllt werden. Links oben an den Elementen ist jeweils die Nukleonenzahl des am häufigsten vorkommenden bzw. stabilsten Isotops angegeben, unten links die jeweilige Ordnungszahl; unter den Elementen steht die Konfiguration des letzten eingebauten Elektrons. Der Einbau der verschiedenen Elektronen ist farbig markiert: Die s-Elektronen und die p-Elektronen bestimmen die Hauptgruppen, der Einbau der d-Elektronen erfolgt in den Nebengruppen und dominiert die Mitte des Periodensystems. Bei den Lanthanoiden und Aktinoiden, die ähnliche chemische Eigenschaften haben, findet verspätet der Einbau der $4f$- und $5f$-Elektronen statt. Bei den künstlichen radioaktiven Elementen der 7. Periode weiß man relativ wenig über die Elektronenkonfiguration.

Tabelle 3.3 Periodensystem der Elemente, Details im Text

Periode	Gruppe 1	2											3	4	5	6	7	8
1	$^{1}_{1}$H 1*s*																	$^{4}_{2}$He 1*s*
2	$^{7}_{3}$Li 2*s*	$^{9}_{4}$Be 2*s*											$^{11}_{5}$B 2*p*	$^{12}_{6}$C 2*p*	$^{14}_{7}$N 2*p*	$^{16}_{8}$O 2*p*	$^{19}_{9}$F 2*p*	$^{20}_{10}$Ne 2*p*
3	$^{23}_{11}$Na 3*s*	$^{24}_{12}$Mg 3*s*											$^{27}_{13}$Al 3*p*	$^{28}_{14}$Si 3*p*	$^{31}_{15}$P 3*p*	$^{32}_{16}$S 3*p*	$^{35}_{17}$Cl 3*p*	$^{40}_{18}$Ar 3*p*
4	$^{39}_{19}$K 4*s*	$^{40}_{20}$Ca 4*s*	$^{45}_{21}$Sc 3*d*	$^{48}_{22}$Ti 3*d*	$^{51}_{23}$V 3*d*	$^{52}_{24}$Cr 3*d*	$^{55}_{25}$Mn 3*d*	$^{56}_{26}$Fe 3*d*	$^{59}_{27}$Co 3*d*	$^{58}_{28}$Ni 3*d*	$^{63}_{29}$Cu 3*d*	$^{64}_{30}$Zn 3*d*	$^{69}_{31}$Ga 4*p*	$^{74}_{32}$Ge 4*p*	$^{75}_{33}$As 4*p*	$^{80}_{34}$Se 4*p*	$^{79}_{35}$Br 4*p*	$^{84}_{36}$Kr 4*p*
5	$^{85}_{37}$Rb 5*s*	$^{88}_{38}$Sr 5*s*	$^{89}_{39}$Y 4*d*	$^{90}_{40}$Zr 4*d*	$^{93}_{41}$Nb 4*d*	$^{98}_{42}$Mo 4*d*	$^{98}_{43}$Tc 4*d*	$^{102}_{44}$Ru 4*d*	$^{103}_{45}$Rh 4*d*	$^{106}_{46}$Pd 4*d*	$^{107}_{47}$Ag 4*d*	$^{114}_{48}$Cd 4*d*	$^{115}_{49}$In 5*p*	$^{120}_{50}$Sn 5*p*	$^{121}_{51}$Sb 5*p*	$^{130}_{52}$Te 5*p*	$^{127}_{53}$I 5*p*	$^{132}_{54}$Xe 5*p*
6	$^{133}_{55}$Cs 6*s*	$^{138}_{56}$Ba 6*s*	* $^{175}_{71}$Lu 5*d*	$^{180}_{72}$Hf 5*d*	$^{181}_{73}$Ta 5*d*	$^{184}_{74}$W 5*d*	$^{187}_{75}$Re 5*d*	$^{192}_{76}$Os 5*d*	$^{193}_{77}$Ir 5*d*	$^{195}_{78}$Pt 5*d*	$^{197}_{79}$Au 5*d*	$^{202}_{80}$Hg 5*d*	$^{205}_{81}$Tl 6*p*	$^{208}_{82}$Pb 6*p*	$^{209}_{83}$Bi 6*p*	$^{209}_{84}$Po 6*p*	$^{210}_{85}$At 6*p*	$^{222}_{86}$Rn 6*p*
7	$^{223}_{87}$Fr 7*s*	$^{226}_{88}$Ra 7*s*	** $^{262}_{103}$Lr 7*p*(6*d*)	$^{267}_{104}$Rf 6*d*	$^{267}_{105}$Db 6*d*	$^{271}_{106}$Sg 6*d*	$^{272}_{107}$Bh 6*d*	$^{270}_{108}$Hs 6*d*	$^{276}_{109}$Mt	$^{281}_{110}$Ds	$^{280}_{111}$Rg	$^{285}_{112}$Cn	$^{283}_{113}$Uut	$^{285}_{114}$Fl	$^{289}_{115}$Uup	$^{293}_{116}$Lv	$^{292}_{117}$Uus	$^{294}_{118}$Uuo
*Lanthanoide:			$^{139}_{57}$La 4*f*	$^{140}_{58}$Ce 4*f*	$^{141}_{59}$Pr 4*f*	$^{142}_{60}$Nd 4*f*	$^{145}_{61}$Pm 4*f*	$^{152}_{62}$Sm 4*f*	$^{153}_{63}$Eu 4*f*	$^{158}_{64}$Gd 4*f*	$^{159}_{65}$Tb 4*f*	$^{164}_{66}$Dy 4*f*	$^{165}_{67}$Ho 4*f*	$^{166}_{68}$Er 4*f*	$^{169}_{69}$Tm 4*f*	$^{174}_{70}$Yb 4*f*		
**Aktinoide:			$^{227}_{89}$Ac 5*f*	$^{232}_{90}$Th 5*f*	$^{231}_{91}$Pa 5*f*	$^{238}_{92}$U 5*f*	$^{237}_{93}$Np 5*f*	$^{244}_{94}$Pu 5*f*	$^{243}_{95}$Am 5*f*	$^{250}_{96}$Cm 5*f*	$^{247}_{97}$Bk 5*f*	$^{252}_{98}$Cf 5*f*	$^{252}_{99}$Es 5*f*	$^{252}_{100}$Fm 5*f*	$^{258}_{101}$Md 5*f*	$^{258}_{102}$No 5*f*		

Wir verweisen darüber hinaus auf zahlreiche, ausgezeichnete Darstellungen im Internet hin, wie z. B. WIKIPEDIA CONTRIBUTORS 2014. *Die* Quelle schlechthin ist das Periodensystem des NIST (2015).

Von dort aus findet man auch viele tabellierte Eigenschaften der Elemente und in der Regel auch alle spektroskopischen Informationen, soweit sie überhaupt verfügbar sind. Recht instruktiv ist die Animation der UNIVERSITY OF COLORADO 2000.

An dieser Stelle sei noch einmal ausdrücklich auf die *fundamentale Bedeutung des* PAULI-*Prinzips für den Aufbau der Elemente* hingewiesen: Aus rein energetischen Gründen wäre es ja am günstigsten, wenn sich alle Elektronen im tiefsten Energiezustand (also im $1s$-Zustand) sammeln würden. Die Vielfalt der chemischen und physikalischen Eigenschaften der verschiedenen Atome basiert aber gerade darauf, dass sich eine unterschiedliche Zahl von Elektronen in der Valenzschale befindet. Materie, ja die Welt wie wir sie kennen, gäbe es also ohne das PAULI-Prinzip gar nicht! Trotz dieser grundlegenden Bedeutung für die Existenz unserer Welt, und trotz – ja vielleicht wegen – seiner aller intuitiven Begründung widerstehenden abstrakten Natur und erkenntnistheoretischen Problematik (siehe z. B. MARGENAU 1944) haben seine philosophischen Implikationen bei weitem nicht die Beachtung gefunden, wie etwa der Welle-Teilchen-Dualismus oder die Unschärferelation.

Daneben ist natürlich eine entscheidende Grundlage für den Schalenaufbau der Atome auch das Verhalten der Elektronen, das sich mit dem Modell unabhängiger Teilchen in einer Zentralfeldnäherung erstaunlich gut beschreiben lässt. Wir werden sie ausführlich erst in Kap. 10 behandeln, können dann aber das Periodensystem noch besser verstehen bzw. würdigen.

Hier notieren wir lediglich, dass das Periodensystem auch interessante Abweichungen vom Aufbauprinzip in seiner einfachsten Ausprägung aufweist: Nur in den ersten drei Perioden, also bei den Elementen Wasserstoff (H) bis zum Edelgas Argon (Ar), wird das jeweils nächste Elektron auch tatsächlich in den Zustand eingebaut, der beim H-Atom energetisch nächsthöher (bzw. gleich hoch) liegt. Beim Ar sind in der M-Schale ($n = 3$) erst die $3s$- und die $3p$-Unterschalen mit insgesamt 8 Elektronen gefüllt. Danach wird aber in der 4. Periode nicht sofort das $3d$-Orbital gefüllt, sondern für Kalium (K) und Calcium (Ca) zunächst das $4s$-Orbital. Erst danach geht es mit den 10 Elektronen des $3d$-Zustands weiter (Scandium, Sc, bis zum Zink, Zn). Erst dann folgt der Einbau der $4p$-Elektronen. Ganz ähnlich ist es in der 5. Periode. Auch in der 6. und 7. Periode werden zunächst wieder die $6s$- bzw. $7s$-Zustände gefüllt. Hier kommt dann die zusätzliche Komplikation hinzu, dass auch die $4f$- bzw. $5f$-Zustände noch zu füllen sind. Das geschieht mit den sogenannten Lanthanoiden und Aktinoiden. Das sind die heute für die Halbleiterindustrie so wichtigen seltenen Erden, zu denen auch Scandium (Sc) und Yttrium (Y) gehören. Alle in Tab. 3.3 hellgrau hinterlegten Teile des Periodensystems bezeichnet man als Nebengruppen: Es sind durchweg Metalle. Ihre chemischen Eigenschaften sind verwandt und werden vor allem von den s-Valenzelektronen bestimmt. Ihre Metalleigenschaft verdanken sie den ungefüllten p-Schalen, deren Energielagen im Festkörper teilweise mit den energetisch tieferen s- und d-Schalen überlappen.

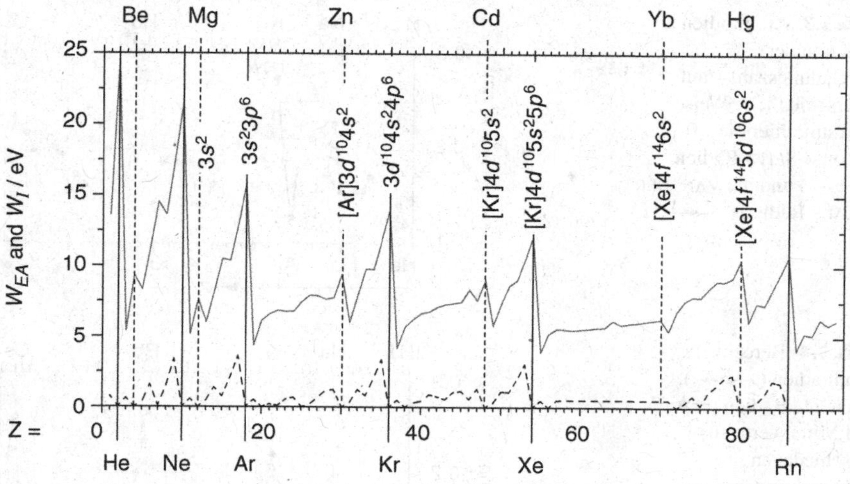

Abb. 3.2 Ionisationspotenziale W_I (——) und Elektronenaffinitäten W_{EA} (- - -) der Atome als Funktion der Kernladungszahl Z. Die vollen vertikalen Linien deuten den Schalenabschluss an, die gestrichelten Linien den Abschluss einer Unterschale, entsprechend den eingetragenen Elektronenkonfigurationen

3.1.5 Einige experimentelle Fakten

Die *Ionisationspotenziale* (IP) W_I der Atome sind für das gesamte Periodensystem in Abb. 3.2 dargestellt. Das Diagramm zeigt sehr eindrucksvoll die Schalenstruktur des Atombaus: Die Ionisationspotenziale sind maximal für Atome, die sich durch eine vollständig gefüllte äußere Schale auszeichnen (He, Ne, Ar, Kr, Xe, Rn), die also besonders stabil sind. Kleinere Maxima findet man auch dazwischen, nämlich immer dann, wenn eine Unterschale abgeschlossen ist.

Ein komplementäres Verhalten zeigen die sog. Elektronenaffinitäten W_{EA} (graue Linie in Abb. 3.2), die bei der Bildung von negativen Ionen *(Anionen)* frei werdende Energie. Die Bindungsenergie der Elektronen im Anion ist gerade $W_B = -W_{EA}$. Ihr Betrag ist besonders hoch, wenn im neutralen Atom gerade noch einen Freiplatz für das aufzunehmende Elektron in der äußeren Schale verfügbar ist – was für das H-Atom und die Halogene (H, F, Cl, ...) gilt – und wird Null für die Edelgase mit ihren abgeschlossenen Schalen: Es gibt praktisch keine Edelgasanionen.

Auch die in Abb. 3.3 und 3.4 als Funktion der Kernladungszahl Z gezeigten Atomradien illustrieren den Schalenaufbau der Atome sehr deutlich. Nun ist der Begriff „Atomradius" natürlich nicht eineindeutig definiert – das Atom wird ja durch die Aufenthaltswahrscheinlichkeit seiner Elektronen in einem bestimmten Abstand vom Atomkern charakterisiert und eine Grenze lässt sich nur bedingt angeben. Man kann z. B. bei Atomen, die in fester Form vorliegen, aus Teilchendichte N bzw. Massendichte ρ, relativer Molekülmasse M_r und AVOGADRO-Konstante N_A den Radius einer Kugel r_{WS} ermitteln, die das gleiche Volumen einnimmt wie das Atom

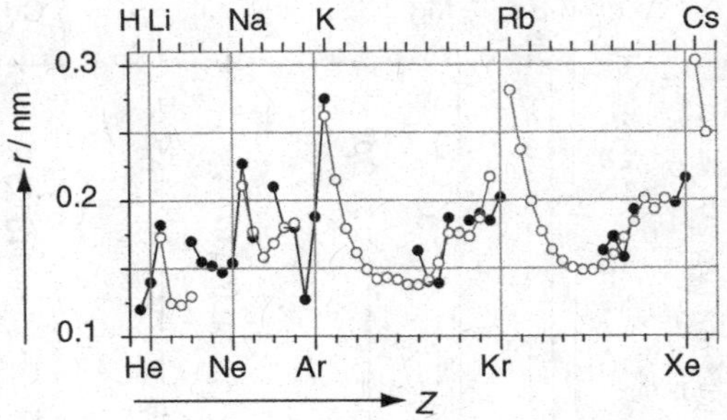

Abb. 3.3 Atomradien als Funktion der Kernladungszahl – auf unterschiedliche Weise bestimmt: hier die WIGNER-SEITZ-Radien (—○—) und die VAN DER WAALS-Radien (—●—)

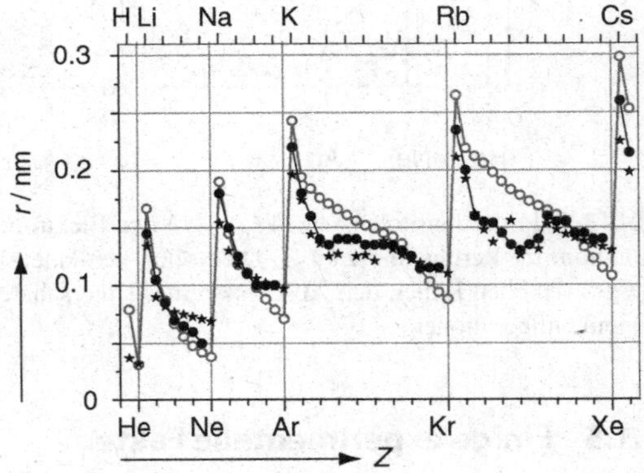

Abb. 3.4 Berechnete Atomradien (—○—), kovalente Radien (—★—) und Mittelwerte aus verschiedenen Bindungslängen (—●—)

im Mittel im Festkörper. Diese Größe nennt man den

$$\text{WIGNER-SEITZ-Radius} \quad r_{\mathrm{WS}} = \sqrt[3]{\frac{3}{4\pi N}} = \sqrt[3]{\frac{3M_{\mathrm{r}}}{4\pi N_{\mathrm{A}}\rho}}. \tag{3.4}$$

Eine ähnliche Größe ist der VAN DER WAALS-Radius, der angibt, auf welchen Abstand sich nicht chemisch gebundene Atome annähern können. Beide Größen sind in Abb. 3.3 für die Elemente H bis Ba gezeigt. Die Alkaliatome haben offensichtlich den jeweils größten Radius in einer Periode.

Alternativ sind in Abb. 3.4 berechnete Atomradien gezeigt, die man z. B. als quantenmechanische Erwartungswerte bestimmt, wie in Abschn. 2.6.11 auf Seite 138 diskutiert – wenn man auf eine entsprechend verlässliche Berechnung der Wellenfunktionen zurückgreifen kann. Empirisch kann man die sogenannten Kovalenzradien bestimmen, die man aus den gut bekannten Bindungslängen von einfachen Verbindungen der Atome (möglichst Dimere) ermittelt. Durch Vergleich mit anderen Molekülen lässt sich mit etwas Aufwand die Abschätzung noch verbessern, wie ebenfalls in Abb. 3.4 illustriert. Trotz der Unsicherheiten bei der Bildung des Begriffs „Atomradius" kann man hier sehr klar erkennen, dass die Edelgase jeweils den kleinsten Radius haben, die Alkalimetalle den größten: Die Elektronen in einer geschlossenen Schale sehen im Wesentlichen die gleiche, hohe Ladung, während diese bei Alkalimetallen für das eine *Leuchtelektron* in der äußersten Schale bis auf eine Rumpfladung weitgehend abgeschirmt ist. Dies wird in den folgenden Abschnitten zu diskutieren sein. Wir weisen aber noch auf den Unterschied zwischen Abb. 3.3 und 3.4 hin: Während das Minimum im Atomradius bei den Edelgasen im letzteren Fall sehr gut ausgebildet ist, gibt es offensichtlich ein solches nicht für die VAN DER WAALS- und WIGNER-SEITZ-Radien: Hier spielt neben der Elektronendichte in den Atomen auch noch ihre Polarisierbarkeit eine wichtige Rolle.

Was haben wir in Abschnitt 3.1 gelernt?

- Nach dem PAULI-Prinzip müssen sich (in einem Mehrelektronensystem) identische Fermionen um mindestens eine Quantenzahl unterscheiden.
- Das Periodensystem der Elemente basiert auf dem PAULI-Prinzip. Das PAULI-Prinzip verhindert, dass alle Elektronen in den energetisch niedrigsten Zustand fallen und ist somit letztlich dafür verantwortlich, dass es eine Vielzahl chemischer Elemente gibt. Man kann sagen, es steht hinter dem „Mysterium des Lebens".
- Die Elektronenschalen werden entsprechend ihrer Hauptquantenzahl $n = 1, 2, 3, 4, \ldots$ mit K, L, M, N, ... bezeichnet. Jede Schale kann bis zu $2n^2$ Elektronen enthalten. Das *Aufbauprinzip* des Periodensystems besagt, dass die Elektronen die Zustände $n\ell m m_s$ im Wesentlichen in numerischer Reihenfolge füllen, jeweils ein Elektron pro Satz Quantenzahlen.
- Chemische und physikalische Eigenschaften der Elemente hängen entscheidend von der Zahl der Elektronen in der äußersten Schale ab. Komplett gefüllte Schalen gehören zu den Edelgasen; innerhalb jeder Hauptperiode haben sie das höchste Ionisationspotenzial und den kleinsten Radius (wie z. B. durch den WIGNER-SEITZ-Radius Gl. 3.4 bestimmt).

3.2 Quasi-Einelektronensystem

Als einfachsten Fall eines Mehrelektronensystems betrachten wir nun ein Atom mit *einem „aktiven" Elektron* und einem *„Rumpf"* mit mehreren anderen Elektronen etwas genauer. Wir sprechen also über die Elemente der ersten Gruppe im Periodensystem, die Alkaliatome und die entsprechenden alkaliähnlichen Ionen. Ihre Elektronenkonfiguration (im Grundzustand) ist gegeben durch $\{[\mathrm{Rg}]\, ns\}$, wobei $[\mathrm{Rg}]$ für die Edelgaskonfiguration des Rumpfes steht, also z. B. Li: $\{[\mathrm{He}]\, 2s\}$, Na: $\{[\mathrm{Ne}]\, 3s\}$, K: $\{[\mathrm{Ar}]\, 4s\}$ usw. Das eine Elektron in der jeweils neuen, nur mit ihm gefüllten Schale ist das aktive Elektron dieser Atome. Man nennt es das *Leuchtelektron oder Valenzelektron*.

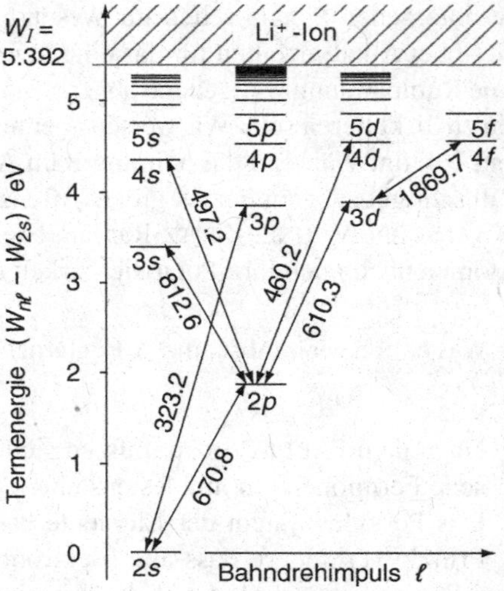

Abb. 3.5 GROTRIAN-Diagramm für das Lithiumatom (direkt aus der NIST Datenbank KRAMIDA *et al.* 2015, erzeugt): Für die *ns*, *np*, *nd* und *nf* Konfiguration des Leuchtelektrons werden Termlagen (horizontale Striche) und einige erlaubte Übergänge (Doppelpfeile) gezeigt. Die Wellenlängen sind in nm angegeben. $W_{n\ell}$ ist die (negative) Energie des Leuchtelektrons im Zustand $n\ell$, für den Grundzustand gilt $W_{n_0\ell_0} = -W_I$ (Ionisationspotenzial)

3.2.1 Spektroskopische Befunde für die Alkaliatome

Die genaueste Information über diese Systeme kommt natürlich aus der Spektroskopie. In die wichtigsten Methoden, also Emissions-, Absorptions- und Fluoreszenzspektroskopie, werden wir in Abschn. 4.2.2 auf Seite 192 kurz einführen und auf eine Reihe spezieller, moderner Methoden später hinweisen, z. B. in Abschn. 6.1 auf Seite 300. Hier geben wir einen Überblick über die gesammelten Ergebnisse der Alkalispektroskopie und verweisen die am Detail Interessierten auf die NIST-Datenbank (KRAMIDA *et al.* 2015), die wir schon mehrfach erwähnt haben. Es gilt, wie beim H-Atom, für den Zusammenhang zwischen Zustandsenergien $W_{n\ell}$ und beobachteten Spektrallinien (in Wellenzahlen):

$$\bar{\nu}(n\ell \longleftrightarrow n'\ell') = \frac{1}{\lambda} = \frac{1}{hc}(W_{n\ell} - W_{n'\ell'}) \tag{3.5}$$

Allerdings zeigt sich, dass die ℓ-Entartung, welche die Spektren des Wasserstoffatoms so übersichtlich machte, jetzt aufgehoben ist.[1]

Als charakteristisches *Beispiel* zeigen wir in Abb. 3.5 das aus vielen Spektren gewonnene Termdiagramm für $\mathrm{Li}(1s)^2 n\ell$ (in dieser Form, d. h. mit eingetragenen Übergängen, wird es auch GROTRIAN-*Diagramm* genannt).

Einen Vergleich der Energien des H-Atoms mit denen aller Alkaliatome (Valenzelektron) zeigt Abb. 3.6. Die charakteristische Aufhebung der ℓ-Entartung führt dazu,

[1] Streng genommen müssten wir noch eine weitere Quantenzahl j einführen, die den *Gesamtdrehimpuls* beschreibt. Diesen haben wir ja schon im Zusammenhang mit dem STERN-GERLACH-Experiment in Abschn. 1.9.5 kennengelernt. Wir werden uns damit in Abschn. 6.2.5 auf Seite 325 noch im Detail beschäftigen.

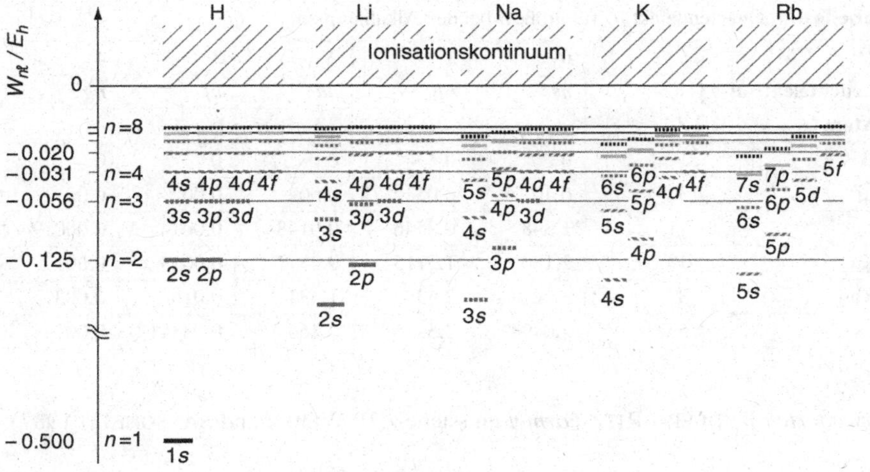

Abb. 3.6 Übersicht über die Termlagen aller Alkaliatome im Vergleich zum H-Atom. Charakteristisch ist die Aufhebung der ℓ-Entartung und die Absenkung der Zustände gegenüber dem H-Atom bei kleinen Bahndrehimpulsen ℓ

dass die Terme der Alkaliatome stets unter denen des H-Atoms liegen. Für die Bindungsenergie des Leuchtelektrons gilt also $W_{n\ell} < -E_\mathrm{h}/(2n^2)$, was wir auf die im Vergleich zum H-Atom höhere Kernladung zurückführen. Freilich wird diese Absenkung um so geringer, je größer der Bahndrehimpuls ist, und generell dokumentiert Abb. 3.6, dass $W_{ns} < W_{np} < W_{nd} < W_{nf}$ gilt. Für die nf-Terme sind die Energien der Alkaliatome schon praktisch identisch mit denen des Wasserstoffatoms. Wir werden gleich verstehen, warum das so ist.

3.2.2 Quantendefekt

Zunächst fassen wir die Befunde kompakt zusammen. Die eben geschilderte Ähnlichkeit mit dem H-Atom legt es nahe, für die Energien der Alkaliatome

$$W_{n\ell} = -\frac{E_\mathrm{h}}{2n^{*2}} \quad \text{mit} \quad n^* = n - \mu \tag{3.6}$$

zu schreiben. Man nennt μ den *Quantendefekt*. Zunächst einmal ist das einfach ein empirischer Parameter, der es gestattet, die spektroskopischen Daten systematisch zu ordnen. Auf die theoretische Deutung im Rahmen der sogenannten *Quantendefekttheorie* (QDT) kommen gleich in Abschn. 3.2.6 zurück.

Der Vergleich mit den experimentellen Daten zeigt, dass μ stark vom Bahndrehimpuls ℓ abhängt – bei genauerem Hinsehen aber auch leicht von der Hauptquantenzahl n. Zum quantitativen Vergleich passt man die experimentell bestimmten Termenergien, also die Anregungsenergien vom Grundzustand aus gerechnet, mit einer

Tabelle 3.4 Quantendefekt μ_ℓ für große n bei den Alkaliatomen

ℓ		**0**	**1**	**2**	**3**	**4**
Leuchtelektron		***ns***	***np***	***nd***	***nf***	***ng***
Atom	**Z**					
H	1	0	0	0	0	0
Li	3	0.40	0.05	0.002	0.00	0.00
Na	11	1.348	0.8546	0.0148	0.0014	0.00019
K	19	2.180	1.7115	0.2577	0.0013	0.0017
Rb	37	3.121	2.639	1.334	0.016	0.003
Cs	55	4.0494	3.5916	2.4663	0.03341	0.007

erweiterten RYDBERG-RITZ-*Formel* an (siehe z. B. WEBER und SANSONETTI 1987):

$$\text{Termenergie} \quad W_{n\ell} = W_{n_0\ell_0} - \frac{E_\mathrm{h}}{2(n-\mu(n,\ell))^2} \tag{3.7}$$

$$\text{mit} \quad \mu(n,\ell) = \mu_\ell + B/(n-\mu_\ell)^2 + C/(n-\mu_\ell)^4 + \cdots \tag{3.8}$$

$$\text{oder} \quad \mu(n,\ell) \simeq \mu_\ell + DW_{n\ell}. \tag{3.9}$$

Dabei ist $W_{n_0\ell_0}$ die Grundzustandsenergie, deren Betrag zugleich dem Ionisationspotenzial $W_I = -W_{n_0\ell_0}$ entspricht. Die Qualität heutiger spektroskopischer Daten (KRAMIDA 2015) erlaubt eine sehr genaue Bestimmung der Parameter. Abbildung 3.7 illustriert dies für das Beispiel Na. Offensichtlich wird der Quanten-

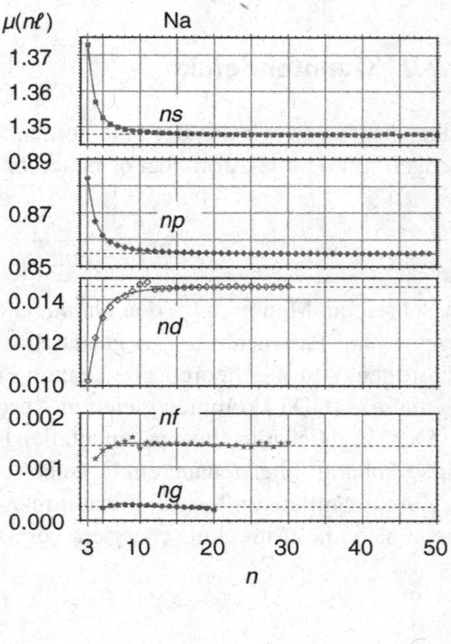

Abb. 3.7 Quantendefekt beim Natrium als Funktion von n bei verschiedenen Bahndrehimpulsen. Symbole entsprechen den experimentellen Werten, volle Linien sind entsprechen einem Fit nach (3.8) bestimmt

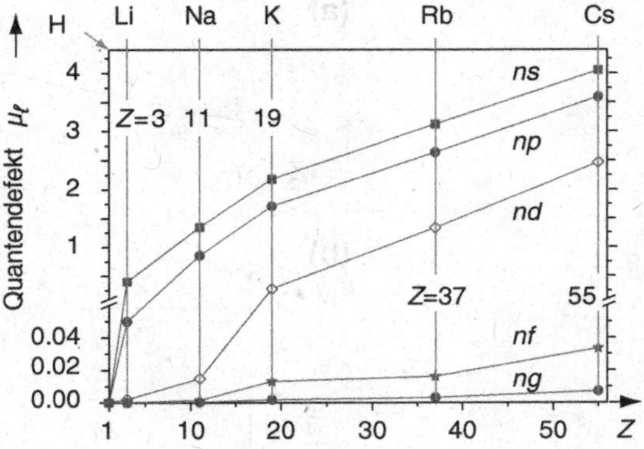

Abb. 3.8 Quantendefekt bei den Alkaliatomen für $n \to \infty$ als Funktion von ℓ. Insbesondere das f-Orbital und erst recht das g-Orbital sind so weit vom Atomrumpf entfernt, sodass der Quantendefekt nahezu Null wird. *Man beachte die Skalenänderung der Ordinate bei* 0.05

defekt für große n eine nur von ℓ abhängige Konstante. Die so gewonnenen Quantendefekte μ_ℓ *aller* Alkaliatome für große n sind in Tab. 3.4 und Abb. 3.8 zusammengestellt.

Man sieht sehr deutlich, dass der Quantendefekt mit der Kernladungszahl Z stark ansteigt und mit wachsendem Bahndrehimpuls abnimmt. Im Folgenden werden wir versuchen, diese Befunde qualitativ zu verstehen, indem wir das Potenzial und die Wellenfunktionen betrachten.

3.2.3 Abgeschirmtes COULOMB-Potenzial

Die Rumpfelektronen – so das Modell – wirken nur dadurch auf die beobachteten Energielagen des äußeren Elektrons *(Leuchtelektron oder Valenzelektron),* dass sie das reine COULOMB-Potenzial des Atomkerns abschirmen.

Wir betrachten also ein $\mathcal{N}$-Elektronenatom, wie in Abb. 3.9a illustriert (Kernladungszahl $Z = \mathcal{N}$). Von den $\mathcal{N}$ Elektronen befinden sich $\mathcal{N} - 1$ Elektronen im Rumpf und bilden in der Regel eine abgeschlossene Schale. Das *Valenzelektron* ‚sieht' in größerer Distanz nur eine durch $(Z - 1)$ Elektronen *abgeschirmte Kernladung* $1e$ und erfährt vom wahren Atomkern nur dann etwas, wenn es in den Rumpf eintaucht. Dieses Problem können wir dann fast genau so behandeln wie das H-Atom – nur dass wir eben *kein reines 1/r Potenzial* mehr haben, sondern eines wie in Abb. 3.9b schematisch skizziert.
In atomaren Einheiten schreiben wir dies so:

$$V_S = \begin{cases} -\dfrac{Z}{r} & r \to 0 \\[2ex] -\dfrac{1}{r} + V_C(r) & \text{dazwischen} \\[2ex] -\dfrac{1}{r} & r \to \infty \end{cases} \tag{3.10}$$

Hier ist $V_C(r)$ ein geeignetes, glattes Rumpfpotenzial, im einfachsten Modell z. B.

$$V_C(r) = -\frac{Z-1}{r}\exp(-r/r_S). \tag{3.11}$$

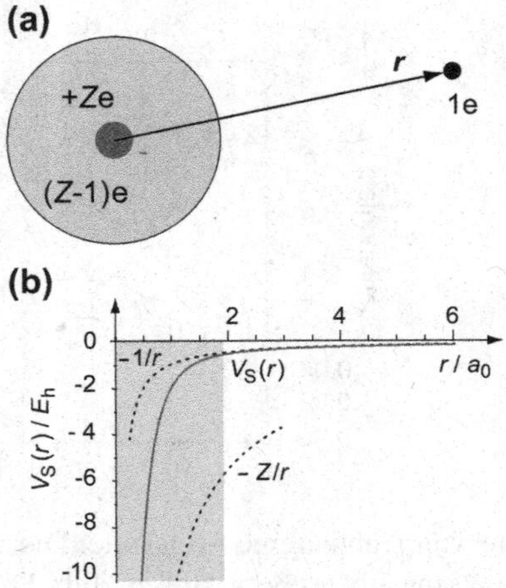

Abb. 3.9 (**a**) Schema des Quasi-Einelektronensystems der Alkaliatome mit $(Z-1)$ Elektronen im Rumpf und dem Valenzelektron im Abstand $\boldsymbol{r}$ vom Kern. (**b**) Das entsprechende Potenzial $V(r)$ (—), welches das Valenzelektron erfährt, im Vergleich zum voll abgeschirmten $(1/r)$ und nicht abgeschirmten (Z/r) COULOMB-Potenzial (beide $\cdots$). Als Kernladungszahl wurde hier $Z = 11$ angenommen (Na-Atom); der Bereich des ionischen Rumpfes ist hellgrau schattiert angedeutet

3.2.4 Radialfunktionen

Will man das Problem nun quantenmechanisch lösen, so muss man in die SCHRÖDINGER-Gleichung ein abgeschirmtes Potenzial vom Typ (3.10) einsetzen:

$$\widehat{H}\psi_{n\ell m}(\boldsymbol{r}) = \left(\frac{\hat{\boldsymbol{p}}^2}{2m_e} + V_S(r)\right)\psi_{n\ell m}(\boldsymbol{r}) = W_{n\ell}\psi_{n\ell m}(\boldsymbol{r}) \tag{3.12}$$

Immerhin erlaubt es das Quasi-Einelektronenmodell, sich auf die Lösung der nur von einer Ortskoordinate abhängigen Radialgleichung zu konzentrieren, denn wir haben ja das Rumpfpotenzial stillschweigend als kugelsymmetrisch angenommen. Wegen der sphärischen Symmetrie wird man also wieder einen Produktansatz versuchen:

$$\psi_{n\ell m}(\boldsymbol{r}) = R_{n\ell}(r)Y_{\ell m}(\theta, \varphi)$$

Wir substituieren wieder $u_{n\ell}(r) = rR_{n\ell}(r)$. Vollständig analog zu (2.114) erhält man (in a.u.) auch hier die radiale Differenzialgleichung

$$\frac{d^2u_{n\ell}}{dr^2} + 2\left[W_{n\ell} - V_S(r) + \frac{\ell(\ell+1)}{2r^2}\right]u_{n\ell}(r) = 0, \tag{3.13}$$

freilich mit dem wichtigen Unterschied, dass $V_S(r)$ jetzt nicht mehr das reine COULOMB-Potenzial ist, sondern das eben besprochene, *abgeschirmte* COULOMB *-Potenzial* nach (3.10).

Es sind nun aus der unendlichen Vielzahl aller möglichen Lösungen jene zu finden, die für $r \to \infty$ exponentiell gedämpft sind. Die gesuchten Energien $W_{n\ell}$ der stationären Zustände des Systems bestimmen – wie beim Wasserstoffatom – gemäß (2.119) den exponentiellen Abfall der Wellenfunktionen $u_{n\ell} \propto \exp\left(-\sqrt{2\,|W_{n\ell}|}r\right)$ für große r. Das asymptotische Verhalten für $r \to 0$ ist auch hier wieder durch $u_{n\ell} \propto r^{\ell+1}$ gegeben.

Genau dieses Verhalten erlaubt uns bereits eine Erklärung der ℓ-Abhängigkeit des Quantendefekts: Die Aufenthaltswahrscheinlichkeit eines Elektrons im Abstand r vom Kern ist ja $w(r) = 4\pi r^2 R_{n\ell}^2(r) = 4\pi u_{n\ell}^2(r)$ und wird für kleine Abstände $\propto r^{2\ell+2}$. *Somit ‚merkt' ein Elektron um so weniger vom ionischen Rumpf, je größer sein Bahndrehimpuls ist. Bei großem ℓ wird die Bahn daher praktisch wasserstoffähnlich und der Quantendefekt wird entsprechend klein,* wie gerade in Abschn. 3.2.2 dokumentiert.

Um das Verhalten der Wellenfunktion generell zu analysieren, also z. B. auch für große n und kleine ℓ, müssen wir (3.13) aber wirklich integrieren. Natürlich lässt sich diese radiale SCHRÖDINGER-Gleichung für ein abgeschirmtes Potenzial des in Abb. 3.9b gezeigten Typs nicht mehr exakt lösen, sondern nur numerisch, d. h. mit dem Computer durch schrittweise Integration. Dafür gibt es eine Reihe verlässlicher, robuster und einfacher Integrationsverfahren, wie z. B. das häufig gebrauchte RUNGE-KUTTA-Verfahren. Man integriert dabei sowohl von außen wie von innen, beginnend mit der eben besprochenen, jeweiligen asymptotischen Form und sucht solche *Lösungen, die sich stetig differenzierbar zusammenfügen lassen*. Durch Variation von $W_{n\ell}$ findet man so die diskreten Energien des Systems.

Die Berechnung kann freilich nur so genau werden, wie es das bislang nur qualitativ beschriebene Potenzial $V_S(r)$ erlaubt. Es gibt eine ganze Reihe von semiempirischen Verfahren zur Approximation dieses Potenzials. Im einfachsten Ansatz errät man eine parametrisierte, sinnvolle Form des Potenzials, dessen Parameter man dann so anpasst, dass einige, experimentell bestimmte Energielagen des Atoms exakt reproduziert werden. Mit dem so bestimmten Potenzial kann man dann die Wellenfunktionen, alle weiteren Energieterme und andere Eigenschaften des Atoms bestimmen, wie etwa Übergangswahrscheinlichkeiten oder Polarisierbarkeiten.

3.2.5 Präzise Berechnung für Na als Beispiel

Angesichts der heute auf jedem PC verfügbaren Rechenkapazität hat das eben besprochene Modell des Quasi-Einelektronensystems lediglich pädagogischen Wert: Es hilft uns, die experimentellen Beobachtungen qualitativ zu verstehen. Mit effizienten, kompakten Programmen und Computern kann man Energieeigenwerte, Wellenfunktionen, Übergangswahrscheinlichkeiten und anderer Eigenschaften der Alkali atome mit nahezu unbegrenzter Genauigkeit numerisch berechnen.[2] Man braucht

[2] Das gilt zumindest für die leichteren Alkaliatome, wo relativistische Effekte nur eine untergeordnete Rolle spielen und die Spin-Bahn-Kopplung als kleine Störung behandelt werden kann.

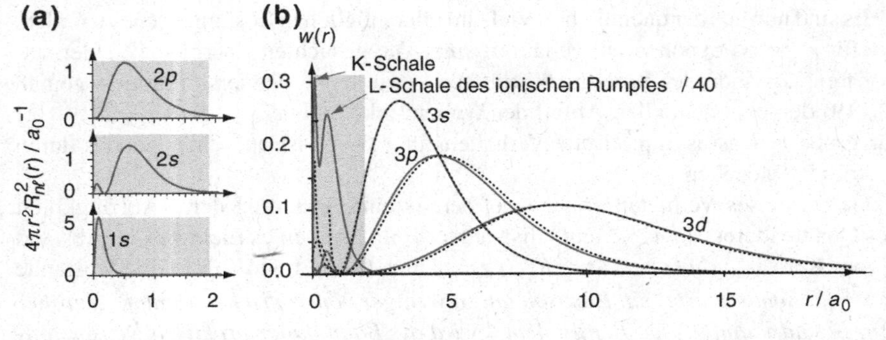

Abb. 3.10 Radiale Verteilung der Elektronendichte $w(R)$ in Na für (**a**) die Rumpfelektronenorbitale und (**b**) Orbitale des Valenzelektrons (alternativ im $3s$-Grundzustand bzw. in den $3p$ oder $3d$ angeregten Zuständen). In (**b**) werden auch die kumulierten radialen Dichteverteilungen der Na^+-Rumpfelektronen gezeigt (herunterskaliert um einen Faktor 40); der Rumpfradius ($1.8a_0$) ist ebenfalls angedeutet. Die mit (—) markierten Verteilungen sind mit dem „finite Elemente" Atomstrukturprogramm *FDAlin* von Schumacher (2011) bequem berechnet worden. Die in Abschn. 3.2.6 beschriebenen QDT Rechnungen ($\cdots$) sind nahezu identisch. Innerhalb des Rumpfes haben letztere natürlich keine Gültigkeit. Man beachte insbes. die ausgezeichnete Übereinstimmung für $3s$

solche Rechnungen dabei nicht auf das Valenzelektron zu beschränken, sondern kann auch die Wellenfunktionen für alle gefüllten Schalen der Alkaliatome mit hinreichender Genauigkeit problemlos bestimmen. Einige Details solcher Methoden werden wir in Kap. 10 im Zusammenhang mit genuinen Mehrelektronensystemen besprechen.

Dabei zeigt sich, dass im Fall der Alkaliatome der generelle Charakter der Orbitale für jedes der Elektronen sehr ähnlich dem des entsprechenden Elektrons im Wasserstoffatom bleibt. Abbildung 3.10 zeigt als Beispiel die Wahrscheinlichkeitsverteilungen der Elektronen im Na (die Konfiguration des elektronischen Grundzustands ist $1s^2 2s^2 2p^6 3s$). Sie wurden mit einem einfachen DFT-Programm berechnet, das diese Daten auf jedem PC innerhalb von Sekunden generieren kann (das Prinzip der Dichtefunktionaltheorie, DFT, werden wir in Abschn. 10.3 auf Seite 555 vorstellen). Gezeigt werden in Abb. 3.10a die radialen Dichteverteilungen (über alle Raumwinkel integriert) für die Orbitale der Rumpfelektronen ($1s$, $2s$, $2p$). Die grau schattierten Bereiche deuten wieder den Literaturwert des *Rumpfradius* an ($0.95\,\text{nm} = 1.8a_0$).

Abbildung 3.10b zeigt die entsprechende Dichteverteilung des Valenzelektrons im $3s$-Grundzustand (alternativ $3p$ oder $3d$). Außerdem wird die kumulierte radiale Elektronendichte gezeigt, $w(r) = \sum_{\text{rumpf}} \mathcal{N}_{n\ell} \times 4\pi r^2 R_{n\ell}^2(r)$ in Einheiten $[w] = 1/a_0$ (!) für den Ionenrumpf, wobei $\mathcal{N}_{n\ell}$ die Zahl der Rumpfelektronen in den entsprechenden $n\ell$ Schalen ist, also hier 2 für die K-Schale ($1s^2$), und $2 + 6$ für die L-Schale ($2s^2 2p^6$). Diese kumulierte Verteilung für den Ionenrumpf zeigt ganz deutlich die interne Schalenstruktur und unterstreicht quantitativ, dass das Valenzelektron sich überwiegend außerhalb des Rumpfes aufhält. Das gilt *a fortiori* für die angeregten Zustände, wie man hier sehr deutlich für den $3d$-Zustand sieht: Seine radiale Wellenfunktion ($R_{3d}(r) \propto r^2$ für kleine r) führt nur zu einer sehr kleinen

Wahrscheinlichkeit dafür, das Elektron innerhalb des Rumpfes zu finden, wie in Abb. 3.10b illustriert.

Das erklärt noch einmal überzeugend, warum der Quantendefekt so schnell mit steigendem ℓ verschwindet, wie in Abb. 3.8 gezeigt wurde. Auch die insgesamt bemerkenswerte Ähnlichkeit der Energieterme der Alkaliatome mit denen des Wasserstoffs, die wir in Abb. 3.6 dokumentiert hatten, wird dadurch noch einmal verständlicher. Die nf-Elektronen, für welche am Ursprung $R_{4f}(r) \propto r^3$ gilt (und damit $w(r) \propto r^8$), kommen praktisch niemals dem Atomkern nahe und der Quantendefekt kann im Wesentlichen vernachlässigt werden – wie auch für alle höheren Werte von ℓ (siehe Abb. 3.8).

Wir erinnern uns noch einmal: Die ℓ-Entartung, die bei H und H-ähnlichen Ionen beobachtet wird, war eine sehr spezielle Folge des reinen COULOMB-Potenzials. Abweichungen vom COULOMB-Potenzial führen zu verschiedenen Energien für verschiedene ℓ, also zur Aufhebung dieser Entartung. Die Abweichungen sind um so größer, je mehr das Elektron vom ionischen Rumpf ‚merkt'. Für sehr große ℓ ist die Situation praktisch identisch zum reinen $-1/r$ Potenzial im Fall des H-Atoms.

3.2.6 Quantendefekttheorie

Die Anfänge der sogenannten *Quantendefekttheorie* (QDT) gehen bis in die frühen Tage der Quantenphysik und auf HARTREE (1928) zurück. Zwischen 1950 und 1990 haben SEATON (1983), FANO und RAU (1986) und JUNGEN (1996) und ihre Studenten die QDT in zu einem wirkungsvollen theoretischen Rahmen ausgebaut und schließlich für Vielkanalprobleme erweitert (MQDT). Die Theorie wurde und wird erfolgreich angewendet zur Berechnung von Oszillatorenstärken von atomaren und molekularen Übergängen, einschließlich hoch liegender RYDBERG-Zustände. Sie erlaubt es, genaue Ionisationspotenziale zu extrapolieren, Photoionisationsquerschnitte zu bestimmen (siehe auch Abschn. 5.5 auf Seite 277), autoionisierende Linienserien und Störungen in Mehrelektronenspektren zu verstehen. Aber auch bei der Elektronenstreuung und sogar bei Festkörperstrukturberechnungen erweisen sich diese Methoden als nützlich.

Der Schlüssel zur QDT ist der Umstand, dass sich für große r – weit außerhalb des Atomrumpfes – die elektronischen Wellenfunktionen in einem reinen COULOMB-Potenzial entwickeln und dort als analytische Funktionen beschrieben werden können – und zwar auch für *nicht ganzzahlige Quantenzahlen* – mit der korrekten Abnahme für große r (in a.u.)

$$u_{n\ell}(r) \underset{r\to\infty}{\propto} r^{n^*} \exp\left(-\sqrt{2|W_{n\ell}|}\,r\right) = r^{n^*} \exp\left(-r/n^*\right). \tag{3.14}$$

Hier ist $W_{n\ell}$ wieder die Bindungsenergie und n^* die effektive Quantenzahl.[3]

Sogenannte *effektive Reichweite-Theorien* für Stoßprozesse (die wir kurz in Band 2 behandeln werden) können als Verallgemeinerung der QDT für den Nicht-COULOMB-Fall angesehen werden. Interessanterweise hat die QDT erneutes Inter-

[3] Der Faktor r^{n^*}, der hier im Gegensatz zu (2.119) benutzt wird, kann die Konvergenz verbessern.

esse sogar im Zusammenhang mit Stößen und Reaktionen von ultrakalten Atomen und Molekülen gefunden (z. B. OSPELKAUS 2010; IDZIASZEK und JULIENNE 2010, und Referenzen dort).

Zur Einführung schauen wir uns die Radialfunktionen für große Hauptquantenzahlen n etwas genauer an, wo $\mu(n, \ell)$ ja im Wesentlichen unabhängig von n ist (siehe Abb. 3.7). Wir lösen (3.13) numerisch, um $u_{n\ell}(r) = r R_{n\ell}(r)$ zu erhalten, wobei wir das SCHRÖDINGER-Applet von SCHMIDT und LEE 1998 benutzen. Als spezielle Beispiele wählen wir die $18s$- und $20s$-Zustände und benutzen das abgeschirmte Potenzial $V_S(r)$ nach (3.10) wie in Abb. 3.9b gezeigt.[4] Als Abschirmparameter wurde $r_S = 0.4190a_0$ so bestimmt, dass der damit bestimmte Quantendefekt $\mu = 1.348$ betrug. In Abb. 3.11a, c zeigen wir zum Vergleich die radiale Wellenfunktion für atomaren Wasserstoff, während in (b,c) die berechneten Wellenfunktionen für $n = 18$ und 20 in Na dargestellt sind.

Für $r > 0$ haben die Wellenfunktionen $u_{18s}(r)$ und $u_{20s}(r)$ in beiden Fällen (H und Na) natürlich die gleiche Zahl von Knoten (Nulldurchgänge), $n - 1 = 17$ bzw. 19 für $18s$ bzw. $20s$. Die Wahrscheinlichkeitsverteilungen für diese Wellenfunktionen liegt ganz überwiegend außerhalb des Ionenrumpfes (für Na^+ $r_{\text{ion}} \simeq 0.095\,\text{nm} = 1.8a_0$). Bei mittlerem r zeigen sie ein ausgeprägt oszillatorisches Verhalten und erinnern sehr deutlich an $\sin(k_r r)$ oder $\cos(k_r r)$ Funktionen mit $k_r = 2\pi/\lambda_r \propto \sqrt{W_{\text{kin}}} = \sqrt{|V_S| - |W_{n\ell}|}$, entsprechend der DE BROGLIE-Wellenlänge λ_r für die lokale kinetische Energie W_{kin}.

Wir sehen also (in Bereich mittlerer Werte von r), dass eine Änderung von $n \to n-2$ in etwa einer Verschiebung um 1 Periode der Welle nach unten entspricht (wenn man vom letzten Maximum aus zählt) – einer Phasenverschiebung von 2π, wenn man das ins Kontinuum extrapoliert. Dort, also für große r, erwartet man im Wesentlichen ein $\sin kr$ oder $\cos kr$ artiges Verhalten (man beachte allerdings die etwas genauere Diskussion unten). Am wichtigsten im gegenwärtigen Zusammenhang: Die Wellenfunktion für Na sind „phasenverschoben" zu kleineren Werten von r hin im Vergleich zu reinen COULOMB-Wellenfunktion fürs H-Atom – ganz offensichtlich um mehr als $1/2$ Periode, wie durch die gepunkteten Linien und die Pfeile in Abb. 3.11 angedeutet. Extrapoliert ins Kontinuum übersetzt sich dies in eine Phasenverschiebung um $\delta = \pi\mu$, wie wir gleich sehen werden.

Den physikalischen Ursprung dieser „Phasenverschiebung" erkennt man besonders deutlich durch Vergleich der vergrößerten Ausschnitte Abb. 3.11c für H mit (d) für Na: Auch wenn das Elektron dem ionischen Rumpf (grau schattierter Bereich) nur sehr selten nahe kommt, oszilliert dort die Wellenfunktion aufgrund der starken Anziehung durch den Atomkern im Na ($Z = 11$) sehr viel schneller als im H-Atom – was einfach der dort viel kürzeren DE BROGLIE-Wellenlänge λ_r in dem viel stärker anziehenden Potenzial V_S entspricht. Während sich nun die Na-Wellenfunktionen für $18s$ und $20s$ in diesem kleinen Bereich von r-Werten praktisch nicht unterscheiden

[4]Das ist eine recht grobe Annahme. Sie führt jedoch zu qualitativ richtigen Wellenfunktionen. Der Radius des ionischen Rumpfes für Na^+ wird in der Literatur typisch mit $0.095\,\text{nm} = 1.8a_0$ angegeben. Bei diesem Abstand ist der Wert des abgeschirmten Potenzials $V_S(r)$ etwa $-1.1/r$.

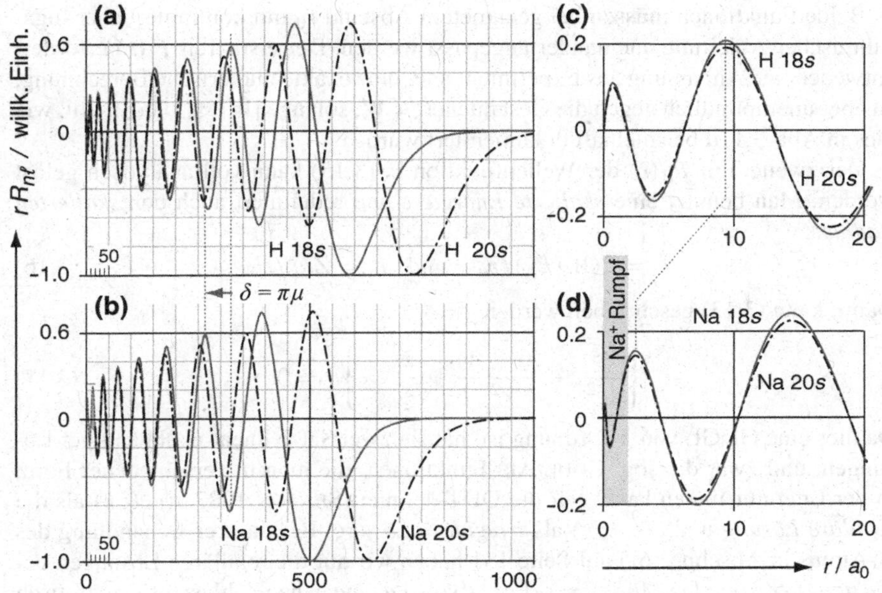

Abb. 3.11 Illustration des Quantendefekts μ als „Phasenverschiebung" $\delta = \pi\mu$ für Na in den 18s (——) und 20s (– · –) Zuständen: (**a**) Die radiale Wellenfunktionen $rR_{n\ell}(r)$ für ein reines COULOMB-Potenzial (H-Atom) werden verglichen mit (**b**) denen in einem Na^+-Pseudopotenzial $V_S(r)$ (siehe Abb. 3.9b). Alle Wellenfunktionen sind normiert auf ihren Minimalwert, der -1 gesetzt wurde. Die entsprechenden Vergrößerungen der r-Skala in (**c**) und (**d**) illustrieren den starken Einfluss des Na^+-Rumpfes auf die Na-Wellenfunktionen. Dies bewirkt eine Verschiebung $-\delta$ der Maxima von $rR_{n\ell}$ im Vergleich zum H-Atom; diese Verschiebung entspricht dem Quantendefekt $\mu(n, \ell)$

(bis auf Normierungsunterschiede), unterscheiden sie sich dramatisch von denen im H-Atom! Außerhalb des Rumpfes ist das Potenzial dann rein COULOMB'sch, sowohl für Na wie auch für H – sodass sich diese beiden Paare von Wellenfunktionen einfach um diese „Phasenverschiebung" δ unterscheiden.

Die QDT behandelt nun die Wellenfunktionen außerhalb als lineare Superposition von zwei reinen COULOMB-Funktionen. Die damit verbundene Mathematik ist nicht ganz trivial und wir können hier nur ein paar Grundlagen skizzieren, wobei wir dem hervorragenden Review-Artikel von SEATON 1983 folgen und auch auf seine umfassende mathematische Zusammenfassung von 2002 zurückgreifen.

Die radiale SCHRÖDINGER-Gleichung (3.13) wird in zwei Teilen gelöst:

$$u(r) = \begin{cases} F_{\mathrm{I}}(r) & \text{für } 0 \le r < r_0 \text{ mit } V_S(r) \\ F_{\mathrm{II}}(r) & \text{für } r_0 \le r \to \infty \text{ mit } -1/r. \end{cases} \tag{3.15}$$

(Wenn Ionenspektren diskutiert werden für eine Ladung Z_C des ionischen Restrumpfes, so muss man $-1/r$ ersetzten durch $-Z_C/r$.)

Beide Funktionen müssen bei geeignetem Abstand r_0 mit kontinuierlicher logarithmischer Ableitung aneinander angepasst werden. Der erste Teil $F_{\mathrm{I}}(r)$ erfordert entweder eine Anpassung ans Experiment oder eine exakte numerische Berechnung, ist aber unempfindlich gegen die Gesamtenergie W, solange $|W| \ll |V_{\mathrm{S}}(r)|$ gilt, wie dies in Abb. 3.11d beispielhaft dokumentiert wurde.

Der zweite Teil $F_{\mathrm{II}}(r)$ der Wellenfunktion in (3.15) kann voll analytisch gelöst werden. Man benutzt eine *skalierte Energie* ϵ und redefiniert auch den *skalierten Radius:*

$$\epsilon := 2(W/E_{\mathrm{h}})/Z_{\mathrm{C}}^2 \quad \text{und} \quad r := Z_{\mathrm{C}}r/a_0. \tag{3.16}$$

Damit kann (3.13) geschrieben werden als

$$\left\{\frac{\mathrm{d}^2}{\mathrm{d}r^2} - \frac{\ell(\ell+1)}{r^2} + \frac{2}{r} + \epsilon\right\}u = 0. \tag{3.17}$$

Da dies eine GDGL von 2. Ordnung ist, hat sie zwei Sätze linear unabhängiger Lösungen, und zwar die sog. COULOMB-Funktionen, die man in verschiedener Form in der Literatur finden kann. Für die QDT definiert SEATON 1983 $s(\epsilon, \ell; r)$ als die *reguläre Lösung* und $c(\epsilon, \ell; r)$ als *irreguläre Lösung*. Bei unserer Behandlung des H-Atoms in Abschn. 2.6.5 auf Seite 131 haben wir nur die regulären Lösungen benutzt: $u_{n\ell} \propto s(\epsilon_n, \ell; r)$ für $\epsilon_n = -1/n^2$ (wobei n eine ganze Zahl ist). Asymptotisch sind die regulären Lösungen $\propto r^{\ell+1}$ für $r \to 0$ und $\propto r^n \exp(-r/n)$ für $r \to \infty$. Es ist wichtig, hier festzuhalten, dass die reguläre Lösung $s(\epsilon, \ell; r)$ mit allen anderen Werten von ϵ für große r divergiert – daher stellen die ϵ_n gerade die Eigenwerte des H-Problems dar.

Die irregulären Lösungen $c(\epsilon, \ell; r)$ verhalten sich $\propto$ $r^{-\ell}$ am Ursprung, sodass jede Radialfunktion $R(r) \propto rc(\epsilon, \ell; r)$ dort divergieren würde – weshalb sie für das H-Problem als unphysikalisch identifiziert wurden. Es ist aber interessant festzustellen, dass für große r und $\epsilon_n = -1/(n+1/2)^2$ (und nur für diese Werte) die irregulären Lösungen gedämpft sind, und zwar sind sie $\propto r^n \exp(-r/n)$.

Daher ist es plausibel – wie schon von HARTREE 1928 gezeigt –, dass für beliebige Energien $\epsilon = -1/n^{*2}$ eine sinnvolle Lösung des Problems für $r > r_0$ gegeben ist durch:

$$\begin{aligned} F_{\mathrm{II}}(r) &= -\cos(\pi n^*)s(\epsilon, \ell; r) + \sin(\pi n^*)c(\epsilon, \ell; r) \\ &= -(-1)^n\left[\cos(\pi\mu)s(\epsilon, \ell; r) + \sin(\pi\mu)c(\epsilon, \ell; r)\right]. \end{aligned} \tag{3.18}$$

Hier ist nun n^* in der Tat die effektive Quantenzahl und $\mu = n - n^*$ der Quantendefekt, wie in (3.6) bzw. (3.7) definiert.

Diese Superpositionen von regulären und irregulären COULOMB-Funktionen für einen gegebenen Quantendefekt μ sind es nun, welche die QDT für $r > r_0$ benutzt. Im Allgemeinen überdecken diese die eigentlich interessierenden Bereiche der Wellenfunktion, wie dies Abb. 3.11 dokumentiert. Für nicht zu kleines n sind sie z. B. vollkommen ausreichend, um Matrixelemente von r zu berechnen, wie man sie etwa für die Bestimmung von Übergangswahrscheinlichkeiten braucht, die wir in Kap. 4 besprechen werden. Im Beispiel von Na würde man $r_0 \gtrsim 1.8a_0$ wählen, was dem Na^+-Rumpfradius entspricht.

Ganz allgemein gesprochen sind COULOMB-Wellenfunktionen ein spezieller Fall der *konfluenten hypergeometrischen Funktionen,* die aus (3.17) abgeleitet werden, möglicherweise ausgedrückt in verschiedenen, in der Mathematik gebräuchlichen Standardformen.

Gebundene Zustände
Speziell für gebundene Zustände mit $\epsilon = -1/(n^*)^2 < 0$ zeigt SEATON, dass

$$\begin{aligned} s(\epsilon,\ell;r) &= (-1)^\ell \left[\frac{\sin(\pi n^*)}{(2\nu)^{1/2}\pi K}\xi - \cos(\pi n^*) \left(\frac{n^{*3}}{2}\right)^{1/2} K\theta \right] \\ c(\epsilon,\ell;r) &= (-1)^\ell \left[\frac{\cos(\pi n^*)}{(2\nu)^{1/2}\pi K}\xi + \sin(\pi n^*) \left(\frac{n^{*3}}{2}\right)^{1/2} K\theta \right] \end{aligned} \tag{3.19}$$

gilt. Der Normierungsfaktor K ist hier

$$K(n^*,\ell) = \left[n^{*2}\Gamma(n^*+\ell+1)\Gamma(n^*-\ell)\right]^{-1/2}, \tag{3.20}$$

wobei $\Gamma(x)$ die bekannte Gammafunktion ist (mit $\Gamma(n-1) = n!$).

$$\theta(n^*,\ell;r) = \mathrm{W}_{n^*,\ell+1/2}\left(\frac{2r}{n^*}\right) \tag{3.21}$$

ist eine sogenannte WHITTAKER W-*Funktion*, während $\xi(n^*,\ell;r)$ eine Linearkombination zweier solcher Funktionen ist. Ihr asymptotisches Verhalten für große r ist

$$\xi \underset{r\to\infty}{\propto} \left(\frac{r}{n^*}\right)^{-n^*} \exp\left(\frac{r}{n^*}\right) \quad \text{und} \quad \theta \underset{r\to\infty}{\propto} \left(\frac{r}{n^*}\right)^{n^*} \exp\left(-\frac{r}{n^*}\right). \tag{3.22}$$

Für ganzzahlige Werte von $n^* = n$ werden die regulären Funktionen orthonormiert:

$$\int_0^\infty s(\epsilon_n,\ell;r)s(\epsilon_{n'},\ell;r)\mathrm{d}r = (n^3/2)\delta_{nn'}. \tag{3.23}$$

Da $\delta\epsilon_n = (\epsilon_{n+1} - \epsilon_n) \simeq 2/n^3$ (als Grenzwert für große Werte von n), sagt man, dass in diesem Grenzfall die Wellenfunktionen für gebundene Zustände $s(\epsilon_n,\ell;r)$ pro Energieeinheit normiert sind.

Da die ξ-Komponenten der Lösungen (3.19) für große r divergieren, dürfen sie in einer realistischen Formulierung der physikalischen Wellenfunktion nicht vorkommen ... und in der Tat: Wenn wir (3.19) mit (3.21) in die allgemeine Lösung (3.18) einsetzen, heben sich die beiden ξ-Terme gerade auf und man erhält für $r > r_0$ einfach

$$F_{\mathrm{II}}(n^*,\ell;r) = (-1)^\ell \left(\frac{n^{*3}}{2}\right)^{1/2} K(n^*,\ell)\mathrm{W}_{n^*,\ell+1/2}\left(\frac{2r}{n^*}\right). \tag{3.24}$$

Dies ist die gesuchte allgemeine Wellenfunktion für ein reines COULOMB-*Potenzial außerhalb des ionischen Atomrumpfes für eine beliebige Energie!* Die WHITTAKER-Funktionen sind in modernen analytischen Rechenprogrammen wie *Mathematica* enthalten und wir haben diese Funktionen für die 18*s*- und 20*s*-Zustände des Natriums mit $n^* = n - 1.3848$ berechnet. Das Resultat ist vollständig identisch mit der durch Integration gewonnenen Wellenfunktion, die wir in Abb. 3.11b und d gezeigt haben – mit Ausnahme des Rumpfinneren, wo sie ja auch nicht gelten sollen.

Als zweites Beispiel, welches sowohl die Leistungsfähigkeit wie auch die Grenzen der QDT zeigt, haben wir die $3s$-, $3p$- und $3d$-Funktionen des Na auf die gleiche Weise berechnet, wobei wir die genauen, experimentell bestimmten Werte $\mu(3s) = 1.37289$, $\mu(3p) = 0.88283$ und $\mu(3d) = 0.01023$ benutzt haben (bestimmt aus den Daten der KRAMIDA *et al.* 2015). Die Resultate für die Elektronendichten $r^2 F_{\text{II}}^2(r)$ sind in Abb. 3.10b als punktierte Linien eingetragen und können mit den ‚exakten' Resultaten der DFT-Rechnungen verglichen werden. Die Übereinstimmung ist erstaunlich gut (wir können hier nicht die potenziellen Probleme der DFT-Methode diskutieren). Natürlich erwartet man nicht, dass die $F_{\text{II}}(r)$ Wellenfunktion innerhalb des ionischen Rumpfes relevant sind: Man sieht, dass $3p$ und $3d$ dort divergieren. Aber mit einem angemessenen Schnitt kann man solche Wellenfunktionen offenbar sogar für relativ kleine n sinnvoll einsetzen, um z. B. Übergangswahrscheinlichkeiten, Polarisierbarkeiten u. a. Eigenschaften der Alkalimetalle zu berechnen: Die QDT scheint Wellenfunktionen zu generieren, welche die hauptsächlich relevanten Bereiche von r recht gut repräsentieren.

Abschließend wollen wir noch einen potenziell nützlichen Hinweis geben (siehe z. B. FREEMAN UND KLEPPNER 1976): Eine kleine Änderung des Quantendefekts (sagen wir um $\Delta\mu \ll n^*$) ändert die Termenergien nach (3.7) um

$$\Delta W_{n\ell} = \frac{-1}{2n^{*2}} + \frac{1}{2(n^* + \Delta\mu)^2} = \frac{-1}{2n^{*2}}\left(1 - \frac{1}{(1 - \Delta\mu/n^*)^2}\right) \simeq \frac{\Delta\mu}{n^{*3}}. \quad (3.25)$$

Umgekehrt kann jede Störung $\Delta W_{n\ell}$, von der wir wissen, dass sie mit der Hauptquantenzahl wie $1/n^3$ skaliert (z. B. von Berechnungen für das H-Atom), durch Addition einer entsprechenden Größe zum Quantendefekt berücksichtigt werden. Wir werden in späteren Kapiteln sehen, dass es eine Vielzahl von Störungen gibt, die von Wechselwirkungen innerhalb des Ionenrumpfes herrühren und in der Tat wie $1/n^3$ skalieren, z. B. die Fein- und Hyperfeinstruktur-Aufspaltung, gewisse Effekte der Wechselwirkung mit einem elektrischen Feld, Polarisation usw. Sie können alle als additiv zum Quantendefekt behandelt werden, sofern nur $\Delta\mu \ll n^*$. Daher können dann auch die entsprechenden Änderungen in den Wellenfunktionen mithilfe der QDT beschrieben werden, wie wir dies oben skizziert haben.

Kontinuumszustände

Wir haben bereits angedeutet, dass das Verhalten von Kontinuumswellenfunktionen als Funktion der Energie ϵ wie eine analytische Fortsetzung des Quantendefekts $\mu(n, \ell) \to \mu(\epsilon, \ell)$ für $\epsilon = k^2 > 0$ behandelt werden kann. Was wir etwas locker als „Phasenverschiebung" zwischen den Oszillationen der Wellenfunktionen für gebundene Zustände adressiert haben, wird im Kontinuum dann in der Tat eine echte Phasenverschiebung:

$$\delta_\ell(\epsilon) = \pi\mu(\epsilon, \ell) \quad (3.26)$$

zwischen einer reinen, auslaufenden COULOMB-Welle und der Kontinuumswellenfunktion im abgeschirmten Z/r Potenzial des ionischen Rumpfes. Auch hier gilt (3.18) für F_{II}, den äußeren Teil der Wellenfunktion. Man hat nun F_I und F_{II} mit logarithmisch stetiger Ableitung bei einem geeigneten r_0 aneinander anzupassen. Wieder gibt es verschiedene Schreibweisen für die regulären und irregulären

COULOMB-Kontinuumswellenfunktionen. Nach SEATON 2002, Gl. (86) – (90) und (113) – (118) gilt

$$\begin{aligned} s(\epsilon,\ell;r) &\propto \mathrm{Im}\left\{\exp\left[\mathrm{i}\left(\sigma_\ell-\ell\pi/2\right)\right]\mathrm{W}_{\mathrm{i}/k m \ell+1/2}\left(-2\mathrm{i}kr\right)\right\} \\ c(\epsilon,\ell;r) &\propto \mathrm{Re}\left\{\exp\left[\mathrm{i}\left(\sigma_\ell-\ell\pi/2\right)\right]\mathrm{W}_{\mathrm{i}/k m \ell+1/2}\left(-2\mathrm{i}kr\right)\right\} \end{aligned} \tag{3.27}$$

wo $\mathrm{W}_{\mathrm{i}/km\ell+1/2}\left(-2\mathrm{i}kr\right)$ wieder eine WHITTAKER W-Funktion ist, dieses mal mit komplexem Argument. Für das hier betrachtete anziehende COULOMB-Potenzial haben wir $r > 0$. Die COULOMB-Phasenverschiebung ist

$$\sigma_\ell = \sigma\left(k,\ell\right) = \arg \Gamma(1+\ell-\mathrm{i}/k) \tag{3.28}$$

und nimmt schnell mit k ab. Sie entspricht der Phasendifferenz zwischen einer COULOMB-Welle im reinen COULOMB-Potenzial und einer freien sphärischen Welle. Die zusätzliche Phasenverschiebung $\delta_\ell(\epsilon)$ erfährt das Elektron innerhalb des Atomrumpfes, also in einem abgeschirmten COULOMB-Potenzial vom Typ V_C nach (3.11).

Wir haben hier die wichtige Frage der Normierung von Kontinuumswellenfunktionen unterdrückt und notieren lediglich, dass

$$\int_0^\infty s(\epsilon_1,\ell;r)s(\epsilon_2,\ell;r)\mathrm{d}r = \delta(\epsilon_1-\epsilon_2), \tag{3.29}$$

d. h. $s(\epsilon_1,\ell;r)$ ist auf die ϵ-Skala normiert, was in Anhang J ausführlicher erläutert wird. Wiederum gilt, dass die reguläre Lösung am Ursprung zu 0 geht, während die irreguläre Lösung divergiert. Für große r sind diese Wellenfunktionen im Wesentlichen auslaufende Kugelwellen – bis auf eine langsam veränderliche, logarithmische Phasenverschiebung, die charakteristisch für das COULOMB-Potenzial ist (siehe (J.8)) – d. h. sie verhalten sich im Wesentlichen wie Sinus- und Cosinus-Funktionen:

$$\lim_{r\to\infty}\left[s(\epsilon,\ell;r)\right] = \sqrt{\frac{2}{\pi k}}\sin\zeta \quad \text{und} \quad \lim_{r\to\infty}\left[c(\epsilon,\ell;r)\right] = \sqrt{\frac{2}{\pi k}}\cos\zeta \tag{3.30}$$

$$\text{mit} \quad \zeta = kr + \frac{1}{k}\ln(2kr) - \ell\pi/2 + \sigma(k,\ell). \tag{3.31}$$

Abbildung 3.12 illustriert diese Kontinuumswellenfunktion für $\ell = 0$ bei einer moderaten Energie $\epsilon = 4$ ($W = 2E_\mathrm{h}$) oder $k = 2a_0^{-1}$, wo $\sigma_0 \simeq 0.078 \times 10^{-2}\pi$ ist. Die exakten Lösungen (adaptiert von SEATON 2002, Abb. 1) sind offenbar perfekt an ihre asymptotische Form (3.30) angepasst – überraschenderweise bereits bei recht kleinem $r \simeq 3$.

Wir kommen jetzt noch einmal kurz zurück auf das allgemeine Anliegen der QDT, nämlich auf die Konstruktion von Wellenfunktionen für $r > r_0$, dieses Mal im Kontinuum unter Benutzung der analytischen Fortsetzung von $\mu_\ell(\epsilon)$, das anhand der gebundenen Zustände aus dem Quantendefekt bestimmt wurde. Da wir an großen Werten von r interessiert sind, setzen wir die asymptotischen Funktionen (3.31) in (3.18) ein und erhalten für $r > r_0$

$$F_{\mathrm{II}}(\epsilon,\ell;r) \underset{r\to\infty}{\longrightarrow} \sqrt{\frac{2}{\pi k}}\sin\left[\zeta + \delta_\ell(\epsilon)\right] \tag{3.32}$$

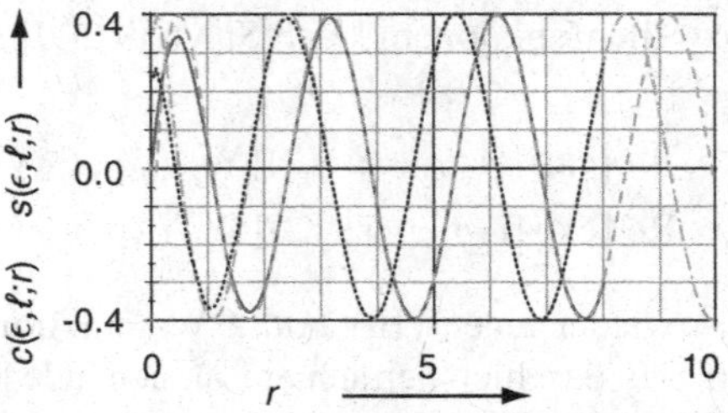

Abb. 3.12 COULOMB-Kontinuum-s-Wellen ($\ell = 0$) bei $\epsilon = 4$ im attraktiven Potenzial: reguläre Lösung (— Null am Ursprung), irreguläre Lösung (··· endlich am Ursprung) nach SEATON (2002); das asymptotische Verhalten (- - - und — · —) nach (3.30) ist bereits für $r \gtrsim 3$ nahezu identisch mit den exakten Lösungen

mit der Phasenverschiebung $\delta_\ell(\epsilon)$ nach (3.26), die einfach die Verschiebung der Maxima zwischen einer freien, auslaufenden COULOMB-Welle und der Wellenfunktion des Systems mit Quantendefekt repräsentiert – ganz ähnlich wie bei den gebundenen Zuständen, die wir in Abb. 3.10 gezeigt hatten – bis auf den Umstand, dass die Phasenverschiebung jetzt eine genuine Phasendifferenz zwischen $\sin[\zeta]$ in einem reinen $-1/r$ Potenzial und $\sin[\zeta + \delta_\ell(\epsilon)]$ unter Einfluss des abgeschirmten ionischen Rumpfes handelt. Wir werden auf diese Typen von auslaufenden sphärischen Wellen noch einmal im Zusammenhang mit der Photoionisation in Abschn. 5.5.4 auf Seite 285 sowie in Zusammenhang mit der Streutheorie in Band 2 zurückkommen.

3.2.7 MOSLEY-Diagramm für Na-ähnliche Ionen

Oft ist es zweckmäßig, eine alternative, empirische Beschreibung der Energieterme zu benutzen, die insbesondere bei isoelektronischen Reihen angewendet wird. Anstelle einer effektiven Quantenzahl n^* führt man eine *effektive Kernladungszahl* Z^* ein, die berücksichtigt, dass die Elektronen nur einen Teil der Kernladung „sehen". Als *Abschirmung* bezeichnet man dann die Größe $q_s = Z - Z^*$. Damit schreiben sich die Bindungsenergien der Elektronen

$$W_{n\ell} = -\frac{Z^{*2}}{2n^2} E_\mathrm{h} = -\frac{(Z - q_s)^2}{2n^2} E_\mathrm{h}, \tag{3.33}$$

oder in Wellenzahlen:

$$\begin{aligned} \bar{\nu}_{n\ell} &= \frac{(Z - q_s)^2}{hcn^2} E_\mathrm{h}/2 = R_\infty \frac{(Z - q_s)^2}{n^2} \\ \Rightarrow \quad & \sqrt{\frac{2\,|W_{n\ell}|}{E_\mathrm{h}}} = \sqrt{\frac{\bar{\nu}_{n\ell}}{R_\infty}} = \frac{Z^*}{n} = \frac{Z - q_s}{n} \end{aligned} \tag{3.34}$$

Als Beispiel diskutieren wir die Termlagen für Na und Na-ähnliche Ionen. Die Serie beginnt mit $Z = 11$ (Na). Bei voller Abschirmung würden wir $q_s \simeq 10$ erwarten. In Abb. 3.13 sind die Energien entsprechend (3.34) in einem sogenannten

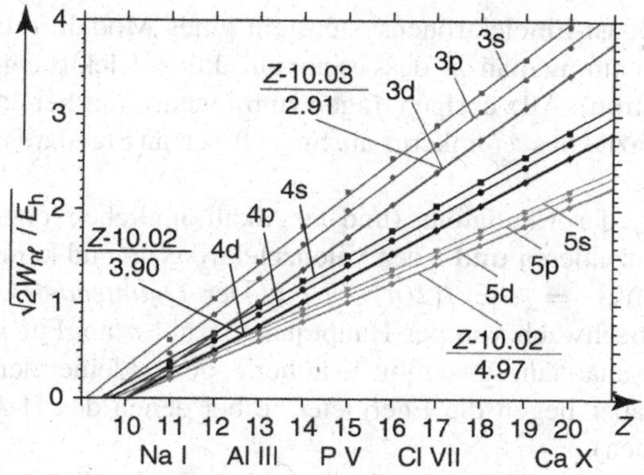

Abb. 3.13 MOSLEY-Diagramm für Natrium ähnliche Ionen bei verschiedenen Zuständen. Spektroskopischer Tradition entsprechend wird der Ionisationsgrad des untersuchten Atoms mit römischen Zahlen charakterisiert: I für neutrale Atome, II für einfach ionisierte, III zweifach ionisierte Atome usw.

MOSLEY-*Diagramm* aufgetragen (Energie gemessen in Wellenzahlen). Dabei ergibt sich die „Abschirmung" q_s aus dem y-Achsenabschnitt von $\sqrt{2\,|W_{n\ell}|\,/E_{\mathrm{h}}}$, d. h. für $Z - q_s = 0$. Abbildung 3.13 illustriert dies für die isoelektronischen Serien der ns-, np- und nd-Zustände für $n = 3$, 4 und 5. Wir sehen, dass die Wurzel der Energien als Funktion der Kernladung in sehr guter Näherung tatsächlich einer Geraden nach (3.34) folgt. Allerdings benötigen wir doch zwei Parameter, um jeweils die ganze Serie zu fitten. Erwartungsgemäß „passen" die Zustände mit höchstem Drehimpuls am besten, wie es die angepassten Geraden in Abb. 3.13 für $3d$, $4d$ und $5d$ bestätigen. Die Abschirmung ist in allen drei Fällen nahezu vollständig ($q_s = 10$) und die Steigung ebenfalls fast ideal $1/n$. Für die p- und s-Zustände ist das offenbar nicht ganz so ideal der Fall. So ist offenbar für die $3s$-Zustände die Abschirmung nur knapp über $q_s = 9$, das heißt die $3s$-Elektronen „sehen" effektiv immer noch fast zwei Kernladungen. Immerhin bestätigt die insgesamt gute Übereinstimmung der experimentellen Daten mit (3.34) sehr eindrucksvoll das Modell des Quasi-Einelektronensystems über eine ganze isoelektronische Serie hinweg. Für höhere Z liegen die Linien typischerweise im RÖNTGEN-Bereich. MOSLEY-Diagramme werden daher auch erfolgreich benutzt, um Röntgenstrahlung von inneren Schalen übersichtlich zu charakterisieren (siehe auch Abschn. 10.5.2 auf Seite 568).

Was haben wir in Abschnitt 3.2 gelernt?

- Die *Spektren der Alkaliatome im* VIS *sind denen des* H-*Atoms* sehr ähnlich – bis auf die Tatsache, dass bei den Alkalien die ℓ-Entartung aufgehoben ist und konsequenterweise mehrere Serien von Linien für jede Hauptquantenzahl n beobachtet werden.

- Daher ist das Quasi-Einelektronensystem ein gutes Modell, diese Spektren zu verstehen. Dabei nimmt man an, dass es nur ein aktives Elektron gibt (das Leucht- oder Valenzelektron). Alle übrigen tragen zum Ionenrumpf bei und schirmen das COULOMB-Potenzial des Atomkerns ab. Sie nehmen an Standardspektren darüber hinaus nicht teil.
- Die Energieterme der Alkaliatome (und der Alkali-ähnlichen Ionen) hängen daher von den Quantenzahlen n **und** ℓ des Valenzelektrons ab und können beschrieben werden durch $W_{n\ell} = -E_h/[2(n-\mu)^2]$. Der *Quantendefekt* $\mu(n,\ell)$ hängt stark von ℓ und schwach von der Hauptquantenzahl n ab. Für große n wird er näherungsweise unabhängig von ihr. Je höher ℓ, desto kleiner der Quantendefekt μ, d. h. desto näher liegen die Energieterme bei denen des H-Atoms (und der H-ähnlichen Ionen).
- Diese Befunde werden erklärt durch die geringe Wahrscheinlichkeit, dass sich das Valenzelektron in der Nähe bzw. im ionischen Atomrumpf befindet (sie ist $\propto r^{2\ell+2}$ für $r \to 0$.
- Die Quantendefekttheorie (QDT) bietet eine sehr nützliche analytische Basis zur quantitativen Erklärung der beobachteten Befunde: Es zeigt sich, dass der Quantendefekt μ direkt zusammenhängt mit der Phasenverschiebung $\delta = \pi\mu$ zwischen einer reinen COULOMB-Wellenfunktion (H-Atom) und der Wellenfunktion der Alkaliatome.
- MOSLEY-Diagramme präsentieren die Termenergien für eine ganze Serie von Ionen gleicher Elektronenkonfiguration als Funktion der Kernladungszahl Z. Wenn man $\sqrt{2|W_{n\ell}|/E_\mathrm{h}}$ gegen Z aufträgt, so ergibt sich im Wesentlichen eine Gerade.

3.3 Störungstheorie für stationäre Probleme

3.3.1 Störungsansatz für den nicht entarteten Fall

Wie wir im vorangehenden Abschnitt gesehen haben, ist die numerische Integration der SCHRÖDINGER-Gleichung zumindest für Quasi-Einelektronensysteme recht problemlos. Dennoch ist es wichtig, sich nicht einfach auf mächtige Computerprogramme zu verlassen und diese als ‚Black-Box‘ zu benutzen, aus der die Lösungen aller Probleme herausfallen. Jedenfalls sollten wir uns stets auch um ein qualitatives Verständnis von physikalischen Befunden bemühen. Und wie wir gerade am Beispiel der QDT erlebt haben, können alternative Lösungswege oft auch neue Einsichten vermitteln. Wir nutzen daher die Gelegenheit, ein bedeutsames quantenmechanisches Werkzeug nachzutragen, das wir in den folgenden Kapiteln häufig nutzen werden: Die *zeitunabhängige Störungsrechnung*.

Anstelle der in Abschn. 3.2.5 beschriebenen Vorgehensweise, nämlich der direkten, numerischen Integration der SCHRÖDINGER-Gleichung, empfiehlt es sich häufig, zunächst die erwarteten Veränderungen eines gegebenen Problems gegenüber den als 0. Näherung angenommenen Eigenfunktionen und Eigenenergien eines bereits gelösten Problems abzuschätzen. Bei den Alkaliatomen z. B. wäre das die Abweichung vom $-Z/r$ Potenzial gegenüber dem H-Atom und H-ähnlichen Ionen. So kann man versuchen, zunächst einmal etwas genauer zu *verstehen,* was durch eine solche *„Störung“* bewirkt wird. Dies geschieht mithilfe der sogenannten Störungstheorie (oder einfach Störungsrechnung). Man geht also davon aus, dass das Problem schon eine sehr gute 0. Näherung hat, dass man also auf ein bekanntes, gelöstes Problem aufsetzen kann.

Wir fassen hier nur rezeptartig das Wichtigste zusammen und verweisen für eine strenge Behandlung auf Lehrbücher der Quantenmechanik. Für das Ausgangsproblem (hier also das H-Atom) wirke der HAMILTON-Operator $\widehat{H}_0$, die Eigenzustände seien $\psi_k^{(0)}$ (eine vollständige Basis), und die Energieeigenwerte seien $W_k^{(0)}$. In 0. Ordnung sei also die SCHRÖDINGER-Gleichung

$$\widehat{H}_0 \psi_k^{(0)} = W_k^{(0)} \psi_k^{(0)} \tag{3.35}$$

gelöst. Das neue, zu lösende Problem unterscheide sich nur wenig davon. Konkret sei

$$\widehat{H} = \widehat{H}_0 + \widehat{U}(r, \widehat{p}), \tag{3.36}$$

wobei wir annehmen, dass dem Betrag nach die gemittelte „Störung“ $|\langle \widehat{U} \rangle| \ll |\langle \widehat{H}_0 \rangle|$ sei. Dann ist die SCHRÖDINGER-Gleichung (3.12) in erster Ordnung zu lösen:

$$(\widehat{H}_0 + \widehat{U})\psi_k = W_k \psi_k, \tag{3.37}$$

Man kann nun im Sinne einer Reihenentwicklung nach kleinen Größen ϵW_k sowie $\epsilon \psi_k$ entwickeln. Wenn man streng formal und sauber vorgeht, vergleicht man dabei stets die Größen gleicher Potenz im Kleinheitsparameter ϵ und erhält so eine Reihe von Korrekturtermen zu Energie und zur Wellenfunktion – eben die Korrekturen in Störungsrechnung 1. Ordnung, 2. Ordnung usw. Zur Abkürzung benutzen wir für die *Matrixelemente der Störung* die Schreibweise

$$U_{jk} = \langle \psi_j^{(0)} | \widehat{U} | \psi_k^{(0)} \rangle = \int \psi_j^{(0)*}(\boldsymbol{r}) \widehat{U}(r, \widehat{p}) \psi_k^{(0)}(\boldsymbol{r}) \mathrm{d}^3 \boldsymbol{r}. \tag{3.38}$$

3.3.2 Störungstheorie 1. Ordnung

Wir kürzen das Verfahren etwas ab und benutzen den *Störungsansatz:*

$$\psi_k = \sum_i a_i \psi_i^{(0)} \quad \text{mit} \quad |a_k| \lesssim 1 \text{ und } |a_i| \ll 1 \text{ für } i \neq k. \tag{3.39}$$

Die Bedingungen $a_k \simeq 1$ und $|a_i| \ll 1$ für $i \neq k$ sind dabei sehr wichtig und das eigentliche störungstheoretische Element, das wir zu berücksichtigen haben: am Anfang beschreibt ein einziger Basiszustand $\psi_k^{(0)}$ das System. Wenn wir die Störung einschalten, ändert sich das System nur wenig.

Wir setzen diesen Ansatz in die SCHRÖDINGER-Gleichung (3.37) ein und erhalten:

$$[\widehat{H}_0 + \widehat{U} - W_k]\sum_i a_i \psi_i^{(0)} = 0$$

$$\widehat{H}_0 \sum_i a_i \psi_i^{(0)} + \widehat{U}\sum_i a_i \psi_i^{(0)} - W_k \sum_i a_i \psi_i^{(0)} = 0$$

$$\sum_i a_i [W_i^{(0)} - W_k]\psi_i^{(0)} + \widehat{U}\sum_i a_i \psi_i^{(0)} = 0. \tag{3.40}$$

Im letzten Schritt haben wir Gebrauch gemacht von der Lösung 0. Ordnung nach (3.35). Wir multiplizieren nun (3.40) von links mit $\psi_k^{(0)*}$, integrieren und erhalten mit $\left\langle \psi_k^{(0)} \psi_i^{(0)} \right\rangle = \delta_{ki}$:

$$a_k [W_k^{(0)} - W_k] + a_k \langle \psi_k^{(0)} | \widehat{U} | \psi_k^{(0)} \rangle + \sum_{i \neq k} a_i \langle \psi_k^{(0)} | \widehat{U} | \psi_i^{(0)} \rangle = 0.$$

Da $|a_i| \ll 1$ für $i \neq k$, und da die Matrixelemente des Störoperators $\widehat{U}$ ebenfalls klein sind, können wir in 1. Näherung die ganze Summe über $i \neq k$ in diesem Ausdruck vernachlässigen. Damit kann a_k herausgezogen werden und man erhält sofort in 1. *Ordnung als Korrektur der Energie*

$$\Delta W = W_k - W_k^{(0)} = \langle \psi_k^{(0)} | \widehat{U} | \psi_k^{(0)} \rangle = U_{kk}, \tag{3.41}$$

das Diagonalmatrixelement des Störoperators!

Um auch eine *Korrektur für die Wellenfunktion* zu erhalten, multipliziert man (3.40) von links mit $\psi_j^{(0)*}$ für $j \neq k$ und integriert:

$$0 = a_j [W_j^{(0)} - W_k] + \sum_i a_i \langle \psi_j^{(0)} | \widehat{U} | \psi_i^{(0)} \rangle.$$

Wenn man jetzt noch die Lösung 1. Ordnung für die Energiekorrektur nach (3.41) einsetzt, so erhält man

$$0 = a_j [W_j^{(0)} - W_k^{(0)} - \langle \psi_k^{(0)} | \widehat{U} | \psi_k^{(0)} \rangle] + \sum_i a_i \langle \psi_j^{(0)} | \widehat{U} | \psi_i^{(0)} \rangle.$$

Wieder kann man die Terme vernachlässigen, die quadratisch klein sind: Daher fällt der dritte Term heraus und von der Summe bleiben nur Terme mit $i = k$ übrig (da $a_k \simeq 1$), sodass

$$0 = a_j [W_j^{(0)} - W_k^{(0)}] + \langle \psi_j^{(0)} | \widehat{U} | \psi_k^{(0)} \rangle,$$

woraus schließlich

$$a_j = \frac{\langle \psi_j^{(0)} | \widehat{U} | \psi_k^{(0)} \rangle}{W_k^{(0)} - W_j^{(0)}} \quad \text{für } j \neq k$$

folgt. Wir erhalten also für die *Wellenfunktion in* 1. *Ordnung Störungstheorie:*

$$\psi_k = \psi_k^{(0)} + \sum_{j \neq k} \frac{\langle \psi_j^{(0)} | \widehat{U} | \psi_k^{(0)} \rangle}{W_k^{(0)} - W_j^{(0)}} \psi_j^{(0)} = \psi_k^{(0)} + \sum_{j \neq k} \frac{U_{jk}}{W_k^{(0)} - W_j^{(0)}} \psi_j^{(0)}. \quad (3.42)$$

3.3.3 Störungstheorie 2. Ordnung

Für den nächst genaueren Schritt setzen wir die Ergebnisse der Störungsrechnung 1. Ordnung erneut in die SCHRÖDINGER-Gleichung (3.37) ein. Wieder multiplizieren wir mit $\psi_k^{(0)*}$ von links und integrieren. Damit erhalten wir dann die *Korrektur für die Energie in 2. Ordnung Störungsrechnung:*

$$\begin{aligned} W_k &= \left\langle \psi_k^{(0)} \middle| \widehat{H}_0 + \widehat{U} \middle| \left(\psi_k^{(0)} + \sum_{j \neq k} \frac{\langle \psi_j^{(0)} | \widehat{U} | \psi_k^{(0)} \rangle}{W_k^{(0)} - W_j^{(0)}} \psi_j^{(0)} \right) \right\rangle \\ &= W_k^{(0)} + \langle \psi_k^{(0)} | \widehat{U} | \psi_k^{(0)} \rangle + \sum_{j \neq k} \frac{\langle \psi_j^{(0)} | \widehat{U} | \psi_k^{(0)} \rangle}{W_k^{(0)} - W_j^{(0)}} \langle \psi_k^{(0)} | \widehat{U} | \psi_j^{(0)} \rangle \\ \Rightarrow \quad W_k &= W_k^{(0)} + U_{kk} + \sum_{j \neq k} \frac{|U_{jk}|^2}{W_k^{(0)} - W_j^{(0)}}. \end{aligned} \quad (3.43)$$

Dabei ist $U_{jk} = \langle \psi_j^{(0)} | \widehat{U} | \psi_k^{(0)} \rangle$ wieder das Matrixelement der Störung. Das Verfahren lässt sich beliebig fortsetzen. Abschließend noch einige Hinweise:

1. Wir sehen, dass sowohl für die Berechnung der Wellenfunktion als auch für die Energie eines Zustands k Beiträge von vielen Zuständen j kommen können (im Prinzip unendlich viele). Die Praxis setzt hier natürlich Grenzen und es kommt entscheidend auf eine geschickte Auswahl derjenigen Zustände an, die man in der Störungsrechnung „mitnimmt".
2. Der Beitrag der einzelnen Zustände j hängt entscheidend von der *Größe des Matrixelements* $|U_{jk}|$ aber auch von den jeweiligen *Resonanznennern* $W_k^{(0)} - W_j^{(0)}$ in (3.43) ab. Je näher ein Zwischenzustand j bei dem untersuchten Zustand k liegt, desto mehr wird er beitragen (sofern U_{kj} nicht Null ist).
3. Wenn mehrere Zustände $\psi_1^{(0)}, \psi_2^{(0)}, \psi_3^{(0)}$ entartet sind, also die gleiche Energie $W_1^{(0)} = W_2^{(0)} = W_2^{(0)}$ haben, muss man wegen des Resonanznenners aufpassen. Nur wenn die nichtdiagonalen Matrixelemente dieser Zustände verschwinden, wenn also $U_{12} = U_{13} = U_{23} \equiv 0$ ist, kann man so verfahren, wie eben gezeigt.

3.3.4 Störungstheorie mit Entartung

Für den allgemeinen Fall, wo wir *g-fache Entartung und nichtverschwindende Nebendiagonalen* der Störung haben, muss man das Problem grundsätzlicher angehen. Wir schreiben den HAMILTON-Operator jetzt der Übersichtlichkeit halber als Matrix mit

$$\widehat{H}_{jk} = \langle\psi_j|\widehat{H}_0 + \widehat{U}|\psi_k\rangle = W_k^{(0)}\delta_{jk} + U_{jk}$$

$$\widehat{H} = \begin{pmatrix} W_1^{(0)} + U_{11} & U_{12} & U_{13} & \dots & U_{1g} \\ U_{21} & W_2^{(0)} + U_{22} & U_{23} & \dots & U_{2g} \\ U_{31} & U_{21} & W_3^{(0)} + U_{33} & \dots & U_{3g} \\ \dots & \dots & \dots & \dots & \dots \\ U_{g1} & U_{g2} & U_{g3} & \dots & W_g^{(0)} + U_{gg} \end{pmatrix}. \quad (3.44)$$

Die gesuchten Eigenfunktionen $|\psi_k\rangle$ sind Vektoren. Die SCHRÖDINGER-Gleichung $\widehat{H}\,|\psi_k\rangle = W_k\,|\psi_k\rangle$ wird so durch eine Matrix-Eigenwertgleichung ersetzt:

$$(\widehat{H} - W\widehat{\mathbf{1}})|\psi\rangle = 0, \quad (3.45)$$

Dabei ist $\widehat{\mathbf{1}}$ der Einheitsoperator, hier eine $g \times g$ Einheitsmatrix, W ist ein Eigenwert und $|\psi\rangle$ ist jetzt ein Eigenzustandsvektor mit g Komponenten (die z. B. in der Basis des ungestörten Systems gegeben sind). Die Aufgabe besteht jetzt darin, die HAMILTON-Matrix durch geeignete unitäre Transformationen der Vektoren $|\psi_k\rangle$ in Diagonalform zu bringen, also ein System von g linearen algebraischen Gleichungen zu lösen. Die Diagonalelemente dieser Matrix sind die gesuchten Energieeigenwerte des Systems.

Wie wohlbekannt ist, existiert eine Lösung für (3.45) nur dann, wenn die Determinante der Matrix verschwindet. Man hat also zunächst Lösungen zu finden für

$$\det(\widehat{H} - W\widehat{\mathbf{1}}) = 0. \quad (3.46)$$

Im Allgemeinen führt das zu einer nichtlinearen Gleichung des Grads g in W mit g Lösungen W_k – den gesuchten Eigenenergien des gestörten Systems. Mit diesen Eigenwerten kann man dann zurück zu (3.45) gehen und die Gleichungen für jeden Wert W_k lösen, um die Eigenzustände des Systems zu finden.

Dieses Verfahren geht letztlich weit über einen Störungsansatz hinaus und ist im Prinzip universell anwendbar – sofern man die Matrix der Störung genau kennt. Die Genauigkeit der Lösung hängt dann nur noch davon ab, wie viele Basiszustände man bei der zu diagonalisierenden Matrix berücksichtigt. Wir wollen das aber hier nicht weiter vertiefen und statt dessen das Verfahren am Beispiel der Alkaliatome illustrieren.

3.3.5 Anwendung der Störungsrechnung auf Alkaliatome

Wir schreiben den HAMILTON-Operator für das Alkaliatom (in atomaren Einheiten) mit dem Wechselwirkungspotenzial nach (3.10):

$$\widehat{H} = -\frac{1}{2}\Delta^2 + V_S(r) = \widehat{H}_0 + V_C(r) \quad \text{mit } V_S(r) = -1/r + V_C(r), \tag{3.47}$$

und identifizieren

$$\widehat{H}_0 = -\Delta^2/2 - 1/r$$

als den ungestörten HAMILTON-Operator des H-Atoms. Dabei wird das kugelsymmetrische Störpotenzial $U(r) = V_C(r)$ durch die (für große r vollständig abgeschirmte) COULOMB-Wechselwirkung des Leuchtelektrons mit dem Atomrumpf bestimmt. Zur Demonstration benutzen wir wieder das simple Potenzial V_C, das wir in (3.11) eingeführt hatten. Abbildung 3.14 illustriert es für Na ($Z = 11$). Den Abschirmradius r_S haben wir jetzt wie weiter unten beschrieben so kalibriert, dass die Bindungsenergie W_{3s} des Na Valenzelektrons im Grundzustand korrekt wiedergegeben wird.

Für die Berechnung der Matrixelemente der Störung (3.11) benutzen wir die Wasserstoffeigenfunktionen $R_{n\ell}^{(0)}(r)Y_{\ell m}(\theta, \varphi)$ (als Lösungen 0. Ordnung), die wir in Abschn. 2.6.1 auf Seite 127 ausführlich besprochen haben. Da das Störpotenzial zentralsymmetrisch ist und nur auf den Radialteil der Wellenfunktion wirkt, sind die Matrixelement einfach

$$V_{C\, n\ell m, n'\ell' m'} = \delta_{\ell\ell'}\delta_{mm'} \int_0^\infty V_C(r) R_{n\ell}^{(0)}(r) R_{n'\ell}^{(0)}(r) r^2 \mathrm{d}r = V_{C\, n\ell, n'\ell}. \tag{3.48}$$

In 1. Ordnung Störungstheorie werden nur die Diagonalmatrixelemente benötigt. Die Radialwellenfunktionen $R_{n\ell}^{(0)}(r)$ des H-Atoms gibt (2.122), wobei wir die Reihenent-

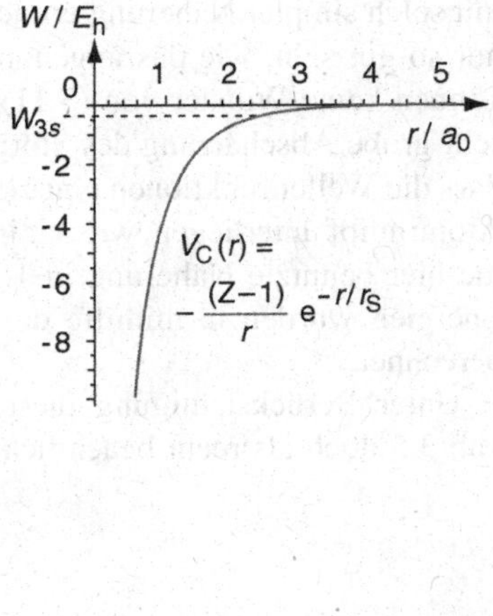

Abb. 3.14
Rumpf-Restpotenzial für Na ($Z = 11$) mit $r_S = 0.98a_0$

Tabelle 3.5 Bindungsenergien für einige Energieniveaus der s-, p-, und d-Serien in Na. Experimentelle Daten (exp.) werden verglichen mit der 1. Ordnung Störungstheorie und den entsprechenden Energien W_H für das H-Atom. Für Details siehe Text.

Niveaus	**Bindungsenergien/eV**		
	exp.	**1. Ordnung**	W_H
$3s$	−5.13907	−5.139	−1.5117
$3p$	−3.0357	−2.70	−1.5117
$3d$	−1.5221	−1.63	−1.5117
$4s$	−1.9477	−1.87	−0.8503
$4p$	−1.3864	−1.30	−0.8503
$5s$	−1.0227	−0.92	−0.54422
$5p$	−0.7951	−0.74	−0.54422
$6s$	−0.6294	−0.55	−0.37794

wicklung (2.123) für die LAGUERRE'schen Polynome benutzen. Die numerische Integration von (3.48) kann mit Standard-Computerprogrammen auf jedem modernen PC innerhalb weniger Sekunden durchgeführt werden.

Setzen wir nun die Bindungsenergien $W_{n\ell}^{(0)} = -1/2n^2$ des H-Atoms in (3.41) ein und beachten, dass mit $V_C(r) < 0$ auch die Matrixelemente negativ sind, so erhalten wir schließlich die Energielagen der Alkaliatome in 1. Ordnung Störungstheorie (in a.u.):

$$W_{n\ell} = W_{n\ell}^{(0)} + V_{C\,n\ell,n\ell} = -\frac{1}{2n^2} - |V_{C\,n\ell,n\ell}| \tag{3.49}$$

Alle Energieterme werden in der Tat abgesenkt gegenüber dem H-Atom – wie experimentell beobachtet.

In Tab. 3.5 kommunizieren wir einige Zahlenwerte, die wir auf diese Weise für Na berechnet haben und vergleichen sie mit den experimentellen Daten der NIST-Datenbank (KRAMIDA *et al.* 2015). Zum Vergleich sind auch die Bindungsenergien für das H-Atom aufgelistet. Die Ergebnisse illustrieren sehr deutlich, was bereits mit solch simpler Näherung erreicht werden kann. Natürlich können die Ergebnisse nur so gut sein, wie das angenommene Modellpotenzial für die Störung, und wir können keine Wunder von (3.11) erwarten mit nur einem freien Parameter – eine sehr grobe Abschätzung des Störpotenzials. Ein zusätzliches Problem ist natürlich, dass die Wellenfunktionen einer kräftigen Phasenverschiebung durch den ionischen Atomrumpf unterliegen, wie wir in Abschn. 3.2.6 gesehen haben. Das berücksichtigt die hier benutzte Näherung in 1. Ordnung Störungsrechnung natürlich nicht: Die Energien wurden ja mithilfe der 0. Ordnung Wellenfunktionen für das H-Atom berechnet.

Unter Berücksichtigung dieser Schwierigkeiten kann man die Ergebnisse in Tab. 3.5 doch als recht beachtlich bezeichnen. Sie zeigen aber auch ganz deutlich, dass eine solche 1. Ordnung Störungsrechnung lediglich eine erste Orientierung bei solchen Problemen geben kann. Wenn Präzision erforderlich ist, muss man mindestens auf eine der in Abschn. 3.2.5 beschriebenen Methoden zurückgreifen.

Was haben wir in Abschnitt 3.3 gelernt?

- Die Störungstheorie kann oft wichtige qualitative und semi-quantitative Einsichten über die zu erwartende Physik bringen, wenn Atome oder Moleküle spezifischen Wechselwirkungen ausgesetzt werden – sofern die gemittelte Störung klein gegenüber dem HAMILTON-Operator für die grundlegenden Wechselwirkungen des Systems ist, wenn also $|\langle\widehat{U}\rangle| \ll |\langle\widehat{H}_0\rangle|$ gilt.
- In 1. Ordnung Störungstheorie sind die Energieänderungen bei nicht entarteten Zuständen durch $\Delta W = U_{kk} = \langle\psi_k^{(0)}|\widehat{U}|\psi_k^{(0)}\rangle$ bestimmt, während die Wellenfunktion in 1. Ordnung Störungsrechnung durch (3.42) gegeben wird.
- Eine höhere Ordnung der Störungsrechnung wird dann gebraucht, wenn die Wechselwirkung (genauer die diagonalen Matrixelemente) in erster Ordnung verschwindet.
- Für entartete Zustände muss anders vorgegangen werden. Man drückt den HAMILTON-Operator in Matrixform (3.44) aus, wofür so gute und so viele Basisfunktionen benutzt werden, wie es dem Problem angemessen ist. Diese Matrix hat man dann zu diagonalisieren, wobei Standardprozeduren der linearen Algebra benutzt werden. Dieses Verfahren kann erweitert werden für sehr allgemeine Probleme, vorausgesetzt, entsprechend gute Basisfunktionen sind vorhanden.

Akronyme und Terminologie

a.u.: ‚atomare Einheiten', siehe Abschn. 2.6.2 auf Seite 129.

DFT: ‚Dichtefunktionaltheorie', heute eine der Standardmethoden für die Berechnung atomarer und molekularer Elektronendichteverteilungen und Energien (siehe Abschn. 10.3 auf Seite 555).

GDGL: ‚Gewöhnliche Differenzialgleichung'.

IP: ‚Ionisationspotenzial', von freien Atomen und Molekülen, hier $W_I = -W_{n_0\ell_0}$ (das Äquivalent im Festkörper ist die „(Elektronen-)Austrittsarbeit" W_{EA}.

MQDT: ‚Vielkanal-Quantendefekttheorie (engl. *Multichannel Quantum Defect Theory*)', Weiterentwicklung der QDT für die Interpretation komplexer Atom- und Molekülspektren, insbes. für hoch angeregte RYDBERG-Zustände (siehe Abschn. 3.2.6 auf Seite 165).

NIST: ‚National Institute of Standards and Technology', Standorte Gaithersburg (MD) und Boulder (CO), USA. http://www.nist.gov/index.html.

QDT: ‚Quantendefekttheorie', interpretiert die experimentell beobachtete Energieverschiebung der atomaren Energieniveaus als Phasenverschiebung in den radialen Wellenfunktionen und macht Vorhersagen für Streuprozesse (Abschn. 3.2.6 auf Seite 165).

VIS: ‚Sichtbar (engl. *Visible*)', Spektralbereich der elektromagnetischen Strahlung mit Wellenlängen zwischen 380 und 760 nm (nach ISO 21348 2007).

Literatur

FANO, U. und A. R. P. RAU: 1986. *Atomic Collisions and Spectra*. Orlando: Academic Press Inc., 409 Seiten.

FREEMAN, R. R. und D. KLEPPNER: 1976. 'Core polarization and quantum defects in high angular-momentum states of alkali atoms'. *Phys. Rev. A*, **14**, 1614–1619.

HARTREE, D. R.: 1928. 'The wave mechanics of an atom with a non-Coulomb central field. Part I theory and methods'. *Proc. Camb. Phil. Soc.*, **24**, 89–110.

IDZIASZEK, Z. und P. S. JULIENNE: 2010. 'Universal rate constants for reactive collisions of ultracold molecules'. *Phys. Rev. Lett.*, **104**, 113 202.

ISO 21348: 2007. 'Space environment (natural and artificial) – Process for determining solar irradiances'. Genf, Schweiz: Internationale Organisation für Normung.

JUNGEN, C.: 1996. *Molecular Applications of Quantum Defect Theory*. New York, London: Taylor & Francis, 664 Seiten.

KRAMIDA, A. E., Y. RALCHENKO, J. READER und NIST ASD TEAM: 2015. 'NIST Atomic Spectra Database (version 5.3)', NIST. http://physics.nist.gov/asd, letzter Zugriff: 16.1.2016.

MARGENAU, H.: 1944. 'The Exclusion Principle and Its Philosophical Importance'. *Philosophy of Science*, **11**, 187–208.

MARGENAU, H.: 1984. *The Miracle of Existence*. Woodbridge, CT, USA: Ox Bow Press.

NIST: 2015. 'NIST physics laboratory holdings by element', NIST. http://physics.nist.gov/PhysRefData/Elements/per_noframes.html, letzter Zugriff: 14. 1. 2016.

OSPELKAUS, S., K. K. NI, D. WANG, M. H. G. DE MIRANDA, B. NEYENHUIS, G. QUEMENER, P. S. JULIENNE, J. L. BOHN, D. S. JIN und J. YE: 2010. 'Quantum-state controlled chemical reactions of ultracold potassium-rubidium molecules'. *Science*, **327**, 853–857.

SCHMIDT, K. und M. A. LEE: 1998. 'Visual Schrödinger: A visualizer-solver'. http://fermi.la.asu.edu/Schroedinger/, letzter Zugriff: 7 Jan 2014.

SCHUMACHER, E.: 2011. 'FDAlin programme, computation of atomic orbitals (Windows and Linux)', Chemsoft, Bern. http://www.chemsoft.ch/qc/fda.htm, letzter Zugriff: 5 Jan 2014.

SEATON, M. J.: 1983. 'Quantum defect theory'. *Rep. Prog. Phys.*, **46**, 167–257.

SEATON, M. J.: 2002. 'Coulomb functions for attractive and repulsive potentials and for positive and negative energies'. *Comput. Phys. Commun.*, **146**, 225–249.

UNIVERSITY OF COLORADO: 2000. 'David's wizzy periodic table', Physics 2000. http://www.colorado.edu/physics/2000/applets/a2.html, letzter Zugriff: 7 Jan 2014.

WEBER, K. H. und C. J. SANSONETTI: 1987. 'Accurate energies of ns, np, nd, nf, and ng levels of neutral cesium'. *Phys. Rev. A*, **35**, 4650–4660.

WIKIPEDIA CONTRIBUTORS: 2014. 'Periodic table', Wikipedia, The Free Encyclopedia. http://en.wikipedia.org/wiki/Periodic_table, letzter Zugriff: 7 Jan 2014.

4 Nichtstationäre Probleme: Dipolanregung mit einem Photon

Ein Quantensystem, z.B. ein Atom, können wir nur beobachten, wenn es seinen Zustand verändert. Durch elektromagnetische Wellen kann man Übergänge zwischen stationären Zuständen induzieren und so Spektroskopie betreiben – eine der wichtigsten Untersuchungsmethoden für Quantensysteme überhaupt. Wir wollen in diesem Kapitel kurz das quantenmechanische Rüstzeug dafür rekapitulieren und uns dann eingehend mit den Regeln und Phänomenen beschäftigen, die für lichtinduzierte, elektrische Dipolübergänge (E1) gelten.

Überblick

Dieses Kapitel konzentriert sich auf *elektrische Dipolübergänge* (E1). In Abschn. 4.1 werden zunächst einige wichtige Begriffe zur elektromagnetischen Strahlung, zu deren Polarisation und zum Photonenspin eingeführt, die wir fortan benutzen werden. Dem folgen in Abschn. 4.2 einige Grundbegriffe zur Spektroskopie. Dabei führen wir auch die EINSTEIN'schen *A*- und *B*-Koeffizienten ein und erinnern an das klassische Modell des strahlenden Oszillators. Abschnitt 4.3 fasst die wichtigsten Elemente der zeitabhängigen Störungsrechnung zusammen. Darauf baut Abschn. 4.4 auf, wo wir die zentralen Befunde zu den Auswahlregeln für E1-Übergänge entwickeln, die uns auch in den folgenden Kapiteln immer wieder begegnen werden. In Abschn. 4.5 geht es um die Winkelabhängigkeit der Dipolstrahlung, die uns ebenfalls noch oft beschäftigen wird. Abschnitt 4.6 ist vor allem als Einführung und Beispielsammlung zur Auswertung von Matrixelementen und EINSTEIN-Koeffizienten gedacht. In Abschn. 4.7 behandeln wir photoinduzierte Linearkombinationen von Zuständen – ein Thema von weitreichender Bedeutung. In diesem Kontext werden wir auch sogenannte Quantenbeats und ein Beispiel für die damit mögliche Spektroskopie kennenlernen. Schließlich stellen wir die sehr fundamentale, fast philosophische Frage, ob Elektronen von einem zum einem anderen stationären Zustand wirklich ‚springen' können.

I.V. Hertel und C.-P. Schulz, *Atome, Moleküle und optische Physik 1*,
Springer-Lehrbuch, DOI 10.1007/978-3-662-53104-4_4

4.1 Elektromagnetische Wellen: Grundbegriffe

Bevor wir strahlungsinduzierte Übergänge diskutieren, vereinbaren wir die notwendige Terminologie für die Beschreibung elektromagnetischer Wellen, die wir hier und in im übrigen Text benutzen werden. Wir werden dabei die Begriffe *elektromagnetische Wellen*, *elektromagnetische Strahlung* und *Licht* mehr oder weder synonym benutzen, obwohl der letztere Begriff oft auch spezifischer für den sichtbaren Teil des Spektrums benutzt wird.

4.1.1 Elektrisches Feld und Intensität

Für den Augenblick genügt es, wenn wir uns auf monochromatische, ebene Wellen beschränken, die wir uns unendlich ausgedehnt im Raum vorstellen. Dabei konzentrieren wir uns hier auf die elektrische Feldkomponente der Welle, die verantwortlich für die sog. Dipolübergänge ist (E1-Übergänge), die hier im Blickpunkt stehen.[1]

Der *elektrische Feldvektor* $\boldsymbol{E}(\boldsymbol{r},t)$ ist *eine Observable in der realen Welt* und hängt vom Ortsvektor $\boldsymbol{r}$ und von der Zeit t ab, und wir schreiben ihn als[2]

$$\boldsymbol{E}(\boldsymbol{r},t) = \frac{\mathrm{i}}{2} E_0 \left(\mathbf{e}\, \mathrm{e}^{\mathrm{i}(\boldsymbol{kr}-\omega t)} - \mathbf{e}^*\, \mathrm{e}^{-\mathrm{i}(\boldsymbol{kr}-\omega t)} \right) \tag{4.1}$$

mit der reellen Feldamplitude E_0, dem Einheitsvektor der Polarisation $\mathbf{e}$, und dem Wellenvektor $\boldsymbol{k}$, wobei $|\boldsymbol{k}| = 2\pi/\lambda = \omega/c$.

Obwohl es manchmal bequem ist, die komplexe Darstellung für den Feldvektor zu benutzen (und den Realteil als Observable zu benutzen, nachdem alle Rechnungen erledigt sind), *betonen wir nachdrücklich, dass es wichtig ist,* $\boldsymbol{E}(\boldsymbol{r},t)$ *als reelle physikalische Größe zu schreiben (so wie wir das hier tun), wenn man alle beobachtbaren Phänomene erfassen möchte – keiner der beiden Summanden in* (4.1) *kann ignoriert werden, wie wir in Kürze sehen werden!*

Aus der klassischen Elektrodynamik wissen wir, dass die Feldamplitude E_0 mit der (zeitlich gemittelten) Intensität I der elektromagnetischen Wellen zusammenhängt:

$$E_0 = \sqrt{2I/(\varepsilon_0 c)} = \sqrt{2IZ_0} = 27.45\sqrt{I}\ \Omega^{1/2} \tag{4.2}$$

[1]Diese Herangehensweise, die zu korrekten Resultaten für die E1-Übergänge führt, ist konzeptionell leichter zugänglich als die allgemeiner gültige, strenge Behandlung von Übergängen unter Benutzung des Vektorpotenzials. Letztere wird in Anhang H skizziert, während wir in Bd. 2 die hier benutzte Gl. (4.1) generalisieren werden. Wir werden dort erfahren, wie man die räumliche Verteilung und die Quasi-Monochromatizität von realen Lichtstrahlen angemessen behandelt.

[2]Ein zusätzlich möglicher Phasenwinkel ϕ_0 spielt für die hier folgende Diskussion keine Rolle und wird in der Regel ignoriert. Wir werden aber in Bd. 2 darauf zurückkommen.

Hier ist ε_0 die elektrische Konstante, c die Lichtgeschwindigkeit und Z_0 die charakteristische Vakuumimpedanz. Für praktische Zwecke kommunizieren wir einen hierbei nützlichen numerischen Ausdruck:

$$E_0 = 2745\sqrt{\frac{I}{\mathrm{W\,cm^{-2}}}}\ \mathrm{V\,m^{-1}} \tag{4.3}$$

In der Realität hat man es freilich meist mit Licht einer gewissen Bandbreite zu tun, d. h. mit einer Intensitätsverteilung $\tilde{I}(\omega)$ (Intensität pro Einheitsintervall der Kreisfrequenz des Lichts). Dann muss man $I \to \tilde{I}(\omega)\mathrm{d}\omega$ ersetzen und z. B. die für I ermittelten Übergangswahrscheinlichkeiten über das gesamte verfügbare Spektrum integrieren.

4.1.2 Basisvektoren der Polarisation

In (4.1) wird der Vektorcharakter des Feldes ausgedrückt durch $\mathbf{e}$, den Einheitsvektor der Polarisation – der komplex sein kann, denn er wird stets von seinem konjugiert Komplexen $\mathbf{e}^*$ begleitet. Wir können die reelle, kartesische Basis

$$\mathbf{e}_x = \begin{pmatrix}1\\0\\0\end{pmatrix},\quad \mathbf{e}_y = \begin{pmatrix}0\\1\\0\end{pmatrix},\quad \mathbf{e}_z = \begin{pmatrix}0\\0\\1\end{pmatrix} \tag{4.4}$$

benutzen. Diese Basisvektoren sind offensichtlich orthonormal: $\mathbf{e}_i \cdot \mathbf{e}_j = \delta_{ij}$.

Wir nehmen der Einfachheit halber an, das Licht breite sich in $+z$-Richtung aus, ($z \parallel \boldsymbol{k}$). Dann kann jeder beliebige Polarisationsvektor als lineare Kombination eines Paares von Basisvektoren ($\mathbf{e}_x$, $\mathbf{e}_y$) ausgedrückt werden. Das ist der Tatsache geschuldet, dass frei propagierendes Licht transversal polarisiert ist und keine Feldkomponente parallel zu $\boldsymbol{k} \parallel \mathbf{e}_z$ hat.

Alternativ kann man $\mathbf{e}$ auch in einer (komplexen) sphärischen Basis schreiben, die man *Helizitätsbasis* nennt, mit den *Basisvektoren* $\mathbf{e}_q$

$$\begin{aligned}
\mathbf{e}_{+1} &= \frac{-1}{\sqrt{2}}(\mathbf{e}_x + \mathrm{i}\mathbf{e}_y) = \frac{-1}{\sqrt{2}}\begin{pmatrix}1\\\mathrm{i}\\0\end{pmatrix} = -\mathbf{e}^*_{-1}, \qquad \mathbf{e}_0 = \mathbf{e}_z = \begin{pmatrix}0\\0\\1\end{pmatrix} \\
\text{und}\quad \mathbf{e}_{-1} &= \frac{1}{\sqrt{2}}(\mathbf{e}_x - \mathrm{i}\mathbf{e}_y) = \frac{1}{\sqrt{2}}\begin{pmatrix}1\\-\mathrm{i}\\0\end{pmatrix} = -\mathbf{e}^*_{+1}.
\end{aligned} \tag{4.5}$$

In dieser Basis kann man die Polarisation von Licht, das sich in $+z$-Richtung ausbreitet ($\mathbf{e}_0$), ebenfalls durch nur zwei Basisvektoren ($\mathbf{e}_{+1}$, $\mathbf{e}_{-1}$) ausdrücken. Die Orthonormalität ist leicht zu verifizieren.

$$\mathbf{e}_q \cdot \mathbf{e}^*_{q'} = \delta_{qq'} \quad \text{mit} \quad \mathbf{e}^*_q = (-1)^q\, \mathbf{e}_{-q}. \tag{4.6}$$

Für atomare Probleme ist die Helizitätsbasis oft besser geeignet, da auch die Atome meist in einem sphärischen Koordinatensystem beschrieben werden. Zur späteren Verwendung schreiben wir die kartesische Basis in die Helizitätsbasis um:

$$\mathbf{e}_x = \frac{-1}{\sqrt{2}}\left(\mathbf{e}_{+1} - \mathbf{e}_{-1}\right) \quad \text{und} \quad \mathbf{e}_y = \frac{\mathrm{i}}{\sqrt{2}}\left(\mathbf{e}_{+1} + \mathbf{e}_{-1}\right) \tag{4.7}$$

Oft benutzt man auch Polarisationsvektoren für Licht, das linear in 45° und 135° Richtung bezüglich der x-Achse polarisiert ist:

$$\mathbf{e}\left(45^\circ\right) = \frac{1}{\sqrt{2}}\left(\mathbf{e}_x + \mathbf{e}_y\right) \quad \text{und} \quad \mathbf{e}\left(135^\circ\right) = \frac{-1}{\sqrt{2}}\left(\mathbf{e}_x - \mathbf{e}_y\right) \tag{4.8}$$

In der sphärischen Basis wird daraus

$$\begin{aligned}
\mathbf{e}\left(45^\circ\right) &= \frac{1}{2}\left[(\mathrm{i}-1)\,\mathbf{e}_{+1} + (\mathrm{i}+1)\,\mathbf{e}_{-1}\right] \\
\mathbf{e}\left(135^\circ\right) &= \frac{1}{2}\left[(\mathrm{i}+1)\,\mathbf{e}_{+1} + (\mathrm{i}-1)\,\mathbf{e}_{-1}\right].
\end{aligned} \tag{4.9}$$

Für Licht, das sich in $+z$-Richtung ausbreitet, bildet auch dieses Paar wiederum eine orthonormale Basis. Nachfolgend beschreiben wir einige Beispiele.

Wenn $\mathbf{e} = \mathbf{e}_x$, d. h. für Licht, das in *x-Richtung linear polarisiert* ist, schreibt sich (4.1) einfach als

$$\boldsymbol{E}_x(\boldsymbol{r}, t) = -E_0 \sin(\boldsymbol{kr} - \omega t)\,\mathbf{e}_x, \tag{4.10}$$

während *lineare Polarisation in y-Richtung* beschrieben wird durch

$$\boldsymbol{E}_y(\boldsymbol{r}, t) = -E_0 \sin(\boldsymbol{kr} - \omega t)\,\mathbf{e}_y. \tag{4.11}$$

Der Einheitsvektor $\mathbf{e} = \mathbf{e}_{+1}$ beschreibt *linkshändig zirkular polarisiertes Licht* (LHC), auch σ^+-Licht genannt.[3] Wenn wir (4.5) in (4.1) einsetzen, erhalten wir

$$\boldsymbol{E}_{+1}(\boldsymbol{r}, t) = \frac{1}{\sqrt{2}} E_0\left[\sin(\boldsymbol{kr} - \omega t)\,\mathbf{e}_x + \cos(\boldsymbol{kr} - \omega t)\,\mathbf{e}_y\right], \tag{4.12}$$

und $\mathbf{e}_{-1}$ steht für *rechtshändig zirkular polarisiertes Licht* (RHC), auch σ^--Licht:

$$\boldsymbol{E}_{-1}(\boldsymbol{r}, t) = \frac{1}{\sqrt{2}} E_0\left[\sin(\boldsymbol{kr} - \omega t)\,\mathbf{e}_x - \cos(\boldsymbol{kr} - \omega t)\,\mathbf{e}_y\right] \tag{4.13}$$

Eine Illustration von σ^+-Licht zeigt Abb. 4.1. Dargestellt ist der $\boldsymbol{E}$-Vektor für eine wohldefinierte feste Zeit $t = \pi/2\omega$ entlang der z-Achse. Wie angedeutet, rotiert $\boldsymbol{E}$ – für eine feste Position im Raum – im Uhrzeigersinne um den Wellenvektor $\boldsymbol{k}$ des Lichts herum, d. h. mit positiver Helizität. Man verifiziert dies direkt in (4.12) mit $\boldsymbol{kr} = 0$, oder entsprechend in Abb. 4.1, wenn man sich die Zeit fortschreitend vorstellt.

[3] Methoden zur Erzeugung und zum Nachweis von polarisiertem Licht werden in Bd. 2 besprochen.

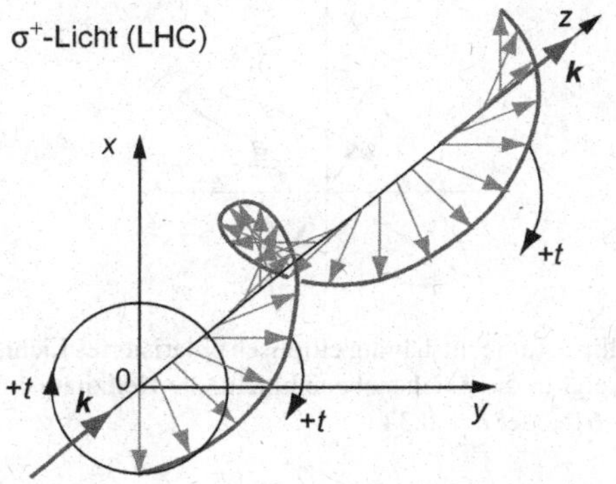

Abb. 4.1 Schematische Darstellung von linkshändig zirkular polarisiertem Licht σ^+ (LHC). Die grauen Pfeile, senkrecht zur Ausbreitungsrichtung $\boldsymbol{k} \parallel z$ zeigen in die Richtung des elektrischen Feldvektors zu einer wohldefinierten Zeit $\omega\Delta t = \pi/2$ entlang der $z \parallel \boldsymbol{k}$ Achse. Für größere Zeiten ist der Drehsinn angedeutet. Die etwas überraschende Definition für ‚linkshändig' zirkular polarisiertes Licht hat historischen Ursprung: Vor der Erfindung des Lasers sahen die Experimentatoren *in das auf sie zukommende Licht*, weshalb sie σ^+-Licht als gegen den Uhrzeigersinn rotierend wahrnahmen, d. h. als LHC polarisiert

Der allgemeinste Polarisationsvektor für Licht, welches sich in eine beliebige Richtung ausbreitet, kann entweder in der kartesischen oder in der sphärischen Basis geschrieben werden:

$$\mathbf{e} = a_x\,\mathbf{e}_x + a_y\,\mathbf{e}_y + a_z\,\mathbf{e}_z = \sum_{q=-1}^{1} a_q\,\mathbf{e}_q \quad \text{mit} \quad \sum_{q=-1}^{1} \left|a_q\right|^2 = 1 \tag{4.14}$$

In der sphärischen Basis lässt sich dieser Einheitsvektor spezialisieren für *beliebig elliptisch polarisiertes Licht, welches sich parallel zur + z Achse* ausbreitet (d. h. in die Richtung von $\mathbf{e}_0$):

$$\mathbf{e}_{\text{el}} = a_+\,\mathbf{e}_{+1} + a_-\,\mathbf{e}_{-1} = \mathrm{e}^{-\mathrm{i}\delta}\cos\beta\,\mathbf{e}_{+1} - \mathrm{e}^{\mathrm{i}\delta}\sin\beta\,\mathbf{e}_{-1}\,, \tag{4.15}$$

In diesem Koordinatensystem ist die Komponente $a_0 = 0$. Der *Elliptizitätswinkel* β beschreibt den *Grad* der Elliptizität, der *Alignmentwinkel* δ gibt die *Richtung* der Ellipse in Bezug auf $\mathbf{e}_x$ an.[4] Wenn man (4.15) mit (4.5) ins kartesische Koordinatensystem transformiert und in (4.1) einsetzt, führt das zu einem parametrisierten

[4]Wir benutzen oft den englischsprachigen Begriff *Alignment* für die *Ausrichtung* eines *polaren Vektors* (z. B. des $\boldsymbol{E}$-Vektors im Falle von linear polarisiertem Licht) oder einer *anisotropen Dichteverteilung*. Dagegen bezieht sich *Orientierung* auf den Drehsinn eines *axialen Vektors* (z. B. des Drehimpulses von *links* bzw. *rechts zirkular polarisiertem Licht*). Unglücklicherweise werden die beiden Begriffe in der Literatur häufig verwechselt.

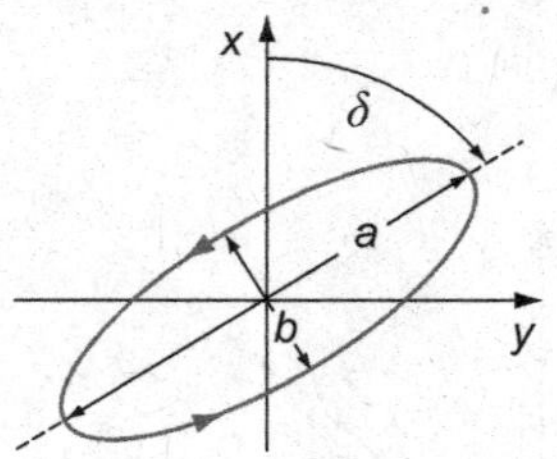

Abb. 4.2 Polarisationsellipse für rechtshändig elliptisch polarisiertes Licht, der Blick folgt der $+z$-Richtung (der $\boldsymbol{k}$-Vektor zeigt in die Zeichenebene hinein, die Helizität ist negativ). Die Parameter sind hier $\delta \sim 60°$, $\beta \sim -64°$ oder $\epsilon \sim 0.34$

Ausdruck für den elliptischen Feldvektor, ausgedrückt durch β und δ:

$$\begin{aligned}\boldsymbol{E}_{\text{el}}(\boldsymbol{r}, t) &= \left(E_0/\sqrt{2}\right) \\ &\times \{[\cos\beta \sin(\boldsymbol{kr} - \omega t - \delta) + \sin\beta \sin(\boldsymbol{kr} - \omega t + \delta)]\, \mathbf{e}_x \\ &+ [\cos\beta \cos(\boldsymbol{kr} - \omega t - \delta) - \sin\beta \cos(\boldsymbol{kr} - \omega t + \delta)]\, \mathbf{e}_y\}\end{aligned} \tag{4.16}$$

Dieser Ausdruck beschreibt eine Ellipse, auf welcher der $\boldsymbol{E}$-Vektor rotiert, wenn (bei festgehaltenem $\boldsymbol{r}$) die Phase $\boldsymbol{kr} - \omega t + \delta$ sich zwischen 0 und 2π ändert. Abbildung 4.2 zeigt diese Ellipse, welche um den Winkel δ gegen die x-Achse geneigt ist. Die große und kleine Halbachse der Ellipse sind gegeben durch:

$$\begin{aligned} a &= E_0\, |(\cos\beta + \sin\beta)|\, /\sqrt{2} = E_0\, |\sin(\beta + \pi/4)| \\ b &= E_0\, |(\cos\beta - \sin\beta)|\, /\sqrt{2} = E_0\, |\cos(\beta + \pi/4)| \end{aligned} \tag{4.17}$$

Man beachte, dass $a^2 + b^2 = E_0^2$. In der Literatur wird oft anstatt des Elliptizitätswinkels β die sogenannte *Elliptizität*

$$\epsilon = b/a = |\cot(\beta + \pi/4)| \tag{4.18}$$

benutzt, die allerdings linkshändig und rechtshändig nicht unterscheidet.[5]
Drei spezielle Werte von β sind nach (4.15) von besonderer Bedeutung:

1. $\beta = 0$ entspricht linkshändig zirkular polarisiertem Licht (σ^+),
2. $\beta = +\pi/2$ rechtshändig zirkular polarisiertem Licht (σ^-), und
3. $\beta = \pi/4$ (d. h. $\sin\beta = \cos\beta = 1/\sqrt{2}$) linear polarisiertem Licht.

Nach (4.16) findet man in letzterem Falle

$$\begin{aligned}\boldsymbol{E}(\boldsymbol{r}, t) &= E_0\, \mathbf{e}(\delta) \sin(\boldsymbol{kr} - \omega t) \\ &= E_0 \left(\cos\delta\, \mathbf{e}_x + \sin\delta\, \mathbf{e}_y\right) \sin(\boldsymbol{kr} - \omega t)\,.\end{aligned} \tag{4.19}$$

[5] Man beachte überdies, dass diese Beziehung nur für $0 \le \beta \le \pi/2$ gilt. Für $-\pi/2 \le \beta \le 0$ gilt $\epsilon = |\tan(\beta + \pi/4)|$.

4.1.3 Koordinatensystem

Der Schwerpunkt dieses Kapitels wird bei der Absorption und Emission von elektromagnetischer Strahlung durch Atome liegen. Ganz allgemein hat man dabei zwei verschiedene Koordinatensysteme zu unterscheiden: Eines, in welchem man das Atom am besten beschreiben kann – wir nennen es ‚Atomsystem' (at) – während das Photon möglicherweise besser in einem anderen Koordinatensystem zu beschreiben sein wird – das ‚Photonensystem' (ph).

Diese beiden Koordinatensysteme können je nach experimentellem Aufbau identisch, aber auch sehr verschieden sein. Abbildung 4.3 zeigt eine im Geiste von Abschn. 4.1.2 angemessene und recht flexible Wahl des Photonensystems. Wir werden diese im Folgenden stets benutzen, sofern nicht ausdrücklich anders angemerkt. Das Atomsystem kann z. B. durch ein externes elektrisches oder magnetisches Feld definiert werden, in Bezug auf welches die Quantenzahlen m definiert sind. Das Photonensystem wird, wie in Abb. 4.3 gezeigt, durch die Ausbreitungsrichtung des Lichts (Wellenvektor $\boldsymbol{k}$) mit den Achsen $z^{(\mathrm{ph})} \parallel \boldsymbol{k}$ und $y^{(\mathrm{ph})} \perp z^{(\mathrm{at})}$ definiert.

Die Einheitsvektoren $\mathbf{e}_q^{(\mathrm{at})}$ im Atomsystem (Helizitätsbasis), die in Abb. 4.3 durch dicke Pfeile *(online rot)* andeutet sind, können als Repräsentanten der drei verschiedenen, klassischen Dipoloszillatoren verstanden werden. Wir werden das in Abschn. 4.5.1 ausführlicher besprechen.

4.1.4 Drehimpuls des Photons

An dieser Stelle wollen wir unser Verständnis der Eigenschaften des Photons, die in Abschn. 1.4 auf Seite 31 zusammengefasst wurden, noch etwas vertiefen. Neben Impuls und Energie besitzt das Photon auch einen *(intrinsischen) Drehimpuls* von $\hbar$, den sogenannten *Photonenspin,* mit der Quantenzahl $s_{\mathrm{ph}} = 1$. Projiziert auf den Wellenvektor $\boldsymbol{k}$ haben LHC und RHC polarisiertes Licht Drehimpulse $m_s\hbar$ mit $m_s = 1$ bzw. -1. Wegen der transversalen Natur der elektromagnetischen Wellen existiert die dritte Komponente mit $m_s = 0$ nicht.

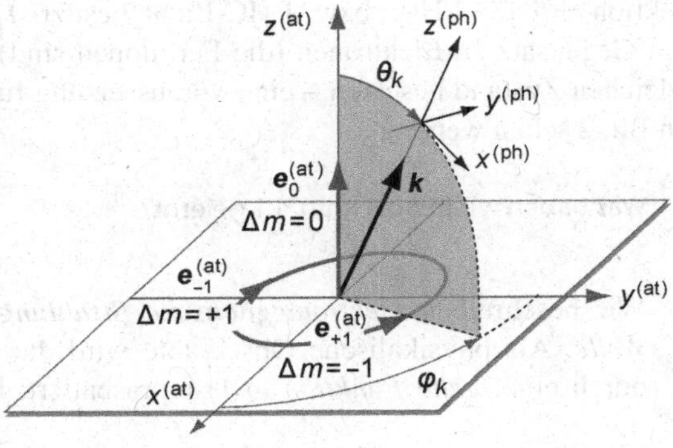

Abb. 4.3 Koordinatensystem für das strahlende Atom (at), *online rot,* und für das Photon (ph), *online schwarz.* Die drei klassischen Oszillatoren, die den Basisvektoren $\mathbf{e}_1^{(\mathrm{at})}$, $\mathbf{e}_0^{(\mathrm{at})}$ und $\mathbf{e}_{-1}^{(\mathrm{at})}$ entsprechen, sind durch dicke Pfeile gekennzeichnet, *online rot*

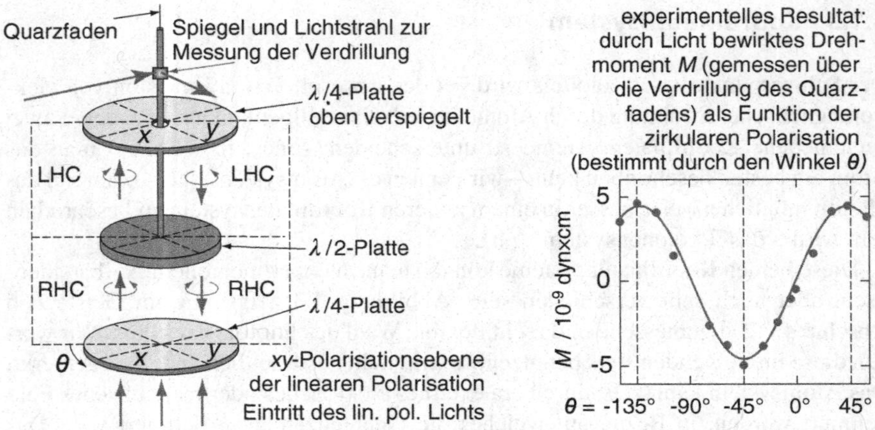

Abb. 4.4 Experiment von BETH (1936) zum ‚mechanischen' Nachweis des Drehimpulses des Photons

In einem sehr grundlegenden und eindrucksvollen Experiment wurde der Photonenspin erstmals von BETH (1936) nachgewiesen. Den Aufbau und das Resultat zeigt Abb. 4.4: Aus linear polarisiertem Licht wird mithilfe einer $\lambda/4$-Platte LHC-Licht erzeugt. Diese Photonen passieren eine $\lambda/2$-Platte, das Herzstück des Experiments, wodurch sie in RHC-Photonen umgewandelt werden. Jedes Photon ändert dabei also seinen Drehimpuls um $2\hbar$ – und gibt diese Differenz an die $\lambda/2$-Platte ab, sodass der Drehimpuls insgesamt erhalten bleibt. Um den Lichtstrahl effizient zu nutzen, wird er nach Durchtritt durch eine zweite $\lambda/4$-Platte, die oben verspiegelt ist, zurück reflektiert (wobei sich der Drehsinns nochmals umkehrt) und durchläuft die $\lambda/2$-Platte noch einmal. Daraus resultiert insgesamt ein Drehmoment $\boldsymbol{M} = \mathrm{d}\boldsymbol{L}/\mathrm{d}t = -2 \times (2\hbar I A/\hbar\omega)$, mit der Intensität I des Lichtstrahls, A der wirksamen Fläche und $\hbar\omega$ der Energie eines Photons. Dieses Drehmoment führt zur Verdrillung des Quarzfadens, an dem die $\lambda/2$-Platte aufgehängt ist, und kann auf diese Weise empfindlich gemessen werden.

Das Experiment bestätigt quantitativ, dass das Photon tatsächlich eine Spinprojektion $\pm\hbar$ für LHC- bzw. RHC-Licht besitzt. *Das Photon ist also ein Boson!* Im Gegensatz zu Elektronen (die Fermionen sind) können mehrere Photonen den gleichen Zustand besetzen – eine Voraussetzung für den Bau eines Lasers, wie wir in Bd. 2 sehen werden.

Was haben wir in Abschnitt 4.1 gelernt?

- Wir beschreiben *elektromagnetische Strahlung als monochromatische, ebene Welle*. Als physikalische Observable wird das entsprechende elektrische Feld durch eine *reelle Funktion* (4.1) repräsentiert. Es wird sich zeigen, dass *beide*

Exponentialterme relevant für die Beschreibung der Wechselwirkung des elektromagnetischen Felds mit einem Quantensystem sind.

- Die *Helizitätsbasis* (4.5)–(4.6) (3 orthonormale Einheitsvektoren) ist besonders geeignet als Basis *für Probleme in der Atomphysik*. Der allgemeinste Polarisationsvektor für Licht, das sich in $+z$-Richtung ausbreitet, ist

$$\mathbf{e}_{\mathrm{el}} = \mathrm{e}^{-\mathrm{i}\delta} \cos\beta\, \mathbf{e}_{+1} - \mathrm{e}^{\mathrm{i}\delta} \sin\beta\, \mathbf{e}_{-1}.$$

  Elliptizitätswinkel $\beta = 0$ und $\pi/2$ beschreiben LHC (σ^+) bzw. RHC (σ^-) Licht, $\beta = \pi/4$ entspricht linearer Polarisation (π-Licht. Der *Alignmentwinkel* δ gibt die Richtung der Hauptachse der Polarisationsellipse an (für lineare Polarisation die Richtung des $\boldsymbol{E}$ Vektors) in Bezug auf die x-Achse.
- Das *Photon ist ein Teilchen mit Drehimpuls (Spin)* $s_{\mathrm{ph}} = 1$, d. h. es ist *ein Boson*, wie experimentell von BETH (1936) verifiziert wurde. Seine Spinprojektion auf die Ausbreitungsachse z ist $\pm\hbar$ im Falle von $\sigma^\pm$-Licht.

4.2 Absorption und Emission – Einführung

4.2.1 Stationäre Zustände

Abbildung 4.5 zeigt schematisch ein typisches Energieschema für stationäre Zustände eines Atoms, die gegen die Ionisationsgrenze konvergieren. Wie wir im Falle des H-Atoms und bei den Alkaliatomen gesehen haben, findet man die Termenergien durch Lösung der SCHRÖDINGER-Gleichung $\widehat{H}|n\ell\rangle = W_j|n\ell\rangle$ für physikalisch ‚sinnvolle' Randbedingungen. (Im Folgenden werden wir zur Abkürzung oft alle Quantenzahlen durch einen einzigen Buchstaben ausdrücken, z. B. $n\ell j := j, a$ oder b). Der Energienullpunkt ist so definiert, dass für gebundene Zustände $W_j < 0$ gilt, wogegen für freie Elektronen ein kontinuierliches Spektrum von Energien $W_{\mathrm{kin}} = W \geq 0$ möglich ist. Wie in den vorangehenden zwei Kapiteln ausgeführt, wird das asymptotische Verhalten der radialen Wellenfunktionen der gebundenen Zustände gegeben durch

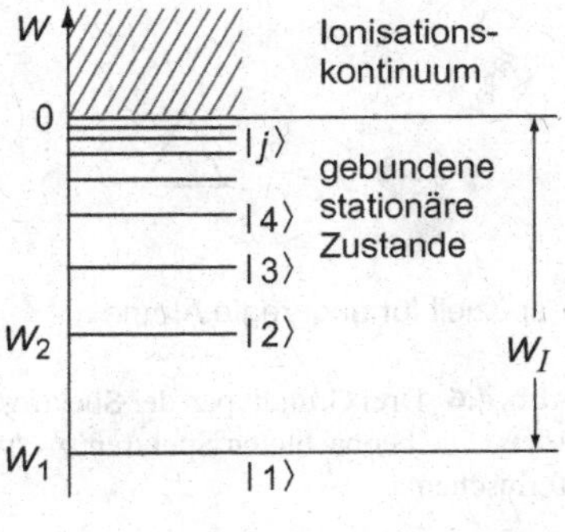

Abb. 4.5 Energielagen stationärer Zustände eines Atoms mit IP W_I

$$\lim_{r\to\infty} R_j(r) \propto \exp\left(-\sqrt{2|W_j|}r\right),$$

während die Kontinuumszustände im Wesentlichen durch COULOMB-Wellenfunktionen beschrieben sind.

4.2.2 Optische Spektroskopie – Allgemeine Konzepte

Nach BOHR sind *Übergänge* $|b\rangle \leftrightarrow |a\rangle$ *zwischen zwei stationären Zuständen* mit der Emission (oder Absorption) von elektromagnetischer Strahlung der Frequenz ν_{ba} verbunden, mit

$$h\nu_{ba} = \hbar\omega_{ba} = hc\bar{\nu}_{ba} = |W_b - W_a|. \tag{4.20}$$

Hier ist $\omega_{ba} = 2\pi\nu_{ba}$ die Kreisfrequenz der Strahlung, $\lambda_{ba} = c/\nu_{ba}$ ihre Vakuumwellenlänge und $\bar{\nu}_{ba} = 1/\lambda_{ba} = \nu_{ba}/c$ die Wellenzahl. Abbildung 4.6 illustriert schematisch drei Grundtypen der Spektroskopie. Spezielle Verfeinerungen werden wir später im Detail besprechen. Aber im Wesentlichen folgen alle spektroskopischen Verfahren einem dieser drei Konzepte:

1. **Emissionsspektroskopie:** Ein heißes Gas oder ein Plasma (z. B. eine Gasentladungs-Spektrallampe) emittiert beim spontanen Zerfall angeregter Zustände

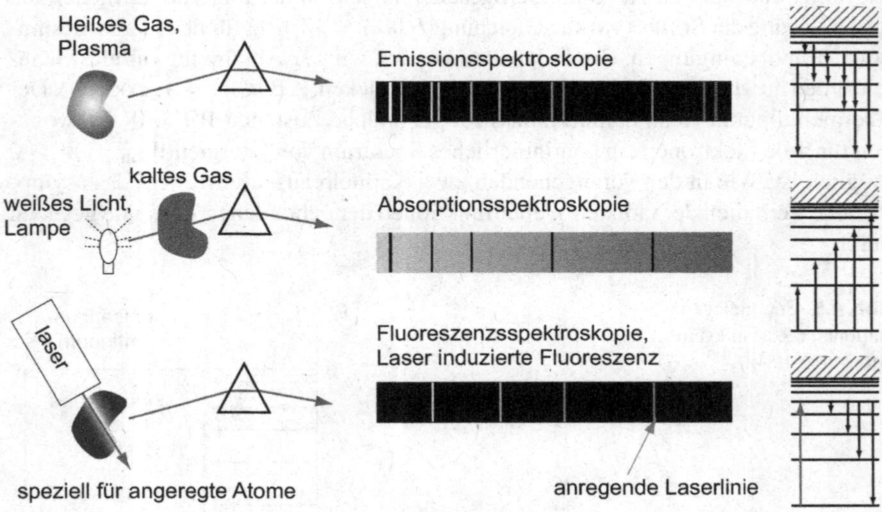

Abb. 4.6 Drei Grundtypen der Spektroskopie, sehr schematisch. *Links:* experimentelle Aufbauten, *Mitte:* Die beobachteten Spektren, *rechts:* Dabei jeweils wirksame Übergänge in einem typischen Termschema

Energie in Form von Photonen. Das emittierte Licht wird mithilfe eines Spektrometers (in Abb. 4.6 durch ein Prisma symbolisiert) nach Wellenlängen analysiert. Wie in Abb. 4.6 (rechts) angedeutet, sind dabei viele angeregte Zustände $|b\rangle$ beteiligt. Jeder von diesen kann in der Regel in mehrere Zustände $|a\rangle$ niedrigerer Energie zerfallen. Das beobachtete Licht entspricht also einer Vielzahl unterschiedlicher Kombinationen von höher und tiefer liegenden Zuständen. Daher enthalten Emissionsspektren typischerweise sehr viele Linien und sind oft schwer zu analysieren.
2. **Absorptionsspektroskopie:** Hier benutzt man weißes Licht (z. B. aus einer Synchrotronstrahlungsquelle) und analysiert dieses nach Durchtritt durch das zu untersuchende Target. Alternativ kann man das Licht auch vor dem Target mithilfe eines Monochromators quasi-monochromatisch machen und über einen mehr oder weniger breiten Spektralbereich durchstimmen. Bei den charakteristischen Übergangsfrequenzen des Untersuchungsobjekts nach (4.20) wird das Licht absorbiert, sonst tritt es ungehindert wieder aus. Da hier *im Idealfall* als Anfangszustand $|a\rangle$ nur *ein* Grundzustand vorhanden ist, verringert sich die Zahl der Linien gegenüber der Emissionsspektroskopie erheblich.
3. **Fluoreszenzspektroskopie:** Das zu untersuchende Atom oder Molekül wird sehr spezifisch zur Strahlung angeregt, z. B. durch einen Laser, der ein ganz bestimmtes Niveau $|b\rangle$ besetzt. Alle beobachteten Emissionen $|a\rangle \leftarrow |b\rangle$ gehen dann von diesem einen Niveau aus (*laserinduzierte Fluoreszenz,* LIF). Da man dieses Niveau durch die eingestrahlte Frequenz gezielt auswählen kann, ist die Methode sehr aussagekräftig. Findet die Abstrahlung verzögert statt (im ms- bis s-Bereich), so spricht man von *Phosphoreszenz.*

Für eine quantitative Beschreibung der Prozesse stellen wir in Tab. 4.1 die wichtigsten, immer wieder benutzten Definitionen für Messgrößen und Begriffe zusammen.

4.2.3 Induzierte Prozesse

Übergänge, die unter dem Einfluss eines elektromagnetisches Strahlungsfeldes geschehen, nennen wir induziert. Solche Übergänge $|b\rangle \leftrightarrow |a\rangle$ können in beide Richtungen stattfinden: Wir unterscheiden *Absorption und stimulierte Emission.*

Absorption

Wie in Abschn. 1.3.1 auf Seite 18 hergeleitet, gilt für die Absorption von elektromagnetischer Strahlung das LAMBERT-BEER'sche Absorptionsgesetz (1.43):

$$\frac{\mathrm{d}I}{\mathrm{d}z} = -N_a \sigma I \quad \Rightarrow \quad I(z) = I_0 \mathrm{e}^{-\sigma N_a z} = I_0 \mathrm{e}^{-\mu z}. \tag{4.21}$$

Es beschreibt die exponentielle Reduktion der Intensität $I(z)$, wenn das Licht ein absorbierendes Medium der Teilchendichte N_a durchquert, mit $[N_a]$ = Zahl der absorbierenden Teilchen m^{-3}. Dabei wird hier noch angenommen, dass die Targetdichte N_a *konstant über den Ort z und die Zeit t* ist, dass der Absorptionsprozess

Tabelle 4.1 Definitionen im Zusammenhang mit der Absorption und Emission von elektromagnetischer Strahlung

Symbol	Gl.	Bezeichnung	Einheit	Bemerkungen
σ		Absorptionsquerschnitt	m^2	Effektive Absorberfläche
N		Teilchendichte	m^{-3}	
μ	$= N \cdot \sigma$	Absorptionskoeffizient	m^{-1}	$I = I_0 \exp(-\mu x)$
γ	$= -\mu$	Verstärkungskoeffizient	m^{-1}	falls $\mu < 0$
I	$= c \cdot N_{ph} \cdot \hbar\omega$	Lichtintensität	$W\,m^{-2}$	
N_{ph}	$= I/(c\,\hbar\omega)$	Photonendichte	m^{-3}	
I	$= E_0^2/(2Z_0)$	Intensität		$E_0 =$ Feldamplitude
Z_0	$= 1/(c\varepsilon_0)$	Wellenwiderstand	376.73 Ω	auch ‚Vakuumimpedanz'
$N_{ph}\hbar\omega$	$= \frac{\varepsilon_r\varepsilon_0}{2} E_0^2$	Energiedichte	$J\,m^{-3}$	des Strahlungsfelds
$\tilde{u}(\omega)$	$= \frac{N_{ph}\hbar\omega}{\Delta\omega}$	Spektrale Strahlungsdichte	$J\,m^{-3}\,Hz^{-1}$	
	$= \frac{\text{Energie}}{\text{Vol} \times \Delta\omega}$	$= \frac{I}{c\Delta\omega} = \frac{\varepsilon_0 E_0^2}{2\Delta\omega} = \frac{I(\omega)}{2c}$	$W\,s^2\,m^{-3}$	$\tilde{u}(\nu) = 2\pi\tilde{u}(\omega)$
$\Delta\nu$		Bandbreite (Frequenz)	Hz	
$\Delta\omega$		…(Kreisfrequenz)	s^{-1}	

also nur sehr wenige Teilchen betrifft, sodass die dadurch bewirkte Dichteänderung vernachlässigt werden kann.

Wir wollen diesen Prozess nun auf mikroskopischer Ebene verstehen und quantitative Beziehungen für den Absorptionsquerschnitt σ, mit $[\sigma] = m^2$, und den Absorptionskoeffizienten $\mu = \sigma N_a$, mit $[\mu] = m^{-1}$, herleiten. Da die Energie eines Photons $\hbar\omega$ ist, können wir die Intensität des Strahlungsfeldes I, mit $[I] = W\,m^{-2}$, durch seine Photonendichte N_{ph}, mit $[N_{ph}]$ = Zahl der Photonen m^{-3}, oder durch die Energiedichte $u = \hbar\omega N_{ph}$ ausdrücken, mit $[u] = J\,m^{-3}$:

$$I = c\hbar\omega N_{ph} = cu \tag{4.22}$$

Wie schematisch in Abb. 4.7 skizziert, korrespondiert der Absorptionsprozess auf atomarer Ebene dem Verlust von Photonen aus dem Feld, bedeutet also eine Reduktion von N_{ph} um dN_{ph} – was identisch dem Verlust dN_a von Teilchendichte N_a im

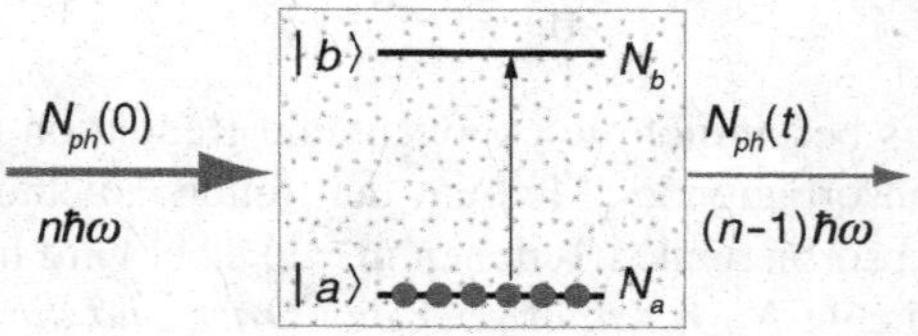

Abb. 4.7 Atomistischer Blick auf die Absorption von elektromagnetischer Strahlung

Anfangszustand $|a\rangle$ ist und zugleich einen Gewinn dN_b der Teilchendichte N_b im Endzustand $|b\rangle$ entspricht.

Dies wollen wir nun benutzen, um aus der in (4.21) beschriebenen Ortsabhängigkeit der Intensität abzuleiten, *wie sich N mit der Zeit t an einem festen Ort z bei konstanter einfallender Intensität I* ändert. Eine Änderungen über die Distanz dz entspricht einer Änderung über die Zeit $dt = dz/c$. Mit (4.22) und $dN_{ph} = dN_a = -dN_b$ können wir daher (4.21) umschreiben:

$$-N_a\sigma\frac{I}{\hbar\omega} = \frac{dI}{\hbar\omega dz} = \frac{dI}{c\hbar\omega dt} = \frac{dN_{ph}}{dt} = \frac{dN_a}{dt} = -\frac{dN_b}{dt} \tag{4.23}$$

Damit definieren wir nun eine *Absorptionsrate (oder Anregungsrate)*[6]

$$\bar{R}_{ba} = -\frac{1}{N_a}\frac{dN_a}{dt} = \sigma_{ba}\frac{I}{\hbar\omega} = \sigma_{ba}\Phi \tag{4.24}$$

für Übergänge in den Zustand $|b\rangle$ aus dem Zustand $|a\rangle$. Wir haben hier den *Photonenfluss* $\Phi = I/\hbar\omega$ eingeführt.

Man beachte, dass die *Rate* $\bar{R}_{ba}$ die Dimension T^{-1} hat; es handelt sich um eine Absorptionswahrscheinlichkeit für Photonen pro Atom und Zeit. Um die Gesamtzahl der Prozesse pro Zeit zu erhalten, muss man diese Rate noch mit der Zahl der Atome im Beobachtungsvolumen multiplizieren.

In der obigen Diskussion haben wir stillschweigend angenommen, dass die absorbierte Strahlung streng monochromatisch und auf die Resonanzfrequenz der untersuchten Absorptionslinie abgestimmt ist. In der Realität ist die Gesamtintensität aber spektral verteilt, was wir durch $\tilde{I}(\omega)$ andeuten, mit $[\tilde{I}(\omega)] = \mathrm{W\,m^{-2}\,s}$. Daher kann nur der Bruchteil absorbiert werden, der in Resonanz mit der Kreisfrequenz ω_{ba} des Übergangs ist. Üblicherweise bezieht man daher die Übergangswahrscheinlichkeit auf die *spektrale Strahlungsdichte* $\tilde{u}(\omega)$, d. h. auf die Energiedichte du pro Kreisfrequenzintervall $d\omega$, die mit der *spektralen Intensitätsverteilung* $\tilde{I}(\omega)$ über

$$\tilde{u}(\omega) = \frac{\tilde{I}(\omega)}{c} = \frac{du}{d\omega} = \frac{d\nu}{d\omega}\frac{du}{d\nu} = \frac{\tilde{u}(\nu)}{2\pi}, \tag{4.25}$$

verknüpft ist. Die spektrale Strahlungsdichte wird entweder pro Kreisfrequenz $\omega = 2\pi\nu$ oder pro Frequenzeinheit ν der elektromagnetischen Strahlung angegeben. (Wir werden uns in der Regel auf die Kreisfrequenz beziehen.)

Relevant für die Übergangswahrscheinlichkeit ist die Intensität bei der Übergangsfrequenz. Entsprechend schreiben wir (4.24) um:

$$\bar{R}_{ba} = -\frac{1}{N_a}\frac{dN_a}{dt} = \bar{B}_{ba}\frac{\tilde{I}(\omega_{ba})}{c} = \bar{B}_{ba}\tilde{u}(\omega_{ba}) \tag{4.26}$$

---

[6]Der Deutlichkeit halber werden wir in diesem Kapitel $\bar{R}_{ba}$, $\bar{B}_{ba}$ usw. für Raten und Koeffizienten schreiben, die über alle Unterzustände des Ausgangszustands gemittelt und über alle Unterzustände des Endzustands summiert sind. Denn meist haben wir es mit entarteten Energiezuständen zu tun. Im Gegensatz dazu beziehen sich Größen wie $R_{ab}(\mathbf{e})$ auf Übergänge zwischen ganz spezifischen Unterzuständen b und a mit einer Polarisation $\mathbf{e}$.

Die so definierte Konstante $\bar{B}_{ba}$ wird EINSTEIN-*Koeffizient für die Absorption* genannt, mit $[B_{ba}] = \mathrm{m^3\,s^{-2}\,J^{-1}}$.

Noch ein Wort zur Terminologie: Raten, Wahrscheinlichkeiten und Matrixelemente *für Übergänge zum Zustand* $|b\rangle$ *vom Zustand* $|a\rangle$ werden üblicherweise *von rechts nach links indiziert* – wie in (4.24) und (4.26) geschehen.

Die bei der quantitativen Beschreibung von strahlungsinduzierten Dipolübergängen am häufigsten gebrauchten Größen, Bezeichnungen, Formeln und Einheiten sind in Tab. 4.1 auf Seite 194 zusammengestellt. Die weiteren Überlegungen in diesem Kapitel werden sich auf die EINSTEIN-Koeffizienten konzentrieren, welche die Essenz der quantitativen Behandlung beinhalten. Auch die Polarisations- und Frequenzabhängigkeit wird dabei eine wichtige Rolle spielen.

Stimulierte Emission

Bis jetzt haben wir stillschweigend angenommen, dass nur der überwiegend besetzte Grundzustand mit dem Strahlungsfeld wechselwirkt. Den Absorptionsprozess als solchen hatten wir uns so schwach vorgestellt, dass die Zustandsbesetzungen im System nicht wesentlich geändert würden. Wir diskutieren jetzt den inversen Prozess, der schematisch in Abb. 4.8 illustriert ist. Damit dies geschehen kann, muss ein angeregter Zustand merklich besetzt sein. Der Einfachheit halber nehmen wir für den Moment an, *alle* Atome befänden sich zu Anfang im angeregten Zustand $|b\rangle$. In voller Analogie zu (4.24) und (4.26) ergibt sich die entsprechende Emissionsrate zu

$$\bar{R}_{ab} = -\frac{1}{N_b}\frac{\mathrm{d}N_b}{\mathrm{d}t} = \bar{B}_{ab}\frac{\tilde{I}(\omega_{ba})}{c} = \bar{B}_{ab}\tilde{u}(\omega_{ba}). \tag{4.27}$$

$\bar{B}_{ab}$ wird EINSTEIN-*Koeffizient für die stimulierte Emission* genannt. Wie in Abb. 4.8 angedeutet, finden wir also, dass mehr Photonen aus dem System herauskommen, als eingestrahlt werden.

Um die Anzahl der Prozesse pro Zeit und Volumen zu ermitteln, müssen wir die Raten noch mit den jeweiligen Teilchendichten multiplizieren. Dabei ergibt sich nach (4.26) *für die Absorption* $\bar{B}_{ba}\tilde{u}(\omega_{ba})N_a$ und nach (4.27) *für die stimulierte Emission* $\bar{B}_{ab}\tilde{u}(\omega_{ba})N_b$. Wie wir gleich sehen werden, sind $\bar{B}_{ba}$ und $\bar{B}_{ab}$ von der gleichen Größenordnung, sodass wir die Anzahl der Prozesse miteinander vergleichen können.

Im allgemeinen Fall werden beide Prozesse – Absorption *und* stimulierte Emission – in einem Quantensystem stattfinden. Nach (1.54) wird im thermodynamischen Gleichgewicht das Verhältnis der Besetzungsdichten für zwei Zustände b und a durch den BOLTZMANN-Faktor $N_b/N_a = (g_b/g_a)\exp[-(W_b - W_a)/(k_\mathrm{B}T)]$ bestimmt.

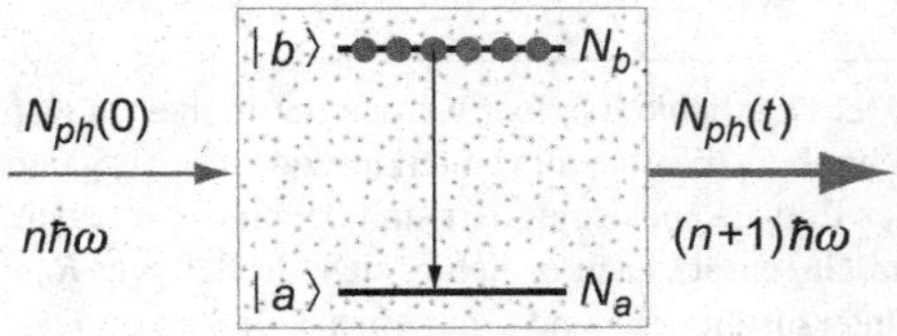

Abb. 4.8 Stimulierte Emission

Bei Zimmertemperatur ist $k_B T \simeq 25\,\text{meV}$ (also sehr klein), während die elektronische Anregung von Atomen typischerweise mindestens einige eV erfordert; daher gilt $W_b - W_a \gg k_B T$ und $N_b \ll N_a$ und wir können in diesem Fall die stimulierte Emission vernachlässigen. Allerdings kann die Energielücke in verschiedenen Quantensystemen auch sehr viel kleiner sein, so etwa bei der Anregung von Molekülschwingungen und Rotationen. In diesen Fällen muss man die stimulierte Emission bereits bei spektroskopischen Standardexperimenten berücksichtigen.

Eine vollständig andere Situation ergibt sich, wenn man es darauf anlegt, durch spezielle, geschickte Verfahren eine signifikante Besetzung angeregter Zustände zu erreichen. Nehmen wir an, es gelingt uns, in einem angeregten Zustand $|b\rangle$ eine Besetzungsdichte zu erreichen, die größer ist als die eines tiefer liegenden Zustands $|a\rangle$ (wobei letzterer nicht notwendigerweise der Grundzustand sein muss). *Wenn also* $N_b > N_a$ ist, kann die stimulierte Emission zwischen diesen beiden Zuständen tatsächlich stärker sein als die Absorption: *Die einfallende Strahlung wird verstärkt.* Das System kann dann im Prinzip zum *Laser* werden.[7] Dies wird in Bd. 2 im Detail behandelt werden.

4.2.4 Spontane Emission, klassische Interpretation

Wir wissen aufgrund der experimentellen Erfahrung, dass angeregte atomare Zustände auch spontan zerfallen können. Im Rahmen der *Quantenelektrodynamik* (QED) erklärt man das durch die Wechselwirkung des Atoms mit dem *Vakuumfeld*: Man kann auch das elektromagnetische Feld quantisieren und stellt es dann durch entsprechende harmonische Oszillatoren $|\mathcal{N}_j\rangle$ dar. Oszillieren diese mit einer Kreisfrequenz ω_j, so haben sie eine Energie $(\mathcal{N}_j + 1/2)\,\hbar\omega_j$. Hier ist $\mathcal{N}_j$ die Zahl der Photonen in dieser Schwingungsmode, ihr Mittelwert ist proportional zur Intensität und typischerweise sehr groß. Der Faktor $1/2$ beschreibt die sog. *Nullpunktsenergie*, d. h. der harmonische Oszillator hat (letztlich wegen der Unschärferelation) auch im energetisch tiefsten Zustand (Vakuum) eine endliche Energie. Diese (isotrope) Nullpunktsschwingung ist es, die das angeregte Atom dazu veranlasst, *spontan* zu zerfallen. Wir werden eine auf diesem Gedanken aufbauende, quantitative Beschreibung der spontanen Emission in Band 2 kennenlernen.

Hier betrachten wir zunächst einen heuristischen, klassischen Ansatz. Er liefert zwar keine exakten Resultate, bringt aber ein gewisses intuitives Verständnis. Eine beschleunigte Ladung, also z. B. ein oszillierendes Elektron *(Dipoloszillator)* mit einem zeitlich veränderlichen Dipolmoment $\boldsymbol{\mathcal{D}}(t) = -e\boldsymbol{r}(t)$ emittiert nach der klassischen Elektrodynamik elektromagnetische Wellen. Im nichtrelativistischen Grenzfall ist das elektrische Feld bei großen Abständen R von der Quelle gegeben durch

$$\boldsymbol{E}(R,t) = \frac{1}{4\pi\varepsilon_0 c^2 R}\frac{\boldsymbol{k}}{k} \times \left(\frac{\boldsymbol{k}}{k} \times \ddot{\boldsymbol{\mathcal{D}}}(t')\right) = \frac{e\ddot{\boldsymbol{r}}_\perp(t')}{4\pi\varepsilon_0 c^2 R}, \tag{4.28}$$

[7] *Laser* steht bekanntlich für ‚Light amplification by stimulated emission of radiation'.

mit der retardierten Zeit $t' = t - R/c$, und $\ddot{\boldsymbol{r}}_\perp$ repräsentiert die Komponenten der Dipolbeschleunigung senkrecht zum Wellenvektor $\boldsymbol{k}$. Wir identifizieren diese Komponenten, indem wir $\ddot{\boldsymbol{r}}$ auf die $x^{(\mathrm{ph})}y^{(\mathrm{ph})}$-Ebene des Photonensystems projizieren, das wir in Abb. 4.3 auf Seite 189 eingeführt haben. Für einen harmonischen Dipoloszillator $\boldsymbol{r}(t) = \boldsymbol{r}^{(\mathrm{at})}\exp(-\mathrm{i}\omega_{ba}t)$ mit der Amplitude $\boldsymbol{r}^{(\mathrm{at})}$ im Atomsystem und einer Kreisfrequenz ω_{ba} sind die Feldamplituden dann

$$E_x(R,t) = \frac{e\omega_{ba}^2}{4\pi\varepsilon_0 c^2 R}\boldsymbol{r}^{(\mathrm{at})}\cdot\boldsymbol{e}_x^{(\mathrm{ph})}\mathrm{e}^{\mathrm{i}(kR-\omega_{ba}t)} \quad \text{und} \tag{4.29}$$

$$E_y(R,t) = \frac{e\omega_{ba}^2}{4\pi\varepsilon_0 c^2 R}\boldsymbol{r}^{(\mathrm{at})}\cdot\boldsymbol{e}_y^{(\mathrm{ph})}\mathrm{e}^{\mathrm{i}(kR-\omega_{ba}t)}. \tag{4.30}$$

In Abschn. 4.5.1 werden wir diese semiklassischen Ausdrücke benutzen, um die Winkelabhängigkeit und die Polarisation der atomaren Dipolstrahlung zu ermitteln. Hier wollen wir lediglich die Gesamtleistung abschätzen, die emittiert wird. Nach (4.28) erhalten wir mit (4.2) die Intensität $I = \varepsilon_0 c|\boldsymbol{E}(R,t)|^2$, und im Mittel[8] wird die Energie

$$\overline{\frac{\mathrm{d}W}{\mathrm{d}t}}\mathrm{d}\Omega = IR^2\mathrm{d}\Omega = \frac{\overline{|\ddot{\boldsymbol{\mathcal{D}}}(t)|^2}}{(4\pi)^2\varepsilon_0 c^3}\sin^2\theta_k\mathrm{d}\Omega_k \tag{4.31}$$

pro Zeiteinheit in den Raumwinkel $\mathrm{d}\Omega_k = \sin\theta_k\mathrm{d}\theta_k\mathrm{d}\varphi_k$ emittiert. Hier ist θ_k der Winkel zwischen $\ddot{\boldsymbol{\mathcal{D}}}$ und $\boldsymbol{k}$. Integration von $\sin^2\theta_k$ über alle Raumwinkel ergibt einen Faktor $8\pi/3$, sodass die gesamte Strahlungsleistung

$$\overline{P} = \overline{\frac{\mathrm{d}W}{\mathrm{d}t}} = \frac{1}{6\pi\varepsilon_0 c^3}\overline{|\ddot{\boldsymbol{\mathcal{D}}}|^2} = \frac{e^2}{6\pi\varepsilon_0 m_\mathrm{e}^2 c^3}\overline{\left|\frac{\mathrm{d}\boldsymbol{p}}{\mathrm{d}t}\right|^2} \tag{4.32}$$

wird, mit $[P] = \mathrm{J\,s^{-1}}$. Für den späteren Gebrauch haben wir hier den Impuls $\boldsymbol{p} = m_\mathrm{e}\dot{\boldsymbol{r}}$ des oszillierenden Elektrons eingeführt. Diese noch sehr allgemeine Gleichung kann damit auch unter relativistischen Bedingungen benutzt werden.

Speziell für den harmonischen *Dipoloszillator* wird

$$\overline{|\ddot{\boldsymbol{\mathcal{D}}}|^2} = \overline{|\omega_{ba}^2\boldsymbol{\mathcal{D}}|^2} = 2e^2|r^{(\mathrm{at})}/2|^2\omega_{ba}^4,$$

und die *gemittelte Strahlungsenergie eines Atoms ist pro Zeiteinheit*

$$\overline{P} = \overline{\frac{\mathrm{d}W}{\mathrm{d}t}} = \frac{1}{3\pi}\frac{e^2|r^{(\mathrm{at})}/2|^2\omega_{ba}^4}{\varepsilon_0 c^3}. \tag{4.33}$$

Wegen dieser Abstrahlung zerfällt der angeregte Zustand des Atoms. *Nach der klassischen Vorstellung würde dabei die Schwingungsamplitude* (d. h. der Bahnradius des Elektrons) immer kleiner werden – *im Gegensatz zu dem spektroskopischen Befund* und dem Konzept stationärer Zustände: Das Atom (oder irgend ein anderes Quantensystem) befindet sich *entweder* im angeregten *oder* im Grundzustand.

Quantenmechanisch interpretiert man (4.33) daher als *Wahrscheinlichkeitsaussage*: Die Wahrscheinlichkeit, das Atom im angeregten Zustand $|b\rangle$ zu finden, nimmt

[8] Ein Strich über den Größen bedeutet hier zeitliche Mittelung.

exponentiell ab. Oder völlig äquivalent ausgedrückt: Die Wahrscheinlichkeit, dass *ein angeregtes Atom* ein Photon der Energie $\hbar\omega$ innerhalb des Zeitintervalls dt zur Zeit t emittiert, ist

$$\bar{R}_{ab}^{(\text{spont})}\mathrm{d}t = \frac{\overline{\mathrm{d}W}}{\hbar\omega} = \frac{1}{3\pi}\frac{e^2|r^{(\text{at})}/2|^2\omega_{ba}^3}{\hbar\varepsilon_0 c^3}\mathrm{d}t = \bar{A}_{ab}\,\mathrm{d}t, \tag{4.34}$$

mit der *Rate* $\bar{R}_{ab}^{(\text{spont})}$ *für spontane Übergänge* $|a\rangle \leftarrow |b\rangle$ zwischen den beiden Energieniveaus. Die Zerfallskonstante, mit $[A_{ab}] = \mathrm{s}^{-1}$, die man nach diesem klassischen Modell ermittelt, ist

$$\bar{A}_{ab} = \frac{\omega_{ba}^3|er^{(\text{at})}/2|^2}{3\pi\hbar\varepsilon_0 c^3} = \frac{4\alpha}{3c^2}\omega_{ba}^3|r^{(\text{at})}/2|^2 = \frac{32\alpha\pi^3 c}{3}\frac{|r^{(\text{at})}/2|^2}{\lambda^3}, \tag{4.35}$$

mit der *Feinstrukturkonstante* $\alpha \simeq 1/137$ nach (1.10). Das exponentielle Zerfallsgesetz, das sich aus (4.34) ergibt, wurde bereits in Abschn. 1.3.1 auf Seite 18 behandelt. Für die Dichte N_b der angeregten Zustände folgt nach (1.38) und (1.39)

$$-\frac{1}{N_b}\frac{\mathrm{d}N_b}{\mathrm{d}t} = \bar{A}_{ab} = \frac{1}{\tau_{ab}} \quad\Rightarrow\quad N_b(t) = N_{b0}\mathrm{e}^{-\bar{A}_{ab}t} = N_{b0}\mathrm{e}^{-t/\tau_{ab}},$$

sofern keine weiteren Prozesse eine Rolle spielen. Dabei ist $\tau_{ab} = 1/\bar{A}_{ab}$ die mittlere Lebensd auer des angeregten Zustands, $\tau_{1/2} = (\ln 2)\tau_{ab}$ ist die Halbwertszeit, und N_{b0} die Dichte der angeregten Zustände zur Zeit $t = 0$.

Wir halten hier fest, dass (4.35) *fast* identisch ist mit dem exakten Ausdruck für den sogenannten EINSTEIN'schen *A-Koeffizienten* für die spontane Emission, den wir in Abschn. 4.6.2 ableiten werden. Die spezifischen Eigenschaften des emittierenden Atoms, die hier durch $|r^{(\text{at})}/2|$ repräsentiert werden, bedürfen allerdings einer strengen quantenmechanischen Interpretation.

Für einen prominenten Fall, dem $3p \leftrightarrow 3s$ Übergang in Natrium (die sogenannte Natrium-D-Linie bei $\lambda = 589$ nm), erproben wir eine begründete Vermutung, indem wir $r^{(\text{at})} \simeq 0.190$ nm setzen (den atomaren ‚Radius' nach Abb. 3.4 auf Seite 156). Nach (4.35) erhalten wir damit $\bar{A}_{3s3p} \simeq 3.2 \times 10^7\,\mathrm{s}^{-1}$ oder $\tau = 1/\bar{A}_{ab} \simeq 31$ ns, was zumindest in der gleichen Größenordnung liegt wie der korrekte, experimentell ermittelte Wert $\simeq 16.2$ ns. Natürlich können wir keine exakten Ergebnisse von dieser klassischen Abschätzung erwarten.

4.2.5 Die EINSTEIN'schen A- und B-Koeffizienten

Abbildung 4.9 fasst die bisherigen Überlegungen und Befunde zusammen. Wir müssen natürlich alle drei Prozesse berücksichtigen, wenn wir das reale Verhalten eines atomaren Systems in Gegenwart eines elektromagnetischen Feldes korrekt beschreiben wollen. Ein spezieller Fall ist ein System von Atomen bzw. Molekülen oder Festkörperoszillatoren im thermischen Gleichgewicht mit sich selbst und mit seinem dem Strahlungsfeld. EINSTEIN 1916 hat dieses thermische Gleichgewicht zum Ausgangspunkt einer sehr instruktiven Ableitung des PLANCK'schen Strahlungsgesetzes (1.81) für die Hohlraumstrahlung gemacht. Sie basiert auf dem sogenannten

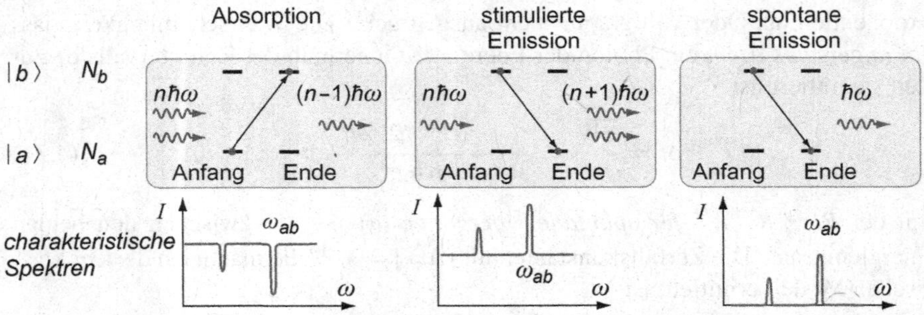

Abb. 4.9 Absorption, induzierte und spontane Emission schematisch. *Oben* ist die atomistische Sicht angedeutet. *Unten* sind die jeweiligen spektroskopischen Befunde illustriert: Skizziert ist der Verlauf der Intensität als Funktion der Frequenz der Strahlung

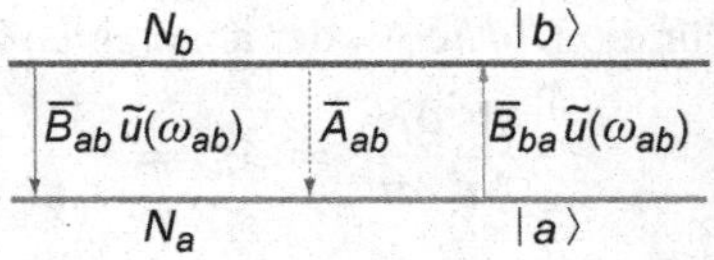

Abb. 4.10 Zweiniveausystem und EINSTEIN-Koeffizienten; zur Ableitung des *Prinzips vom detaillierten Gleichgewicht*

Prinzip des detaillierten Gleichgewichts: Im stationären Fall muss jeder Prozess im Gleichgewicht mit dem inversen Prozess sein. Man behandelt das Problem in Form eines repräsentativen *Zweiniveausystems*. Seine Kinetik beschreibt man mit sogenannten Ratengleichungen.

Wie in Abb. 4.10 schematisch illustriert, gilt dabei für die Zu- bzw. Abnahme der Dichten im unteren und oberen Zustand ($|a\rangle$ bzw. $|b\rangle$):

$$\frac{\mathrm{d}N_a}{\mathrm{d}t} = -N_a \bar{B}_{ba}\tilde{u}(\omega_{ba}) + N_b \bar{B}_{ab}\tilde{u}(\omega_{ba}) + \bar{A}_{ab} N_b = -\frac{\mathrm{d}N_b}{\mathrm{d}t}. \tag{4.36}$$

Für ein stationäres System ist zu fordern, dass die *Teilchendichten sich nicht ändern*:

$$\frac{\mathrm{d}N_{b,a}}{\mathrm{d}t} = 0 = N_a \bar{B}_{ba}\tilde{u}(\omega_{ba}) - N_b \bar{B}_{ab}\tilde{u}(\omega_{ba}) - \bar{A}_{ab} N_b$$

$$\Rightarrow \quad \frac{\bar{A}_{ab} N_b}{(N_a \bar{B}_{ba} - N_b \bar{B}_{ab})\tilde{u}(\omega_{ba})} = 1 \quad \Rightarrow \quad \frac{\bar{A}_{ab}}{\bar{B}_{ba}(N_a/N_b) - \bar{B}_{ab}} = \tilde{u}(\omega_{ba}).$$

Thermisches Gleichgewicht bedeutet nach (1.54) andererseits

$$\frac{N_b}{N_a} = \frac{g_b}{g_a} \mathrm{e}^{-\frac{\Delta W}{k_\mathrm{B} T}} = \frac{g_b}{g_a} \mathrm{e}^{-\frac{\hbar\omega_{ba}}{k_\mathrm{B} T}} \tag{4.37}$$

mit den Entartungsfaktoren g_b bzw. g_a für den Anfangs- $|a\rangle$ bzw. Endzustand $|b\rangle$. Somit wird

$$\tilde{u}(\omega_{ba}) = \frac{\bar{A}_{ab}}{\bar{B}_{ba}(N_a/N_b) - \bar{B}_{ab}} = \frac{\bar{A}_{ab}}{\bar{B}_{ba}(g_a/g_b)\mathrm{e}^{\hbar\omega_{ba}/(k_\mathrm{B}T)} - \bar{B}_{ab}}.$$

Vergleichen wir das mit dem PLANCK'schen Strahlungsgesetz (1.81)

$$\tilde{u}(\omega) = \frac{\hbar\omega^3}{\pi^2 c^3} \frac{1}{e^{\hbar\omega/(k_B T)} - 1},$$

so erhält man folgende Beziehung zwischen den A- und B -Koeffizienten:[9]

$$\bar{A}_{ab} = \bar{R}_{ab}^{(\text{spont})} = \frac{\hbar\omega^3}{\pi^2 c^3} \bar{B}_{ab} = \frac{8\pi h\nu^3}{c^3} \bar{B}_{ab}^{(\nu)} \quad \text{und} \quad g_b \bar{B}_{ab} = g_a \bar{B}_{ba}. \tag{4.38}$$

Man beachte den wichtigen Faktor ω^3 bzw. ν^3. Interessanterweise stimmt diese Beziehung mit den klassischen Vorhersagen nach (4.35) überein.

Wir weisen darauf hin, dass die B-Koeffizienten, die wir hier benutzen, sich auf *spektrale Strahlungsdichten $\tilde{u}(\omega)$ pro Einheit der Kreisfrequenz* beziehen, sofern nicht durch $\bar{B}^{(\nu)}$ anders gekennzeichnet.

Was haben wir in Abschnitt 4.2 gelernt?

- Wir haben drei prototypische, spektroskopische Methoden vorgestellt, um Information über Quantensysteme über ihre Wechselwirkung mit dem elektromagnetischen Strahlungsfeld zu erlangen: *Emission, Absorption und Fluoreszenzspektroskopie.*
- Induzierte Prozesse *(Absorption und stimulierte Emission)* wurden phänomenologisch eingeführt. Die Raten für beide Prozesse sind proportional zur spektralen Strahlungsintensität $\tilde{I}(\omega_{ba})$ bzw. Energiedichte $\tilde{u}(\omega_{ba}) = \tilde{I}(\omega_{ba})/c$ bei der Resonanzfrequenz ω_{ba} des untersuchten Übergangs.
- Eine klassische Interpretation der *spontanen Emission* stößt auf ernsthafte Probleme – die zu BOHR's zweitem Postulat und zur Wahrscheinlichkeitsinterpretation des Emissionsprozesses geführt haben. Dennoch erlaubt die klassische Betrachtungsweise immerhin eine grobe, erste Abschätzung der spontanen Emissionswahrscheinlichkeit und führt zu nützlichen Beziehungen (4.32) für den späteren Gebrauch.
- EINSTEIN's bemerkenswert einfache Ableitung des PLANCK'schen Strahlungsgesetzes – auf der Basis von Ratengleichungen für ein System von Quantenoszillatoren im thermischen Gleichgewicht mit dem Strahlungsfeld – führt zugleich zu einer *quantitativen Beziehung* (4.38) *zwischen den Koeffizienten A und B für spontane und stimulierte Emission.*
- Die Leser sollten sich vor allen den *berühmten Faktor* ω^3 (oder ν^3) zwischen den beiden Koeffizienten merken: $\bar{A}_{ab} \propto \omega^3 \bar{B}_{ab} = \omega^3 (g_a/g_b) B_{ba}$. Er wird noch bei mehreren Gelegenheiten eine wichtige Rolle spielen.

[9] In der Literatur wird oft $\tilde{u}(\nu) = 2\pi\tilde{u}(\omega)$ pro Einheit der Frequenz benutzt. Dann hat man in allen einschlägigen Formeln zu ersetzen: $\bar{B}_{ba} = 2\pi \bar{B}_{ba}^{(\nu)}$, wobei $\bar{B}_{ba}^{(\nu)}$ der entsprechende EINSTEIN-Koeffizient in Bezug auf $\tilde{u}(\nu)$ ist.

4.3 Zeitabhängige Störungsrechnung

Nach dieser phänomenologischen Einführung in die Absorption und Emission von Photonen und ausgerüstet mit einer handlichen Beschreibung von elektromagnetischen Wellen sind wir nun bereit, ein quantenmechanisches Verständnis von elektrischen Dipolübergängen zu entwickeln. Um die zeitliche Änderung von Quantensystemen (hier Atomen) unter dem Einfluss der elektromagnetischen Strahlung quantitativ zu beschreiben, machen wir einen *semiklassischen* Ansatz: Das Atom behandeln wir voll quantenmechanisch, das eingestrahlte elektromagnetische Feld $\boldsymbol{E}(\boldsymbol{r},t)$ aber klassisch. Das Feld verursacht eine klassische, zeitabhängige *Störung* $\widehat{U}(\boldsymbol{r},t)$ des ungestörten atomaren Problems. Die spontane Emission kann dabei allerdings nicht erfasst werden und wird als eine Art ‚Nachgedanke' über die im letzten Abschn. 4.2.5 eingeführte EINSTEIN'sche A/B-Beziehung (4.38) berücksichtigt.

Wie bereits in Abschn. 4.2.4 erwähnt, benötigt man zur sauberen Behandlung der spontanen Emission die *Quantenelektrodynamik* (QED) und muss das elektromagnetische Feld quantisieren. Da dieses Konzept aber wesentlich weniger transparent ist, verschieben wir seine Behandlung auf Band 2. Alle im Folgenden abgeleiteten spektroskopischen Gesetzmäßigkeiten behalten aber ihre Gültigkeit, sofern man innerhalb der Grenzen der Störungsrechnung (kleine Intensitäten) bleibt und sich nicht für die statistische Beschaffenheit des Lichts interessiert.

4.3.1 Grundsätzliches

Wir erinnern hier zunächst kurz an die quantenmechanische Behandlung *nicht stationärer Zustände* durch Lösung der *zeitabhängigen* SCHRÖDINGER-*Gleichung* (2.13). Im Rahmen der quantenmechanischen *Störungstheorie* berechnet man näherungsweise die Wahrscheinlichkeiten dafür, dass in einem Quantensystem Übergänge in einen Zustand $|b\rangle$ aus einem Zustand $|a\rangle$ erfolgen, wenn das System einer kleinen Störung $\widehat{U}(t)$ ausgesetzt wird. Im Folgenden versuchen wir die wichtigsten, elementaren Werkzeuge dafür plausibel zu kommunizieren. *Leser, die mit diesen Grundlagen hinreichend vertraut sind, können direkt in Abschn.* 4.3.6 *weiterlesen.*

Man beginnt mit der bekannten Lösung 0. Ordnung für das ungestörte Problem:

$$\widehat{H}_0\psi_j(\boldsymbol{r}) = W_j\psi_j(\boldsymbol{r}) \tag{4.39}$$

Sofern $\widehat{H}_0$ nicht explizit zeitabhängig ist, hat die zeitabhängige SCHRÖDINGER-Gleichung (2.13) eine Zeitabhängigkeit nach (2.16), die wir hier

$$\Psi_j^{(0)}(\boldsymbol{r},t) = \psi_j(\boldsymbol{r})\exp\left(-\mathrm{i}\frac{W_j}{\hbar}t\right) = \psi_j(\boldsymbol{r})\exp(-\mathrm{i}\omega_j t)$$

schreiben, mit $\omega_j = W_j/\hbar$. Wenn wir nun eine zeitabhängige Störung $\widehat{U}(\widehat{\boldsymbol{p}},\boldsymbol{r},t)$ addieren, wird der HAMILTON-Operator

$$\widehat{H}(t) = \widehat{H}_0 + \widehat{U}(\widehat{\boldsymbol{p}},\boldsymbol{r},t). \tag{4.40}$$

Zur Abkürzung schreiben wir $\Psi(\boldsymbol{r},t) \to |\Psi(t)\rangle$ sowie $\psi_j(\boldsymbol{r}) \to |j\rangle$ und machen den *Ansatz*

$$|\Psi(t)\rangle = \sum_{j=0}^{\infty} c_j(t)\mathrm{e}^{-\mathrm{i}\omega_j t}|j\rangle, \tag{4.41}$$

wobei $c_j(t)$ die zeitabhängige *Wahrscheinlichkeitsamplitude* für den Zustand $\psi_j(\boldsymbol{r})$ ist. Die Wahrscheinlichkeit, einen bestimmten Endzustand $|j\rangle$ zur Zeit t zu finden, ist dann

$$w_j(t) = \left|c_j(t)\right|^2. \tag{4.42}$$

Wenn (4.41) über hinreichend viele Zustände summiert wird, und die Basis $|j\rangle$ vollständig ist, erhält man eine beliebig exakte Lösung.

Mit diesem Ansatz und dem zeitabhängigen HAMILTON-Operator (4.40), schreiben wir die zeitabhängige SCHRÖDINGER-Gleichung (2.13) als

$$\left[\widehat{H}_0 + \widehat{U}(\widehat{\boldsymbol{p}},\boldsymbol{r},t)\right]|\Psi(t)\rangle = \mathrm{i}\hbar\frac{\partial|\Psi(t)\rangle}{\partial t} \tag{4.43}$$

$$\sum_j c_j(t)\mathrm{e}^{-\mathrm{i}\omega_j t}\left[\widehat{H}_0 + \widehat{U}(\widehat{\boldsymbol{p}},\boldsymbol{r},t)\right]|j\rangle = \sum_j \mathrm{i}\hbar\frac{\partial[c_j(t)\mathrm{e}^{-\mathrm{i}\omega_j t}]|j\rangle}{\partial t}.$$

Setzen wir nun $\widehat{H}_0|j\rangle$ nach (4.39) auf der linken Seite dieser Gleichung ein und benutzen die Produktregel für die Differenziationen auf der rechten Seite, so führt dies zu

$$\sum_j c_j(t)\mathrm{e}^{-\mathrm{i}\omega_j t}\left[W_j + \widehat{U}(\widehat{\boldsymbol{p}},\boldsymbol{r},t)\right]|j\rangle$$

$$= \mathrm{i}\sum_j\left[c_j(t)(-\mathrm{i}\hbar\omega_j)\mathrm{e}^{-\mathrm{i}\omega_j t} + \hbar\mathrm{e}^{-\mathrm{i}\omega_j t}\frac{\mathrm{d}c_j(t)}{\mathrm{d}t}\right]|j\rangle.$$

Mit $\mathrm{i}(-\mathrm{i}\hbar\omega_j) = W_j$ heben sich die ersten Terme der Summen auf beiden Seiten auf. Wir multiplizieren von links mit $\langle b|\mathrm{e}^{\mathrm{i}\omega_b t}$ und wenden $\langle b|j\rangle = \delta_{bj}$ an. Mit $W_b = \hbar\omega_b$ und den zeitabhängigen *Matrixelementen des Störoperators*

$$U_{ij}(t) = \langle i|\widehat{U}(\widehat{\boldsymbol{p}},\boldsymbol{r},t)|j\rangle = \int \psi_i^*(\boldsymbol{r})\widehat{U}(\widehat{\boldsymbol{p}},\boldsymbol{r},t)\psi_j(\boldsymbol{r})\mathrm{d}^3\boldsymbol{r} \tag{4.44}$$

erhalten wir ein System von linearen Differenzialgleichungen (DGLn) für die Wahrscheinlichkeitsamplituden $c_b(t)$:

$$\frac{\mathrm{d}c_b(t)}{\mathrm{d}t} = -\frac{\mathrm{i}}{\hbar}\sum_j c_j(t)U_{bj}(t)\mathrm{e}^{\mathrm{i}\omega_{bj}t} \tag{4.45}$$

Die Kreisfrequenzen der Übergänge $\omega_{bj} = (W_b - W_j)/\hbar$ bestimmen die Exponenten. Man beachte, dass dieses Gleichungssystem ganz allgemein für Atome und Moleküle gilt, die einer zeitabhängigen Wechselwirkung ausgesetzt sind. Es ist als keineswegs auf die Dipolnäherung oder auch nur auf elektromagnetische Wellen beschränkt.

4.3.2 Näherungsansatz für Übergangsamplituden

In der Praxis kann man natürlich nur über eine endliche Zahl von Termen summieren. Ein Störungsansatz ist möglich, wenn $|\langle \widehat{U}(\widehat{\boldsymbol{p}}, \boldsymbol{r}, t)\rangle| \ll |\langle \widehat{H}_0 \rangle|$, d. h. wenn die gemittelte Störung klein ist im Vergleich zum gemittelten HAMILTON-Operator des ungestörten Systems (z. B. H-Atom, Alkaliatome usw.). Dann wird sich das System mit der Zeit nur wenig von seinem Anfangszustand entfernen. Um die Wahrscheinlichkeitsamplitude $c_b(t)$ des Endzustands b in 1. *Ordnung Störungstheorie* zu erhalten, beginnt man in 0. Ordnung, indem man auf der rechten Seite von (4.45) $c_a^{(0)}(t) \equiv 1$ setzt (Anfangszustand a) und $c_j^{(0)}(t) \equiv 0$ für alle $j \neq a$. Damit erhält man für alle $b \neq a$ in 1. Ordnung:

$$\frac{\mathrm{d}c_b(t)}{\mathrm{d}t} = -\frac{\mathrm{i}}{\hbar} U_{ba}(t) \mathrm{e}^{\mathrm{i}\omega_{ba} t}. \tag{4.46}$$

Wenn die Wechselwirkung zur Zeit $t = 0$ eingeschaltet wird, führt die Integration über die Zeit zur *zeitabhängigen Übergangsamplitude in* 1. *Ordnung*:

$$c_b(t) = -\frac{\mathrm{i}}{\hbar} \int_0^t U_{ba}(t') \mathrm{e}^{\mathrm{i}\omega_{ba} t'} \mathrm{d}t'. \tag{4.47}$$

Die vollständige Lösung in 1. Ordnung ist dann gegeben durch

$$|\Psi(t)\rangle \approx |a\rangle \mathrm{e}^{-\mathrm{i}\omega_a t} + \sum_{j \neq a} c_j(t) |j\rangle \mathrm{e}^{-\mathrm{i}\omega_j t}, \tag{4.48}$$

wobei die Koeffizienten $c_j(t)$ mit (4.47) berechnet werden. Man kann dieses Vorgehen iterieren, indem man (4.47) in (4.45) einsetzt, um die Lösung in 2. Ordnung zu erhalten und so weiter.

Oft ist man nur daran interessiert, wie sich die Wahrscheinlichkeitsamplituden $c_b(t)$ nach vielen Oszillationen des Feldes entwickeln, also für $t \gg 1/\omega_{ba}$. Im Grenzübergang $t \to \infty$ entwickelt sich (4.47) zu

$$c_b(\infty) = -\frac{\mathrm{i}}{\hbar} \int_0^\infty U_{ba}(t') \mathrm{e}^{\mathrm{i}(\omega_{ba})t'} \mathrm{d}t' = \widetilde{U}_{ba}(\omega_{ba}), \tag{4.49}$$

was offenbar nichts anderes ist als die FOURIER-*Transformierte* (I.2) *des Störungspotenzials bei der Frequenz* ω_{ba} des Übergangs – abgesehen von numerischen Vorfaktoren. Daraus folgt, dass *atomare oder molekulare Übergänge nur durch ein Wechselwirkungspotenzial angeregt werden können, das* FOURIER-*Komponenten* $\widetilde{U}_{ba}(\omega)$ *enthält, die in Resonanz mit der Übergangsfrequenz* $\omega_{ba} = \omega$ *sind.*

4.3.3 Übergänge in einer monochromatischen ebenen Welle

Wir spezialisieren unsere Überlegungen jetzt für eine monochromatische, ebene, elektromagnetische Welle der Frequenz ω mit der Intensität I. Entsprechend der mathematischen Form der elektromagnetischen Welle nach (4.1) führen wir – immer noch ziemlich allgemein – eine Störungsamplitude eE_0 und einen Übergangsoperator $\widehat{\mathsf{D}} = \widehat{\mathsf{D}}(\widehat{\boldsymbol{p}}, \boldsymbol{r})$ ein:[10]

$$\begin{aligned} U_{ba}(t) &= \langle b|\widehat{U}(\widehat{\boldsymbol{p}}, \boldsymbol{r}, t)|a\rangle = \langle b|\frac{\mathrm{i}}{2} eE_0 \big(\widehat{\mathsf{D}}\mathrm{e}^{-\mathrm{i}\omega t} - \widehat{\mathsf{D}}^\dagger \mathrm{e}^{\mathrm{i}\omega t}\big)|a\rangle \\ &= \frac{\mathrm{i}}{2} eE_0 \big(\widehat{\mathsf{D}}_{ba}\mathrm{e}^{-\mathrm{i}\omega t} - \widehat{\mathsf{D}}^\dagger_{ba}\mathrm{e}^{\mathrm{i}\omega t}\big) \quad \text{mit } \widehat{\mathsf{D}}_{ba} = \langle b|\widehat{\mathsf{D}}|a\rangle. \end{aligned} \tag{4.50}$$

Damit wird die Übergangsamplitude (4.47)

$$c_b(t) = \frac{eE_0}{2\hbar} \int_0^t \big(\widehat{\mathsf{D}}_{ba}\mathrm{e}^{\mathrm{i}(\omega_{ba}-\omega)t'} - \widehat{\mathsf{D}}^\dagger_{ba}\mathrm{e}^{\mathrm{i}(\omega_{ba}+\omega)t'}\big)\mathrm{d}t' \tag{4.51}$$

$$= \frac{eE_0}{2\hbar} \left(\widehat{\mathsf{D}}_{ba} \frac{\mathrm{e}^{\mathrm{i}(\omega_{ba}-\omega)t} - 1}{\mathrm{i}(\omega_{ba} - \omega)} - \widehat{\mathsf{D}}^\dagger_{ba} \frac{\mathrm{e}^{\mathrm{i}(\omega_{ba}+\omega)t} - 1}{\mathrm{i}(\omega_{ba} + \omega)} \right). \tag{4.52}$$

Wir weisen ausdrücklich darauf hin, dass *beide* Terme, $\exp(-\mathrm{i}\omega t)$ *und* $\exp(+\mathrm{i}\omega t)$, von Bedeutung sind. Man sieht bereits an (4.51), dass wesentliche Beiträge nur für *stationäre Phasen* erwartet werden, also für $\omega_{ba} \mp \omega = 0$ im ersten oder zweiten Falle. Anderenfalls oszillieren die Beiträge im Integral rasch und mitteln sich heraus, d. h. sie verschwinden im Grenzfall $t \to \infty$ ganz. Da für die Kreisfrequenz der Strahlung *per definitionem* $\omega > 0$, und a den Anfangszustand, b den Endzustand bezeichnen, beschreibt der erste Teil in (4.52) die Absorption, der zweite die stimulierte Emission:

$$\begin{array}{llll} \text{Absorption} & b \leftarrow a\text{:} \quad \omega_{ba} > 0 & \Rightarrow \text{relevanter Term:} & \widehat{\mathsf{D}}\mathrm{e}^{\mathrm{i}(\omega_{ba}-\omega)t} \\ \text{Emission} & a \leftarrow b\text{:} \quad \omega_{ba} < 0 & \Rightarrow \text{relevanter Term:} & \widehat{\mathsf{D}}^\dagger\mathrm{e}^{\mathrm{i}(\omega_{ba}+\omega)t} \end{array} \tag{4.53}$$

Offensichtlich sind *beide Exponentialfunktionen unverzichtbar* : Sie rühren von der Schreibweise (4.1) des *reellen* elektromagnetischen Feldes her.

4.3.4 Dipolnäherung

Wir wenden nun diesen allgemeinen Formalismus auf die sogenannten *elektrischen Dipolübergänge* (E1-Übergänge) an und benutzen dafür einen etwas heuristischen Zugang zum Wechselwirkungspotenzial. Er führt aber zu den gleichen Resultaten wie die strengere (aber weniger anschauliche) Ableitung in Anhang H.1.6. In beiden Fällen basiert die entscheidende Näherung darauf, dass die Wellenlänge des elektromagnetischen Feldes typischerweise sehr groß gegen atomare Dimensionen ist ($\lambda \gg a_0$). Daher kann das elektromagnetische Feld $\boldsymbol{E}(\boldsymbol{r}, t)$, was durch (4.1) beschrieben wird, nach Potenzen von $\boldsymbol{r}/\lambda$ oder $\boldsymbol{k} \cdot \boldsymbol{r} \ll 1$ entwickelt werden. In 1. Ordnung reduziert sich dabei $\exp(\pm\mathrm{i}\boldsymbol{k} \cdot \boldsymbol{r})$ zu 1, und wir haben nur die zeitliche Änderung des elektrischen Felds $\boldsymbol{E}(t)$ der Welle zu berücksichtigen.

[10] Eine etwas heuristische Erklärung von eE_0 und $\widehat{\mathsf{D}}(\widehat{\boldsymbol{p}}, \boldsymbol{r})$ als Operator für die elektrischen Dipolübergänge folgt in Abschn. 4.3.4, während die strengere, allgemeine Ableitung und Spezialisierung in Anhang H zu finden ist.

Die Kraft, die dieses oszillierende Feld auf ein Elektron ausübt, ist $-e\boldsymbol{E}(t)$ und die Energie für eine Verschiebung des Elektrons um $\boldsymbol{r}$ wird somit $-e\boldsymbol{r}\cdot\boldsymbol{E}(t)$. Nun hat das Teilchenpaar Elektron-Atomkern ein

$$\textbf{elektrisches Dipolmoment}\quad \mathcal{D} = -e\boldsymbol{r}, \tag{4.54}$$

und die **Wechselwirkungsenergie wird in der Dipolnäherung**

$$U(\boldsymbol{r},t) = -\mathcal{D}\cdot\boldsymbol{E}(t) = e\boldsymbol{r}\cdot\boldsymbol{E}(t) = \frac{\mathrm{i}}{2}E_0 e\boldsymbol{r}\cdot\left(\mathfrak{e}\mathrm{e}^{-\mathrm{i}\omega t} - \mathfrak{e}^*\mathrm{e}^{\mathrm{i}\omega t}\right). \tag{4.55}$$

Sie hängt also vom Dipolmoment $\mathcal{D}$ des Elektrons im Atom *und* von der Zeit t ab. Für Feldamplitude und Intensität gilt nach (4.2) $E_0 \propto \sqrt{I}$, und $\mathfrak{e}$ beschreibt die Polarisation des Feldes. Durch Vergleich von (4.55) mit (4.50) findet man somit den *Dipolübergangsoperator* für Absorption:

$$\widehat{\mathsf{D}} = \boldsymbol{r}\cdot\mathfrak{e} = -\mathcal{D}\cdot\mathfrak{e}/e \quad\text{und}\quad eE_0 = e\sqrt{2I/(c\varepsilon_0)} \tag{4.56}$$

Da $\boldsymbol{r} = \boldsymbol{r}^\dagger$ gilt, ist $\widehat{\mathsf{D}}^\dagger = \boldsymbol{r}\cdot\mathfrak{e}^*$ der adjungierte Operator für die Emission. Die entsprechenden *Dipolübergangsmatrixelemente* sind

$$\text{für Absorption } \widehat{\mathsf{D}}_{ba} = \boldsymbol{r}_{ba}\cdot\mathfrak{e}, \quad \text{für Emission } \widehat{\mathsf{D}}^\dagger_{ab} = \widehat{\mathsf{D}}^*_{ba} = \boldsymbol{r}_{ab}\cdot\mathfrak{e}^*, \tag{4.57}$$

mit $\boldsymbol{r}_{ab} = \boldsymbol{r}^*_{ba}$. Man beachte, dass E_0 hier in $\mathrm{V\,m^{-1}}$ gemessen wird. Es ist *keine* FOURIER-Komponente des Feldes (pro Kreisfrequenzeinheit ω), sodass $U(\boldsymbol{r},t)$ in der Tat eine Energie ist. Natürlich ist es nicht zwingend, nur streng monochromatische Wellen zu behandeln, und wir werden unsere Ausführungen im nächsten Unterabschnitt entsprechend ergänzen.

Die elektrische Dipolnäherung ist eine sehr gute, weitreichende Näherung. Für sehr viele spektroskopischen Anwendungen ist die 1. *Ordnung Störungstheorie* völlig ausreichend. Allerdings können auf diese Weise *nur Einphotonenübergänge beschrieben werden. Multiphotonenprozesse* erfordern *höhere Ordnungen* der Störungstheorie und werden in Abschn. 5.3 auf Seite 265 behandelt. In der modernen Spektroskopie, wo man oft sehr intensive Strahlungsfelder einsetzt, sind sie sehr wichtig. Für Zweiniveausysteme kann man sogar praktisch exakte Lösungen finden – immer noch im Rahmen der elektrischen Dipolnäherung. Die dabei zu lösenden BLOCH-Gleichungen werden wir in Bd. 2 behandeln.

Auf der anderen Seite ist es wichtig, sich an dieser Stelle klar zu machen, dass der Formalismus der Störungsrechnung 1. Ordnung, der in Abschn. 4.3.1 und 4.3.2 zusammengefasst ist, sich nicht auf E1-Übergänge beschränken muss. Er kann sehr wohl auch auf höhere Ordnungen der Wechselwirkung angewandt werden, die sich aus der Entwicklung von $\exp(\pm\mathrm{i}\boldsymbol{k}\cdot\boldsymbol{r})$ in (4.1) jenseits des ersten Terms ergeben – so lange lediglich ein einzelnes Photon im Einzelprozess involviert ist. Um solche

Prozesse behandeln zu können, muss man freilich den quantenmechanisch korrekten Ausdruck für den Operator $\widehat{U}(\widehat{\boldsymbol{p}}, \boldsymbol{r}, t)$ benutzen. Er wird aus dem Vektorpotenzial $\boldsymbol{A}(\boldsymbol{r}, t)$ entwickelt, wie in Anhang H.1.6 ausgeführt. In Abschn. 5.4 auf Seite 272 werden wir als wichtigste Beispiele *magnetische Dipolübergänge* (M1) und *elektrische Quadrupolübergänge* (E2) behandeln. Sie können dann von Bedeutung sein, wenn E1-Übergänge zwischen zwei interessierenden Niveaus verboten sind.

4.3.5 Absorptionswahrscheinlichkeiten

Wir wollen jetzt explizit die *Wahrscheinlichkeitsamplitude für die Absorption* auswerten. Wir brauchen uns also im Moment nur auf den ersten Term in (4.52) zu konzentrieren, da bei Absorption $W_a < W_b$ und somit $\omega_{ba} > 0$ gilt. Wenn das elektromagnetische Feld zur Zeit $t = 0$ eingeschaltet wird, ist $c_b(t) \equiv 0$ für $t < 0$ und für $t > 0$ entwickelt sich die Übergangsamplitude entsprechend

$$c_b(t) = \frac{eE_0}{2\hbar}\widehat{\mathsf{D}}_{ba}\frac{\mathrm{e}^{\mathrm{i}(\omega_{ba}-\omega)t}-1}{\mathrm{i}(\omega_{ba}-\omega)}. \tag{4.58}$$

Die Wahrscheinlichkeit, den Zustand $|b\rangle$ zur Zeit $t > 0$ besetzt zu finden, ist dann

$$\begin{aligned} w_{ba}^{(\mathrm{abs})}(t) = \left|c_b(t)\right|^2 &= \frac{e^2E_0^2}{\hbar^2}|\widehat{\mathsf{D}}_{ba}|^2\left|\frac{\mathrm{e}^{\mathrm{i}(\omega_{ba}-\omega)t}-1}{2\mathrm{i}(\omega_{ba}-\omega)}\right|^2 \\ &= \frac{e^2E_0^2}{\hbar^2}|\widehat{\mathsf{D}}_{ba}|^2\frac{\sin^2(\frac{\omega_{ba}-\omega}{2}t)}{(\omega_{ba}-\omega)^2} = \frac{\mathcal{D}_0^2}{\hbar^2}|\widehat{\mathsf{D}}_{ba}|^2\frac{\pi t}{2}g(\omega). \end{aligned} \tag{4.59}$$

Abbildung 4.11 illustriert die charakteristische Frequenzabhängigkeit von

$$g(\omega) = \frac{2}{\pi t}\frac{\sin^2(\frac{\omega_{ba}-\omega}{2}t)}{(\omega_{ba}-\omega)^2} \xrightarrow{t\to\infty} \delta(\omega_{ba}-\omega). \tag{4.60}$$

Dieses Linienprofil wird für große Zeiten $t \gg 1/(\omega_{ba}-\omega)$ beliebig schmal und zugleich beliebig hoch ($g(\omega) = t/2\pi$ bei $\omega = \omega_{ba}$), ist aber so normiert, dass $\int_{-\infty}^{\infty} g(\omega)\mathrm{d}\omega = 1$. Im Grenzfall $t \to \infty$ ist $g(\omega)$ eine Repräsentation der DIRAC'schen Deltafunktion.

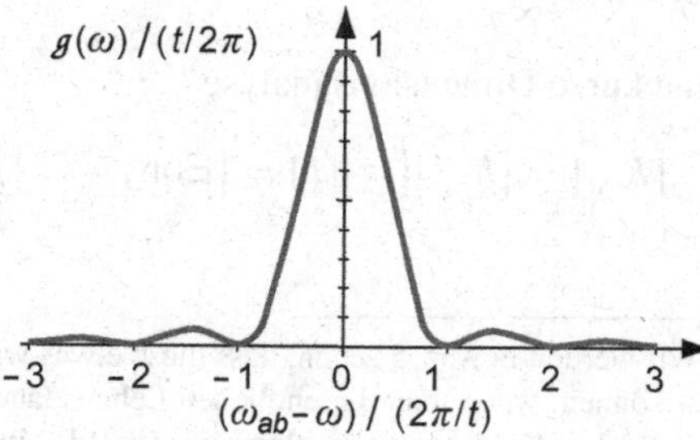

Abb. 4.11 Absorptionslinienprofil $g(\omega) = \sin^2[(\omega_{ba}-\omega)t/2]/(\omega_{ba}-\omega)^2$ als Funktion von $\omega_{ba}-\omega$ in Einheiten von $2\pi/t$. Im Grenzfall $t \to \infty$ wird $g(\omega)$ proportional zur Deltafunktion

Nach (4.59) wächst $w_{ba}^{(\mathrm{abs})}(t)$ linear mit der Zeit. Diese Näherung ist natürlich nur gültig für nicht zu hohe Felder E_0 und nicht zu große Zeiten, also so lange, wie die allgemeine Annahme der Störungsrechnung $|c_b(t)|^2 \ll 1$ für alle Zustände $b \neq a$ gilt. Andererseits sind wir aber an der stationären Lösung für große Zeiten $t \gg 1/(\omega_{ba} - \omega)$ interessiert, welche für spektroskopische Standardverfahren in der Regel relevant sind.[11]

Wenn wir nun $w_{ba}^{(\mathrm{abs})}(t)$ durch die Zeit t dividieren, erhalten wir die *Übergangsrate* $R_{ba} = w_{ba}^{(\mathrm{abs})}(t)/t$, d.h. die *Übergangswahrscheinlichkeit pro Zeiteinheit und pro Atom.* Offensichtlich ist diese Rate *unabhängig von der Zeit* und entspricht genau der Größe, die man in einem Absorptionsexperiment bestimmt.

Wir müssen schließlich noch berücksichtigen, dass in der Praxis streng monochromatische elektromagnetische Wellen nicht existieren. Jede Strahlung hat eine gewisse Bandbreite $\Delta\omega = 2\pi\Delta\nu$. Wir führen diese Frequenzabhängigkeit ein, indem wir die Intensität I in einem Spektralgebiet zwischen ω und $\omega + \mathrm{d}\omega$ durch $\tilde{I}(\omega)\mathrm{d}\omega$ ersetzten, wobei $\tilde{I}(\omega) = c\tilde{u}(\omega)$ die spektrale Intensitätsverteilung ist. Daher müssen wir in (4.59) das Quadrat der Störungsamplitude $e^2 E_0^2$ nach (4.56) ersetzen:

$$e^2 E_0^2 \to e^2 \frac{2}{c\varepsilon_0} \tilde{I}(\omega)\mathrm{d}\omega \tag{4.61}$$

Die Absorptionsrate $\mathrm{d}R_{ba} = w_{ba}^{(\mathrm{abs})}(t)\mathrm{d}\omega/t$ für Strahlung mit Kreisfrequenzen zwischen ω und $\omega + \mathrm{d}\omega$ wird dann

$$\mathrm{d}R_{ba} = \frac{\pi e^2}{\varepsilon_0 c \hbar^2} \tilde{I}(\omega) |\widehat{\mathsf{D}}_{ba}|^2 g(\omega)\mathrm{d}\omega = 4\pi^2 \alpha \frac{\tilde{I}(\omega)}{\hbar} |\widehat{\mathsf{D}}_{ba}|^2 g(\omega)\mathrm{d}\omega. \tag{4.62}$$

Diese Rate ist identisch zur Anregungswahrscheinlichkeit pro Zeiteinheit in den Zustand $|b\rangle$ aus dem Zustand $|a\rangle$. Zur Abkürzung haben wir wieder die Feinstrukturkonstante $\alpha \simeq 1/137$ nach (1.10) benutzt.

Bislang haben wir stillschweigend angenommen, dass die Absorption zwischen zwei isolierten Zuständen $|a\rangle$ und $|b\rangle$ mit Energien W_b und W_a stattfindet, d.h. bei einer wohldefinierten Kreisfrequenz $\omega_{ba} = (W_b - W_a)/\hbar$. Die gesamte Übergangsrate R_{ba} erhält man dann durch Integration von (4.62) über alle Frequenzen der Lichtquelle:

$$R_{ba} = \int_{-\infty}^{\infty} \mathrm{d}R_{ba} = \int_{-\infty}^{\infty} 4\pi^2 \alpha \frac{\tilde{I}(\omega)}{\hbar} |\widehat{\mathsf{D}}_{ba}|^2 g(\omega)\mathrm{d}\omega = \frac{4\pi^2 \alpha}{\hbar} |\widehat{\mathsf{D}}_{ba}|^2 \tilde{I}(\omega_{ba}). \tag{4.63}$$

Eine kurze Dimensionsanalyse

$$[R_{ba}] = [\hbar^{-1}][r^2][\tilde{I}] = [\mathsf{Enrg}^{-1}\mathsf{T}^{-1}][\mathsf{L}^2][\mathsf{Enrg}\,\mathsf{L}^{-2}\mathsf{T}^{-1}(1/\mathsf{T}^{-1})] = \mathsf{T}^{-1}$$

[11] Wir werden in Kap. 5 sehen, dass diese etwas widersprüchlichen Forderungen überwunden werden können, wenn man die endlichen Lebensdauern der angeregten Zustände berücksichtigt. Die vollständige Klärung des Problems wird in Bd. 2 im Zusammenhang mit den sog. optischen BLOCH-Gleichungen skizziert.

zeigt, dass R_{ba} in der Tat eine Rate ist, sie beschreibt also die Wahrscheinlichkeit für einen Absorptionsprozess pro Atom und Zeiteinheit. Dabei haben wir mit unserem Störungsansatz angenommen, dass $R_{ba}t_{\text{obs}} \ll 1$ während der relevanten Beobachtungsdauer t_{obs} ist.

Wir sehen nun explizit, dass die Anregungswahrscheinlichkeit proportional zur FOURIER-Komponente der spektralen Strahlungsdichte $\tilde{u}(\omega) = \tilde{I}(\omega)/c$ bei der Übergangsfrequenz ω_{ba} ist. Die Integration (4.63) basiert natürlich auf der Annahme, dass $\tilde{I}(\omega)$ im Bereich der Absorptionslinie konstant ist. Für typische, klassische Strahlungsquellen, gilt dies trivialerweise (es gilt sogar für die meisten gepulsten Laserquellen). Für die moderne Laserspektroskopie ist diese Annahme aber nicht mehr generell richtig – wie wir in Abschn. 5.2.3 auf Seite 261 und noch tiefergehend in Bd. 2 darlegen werden.

Für die Integration von (4.63) haben wir außerdem noch angenommen, dass die elektromagnetische Welle über eine hinreichend lange Zeit mit dem System wechselwirkt, sodass der Grenzfall $1/\omega_{ba} \ll t \to \infty$ in (4.60) gut angenähert wird. Für die typischen Periodendauern des Lichtfeldes im Bereich von Femtosekunden (fs) ist diese Näherung gerechtfertigt. Das gilt sogar für ns-Impulse, die oft in der Laserspektroskopie benutzt werden. Freilich ist (4.62) auch für viel kürzere Wechselwirkungszeiten gültig: Nach (4.60) impliziert dies aber eine Linienverbreiterung. Wir werden auf diesen Aspekt in Abschn. 6.1.7 auf Seite 315 zurückkommen.

4.3.6 Absorption und Emission: Eine erste Zusammenfassung

Um (4.63) für den Absorptionsprozess abzuleiten, haben wir den ersten Exponentialterm in (4.51) ausgewertet. Der zweite wird nur relevant, wenn $\omega_{ba} < 0$, d. h. für die stimulierte Emission ($W_a > W_b$). Die Rechnung führt in völlig analoger Weise zur Rate $R_{ab} \propto |\widehat{\mathsf{D}}_{ab}|^2 = |\boldsymbol{r}_{ab} \cdot \mathbf{e}^*|^2$ für die stimulierte Emission mit identischen Vorfaktoren. Wegen der Hermitezität des Ortsvektors gilt $\boldsymbol{r}_{ab} = \boldsymbol{r}^*_{ab}$, und somit wird $R_{ba} = R_{ab}$. Die *Raten für stimulierte Emission und Absorption für einen spezifischen Übergang zwischen den Zuständen $|b\rangle \leftrightarrow |a\rangle$ sind identisch.*

Die obige Diskussion in den Abschn. 4.2.3–4.2.5 bezog sich auf Energieniveaus, die aus mehreren, entarteten Unterniveaus bestehen können. Im Folgenden betrachten wir speziell *Unterzustände,* die durch einen Satz von Quantenzahlen beschrieben werden, z. B. γjm. Die wichtigste Größe, die einen elektrischen Dipolübergang beschreibt, ist der Dipolübergangsoperator nach (4.56): $\widehat{\mathsf{D}}_{ab} = \boldsymbol{r}_{ba} \cdot \mathbf{e}$, d. h. im Wesentlichen das *Skalarprodukt zwischen dem Dipolmatrixelement $\boldsymbol{\mathcal{D}}_{ba} = -e\boldsymbol{r}_{ba}$ und dem Polarisationsvektor* $\mathbf{e}$ mit der *Dipolübergangsamplitude*

$$\boldsymbol{r}_{ba} = \langle b|\boldsymbol{r}|a\rangle = \int \psi_b^*(\boldsymbol{r})\boldsymbol{r}\psi_a(\boldsymbol{r})\mathrm{d}^3\boldsymbol{r} = \langle a|\boldsymbol{r}|b\rangle^* = \boldsymbol{r}^*_{ab}. \tag{4.64}$$

Man beachte, dass $\boldsymbol{r}_{ba}$ ein *Vektor* ist. Er hängt ab vom System und dem speziell untersuchten Übergang. Die Übergangswahrscheinlichkeiten hängen darüber hinaus noch kritisch von der Polarisation $\mathbf{e}$ der Strahlung ab. Bevor wir das im Detail auswerten, fassen wir kurz die bisherigen Ergebnisse für elektrische Dipolübergänge (E1) zusammen.

In voller Analogie zu (4.26) und (4.27) führen wir hier die EINSTEIN'schen B-Koeffizienten für Übergänge zwischen spezifischen Unterzuständen $|j_a m_a\rangle \leftrightarrow |j_b m_b\rangle$ induziert durch eine bestimmte Polarisation $\mathfrak{e}$ ein:[12]

$$B(j_b m_b;\, j_a m_a;\, \mathfrak{e}) = \frac{4\pi^2 \alpha c}{\hbar} |\boldsymbol{r}_{ba} \cdot \mathfrak{e}|^2 = B(j_a m_a;\, j_b m_b;\, \mathfrak{e}). \tag{4.65}$$

Damit schreiben wir die Übergangswahrscheinlichkeit (4.63) pro Zeiteinheit für diesen speziellen E1-Übergang etwas um:

$$\begin{aligned} R_{ba} &= \frac{4\pi^2 \alpha}{\hbar} \tilde{I}(\omega_{ba}) |\boldsymbol{r}_{ba} \cdot \mathfrak{e}|^2 = R_{ab} \\ &= \frac{4\pi^2 \alpha c}{\hbar} |\boldsymbol{r}_{ba} \cdot \mathfrak{e}|^2 \tilde{u}(\omega_{ba}) = B(j_b m_b;\, j_a m_a;\, \mathfrak{e}) \tilde{u}(\omega_{ba}) \end{aligned} \tag{4.66}$$

Auch hier sind die B-Koeffizienten definiert *für eine spektrale Intensitätsverteilung* $\tilde{I}(\omega_{ba}) = c\tilde{u}(\omega_{ba})$ pro Einheit der Kreisfrequenz ω bei der Übergangsfrequenz $\omega_{ba} = |W_b - W_a|/\hbar$.

An dieser Stelle endet die Brauchbarkeit der semiklassischen Näherung. Spontane Emission kann man auf diese Weise nicht verstehen. Wir können aber ein plausibles, heuristisches Argument benutzen, das auf der EINSTEIN'schen Beziehung (4.38) beruht, mit $A/B = \hbar\omega^3/(\pi^2 c^3)$. Wir erinnern uns, dass es im Kontext des PLANCK'schen Strahlungsgesetzes und mithilfe des detaillierten Gleichgewichts abgeleitet wurde, wobei man ein vollkommen isotropes, unpolarisiertes Strahlungsfeld angenommen hatte.

Dagegen haben wir bei der gerade vorgestellten Ableitung der Wahrscheinlichkeiten für Absorption und stimulierte Emission zwischen den Unterzuständen $|\gamma_a j_a m_a\rangle$ und $|\gamma_b j_b m_b\rangle$ angenommen, dass es sich um ebene Wellen mit wohldefinierter Ausbreitungsrichtung $\boldsymbol{k}$ und Polarisation $\mathfrak{e}$ handelt. Anders ist die Situation beim spontanen Zerfall der angeregten Zustände, der im Prinzip mit der Emission von Strahlung in den ganzen Raumwinkel 4π und mit zwei orthogonalen Polarisationsvektoren erfolgen kann. Daher müssen wir $\bar{R}_{ab}^{(\text{spont})}$ in (4.38) durch $4\pi \times 2$ dividieren, mit dem betrachteten Raumwinkelelement multiplizieren und den Ausdruck (4.65) für B einsetzen. Auf diese Weise erhalten wir die Wahrscheinlichkeit für spontane Emission pro Zeiteinheit in den Raumwinkel $\mathrm{d}\Omega$ mit einer

[12] Entscheidend ist das Matrixelement $e\boldsymbol{r}_{ba} = e\langle b|\boldsymbol{r}|a\rangle$, das auch Matrixelement der *Dipollänge* genannt wird. Nach (H.24) kann man statt dessen auch das korrespondierende Matrixelement der sog. *Dipolgeschwindigkeit* benutzen:

$$e\langle b|\widehat{\boldsymbol{p}}|a\rangle = \mathrm{i}\omega_{ba} m_e e\langle b|\boldsymbol{r}|a\rangle .$$

Wenn die Wellenfunktionen exakt sind, liefern beide Näherungen identische Resultate. Im Falle genäherter Lösungen (also im allgemeinen Fall) können sich signifikante Unterschiede ergeben.

bestimmten Polarisation zwischen wohldefinierten Zuständen:

$$\begin{aligned} \mathrm{d}R_{ab}^{(\mathrm{spont})} &= B(j_a m_a; j_b m_b; \mathbf{e}) \frac{\hbar\omega^3}{\pi^2 c^3} \frac{\mathrm{d}\Omega}{8\pi} = C|\boldsymbol{r}_{ba} \cdot \mathbf{e}|^2 \mathrm{d}\Omega \\ &= C\left|\boldsymbol{r}_{ab} \cdot \mathbf{e}^*\right|^2 \mathrm{d}\Omega \quad \text{mit } C = \frac{\alpha\omega_{ba}^3}{2\pi c^2} = \frac{e^2\omega_{ba}^3}{8\pi^2\varepsilon_0\hbar c^3}. \end{aligned} \tag{4.67}$$

Eine Diskussion zu den entsprechenden EINSTEIN'schen A -Koeffizienten stellen wir zurück, bis wir in Abschn. 4.5 die Winkelverteilungen der Strahlungscharakteristiken entwickelt haben. Eine wirklich saubere Ableitung von (4.67) werden wir in Bd. 2 vorstellen.

Zusammenfassend kann die *Absorption und Emission von elektromagnetischer Strahlung durch* E1-*Übergänge* charakterisiert werden durch:

$$\begin{aligned} R_{ba}^{(\mathrm{abs})} &= R_{ab}^{(\mathrm{ind})} \propto \mathrm{d}R_{ab}^{(\mathrm{spont})} \\ &\propto |\widehat{\mathsf{D}}_{ba}|^2 = |\boldsymbol{r}_{ba} \cdot \mathbf{e}|^2 = \left|\widehat{\mathsf{D}}_{ab}^{\dagger}\right|^2 = \left|\boldsymbol{r}_{ab} \cdot \mathbf{e}^*\right|^2 \end{aligned} \tag{4.68}$$

Nach (4.57) sind dabei die Matrixelemente für die Übergänge $|j_a m_a\rangle \leftrightarrow |j_b m_b\rangle$ bei Absorption und Emission durch $\widehat{\mathsf{D}}_{ba} = \boldsymbol{r}_{ba} \cdot \mathbf{e}$ bzw. $\widehat{\mathsf{D}}_{ab}^{\dagger} = \boldsymbol{r}_{ab} \cdot \mathbf{e}^* = \widehat{\mathsf{D}}_{ba}^*$ gegeben. Sie bestimmen

- ob ein Übergang überhaupt stattfinden kann (sogenannte *Auswahlregeln*),
- ihre Abhängigkeiten von der Polarisation und ihre Winkelverteilung,
- ihre Gesamtstärke.

In den folgenden Abschnitten werden diese Aspekte im Detail behandelt, insbesondere werden wir die Schlüsselgröße $\boldsymbol{r}_{ba} \cdot \mathbf{e}$ in (4.68) für verschiedene Polarisationen und Geometrien auswerten. Wie sich herausstellen wird, ist dies nicht ganz trivial, da im Allgemeinen $\boldsymbol{r}_{ba}$ und $\mathbf{e}$ am bequemsten *in verschiedenen* Koordinatensystemen beschrieben werden, z.B. im Atomsystem (at) bzw. im Photonensystem (ph), wie in Abschn. 4.1.3 ausgeführt.

Wir wollen diesen Abschnitt nicht beenden, ohne zumindest ein besonders einfaches Beispiel vollständig ausgewertet zu haben. Wir wählen die Anregung (und die entsprechende stimulierte Emission) durch linear polarisiertes Licht und nutzen dabei den Umstand, dass $\boldsymbol{r}_{ba} = (x_{ba}, y_{ba}, z_{ba})$ ein wohldefinierter, mit seinen drei kartesischen Koordinaten einfach repräsentierter Vektor ist. Sei $\theta^{(r)}$ der Winkel zwischen $\boldsymbol{r}_{ba}$ und dem Polarisationsvektor $\mathbf{e}$ der absorbierten elektromagnetischen Strahlung – nicht zu verwechseln mit dem Polarwinkel von $\mathbf{e}$ in Bezug auf die z-Achse oder mit dem Azimutwinkel θ_k von $z^{(\mathrm{ph})}$ wie in Abb. 4.3 illustriert. Für einen Übergang zwischen wohldefinierten Anfangs- und Endzuständen $|j_a m_a\rangle \leftrightarrow |j_b m_b\rangle$ kann man nun (4.66) einfach

$$R_{ba} = R_{ab} = \frac{4\pi^2\alpha}{\hbar} \tilde{I}(\omega_{ba}) |\boldsymbol{r}_{ba}|^2 \cos^2\theta^{(r)} \tag{4.69}$$

schreiben, wobei $|\boldsymbol{r}_{ba}|^2 = (x_{ba}^2 + y_{ba}^2 + z_{ba}^2)$. Dieser Ausdruck ist vielleicht etwas irreführend, insofern als – je nach Alignment des Polarisationsvektors – nicht alle Komponenten von $\boldsymbol{r}_{ba}$ in gleicher Weise beitragen. Wenn wir z. B. die einfachste Geometrie wählen und die Linearpolarisation parallel zu einer der drei Achsen wählen, dann wird (4.69)

$$R_{ba} = R_{ab} = 4\pi^2\alpha \frac{\tilde{I}(\omega_{ba})}{\hbar} \times \begin{cases} |x_{ba}|^2 & \text{für } \mathbf{e} \parallel x \\ |y_{ba}|^2 & \text{für } \mathbf{e} \parallel y \\ |z_{ba}|^2 & \text{für } \mathbf{e} \parallel z. \end{cases} \tag{4.70}$$

In einem typischen Absorptionsexperiment mit einem bestimmten Polarisationsvektor, sagen wir $\mathbf{e} \parallel z$, summiert man über alle Endzustände b und mittelt über alle Anfangszustände a. Für ein isotrop besetztes Target kann man dann zeigen, dass die Absorptionsrate unabhängig von der Polarisation wird (siehe z. B. Abschn. 4.6.3 oder Anhang H.2.1).

Was haben wir in Abschnitt 4.3 gelernt?

- Der semiklassische Ansatz beschreibt strahlungsinduzierte Prozesse mit einem klassischen, zeitabhängigen elektromagnetischen Feld und behandelt die Atome oder Moleküle, mit denen dieses wechselwirkt, quantenmechanisch.
- Die zeitabhängige Störungstheorie ist üblicherweise eine sehr gute Näherung, sofern die Strahlungsintensitäten hinreichend niedrig sind. Die zeitabhängigen Übergangsamplituden (4.47) werden mithilfe der Matrixelemente des Störungsoperators $\widehat{U}(t)$ berechnet.
- Im Grenzfall $t \to \infty$ ist die Übergangsamplitude (4.49) zwischen Anfangs- (a) und Endzustand (b), im Wesentlichen die FOURIER-Komponente von $U_{ba}(t)$ bei der Übergangsfrequenz ω_{ba}.
- Die Dipolnäherung beschreibt sogenannte E1-Übergänge und ist in der Regel eine exzellente, quantitative Näherung für Übergangswahrscheinlichkeiten, solange die Wellenlänge der Strahlung $\lambda \gg a_0$. Sie vernachlässigt die Änderung des Feldes über die Ausdehnung des Atoms. In der Dipollängenform ist der Übergangsoperator $\propto E_0\widehat{\mathsf{D}}$, wobei E_0 die elektrische Feldamplitude ist und $\widehat{\mathsf{D}}_{ba} = \boldsymbol{r}_{ba} \cdot \mathbf{e}$, mit dem Einheitsvektor $\mathbf{e}$ der Polarisation.
- Beide Exponentialterme der reellen Feldamplitude (4.1) sind von Bedeutung. Der $\exp(-\mathrm{i}\omega t)$ Term ist verantwortlich für die Absorption, der $\exp(\mathrm{i}\omega t)$ Term für die stimulierte Emission. Während die semiklassische Behandlung von Absorption und induzierter Emission quantitativ korrekte Resultate liefert, benötigt das Verständnis der spontanen Emission streng genommen den Einsatz der QED, wie wir in Bd. 2 ausführen werden.

4.4 Auswahlregeln für Dipolübergänge (E1-Übergänge)

4.4.1 Drehimpuls und Auswahlregeln

Wie wir in Abschn. 4.1.4 gesehen haben, hat das Photon einen Spin $s_{\mathrm{ph}} = 1$. Aber nur zwei Projektionen $m_s \equiv q = \pm 1$ *in Bezug auf seine Ausbreitungsrichtung,* $|s_{\mathrm{ph}} q\rangle = |1\,+1\rangle$ und $|1\,-1\rangle$, werden realisiert. Sie beschreiben LHC- bzw. RHC-polarisiertes Licht. Man spricht auch von Zuständen positiver bzw. negativer Helizität. Dass die dritte Komponente mit $q = 0$ fehlt, liegt an der transversalen Natur der freien elektromagnetischen Welle. Im Rahmen der relativistischen Quantenfeldtheorie ist dies eine Konsequenz davon, dass das Photon ein masseloses Teilchen ist.

Diese Eigenschaften erlauben es nun, die Auswahlregeln für elektrische Dipolübergänge (E1-Übergänge) sehr direkt und ohne Rechnerei herzuleiten: Es gilt der klassische Drehimpulserhaltungssatz: *Für das System Atom + Photon bleibt der Gesamtdrehimpuls und seine Projektion auf eine Raumrichtung bei einem elektrischen Dipolübergang erhalten. Drehimpuls von Photon und Atom koppeln, wie man das für Drehimpulse erwartet.* Übergänge werden also nur dann beobachtet, wenn der Gesamtdrehimpuls des Systems $\widehat{\boldsymbol{J}}$ erhalten bleibt. Wenn wir die Drehimpulsoperatoren für den unteren Zustand $\widehat{\boldsymbol{J}}_a$ und den für den oberen Zustand $\widehat{\boldsymbol{J}}_b$ nennen,

$$\begin{aligned}
&\text{dann gilt für Absorption:} && \widehat{\boldsymbol{J}} = \widehat{\boldsymbol{J}}_a + \widehat{\boldsymbol{S}}_{\mathrm{ph}} \;\Rightarrow\; \widehat{\boldsymbol{J}}_b \\
&\text{und für Emission:} && \widehat{\boldsymbol{J}} = \widehat{\boldsymbol{J}}_b \;\;\Rightarrow\;\; \widehat{\boldsymbol{J}}_a + \widehat{\boldsymbol{S}}_{\mathrm{ph}}\,.
\end{aligned} \tag{4.71}$$

Wir werden im Folgenden die Eigenwerte der Operatoren $\widehat{\boldsymbol{J}}_a$ und $\widehat{\boldsymbol{J}}_b$ durch die Quantenzahlen j_a und j_b charakterisieren, die entsprechenden Projektionsquantenzahlen nennen wir m_a und m_b. Sie können, wie bereits in Abschn. 1.1.1 auf Seite 4 und 1.9.5 besprochen, ganz oder halbzahlig sein. Für das Modell eines Elektrons ohne Spin (das wurde bislang angenommen) identifiziert man $j \to \ell$. Die allgemeinen Regeln, die wir jetzt entwickeln, werden in den folgenden Kapiteln erweitert und auf Beispiele mit zunehmender Komplexität angewandt.

Mit der Drehimpulsquantenzahl des Atoms vor der Absorption j_a und dem Photonenspin mit $s_{ph} = 1$ kann j_b nach den Regeln der Drehimpulskopplung nur drei Werte annehmen: $j_a + 1$, j_a und $j_a - 1$. Dies ist im Vektordiagramm Abb. 4.12 graphisch illustriert. Ist allerdings $j_a \equiv 0$, dann ist der Übergang nur erlaubt, wenn $j_b = 1$ ist. Insbesondere gibt es keine Übergänge zwischen Zuständen mit $j_a = j_b = 0$, da diese ja nicht mit dem Photonenspin $s_{\mathrm{ph}} = 1$ verbunden werden können. Ist schließlich $j_a = 1/2$, so kann ein Dipolübergang nur zu Endzuständen mit $j_b = 1/2$ oder $3/2$ stattfinden. Man fasst diese *Auswahlregeln* in kompakter Form mithilfe der sogenannten *Dreiecksrelation* (B.34) zusammen,

$$\begin{aligned}
&\delta(j_a j_b s_{\mathrm{ph}}) = \delta(j_a j_b 1) = 1, && \text{was gleichbedeutend ist mit} \\
&\Delta j = 0, \pm 1 \quad \text{wobei} \quad j_a, j_b \geq 0, && \text{aber} \quad 0 \not\leftrightarrow 0.
\end{aligned} \tag{4.72}$$

Natürlich muss auch die Projektion des Drehimpulses erhalten bleiben, d. h. diese kann sich beim Übergang nur um $m_{\mathrm{ph}} = 0$ bzw. ± 1 ändern, und es gilt die

$$\textit{Auswahlregel} \quad q = \Delta m = m_b - m_a = 0, \pm 1. \tag{4.73}$$

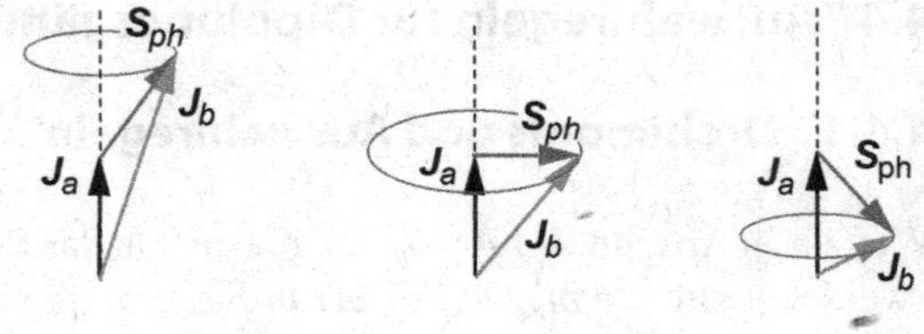

Abb. 4.12 Dreiecksrelation zwischen den Drehimpulsen im atomaren Anfangs- und Endzustand $\widehat{\boldsymbol{J}}_a$ bzw. $\widehat{\boldsymbol{J}}_b$ und dem Photonenspin $\widehat{\boldsymbol{S}}_{\text{ph}}$ mit $s_{\text{ph}} = 1$

Dabei ist mit verschiedenen q (Projektion des Photonenspin auf die Ausbreitungsrichtung) auch eine verschiedene *Polarisation des Lichtes* verbunden (und möglicherweise auch ein unterschiedliches Koordinatensystem). In Bezug auf die $z^{(\text{at})}$-Achse des Atoms haben wir:

Strahlungstyp		$q =$ Δm	**Absorption** $j_b m_b \leftarrow j_a m_a$	**Emission** $j_a m_a \leftarrow j_b m_b$	
$\sigma^+(LHC)$	$z^{(\text{at})} \parallel \boldsymbol{k}$	1	$m_b = m_a + 1$	$m_a = m_b - 1$	(4.74)
$\sigma^-(RHC)$	$z^{(\text{at})} \parallel \boldsymbol{k}$	-1	$m_b = m_a - 1$	$m_a = m_b + 1$	
π (lin. pol.)	$z^{(\text{at})} \parallel \boldsymbol{E}(r,t)$	0	$m_b = m_a$	$m_a = m_b$	

Dies ist schematisch in Abb. 4.13 für *Absorption und Emission von rein zirkular polarisiertem* σ^+-Licht (LHC) und σ^--Licht (RHC) illustriert, das sich in $+z^{(\text{at})}$-Richtung ausbreitet. Abbildung 4.14 zeigt die Situation für *linear polarisiertes Licht*.

Man beachte, dass sich infolge der Transversalität der elektromagnetischen Wellen die Auswahlregel $\Delta m = 0$ auf ein Koordinatensystem bezieht, das senkrecht zu den beiden vorgehenden Fällen ausgerichtet ist: Für linear polarisiertes Licht ist es bequem, das Photonensystem (ph) in Bezug auf das atomare Koordinatensystem (at)

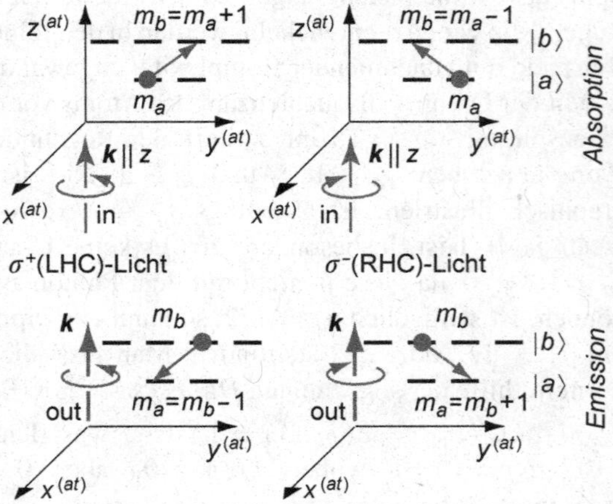

Abb. 4.13 Absorption (*oben*, $\widehat{\mathsf{D}}_{ba} = \boldsymbol{r}_{ba} \cdot \mathbf{e}$) und Emission (*unten*, $\widehat{\mathsf{D}}^{\dagger}_{ab} = \boldsymbol{r}_{ab} \cdot \mathbf{e}^*$) von zirkular polarisiertem Licht; *links:* LHC (σ^+), *rechts:* RHC (σ^-). Die Auswahlregeln $\Delta m = \pm 1$ sind in (4.74) zusammengefasst. Hier sind die Koordinatensysteme für das Atom (at) und das Photon (ph) identisch; für den Wellenvektor des Photons gilt $\boldsymbol{k} \parallel z^{(\text{at})}$

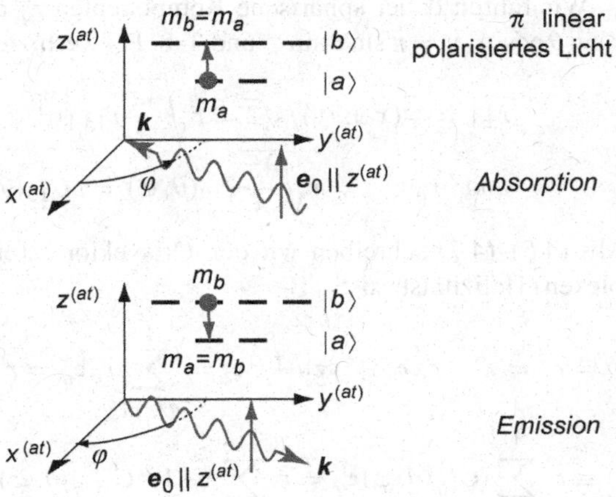

Abb. 4.14 Emission und Absorption von linear polarisiertem Licht (π-Übergänge) mit $\Delta m = 0$. Das Koordinatensystem ist so gewählt, dass für den (linearen) Polarisationsvektor $\mathfrak{e} \parallel z^{(\text{at})}$ gilt

mit dem elektrischen Feldvektor $\boldsymbol{E} \parallel z^{(\text{ph})} \parallel z^{(\text{at})}$ zu wählen. Das Licht breitet sich dann in der $x^{(\text{at})}y^{(\text{at})}$-Ebene aus, wie in Abb. 4.14 skizziert.[13]

4.4.2 Übergangsamplituden in der Helizitätsbasis

Die Auswahlregeln, die wir gerade skizziert haben, sind zwar eine notwendige, aber keine hinreichende Voraussetzung für E1-Übergänge. Um quantitative Ausdrücke für die Übergangswahrscheinlichkeiten nach (4.68) zu erhalten, muss man $|\widehat{\mathsf{D}}_{ba}|^2 = |\boldsymbol{r}_{ba} \cdot \mathfrak{e}|^2$ explizit auswerten. Dafür müssen wir ein jeweils spezifisches Koordinatensystem wählen. Für den *Einheitsvektor der Polarisation* $\mathfrak{e}$ haben wir sinnvolle Basiszustände in Abschn. 4.1.2 besprochen. Im Prinzip kann man kartesische (xyz) oder polare Koordinaten $(r\theta\varphi)$ wählen. Abhängig von der Geometrie des Experiments kann die eine oder die andere Wahl vorteilhaft sein. Für das Beispiel linear polarisierten Lichts haben wir gerade gezeigt, dass die kartesische Basis mit $\mathfrak{e}$ parallel zu einer der Achsen uns direkt zu dem besonders einfachen Resultat (4.70) führt. Da aber die atomaren Wellenfunktionen üblicherweise in Polarkoordinaten gegeben sind, ist die entsprechende Helizitätsbasis (die wir in Abschn. 4.1.2 eingeführt haben) angemessener für die Beschreibung des Polarisationsvektors.

[13] Eine solche Koordinatenwahl ist nur möglich, solange keine weitere Vorzugsachse durch einen bestimmten experimentellen Aufbau erzwungen wird. Alternativ kann man *linear polarisiertes Licht,* das in $z^{(\text{at})}$-Richtung propagiert, mit (4.15) als Linearkombination von σ^+- und σ^--Licht schreiben (mit $\cos\beta = \sin\beta = 1/\sqrt{2}$). Absorption oder Emission dieses Lichts bedeutet dann eine Überlagerung von $\Delta m = \pm 1$ Übergängen (manchmal werden sie σ-Übergänge genannt). Das führt zur Präparation einer Linearkombination von angeregten Atomzuständen. Wir werden das ausführlich in Abschn. 4.5.2 und 4.7.1 diskutieren.

Wir führen daher sphärische Komponenten r_q des Ortsvektors $\boldsymbol{r}$ ein. Mit $x = r\sin\theta\cos\varphi$, $y = r\sin\theta\sin\varphi$ und Tab. B.1 verifiziert man leicht

$$\begin{aligned} r_{\pm1} &= \mp(x \pm \mathrm{i}y)/\sqrt{2} = r\sqrt{\frac{4\pi}{3}}Y_{1\pm1}(\theta,\varphi) = rC_{1\pm1}(\theta,\varphi) \\ \text{und}\quad r_0 &= z = r\sqrt{\frac{4\pi}{3}}Y_{10}(\theta,\varphi) = rC_{10}(\theta,\varphi). \end{aligned} \tag{4.75}$$

Mit (4.5)–(4.7) schreiben wir den Ortsvektor $\boldsymbol{r}$ (eine reelle Größe!) in der (komplexen) Helizitätsbasis:

$$\boldsymbol{r} = \boldsymbol{r}^\dagger = \boldsymbol{r}^* = x\mathbf{e}_x + y\mathbf{e}_y + z\mathbf{e}_z = \sum_{q=-1}^{1} r_q\mathbf{e}_q^* = r\sum_{q=-1}^{1} C_{1q}(\theta,\varphi)\mathbf{e}_q^* \tag{4.76}$$

$$\equiv r\sum_{q=-1}^{1} C_{1q}^*(\theta,\varphi)\mathbf{e}_q = r\sum_{q=-1}^{1}(-1)^q C_{1-q}(\theta,\varphi)\mathbf{e}_q = \sum_{q=-1}^{1}(-1)^q r_{-q}\mathbf{e}_q = \boldsymbol{r}^\dagger.$$

Die *Übergangsamplituden zwischen den Unterzuständen* $|\gamma_b j_b m_b\rangle \leftarrow |\gamma_a j_a m_a\rangle$ *für eine spezifische Polarisation* q werden damit

$$\begin{aligned} \langle\gamma_b j_b m_b|r_q|\gamma_a j_a m_a\rangle &= \langle\gamma_b|r|\gamma_a\rangle\langle j_b m_b|C_{1q}|j_a m_a\rangle := \langle m_b|r_q|m_a\rangle \\ &= r_{ba}(-1)^{j_b-m_b}\sqrt{2j_b+1}\begin{pmatrix} j_b & 1 & j_a \\ -m_b & q & m_a \end{pmatrix}\langle j_b\|\mathrm{C}_1\|j_a\rangle. \end{aligned} \tag{4.77}$$

Wir werden im Folgenden $\langle m_b|r_q|m_a\rangle$ zur Abkürzung benutzen, sofern keine Missverständnisse möglich sind. Das hier benutzte *radiale Übergangsmatrixelement* ist

$$\langle\gamma_b|r|\gamma_a\rangle = r_{ba} = r_{ab}^* = \int_0^\infty R_b(r)R_a(r)r^3\mathrm{d}r. \tag{4.78}$$

Die explizite Auswertung dieser Matrixelemente wird durch das WIGNER-ECKART-*Theorem* (D.7)–(D.9) sehr erleichtert, wovon wir in der zweiten Zeile von (4.77) bereits Gebrauch gemacht haben. Es erlaubt uns, die gesamte Übergangswahrscheinlichkeit in Radial- und Winkelanteil zu faktorisieren, die Geometrieabhängigkeit deutlich zu machen (Abhängigkeit von den Projektionsquantenzahlen m und q), und den Zusammenhang mit dem Gesamtdrehimpuls aufzuzeigen.[14]

Wir können nun die Dipolmatrixelemente (4.57) auswerten. Für die *Absorption von Licht mit der Polarisation* $\mathbf{e}$ finden wir

$$\begin{aligned} \boldsymbol{r}_{ba}\cdot\mathbf{e} &= \langle b|\boldsymbol{r}|a\rangle\cdot\mathbf{e} = \langle\gamma_b j_b m_b|\boldsymbol{r}|\gamma_a j_a m_a\rangle\cdot\mathbf{e} = \sum_{q=-1}^{1}\langle m_b|r_q|m_a\rangle\mathbf{e}_q^*\cdot\mathbf{e} \\ &= \langle\gamma_b|r|\gamma_a\rangle\sum_{q=-1}^{1}\langle j_b m_b|C_{1q}|j_a m_a\rangle\mathbf{e}_q^*\cdot\mathbf{e}. \end{aligned} \tag{4.79}$$

[14] Weitere Details zur Auswertung dieser Matrixelemente werden in Anhang D kommuniziert.

Man beachte den subtilen Unterschied zwischen dem Operator für die Absorption und Emission entsprechend (4.57): Der Polarisationsvektor $\mathfrak{e}^*$ (Erzeugung eines Photons) ersetzt $\mathfrak{e}$ (Vernichtung eines Photons), sodass

$$\begin{aligned} \boldsymbol{r}_{ab}^{\dagger} \cdot \mathfrak{e}^* &= r_{ab} \sum_{q=-1}^{1} \langle j_a m_a | C_{1q}^* | j_b m_b \rangle \mathfrak{e}_q \cdot \mathfrak{e}^* = (\boldsymbol{r}_{ba} \cdot \mathfrak{e})^* \\ &= r_{ab} \sum_{q=-1}^{1} (-1)^q \langle j_a m_a | C_{1-q} | j_b m_b \rangle \mathfrak{e}_q \cdot \mathfrak{e}^*. \end{aligned} \tag{4.80}$$

Da jedoch $\widehat{\mathsf{D}}_{ab}^{\dagger} = \boldsymbol{r}_{ab}^{\dagger} \cdot \mathfrak{e}^* = (\boldsymbol{r}_{ba} \cdot \mathfrak{e})^* = \widehat{\mathsf{D}}_{ba}^*$, und da die Übergangs*raten* nur vom Absolutbetrag der Matrixelemente abhängen, sind die Übergangswahrscheinlichkeiten für Absorption und Emission zwischen zwei wohldefinierten Unterzuständen $|\gamma_b j_b m_b\rangle \leftrightarrow |\gamma_a j_a m_a\rangle$ die gleichen, wenn die Polarisation q des Photons die gleiche ist. Wir kommen darauf in Abschn. 4.4.3 zurück.

Der Betrag des radialen Matrixelements r_{ba} bestimmt die Gesamtstärke eines dipol-erlaubten Übergangs. Explizit sind analytische Formeln nur für atomaren Wasserstoff und H-ähnliche Ionen verfügbar (siehe Anhang D.5). Im allgemeinen Fall muss man r_{ba} numerisch unter Benutzung numerisch ermittelter radialer Wellenfunktionen $R_a(r)$ und $R_b(r)$ bestimmen. Letztere erhält man üblicherweise durch Integration der radialen SCHRÖDINGER-Gleichung, wie in Abschn. 3.2 auf Seite 157 ausgeführt.

Der Winkelanteil $\langle j_b m_b | C_{1q} | j_a m_a \rangle$ der Übergangsamplitude (4.77) ist wesentlich allgemeinerer Natur. Er hängt nur von den entsprechenden Drehimpulsquantenzahlen des untersuchten Systems ab und bestimmt die Auswahlregeln für E1-Übergänge. In Abschn. 4.6 werden wir allgemeine Regeln und Ausdrücke für die Übergangswahrscheinlichkeiten (A- und B-Koeffizienten) besprechen. Im jetzt folgenden Unterabschnitt wollen wir vorab zeigen, wie man quantitativ die Auswahlregeln (4.72) und (4.73) erhält, die wir anhand der Drehimpulserhaltung bereits erschlossen hatten.

4.4.3 Übergangsmatrixelemente und Auswahlregeln quantitativ

Wir besprechen zunächst den einfachsten Fall und nehmen an, dass die Polarisation des Lichts durch einen der Basisvektoren im Atomsystem gegeben ist: $\mathfrak{e} := \mathfrak{e}_q$. Alle Übergangsraten (4.68) sind dann proportional zu $|\widehat{\mathsf{D}}_{ba}|^2 = |\boldsymbol{r}_{ba} \cdot \mathfrak{e}_q|^2$. Mit (4.79) bedeutet das

$$R_{ba}^{(\text{abs})} = R_{ab}^{(\text{ind})} \propto \mathrm{d}R_{ab}^{(\text{spont})} \propto \left|\langle \gamma_b | r | \gamma_a \rangle\right|^2 \left|\langle j_b m_b | C_{1q} | j_a m_a \rangle\right|^2. \tag{4.81}$$

Der Radialteil $|\langle \gamma_b | r | \gamma_a \rangle|^2$ dieses Ausdrucks bestimmt wesentlich Stärke des Übergangs, der Winkelanteil lässt sich nach (4.77) faktorisieren in

$$\left|\langle j_b m_b | C_{1q} | j_a m_a \rangle\right|^2 = (2j_b + 1) \begin{pmatrix} j_b & 1 & j_a \\ -m_b & q & m_a \end{pmatrix}^2 \langle j_b \| \mathsf{C}_1 \| j_a \rangle^2. \tag{4.82}$$

Ob ein bestimmter Dipolübergang *zwischen zwei Niveaus mit den Gesamtdrehimpulsen* j_a *und* j_b überhaupt möglich ist, bestimmt entscheidend das *reduzierte Matrixelement* $\langle j_b \| \mathsf{C}_1 \| j_a \rangle$. Es verschwindet nicht, *wenn und nur wenn die Dreiecksrelation* (4.72) *gilt,* wie wir bereits mithilfe der Drehimpulserhaltung erahnt haben.

Ob dann ein bestimmter Übergang zwischen spezifischen Unterzuständen erlaubt ist, hängt vom $3j$*-Symbol* in (4.82) ab. Es kann nur endlich sein, wenn die Summe der Projektionsquantenzahlen in der zweiten Reihe verschwindet (siehe Anhang B.2). Somit bestätigen wir (4.73) als wichtige Auswahlregel für E1-Übergänge. Die zugrunde liegende Drehimpulserhaltung wurde bereits in Abb. 4.13 auf Seite 214 erläutert.

- Wir weisen an dieser Stelle noch einmal auf den *Unterschied zwischen den Übergangsamplituden für Absorption und Emission* hin. Er besteht im Wechsel des Polarisationsvektors $\mathfrak{e}$ entsprechend (4.79) zu $\mathfrak{e}^*$ entsprechend (4.80):

  Nach (4.74) erhöht die Absorption eines σ^+-Photons die Projektionsquantenzahl im Endzustand um $q = 1$, sodass $m_b = m_a + 1$. Die Emission eines σ^+-Photons reduziert sie um $q = 1$, sodass $m_a = m_b - 1$. Dennoch gilt in beiden Fällen definitionsgemäß die Auswahlregel (4.73). Dies ist eine Konsequenz von

  $$\widehat{\mathsf{D}}^{\dagger}_{ab} = \boldsymbol{r}_{ab} \cdot \mathfrak{e}^* = (\boldsymbol{r}_{ba} \cdot \mathfrak{e})^* = \widehat{\mathsf{D}}^{*}_{ba}\,, \text{ wobei } \boldsymbol{r}^{\dagger} = \boldsymbol{r} = \boldsymbol{r}^* \text{ ein reeller Vektor ist.}$$

  Eine entsprechende Überlegung gilt auch für σ^--Licht mit $q = -1$.

  Die Übergangswahrscheinlichkeiten hängen jedoch nur von den Betragsquadraten der Matrixelemente ab. Es gibt dennoch Situationen, wo solche Phasenunterschiede der Amplituden von Bedeutung sind. Wir werden ein Beispiel dafür in Bd. 2 bei der allgemeinen Beschreibung von Polarisation und Winkelverteilung der Strahlung aus angeregten, nicht isotropen Targets kennenlernen.

Für linear polarisiertes Licht nach (4.74) und Abb. 4.14 ist $\mathfrak{e} = \mathfrak{e}_0$ der Einheitsvektor der Polarisation. Mit (4.81) und (4.82) wird dann die *Übergangsrate* einfach *proportional zu*

$$\begin{pmatrix} j_b & 1 & j_a \\ -m_b & 0 & m_a \end{pmatrix}^2 \quad \text{für } \boldsymbol{E} \parallel z^{(\mathrm{at})} \quad \Rightarrow \quad m_b = m_a\,. \tag{4.83}$$

Man induziert also mit solchem linear polarisierten Licht Übergänge mit $\Delta m = 0$, oft als π-Übergänge bezeichnet. Im Gegensatz zu (4.74) zeigt jetzt aber der $\boldsymbol{E}$-Vektor des Photons in Richtung der $z^{(\mathrm{at})}$-Achse und nicht der Wellenvektor $\boldsymbol{k}$. Der Winkel φ, unter dem sich das Licht in der $x^{(\mathrm{at})}y^{(\mathrm{at})}$-Ebene ausbreitet, spielt in diesem Falle keine Rolle.

Wir notieren hier noch, dass

$$|\boldsymbol{r}_{ba}|^2 = \sum_{q=-1}^{1} \left|\langle m_b | r_q | m_a \rangle\right|^2 = |x_{ba}|^2 + |y_{ba}|^2 + |z_{ba}|^2\,. \tag{4.84}$$

Die explizite Auswertung der Matrixelemente in (4.81) kann recht aufwendig werden, je nach Drehimpulskopplungsschema, in welchem die Zustände $|j_a m_a\rangle$ und $|j_b m_b\rangle$ beschrieben werden. Wir werden dies in späteren Kapiteln für verschiedene Beispiele im Detail ausführen.

4.4.4 E1-Übergänge im H-Atom als konkretes Beispiel

An dieser Stelle wollen wir lediglich den einfachsten Fall eines Einelektronenübergangs im Detail auswerten. Dabei nehmen wir an, dass die Zustände des untersuchten Systems durch die Hauptquantenzahl und den Bahndrehimpuls hinreichend gut beschrieben werden und nicht mit weiteren Drehimpulsen gekoppelt sind. Wir sprechen also von einem Einelektronensystem und vernachlässigen den Elektronenspin. Grundzustand und angeregter Zustand werden durch $|n_a \ell_a m_a\rangle$ bzw. $|n_b \ell_b m_b\rangle$ beschrieben. Für das H-Atom ist das eine recht gute erste Näherung.

Wir setzen (D.27) in (4.81) ein und erhalten

$$R_{ba} \propto \left|\langle n_a|r|n_b\rangle\right|^2 \left|\langle \ell_a m_a|C_{1q}|\ell_b m_b\rangle\right|^2 = \left|\langle n_a|r|n_b\rangle\right|^2 (2\ell_a+1)(2\ell_b+1) \\ \times \delta_{m_a m_b+q}\,\delta(\ell_a 1 \ell_b) \begin{pmatrix} \ell_a & 1 & \ell_b \\ -m_a & q & m_b \end{pmatrix}^2 \begin{pmatrix} \ell_a & 1 & \ell_b \\ 0 & 0 & 0 \end{pmatrix}^2 . \qquad (4.85)$$

Das erste $3j$-Symbol bestätigt die Auswahlregeln (4.72) und (4.73). Das zweite $3j$-Symbol bringt jedoch eine zusätzliche Auswahlregel: Da seine Projektionsquantenzahlen alle verschwinden, muss $\ell_a + 1 + \ell_b$ gerade sein, weil es sonst nach (B.49) verschwindet. Mit der Nebenbedingung $\delta(\ell_a 1 \ell_b) = 1$ erhalten wir eine neue Auswahlregel:

$$\ell_a = \ell_b \pm 1 \qquad (4.86)$$

Die physikalische Ursache dieser Regel ist die *Paritätserhaltung,* die ausführlicher in Anhang E besprochen wird. Kurz zusammengefasst: Die Parität des Gesamtsystems Atom + Photon bleibt bei einem optisch induzierten E1-Übergang erhalten. Die Parität beschreibt die Symmetrie in Bezug auf eine Inversion am Ursprung. Der Winkelanteil der Wellenfunktion für solche reinen ℓ-Zustände wird vollständig durch die Kugelfunktionen beschrieben, und ihre Parität ist $(-1)^\ell$. Das Photon, das durch C_1 repräsentiert wird, hat negative Parität. Die Parität des Gesamtsystems vor der Absorption des Photons ist also $(-1)^{\ell_a+1}$, während sie nach der Absorption $(-1)^{\ell_b}$ ist, denn das Photon wurde absorbiert. Um die Parität des Gesamtsystems zu erhalten, muss also $\ell_a + 1 + \ell_b$ in der Tat gerade sein.

Als Beispiel zeigt Abb. 4.15 das Termschema des H-Atoms mit einer Reihe von E1-Übergängen (man nennt dies ein GROTRIAN-*Diagramm*). Speziell sind für $s-p$ Übergänge drei Prozesse erlaubt: $|0m_s\rangle \leftrightarrow |1m_p\rangle$ mit $m_s = 0$ und $m_p = 0$ oder ± 1. Nach (D.43) sind unabhängig von den Unterzuständen *alle drei Matrixelemente der Winkelabhängigkeit* $= 1/\sqrt{3}$, sodass

$$\text{für einen } \ell = 0 \leftrightarrow \ell = 1 \text{ Übergang gilt:} \quad R_{ab} \propto \frac{|\langle n_s|r|n_p\rangle|^2}{3}. \qquad (4.87)$$

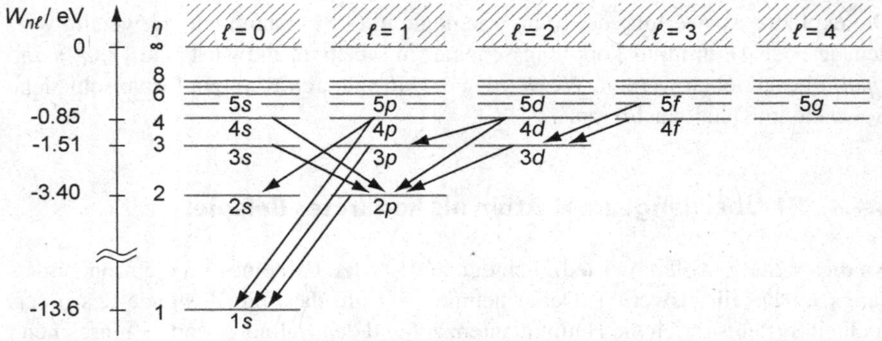

Abb. 4.15 GROTRIAN-*Diagramm* für das H-Atom. Es illustriert die Auswahlregel $\Delta\ell = \pm 1$ für E1-Übergänge (gezeigt sind hier nur Emissionslinien, und der Elektronenspin wird vernachlässigt)

Der Elektronenspin, den wir bislang vernachlässigt haben, wird die Einzelheiten des Termschemas Abb. 4.15 verändern. Die entsprechenden Auswahlregeln werden in Kap. 6 zu diskutieren sein. In Anhang D findet man kompakte Formeln für die Auswertung von (4.82) im allgemeinen Fall. In Kap. 7 werden wir jedoch sehen, dass Übergänge zwischen Zuständen mit Drehimpulsquantenzahlen 0 und 1 auch für Mehrelektronensysteme mit abgeschlossenen Schalen charakteristisch sind. Sie finden z. B. zwischen sogenannten Singulettzuständen statt, wo die Spins von mehreren Elektronen sich kompensieren. E1-Übergänge können dann in der Tat durch den Bahndrehimpuls des optisch aktiven Elektrons beschrieben werden, z. B. $p \leftrightarrow s$.

Im verbleibenden Teil dieses Kapitels werden wir Prozesse vom Typ $j_b = 1 \leftrightarrow j_a = 0$ als durch ${}^1\mathrm{P}_1 \leftrightarrow {}^1\mathrm{S}_0$ *Übergänge innerhalb von Singulett-Systemen* repräsentiert denken. Die hochgestellte 1 steht für Singulett, der Index für den Gesamtdrehimpuls j.

Um tatsächlich Übergangswahrscheinlichkeiten auszurechnen, braucht man neben den Winkelanteilen der Matrixelemente, die wir bislang diskutiert haben, auch die radialen Übergangsmatrixelemente r_{ba}. Für das H-Atom fasst Anhang D.5 die notwendigen Formeln zusammen. Eine recht umfassende Sammlung von spontanen Übergangswahrscheinlichkeiten für viele Atome des Periodensystems findet man bei KRAMIDA *et al.* (2015).

Was haben wir in Abschnitt 4.4 gelernt?

- Auswahlregeln für Licht induzierte E1-Übergänge können direkt aus der Drehimpulserhaltung abgeleitet werden.
- Für den Gesamtdrehimpuls muss die Dreiecksregel $\delta(j_a j_b 1) = 1$ gelten, da das Photon den Spin 1 hat.

- Für die Projektionsquantenzahlen gilt die Auswahlregel $q = \Delta m = m_b - m_a = 0, \pm 1$, mit der Polarisation des Photons $q = \pm 1$ (in Bezug auf $z^{(\mathrm{at})} \parallel \boldsymbol{k}$) bzw. $q = 0$ (in Bezug auf $z^{(\mathrm{at})} \parallel \boldsymbol{E}$).
- Quantitativ sind die Übergangswahrscheinlichkeiten proportional zu

$$r_{ab}^2(2j_b + 1)\begin{pmatrix} j_b & 1 & j_a \\ -m_b & q & m_a \end{pmatrix}^2 \langle j_b \| \mathsf{C}_1 \| j_a \rangle^2 .$$

4.5 Winkelabhängigkeit der Dipolstrahlung

Wir untersuchen jetzt die Winkelabhängigkeit der Strahlungscharakteristiken bei der Absorption und Emission elektromagnetischer Strahlung. Wir machen dabei Gebrauch von den Koordinatensystemen, die wir in Abschn. 4.1.3 eingeführt haben: Das Atomsystem (at) zur Beschreibung des Atoms und das Photonensystem (ph) für das Licht. Letzteres wird durch den Polarwinkel (θ_k) und den Azimutwinkel (φ_k) des Wellenvektors $\boldsymbol{k}$ bestimmt, wie in Abb. 4.3 auf Seite 189 gezeigt. In Abschn. 4.5.1 präsentieren wir eine erste – etwas heuristische – semiklassische Annäherung, indem wir die Amplitude des klassischen Dipoloszillators als Dipolübergangsmatrixelement $\boldsymbol{r}_{ab}^{(\mathrm{at})}$ interpretieren. In Abschn. 4.5.2 werden wir dann zeigen, wie dieses Bild durch eine exakte quantenmechanische Formulierung hinterlegt werden kann, dann auch mit den notwendigen numerischen Vorfaktoren.

4.5.1 Semiklassische Veranschaulichung

Um den klassischen Oszillator (das gegen den Atomkern schwingende Elektron) $\boldsymbol{r}(t) = \boldsymbol{r}^{(\mathrm{at})} \exp(-\mathrm{i}\omega_{ba} t)$, dessen Strahlung wir in Abschn. 4.2.4 beschrieben haben, in quantenmechanischer Form auszudrücken, setzen wir seine Amplitude $\boldsymbol{r}^{(\mathrm{at})}$ einfach als proportional zum Dipolübergangsmatrixelement $\boldsymbol{r}_{ab}^{(\mathrm{at})}$ an und führen die Zeitabhängigkeit von Anfangs- und Endzustand nach (2.16) wieder ein. Multiplizieren wir also $\boldsymbol{r}_{ab}^{(\mathrm{at})}$ von links mit $\mathrm{e}^{\mathrm{i}\omega_a t}$ und von rechts mit $\mathrm{e}^{-\mathrm{i}\omega_b t}$ und benutzen die Repräsentation (4.79) in der Helizitätsbasis, dann erhalten wir ein quantenmechanisches Äquivalent des klassischen Oszillators:

$$\begin{aligned} \boldsymbol{r}(t) \propto \mathrm{e}^{\mathrm{i}\omega_a t}\boldsymbol{r}_{ab}^{(\mathrm{at})}\mathrm{e}^{-\mathrm{i}\omega_b t} = & + \langle m_a | r_0 | m_b \rangle \quad \times \left(\mathbf{e}_0^{(\mathrm{at})} \mathrm{e}^{-\mathrm{i}\omega_{ba} t}\right)^* \\ & + \langle m_a | r_{-1} | m_b \rangle \quad \times \left(\mathbf{e}_{-1}^{(\mathrm{at})} \mathrm{e}^{-\mathrm{i}\omega_{ba} t}\right)^* \\ & + \langle m_a | r_1 | m_b \rangle \quad \times \left(\mathbf{e}_{+1}^{(\mathrm{at})} \mathrm{e}^{-\mathrm{i}\omega_{ba} t}\right)^* \end{aligned} \tag{4.88}$$

Wir sehen hier direkt die drei Strahlungs- bzw. Oszillatortypen, wie dies schematisch in Abb. 4.3 auf Seite 189 illustriert ist. Sie entsprechen den drei Typen von Übergängen, die wir bereits in (4.74) zusammengefasst haben:

- Für $q = 0$ (π-Licht) oszilliert das Elektron linear in $z^{(\mathrm{at})}$-Richtung mit einer Amplitude $\langle m_a | r_0 | m_b \rangle$. Im klassischen Bild erwarten wir keine Strahlungsemission in $\pm z^{(\mathrm{at})}$-Richtung und ein Maximum der Intensität in der $x^{(\mathrm{at})} y^{(\mathrm{at})}$-Ebene mit linearer Polarisation $\parallel z^{(\mathrm{at})}$.
- Die Terme mit $q = +1$ und $q = -1$ repräsentieren ein Elektron auf kreisförmiger Bahn in der $x^{(\mathrm{at})} y^{(\mathrm{at})}$-Ebene. Das emittierte σ-Licht kann sich in den gesamten Raumwinkel 4π ausbreiten. Maximale Intensität und volle Zirkularpolarisation $\sigma^{\pm}$ erwartet man intuitiv bei Ausbreitung in $+z^{(\mathrm{at})}$-Richtung, während σ-Licht, das in der $x^{(\mathrm{at})} y^{(\mathrm{at})}$-Ebene nachgewiesen wird, linear polarisiert sein wird, und zwar $\perp z^{(\mathrm{at})}$.

Etwas quantitativer, kann man die elektrischen Feldamplituden aus (4.29) und (4.30) erschließen, indem man $\boldsymbol{r}_{ab}^{(\mathrm{at})}$ auf die $x^{(\mathrm{ph})} y^{(\mathrm{ph})}$-Ebene projiziert. Für das π-Licht eines linearen Oszillators, der mit der Amplitude $\langle m_a | r_q | m_b \rangle \mathbf{e}_0^{(\mathrm{at})*}$ schwingt (d. h. in der $z^{(\mathrm{at})}$-Achse), liest man, unabhängig von φ_k, aus Abb. 4.3 auf Seite 189 ab:

$$E_y^{(\mathrm{ph})} = 0 \quad \text{und} \quad E_x^{(\mathrm{ph})} \propto \langle m_a | r_0 | m_b \rangle \sin\theta_k \tag{4.89}$$

Daher ist π-*Licht immer linear polarisiert,* mit $\mathbf{e} \parallel x^{(\mathrm{ph})}$. Abbildung 4.16 illustriert die emittierte Intensitätsverteilung

$$I(\theta_k) \propto \left| E_y^{(\mathrm{ph})} \right|^2 + \left| E_x^{(\mathrm{ph})} \right|^2 \propto \left| \langle m_a | r_0 | m_b \rangle \right|^2 \sin^2\theta_k \tag{4.90}$$

(pfannkuchenartig, bzw. präziser auf Neudeutsch: doughnut-artig).
Für den zirkularen Dipol (klassisch ein in der $x^{(\mathrm{at})} y^{(\mathrm{at})}$-Ebene rotierendes Elektron) gilt $q = \Delta m = \pm 1$. Dieser Oszillator strahlt in $z^{(\mathrm{at})}$-Richtung $\sigma^{\pm}$-Licht ab, in der $x^{(\mathrm{at})} y^{(\mathrm{at})}$-Ebene linear polarisiertes σ-Licht. Nach (4.7) sind die Komponenten $E_y^{(\mathrm{at})}$ und $E_x^{(\mathrm{at})} \propto \langle m_b | r_{\pm 1} | m_a \rangle / \sqrt{2}$ und man liest wieder in Abb. 4.3 ab, dass jetzt die entsprechenden Projektionen auf die $x^{(\mathrm{ph})} y^{(\mathrm{ph})}$-Ebene des Photonensystems

$$E_y^{(\mathrm{ph})} \propto \mathrm{i} \frac{\langle m_a | r_{\pm 1} | m_b \rangle}{\sqrt{2}} \quad \text{und} \quad E_x^{(\mathrm{ph})} \propto \pm \frac{\langle m_a | r_{\pm 1} | m_b \rangle}{\sqrt{2}} \cos\theta_k \tag{4.91}$$

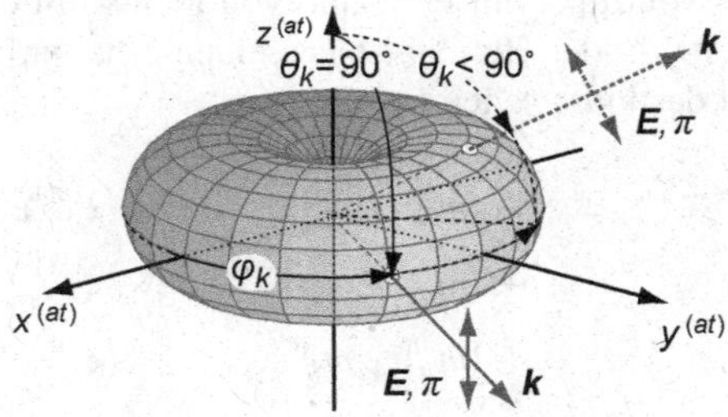

Abb. 4.16 Winkelverteilung der Dipolstrahlung eines linearen Oszillators (π-Licht) $I(\theta_k, \varphi) \propto \sin^2\theta_k$. Für zwei verschiedene Richtungen des Wellenvektors $\boldsymbol{k}$ ist der Polarisationsvektor angedeutet (volle bzw. gestrichelte Vektorpfeile, *online rot*)

sind. Daher wird die emittierte Winkelverteilung des σ-Lichts bei $q = \pm 1$ Übergängen durch

$$I(\theta_k) \propto \left(E_y^{(\text{ph})}\right)^2 + \left(E_x^{(\text{ph})}\right)^2 \propto \left|\langle m_a | r_{\pm 1} | m_b \rangle\right|^2 \frac{(1 + \cos^2 \theta_k)}{2} \tag{4.92}$$

beschrieben, wiederum unabhängig von φ_k, wie in Abb. 4.17 illustriert. Im Gegensatz zu π-Licht ändert sich die Polarisation des σ-Lichts mit θ_k. Die Feldamplituden (4.91) implizieren, dass volle Zirkularpolarisation $\sigma^\pm$ nur bei $\theta_k = 0$ oder $= \pi$ beobachtet wird, d.h. in $\pm z^{(\text{at})}$-Richtung. Der $\cos \theta_k$ Faktor reduziert die $E_x^{(\text{ph})}$-Komponente. Bei Winkeln zwischen diesen beiden Grenzen wird elliptisch polarisiertes Licht beobachtet, wie in Abb. 4.17 angedeutet. Ein spezieller Fall ist $\theta_k = \pi/2$ (halbe Maximalintensität) wo $E_x^{(\text{ph})} = 0$, sodass σ-Licht linear polarisiert wird und der $\mathfrak{e}$-Vektor in der $x^{(\text{at})}y^{(\text{at})}$-Ebene $\perp z^{(\text{at})}$ liegt.

In Abb. 4.18 ist die Standardanordnung für die Beobachtung der verschiedenen Übergangstypen gezeigt, wie man sie beim sogenannten ‚normalen' ZEEMAN-Effekts benutzt. Die drei Fälle $q = 0, \pm 1$ können dabei spektral getrennt beobachtet werden, da die atomaren Linien im Magnetfeld aufspalten (siehe Abschn. 2.7 auf Seite 140). Die Frequenzen des Lichts sind dabei ν_0 bzw. $\nu_{\pm 1} = \nu_0 \pm \omega_L/2\pi$ für die Übergänge mit $\Delta m = q = 0$ bzw. ± 1.

Man beachte, dass das Niveauschema in Abb. 4.18a leicht missdeutet werden kann: Die Abstrahlung mit $q = \Delta m = 0$ einerseits und $q = \Delta m = \pm 1$ andererseits beschreibt man typischerweise in zwei unterschiedlichen Photonensystemen: Der Übergang mit $q = \Delta m = 0$ wird maximal als π-Licht beobachtet, welches senkrecht zur $z^{(\text{at})}$ Achse propagiert und $\parallel z^{(\text{at})}$ linear polarisiert ist. Die von diesem Übergang herrührende Intensität verschwindet, wenn man in Richtung $z^{(\text{at})}$ beobachtet. Dagegen führen die $q = \Delta m \pm 1$ Übergänge zur Abstrahlung von σ^+- bzw. σ^--Licht, das in $z^{(\text{at})}$-Richtung propagiert. Nur in $z^{(\text{at})}$-Richtung entsprechen diese Übergänge rein zirkularer Abstrahlung, während sie senkrecht zu $z^{(\text{at})}$ halb so intensiv sind und

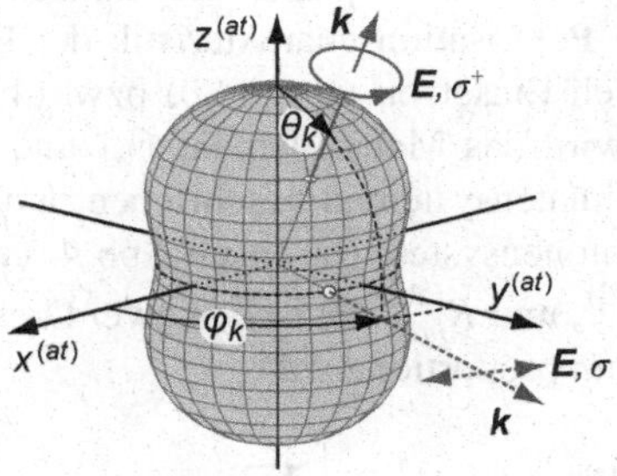

Abb. 4.17 Winkelverteilung der Dipolstrahlung eines zirkularen Oszillators (σ-Licht) $I(\theta_k, \varphi) \propto (1 + \cos^2 \theta_k)/2$. Der Polarisationsvektor wird für zwei verschiedene Beobachtungsrichtungen angedeutet: Bei $0 < \theta_k < \pi/2$ (volle Ellipse mit Vektorpfeil, *online rot*), entsprechend elliptisch polarisiertem Licht, und für $\theta_k = \pi/2$ (gestrichelter Pfeil, *online rot*) entsprechend linear polarisiertem Licht

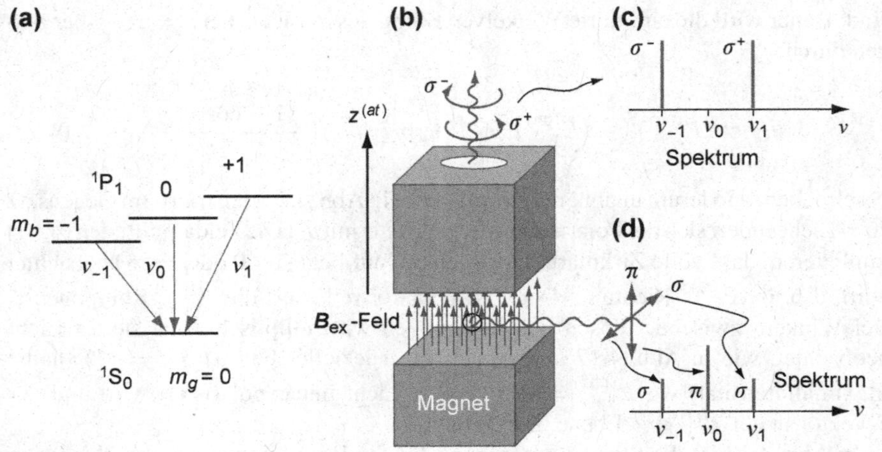

Abb. 4.18 ‚Normaler' ZEEMAN-Effekt, wie er bei einem ${}^1S_0 \leftrightarrow {}^1P_1$-Übergang beobachtet wird; (**a**) Energieniveaus in einem externen Magnetfeld $\boldsymbol{B}_{ex} \parallel z^{(at)}$, (**b**) experimenteller Aufbau, (**c**) Spektrum von $\sigma^{\pm}$-Licht emittiert für $\theta_k = 0$, (**d**) Spektrum von σ-Licht und π-Licht emittiert bei $\theta_k = \pi/2$

als linear in der $x^{(at)}y^{(at)}$-Ebene polarisiertes σ-Licht beobachtet werden. Die ausgezeichnete Richtung $z^{(at)}$ wird hierbei durch das externe Magnetfeld definiert (d. h. $\boldsymbol{k} \parallel z^{(at)} \parallel \boldsymbol{B}_{ex}$).

Die hier für die Emission beschriebenen Beobachtungen gelten *mutatis mutandis* auch für die Absorption.

4.5.2 Quantenmechanische Berechnung der Winkelverteilungen

Was wir eben mehr oder weniger nach klassischen Vorstellungen deduziert haben, ergibt sich auch streng aus der quantenmechanischen Formulierung. Die Winkelverteilung und die Polarisationscharakteristik der Emissions- und Absorptionsraten erhält man durch Einsetzen von (4.80) bzw. (4.79) in den allgemeinen Ausdruck (4.68). Meist wird das Matrixelement $\boldsymbol{r}_{ba}$ und der Polarisationsvektor $\mathbf{e}$ in verschiedenen Koordinatensystemen beschrieben, am bequemsten wieder im atomaren (at) bzw. im Photonensystem (ph) nach Abb. 4.3 auf Seite 189. Die Übergangsraten $\mathrm{d}R_{ab}^{(spont)}$, $R_{ab}^{(ind)}$, und $R_{ba}^{(abs)}$ zwischen zwei Drehimpuls-Basiszuständen $|j_b m_b\rangle \leftrightarrow |j_a m_a\rangle$ sind dann proportional zu

$$\left|\boldsymbol{r}_{ba}^{(at)} \cdot \mathbf{e}^{(ph)}\right|^2 = \left|\boldsymbol{r}_{ab}^{(at)} \cdot \mathbf{e}^{(ph)*}\right|^2 = \left|\sum_{q=-1}^{1} \langle m_b|r_q|m_a\rangle \mathbf{e}_q^{(at)*} \cdot \mathbf{e}^{(ph)}\right|^2$$

$$= \left|\sum_{q=-1}^{1} \langle \gamma_b|r|\gamma_a\rangle \langle j_b m_b|C_{1q}|j_a m_a\rangle \mathbf{e}_q^{(at)*} \cdot \mathbf{e}^{(ph)}\right|^2 . \qquad (4.93)$$

Wir betonen, dass der Einheitsvektor der Polarisation $\mathbf{e}^{(\mathrm{ph})}$ sich je nach Experiment auf unterschiedliches Licht bezieht, nämlich auf die

- *nachgewiesene* Strahlung bei spontanen Übergängen zwischen $|j_b m_b\rangle \to |j_a m_a\rangle$,
- den Übergang *induzierende* Strahlung bei induzierter Emission zwischen $|j_b m_b\rangle \to |j_a m_a\rangle$,
- *absorbierte* Strahlung für den Absorptionsprozess beim Übergang $|j_b m_b\rangle \leftarrow |j_a m_a\rangle$.

Man beachte, dass (4.93) unabhängig von der Richtung der obigen Übergänge gilt (siehe auch Hinweis auf S. 217). Um praktische Ausdrücke für die Winkelverteilung zu erhalten, die (4.90) und (4.92) entsprechen, müssen wir $\mathbf{e}_q^{(\mathrm{at})}$ und $\mathbf{e}^{(\mathrm{ph})}$ im selben Koordinatensystem ausdrücken. Welches dieser Koordinatensystem sich besser dafür eignet, hängt von der experimentellen Situation ab. Zur Illustration führen wir dies nachfolgend als eine Art Übung zur Rotation von Koordinatensystemen explizit aus und benutzen dabei die in Anhang C erklärten Regeln.

Winkelabhängigkeit der spontanen Emission

Wir betrachten zunächst die spontane Emission. Dabei interessieren wir uns für die Winkelverteilung und die Polarisation der Strahlung eines wohldefinierten Übergangs im (at) System. Wir müssen also $\mathbf{e}_q^{(\mathrm{at})}$ im Photonensystem ausdrücken. Dazu drehen wir das Photonensystem (*alt*) mit den EULER-Winkeln $\alpha\beta\gamma$ ins atomare System (*neu*). Wie man in Abb. 4.3 sieht, wird keine Anfangsdrehung um die $z^{(\mathrm{ph})}$ benötigt, d. h. $\alpha = 0$. Rotation um die $y^{(\mathrm{ph})}$ mit dem Winkel $\beta = -\theta_k$ führt zu $z' \parallel z^{(\mathrm{at})}$. Abschließend müssen wir das Koordinatensystem noch um $z^{(\mathrm{at})}$ mit dem Winkel $\gamma = -\varphi_k$ drehen, sodass x'' in $x^{(\mathrm{at})}$ transformiert wird. Die atomaren Basisvektoren werden also durch die Basisvektoren $\mathbf{e}_{q'}^{(\mathrm{ph})}$ nach (C.14) ausgedrückt:

$$\mathbf{e}_q^{(\mathrm{at})} = \mathrm{e}^{\mathrm{i}q\varphi_k} \sum_{q'} d^1_{q'q}(-\theta_k)\mathbf{e}_{q'}^{(\mathrm{ph})} . \tag{4.94}$$

Für die drei Basisübergänge, $\Delta m = q = 0$, und ± 1, fügen wir die Rotationsmatrizen $d^1_{q'q}(\theta_k)$ nach (C.12) in (4.94) ein und erhalten explizite Ausdrücke für die atomare Basis im Photonensystem entsprechend Abb. 4.3 auf Seite 189 mit $z^{(\mathrm{ph})} \parallel \boldsymbol{k}$:

- $\Delta m = q = 0$ (π-Komponente)

$$\mathbf{e}_0^{(\mathrm{at})\perp} = -\frac{\sin\theta_k}{\sqrt{2}}\left(\mathbf{e}_1^{(\mathrm{ph})} - \mathbf{e}_{-1}^{(\mathrm{ph})}\right) = \sin\theta_k \mathbf{e}_x^{(\mathrm{ph})} . \tag{4.95}$$

- $\Delta m = q = 1$ (σ^+-Komponente)

$$\mathbf{e}_1^{(\mathrm{at})\perp} = \mathrm{e}^{\mathrm{i}\varphi_k}\left(\cos^2\frac{\theta_k}{2}\mathbf{e}_1^{(\mathrm{ph})} + \sin^2\frac{\theta_k}{2}\mathbf{e}_{-1}^{(\mathrm{ph})}\right). \tag{4.96}$$

- $\Delta m = q = -1$ (σ^--Komponente)

$$\mathbf{e}_{-1}^{(\mathrm{at})\perp} = \mathrm{e}^{-\mathrm{i}\varphi_k}\left(\sin^2\frac{\theta_k}{2}\mathbf{e}_1^{(\mathrm{ph})} + \cos^2\frac{\theta_k}{2}\mathbf{e}_{-1}^{(\mathrm{ph})}\right). \tag{4.97}$$

Man beachte, dass im Photonensystem nur die $q = \pm 1$ Basisvektoren von Bedeutung sind, da sie senkrecht zum Wellenvektor $\boldsymbol{k}$ des Photons polarisiert sind. Nur diese sind von physikalischer Bedeutung in den Skalarprodukten $\mathbf{e}_q^{(\mathrm{at})*} \cdot \mathbf{e}^{(\mathrm{ph})}$ nach (4.93). Die $\mathbf{e}_0^{(\mathrm{ph})}$ Komponenten werden also weggelassen, da sie (unphysikalisch) Linearpolarisation in $z^{(\mathrm{ph})}$ Richtung implizieren würden. Daher ist $\mathbf{e}_q^{(\mathrm{at})\perp}$ auch kein Einheitsvektor mehr, und seine Größe hängt von θ_k ab. Wir können dies aber in Form eines winkelabhängigen Normierungsfaktors $f_q(\theta_k, \varphi_k)$ ausdrücken und den bekannten Einheitsvektor $\mathbf{e}_{\mathrm{el}}^{(\mathrm{ph})}$ nach (4.15) für elliptisch polarisiertes Licht im Photonensystem benutzen:

$$\mathbf{e}_q^{(\mathrm{at})\perp} = f_q(\theta_k, \varphi_k)\mathbf{e}_{\mathrm{el}}^{(\mathrm{ph})}, \quad \text{sodass} \tag{4.98}$$

$$\boldsymbol{r}_{ab}^{(\mathrm{at})} \cdot \mathbf{e}^{(\mathrm{ph})} = \sum_q \langle m_a | r_q | m_b \rangle f_q(\theta_k, \varphi_k) \mathbf{e}_{\mathrm{el}}^{(\mathrm{ph})*} \cdot \mathbf{e}^{(\mathrm{ph})}. \tag{4.99}$$

Wenn wir annehmen, dass wir nur einen spezifischen Übergang $q = \Delta m$ detektieren können, und alles Licht von diesem Übergang ohne weitere Diskriminierung registrieren, d. h. $\mathbf{e}^{(\mathrm{ph})} := \mathbf{e}_{\mathrm{el}}^{(\mathrm{ph})}$, dann wird die Emissionsrate proportional zu

$$\left| \boldsymbol{r}_{ab}^{(\mathrm{at})} \cdot \mathbf{e}_{\mathrm{el}}^{(\mathrm{ph})} \right|^2 = \left| \langle m_a | r_q | m_b \rangle \right|^2 \left| f_q(\theta_k, \varphi_k) \right|^2. \tag{4.100}$$

Speziell für $q = 0$ (π-Komponente) ist das *emittierte Licht* nach (4.95) *stets linear polarisiert* $\parallel x^{(\mathrm{ph})}$, sodass $\mathbf{e}_{\mathrm{el}}^{(\mathrm{ph})} := \mathbf{e}_x^{(\mathrm{ph})}$ und $f_0(\theta_k, \varphi_k) = \sin\theta_k$. Mit (4.100) wird also die spontane Emissionsrate (4.67) beim Übergang $|j_a m_a\rangle \leftarrow |j_b m_b\rangle$ in einen Raumwinkel $\mathrm{d}\Omega$

$$\mathrm{d}R_\pi^{(\mathrm{spont})} = \frac{\alpha\omega_{ba}^3}{2\pi c^2} \left| \langle m_b | r_0 | m_a \rangle \right|^2 \sin^2\theta_k \mathrm{d}\Omega. \tag{4.101}$$

Man verifiziert leicht, dass diese Wahrscheinlichkeit in der Tat die Dimension T^{-1} hat. Die *Intensität* der Strahlung, die pro Atom emittiert und von einem Detektor der Fläche ΔA im Abstand R detektiert wird, erhält man durch Multiplikation von (4.101) mit der Photonenenergie $\hbar\omega_{ba}$, Division durch ΔA und dem Einsetzen des Raumwinkels $\mathrm{d}\Omega = \Delta A / R^2$:

$$I_\pi^{(\mathrm{spont})} = \frac{\alpha}{2\pi c^2} \frac{\hbar\omega_{ba}^4}{R^2} \left| \langle m_b | r_0 | m_a \rangle \right|^2 \sin^2\theta_k. \tag{4.102}$$

Diese Winkelverteilung entspricht exakt der oben auf semiklassische Weise abgeleiteten nach (4.90), die in Abb. 4.16 auf Seite 222 skizziert ist. Der Winkelanteil $\langle j_b m_b | C_{1q} | j_a m_a \rangle$ des Matrixelements $\langle m_b | r_0 | m_a \rangle$ ist nach (4.77) typisch von der Größenordnung $\lesssim 1$, während das radiale Matrixelement $\langle \gamma_b | r | \gamma_a \rangle$ über einen großen Bereich variieren kann, abhängig von der Ausdehnung der Atomorbitale und ihrem Überlapp.

Wir wenden uns jetzt den *zirkularen Komponenten* ($q = \pm 1$) der emittierten Strahlung zu. Projiziert auf das Photonensystem sind die atomaren Basisvektoren

$$\mathbf{e}_{\pm 1}^{(\mathrm{at})\perp} = f_{\pm 1} \mathbf{e}_{\mathrm{el}}^{(\mathrm{ph})} = f_{\pm 1}(\theta_k, \varphi_k) \left(\mathrm{e}^{-\mathrm{i}\delta} \cos\beta \mathbf{e}_{+1} - \mathrm{e}^{\mathrm{i}\delta} \sin\beta \mathbf{e}_{-1} \right). \tag{4.103}$$

Die Parameter δ und β des elliptischen Basisvektors $\mathbf{e}_{\text{el}}^{(\text{ph})}$ (4.15) findet man durch Vergleich von (4.103) mit (4.96) und (4.97). Wir erkennen sofort, dass $\delta = -\pi/2$ (die Hauptachse der Polarisation ist also $\| y^{(\text{ph})}$). Mit $\cos^2\beta + \sin^2\beta = 1$ und der trigonometrischen Identität $2[\cos^4(\theta_k/2) + \sin^4(\theta_k/2)] = [1 + \cos^2\theta_k]$ finden wir

$$f_{\pm 1}(\theta_k, \varphi_k) = -\text{i}\text{e}^{\pm \text{i}\varphi_k} \frac{(1 + \cos^2\theta_k)^{1/2}}{\sqrt{2}} \tag{4.104}$$

als Vorfaktor zur Normierung.[15] Für den Elliptizitätswinkel β ergibt sich:

$$\cos\beta = \frac{\sqrt{2}}{(1 + \cos^2\theta_k)^{1/2}} \times \begin{cases} \cos^2(\theta_k/2) & \text{wenn } q = 1 \\ \sin^2(\theta_k/2) & \text{wenn } q = -1 \end{cases} \tag{4.105}$$

Für die Emission unter $\theta_k = 0$, d. h. entlang der $z^{(\text{at})}$-Achse, haben wir $\cos\beta = 1$ oder 0 und $\sin\beta = 0$ oder 1 bei $q = +1$ bzw. -1. Wie bereits besprochen, impliziert dies die Emission von rein zirkular polarisiertem σ^+-Licht (LHC) bzw. σ^--Licht (RHC). Im Gegensatz dazu findet man bei $\theta_k = \pi/2$, dass $\cos\beta = \sin\beta = 1/\sqrt{2}$, was der Emission von linear polarisiertem Licht mit dem Polarisationsvektor in der $x^{(\text{at})}y^{(\text{at})}$-Ebene entspricht (siehe Abb. 4.3 auf Seite 189).

Die Winkelverteilungen für $\Delta m = q = +1$ und $\Delta m = q = -1$ folgen, indem man $f_{\pm 1}(\theta_k, \varphi_k)$ nach (4.104) in (4.100) einsetzt, und dies wiederum in (4.67). Die Gesamtintensität des emittierten Lichts findet man wiederum, indem man $\mathbf{e}^{(\text{ph})} := \mathbf{e}_{\text{el}}^{(\text{ph})}$ setzt. So erhalten wir schließlich für $q = 1$ Übergänge

$$\text{d}R_{\sigma^\pm}^{(\text{spont})} = \frac{\alpha\omega_{ba}^3}{2\pi c^2} \left|\langle m_b | r_{\pm 1} | m_a \rangle\right|^2 \frac{1 + \cos^2\theta_k}{2} \text{d}\Omega, \tag{4.106}$$

und die Intensität pro Atom im Abstand R ist

$$I_{\sigma^\pm}^{(\text{spont})} = \frac{\alpha}{2\pi c^2} \frac{\hbar\omega_{ba}^4}{R^2} \left|\langle m_b | r_{\pm 1} | m_a \rangle\right|^2 \frac{1 + \cos^2\theta_k}{2}. \tag{4.107}$$

Die bestätigt die Winkelverteilung (4.92) der Strahlung, die wir bereits aus dem semiklassischen Modell extrahiert hatten und die in Abb. 4.17 auf Seite 223 illustriert ist.

Wenn wir die Strahlungscharakteristik (4.101) bzw. (4.106) über den vollen Raumwinkel integrieren, erhalten wir die Gesamtwahrscheinlichkeit für spontane Emission für einen spezifischen Übergang. Beide, die $\sin^2\theta_k$ Verteilung (4.103) für die π-Komponenten wie auch die $(1 + \cos^2\theta_k)/2$ Verteilung (4.107) für die σ-Übergänge, führen zum selben Faktor $8\pi/3$:

$$\int_{4\pi} \sin^2\theta_k \text{d}\Omega = 2\pi \int_0^\pi \sin^3\theta_k \text{d}\theta_k = \frac{8\pi}{3} = \int_{4\pi} \frac{1}{2}(1 + \cos^2\theta_k)\text{d}\Omega. \tag{4.108}$$

[15] Der Gesamtphasenfaktor $-\text{i}\exp(\pm\text{i}\varphi_k)$ spielt hier keine Rolle für messbare Größen, da diese stets proportional zum Absolutquadrat der Matrixelemente sind.

Daher ergibt sich nach (4.101) wie auch nach (4.106) für die integrierte spontane Emissionswahrscheinlichkeit für einen spezifischen Übergang mit $m_a + q = m_b$:

$$
\begin{aligned}
R_q^{(\mathrm{spont})} &= A(j_a m_a; j_b m_b; q) = \frac{4}{3}\frac{\alpha\omega_{ba}^3}{c^2}\left|\langle m_b|r_q|m_a\rangle\right|^2 \\
&\equiv \frac{4}{3}\frac{\alpha\omega_{ba}^3}{c^2}\left|\langle\gamma_b|r|\gamma_a\rangle\right|^2\left|\langle j_b m_b|C_{1q}|j_a m_a\rangle\right|^2 .
\end{aligned}
\qquad (4.109)
$$

Die Gleichungen (4.95)–(4.109) beschreiben den spontanen Emissionsprozess zwischen wohldefinierten Zuständen $|j_a m_a\rangle \leftarrow |j_b m_b\rangle$. Um diese Situation experimentell herzustellen, muss ein spezifischer, angeregter Zustand präpariert werden und nur Übergänge in einen einzigen Endzustand dürfen detektiert werden. Nur dann können die Winkelverteilungen (4.102) und (4.107) tatsächlich beobachtet werden. Eine Methode (bei weitem nicht die einzige), um solche speziellen Übergänge zu beobachten, basiert auf dem ZEEMAN-Effekt, wie in Abb. 4.18 auf Seite 224 illustriert.

Hier sei schließlich noch erwähnt, dass eine allgemeine Theorie der elektromagnetischen Strahlung, die von angeregten Zuständen emittiert wird, in Bd. 2 vorgestellt wird, und zwar als ein interessantes Beispiel für die Anwendung der Dichtematrix.

Winkelabhängigkeit bei der Absorption und induzierten Emission

Im Gegensatz zur *spontanen Emission,* wo die Polarisation und die Winkelverteilung der Strahlung das *Ergebnis eines spezifischen Übergangs* waren, bestimmen diese Eigenschaften der Strahlung *bei der Absorption oder induzierten Emission,* welche Übergänge mit welcher Wahrscheinlichkeit stattfinden. In diesem Fall müssen wir $\mathbf{e}^{(\mathrm{ph})}$ im atomaren Koordinatensystem (at) ausdrücken. Wir drehen dieses daher ins Photonensystem (ph). In Abb. 4.3 auf Seite 189 liest man ab, dass das Atomsystem zunächst um seine $z^{(\mathrm{at})}$-Achse durch einen Winkel $\alpha = \varphi_k$ zu drehen ist. Sodann dreht man es um die neue y'-Achse durch $\beta = \theta_k$, während sich eine abschließende Drehung um die neue $z^{(\mathrm{at})}$-Achse erübrigt, sodass $\gamma = 0$ gilt. Setzen wir diese EULER-Winkel in (C.14) ein, dann erhalten wir die zu (4.94) inverse Beziehung:

$$
\mathbf{e}_q^{(\mathrm{ph})} = \sum_{q'} \mathrm{e}^{-\mathrm{i}q'\varphi_k} d^1_{q'q}(\theta_k)\,\mathbf{e}_{q'}^{(\mathrm{at})} \qquad (4.110)
$$

Allgemeine Ausdrücke, ähnlich zu (4.95)–(4.97), werden wir in Abschn. 4.7 entwickeln und besprechen, wie durch Absorption oder stimulierte Emission eine kohärente Superposition von Endzuständen erzeugt wird. Hier spezialisieren wir uns auf die Winkelabhängigkeit der *induzierten Übergangsraten zwischen spezifischen Unterzuständen* $|j_b m_b\rangle \leftrightarrow |j_a m_a\rangle$ (mit $q' = m_b - m_a$) durch eine wohldefinierte Polarisation $q = 0$ oder ± 1 des Lichts. Mit (4.93) ergibt sich dann aus (4.66):

$$
R_{ba} = 4\pi^2\alpha\frac{\tilde{I}(\omega_{ba})}{\hbar}\left|\langle m_b|r_q|m_a\rangle\right|^2\left|\mathbf{e}_{q'}^{(\mathrm{at})*}\cdot\mathbf{e}_q^{(\mathrm{ph})}\right|^2 = R_{ab}. \qquad (4.111)
$$

Ohne in die Details der Ableitung einzutreten, besprechen wir lediglich einige Beispiele:

1. Anregung eines $\Delta m = q' = +1$ Übergangs mit LHC- oder RHC-Licht ($\sigma^\pm$) bedeutet $\mathfrak{e}^{(\mathrm{ph})} := \mathfrak{e}^{(\mathrm{ph})}_{\pm 1}$. Dann erhalten wir

$$R_{ba} = 4\pi^2\alpha\frac{\tilde{I}(\omega_{ba})}{\hbar}\left|\langle m_b|r_{+1}|m_a\rangle\right|^2 \times \begin{cases} \cos^4(\theta_k/2) & \text{für } \sigma^+\text{-Licht} \\ \sin^4(\theta_k/2) & \text{für } \sigma^-\text{-Licht.} \end{cases}$$

2. Umgekehrt wird die Anregungswahrscheinlichkeit für einen $\Delta m = q' = -1$ Übergang, der mit σ^+- oder σ^--Licht ($q = \pm 1$) induziert wird, als Funktion des Polarwinkels θ_k

$$R_{ba} = 4\pi^2\alpha\frac{\tilde{I}(\omega_{ba})}{\hbar}\left|\langle m_b|r_{-1}|m_a\rangle\right|^2 \times \begin{cases} \sin^4(\theta_k/2) & \text{für } \sigma^+\text{-Licht} \\ \cos^4(\theta_k/2) & \text{für } \sigma^-\text{-Licht.} \end{cases}$$

3. Und für die Anregung eines $\Delta m = q' = 0$ Übergangs mit zirkular polarisiertem Licht ($q = \pm 1$) ergibt sich die Winkelabhängigkeit zu

$$R_{ba} = 4\pi^2\alpha\frac{\tilde{I}(\omega_{ba})}{\hbar}\left|\langle m_b|r_0|m_a\rangle\right|^2 \times \frac{\sin^2(\theta_k)}{2}.$$

4. Schließlich kann man den gleichen Übergang auch mit linear polarisiertem Licht ($q = 0$) anregen, das $\parallel x^{(\mathrm{ph})}$ polarisiert ist. Dann wird $\mathfrak{e}^{(\mathrm{ph})} := \mathfrak{e}^{(\mathrm{ph})}_x$ und wir finden

$$R_{ba} = 4\pi^2\alpha\frac{\tilde{I}(\omega_{ba})}{\hbar}\left|\langle m_a|r_0|m_b\rangle\right|^2 \times \sin^2(\theta_k),$$

was offensichtlich eine deutlich effizienter Prozess ist. Die Winkelverteilung ist die gleiche wie die in Abb. 4.16 auf Seite 222 gezeigte.

Wir müssen uns freilich darüber im Klaren sein, dass es nicht trivial ist, solche spezifischen Übergänge selektiv zu untersuchen, denn dazu muss ja der Anfangszustand speziell präpariert und der Endzustand selektiv detektiert werden. Das ist zwar im Prinzip möglich. Standardexperimente der Spektroskopie mitteln aber in der Regel über alle Anfangszustände und summieren über alle erreichbaren Unterzustände des Endniveaus. Wir werden dies im folgenden Abschnitt genauer besprechen.

Was haben wir in Abschnitt 4.5 gelernt?

- Wir haben für E1-Übergänge die Winkelverteilung der emittierten Strahlung für $q = 0$ und $q = \pm 1$ Übergänge ($q = m_b - m_a$) ermittelt, und zwar sowohl im Rahmen eines semiklassischen Modells wie auch quantenmechanisch. Im letzteren Falle ergeben sich auch quantitative Ausdrücke für die Übergangsraten.
- Der Leser sollte sich die dabei erarbeiteten Verteilungen nach Abb. 4.16 und 4.17 auf Seite 222, 223 einprägen.

- Die Polarisation hängt vom Emissionswinkel θ_k in Bezug auf die $z^{(\mathrm{at})}$-Achse ab. Für $q = 0$ Übergänge wird nur linear polarisiertes Licht emittiert (π-Licht). Für $\theta_k = \pi/2$ wird der Polarisationsvektor parallel zu $z^{(\mathrm{at})}$. Für $q = \pm 1$ Übergänge wird unter $\theta_k = 0$ rein zirkular polarisiertes Licht emittiert ($\sigma^{\pm}$-Licht), während man bei $\theta_k = \pi/2$ linear polarisiertes σ-Licht mit dem Polarisationsvektor senkrecht zur $z^{(\mathrm{at})}$-Achse beobachtet. Für andere Emissionswinkel ist das Licht elliptisch polarisiert.
- Die drei Komponenten der Strahlung können experimentell z. B. durch Ausnutzung des ZEEMAN-Effekts getrennt beobachtet werden, wie für ${}^1\mathrm{S}_0 \leftarrow {}^1\mathrm{P}_1$ Übergänge in Abb. 4.18 auf Seite 224 skizziert.
- Für induzierte Übergänge kann man Winkelabhängigkeiten für die Übergangsraten zwischen spezifischen Unterzuständen ableiten. Der allgemeine Fall ist relativ komplex – kann aber, wie wir gleich sehen werden, stark vereinfacht werden, wenn man eine anfänglich isotrope Besetzung aller Unterzustände annimmt.

4.6 Stärke von elektrischen Dipolübergängen

4.6.1 Linienstärke

Nach (4.68) ist der entscheidende Parameter für alle Absorptions- und Emissionsprozesse die Größe $|\boldsymbol{r}_{ba} \cdot \boldsymbol{e}|^2$. Sie enthält auch alle Information, um Polarisation und Winkelcharakteristik der Strahlung für E1-Übergänge zwischen spezifischen Unterzuständen zu beschreiben. Um aber die *Gesamtstärke eines Dipolübergangs zwischen den Niveaus* j_a und j_b mit mehreren, entarteten m_a bzw. m_b Unterzuständen zu charakterisieren, führt man eine symmetrisch definierte, sogenannte *Linienstärke* der Dimension L^2 ein (siehe auch Anhang H.2):

$$\begin{aligned} S(j_b j_a) &= \sum_{m_b m_a} |\boldsymbol{r}_{ba}|^2 = \sum_{m_b m_a q} \left|\langle \gamma_b j_b m_b | r_q | \gamma_a j_a m_a \rangle\right|^2 \\ &= (2j_b + 1)\left|\langle \gamma_b | r | \gamma_a \rangle\right|^2 \langle j_b \| \mathsf{C}_1 \| j_a \rangle^2 \qquad (4.112) \\ &= (2j_a + 1)\left|\langle \gamma_b | r | \gamma_a \rangle\right|^2 \langle j_a \| \mathsf{C}_1 \| j_b \rangle^2 \equiv S(j_a j_b). \end{aligned}$$

Hier haben wir (4.77) und (4.82) in (4.84) eingesetzt und die $3j$-Orthogonalität (B.40) ausgenutzt. Das radiale Matrixelement $\langle \gamma_b | r | \gamma_a \rangle$ ist durch (4.78) gegeben. Wir erinnern uns, dass γ_b und γ_a alle Quantenzahlen repräsentieren, die notwendig sind, um die Radialwellenfunktion zu charakterisieren, und dass j_a und j_b für verschiedene Drehimpulsquantenzahlen stehen kann, die repräsentativ für die betrachteten Zustände sind – im einfachsten Fall können das die Bahndrehimpulse ℓ oder L sein, aber auch Gesamtdrehimpulse, wie wir sie in Kap. 6 und 9 diskutieren werden.

Die Linienstärke ist eine nützliche Bezugsgröße. Wenn man aber einen bestimmtes Experiment beschreiben will, muss man zusätzlich noch zwischen der

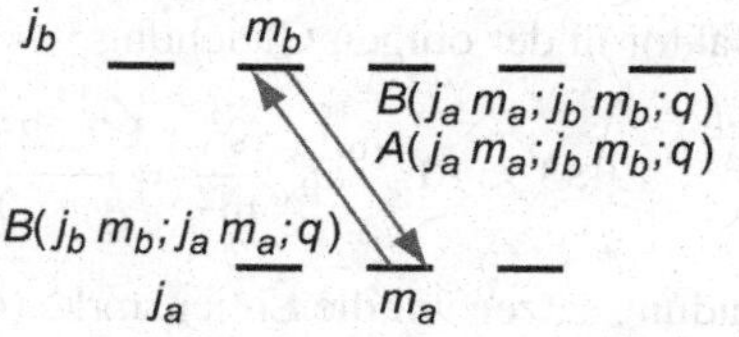

Abb. 4.19 EINSTEIN-Koeffizienten für Absorption $B(j_b m_b;\, j_a m_a;\, q)$, für induzierte Emission $B(j_a m_a;\, j_b m_b;\, q)$, sowie für spontane Emission $A(j_a m_a;\, j_b m_b;\, q)$ zwischen Unterzuständen eines oberen und eines unteren Niveaus, charakterisiert durch die Drehimpulsquantenzahlen j_b bzw. j_a

Art der Strahlung (polarisiert oder unpolarisiert, kollimiert oder über einen großen Winkelbereich wirksam) unterscheiden, ebenso wie zwischen den Arten des Übergangs (ausgewählte Unterzustände, summiert über alle Endzustände, gemittelt über Anfangszustände). Wir werden das weiter unten zusammen mit den EINSTEIN-Koeffizienten besprechen. Abbildung 4.19 definiert diese Übergänge zwischen Unterzuständen $|j_b m_b\rangle$ und $|j_a m_a\rangle$ mit einer Polarisation, die durch $q = m_b - m_a$ charakterisiert ist.

4.6.2 Spontane Übergangswahrscheinlicheit

Damit wird die *spontane Übergangswahrscheinlichkeit* (4.109) *für einen spezifischen Übergang* $j_a m_a \leftarrow j_b m_b$ mit einer bestimmten Polarisation q

$$\begin{aligned} A(j_a m_a;\, j_b m_b;\, q) &= \frac{4\alpha\omega_{ba}^3}{3c^2} |\langle \gamma_b | r | \gamma_a \rangle|^2 (2j_b + 1) \begin{pmatrix} j_b & 1 & j_a \\ -m_b & q & m_a \end{pmatrix}^2 \langle j_b \| \mathsf{C}_1 \| j_a \rangle^2 \\ &= \frac{4\alpha\omega_{ba}^3}{3c^2} |\langle m_b | r_q | m_a \rangle|^2 = \frac{4\alpha\omega_{ba}^3}{3c^2} \begin{pmatrix} j_b & 1 & j_a \\ -m_b & q & m_a \end{pmatrix}^2 S(j_b j_a). \end{aligned} \tag{4.113}$$

Sie hat die Dimension T^{-1}. Das $3j$-Symbol trägt allen Abhängigkeiten der Matrixelemente von Drehimpulsen und Polarisation Rechnung, während alle spezifischen Eigenschaften des Atoms (oder Moleküls) mit $S(j_b j_a)$ berücksichtigt werden.

Die Gesamtwahrscheinlichkeit für den Zerfall (und *damit die spontane Lebensdauer) des oberen Niveaus* ergibt sich durch Summation über alle Endzustände und alle Polarisationen:

$$\begin{aligned} \bar{A}_{ab} = A(j_a j_b) &= \frac{1}{\tau_{j_a j_b}} = \sum_{m_a q} A(j_a m_a;\, j_b m_b;\, q) \\ &= \frac{4\alpha\omega_{ba}^3}{3c^2} S(j_b j_a) \sum_{m_a q} \begin{pmatrix} j_b & 1 & j_a \\ -m_b & q & m_a \end{pmatrix}^2 = \frac{4\alpha\omega_{ba}^3}{3c^2} \frac{S(j_b j_a)}{(2j_b + 1)}. \end{aligned} \tag{4.114}$$

Wir haben hier wieder Gebrauch von der Orthogonalität der $3j$-Symbole (B.40) gemacht. Wichtig ist es festzuhalten, dass die *spontane Lebensdauer* $\tau_{j_a j_b}$ *unabhängig von der Projektionsquantenzahl* m_b des angeregten Unterniveaus ist!

Explizit wird der Vorfaktor in der obigen Gleichung

$$\frac{4\alpha\omega_{ba}^3}{3c^2} = \frac{32\pi^3\alpha c}{3\lambda_{ba}^3} = 1.083 \times 10^{-19}\omega_{ba}^3 \frac{\mathrm{s}^2}{\mathrm{m}^2} = \frac{7.235 \times 10^8}{\lambda_{ba}^3}\frac{\mathrm{m}}{\mathrm{s}}. \tag{4.115}$$

Für die praktische Anwendung setzen wir die Linienstärke (4.112) in (4.114) ein und führen die atomaren Einheiten a_0 und E_h ein:

$$\begin{aligned}\bar{A}_{ab} = A(j_a j_b) &= \frac{4\alpha}{3c^2\hbar^3} W_{ba}^3 a_0^2 \left|\langle\gamma_b|r/a_0|\gamma_a\rangle\right|^2 \langle j_b\|\mathrm{C}_1\|j_a\rangle^2 \\ &= \frac{4}{3}\frac{\alpha^5 m_\mathrm{e}c^2}{\hbar}(W_{ba}/E_\mathrm{h})^3\left|\langle\gamma_b|r/a_0|\gamma_a\rangle\right|^2\langle j_b\|\mathrm{C}_1\|j_a\rangle^2 \\ &= \frac{2.1420 \times 10^{10}}{\mathrm{s}}(W_{ba}/E_\mathrm{h})^3\left|\langle\gamma_b|r/a_0|\gamma_a\rangle\right|^2\langle j_b\|\mathrm{C}_1\|j_a\rangle^2.\end{aligned} \tag{4.116}$$

Das reduzierte Matrixelement $\langle j_b\|\mathrm{C}_1\|j_a\rangle$ ist typischerweise von der Größenordnung 1. Im einfachsten Fall, $j = \ell$, wird es durch (D.29) gegeben, im allgemeinen Fall kann es ausgewertet werden, wie in Anhang D.3 beschrieben. Die radialen Matrixelemente repräsentieren die genuine Atomphysik: Sie sind bestimmt durch den Überlapp der Wellenfunktion von Anfangs- und Endzustand, gewichtet mit dem mittleren Radius.

Die Abhängigkeit des Koeffizienten A von der Kernladung Z ist besonders interessant. Für wasserstoffartige Ionen gilt $W_{ba} \propto Z^2$ und $r \propto 1/Z$, sodass die *spontane Lebensdauer* $\tau_{j_a j_b} = 1/\bar{A}_{ab} \propto Z^{-4}$ *mit der 4. Potenz der Kernladung abnimmt* – ein Resultat, das von großer Bedeutung für die atomare RÖNTGEN-Physik ist.

Nach (4.114) ist die Linienstärke mit der experimentell oft gut zugänglichen natürlichen Lebensdauer des angeregten Zustands verknüpft:

$$S(j_b j_a) = \frac{3c^2}{4\alpha}\frac{(2j_b+1)}{\omega_{ba}^3}\frac{1}{\tau_{j_a j_b}}. \tag{4.117}$$

Andererseits können wir mit (4.113) die individuellen Übergangswahrscheinlichkeiten zwischen spezifischen Unterzuständen schreiben als

$$A(j_a m_a;\, j_b m_b;\, q) = (2j_b+1)\begin{pmatrix} j_b & 1 & j_a \\ -m_b & q & m_a \end{pmatrix}^2 \frac{1}{\tau_{j_a j_b}}, \tag{4.118}$$

und (4.77), die Übergangsamplitude zwischen Unterzuständen, kann man so ausdrücken:

$$\langle m_b|r_q|m_a\rangle = (-1)^{j_b-m_b}\begin{pmatrix} j_b & 1 & j_a \\ -m_b & q & m_a \end{pmatrix}\sqrt{S(j_b j_a)}. \tag{4.119}$$

Wir erinnern uns an dieser Stelle daran, dass die Winkelcharakteristik und die Polarisation der emittierten Strahlung von m_b und q abhängt, wie in (4.101)–(4.109) beschrieben – obwohl nach (4.114) die Lebensdauer jedes angeregten Unterzustands identisch ist.

Experimentell beobachtet man die Fluoreszenz eines Atoms meist ohne Polarisations- und Endzustandsanalyse. Die entsprechende Übergangswahrscheinlichkeit erhält man durch Summation von (4.114) über alle q und über alle Endzustände:

$$\begin{aligned}\mathrm{d}R^{(\mathrm{spont})}_{j_a \leftarrow j_b m_b}(\theta) &= \mathrm{d}\Omega \frac{\alpha}{2\pi c^2}\omega_{ba}^3 S(j_b j_a) \\ &\times \sum_{m_a}\left\{\left[\begin{pmatrix} j_b & 1 & j_a \\ -m_b & 1 & m_a\end{pmatrix}^2 + \begin{pmatrix} j_b & 1 & j_a \\ -m_b & -1 & m_a\end{pmatrix}^2\right]\frac{1+\cos^2\theta_k}{2}\right. \\ &\left. + \begin{pmatrix} j_b & 1 & j_a \\ -m_b & 0 & m_a\end{pmatrix}^2 \sin^2\theta_k\right\}. \end{aligned} \tag{4.120}$$

Meist muss man diesen Ausdruck noch über alle Anfangszustände m_b mitteln. Er beschreibt im allgemeinen Fall keine isotrope Winkelverteilung. *Nur wenn alle angeregten Anfangszustände* $|j_b m_b\rangle$ *gleich besetzt sind,* also $\propto (2j_b+1)^{-1}$, kann man die $3j$-Orthogonalitätsbeziehung (B.40) anwenden, was schließlich zu einer *isotropen Strahlungsverteilung führt*:

$$\overline{\mathrm{d}R^{(\mathrm{spont})}_{\mathrm{tot}}} = \frac{1}{\tau_{j_b j_a}}\frac{\mathrm{d}\Omega}{4\pi}. \tag{4.121}$$

Der allgemeine Fall der E1-Strahlung eines anisotrop besetzten Zustands wird in Bd. 2 genauer behandelt.

4.6.3 Induzierte Übergänge

Wir betrachten jetzt induzierte Prozesse, also Absorption und stimulierte Emission. Für Übergänge zwischen spezifischen Unterzuständen, die durch Strahlung der Polarisation q induziert werden (q in Bezug auf das atomare Koordinatensystem) schreiben wir (4.65) unter Benutzung von (4.79) um:

$$\begin{aligned} B(j_b m_b; j_a m_a; q) &= \frac{4\pi^2\alpha c}{\hbar}\left|\langle\gamma_b|r|\gamma_a\rangle\right|^2\left|\langle j_b m_b|C_{1q}|j_a m_a\rangle\right|^2 \\ &= B(j_a m_a; j_b m_b; q). \end{aligned} \tag{4.122}$$

Wieder bezieht sich B hier auf die Verteilung der spektralen Strahlungsintensität $\tilde{I}(\omega) = c\tilde{u}(\omega)$ pro Kreisfrequenzeinheit.

Das Verhältnis spontane (4.113) zu induzierte Übergangswahrscheinlichkeit (4.122) für zwei spezifische Unterzustände ist

$$\frac{A(j_a m_a; j_b m_b; q)}{B(j_a m_a; j_b m_b; q)} = \frac{\hbar\omega_{ba}^3}{3\pi^2 c^3} = \frac{4}{3}\frac{h}{\lambda_{ba}^3}. \tag{4.123}$$

Man beachte, dass dieses Verhältnis sich um einen Faktor $1/3$ von (4.38) unterscheidet, wo isotrope Strahlung und Summation über alle Endzustände angenommen wurde. Im Gegensatz dazu, wird hier ein spezifischer Übergang zwischen spezifischen Unterzuständen untersucht. Die spontane Emissionsrate wurde lediglich über alle Emissionswinkel integriert, um A zu erhalten, während B für eine bestimmte Polarisation und Richtung q des induzierenden Lichts bestimmt wurde.[16]

In voller Analogie zu (4.113) schreiben wir die Koeffizienten für stimulierte Emission und Absorption zwischen spezifischen Unterniveaus als

$$\begin{aligned} B(j_a m_a; j_b m_b; q) &= \frac{4\pi^2\alpha c}{\hbar} \begin{pmatrix} j_b & 1 & j_a \\ -m_b & q & m_a \end{pmatrix}^2 S(j_b j_a) \\ = B(j_b m_b; j_a m_a; q) &= \frac{3\pi^2 c^3}{\hbar\omega_{ba}^3} \frac{(2j_b+1)}{\tau_{j_b j_a}} \begin{pmatrix} j_b & 1 & j_a \\ -m_b & q & m_a \end{pmatrix}^2 \\ &= \frac{3\lambda^3}{4h}(2j_b+1) \begin{pmatrix} j_b & 1 & j_a \\ -m_b & q & m_a \end{pmatrix}^2 \bar{A}_{ab}, \end{aligned} \tag{4.124}$$

und nutzen dabei die Identitäten $\bar{A}_{ab} = \tau_{j_b j_a}^{-1}$ und $\lambda_{ab} = 2\pi c/\omega_{ba}$.

In einem typischen Absorptionsexperiment ebenso wie bei der induzierten Emission (selbst mit einem polarisierten Laserstrahl) misst man den *Absorptionskoeffizienten gemittelt über alle Anfangszustände und summiert über alle Endzustände.* Wenn wir isotrope Besetzung der Anfangszustände annehmen, erhalten wir mit (B.41) für den *gemittelten* EINSTEIN*'schen Absorptionskoeffizienten*

$$\begin{aligned} \bar{B}_{ba} = B(j_b j_a) &= \frac{1}{2j_a+1} \sum_{m_b m_a} B(j_b m_b; j_a m_a; q) \\ &= \frac{1}{2j_a+1} \frac{4\pi^2\alpha c}{\hbar} S(j_b j_a) \sum_{m_b m_a} \begin{pmatrix} j_b & 1 & j_a \\ -m_b & q & m_a \end{pmatrix}^2 \\ &= \frac{4\pi^2\alpha c}{3\hbar} \frac{S(j_b j_a)}{(2j_a+1)} = \frac{\pi^2 c^3}{\hbar\omega_{ba}^3} \frac{2j_b+1}{2j_a+1} \frac{1}{\tau_{j_a j_b}} = \frac{\lambda_{ab}^3}{4h} \frac{2j_b+1}{2j_a+1} \times \bar{A}_{ab}, \end{aligned} \tag{4.125}$$

unabhängig von der Polarisation q. Äquivalent dazu wird der *gemittelte Koeffizient für die stimulierte Emission*

$$\bar{B}_{ab} = B(j_a j_b) = \frac{4\pi^2\alpha c}{3\hbar} \frac{S(j_b j_a)}{(2j_b+1)} = \frac{\pi^2 c^3}{\hbar\omega_{ba}^3} \frac{1}{\tau_{j_a j_b}} = \frac{\lambda_{ab}^3}{4h} \times \bar{A}_{ab}. \tag{4.126}$$

Die Beziehungen (4.125) und (4.126), die wir gerade abgeleitet haben, drücken eine sehr wichtige Eigenschaft von Absorption und induzierter Emission aus, ohne welche Spektroskopie wesentlich schwieriger wäre (siehe auch Anhang H.2): Die

gemittelten Koeffizienten $\bar{B}_{ba}$ und $\bar{B}_{ab}$ sind *unabhängig* von der Polarisation q.

Wir fassen (4.125) und (4.126) zusammen und erhalten mit $g = 2j+1$ *die Standardbeziehungen für die gemittelten* EINSTEIN-*Koeffizienten:*

[16] Typischerweise wird die Lichtquelle ein gut kollimierter Laserstrahl sein – im Gegensatz zur isotropen, unpolarisierten Hohlraumstrahlung, auf die (4.38) zutrifft.

$$g_a \bar{B}_{ba} = g_b \bar{B}_{ab} \quad \text{und} \quad \bar{B}_{ab} = \frac{\pi^2 c^3}{\hbar \omega_{ba}^3} \bar{A}_{ab} = \frac{\lambda_{ab}^3}{4h} \times \bar{A}_{ab} \tag{4.127}$$

Die Übereinstimmung mit (4.38) rechtfertigt schließlich die etwas vage Einführung der numerischen Faktoren für spontane und stimulierte Emission in (4.67). *Wir betonen aber noch einmal, dass dies keine Ableitung der spontanen Emissionsrate* ist, die wir auf Bd. 2 verschieben.

Was haben wir in Abschnitt 4.6 gelernt?

- Die Linienstärke $S(j_b j_a)$, die wir in (4.112) eingeführt haben, charakterisiert die Gesamtstärke eines atomaren E1-Übergangs zwischen den Energieniveaus j_b und j_a.
- Wir können verschiedene Beziehungen zwischen den EINSTEIN'schen A- und B-Koeffizienten ableiten, die nützlich für praktische Rechnungen sind.
- Die *spontane Lebensdauer* von Unterzuständen eines angeregten Niveaus j_b ist *unabhängig von der anfänglichen Projektionsquantenzahl* m_b.
- *Absorption wie auch stimulierte Emission* in einem isotrop besetzten Target ist *unabhängig von der Polarisation* des benutzten Lichts!

4.7 Überlagerung von Zuständen, Quantenbeats und Quantensprünge

4.7.1 Kohärente Besetzung durch optische Übergänge

Bislang haben wir nur Übergänge zwischen Basiszuständen im Atomsystem untersucht. Aber natürlich können Anfangs- und Endzustände auch lineare Kombinationen aus diesen sein. Und selbst, wenn der Anfangszustand ein Basiszustand ist, kann Absorption wie auch Emission von Licht mit der Polarisation $\mathbf{e}^{(\mathrm{ph})}$ eine lineare Superposition von Unterzuständen $|\psi(b)\rangle$ bzw. $|\psi(a)\rangle$ daraus erzeugen:

$$|\psi(b)\rangle \propto \sum_{m_b q} \langle m_b | r_q | m_a \rangle \mathbf{e}_q^{(\mathrm{at})*} \cdot \mathbf{e}^{(\mathrm{ph})} | j_b m_b \rangle \tag{4.128}$$

$$|\psi(a)\rangle \propto \sum_{m_a q} \langle m_a | r_q | m_b \rangle^* \mathbf{e}_q^{(\mathrm{at})} \cdot \mathbf{e}^{(\mathrm{ph})*} | j_a m_a \rangle . \tag{4.129}$$

Zur Illustration beginnen wir mit der Absorption von elliptisch polarisiertem Licht, das durch $e_{\mathrm{el}}^{(\mathrm{ph})}$ charakterisiert sei wie in (4.15) definiert. Wir nehmen an, es breite sich parallel zur $z^{(\mathrm{at})}$-Richtung aus, sodass $\boldsymbol{k} \parallel z^{(\mathrm{ph})} = z^{(\mathrm{at})}$. Die Amplituden von $\mathbf{e}_{\mathrm{el}}^{(\mathrm{ph})}$ sind $\mathrm{e}^{-\mathrm{i}\delta} \cos\beta$ und $-\mathrm{e}^{\mathrm{i}\delta} \sin\beta$ für $\mathbf{e}_{+1}^{(\mathrm{ph})}$ bzw. $\mathbf{e}_{-1}^{(\mathrm{ph})}$. Mit (4.128) führt die Absorption dieses Lichts durch einen reinen Basiszustand $|j_a m_a\rangle$ bereits zu einer kohärenten Superposition von Unterzuständen des angeregten Niveaus:

$$\begin{aligned} \left|\psi(b)\right\rangle \propto\ & \langle m_a+1|r_1|m_a\rangle^* \mathrm{e}^{\mathrm{i}\delta}\cos\beta|j_b m_a+1\rangle \\ & -\langle m_a-1|r_{-1}|m_a\rangle^* \mathrm{e}^{-\mathrm{i}\delta}\sin\beta|j_b m_a-1\rangle . \end{aligned} \tag{4.130}$$

Oft kann man die Atomkoordinaten nicht beliebig wählen, da der experimentelle Aufbau bereits eine Vorzugsrichtung festlegt, z. B. durch ein externes magnetisches oder elektrisches Feld, oder durch ein Streuexperiment mit einer wohldefinierten Streuebene. Das Atom muss also in einem entsprechend gewählten Koordinatensystem (at) beschrieben werden, das sich vom Photonensystem (ph) unterscheidet. Letzteres wird z. B. durch die Position des Photonendetektors oder den anregenden Laserstrahl bestimmt. Wir wählen also das Atomsystem (at) und das Photonensystem (ph) wie in Abb. 4.3 auf Seite 189 skizziert und müssen dann entweder $\mathbf{e}_q^{(\mathrm{at})}$ ins Photonensystem oder $\mathbf{e}^{(\mathrm{ph})}$ ins Atomsystem transformieren, wie bereits in Abschn. 4.5.2 erläutert.

Dort war unsere Diskussion aber auf die Charakteristik von Emission und Absorption für *wohldefinierte Basiszustände* konzentriert. *Hier* wollen wir die Diskussion wieder aufgreifen und Übergänge beschreiben, die durch elektromagnetische Strahlung mit *wohldefinierter Polarisation* $\mathbf{e}^{(\mathrm{ph})}$ induziert werden. Wenn wir (4.110) benutzen, entwickeln wir $\mathbf{e}^{(\mathrm{ph})}$ explizit in der atomaren Basis. Wir beziehen uns auf die in Abb. 4.3 definierten Winkel und erhalten:

$$\mathbf{e}_{-1}^{(\mathrm{ph})} = \mathrm{e}^{\mathrm{i}\varphi_k}\cos^2\frac{\theta_k}{2}\mathbf{e}_{-1}^{(\mathrm{at})} - \frac{\sin\theta_k}{\sqrt{2}}\mathbf{e}_0^{(\mathrm{at})} + \mathrm{e}^{-\mathrm{i}\varphi_k}\sin^2\frac{\theta_k}{2}\mathbf{e}_{+1}^{(\mathrm{at})} \tag{4.131}$$

$$\mathbf{e}_{+1}^{(\mathrm{ph})} = \mathrm{e}^{\mathrm{i}\varphi_k}\sin^2\frac{\theta_k}{2}\mathbf{e}_{-1}^{(\mathrm{at})} + \frac{\sin\theta_k}{\sqrt{2}}\mathbf{e}_0^{(\mathrm{at})} + \mathrm{e}^{-\mathrm{i}\varphi_k}\cos^2\frac{\theta_k}{2}\mathbf{e}_{+1}^{(\mathrm{at})} . \tag{4.132}$$

Elliptisch polarisiertes Licht, das sich in eine beliebige Richtung ausbreitet, kann man durch $\mathbf{e}_{+1}^{(\mathrm{ph})}$ und $\mathbf{e}_{-1}^{(\mathrm{ph})}$ nach (4.15) beschreiben. Die sich daraus ergebenden Ausdrücke werden im allgemeinsten Fall etwas kompliziert. Als einfaches Beispiel behandeln wir hier lediglich linear polarisiertes Licht ($\cos\beta = \sin\beta = 1/\sqrt{2}$) mit dem Polarisationswinkel δ, das sich in eine willkürliche Richtung θ_k, φ_k ausbreitet. Durch Einsetzen von (4.131) und (4.131) in (4.15) finden wir dafür den Polarisationsvektor

$$\begin{aligned} \mathbf{e}_\delta^{(\mathrm{ph})} = & \frac{-\mathrm{i}\sin\delta - \cos\theta_k\cos\delta}{\sqrt{2}}\mathrm{e}^{\mathrm{i}\varphi_k}\mathbf{e}_{-1}^{(\mathrm{at})} + \sin\theta_k\cos\delta\,\mathbf{e}_0^{(\mathrm{at})} \\ & - \frac{\mathrm{i}\sin\delta - \cos\theta_k\cos\delta}{\sqrt{2}}\mathrm{e}^{-\mathrm{i}\varphi_k}\mathbf{e}_{+1}^{(\mathrm{at})} . \end{aligned} \tag{4.133}$$

Dieser Ausdruck vereinfacht sich für $\delta = \pi/2$ zu

$$\mathbf{e}_y^{(\mathrm{ph})} = \frac{-\mathrm{i}}{\sqrt{2}}\left(\mathrm{e}^{\mathrm{i}\varphi_k}\mathbf{e}_{-1}^{(\mathrm{at})} + \mathrm{e}^{-\mathrm{i}\varphi_k}\mathbf{e}_{+1}^{(\mathrm{at})}\right), \quad \text{bzw. zu} \tag{4.134}$$

$$\mathbf{e}_x^{(\mathrm{ph})} = -\mathrm{e}^{\mathrm{i}\varphi_k}\frac{\cos\theta_k}{\sqrt{2}}\mathbf{e}_{-1}^{(\mathrm{at})} + \sin\theta_k\mathbf{e}_0^{(\mathrm{at})} + \mathrm{e}^{-\mathrm{i}\varphi_k}\frac{\cos\theta_k}{\sqrt{2}}\mathbf{e}_{+1}^{(\mathrm{at})} \tag{4.135}$$

für $\delta = 0$. Eine vollständige Beschreibung der angeregten Atomzustände $|\psi(b)\rangle$ nach Absorption eines solchen Photons erhalten wir durch Einsetzen von (4.133) in (4.128). Wir spezialisieren dies für zwei Beispiele:

Nehmen wir zunächst an, wie in Abb. 4.20 skizziert, dass von einem Anfangszustand $|j_a m_a\rangle$ ausgehend mit linear polarisiertem Licht angeregt wird, dessen elektrischer Feldvektor $\boldsymbol{E}$ senkrecht zur $z^{(\mathrm{at})}$-Achse ausgerichtet ist (σ-Licht), d. h. $\delta = \pi/2$. Der Polarisationsvektor ist also $\mathbf{e}_y^{(\mathrm{ph})}$ wie mit (4.134) beschrieben, unabhängig vom Polarwinkel θ_k der Ausbreitungsrichtung. Setzen wir nun (4.134) in (4.129) ein, so führt dies zu folgendem angeregten Zustand:

$$\begin{aligned}|\psi(b)\rangle \propto \frac{-\mathrm{i}}{\sqrt{2}}\big[&\mathrm{e}^{\mathrm{i}\varphi_k}\langle m_a - 1|r_{-1}|m_a\rangle|j_b m_a - 1\rangle \\ &- \mathrm{e}^{-\mathrm{i}\varphi_k}\langle m_a + 1|r_1|m_a\rangle|j_b m_a + 1\rangle\big].\end{aligned} \tag{4.136}$$

Spezialisieren wir dies nun für einen Übergang $j_b = \ell_b = 1 \leftarrow j_a = \ell_a = 0$ (${}^1\mathrm{P}_1 \leftarrow {}^1\mathrm{S}_0$), so ist $m_a = 0$, und die beiden Matrixelemente werden nach (4.119) mit den $3j$-Symbolen (B.47) identisch $\langle m_a - 1|r_{-1}|m_a\rangle = \langle m_a + 1|r_1|m_a\rangle = r_{ba}/\sqrt{3}$. Somit ergibt sich für den Winkelanteil der angeregten Wellenfunktion einfach

$$\begin{aligned}\psi(\Omega) = \langle\Omega|\psi(b)\rangle &\propto \langle m_b|r_1|m_a\rangle\frac{-\mathrm{i}}{\sqrt{2}}\big[\mathrm{e}^{\mathrm{i}\varphi_k}Y_{1-1}(\theta,\varphi) + \mathrm{e}^{-\mathrm{i}\varphi_k}Y_{11}(\theta,\varphi)\big] \\ &= \frac{-r_{ba}}{2}\sqrt{\frac{1}{\pi}}\sin\theta\sin(\varphi - \varphi_k).\end{aligned} \tag{4.137}$$

Die Winkelabhängigkeit der angeregten Ladungsverteilung kann durch $|\psi(\Omega)|^2$ ausgedrückt werden, wobei sich θ_k und φ_k auf das atomare Koordinatensystem beziehen. In Abb. 4.20 ist diese hantelartige Ladungsverteilung abgebildet. Ihre Hauptachse ist entlang $-\delta^{(\mathrm{at})} = \varphi_k - \pi/2$ in der $x^{(\mathrm{at})}y^{(\mathrm{at})}$-Ebene ausgerichtet (parallel zum elektrischen Feldvektor $\boldsymbol{E}$) und unabhängig vom Ausbreitungswinkel θ_k, wie man in (4.134) sehen kann.

Ein anderer, trivialer Fall wurde bereits im Zusammenhang von Abb. 4.14 auf Seite 215 diskutiert, wo der $\boldsymbol{E}$-Vektor in die $z^{(\mathrm{at})}$-Richtung zeigt: In der gegenwärtigen

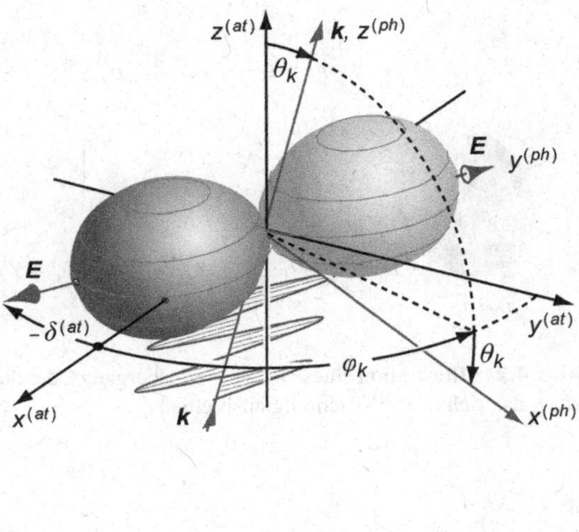

Abb. 4.20 Anregung einer kohärenten Superposition von Unterzuständen m_{ℓ_b} mit $\ell_b = 1$ aus $\ell_a = 0$ heraus durch linear polarisiertes Licht (${}^1\mathrm{P}_1 \leftarrow {}^1\mathrm{S}_1$ Übergang). Der elektrische Feldvektor $\boldsymbol{E}$ ist orthogonal zur $z^{(\mathrm{at})}$-Achse und bestimmt die Ausrichtung des angeregten ‚Hantel'-Zustands

Ausdrucksweise wäre $\theta_k = \pi/2$ und nach (4.135) $\mathbf{e}_x^{(\mathrm{ph})} = -\mathbf{e}_0^{(\mathrm{at})}$. Wir erwarten also nur $\Delta m = 0$ Übergänge. Der angeregte ‚Hantel'-Zustand zeigt jetzt in die $z^{(\mathrm{at})}$-Richtung.

Ein etwas komplexeres, aber instruktives Beispiel ist die Anregung durch *zirkular polarisiertes Licht, das sich in der $x^{(\mathrm{at})}y^{(\mathrm{at})}$-Ebene ausbreitet.* Setzen wir (4.131) mit $\theta_k = \pi/2$ in (4.129) ein, so erhält man für den oberen Zustand, der von $|j_a m_a\rangle$ aus angeregt wird:

$$\begin{aligned}|\psi(b)\rangle \propto \frac{1}{2}\left[\mathrm{e}^{\mathrm{i}\varphi_k}\langle m_b|r_{-1}|m_a\rangle|j_b m_a - 1\rangle + \mathrm{e}^{-\mathrm{i}\varphi_k}\langle m_b|r_1|m_a\rangle|j_b m_a + 1\rangle\right]\\ + \frac{1}{\sqrt{2}}\langle m_b|r_0|m_a\rangle|j_b m_a\rangle. \qquad (4.138)\end{aligned}$$

Wenn wir uns wieder auf einen $\ell_b = 1 \leftarrow \ell_a = 0$ Übergang ($^1\mathrm{P}_1 \leftarrow {}^1\mathrm{S}_0$) spezialisieren, ergibt sich $\langle m_b|r_1|m_a\rangle = \langle m_b|r_{-1}|m_a\rangle = \langle m_b|r_0|m_a\rangle = r_{ba}/\sqrt{3}$, und wir erhalten für den Winkelanteil der angeregten Wellenfunktion

$$\begin{aligned}\psi(\Omega) &\propto \frac{r_{ba}}{2\sqrt{3}}\left[\mathrm{e}^{\mathrm{i}\varphi_k}Y_{1-1}(\theta,\varphi) + \mathrm{e}^{-\mathrm{i}\varphi_k}Y_{11}(\theta,\varphi)\right] + \frac{r_{ba}}{\sqrt{6}}Y_{10}(\theta,\varphi)\\ &= \frac{r_{ba}}{2}\sqrt{\frac{1}{2\pi}}\left(\left[-\mathrm{i}\sin\theta\sin(\varphi-\varphi_k)\right] + \cos\theta\right). \qquad (4.139)\end{aligned}$$

Bis auf den Phasenfaktor i ist der erste Term in (4.138) und (4.139) [in rechteckigen Klammern] offensichtlich identisch zur Wellenfunktion, die von linear polarisiertem Licht erzeugt wird, wie durch (4.136) und (4.137) beschrieben und in Abb. 4.20 abgebildet. Der zweite Term entspricht der ‚Hantel' in $z^{(\mathrm{at})}$-Richtung.

Wir erinnern uns, dass LHC-polarisiertes Licht einem reinen $\Delta m = 1$ Übergang in Bezug auf das Photonensystem (ph) entspricht ($z^{(\mathrm{ph})} \parallel \boldsymbol{k}$) und einen toroidalen $Y_{11}^{(\mathrm{ph})}$-Zustand anregt. Genau dieser Zustand wird jetzt mit (4.139) durch eine lineare Überlagerung von Zuständen beschrieben und in Abb. 4.21 für den speziellen Fall $\boldsymbol{k} \parallel y^{(\mathrm{at})}$ skizziert.

Im *allgemeinen Fall der elliptischen Polarisation* (hier nicht mathematisch ausgeführt) wird die Ladungsverteilung eine Art gequetschter ‚Doughnut' werden, anstelle der ‚Hantel' nach Abb. 4.20, aber ebenfalls entlang $\delta^{(\mathrm{at})}$ ausgerichtet.

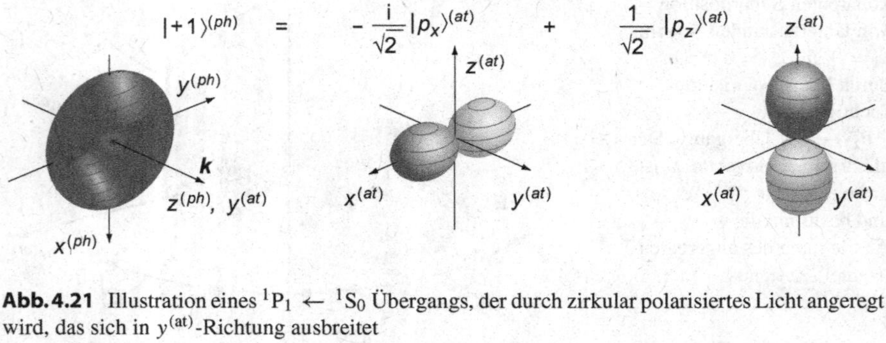

Abb. 4.21 Illustration eines $^1\mathrm{P}_1 \leftarrow {}^1\mathrm{S}_0$ Übergangs, der durch zirkular polarisiertes Licht angeregt wird, das sich in $y^{(\mathrm{at})}$-Richtung ausbreitet

4.7.2 Zeitabhängigkeit und Quantenbeats

Ein interessanter Aspekt kohärenter, linearer Überlagerungen von Zuständen ist die Zeitabhängigkeit, die sich aus der optischen Anregung ergeben kann. Während entartete Zustände eines Atomniveaus lediglich die triviale Zeitabhängigkeit $\exp(\mathrm{i}\omega_{ba}t)$ der Wellenfunktionen entsprechend der zeitabhängigen SCHRÖDINGER-Gleichung aufweisen, kann sich dies dramatisch ändern, wenn die untersuchten, atomaren (oder molekularen) Zustände nicht mehr entartet sind. Das ist z.B. in einem externen Magnetfeld der Fall. Dort gilt für die Energien der $|jm\rangle$ Zustände

$$W_{jm} = W_{j0} + mg_J\mu_B B = \hbar\left(\omega_{j0} + m\omega_j\right), \tag{4.140}$$

mit der Energie W_{j0} des Niveaus ohne Magnetfeld, dem LANDÉ'schen g-Faktor des Niveaus, dem BOHR'schen Magneton, dem Betrag B des äußeren Magnetfeldes, und $\omega_j = g_J\omega_L$ der LARMOR-Frequenz für $\boldsymbol{J}$ nach (1.59). Wenn wir den spontanen Zerfall vernachlässigen, werden sich die magnetischen Unterzustände entsprechend

$$|\psi_{jm}(t)\rangle = |jm\rangle \mathrm{e}^{-\mathrm{i}(\omega_{j0}+m\omega_j)t} \tag{4.141}$$

entwickeln, mit $\omega_{j0} + m\omega_j = W_{jm}/\hbar$. Das atomare Koordinatensystem wird nun so gewählt, dass $z^{(at)} \parallel \boldsymbol{B}$. In allen relevanten Gleichungen der vorangehenden Abschnitte hat man dann die Basiszustände $|jm\rangle$ durch (4.141) zu ersetzen. Eine gemeinsame triviale Zeitabhängigkeit $\exp(-\mathrm{i}\omega_{j0}t)$ kann man aus diesen Ausdrücken herausziehen. Sie trägt lediglich zu einer nicht messbaren Gesamtphase bei. Die Frequenzverschiebung $mg_J\omega_L = mg_J B \times 8.79 \times 10^{10}\,\mathrm{s}^{-1}\,\mathrm{T}^{-1}$ ist aber für jeden magnetischen Unterzustand verschieden, und führt zu sich ändernden Amplituden.

Wir sehen uns zunächst den einfachsten Fall an, die Anregung mit linear polarisiertem Licht, wie sie durch (4.136) und (4.137) beschrieben wird. Der $\boldsymbol{E}$-Vektor des Lichts sei senkrecht zum Magnetfeld ausgerichtet. Wenn man nun die Zustände (4.141) anstelle von $|jm\rangle$ in (4.136) einsetzt und $\varphi_k = \varphi_k(0)$ als Phasenwinkel zur Zeit $t = 0$ berücksichtigt, erhalten wir für den Winkelanteil der Wellenfunktion des angeregten $^1\mathrm{P}_1$-Zustands:

$$\begin{aligned}
\psi(\theta, \varphi, t) &\propto \frac{\mathrm{i}r_{ba}}{\sqrt{6}}\mathrm{e}^{-\mathrm{i}\omega_{10}t} \\
&\quad \times \left(\mathrm{e}^{\mathrm{i}(\varphi_k(0)+g_J\omega_L t)}Y_{1-1}(\theta, \varphi) + \mathrm{e}^{-\mathrm{i}(\varphi_k(0)-g_J\omega_L t)}Y_{11}(\theta, \varphi)\right) &(4.142)\\
&= \frac{-r_{ba}}{2}\sqrt{\frac{1}{\pi}}\mathrm{e}^{-\mathrm{i}\omega_{10}t}\sin\theta\sin\left(\varphi - \varphi_k(t)\right) &(4.143)\\
\varphi_k(t) &= \varphi_k(0) + g_J\omega_L t. &(4.144)
\end{aligned}$$

In der Ladungsverteilung $|\psi(\theta, \varphi, t)|^2$ verschwindet zwar der triviale Phasenfaktor $\exp(-\mathrm{i}\omega_{10}t)$ durch Betragsbildung. Es bleibt aber der zeitabhängige Azimutwinkel $\varphi_k(t)$, der linear mit der Zeit wächst. Um diese Dynamik auch wirklich beobachten zu können, muss der zeitliche Nullpunkt natürlich hinreichend genau bekannt sein – jedenfalls besser als auf $1/(2g_J\omega_L)$. Für ein Magnetfeld von der Größenordnung von 1 T sollten dies ungefähr 0.1 ns sein. Nehmen wir also an, das Atom werde durch einen kurzen Lichtimpuls angeregt. Die ‚Hantel' in Abb. 4.20 wird dann mit

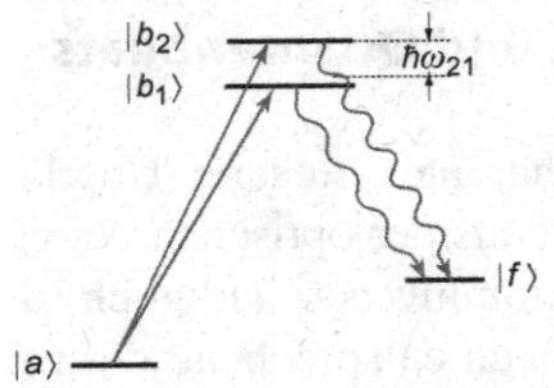

Abb. 4.22 Typisches *Vierniveauschema* für die *Beobachtung von Quantenbeats*. Man beachte, dass die angeregten Niveaus kohärent bevölkert werden müssen. Zerfallen diese Zustände in den gleichen Endzustand, so kann es zur Interferenz von Emissionslinien und zu entsprechen Oszillationen im beobachteten Signal kommen (Quantenbeats)

der Kreisfrequenz $g_J\omega_L$ um die $z^{(at)}$-Achse rotieren. Man kann diese Rotation als sogenannte *Quantenbeats* beobachten, also durch zeitliche Oszillationen der emittierten Lichtintensität. Wenn man das Atom dagegen mit einer kontinuierlichen (CW) Lichtquelle angeregt, mittelt sich diese Zeitabhängigkeit weg, und die LARMOR-Präzession erzeugt eine scheibenartige Ladungsverteilung.

Das zweite Beispiel, das wir oben diskutiert haben (Anregung durch zirkular polarisiertes Licht, das sich nach (4.138) senkrecht zum Magnetfeld ausbreitet), kann auch zu Quantenbeats führen. Da $m = 0$ Zustände keine Energieverschiebung im Magnetfeld erfahren, bleibt die entsprechende Komponente $Y_{10}(\theta, \varphi)$ der Wellenfunktion unverändert. Dagegen beschreibt die Superposition der $Y_{1\pm1}$-Komponenten wie zuvor eine ‚Hantel' in der $x^{(at)}y^{(at)}$-Ebene. Anregung mit kurzen Impulsen führt zu einer Rotation der insgesamt toroidalen Ladungsverteilung $|+1\rangle^{(ph)}$ nach Abb. 4.21 auf der vorherigen Seite um die $z^{(at)}$-Achse (gegen den Uhrzeigersinn). Für CW-Anregung erwartet man dagegen eine vollständig isotrope Winkelverteilung ohne Quantenbeats.

Wenn sich das zirkular polarisierte Licht entlang des $\boldsymbol{B}$-Feldes ($z^{(ph)} \parallel \boldsymbol{B}$) ausbreitet, wird die toroidale Ladungswolke einfach um ihre Symmetrieachse rotieren – ohne beobachtbaren Effekt auf Form oder Ausrichtung. Das gleiche gilt für lineare Polarisation mit $\mathfrak{e} \parallel \boldsymbol{B}$. Zusammenfassend gilt: Die *Dynamik in einer linearen Überlagerung von nicht entarteten Zuständen kann nur beobachtet werden, wenn die Unterzustände nicht isotrop besetzt sind, und eine geeignete Beobachtungsgeometrie gewählt wird.*

Wie kann man nun dies Dynamik beobachten – also die Wellenpakete bzw. die Ladungsverteilung in den angeregten Zuständen? Die sogenannte *Quantenbeat-spektroskopie* nutzt diese Oszillationen heute in verschiedenen Ausprägungen als sehr effiziente Methode, um kleine Energiedifferenzen in angeregten Zuständen zu bestimmen. Zwei (oder mehr) benachbarte Energieniveaus im angeregten Zustand werden benötigt, wie in Abb. 4.22 angedeutet. Der tiefer liegende Anfangszustand $|a\rangle$ wird durch einen kurzen Lichtimpuls *kohärent angeregt* in die zwei Zustände $|b_1\rangle$ und $|b_2\rangle$. Für den Augenblick[17] soll der Begriff *‚kohärent'* einfach ausdrücken, dass

[17] Eine detaillierte Behandlung verschieben wir auf das entsprechende Kapitel in Bd. 2.

eine wohldefinierte Phasenbeziehung zwischen den Besetzungsamplituden der beiden angeregten Zustände besteht – als Konsequenz einer hinreichend kurzen Dauer $\tau \ll 1/\omega_{21}$ des anregenden Impulses, wobei $\hbar\omega_{21}$ die Energieaufspaltung der beiden Zustände ist. Alternativ und gleichbedeutend kann man sagen, dass das anregende Licht eine FOURIER-begrenzte Bandbreite habe, die breit genug sei, um die beiden Niveaus b_1 und b_2 simultan anzuregen. Zur Zeit $t = 0$ wird der angeregte Zustand dann durch

$$|\psi(0)\rangle = c_1|b_1\rangle + c_2|b_2\rangle, \tag{4.145}$$

beschrieben, wobei c_j die Koeffizienten entsprechend (4.142) sind. Die nachfolgenden Überlegungen sind allgemein für zwei oder mehr Zustände gültig, die kohärent angeregt wurden und die leicht unterschiedliche Energien W_j besitzen. Quantenbeats sind also nicht auf die gerade beschriebenen jm_j-Unterniveaus beschränkt, die im Magnetfeld aufgespalten werden. Weitere Beispiele sind hoch angeregte RYDBERG-Zustände in Atomen, molekulare Rotations- und Vibrationszustände usw.

Die angeregten Zustände entwickeln sich mit der Zeit entsprechend

$$c_j|b_j\rangle \exp(-\mathrm{i}W_j t/\hbar), \quad \text{wobei} \quad W_j/\hbar = \omega_j .$$

Nehmen wir nun an, dass diese Zustände durch spontane Emission in einen niedriger liegenden Endzustand $|f\rangle$ zerfallen, wie in Abb. 4.22 auf der vorherigen Seite illustriert. Die Lebensdauer der angeregten Zustände $\tau_j = 1/A_j$ wird durch einen Dämpfungsterm $\exp(-A_j t/2)$ für die Amplitude berücksichtigt. Mit $\exp(-A_j t) = \exp(-t/\tau_j)$ für die Wahrscheinlichkeit ergibt sich die Wellenfunktion

$$|\psi(t)\rangle = c_1|b_1\rangle \mathrm{e}^{-(\mathrm{i}\omega_1 + A_1/2)t} + c_2|b_2\rangle \mathrm{e}^{-(\mathrm{i}\omega_2 + A_2/2)t}. \tag{4.146}$$

Die charakteristische Frequenz der darin enthaltenden Dynamik ist $\omega_{21} = \omega_2 - \omega_1$, da wir die triviale Zeitabhängigkeit $\exp(-\mathrm{i}\omega_1 t)$ herausziehen können. Die Intensität der emittierten Strahlung wird nach (4.93) in diesem Falle

$$I_{fb} \propto |\boldsymbol{r}_{fb} \cdot \mathbf{e}_d|^2 = \left|\langle f|\boldsymbol{r}_{fb} \cdot \mathbf{e}_d|\psi(t)\rangle\right|^2, \tag{4.147}$$

mit dem Polarisationsvektor $\mathbf{e}_d$ der detektierten Strahlung im Koordinatensystem des Detektors. Offensichtlich interferieren die Übergangsamplituden für die beiden Prozesse $|f\rangle \leftarrow |b_1\rangle$ und $|f\rangle \leftarrow |b_2\rangle$. Setzen wir nun (4.146) in (4.147) ein, so erhalten wir

$$\begin{aligned} I_{ab} \propto\ & |\boldsymbol{r}_{fb_1} \cdot \mathbf{e}_d|^2 |c_1|^2 \mathrm{e}^{-A_1 t} + |\boldsymbol{r}_{fb_2} \cdot \mathbf{e}_d|^2 |c_2|^2 \mathrm{e}^{-A_2 t} \\ & + \left|(\boldsymbol{r}_{ab_1} \cdot \mathbf{e}_d)(\boldsymbol{r}_{ab_2} \cdot \mathbf{e}_d) c_1 c_2\right| \mathrm{e}^{-(A_1+A_2)t/2} \cos\left[(\omega_{21} + \phi)t\right]. \end{aligned} \tag{4.148}$$

Ohne hier die Details der Polarisationsabhängigkeit näher zu erkunden, erinnern wir uns, dass die Koeffizienten c_j auch von Ausdrücken des Typs $\boldsymbol{r}_{b_j a} \cdot \mathbf{e}_\mathrm{e}$ abhängen, wo $\mathbf{e}_\mathrm{e}$ der Polarisationsvektor der anregenden Strahlung ist. Die Phase zwischen Anregungs- und Emissionsamplitude sei zusammengefasst als ϕ. Klar erkennt man den typischen Interferenzterm in der zweiten Zeile von (4.148): Die kohärente Überlagerung der Strahlung von beiden Zuständen führt zu einer periodischen Erhöhung und Abschwächung der beobachteten Intensität. Genau das sind die *Quantenbeats,* mit einer Periode von $2\pi/\omega_{21}$ und einer Dämpfung entsprechend $\exp[-(A_1 + A_2)t/2]$. Wenn beide Zustände die gleiche Lebensdauer $1/A$ haben, und wenn ihre Anregungsmatrixelemente identisch sind, vereinfacht sich (4.148) zu

$$I_{ab} \propto \{1 + \cos[(\omega_{21} + \phi)t]\}e^{-At}. \tag{4.149}$$

Man kann das Schema Abb. 4.22 auf Seite 240 als eine Variation des YOUNG'schen Doppelspaltexperiments auffassen: Da es *a priori* nicht bestimmbar ist, welchen ‚Weg' das Licht im Gesamtprozess Absorption-Emission nehmen wird, ob also über Zustand $|b_1\rangle$ oder Zustand $|b_2\rangle$, und da andererseits die Endzustände wohldefiniert sind, müssen die Amplituden kohärent addiert werden, und so entsteht ein typisches Interferenzmuster.

Quantenbeats wurden bereits in den 1960iger Jahren beobachtet. Allerdings wurde es erst mit der Entwicklung von abstimmbaren, gepulsten Lasern möglich, diese effizient zu untersuchen. Abbildung 4.23 zeigt zwei sehr schöne Beispiele aus der Molekülphysik: (a) präsentiert ein klares Spektrum für einen Rotationsübergang im freien Molekül CS_2 in einem äußeren Magnetfeld. Hierzu tragen genau zwei ZEEMAN- Niveaus bei. Die FOURIER-Transformation der zeitlichen Entwicklung in (a') zeigt im Wesentlichen *eine* Differenzfrequenz. Ein etwas komplizierteres Molekül ist Azeton, für welches ein Quantenbeatspektrum in (b) reproduziert wird. Es entspringt den Beiträgen mehrerer, niedrig liegender elektronischer Zustände. Das zeitabhängige Spektrum (also die FOURIER-Transformation des Linienspektrums) sieht recht verzwickt aus, und die FOURIER-(Rück-)Transformierte (b') dokumentiert, dass mehr als vier Übergänge zu den Quantenbeats beitragen. Die Tatsache,

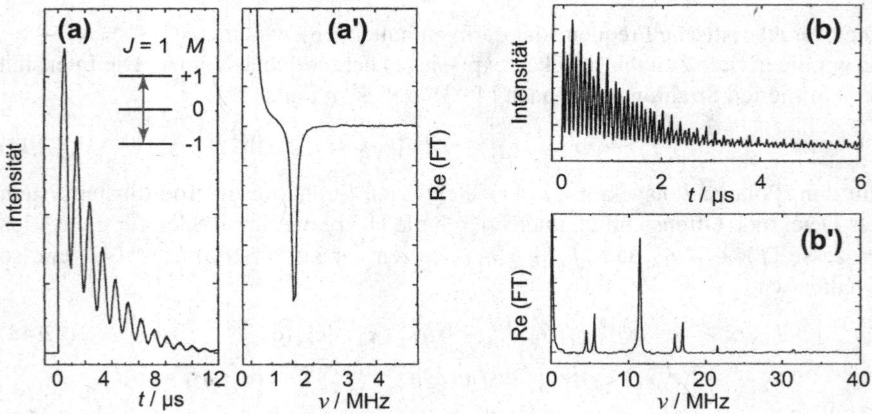

Abb. 4.23 Quantenbeats in Molekülen nach CARTER und HUBER (2000): (**a**) Fluoreszenz der ZEEMAN-Niveaus für eine R(0) Linie des Übergangs 17U in CS_2 (Magnetfeld hier $B \simeq 1.5$ mT). Die Laserpolarisation ist senkrecht zu $\boldsymbol{B}$ und ermöglicht Kohärenz zwischen den $M = \pm 1$ Unterniveaus; (**b**) Fluoreszenz nach kohärenter Anregung der $0_{00} - 1_{01}$ Rotationslinie in der Vibrationsbande $23_0^{1+} I_{(0,0)}^{(3,0)}$ des $S_1 \leftarrow S_0$ Übergangs in Azeton; Quantenbeats entstehen durch eine Mischung zwischen Singulett- und Triplettzuständen; (**a'**) und (**b'**) präsentieren den reellen Teil der FOURIER-transformierten Signale (**a**) bzw. (**b**)

dass die Signale nicht voll von Null bis zum Maximum ‚durchmoduliert' sind, führt man auf Beiträge von anderen Niveaus zurück.

4.7.3 Quantensprünge

Wir wollen dieses Kapitel mit einer kurzen Betrachtung von Quantensprüngen beenden, die zum grundsätzlichen Verständnis von Übergängen in Quantensystemen beiträgt. Wir erinnern uns: Stationäre Zustände in einem Quantensystem (Atom, Molekül usw.) haben diskrete, wohldefinierte Energien. Zwar können wir, wie eben besprochen, ein System in einer kohärenten Superposition von Zuständen präparieren und, wie wir in Band 2 sehen werden, mit geeigneten Feldern durchaus auch in eine kohärente Superposition von Grundzustand und angeregtem Zustand bringen. Wenn wir aber fragen, in welchem Zustand sich das System zu einem gewissen Zeitpunkt gerade befindet, so erhalten wir stets eine eindeutige Auskunft: *entweder* im angeregten *oder* im Grundzustand. Die Quantenmechanik erlaubt uns stets nur die Bestimmung der Wahrscheinlichkeitsamplitude für den einen oder anderen Zustand. Das System befindet sich niemals ‚dazwischen' – genau so wie die berühmte ‚SCHRÖDINGER'sche Katze', die entweder tot *oder* lebendig ist.

Ein Experiment, welches dies besonders eindringlich dokumentiert, wurde z. B. von SAUTER et al. 1988 durchgeführt und ist in Abb. 4.24 illustriert. Ein einzelnes(!) Ba^+-Ion wurde in einer Teilchenfalle (siehe z. B. DEHMELT und PAUL 1989) gespeichert und kontinuierlich mit einem Laser angeregt, der auf die Resonanzlinie zwischen Grundzustand $|g\rangle$ und einem kurzlebigen, angeregten Zustand $|e\rangle$ abgestimmt ist. Beobachtet wird das von diesem Zustand emittierte Fluoreszenzsignal. Gleichzeitig wird mit sehr geringer Wahrscheinlichkeit ein Übergang in den metastabilen Zustand $|m\rangle$ induziert, von wo aus das Ion mit sehr geringer Wahrscheinlichkeit (Lebensdauer einige Sekunden) wieder in den Grundzustand zurückkehrt.

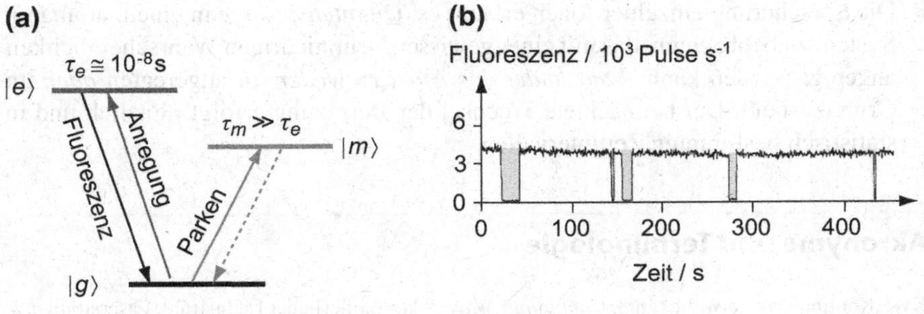

Abb. 4.24 Quantensprünge nach SAUTER et al. (1988). (**a**) Teil des Termschemas für das Ba^+-Ion und die benutzten Übergänge. (**b**) Beobachtet wird die Fluoreszenz des Zustands $|e\rangle$ als Funktion der Zeit. Grau hinterlegt sind die Zeiten verschwindenden Fluoreszenzsignals, während derer das Ion im Zustand $|m\rangle$ ‚geparkt' ist

Wie in Abb. 4.24b dokumentiert, wird das Fluoreszenzsignal in unregelmäßigen Abständen unterbrochen (grau hinterlegt) – nämlich immer dann und so lange, wie sich das Ion im angeregten, metastabilen Zustand $|m\rangle$ befindet. Man sieht, dass das Ion die meiste Zeit Licht emittiert, sich also überwiegend im Grundzustand $|g\rangle$ befindet, von wo aus es zur Detektion leicht und für nur etwa 10^{-8} s in den fluoreszierenden Zustand $|e\rangle$ angeregt werden kann. Die Unterbrechungen durch Anregung nach $|m\rangle$ treten selten auf und dauern unterschiedlich lange Zeit. Wenn man die Zeiten der Unterbrechung analysiert, so ergibt ihre Wahrscheinlichkeitsverteilung gerade die Lebensdauer des Zustands $|m\rangle$.

Das Experiment zeigt also sehr deutlich, dass das Ion sich stets in einem wohldefinierten Zustand befindet: Bis auf die kurze Zeit, wo es sich (im Mittel für wenige 10^{-8} s) im fluoreszierenden Zustand $|e\rangle$ befindet, ist es *entweder* im Grundzustand $|g\rangle$ und kann zur Fluoreszenz angeregt werden, *oder* es befindet sich in dem (dunklen) *metastabilen Zustand* $|m\rangle$ und *kann nicht durch Fluoreszenz detektiert* werden. Ein *Dazwischen* gibt es ganz offensichtlich *nicht* und der Übergang von einem zum anderen Zustand erfolgt durch einen (beliebig schnellen) Quantensprung. Lediglich die Wahrscheinlichkeit für einen solchen Quantensprung wird durch eine Exponentialverteilung mit der Lebensdauer des Zustands $|m\rangle$ beschrieben.

Was haben wir in Abschnitt 4.7 gelernt?

- Absorption und stimulierte Emission mit polarisiertem Licht (linear, zirkular oder elliptisch polarisiert) führt im allgemeinen Fall zu einer kohärenten Überlagerung von angeregten Basiszuständen. Wir haben geschlossene Ausdrücke für diese Zustände als Funktion der Polarisation entwickelt.
- Wenn mindestens zwei Zustände b_1 und b_2 mit leicht unterschiedlichen Energien $\hbar\omega_{b_1}$ und $\hbar\omega_{b_2}$ kohärent und mit anisotroper Besetzung angeregt werden, kann man *Quantenbeats* beobachten, wenn sie in den gleichen Endzustand zerfallen. Kohärente Anregung erfordert in diesem Fall kurze Impulse mit einer Dauer $\Delta t \ll 1/\Delta\omega_{b_2 b_1}$.
- Die Speicherung einzelner Ionen erlaubt es, *Quantensprünge* in einem atomaren System zu beobachten, das mit einer gewissen, sehr niedrigen Wahrscheinlichkeit angeregt werden kann: *Man findet das Atom entweder* im angeregten *oder* im Grundzustand. Der beobachtete Wechsel der Besetzung erfolgt plötzlich und in statistisch bestimmten Zeitintervallen.

Akronyme und Terminologie

CW: ‚Kontinuierliche Welle (engl. *Continuous Wave*)', kontinuierlicher Lichtstrahl, Laserstrahl u. ä. (im Gegensatz zum Lichtimpuls).

DGL: ‚Differenzialgleichung', Plural: DGLn.

E1: ‚Elektrischer Dipol-', Übergang, induziert durch die Wechselwirkung eines elektrischen Dipols (z. B. Elektron + Atomkern) mit der elektrischen Feldkomponente der elektromagnetischen Strahlung (Kap. 4).

E2: ‚Elektrischer Quadrupol-‘, Übergang, induziert durch die Wechselwirkung mit der elektrischen Feldkomponente der elektromagnetischen Strahlung in höherer Ordnung (Kap. 4).

IP: ‚Ionisationspotenzial‘, von freien Atomen und Molekülen, hier $W_I = -W_{n_0\ell_0}$ (das Äquivalent im Festkörper ist die „(Elektronen-)Austrittsarbeit“ W_{EA}.

LHC: ‚Linkshändig zirkular (engl. *Left Handed Circularly*)‘, polarisiertes Licht, auch σ^+-Licht.

LIF: ‚Laserinduzierte fluoreszenz‘, Strahlung eines Quantensystems, die nach Anregung durch Laserstrahlung emittiert wird.

M1: ‚Magnetischer Dipol-‘, Übergang, induziert durch die Wechselwirkung eines magnetischen Dipols (z. B. Elektronenspin) mit der magnetischen Feldkomponente der elektromagnetischen Strahlung (siehe Kap. 5).

NIST: ‚National Institute of Standards and Technology‘, Standorte Gaithersburg (MD) und Boulder (CO), USA. http://www.nist.gov/index.html.

QED: ‚Quantenelektrodynamik‘, kombiniert die Quantentheorie mit der klassischen Elektrodynamik und der speziellen Relativitätstheorie und erlaubt eine vollständige Beschreibung der Licht-Materie-Wechselwirkung.

RHC: ‚Rechtshändig zirkular (engl. *Right Handed Circularly*)‘, polarisiertes Licht, auch σ^--Licht.

Literatur

BETH, R. A.: 1936. ‘Mechanical detection and measurement of the angular momentum of light’. *Phys. Rev.*, **50**, 115–125.

CARTER, R. T. und J. R. HUBER: 2000. ‘Quantum beat spectroscopy in chemistry’. *Chem. Soc. Rev.*, **29**, 305–314.

DEHMELT, H. G. und W. PAUL: 1989. ‘NOBEL-Preis in Physik: „for the development of the ion trap technique“’, Stockholm. http://nobelprize.org/nobel_prizes/physics/laureates/1989/.

EINSTEIN, A.: 1916. ‘Strahlungs-Emission und -Absorption nach der Quantentheorie’. *Verh. Deutsche Phys. Ges.*, **18**, 318–323.

KRAMIDA, A. E., Y. RALCHENKO, J. READER und NIST ASD TEAM: 2015. ‘NIST Atomic Spectra Database (version 5.3)’, NIST. http://physics.nist.gov/asd, letzter Zugriff: 16.1.2016.

SAUTER, T., H. GILHAUS, I. SIEMERS, R. BLATT, W. NEUHAUSER und P. E. TOSCHEK: 1988. ‘On the photo-dynamics of single ions in a trap’. *Z. Phys. D*, **10**, 153–163.

Linienbreiten, Multiphotonenprozesse und mehr

5

Das im vorangehenden Kapitel Gelernte bedarf noch einiger Vertiefung, Quantifizierung und Erweiterung. Linienbreiten, Dispersion, Oszillatorenstärken und Wirkungsquerschnitte gilt es zu verstehen bzw. zu definieren. Multiphotonenprozesse, M1- und E2-Übergänge werden eingeführt. Schließlich widmen wir uns in einiger Breite der Photoionisation – also den photoinduzierten Übergängen zwischen einem diskreten, gebundenen Zustand ins Kontinuum nicht gebundener Zustände.

Überblick

Abschnitt 5.1 führt realistische, endliche Linienbreiten in die Beschreibung optischer Übergänge ein. Er sollte leicht zu lesen sein und ist von zentraler Bedeutung für die gesamte Spektroskopie. In Abschn. 5.2 – eng mit diesem Thema verbunden – werden Wirkungsquerschnitte für die Anregung unter Berücksichtigung von endlichen Linienbreiten besprochen, und das Konzept der optischen Oszillatorenstärke wird eingeführt, unterstützt von zusätzlichem Hintergrundmaterial in Anhang H.2. Abschnitt 5.3 gibt eine kurze Einführung in Multiphotonenprozesse, ohne welche weite Bereiche der modernen Spektroskopie nicht möglich wären. Ebenso bedeutsam sind E2- und insbesondere M1-Prozesse für viele Bereiche der Spektroskopie; der Leser kann den etwas mathematischen Abschn. 5.4 aber bei Bedarf später nachlesen, ohne hier den Zusammenhang zu verlieren. Ähnliches gilt für Abschn. 5.5, wo die Photoionisation behandelt wird. Diese spielt in vielen Gebieten der Physik ein ganz entscheidende Rolle. Im weiteren Verlauf dieses Buches werden wir davon Gebrauch machen, z. B. in Abschn. 7.6.2 auf Seite 401 und – recht ausführlich – in Kap. 10.

I.V. Hertel und C.-P. Schulz, *Atome, Moleküle und optische Physik 1*,
Springer-Lehrbuch, DOI 10.1007/978-3-662-53104-4_5

5.1 Linienverbreiterung

5.1.1 Natürliche Linienbreite

Auch wenn uns für eine strenge Behandlung der spontanen Emission noch einige wesentliche Werkzeuge fehlen, ist es doch wichtig, damit pragmatisch und für unsere Zwecke korrekt umzugehen. Eine wesentliche Konsequenz ist die daraus resultierende endliche Lebensdauer $\tau = \Delta t$ der angeregten ‚stationären' Zustände und die damit über die Unschärferelation (1.143) verbundene endliche Breite $\Gamma = \Delta W$ der atomaren Energieniveaus. Wir haben in Abschn. 4.3.6 auf Seite 209 bereits eine etwas heuristische Methode kennengelernt, wie man die endliche Lebensdauer der angeregten Zustände auch quantenmechanisch berücksichtigen kann. Dies wollen wir uns jetzt genauer ansehen, ohne dabei formale, mathematische Strenge zu beanspruchen. Wir beschreiben also entsprechend (4.41) die Besetzung der angeregten Zustände weiterhin durch zeitabhängige Wahrscheinlichkeitsamplituden $c_j(t)$, berücksichtigen nun aber die in 1. Ordnung Störungsrechnung erschlossene[1] Lebensdauer $\tau = 1/A_j$ des angeregten Zustands $|j\rangle$.

Ein Atom, das zur Zeit $t = 0$ angeregt wurde, zerfällt mit der Zeit t entsprechend der Wahrscheinlichkeitsverteilung

$$w_j(t) = \left|c_j(t)\right|^2 = \mathrm{e}^{-A_j t} = \mathrm{e}^{-t/\tau_j}.$$

Im Rahmen der Störungsrechnung wird die frühere Amplitude 0. Ordnung $c_j(t) = 1$ jetzt $c_j(t) = \exp(-t/2\tau_j)$. Im Ansatz (4.41) ersetzen wir

$$\begin{aligned} &\psi_j(\boldsymbol{r})\mathrm{e}^{-\mathrm{i}\omega_j t} \quad \text{durch} \\ &\psi_j(\boldsymbol{r})\mathrm{e}^{-t/2\tau_j}\mathrm{e}^{-\mathrm{i}\omega_j t} = \psi_j(\boldsymbol{r})\mathrm{e}^{-\mathrm{i}(\omega_j - \mathrm{i}/2\tau_j)t}. \end{aligned} \tag{5.1}$$

Man kann diese Gleichung auch so lesen, dass dem angeregten Zustand jetzt eine komplexe Eigenfrequenz und Eigenenergie zukommt, dass also

$$\omega_j \to \omega_j - \frac{\mathrm{i}}{2\tau} = \omega_j - \mathrm{i}\frac{A_j}{2} \quad \text{oder} \tag{5.2a}$$

$$W_j \to W_j - \mathrm{i}\frac{\Gamma_j}{2} \quad \text{mit} \quad \Gamma_j = \hbar A_j = \frac{\hbar}{\tau_j} \quad \text{gilt.} \tag{5.2b}$$

Schematisch ist das in Abb. 5.1 skizziert. Substituieren wir nun[2] (5.2a) in (4.45), so erhalten wir für die zeitabhängigen Übergangsamplituden die DGLn:

$$\frac{\mathrm{d}c_b(t)}{\mathrm{d}t} = -\frac{\mathrm{i}}{\hbar}\sum_j c_j(t)U_{bj}(t)\mathrm{e}^{\mathrm{i}(\omega_{bj}t - \mathrm{i}[A_b + A_j]t/2)} \tag{5.3}$$

[1] Wir hatten A aus dem B-Koeffizienten mithilfe der EINSTEIN-Relation (4.38) ermittelt.

[2] In (4.45) ist zu ersetzen

$$\mathrm{e}^{\mathrm{i}\omega_{bj}t} = \mathrm{e}^{\mathrm{i}\omega_b t}[\mathrm{e}^{\mathrm{i}\omega_j t}]^* \to \mathrm{e}^{\mathrm{i}\omega_b t - A_b t/2}\,\mathrm{e}^{-\mathrm{i}\omega_j t - A_j t/2} = \mathrm{e}^{\mathrm{i}\omega_{bj}t - [A_b + A_j]t/2}.$$

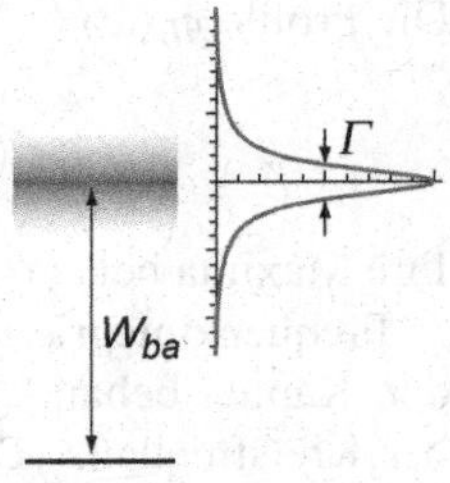

Abb. 5.1 Verbreiterung des Energieniveaus eines angeregten Zustands durch spontanen Zerfall – mit LORENTZ-Profil

Wenn der Anfangszustand a stabil ist ($A_a = 0$), dann ergibt sich für den Übergang $b \leftarrow a$ anstelle von (4.58) in 1. Ordnung Störungsrechnung

$$c_b(t) = \frac{eE_0}{2\hbar}\widehat{\mathsf{D}}_{ba}\,\frac{\mathrm{e}^{\mathrm{i}((\omega_{ba}-\omega)t-\mathrm{i}A_b t/2)}-1}{\mathrm{i}(\omega_{ba}-\omega-\mathrm{i}A_b/2)}, \tag{5.4}$$

wobei E_0 durch (4.56) gegeben ist, und $\widehat{\mathsf{D}}_{ba}$ in Dipolnäherung durch (4.57). Für große Zeiten $t \gg 1/A_b$ (eingeschwungener Zustand) wird die Wahrscheinlichkeitsamplitude für $|b\rangle$ unabhängig von der Zeit. Wir nennen sie c_r:

$$c_r = c_b(t \to \infty) \propto \frac{\mathrm{i}}{\omega_{ba}-\omega-\mathrm{i}A_b/2}. \tag{5.5}$$

Dies ist eine typische *Resonanzamplitude,* wie man sie schon aus der Mechanik für *erzwungene Schwingungen* kennt. Sie hängt von der Verstimmung $\omega_{ba}-\omega$ und von der *Dämpfungskonstante* A_b ab.

LORENTZ-Profil

So lange nur Übergänge zwischen einem isolierten angeregten Niveau b und einem stabilen unteren Niveau a untersucht werden, identifizieren wir die hier benutzte Zerfallskonstante A_b mit dem gemittelten Wert $\bar{A}_{ab}$ nach (4.114)–(4.116). Mit (5.5) folgt die Wahrscheinlichkeit, ein Atom im angeregten Zustand zu finden, wenn CW-Licht der Kreisfrequenz ω absorbiert wird:

$$\left|c_b(\omega)\right|^2 \propto g_L(\omega) = \frac{2}{\pi\bar{A}_{ab}} \times \frac{\bar{A}_{ab}^2/4}{(\omega-\omega_{ba})^2+\bar{A}_{ab}^2/4}. \tag{5.6}$$

Dies ist das wohlbekannte LORENTZ-*Profil* (LORENTZ-Verteilung), das eine Absorptionslinie mit der *natürlichen Linienbreite* $\Delta\omega_{\mathrm{nat}} := \bar{A}_{ab}$ beschreibt, wieder pro Einheit der Kreisfrequenz spezifiziert ist und die Dimension T hat. In Bezug auf die Energie schreibt sich das LORENTZ-Profil so:

$$g_L(W) = \frac{2}{\pi\Gamma} \times \frac{(\Gamma/2)^2}{(W-W_{ba})^2+(\Gamma/2)^2} = \frac{\Gamma/2\pi}{(W-W_{ba})^2+(\Gamma/2)^2} \tag{5.7}$$

Die Halbwertsbreite (FWHM) lässt sich auch durch die *Frequenzbandbreite* $\Delta\nu_{\mathrm{nat}}$, die *Energiebreite* Γ des Zustands, seine *natürliche Lebensdauer* τ_{nat} und die *spontane Zerfallsrate* (Übergangswahrscheinlichkeit) $\bar{A}_{ab}$ ausdrücken:

$$\Delta\omega_{\mathrm{nat}} = 2\pi\Delta\nu_{\mathrm{nat}} = \bar{A}_{ab} = \frac{1}{\tau_{\mathrm{nat}}} = \frac{\Gamma}{\hbar}. \tag{5.8}$$

Die Profile $g_L(\omega)$ und $g_L(W)$ sind auf Eins normiert:

$$\int_{-\infty}^{\infty} g_L(\omega)\mathrm{d}\omega = \int_{-\infty}^{\infty} g_L(W)\mathrm{d}W = 1. \tag{5.9}$$

Ihre Maxima bei $\omega = \omega_{ba}$ sind $2/\pi\Delta\omega_{\mathrm{nat}}$ bzw. $2/\pi\Gamma$.

Frequenzintegrierte Anregungs- und Absorptionsraten haben wir im vorangehenden Kapitel behandelt. Mit (4.62) und $\tilde{I}(\omega)$, der Intensitätsverteilung pro Einheit der Kreisfrequenz (Dimension $\mathsf{Enrg\,T^{-1}L^{-2}T = MT^2}$), kann die Absorptionsrate im Kreisfrequenzintervall ω bis $\omega + \mathrm{d}\omega$

$$\mathrm{d}R_{ba} = Bg_L(\omega)\frac{\tilde{I}(\omega)}{c}\mathrm{d}\omega. \tag{5.10}$$

geschrieben werden. B ist der EINSTEIN-Koeffizient nach (4.124) oder (4.126), je nach experimentellen Bedingungen.[3] Die Rate für spontane Emission eines Photons der Kreisfrequenz ω ist gegeben durch

$$\mathrm{d}R_{ab}^{(\mathrm{spont})} = \bar{A}_{ab}g_L(\omega)\mathrm{d}\omega,$$

wobei die spontane Zerfallsrate $\bar{A}_{ab}$ gleich der inversen *Lebensdauer jedes Unterzustands* von Niveau b durch *Zerfall in alle Unterzustände* des Niveaus a ist.

Wir können jetzt einen frequenzabhängigen Absorptionskoeffizienten einführen, indem wir $\bar{B}_{ba}$ nach (4.126) mit dem normierten Linienprofil (5.6) multiplizieren:

$$\tilde{B}_{ba}(\omega) = \bar{B}_{ba}g_L(\omega) = \frac{g_b}{g_a}\frac{\lambda_{ab}^3}{2\pi h}\frac{\bar{A}_{ab}^2/4}{(\omega-\omega_{ba})^2 + \bar{A}_{ab}^2/4} \tag{5.12}$$

$\bar{B}_{ba}$ ist die gemittelte Absorptionswahrscheinlichkeit vom unteren Niveau a zum oberen Niveau b für eine bestimmte Polarisation.[4]

Der aufmerksame Leser mag die obige ‚Ableitung' des frequenzabhängigen Absorptionskoeffizienten als etwas heuristisch empfinden. Wir werden darauf in Bd. 2 zurückkommen, wo wir eine systematische Ableitung präsentieren werden – deren Ergebnis sich als identisch mit dem obigen erweisen wird.

Besetzungsdichte und Sättigungsverbreiterung

An dieser Stelle ist es instruktiv, etwas über die Besetzungsdichte im angeregten Zustand zu erfahren (5.12), wenn man mit quasi-monochromatischer CW-Strahlung

---

[3] Wenn statt individueller Übergänge zwischen Unterzuständen die gemittelten Wahrscheinlichkeiten untersucht werden, müssen wir in (4.68) das quadratische Übergangsmatrixelement ersetzen

$$|\widehat{\mathsf{D}}_{ab}|^2 = |\boldsymbol{r}_{ab}\cdot\boldsymbol{e}|^2 \quad \text{durch} \quad \frac{1}{g_a}\sum_{m_a m_b}|\widehat{\mathsf{D}}_{ab}|^2 = \frac{1}{g_a}\sum_{m_a m_b}|\boldsymbol{r}_{ab}\cdot\boldsymbol{e}|^2. \tag{5.11}$$

[4] Wenn man am Absorptionsprofil für einen spezifischen Übergang zwischen Unterzuständen $j_b m_b \longleftrightarrow j_a m_a$ interessiert ist, muss man in (5.12) den Vorfaktor $(g_b/g_a) \to 3$ ersetzen und die Linienbreite $\bar{A}_{ab} \to A(j_b m_b\, j_a m_a; q)$ nach (4.123)–(4.124).

anregt (abstimmbarer Laser). Wir erinnern uns an die Ratengleichungen (4.36) und wenden sie für stationäre Bedingungen an – jetzt bei nahezu resonanter Einstrahlung. Dabei betrachten wir ein isoliertes Ensemble von Atomen (keine Thermalisierung), in dem nur der Grundzustand (Dichte N_a) und der angeregte Zustand b (Dichte N_b) besetzt sind. Um die Überlegungen einfach zu halten, nehmen wir ein reines Zweizustandssystem an,[5] was leicht zu realisieren ist, z. B. im Fall $j_b = j_a + 1$ und $m_b = j_b$, $m_a = j_a$ und $q = 1$. In diesem Fall fügen wir (5.12) anstelle von B_{ba} in die Ratengleichung (4.36) ein, setzen $g_b/g_a = 3$, $B_{ab}(\omega) = B_{ba}(\omega)$ und die Zerfallskonstante A_{ab} für diesen speziellen Übergang (siehe Fußnote 4 auf der vorherigen Seite). Wir drücken die spektrale Strahlungsdichte $\tilde{u}(\omega)$ durch die Intensität I der sehr schmalbandigen Laserstrahlung aus, $\tilde{u}(\omega) \to I/c$. Dann erhalten wir mit (4.36)

$$\frac{N_b}{N_a} = \frac{\tilde{B}_{ba}(\omega)I/c}{A_{ab} + \tilde{B}_{ab}(\omega)I/c},$$

woraus wir die relative Besetzung des angeregten Zustands

$$\frac{N_b}{N_b + N_a} = \frac{(\Omega_R/2)^2}{(A_{ab}/2)^2 + \Omega_R^2/2 + (\omega - \omega_{ba})^2} \tag{5.13}$$

bestimmen, mit der Abkürzung $\Omega_R^2 = (3\lambda^3 A_{ab})I/(2\pi hc)$.

Bei sehr niedrigen Intensitäten ($\Omega_R \ll A_{ab}$) ergibt sich daraus wieder die LORENTZ-Verteilung (5.12) mit der FWHM $= A_{ab}$. Die maximale Anregungswahrscheinlichkeit ist dann erwartungsgemäß proportional zur Lichtintensität I.

Bei sehr hohen Intensitäten ($\Omega_R > A_{ab}$) ist das Linienprofil immer noch eine LORENTZ-Verteilung. Allerdings ist die FWHM jetzt $\Omega_s = \sqrt{A_{ab}^2 + 2\Omega_R^2}$. Sie wächst proportional zu $\propto \sqrt{I}$ – wir sprechen von *Leistungsverbreiterung* oder *Sättigungsverbreiterung* der Linie. Dabei zeigt sich, dass selbst für extrem hohe Intensitäten das *Maximum der relativen Besetzung* im oberen Zustand auch im Falle der exakten Resonanz $\omega = \omega_{ba}$ stets $N_b/(N_b + N_a) < 1/2$ bleibt, d. h. der Übergang ist ‚gesättigt', wenn praktisch Gleichbesetzung besteht.

Mit CW-Strahlung kann man niemals mehr als 50 % der Atome anregen!

Wir weisen darauf hin, dass auch die obige ‚Ableitung' des Linienprofils bei Sättigungsverbreiterung in gewisser Weise auf intelligentem Erraten basiert: Die Störungstheorie gilt ja streng nur für $N_b/(N_b + N_a) \ll 1/2$, also für sehr kleine Anregungsdichten. Wir werden aber im Schlusskapitel von Bd. 2 eine nicht perturbative Methode kennenlernen, die unser jetziges Ergebnis (5.13) bestätigt.

[5] Wenn im Grundzustand oder im angeregten Zustand mehrere Unterniveaus beteiligt sind, so muss man zusätzlich noch das sog. *optische Pumpen* berücksichtigen (siehe Anhang zu Bd. 2).

Homogene Linienverbreiterung

Wir führen hier noch zwei wichtige Begriffe ein: Wenn das Linienprofil (in Absorption oder Emission) als Funktion der Frequenz für jedes individuelle Quantensystem (Atom) eines untersuchten Ensembles identisch ist, spricht man von *homogener Linienverbreiterung*. Im Gegensatz dazu kann auch jeder Absorber/Emitter sein eigenes Profil haben; man nennt diesen Fall *inhomogene Linienverbreiterung*.

Das LORENTZ-*Profil (natürliches Linienprofil)* beschreibt den Prototyp der homogenen Linienverbreiterung: Absorption eines Photons führt stets zur Anregung des oberen Zustand insgesamt – unabhängig von der anregenden Frequenz. Alle Atome einer Sorte (z. B. H-Atome) verhalten sich diesbezüglich identisch und sind nicht durch spezifische Anregungsfrequenzen unterscheidbar. Und umgekehrt emittieren auch alle Atome in einem spezifischen, angeregten Zustand das gleiche Spektrum: Photonen der Frequenz ω werden von jedem Atom mit einer Wahrscheinlichkeit $g_L(\omega)$ emittiert.

Beispiele für den alternativen Fall, die *inhomogene Linienverbreiterung,* werden wir in Abschn. 5.1.4 kennenlernen.

Die Begriffe homogene bzw. inhomogene Linienverbreiterung spielen eine wichtige Rolle bei vielen spektroskopische Fragestellungen – insbesondere auch im Zusammenhang mit dem Verständnis der Verstärkung in Lasersystemen, wie wir in einem entsprechende Kapitel in Bd. 2 ausführen werden.

Zahlenbeispiele

Um ein Gefühl für die Größenordnung natürlicher Linienbreiten zu entwickeln, kommunizieren wir hier *zwei typische Werte:*

- Für die Lyman-α-Linie ($1s \leftarrow 2p$) bei wasserstoffähnlichen Atomen benutzen wir (4.116) mit (D.55) und Tab. D.2. Mit diesen Werten[6] erhalten wir $A(1s2p) = 6.2658 \times 10^8 Z^4\,\mathrm{s}^{-1}$. Speziell für den $2p$-Zustand des H-Atoms (Hα Linie bei $\lambda = 121.57\,\mathrm{nm}$) wird die Lebensdauer $\tau_{\mathrm{nat}} = 1.596\,\mathrm{ns}$. Daraus ergibt sich eine Linienbreite von $\Delta\nu_{\mathrm{nat}} \simeq 99\,\mathrm{MHz}$.
- Für andere Atome muss man die radialen Wellenfunktionen berechnen und aus diesen die radialen Übergangsmatrixelemente numerisch ermitteln, wie wir das für das Beispiel der Alkaliatome in Kap. 3 erläutert haben. Speziell erhält man für den Na-D-Übergang ($3s \leftarrow 3p$) bei $\lambda = 589\,\mathrm{nm}$ (einer der stärksten Atomübergänge überhaupt) eine Lebensdauer $\tau \sim 16.2\,\mathrm{ns}$ bei einer Bandbreite $\Delta\omega_{\mathrm{nat}} = 1/\tau_{\mathrm{nat}} = 6.15 \times 10^7\,\mathrm{s}^{-1}$ oder $\Delta\nu_{\mathrm{nat}} \simeq 9.8\,\mathrm{MHz}$.

Man vergleiche damit die Übergangsfrequenz $\nu_{ba} = c/\lambda$ von $24.66 \times 10^{14}\,\mathrm{Hz}$ bzw. $5.089 \times 10^{14}\,\mathrm{Hz}$ für H bzw. Na. Die natürlichen Linienbreiten sind mit $\Delta\nu_{\mathrm{nat}}/\nu_{ba} = \Delta\lambda/\lambda \simeq 4 \times 10^{-8}$ bzw. 2×10^{-8} extrem klein. In Wellenzahlen ergibt sich für die Na-D-Linie $\Delta\nu_{\mathrm{nat}}/c = 0.00033\,\mathrm{cm}^{-1}$ und in Wellenlängeneinheiten

[6] In diesem speziellen Fall eines $s \longleftrightarrow p$ Übergangs ist $\bar{A}_{ab}$ sogar unabhängig vom Elektronenspin.

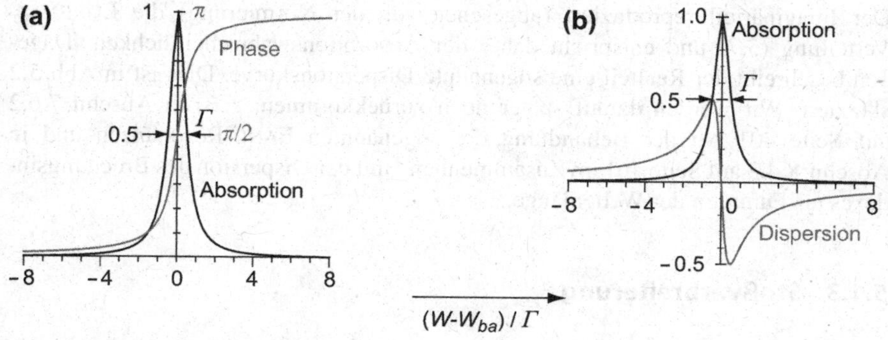

Abb. 5.2 Alternative Darstellungsformen für die Resonanzamplitude (5.14a)–(5.15b) als Funktion der Photonenenergie $W = \hbar\omega$. (**a**) Betrag (Absorption) und Phase, (**b**) Imaginärteil (Absorption) und Realteil (Dispersion)

$\Delta\lambda = -c\Delta\nu_{\mathrm{nat}}/\nu^2 \sim 1.06794 \times 10^{-3}\,\mathrm{nm}$. Man braucht also eine extrem hohe spektrale Auflösung, um diese Profile experimentell zu vermessen.

Wir halten an dieser Stelle fest, dass die natürliche Linienbreite eine Untergrenze für die Breite jeglicher Spektrallinie darstellt. Sie ist direkt mit der Lebensdauer des angeregten Zustands über die HEISENBERG'sche Unschärferelation (1.143) verknüpft. Eine Vielzahl von Einflüssen und experimentellen Bedingungen kann zur Verbreiterung der Spektrallinien führen, wie wir im Folgenden sehen werden.

5.1.2 Dispersion

Es ist für spätere Überlegungen hilfreich, sich die komplexe Resonanzamplitude (5.5) auch graphisch zu veranschaulichen, wie das in Abb. 5.2 geschieht. Mit der Resonanzenergie W_{ba} und der Linienbreite $\Gamma = \hbar/\tau$ (FWHM) gilt:

$$c_r(W) = |c_r| \exp(\mathrm{i}\phi) \quad \text{mit}$$

$$\text{Betrag} \quad |c_r| = \sqrt{\frac{\Gamma^2/4}{(W_{ba} - W)^2 + \Gamma^2/4}} \tag{5.14a}$$

$$\text{und Phase} \quad \phi = \arctan\left(\frac{\Gamma/2}{W_{ba} - W}\right) + (\pi \quad \text{für } W > W_{ab}). \tag{5.14b}$$

Hier haben wir $|c_r(W)|$ bei Resonanz auf $|c_r(W_{ba})| = 1$ normiert. Alternativ können wir $c_b(W)$ auch durch Real- und Imaginärteil ausdrücken:

$$\mathrm{Re}(c_r) = |c_r| \cos\phi = \frac{(W_{ba} - W)\,\Gamma/2}{(W_{ba} - W)^2 + \Gamma^2/4} \tag{5.15a}$$

$$\mathrm{Im}(c_r) = |c_r| \sin\phi = \frac{\Gamma^2/4}{(W_{ba} - W)^2 + \Gamma^2/4}. \tag{5.15b}$$

Der Imaginärteil reproduziert (abgesehen von der Normierung) die LORENTZ-Verteilung (5.7) und entspricht daher der Absorptionswahrscheinlichkeit. Dagegen beschreibt der Realteil eine sogenannte Dispersionskurve. Dies ist in Abb. 5.2 skizziert. Wir werden darauf später noch zurückkommen, z. B. in Abschn 7.6.2 auf Seite 401 bei der Behandlung der sogenannten FANO-Resonanzen und in Abschn. 8.4.3 auf Seite 461 im Zusammenhang mit der Dispersion des Brechungsindexes als Funktion der Wellenlänge.

5.1.3 Stoßverbreiterung

Bei höheren Drucken stoßen die Atome und Moleküle eines Gases häufig miteinander. Dabei wird der Emissionsprozess (aber auch die Absorption) gestört. Man kann sich dies am einfachsten so vorstellen, dass der Emissionsvorgang zwar nicht unterbrochen wird, aber bei jedem Stoß sein Phasengedächtnis vollständig verliert. Diese Wechselwirkungen geschehen statistisch mit einer exponentiellen Wahrscheinlichkeitsverteilung (siehe Abschn. 1.3.1 auf Seite 18).

Die mittlere Zeit zwischen zwei Stößen, die sog. *Stoßzeit* t_{col}, ergibt sich nach (1.52) aus der Teilchendichte N des Gases, dem Wirkungsquerschnitt σ für Stöße zwischen strahlendem Atom und Gasteilchen der Umgebung und ihrer Relativgeschwindigkeit v (die nicht notwendigerweise von der gleichen Spezies sein müssen). Dies führt zu einer *Stoßverbreiterung (auch Druckverbreiterung)* der emittierten Linien. Wie wir in Anhang I.4.5 näher ausführen, gehört zu einer solchen Exponentialverteilung auf der Zeitskala eine LORENTZ-Verbreiterung der Linie im Frequenzraum mit einer FWHM

$$\Delta\omega_{\mathrm{col}} = 1/t_{\mathrm{col}} = \langle N\sigma v\rangle = \langle \sigma v\rangle p/k_{\mathrm{B}}T \simeq \sigma p\sqrt{8/(\pi \bar{M} k_{\mathrm{B}}T)} \tag{5.16}$$

$$\Delta\nu_{\mathrm{col}} \simeq \sigma p\sqrt{8/(\pi \bar{M} k_{\mathrm{B}}T)}/2\pi, \tag{5.17}$$

wobei $\langle\ \rangle$ Mittelung über die Verteilung der Relativgeschwindigkeiten im untersuchten Gas bedeutet. Die Teilchendichte hängt mit dem Druck p und der Temperatur T nach (1.50) zusammen. Die mittlere (relative) Geschwindigkeit ergibt sich für die MAXWELL-BOLTZMANN-Verteilung (1.57) zu $\langle v\rangle \simeq \sqrt{8k_{\mathrm{B}}T/(\pi\bar{M})}$. Hier haben wir die reduzierte Masse $\bar{M}$ der Stoßpaare benutzt, da es um die Relativgeschwindigkeit der Teilchen geht. Typische gaskinetische Wirkungsquerschnitte liegen in der Größenordnung von $\sigma \simeq 10^{-15}\,\mathrm{cm}^2$ (meist elastische Streuung).

Für unser Standardbeispiel, das Na-Atom, sagen wir in einer Zelle mit 100 mbar Argon als Puffergas ($\bar{M} = 14.6\,\mathrm{u}$) bei $T = 554\,\mathrm{K}$ ist der Dampfdruck des Natriums $1\,\mathrm{Pa} = 0.01\,\mathrm{mbar}$ hoch genug für spektroskopische Zwecke. Unter diesen Bedingungen ergibt sich eine Stoßverbreiterung von etwa $\Delta\nu_{\mathrm{col}} = 1.84 \times 10^8\,\mathrm{Hz}$, etwa eine Größenordnung über der natürlichen Linienbreite. Sie wächst linear mit dem Druck und kann sehr wichtig in dichten Gasen werden. Auch die *Stoßverbreiterung ist eine homogene Linienverbreiterung,* da sie statistischer Natur ist und alle Atome in gleicher Weise betrifft.

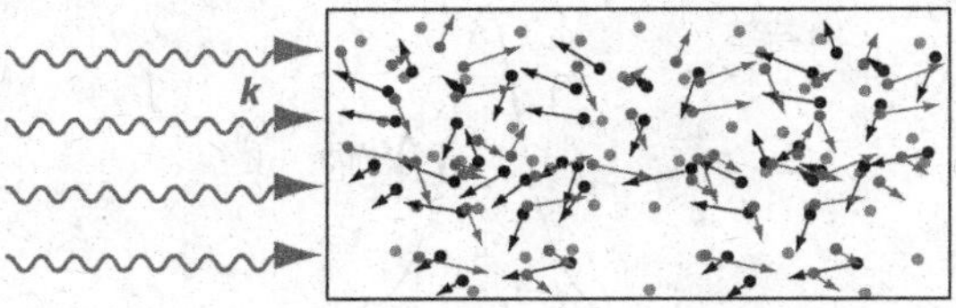

Abb. 5.3 Zur Illustration des DOPPLER-Profils einer Absorptionslinie: Die Pfeile deuten Richtung und Betrag der Geschwindigkeit der Atome an. Diese Bewegung führt zu einer Rot- bzw. Blauverschiebung (Pfeile nach rechts bzw. links, *online rot bzw. schwarz markierte Atome*). Für ruhende Atome oder solche die sich $\perp$ ***k*** (*online grau*) bewegen, gibt es keine DOPPLER-Verschiebung

Wenn diese zusätzliche Verbreiterung von ähnlicher Größenordnung ist wie die natürliche Linienbreite, dann muss man beide Linienbreiten miteinander falten. Speziell ergibt sich für die *Faltung* zweier LORENTZ-Profile wieder ein LORENTZ-Profil, wobei sich die Linienbreiten (FWHM) addieren, wie in Anhang G.5 ausgeführt:

$$\Delta\omega_{1/2} = \Delta\omega_{\mathrm{col}} + \bar{A}_{ab} = \frac{1}{t_{\mathrm{col}}} + \frac{1}{\tau_{\mathrm{nat}}}. \tag{5.18}$$

5.1.4 DOPPLER-Verbreiterung

Während die Stoßverbreiterung in der Spektroskopie oft einfach dadurch reduziert werden kann, dass man den Druck im Targetgas erniedrigt, ist die Linienverbreiterung durch die thermische Bewegung der Atome und Moleküle ein generelles Phänomen der Spektroskopie in der Gasphase und sehr viel schwieriger zu überwinden. Abbildung 5.3 illustriert die Ursache dieser sog. DOPPLER-*Verbreiterung* der Spektrallinien. Die DOPPLER-Verschiebung für eine Geschwindigkeitskomponente v_x in $\boldsymbol{k}$-Richtung ist im nichtrelativistischen Grenzfall nach (1.31)

$$\Delta\omega_{ba} = \omega_{ba}\frac{v_x}{c} = \frac{2\pi}{\lambda_{ba}}v_x, \tag{5.19}$$

mit der Kreisfrequenz $\omega_{ba} = 2\pi\nu_{ba}$ im Ruhesystem des Atoms, λ_{ba} die entsprechende Wellenlänge und $\Delta\omega_{ba} = 2\pi\Delta\nu_{ba}$ die Verschiebung der absorbierten (oder emittierten) Kreisfrequenz in Bezug auf ω_{ba}.

Nach der BOLTZMANN-Verteilung (1.56) in Bezug auf eine Geschwindigkeitskomponente v_x (hier in der Richtung der Lichtausbreitung $\boldsymbol{k}$) gilt

$$w(v_x)\mathrm{d}v_x = \frac{1}{\sqrt{2\pi v_0^2}}\exp[-v_x^2/(2v_0^2)]\mathrm{d}v_x, \quad \text{mit} \quad v_0^2 = \langle v^2\rangle = \frac{k_\mathrm{B}T}{\mathrm{M}} \tag{5.20}$$

der Varianz der Verteilung, ihrer Standardabweichung $v_0 = \sqrt{k_\mathrm{B}T/\mathrm{M}}$, der Atommasse M, der Temperatur T und der BOLTZMANN-Konstante k_B. Daher absorbiert

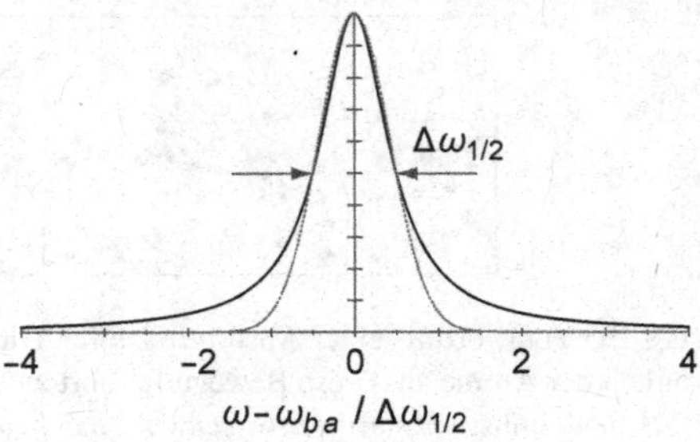

Abb. 5.4 Vergleich eines LORENTZ-Profils (volle Linie, *schwarz*), typisch für die natürliche Linienverbreiterung und Stoßverbreiterung mit einem GAUSS-Profil (gepunktet, *online rote Line*), das durch DOPPLER-Verbreiterung hervorgerufen wird. Beide Verteilungen haben hier die gleiche FWHM $\Delta\omega_{1/2}$ und sind auf gleiches Maximum normiert

nach (5.19) jedes Atom (Molekül) bei unterschiedlicher Frequenz ν je nach seiner Geschwindigkeitskomponente v_x in $\boldsymbol{k}$-Richtung.

Wenn wir v_x nach (5.19) in (5.20) einsetzen, führt dies zu einer GAUSS-Verteilung für das Linienprofil:

$$g_D(\omega)\mathrm{d}\omega = \frac{1}{\sqrt{2\pi}\omega_D}\exp\left[-\frac{1}{2}\left(\frac{\omega-\omega_{ba}}{\omega_D}\right)^2\right]\mathrm{d}\omega, \quad \text{mit } \omega_D = \omega_{ba}\sqrt{\frac{k_\mathrm{B}T}{Mc^2}} \tag{5.21}$$

als Standardabweichung. Die FWHM ist

$$\Delta\omega_D = \sqrt{8\ln 2}\,\omega_D = \omega_{ba}\sqrt{8\ln 2}\sqrt{\frac{k_\mathrm{B}T}{Mc^2}} = \frac{2\pi}{\lambda_{ba}}\sqrt{8\ln 2}\sqrt{\frac{k_\mathrm{B}T}{M}}. \tag{5.22}$$

Da $\mathrm{d}\nu/\nu_D = \mathrm{d}\omega/\omega_D$, erhält man das DOPPLER-*Profil* auf der Frequenzskala nach (5.21), indem man einfach $\omega_D/2\pi = \nu_D = \nu_{ba}\sqrt{k_\mathrm{B}T/Mc^2}$ setzt, mit einer FWHM $\Delta\nu_D = \nu_{ba}\sqrt{8\ln 2}\sqrt{k_\mathrm{B}T/Mc^2} \simeq 2.4\,\nu_{ba}\sqrt{k_\mathrm{B}T/Mc^2}$. Wie üblich wird das DOPPLER-Profil so normiert, dass

$$\int g_D(\omega)\mathrm{d}\omega = \int g_D(\nu)\mathrm{d}\nu = 1.$$

Abbildung 5.4 illustriert, dass die Flügel einer GAUSS-Verteilung im Vergleich zu einer LORENTZ-Verteilung gleicher FWHM stark unterdrückt sind.

Wir wollen hier noch festhalten, dass die DOPPLER-Verschiebung natürlich energie- und impulserhaltend ist. Wir beweisen dies für den nichtrelativistischen Grenzfall für die Emission eines Photons der Energie $\hbar\omega$ in Richtung $\mathbf{e}_k$. Energieerhaltung erfordert

$$\hbar\omega + \hbar\omega_a + \frac{1}{2}M\boldsymbol{v}_a^2 = \hbar\omega_b + \frac{1}{2}M\boldsymbol{v}_b^2, \tag{5.23}$$

wobei $\boldsymbol{v}_b$ und $\boldsymbol{v}_a$ die atomaren Geschwindigkeiten, $\hbar\omega_b$ und $\hbar\omega_a$ die Energien von oberen und unterem Zustand sind. Impulserhaltung impliziert

$$M\boldsymbol{v}_b = M\boldsymbol{v}_a + \frac{\hbar\omega}{c}\mathbf{e}_k. \tag{5.24}$$

Setzen wir nun $\boldsymbol{v}_a$ nach (5.24) in (5.23) ein, kürzen wie üblich $\hbar\omega_{ba} = \hbar\omega_b - \hbar\omega_a$ ab und vernachlässigen wir Terme $\hbar\omega/Mc^2 \ll v_x/c$, so erhalten wir

$$\omega = \frac{\omega_{ba}}{1 - v_x/c} \simeq \omega_{ba}\left(1 + \frac{v_x}{c}\right) \quad \text{oder} \quad \Delta\nu_{ba} = \frac{\omega - \omega_{ba}}{2\pi} = \nu_{ba}\frac{v_x}{c}.$$

Hier ist $v_x = \boldsymbol{v}_b \cdot \boldsymbol{e}_k$ die Projektion der atomaren Anfangsgeschwindigkeit $\boldsymbol{v}_b$ auf die Ausbreitungsrichtung des Photons. Auf diese Weise haben wir die nichtrelativistische DOPPLER-Verschiebung nach (5.19) reproduziert, *q.e.d.*

In der Regel liegt die DOPPLER-Verbreiterung um Größenordnungen über der natürlichen Linienbreite und bei nicht zu hohen Drucken auch über der Stoßverbreiterung. Als Beispiel für einen typischen Zahlenwert beziehen wir uns wieder auf die Na-D-Linien. Bei 554 K wird mit $M = 23\,\mathrm{u}$ die DOPPLER-Breite $\Delta\nu_D \simeq 1.8 \times 10^9\,\mathrm{Hz}$ bei $\nu = 5.09 \times 10^{14}\,\mathrm{Hz}$ – im Vergleich zu $\Delta\nu_{\mathrm{nat}} = 9.79 \times 10^6\,\mathrm{Hz}$ für die entsprechende natürliche Linienbreite bei einer Lebensdauer von $\tau_{\mathrm{nat}} = 16.2\,\mathrm{ns}$. Die DOPPLER-Breite ist also in diesem Fall zwei Größenordnungen größer als die natürliche Linienbreite und eine Größenordnung höher als die Stoßverbreiterung bei 100 mbar. Die Spektroskopie von Emissions- oder Absorptionslinien in der Gasphase – die wichtigste Quelle unserer Erkenntnisse über die Struktur von Atomen und Molekülen – hat also massiv mit der DOPPLER-Verbreiterung zu kämpfen. In späteren Kapiteln (auch in Bd. 2) werden wir eine Reihe von interessanter Verfahren kennenlernen, die damit listenreich umgehen.

Man macht sich anhand von Abb. 5.3 leicht klar, dass *die* DOPPLER-*Verbreiterung – im Gegensatz zur natürlichen Linienverbreiterung – inhomogen* ist: Jedes Atom absorbiert bzw. emittiert je nach seiner Geschwindigkeit auf einer ganz spezifischen Wellenlänge. Im Absorptionsprozess regt jede bestimmte Frequenz ν nur eine spezifische Gruppe von Teilchen in einem Geschwindigkeitsintervall von v_x bis $v_x + \Delta v_x$ an, wobei Δv_x nach (5.19) mit der natürlichen Linienbreite $\Delta v_x = \lambda_{ba}\Delta\nu_{\mathrm{nat}}$ verknüpft ist.

5.1.5 VOIGT-Profil

Im allgemeinsten Fall (also bei hohen Temperaturen *und* hohen Drucken) muss man beide Einflüsse berücksichtigen, die Stoßverbreiterung *und* die DOPPLER-Verbreiterung. Dazu muss man das LORENTZ-Profil mit dem GAUSS-Profil falten. Das ist nicht ganz trivial, aber möglich, und wird kurz in Anhang G.6 ausgeführt. Das Resultat ist ein sog. VOIGT-*Profil*. Als Beispiel zeigt Abb. 5.5 den Fall gleicher FWHM für LORENTZ- und DOPPLER-Profil. Eine recht genaue Näherungsformel für die Linienbreite des VOIGT-Profils gibt (G.25).

Solche etwas aufwendigen Studien und Auswertungen von Spektrallinien wurden sehr intensiv in der zweiten Hälfte des letzten Jahrhunderts durchgeführt, insbesondere um Stoßprozesse besser verstehen zu lernen. Die moderne Spektroskopie und Stoßphysik haben demgegenüber in den letzten Dekaden erhebliche Fortschritte gemacht. So kann man sagen, dass die Probleme der Stoßverbreiterung wie auch

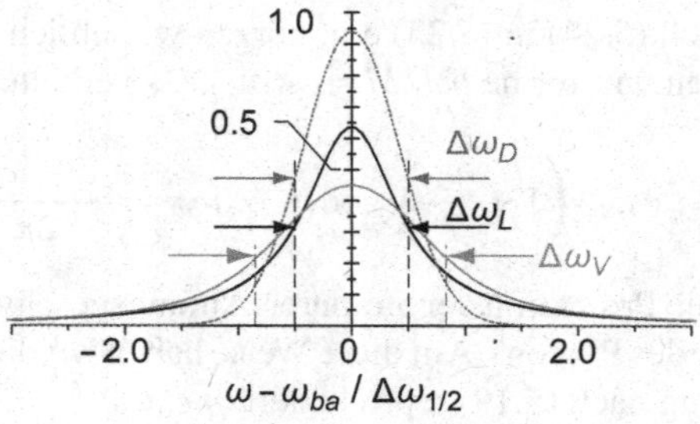

Abb. 5.5 Vergleich von LORENTZ- (schwarz), GAUSS- (gepunktet, *online rot*), und VOIGT-Profil (grau) – letzteres ist eine Faltung der beiden ersteren. Alle drei Profile sind hier auf $\int_{-\infty}^{\infty} g(\omega)\mathrm{d}\omega = 1$ normiert. Die *Pfeile* deuten die FWHM $\Delta\omega_L$, $\Delta\omega_D$ bzw. $\Delta\omega_V$ der drei Verteilungen an

der DOPPLER-Verbreiterung mehr oder weniger überwunden werden konnten: durch einen ganzen Handwerkskasten voller ausgeklügelter spektroskopischer Methoden.

Dennoch spielt die Auswertung von Linienprofilen immer noch eine wichtige Rolle für die Spektroskopie von dichten Gasen, Hochdruckgasentladungen und ganz allgemein von Plasmen – im Labor wie auch in der Astrophysik. Bei Plasmen spielen weitere Verbreiterungsmechanismen, wie z. B. die sog. STARK-Verbreiterung durch elektrische Felder, zusätzlich zu den hier besprochenen eine wichtige Rolle beim Verständnis der beobachteten Linienformen und -breiten. In Medien, die auf andere Weise nicht zugänglich sind, bietet die systematische Vermessung von Spektrallinien oft den einzig gangbaren experimentellen Weg zu wichtigen physikalischen Größen – z. B. zu Teilchendichten und Temperaturen.

Was haben wir in Abschnitt 5.1 gelernt?

- Das *natürliche Linienprofil* ergibt sich aus der endlichen Lebensdauer τ_{ab} der angeregten Zustände. Es wird durch eine LORENTZ-Verteilung (5.12) mit einer FWHM $\Delta\omega_{\mathrm{nat}} = \bar{A}_{ab} = 1/\tau_{ab}$ beschrieben.
- Die *Stoßverbreiterung* von Spektrallinien wird ebenfalls durch ein LORENTZ-Profil repräsentiert. Es ist von Bedeutung für Untersuchungen an Gasen bei hohen Drucken p. Seine FWHM ist $\Delta\omega_{\mathrm{col}} \simeq \sigma p \sqrt{8/(\pi \bar{M} k_{\mathrm{B}} T)}$ bei einer Temperatur T, wobei $\bar{M}$ die relative Masse der stoßenden Teilchen ist.
- Die DOPPLER-Verbreiterung ergibt sich aus der Verschiebung der Übergangsfrequenzen durch die verschiedenen Geschwindigkeiten der frei beweglichen Atome oder Moleküle im untersuchten Gas. Die BOLTZMANN-Verteilung der Geschwindigkeiten führt zu einem GAUSS'schen Linienprofil nach (5.21) mit einer FWHM von $\Delta\omega_D \simeq (2\pi/\lambda_{ba})\sqrt{8\ln 2}\sqrt{k_{\mathrm{B}}T/M}$.
- Typischerweise ist $\Delta\omega_{\mathrm{nat}} \ll \Delta\omega_{\mathrm{col}}$ und $\Delta\omega_{\mathrm{nat}} \ll \Delta\omega_D$.
- Das VOIGT-Profil ist eine Faltung aus LORENTZ- und GAUSS-Profil und beschreibt die Verhältnisse, wenn sowohl die DOPPLER-Verbreiterung wie auch die Stoßverbreiterung wichtig sind, d. h. bei hohen Temperaturen *und* hohen Drucken.

- Wir unterscheiden *homogene und inhomogene Linienverbreiterung,* je nachdem ob jeder Absorber das gleiche Linienprofil hat oder ob jeder bei einer anderen Frequenz absorbiert bzw. emittiert. Das natürliche Linienprofil und die Stoßverbreiterung sind typisch für homogene Verbreiterung, die DOPPLER-Verbreiterung ist eine typisch inhomogene Verbreiterung.

5.2 Oszillatorenstärke und Wirkungsquerschnitt

5.2.1 Verallgemeinerung der Übergangsraten

In Abschn. 5.1.1 haben wir damit begonnen, das Konzept der Übergangsraten zwischen diskreten Zuständen auf Niveaus auszudehnen, die durch spontane Emission verbreitert sind. Wir können dies als ersten Schritt für die Beschreibung von Übergängen ins Kontinuum ansehen. Die dort vorgestellten Überlegungen kann man problemlos auf stoßverbreiterte wie auch auf DOPPLER-verbreiterte Übergänge anwenden. Dazu muss lediglich $g_L(\omega)$ in (5.10) durch das entsprechende Linienprofil ersetzt werden. In diesem Zusammenhang normiert man meistens in der Energieskala, wie im Detail in Anhang J.1 beschrieben. Mit $W = \hbar\omega$ und $\tilde{I}(\omega) = \mathrm{d}I/\mathrm{d}\omega = \hbar \mathrm{d}I/\mathrm{d}W$ schreibt man die Übergangsrate (4.62) dann als

$$\frac{\mathrm{d}R_{ba}}{\mathrm{d}W} = 4\pi^2\alpha\tilde{I}(W)|\widehat{\mathsf{D}}_{ba}|^2 g(W), \tag{5.25}$$

wobei $|\widehat{\mathsf{D}}_{ba}|^2$ nach (4.57) für die Dipolnäherung einzusetzen ist. Hier haben wir das Profil $g(W)$ der zu untersuchenden Spektrallinie bezüglich der Energieskala eingesetzt. Wir können den Ausdruck aber auch viel allgemeiner nutzen, indem wir $g(W)$ als Zustandsdichte interpretieren, wie wir sie in Abschn. 1.3.3 auf Seite 24 eingeführt haben. Sie beschreibt die Wahrscheinlichkeit, einen Zustand anzutreffen, in den das System angeregt werden kann, also z. B. auch eine Gruppe von Linien. Die Verteilungsfunktion muss natürlich wieder nach (5.9) normiert werden (wie breit auch immer das Profil insgesamt ist). In Erweiterung von Fußnote 3 auf Seite 250 hat man dabei über alle untersuchten Niveaus zu summieren und jeweils mit $g(W)$ zu multiplizieren. In dieser Lesart ist $\mathrm{d}R_{ba}/\mathrm{d}W$ die Übergangsrate (bzw. die Absorptionsrate für Photonen) pro Einheit des Energieintervalls (Dimension $\mathsf{T}^{-1}\mathsf{Enrg}^{-1}$). Die Zustandsdichte $g(W)$ kann im allgemeinsten Fall ein ausgedehntes Kontinuum oder Quasikontinuum von Absorptionsbanden beschreiben, über das zu integrieren ist; $g(W)$ gibt dabei an, wie viele Zustände es pro Energieeinheit gibt.

Ersetzen wir in (5.25) die spezielle Wechselwirkung für elektromagnetische Strahlung mit Materie durch den allgemeinen Übergangsoperator $\widehat{U}$, den wir in Abschn. 4.3.1 auf Seite 202 eingeführt haben, so wird aus dem Spezialfall (5.25) die berühmte, allgemein gültige

FERMI'*sche goldene Regel*: $$\frac{\mathrm{d}R_{ba}}{\mathrm{d}W} = \frac{2\pi}{\hbar}|\widehat{U}_{ba}|^2 g(W). \tag{5.26}$$

In der Literatur wird sie meist ohne speziellen Hinweis auf ihre differenzielle Natur pro Energieeinheit kommuniziert.

5.2.2 Oszillatorenstärke

In Abschn. 4.6.1 auf Seite 230 haben wir die sog. Linienstärke $S(j_b j_a)$ eingeführt, welche die Dimension L^2 hat. Zum besseren Vergleich verschiedener Übergangswahrscheinlichkeiten definiert man, proportional zur Linienstärke $S(j_b j_a)$, auch eine *dimensionslose Größe,* die sogenannte *Oszillatorenstärke:*

$$\mathfrak{f}_{ba}^{(\mathrm{opt})} = \frac{2W_{ba}}{E_\mathrm{h}} \frac{S(j_b j_a)}{3 g_a a_0^2} = \frac{2W_{ba}}{E_\mathrm{h}} \left| \frac{\widehat{\mathsf{D}}_{ba}}{a_0} \right|^2 = \frac{2W_{ba}}{E_\mathrm{h}} \left| \frac{z_{ba}}{a_0} \right|^2 . \tag{5.27}$$

Kurz zusammengefasst ist die Linienstärke $S(j_b j_a)$ die Summe über die Quadrate der Übergangsmatrixelement für die Übergänge zwischen allen Unterniveaus der Niveaus a und b, während $\mathfrak{f}_{ba}^{(\mathrm{opt})}$ die Absorption (oder induzierte Emission) von einem Unterzustand $|j_a m_a\rangle$ des Ausgangsniveaus a in das Endniveaus b spezifiziert – *gemittelt über alle anfänglichen Unterzustände und summiert über alle Endzustände der jeweiligen Niveaus.*[7] Der Entartungsfaktor $g_a = 2j_a + 1$ kompensiert die Summation über alle Anfangszustände bei der Definition von $S(j_b j_a)$ nach (4.112), der Faktor $1/3$ kompensiert die Summation über alle Polarisationen. Wir betonen, dass $\mathfrak{f}_{ba}^{(\mathrm{opt})}$ *unabhängig von der Polarisation der benutzten Strahlung* ist!

Da die Übergangsenergie $W_{ba} = \hbar\omega_{ba}$ mit den Termenergien entsprechend $W_{ba} = (W_b - W_a)$ verknüpft ist, ergibt sich mit der Definition (5.27)

$$W_{ba} = -W_{ab} \quad \text{und} \quad g_a \mathfrak{f}_{ba}^{(\mathrm{opt})} = -g_b \mathfrak{f}_{ab}^{(\mathrm{opt})} .$$

Daher ist $\mathfrak{f}_{ba}^{(\mathrm{opt})} > 0$ für Absorption und < 0 für die induzierte Emission. Wie im Detail in Anhang H.2 gezeigt wird, gilt – im Rahmen der Dipolnäherung exakt – die sehr wichtige

$$\text{THOMAS-REICHE-KUHN-}\textit{Summenregel} \quad \sum_b \mathfrak{f}_{ba}^{(\mathrm{opt})} = \mathcal{N}, \tag{5.28}$$

wenn $\mathcal{N}$ die Zahl der aktiven Elektronen bezeichnet. Die Summation (und soweit nötig Integration) muss über einen vollständigen Basissatz von Zuständen ausgeführt

[7] Der Übersichtlichkeit wegen haben wir in der zweiten und dritten Gleichsetzung von (5.27) diese Summationen nicht aufgeführt. Der letzte Ausdruck bezieht sich auf lineare Polarisation in Richtung der z-Achse. Weitere Details und Alternativausdrücke sind in Anhang H.2 zusammengestellt.

werden, der das untersuchte System beschreibt. Sie kann dabei sowohl positive wie auch negative Werte von $\mathfrak{f}_{ba}^{(\mathrm{opt})}$ einschließen.

Man kann den Begriff *Oszillatorenstärke* mit dem klassischen Bild *eines* schwingenden Elektrons vergleichen. Eine Oszillatorenstärke $\mathfrak{f}_{ba}^{(\mathrm{opt})} = 1$ für einen bestimmten Übergang besagt, dass die gesamte Fähigkeit des Elektrons zu absorbieren, auf diesen einen Übergang konzentriert ist. Ein nahezu perfektes Beispiel für einen solchen klassischen Oszillator ist das Natrium. Wie in Abschn. 3.2 auf Seite 157 im Detail besprochen, wird sein Valenzelektron sehr gut als Einelektronensystem beschrieben. Die Oszillatorenstärke der gelben Na-D-Linie (die wir bereits mehrfach erwähnt haben) ist $\mathfrak{f}_{3p\leftarrow 3s}^{(\mathrm{opt})} \sim 0.98$, d. h. sie enthält ca. 98 % der gesamten möglichen Oszillatorenstärke. Im Gegensatz dazu gilt für das H-Atom $\mathfrak{f}_{2p\leftarrow 1s}^{(\mathrm{opt})} = 0.416$, $\mathfrak{f}_{3p\leftarrow 1s}^{(\mathrm{opt})} = 0.073$, $\mathfrak{f}_{4p\leftarrow 1s}^{(\mathrm{opt})} = 0.029$, $\sum_{n=5}^{\infty} \mathfrak{f}_{np\leftarrow 1s}^{(\mathrm{opt})} = 0.041$, und für die Ionisation ergibt die Integration über alle Kontinuumszustände $\int \mathrm{d}\mathfrak{f}_{ba}^{(\mathrm{opt})} = 0.435$.

Bei der Anwendung der THOMAS-REICHE-KUHN'schen Summenregel auf größere Systeme muss man sich freilich darüber im Klaren sein, dass dabei auch die Oszillatorenstärken für Übergänge zu besetzten Orbitalen (ggf. mit negativen Werten) zu berücksichtigen sind – auch wenn diese wegen des PAULI-Prinzips verboten sind.

Wir kommunizieren hier noch eine häufig gebrauchte numerische Beziehung zwischen der Oszillatorenstärke $\mathfrak{f}_{ba}^{(\mathrm{opt})}$ (für die Anregung $b \leftarrow a$) und der spontaner Übergangswahrscheinlichkeit A_{ab} (für den Zerfall $a \leftarrow b$). Durch Vergleich von (5.27) und (4.114) findet man:

$$g_a \mathfrak{f}_{ba}^{(\mathrm{opt})} = C g_b A_{ab} \lambda^2 \tag{5.29}$$

$$\text{mit } C = \frac{\varepsilon_0 m_e c}{2\pi e^2} = 1.4992 \times 10^{-14}\,\mathrm{nm}^{-2}\mathrm{s}$$

5.2.3 Absorptionsquerschnitt

Wenn man den Absorptionsprozess gewissermaßen vom Photon aus betrachtet, so ist die Frage relevant, welchen Absorptionsquerschnitt das Photon bei der Wechselwirkung mit einem Atom ‚sieht'. Die Zahl $\mathrm{d}R_{ba}/\mathrm{d}W$ der pro Energieintervall und Zeiteinheit absorbierten Photonen der Energie $W = \hbar\omega$ nach (5.25) (siehe auch Fußnote 3 auf Seite 250) können wir auch als

$$\frac{\mathrm{d}R_{ba}}{\mathrm{d}W} = 4\pi^2 \alpha \frac{\tilde{I}(W)}{\hbar\omega} W |\widehat{\mathrm{D}}_{ba}|^2 g(W) \tag{5.30}$$

schreiben. Nun ist $\tilde{I}(W)/(\hbar\omega) = \tilde{\Phi}$ die Anzahl von Photonen pro Zeiteinheit, pro Flächeneinheit und pro spektraler Energieeinheit, also die Photonenstromdichte pro Einheitsenergieintervall. Somit erhalten wir in Verallgemeinerung von (4.24) den *Absorptionswirkungsquerschnitt* für den Übergang von $|a\rangle$ nach $|b\rangle$ in Abhängigkeit von der Energie der eingestrahlten Photonen:

$$\sigma_{ba} = 4\pi^2 \alpha W |\widehat{\mathrm{D}}_{ba}|^2 g(W) = 2\pi^2 \alpha \times \frac{2W}{E_\mathrm{h}} \left| \frac{\widehat{\mathrm{D}}_{ba}}{a_0} \right|^2 \times g(W) E_\mathrm{h} \times a_0^2. \tag{5.31}$$

Wir haben rechts diesen Ausdruck mit den atomaren Einheiten a_0 und E_h so umgeschrieben, dass σ_{ba} in drei dimensionslose Faktoren und eine Einheit zerlegt wird. Da $|\widehat{\mathsf{D}}_{ba}|^2/a_0^2$ dimensionslos ist, E_h eine Energie bezeichnet, und die Zustandsdichte $g(W)$ die Dimension Enrg^{-1} hat, ergibt sich für σ_{ba} tatsächlich die Dimension L^2 eines Querschnitts (hier in Einheiten von a_0^2). Wenn wir uns dabei auf den *gemittelten Wirkungsquerschnitt* für Übergänge zwischen den Niveaus a und b beziehen, dann ist der mittlere Term offenbar die Oszillatorenstärke nach (5.27) (siehe Fußnote 3 auf Seite 250). Wir können also in kompakter Form schreiben:

$$\sigma_{ba} = 2\pi^2\alpha\, \mathfrak{f}_{ba}^{(\mathrm{opt})} g(W) E_\mathrm{h} a_0^2 = 2\pi^2 r_\mathrm{e} c\hbar\, \mathfrak{f}_{ba}^{(\mathrm{opt})} g(W) \tag{5.32}$$

Der klassische Elektronenradius $r_\mathrm{e} = e^2/(4\pi\varepsilon_0 m_\mathrm{e} c^2)$ soll hier darauf hinweisen, dass man diese Gleichung im Wesentlichen auch im Rahmen eines klassischen Modells erhält. Dabei behandelt man das Atomelektron als Dipoloszillator, der zu erzwungenen Schwingungen angeregt wird. Lediglich den genauen numerischen Wert der Oszillatorenstärke kann man nur quantenmechanisch bestimmen. Für ihn gilt im Fall der Einelektronensysteme $0 \le \mathfrak{f}_{ba}^{(\mathrm{opt})} \le 1$.

Mit den numerischen Werten für die atomaren Konstante ergibt sich[8]

$$\sigma_{ba} = 4.034 \times 10^{-18}\,\mathrm{cm}^2 E_\mathrm{h}\, \mathfrak{f}_{ba}^{(\mathrm{opt})} g(W) = 1.0976 \times 10^{-16}\,\mathrm{cm}^2\,\mathrm{eV}\, \mathfrak{f}_{ba}^{(\mathrm{opt})} g(W).$$

Für die *Anregung eines Resonanzniveaus,* dessen Breite nur durch die natürliche Lebensdauer bestimmt ist, kann der Wirkungsquerschnitt (5.32) in übersichtlicher Weise umgeschrieben werden. Mit (5.29) können wir $\mathfrak{f}_{ba}^{(\mathrm{opt})}$ durch A_{ab} ausdrücken. Wir identifizieren $g(W)$ als LORENTZ-Verteilung (5.7) mit einer FWHM $\Gamma = \hbar\Delta\omega_\mathrm{nat}$, normiert nach (5.9). Setzten wir die atomaren Konstanten ein, so erhalten wir für den Wirkungsquerschnitt der Photoabsorption einfach

$$\sigma_{ba}(W) = \frac{g_b}{g_a}\frac{\lambda^2}{2\pi}\frac{(\Gamma/2)^2}{(W - W_{ba})^2 + (\Gamma/2)^2}. \tag{5.33}$$

Sein Maximum σ_A wird für $W = W_{ba}$ erreicht (entsprechend $\omega = \omega_{ba}$) und ist unabhängig vom speziellen Prozess

$$\sigma_A = \sigma_{ba}(W_{ba}) = \frac{g_b}{g_a}\frac{\lambda_{ba}^2}{2\pi}, \tag{5.34}$$

hängt also nur von der Wellenlänge λ_{ba} bei Resonanz und von den Entartungsfaktoren ab. Um ein numerisches Beispiel zu geben, betrachten wir wieder unseren Standard, *den Na-D-Übergang* bei $\lambda_{ba} = 589.6\,\mathrm{nm}$, für welchen wir (mit $g_b/g_a = 3$) $\sigma_A = 1.6 \times 10^{-9}\,\mathrm{cm}^2$ erhalten. Das ist in der Tat ein sehr, sehr großer Absorptionsquerschnitt im Vergleich zum Querschnitt des Atoms, der bei $10^{-15}\,\mathrm{cm}^2$ liegt.

[8] Man beachte, dass verschiedene Autoren unterschiedliche Einheiten benutzen. Man findet daher in der Literatur unterschiedliche Vorfaktoren in dieser Gleichung. Der von uns benutzte Wert entspricht FANO und COOPER (1968), während z. B. COOPER (1988) den Wert $8.067 \times 10^{-18}\,\mathrm{cm}^2$ benutzt und Energien in RYDBERG $= E_\mathrm{h}/2$ misst.

Die Zusammenhänge zwischen absorbierter Lichtintensität ΔI, Teilchendichte $N_{a,b}$ und EINSTEIN-Koeffizient B_{ba} hatten wir bereits in Abschn. 4.2.3 besprochen. Dort war ΔI die gesamte Leistung, die auf der Strecke Δx absorbiert wird, und zwar bei eine als beliebig scharf angesehenen Spektrallinie. Mit $\sigma_{ba}(W)$ können wir diese Überlegungen jetzt auch frequenz- bzw. energieabhängig schreiben. Die pro Energieintervall ΔW absorbierte Intensität $\Delta\tilde{I}(W)$ ist einfach

$$\Delta\tilde{I}(W) = -N_a\,\sigma_{ba}(W)\,\tilde{I}(W)\,\Delta x, \tag{5.35}$$

und der entsprechende energieabhängige Absorptionskoeffizient (in der chemischen Literatur auch Extinktionskoeffizient genannt) wird $\mu(\omega) = N_a\sigma_{ba}(\omega)$.

Allerdings haben wir bei der Ableitung von (5.34) aus (5.33) stillschweigend streng monochromatisches Licht angenommen, für dessen Linienbreite also $\Delta\omega_{\text{licht}} \ll \Delta\omega_{\text{nat}}$ gilt. Das kann man heute durchaus realisieren, allerdings nicht in den üblichen Standardexperimenten der Absorptionsspektroskopie. Regt man dagegen mit einer breitbandigen Lichtquelle an, so erhält man einen über die spektrale Intensitätsverteilung gemittelten Wirkungsquerschnitt durch Integration über alle Frequenzen:

$$\overline{\sigma_{ba}(W_{\text{det}})} = \frac{\int_{-\infty}^{\infty}\tilde{I}(W - W_{\text{det}})\sigma_{ba}(W)\mathrm{d}W}{\int_{-\infty}^{\infty}\tilde{I}(W)\mathrm{d}W} \tag{5.36}$$

Hier haben wir eine Verstimmung W_{det} der Lichtquelle in Bezug auf das Linienzentrum der Spektrallinie berücksichtigt. Diese Faltung (siehe Anhang G) erlaubt es, ein realistisches spektroskopisches Experiment zu beschreiben, bei dem z. B. ein Laser endlicher Bandbreite über eine Spektrallinie hinweg abgestimmt wird.

Nehmen wir der Einfachheit halber an, auch die spektrale Verteilung der Lichtquelle (z. B. ein Farbstofflaser) werde durch ein LORENTZ-Profil charakterisiert. Seine Halbwertsbreite FWHM sei $\Delta\omega_{\text{licht}}$. Mit (G.21) kann man das Faltungsintegral (5.36) auswerten, was wiederum zu einem (richtig normierten) LORENTZ-Profil $g_L(\omega;\,\text{FWHM})$ mit einer $\text{FWHM} = \Delta\omega_{\text{nat}} + \Delta\omega_{\text{licht}}$ führt. Man findet

$$\overline{\sigma_{ba}(\omega)} = \frac{\lambda^2}{2\pi}\frac{g_b}{g_a}\pi\Delta\omega_{\text{nat}}g_L(\omega;\,\Delta\omega_{\text{nat}} + \Delta\omega_{\text{licht}}), \tag{5.37}$$

wobei $\omega - \omega_{ba}$ die Verstimmung der Lichtquelle gegenüber dem Maximum ω_{ba} der Spektrallinie ist. Im Resonanzfall ($\omega = \omega_{ba}$) wird der gemittelte Absorptionsquerschnitt

$$\overline{\sigma_A} = \frac{\lambda^2}{2\pi}\frac{g_b}{g_a}\frac{\Delta\omega_{\text{nat}}}{\Delta\omega_{\text{nat}} + \Delta\omega_{\text{licht}}}. \tag{5.38}$$

Das bedeutet also, dass der gigantische Absorptionsquerschnitt (5.34) effektiv tatsächlich dramatisch reduziert wird, wenn die Bandbreite der Lichtquelle groß gegenüber der natürlichen Linienbreite ist. Die insgesamt absorbierte Intensität ($\mathrm{W\,cm^{-1}}$) ist dann gegeben durch $\Delta I = -N_a\overline{\sigma_A}I\,\Delta x$.

Für andere Linienprofile können entsprechende Überlegungen angewandt werden, um den gemittelten Wirkungsquerschnitt zu bestimmen. Um etwa den Querschnitt für eine hauptsächlich stoßverbreiterte Linie zu bestimmen, würde man $\Delta\omega_{\text{nat}} = \Gamma/\hbar$

durch $\Delta\omega_{\text{col}}$ nach (5.16) zu ersetzen haben, was den Wirkungsquerschnitt (5.33) um einen Faktor $\Delta\omega_{\text{nat}}/\Delta\omega_{\text{col}}$ reduzieren würde.

Es sei jedoch darauf hingewiesen, dass der oben beschriebene lineare Mittelungsprozess nur im linearen Absorptionsbereich gilt, d. h. solange $\Delta\tilde{I}(W)/\tilde{I}(W) \ll 1$ gilt, und die Absorption direkt nach (5.35) berechnet werden kann. Sonst muss man das LAMBERT-BEER'sche Gesetz in seiner integrierten Form (1.44) für jede eingestrahlte Frequenz anwenden und schließlich über das Linienprofil des eingestrahlten Lichts mitteln.

5.2.4 Verschiedene Schreibweisen – Strahlungstransfer in Gasen

Im Allgemeinen ist die Beschreibung des Strahlungstransfers in Gasen keine triviale Aufgabe, insbesondere dann nicht, wenn es um Molekülspektren mit vielen Linien geht. Sie könnten möglicherweise sogar von verschiedenen Gasmolekülen herrühren, wie dies z. B. beim Transfer der Sonnenstrahlung durch die Erdatmosphäre der Fall ist. In der spektroskopischen Literatur und in einschlägigen Datenbanken (siehe z. B. ROTHMAN *et al.* 2013) schreibt man (5.33) oft als Funktion der Wellenzahl $\bar{\nu} = 1/\lambda$ um:

$$\sigma_{ba}(\bar{\nu}) = \frac{g_b}{g_a}\frac{\gamma\lambda^2}{2} \times \frac{\gamma/\pi}{(\bar{\nu}-\bar{\nu}_{ba})^2+\gamma^2} = \mathcal{S}_{ba} \times L(\bar{\nu}, \bar{\nu}_{ba}, \gamma) \tag{5.39}$$

Dabei wird das LORENTZ-Profil der Linien $L(\bar{\nu}, \bar{\nu}_{ba}, \gamma)$ als Funktion der Wellenzahl gegeben und γ ist die ***halbe** Breite* des spektralen Linienprofils *beim halben Maximum* (HWHM) in Wellenzahlen $[\gamma] = \text{cm}^{-1}$. Man beachte, dass $L(\bar{\nu}, \bar{\nu}_{ba}, \gamma)$ in $[L] = \text{cm}$ gemessen wird und so normiert wird, dass $\int L(\bar{\nu}, \bar{\nu}_{ba}, \gamma)\text{d}\bar{\nu} = 1$ ist.

Der Parameter $\mathcal{S}_{ba}$ wird üblicherweise ebenfalls *Linienstärke* genannt (nicht zu verwechseln mit der Linienstärke $S(j_b j_a)$, die wir sonst benutzen und welche die Dimension L^2 hat). Gemessen wird diese Größe in $[\mathcal{S}] = \text{cm}^{-1}/(\text{Teilchen}\,\text{cm}^{-2})$ – was als *Wellenzahlen pro Säulendichte* zu identifizieren ist. Bei Berechnungen des Strahlungstansfers muss man auch Änderungen der Teilchendichte $N_a(x)$ der absorbierenden Moleküle mit dem Ort x im Raum berücksichtigen und definiert die *Säulendichte* (engl. *column density*) als $C_D = \int N_a(x)\text{d}x$, gemessen in Einheiten $[C_D] = \text{Moleküle cm}^{-2}$. Somit wird (5.35) für eine gegebene Spektrallinie mit Maximum bei $\bar{\nu}_{ba}$ umgeschrieben als

$$\text{d}\tilde{I}(\bar{\nu}) = -\tilde{I}(\bar{\nu})\mathcal{S}_{ba}L(\bar{\nu}, \bar{\nu}_{ba}, \gamma)\text{d}C_D. \tag{5.40}$$

Wenn nur eine einzelne Absorptionslinie zu berücksichtigen ist, wird die im Spektralbereich $\Delta\bar{\nu}$ transmittierte Relativintensität durch

$$\frac{I}{I_0} = \frac{1}{\Delta\bar{\nu}} \int_{\bar{\nu}_{ba}-\Delta\bar{\nu}/2}^{\bar{\nu}_{ba}+\Delta\bar{\nu}/2} \exp\left(-C_D\mathcal{S}_{ba}\frac{\gamma/\pi}{(\bar{\nu}_{ba}-\bar{\nu})^2+\gamma^2}\right)\text{d}\bar{\nu}$$

bestimmt, wobei wir angenommen haben, dass die einfallende spektrale Intensität über den Bereich $\Delta\bar{\nu}$ konstant und bei $\bar{\nu}_{ba}$ zentriert ist.

Für das allgemeine Problem vieler Linien, bei welchem auch noch die DOPPLER-Verbreiterung zu berücksichtigen ist, muss man in (5.40) den Ausdruck $\mathcal{S}_j L(\bar{\nu}, \bar{\nu}_j, \gamma)$

durch $\sum_j S_j V(\bar{\nu}; \bar{\nu}_j)$ ersetzen, wobei $V(\bar{\nu}; \bar{\nu}_j)$ VOIGT-Linienprofile beschreibt (siehe Abschn. 5.1.5), die für jede relevante Spektrallinie j bei $\bar{\nu}_j$ zentriert sind. Integration von (5.40) über C_D führt dann zur relativen Transmission $\tilde{I}(\bar{\nu})/\tilde{I}_0(\bar{\nu})$ der spektralen Intensität bei jeder Frequenz $\bar{\nu}$ von Interesse. Um schließlich ein genuines Molekülspektrum zu modellieren, muss man auch noch die thermische Besetzung der Ausgangsniveaus berücksichtigen und die induzierte Emission zusätzlich zur Absorption berücksichtigen. Abschließend muss dieses so erhaltene Spektrum $\tilde{I}(\bar{\nu})$ noch mit dem Auflösungsprofil des Spektrometers gefaltet werden.

Für die Modellierung der Strahlungsverhältnisse in der Erdatmosphäre muss man zusätzlich noch die Absorption und Streuung durch Aerosole und kleine Tröpfchen berücksichtigen. Insgesamt wird das Problem auf diese Weise recht komplex. Hinweise auf eine Reihe von Rechenprogrammen zum atmosphärischen Strahlungstransfer findet man bei WIKIPEDIA CONTRIBUTORS (2013). Sie basieren alle auf Informationen aus der Molekülspektroskopie, die in umfangreichen Datenbanken gespeichert sind, so z. B. in HITRAN und erlauben es, das experimentell vermessene Sonnenspektrum an der Erdoberfläche zu modellieren, das wir in Abschn. 1.4.7 auf Seite 39 beschrieben haben.

Was haben wir in Abschnitt 5.2 gelernt?

- Wir haben die Raten für optisch induzierte E1-Übergänge als Spezialfall der berühmten goldenen Regel von FERMI (5.26) identifiziert.
- Die optische Oszillatorenstärke $\mathfrak{f}_{ba}^{(\mathrm{opt})}$ ist eine nützliche, dimensionslose Größe, die Stärke von E1-Übergängen charakterisiert. Quasi-Einelektronensysteme entsprechen im klassischen Grenzfall einem harmonischen Dipoloszillator (Elektron-Atomkern) mit der klassischen Oszillatorenstärke 1. In der quantenmechanischen Realität gilt (5.28), die Summenregel von THOMAS-REICHE-KUHN: $\sum_b \mathfrak{f}_{ba}^{(\mathrm{opt})} = 1$, wobei stets $\left|\mathfrak{f}_{ba}^{(\mathrm{opt})}\right| < 1$ gilt.
- Der Photoabsorptionsquerschnitt (5.32) für einen beliebig schmalbandigen Laserstrahl ist sehr groß, speziell $\sigma_A = \lambda^2/(2\pi)(g_b/g_a)$ am Maximum einer LORENTZ-Verteilung, wenn nur die natürliche Linienbreite wirksam ist (FWHM $\Delta\omega_{\mathrm{nat}} = 1/\tau_{ab}$). Die experimentell gemessenen Wirkungsquerschnitte hängen aber sehr stark von der spektralen Verteilung des absorbierten Lichts ab (FWHM $= \Delta\omega_{\mathrm{licht}}$). Wenn letztere Bandbreite viel größer ist als erstere, ergibt sich ein Photoabsorptionsquerschnitt $\overline{\sigma_A} \simeq \sigma_A \Delta\omega_{\mathrm{nat}}/\Delta\omega_{\mathrm{licht}}$.

5.3 Multiphotonenprozesse

Wir haben bislang Übergangswahrscheinlichkeiten in 1. Ordnung Störungsrechnung bestimmt und damit nur Prozesse betrachtet, bei denen ein einziges Photon absorbiert oder emittiert wird. Das ist in Ordnung, solange die eingestrahlten Lichtintensitäten niedrig sind, und nur so wenige Atome angeregt werden, dass man die dadurch bewirkten Veränderungen der Wellenfunktion des Targets vernachlässigen kann. Im Zeitalter leistungsstarker Laser ist das eine keineswegs selbstverständliche Annahme. Im Gegenteil: Multiphotonenprozesse sind heute geradezu das tägliche Brot des Laserspektroskopikers – entweder als etwas, das man vermeiden muss, wenn man streng lineare Einphotonenspektroskopie betreiben will, oder als etwas, das es geschickt zu nutzen gilt, um eine breite Palette von Objekten, Zuständen und Phänomenen mit höchster Präzision und Empfindlichkeit untersuchen zu können. Multiphotonenübergänge spielen heute aber nicht nur in weiten Bereichen der Physik und der Physikalischen Chemie eine eminent wichtige Rolle, sie haben inzwischen auch Eingang in Biologie und Medizin gehalten, und wer etwa im Internet nach dem Stichwort ‚Zwei Photonen' fahndet, findet zahlreiche Artikel über konfokale Mikroskopie, räumlich selektive Bildgebung u. ä. Auch die *superauflösende Fluoreszenzmikroskopie,* für welche BETZIG *et al.* 2014 den NOBEL-Preis für Chemie erhielten, gehört in diese Kategorie.

Wir sind also gut beraten, wenn wir uns dem Gebiet mit den Werkzeugen, die uns bislang zur Verfügung stehen, wenigstens annähern und die physikalischen Grundlagen zu verstehen versuchen. Wir werden im Folgenden die grundlegenden Begriffe definieren, den Wirkungsquerschnitt für eine Zweiphotonen*anregung* diskutieren und mit einigen experimentellen Beispielen illustrieren. Schließlich werden wir uns noch mit dem Zweiphotonen*zerfall* von sehr langlebigen, angeregten Zuständen einfacher Atome beschäftigen, die wegen der gültigen Auswahlregeln nicht anders zerfallen können. Die Multiphotonen*ionisation* wird uns in Abschn. 5.5.5 beschäftigen und in Abschn. 8.5 auf Seite 473 werden wir das Thema noch einmal unter dem Aspekt sehr starker Laserfelder diskutieren.

Wir betrachten die Anregung eines Targetatoms oder -moleküls Tg in einen Zustand $|b\rangle$ der Energie W_b aus einem Anfangszustand $|a\rangle$ der Energie W_a durch mehrere, sagen wir $\mathcal{N}$ Photonen der Kreisfrequenz ω:

$$\mathrm{Tg}(a) + \mathcal{N}\hbar\omega \to \mathrm{Tg}(b). \tag{5.41}$$

Dabei geht natürlich Energie nicht verloren, also muss die Energiebilanz

$$\mathcal{N}\hbar\omega = W_b - W_a = W_{ba} = \hbar\omega_{ba}. \tag{5.42}$$

gelten. Man berechnet die Wahrscheinlichkeit für solche Prozesse, indem man die Störungsrechnung, die wir mit (4.46) nur in 1. Ordnung durchgeführt hatten, konsequent bis zur $\mathcal{N}$-ten Ordnung weiterführen. War beim Einphotonprozess die Übergangsrate (4.63) proportional zur Intensität I des Laserfeldes, so wird sie in $\mathcal{N}$-ter Ordnung proportional zu $\mathcal{N}$-ten Potenz der Intensität. Damit wird die Rate für einen $\mathcal{N}$-Photonenübergang also

$$R_{ba}^{(\mathcal{N})} = \sigma_{ba}^{(\mathcal{N})} \Phi^{\mathcal{N}} \propto I^{\mathcal{N}} \quad \text{mit } \Phi = I/\hbar\omega, \tag{5.43}$$

wobei $\sigma_{ba}^{(\mathcal{N})}$ ein sogenannter *generalisierter Wirkungsquerschnitt* ist. Dabei hat der *Photonenfluss* Φ die Dimension $\mathsf{L}^{-2}\mathsf{T}^{-1}$ und zum *generalisierten Wirkungsquerschnitt* gehört die Dimension $\mathsf{L}^{2\mathcal{N}}\,\mathsf{T}^{\mathcal{N}-1}$. Das ist etwas gewöhnungsbedürftig, aber sinnvoll. Im Folgenden werden wir über Prozesse sprechen, die durch ein starkes

Laserfeld induziert werden, das jedoch noch nicht stark genug ist, um die untersuchten Quantenobjekte völlig zu deformieren oder gar zu zerstören.

5.3.1 Zweiphotonenanregung

Die Frage, ob zwei Photonen gleichzeitig absorbiert werden können, wurde erstmals bereits von einer Schülerin Max BORN's behandelt, Maria GÖPPERT-MAYER (1931), die als erste in ihrer Doktorarbeit *„Über Elementarakte mit zwei Quantensprüngen"* die theoretischen Grundlagen zu diesem Arbeitsgebiet schuf – ein Themenfeld, das freilich erst mit der Verfügbarkeit leistungsstarker Laser zur Blüte kam, lang nach ihrer Pionierarbeit.[9] Wir haben im vorangehenden Text bereits alle Werkzeuge so aufbereitet, dass wir dies in wenigen Rechenschritten nachvollziehen und auf aktuellen Stand bringen können. In Abschn. 5.5.5 werden wir das Thema dann nochmals aufgreifen.

Wir erinnern uns an die Übergangsamplitude (4.52), die wir in 1. Ordnung Störungstheorie erhalten haben, und führen diese auf der rechten Seite der ursprünglichen DGL (4.45) wieder ein, benutzen (4.50) und integrieren. Das führt zur Wahrscheinlichkeitsamplitude in 2. Ordnung Störungstheorie:

$$c_b(t) = \frac{-\mathrm{i}e^2 E_0^2}{4\hbar^2} \int_0^t \mathrm{d}t' \sum_\gamma \Bigg[\frac{\widehat{\mathsf{D}}_{b\gamma}\widehat{\mathsf{D}}_{\gamma a} \mathrm{e}^{\mathrm{i}(\omega_{ba}-2\omega)t'}}{(\omega_{\gamma a}-\omega)} + \frac{\widehat{\mathsf{D}}^\dagger_{b\gamma}\widehat{\mathsf{D}}_{\gamma a} \mathrm{e}^{\mathrm{i}\omega_{ba}t'}}{(\omega_{\gamma a}-\omega)} \\ + \text{Emissionsterme} \Bigg] \tag{5.44}$$

Hier wird (im Prinzip) über alle Basiszustände $|\gamma\rangle$ des Systems summiert.[10] Charakteristisch für alle ‚Absorptionsterme' in dieser Summe (erste Zeile) sind die Resonanznenner $(\omega_{\gamma a} - \omega)$, jeder mit Exponentialfunktionen im Zähler, die denen der 1. Ordnung (4.51) entsprechen. Dabei ist $\hbar\omega_{\gamma a} = W_\gamma - W_a$ die Energiedifferenz zwischen Anfangszustand $|a\rangle$ und Zwischenzustand $|\gamma\rangle$.

Hier *sieht man ganz deutlich,* wie *die Zweiphotonenabsorption* ins Bild kommt: Der erste Term in der Summe (5.44) enthält im Exponenten $\mathrm{i}\,(\omega_{ba} - 2\omega)\, t'$, die doppelte Frequenz 2ω der eingestrahlten elektromagnetischen Welle. Dieser Exponent ersetzt also das $\mathrm{i}(\omega_{ba} - \omega)t'$ der ersten Näherung in (4.51): Die doppelte Frequenz 2ω der elektromagnetischen Welle übernimmt jetzt die Rolle von ω. Diese charakteristischen Terme der 2. Ordnung oszillieren rasch und mitteln sich bei der Integration weg – es sei denn $2\omega = \omega_{ba}$ – in Analogie zu den Termen mit $\omega_{ba} - \omega$ in 1. Ordnung. Die Terme mit $\exp(\mathrm{i}\omega_{ba}t')$ bringen in keinem Fall einen Beitrag zur Integration.

Somit tragen bei der Zweiphotonenabsorption nur die ersten Terme der Summe über γ in (5.44) zum Integral bei, und man kann $\exp[\mathrm{i}(\omega_{ba} - 2\omega)t']$ aus der

[9] Maria GÖPPERT-MAYER erhielt später, 1963, den NOBEL-Preis für ihre Arbeiten zur Schalenstruktur der Atomkerne (zusammen mit WIGNER und JENSEN).

[10] Wir haben hier nur die ‚Absorptionsterme' ausgeschrieben; die ‚Emissionsterme' sind identisch bis auf die notwendige Ersetzung von $-\omega$ durch ω und $\widehat{\mathsf{D}}$ durch $\widehat{\mathsf{D}}^\dagger$ (und umgekehrt).

Summe herausziehen. (Die entsprechenden ‚Emissionsterme' in (5.44) enthalten $\exp[i(\omega_{ba} + 2\omega)t']$ und beschreiben *Zweiphotonenemission* im Fall $\omega_{ba} < 0$.) Alle weiteren Schritte entsprechen denen in 1. Ordnung: Man führt die Integration von $t' = 0$ bis t durch und gewinnt die Übergangswahrscheinlichkeiten als Betragsquadrat der Übergangsamplituden im Grenzfall $t \to \infty$. Division durch t führt zur Übergangsrate, die jetzt proportional zu E_0^4 und damit zu I^2 ist.

Die sich ergebende DIRAC'sche Deltafunktion hat jetzt das Argument $\hbar\omega_{ba} - 2\hbar\omega$, beschreibt also die Resonanz für den Übergang vom Zustand $|a\rangle$ nach $|b\rangle$, der durch zwei Photonen der Energie $\hbar\omega$ induziert wird – ganz wie erwartet. Die notwendige Erweiterung für Niveaus mit endlicher Breite und für Übergänge ins Kontinuum folgt dem Schema, das wir im Einphotonenfall benutzt haben. Speziell für eine LORENTZ-verbreiterte Linie ersetzt man

$$\delta(\hbar\omega_{ba} - 2\hbar\omega) \to g_L(2\hbar\omega). \tag{5.45}$$

Das Linienprofil (5.7) (des angeregten Zustands $|b\rangle$) ist jetzt als Funktion der zweifachen Photonenenergie zu verstehen. Wir formen so um, dass wir das Quadrat des Photonenflusses $(I/\hbar\omega)^2$ herausziehen können und erhalten schließlich *den generalisierten Wirkungsquerschnitt in 2. Ordnung Störungsrechnung für die Zweiphotonenanregung:*

$$\sigma_{ba}^{(2)} = (2\pi)^3 \alpha^2 \hbar (\hbar\omega)^2 \left| \sum\!\!\!\!\!\!\int_{\gamma} \frac{\langle b|\widehat{\mathsf{D}}|\gamma\rangle\langle\gamma|\widehat{\mathsf{D}}|a\rangle}{W_{\gamma a} - \hbar\omega} \right|^2 g_L(2\hbar\omega). \tag{5.46}$$

Wir haben hier angedeutet, dass man im Prinzip nicht nur über alle (also unendlich viele) diskreten Zwischenzustände $|\gamma\rangle$ summieren, sondern auch über alle Kontinuumszustände integrieren muss. Das kann die Auswertung dieses Ausdrucks im Einzelnen recht aufwendig machen. Glücklicherweise wächst mit γ auch der Energieunterschied $W_{\gamma a}$ zwischen den Zuständen und sorgt für größer werdende Nenner. Zugleich wird der Überlapp der Zustände und damit das Matrixelement $\widehat{\mathsf{D}}_{\gamma a} = \langle\gamma|\widehat{\mathsf{D}}|a\rangle$ kleiner, sodass die Summe in (5.46) in der Regel rasch konvergiert.

Man überzeugt sich übrigens leicht davon, dass dieser generalisierte Zweiphotonenwirkungsquerschnitt $\sigma_{ba}^{(2)}$ tatsächlich die Dimension $\mathsf{L}^4\,\mathsf{T}^1$ hat, da das Linienprofil $g(2\hbar\omega)$ die Dimension Enrg^{-1} hat und die Matrixelemente $\widehat{\mathsf{D}}_{\gamma a}$ in L gemessen werden. Man beachte, dass der in (5.43) eingeführte generalisierte Wirkungsquerschnitt $\sigma_{ba}^{(2)}$ im Prinzip für eine streng monochromatische elektromagnetische Welle gilt, also etwa für eine stabilisierte Laserlinie, die deutlich schmaler ist als die atomare Linienbreite $g_L(2\hbar\omega)$. Hat man es dagegen mit breitbandigerer Strahlung zu tun, so wird wieder – wie im Einphotonenfall – nur der Ausschnitt aus dem angebotenen Spektrum $I(\omega)$ wirksam, der mit der atomaren Linienbreite überlappt. Da es sich um einen Zweiphotonenübergang handelt, muss man im Prinzip $I(\hbar\omega)$ mit $I(\hbar\omega')$ falten und dieses Ergebnis wiederum mit $g_L(2\hbar\omega)$ falten. Schließlich erhält man einen zu (5.38) korrespondierenden Ausdruck.

Man kann sich unschwer überlegen, wie das hier geschilderte Verfahren der störungstheoretischen Behandlung von Zweiphotonenprozessen zu erweitern ist.

Anregungsprozesse mit zwei Photonen *unterschiedlicher* Frequenz und/oder Polarisation können problemlos behandelt werden, indem man zum Feld $\boldsymbol{E}(t)$ im Wechselwirkungspotenzial (4.55) einen zweiten Feldvektor addiert. Die Ausdrücke, die man bei konsequenter Auswertung in 2. Ordnung Störungstheorie findet, sind entsprechend kompliziert und enthalten interessante gemischte Terme mit zwei verschiedenen Frequenzen. Um einen $\mathcal{N}$*-Photonenprozess* zu beschreiben, hat man die geschilderte Prozedur noch $\mathcal{N} - 2$ mal zu iterieren, wobei die jeweiligen Lösungen wieder in die Original-DGL (4.45) eingesetzt werden. Der Aufwand vervielfacht sich natürlich, und wir wollen das hier nicht vertiefen.

Natürlich gilt (5.46) auch für Vielelektronensysteme. Man ersetzt in diesem Fall ‚einfach' die Matrixelemente von $\widehat{\mathsf{D}}$ durch eine Summe über alle Elektronen nach (H.29). In Abschn. 7.5 auf Seite 398 werden wir das beispielhaft für den Zweielektronenfall und Einphotonabsorption durchführen. In der Praxis ist die detaillierte Auswertung dieser Ausdrücke meist nicht trivial.

Ein Wort noch zur experimentellen Realisierung: Obwohl die theoretischen Grundlagen, wie erwähnt, seit den dreißiger Jahren des vergangenen Jahrhunderts bekannt waren, dauerte es doch bis zur Erfindung und Nutzbarmachung des Lasers Anfang der 1960er Jahre, ehe Mehrphotonenprozesse experimentell beobachtbar wurden. Der Grund ist natürlich die geringe Größe der generalisierten Wirkungsquerschnitte, die nach (5.43) entsprechend hohe Lichtintensitäten erfordern, um messbare Signale zu generieren. Als Beispiel (LAMBROPOULUS 1985) betrachten wir die Zweiphotonenionisation von Xe bei einer Wellenlänge von $\lambda = 193\,\text{nm}$ wo der generalisierte Photoionisationsquerschnitt $\sigma^{(2)} = 1.16 \times 10^{-49}\,\text{cm}^4\,\text{s}$ ist. Die Ionisationsrate mit einer typischen klassischen Lichtquelle von (bestenfalls) einigen $\text{W}\,\text{cm}^{-2}$ wird dann ca. $10^{-13}\,\text{s}^{-1}$ pro Atom. Das heißt, im Mittel gibt es pro Atom einen Ionisationsprozess in 10^5 Jahren! Benutzt man dagegen einen gepulsten Excimer-Laser mit einer Impulsdauer von 10 ns und einer Impulsenergie von, sagen wir 100 mJ, der auf eine Fläche von etwa $0.1\,\text{mm}^2$ fokussiert sei, dann bedeutet das bereits eine Intensität von $10^{10}\,\text{W}\,\text{cm}^{-2}$ und führt zu einer Ionisationsrate pro Atom von etwa $10^7\,\text{s}^{-1}$. Das heißt, während der Impulsdauer ist die Wahrscheinlichkeit, ein Atom zu ionisieren, bereits 10 %, und der Zweiphotonenprozess wird somit bequem nachweisbar.

Aus spektroskopischer Sicht sind Zwei- und Mehrphotonenanregungsprozesse heute daher von überaus großem Wert. Zum einen ermöglichen sie es, die Auswahlregeln, die wir für Einphotonübergänge in Dipolnäherung kennengelernt haben, trickreich zu überlisten und so eine Vielzahl von Zuständen spektroskopisch zu erschließen, die anders nicht erreichbar sind. Für Zweiphotonenprozesse liest man diese Auswahlregeln direkt aus (5.46) ab. Das Produkt der Matrixelemente $\langle b|\widehat{\mathsf{D}}|\gamma\rangle\langle\gamma|\widehat{\mathsf{D}}|a\rangle$ bedeutet ja, dass man sozusagen Auswahlregeln aneinander reiht. Für jedes der beiden Matrixelemente gelten die Auswahlregeln für E1-Prozesse. Das Produkt aus beiden wirkt so, als ob zwei Übergänge nacheinander ausgeführt würden – obwohl es sich natürlich um die simultane Absorption zweier Photonen handelt. Man erhält also – anstelle der in Abschn. 4.4.3 zusammengefassten Dipolauswahlregeln – im Falle von Zweiphotonenübergängen für den Gesamtdrehimpuls $\Delta j = 0, \pm 2$, die Paritätsauswahlregel wird $\Delta\ell = 0, \pm 2$, und für die

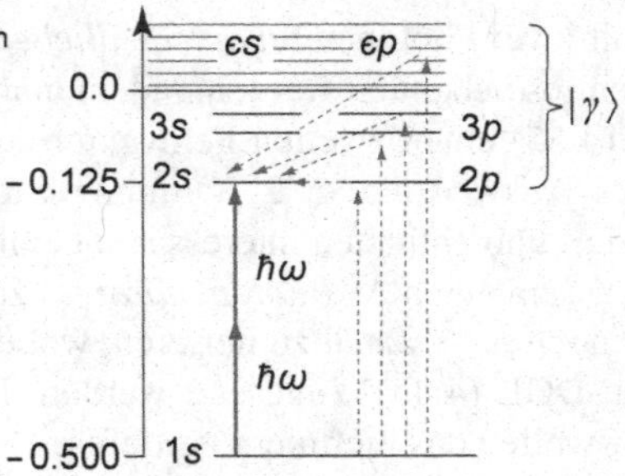

Abb. 5.6 Zweiphotonenübergang $1s \to 2s$ in atomarem Wasserstoff (volle Pfeile – *online rot*). Die gestrichelten Pfeile *(online rot)* deuten die Kopplung zwischen Anfangszustand $|1s\rangle$ und Zwischenzuständen $|p\rangle$ an, ebenso wie die Kopplung letzterer zum Endzustand $|2s\rangle$ durch $\widehat{D}_{p1s}$ bzw. $\widehat{D}_{2sp}$

Projektionsquantenzahl gilt $\Delta m = 2q$ (wenn zwei Photonen der Polarisation $q = 0$, $+1$ oder -1 absorbiert werden). Wenn man unterschiedliche Polarisationen für beide Photonen ausnutzt, wird die Flexibilität noch größer.

Typische, besonders wichtige Beispiele sind Zweiphotonenübergänge zwischen s-Zuständen, wie dies für den $1s\,^2S \to 2s\,^2S$ Übergang im H-Atom in Abb. 5.6 illustriert ist. Die Zwischenzustände $|\gamma\rangle$, über die wir zu summieren haben, sind hier alle gebundenen $|np\rangle$ Zustände und alle entsprechenden Zustände $|\epsilon p\rangle$ im Ionisationskontinuum – nur diese Matrixelemente $\widehat{D}_{b\gamma}$ und $\widehat{D}_{\gamma a}$ haben nichtverschwindende Werte. Wir weisen darauf hin, dass diese Zustände energetisch nicht ‚zwischen' Anfangs- und Endzustand liegen und daher weit von jeder Zwischenresonanz entfernt sind. Dennoch leisten sie einen Beitrag zur Zweiphotonenanregung, die mit hoher Effizienz untersucht werden kann. Die $2\hbar\omega$-Anregung hat eine Schlüsselrolle in der höchstauflösenden Spektroskopie des atomaren Wasserstoffs gespielt, die zum NOBEL-Preis für Ted HÄNSCH (2005) geführt hat. Von herausragender Bedeutung für die Präzisionsspektroskopie ist, wie wir in Abschn. 6.1.8 auf Seite 317 besprechen werden, die Möglichkeit Zweiphotonenabsorptionsprozesse in der Gasphase völlig frei von der DOPPLER-Verbreiterung durchführen zu können.

Als etwas exotisches Feld der modernen Atomphysik erwähnen wir schließlich spektroskopische Untersuchungen zur Paritätsverletzung. Sie basieren auf dieser Art von höchst präziser Spektroskopie. So wurden z. B. mit Zweiphotonenspektroskopie von schweren Alkaliatomen so genannte *Anapolmomente* der Kerne beobachtet (siehe z. B. BOUCHIAT 2007).

5.3.2 Zweiphotonenemission

Natürlich gibt es im Prinzip auch den umgekehrten Prozess: Die *spontane Emission zweier Photonen* bei einem Übergang, der für den *Einphotonprozess in Dipolnäherung streng verboten* ist. Da hierbei sozusagen das Vakuumfeld den spontanen

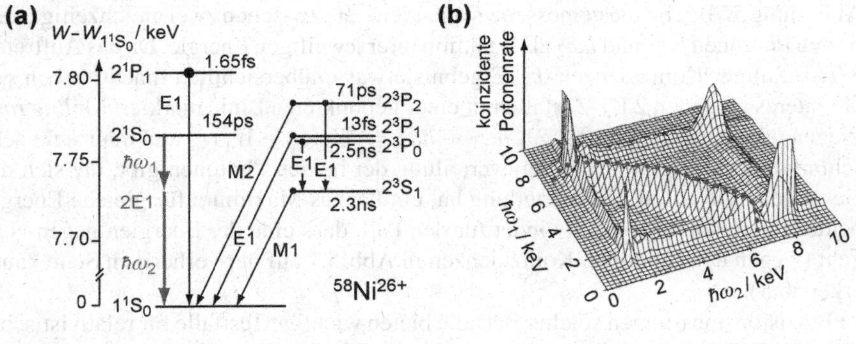

Abb. 5.7 Zweiphotonenzerfall des $1s2s\,^1S_0$-Zustands von He-artigem $^{58}Ni^{26+}$. (**a**) Termschema mit weiteren Niveaus, Lebensdauern und Übergangstypen. (**b**) Zweiphotonenkoinzidenz als Funktion der Photonenenergien $\hbar\omega_1$ und $\hbar\omega_2$. Die gepunktete Linie (*online rot*) markiert das Koinzidenzsignal für den hier interessierenden Übergang $2\,^1S_0 \to 1\,^1S_0$. Abbildung adaptiert von SCHÄFFER *et al.* (1999)

Übergang induziert, handelt es sich um extrem unwahrscheinliche Prozesse. Wenn der angeregte Zustand nicht anders zerfallen kann, hat er also eine außerordentlich lange Lebensdauer. Besonders gut untersuchte Beispiele hierfür sind wieder die $2s\,^2S$-Zustände[11] des Wasserstoffatoms und der wasserstoffähnlichen Ionen (letztere sind viel leichter manipulierbar und zu detektieren als das neutrale H-Atom). LIPELES et al. (1965) und NOVICK (1972) untersuchten erstmals solche Zweiphotonenzerfälle mit damals noch recht aufwendiger Photon-Photon-Koinzidenzzähltechnik. Für He^+-Ionen im $2s\,^2S$-Zustand wurde eine Lebensdauer von 2 ms bestimmt. Das ist in sehr guter Übereinstimmung mit theoretischen Vorhersagen für die Zweiphotonenzerfallsrate $R_{1s\leftarrow 2s} = 8.228\,Z^6\,s^{-1}$, d. h. für $Z = 2$ ca. 1.9 ms.

Die Tatsache, dass die Zerfallsraten $\propto Z^6$ sind, legt es natürlich nahe, solche Übergänge an hochgeladenen Atomen zu untersuchen, die heute in modernen Ionenspeicherringen verfügbar sind. Abbildung 5.7 illustriert ein solches Experiment am 26fach geladenen, He-artigen $^{58}Ni^{26+}$-Ion, das von SCHÄFFER *et al.* (1999) durchgeführt wurde. In Abb. 5.7a ist das Termschema des Ions gezeigt. Neben dem hier interessierenden $2\,^1S_0$-Zustand werden in diesem Experiment auch zahlreiche weitere Zustände angeregt, die auf andere Weise in den Grundzustand zerfallen können. Lebensdauer und Prozesstyp sind in Abb. 5.7a ebenfalls eingetragen.[12]

---

[11] Die Bezeichnungen ^2S, ^2P und $^1S_0$, $^3P_0$, die wir in Abb. 5.7 benutzen, werden in Kap. 6 ausführlich behandelt.

[12] Wir können hier nicht auf die Details eingehen, da uns für eine eingehende Diskussion noch einige Kenntnisse fehlen, die in späteren Kapiteln behandelt werden. Für Kenner: Aufgrund des hohen Z ist die Spin-Bahn-Wechselwirkung sehr groß, sodass es eine starke Konfigurationsmischung gibt. Daher ist z. B. der Übergang von $2\,^3P_1 \to 1\,^1S_0$ durch einen E1-Prozess dominiert, wogegen die Übergänge $2\,^3P_{2,0} \to 1\,^1S_0$ mit $\Delta J = 2$ bzw. 0 wegen der Drehimpulserhaltung für E1-Übergänge streng verboten sind.

Abbildung 5.7b zeigt die gemessene Koinzidenzrate zwischen zwei gleichzeitig emittierten Photonen $\hbar\omega_1$ und $\hbar\omega_2$ als Funktion ihrer jeweiligen Energie. Da das Auftreten z. T. zufälliger Koinzidenzen das Ergebnis etwas unübersichtlich macht, haben wir die interessierenden 2 E1-Zerfälle mit einer gepunkteten Linie markiert *(online rot)*. Wegen der Energieerhaltung gilt $\hbar\omega_1 + \hbar\omega_2 = W_{2\,^1\mathrm{S}_0} - W_{1\,^1\mathrm{S}_0}$ und man sieht sehr schön, dass es eine breite Energieverteilung der beiden Photonen gibt, die sich die Gesamtenergie teilen. Die Verteilung hat ein flaches Maximum für gleiche Energie beider Photonen und verschwindet für den Fall, dass eine der Energien gegen Null geht (wegen der zufälligen Koinzidenzen in Abb. 5.7 auf der vorherigen Seite kaum erkennbar).

Präzisionsmessungen solcher Zerfälle bieten wichtige Testfälle für relativistische, quantenmechanische Berechnung von Vielelektronensystemen. Auch im Zusammenhang mit Untersuchungen zur *Paritätsverletzung in der Atomphysik* werden solche Zweiphotonenprozesse untersucht (Bouchiat und Bouchiat 1997). Eine umfassende Übersicht über atomphysikalische Messungen zur Verletzung von Zeitinvarianz und Paritätserhaltung findet man bei Roberts *et al.* (2015).

Was haben wir in Abschnitt 5.3 gelernt?

- Multiphotonenprozesse können durch intensive elektromagnetische Strahlung induziert werden. Die Absorptionsrate für $\mathcal{N}$ Photonen ist $R_{ba}^{(\mathcal{N})} = \sigma_{ba}^{(\mathcal{N})} (I/\hbar\omega)^{\mathcal{N}}$ (für nicht zu hohe Intensitäten I), wobei der generalisierte Wirkungsquerschnitt $\sigma_{ba}^{(\mathcal{N})}$ in $\mathrm{m}^{2\mathcal{N}}\,\mathrm{s}^{\mathcal{N}-1}$ gemessen wird. Die Resonanzbedingung ist jetzt $\mathcal{N}\omega = \omega_{ba}$.
- $\mathcal{N}$-Photonenwirkungsquerschnitte können in $\mathcal{N}$ter Ordnung Störungsrechnung berechnet werden. Im Prinzip muss man dabei über alle diskreten (und ggf. Kontinuums-) Zustände summieren. Als Beispiel dient der Zweiphotonenprozess nach (5.46). Entsprechende Ausdrücke gelten auch für induzierte Multiphotonenemissionsprozesse.
- Außerdem kann man mit speziellen Techniken auch die (extrem schwache) spontane Zweiphotonenemission (2 E1) beobachten. Ihre Wahrscheinlichkeit steigt mit der Kernladung $\propto Z^6$ und wurde insbesondere an hochgeladenen Ionen beobachtet.

5.4 Magnetische Dipol- und elektrische Quadrupolübergänge

Alternativ oder zusätzlich zu Multiphotonenprozessen können *Einphotonenprozesse höherer Ordnung* bedeutsam werden, wenn elektrische Dipolübergänge (E1) verboten sind – wie wir in Abschn. 5.3.2 gerade *en passant* am Beispiel von Zerfällen der $n = 2$ Niveaus des $^{58}\mathrm{Ni}^{26+}$-Ions feststellen konnten. In diesem Abschnitt beschreiben wir, wie sich *magnetische Dipolübergänge* (M1) und *elektrische Quadrupolübergänge* (E2) manifestieren, wenn wir den *vollen Störoperator* in

1. Ordnung Störungsrechnung behandeln. Obwohl es sich im Vergleich zu E1-Übergängen um meist sehr viel schwächere Prozesse handelt, sind diese in einer Reihe interessanter Fälle beobachtbar. Von besonderer spektroskopischer und praktischer Bedeutung sind M1-Übergänge: Sie sind die Basis für die gesamte magnetische Resonanzspektroskopie (siehe Abschn. 9.5.2 auf Seite 529 und 9.5.3 für weitere Details zu EPR und NMR).

Wir erinnern uns daran, dass wir bisher das Wechselwirkungspotenzial einer elektromagnetischen Welle mit den Elektronen eines Atoms nur näherungsweise, d. h. mit seinem elektrischen Dipolterm, berücksichtigt hatten.

Nach (H.20) wird das *vollständige Wechselwirkungspotenzial* $\widehat{U}(\boldsymbol{r},t)$ eines atomaren Elektrons mit einer elektromagnetischen Welle beschrieben durch

$$\widehat{U}(\boldsymbol{r},t) = \frac{eE_0}{2}\left(\widehat{\mathsf{D}}\mathrm{e}^{-\mathrm{i}\omega t} - \widehat{\mathsf{D}}^*\mathrm{e}^{+\mathrm{i}\omega t}\right) \tag{5.47}$$

$$\text{mit (H.22)} \quad eE_0 = e\omega A_0 = ecB_0 = e\sqrt{\frac{2I}{c\varepsilon_0}} \tag{5.48}$$

$$\text{und (H.21)} \quad \widehat{\mathsf{D}} = \frac{\mathrm{e}^{\mathrm{i}\boldsymbol{k}\cdot\boldsymbol{r}}}{\omega m_\mathrm{e}}\boldsymbol{e}\cdot\widehat{\boldsymbol{p}} = \frac{-\mathrm{i}\hbar\mathrm{e}^{\mathrm{i}\boldsymbol{k}\cdot\boldsymbol{r}}}{\omega m_\mathrm{e}}\boldsymbol{e}\cdot\boldsymbol{\nabla}. \tag{5.49}$$

Dabei ist e die Ladung des Elektrons, $\boldsymbol{r}$ sein Ortsvektor, E_0, B_0 und A_0 sind die Amplituden des elektrischen und magnetischen Feldes bzw. des Vektorpotenzials, $\boldsymbol{k}$ ist der Wellenvektor und $\boldsymbol{e}$ der Polarisationsvektor. Die Ortsabhängigkeit der Welle wird durch den Term $\exp(\mathrm{i}\boldsymbol{k}\cdot\boldsymbol{r}) = 1 + \mathrm{i}\boldsymbol{k}\cdot\boldsymbol{r} + \ldots$ beschrieben, den wir in Dipolnäherung durch 1 approximiert hatten. Damit und mit (H.24) verifiziert man die bisher benutzte Wechselwirkungsenergie $e\boldsymbol{r}\cdot\boldsymbol{E}(t)$ nach (4.55) in E1-Näherung.

Wir wollen nun *das zweite Glied der Reihenentwicklung,* $\mathrm{i}\boldsymbol{k}\cdot\boldsymbol{r}$, berücksichtigen:

$$\widehat{\mathsf{D}}^{(2)} = \frac{\mathrm{i}}{\omega m_\mathrm{e}}(\boldsymbol{k}\cdot\boldsymbol{r})(\boldsymbol{e}\cdot\widehat{\boldsymbol{p}})$$

Zunächst schreiben wir dies in trivialer Weise durch Addition und Subtraktion eines weiteren Terms um:[13]

$$\widehat{\mathsf{D}}^{(2)} = \frac{\mathrm{i}}{2\omega m_\mathrm{e}}[\boldsymbol{k}\cdot\boldsymbol{r}\,\boldsymbol{e}\cdot\widehat{\boldsymbol{p}} - \boldsymbol{e}\cdot\boldsymbol{r}\,\boldsymbol{k}\cdot\widehat{\boldsymbol{p}}] + \frac{\mathrm{i}}{2\omega m_\mathrm{e}}[\boldsymbol{k}\cdot\boldsymbol{r}\,\boldsymbol{e}\cdot\widehat{\boldsymbol{p}} + \boldsymbol{e}\cdot\boldsymbol{r}\,\boldsymbol{k}\cdot\widehat{\boldsymbol{p}}]$$

Jetzt nutzen wir einige Regeln der Vektoralgebra für Produkte aus und machen Gebrauch davon, dass $\boldsymbol{k} \perp \boldsymbol{e} \perp \boldsymbol{B}$ gilt. Der erste Klammerausdruck ist nach den Regeln der Vektorrechnung für Vierfachprodukte nichts anderes als das Skalarprodukt zweier Vektorprodukte, wobei wir darauf achten, keine Vertauschungen von $\boldsymbol{r}$ und $\boldsymbol{p}$ vorzunehmen:

$$\widehat{\mathsf{D}}^{(2)} = \frac{\mathrm{i}}{2\omega m_\mathrm{e}}\boldsymbol{k}\times\boldsymbol{e}\cdot\boldsymbol{r}\times\widehat{\boldsymbol{p}} + \frac{\mathrm{i}}{2\omega m_\mathrm{e}}[\boldsymbol{k}\cdot\boldsymbol{r}\,\boldsymbol{e}\cdot\widehat{\boldsymbol{p}} + \boldsymbol{e}\cdot\boldsymbol{r}\,\boldsymbol{k}\cdot\widehat{\boldsymbol{p}}].$$

[13] In obigem Ausdruck $(\boldsymbol{k}\cdot\boldsymbol{r})(\boldsymbol{e}\cdot\widehat{\boldsymbol{p}})$ haben wir den Vorrang der Vektormultiplikation vor der gewöhnlichen Multiplikation durch Klammern angedeutet. Im Folgenden verzichten wir auf diese Notation: Produkte von Vektoren (Vektorprodukt vor Skalarprodukt) haben grundsätzlich stets Vorrang vor Produkten von skalaren Größen.

Nun ist definitionsgemäß $\boldsymbol{r} \times \widehat{\boldsymbol{p}} = \widehat{\boldsymbol{L}}$ der Bahndrehimpuls, und es gilt $\boldsymbol{k} \times \boldsymbol{e} \parallel \boldsymbol{B}$. Und da $\boldsymbol{k} \perp \boldsymbol{e}$ ist, bemerken wir außerdem, dass $\boldsymbol{e} \cdot \boldsymbol{r}$, die Projektion des Ortsvektors auf den Polarisationsvektor, und $\boldsymbol{k} \cdot \widehat{\boldsymbol{p}}$, die Projektion des Impulsoperators auf den Wellenvektor, zueinander senkrechte Komponenten des Orts- und Impulsvektors sind. Sie vertauschen also! Somit können wir auch

$$\widehat{\mathsf{D}}^{(2)} = \frac{\mathrm{i}k}{2\omega m_\mathrm{e}} \frac{\boldsymbol{B}_0}{B_0} \cdot \widehat{\boldsymbol{L}} + \frac{\mathrm{i}}{2\omega m_\mathrm{e}} [\boldsymbol{k} \cdot \boldsymbol{r}\, \boldsymbol{e} \cdot \widehat{\boldsymbol{p}} + \boldsymbol{k} \cdot \widehat{\boldsymbol{p}}\, \boldsymbol{e} \cdot \boldsymbol{r}]$$

schreiben. Als Nächstes benutzen wir die Vertauschungsregel (H.17), wonach $\widehat{\boldsymbol{p}} = -\mathrm{i}(m_\mathrm{e}/\hbar)[\boldsymbol{r}, \widehat{H}]$ ist und erhalten:

$$\widehat{\mathsf{D}}^{(2)} = \frac{\mathrm{i}k}{2\omega m_\mathrm{e} B_0} \boldsymbol{B}_0 \cdot \widehat{\boldsymbol{L}} - \frac{1}{2\hbar\omega} [\widehat{H}\, \boldsymbol{k} \cdot \boldsymbol{r}\, \boldsymbol{e} \cdot \boldsymbol{r} - \boldsymbol{k} \cdot \boldsymbol{r}\, \boldsymbol{e} \cdot \boldsymbol{r}\, \widehat{H}]$$

Multiplikation mit eE_0 bzw. ecB_0 nach (5.48) und Einsetzen von $k/\omega = 1/c$ in den ersten Term gibt schließlich

$$eE_0 \widehat{\mathsf{D}}^{(2)} = ecB_0 \widehat{\mathsf{D}}^{(2)} = \mathrm{i} \frac{e}{2m_\mathrm{e}} \widehat{\boldsymbol{L}} \cdot \boldsymbol{B}_0 - \frac{eE_0}{2\hbar\omega} [\widehat{H}\, \boldsymbol{k} \cdot \boldsymbol{r}\, \boldsymbol{e} \cdot \boldsymbol{r} - \boldsymbol{k} \cdot \boldsymbol{r}\, \boldsymbol{e} \cdot \boldsymbol{r}\, \widehat{H}]. \quad (5.50)$$

Damit haben wir dieses (nach dem elektrischen Dipolterm) stärkste Entwicklungsglied des vollen Übergangsoperators (5.47) in zwei offenbar sehr unterschiedliche Wechselwirkungen zerlegt: Wie wir gleich erläutern werden, ist der erste Teil von (5.50) für magnetische Dipolübergänge (M1) verantwortlich, der zweite für elektrische Quadrupolübergänge (E2). Beide haben die gleiche Zeitabhängigkeit wie in (5.47) spezifiziert. Sie können ganz analog zum den elektrischen Dipolübergängen in 1. Ordnung Störungstheorie behandelt werden. Wir brauchen dazu lediglich die Übergangsmatrixelemente von $\widehat{\mathsf{D}}^{(2)}$ zwischen $|a\rangle$ und $|b\rangle$ für die beiden Komponenten auszuwerten.

Der magnetische Dipolterm lässt sich offenbar als

$$ecB_0 \widehat{\mathsf{D}}^{\mathrm{M1}} = \mathrm{i}\mu_\mathrm{B} \frac{\widehat{\boldsymbol{L}}}{\hbar} \cdot \boldsymbol{B}_0 = -\mathrm{i}\, \widehat{\boldsymbol{\mathcal{M}}} \cdot \boldsymbol{B}_0 \quad (5.51)$$

schreiben. Wir haben hier das BOHR'sche Magneton $\mu_\mathrm{B} = e\hbar/(2m_\mathrm{e})$ nach 1.148 eingesetzt, was den magnetischen Charakter dieser Wechselwirkung deutlich macht. Die *magnetische Dipolwechselwirkungsenergie* $\widehat{\boldsymbol{\mathcal{M}}} \cdot \boldsymbol{B}(t)$ induziert M1-Übergänge – vollkommen analog zur elektrischen Dipolwechselwirkungsenergie $\boldsymbol{\mathcal{D}} \cdot \boldsymbol{E}(t)$, die für E1-Übergänge verantwortlich ist. Wir schätzen kurz das Verhältnis der Größenordnungen der beiden Wechselwirkungen ab, die in die Übergangswahrscheinlichkeiten ja quadratisch eingehen. Setzen wir $\langle \widehat{\boldsymbol{L}}/\hbar \rangle \simeq \ell \simeq 1$ und $\langle D \rangle = er_{ab} \simeq ea_0/Z$, so wird mit $E_0 = cB_0$ der Größenordnung nach

$$\frac{|\widehat{\boldsymbol{\mathcal{M}}} \cdot \boldsymbol{B}_0|^2}{|\boldsymbol{\mathcal{D}} \cdot \boldsymbol{E}_0|^2} \simeq \frac{Z^2 \hbar^2}{4 m_\mathrm{e}^2 a_0^2 c^2} = \frac{(Z\alpha)^2}{4} \simeq 1.33 \times 10^{-5} Z^2. \quad (5.52)$$

Die Wahrscheinlichkeit, einen M1-Übergang zu induzieren, ist also (für das H-Atom) um fünf Größenordnungen kleiner als für E1-Übergänge – bei einer gegebenen Strahlungsintensität. Das gilt auch für den spontanen Zerfall der angeregten Zustände. Freilich können M1- oder gar M2-Prozesse für hochgeladene Ionen wegen der starken Z-Abhängigkeit der Übergangsraten durchaus von beträchtlicher Bedeutung sein, wie wir schon in Abschn. 5.3.2 gesehen haben. Darüber hinaus ist es gerade der M1-Übergangstyp, der für die gesamte *magnetische Resonanzspektroskopie* ausschlaggebend ist, da dort Übergänge zwischen unterschiedlichen m-Zuständen $|jm_b\rangle \leftrightarrow |jm_a\rangle$ *innerhalb eines elektronischen Niveaus* untersucht werden, die für elektrische Dipolübergänge (E1) streng verboten sind. Wir werden diese wichtige spektroskopische Methode in 9.5.2 auf Seite 529 und 9.5.3 und noch genauer kennenlernen.

Für eine quantitative Behandlung von M1-Übergängen müssen wir auch den Elektronenspin berücksichtigen. Wie bereits in Abschn. 1.10 erwähnt und in den folgenden Kapiteln näher ausgeführt, bedeutet dies wegen des anomalen magnetischen Moments $\cong 2\mu_B$ des Elektrons, dass man das magnetische Moment $\widehat{\mathcal{M}}_L = \mu_B \widehat{\boldsymbol{L}}/\hbar$ des Bahndrehimpulses durch $\widehat{\mathcal{M}} = -\mu_B(\widehat{\boldsymbol{L}} + 2\widehat{\boldsymbol{S}})/\hbar$ zu ersetzen hat. Die Auswahlregeln und Linienstärken für M1-Übergänge folgen aus den entsprechenden Übergangsmatrixelementen $\langle b|\,\widehat{\boldsymbol{L}}+2\widehat{\boldsymbol{S}}\,|a\rangle$. Für die Bestimmung der Übergangsraten bzw. Wirkungsquerschnitte erinnern wir uns noch einmal daran, dass es sich hier nach wie vor um Einphotonprozesse handelt. Daher haben wir einfach in den Abschn. 4.3 auf Seite 202-5.2 für alle entsprechenden Übergangsraten und Wirkungsquerschnitte die Größen $eE_0\widehat{\mathsf{D}}_{ba}$ durch $eE_0\widehat{\mathsf{D}}_{ba}^{(2)}$ nach (5.50) zu ersetzen, für die *magnetische Dipolwechselwirkung* also durch:

$$ecB_0\widehat{\mathsf{D}}^{\mathrm{M1}} = \mathrm{i}\frac{\mu_B}{\hbar}\langle b\,|\widehat{\boldsymbol{L}} + 2\widehat{\boldsymbol{S}}|\,a\rangle \cdot \boldsymbol{B}_0 = \mathrm{i}\frac{\mu_B}{\hbar}\langle b\,|\widehat{\boldsymbol{J}} + \widehat{\boldsymbol{S}}|\,a\rangle \cdot \boldsymbol{B}_0 \qquad (5.53)$$

Es wirken also die Komponenten von Gesamtdrehimpuls und Spin projiziert auf die Richtung des magnetischen Feldvektors der elektromagnetischen Welle: $\boldsymbol{B} \perp \boldsymbol{E} \perp \boldsymbol{k}$. Werkzeuge zum expliziten Auswerten der Matrixelement werden in Anhang D.4.3 zusammengefasst. Details werden wir in den folgenden Kapiteln besprechen.

Kommen wir nun zum zweiten Teil in (5.50), dem elektrischen Quadrupolterm. Wir bilden auch hier die Matrixelemente zwischen Anfangs- und Endzustand und erhalten:

$$\begin{aligned} eE_0\left\langle a\,\middle|\widehat{\mathsf{D}}\middle|\,b\right\rangle^{(\mathrm{E2})} &= -\frac{eE_0}{2\hbar\omega}(W_b - W_a)\,\langle b\,|\boldsymbol{k}\cdot\boldsymbol{r}\;\mathbf{e}\cdot\boldsymbol{r}|\,a\rangle \\ &= -\frac{eE_0\pi}{\lambda_{ba}}\langle b\,|\mathbf{e}_k\cdot\boldsymbol{r}\;\mathbf{e}\cdot\boldsymbol{r}|\,a\rangle\,. \end{aligned} \qquad (5.54)$$

Wir haben hier den Einheitsvektor $\mathbf{e}_k = \boldsymbol{k}/k$ in Richtung des Wellenvektors und mit $k = \omega/c$ die Übergangswellenlänge λ_{ba} eingeführt. Alternativ kann man mit (5.47)–(5.49) und (4.1) den HAMILTON-Operator für die elektrische Quadrupolwechselwirkung auch schreiben als

$$\widehat{U}(\boldsymbol{r},t)^{(\mathrm{E2})} = \frac{e}{2}\frac{\omega_{ba}}{\omega}\left(\boldsymbol{E}(t)\cdot\boldsymbol{r}\right)(\boldsymbol{k}\cdot\boldsymbol{r})\,. \qquad (5.55)$$

Da $\boldsymbol{k}$ und $\mathbf{e}$ stets senkrecht zueinander stehen, entsprechen die beiden Projektionen von $\boldsymbol{r}$ auf diese Richtungen orthogonalen Komponenten von $\boldsymbol{r}$. Je nach Wahl der Koordinaten für das (at)- bzw. (ph)-System (siehe Abb. 4.3 auf Seite 189) sind die relevanten Matrixelemente vom Typ $xy = Q_{22-}/\sqrt{3}$ (Ausbreitung in x-Richtung, Polarisation in y-Richtung oder umgekehrt), $xz = Q_{21+}/\sqrt{3}$ (Ausbreitung in z-Richtung, Polarisation in x-Richtung oder umgekehrt) oder schließlich $yz = Q_{21-}/\sqrt{3}$. Lichtausbreitung unter 45° in der xy-Ebene mit einem Polarisationsvektor, der ebenfalls in der xy-Ebene liegt (Azimutwinkel −45°), wird durch $(x^2 - y^2)/2 = Q_{22+}/\sqrt{3}$ beschrieben. Die Terminologie, die wir hier für die reellen Komponenten des sog. *Quadrupoltensors* benutzen (ein irreduzibler Tensoroperator) ist in Anhang F.3 und Tab. E.2 zusammengefasst. Jede andere Geometrie kann man als Linearkombination der Komponenten dieses Tensoroperators ausdrücken, typischerweise durch Rotation dieses Operators mithilfe einer Drehmatrix vom Rang 2 nach Anhang C. Quantitativ erhält man die Übergangswahrscheinlichkeiten und Wirkungsquerschnitte für E2-Übergänge, indem man das elektrische Dipolübergangsmatrixelement $\widehat{\mathsf{D}}_{ba}$ nach (4.57) im gesamten Abschn. 4.3 auf Seite 202 durch

$$\langle b|\widehat{\mathsf{D}}|a\rangle^{(\mathrm{E2})} = \frac{(-1)^{q+1}\pi}{\sqrt{3}\lambda_{ba}}\langle b|Q_{2q}\pm|a\rangle \tag{5.56}$$

ersetzt (man beachte, dass auch dieser Ausdruck die Dimension L hat). Hier charakterisiert $q\pm$ die Geometrie von Absorption oder Emission wie gerade angedeutet. Mithilfe von etwas Drehimpulsalgebra kann man die Auswahlregeln auf geradem Wege ableiten. Für Vielelektronenatome muss man die entsprechenden Drehimpulskopplungsschemata berücksichtigen, die wir in späteren Kapiteln diskutieren werden. Eine kurze Übersicht über die Auswahlregeln für E2-Übergänge gibt Anhang D.4.2.

Auch hier schätzen wir abschließend grob die Wahrscheinlichkeit. Das Matrixelement der relevanten Wechselwirkung für E2-Übergänge nach (5.54) ist $\langle a|eE_0\widehat{\mathsf{D}}|b\rangle^{(\mathrm{E2})} \propto eE_0\langle x_i x_j\rangle/\lambda_{ba}$, wobei x_i und x_j zwei Ortskoordinaten sind, während das E1-Matrixelement ja $\propto eE_0\langle x_i\rangle$ war. Für einen groben Schätzwert benutzen wir die gemittelten Ortskoordinaten nach (2.130) mit $\langle x_i x_j\rangle \propto \langle r^2\rangle_{n\ell} \simeq n^4 a_0^2/Z^2$ und $\langle x_i\rangle \propto \langle r\rangle_{n\ell} \simeq n^2 a_0/Z$. Somit ergibt sich das Verhältnis der Übergangswahrscheinlichkeiten bei E2- und E1-Übergängen in einer Größenordnung von

$$\frac{|\langle a|eE_0\widehat{\mathsf{D}}|b\rangle^{(\mathrm{E2})}|^2}{|\boldsymbol{\mathcal{D}}\cdot\boldsymbol{E}_0|^2} \simeq \left(\frac{n^2 a_0}{Z\lambda_{ba}}\right)^2. \tag{5.57}$$

Es wird also vom Quadrat des Verhältnisses der Atomabmessung zur Wellenlänge bestimmt. Für einen typischen Übergang im VIS- oder UV-Spektralbereich bei kleinen Ordnungszahlen Z und kleinen Hauptquantenzahlen n erhalten wir damit ein Wahrscheinlichkeitsverhältnis $\simeq(0.1\,\mathrm{nm}/300\,\mathrm{nm})^2 \simeq 10^{-7}$. Für große Z erniedrigt sich dieses Verhältnis im Falle von E2-Prozessen sogar noch mit Z^{-2} – im Gegensatz zu M1-Übergängen, die mit Z^2 stärker werden, wie oben besprochen. Daher haben E2-Prozesse keine größere Rolle in der klassischen Atom-, Molekül- und Festkörperspektroskopie gespielt – außer im Röntgenbereich, wo sie bedeutsam werden können.

Es scheint jedoch, dass sich E2-Übergänge eines zunehmenden Interesses erfreuen, da Zustände mit immer höheren Hauptquantenzahlen n untersucht werden, wobei der

Bahnradius mit n^2 wächst. Sogenannte RYDBERG-Atome, sagen wir mit $n = 100$, haben bereits einen Durchmesser von ca. 500 nm und ihre Größe wird vergleichbar mit optischen Wellenlängen. Ein schönes experimentelles Beispiel mit Details zur Auswertung von (5.54) findet man bei TONG *et al.* (2009), die RYDBERG-Zustände in ultrakaltem Rubidium für $n = 27$ bis 59 untersucht haben. Ganz allgemein gesprochen überraschen RYDBERG-Atome, diese nahezu makroskopischen Quantenobjekte, oft mit einer hoch interessanten ‚reichen Physik'.[14]

Was haben wir in Abschnitt 5.4 gelernt?

- Wenn man die räumliche Abhängigkeit $\exp(\mathrm{i}\boldsymbol{k} \cdot \boldsymbol{r})$ von elektromagnetischen Feldern über den ersten konstanten Term hinaus nach Potenzen von $\boldsymbol{r}/\lambda$ entwickelt, erhält man magnetische und elektrische Wechselwirkungsterme höherer Ordnung. Erstere sind proportional zu $B_0\mu_B \langle b|\widehat{\boldsymbol{J}} + \widehat{\boldsymbol{S}}|a\rangle$, letztere zu $eE_0\langle b|Q_{2q\pm}|a\rangle/\lambda_{ba}$.
- Die Raten für die daraus resultierenden M1- und E2-Übergänge können in 1. Ordnung Störungsrechnung ausgewertet werden – in voller Analogie zu denen für E1-Übergänge. Im Vergleich zu letzteren sind M1-Übergänge typischerweise um einen Faktor $10^{-5}Z^2$ weniger wahrscheinlich, für E2-Übergänge liegt der Faktor bei ca. $\simeq n^4(a_0/\lambda_{ba})^2 Z^{-2}$.

5.5 Photoionisation

Der Entdeckung und Deutung des *Photoeffekts* zu Anfang des 20. Jahrhunderts war einer der grundlegenden Meilensteine auf dem Weg zur Entwicklung der modernen Physik. Wir haben dies einführend in Abschn. 1.4.1 auf Seite 31 gewürdigt. Mit dem Begriff Photoionisation umreißen wir zugleich die gesamte Physik des Kontinuums von Atomen und Molekülen. Haben wir uns bisher fast ausschließlich und umfassend mit Übergängen zwischen gebundenen Zuständen beschäftigt, die durch elektromagnetische Felder induziert werden, so wollen wir hier zumindest eine Einführung in dieses grundlegend wichtige und praktisch bedeutsame Feld geben – sozusagen in die andere Hälfte der Atom- und Molekülphysik. Die fundamentalen theoretischen Arbeiten dazu reichen zurück in die 30iger Jahre des vergangenen Jahrhunderts. In den 60iger und 70iger Jahren wurden sie zu großer Reife entwickelt und in das Begriffsgebäude eingebaut. Umfangreiche experimentelle Studien zur Photoionisation wurden vor allem seit der Nutzbarmachung der Synchrotronstrahlung (MADDEN und CODLING 1963) als intensiver VUV- und Röntgenlichtquelle durchgeführt und haben zu einer reichen Ernte geführt. Auch die moderne Laserphysik hat einen wesentlichen Beitrag zur Verbreitung der Photoelektronen- und Photoionenspektroskopie geleistet. Heute konzentriert man sich vor allem auf Moleküle und

[14] Dieser Ausdruck wird häufig fast synonym für „bis jetzt noch kaum verstanden“ gebraucht.

Cluster. Auch in der Oberflächenphysik werden die in der Atomphysik entwickelten Methoden sehr intensiv genutzt. Als analytisches Werkzeug ist die Photoelektronenspektroskopie (PES) aus einem breiten Bereich der Physik, Chemie und Materialforschung nicht mehr wegzudenken.

Wir können hier nicht ins Detail gehen, sondern wollen nachfolgend lediglich einige Aspekte von grundlegender Bedeutung ausführen, die wichtigsten Überlegungen und Ergebnisse der Theorie zusammenfassen und diese anhand einiger weniger, ausgewählter experimenteller Beispiele illustrieren. Weitere Ergebnisse, die besonders für Vielelektronensysteme charakteristisch sind, werden wir in Kap. 10 sowie im Zusammenhang mit der Molekülspektroskopie in Bd. 2 besprechen. Interessierte Leser verweisen wir auf die umfangreiche Originalliteratur und einschlägige Reviewartikel (siehe z. B. BETHE und SALPETER 1957; BURGESS und SEATON 1960; COOPER 1962; COOPER und ZARE 1969; MANSON und STARACE 1982; SAHA 1989; SCHMIDT 1992, und Zitate darin).

5.5.1 Prozess und Wirkungsquerschnitt

Es geht also um die quantitative Beschreibung des Photoeffekts an einem Atom oder Molekül, das wir mit ‚Tg' kennzeichnen. Dabei induziert das elektromagnetische Feld einen Übergang aus einem gebundenen Zustand $|a\rangle = |n\ell\rangle$ der Bindungsenergie $W_{n\ell} < 0$ in einen ungebundenen Kontinuumszustand $|b\rangle = |\epsilon\ell'\rangle$, wobei ein Photon der Energie $\hbar\omega$ absorbiert und ein Elektron der kinetischen Energie $\epsilon > 0$ emittiert wird. Der Übersichtlichkeit halber unterdrücken wir in den folgenden Ausführungen den Elektronenspin (er bleibt bei diesem Prozess in der Regel erhalten) und konzentrieren uns zunächst auf effektive Einelektronensysteme. Deren gebundene Zustände werden durch die Hauptquantenzahl n und den Bahndrehimpuls ℓ charakterisiert, der Kontinuumszustand hingegen durch ϵ und ℓ' des freien Elektrons.

Die kinetische Energie des Elektrons hängt mit der Wellenzahl k_e des Elektrons in unendlichem Abstand vom Kern zusammen:

$$\epsilon = \hbar^2 k_e^2/(2m_e) \tag{5.58}$$

Der Photoionisationsprozess kann schematisch durch

$$\mathrm{Tg}(n\ell) + \hbar\omega \to \mathrm{Tg}^+ + \mathrm{e}^-(\epsilon\ell') \quad \text{mit} \quad \hbar\omega - W_I = \epsilon \tag{5.59}$$

beschrieben werden. Das Ionisationspotenzial W_I des Targets $\mathrm{Tg}(n\ell)$ im Anfangszustand ist mit seiner Bindungsenergie über $W_{n\ell} = -W_I < 0$ verknüpft.

Ein eng verwandter Prozess ist das Entfernen eines Elektrons aus einem Anion, das sogenannte *Photodetachment:*

$$\mathrm{Tg}^-(n\ell) + \hbar\omega \to \mathrm{Tg} + \mathrm{e}^-(\epsilon\ell'). \tag{5.60}$$

Man behandelt es im Prinzip ebenso wie die Photoionisation, wobei an die Stelle des Ionisationspotenzials W_I die Elektronenaffinität W_{EA} tritt (siehe Abschn. 3.1.5 auf Seite 155 f.). Der wesentliche Unterschied zur Photoionisation ist die rasche

Abnahme des Wechselwirkungspotenzials mit r zwischen dem zurückbleibenden neutralen Atom und dem herausgeschlagenen Elektron im Gegensatz zum langreichweitigen COULOMB-Potenzial im Fall der Ionisation. Das führt zu sehr unterschiedlichem asymptotischen Verhalten der Kontinuumswellenfunktion, wie wir in Abschn. 5.5.4 besprechen werden.

Der Wirkungsquerschnitt für die Photoionisation wird – ganz analog zum Anregungsquerschnitt – durch (5.31) gegeben. Das Übergangsmatrixelement $\widehat{\mathsf{D}}_{\epsilon a} = \boldsymbol{r}_{\epsilon a} \cdot \mathbf{e}$ in E1-Näherung wird jetzt nach (4.57) zwischen dem diskreten Anfangszustand $|a\rangle$ und einem Kontinuumszustand $|\epsilon\rangle$ gebildet. Üblicherweise normiert man diese Wellenfunktion in der Energieskala (siehe Anhang J.1), sodass ihre Dimension $\mathsf{L}^{-3/2}\mathsf{Enrg}^{-1/2}$ ist. In dieser Normierung ist die Zustandsdichte $g(W)$, also die Zahl der Zustände pro Energieintervall, im Matrixelement $\widehat{\mathsf{D}}_{\epsilon a}$ bereits eingebaut. Der Photoionisationsquerschnitt bei Einstrahlung von Photonen der Energie $\hbar\omega$ wird also[15]

$$\sigma_{\epsilon a}(\hbar\omega) = 4\pi^2 \alpha \hbar\omega |\widehat{\mathsf{D}}_{\epsilon a}|^2. \tag{5.61}$$

Man beachte, dass das Betragsquadrat des Übergangsmatrixelements die Dimension $\mathsf{L}^2\mathsf{Enrg}^{-1}$ hat, sodass $\sigma_{\epsilon a}$ nach wie vor ein echter *Querschnitt* mit der Dimension L^2 ist und z. B. in $[\sigma_{\epsilon a}] = \mathrm{b}$ (barn) gemessen wird (siehe Anhang A.2).

Man erweitert nun die Definition der Oszillatorenstärke (H.34) ins Kontinuum und führt eine *optische Oszillatorenstärkendichte* (OOSD) ein:

$$\frac{\mathrm{d}\mathfrak{f}_{\epsilon a}^{(\mathrm{opt})}}{\mathrm{d}\epsilon} = 2\frac{\hbar\omega}{E_\mathrm{h} a_0^2} |\widehat{\mathsf{D}}_{\epsilon a}|^2 = 2\frac{\epsilon + W_I}{E_\mathrm{h} a_0^2} |z_{\epsilon a}|^2 \tag{5.62}$$

Sie hat die Dimension Enrg^{-1} – im Gegensatz zur Oszillatorenstärke $\mathfrak{f}_{ba}^{(\mathrm{opt})}$ für die Anregung eines Übergangs zwischen diskreten Zuständen, die eine dimensionslose Größe ist. Den Photoionisationsquerschnitt kann man dann

$$\sigma_{\epsilon a}(\hbar\omega) = 2\pi^2 \alpha E_\mathrm{h} a_0^2 \frac{\mathrm{d}\mathfrak{f}_{\epsilon a}^{(\mathrm{opt})}}{\mathrm{d}\epsilon} = 1.0976 \times 10^{-16}\,\mathrm{cm\,eV} \frac{\mathrm{d}\mathfrak{f}_{\epsilon a}^{(\mathrm{opt})}}{\mathrm{d}\epsilon} \tag{5.63}$$

schreiben. Der numerische Vorfaktor ist derselbe wie in (5.32), aber $g(\omega)$ ist jetzt in der OOSD bereits enthalten.

In der Literatur findet man auch unterschiedliche Notationen für (5.63). Sie können jedoch alle nach (H.34)–(H.44) ineinander überführt werden (siehe auch Fußnote 8 auf Seite 262). Für lineare Polarisation wird oft (ohne Verlust an Allgemeinheit) angenommen, dass der elektrische Feldvektor in z-Richtung zeigt. Mit (4.77) findet man (immer noch unter Vernachlässigung des Elektronenspins)

$$z_{\epsilon a} = \langle \epsilon | z | a \rangle = \langle \epsilon \ell' | r | n\ell \rangle \langle \ell' m' | C_{10} | \ell m \rangle. \tag{5.64}$$

Man kann aber natürlich bei Bedarf auch jede andere Geometrie wählen – ganz analog zur Behandlung von Übergängen zwischen gebundenen Zuständen, wie wir sie weiter oben ausführlich besprochen haben.

---

[15] Alternativ und völlig äquivalent benutzt man Kontinuumsfunktionen, die für ein sehr großes, aber endliches Volumen L^3 orthonormal bestimmt werden. In diesem Fall muss man (5.31) anstatt (5.61) benutzen und die Zustandsdichte explizit einsetzen.

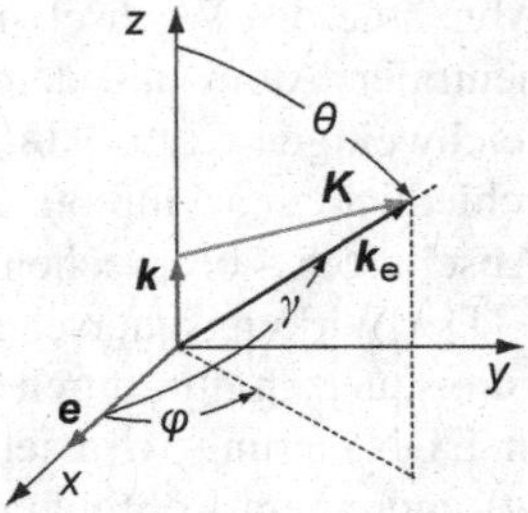

Abb. 5.8 Koordinaten und Winkel bei der Photoionisation

5.5.2 BORN'sche Näherung für die Photoionisation

Nach BETHE und SALPETER (1957) kann man für hohe, aber nichtrelativistisch hohe Photonenenergien

$$W_I \ll \hbar\omega \ll m_e c^2 \tag{5.65}$$

die Kontinuumswellenfunktionen des freien Elektrons in 1. *Ordnung* der BORN'schen Näherung (FBA) durch eine ebene Welle annähern:[16]

$$\langle \boldsymbol{r} | \boldsymbol{k}_e \rangle = \sqrt{\frac{m_e k_e}{(2\pi)^3 \hbar^2}} e^{i\boldsymbol{k}_e \cdot \boldsymbol{r}} . \tag{5.66}$$

Der Normierungsfaktor unter der Wurzel ist die differenzielle Zustandsdichte $\mathrm{d}g/\mathrm{d}\Omega$ pro Einheitsraumwinkel, Volumen und Energie nach (2.58).

Die Geometrie für ein Photoionisationsexperiment ist in Abb. 5.8 skizziert: Das einfallende Licht breitet sich in z-Richtung mit dem Wellenvektor $\boldsymbol{k}$ aus, es sei linear polarisiert und der Polarisationsvektor $\mathfrak{e}$ zeige in x-Richtung. Das Elektron werde nach Absorption des Photons in Richtung $\boldsymbol{k}_e$ emittiert. Da die Dipolnäherung für hohe Photonenenergien nicht mehr tauglich ist, benutzen wir als Übergangsoperator den exakten Ausdruck (H.21), den wir

$$\widehat{\mathsf{D}} = \frac{1}{\omega m_e} e^{i\boldsymbol{k}\cdot\boldsymbol{r}} \mathfrak{e} \cdot \widehat{\boldsymbol{p}} = \frac{1}{\omega m_e} e^{i\boldsymbol{k}\cdot\boldsymbol{r}} \widehat{p}_{\mathfrak{e}} \tag{5.67}$$

schreiben, wobei wir den Impulsoperator $\widehat{\boldsymbol{p}}$ in Richtung des Polarisationsvektors $\mathfrak{e}$ mit $\widehat{p}_{\mathfrak{e}}$ bezeichnen – wie in (2.50) eingeführt. Das Übergangsmatrixelement für die Photoionisation des Zustands $|a\rangle$ wird somit

$$\widehat{\mathsf{D}}_{\varepsilon a} = \langle \boldsymbol{k}_e | \widehat{\mathsf{D}} | a \rangle = \langle \boldsymbol{k}_e | \frac{1}{\omega m_e} e^{i\boldsymbol{k}\cdot\boldsymbol{r}} \widehat{p}_{\mathfrak{e}} | a \rangle = \langle \widehat{p}_{\mathfrak{e}} \boldsymbol{k}_e | \frac{1}{\omega m_e} e^{i\boldsymbol{k}\cdot\boldsymbol{r}} | a \rangle . \tag{5.68}$$

Letztere Identität gilt, da grundsätzlich $\widehat{p}_{\mathfrak{e}} \parallel \mathfrak{e} \perp \boldsymbol{k}$, sodass $\widehat{p}_{\mathfrak{e}}$ und $e^{i\boldsymbol{k}\cdot\boldsymbol{r}}$ kommutieren und wir (2.35) anwenden können. Wir erinnern uns, dass nach (2.51) jede ebene Welle ein Eigenvektor von $\widehat{p}_{\mathfrak{e}}$ ist. Die Eigenwerte sind $p\cos\gamma = \hbar k_e \cos\gamma$, wobei γ der

[16] Diese Näherung wurde ursprünglich von Max BORN (1926) für Stoßprozesse konzipiert.

Winkel zwischen Polarisationsvektor $\mathbf{e}$ und Richtung $\boldsymbol{k}_\mathrm{e}$ des auslaufenden Elektrons ist. Mit (5.66) wird somit das Photoionisationsmatrixelement in FBA

$$\widehat{\mathsf{D}}_{\epsilon a} = \langle \boldsymbol{k}_\mathrm{e}|\widehat{\mathsf{D}}|a\rangle = \frac{k_\mathrm{e}^{3/2}}{\omega\sqrt{m_\mathrm{e}}}\cos\gamma(2\pi)^{-3/2}\int \mathrm{e}^{\mathrm{i}(\boldsymbol{k}-\boldsymbol{k}_\mathrm{e})\cdot\boldsymbol{r}}\psi_a(\boldsymbol{r})\mathrm{d}^3\boldsymbol{r}. \tag{5.69}$$

Das Integral kann man mit der Abkürzung $\boldsymbol{K} = \boldsymbol{k}_\mathrm{e} - \boldsymbol{k}$ als FOURIER-Transformierte

$$\psi_a(\boldsymbol{K}) = (2\pi)^{-3/2}\int \mathrm{e}^{-\mathrm{i}\boldsymbol{K}\cdot\boldsymbol{r}}\psi_a(\boldsymbol{r})\mathrm{d}^3\boldsymbol{r} \tag{5.70}$$

der anfänglichen Wellenfunktion $\psi_a(\boldsymbol{r})$ auffassen, d. h. als ihre Darstellung im Impulsraum. Wir notieren hier, dass der *Impulstransfer vom Photon auf das Elektron* gerade durch

$$\hbar\boldsymbol{K} = \hbar(\boldsymbol{k}_\mathrm{e} - \boldsymbol{k}) \tag{5.71}$$

gegeben ist. Diese Größe wird uns in Bd. 2 im Zusammenhang mit Stoßprozessen noch intensiv beschäftigen.

Das Matrixelement $\widehat{\mathsf{D}}_{\epsilon a}$ bezieht sich auf Elektronen, die in einen bestimmten Raumwinkel emittiert werden. Wenn wir (5.69) also in (5.61) einsetzen, erhalten wir den *differenziellen Wirkungsquerschnitt* für die Photoionisation in FBA:

$$\mathrm{d}\sigma_{\epsilon a}(\hbar\omega) = 4\pi^2\alpha\frac{1}{\omega}\frac{\hbar k_\mathrm{e}^3}{m_\mathrm{e}}\cos^2\gamma\left|\psi_a(\boldsymbol{k}_\mathrm{e} - \boldsymbol{k})\right|^2\mathrm{d}\Omega. \tag{5.72}$$

Die Funktion $\psi_a(\boldsymbol{k}_e - \boldsymbol{k})$ kann entweder nach (5.70) aus der Ortswellenfunktion oder auch mithilfe der in den Impulsraum transformierten SCHRÖDINGER-Gleichung direkt berechnet werden (siehe z. B. BETHE und SALPETER 1957, Kap. 8).

Spezialisierung für *ns*-Anfangszustände und H-ähnliche Atome

Die allgemeine Form der FOURIER-Transformierten ist vom Typ $\psi_a(\boldsymbol{p}) = F_{n\ell}(p)\,Y_{\ell m}(\theta,\varphi)$. Für ns-Anfangszustände mit der Radialwellenfunktion $R_{ns}(r)$ kann sie

$$\psi_a(\boldsymbol{K}) = \frac{1}{\sqrt{2\pi}}\int_0^\infty R_{ns}(r)r^2\mathrm{d}r\int_0^\pi \mathrm{e}^{-\mathrm{i}\boldsymbol{K}\cdot\boldsymbol{r}}\sin\theta\mathrm{d}\theta$$

geschrieben werden. Für die Integration kann man ohne Beschränkung der Allgemeinheit $z \parallel \boldsymbol{K}$ legen, sodass $\mathrm{e}^{-\mathrm{i}\boldsymbol{K}\cdot\boldsymbol{r}} = \mathrm{e}^{-\mathrm{i}Kr\cos\theta}$, und man erhält den leicht zu integrierenden Ausdruck:

$$\psi_a(\boldsymbol{K}) = \frac{2}{K\sqrt{2\pi}}\int_0^\infty \mathrm{d}r\,R_{ns}(r)r\sin Kr \tag{5.73}$$

Für wasserstoffähnliche Radialfunktionen R_{ns} ergibt sich (nach BETHE und SALPETER 1957, Gl. (70.4) in a.u.) im Grenzfall großer Werte von $K = |\boldsymbol{k}_\mathrm{e} - \boldsymbol{k}|$ näherungsweise

$$\psi_{ns}(\boldsymbol{k}_\mathrm{e} - \boldsymbol{k}) = \frac{2\sqrt{2}Z^{5/2}}{\pi n^{3/2}}\frac{a_0^{3/2}}{a_0^4|\boldsymbol{k}_\mathrm{e} - \boldsymbol{k}|^4}. \tag{5.74}$$

Setzen wir dies in (5.72) ein, so wird der differenzielle Photoionisationsquerschnitt für H-ähnliche ns-Elektronen:

$$\begin{aligned} d\sigma_{\epsilon a}(\hbar\omega) &= 4\pi^2\alpha\frac{1}{\hbar\omega}\frac{\hbar^2 k_e^3}{m_e}\cos^2\gamma\frac{8Z^5}{\pi^2 n^3}\frac{a_0^3}{a_0^8|\boldsymbol{k}_e-\boldsymbol{k}|^8}d\Omega \\ &= 32\alpha\frac{\hbar}{m_e}\frac{Z^5}{n^3}\frac{1}{\omega}\frac{\cos^2\gamma}{(a_0k_e)^5[1-(v/c)\cos\theta]^4}d\Omega \end{aligned} \tag{5.75}$$

Den Ausdruck in eckigen Klammern [ ] in der zweiten Reihe erhält man unter Benutzung von (5.65), sodass mit (5.58) und (5.59) $\hbar\omega \cong \epsilon = \hbar^2 k_e^2/2m_e$ wird; mit der Geschwindigkeit $v = \sqrt{2\epsilon/m_e}$ der emittierten Elektronen und der Wellenzahl $k = \omega/c$ des Photons erhält man $2k/k_e = v/c \ll 1$ und vernachlässigt $(k/k_e)^2$. Konsequente Weiterentwicklung nach Potenzen von v/c und Vernachlässigung aller nichtlinearen Terme ergibt schließlich

$$d\sigma_{\epsilon a} = 64\alpha\frac{Z^5}{n^3}\frac{a_0^2\cos^2\gamma[1+4(v/c)\cos\theta]}{(2\epsilon/E_h)^{7/2}}d\Omega. \tag{5.76}$$

Die Winkelverteilungen werden wir im nächsten Unterabschnitt besprechen. Hier integrieren wir über alle Raumwinkel. Aus Abb. 5.8 lesen wir $\cos\gamma = \sin\theta\cos\varphi$ ab und die Integration über $\int^{4\pi}\ldots d\Omega = \int_0^{2\pi}d\varphi\int_0^{\pi}\ldots\sin\theta d\theta$ ergibt einfach einen Faktor $4\pi/3$. Damit wird der *integrale Photoionisationsquerschnitt in* FBA für H-ähnliche Atome in ns-Zuständen[17]

$$\sigma_{\epsilon ns} = \int_0^{4\pi}\frac{d\sigma_{\epsilon a}}{d\Omega}d\Omega = \frac{256\pi}{3}\alpha\frac{Z^5}{n^3}\frac{a_0^2}{(2\hbar\omega/E_h)^{7/2}}. \tag{5.77}$$

Auch wenn dieses Ergebnis der BORN'schen Näherung nur für hohe (aber nichtrelativistisch hohe) Energien gilt, beschreibt es den allgemeinen Trend für wasserstoffähnliche Orbitale doch recht gut: den dramatischen Abfall mit der Photonenenergie $\propto (\hbar\omega)^{-7/2}$, die starke Abhängigkeit von der fünften Potenz der Kernladungszahl Z^5, welche für größere Atome zu beträchtlichen Wirkungsquerschnitten führt, sowie die Abnahme für höhere Orbitale $\propto n^{-3}$. Wie wir in Kap. 10 sehen werden, kann man die inneren Schalen von großen Atomen recht gut durch wasserstoffartige Orbitale beschreiben und erhält mit der BORN'schen Näherung schon einen guten ersten Einblick in die Absorption von Röntgen- und γ-Strahlung (s. Abschn. 10.5.3 auf Seite 570). Eine umfassende Datenquelle für solche Wirkungsquerschnitte ist die Datenbank des NIST (CHANTLER *et al.* 2005).

Speziell für die Photoionisation des $1s$-Orbitals beim H-Atom ergibt (5.77) in Zahlenwerten:

$$\sigma_{\epsilon 1s}/\,\text{cm}^2 = 1.609\times 10^{-23}(\hbar\omega/\text{keV})^{-7/2}. \tag{5.78}$$

Obwohl die FBA nur für hohe Energien eine vernünftige Näherung darstellt, ist es doch interessant, den ganzen Energiebereich zu betrachten. Benutzt man für niedrige

[17] Da das Integral unabhängig von φ ist, gilt dieser Ausdruck auch für unpolarisiertes Licht.

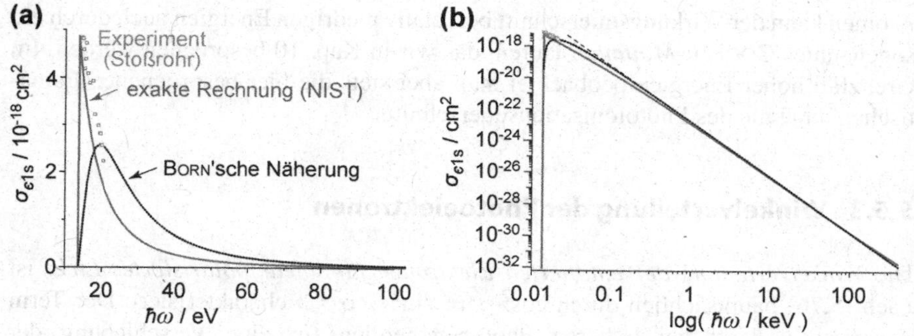

Abb. 5.9 Wirkungsquerschnitt für die Photoionisation von atomarem Wasserstoff als Funktion der Photonenenergie $\hbar\omega$. Die ‚exakten' Rechnungen (volle Linien, *online rot*) nach CHANTLER *et al.* (2005) werden mit der BORN'schen Näherung (gepunktete Linien, *online schwarz*) nach (5.79) und experimentellen Daten (Quadrate, *online grau*) nach PALENIUS *et al.* (1976) verglichen. (**a**) lineare Auftragung für niedere $\hbar\omega$, (**b**) logarithmische Auftragung für den gesamten Spektralbereich von 13.7 eV bis 400 keV. Die gestrichelte Linie deutet den Abfall $\propto W^{-7/2}$ für hohe Energien an

Energien statt des genäherten Ausdrucks (5.74) den exakten Wert der FOURIER-Transformierten von $|1s\rangle$, dann erhält man anstelle von (5.78)

$$\sigma_{\epsilon 1s}/\,\mathrm{cm}^2 = 1.609 \times 10^{-23}(\hbar\omega - W_I)^{3/2}(\hbar\omega/\mathrm{keV})^{-5}. \tag{5.79}$$

Nach der FBA würde der Photoionisationsquerschnitt also an der Schwelle $\hbar\omega = W_I = 13.6\,\mathrm{eV}$ verschwinden, dann rasch zu einem Maximum bei etwa 20 eV ansteigen und dann in den asymptotischen schnellen Abfall $\propto (\hbar\omega)^{-7/2}$ übergehen. Dies wird in Abb. 5.9 skizziert und mit den ‚exakten' Querschnitten aus der Datensammlung von CHANTLER *et al.* (2005) verglichen, die auf einer sorgfältigen Auswertung des aktuellen Stands der Theorie basiert. Die gezeigten experimentellen Daten entstammen einer (der aus naheliegenden Gründen ganz wenigen) experimentellen Bestimmung des Photoionisationsquerschnitts für atomaren Wasserstoff, die am Wasserstoffplasma in einem Stoßwellenrohr bestimmt wurden (PALENIUS *et al.* 1976). Man kann, angesichts der experimentellen Schwierigkeiten, wohl von einer vernünftigen Übereinstimmung von Experiment und NIST-Daten sprechen. Wie man aber sieht, gibt die BORN'sche Näherung die Realität in Schwellennähe nicht wirklich korrekt wieder. Vielmehr gilt *grundsätzlich bei der Photoionisation,* dass der *Wirkungsquerschnitt an der Schwelle endlich* ist und dort in der Regel auch sein Maximum hat (näheres dazu in Bd. 2). Wie man sieht – und das ist ein recht allgemeiner Befund – sinkt der Photoionisationsquerschnitt schon beim 10-fachen der Schwellenenergie auf weniger als 1 % des Schwellenwertes.

Es sei aber auch darauf hingewiesen, dass der in Abb. 5.9 gezeigte, extrem strukturlose Verlauf des totalen Photoionisationsquerschnitts eine Spezialität des Wasserstoffatoms ist. Schon beim Heliumatom (Kap. 7) werden wir z. B. sehen, dass zwischen den Ionisationsschwellen für He^+ und He^{++} dem generellen Trend ein reiches Spektrum an sogenannten *Autoionisationslinien* überlagert ist. Bei größeren

Atomen kann der Wirkungsquerschnitt bei relativ niedrigen Energien auch durch ein sogenanntes COOPER-*Minimum* laufen, das wir in Kap. 10 besprechen werden. Im Grenzfall hoher Energien beobachtet man aber stets die hier besprochene, dramatische Abnahme des Photoionisationsquerschnitts.

5.5.3 Winkelverteilung der Photoelektronen

Die *Winkelverteilung der emittierten Elektronen für linear polarisiertes Licht* ist nach (5.76) hauptsächlich durch $\cos^2\gamma = \sin^2\theta\cos^2\varphi$ charakterisiert. Der Term $4(v/c)\cos\theta$ sorgt bei höheren Photonenenergien für eine Verschiebung der Winkelverteilung in Richtung des ionisierenden Lichtstrahls, kann aber für nichtrelativistische Elektronen vernachlässigt werden.

Eine genaue Auswertung der Dipolnäherung (E1) ergibt für die Winkelverteilung des differenziellen Wirkungsquerschnitts der Photoionisation

$$\frac{\mathrm{d}\sigma_{\epsilon a}}{\mathrm{d}\Omega} = \frac{\sigma_{\epsilon a}}{4\pi}\left[1 + \beta \mathrm{P}_2(\cos\gamma)\right] \quad \text{wobei} \quad -1 \le \beta \le 2, \tag{5.80}$$

die durch den so genannten *β-Parameter* (auch *Anisotropieparameter*) vor dem LEGENDRE-Polynom $\mathrm{P}_2(\cos\gamma) = (3\cos^2\gamma - 1)/2$ charakterisiert wird. Dabei kann der *β-Parameter* im Prinzip Werte zwischen $-1 \le \beta \le 2$ annehmen.

Für die Ionisation eines reinen *ns*-Zustands wie im H(1*s*)-Fall, den wir gerade besprochen haben, wird (5.76) mit $\beta = 2$ im Rahmen der Dipolnäherung reproduziert – wenn man den Hochenergieterm vernachlässigt, der in der BORN'schen Näherung enthalten ist. Das Maximum des Elektronensignals findet man dann also bei einem Emissionswinkel $\gamma = 0$, d. h. in der Richtung des Polarisationsvektors $\boldsymbol{e}$ (siehe Abb. 5.8), während senkrecht dazu, also parallel zum Wellenvektor $\boldsymbol{k}$ des ionisierenden Lichts, keine Elektronen emittiert werden – was intuitiv einleuchtend ist: Man kann sagen, die Winkelverteilung, welche bei der Ionisation durch linear polarisiertes Licht erzeugt wird, entspricht einem $|p_x\rangle$ Orbital. Seine Wahrscheinlichkeitsverteilung als Funktion des Polarwinkels wird durch die Winkelverteilung des differenziellen Wirkungsquerschnitts bei der Photoionisation repräsentiert. Für nicht zu hohe Photonenenergien sind die Kontinuumszustände, die bei der *Photoionisation* generiert werden, äquivalent zu jenen bei der Dipol-*Anregung* (siehe Abschn. 4.7.1 auf Seite 235).

Für unpolarisiertes oder zirkular polarisiertes Licht hat man einfach über die differenziellen Querschnitte für Polarisation in *x*- und *y*-Richtung zu mitteln. Nach Abb. 5.8 heißt das einfach Mittelung über die unterschiedlichen Polarisationswinkel mit $\cos^2\gamma = \sin^2\theta\cos^2\varphi$ bzw. $= \sin^2\theta\sin^2\varphi$ und führt zu

$$\frac{\mathrm{d}\sigma_{\epsilon a}}{\mathrm{d}\Omega} = \frac{\sigma_{\epsilon a}}{4\pi}\left[1 - \frac{\beta}{2}\mathrm{P}_2(\cos\theta)\right]. \tag{5.81}$$

Für $\beta = 2$ entspricht dies einer torusartigen Verteilung (‚doughnut'-artig) um die *z*-Achse herum.

Beide Ausdrücke sind allgemeingültig für nicht zu hohe $\hbar\omega$ bei der Photoionisation von Atomen und Molekülen, die sich anfänglich in einer isotropen Verteilung von Zuständen befinden. Üblicherweise hängt β von der Photonenenergie ab. Wie wir noch sehen werden, ist β eine wichtige Größe, welche die Beteiligung verschiedener Partialwellen bei der Einphotonenionisation beschreibt.

Wir führen schließlich noch den Begriff des *magischen Winkels* $\gamma_{\text{mag}} = 54.736°$ ein. Bei diesem Winkel ist $\mathrm{P}_2(\cos\gamma_{\text{mag}}) = 0$, und der Querschnitt hängt überhaupt nicht mehr von β ab. Systematische Studien zum integralen Wirkungsquerschnitt für die Photoionisation $\sigma_{\epsilon a}$ führt man vorzugsweise bei diese Emissionswinkel durch (bzw. im Fall von unpolarisiertem Licht bei $\theta = \gamma_{\text{mag}}$).

5.5.4 Photoionisationsquerschnitt in Theorie und Experiment

Die BORN'sche Näherung ist eine gute Näherung für hohe Energien. Ihr Vorteil ist ohne Zweifel, dass sie die Multipolentwicklung der ebenen Welle sozusagen in beliebig hoher Ordnung berücksichtigt. Wir haben aber gesehen, dass sie im Bereich von Energien $\hbar\omega$ unter etwa 5 bis $10 \times W_I$ keine brauchbaren Ergebnisse liefert. Andererseits ist aber gerade dieser Bereich von Photonenenergien der eigentlich interessante, mit nennenswerten Wirkungsquerschnitten und dem größten Teil der gesamten Kontinuums-Oszillatorenstärke. Nun genügt in diesem Bereich meist auch die prinzipiell sehr einfache Dipolnäherung, die ja nach (5.62) und (5.64) nur die Kenntnis der entsprechenden Radialmatrixelemente erfordert. Daher kann man sich hier auf eine möglichst gute Bestimmung der Wellenfunktionen im gebundenen Anfangszustand und im Kontinuum konzentrieren.

Wie in Kap. 2 und 3 besprochen, wird der Anfangszustand $|a\rangle$ des Systems durch eine Wellenfunktion mit wohldefinierten Quantenzahlen $n\ell m$ beschrieben:

$$\langle \boldsymbol{r} \,|a\rangle = R_{n\ell}(r) Y_{\ell m}(\theta, \varphi) = \frac{u_{n\ell}}{r} Y_{\ell m}(\theta, \varphi) \tag{5.82}$$

Das asymptotisches Verhalten der Radialfunktionen für gebundene Zustände ist nach (2.119) und (2.120)

$$u_{n\ell}(r) \underset{r \to 0}{\longrightarrow} r^{\ell+1} \quad \text{und} \quad u_{n\ell}(r) \underset{r \to \infty}{\longrightarrow} \exp\left(-\sqrt{2|W_{n\ell}|}\, r\right). \tag{5.83}$$

charakterisiert. Dagegen sind bei den Kontinuumszuständen $|\epsilon\rangle$ zu einer wohldefinierten Energie ϵ des freien Elektrons im Prinzip alle Bahndrehimpulse ℓ' möglich:

$$\langle \boldsymbol{r} \,|\epsilon\rangle = \sum_{\ell'=0}^{\infty} \sum_{m'=-\ell'}^{\ell'} a_{\epsilon\ell'} \frac{u_{\epsilon\ell'}(r)}{r} Y_{\ell' m'}(\theta, \varphi). \tag{5.84}$$

Die Entwicklungskoeffizienten $a_{\epsilon\ell'}$ charakterisieren die jeweiligen Rand- und Ionisationsbedingungen, und die Radialfunktionen $u_{\epsilon\ell'}(r) = r R_{\epsilon\ell'}(r)$ berechnet man auch für diesen Fall anhand der radialen SCHRÖDINGER-Gleichung (2.117). Dabei ist die Bindungsenergie $W_{n\ell}$ durch die Kontinuumsenergie $\epsilon = k^2/2$ (in atomaren Einheiten) zu ersetzen und das Potenzial dem jeweiligen System anzupassen. Während es stabile Lösungen für gebundene Zustände nur bei diskreten, negativen Bindungsenergien gibt, ist für jede positive Energie auch eine sinnvolle Wellenfunktion bestimmbar.

Wie bereits besprochen, sind die Kontinuumswellenfunktionen entsprechend Anhang J.1 in der Energieskala zu normieren. Bei der Photoelektronen*emission* muss (5.84) einen radial auslaufenden Elektronenfluss repräsentieren, und die Funktionen $u_{\epsilon\ell'}(r)/r$ haben im Wesentlichen den Charakter von entsprechenden Kugelwellen. Für deren asymptotisches Verhalten gilt (in atomaren Einheiten)

$$u_{\epsilon\ell'}(r) \underset{r\to 0}{\longrightarrow} r^{\ell+1} \quad \text{und} \tag{5.85}$$

$$u_{\epsilon\ell'}(r) \underset{r\to\infty}{\longrightarrow} \sqrt{\frac{2}{\pi k}} \cos\left(kr - \frac{\ell\pi}{2} + \frac{Z_C}{k}\ln(2kr) + \delta_\ell + \sigma_\ell\right) \tag{5.86}$$

mit $k = \sqrt{2\epsilon}$, dem Betrag des Wellenvektors,[18] und der Restladung Z_C des Atoms nach dem Ionisationsprozess. Bei der *Photoionisation* bleibt also entsprechend (5.59) ein Ion zurück, und die auslaufende COULOMB-Welle erfährt asymptotisch eine Phasenverschiebung. Diese setzt sich zusammen aus der COULOMB-Phase σ_ℓ nach (3.28) im $-Z_C/r$ Potenzial, die schnell mit k abnimmt, der charakteristischen logarithmischen Phase und einer Phasenverschiebung δ_ℓ im abgeschirmten Atomrumpfpotenzial vom Typ $V_C(r)$ nach (3.11).[19] Hingegen vereinfacht sich der Ausdruck für das *Photodetachment* (5.60) von Anionen ($Z_C = 0$) zu $\sqrt{2/\pi k}\cos(kr - \ell\pi/2 + \delta_\ell)$. Je nach System und Qualitätsanspruch wird man zur Bestimmung der Radialfunktionen $u_{n\ell}(r)$ und $u_{\epsilon\ell'}(r)$ statt der simplen radialen Einteilchen SCHRÖDINGER-Gleichung (2.117) z. B. Multikonfigurations-HARTREE-FOCK-Methoden (MCHF) benutzen, wie in Kap. 10 zu erörtern sein wird. Schließlich wird man beim Vielelektronensystem über die Ionisationsquerschnitte aller ionisierbaren Elektronen eines Atoms oder Moleküls zu summieren haben.

Mit den so charakterisierten Wellenfunktionen des gebundenen Anfangszustands (5.82) und des freien Endzustands im Kontinuum (5.84) kann man den totalen Wirkungsquerschnitt berechnen. Ohne Einschränkung der Allgemeingültigkeit legen wir hier wie in (5.64) den Polarisationsvektor in z-Richtung, setzen also den Dipolübergangsoperator $\widehat{\mathsf{D}} = \mathrm{i}\boldsymbol{e}\cdot\boldsymbol{r} = \mathrm{i}rC_{10}(\theta,\varphi)$. Dann ergibt (5.61) nach Mittelung über alle Anfangszustände und Summation über alle erreichbaren Endzustände:

$$\sigma_{\epsilon a}(\hbar\omega) = \frac{4\pi^2\alpha\hbar\omega}{2\ell+1}\left|\sum_{\ell'm'm}\langle\epsilon\ell'|r|n\ell\rangle\langle\ell'm'|C_{10}|\ell m\rangle\right|^2 \tag{5.87}$$

Über das Radialmatrixelement $\langle\epsilon\ell'\,|r|\,n\ell\rangle$ bestimmen offensichtlich die atomaren Eigenfunktionen Größe und Energieabhängigkeit des Photoionisationsquerschnitts. Dagegen definiert das Matrixelement $\langle\ell'm'\,|C_{10}|\,\ell m\rangle$ (siehe Anhang D.2.2) ganz analog zu den in Abschn. 4.4 auf Seite 213 diskutierten optischen Anregungsprozessen die Auswahlregeln für die Photoionisation: Wieder gilt die Auswahlregel $\Delta\ell = \pm 1$,

[18] In der Literatur wird die Energie häufig in Rydberg angegeben, wodurch der Faktor 2 unter der Wurzel wegfällt.

[19] Bei H-ähnlichen Ionen bleibt ein nacktes Ion zurück, sodass für die auslaufende Welle im COULOMB-Potenzial $\delta_\ell = 0$ wird. Für alle anderen Fälle ist δ_ℓ nach (3.26) mit dem Quantendefekt μ_ℓ verknüpft.

da ein Photon mit dem Drehimpuls $\hbar$ absorbiert wird und der Übergang $\Delta\ell = 0$ auch hier wegen der Paritätserhaltung verboten ist. Im Kontinuum können aber stets beide Endzustände überlagert sein, und zwar bei jeder Photonenenergie $\hbar\omega$ oberhalb der Ionisationsschwelle. Ebenso gilt auch hier $m' = m$ für das linear in z-Richtung polarisierte Licht. Die Auswertung der Summe und der Matrixelemente in (5.87) führt schließlich zu

$$\sigma_{\epsilon a}(\hbar\omega) = \frac{4\pi^2}{3}\alpha\hbar\omega\left[\ell r_{\epsilon,\ell-1}^2 + (\ell+1)r_{\epsilon,\ell+1}^2\right] \tag{5.88}$$

mit den beiden Radialmatrixelementen

$$r_{\epsilon,\ell\pm1} = \int_0^\infty r u_{\epsilon\ell\pm1}(r) u_{n\ell}(r)\mathrm{d}r. \tag{5.89}$$

Sofern der Anfangszustand nicht gerade ein s-Zustand mit $\ell = 0$ ist, enthält also auch der Photoionisationsquerschnitt Beiträge von zwei Matrixelementen zu Kontinuumsfunktionen mit $\ell' = \ell + 1$ und $\ell - 1$.

Man kann mit leichtem Mehraufwand die Kontinuumsfunktion (5.84) auch so bestimmen, dass sie ein in Richtung $\boldsymbol{k}_e$ auslaufendes Elektron beschreibt. Dies führt dann zu (5.80) mit einem energieabhängigen Anisotropieparameter (Gl. (2) in Cooper und Zare (1968a, 1968b), ohne den unkorrekten Faktor 3 im Nenner):

$$\begin{aligned}\beta(\epsilon) = &\frac{1}{(2\ell+1)[\ell r_{\epsilon,\ell-1}^2 + (\ell+1)r_{\epsilon,\ell+1}^2]} \\ &\times \left\{\ell(\ell-1)r_{\epsilon,\ell-1}^2 + (\ell+1)(\ell+2)r_{\epsilon,\ell+1}^2 \right.\\ &\left. - 6\ell(\ell+1)r_{\epsilon,\ell+1}r_{\epsilon,\ell-1}\cos\left[\delta_{\ell+1}(\epsilon) - \delta_{\ell-1}(\epsilon)\right]\right\}.\end{aligned} \tag{5.90}$$

Offensichtlich wird der Wert von β durch das Verhältnis der beiden beteiligten Matrixelemente $r_{\epsilon,\ell-1}/r_{\epsilon,\ell+1}$ und durch die Phasendifferenz der beiden Radialwellenfunktionen bestimmt. Man überzeugt sich leicht, dass für $\ell = 0$ (und somit $r_{\epsilon,\ell-1} = 0$) $\beta = 2$ wird, wie schon im Rahmen der Born'schen Näherung festgestellt. Ebenso verifiziert man, dass der Anisotropieparameter in der Tat alle Werte $-1 \le \beta \le 2$ (und nur diese) annehmen kann.

Abbildung 5.10 illustriert dies mit einer experimentell bestimmten Winkelverteilung für das *Photodetachment eines Anions* am Beispiel des von Covington *et al.* (2007) untersuchten Prozesses

$$\mathrm{Cu}^-[\mathrm{Ar}]3d^{10}4s^2\,{}^1\mathrm{S} + \hbar\omega \to \mathrm{Cu}[\mathrm{Ar}]3d^{10}4s\,{}^2\mathrm{S} + \mathrm{e}^-.$$

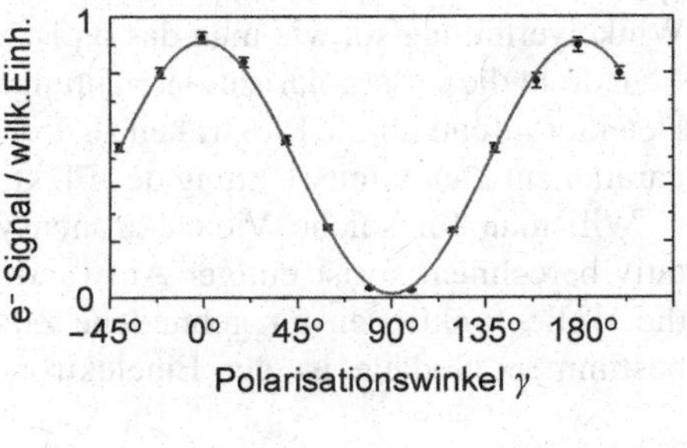

Abb. 5.10 Winkelverteilung von Elektronen beim Photodetachment von Cu^- nach Covington *et al.* (2007)

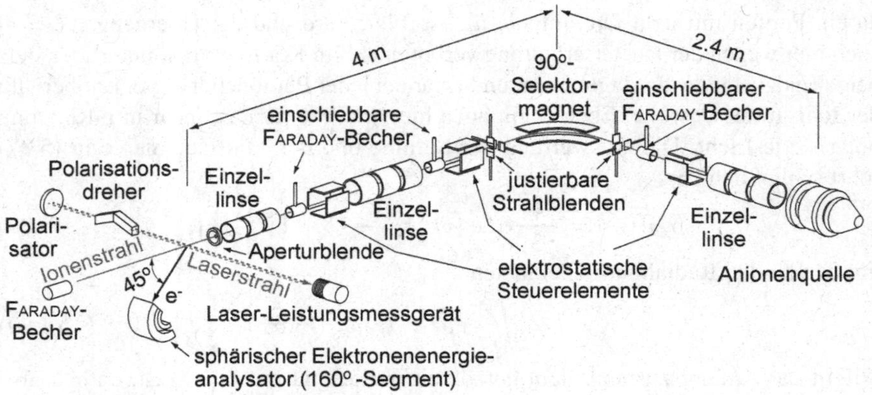

Abb. 5.11 Typischer experimenteller Aufbau zur Untersuchung des Photodetachments von Anionen, hier nach COVINGTON *et al.* (2007). Der aus der Quelle kommende Ionenstrahl wird mit verschiedenen Linsen und Ablenksystemen geführt. Mithilfe eines 90° Magneten wird daraus eine Anionenart selektiert und im Wechselwirkungsgebiet mit einem CW-Laser zum Überlapp gebracht, dessen Polarisationsrichtung gedreht werden kann

Da man die Elektronenkonfiguration der Kupferanionen als He ähnlich ansehen kann (zwei s-Elektronen über einer abgeschlossenen $3d$ Schale) und ein s-Elektron ausgelöst wird, erwartet man – wie besprochen – mit $\beta = 2$ eine reine $\cos^2\theta$ Winkelverteilung nach (5.80). Abbildung 5.10 bestätigt diese Erwartung weitgehend. Eine kleine Abweichung kann das Experiment nicht ganz ausschließen. Diese würde man darauf zurückführen, dass die Beschreibung der Elektronenwellenfunktion durch reine Produktwellenfunktionen (in diesem Fall $4s$ für das abzulösende Elektron) bei einem so großen Atom eben doch nicht ganz korrekt ist, und dass bei feinerer Betrachtung ggf. auch eine *Konfigurationsmischung* berücksichtigt werden muss wie in Abschn. 10.2.3 auf Seite 553 beschrieben.

Abbildung 5.11 zeigt die für dieses Experiment benutzte, recht typische, klassische Ionenstrahlapparatur. Der Aufbau ist im Prinzip unkompliziert, und weitgehend selbst erklärend, erfordert aber große experimentelle Präzision. Zur Messung der kinetischen Energie der emittierten Elektronen benutzt man hier ein Segment aus einem Kugelkondensator, der sich durch hohe Energieauflösung und gute Fokussierungseigenschaften auszeichnet (siehe Anhang Bd. 2 zu hemisphärischen Analysatoren). Aufgenommen wurde die in Abb. 5.10 gezeigte Winkelverteilung so, wie man das typischerweise immer macht, wo es möglich ist: Man dreht die Laserpolarisationsrichtung, weil das einfacher ist, als den Analysator-Detektoraufbau für die Elektronen zu drehen. Für $\theta = 0$ liegt der Polarisationsvektor parallel zur Detektionsrichtung des Elektrons.

Will man für solche Vielelektronensysteme die Wirkungsquerschnitte quantitativ berechnen, so ist einiger Aufwand erforderlich. Zunächst einmal muss man die Wellenfunktionen für gebundene Zustände wie auch für Kontinuumszustände bestimmen. Sodann ist der Einelektronendipoloperator durch (H.29) zu ersetzen, wo über die Koordinaten aller Elektronen summiert wird. Berücksichtigt man schließlich noch den Spin und die LS-Kopplung, dann müssen die entsprechenden Dipolmatrixelemente mithilfe der Drehimpulsalgebra ausgewertet werden, wofür die wesentlichen Werkzeuge in Anhang D zusammengestellt sind. Wie man damit umgeht, werden wir in den folgenden Kapiteln anhand der Übergänge zwischen gebundenen Zuständen kennenlernen. Für die Photoionisation gelten ganz analoge Überlegungen.

5.5.5 Multiphotonenionisation (MPI)

Prozesse $\mathcal{N}$-ter Ordnung (Störungsrechnung) entsprechen der Absorption von $\mathcal{N}$ Photonen, wie bereits in Abschn. 5.3 für die Anregung besprochen. Natürlich kann man auf diese Weise ein Atom (At) auch ionisieren, obwohl die Energie des Einzelphotons $\hbar\omega < W_I$ unter der Ionisationsschwelle liegt. Dies ist im Potenzialbild Abb. 5.12 skizziert. Die Energiebilanz lautet jetzt

$$\mathrm{Tg} + \mathcal{N}\hbar\omega \rightarrow \mathrm{Tg}^+ + \mathrm{e}^-(W_{\mathrm{kin}}) \quad \text{mit} \quad -W_I + \mathcal{N}\hbar\omega = W_{\mathrm{kin}} = \frac{\hbar^2 k_\mathrm{e}^2}{2m_\mathrm{e}}, \tag{5.91}$$

und man sieht, dass die kinetische Energie W_{kin} des Elektrons nach der Ionisation und damit der Betrag k_e des Wellenvektors abhängig von der Anzahl $\mathcal{N}$ der absorbierten Photonen ist. Die *Wahrscheinlichkeit* für solche Multiphotonenprozesse, bei denen $\mathcal{N}$ Photonen absorbiert werden, hängt wie bei der Anregung vom Photonenfluss $\Phi = I/(\hbar\omega)$ und damit von der Intensität I ab. In $\mathcal{N}$-ter Ordnung Störungsrechnung kann man die Übergangsrate $R^{(\mathcal{N})}_{k_\mathrm{e}\leftarrow a}$ vom gebundenen Ausgangszustand $|a\rangle$ in den Kontinuumszustand $|\epsilon\rangle$ schreiben als

$$R^{(\mathcal{N})}_{k_\mathrm{e}\leftarrow a} = \sigma^{(\mathcal{N})}\Phi^{\mathcal{N}} \propto I^{\mathcal{N}}, \tag{5.92}$$

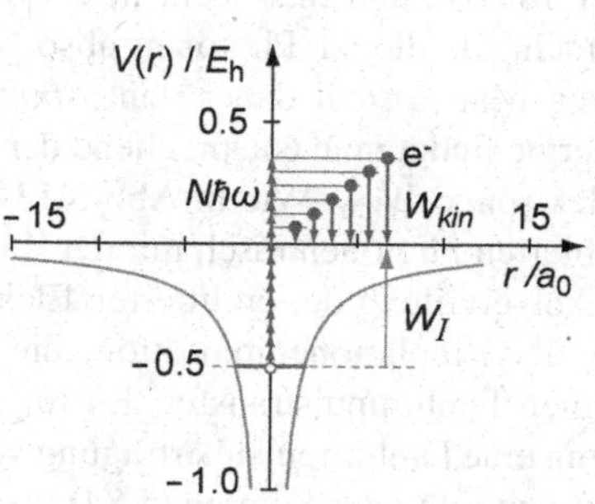

Abb. 5.12 Illustration der Multiphotonenionisation am Beispiel eines H-Atoms. Im Kontinuum hat das Elektron die kinetische Energie $W_{\mathrm{kin}} \equiv \epsilon$ entsprechend (5.91) je nach Anzahl der absorbierten Photonen $\mathcal{N}\hbar\omega$ (Skizze in a.u. maßstäblich für 800 nm-Photonen). Die kinetische Elektronenenergie W_{kin} wird durch nach unten zeigende Pfeile veranschaulicht (*online rot*), die andeuten, dass 0 bis 5 Photonen zusätzlich absorbiert wurden – über diejenigen hinaus, die für die Ionisation benötigt werden (ATI)

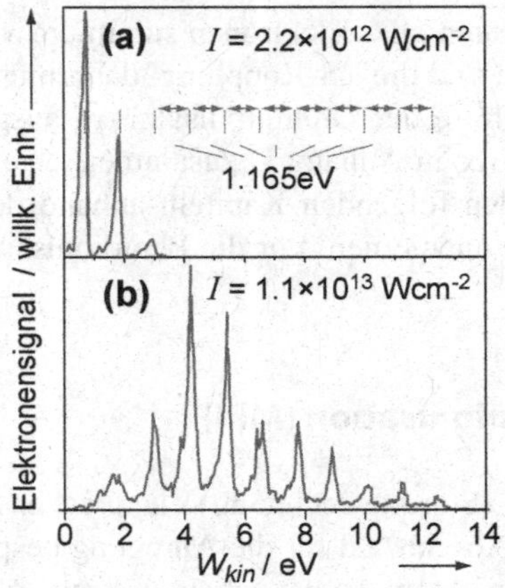

Abb. 5.13 Ionisation oberhalb der Schwelle (ATI). Photoelektronenspektren für Xe nach PETITE *et al.* (1988) mit Nd-YAG Laserimpulsen (Wellenlänge 1064 nm oder $\hbar\omega = 1.165\,\text{eV}$) bei zwei verschiedenen Intensitäten I zeigen sehr deutlich das ATI-Phänomen: **(a)** bei $I = 2.2 \times 10^{12}\,\text{W cm}^{-2}$ werden nur ein oder zwei zusätzliche Photonen absorbiert und in kinetische Energie der Elektronen umgewandelt, **(b)** bei $I = 1.1 \times 10^{13}\,\text{W cm}^{-2}$ werden bereits bis zu fünf Photonen oberhalb der Ionisationsschwelle absorbiert

wobei $\sigma^{(\mathcal{N})}$ wieder ein generalisierter Wirkungsquerschnitt ist, wie wir ihn schon in (5.43) kennengelernt haben.

Neben der Ionenausbeute als Funktion der Intensität bieten vor allem die Energiespektren der Photoelektronen eine experimentelle Bestätigung der in Abb. 5.12 schematisch dargestellten Zusammenhänge. Abbildung 5.13 zeigt die Ergebnisse eines klassischen Experiments von PETITE *et al.* (1988), bei welchem Xe mit Nd-YAG-Laserimpulsen ($\lambda = 1064\,\text{mm}$) von 13 ps Dauer ionisiert wurde. Die Photonenenergie ist 1.165 eV, und man sieht in den Photoelektronenspektren sehr deutlich, dass weit mehr als die 11 Photonen absorbiert werden, die für die Ionisation benötigt werden. Man spricht daher von ‚*Above Threshold Ionisation*' (ATI). Die zusätzliche Energie findet man entsprechend der Energiebilanz (5.91) als kinetische Energie der Elektronen W_{kin}. Wie in Abb. 5.13 dokumentiert, steigt die Zahl der zusätzlich absorbierten Photonen rasch mit der Laserintensität.

Für MPI kann die Winkelverteilung der emittierten Elektronen wesentlich komplizierter werden als bei der Einphotonenionisation, die mit (5.81) beschrieben wird und die lediglich einen Drehimpulstransfer $\pm\hbar$ impliziert. Wenn $\mathcal{N}$ Photonen absorbiert werden, kann eine Drehimpulsübertragung von bis zu $\pm\mathcal{N}\hbar$ erfolgen, was eine entsprechende Erweiterung der Summe (5.84) über alle erreichbaren Kontinuumszustände erfordert. Dies wird sich im differenziellen Wirkungsquerschnitt niederschlagen. Wegen der Paritätserhaltung tragen bei einen Zweiphotonenprozess die Partialwellen $\ell' = \ell$ und $\ell \pm 2$ bei (so lange wie $\ell' \geq 0$), für einen Dreiphotonenprozess haben wir $\ell' = \ell \pm 1$ *und* $\ell \pm 3$ zu berücksichtigen und so weiter. Für linear polarisiertes Licht gilt nach wie vor die Auswahlregel $\Delta m = 0$, während für zirkular polarisiertes Licht auch höhere Werte von $-\mathcal{N}\ell \le m \le \mathcal{N}\ell$ erreichbar sind. Es ist offensichtlich, dass die Winkelverteilung der emittierten Elektronen ebenfalls entsprechend komplexer wird.[20]

Ganz analog zur Multiphotonen*anregung* nach Abschn. 5.3 sind die Übergangsamplituden jetzt in $\mathcal{N}$-ter Ordnung Störungsrechnung zu bestimmen. So wird etwa der generalisierte differenzielle Wirkungsquerschnitt[21] bei einer Zweiphotonenionisation vom Anfangszustand $n\ell$ zu einem Endzustand der Energie ϵ nach COOPER und ZARE (1969)

$$\frac{\mathrm{d}\sigma_{n\ell}^{(2)}(\hbar\omega,\theta)}{\mathrm{d}\Omega} \propto \left| \sum_{\ell'\gamma''\ell''} \frac{\langle \epsilon\ell' m | r_0 | \gamma''\ell'' m\rangle \langle \gamma''\ell'' m | r_0 | n\ell m\rangle}{W_{n\ell} - W_{\gamma''\ell''} + \hbar\omega} \right|^2, \tag{5.93}$$

wobei wir die Übergangsamplituden in der Helizitätsbasis nach (4.79) und (4.77) eingeführt haben. Sofern erforderlich, muss man auch noch über die Anfangsorientierungen m mitteln. Die Summation über alle Zwischenzustände $\gamma''\ell''$ muss sowohl über gebundene Zustände als im Prinzip auch über das Kontinuum geführt werden. Man erahnt leicht, dass die Auswertung dieses Ausdrucks im Detail ein formidables Unternehmen sein kann. Bei unterschiedlichen Polarisationen wird der Ausdruck noch komplizierter. Man sieht auch, dass dies noch einmal aufwendiger wird, wenn die Photonenenergie einen Zwischenzustand resonant anregen kann ($\hbar\omega \simeq W_{\gamma''\ell''} - W_{n\ell}$). Man wird dann die üblichen Dämpfungsterme wie im Falle der Anregung einfügen und auf Sättigungseffekte zu achten haben. Im Grenzfall besetzt man sogar einen neuen, nicht isotropen Anfangszustand.

In aller Regel wird jedenfalls (5.80) die Winkelverteilung der beim MPI-Prozess emittierten Elektronen nicht mehr adäquat beschreiben. Vielmehr wird man den (generalisierten) differenziellen Wirkungsquerschnitt eines $\mathcal{N}$-Photonenprozesses mit mehreren β-Parametern zu beschreiben haben:

$$\frac{\mathrm{d}\sigma_{n\ell}^{(\mathcal{N})}(\hbar\omega,\theta)}{\mathrm{d}\Omega} = \frac{\sigma_{n\ell}^{(\mathcal{N})}}{4\pi} \frac{1+\beta_2\cos^2\theta+\beta_4\cos^4\theta+\cdots+\beta_{2\mathcal{N}}\cos^{2\mathcal{N}}\theta}{1+\beta_2/3+\beta_4/5+\cdots+\beta_{2\mathcal{N}}/(2\mathcal{N}+1)} \tag{5.94}$$

Mit dem steten Fortschritt bei der Entwicklung von intensiven, abstimmbaren und verlässlichen Lasersystemen ist auch das Interesse am experimentellen Studium solcher Prozesse in den letzten Jahrzehnten rasant gewachsen. Multiphotonenionisation, insbesondere über resonante Zwischenzustände (sog. *Resonantly Enhanced Multi Photon Ionization* REMPI), ist heute ein universell eingesetztes Werkzeug beim Studium der Struktur und Dynamik von Atomen, Molekülen und Clustern, bis hin zu Biomolekülen.

Hier beschränken wir uns auf zwei Beispiele. COMPTON *et al.* (1984) untersuchten REMPI-Übergänge im Cs-Atom. Der experimentelle Aufbau war ähnlich dem in

[20] *Mutatis mutandis* gilt das auch für die Einphotonenionisation eines *nicht isotrop besetzten Anfangszustands,* den man z. B. durch weitere Photonen in einem optischen Pumpprozess mit polarisiertem Licht präparieren kann (siehe Anhang zu Bd. 2 oder HERTEL und STOLL 1978).

[21] Auch der generalisierte differenzielle Wirkungsquerschnitt für $\mathcal{N}$-Photonenionisation ist entsprechend (5.92) so definiert, dass das Elektronensignal $\propto (\mathrm{d}\sigma_{\varepsilon(n\ell)}/\mathrm{d}\Omega)\ (I/\hbar\omega)^{\mathcal{N}}$ wird.

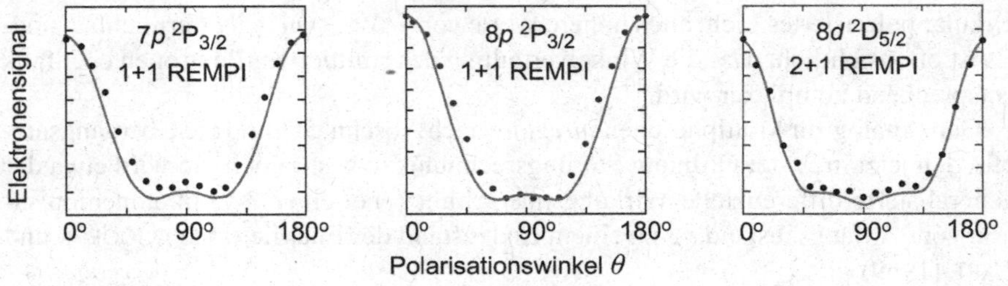

Abb. 5.14 Resonante Multiphotonenionisation am Cs-Atom nach COMPTON *et al.* (1984). Gemessene (Punkte) und berechnete (Linien) Winkelverteilungen der Photoelektronen für die in (5.95) aufgelisteten Prozesse

Abb. 5.11, jedoch deutlich einfacher, da die Targetatome hier mit einem einfachen Atomstrahlofen erzeugt wurden. Der Elektronennachweis und die Polarisationsdrehung sind aber praktisch identisch. Lichtquelle war ein gepulster Farbstofflaser mit verschieden einstellbaren Wellenlängen, 10 ns Impulsdauer und einer Intensität von damals noch sehr moderaten $\simeq 10^8\,\mathrm{W\,cm^{-2}}$. Cs-Atome wurden über Ein- oder Zweiphotonenresonanzen angeregt – je nach Auswahlregel – ein weiteres Photon gleicher Wellenlänge diente der Ionisation. Beobachtet wurden u. a. folgende Prozesse:

$$\mathrm{Cs}\big(6s\,^2S_{1/2}\big)\begin{cases}\xrightarrow{1\hbar\omega_1}\mathrm{Cs}(7p\,^2\mathrm{P}_{3/2})\xrightarrow{1\hbar\omega}\mathrm{Cs}^+ + \mathrm{e}^-(\epsilon\quad s\text{ und }p)\\ \xrightarrow{1\hbar\omega_2}\mathrm{Cs}(8p\,^2\mathrm{P}_{3/2})\xrightarrow{1\hbar\omega}\mathrm{Cs}^+ + \mathrm{e}^-(\epsilon\quad s\text{ und }p)\\ \xrightarrow{2\hbar\omega_3}\mathrm{Cs}(8d\,^2\mathrm{D}_{5/2})\xrightarrow{1\hbar\omega}\mathrm{Cs}^+ + \mathrm{e}^-(\epsilon\quad s\text{ und }p).\end{cases} \qquad (5.95)$$

Abbildung 5.14 zeigt die gemessenen und berechneten Winkelverteilungen der Photoelektronen. Der Vergleich mit Abb. 5.10 auf Seite 287 unterstreicht die hier erwartete, strukturreiche Abhängigkeit des MPI-Photoelektronensignals vom Polarisationswinkel θ, die wir nach (5.94) erwarten. Wir werden das Thema im Zusammenhang mit hohen Laserintensitäten in Abschn. 8.5.3 auf Seite 476 später wieder aufnehmen.

Heute werden für derartige Messungen meist sogenannte *bildgebende Verfahren* (EIS oder VMI) der Photoelektronenspektroskopie eingesetzt. Bei diesen eleganten und effizienten Methoden nimmt man *in einem ‚Schuss‘* (z. B. für einen Laserimpuls) im Prinzip eine komplette Winkel- und Energieverteilung der Photoelektronen auf – muss diese freilich über viele Ereignisse mitteln. Es gibt verschiedene Varianten des Verfahrens. Grundsätzlich basieren alle darauf, dass die Photoelektronen sich vom Entstehungsort auf Kugelschalen mit dem Radius $r = t\sqrt{2W_{\mathrm{kin}}/m_{\mathrm{e}}}$ bewegen. Zu einer wohldefinierten Zeit t projiziert man diese Kugelschale auf einen ausgedehnten, positionsempfindlichen Detektor und bestimmt so die kinetische Energie W_{kin} und über x/t bzw. und y/t auch die Emissionswinkel θ und φ bezüglich des Polarisationsvektors.

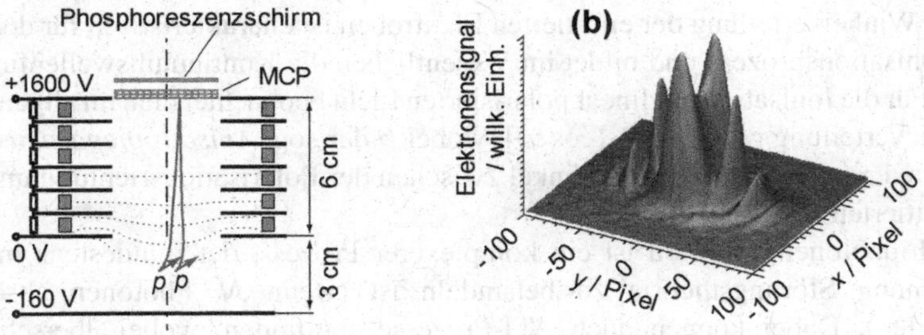

Abb. 5.15 Bildgebende Photoelektronenspektroskopie nach REICHLE *et al.* (2001). (**a**) Optischer EIS-Detektor, mit einem speziellen Feldverlauf (Äquipotenziallinien gepunktet, *online rot*) und zwei typischen Trajektorien für gleiche Impulse $\boldsymbol{p}$ die zur gleichen Detektorposition führen. (**b**) Photoelektronensignal von H^- in einem infraroten Laserfeld mit $I = 1.7 \times 10^{13}\,\mathrm{W\,cm^2}$. Die Polarisationsrichtung des Lasers zeigt in die y-Richtung. Die Winkelverteilung der Photoelektronen ist auf die xy-Ebene projiziert, der Abstand $\sqrt{x^2 + y^2}$ reflektiert die kinetische Energie W_{kin}

In Abb. 5.15a zeigen wir einen typischen Versuchsaufbau für ein schönes Ergebnis mit atomaren Wasserstoffanionen aus der Gruppe HELM, einem der Pioniere dieser Verfahren. Mit einem geschickten Feldverlauf optimiert man das Aufsammeln der Elektronen, die in einem Vielkanalplatten-Elektronenmultiplier (‚multi channel plate electron multiplier' MCP) verstärkt und über einen Phosphorschirm und eine CCD-Kamera optisch nachgewiesen werden. Abbildung 5.15 zeigt die gemessene Elektronenverteilung für das Photodetachment von H^- mit einer typischen ATI-Struktur: Der Abstand vom Zentrum repräsentiert W_{kin}, und jeder konzentrische Ring entspricht einem bestimmten Wert von $\mathcal{N}$ nach (5.91), jeder mit seiner eigenen, nicht trivialen Winkelverteilung entsprechend (5.94). Wir werden diesen leistungsstarken Techniken noch oft begegnen (siehe auch Anhang zu Bd. 2).

Was haben wir in Abschnitt 5.5 gelernt?

- Photoionisationsprozesse kann man als Übergang zwischen gebundenen Zuständen und dem Kontinuum beschreiben, die durch elektromagnetische Strahlung induziert werden. In der Dipolnäherung wird der Ionisationsquerschnitt (5.61) einfach proportional zum Betragsquadrat des entsprechenden Übergangsmatrixelements. Er kann auch mithilfe der OOSD nach (5.62) ausgedrückt werden.
- Die FBA kann benutzt werden, um eine Abschätzung für den Querschnitt bei Photonenenergien $\hbar\omega > 5$ bis $10 \times W_I$ zu erhalten. An der Schwelle ($\hbar\omega = W_I$) ist der Photoionisationsquerschnitt endlich (im Gegensatz zur Vorhersage der FBA).

- Die Winkelverteilung der emittierten Elektronen ist charakteristisch für den Photoionisationsprozess und bildet im Wesentlichen die Kontinuumswellenfunktion ab. Für die Ionisation mit linear polarisierten Licht beobachtet man im allgemeinen eine Verteilung $\propto [1 + \beta \mathrm{P}_2(\cos\gamma)]$, wobei β der sog. *Anisotropieparameter* ist, mit $-1 \leq \beta \leq 2$, und γ der Winkel zwischen der Polarisationsrichtung und dem emittierten Elektron.
- Multiphotonenionisation ist ein komplexerer Prozess, der mindestens in $\mathcal{N}$ter Ordnung Störungstheorie zu behandeln ist (wenn $\mathcal{N}$ Photonen absorbiert werden). Dabei können auch ATI-Prozesse stattfinden, wobei überschüssige Photonenenergie auf das emittierte Elektron übertragen wird wie in (5.91) zusammengefasst. Die Winkelverteilungen von ATI-Elektronen sind entsprechend komplizierter, da Drehimpuls bis zu $\pm\mathcal{N}\hbar$ zwischen dem elektromagnetischen Feld und dem emittierten Elektron übertragen werden kann.

Akronyme und Terminologie

ATI: ‚Ionisation oberhalb der Schwelle (engl. *Above-Threshold-Ionization*)', Multiphotonenionisation (MPI), bei der mehr Photonen absorbiert werden, als zur Ionisation notwendig sind (siehe Abschn. 8.5.7 auf Seite 483).

a.u.: ‚atomare Einheiten', siehe Abschn. 2.6.2 auf Seite 129.

CCD: ‚Ladungsgekoppeltes elektronisches Bauelement (engl. *Charge coupled device*)', Halbleiterbauelement, typischerweise für die digitale Bildaufnahme (z. B. in elektronischen Kameras).

CW: ‚Kontinuierliche Welle (engl. *Continuous Wave*)', kontinuierlicher Lichtstrahl, Laserstrahl u.ä. (im Gegensatz zum Lichtimpuls).

DGL: ‚Differenzialgleichung', Plural: DGLn.

E1: ‚Elektrischer Dipol-', Übergang, induziert durch die Wechselwirkung eines elektrischen Dipols (z. B. Elektron + Atomkern) mit der elektrischen Feldkomponente der elektromagnetischen Strahlung (Kap. 4).

E2: ‚Elektrischer Quadrupol-', Übergang, induziert durch die Wechselwirkung mit der elektrischen Feldkomponente der elektromagnetischen Strahlung in höherer Ordnung (Kap. 5).

EIS: ‚Bildgebendes Elektronenspektrometer (engl. *Electron Imaging Spectrometer*)', moderne Ausführung eines Elektronenspektrometers.

EPR: ‚Paramagnetische Elektronenresonanz (engl. *Electron Paramagnetic Resonance*)', Spektroskopie, auch *Elektronenspinresonanz* (ESR) genannt (siehe Abschn. 9.5.2 auf Seite 529).

FBA: ‚Erste (engl. *First*) Ordnung der BORN'schen Näherung', Näherung zur Beschreibung der Wellenfunktion im Kontinuum durch eine ebene Welle; wird bei der Photoionisation (BORN'sche Näherung) und in der Streuphysik (siehe Bd. 2) benutzt.

FWHM: ‚Volle Halbwertsbreite (engl. *Full Width at Half Maximum*)'.

HF: ‚HARTREE-FOCK-Methode', Näherungsverfahren zur Lösung der SCHRÖDINGER-Gleichung bei Vielelektronensystemen unter Einschluss der Austauschwechselwirkung (siehe Abschn. 10.2 auf Seite 548).

HITRAN: ‚HIgh-resolution TRANsmission molecular absorption database', spektroskopische Datenbasis für Moleküle ROTHMAN*et al.*, 2013, https://www.cfa.harvard.edu/hitran/.

HWHM: ‚halbe Breite beim halben Maximum (engl. *Half Width at Half Maximum*)‘.

M1: ‚Magnetischer Dipol-‘, Übergang, induziert durch die Wechselwirkung eines magnetischen Dipols (z. B. Elektronenspin) mit der magnetischen Feldkomponente der elektromagnetischen Strahlung (siehe Kap. 5).

M2: ‚Magnetischer Quadrupol-‘, Übergang, induziert durch Wechselwirkung eines magnetischen Quadrupols mit der Magnetfeldkomponente elektromagnetischer Strahlung.

MCHF: ‚Multikonfigurations-HARTREE-FOCK-Methode‘, spezielle Variante des HF; berücksichtigt mehrere Elektronenkonfigurationen bei der Berechnung von Wellenfunktionen für Vielelektronensysteme (siehe Abschn. 10.5.4 auf Seite 573).

MCP: ‚Vielkanalplatten-Elektronenvervielfacher (engl. *Multi Channel Plate*)‘, Sekundärelektronenvervielfacher, der aus sehr vielen Einzelementen besteht.

MPI: ‚Multiphotonenionisation‘, Ionisation von Atomen und Molekülen durch gleichzeitige Absorption mehrerer Photonen.

NIST: ‚National Institute of Standards and Technology‘, Standorte Gaithersburg (MD) und Boulder (CO), USA. http://www.nist.gov/index.html.

NMR: ‚Nukleare magnetische Resonanz‘, universell einsetzbare spektroskopische Methode (siehe Abschn. 9.5.3 auf Seite 533).

OOSD: ‚Optische Oszillatorenstärkendichte (engl. *Optical Oscillator Strength Density*)‘, charakterisiert die Stärke der Photoionisation pro Energieintervall (siehe Abschn. 5.5.1 auf Seite 278).

PES: ‚Photoelektronenspektroskopie‘, spektroskopische Methode, bei der die Energie der im Photoionisationsprozess emittierten Elektronen gemessen wird.

REMPI: ‚Resonant verstärkte Multiphotonenionisation (engl. *Resonantly Enhanced Multi Photon Ionization*)‘, Ionisation von Atomen und Molekülen durch mehrere Photonen über einen resonanten Zwischenzustand.

UV: ‚Ultraviolett‘, Spektralbereich der elektromagnetischen Strahlung mit Wellenlängen zwischen 100 nm und 400 nm (nach ISO 21348, 2007).

VIS: ‚Sichtbar (engl. *Visible*)‘, Spektralbereich der elektromagnetischen Strahlung mit Wellenlängen zwischen 380 nm und 760 nm (nach ISO 21348, 2007).

VMI: ‚Velocity Map Imaging‘, experimentelle Methode zur Registrierung und Visualisierung von Teilchengeschwindigkeiten als Funktion ihrer Winkelverteiung (siehe Anhang Bd. 2).

VUV: ‚Vakuumultraviolett‘, Spektralbereich der elektromagnetischen Strahlung mit Wellenlängen zwischen 10 nm und 200 nm (nach ISO 21348, 2007).

Literatur

BETHE, H. A. und E. E. SALPETER: 1957. *Quantum Mechanis of One- and Two-Electron Atoms*. Berlin, Göttingen, Heidelberg: Springer Verlag, 369 Seiten.

BETZIG, E., S. W. HELL und W. E. MOERNER: 2014. 'NOBEL-Preis in Chemie: "for the development of super-resolved fluorescence microscopy"', Stockholm: Nobel Media AB. http://www.nobelprize.org/nobel_prizes/physics/laureates/2014/advanced-physicsprize2014.pdf, letzter Zugriff: 26. Jan. 2015.

BORN, M.: 1926. 'Quantenmechanik der Stoßvorgänge'. *Zeitschrift für Physik*, **38**, 803–840.

BOUCHIAT, M. A.: 2007. 'Linear stark shift in dressed atoms as a signal to measure a nuclear anapole moment with a cold-atom fountain or interferometer'. *Phys. Rev. Lett.*, **98**, 043 003.

BOUCHIAT, M. A. und C. BOUCHIAT: 1997. 'Parity violation in atoms'. *Rep. Prog. Phys.*, **60**, 1351–1396.

BURGESS, A. und M. J. SEATON: 1960. 'A general formula for the calculation of atomic photoionization cross sections'. *Mon. Not. R. Astron. Soc.*, **120**, 121–151.

CHANTLER, C. T., K. OLSEN, R. A. DRAGOSET, J. CHANG, A. R. KISHORE, S. A. KOTOCHIGOVA und D. S. ZUCKER: 2005. 'X-ray form factor, attenuation, and scattering tables (version 2.1)', NIST. http://physics.nist.gov/ffast, letzter Zugriff: 7 Jan 2014.

COMPTON, R. N., J. A. D. STOCKDALE, C. D. COOPER, X. TANG und P. LAMBROPOULOS: 1984. 'Photoelectron angular-distributions from multi-photon ionization of cesium atoms'. *Phys. Rev. A*, **30**, 1766–1774.

COOPER, J. und R. N. ZARE: 1968a. 'Angular distribution of photoelectrons'. *J. Chem. Phys.*, **48**, 942–3.

COOPER, J. und R. N. ZARE: 1968b. 'Correction'. *J. Chem. Phys.*, **49**, 4252.

COOPER, J. und R. N. ZARE: 1969. 'Photoelectron angular distributions'. In: S. Geltman *et al.*, Hrsg., 'Lectures in Theoretical Physics', Bd. XI-C, 317–337. New York: Gordon and Breach.

COOPER, J. W.: 1962. 'Photoionization from outer atomic subshells. A model study'. *Phys. Rev.*, **128**, 681–93.

COOPER, J. W.: 1988. 'Near-threshold K-shell absorption cross-section of argon - relaxation and correlation-effects'. *Phys. Rev. A*, **38**, 3417–3424.

COVINGTON, A. M. *et al.*: 2007. 'Measurements of partial cross sections and photoelectron angular distributions for the photodetachment of Fe^- and Cu^- at visible photon wavelengths'. *Phys. Rev. A*, **75**, 022 711.

FANO, U. und J. W. COOPER: 1968. 'Spectral distribution of atomic oscillator strengths'. *Rev. Mod. Phys.*, **40**, 441–507.

GÖPPERT-MAYER, M.: 1931. 'Über Elementarakte mit zwei Quantensprüngen'. *Ann. Phys. - Berlin*, **9**, 273–94.

HÄNSCH, T. W.: 2005. 'Nobel lecture: Passion for precision', Stockholm. http://nobelprize.org/nobel_prizes/physics/laureates/2005/hansch-lecture.html.

HERTEL, I. V. und W. STOLL: 1978. 'Collision experiments with laser excited atoms in crossed beams'. In: 'Adv. Atom. Mol. Phys.', Bd. 13, 113–228. New York: Academic Press.

ISO 21348: 2007. 'Space environment (natural and artificial) – Process for determining solar irradiances'. Genf, Schweiz: Internationale Organisation für Normung.

LAMBROPOULUS, P.: 1985. 'Mechanisms for multiple ionization of atoms by strong pulsed lasers'. *Phys. Rev. Lett.*, **55**, 2141–2144.

LIPELES, M., R. NOVICK und N. TOLK: 1965. 'Direct detection of 2-photon emission from metastable state of singly ionized helium'. *Phys. Rev. Lett.*, **15**, 690–3.

MADDEN, R. P. und K. CODLING: 1963. 'New autoionizing atomic energy levels in He, Ne, and Ar'. *Phys. Rev. Lett.*, **10**, 516–8.

MANSON, S. T. und A. F. STARACE: 1982. 'Photo-electron angular-distributions – energy-dependence for s subshells'. *Rev. Mod. Phys.*, **54**, 389–405.

NOVICK, R.: 1972. '2-photon decay of metastable hydrogenic atoms'. *Science*, **177**, 367.

PALENIUS, H. P., J. L. KOHL und W. H. PARKINSON: 1976. 'Absolute measurement of photoionization cross-section of atomic-hydrogen with a shock-tube for extreme ultraviolet'. *Phys. Rev. A*, **13**, 1805–1816.

PETITE, G., P. AGOSTINI und H. G. MULLER: 1988. 'Intensity dependence of non-perturbative above-threshold ionization spectra – experimental-study'. *J. Phys. B: At. Mol. Phys.*, **21**, 4097–4105.

REICHLE, R., H. HELM und I. Y. KIYAN: 2001. 'Photodetachment of H^- in a strong infrared laser field'. *Phys. Rev. Lett.*, **87**, 243 001.

ROBERTS, B. M., V. A. DZUBA und V. V. FLAMBAUM: 2015. 'Parity and time-reversal violation in atomic systems'. In: B. R. HOLSTEIN, Hrsg., 'Annual Review of Nuclear and Particle Science, Vol 65', Bd. 65 von *Annual Review of Nuclear and Particle Science*, 63–86.

ROTHMAN, L. S. *et al.*: 2013. 'The HITRAN 2012 molecular spectroscopic database'. *J. Quant. Spectrosc. Radiat. Transfer*, **130**, 4–50.

SAHA, H. P.: 1989. 'Threshold behavior of the M-shell photoionization of argon'. *Phys. Rev. A*, **39**, 2456–2460.

SCHÄFFER, H. W., R. W. DUNFORD, E. P. KANTER, S. CHENG, L. J. CURTIS, A. E. LIVINGSTON und P. H. MOKLER: 1999. 'Measurement of the two-photon spectral distribution from decay of the 1s2s S-1(0) level in heliumlike nickel'. *Phys. Rev. A*, **59**, 245–250.

SCHMIDT, V.: 1992. 'Photoionization of atoms using synchrotron radiation'. *Rep. Prog. Phys.*, **55**, 1483–1659.

TONG, D., S. M. FAROOQI, E. G. M. VAN KEMPEN, Z. PAVLOVIC, J. STANOJEVIC, R. COTE, E. E. EYLER und P. L. GOULD: 2009. 'Observation of electric quadrupole transitions to Rydberg *nd* states of ultracold rubidium atoms'. *Phys. Rev. A*, **79**, 052 509.

WIKIPEDIA CONTRIBUTORS: 2013. 'Atmospheric radiative transfer codes', Wikipedia, The Free Encyclopedia. http://en.wikipedia.org/wiki/Atmospheric_radiative_transfer_codes, letzter Zugriff: 8 Jan 2014.

Feinstruktur und LAMB-Shift

6

Wir verfeinern jetzt unsere Betrachtung von Atomen um einen wesentlichen Schritt: Wir beziehen den Elektronenspin und seine Wechselwirkungen ein. Auch die LAMB-Shift wird uns in diesem Kapitel beschäftigen. Um solche feinen Effekte auch beobachten und messen zu können, bedarf es ausgefeilter Methoden der Spektroskopie. Wir wollen mit einer kleinen Einführung in diese Thematik beginnen.

Überblick

Dieses Kapitel behandelt ein Kernthema der Atomphysik von breiter Bedeutung. Der Leser sollte sich gründlich damit beschäftigen. Zunächst werden in Abschn. 6.1 beispielhaft einige Methoden der experimentellen Spektroskopie vorgestellt, mit denen man heute Präzisionsmessungen durchführt. Abschnitt 6.2 gibt eine allgemeine Einführung in die *Spin-Bahn-Wechselwirkung, Feinstruktur* (FS) und vieles, was damit zusammenhängt. In Abschn. 6.3 wird es dann, soweit überhaupt möglich, streng quantitativ und vielleicht etwas anstrengend. Den Schwerpunkt bildet dabei das H-Atom, das die DIRAC-Theorie (bis auf Strahlungskorrekturen) exakt beschreibt. Alkaliatome dienen als weiteres Beispiel. In Abschn. 6.4 geht es um Auswahlregeln und Intensitäten der FS-Übergänge, ein etwas trockenes Thema, das der Leser auch überspringen und bei Bedarf später konsultieren mag. In Abschn. 6.5 behandeln wir die klassischen Experimente zur LAMB-Shift, weisen aber kursorisch auch auf moderne Präzisionsmessungen hin. Als Andeutung eines theoretischen Hintergrundes ist die etwas lockere und heuristische Einführung durch Abschn. 6.5.6 in den Umgang mit FEYNMAN-Graphen und in die QED gedacht. Schließlich folgt in Abschn. 6.6 noch ein kurzer Exkurs über das anomale magnetische Moment des Elektrons.

I.V. Hertel und C.-P. Schulz, *Atome, Moleküle und optische Physik 1*,
Springer-Lehrbuch, DOI 10.1007/978-3-662-53104-4_6

6.1 Methoden der hochauflösenden Spektroskopie

6.1.1 Gitterspektrometer

Wenn man die Spektren von Atomen und Molekülen genauer vermessen will, dann braucht man entsprechende Werkzeuge. In Absorption oder Emission kann man zunächst einmal versuchen, mit hochauflösenden Spektrometern zu arbeiten. Wir nutzen die Gelegenheit, um kurz ein Weniges an Optik aus der Anfängerausbildung nachzutragen und zu vertiefen, das wichtig ist, aber häufig vergessen wird. Die prinzipiell am wenigsten komplizierten Geräte werden als Monochromatoren benutzt, die man für die Erzeugung von quasi-monochromatischem Licht aus einer breitbandigeren Quelle einsetzt. Typischerweise bildet eine Optik der Brennweite f den Eintrittsspalt eines Spektrometers auf den Austrittsspalt ab – nachdem das Licht entsprechende dispersive Bauelemente passiert hat, die auf Lichtbrechung (*Prismenspektrometer,* siehe z. B. BORN und WOLF 2006, Kap. 4.7) oder Beugung *(Gitterspektrometer)* basieren können. Wir besprechen hier nur die letzteren. Sie gehören heute zu den meistbenutzten Instrumenten der Spektroskopie (weitere Einzelheiten findet man z. B. bei BORN und WOLF 2006, Kap. 8.6.1) und werden in verschiedenen Geometrien betrieben.

Ein besonders übersichtlicher und effizienter Aufbau basiert auf dem sogenannten ROWLAND-Kreis, der in Abb. 6.1 skizziert ist. Hier wird ein reflektierendes, sphärisches Gitter vom Radius R sowohl als fokussierende Optik (Brennweite $f = R/2$) wie auch als dispersives Element benutzt. Die Herstellung eines solchen sphärischen Gitters ist zwar etwas anspruchsvoll, die Einfachheit des Aufbaus ist aber von großem Vorteil, und die reflektierende Optik vermeidet Absorptionsverluste in optischen Linsen, sodass das Spektrometer sowohl im VUV wie auch XUV benutzt werden kann. Gitter wie auch Ein- und Austrittsspalt sind auf dem ROWLAND-Kreis mit einem Durchmesser $R/2$ montiert. Diese Geometrie basiert auf dem *Umfangswinkelsatz,* nach welchem alle Umfangswinkel (hier α und β)

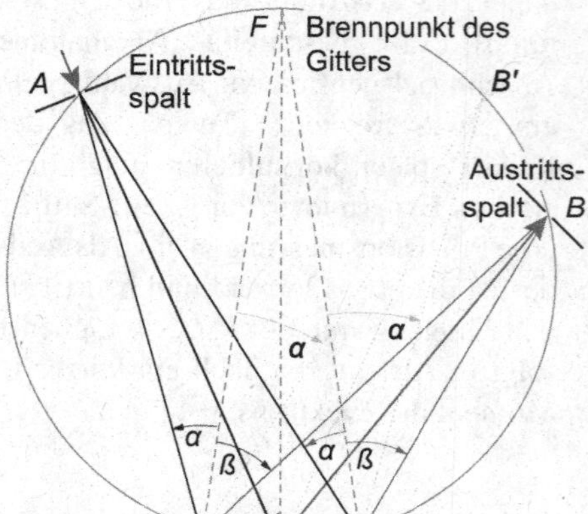

Abb. 6.1 ROWLAND-Kreis, eine häufig bei Gitterspektrometern benutzte Geometrie

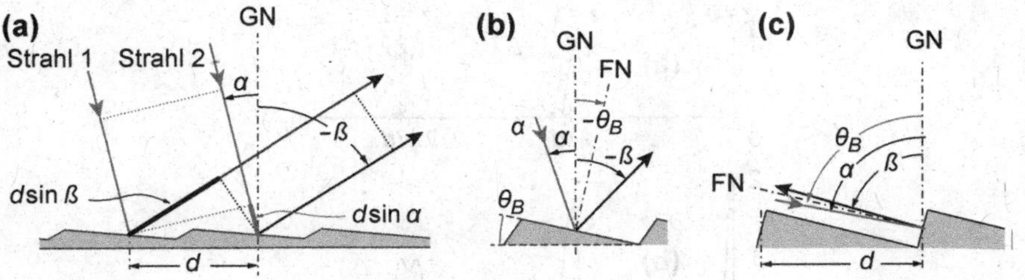

Abb. 6.2 (**a**) Standardgeometrie für reflektierende Gitter. Schematisch angedeutet ist der optische Gangunterschied zwischen zwei ‚Lichtstrahlen' auf dem Weg zum Gitter (volle Linie, *online rot*) und weg davon (volle Linie, *online schwarz*). Einfallswinkel (α) und Beugungswinkel (β) gemessen gegen die Gitternormale GN werden als positiv auf der linken, negativ auf der rechten Seite von GN gezählt. (**b**) Geblaztes Gitter mit einem Blazewinkel θ_B zwischen der Fazettennormalen FN und GN. (**c**) Échellegitter in (fast) LITTROW-Anordnung $\alpha = \beta$; skizziert ist hier ein R3 Échelle mit einem Blazewinkel von 71.5°

zur selben Kreissehne (hier AF bzw. FB) gleich groß sind – unabhängig von der Position der Dreiecksspitze auf dem Kreisumfang. Ohne Beugung (0. Beugungsordnung) wäre $\alpha = \beta$ und der Eintrittsspalt A würde vom Gitter auf B' abgebildet. Durch Beugung und Interferenz ($z = 1, 2, \ldots$) hängt der Austrittswinkel β von der Wellenlänge λ ab, wie wir es gleich beschreiben werden, und der Strahl wird auf den Austrittsspalt B fokussiert. Um die auf B treffende Wellenlänge zu variieren, wird typischerweise das Gitter auf dem ROWLAND-Kreis bewegt.

Die eigentliche Beugungs- und Interferenzgeometrie eines Reflexionsgitters wird in Abb. 6.2a gezeigt. Man beachte, dass in dieser Anordnung nach Definition $\beta < 0$ ist. Wir sehen, dass zwischen den ‚Strahlen' 2 und 1 zweier benachbarter Furchen des Gitters im Abstand d ein *optischer Gangunterschied*

$$\Delta s = d(\sin\alpha + \sin\beta) = d\,p \quad \text{mit} \quad p = (\sin\alpha + \sin\beta)$$

besteht. Wir erwarten konstruktive Interferenz der auslaufenden Wellenfronten, wenn die sog. *Gittergleichung* gilt:

$$\begin{aligned} \Delta s = d\,p = z\lambda, \quad &\text{mit} \quad z = 0, \pm 1, \pm 2, \ldots \\ \text{oder} \quad \nu = z\frac{c}{\Delta s} \quad &\text{auf der Frequenzskala} \end{aligned} \tag{6.1}$$

Die Zahl z wird *Ordnung der Interferenz* genannt. Eine wichtige, für jedes Spektrometer charakteristische Funktion ist die Änderung des Ablenkwinkels mit der Wellenlänge, die sog. *Winkeldispersion. Für ein Gitter* findet man diese (bei einem festen Eintrittswinkel α) als Änderung des Interferenzmaximums mit der Wellenlänge aus (6.1):

$$\textbf{Winkeldispersion} \quad \frac{d\beta}{d\lambda} = \frac{1}{\cos\beta}\frac{z}{d}. \tag{6.2}$$

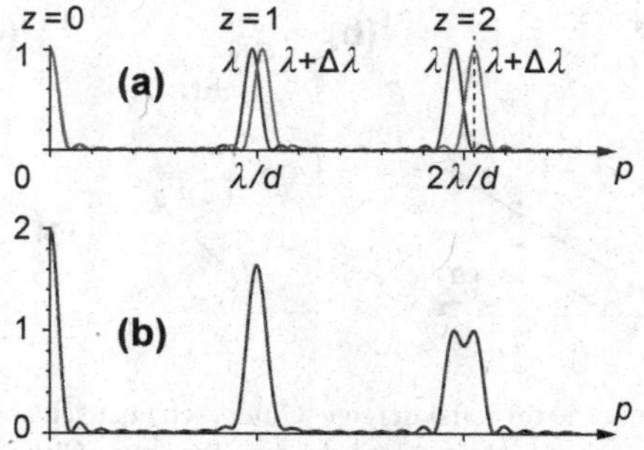

Abb. 6.3 (**a**) Normierte Transmissionsfunktion $T(p)/T_0(p)$ eines Beugungsgitters mit $\mathcal{N}$ kohärent beleuchteten Furchen in 0., 1. und 2. Ordnung für zwei benachbarte Wellenlängen, die sich um $\Delta\lambda$ unterscheiden; (**b**) im aufaddierten Signal kann man die beiden Wellenlängen gerade noch unterscheiden, wenn das Hauptmaximum der einen auf das erste Minimum der anderen fällt (hier in 2. Ordnung)

Die ausführliche, unkomplizierte Rechnung (BORN und WOLF 2006, Kap. 8.6.1) ergibt für die Gesamtintensität eines Gitters mit $\mathcal{N}$ *kohärent*[1] *beleuchteten Furchen* (Spalte, Linien, Fazetten)

$$T(p) = \frac{1}{\mathcal{N}^2}\left(\frac{\sin(\mathcal{N}pkd/2)}{\sin(pkd/2)}\right)^2 T_0(p) \quad \text{mit} \quad k = \frac{2\pi}{\lambda}. \tag{6.3}$$

$T_0(p)$ repräsentiert dabei die auf 1 normierte Intensitätsfunktion für eine einzelne Furche des Gitters.[2] Sie hängt von der Form und dem Reflexionsvermögen der einzelnen Furche ab und ändert sich langsam.

Abbildung 6.3a zeigt die Interferenzfunktion $T(p)/T_0(p)$ bei Vielstrahlinterferenz für zwei leicht verschiedene Wellenlängen λ und $\lambda + \Delta\lambda$ mit Maxima bei $p = z\lambda/d$ für $z = 0, 1$ und 2 nach (6.1). Abbildung 6.3b illustriert das sogenannte RAYLEIGH-*Kriterium*: Zwei Wellenlängen können gerade noch unterschieden werden, wenn das *Hauptmaximum* der einen gerade auf das *erste Minimum* im Interferenzmuster der anderen fällt. Nach (6.1) und (6.3) findet man die Hauptmaxima bei

$$\mathcal{N}pkd/2 = \pi\mathcal{N}pd/\lambda = \mathcal{N}z\pi,$$

[1]Das Konzept der lateralen Kohärenz werden wir noch ausführlich in Bd. 2 besprechen. Im Wesentlichen erfordert kohärente Beleuchtung, dass $s \sin\vartheta_d \lesssim \lambda$ über die ganze Breite s des Eintrittsspaltes gilt, wobei ϑ_d den vollen Öffnungswinkel der Optik charakterisiert, die das Gitter beleuchtet; beim ROWLAND-Kreis nach Abb. 6.1 ist $\vartheta_d = \alpha + \beta$.

[2]Im einfachsten Fall des Transmissionsgitters, das aus Spalten der Breite s besteht, wäre diese Einzelspalttransmissionsfunktion

$$T_0(p) = I_0 \operatorname{sinc}^2(ksp/2), \quad \text{mit} \quad \operatorname{sinc}(x) = \sin(x)/x.$$

während der optische Gangunterschied $(p + \Delta p)d$ für das erste Minimum gerade

$$\pi \mathcal{N}(p + \Delta p)d/\lambda = (\mathcal{N}z + 1)\pi \quad \Rightarrow \quad \Delta p = \frac{\lambda}{\mathcal{N}d}$$

ist. Andererseits entspricht das Hauptmaximum für $\lambda + \Delta\lambda$

$$p + \Delta p = z\frac{\lambda + \Delta\lambda}{d} \quad \Rightarrow \quad \Delta p = z\frac{\Delta\lambda}{d}.$$

Durch Gleichsetzung der beiden Ausdrücke für Δp erhalten wir das

Auflösungsvermögen $\lambda/\Delta\lambda = \mathcal{N} \times |z|$ (6.4)

für jede Art von Spektrometer, das auf Interferenz basiert. Für Gitterspektrometer gibt man oft die **spektrale Auflösung** als Differenz $\Delta\lambda$ zweier Wellenlängen an, die gerade noch unterschieden werden können. Moderne Gitter werden häufig mit holografischen Methoden erzeugt und können viele Tausend Furchen pro mm haben und Längen bis zu einigen 100 mm, sodass $\mathcal{N}$ durchaus bis zu 100 000 betragen kann. Es ist allerdings nicht trivial, ein solches Gitter vollständig kohärent zu beleuchten. Meist arbeitet man in 1. oder 2. Ordnung. Die spezielle Form der Furchen und das Reflexionsvermögen der Oberfläche kann dabei helfen, möglichst viel Intensität in eine bestimmte Beugungsordnung zu lenken und auf diese Weise Mehrdeutigkeiten in den beobachteten Spektren zu vermeiden. Insbesondere verwendet man sogenannte *geblazte* Gitter mit Furchen, deren Fazettennormale (FN) gegen die Normale des Gitters insgesamt (GN) speziell so ausgerichtet sind, wie in Abb. 6.2b skizziert. Man liest aus der Abbildung den sog. *Blazewinkel* ab

$$\theta_B = (\alpha + \beta)/2, \tag{6.5}$$

wobei $\alpha + \beta$ nach (6.1) für eine bestimmte Wellenlänge λ_B festgelegt wird, und sagt dann, dass *„das Gitter für diese Wellenlänge λ_B geblazt“* sei. Das gebeugte Signal erscheint für diese Wellenlänge dann so, also ob es direkt von den Fazetten reflektiert würde. Auch wenn eine solche geometrische Interpretation etwas fragwürdig ist (typischerweise ist die Wellenlänge λ von der gleichen Größenordnung wie der Abstand d zwischen den Furchen), so zeigen detaillierte Rechnungen doch, dass in der Tat die Reflexion für eine bestimmte Wellenlänge in dieser Beugungsordnung maximiert werden kann.

Schließlich erwähnen wir hier noch das sog. *Échellegitter* (von dem französischen Wort ‚Échelle‘ = Stufen oder Leiter), das in den letzten Dekaden eine wahre Renaissance erlebt hat. Im Gegensatz zu Standardgittern arbeitet man hier mit einer eher bescheidenen Zahl $\mathcal{N}$ von Furchen, hat es aber mit sehr hohen Interferenzordnungen $z \gg 1$ und großem Blazewinkel zu tun. Die Funktionsweise wird in Abb. 6.2c illustriert. Man kann Échellegitter als Hybrid zwischen Gitterspektrometer und Interferometer betrachten. Sie werden heute durch chemisches Ätzen hergestellt. Charakteristisch für Échellespektrometer ist die Kombination von hoher Dispersion nach (6.2) und hohem Auflösungsvermögen nach (6.4). Dafür zahlt man freilich den Preis, dass die Spektren sich durch die hohe Ordnung z in verschiedenen Ordnungen überlappen können. Auf der Frequenzskala finden wir nach (6.1) Maxima für die Frequenzen ν bzw. $\nu + \Delta\nu_{\mathrm{FSR}}$ in der Ordnung z bzw. $z + 1$ bei gleichem optischem Gangunterschied Δs, wenn

$$\Delta\nu_{\mathrm{FSR}} = \frac{c}{\Delta s} = \frac{\nu}{z}. \tag{6.6}$$

Also kann man Frequenzen, die sich um mehr als $\Delta\nu_{\mathrm{FSR}}$ unterscheiden, nicht zweifelsfrei trennen. Offensichtlich wird das Problem um so gravierender, je höher die Ordnung z der Interferenz ist, für welche das System ausgelegt ist. Man überwindet das Problem üblicherweise, indem man das Échellespektrometer mit einem passenden, zweiten dispersiven Element kreuzt (Gitter oder Prisma). Dies führt zu einem 2D-Muster, für dessen Registrierung sich heute *State-of-the-Art* CCD-Kameras geradezu anbieten.

Abschließend wollen wir festhalten, dass in der Praxis *„der Grad zu dem das theoretische Auflösungsvermögen* [jedes Gitterspektrometers oder Monochromators] *erreicht wird, nicht nur von den Winkeln α und β* [sowie von z und $\mathcal{N}$] *abhängt, sondern auch von der optischen Qualität der Gitteroberflächen, der Gleichmäßigkeit des Furchenabstands, der Qualität der benutzten Optiken im System und* [insbesondere auch] *von der Breite der Ein- und Austrittsspalte (oder Detektorelemente). Jede Abweichung der Wellenfront über $\lambda/10$ von der Ebene (beim ebenen Gitter) bzw. von der Kugel (beim sphärischen Gitter) führt zu einem Verlust des Auflösungsvermögens durch Aberration in der Bildebene. Der Abstand der Gitterfurchen muss auf ca. 1 % der Wellenlänge konstant gehalten werden, wenn man die theoretisch erwartete Leistung erreichen möchte“* (PALMER und LOEWEN 2005, Chap. 2.4.).

6.1.2 Interferometer

Auch für andere auf Interferenz basierende Spektrometer, wie etwa für das MACH-ZEHNDER-, MICHELSON-, oder FABRY-PÉROT-Interferometer (FPI), gelten Ausdrücke analog zu (6.4). In einem echten Interferometer kann die Zahl der interferierenden Strahlen $\mathcal{N}$ zwischen 2 wie im MICHELSON-Interferometer bis zu einigen 100 wie beim FPI betragen. Dagegen ist die Ordnung der Interferenz z bei allen Interferometern sehr groß: Für einen optischen Gangunterschied Δs zwischen den interferierenden Strahlen ist

$$z = \Delta s/\lambda = \nu\Delta s/c. \tag{6.7}$$

Im sichtbaren Spektralgebiet (VIS) entspricht ein moderat großer optischer Gangunterschied von $\Delta s = 6$ cm bereits einer Ordnung von $z \simeq 10^5$. Man kann also mit Interferometern im Prinzip sehr hohe Auflösungen erreichen. Meist beobachtet man Streifen gleicher Neigung (leicht unterschiedliche Divergenzwinkel führen zu einer Änderung des optischen Gangunterschieds Δs).

Da das MICHELSON-Interferometer in verschiedenen Zusammenhängen später eine Rolle spielen wird, zeigen wir in Abb. 6.4 einen typischen Aufbau, ohne tiefer in die Details zu gehen (siehe NOBEL-Preis für Physik, MICHELSON 1907). Die entscheidenden Elemente sind ein Strahlteiler und zwei reflektierende Spiegel,

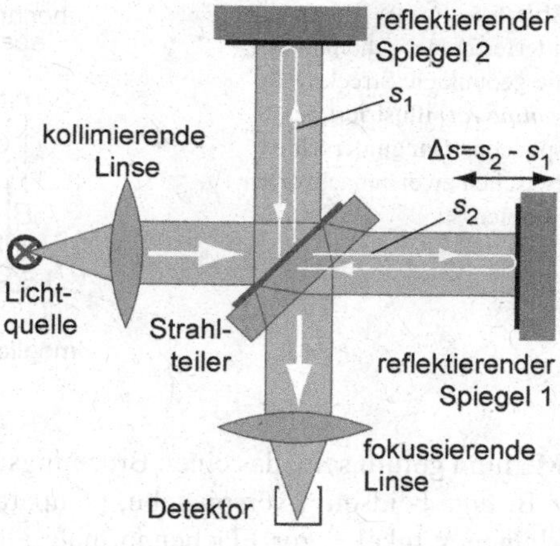

Abb. 6.4
MICHELSON-Interferometer

zwischen denen das Licht über die Strecken s_1 bzw. s_2 hin- und herläuft. Der optische Gangunterschied $\Delta s = s_2 - s_1$ kann verändert werden, indem man die Spiegel mit großer Präzision verschiebt. Leider sind die Spektren, die man mit Interferometern erhält, nicht eindeutig (ebenso wie die bei Gittern höherer Ordnung, s. o.): Nehmen wir an, das zentrale Maximum für eine Wellenlänge λ_1 (Frequenz ν_1) entspräche der Ordnung z. Eine etwas verschiedene Wellenlänge λ_2 wird man beim gleichen optischen Gangunterschied Δs in $z + 1$ Ordnung beobachten, wenn

$$z = \nu_1 \Delta s / c \quad \text{und} \quad z + 1 = \nu_2 \Delta s / c \quad \Longrightarrow \quad 1 = (\nu_2 - \nu_1) \Delta s / c$$

gilt. Für den Frequenzunterschied zweier benachbarter Maxima $\nu_2 - \nu_1$ erhalten wir also völlig äquivalent zu (6.6) die sog.

$$\textbf{freie Spektralbreite} \quad \Delta\nu_{FSR} = c/\Delta s. \tag{6.8}$$

Zwei Linien können also in einem Interferogramm nur getrennt identifiziert werden, wenn für die Differenz ihrer Frequenzen $|\Delta\nu| < \Delta\nu_{FSR}$ gilt. Da die Auflösung eines MICHELSON-Interferometers ($\mathcal{N} = 2$) offenbar von derselben Größenordnung ist wie seine freie Spektralbreite ist, kann es nicht direkt als Spektrometer genutzt werden. Ganz generell brauchen Interferometer für ihren Einsatz in der Spektroskopie zusätzliche dispersive Geräte zur Vorselektion der Wellenlängen.

FABRY-PÉROT-Interferometer (FPI) werden für vielfältige Zwecke eingesetzt. Nicht zuletzt ist praktisch jeder Laserresonator im Wesentlichen ein FPI, wie wir in Bd. 2 besprechen werden. Aber das FPI ist auch ein unersetzliches Werkzeug in der hochauflösenden Spektroskopie. Abbildung 6.5 zeigt schematisch einen typischen Aufbau mit den charakteristischen Elementen. Er besteht aus zwei planparallelen Spiegeln hoher optischer Qualität, die im Abstand L aufgestellt sind. Ihre Amplitudenreflektivität sei r bzw. r'. Für die Intensität entspricht dies den Reflexionskoeffizienten $R = |r|^2$ bzw. $R' = |r'|^2$ und entsprechenden Transmissionskoeffizienten $T = |t|^2$ bzw. $T' = |t'|^2$. Wenn Verluste vernachlässigt werden können, gilt $R + T = 1$. Der Raum zwischen den Spiegeln kann leer oder auch mit einem

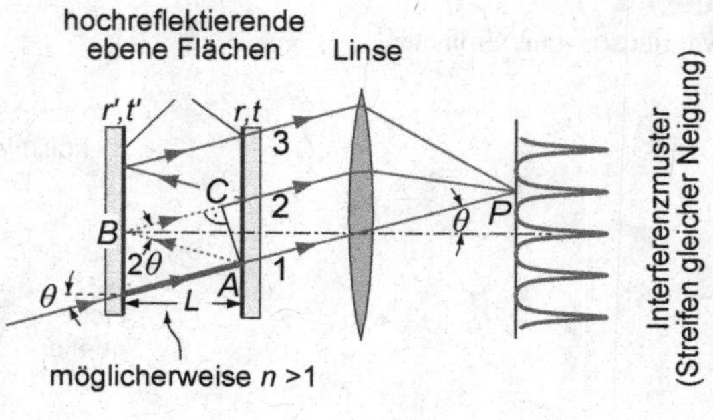

Abb. 6.5 FABRY-PÉROT-Interferometer schematisch; die gepunktete Strecke *ABC* *(online rot)* illustriert den optischen Gangunterschied zwischen zwei benachbarten Strahlen

Medium gefüllt sein, das einen Brechungsindex n hat (eine einfache Realisierung ist z. B. *eine* beidseitig verspiegelte, planparallele Glasplatte). Licht, das unter einem kleinen Winkel θ zur Flächennormale einfällt, kann viele Male zwischen beiden Spiegelflächen hin und herlaufen und schließlich auf einem Detektor P zur Interferenz gebracht werden.

Der optische Gangunterschied zwischen benachbarten Strahlen wird durch die Strecken ABC in Abb. 6.5 gegeben (gepunktete Linie, *online rot*). Man liest ab $\Delta s = (Ln/\cos\theta)(1+\cos 2\theta) = 2Ln\cos\theta$ (beachte, dass Δs mit wachsendem Kippwinkel θ *kleiner* wird!). Für senkrechten Einfall wird die freie Spektralbreite (6.8) daher

$$\Delta\nu_{\mathrm{FSR}} = \frac{c}{2nL}, \tag{6.9}$$

oder in der Wellenlängenskala

$$\Delta\lambda_{\mathrm{FSR}} \simeq \frac{\lambda^2}{2nL}. \tag{6.10}$$

Die Ordnung der Interferenz wird

$$z = 2nL/\lambda, \tag{6.11}$$

und die Phasendifferenz zwischen interferierenden Nachbarstrahlen ist

$$\delta = \frac{2\pi\Delta s}{\lambda} = 2kLn\cos\theta = 2\pi\frac{\nu\cos\theta}{\Delta\nu_{\mathrm{FSR}}}. \tag{6.12}$$

Die volle Feldamplitude, die das FPI durchlässt, findet man durch Addition aller Teilamplituden:

$$E_t = tt'E_0 + rr'\exp(\mathrm{i}\delta)tt'E_0 + \left|rr'\right|^2\exp(2\mathrm{i}\delta)tt'E_0 + \cdots \tag{6.13}$$

Wenn wir Verluste vernachlässigen, uns daran erinnern, dass die Intensität $I \propto |E|^2$ ist und die geometrische Reihe (6.13) auswerten, erhalten wir nach kurzer Rechnung die

$$\text{AIRY-}\textbf{Funktion}\quad \frac{I_{\mathrm{t}}}{I_0} = \frac{1}{1+F\sin^2(\frac{\delta}{2})} \tag{6.14}$$

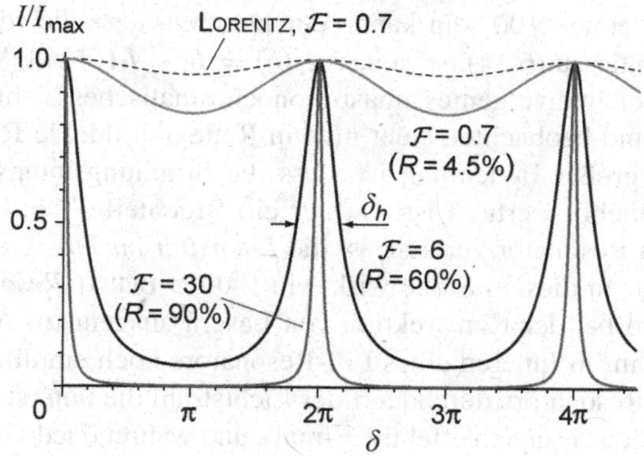

Abb. 6.6 Transmission eines FABRY-PÉROT-Interferometers als Funktion der Phasendifferenz δ nach (6.12) für verschiedene Werte der Finesse $\mathcal{F}$ (oder des Reflexionskoeffizienten $R = R'$); $R = 4.5\,\%$ ist der Reflexionskoeffizient von unverspiegeltem Glas. Die Phasenverschiebung δ wird gegenüber einem Transmissionsmaximum angegeben; $\delta = 2\pi$ entspricht $\Delta\nu = \Delta\nu_{\mathrm{FSR}}$

für das Verhältnis von transmittierter Intensität I_t zu einfallender Intensität I_0 als Funktion von δ und mit (6.12) als Funktion der Frequenz ν. Hierbei ist F der sogenannte *Finesse-Koeffizient*

$$F = \frac{4\sqrt{RR'}}{(1-\sqrt{RR'})^2}. \tag{6.15}$$

Im Resonanzfall $\delta = (z+m)2\pi$ wird die einfallende Intensität voll transmittiert. Abbildung 6.6 zeigt einige Beispiele für die Transmission durch ein FPI bei verschiedenen Reflektivitäten, wobei $R = R'$ angenommen wurde. Die FWHM der AIRY-Funktion des FPI nennen wir δ_h. Sie ergibt sich aus (6.14) mit $I_t/I_0 = 0.5 \Rightarrow F\sin^2(\delta_h/4) = 1 \Rightarrow \delta_h \simeq 4/\sqrt{F}$, woraus schließlich mit (6.12) die FWHM $\Delta\nu_h$ in der Frequenzskala folgt: Bei senkrechter Inzidenz gilt $\pi\Delta\nu_h/\Delta\nu_{\mathrm{FSR}} = \delta_h = 4/\sqrt{F}$ und man definiert für das FPI den Parameter

$$\textbf{Finesse} \quad \mathcal{F} = \frac{\Delta\nu_{\mathrm{FSR}}}{\Delta\nu_h} = \frac{\pi}{2}\sqrt{F} = \frac{\pi\sqrt{R}}{1-R} \tag{6.16}$$

$$\text{bzw. auf der Wellenlängenskala} \quad \mathcal{F} = \frac{\Delta\lambda_{\mathrm{FSR}}}{\Delta\lambda_h}.$$

Mit (6.10) und (6.11) wird das Auflösungsvermögen eines FPI

$$\frac{\lambda}{\Delta\lambda_h} = \frac{\pi\sqrt{R}}{(1-R)}\frac{2L}{\lambda} = \mathcal{F} \times z. \tag{6.17}$$

Somit entspricht die Finesse $\mathcal{F}$ eines FPIs der effektiven Zahl $\mathcal{N}$ interferierender Strahlen in der allgemeinen Formel (6.4). In der Praxis ist $\mathcal{F}$ vor allem durch mechanische Ungenauigkeiten der Spiegel begrenzt. Eine Daumenregel besagt, dass die Platten mindestens mit einer Präzision von $\lambda/\mathcal{F}$ geschliffen sein müssen, wobei

$\mathcal{F}$ typischerweise einige 100 sein kann. Wir notieren, dass die reflektierte Intensität I_r komplementär zu (6.14) ist, sodass $I_r(\delta) = I_0 - I_t(\delta)$ gilt. Während man in Transmission für leicht divergentes, quasi-monochromatisches Licht helle Ringe auf dunklem Untergrund beobachtet, sieht man in Reflexion dunkle Ringe auf hellem Untergrund. Von großer Bedeutung ist, dass die Strahlungsintensität im Inneren des Resonators erheblich erhöht ist: Da nur ein Bruchteil $T = 1 - R$ der internen Intensität den Resonator verlässt, ist die *Intensität im Inneren* des Resonators $I_{\text{int}} = I_t/(1 - R)$. In diesem Sinne wirkt ein FABRY-PÉROT-*Resonator als Lichtspeicher*. Das wird bei der Konstruktion von Lasern ausgenutzt. Aber auch Spektroskopie kann man im Inneren eines FPI-Resonators hoch empfindlich betreiben: Im Inneren eines Resonators durchquert der Lichtstrahl die untersuchte Probe vielmals (nach dem oben Gesagten effektiv $\mathcal{F}$-mal), und während jedes Durchlaufs wird das Licht entsprechend abgeschwächt. Sogenannte *Cavity-Ring-Down-Spektrometer* (CRD) nutzen dieses Prinzip auf intelligente Weise, indem sie einen kurzen Laserimpuls in einen FPI-Resonator füllen und seinem Zerfall folgen. Die FOURIER-Transformierte dieser Zerfallsfunktion erlaubt eine sehr empfindliche Vermessung des Absorptionsspektrums der Probe im Resonator (mehr dazu in Bd. 2).

In der Praxis benutzt man für Laser wie auch in der Spektroskopie nicht nur planparallele Spiegel. Oft werden konkave, hoch reflektierende Oberflächen benutzt, die zu besonderer Stabilität führen und es gestatten, das Licht innerhalb des Resonators zu fokussieren. Ein besonders häufig benutzter Aufbau besteht aus zwei konkaven Spiegeln vom Radius R im Abstand R. Eine (nahezu) ebene Welle (z. B. ein Laserstrahl) wird in einer solchen Anordnung im Zentrum fokussiert und kann sehr effizient zur Untersuchung nichtlinearer Prozess benutzt werden, z. B. für die Multiphotonenanregung von Atomen und Molekülen, die nach (5.43) mit einer Potenz der Intensität ansteigt, während das Beobachtungsvolumen durch die Fokussierung nur linear mit der Fläche im Fokus abnimmt.

6.1.3 DOPPLER-freie Spektroskopie in Atomstrahlen

Die genaue Beobachtung von feinen Effekten im Spektrum wird nicht nur durch Auflösung und Empfindlichkeit der Spektrometer begrenzt, sondern oft auch durch die DOPPLER-Verbreiterung (5.22). Eine Methode, diese zu überwinden, ist die Untersuchung der Spektren im Molekularstrahl. Ein typischer experimenteller Aufbau ist in Abb. 6.7 skizziert: Der Atomstrahl kommt aus einem *Ofen* (vorzugsweise bei hohem Druck, um adiabatische Abkühlung zu ermöglichen) und wird durch einen Skimmer und einige Blenden kollimiert, sodass er nur eine geringe Winkeldivergenz $\Delta\theta$ hat. Die Geschwindigkeitsverteilung hat ein Maximum bei v_m und eine charakteristische Breite Δv (FWHM). Die Übergangswellenlänge bei Resonanz sei λ_{ba} und der Einfallswinkel des Lichts sei θ. Mit (1.31) ergibt sich daraus eine DOPPLER -Verschiebung $\Delta\nu_{ba}$ und eine DOPPLER-Verbreiterung $\delta\nu_D$, die durch

$$\Delta\nu_{ba} = \nu_{ba}\frac{v_m}{c}\cos\theta = \frac{v_m}{\lambda_{ba}}\cos\theta \quad \text{und} \quad \delta\nu_D = \frac{\Delta v}{\lambda_{ba}}\cos\theta, \tag{6.18}$$

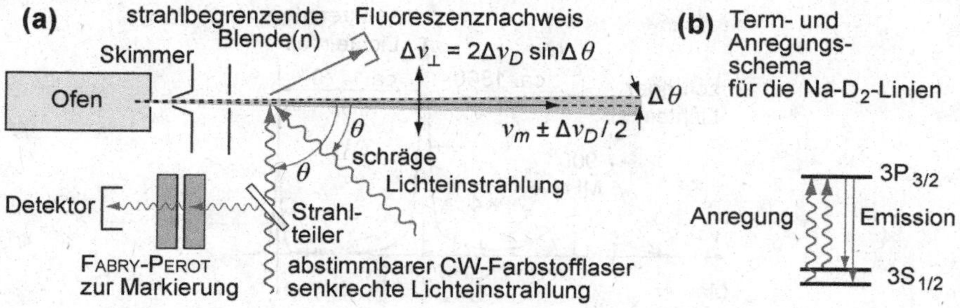

Abb. 6.7 (**a**) Schematischer Aufbau einer Molekularstrahlapparatur für die hochauflösende Spektroskopie; (**b**) Ausschnitt aus dem Termschema des Na mit den beiden untersuchten Na-D_2-HFS-Übergängen

bestimmt werden. Bei Anregung (oder Nachweis) *senkrecht zum Strahl* gilt

$$\cos\theta \to \cos(\pi/2 \pm \Delta\theta) = \mp \sin\Delta\theta \simeq \mp\Delta\theta ,$$

sodass die mittlere Verschiebung verschwindet, $\langle \nu_{ba} - \nu'_{ba} \rangle \to 0$, und nur die senkrechten Geschwindigkeitskomponenten tragen zu einer kleinen DOPPLER-Verbreiterung bei:

$$\delta\nu_{D\perp} = \frac{\Delta v}{\lambda_{ba}} 2 \sin\Delta\theta \tag{6.19}$$

Zur Illustration zeigen wir in Abb. 6.8 die Hyperfeinstruktur (HFS) der Na-D_2-Linie, aufgenommen mit einer Atomstrahlanordnung nach Abb. 6.7a. Das Termschema zeigt Abb. 6.7b, und eine ausführliche Beschreibung der HFS folgt in Kap. 9. Für das Folgende genügt es zu wissen, dass der $3\,^2S_{1/2}$-Grundzustand in zwei Hyperfeinniveaus im Abstand von 1772 MHz aufgespalten ist, während die Aufspaltung des hier angeregten $3\,^2P_{3/2}$-Zustands weniger als 120 MHz beträgt, was in diesem Experiment nicht aufgelöst wird.

Um die Abhängigkeit des DOPPLER-Profils vom Einfallswinkel des Lichts bezüglich des Atomstrahls zu zeigen, wurden zwei verschiedenen Einfallswinkeln ($\theta = 90°$ und $\theta \simeq 40°$) gewählt. Der Atomstrahl ist leicht überschallartig, mit $v_m \simeq 1400\,\mathrm{m/s}$ und $\Delta v \simeq 700\,\mathrm{m/s}$. Er ist kollimiert auf $\Delta\theta \simeq 2.5°$. Das anregende, schmalbandige Licht ($\lambda_{ba} \simeq 589\,\mathrm{nm}$) liefert ein fein abstimmbarer Farbstofflaser.

Man beobachtet das gesamte Fluoreszenzsignal als Funktion der Frequenz ν und registriert dabei das Anregungsspektrum für die beiden verschiedenen Inzidenzwinkel gleichzeitig. Beide Beiträge können leicht getrennt werden, wie in Abb. 6.8 angedeutet. Ein kleiner Teil des Laserstrahls wird parallel zu dieser Messung durch ein FPI geführt; während man den Laser abstimmt, wird das dabei transmittierte Signal gleichzeitig aufgenommen. Das Signal hinter dem FPI erscheint und verschwindet in Abständen der freien Spektralbreite des FPI (hier sind es ca. 100 MHz). Damit erhält man ein bequem nutzbares Markierungssignal zum Kalibrieren des gemessenen Spektrums. Bei senkrechter Einstrahlung sind die beiden HFS-Komponenten der Na-D_2-Linie deutlich um ca. 1770 MHz getrennt und die

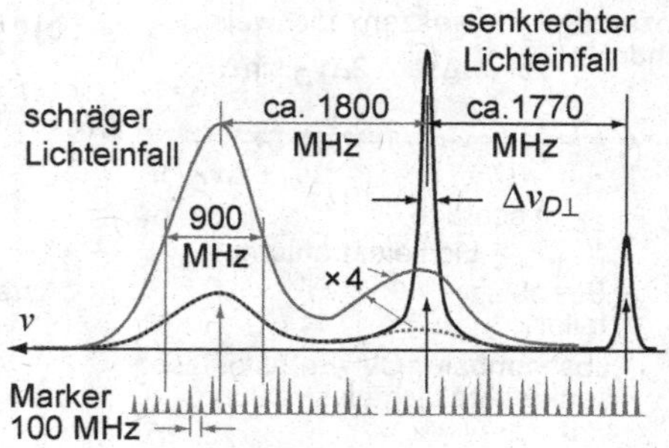

Abb. 6.8 Hyperfeinstruktur des Natriums für die Na-D_2-Linie ($3\,^2P_{3/2} \leftarrow 3\,^2S_{1/2}$ Übergang), aufgenommen an der in Abb. 6.7a skizzierten Molekularstrahlapparatur. Man sieht zwei Hyperfeinlinien bei schräger (breite Profile, *online rot*) und alternativ senkrechter Einstrahlung (schmale Profile, *online schwarz*) als Funktion der anregenden Frequenz ν; das vierfach vergrößerte Signal *(online rot)* wurde aus dem kombinierten Signal (gestrichelt, *online rot*) extrahiert. Das Markierungssignal (unten, grau) wurde zeitgleich mit einem FPI aufgenommen und erlaubt eine genaue Frequenzbestimmung der Laserstrahlung

beobachtete Linienbreite $\delta\nu_{D\perp} \simeq 100\,\text{MHz}$ entspricht der Erwartung nach (6.19). Mit einigem Aufwand kann man das weiter reduzieren.

Schräger Einfall (breites Profil, *online rot* in Abb. 6.8) führt zu einer DOPPLER-Verschiebung $\nu_{ba} - \nu'_{ba} \simeq 1800\,\text{MHz}$ und einer Verbreiterung von $\delta\nu_D \simeq 900\,\text{MHz}$, die viel größer ist als bei senkrechtem Einfall – für die genannten Parameter des Atomstrahls wiederum in voller Übereinstimmung mit den Vorhersagen nach (6.18).

6.1.4 Kollineare Laserspektroskopie in Ionenstrahlen

Laserspektroskopie an Ionen wird häufig auch an energiereichen Ionenstrahlen betrieben. Man strahlt dabei den Laser *parallel oder antiparallel zum Ionen- oder Atomstrahl* ein. Die Methode hat zwei Vorteile, die natürlich auch für hochenergetische neutrale Teilchenstrahlen gelten. Zum einen kann man mithilfe der Energie des Strahls die Absorptionsfrequenz abstimmen und dabei die Laserfrequenz ν_L bei einem bequem erreichbaren Wert festhalten. Zum anderen wird die DOPPLER-Verbreiterung erheblich reduziert, wie wir nachfolgend zeigen (DOPPLER-*Einengung* auch engl. DOPPLER *Narrowing*). Die DOPPLER-Verschiebung der Absorptionsfrequenz ν_{ba} aus der Sicht des Laserstrahls ist nach (1.29) und (1.33)

$$\Delta\nu_{ba} = \nu_{ba}\left(w_k + \sqrt{2w_k + w_k^2}\right) \simeq \pm\nu_L\sqrt{2w_k}\left(1 \pm \sqrt{w_k/2} + \cdots\right), \qquad (6.20)$$

für Ionen mit einer Ruhemasse M und der kinetischen Energie W_{kin}, mit $w_k = W_{\text{kin}}/(mc^2)$. Die + und − Zeichen entsprechen einer Lasereinstrahlung entgegen bzw. parallel zum Ionenstrahl. Diese Verschiebung kann für energetische Ionen erheblich sein und erlaubt eine kalibrierte Abstimmung über feinere Strukturen des

Spektrums durch Veränderung der Beschleunigungsspannung U, mit $W_{\text{kin}} = qeU$ für Ionen der Ladung qe.

Typischerweise werden die Ionen in einer Quelle mit endlicher Energiebreite δW_k bei niedriger kinetischer Energie präpariert. Nach (6.20) würde das zu einer DOPPLER-Verbreiterung

$$\delta\nu_{\text{D}} \simeq \pm\nu_{ba}\sqrt{\frac{2\delta W_k}{mc^2}} \tag{6.21}$$

führen. Während der Beschleunigung im Ionenstrahl bleibt δW_k in der Regel konstant und entsprechend auch $\delta w_k = \delta W_k/(mc^2)$. Für höhere, aber nicht zu hohe kinetische Energien ($\delta W_k \ll W_{\text{kin}} \ll mc^2$) ergibt sich die DOPPLER-Breite nach (6.20):

$$\delta\nu_{\text{D}} \simeq \frac{\mathrm{d}\Delta\nu_{ba}}{\mathrm{d}w_k}\delta w_k \simeq \nu_{ba}\frac{\delta w_k}{\sqrt{2w_k}}(1+\sqrt{2w_k}+\cdots) \simeq \frac{\nu_{ba}\delta W_k}{\sqrt{2W_{\text{kin}}mc^2}}. \tag{6.22}$$

Der Vergleich mit (6.21) zeigt, dass die Linienbreite um einen Faktor $\sqrt{4W_{\text{kin}}/\delta W_k}$ kleiner geworden ist, wenn man es mit einer Messung in der Ionenquelle vergleicht – diesen Effekt nennt man DOPPLER-Einengung. Typische Werte bei der Ionenstrahlspektroskopie könnten sein: 100 keV Strahlenergie und eine anfängliche Breite von $\delta W_k = 1$ eV in der Quelle (meist weit über der thermischen Energie, was sehr typisch für solche Ionenquellen ist), sodass sich eine Reduktion um einen Faktor $\gtrsim 630$ ergibt.

Zur Illustration spezifizieren wir dies für den Fall des He^+-Ions. Nach (5.21) ist dessen thermische DOPPLER-Breite bei Raumtemperatur $\delta\nu_{\text{D}}(293\text{ K}) = \nu_{ba} \times 6.1 \times 10^{-6}$, wogegen die Linienbreite in einem Ionenstrahl bei 100 keV ($\delta W_k = 1$ eV) etwa $\delta\nu_{\text{D}} = \nu_{ba} \times 3.66 \times 10^{-8}$ wäre, was einer Verbesserung um einen Faktor ca. 170 entspricht! Dies erlaubt bereits eine vernünftige Vermessung der LAMB-Shift für die $n = 2$-Zustände in He^+, die bei $1.423 \times 10^{-6} \times \nu_{ba}$ liegt, wie wir gleich besprechen werden. Die DOPPLER-*Verschiebung* nach (6.20) liegt in diesem Fall bei $\simeq 0.007\nu_{ba}$, was auch eine hinreichende Abstimmbarkeit (im Promille-Bereich) durch Änderung der Beschleunigungsspannung ermöglicht. Die Methode wurde (und wird) intensiv für die Bestimmung von HFS und FS wie auch der LAMB-Shift schwerer Ionen benutzt, speziell für instabile Isotope.

6.1.5 Lochbrennen

Die Grundlage vieler moderner Verfahren der DOPPLER-freien Spektroskopie ist das sogenannte *Lochbrennen,* bei dem man durch monochromatische Anregung einen bestimmten Teil einer Besetzungsverteilung von Atomen oder Molekülen entvölkert. Zugleich erlaubt dies auch, die Begriffe *homogene und inhomogene Linienbreite* einleuchtend zu illustrieren.

In aller Regel ist in der Gasphase die DOPPLER-Breite viel größer als die natürliche Linienbreite: $\delta\nu_{\text{D}} \gg \Delta\nu_{\text{nat}}$. Um die Absorptionswahrscheinlichkeit als Funktion der Frequenz für ein Ensemble von Atomen (Molekülen) in der Gasphase aufzunehmen, können wir dieses mit einer sehr schmalbandigen (quasimonochromatischen), abstimmbaren Lichtquelle (Laser) in der Nähe der atomaren

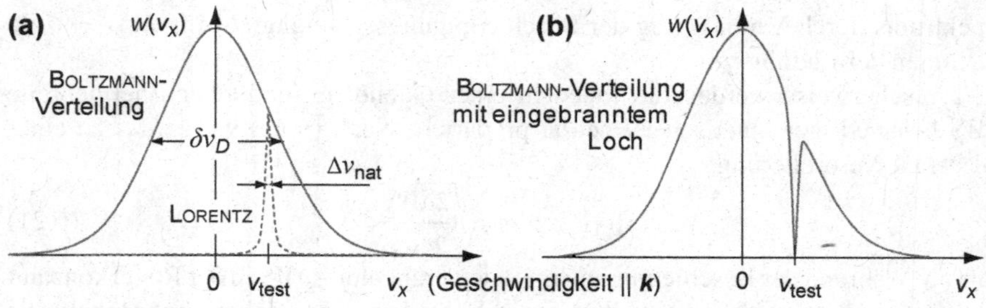

Abb. 6.9 Geschwindigkeitsverteilung von Atomen oder Molekülen in der Gasphase parallel zum Ausbreitungsvektor $\boldsymbol{k}$ des Lichtstrahls. (**a**) BOLTZMANN-Verteilung vor der Absorption und LORENTZ-Anregungsprofil für eine bestimmte Geschwindigkeitsklasse v_{test} (gestrichelt). (**b**) Geschwindigkeitsverteilung mit ‚Loch', das durch die bei v_{test} absorbierte Strahlung erzeugt wird

Resonanzfrequenz ν_{ba} anregen. Wie in Abschn. 5.1.4 auf Seite 255 und Abschn. 6.1.3 besprochen ist die Absorptionsfrequenz ν eines individuellen, thermisch bewegten Atoms (Geschwindigkeit v) durch den DOPPLER-Effekt gegenüber der atomaren Eigenfrequenz ν_{ab} eines ruhenden Atoms nach (5.19) verschoben. Wenn der Laser abgestimmt wird, beobachtet man also ein Absorptionssignal proportional zur Geschwindigkeitsverteilung $w(v_x)$ des Gases nach (5.20). Dies zeigt Abb. 6.9a als volle Linie. Wir können aber auch umgekehrt argumentieren und sagen, das Licht einer bestimmten Frequenz ν nur von Atomen absorbiert wird, die einer bestimmten Geschwindigkeitsklasse

$$v_x(\nu) = v\cos\theta = c\left[\frac{\nu}{\nu_{ba}} - 1\right] = \lambda_{ba}(\nu - \nu_{ba}) \qquad (6.23)$$

angehören, wobei v_x die Projektion der atomaren Geschwindigkeit auf den Wellenvektor $\boldsymbol{k} \parallel x$ des Lichts ist. Etwas präziser: Auch Atome mit einer etwas geringeren oder höheren Geschwindigkeit $v_x(\nu)$ absorbieren Licht der Frequenz ν – mit einer Wahrscheinlichkeit, die durch das LORENTZ-Profil der natürlichen Linienbreite bestimmt ist. Das wird in Abb. 6.9a durch die gestrichelte Linie angedeutet.

Wenn man also mit einer festen Test-Frequenz $\nu_{\text{test}} = \nu_{ba}(v_{\text{test}})$ intensiv einstrahlt, regt man in diesem Sinne Atome der Geschwindigkeitsklasse v_{test} innerhalb der DOPPLER-Verteilung an. Dabei wird diese Geschwindigkeitsklasse im DOPPLER-Profil des Grundzustands entvölkert, wie in Abb. 6.9b skizziert: Die Geschwindigkeitsverteilung der übrigen Atome im Anfangszustand hat dann ein typisches ‚Loch' bei v_{test}. Die Breite der absorbierenden Geschwindigkeitsklasse entspricht genau der natürlichen Linienbreite $\Delta\nu_{\text{nat}} = \lambda_{ba}\Delta\nu_{\text{nat}}$: Alle Atome innerhalb der homogenen Linienbreite tragen entsprechend zu dieser Entvölkerung bei. Das gleiche Argument gilt für ein stoßverbreitertes Profil der Breite (5.17), wenn dieses viel größer als die natürliche Linienbreite ist.

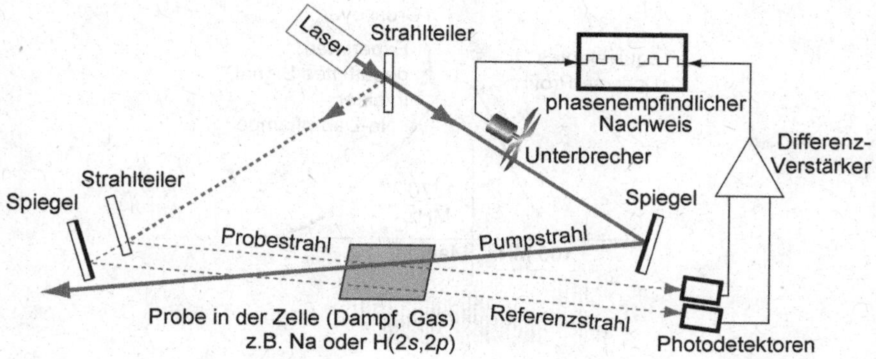

Abb. 6.10 Experimenteller Aufbau zur DOPPLER-freien Sättigungsspektroskopie nach HÄNSCH *et al.* (1971)

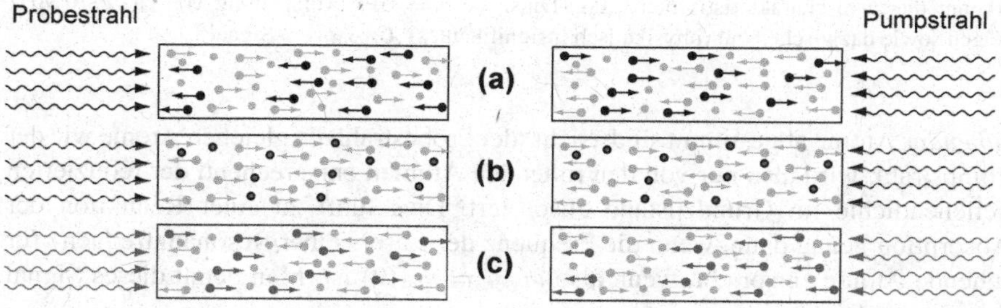

Abb. 6.11 Prinzip der DOPPLER-freien Sättigungsspektroskopie: *Kreise mit Pfeilen* deuten Atome und ihre Geschwindigkeitsvektoren an, *volle Atome* bedeuten Resonanz, *graue* sind nicht in Resonanz. Die eingestrahlte Frequenz ist (**a**) blau verschoben gegen ν_{ba}, (**b**) genau ν_{ba} bzw. (**c**) rot verschoben. Daher wird bei (**a**) der Probestrahl solche Atome anregen, die sich nach links, der Pumpstrahl solche, die sich nach rechts bewegen; bei (**c**) ist die Situation genau umgekehrt; im Fall (**b**) regen Pump- und Probestrahl exakt dieselben Atome an, nämlich alle, die sich in Ruhe befinden

6.1.6 DOPPLER-freie Sättigungsspektroskopie

Man kann das Lochbrennen in sehr eleganter Weise für die Spektroskopie nutzen. Dies wurde erstmals demonstriert von HÄNSCH *et al.* (1971), die dafür den Begriff DOPPLER-freie Sättigungsspektroskopie prägten. Eine typische experimentelle Anordnung zeigt Abb. 6.10, und die Wirkungsweise ist in Abb. 6.11 illustriert. Man spaltet den Laserstrahl auf in einen starken *Anregungsstrahl (Pumpstrahl)* und einen schwächeren *Abtaststrahl (Probestrahl)* und schickt sie gegeneinander in die Probe. Der Pumpstrahl brennt ‚Löcher' in die DOPPLER-Verteilung – im Idealfall ist der Übergang für diese Atome gesättigt, und nahezu die Hälfte aller Atome befindet sich im angeregten Zustand. Der Probestrahl merkt davon aber meist gar nichts, da er von der anderen Seite kommt und somit eine andere Geschwindigkeitsklasse anregt. *Nur wenn beide,* Pump- und Probestrahl, *genau auf eine Resonanzfrequenz*

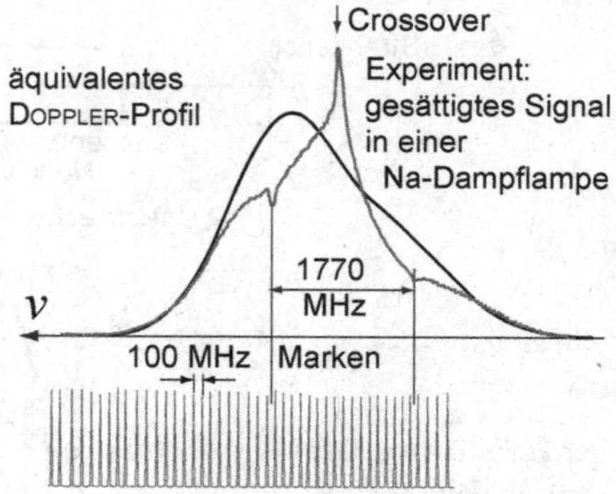

Abb. 6.12 DOPPLER-freies Sättigungsspektrum der zwei stärksten Hyperfeinlinien beim $3\,^2P_{3/2} \leftarrow 3\,^2S_{1/2}$ Übergang in Natrium (Na). Das Spektrum wurde mit einem sehr simplen Aufbau an einem mit Na gefüllten Glaskolben durchgeführt – um die Robustheit der Methode zu illustrieren. Man erkennt die zwei charakteristischen LAMB-Dips, die eine HFS-Aufspaltung von ca. 1770 MHz zeigen sowie dazwischen ein (physikalisch insignifikantes) ‚*Crossover*'-Signal

ruhender Atome abgestimmt sind, ‚sieht' der Probestrahl die gleichen Atome wie der Pumpstrahl, wird also nur von den ruhenden Atomen entsprechend der reduzierten Teilchendichte im Grundzustand absorbiert. Dies führt zu einer Reduktion der Absorption genau dann, wenn die Frequenz des Lasers einer Resonanzfrequenz für ruhende Atome entspricht, wenn also $\nu_{\text{laser}} = \nu_{ba}(0)$ ist. Man nennt dieses Signal den ‚LAMB-*Dip*'.

Diese Signalreduktion kann empfindlich mit einem ebenfalls die Probenzelle passierenden Referenzsignal verglichen werden, das vom Pumpeffekt unbeeinflusst ist. Üblicherweise detektiert man die Signale mit einem *phasenempfindlichen Nachweisgerät* (z. B. einen sogenannten, kommerziell erhältlichen *Lock-in Verstärker*): Man taktet den Laserstrahl periodisch und detektiert nur solche Signale, welche mit dieser Taktfrequenz moduliert sind, um statistische Fluktuationen zu minimieren.

Hat das Atom mehrere Übergänge innerhalb des Abstimmbereichs, so sieht man entsprechend mehrere LAMB-Dips. In Abb. 6.12 wird dies am Beispiel der Hyperfeinstruktur des Natriumatoms gezeigt, die wir bereits in Abschn. 6.1.3, Abb. 6.8 auf Seite 310 kennengelernt haben. Im Gegensatz zu letzteren Experimenten ist die Anordnung für die Aufnahme des Sättigungsspektrums Abb. 6.12 aber besonders einfach: Benutzt wurden einfach ein Kolben mit Na-Dampf ohne spezielle optische Oberflächen und relativ schwache Pump- und Probe-Laserstrahlen. Entsprechend sind die beiden LAMP-Dips der Na-D_2-Linie ($3\,^2P_{3/2} \leftarrow 3\,^2S_{1/2}$) relativ schwach, aber gut sichtbar: Man erkennt die HFS-Aufspaltung von ca. 1770 MHz deutlich innerhalb des DOPPLER-Profils, was die Robustheit der Methode illustriert. Leider ist die Methode nicht ganz eindeutig: So genannte ‚*Crossover*'-Signale können bei eng benachbarten Übergängen genau in der Mitte zwischen ihnen entstehen. In jedem Fall ist diese DOPPLER-freie *Sättigungsspektroskopie* eine exzellente Methode, um Resonanzlinien mit einer Präzision von der Größenordnung der

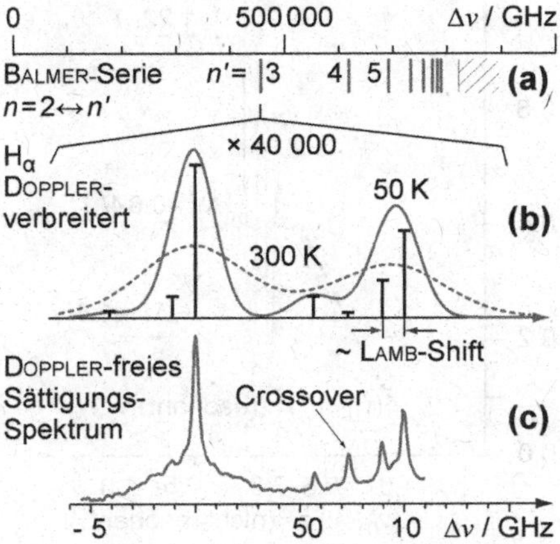

Abb. 6.13 Feinstruktur des H_α-BALMER ($n = 2 \leftrightarrow 3$) Übergangs. (**a**) BALMER-Serie ($n = 2 \leftrightarrow n'$), Übersicht. (**b**) Ausschnitt für den ($n = 2 \leftrightarrow 3$) Übergang: Stick-Spektrum (berechnet) nach KRAMIDA *et al.* 2015; das DOPPLER-verbreiterte Spektrum wurde für 300 K *(gestrichelt)* und 50 K *(volle Linie)* modelliert. (**c**) DOPPLER-freies Sättigungsspektrum nach HÄNSCH *et al.* (1971). Einzelheiten werden in Abschn. 6.5.1 besprochen

natürlichen Linienbreite zu vermessen – obwohl sie in einer Gaszelle registriert werden, wo die DOPPLER-Verbreiterung weit größer ist.

Ein besonders schönes Beispiel (HÄNSCH *et al.* 1972, 1979) zeigt Abb. 6.13. In dieser Pionierarbeit konnte so die Feinstruktur der BALMER H_α-Linie zum ersten Mal genau vermessen werden. Um die Auflösung deutlich zu machen, gibt Abb. 6.13a einen Überblick über die BALMER-Serie des atomaren Wasserstoffs. Zum Vergleich zeigt (b) zwei DOPPLER-verbreiterte Spektren im hier interessierenden Frequenzintervall, die für 300 K bzw. 50 K simuliert wurden: Ganz offensichtlich wäre es in keinem der beiden Fälle möglich, die Feinstruktur im Detail aufzulösen. Im Gegensatz dazu gibt die Sättigungsspektroskopie (c) ein klares Bild der voll aufgelösten Feinstruktur des H-Atoms. Wir kommen darauf später in diesem Kapitel noch zurück.

6.1.7 RAMSEY-Streifen

Auch wenn es gelingt, die DOPPLER-Verbreiterung und andere Tücken spektroskopischer Beobachtungen zu überwinden, kommt es häufig vor, dass man einfach deswegen an die Grenzen der Auflösung einer Messanordnung gelangt, weil man nicht genug Zeit hat zu messen. Denn es gilt ja grundsätzlich die Unschärferelation (1.143) zwischen Zeit und Energie

$$\Delta W \times \Delta t \gtrsim \hbar,$$

weswegen die Genauigkeit $W/\Delta W$, mit der ein atomarer oder molekularer Übergang vermessen werden kann, um so größer wird, je länger das elektromagnetische Feld mit der untersuchten Probe wechselwirkt (in Abschn. 4.3.5 auf Seite 207

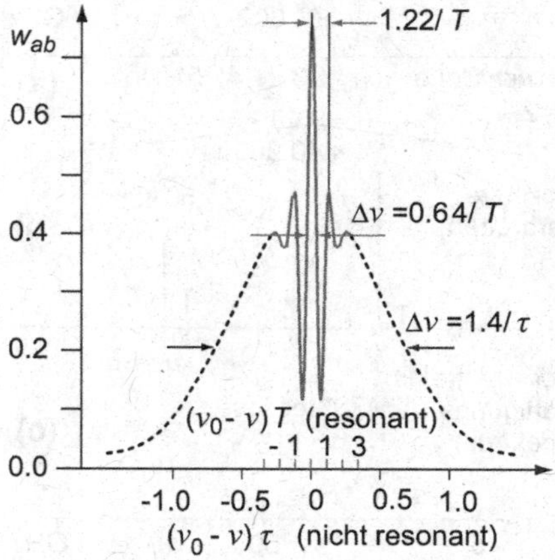

Abb. 6.14 RAMSEY-Streifen: Von RAMSEY (1950) berechnetes Linienprofil bei Anregung mit zwei zeitlich getrennten Wechselfeldern. Die Auflösung wird durch die Zeit T zwischen den beiden Anregungsprozessen bestimmt (resonant, schnelle Oszillationen), während die Linie bei der sehr viel kürzerer Wechselwirkungszeit τ mit nur einem der Felder entsprechend breiter wäre *(gestrichelt, nicht resonant)*

hatten wir unrealistischerweise einfach angenommen $t \to \infty$) – vorausgesetzt, alle anderen Effekte spielen keine Rolle mehr. Norman RAMSEY (NOBEL-Preis 1989) hat – im Zusammenhang mit der magnetischen Resonanzspektroskopie, die wir in Abschn. 9.5.1 auf Seite 527 besprechen werden – eine besonders raffinierte Methode entwickelt und erprobt, die es im Prinzip gestattet, Messzeiten effizient und praktisch beliebig zu verlängern, und so die Genauigkeit entsprechend zu steigern.

Die Idee ist dabei genial einfach: In der Praxis wird es nie gelingen, das Untersuchungsobjekt dem elektromagnetischen Wechselfeld, welches einen Übergang bewirken soll, unendlich lange auszusetzen. Die endliche Wechselwirkungszeit t führt entsprechend dem in Abb. 4.11 auf Seite 207 dargestellten Linienprofil zu einer entsprechenden Linienverbreiterung. Man benutzt nun *anstatt eines Wellenzugs* derer *zwei, die phasenkohärent aneinander gekoppelt* sind. Man kann das Ergebnis dieser Wechselwirkung anhand unserer Überlegungen zur zeitabhängigen Störungsrechnung für optische Übergänge qualitativ leicht klar machen. Je nach Übergangstyp wird man dabei das Matrixelement $\widehat{\mathsf{D}}_{ba}$ des Störoperators ersetzen müssen, aber im Übrigen beginnen wir wieder mit (4.51). Anstatt nun die Übergangsamplitude über *einen* Wellenzug von $t = 0$ bis $t \to \infty$ zu integrieren, führt man jetzt im einfachsten Fall die Integration nur von 0 bis τ *und zusätzlich* von T bis $T + \tau$ durch, setzt das Target also auf diese Weise zwei phasenkohärenten Wechselfeldern der Dauer τ aus. Man überzeugt sich leicht, dass die Anregungswahrscheinlichkeit (4.59) (siehe auch Abb. 4.11) die bei $\nu\tau = 1$ verschwindet, jetzt moduliert ist mit einer schnell oszillierenden Amplitude der Frequenz $\nu\tau/T$. Diese sogenannten RAMSEY-*Streifen* (englisch: RAMSEY-Fringes) erlauben eine entsprechend schärfere Frequenzbestimmung. RAMSEY hat dies unter Berücksichtigung der Geschwindigkeitsverteilung in einem Molekularstrahl sauber durchgerechnet. Man erhält insgesamt ein Linienprofil, das in Abb. 6.14 illustriert ist. Die praktische Realisierung war für Übergänge im Hochfrequenz- oder Mikrowellenbereich schon 1950 kein Problem, da dort Phasenkohärenz von Natur aus gegeben ist. Mit moderner Lasertechnik stellt die geforderte feste Phasenlage zwischen den beiden Impulsen ebenfalls kein Problem dar. Wir werden wichtige und trickreiche Anordnungen zur praktischen Realisierung in Abb. 6.16 auf Seite 319 und Abb. 6.27 auf Seite 350 sowie in Abschn. 9.5.1 auf Seite 527 kennenlernen.

6.1.8 DOPPLER-freie Zweiphotonenspektroskopie

Eine ebenfalls sehr elegante Art, DOPPLER-freie Spektroskopie zu realisieren, basiert auf der in Abschn. 5.3.1 auf Seite 267 besprochenen Zweiphotonenanregung (allgemeiner: auf Multiphotonenabsorption). Die Methode wurde erstmals 1974 fast gleichzeitig von mehreren spektroskopischen Arbeitsgruppen experimentell erprobt. Für Details verweisen wir den interessierten Leser auf einen ausgezeichneten Review von GRYNBERG und CAGNAC (1977). Man benutzt ein stehendes, z. B. zirkular polarisiertes Wellenfeld, das man in einem FABRY-PÉROT-Interferometer realisiert – am günstigsten in einem konfokalen Resonator mit sphärischen Spiegeln, der durch Fokussierung des Laserstrahls auch hinreichend hohe Intensität für den Zweiphotonenübergang garantiert. Die Gaszelle mit den zu untersuchenden Atomen oder Molekülen befindet sich im Fokus der Spiegel, ggf. bilden die Resonatorspiegel auch selbst die Zellenwände.

Die Grundidee des Verfahrens ist die folgende: Wenn $\boldsymbol{v}$ die Geschwindigkeit eines Atoms oder Moleküls in der Gaszelle ist und $\boldsymbol{k}$ der Wellenvektor des anregenden Lichts (im FABRY-PÉROT-Resonator durch die Strahlachse definiert), dann ist die DOPPLER-Verschiebung erster Ordnung nach (1.32) $\boldsymbol{k} \cdot \boldsymbol{v}$. Kehrt man die Ausbreitungsrichtung des Lichtes um ($\boldsymbol{k} \rightarrow -\boldsymbol{k}$) dann ändert sich das Vorzeichen der DOPPLER-Verschiebung für dieses Atom. Nehmen wir nun an, zwischen zwei Zuständen der Energie W_a und W_b sei ein Zweiphotonenprozess möglich und wir bringen das Atom wie schon angedeutet in eine stehende Welle der Kreisfrequenz $\hbar\omega$. Im Ruhesystem des Atoms wechselwirkt dieses mit zwei in entgegengesetzte Richtung laufenden Wellen der Frequenz $\omega - \boldsymbol{k} \cdot \boldsymbol{v}$ bzw. $\omega + \boldsymbol{k} \cdot \boldsymbol{v}$. Wenn das Atom zwei Photonen absorbiert, so ist die Resonanzbedingung dafür

$$W_{ba} = W_b - W_a = \hbar(\omega - \boldsymbol{k} \cdot \boldsymbol{v}) + \hbar(\omega + \boldsymbol{k} \cdot \boldsymbol{v}) = 2\hbar\omega. \tag{6.24}$$

Das ist ein bemerkenswertes Ergebnis: *Unabhängig von der jeweils individuellen Geschwindigkeit können also alle Atome des Ensembles im Fokus des Laserstrahls durch Absorption von zwei Photonen der richtigen Energie* $\hbar\omega = (W_b - W_a)/2$ *angeregt werden.* Man kann sich leicht überlegen, dass es auch bei diesem Verfahren noch einen DOPPLER-verbreiterten Untergrund geben kann, wenn die beiden Photonen gleiche Intensität und gleiche Polarisation haben: Ein Atom kann jeweils zwei Photonen aus der hin- bzw. aus der zurücklaufenden Welle absorbieren, sodass keine gegenseitig Aufhebung der Terme $\pm\boldsymbol{k} \cdot \boldsymbol{v}$ wie in (6.24) stattfindet. Dieses

Signal ist freilich verbreitert und viel schwächer, sodass es leicht vom DOPPLER-freien Signal getrennt werden kann. Durch geschickte Wahl der Polarisation kann man diesen Untergrund in vielen Fällen auch ganz unterdrücken: Man macht dabei Gebrauch von den ΔM-Auswahlregeln für Zweiphotonenübergänge. Für einen Zweiphotonenübergang $ns \rightarrow n's$ muss z. B. $\Delta M = q_1 + q_2 = 0$ gelten, wobei q_1 und q_2 die Komponenten des Photonendrehimpulses von Photon 1 bzw. 2 sind. Lässt man nun rechtszirkular polarisiertes Licht ($q_1 = -1$) in die eine Richtung des Resonators laufen, in die andere Richtung dagegen linkszirkular polarisiertes Licht ($q_2 = 1$), dann ist ein solcher Übergang möglich. Der Übergang $ns \rightarrow n's$ kann jedoch nicht mit zwei Photonen aus einem der beiden Strahlen angeregt werden, da dann $\Delta M = \pm 2$ wäre.

Diese eleganten Möglichkeiten, DOPPLER-freie Spektroskopie an atomaren oder molekularen Übergängen in einer ansonsten einfachen Gaszelle durchzuführen, sind nach wie vor hochaktuell und werden in der Spektroskopie für zunehmend präzisere Messungen und/oder komplexere Systeme intensiv genutzt. Die Experimente der Anfangszeit wurden häufig an Alkaliatomen durchgeführt. Abbildung 6.15 illustriert als Beispiel eine genaue Vermessung der Hyperfeinstruktur für den $3s\,^2S_{1/2} \rightarrow 5s\,^2S_{1/2}$ Übergang am Na-Atom. In Abb. 6.15a ist ein entsprechender Ausschnitt aus dem Termschema gezeigt, in (b) die Ergebnisse der Messung. Wir brauchen zum Verständnis der Methode nicht auf die HFS einzugehen, die in Kap. 9 behandelt wird, sondern notieren lediglich, dass mit F der Gesamtdrehimpuls des Systems charakterisiert wird. Da sich für einen Zweiphotonenübergang der Gesamtdrehimpuls nur um 0 oder 2 ändern kann, können im vorliegenden Fall nur die Übergänge $F = 2 \rightarrow F' = 2$ bzw. $F = 1 \rightarrow F' = 1$ mit zwei Photonen erreicht wer-

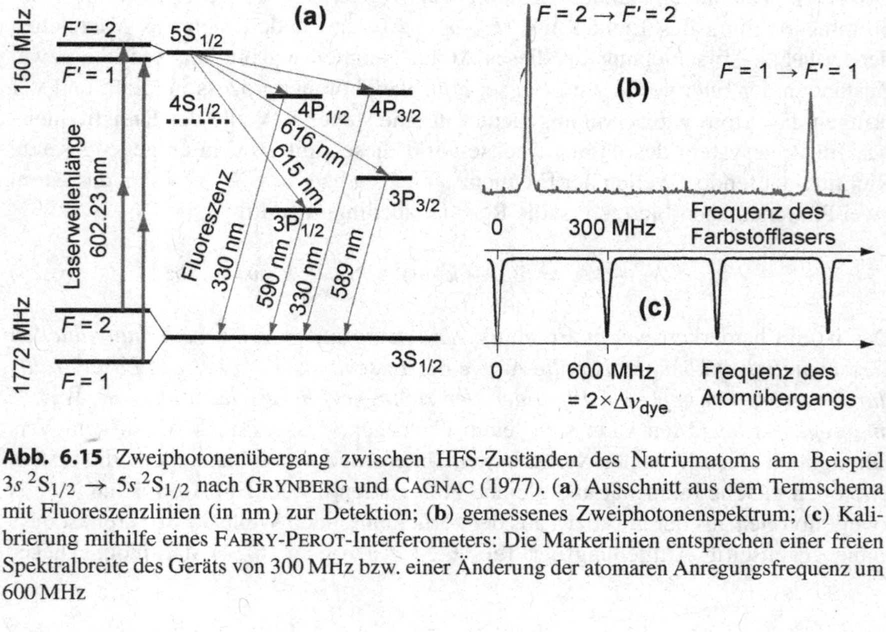

Abb. 6.15 Zweiphotonenübergang zwischen HFS-Zuständen des Natriumatoms am Beispiel $3s\,^2S_{1/2} \rightarrow 5s\,^2S_{1/2}$ nach GRYNBERG und CAGNAC (1977). (**a**) Ausschnitt aus dem Termschema mit Fluoreszenzlinien (in nm) zur Detektion; (**b**) gemessenes Zweiphotonenspektrum; (**c**) Kalibrierung mithilfe eines FABRY-PEROT-Interferometers: Die Markerlinien entsprechen einer freien Spektralbreite des Geräts von 300 MHz bzw. einer Änderung der atomaren Anregungsfrequenz um 600 MHz

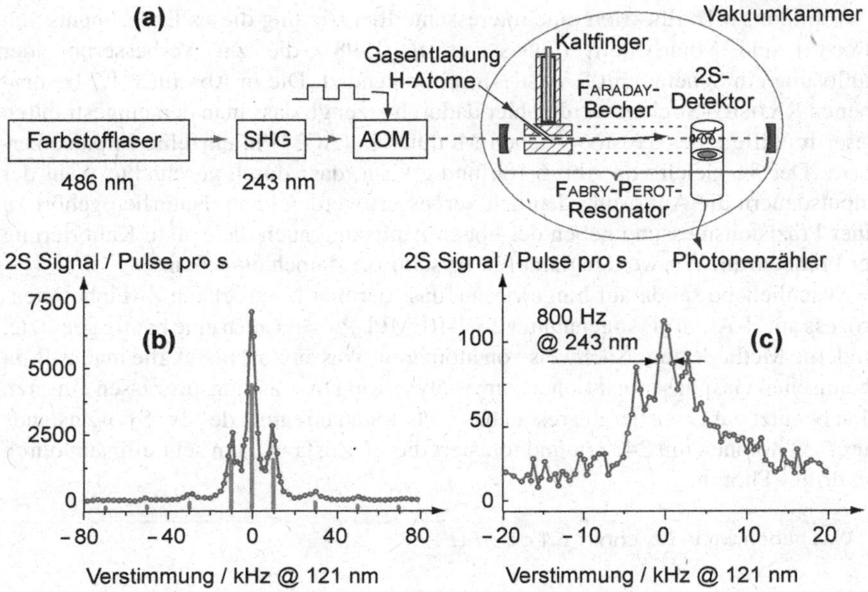

Abb. 6.16 Zweiphotonen-Anregung des $1s\,^2S_{1/2} \rightarrow 2s\,^2S_{1/2}$ Übergangs im H-Atom nach Gross *et al.* (1998). (**a**) Schematische Übersicht zum Experiment. Ein akustooptischer Modulator (AOM) moduliert die Strahlung eines Farbstofflasers zu einer Sequenz von Impulsen bei 243 nm; (**b**) Anregungswahrscheinlichkeit als Funktion der Verstimmung gegenüber der $2h\nu$ Resonanz bei Anregung mit 50 μs Impulsen mit einer Wiederholrate von 10 kHz; (**c**) Anregungsrate bei 3.2 kHz, sonst wie (**b**)

den. Der Nachweis der Anregung erfolgt über die spontan emittierte Fluoreszenz $5s\,^2S_{1/2} \rightarrow 3p\,^2P_{1/2}$ bzw. $^2P_{3/2}$ bei 615 und 616 nm. Man benutzt hier einen abstimmbaren, gepulsten Farbstofflaser als Lichtquelle. Zur genauen Bestimmung der Frequenz wird, ähnlich wie in Abschn. 6.1.3 beschrieben, ein Teil des Laserstrahls parallel zur eigentlichen Messung auf ein Fabry-Perot-Interferometer als Referenz geführt, das im Abstand seiner freien Spektralbreite (hier 300 MHz) Kalibrationsmarken ausgibt. Man sieht, dass mit dieser Anordnung bereits eine Auflösung von wenigen MHz erreicht wurde.

Beim atomaren Wasserstoff ist die genaue Vermessung des energetischen Abstands zwischen Grundzustand $1s\,^2S_{1/2}$ und dem ersten angeregten s-Zustand $2s\,^2S_{1/2}$ von grundlegender Bedeutung und aktuellem Interesse. Wie schon in Abschn. 5.3.2 auf Seite 270 besprochen, zerfällt der $2s\,^2S_{1/2}$-Zustand mit einer Rate von $8.228Z^6\ \mathrm{s}^{-1}$, hat also für das H-Atom eine Linienbreite von nur 1.3 Hz auf der Frequenzskala. Dies ist eine Herausforderung für die Präzisionsspektroskopie schlechthin. Man benötigt zur Anregung zwei Photonen einer Wellenlänge von 243 nm, die man üblicherweise durch Frequenzverdopplung (SHG) eines hoch stabilisierten und kalibrierten CW-Farbstofflasers bei 486 nm gewinnt. Der Nachweis der Anregung erfolgt, z. B. indem man die angeregten metastabilen $2s\,^2S_{1/2}$ Atome ‚quencht' (d. h. sie mithilfe eines elektrischen Feldes in den $2p\,^2P$-Zustand transferiert) und die dabei emittierte Lyman-α-Strahlung nachweist. Wir kommen darauf noch in Abschn. 6.5.3 zurück.

Abbildung 6.16 illustriert eine interessante Realisierung dieses Experiments von HÄNSCH und Mitarbeitern (GROSS *et al.* 1998), die zur Verbesserung der Auflösung ein Schema mit RAMSEY-Streifen benutzt. Die in Abschn. 6.1.7 besprochenen RAMSEY-Streifen werden hier dadurch erzeugt, dass man den eingestrahlten Laser mithilfe eines akustooptischen Modulators (AOM) in einzelne Impulse zerhackt. Der Vergleich von Abb. 6.16b und c zeigt, dass durch geschickte Wahl der Impulsdauern die Auflösung deutlich verbessert werden kann. Natürlich gehört zu einer Präzisionsmessung neben der hohen Auflösung auch die exakte Kalibrierung der Frequenzen. Wir werden darauf in Abschn. 6.5.4 noch eingehen.

Abschließend sei darauf hingewiesen, dass der hier besprochene Zweiphotonenprozess am H-Atom als sogenannter 2+1-REMPI-Prozess auch eine häufig genutzte, moderne Methode zum Nachweis von atomarem Wasserstoff bietet, die man z. B. in chemischen Gasphasenreaktionen zur Analyse von Dissoziationsprozessen einsetzt. Man benutzt dabei wieder die resonante 2-Photonenanregung des $2s\,^2S_{1/2}$-Zustands durch 2 Photonen mit 243 nm und ionisiert diesen Zustand dann sehr effizient durch ein drittes Photon.

Was haben wir in Abschnitt 6.1 gelernt?

- Hochauflösende Spektroskopie ist der Schlüssel für die Untersuchung und das Verständnis feinerer Details der Atomstruktur, wie z. B. FS und HFS. Ein kurzer Überblick über einige zentrale Werkzeuge wurde in diesem Abschnitt präsentiert.
- Spektrometer, die auf Interferenz basieren, wie z. B. Gitterspektrometer und Interferometer haben ein Auflösungsvermögen $\lambda/\Delta\lambda = \mathcal{N} \times |z|$, wobei $\mathcal{N}$ die Anzahl interferierender Strahlen und z die Ordnung der Interferenz ist.
- Ein besonders wichtiges Gerät ist das FABRY-PÉROT-Interferometer. Die effektive Zahl der interferierenden Strahlen wird durch seine Finesse $\mathcal{F} = \Delta\nu_{\mathrm{FSR}}/\Delta\nu_h = \pi\sqrt{R}/(1-R)$ gegeben, wobei $\Delta\nu_{\mathrm{FSR}} = c/2L$ die freie Spektralbreite zwischen den zwei Platten im Abstand L ist, $\Delta\nu_h$ ist die FWHM des Durchlassprofils und R ist das Reflexionsvermögen der Platten.
- Die überschaubarste Art, DOPPLER-Verbreiterung optischer Übergänge in Atomen und Molekülen zu vermeiden, ist die Molekularstrahlspektroskopie mit senkrechter Einstrahlung bzw. Emission. Kollineare Spektroskopie an hoch energetischen Ionenstrahlen ist eine weitere, effiziente Methode, die eine dramatische Reduktion der DOPPLER-Linienbreite ermöglicht.
- Darüber hinaus sind zahlreiche, z. T. sehr raffinierte Methoden der Laserspektroskopie entwickelt worden, die dieses Ziel verfolgen. Experimentell recht einfach zu realisieren ist die Sättigungsspektroskopie (sie nutzt das Lochbrennen in intensiven Strahlungsfeldern aus) und die Zweiphotonenanregung. Beide erlauben es Sub-DOPPLER-Auflösung selbst in Gaszellen zu erreichen.
- Eine besonders leistungsfähige Methode zur Verlängerung der Wechselwirkungszeit zwischen Strahlungsfeld und Probe, die insbesondere in modernen Atomuhren eingesetzt wird, macht Gebrauch von den sog. RAMSEY-Streifen, die sich bei zwei oder mehreren zeitlich verschobenen, kohärenten Wechselwirkungsprozessen ergeben.

6.2 Wechselwirkung zwischen Spin und Bahn

6.2.1 Experimentelle Befunde

In Kap. 3 hatten wir gesehen, dass bei den Alkaliatomen die Entartung der Energieniveaus zu gleicher Hauptquantenzahl n für verschiedene ℓ aufgehoben ist. Beim genauen Hinsehen finden wir aber, dass auch die $n\ell$-Niveaus von Na, K, Rb und Cs in eine noch *feinere Unterstruktur* aufgespalten sind – und das gilt selbst *für die Emissions- und Absorptionslinien des H-Atoms.*

Es zeigt sich, dass diese sogenannte *Feinstrukturaufspaltung* (FS) in der Größenordnung von

$$\frac{\Delta W_{FS}}{W_{n\ell}} \simeq Z^2 \frac{E_h}{m_e c^2} = (\alpha Z)^2 \tag{6.25}$$

liegt, wobei E_h die atomare Einheit der Energie, $m_e c^2$ die Ruheenergie des Elektrons und α die uns schon bekannte *Feinstrukturkonstante* ist (siehe Anhang A). Von der Größenordnung her handelt es sich also um *relativistische* Effekte.

Die Aufspaltung ist bei leichten Atomen sehr klein und mit den ganz einfachen Methoden unter thermischen Bedingungen in der Gasphase nicht trivial zu messen. *Beim H-Atom* ist im ersten angeregten Zustand die Feinstrukturaufspaltung FS von ähnlicher Größenordnung wie die DOPPLER-Verbreiterung (5.22) bei Zimmertemperatur (in Wellenzahlen):

$$\Delta\bar{\nu}_{FS} \sim 0.3\,\mathrm{cm}^{-1} \quad \text{bzw.} \quad \Delta\bar{\nu}_D = \delta\omega_D/(2\pi c) \sim (0.1{-}0.2)\,\mathrm{cm}^{-1}$$

Man muss sich also schon sehr anstrengen, um eine Aufspaltung zu sehen, wie gerade in Abb. 6.13 auf Seite 315 illustriert wurde. Bei den Alkaliatomen ist die FS-Aufspaltungen schon mit wenig Aufwand gut sichtbar. Die berühmten D-Linien des Na ($\bar{\nu} \simeq 17000\,\mathrm{cm}^{-1}$) sind z. B. ein Dublett bei den Wellenlängen

$$\mathrm{D}_1\!: \ \lambda_1 = 589.6\,\mathrm{nm} \quad \text{und} \quad \mathrm{D}_2\!: \ \lambda_2 = 589.0\,\mathrm{nm}. \tag{6.26}$$

Abbildung 6.17 illustriert das Termschema schematisch. Die Aufspaltung liegt bei $\Delta\bar{\nu} \simeq 17\,\mathrm{cm}^{-1}$, während die DOPPLER-Breite $\delta\bar{\nu}_D \simeq 0.06\,\mathrm{cm}^{-1}$ ist, sodass eine Trennung problemlos möglich wird. Wir brauchen eine experimentelle Auflösung von etwa $\lambda/\Delta\lambda = \bar{\nu}/\Delta\bar{\nu} \simeq 1000$, was mit einem Gittermonochromator leicht erreicht wird.

Es zeigt sich, dass hinter all dieser Aufspaltung der Elektronenspin steckt. Wie wir in Abschn. 1.10 schon diskutiert haben, geht mit dem Spin (Quantenzahl S) ein

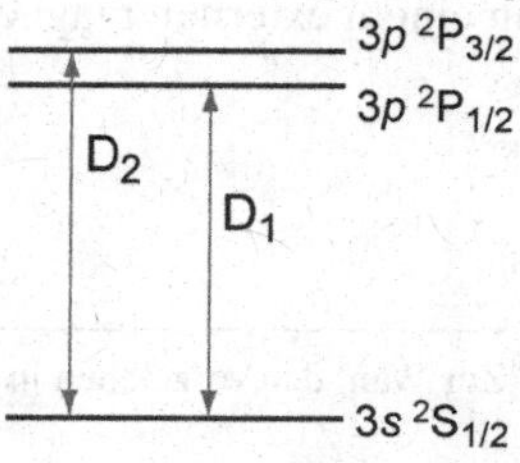

Abb. 6.17 Feinstruktur des ersten angeregten Zustands von Na

magnetisches Moment einher, das mit dem magnetischen Moment des Bahndrehimpulses (Quantenzahl L) des Elektrons wechselwirkt. Wegen $s_z = \pm 1/2$ gibt es bei Einelektronensystemen jeweils zwei mögliche Einstellungen des Spins in Bezug auf den Bahndrehimpuls des Elektrons, sodass die Energieniveaus in zwei Komponenten aufspalten. Bei einem $3p$-Elektron etwa, gibt es, wie in Abb. 6.17 gezeigt, zwei Zustände mit dem Gesamtdrehimpuls $J = 3/2$ bzw. $1/2$. Dies ist der sogenannten *Spin-Bahn-Wechselwirkung* oder Feinstrukturwechselwirkung geschuldet (abgekürzt LS- oder FS-*Wechselwirkung*). Wir werden sie im Folgenden ausführlich diskutieren.

6.2.2 Magnetische Momente von Spin und Bahn im Magnetfeld

Wir erinnern kurz an die in Abschn. 1.9.1–1.10 mitgeteilten experimentellen Befunde. Mit dem BOHR'*schen Magneton* $\mu_B \simeq 14\,\text{GHz}\,\text{T}^{-1}$ nach (1.157) wird das magnetische Moment des Elektrons für die Bahn

$$\widehat{\mathcal{M}}_L = -g_L \mu_B \frac{\widehat{\boldsymbol{L}}}{\hbar} = -\frac{e}{2m_e}\widehat{\boldsymbol{L}}, \qquad (6.27)$$

wobei der g-Faktor der Bahn $g_L \equiv 1$ ist. Für das magnetische Moment des Elektronenspins gilt ganz analog[3]

$$\widehat{\mathcal{M}}_s = -g_s \mu_B \frac{\widehat{\boldsymbol{S}}}{\hbar} = -g_s \frac{e}{2m_e}\widehat{\boldsymbol{S}}. \qquad (6.28)$$

Allerdings ist nach der DIRAC-Theorie der g_s-Faktor des Elektrons exakt $g_s = 2$. Dem Betrag nach hat das Elektron der DIRAC-Theorie also ein intrinsisches magnetisches Moment $\mu_e = -(g_s/2)\mu_B$, das dem Betrag nach μ_B, also genau so groß ist wie das magnetische Moment einer Bahn mit Drehimpuls $\hbar$, obwohl sein intrinsischer Drehimpuls (Spin) nur halb so groß ist, nämlich $\hbar/2$.

Das Elektron ist also schon ein sehr merkwürdiges Gebilde: Denn sein Durchmesser ist mit Sicherheit kleiner als 1/1000 des Protonendurchmessers, sodass sich eigentlich nichts um eine Achse drehen kann – aber dennoch hat es einen Drehimpuls und dazu ein magnetisches Moment, das nicht den Regeln der klassischen Elektrodynamik folgt. Mehr noch, bei genauerem Hinsehen weicht der g_s-Faktor von dem DIRAC'schen Wert 2 ab. Man findet $g_s \simeq 2.0023$, was heute sehr genau vermessen und berechnet werden kann – wir kommen darauf in Abschn. 6.6 zurück.

Hier geht es zunächst darum, die Wechselwirkung der beiden magnetischen Momente (Bahn und Spin) zu analysieren. Jedes einzelne von ihnen allein hätte in einem externen magnetischen Feld die Wechselwirkungsenergie

[3]Zur Wahl der Vorzeichen in (6.27) und (6.28) siehe Fußnote 30 auf Seite 86.

$$\widehat{V}_B = -\widehat{\mathcal{M}} \cdot \boldsymbol{B} = -\widehat{\mathcal{M}}_z B, \tag{6.29}$$

wobei wir der Einfachheit halber $\boldsymbol{B} \parallel z$ annehmen und mit $\widehat{\mathcal{M}}_z$ die jeweilige Projektion von $\widehat{\mathcal{M}}_L$ oder $\widehat{\mathcal{M}}_s$ auf $\boldsymbol{B}$ meinen. Mit (6.28) und (6.27) ergeben sich die Wechselwirkungspotenziale für die magnetischen Momente von Bahn und Spin:

$$\widehat{V}_L = g_L \mu_\mathrm{B} \frac{\widehat{L}_z}{\hbar} B \qquad \text{mit} \quad \langle \ell m_\ell | \widehat{V}_L | \ell m_\ell \rangle = g_L \mu_\mathrm{B} B m_\ell \tag{6.30}$$

$$\widehat{V}_S = g_s \mu_\mathrm{B} \frac{\widehat{S}_z}{\hbar} B \qquad \text{mit} \quad \langle s m_s | \widehat{V}_S | s m_s \rangle = g_s \mu_\mathrm{B} B m_s \tag{6.31}$$

Gäbe es nur das magnetische Moment der Bahn oder nur das des Spins, dann entsprächen diese Matrixelemente der Aufspaltungen im externen B-Feld. Dabei hat

- der Bahndrehimpuls im Raum $2\ell + 1$ mögliche Orientierungen, $-\ell \le m_\ell \le \ell$
- und der Spin $2s + 1 = 2/2 + 1 = 2$ mögliche Einstellungen, $m_s = \pm 1/2$.

6.2.3 Allgemeine Überlegungen zur LS-Wechselwirkung

Auch ohne äußeres Magnetfeld müssen wir die Wechselwirkung des magnetischen Moments $\widehat{\mathcal{M}}_s$ des Elektronenspins mit dem Magnetfeld $\boldsymbol{B}_L$ berücksichtigen, das durch die Bahn des Elektrons hervorgerufen wird. Um diese Wechselwirkung zu berücksichtigen, müssen wir das Magnetfeld kennen, das am Ort des Elektronenspins herrscht. Dazu transformieren wir in ein Koordinatensystem, in welchem sich der Atomkern um ein ruhend gedachtes Elektron bewegt – wie in Abb. 6.18 angedeutet. Denn wir wollen ja das effektive Magnetfeld der Bahn am Ort des Spins ermitteln. Ohne auf die Details der Elektrodynamik einzugehen, notieren wir: Die LORENTZ-Kraft (1.103) auf eine Ladung q im Magnetfeld $\boldsymbol{F} = q\boldsymbol{v} \times \boldsymbol{B} = q\boldsymbol{E}_\mathrm{eff}$ kann man auch durch ein effektives elektrisches Feld $\boldsymbol{E}_\mathrm{eff} = \boldsymbol{v} \times \boldsymbol{B}$ beschreiben. Umgekehrt

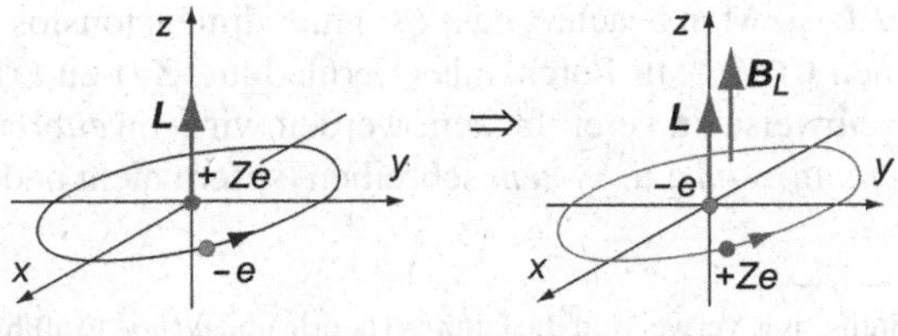

Abb. 6.18 Schematische Illustration zum Ursprung der Spin-Bahn-Wechselwirkung: Das magnetische Feld der Bahn $\boldsymbol{B}_L$ am Ort des Elektrons kann man sich so vorstellen, dass der Kern um das Elektron kreist

generiert eine im elektrischen Feld $\boldsymbol{E}$ bewegte Ladung ein magnetisches Feld

$$\boldsymbol{B} = -\frac{\boldsymbol{v} \times \boldsymbol{E}}{c^2}. \tag{6.32}$$

Nun ist im Potenzial $V(r)$ eines Ions (Atomkern + Elektronenrumpf) das elektrische Feld $\boldsymbol{E}$, welches ein Elektron erfährt, durch

$$-e\boldsymbol{E} = \boldsymbol{F} = \frac{\boldsymbol{r}}{r}\frac{\mathrm{d}V}{\mathrm{d}r}.$$

gegeben. Das in diesem elektrischen Feld bewegte Elektron erzeugt also nach (6.32) ein Magnetfeld

$$\boldsymbol{B}_L = \frac{\boldsymbol{v}}{ec^2} \times \frac{\boldsymbol{r}}{r}\frac{\mathrm{d}V}{\mathrm{d}r} = \frac{-1}{em_\mathrm{e}c^2}\frac{1}{r}\frac{\mathrm{d}V}{\mathrm{d}r}(\boldsymbol{r} \times m_\mathrm{e}\boldsymbol{v}) = \frac{-1}{em_\mathrm{e}c^2}\frac{1}{r}\frac{\mathrm{d}V}{\mathrm{d}r}\widehat{\boldsymbol{L}}, \tag{6.33}$$

das offenbar proportional zum Bahndrehimpuls $\widehat{\boldsymbol{L}}$ ist. Wir denken uns nun statt dessen die positive Kernladung ums Elektron rotierend, setzen diesen Ausdruck also mit positivem Vorzeichen in (6.29) ein und erhalten mit (6.28):

$$\widehat{V}_{LS} = -\boldsymbol{\mathcal{M}}_S \cdot \boldsymbol{B}_L = \frac{1}{4}\frac{g_s}{m_\mathrm{e}^2c^2}\frac{1}{r}\frac{\mathrm{d}V}{\mathrm{d}r}\widehat{\boldsymbol{L}} \cdot \widehat{\boldsymbol{S}}. \tag{6.34}$$

Wir haben hier noch den sogenannten THOMAS-Faktor $1/2$ eingeführt, der aus der DIRAC-Gleichung direkt folgt, wenn man $\widehat{V}_{LS}$ ins ruhende Kernsystem zurücktransformiert.[4]

Mit den atomaren Energie- und Längeneinheiten $E_\mathrm{h} = \hbar^2/(m_\mathrm{e}a_0^2)$ und a_0 sowie der Feinstrukturkonstanten $\alpha = \sqrt{E_\mathrm{h}/(m_\mathrm{e}c^2)}$ wird

$$\widehat{V}_{LS} = g_s\frac{\alpha^2}{4}\xi(r)\frac{\widehat{\boldsymbol{L}} \cdot \widehat{\boldsymbol{S}}}{\hbar^2}E_\mathrm{h} \quad \text{mit} \quad \xi(r) = \frac{1}{r}\frac{\mathrm{d}V}{\mathrm{d}r}\frac{a_0^2}{E_\mathrm{h}} \quad \text{und speziell} \tag{6.35}$$

$$\widehat{V}_{LS} = g_s\frac{\alpha^2}{4}\frac{a_0^3}{r^3}\frac{\widehat{\boldsymbol{L}} \cdot \widehat{\boldsymbol{S}}}{\hbar^2}E_\mathrm{h} \quad \text{für das H-Atom.}$$

Die *Spin-Bahn-Wechselwirkung* (oder *LS-Wechselwirkung*) ist also *proportional zum Skalarprodukt* $\widehat{\boldsymbol{L}} \cdot \widehat{\boldsymbol{S}}$. Man beachte, dass $\xi(r)$ hier dimensionslos definiert ist und im Falle eines reinen COULOMB-Potenzials (Kernladung Ze) zu $\xi(r) = +Za_0^3/r^3$ wird. Um die Schreibweise zu vereinfachen, werden wir *im weiteren Verlauf dieses Kapitels alle Gleichungen im* a.u. *System* schreiben (sofern nicht anders angemerkt).

---

[4]Diese übliche ‚Ableitung' mit Verweis auf die DIRAC-Theorie und *ad hoc* Einführung des THOMAS-Faktors ist etwas unbefriedigend. Wir weisen daher auf eine direkte, gut nachvollziehbare Herleitung von KROEMER (2004) hin, die lediglich die klassische Elektrodynamik unter konsequenter Verwendung der LORENTZ-Transformation für das elektromagnetische Feld benötigt – ohne Zuhilfenahme der DIRAC-Theorie.

6.2.4 Größenordnung der Spin-Bahn-Wechselwirkung

Das diagonale Matrixelement von (6.35) kann (mit $g_s \cong 2$)

$$\begin{aligned}\langle \widehat{V}_{LS} \rangle &= a \langle \widehat{\boldsymbol{L}} \cdot \widehat{\boldsymbol{S}} \rangle \\ \text{mit} \quad a &= \frac{\alpha^2}{4} g_s \langle n\ell | \xi(r) | n\ell \rangle \\ &= \frac{\alpha^2}{2} \left\langle n\ell \left| \frac{1}{r}\frac{\mathrm{d}V}{\mathrm{d}r} \right| n\ell \right\rangle = \frac{\alpha^2}{2} \int_0^\infty R_{n\ell}^2(r) \left(\frac{1}{r}\frac{\mathrm{d}V}{\mathrm{d}r} \right) r^2 \mathrm{d}r .\end{aligned} \tag{6.36}$$

geschrieben werden. Wir haben hier den *Spin-Bahn-Kopplungsparameter a* eingeführt (auch LS-Kopplungsparameter). Nur für das H-Atom und H-ähnliche Ionen lässt sich dieser in geschlossener Form auswerten. Die Ergebnisse sind aber charakteristisch und können leicht auf Quasi-Einelektronensysteme wie die Alkaliatome ausgedehnt werden. Für ein attraktives, reines COULOMB-Potenzial $-Z/r$ wird $\xi(r) = Zr^{-3}$, und der Kopplungsparameter a kann aus dem Erwartungswert $\langle r^{-3} \rangle$ nach (2.130) *für Wasserstoffwellenfunktionen* ermittelt werden:

$$a = \frac{\alpha^2}{4} g_s Z \left\langle \frac{1}{r^3} \right\rangle \cong \frac{\alpha^2}{2} \frac{Z^4}{n^3 \ell(\ell+1/2)(\ell+1)} \tag{6.37}$$

Nun *verschwindet* $\langle \widehat{\boldsymbol{L}} \cdot \widehat{\boldsymbol{S}} \rangle$ *für* $\ell = 0$ und für $\ell > 0$ erhalten wir einen guten Näherungswert mit $\langle \widehat{\boldsymbol{L}} \cdot \widehat{\boldsymbol{S}} \rangle \simeq \ell s = \ell/2$. Somit können wir die Größ enordnung der FS-Aufspaltung abschätzen zu

$$\langle \widehat{V}_{LS} \rangle \simeq \frac{\alpha^2}{4} \frac{Z^4}{n^3(\ell+1/2)(\ell+1)} \quad \text{und} \quad \frac{\langle \widehat{V}_{LS} \rangle}{|W_n|} \simeq \frac{(\alpha Z)^2}{2n(\ell+1/2)(\ell+1)},$$

wo $|W_n| = Z^2/2n^2$ eingeführt wurde, um die *relative Größenordnung* zu erhalten. Für kleine Werte von $Z \leq 11$ ist sie nur etwa $10^{-6} \ldots 10^{-3}$ für $n \leq 3$. Wie man sieht, nimmt die FS-Aufspaltung $\propto Z^4$ zu und $\propto 1/n^3$ ab (für ein gegebenes ℓ; spektroskopisch relevant ist dabei $\ell \leq 4$).

Wir sehen aber, dass die *Spin-Bahn-Wechselwirkung wegen der Proportionalität zu* Z^4 für schwere Atome erheblich wird. Die ganze *Näherung bricht zusammen,* wenn Z groß, d. h. $Z\alpha \simeq 1$ wird (wir erinnern uns: $\alpha \simeq 1/137$). Die dabei auftretenden Effekte sind Gegenstand aktueller Forschung an Atomen mit Kernladungszahlen auch jenseits der natürlichen Stabilitätsgrenze bei ^{92}U, die man heute mithilfe moderner Schwerionenbeschleunigeranlagen in energiereichen Stößen problemlos überschreiten kann.

6.2.5 Drehimpulskopplung, Gesamtdrehimpuls

Zum HAMILTON-Operator des Atoms $\widehat{H}_0(r)$ tritt nun also die Spin-Bahn-Wechselwirkung $\widehat{V}_{LS}$ hinzu:

$$\widehat{H}_{\text{FS}}(r) = \widehat{H}_0(r) + \widehat{V}_{LS} = \frac{\widehat{p}^2}{2} + V(r) + \frac{\alpha^2}{2}\xi(r)\widehat{\boldsymbol{L}} \cdot \widehat{\boldsymbol{S}} \tag{6.38}$$

mit $\widehat{p}^2/2 = \widehat{p}_r^2/2 + \widehat{\boldsymbol{L}}^2 / \left(2r^2\right)$, wobei der erste Term die radiale kinetische Energie beschreibt und der zweite die Rotationsenergie (also den Winkelanteil). Um den Spin-Bahn-Kopplungsterm $\alpha^2\xi(r)\widehat{\boldsymbol{L}} \cdot \widehat{\boldsymbol{S}}/2$ auszuwerten, müssen wir die Kopplung von Spin und Bahn über ihre jeweiligen magnetischen Felder bzw. Momente berücksichtigen und die daraus resultierenden Eigenzustände zum HAMILTON-Operator (6.38) ermitteln.

Man führt nun ganz formal den *Operator des Gesamtdrehimpulses*

$$\widehat{\boldsymbol{J}} = \widehat{\boldsymbol{L}} + \widehat{\boldsymbol{S}} \quad \text{und seine } z\text{-Komponente} \quad \widehat{J}_z = \widehat{L}_z + \widehat{S}_z \tag{6.39}$$

ein. Für diesen Drehimpulsoperator sollen Vertauschungsregeln gelten, analog zu (2.84) und (2.75) für den Bahndrehimpuls und zu (2.93) für den Spin:

$$\left[\widehat{\boldsymbol{J}}^2, \widehat{J}_z\right] = 0, \qquad \left[\widehat{\boldsymbol{J}}^2, \widehat{J}_y\right] = 0, \qquad \left[\widehat{\boldsymbol{J}}^2, \widehat{J}_x\right] = 0 \tag{6.40}$$

$$\left[\widehat{J}_x, \widehat{J}_y\right] = \mathrm{i}\hbar\widehat{J}_z, \qquad \left[\widehat{J}_y, \widehat{J}_z\right] = \mathrm{i}\hbar\widehat{J}_x, \qquad \left[\widehat{J}_z, \widehat{J}_x\right] = \mathrm{i}\hbar\widehat{J}_y \tag{6.41}$$

Das heißt, der *Betrag* des Gesamtdrehimpulses *und eine Komponente* in beliebiger Richtung lassen sich gleichzeitig messen; mehrere orthogonale Komponenten, z. B. in x-, y- oder z-Richtung können aber nicht gleichzeitig gemessen werden. Für die Eigenzustände $|jm_j\rangle$ gilt

$$\widehat{\boldsymbol{J}}^2|jm_j\rangle = j(j+1)\hbar^2|jm_j\rangle \quad \text{und} \quad \widehat{J}_z|jm_j\rangle = m_j\hbar|jm_j\rangle. \tag{6.42}$$

$\widehat{\boldsymbol{J}}^2$ hat entsprechend $2j+1$ Einstellmöglichkeiten, d. h. $\widehat{J}_z$ wird durch die Quantenzahlen

$$m_j = -j, -j+1, \ldots, +j. \tag{6.43}$$

charakterisiert. Für die Konstituenten $\widehat{\boldsymbol{L}}$ und $\widehat{\boldsymbol{S}}$ von $\widehat{\boldsymbol{J}}$ gilt Entsprechendes; ihre Quantisierungsachse ist aber die Richtung von $\widehat{\boldsymbol{J}}$. Anschaulich stellt man das im *Vektormodell* nach Abb. 6.19a dar. Dabei gilt

$$|\widehat{\boldsymbol{J}}| = \sqrt{j(j+1)}\hbar, \qquad |\widehat{\boldsymbol{L}}| = \sqrt{\ell(\ell+1)}\hbar, \qquad |\widehat{\boldsymbol{S}}| = \sqrt{s(s+1)}\hbar \tag{6.44}$$
$$\text{mit} \quad \ell = 0, 1, 2, \ldots, n-1$$

zusammen mit der *Dreiecksrelation* $\delta(\ell s j) = 1$, oder ausführlicher:

$$|\ell - s|, |\ell - s| + 1, \ldots \leq j \leq |\ell + s| \tag{6.45}$$

Wir sind der Dreiecksrelation bereits in Abschn. 4.4.1 auf Seite 213 begegnet. Dort haben wir die Auswahlregeln für optische Dipolübergänge besprochen, bei denen der Photonenspin $s_{\text{ph}} = 1$ die zentrale Rolle spielt. Für das Elektron mit Spin $s = 1/2$ und $\ell > 0$ führt dies zu $j = \ell \pm 1/2$, während für $s = 1/2$ und $\ell = 0$ nur ein Wert des Gesamtdrehimpulses $j = 1/2$ möglich ist. Die zulässigen Projektionen m_j sind in Abb. 6.19b für den Fall $j = 3/2$ illustriert.

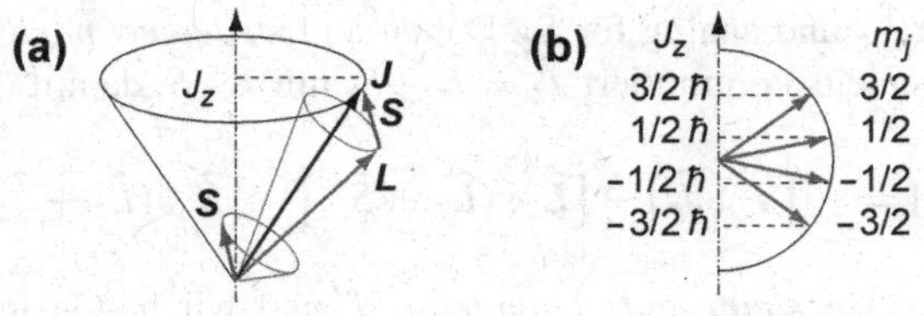

Abb. 6.19 (**a**) Vektormodell der Kopplung von Spin $\boldsymbol{S}$ und Bahndrehimpuls $\boldsymbol{L}$ zum Gesamtdrehimpuls $\boldsymbol{J}$ mit einer Komponente J_z in Richtung der z-Achse (hier maßstäblich für $s = 1/2$, $\ell = 2$, $j = 5/2$ und $m_j = 5/2$); (**b**) Vektormodell für mögliche Projektionen J_z (Quantenzahl m_j) des Gesamtdrehimpulses $\boldsymbol{J}$ (hier $j = 3/2$) auf die z-Achse

Drehimpulsoperatoren und ihr Skalarprodukt

Mit der Definition (6.39) wird das Quadrat des Gesamtdrehimpulses

$$\widehat{\boldsymbol{J}}^2 = (\widehat{\boldsymbol{L}}+\widehat{\boldsymbol{S}})^2 = \widehat{\boldsymbol{L}}^2 + 2\widehat{\boldsymbol{L}} \cdot \widehat{\boldsymbol{S}} + \widehat{\boldsymbol{S}}^2 \tag{6.46}$$

und somit wird das Skalarprodukt der Drehimpulsoperatoren für Bahn und Spin

$$\widehat{\boldsymbol{L}} \cdot \widehat{\boldsymbol{S}} = \frac{1}{2}\left(\widehat{\boldsymbol{J}}^2 - \widehat{\boldsymbol{L}}^2 - \widehat{\boldsymbol{S}}^2\right). \tag{6.47}$$

Damit kann der HAMILTON-Operator (6.38) umgeschrieben werden zu

$$\widehat{H}_{\mathrm{FS}}(\boldsymbol{r}) = \frac{\widehat{p}_r^2}{2} + \frac{\widehat{\boldsymbol{L}}^2}{2r^2} + V(r) + \frac{\alpha^2}{4}\xi(r)\left(\widehat{\boldsymbol{J}}^2 - \widehat{\boldsymbol{L}}^2 - \widehat{\boldsymbol{S}}^2\right). \tag{6.48}$$

Wir suchen also durch die Kopplung von $\widehat{\boldsymbol{L}}$ und $\widehat{\boldsymbol{S}}$ gebildete Zustände $|(\ell s) j m_j\rangle$, die gleichzeitig Eigenvektoren von $\widehat{\boldsymbol{J}}^2$, $\widehat{\boldsymbol{L}}^2$ und $\widehat{\boldsymbol{S}}^2$ und somit von $\widehat{\boldsymbol{L}} \cdot \widehat{\boldsymbol{S}}$ sind. Für sie muss (6.42) gelten und zugleich (in atomaren Einheiten):

$$\begin{aligned} \widehat{\boldsymbol{L}} \cdot \widehat{\boldsymbol{S}}|(\ell s) j m_j\rangle &= \frac{1}{2}\left(\widehat{\boldsymbol{J}}^2 - \widehat{\boldsymbol{L}}^2 - \widehat{\boldsymbol{S}}^2\right)|(\ell s) j m_j\rangle \\ &= \frac{1}{2}\left[j(j+1) - \ell(\ell+1) - s(s+1)\right]|(\ell s) j m_j\rangle \end{aligned} \tag{6.49}$$

Bei der Auswertung hilft uns, dass $\widehat{\boldsymbol{L}}$ und $\widehat{\boldsymbol{S}}$ vertauschen, denn sie wirken ja auf verschiedene Räume (Bahndrehimpuls, d. h. Raum- bzw. Spin-Koordinaten). Damit vertauschen auch $\widehat{\boldsymbol{L}}^2$ und $\widehat{\boldsymbol{S}}^2$. Auch gilt $\widehat{\boldsymbol{L}}^2 \widehat{L}_i = \widehat{L}_i \widehat{\boldsymbol{L}}^2$ ebenso wie $\widehat{\boldsymbol{S}}^2 \widehat{S}_i = \widehat{S}_i \widehat{\boldsymbol{S}}^2$ für jede Komponente i. Und da

$$\widehat{\boldsymbol{L}} \cdot \widehat{\boldsymbol{S}} = \widehat{L}_x \widehat{S}_x + \widehat{L}_y \widehat{S}_y + \widehat{L}_z \widehat{S}_z \tag{6.50}$$

ist, sieht man mit (6.46), dass $\widehat{\boldsymbol{L}}^2$ und $\widehat{\boldsymbol{S}}^2$ auch mit $\widehat{\boldsymbol{L}} \cdot \widehat{\boldsymbol{S}}$ und $\widehat{\boldsymbol{J}}^2$ vertauschen. Somit vertauschen $\widehat{\boldsymbol{L}}^2$, $\widehat{\boldsymbol{S}}^2$ und $\widehat{\boldsymbol{J}}^2$ alle mit $\widehat{H}_{\mathrm{FS}}$ nach (6.48). Daher sind j, ℓ und s gute Quantenzahlen.

Man beachte aber, dass $\widehat{\boldsymbol{L}} \cdot \widehat{\boldsymbol{S}}$ *nicht mit* $\widehat{L}_z$ *und auch nicht mit* $\widehat{S}_z$ *kommutiert,* wie man durch Multiplikation von (6.50) mit $\widehat{L}_z$ erkennt, denn weder $\widehat{L}_x$ noch $\widehat{L}_y$

kommutieren mit $\widehat{L}_z$ und analog für $\widehat{S}_z$. Daher sind *weder m_ℓ noch m_s gute Quantenzahlen.* Andererseits kommutiert $\widehat{J}_z = \widehat{L}_z + \widehat{S}_z$ mit $\widehat{\boldsymbol{L}} \cdot \widehat{\boldsymbol{S}}$, da mit (6.50) auch

$$[\widehat{\boldsymbol{L}} \cdot \widehat{\boldsymbol{S}}, \widehat{J}_z] = \frac{1}{2}([\widehat{\boldsymbol{J}}^2, \widehat{J}_z] - [\widehat{\boldsymbol{L}}^2, (\widehat{L}_z + \widehat{S}_z)] - [\widehat{\boldsymbol{S}}^2, (\widehat{L}_z + \widehat{S}_z)]) = 0$$

gilt. Daher ist auch m_j *eine gute Quantenzahl,* und wir halten fest, dass wegen $\widehat{J}_z = \widehat{L}_z + \widehat{S}_z$ auch

$$m_\ell + m_s = m_j \tag{6.51}$$

für alle Eigenzustände des HAMILTON-*Operators* (6.38) gelten muss, obwohl weder m_ℓ noch m_s *gute Quantenzahlen* sind.

Die Eigenzustände des vollen HAMILTON-Operators $\widehat{H}_{\mathrm{FS}}$, die wir suchen, sind also charakterisiert durch n, ℓ, s, j, m_j:

$$\widehat{H}_{\mathrm{FS}} |n\ell s j m_j\rangle = W_{n\ell j} |n\ell s j m_j\rangle$$

Wir halten fest, dass (6.42) für diese Zustände gilt. Sie sind Eigenzustände von $\widehat{\boldsymbol{L}} \cdot \widehat{\boldsymbol{S}}$ und nach (6.47) wird (in Einheiten von $\hbar^2$)

$$\langle n\ell s j m_j | \widehat{\boldsymbol{L}} \cdot \widehat{\boldsymbol{S}} | n\ell s j m_j\rangle = \frac{1}{2}\big[j(j+1) - \ell(\ell+1) - s(s+1)\big]. \tag{6.52}$$

Eigenzustände des Gesamtdrehimpulses
Diese Zusammenhänge erlauben es, die gesuchten Zustände $|n\,(\ell s)\; j m_j\rangle$ durch Linearkombination der Produktzustände $|n\ell s m_\ell m_s\rangle = |n\ell m_\ell\rangle\,|s m_s\rangle$ so zu bilden, dass $m_\ell + m_s = m_j$. Das muss so geschehen, dass der HAMILTON -Operator (also auch $\widehat{\boldsymbol{L}} \cdot \widehat{\boldsymbol{S}}$) wirklich diagonal wird. Für den Spinanteil und den Winkelanteil der Bahn kann man das ganz allgemein mithilfe der Drehimpulsdefinition über Vertauschungsregeln machen. Wir verweisen hierzu auf die einschlägige Literatur zur sog. *Drehimpulsalgebra* und die in Anhang B.2 zusammengestellten Formeln.[5] Unter Benutzung von CLEBSCH-GORDAN-Koeffizienten $\langle \ell s m_\ell m_s | \ell s j m_j\rangle$ oder $3j$-Symbolen $\begin{pmatrix} \cdots \\ \cdots \end{pmatrix}$ ergibt sich für die (nicht radialen Anteile der) Eigenzustände von (6.48)

$$\begin{aligned} |(\ell s) j m_j\rangle &= \sum_{m_\ell, m_s} |\ell m_\ell s m_s\rangle \langle \ell m_\ell s m_s | (\ell s) j m_j\rangle \\ &\text{oder} \qquad\qquad (6.53) \\ &= \sqrt{2j+1} \sum_{m_\ell, m_s} |\ell m_\ell s m_s\rangle (-1)^{m_j + \ell - s} \begin{pmatrix} \ell & s & j \\ m_\ell & m_s & -m_j \end{pmatrix}. \end{aligned}$$

[5] Leicht unterschiedliche Definitionen werden in der Literatur benutzt. Wir orientieren uns an BRINK und SATCHLER (1994). Weitere Standardwerke sind EDMONDS (1964) und ZARE (1988).

Das einfachste Beispiel
Das einfachste Beispiel für die Drehimpulskopplung bieten zwei Elektronen mit den Spinquantenzahlen $s_1 = s_2 = 1/2$. Sie bilden den Gesamtspin

$$\widehat{S} = \widehat{S}_1 + \widehat{S}_2,$$

sodass die Dreiecksrelation (4.72) mit $\delta(1/2\,1/2\,S) = 1$ insgesamt $(2 \times 1 + 1) = 3$ Zustände mit einem Gesamtspin $S = 1$ (so genannte *Triplettzustände*) und einen Zustand mit dem Gesamtspin $S = 0$ (*Singulettzustand*) ermöglicht:

$$\left|(s_1 s_2)SM\right\rangle = \sum_{\substack{m_1=-1/2\\ m_2=-1/2}}^{1/2} \langle s_1 m_1 s_2 m_2 | s_1 s_2 SM\rangle |s_1 m_1 s_2 m_2\rangle$$

$$= \sqrt{2S+1} \sum_{\substack{m_1=-1/2\\ m_2=-1/2}}^{1/2} (-1)^M \begin{pmatrix} s_1 & s_2 & S \\ m_1 & m_2 & -M \end{pmatrix} |s_1 m_1 s_2 m_2\rangle.$$

mithilfe der leicht zugänglichen $3j$-Symbole (z. B. mit Java-Applet von STONE 2006) verifiziert man leicht folgende nichtverschwindende CLEBSCH-GORDAN-Koeffizienten:

$$\langle \tfrac{1}{2}\,\tfrac{1}{2}\,\tfrac{1}{2}\,\tfrac{1}{2} \mid 11\rangle = 1, \qquad \langle \tfrac{1}{2}\,\tfrac{-1}{2}\,\tfrac{1}{2}\,\tfrac{-1}{2} \mid 1\,{-1}\rangle = 1$$
$$\langle \tfrac{1}{2}\,\tfrac{1}{2}\,\tfrac{1}{2}\,\tfrac{-1}{2} \mid 10\rangle = \langle \tfrac{1}{2}\,\tfrac{-1}{2}\,\tfrac{1}{2}\,\tfrac{1}{2} \mid 10\rangle = 1/\sqrt{2}$$
$$\langle \tfrac{1}{2}\,\tfrac{1}{2}\,\tfrac{1}{2}\,\tfrac{-1}{2} \mid 00\rangle = -\langle \tfrac{1}{2}\,\tfrac{-1}{2}\,\tfrac{1}{2}\,\tfrac{1}{2} \mid 00\rangle = 1/\sqrt{2}$$

Die entsprechenden Spinfunktionen für die Triplett- (symmetrisch) und Singulettzustände (antisymmetrisch) sind in Tab. 6.1 unter Benutzung der in Abschn. 2.5.4 eingeführten Abkürzungen $|\alpha\rangle = |1/2\ 1/2\rangle$ und $|\beta\rangle = |1/2 - 1/2\rangle$ anschaulich zusammengestellt. Die Ziffern in Klammern hinter den Spinbezeichnungen beziehen sich auf Elektron (1) bzw. (2). In der Tabelle ist ebenfalls angedeutet, dass wegen des PAULI-Prinzips die jeweils zugehörigen Ortswellenfunktionen eines Zweielektronensystems antisymmetrisch bzw. symmetrisch sein müssen. Wir kommen darauf in Abschn. 7.3.1 auf Seite 386 und Abschn. 10.2.1 auf Seite 548 im Detail zurück.

6.2.6 Terminologie für die Atomstruktur

Um atomare Eigenzustände möglichst kompakt und übersichtlich zu charakterisieren, gibt es eine verbindliche Terminologie. Zunächst notieren wir, dass sich die hier durchgeführten Überlegungen auch auf Mehrelektronensysteme ausdehnen lassen. Bei der sogenannten RUSSEL-SAUNDERS-*Kopplung* (etwas missverständlich auch *LS-Kopplung genannt*) bildet man dabei einen Gesamtbahndrehimpuls $\widehat{\boldsymbol{L}} = \sum \widehat{\boldsymbol{L}}_i$ (Bahndrehimpulsquantenzahl L) aus den Bahndrehimpulsen aller aktiven

Tabelle 6.1 Triplett- und Singulettzustände mit CLEBSCH-GORDAN-Koeffizienten für die Kopplung zweier Elektronen mit Spin 1/2. Neben den Symmetrien der Spinfunktionen sind symbolische Darstellungen der zwei beteiligten Spinzustände ($s = 1/2$) skizziert

Multiplizität	Symmetrie	$\lvert\chi_S^M\rangle = \lvert\chi(1,2)\rangle$	S	M	
		$\lvert\chi_1^1\rangle = \lvert\alpha(1)\alpha(2)\rangle$	1	1	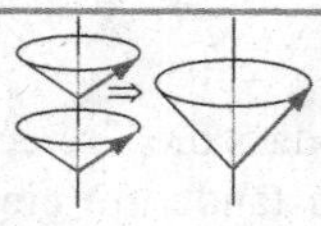
Triplett	Symmetrisch	$\lvert\chi_1^0\rangle = \dfrac{\lvert\alpha(1)\beta(2)\rangle + \lvert\beta(1)\alpha(2)\rangle}{\sqrt{2}}$	1	0	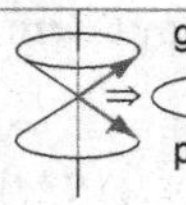
		$\lvert\chi_1^{-1}\rangle = \lvert\beta(1)\beta(2)\rangle$	1	−1	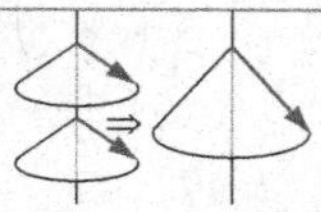
Singulett	Antisymmetrisch	$\lvert\chi_0^0\rangle = \dfrac{\lvert\alpha(1)\beta(2)\rangle - \lvert\beta(1)\alpha(2)\rangle}{\sqrt{2}}$	0	0	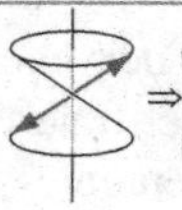

Elektronen und ebenso einen Gesamtspin $\widehat{S} = \sum \widehat{S}_i$ (Spinquantenzahl S) aus den individuellen Elektronenspins. Sodann koppelt man Gesamtbahndrehimpuls und Gesamtspin zu einem Gesamtdrehimpuls $\widehat{J} = \widehat{S} + \widehat{L}$ (Quantenzahl J). Letzteres geschieht ganz analog zu dem gerade für Einzelelektronen besprochenen Verfahren.

Man beachte, dass sich alle Beziehungen für Drehimpulse in Abschn. 6.2.5 auf individuelle Elektronen mit den Quantenzahlen $\ell s m_\ell m_s$ (ungekoppelt) und $j m_j$ (gekoppelt) beziehen. Sie gelten aber auch für die Quantenzahlen LSM_LM_S und JM_J des kombinierten Systems. Wir werden dies am Beispiel des Heliumatoms in Abschn. 7.3 auf Seite 386 noch genauer diskutieren und dort auch die alternative *jj-Kopplung* vorstellen, die für schwerere Atome von Bedeutung ist, wo die Spin-Bahn-Wechselwirkung stark ist.

Hier sei im Vorgriff nur die Terminologie der LS-Kopplung kommuniziert. Man bezeichnet die Zahl der möglichen Einstellungen eines Gesamtspins als

$$\text{Multiplizität} = 2S + 1 \tag{6.54}$$

eines Zustands. Für Einelektronensysteme, wie z. B. die Alkaliatoms, haben wir $S = s = 1/2$ und die Multiplizität ist stets $2 \times 1/2 + 1 = 2$ – man nennt dies ein *Dublett*. Wie gerade in Abschn. 6.2.5 gezeigt, haben Atome mit zwei Elektronen

Singulett- und Triplettzustände ($S = 0$ bzw. $S = 1$). In Systemen mit $\mathcal{N}$ aktiven Elektronen kann die Multiplizität im Prinzip bis zu $2\mathcal{N} \times 1/2 + 1$ sein. Typischerweise werden als höchste Multiplizität Quintette beobachtet (für vier aktive Elektronen, also halb gefüllte äußerste Schalen der Valenzelektronen mit zwei s- und vier p-Elektronen).

Man bezeichnet nun mit kleinen Buchstaben die Quantenzahlen der Einzelelektronen, mit großen Buchstaben die des gesamten atomaren Systems. Ein Zustand wird insbesondere durch seinen gesamten Bahndrehimpuls L charakterisiert (und mit großen, aufrechten Buchstaben S, P, D, F, G für $L = 0, 1, 2, 3, 4$ gekennzeichnet). Links oben schreibt man an diese Charakterisierung des Bahndrehimpulses die Multiplizität, rechts unten den Gesamtdrehimpuls. Will man noch die Orbitale aller beteiligten Elektronenkonfigurationen kommunizieren, so stellt man diese in geschweifter Klammer voran. Also wird z. B. ein atomarer Zustand mit $\mathcal{N}$ Elektronen der Konfiguration $\{n_1\ell_1 \ldots n_{\mathcal{N}}\ell_{\mathcal{N}}\}$ (siehe Abschn. 3.1.1 auf Seite 150), einem Gesamtbahndrehimpuls L, einem Gesamtspin S und einem Gesamtdrehimpuls J so geschrieben:

$$\{n_1\ell_1 \ldots n_{\mathcal{N}}\ell_{\mathcal{N}}\}\ {}^{2S+1}L_J . \tag{6.55}$$

Als weiteren Hinweis findet man, insbesondere bei Vielelektronenspektren, oft noch Zustände mit ungerader Parität gekennzeichnet durch ein hochgestelltes „o" (odd) – auch wenn sich die Parität eindeutig an der Bahndrehimpulsquantenzahl ablesen lässt (zum Begriff Parität s. auch Anhang E).

Wir nennen einige Beispiele:

- Beim *H-Atom sowie bei Alkaliatomen* werden s-Zustände mit $\ell = 0$ und $j = J = |\ell \pm 1/2| = 1/2$ als $ns\ {}^2\mathrm{S}_{1/2}$-Zustand bezeichnet,
- einen p-Zustand mit $\ell = 1$ und $j = J = |\ell \pm 1/2| = 1/2, 3/2$ bezeichnet man entsprechend mit $np\ {}^2\mathrm{P}^\mathrm{o}_{1/2}$ bzw. $np\ {}^2\mathrm{P}^\mathrm{o}_{3/2}$,
- und einen d-Zustand mit $\ell = 2$, $j = |\ell \pm 1/2| = 3/2, 5/2$ als $nd\ {}^2\mathrm{D}_{3/2}$ bzw. $nd\ {}^2\mathrm{D}_{5/2}$.
- Der Grundzustand des He-*Atoms* (zwei $1s$-Elektronen, Gesamtspin = 0) wird als $1s^2\ {}^1\mathrm{S}_0$ charakterisiert.
- Die ersten angeregten Zustände des Heliums im Singulettsystem sind $1s2s\ {}^1\mathrm{S}_0$ und $1s2p\ {}^1\mathrm{P}^\mathrm{o}_1$. Die entsprechenden Triplettzustände werden $1s2p\ {}^3\mathrm{P}^\mathrm{o}_2$, $1s2p\ {}^3\mathrm{P}^\mathrm{o}_1$, $1s2p\ {}^3\mathrm{P}^\mathrm{o}_0$ bzw. $1s2s\ {}^3\mathrm{S}_1$ geschrieben. Wir werden das später noch ausführlich besprechen.

Wir erwähnen bei dieser Gelegenheit schließlich, dass in der spektroskopischen Literatur und in einschlägigen Tabellen die Spektren der neutralen Atome mit I charakterisiert werden, die des einfach ionisierten Atoms mit II und allgemein die des $\mathcal{N}$-fach ionisierten mit römisch $\mathcal{N}+1$. So spricht man etwa von C I, O II, Fe III Spektren und meint damit die Spektren des neutralen C-Atoms, des O^+- oder Fe^{++}-Ions usw.

Was haben wir in Abschnitt 6.2 gelernt?

- Spin-Bahn- (oder LS-) Kopplung (6.35) ergibt sich aus der Dipolenergie des Elektronenspins, der sich im magnetischen Feld der Elektronenbahn orientiert. Sie ist proportional zu $\widehat{\boldsymbol{L}} \cdot \widehat{\boldsymbol{S}}$ und dem Gradienten des Potenzials, in welchem sich das Elektron bewegt.
- Quantitativ ist die daraus folgende Feinstrukturaufspaltung (FS-Aufspaltung) von der Größenordnung $\alpha^2 Z^4$ (in a.u.) und nimmt $\propto 1/n^3$ mit der Hauptquantenzahl n ab (die relative Größenordnung der Aufspaltung ist $\propto (\alpha Z)^2/n$).
- Durch die Spin-Bahn-Wechselwirkung koppeln Bahndrehimpuls und Spin zu einem Gesamtdrehimpuls $\widehat{\boldsymbol{J}} = \widehat{\boldsymbol{L}} + \widehat{\boldsymbol{S}}$. Wenn $|\ell m_\ell\rangle$ bzw. $|s m_s\rangle$ die Eigenzustände des Bahndrehimpulses bzw. des Elektronenspins sind, so werden die Zustände der gekoppelten Drehimpulse durch $|(ls)jm_j\rangle$ beschrieben, die jeweils Linearkombinationen der Produkte ersterer sind (wobei die Vorfaktoren im Wesentlichen die sog. CLEBSCH-GORDAN-Koeffizienten bzw. $3j$-Symbole sind).
- *Gute Quantenzahlen* sind $n\ell j m_j$ mit $m_j = m_\ell + m_s$, während m_ℓ und m_s keine guten Quantenzahlen sind. Der LS-Wechselwirkungsterm ist diagonal in diesem Schema. Sein Eigenwert ist $(\hbar^2/2)[j(j+1) - \ell(\ell+1) - s(s+1)]$.
- In Mehrelektronensystemen sind die Drehimpulse von mehreren aktiven Elektronen gekoppelt. Für niedrige Ordnungszahlen Z kann die FS als kleine Störung behandelt werden, und die RUSSEL-SAUNDERS-Kopplung (auch LS-Kopplung genannt) ist eine angemessene Beschreibung der Atomstruktur: Erst koppeln alle Bahndrehimpulse $\boldsymbol{\ell}_i$ zu $\boldsymbol{L}$ (Quantenzahl L) und alle Elektronenspins $\boldsymbol{s}_i$ zu $\boldsymbol{S}$ (Quantenzahl S). Sodann koppeln $\boldsymbol{L}$ und $\boldsymbol{S}$ zum Gesamtdrehimpuls $\boldsymbol{J}$ (Quantenzahl J).
- Die entsprechenden Elektronenkonfigurationen werden durch ${}^{2S+1}L_J$ charakterisiert, wobei $2S+1$ die Multiplizität der Spinzustände angibt.

6.3 Quantitative Bestimmung der Feinstrukturaufspaltung

6.3.1 Die FS-Terme aus der DIRAC-Theorie

Wie wir in Abschn. 6.2.3 gesehen haben, ist die Spin-Bahn-Aufspaltung von der Größenordnung $\alpha^2 Z^2 = Z^2 E_\mathrm{h}/(m_\mathrm{e}c^2)$ – daher der Name „Feinstrukturkonstante" für α. Der Vergleich mit $m_\mathrm{e}c^2$ deutet schon auf Wechselwirkungen relativistischer Natur hin. Daher erfordert eine exakte Behandlung der Feinstruktur die Lösung der DIRAC-Gleichung, welche die Grundlagen von Quantenmechanik und von spezieller Relativitätstheorie miteinander verbindet – im Gegensatz zur SCHRÖDINGER-Gleichung. Sie folgt aus einer ähnlichen Überlegung wie sie in Kap. 2 für die SCHRÖDINGER-Gleichung skizziert wurde, baut aber auf dem *relativistischen Energiesatz* auf. Die DIRAC-Gleichung beschreibt Fermionen (wie das Elektron) korrekt durch sogenannte *Spinoren* (mit *vier komplexen Komponenten*) *anstelle einer komplexen Wellenfunktion*. Aus ihr folgt zwanglos der Elektronenspin $s = 1/2$ mit seinem magnetischen Moment und $g_s = 2$, ebenso wie das Konzept der Antimaterie.

Leider ist auch hier eine exakte Lösung und ein strenger Vergleich mit dem Experiment nur für das H-Atom möglich, und führt selbst in diesem Fall – wie wir in Abschn. 6.5 sehen werden – nicht zu einer vollständigen Übereinstimmung von Theorie und Experiment. Die Wechselwirkung mit dem Vakuumfeld, die mithilfe der QED behandelt werden muss, trägt zu den Termenergien mit einem Beitrag bei, der nur etwa eine Größenordnung kleiner ist, als die von der (relativistisch korrekten) DIRAC-Theorie eingeführten Terme. Wir verzichten daher hier auf eine detaillierte Behandlung der DIRAC-Gleichung und verweisen auf die einschlägigen Lehrbücher der Quantenmechanik.

Ganz offensichtlich sind Rechnungen mit der DIRAC-Gleichung (selbst einfache Näherungen) erheblich komplexer als die mit der SCHRÖDINGER-Gleichung. Man versucht daher letztere der Relativitätstheorie anzupassen, indem man in Anlehnung an die DIRAC-Theorie den Elektronenspin durch zweikomponentige Spinfunktionen beschreibt, wie ursprünglich von PAULI eingeführt, und fügt angemessene Wechselwirkungsterme in den HAMILTON-Operator ein, mit denen die Spin-Bahn-Wechselwirkung und relativistische Effekte berücksichtigt werden, wie wir das im vorangehenden Abschn. 6.2 bereits vorbereitet haben.

Es drei solche Terme, die zur SCHRÖDINGER-Gleichung hinzugefügt werden müssen – alle sind letztlich relativistischen Ursprungs und von der Größenordnung $(Z\alpha)^2$, d. h. von ähnlich geringer Stärke. Die Störungstheorie liefert für deren Berücksichtigung bei den meisten Problemen der AMO-Physik und der Quantenchemie zufriedenstellende Ergebnisse. In Kombination mit der QED und Näherungen höherer Ordnung können auch moderne „State-of-the-Art" Experimente höchster Präzision außerordentlich gut erklärt werden – jedenfalls für nicht zu große Atomkerne, solange also $(\alpha Z) \ll 1$ in einer entsprechenden Reihenentwicklung angenommen werden kann.

Der relativistische Korrekturterm zur kinetischen Energie

Mit der relativistischen Gesamtenergie (1.19) und mit (1.16) erhält man den relativistischen Beitrag zur kinetischen Energie in SI-Einheiten

$$W_{\mathrm{kin}} = \sqrt{m_{\mathrm{e}}^2 c^4 + p^2 c^2} - m_{\mathrm{e}} c^2 = m_{\mathrm{e}} c^2 \sqrt{1 + \frac{p^2}{m_{\mathrm{e}}^2 c^2}} - m_{\mathrm{e}} c^2. \tag{6.56}$$

Für nicht allzu hohe Energien kann man die Wurzel nach $\sqrt{1+x^2} = 1 + x^2/2 - x^4/8 + \cdots$ entwickeln und erhält

$$W_{\mathrm{kin}} = \frac{p^2}{2m_{\mathrm{e}}} - \frac{1}{8}\frac{p^4}{m_{\mathrm{e}}^3 c^2} + \cdots .$$

Somit wird der relativistische, quantenmechanische Korrekturterm für die kinetische Energie in niedrigster Ordnung

$$\widehat{H}_1 = -\frac{\widehat{p}^4}{8m_{\mathrm{e}}^3 c^2} = -\frac{1}{2}\left(\frac{\widehat{p}^2}{2m_{\mathrm{e}}}\right)^2 \frac{1}{m_{\mathrm{e}} c^2} = -\frac{1}{2}\frac{E_{\mathrm{h}}}{m_{\mathrm{e}} c^2}\left(\frac{\widehat{p}^2}{2m_{\mathrm{e}} E_{\mathrm{h}}}\right)^2 E_{\mathrm{h}}.$$

In a.u. (wieder mit der Feinstrukturkonstante $\alpha = \sqrt{E_\mathrm{h}/m_\mathrm{e}c^2}$) wird daraus

$$\widehat{H}_1 = -\frac{\alpha^2}{2}\frac{\widehat{p}^4}{4} = -\frac{\alpha^2}{2}\left[\widehat{H}_0 - V(r)\right]^2 \quad \text{mit} \quad \widehat{H}_0(\boldsymbol{r}) = \frac{\widehat{p}^2}{2} + V(r). \tag{6.57}$$

Für das H-Atom ergibt sich daraus

$$\widehat{H}_1 = -\frac{\alpha^2}{2}\left[\widehat{H}_0 - V(r)\right]^2 = -\frac{\alpha^2}{2}\left(\widehat{H}_0^2 + 2\widehat{H}_0\frac{Z}{r} + \frac{Z^2}{r^2}\right).$$

$\widehat{H}_1$ hängt offenbar nur von r ab. In 1. Ordnung Störungsrechnung ergibt sich also eine Energieverschiebung

$$\begin{aligned} V_\mathrm{rel} &= \left\langle n\ell s j m_j \left| \widehat{H}_1 \right| n\ell s j m_j \right\rangle = -\frac{\alpha^2}{2}\left\langle n\ell \left| \widehat{H}_0^2 + 2\widehat{H}_0\frac{Z}{r} + \frac{Z^2}{r^2} \right| n \right\rangle \\ &= -\frac{\alpha^2}{2}\left[W_n^2 + 2ZW_n\left\langle\frac{1}{r}\right\rangle + Z^2\left\langle\frac{1}{r^2}\right\rangle\right] \end{aligned}$$

mit $W_n = -Z^2/(2n^2)$. Wenn man die Matrixelemente nach (2.130) einsetzt, erhält man in a.u.

$$V_\mathrm{rel} = -W_n\frac{(Z\alpha)^2}{n}\left[\frac{3}{4n} - \frac{1}{\ell + 1/2}\right]. \tag{6.58}$$

Der DARWIN-Term

Der so genannte DARWIN-Term ergibt sich aus der DIRAC-Theorie zu

$$\widehat{H}_3 = \frac{\pi\hbar^2}{2m_\mathrm{e}^2c^2}\frac{Ze^2}{4\pi\varepsilon_0}\delta(\boldsymbol{r}) \quad \text{bzw.}$$

$$\widehat{H}_3 = \pi\frac{Z\alpha^2}{2}\delta(\boldsymbol{r}) \quad \text{in a.u} \tag{6.59}$$

Diese Störung hängt also ebenfalls nur von r ab. Der DARWIN-*Term* wirkt nur am Kernort und braucht *nur für ns-Zustände mit* $\ell = 0$ berechnet zu werden. Nur diese haben ja am Ursprung eine endliche Wahrscheinlichkeit. In 1. Ordnung Störungstheorie erhalten wir also

$$V_\mathrm{D} = \left\langle n\ell s j m_j \left| \widehat{H}_3 \right| n\ell s j m_j \right\rangle = \pi\frac{Z\alpha^2}{2}\langle ns\,|\delta(r)|\,ns\rangle$$

$$V_\mathrm{D} = \pi\frac{Z\alpha^2}{2}\int\left|\psi_{ns}(\boldsymbol{r})\right|^2\delta(\boldsymbol{r})\mathrm{d}^3\boldsymbol{r} = \pi\frac{Z\alpha^2}{2}\left|\psi_{ns}(0)\right|^2 = -W_n\frac{(Z\alpha)^2}{n}, \tag{6.60}$$

wobei sich die letzte Gleichheit unter Einsetzen von $R_{n0}(0)$ nach (2.122) mit den expliziten Ausdrücken für die LAGUERRE-Polynome (2.123) ergibt.

Wir notieren, dass es sich sowohl bei der *relativistischen Korrektur als auch beim* DARWIN-*Term* um eine (ℓ-abhängige) *Verschiebung* und *nicht* um eine *Aufspaltung* handelt. Nur wenn die Termlagen exakt bekannt sind, kann man hoffen, Experiment und Theorie in Bezug auf diese Verschiebungen präzise zu vergleichen – d. h. also im Wesentlichen nur für das H-Atom und H-ähnliche Ionen. Schon bei den Alkaliatomen, wo die ℓ-Entartung bereits kräftig aufgehoben ist, liegt ein Vergleich dieser sehr kleinen Effekte meist jenseits der kombinierten Genauigkeit von Theorie und Experiment.

Die Spin-Bahn-Wechselwirkung

Im Gegensatz zu den beiden vorangehenden Termen führt die *Spin-Bahn-Wechselwirkung* $\widehat{V}_{LS}$ zu einer *Aufspaltung*, die mit hoher Genauigkeit gemessen und berechnet werden kann. Sie ist daher *für alle Atome relevant*. Nach (6.35) ist der entsprechende Wechselwirkungsterm proportional zu $\widehat{\boldsymbol{L}} \cdot \widehat{\boldsymbol{S}}$ und *im gekoppelten Schema diagonal* (also in Bezug auf die $\ell s j m_j$ Quantenzahlen):

$$V_{LS} = \langle \widehat{V}_{LS} \rangle = \frac{\alpha^2}{2} \langle n\ell | \xi(r) | n\ell \rangle \left\langle \ell s j m_j \left| \widehat{\boldsymbol{L}} \cdot \widehat{\boldsymbol{S}} \right| \ell s j m_j \right\rangle \tag{6.61}$$

Mit (6.52) und mit dem Spin-Bahn-Kopplungsparameter a nach (6.36) können wir die Energieänderung durch die Spin-Bahn-Wechselwirkung als

$$W_{n\ell j} \equiv V_{LS} = \frac{a}{2} \left[j(j+1) - \ell(\ell+1) - s(s+1) \right] \tag{6.62}$$

schreiben.

Die Feinstrukturaufspaltung hängt also von j *und* ℓ ab (und nicht von m_ℓ). Zustände mit $\ell = 0$ und $j = s$ spalten im Gegensatz zu allen anderen nicht auf. Systeme mit einem aktiven Elektron und $s = 1/2$ bilden Dubletts mit $j = \ell \pm 1/2$. Wenn das Potenzial $V(r)$ bekannt ist, kann die Feinstrukturaufspaltung problemlos mithilfe des Matrixelements $\langle n\ell | \xi(r) | n\ell \rangle$ berechnet werden.

6.3.2 Feinstruktur im H-Atom

Für H-Atome und H-ähnliche Ionen und für $\ell > 0$ ergibt (6.62) mit (6.37)

$$V_{LS} = \frac{Z^4 \alpha^2}{2n^3} \frac{1}{2\ell(\ell+1/2)(\ell+1)} \times \begin{cases} \ell & \text{für } j = \ell + 1/2 \\ -(\ell+1) & \text{für } j = \ell - 1/2. \end{cases} \tag{6.63}$$

Die Summation aller drei Terme ergibt also interessanterweise, dass – in DIRAC-Näherung – die *Gesamtenergie unter Berücksichtigung aller* FS-*Effekte beim H-Atom nur von j abhängig ist*. Die exakte Lösung der DIRAC-Gleichung (z. B. BJORKEN und DRELL 1964, Eq. 4.14) wird üblicherweise in Potenzen von $(Z\alpha)^2$ entwickelt und ist

$$W_{nj} = -\frac{(Z\alpha)^2}{2n^2} \left[1 + \frac{(Z\alpha)^2}{n} \left(\frac{1}{j+1/2} - \frac{3}{4n} \right) + O(Z\alpha)^6 \right] m_e c^2, \tag{6.64}$$

hier explizit in Einheiten der Ruheenergie des Elektrons $m_e c^2$ geschrieben. Entsprechend ergibt sich in atomaren Einheiten

$$W_{nj} = -\left[\frac{Z^2}{2n^2} + \frac{Z^4 \alpha^2}{2n^3} \left(\frac{1}{j+1/2} - \frac{3}{4n} \right) + \cdots \right] E_h. \tag{6.65}$$

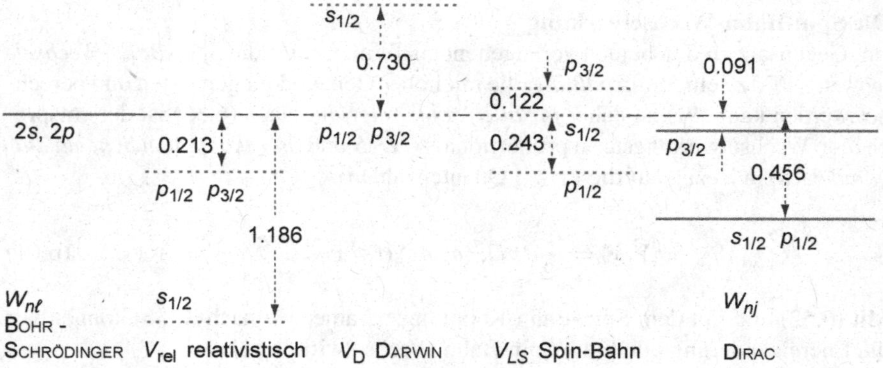

Abb. 6.20 Feinstruktur des H-Atoms für das $n = 2$ Niveau; alle Energieverschiebungen (gestrichelte Maßlinien mit Pfeilen) sind als Wellenzahlen in cm^{-1} angegeben

Im Folgenden werden wir bei a.u. bleiben, soweit nicht anders erwähnt. Für $\ell \geq 1$ (und nur dann) spalten die Terme in FS-Niveaus mit $j = \ell \pm 1/2$ auf, wobei

$$\Delta W_{n\ell} = \frac{Z^4\alpha^2}{2n^3} \frac{1}{\ell(\ell+1)} E_h . \tag{6.66}$$

Abbildung 6.20 fasst die Situation für das $n = 2$ Niveau des atomaren Wasserstoffs zusammen: Die nichtrelativistische SCHRÖDINGER-Gleichung (ebenso wie das BOHR'sche Modell) sagt identische Energien $W_{n\ell}$ für die $2s$- und $2p$-Niveaus voraus (links). Die verschiedenen Beiträge der DIRAC-Theorie zu W_{nj} sind als gepunktete Linien gekennzeichnet. Die Endergebnisse $W_{nj} = W_{n\ell} + V_{rel} + V_D + V_{LS}$ sind rechts gezeigt. Man beachte: Die DIRAC-*Theorie besagt, dass die Termenergien W_{nj} für $s_{1/2}$ und $p_{1/2}$ identisch sind – was wegen der noch notwendigen Strahlungskorrekturen nicht ganz der Realität entspricht* (siehe Abschn. 6.5.1).

6.3.3 Feinstruktur der Alkaliatome und anderer Atome

Die LS-Aufspaltung wird mit wachsendem n und ℓ rasch kleiner, wie man es erwartet für eine Wechselwirkung, die $\propto 1/r^3$ ist. Für nicht zu große ℓ (und damit typisch für spektroskopische Standarduntersuchungen) merken wir uns, dass die *Feinstrukturaufspaltung $\propto Z^4/n^3$ ist.* Spin-Bahn-Wechselwirkung ist besonders wichtig für die schwereren Atome. Wie wir in den folgenden Kapiteln sehen werden, gilt die RUSSEL-SAUNDERS- (oder LS-) Kopplung recht gut für leichtere Atome, wo die Spin-Bahn-Wechselwirkung klein ist. Sie bricht für große Z zusammen und wird durch andere Kopplungsschema wie etwa die sog. jj-Kopplung abgelöst.

Wie schon erwähnt, sind nur für das H-Atom und wasserstoffartige Ionen He^+, Li^{++} usw. exakte Berechnungen der Termenergien möglich, die eine zweifelsfreie Bestätigung der Energien nach Abb. 6.20 erlauben (bezüglich einiger spezieller Ausnahmen siehe Abschn. 6.5.5). Dagegen lässt sich die FS-Aufspaltung durch die

Tabelle 6.2 Feinstrukturaufspaltung der ersten angeregten p-Zustände für H und die Alkaliatome

Atom	**H**	**Li**	**Na**	**K**	**Rb**	**Cs**
$n\ell$	$2p$	$2p$	$3p$	$4p$	$5p$	$6p$
$\Delta W_{n\ell}/(hc\,\mathrm{cm}^{-1})$	0.365	0.335	17.196	57.71	237.595	554.039

LS-Wechselwirkung mit ausreichender Genauigkeit berechnen, um einen aussagekräftigen Vergleich mit den experimentellen Daten zu ermöglichen. Für die praktische Anwendung genügt es in der Regel, das Störpotenzial $\widehat{V}_{LS}$ nach (6.35) zur SCHRÖDINGER-Gleichung hinzuzufügen. Für effektive Einelektronensysteme ergibt sich dabei (6.62). Für sehr schwere Atome muss man aber auch die relativistische kinetische Energieverschiebung berücksichtigen.

Bei effektiven Einelektronensystemen wie den Alkaliatomen spalten die Energieniveaus für $\ell > 0$ in Dubletts nach (6.62) auf. Der Spin-Bahn-Kopplungsparameter a nach (6.36) fasst die spezifischen FS-Eigenschaften eines Atoms in einem Zustand mit den Quantenzahlen $n\ell$ zusammen. Die Feinstrukturaufspaltung der Alkaliatome ist erheblich größer als die beim H-Atom. Tabelle 6.2 gibt einen Überblick für die ersten Resonanzlinien ($ns\,^2\mathrm{S}_{1/2} \leftrightarrow np\,^2\mathrm{P}_{1/2}$ und $np\,^2\mathrm{P}_{3/2}$) verschiedener Alkaliatome im Vergleich zum H-Atom. Man beachte, dass bereits für das Cäsium (Cs) die FS-Aufspaltung 5 % der gesamten Übergangsenergie beträgt – also kein wirklich kleiner Effekt mehr ist. Wir fassen einige allgemeine Regeln zusammen, die für H und die Alkaliatome aber auch darüber hinaus gültig sind:

- Je höher n und ℓ, desto kleiner ist die FS-Aufspaltung. Zum Beispiel ist beim Na bereits das $5p$-Niveau nur noch um $2.47\,\mathrm{cm}^{-1}$ aufgespalten und für das $3d$-Niveau, wo das Elektron kaum noch in die Nähe des Atomkerns kommt, ist die Aufspaltung nur noch $0.05\,\mathrm{cm}^{-1}$.
- Für Termenergien gilt üblicherweise $W_{nj=\ell+1/2} > W_{nj=\ell-1/2}$ – man spricht dann von *normaler Ordnung*. Für höhere Terme und schwerere Elemente gibt es aber auch Fälle, wo die Ordnung umgekehrt ist: Das Einelektronenbild ist eben nur eine Näherung, die unter besonderen Bedingungen zusammenbrechen kann.
- Der Ausdruck (6.62) für die FS-Aufspaltung ist (näherungsweise) auch für komplexerer Atome gültig. Dort sind freilich j, ℓ und s durch Gesamtdrehimpuls J, Gesamtbahndrehimpuls L und Gesamtspin $S > 1/2$ zu ersetzen. Die Formel hat sich vor allem für größere Z und n als nützlich erwiesen, zumindest solange die LS-Kopplung noch gültig ist.
- Aus (6.62) leitet man den Abstand zweier benachbarter Feinstrukturniveaus in einem Multiplett ab, die sog. LANDÉ*'sche Intervallregel*:

$$\Delta W_{\mathrm{FS}} = W_J - W_{J-1} = \frac{a}{2}\big[J(J+1) - (J-1)J\big] = aJ. \tag{6.67}$$

Die Energiedifferenz zwischen zwei benachbarten FS-*Niveaus mit* J *und* $J-1$ *in einem* FS-*Multiplett ist proportional zu* J. Für Dubletts gibt (6.67) die Aufspaltung.

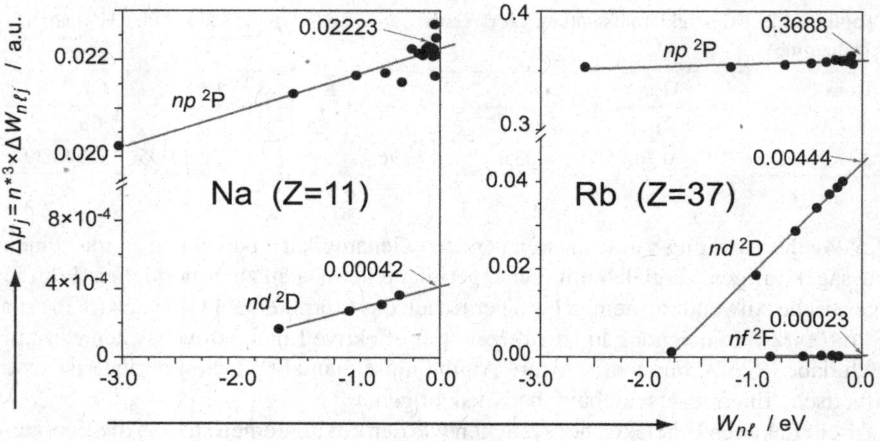

Abb. 6.21 Effektive Änderung des Quantendefekts durch die FS für Na und Rb, $\Delta\mu_j = n^{*3} \times \Delta W_{n\ell j}$ als Funktion der Energie der Niveaus. Die experimentellen Datenpunkte wurden aus der NIST-Datenbank entnommen (KRAMIDA *et al.* 2015). Die Datenpunkte $\Delta\mu_j$ folgen deutlich einer linearen Abhängigkeit von der Bindungsenergie $W_{n\ell}$, wie es die ‚Least-Squares-Fit' Geraden dokumentieren *(online rote Linien)* – dies ist typisch für Quantendefekte (vergleiche Abb. 3.7)

Manchmal passt man Gleichung (6.37), die für das H-Atom gilt, auf andere Elemente an, indem man für Z eine *effektive Kernladungszahl* Z_{eff} einsetzt. Allerdings zeigt ein Vergleich mit den experimentellen Daten, dass dieses Vorgehen nur einen recht beschränkten Vorhersagewert für die FS-Aufspaltung besitzt – selbst innerhalb einer Serie von Hauptquantenzahlen n bei festgehaltenem ℓ.

Eine sehr viel konsistentere Parametrisierung von $n\ell\,{}^2L$-Serien über alle n einer Serie erhält man mit *der effektiven Änderung des Quantendefekts* für die FS, wie sie von der QDT entwickelt wurde. Mit (3.25) erhalten wir

$$\Delta\mu_j = n^{*3} \times \Delta W_{n\ell j}, \tag{6.68}$$

was auf die Spin-Bahn-Wechselwirkung angewandt werden kann, da diese mit $1/n^3$ skaliert.

Beispiele sind in Abb. 6.21 dokumentiert. Aufgetragen ist die Änderung des Quantendefekts $\Delta\mu_j$ durch die FS-Aufspaltung bei den ^{2}P- und ^{2}D-Serien in Na und Rb *für alle von* NIST *zusammengestellten Daten als Funktion der Bindungsenergie*. Offensichtlich kann man auf diese Weise die experimentellen Daten durch zwei Parameter für jedes $n\ell\,{}^2L$ einer ganzen Serie beschreiben, denn die in Abb. 6.21 gezeigten Daten werden durch die Anpassungsgerade (Methode der kleinsten Quadrate) insgesamt überzeugend repräsentiert. Zu vergleichen ist $\Delta\mu_j$ mit $\mu(n, \ell)$ nach Abb. 3.7 und 3.8. Für Na ist die FS-Aufspaltung ein kleiner Effekt – selbst für die ${}^2P_{1/2} - {}^2P_{3/2}$-Serie mit $\mu(\infty, 1) \simeq 0.8551$ und $\Delta\mu_j \simeq 0.022$. Dagegen ist für die gleiche Serie im Rb die FS-Aufspaltung mit $\Delta\mu_j \simeq 0.369$ im Vergleich zu $\mu(\infty, 1) \simeq 2.6535$ nicht länger zu vernachlässigen.

Was haben wir in Abschnitt 6.3 gelernt?

- Eine exakte Behandlung der Feinstruktur (FS) erfordert die Lösung der DIRAC-Gleichung. Eine gute Näherung ergibt sich aber, wenn man den Elektronenspin und die drei wesentlichen Wechselwirkungsterme in die SCHRÖDINGER-Gleichung nachträglich einfügt, nämlich
  - die relativistische Korrektur zur kinetischen Energie nach (6.57),
  - den DARWIN-Term, der nur am Ursprung nichtverschwindet und daher nur für s-Zustände von Bedeutung ist, und
  - die Spin-Bahn-Wechselwirkung, die für Einelektronensysteme im gekoppelten Schema mit $|(\ell s)jm_j\rangle$ Zuständen diagonalisiert werden kann und die durch (6.61) und (6.62) beschrieben wird.
- Die ersten beiden Terme repräsentieren Verschiebungen, für welche Theorie und Experiment im Wesentlichen nur für H und H-ähnliche Ionen verglichen werden können. Die Spin-Bahn-Wechselwirkung führt zur Aufspaltung der Energieterme und kann mit relativ einfachen Methoden vermessen und berechnet werden.
- Für atomaren Wasserstoff (und H-ähnliche Ionen) sagt die DIRAC-Theorie eine Aufspaltung zwischen $np_{3/2}$ und $np_{1/2}$ voraus, ergibt aber identische Energien für $np_{1/2}$- und $ns_{1/2}$-Niveaus.
- Für größere Alkaliatome ist die FS-Aufspaltung kein kleiner Effekt mehr und entspricht bei der ersten Resonanzlinie des Cs bereits 5 % der Übergangsenergie.

6.4 Auswahlregeln und Intensitäten für Übergänge

6.4.1 Einführung

Für die Auswahlregeln gilt das in Abschn. 4.4 auf Seite 213 Abgeleitete und Diskutierte. Insbesondere gilt natürlich für elektrische Dipolübergänge (E1) die Dreiecksregel $\delta(J_a J_b 1) = 1$ für die Gesamtdrehimpulse von Anfangszustand (J_a) und Endzustand (J_b) wie auch die Auswahlregel für die magnetischen Quantenzahlen $M_a - M_b = 0, \pm 1$. Mit der Wahl von Großbuchstaben wollen wir hier andeuten, dass alle diese Auswahlregeln auch für Systeme mit mehreren Elektronen gelten – jedenfalls soweit sie in LS-Kopplung gut beschrieben werden.

Auf solche Systeme werden wir im Folgenden die allgemeinen Ausdrücke für Übergangswahrscheinlichkeiten anwenden, die wir in Abschn. 4.6 auf Seite 230 abgeleitet haben. Speziell sind wir an den relativen Intensitäten zwischen den Linien eines Multipletts interessiert. Wir müssen dafür unsere bisher erarbeiteten Werkzeuge zur Beschreibung der Übergangswahrscheinlichkeiten und die damit verbundene Drehimpulsalgebra noch etwas erweitern. Wir beziehen uns dabei auf die Anhänge D und B.3 sowie auf die allgemeine Definition der Linienstärke $S(J_b J_a)$ nach (4.112).

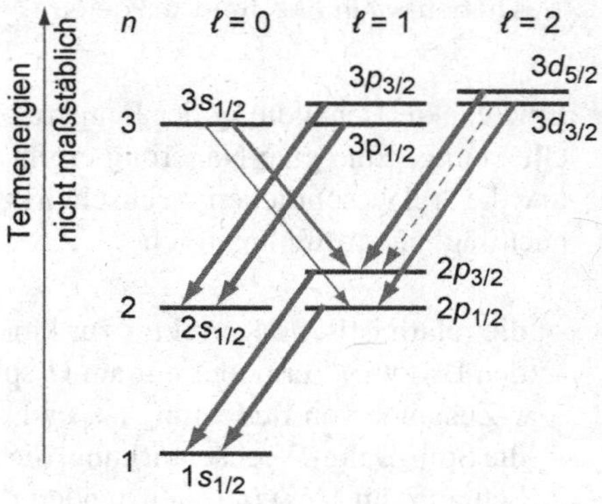

Abb. 6.22 Auswahlregeln für Feinstrukturübergänge (in Emission) beim H-Atom; die Dicke der Pfeillinien deutet die Stärke der Übergänge an

Diese Werkzeuge – auch wenn sie zu Anfang wenig inspirierend erscheinen mögen – werden sich später als sehr nützlich erweisen, wenn wir kompliziertere Situationen zu beschreiben haben.

Um diese Thematik etwas zu illustrieren, zeigt Abb. 6.22 eine schematische Übersicht über alle dipol-erlaubten Übergänge zwischen Feinstrukturniveaus im H-Atom bis zu $n = 3$ (die Termlagen sind nicht maßstabsgerecht gezeichnet). Die Dicke der Pfeile deutet die relative Stärke der Übergänge innerhalb je eines Multipletts an. Alle Übergänge zwischen den Dublettniveaus im H-Atom (wie auch bei den Alkaliatomen) führen zu Doppel- oder Tripel-Linien im Spektrum, wovon eine typischerweise sehr schwach ist (z. B. $3p\,^2\mathrm{P} \leftarrow 3d\,^2\mathrm{D}$). Wir weisen darauf hin, dass sich die Relativintensitäten innerhalb von Multipletts zwischen Emission und Absorption unterscheiden können. So haben z. B. die zwei Komponenten für die erste Resonanzlinie in Emission, d. h. für die Übergänge $2p\,^2\mathrm{P}_{1/2} \to 1s\,^2\mathrm{S}_{1/2}$ und $2p\,^2\mathrm{P}_{3/2} \to 1s\,^2\mathrm{S}_{1/2}$ gleiche Wahrscheinlichkeit, wogegen das Verhältnis der Wirkungsquerschnitte für den Absorptionsprozess bei diesen beiden Übergängen 1:2 ist.

6.4.2 Linienstärke und Übergänge zwischen Unterniveaus

Wir werden jetzt Übergangswahrscheinlichkeiten für Feinstruktur-Multipletts ableiten, wobei wir annehmen, dass aufgrund der Spin-Bahn-Wechselwirkung der atomare Bahndrehimpuls $\boldsymbol{L}$ und der Spindrehimpuls $\boldsymbol{S}$ zu einem Gesamtdrehimpuls $\boldsymbol{J}$ koppeln. Dabei ist es zunächst gleichgültig, ob $\boldsymbol{L}$ und $\boldsymbol{S}$ Bahndrehimpuls und Spin eines einzelnen Elektrons beschreiben oder ob sie ihrerseits selbst aus Einzeldrehimpulsen zusammengesetzt sind. Wir nehmen aber dabei an, dass das Radialmatrixelement nicht von J abhängt, sondern nur von den Quantenzahlen γ, L und S und drücken die Linienstärke $S(J_b J_a)$ nach (4.112) im gekoppelten Schema $(LS)J$

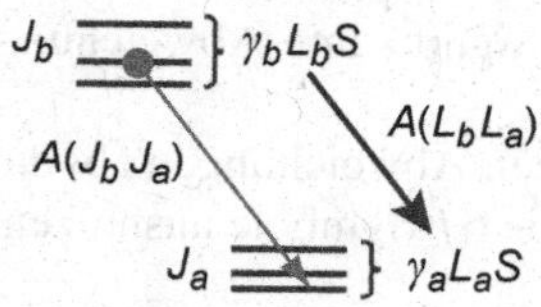

Abb. 6.23 Übergänge zwischen Multiplettniveaus $\gamma_b L_b S$ und $\gamma_a L_a S$ zur Erklärung der Terminologie für Übergangswahrscheinlichkeiten zwischen individuellen J Unterniveaus einerseits und zwischen den Multipletts mit Bahndrehimpulsquantenzahl L

durch das Radialmatrixelement und das reduzierte Matrixelement des renormierten Tensors C_1 der Kugelflächenfunktion aus:

$$S(J_b J_a) = (2J_b + 1)\left|\langle \gamma_b | r | \gamma_a \rangle\right|^2 \langle L_b S J_b \| \mathsf{C}_1 \| L_a S J_a \rangle^2 = S(J_a J_b). \tag{6.69}$$

Hier interessieren uns die Verhältnisse der Übergangswahrscheinlichkeiten innerhalb eines Multipletts, wie in Abb. 6.23 illustriert. Wir finden diese durch weitere Reduktion des reduzierten Matrixelements (6.69), da wir für alle E1-Übergänge annehmen können, dass sich der Spin S nicht ändert. Denn der Dipoloperator $e\boldsymbol{r}$ wirkt nicht auf die Spinkoordinaten. In (6.69) wird dies formal durch C_1 ausgedrückt: Dieser sphärische Tensor ersten Ranges wirkt nur auf den Bahndrehimpuls L im gekoppelten Drehimpulsschema $|L_a S J_a\rangle$. So können wir, wie in Anhang D.3 beschrieben, mit (D.45) und den in Anhang B.3 behandelten $6j$-Symbole den Spin herausziehen:

$$\begin{aligned} S(J_b J_a) = {} & \left|\langle \gamma_b | r | \gamma_a \rangle\right|^2 \\ & \times (2J_b + 1)(2J_a + 1)(2L_b + 1) \begin{Bmatrix} L_a & L_b & 1 \\ J_b & J_a & S \end{Bmatrix}^2 \langle L_b \| \mathsf{C}_1 \| L_a \rangle^2 \end{aligned} \tag{6.70}$$

Daraus können wir die spontane Lebensdauer des angeregten Niveaus berechnen. Zunächst erhalten wir für einen (beliebigen) Unterzustand $|J_b M_b\rangle$ des oberen Multipletts mit (4.114) die individuelle, spontane Emissionswahrscheinlichkeit $A(J_a J_b)$ in alle Unterzustände $|J_a M_a\rangle$ eines bestimmten unteren Niveaus J_a. Diese Wahrscheinlichkeit ist unabhängig von M_b und M_a, hängt aber noch von J_b und J_a ab. Wenn wir dann über alle Endzustandsniveaus J_a summieren, erhalten wir die gesamte Übergangswahrscheinlichkeit des Niveaus J_b:

$$\begin{aligned} \sum_{J_a} A(J_a J_b) &= \sum_{J_a} \frac{4\alpha\omega_{ba}^3}{3c^2} \frac{S(J_b J_a)}{2J_b + 1} \\ &\simeq \frac{4\alpha\omega_{ba}^3}{3c^2} \left|\langle \gamma_b | r | \gamma_a \rangle\right|^2 \langle L_b \| \mathsf{C}_1 \| L_a \rangle^2 \\ &\qquad \times \sum_{J_a} (2J_a + 1)(2L_b + 1) \begin{Bmatrix} L_a & L_b & 1 \\ J_b & J_a & S \end{Bmatrix}^2 \end{aligned} \tag{6.71}$$

Das $\simeq$ Zeichen in der zweiten Linie berücksichtigt, dass die radialen Matrixelemente nicht ganz streng unabhängig von J_a und J_b und von der Winkelfrequenz des Übergangs ω_{ba} sind, sondern für unterschiedliche Komponenten eines Multipletts leicht unterschiedlich sein können. Signifikante Abweichungen treten allerdings nur für schwere Atome auf.[6]

Sehen wir von diesen kleinen Abweichungen ab, dann können wir die Orthogonalitätsrelationen (B.66) für die $6j$-Symbole ausnutzen und erhalten mit (4.116)

$$\sum_{J_a} A(J_a J_b) = \frac{4\alpha\omega_{ba}^3}{3c^2} \left|\langle\gamma_b|r|\gamma_a\rangle\right|^2 \langle L_b\|\mathrm{C}_1\|L_a\rangle^2 = A(L_a L_b) = \tau^{-1} \tag{6.72}$$

$$\text{was nach (4.116) auch} \quad A(L_a L_b) = \frac{4\alpha\omega_{ba}^3}{3c^2} \frac{S(L_b L_a)}{2L_b + 1} \tag{6.73}$$

geschrieben werden kann. Ausdrücklich sei darauf hingewiesen, dass (6.72) *nicht nur unabhängig von* M_b *ist, sondern auch vom anfänglichen* J_b-Niveau: Wir haben somit *die Zerfallswahrscheinlichkeit* $A(L_a L_b)$ *eines (beliebigen) Unterzustands im oberen* $\gamma_b L_b S$ *Multiplettniveau in alle Unterzustände des unteren Multipletts* $\gamma_a L_a S$ bestimmt. Sie hängt nur von L_a und L_b und natürlich vom Radialmatrixelement $\langle\gamma_b|r|\gamma_a\rangle$ ab. Somit ist $A(L_a L_b)$ die inverse spontane Lebensdauer τ der oberen Niveaus (oder genauer: Jedes $|J_b M_b\rangle$ Unterzustands) – sofern nicht andere, konkurrierende Zerfallskanäle bestehen.

Mit (6.73) haben wir die Gesamtlinienstärke $S(L_b L_a)$ für den Multiplettübergang analog zu (6.69) bestimmt. Offensichtlich ist diese Beziehung vollständig äquivalent zu (4.114), wo ein ungekoppeltes Schema angenommen wurde. Nur die Bahndrehimpulsquantenzahlen L_b und L_a von End- und Anfangszustand und das Radialmatrixelement bestimmen die Lebensdauer des angeregten Zustands: $\tau_{L_a \leftarrow L_b} = \tau$ ist *die* Lebensdauer des atomaren Übergangs. Nehmen wir z. B. das Natriumatom im ersten angeregten Resonanzzustand $3p\,^2\mathrm{P}_{1/2}$ oder $3p\,^2\mathrm{P}_{3/2}$: Beide Zustände zerfallen in den $3s\,^2\mathrm{S}_{1/2}$-Grundzustand und jeder der 6 verschiedenen Unterzustände hat die gleiche Lebensdauer bezüglich des spontanen Zerfalls.

Alle obigen Gleichungen enthalten das reduzierte Matrixelement von C_1. Es kann mithilfe der Drehimpulsalgebra weiter ausgewertet werden. Speziell für ein *Quasi-Einelektronensystem* (z. B. die Alkaliatome) mit $S = s = 1/2$ setzen wir $L_a = \ell_a$ und $L_b = \ell_b$. Das reduzierte Matrixelement $\langle L_b\|\mathrm{C}_1\|L_a\rangle$ kann dann mit (D.29) explizit ausgewertet werden:

$$S(n_b\ell_b s j_b - n_a\ell_a s j_a) = \left|\langle n_b\ell_b|r|n_a\ell_a\rangle\right|^2 (2j_b+1)(2j_a+1) \begin{Bmatrix} l_a & l_b & 1 \\ j_b & j_a & 1/2 \end{Bmatrix}^2 \times (2\ell_b+1)(2\ell_a+1) \begin{pmatrix} \ell_b & 1 & \ell_a \\ 0 & 0 & 0 \end{pmatrix}^2 \tag{6.74}$$

[6] Die Lebensdauern der $3\,^2\mathrm{P}_{1/2}$- bzw. $3\,^2\mathrm{P}_{3/2}$-Zustände im Na werden mit 16.30 und 16.25 ns angegeben, während für Cs bereits 14 % Unterschied beobachtet werden, nämlich 34.7 ns für das $6\,^2\mathrm{P}_{1/2}$-Niveau und 30.4 ns für das $6\,^2\mathrm{P}_{3/2}$-Niveau (siehe z. B. STECK 2010 und weitere Quellenangaben dort). Das erfordert offensichtlich eine verbesserte theoretische Behandlung mit spezifischen Wellenfunktionen für jeden der j-Zustände. Diese können z. B. mithilfe der QDT gewonnen werden, wie in Abschn. 3.2.6 auf Seite 165 skizziert. Die Unterschiede des Quantendefekts zwischen den FS-Niveaus wären dabei nach dem in Abschn. 6.3.3 vorgestellten Prinzip zu ermitteln.

Das $6j$-Symbol impliziert die Dreiecksregel $\delta(j_a j_b 1) = 1$ und entspricht der Auswahlregel $\Delta j = 0, \pm 1$ (mit der Ausnahme $j_b = 0 \nleftrightarrow j_a = 0$). Das $3j$-Symbol erfordert zusätzlich, dass $\ell_a + 1 + \ell_b$ gerade ist, d. h. dass $\ell_b = \ell_a \pm 1$, sodass Paritätserhaltung gewährleistet wird. Schließlich kann die letzte Zeile in (6.74) mit (B.52) einfach geschrieben werden als

$$\times\, (\ell_b + \ell_a + 1)/2. \tag{6.75}$$

Im allgemeineren LS-Kopplungsfall bei Mehrelektronensystemen repräsentiert L bereits den Gesamtdrehimpuls mehrerer Elektronen und auch der Dipoloperator wird zu einer Summe über alle Elektronenkoordinaten. Man muss dann das eben angewendete Entkopplungsverfahren mithilfe von (D.45) ggf. mehrfach anwenden bis man wieder zu geschlossenen Ausdrücken mit reduzierten Matrixelementen für die Einzelelektronen gelangt, die nach (D.29) ausgewertet werden.

Um die radialen Matrixelemente $\langle n_b \ell_b | r | n_a \ell_a \rangle$ zu berechnen, muss man die Wellenfunktionen im Detail kennen. Dafür gibt es heute eine Reihe von hinreichend flexiblen und genauen Rechenprogrammen. Die spontane Lebensdauer $\tau = \tau_{L_b L_a}$ lässt sich dann nach (6.72) berechnen.

Wenn τ einmal bekannt ist (entweder aus Rechnungen oder experimentell bestimmt), ist es oft nützlich, alle relevanten Größen darauf zu beziehen. Wenn man (6.72) in (6.70) einsetzt, erhält man die Linienstärke

$$S(J_b J_a) = \frac{3c^2}{4\alpha\omega_{ba}^3} \frac{2L_b + 1}{\tau} (2J_b + 1)(2J_a + 1) \begin{Bmatrix} L_a & L_b & 1 \\ J_b & J_a & S \end{Bmatrix}^2, \tag{6.76}$$

mithilfe derer wieder alle anderen Beziehungen ausgedrückt werden können: So kann man z. B. die spontanen Übergangswahrscheinlichkeiten zwischen Unterzuständen $A(J_a M_a; J_b M_b)$ nach (4.113) bestimmen, ebenso wie die entsprechenden EINSTEIN'schen Koeffizienten $B(J_a M_a; J_b M_b) = B(J_b M_b; J_a M_a)$ für die induzierten Übergangswahrscheinlichkeiten nach (4.124).

6.4.3 Einige nützliche Beziehungen für die praktische Spektroskopie

Wir kommunizieren hier Übergangswahrscheinlichkeiten zwischen den Komponenten zweier Multipletts, indem wir (6.76) in die entsprechenden Ausdrücke nach Abschn. 4.6 auf Seite 230 einsetzen.[7] Die *spontane Emissionswahrscheinlichkeit* des Niveaus J_b eines Multipletts $\gamma_b L_b S$ *in ein spezifisches Niveau* J_a des unteren Multipletts $\gamma_a L_a S$ erhält man nach (4.114), unabhängig vom anfänglichen M_b und summiert über alle Polarisationen, Emissionswinkel und Projektionsquantenzahlen M_a im Endzustand:

$$A(J_a J_b) = \frac{4\alpha\omega_{ba}^3}{3c^2} \frac{S(J_b J_a)}{2J_b + 1} = (2J_a + 1) \begin{Bmatrix} L_a & J_a & S \\ J_b & L_b & 1 \end{Bmatrix}^2 \frac{2L_b + 1}{\tau}. \tag{6.77}$$

[7] Es sei daran erinnert, dass die Richtung der Übergänge stets von rechts nach links gelesen wird. So impliziert z. B. $B(J_b J_a)$ einen Übergang zum Zustand $J_b \leftarrow J_a$ aus dem Zustand J_a.

Die *induzierte Übergangswahrscheinlichkeit* (für Emission oder Absorption) von einem Feinstrukturniveau J_b des Multipletts $\gamma_b L_b$ in ein Niveau J_a des Multipletts $\gamma_a L_a$ ergibt sich nach (4.125) bzw. (4.126). Gemittelt über eine isotrope Anfangsbesetzung der M_b Unterzustände (des J_b-Niveaus) und summiert über alle Endzustände M_a (des Niveaus J_a) wird unabhängig von der benutzten Polarisation der B Koeffizient

$$B(J_a J_b) = \frac{4\pi^2 \alpha c}{3\hbar} \frac{S(J_b J_a)}{2J_b + 1} = \frac{\pi^2 c^3}{\hbar \omega_{ba}^3} (2J_a + 1) \begin{Bmatrix} L_a & J_a & S \\ J_b & L_b & 1 \end{Bmatrix}^2 \frac{2L_b + 1}{\tau} \tag{6.78}$$

$$= \frac{2J_a + 1}{2J_b + 1} B(J_b J_a) = \frac{\pi^2 c^3}{\hbar \omega_{ba}^3} A(J_a J_b). \tag{6.79}$$

Man sieht, dass die relativen Intensitäten (sog. *Verzweigungsverhältnisse*) zu verschiedenen Endzuständen mit J_a bzw. J_b von der Entartung letzterer und dem Quadrat der Umkopplungskoeffizienten ($6j$-Symbole) abhängen – aber nicht von M oder von der Polarisation.

Wir haben die $6j$-Orthogonalitätsrelation (B.66) bereits benutzt, um zu zeigen, dass die spontane Lebensdauer nicht vom Gesamtdrehimpuls J_b des Ausgangsmultipletts abhängt. Auf die gleiche Weise kann man auch eine *entsprechende Beziehung für die induzierten Prozesse ableiten:* Mit (6.78) und (6.79) findet man, dass *die Koeffizienten für induzierte Emission und Absorption unabhängig vom anfänglichen Gesamtdrehimpuls* J_a bzw. J_b sind, wenn der Endzustand nicht aufgelöst wird:

$$B(L_a L_b) = \sum_{J_a} B(J_a J_b) = \frac{\pi^2 c^3}{\hbar \omega_{ba}^3} \frac{1}{\tau} = \frac{\pi^2 c^3}{\hbar \omega_{ba}^3} A(L_a L_b) \tag{6.80}$$

$$B(L_b L_a) = \sum_{J_b} B(J_b J_a) = \frac{\pi^2 c^3}{\hbar \omega_{ba}^3} \frac{2L_b + 1}{2L_a + 1} \frac{1}{\tau} \tag{6.81}$$

$$(2L_a + 1)\, B(L_b L_a) = (2L_b + 1)\, B(L_a L_b) \tag{6.82}$$

Offensichtlich sind die bekannten EINSTEIN-Beziehungen (4.127) auch für die individuellen Feinstrukturkomponenten (6.77)–(6.79) gültig, wobei $j := J$ zu setzen ist. Sie gelten aber ebenso für die über die Multipletts gemittelten Größen (6.80)–(6.82), wobei dann $j := L$ gesetzt wird.

In der älteren Literatur werden Verzweigungsrelationen innerhalb der Multipletts oft als umfangreiche Tabellen kommuniziert – oder mithilfe verschiedener Summenregeln aus (6.80) und (6.82) abgeleitet. Heute wertet man diese relativen Linienstärken oder Übergangswahrscheinlichkeiten einfach numerisch aus (die 6j-Symbole sind problemlos berechenbar z. B. mithilfe von STONE 2006). Wir kommunizieren hier in Tab. 6.3 lediglich als Beispiele die Verzweigungsverhältnisse für ^{2}S $\leftrightarrow$ ^{2}P und ^{2}P $\leftrightarrow$ ^{2}D, die für das Wasserstoffatom und die Alkaliatome relevant sind. Es ist interessant festzuhalten, dass für einen ^{2}S $\leftrightarrow$ ^{2}P-Übergang die Absorptionswahrscheinlichkeit für den $^2S_{1/2} \rightarrow {}^2P_{3/2}$ doppelt so groß ist wie für den $^2S_{1/2} \rightarrow 2P_{1/2}$ Übergang; dagegen haben die inversen Prozesse $^2P_{1/2} \rightarrow {}^2S_{1/2}$

Tabelle 6.3 Verzweigungsverhältnisse bei ^{2}S $\leftrightarrow$ ^{2}P und ^{2}P $\leftrightarrow$ ^{2}D Übergängen berechnet nach (6.79) und (6.78)

	von			
Nach	$^2\mathrm{S}_{1/2}$	$^2\mathrm{P}_{1/2}$	$^2\mathrm{P}_{3/2}$	
$^2\mathrm{S}_{1/2}$	–	1	1	
$^2\mathrm{P}_{1/2}$	1/3	–	–	
$^2\mathrm{P}_{3/2}$	2/3	–	–	
$\sum$	1	1	1	
	von			
Nach	$^2\mathrm{P}_{1/2}$	$^2\mathrm{P}_{3/2}$	$^2\mathrm{D}_{3/2}$	$^2\mathrm{D}_{5/2}$
$^2\mathrm{P}_{1/2}$	–	–	5/6	–
$^2\mathrm{P}_{3/2}$	–	–	1/6	1
$^2\mathrm{D}_{3/2}$	1	1/10	–	–
$^2\mathrm{D}_{5/2}$	–	9/10	–	–
$\sum$	1	1	1	1

Die relativen Intensitäten können nur innerhalb eines Multipletts verglichen werden. Die Summe über alle Übergänge die von J_a bzw. J_b ausgehen, wurden auf 1 normiert

und $^2\mathrm{P}_{3/2} \rightarrow {}^2\mathrm{S}_{1/2}$ identische Übergangswahrscheinlichkeiten, wie wir schon im Zusammenhang mit Abb. 6.22 auf Seite 340 festgestellt haben.

Was haben wir in Abschnitt 6.4 gelernt?

- Die Auswahlregeln für Übergänge zwischen Feinstrukturzuständen ergeben sich aus den allgemeinen Konzepten, die wir in Abschn. 4.4 auf Seite 213 aus der Drehimpulserhaltung abgeleitet haben – jetzt anzuwenden auf den Gesamtdrehimpuls J und seine Projektion M auf eine vorgegebene Achse.
- E1-Übergänge sind erlaubt für $\Delta J = 0, \pm 1$ (aber $0 \nleftrightarrow 0$). Für linear und zirkular polarisiertes Licht gilt $\Delta M = 0$ bzw. ± 1, wobei M sich im ersteren Falle auf die Richtung der Polarisation, im letzteren auf die Ausbreitungsrichtung des Lichts bezieht. Darüber hinaus muss die Parität des Gesamtsystems (Photon + Atom) erhalten bleiben, was beim Einelektronensystem $\Delta \ell = \pm 1$ zur Folge hat.
- Übergangswahrscheinlichkeiten zwischen individuellen J- und J'-Niveaus kann man aus den Linienstärken auf übliche Weise ableiten. Entscheidend sind das radiale Matrixelement zwischen Anfangs- und Endzustand ($n\ell$ bzw. $n'\ell'$) und das reduzierte Matrixelement $\langle J_b \| \mathsf{C}_1 \| J_a \rangle$ *im gekoppelten System*. Mit etwas Drehimpulsalgebra kann man letzteres in reduzierte Matrixelemente zwischen den *Bahndrehimpulsen L und L'* umformen.
- Die spontane Emissionswahrscheinlichkeit von einem spezifischen Unterzustand $|JM\rangle$ eines Ausgangsniveaus nL zu *allen Unterniveaus* $|J'M'\rangle$ eines Endniveaus $n'L'$ ist unabhängig von J und M. Sie hängt nur von L und L' sowie

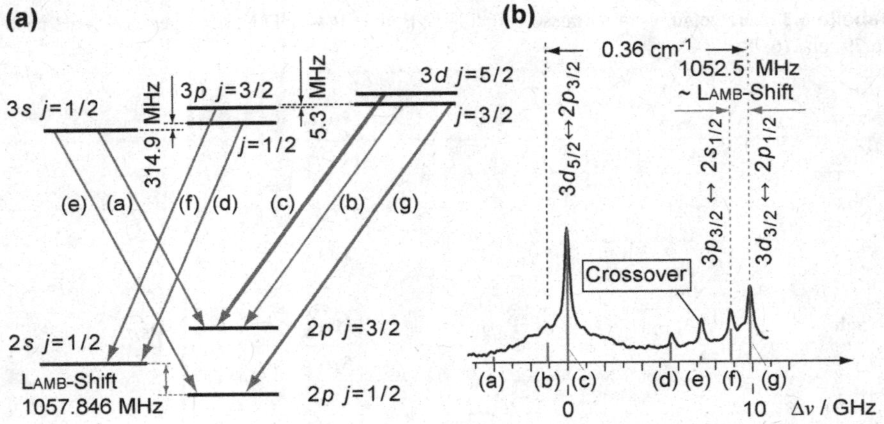

Abb. 6.24 Feinstruktur und LAMB-Shift am H-Atom. (**a**) Termschema und Übergänge der H_α-Balmer-Linie zwischen den $n = 3$ und $n = 2$ Niveaus (nicht maßstäblich). (**b**) Messung in DOPPLER-freier Sättigungsspektroskopie und Originalzuordnung der Übergänge nach HÄNSCH *et al.* (1974); Positionen und Höhen des ‚Stabspektrums' (vertikale, volle Linien, *online rot*) reproduzieren die theoretischen Werte nach KRAMIDA *et al.* (2015)

vom Radialmatrixelement ab. Daher ist ihr Inverses die Gesamtlebensdauer aller Zustände im oberen Niveau.

- Ebenso gilt für die induzierte Emission und Absorption: Wenn man über alle (gleich besetzten) Anfangszustände M summiert, sind die Übergangswahrscheinlichkeiten unabhängig vom anfänglichen J und M *und* von der Polarisation.

6.5 LAMB-Shift

6.5.1 Feinstruktur und LAMB-Shift bei der BALMER-H_α-Linie

Optische Präzisionsmethoden zur Beobachtung von E1-Übergängen zwischen den $n = 2$ und $n = 3$ Niveaus im H-Atom haben wir bereits in Abschn. 6.1 kennengelernt. Abbildung 6.24 zeigt (a) das relevante Termschema und reproduziert in (b) noch einmal das voll aufgelöste Spektrum nach Abb. 6.13c, jetzt mit der Zuordnung der Spektrallinien, die durch Kleinbuchstaben kenntlich gemacht ist. Ein quantitativer Vergleich der Intensitäten kann nach (6.74) erfolgen, wobei die Dipolmatrixelemente Anhang D.5 zu benutzen sind. Eine wichtige Besonderheit in Abb. 6.24 kann unsere bisherige Theorie freilich noch nicht erklären: Wir erinnern uns, dass die mit der DIRAC-*Theorie* berechneten *Energieterme* nach (6.65) *nur von* j, *nicht aber von* ℓ *abhängen sollten*. Diese Regel ist aber offenbar für die Niveaus $2s\,^2S_{1/2}$ und $2p\,^2P_{1/2}$ durchbrochen, wie im Experiment dokumentiert: Das $2p\,^2S_{1/2}$-Niveau liegt deutlich über dem $2p\,^2P_{1/2}$-Niveau. Man nennt diese Verschiebung LAMB-*Shift*.

6.5.2 Mikrowellen- und RF-Übergänge – DOPPLER-frei

Die Beobachtung solcher feinen Effekte ist im optischen Spektrum vor allem durch die Doppler-Verbreiterung erschwert, die beim H-Atom nach (5.22) wegen seiner kleinen Masse M und der hohen mittleren Geschwindigkeit $\langle v \rangle$ besonders groß ist. Nun ist der DOPPLER-Effekt aber auch von der Übergangsfrequenz ν_{ba} abhängig, denn nach (5.22) gilt ja

$$\delta\nu_{\mathrm{D}} \simeq \pm\nu_{ba} \times \langle v \rangle / c = \pm\bar{\nu}_{ba} \times \langle v \rangle.$$

Bestimmt man nun die Feinstrukturaufspaltung oder andere feine Effekte aus der Differenz zweier optischer Übergangsfrequenzen, dann geht die DOPPLER-Verbreiterung, die proportional zu ν_{ba} ist, entsprechend massiv ins Ergebnis ein. In manchen Fällen ist es aber möglich, Übergänge zwischen verschiedenen $|jm_j\rangle$ Zuständen innerhalb eines Multipletts direkt zu messen. Während die optischen E1-Übergänge im VIS- bzw. UV-Spektralgebiet zu beobachten sind (10 000 bis 100 000) cm^{-1}, liegen die FS-Aufspaltungen bei einigen cm^{-1} oder darunter. Die DOPPLER-Verbreiterung wird für solche Frequenzen ν_{ba} praktisch vernachlässigbar. Man kann ν_{ba} im Mikrowellen-Bereich (MW, $1\,\mathrm{cm}^{-1} \widehat{=} 30$ GHz) oder gar im Radiofrequenz-Bereich (RF) bei Frequenzen von 1 MHz bis 1 GHz um viele Größenordnungen genauer messen. Es handelt sich bei solchen direkten Übergängen innerhalb eines Multipletts ($\Delta\ell = 0$) um magnetische Dipolübergänge (M1), die wir in Abschn. 5.4 auf Seite 272 besprochen haben. Die dafür benötigten magnetischen Wechselfelder können in Mikrowellenresonatoren problemlos bereitgestellt werden.

6.5.3 Das Experiment von LAMB und RETHERFORD

Ein besonders prominentes und in seiner Konsequenz außerordentlich weitreichendes Beispiel hierfür ist die Erstbestimmung der LAMB-Shift, also der eben erwähnten Abweichung von der Feinstrukturaufspaltung der DIRAC-Theorie, für deren Entdeckung Willis E. LAMB 1955 den NOBEL-Preis in Physik erhielt.

Willis E. LAMB und R.C. RETHERFORD suchten 1947 nach einem möglichen Übergang zwischen den nach DIRAC entarteten Niveaus $2s^2S_{1/2}$ und $2p^2P_{1/2}$ im H-Atom. Dabei machten sie sich zunutze, dass der $2p^2P_{1/2}$-Zustand direkt in den Grundzustand zerfällt ($\tau = 1.6$ ns), während der $2s^2S_{1/2}$-Zustand metastabil ist und nur durch Zweiphotonenemission mit einer Lebensdauer von $\tau \sim 120$ ms zerfallen kann (siehe Abschn. 5.3.2 auf Seite 270).

Die Messtechnik mit dem in Abb. 6.25 skizzierten Aufbau ist interessant (siehe auch Fußnote 28 auf Seite 81). In einem Wasserstoffatomstrahl aus einem heißen Ofen (wo das H_2 dissoziiert) werden die $2s\,^2S_{1/2}$-Atome durch Elektronenstoß angeregt. Die dabei ebenfalls erzeugten $2p\,^2P_{1/2,3/2}$-Atome zerfallen rasch durch spontane Emission in den Grundzustand, während die metastabilen $2s\,^2S_{1/2}$-Atome mit dem Atomstrahl in einen Mikrowellenresonator gelangen, wo durch Absorption der Mikrowelle der Übergang $2s\,^2S_{1/2} \to 2p\,^2P_{1/2,3/2}$ induziert wird. Nach

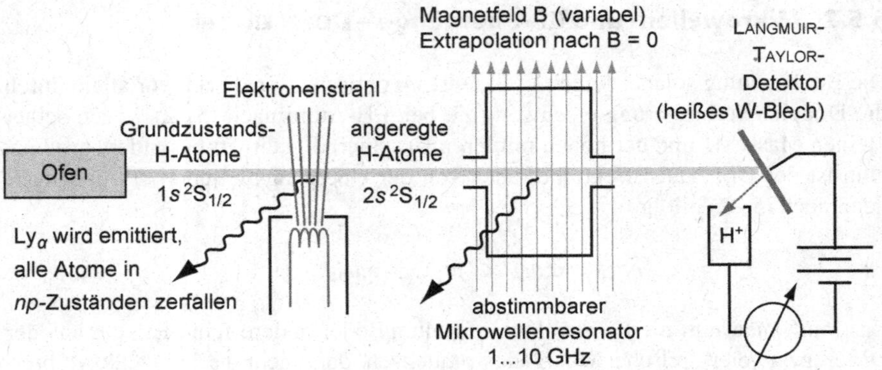

Abb. 6.25 Schema des experimentellen Aufbaus von LAMB und RETHERFORD zur Messung der durch Mikrowellen induzierbaren Übergänge, die vom $2s\,^2S_{1/2}$-Zustand des H- Atoms ausgehen

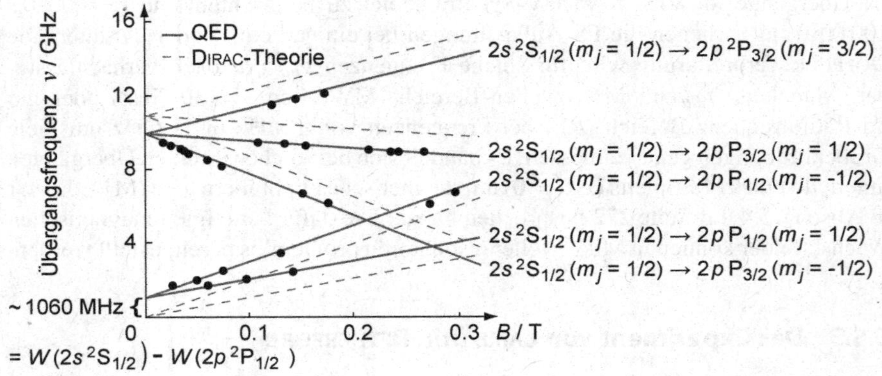

Abb. 6.26 Ergebnisse der Messung der LAMB-Shift am Wasserstoffatom. Übergangsfrequenzen von $2\,^2S_{1/2}$ nach $2\,^2P_{1/2}$ und $2\,^2P_{3/2}$ als Funktion des angelegten externen Magnetfeldes B. Gestrichelte Linien: DIRAC-Theorie. Volle Linien: Fits an das Experiment unter Berücksichtigung der QED. Der so ermittelte Unterschied bei $B = 0$ zwischen den $2s\,^2S_{1/2}$- und den $2p\,^2P_{1/2}$-Niveaus (ca. 1060 MHz) wird LAMB-Shift genannt

dem Übergang zerfallen auch diese Atome rasch durch Strahlung in den Grundzustand. Man detektiert den Übergang durch einen Verlust an metastabilen Atomen, die einen LANGMUIR-TAYLOR-Detektor erreichen (wir haben diesen Detektor schon in Abschn. 1.9.3 kennengelernt).

Mehrere MW-Festfrequenzen wurden benutzt, und die Aufspaltung der beiden Zustände wurde als Funktion eines externen Magnetfeldes untersucht. Die Ergebnisse des Experiments werden in Abb. 6.26 mit der DIRAC-Theorie und den Resultaten der Quantenelektrodynamik (QED) verglichen. Im Grenzfall verschwindenden Magnetfeldes ergibt sich eine Resonanzfrequenz von 1060 MHz ($\widehat{=}\,0.0353\,\text{cm}^{-1}$)

entsprechend einer Wellenlänge von ca. 30 cm.[8] Das Ergebnis der LAMB-Shift- Messungen zeigt also, dass der $2\,^2S_{1/2}$-Zustand höher liegt als der $2\,^2P_{1/2}$-Zustand, während die DIRAC-Theorie exakte Übereinstimmung der beiden Energien vorhersagt.

6.5.4 Präzisionsspektroskopie des H-Atoms

Trotz dieser offenkundigen Vorteile der Mikrowellenspektroskopie haben optische Methoden sie heute bei weitem überholt – im Wesentlichen auf der Basis der DOPPLER-freien Zweiphotonenspektroskopie wie in Abschn. 6.1.8 beschrieben. Heute ermöglicht es die moderne Laserspektroskopie, die *Frequenz optischer Übergänge* tatsächlich zu *zählen* – im wörtlichen Sinne. Die Pionierarbeiten dazu wurden von Ted HÄNSCH und seinen Mitarbeitern durchgeführt und haben mit einer Fülle brillanter Ideen zur Spektroskopie des atomaren Wasserstoffs eine unglaubliche Genauigkeit erreicht. Gemeinsam erhielten HALL und HÄNSCH (2005) den NOBEL-Preis in Physik (geteilt mit GLAUBER) für „die Entwicklung laserbasierter Präzisionsspektroskopie einschließlich der *optischen Frequenzkammtechnik*".

Wir werden diese faszinierende experimentelle Technik im Detail in Bd. 2 besprechen. Kurz gesagt, benutzt man ein periodische Folge extrem kurzer, präzise getakteter Lichtimpulse. Ihre Wiederholfrequenz wird direkt verglichen oder synchronisiert mit einem Zeitstandard, z. B. mit einer Cs-Atomuhr (siehe z. B. NIERING *et al.* 2000). Anstatt aber die Wellenlänge des optischen Übergangs mit Techniken zu messen, die im Wesentlichen analoger Natur sind – wie man dies in der Spektroskopie der letzten zweihundert Jahre getan hat – vergleicht man jetzt die *Frequenzen* von elektromagnetischen Wellen, welche die optischen Übergänge im VIS- und UV-Spektralbereich induzieren, direkt mit dem Frequenzkamm. Man benutzt also das Zählen – letztlich eine Digitaltechnik – und erreicht so eine um Größenordnungen höhere Genauigkeit.

Abbildung 6.27 reproduziert grob das Schema des ursprünglichen Aufbaus von NIERING *et al.* (2000) und illustriert die Komplexität solcher Experimente (weitere Verbesserungen findet man z. B. bei JENTSCHURA *et al.* 2011; PARTHEY *et al.* 2011; MATVEEV *et al.* 2013, letztere Arbeit ist eine simultane Messung zweier Institute, verbunden über ein 920 km langes Glasfaserkabel). Einen Teil davon (Abb. 6.27a), die Zweiphotonenanregung eines H-Atomstrahls im konfokalen Resonator, haben wir schon in Abschn. 6.1.8 beschrieben. In Abb. 6.27b ist die zur Zeitmessung verwendete Cäsium-*Springbrunnen-Atomuhr* skizziert, die derzeit weltweit als *primärer Zeit- und Frequenzstandard* benutzt wird. Eine kompakte Beschreibung findet man z. B. auf den Webseiten des NIST (JEFFERTS und MEEKHOF 2011). Der spezielle ‚Trick' dieser Anordnung ist die *lange effektive Wechselwirkungszeit* ($T \simeq 1$ s)

[8] Für den Kenner: Das ist etwa die gleiche Größenordnung wie die sogenannte Hyperfeinaufspaltung des Grundzustands.

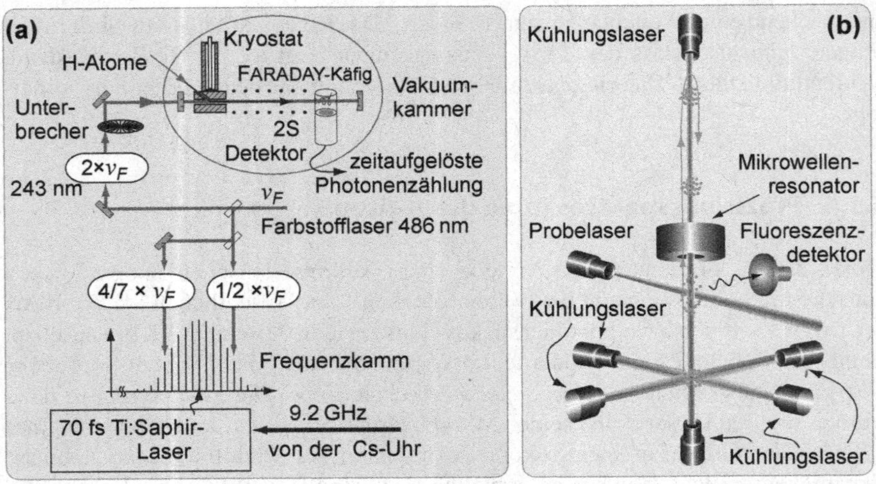

Abb. 6.27 Schema eines ,State-of-the-Art' Experiments zur Bestimmung der 1S–2S Übergangsfrequenzen im H-Atom durch DOPPLER-freie Zweiphotonenspektroskopie nach NIERING *et al.* (2000); (**a**) H-*Atom im Resonator:* Der Aufbau der Vakuumkammer entspricht im Wesentlichen Abb. 6.16. Der *Frequenzkamm* ist das Kernstück des Experiments und stellt einen Präzisionsstandard für die Frequenz durch direkte Synchronisation mit der (**b**) *Cs-Springbrunnen-Atomuhr* dar, die hier in Anlehnung an JEFFERTS und MEEKHOF (2011) skizziert ist; siehe auch PTB (2016)

der Atome mit dem Mikrowellenfeld, wobei man die bereits in Abschn. 6.1.7 beschriebene Methode der RAMSEY-Streifen einsetzt.

Um dieses Konzept zu optimieren, werden die Cs-Atome zunächst mit 6 Diodenlasern gekühlt. Sodann wird der untere Laser mit einem kurzen Impuls so verstimmt, dass die gekühlten Atome einen ,Kick' nach oben erhalten, mit dem sie sozusagen in den Mikrowellenresonator geschoben werden. Die graue Trajektorie in Abb. 6.27 illustriert schematisch den Weg, den die Atome nehmen. Im Schwerefeld der Erde bewegen sie sich frei weiter aufwärts bis zum klassischen Umkehrpunkt und fallen dann zurück in den Resonator – das ist also in der Tat eine Art ,atomarer Springbrunnen'. Man induziert im Mikrowellenresonator den zeitdefinierenden Hyperfeinübergang im Grundzustand des atomaren Cs. Detektiert wird dieser Prozess durch die Änderung des vom Probelaser induzierten Fluoreszenzsignals.[9] Als Wechselwirkungszeit T im Rahmen der RAMSEY-Streifenmethode ist die gesamte Flugzeit der Atome vom Resonator zum Umkehrpunkt und zurück wirksam. Die Präzision dieser Referenzlinie ist dann $\propto 1/T$ und liegt bei diesem Aufbau typischerweise in der Größenordnung von 1 Hz. Wie in Abb. 6.27a angedeutet, wird die Zählung der optischen Frequenz über mehrere Frequenzteiler mit der Cs-Uhr kalibriert.

[9] Wir erinnern uns, dass *eine Sekunde* (1 s) definiert ist als die Dauer von 9 192 631 770 Schwingungsperioden der Frequenz zwischen den zwei Hyperfeinstrukturniveaus im Grundzustand von ^{133}Cs bei verschwindendem Magnetfeld.

Abb. 6.28 Maßstäbliche Übersicht über die Termlagen der Zustände $n = 2$ des H-Atoms in SCHRÖDINGER-, DIRAC- und QED-Näherung; die Abstände der Terme sind maßstäblich gezeichnet und können direkt verglichen werden

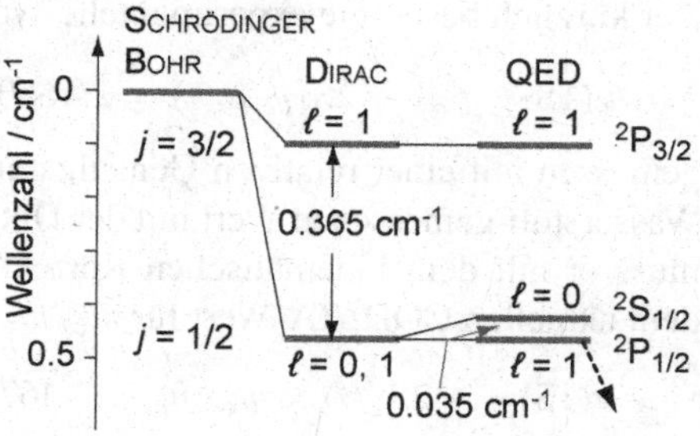

Basierend auf dieser Art optischer Spektroskopie sind die Übergangsfrequenzen zwischen $1s$- und 2ℓ-Zuständen im H- und D-Atom heute mit extremer Präzision bekannt. Speziell ergibt sich für die $n = 2$ LAMB-Shift $W(2s\,^2S_{1/2}) - W(2p\,^2P_{1/2})$

$$\text{im H-Atom} = 1057.847(9)\,\text{MHz} \quad \text{und} \tag{6.83}$$
$$\text{im D-Atom} = 1059.28(6)\ \text{MHz}.$$

Abbildung 6.28 fasst die Größenordnungen der verschiedenen Beiträge zur LAMB-Shift im $n = 2$ Niveau des H-Atoms zusammen. Wir fügen hinzu: Genaue QED-Rechnungen ergeben darüber hinaus (in Abb. 6.28 nicht gezeigt) eine winzige Energieerhöhung des $2^2P_{3/2}$-Zustands um $0.00037\,\text{cm}^{-1}$ und eine Absenkung des $^2P_{1/2}$-Zustands um $0.000479\,\text{cm}^{-1}$. Wir werden uns in Abschn. 6.5.6 einführend mit den physikalischen Ursachen der LAMB-Shift befassen.

Eine besondere Herausforderung für das Experiment wie auch für die Theorie ist die LAMB-Shift des $1s\ S_{1/2}$-Grundzustands beim Wasserstoff. Im Prinzip kann man sie aus einem Vergleich sehr genauer Messungen der $1S_{1/2} - 2S_{1/2}$ Übergangsfrequenz und der DIRAC-Theorie entnehmen. Ein Problem dabei sind die Messungenauigkeiten bei der Bestimmung der Fundamentalkonstanten, welche in die Berechnung der DIRAC'schen Vorhersagen eingehen. Eine der ersten ultrapräzisen Messungen, die dieses Problem umgehen, wurde von WEITZ *et al.* (1994) durchgeführt. Ohne in die ausgeklügelten Details zu gehen, erwähnen wir lediglich, dass dabei die $1S_{1/2} - 2S_{1/2}$ Übergangsfrequenz mit dem Vierfachen der Frequenz des $2S - 4S/4D$ Übergangs verglichen wird – auf diese Weise wird zugleich ein sehr präziser Wert für die RYDBERG-Konstante ermittelt:[10]

$$R_\infty = 10973731.568508(65)\,\text{m}^{-1} \tag{6.84}$$

$$R_\infty c = 3.289841960355(19) \times 10^{15}\,\text{Hz}. \tag{6.85}$$

Mit diesem Wert für R_∞, ergibt sich für die $1S - 2S$ Übergangsfrequenz nach BOHR/SCHRÖDINGER (1.135) bzw. DIRAC (6.65):

$$\text{SCHRÖDINGER:}\quad \nu(1S - 2S) = \frac{3R_\infty c}{4} = 2.467381470266 \times 10^{15}\ \text{Hz},$$
$$\text{DIRAC:}\quad \nu(1S_{1/2} - 2S_{1/2}) = 2.467411580797 \times 10^{15}\ \text{Hz}. \tag{6.86}$$

[10]Nach CODATA 2014, MOHR *et al.* (2015) und NIST (2014), siehe auch Anhang A.

Der kürzlich bestätigte experimentelle Wert ist (MATVEEV *et al.* 2013)

$$\nu(1S_{1/2,F=1} - 2S_{1/2,F=1}) = 2.466061413187018(11) \times 10^{15}\ \text{Hz}, \tag{6.87}$$

gemessen mit einer relativen Genauigkeit von 4.5×10^{-15}! Um den für atomaren Wasserstoff gemessenen Wert mit der DIRAC-Theorie (6.86) vergleichen zu können, muss er mit dem kinematischen Korrekturfaktor (1.132) modifiziert werden. Mit dem aktuellen CODATA-Wert für m_e/m_p erhält man

$$\nu(1S_{1/2} - 2S_{1/2}) \times m_e/\bar{m}_e = 2.46740447220833(15) \times 10^{15}\ \text{Hz}. \tag{6.88}$$

Es verbleibt ein deutlicher Unterschied – zum einen bedingt durch die Hyperfeinstruktur, in (6.87) mit den Indizes $F = 1$ angedeutet, zum anderen durch die $1S_{1/2}$ LAMB-Shift. Die quantitative Auswertung der HFS ist problemlos und experimentell gut bestätigt. Wir werden die HFS in Kap. 9 behandeln. Die HFS-Aufspaltung des H $1s\,^2S_{1/2}$-Grundzustands (Zahlenwerte in Abschn. 9.2.5 auf Seite 502) galt bis vor wenigen Jahren mit 13 Dezimalen als eine der am besten bestimmten Größen der Physik überhaupt (siehe z. B. HÄNSCH und GRUPPE 2016 Research ⇒ 2S Hyperfine Splitting) – diese Genauigkeit wurde inzwischen u. a. von der Bestimmung der Frequenz des $1S_{1/2} - 2S_{1/2}$ Übergangs auf 15 Dezimalen nach (6.87) deutlich übertroffen.[11]

Wenn man all dies berücksichtigt hat, ergibt sich für die LAMB-Shift im Grundzustand, $W(1s\,^2S_{1/2}) - W(1s\,^2S_{1/2}\text{DIRAC})$

$$\begin{aligned} &\text{für das H-Atom} = 8172.840(22)\ \text{MHz} \quad \text{und} \\ &\text{für das D-Atom} = 8183.970(22)\ \text{MHz}, \end{aligned} \tag{6.89}$$

als globaler Mittelwert aus verschiedenen unabhängigen Messungen.[12] Man beachte, dass dies wieder eine Verschiebung zu kleineren Bindungsenergien gegenüber dem DIRAC'schen Wert bedeutet – genau so wie für das $2s\,^2S_{1/2}$-Niveau.

Wir weisen darauf hin, dass das gesamte Feld der ultrapräzisen Spektroskopie und der Interpretation ihrer Ergebnis durch die QED sich nach wie vor rasch entwickelt. Es verbleiben immer noch einige nicht ganz geklärte Diskrepanzen. Der interessierte Leser sei auf die einschlägige Literatur verwiesen (EIDES *et al.* 2001; KARSHENBOIM 2005; KRAMIDA *et al.* 2015; KOLACHEVSKY und KHABAROVA 2014; GALTIER *et al.* 2015; SICK 2015). Soweit nicht anders vermerkt, sind die hier genannten Werte diesen Quellen entnommen.

---

[11] Die verbleibende Unsicherheit wird letztlich durch die hierbei zu berücksichtigenden Korrekturen und durch die zeitdefinierenden, auf dem Cs-Standard basierenden Atomuhren begrenzt. Diese wurden allerdings seither nochmals um einige Größenordnungen verbessert (siehe z. B. TAMM *et al.* 2014). Als künftige optische Zeitnormale werden freilich aus praktischen Gründen andere Übergänge diskutiert, so z. B. ein streng verbotener $5s^2\,^1S_0 \leftrightarrow 5s5p\,^3P_0$ Übergang in ultrakaltem Strontium ^{87}Sr bei 689 nm (siehe z. B. LE TARGAT *et al.* 2013; FALKE *et al.* 2014) oder Quadrupol- wie auch Oktupolübergänge im Ytterbium-Ion $^{171}Yb^+$, letzterer bei 467 nm (siehe z. B. HUNTEMANN *et al.* 2014). Diese Frequenzen werden heute bereits mit einer relativen Genauigkeit von wenigen 10^{-16} gemessen.

[12] Nach YEROKHIN und SHABAEV (2015) ist der aktuelle Wert der Theorie für das H-Atom 8172.867 MHz.

Der kritische Leser mag sich vielleicht fragen, wofür diese extreme Genauigkeit dienen soll. Wir zitieren hierzu den Meister der Präzisionsspektroskopie, Ted HÄNSCH *et al.* 2005 (frei übersetzt): *„Selbst jenseits der genaueren Messung der Fundamentalkonstanten und der Suche nach deren möglichen Änderungen mit der Zeit, gibt es viele gute, praktische Gründe, die Kunst der Messung von Zeiten und Frequenzen bis zu ihren erreichbaren Grenzen zu treiben. Die fortgeschrittene Metrologie von Zeiten und Frequenzen wird die Synchronisation von Uhren über große Distanzen ermöglichen. Solche Synchronisation wird z. B. in der Astronomie für die Interferometrie mit großen Basislängen benötigt. Bessere Uhren werden die Fähigkeiten unserer Satellitennavigationssysteme verbessern. Sie sind von entscheidender Bedeutung für die Steuerung und Ortung entfernter Raumsonden. Im Bereich der Telekommunikation werden bessere Atomuhren benötigt, um Netzwerke zu synchronisieren, was unverzichtbar sein wird, um die Bandbreiten zu erhöhen. Geologen können bessere Uhren einsetzen, um die Variation der Erdrotation zu studieren oder die Verschiebung von Kontinenten mit einer Präzision von Millimetern zu untersuchen. Astronomen können Irregularitäten in den Perioden von Pulsaren vermessen. Für Physiker, die an grundlegenden Fragen der Wissenschaft interessiert sind, erlauben bessere Uhren z. B. verlässliche Tests der speziellen wie auch der allgemeinen Relativitätstheorie. Und es ist sehr wahrscheinlich, dass als Folge der sich stetig weiterentwickelnden Präzisionsspektroskopie und der optischen Metrologie neue, unerwartete Entdeckungen gemacht werden.“*

In unserem aktuellen Kontext mag man hinzufügen, dass Fortschritte in der Grundlagenforschung stets von Quantensprüngen der Präzisionsmesstechnik profitiert haben. Die LAMB-Shift selbst ist ein hervorragendes Beispiel: Ihre Entdeckung hat den Weg zur Quantenelektrodynamik (QED) eröffnet – heute einer der Eckpfeiler der modernen Physik.

6.5.5 LAMB-Shift bei hochgeladenen Ionen

Atomphysik mit *hochgeladenen Ionen* (HCI) ist ein sehr aktiver und produktiver Zweig der modernen Physik. Fortgeschrittene *Ionenspeicherringe* hoher Energie und ‚State-of-the-Art‘ *Elektronenstrahl-Speicherquellen* (EBIT), die im Nutzerbetrieb zugänglich sind, bieten eine Fülle von herausfordernden Möglichkeiten für eine breite Palette interessanter Grundlagenforschung (siehe auch Bd. 2), aber auch für viele technologische, biologische und medizinische Anwendungen. Kritische Tests der QED und der Kernwechselwirkungen bei hohen Kernladungszahlen Z sind ein spannender Aspekt der Spektroskopie solcher Systeme (eine kompakte Übersicht findet man bei BEIERSDORFER 2010). Wie wir in Abschn. 6.5.6 besprechen werden, ist die relevante Kopplungskonstante für die QED ebenfalls αZ (wie bei der FS) und sogenannte *Schleifen höherer Ordnung* (n-te Ordnung Störungsrechnung) gehen in die Termenergien proportional zu $(\alpha Z)^n$ ein. Daher kann die QED Probleme mit hochgeladenen Ionen haben, wo αZ (mit der Feinstrukturkonstante $\alpha \simeq 1/137$) nicht mehr wirklich klein ist.

In der Vergangenheit haben sich Theorie und Experiment meist auf die $1S_{1/2}$-LAMB-Shift von Wasserstoff und wasserstoffähnlichen Ionen bezogen. Im einfach geladenen He^+ ist der experimentelle Wert für den $2\,^2S_{1/2} \longleftrightarrow 2\,^2P_{1/2}$ Übergang 14 041.13(17) MHz in exzellenter Übereinstimmung mit der Theorie, die 14 041.18(13) MHz ergibt. Der Hauptbeitrag der QED sind *Einschleifeneffekte, Selbstenergie* und die *Vakuumpolarisation*. Auch die endliche Ausdehnung der Atomkerne muss berücksichtigt werden, wenn man Theorie und Experiment vergleichen will, und die entsprechenden Effekte sind bei größeren Atomkernen von ähnlicher Größ enordnung. Wir werden diese Volumeneffekte in Abschn. 9.4 auf Seite 515 im Zusammenhang mit der HFS besprechen.

Insgesamt erwartet man für $(Z-1)$-fach geladene, wasserstoffähnliche Ionen bei den ns-Niveaus eine LAMB-Shift (siehe z. B. JOHNSON und SOFF 1985)

$$\Delta W_{\mathrm{Lamb}} = \frac{\alpha}{\pi}\frac{(Z\alpha)^4}{n^3} F(Z\alpha) m_e c^2 = \frac{\alpha}{\pi}\frac{Z^4\alpha^2}{n^3} F(Z\alpha) E_h, \tag{6.90}$$

hier in Einheiten der Energie der Ruhemasse des Elektrons bzw. in a.u. angegeben. Die Funktion $F(Z\alpha)$ ändert sich langsam mit $Z\alpha$, hängt aber auch leicht von n ab. Für das H-Atom ist $F(1\alpha) \simeq 10$ wie in Abb. 6.28 für $\ell = 2$ dargestellt. Umgekehrt kann man aus den experimentellen Resultaten mit (6.83) und (6.89) $F(1\alpha) = 10.042037(27)$ und $10.39828(9)$ für die $1S_{1/2}$ und $2S_{1/2}$ LAMB-Shift bestimmen.

Bemerkenswert ist die Proportionalität $\Delta W_{\mathrm{Lamb}} \propto Z^4\alpha^2/n^3$ (in a.u.), die wir nach (6.65) bereits bei der Feinstruktur als charakteristisch kennengelernt haben. Die zusätzlichen Faktoren $\alpha/\pi \times F(Z\alpha)$ bedeuten, dass die LAMB-Shift etwa um eine Größenordnung kleiner als die FS ist. Der Gesamttrend der LAMB-Shift über den gesamten Bereich der Kernladungszahl von $Z = 1$ bis 91 ist in Abb. 6.29a skizziert. Die dominierenden Einschleifenbeiträge und die endliche Ausdehnung der Atomkerne sind zusammen mit den theoretischen Werten (fette Linie, *online rot*) in Einheiten von $(\alpha/\pi)[(Z\alpha)^4/n^3]m_e c^2$ im logarithmischen Maßstab dargestellt. Die Vakuumpolarisation bringt einen negativen Beitrag.

Die Spektroskopie im harten RÖNTGEN-Bereich in Speicherringen hat inzwischen eindrucksvolle experimentelle Ergebnisse für vielfach geladene, H-ähnliche Ionen bis zu U^{91+} geliefert. Dabei wurden elegante Methoden benutzt, wie in Abschn. 6.1.4 ausgeführt. Die $1S_{1/2}$-LAMB-Shift wird typischerweise durch Vergleich der $1S_{1/2} - 2P_{1/2}$ und der $1S_{1/2} - 2P_{3/2}$ Übergänge mit der DIRAC-Theorie bestimmt (wobei HFS und Kinematik entsprechend zu korrigieren sind). Abbildung 6.29b nach STÖHLKER (siehe GUMBERIDZE *et al.* 2005) vergleicht die in (a) vorgestellte Theorie mit den Ergebnissen verschiedener Experimente im linearen Maßstab. Man kann die Übereinstimmung von Theorie und Experiment als ‚recht befriedigend' beschreiben.

Allerdings ist bis jetzt noch keine wirkliche Hochpräzisionsspektroskopie für HCI in Sicht, die sich an der extremen Präzision für die Bestimmung des $1s-2s$ Übergangs im neutralen H-Atom messen könnte. Daher wäre der beste Test für Zweischleifenbeiträge der QED nach wie vor die LAMB-Shift des $1S_{1/2}$ H-Grundzustands (mit einem relativen Beitrag von 4×10^{-5}) – sofern dies nicht durch die Ungenauigkeiten bei der experimentellen Bestimmung des Protonenradius behindert würde!

Andererseits beträgt die $1S_{1/2}$-LAMB-Shift beim 91-fach ionisierten Uran, U^{91+}, (460 ± 4.5) eV – was keineswegs mehr ein winziger Effekt wie beim H-Atom

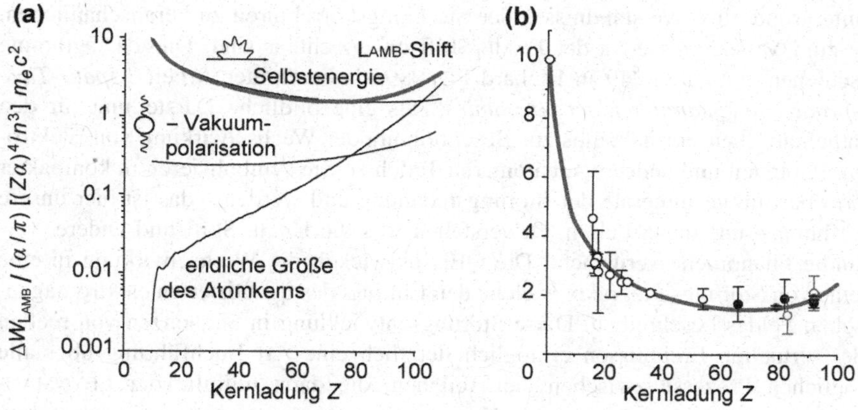

Abb. 6.29 $1S_{1/2}$-LAMB-Shift für H-ähnliche Ionen als Funktion der Kernladung Z. (**a**) Hauptbeiträge zur LAMB-Shift nach JOHNSON und SOFF (1985) durch sog. Einschleifen-QED-Effekte (werden in Abschn. 6.5.6 besprochen) und durch die endliche Ausdehnung der Atomkerne (Einzelbeiträge dünne Linien, Summe fett, *online rot*). (**b**) Vergleich dieser Theorie mit verschiedenen Experimenten nach GUMBERIDZE *et al.* (2005)

ist. Bedenkt man die Schwierigkeit des Experiments, so ist die dabei erreichte Genauigkeit von 1 % zwar beeindruckend, aber bei weitem nicht gut genug, um als kritischer Test für Zweischleifenbeiträge tauglich zu sein.

Neuere theoretische und experimentelle Fortschritte scheinen aber interessante Perspektiven für direkte Vergleiche der $2s\,^2S_{1/2}$–$2s\,^2P_{1/2}$ LAMB-Shift in Li- und He-ähnlichen hochgeladenen Ionen zu ermöglichen (BEIERSDORFER 2010; PAYNE *et al.* 2014; EPP *et al.* 2015). Eine Reihe interessanter Fragen bleibt noch zu klären, welche die HFS in hochgeladenen Ionen betreffen. Weitere faszinierende Möglichkeiten und Herausforderungen ergeben sich mit der Entwicklung von RÖNTGEN-Lasern, wie z. B. dem XFEL. Hierzu existieren bereits theoretische Vorhersagen, etwa zur laserinduzierten Fluoreszenz in starken Feldern (POSTAVARU *et al.* 2011). Zusammenfassend bleibt das Arbeitsgebiet offen, hoch aktiv und spannend.

6.5.6 QED und FEYNMAN-Diagramme

Was ist für die LAMB-Shift verantwortlich? Sehr pauschal gesprochen kann man sagen, es sei die Wechselwirkung des Elektrons mit dem Vakuumfeld. TOMONAGA, SCHWINGER und FEYNMAN haben hierfür die grundlegende Theorie geschaffen, die *Quantenelektrodynamik* (QED) bzw. *Quantenfeldtheorie*. Sie erhielten 1965 den NOBEL-Preis in Physik für ihre bahnbrechenden Arbeiten, welche ein wichtiges Fundament der modernen theoretischen Physik bilden – bis hin zum Standardmodell der Elementarteilchentheorie – also weit über ihre Bedeutung für die Atomphysik hinaus, die wir hier ansprechen.

Allerdings würde selbst eine kurze Einführung in die QED deutlich über den Rahmen dieses Lehrbuchs hinaus führen. Wir beschränken uns daher hier darauf, in sehr heuristischer Weise die von FEYNMAN eingeführten *Diagramme* (oder *Graphen*) als

Hintergrund eines Verständnisses der Strahlungskorrekturen zu veranschaulichen, die zum Verständnis etwa der LAMB-Shift unverzichtbar sind. Diese Diagramme erschienen erstmals 1949 in Richard FEYNMAN's berühmter Arbeit *„Space-Time Approach to Quantum Electrodynamics"* als eine bildliche Darstellung für den mathematischen Formalismus zur Beschreibung der Wechselwirkung von Elektronen, Photonen und anderen subatomaren Teilchen. Sie symbolisieren in kompakter Form bestimmte Integrale der Störungsrechnung und werden – das ist hier unsere Hoffnung – uns dabei helfen, zu verstehen was die LAMB-Shift und andere, verwandte Phänomene verursacht. Die QED entwickelt die Wechselwirkung in eine Reihe von Störungsintegralen, welche den Einfluss des quantisierten elektromagnetischen Feldes beschreiben. Diese Störungsentwicklung in Sequenzen von reellen oder virtuellen Ereignissen ermöglicht letztlich eine Art Buchführung über alle möglichen Prozesse zwischen den Teilchen, die dann mithilfe der FEYNMAN-Graphen veranschaulicht werden. *Jeder Knoten* (jeder Vertex) in solch einem Graphen charakterisiert *einen* individuellen Wechselwirkungsprozess, mehrere aufeinander folgende Knoten implizieren einen Prozess höherer Ordnung in der Störungsreihe. Bei geschlossenen Pfaden spricht man von Einschleifen-, Zweischleifenprozessen usw. Die Bewegungen der Teilchen im Raum und ihre elementaren Wechselwirkungen werden durch Symbole repräsentiert, die in Tab. 6.4 zusammengefasst sind. Das freie Elektron (1) bewegt sich in dieser Symbolik von links nach rechts, sein Antiteilchen, das Positron (2), entsprechend von rechts nach links. Das Austauschteilchen Photon (3) wird durch eine Wellenlinie dargestellt. Die Graphen (4–9) sind selbst erläuternd. Graph (10) veranschaulicht einen typischen Wechselwirkungsprozess des Elektrons mit der Vakuumstrahlung: Es emittiert ein (virtuelles) Photon, welches es sogleich wieder absorbiert. Dies ist *einer* von vielen Prozessen, die zur *Selbstenergie* des Elektrons beitragen, die bei der sogenannten *Massenrenormierung* in der QED eine zentrale Rolle spielen. Wichtig ist auch die Vakuumpolarisation (11), zu der in 1. Ordnung die Erzeugung eines (virtuellen) e^- e^+-Paares beiträgt, welches sogleich wieder vernichtet wird. Graph (11) ist also die Kombination von (8) und (9).

Wir haben hier den Begriff ‚sogleich' etwas locker benutzt. Er kann aber durch die Energie-Zeit-Unschärferelation (1.143) präzisiert werden: Je größer die Energie ist, welche über ein virtuelles Photon ausgetauscht wird, desto kürzer ist die Zeit zwischen seiner Emission und seiner Reabsorption; entsprechendes gilt für die Paarbildung und Paarvernichtung.

Aus den eben erläuterten Prozessen (Diagrammen) können auch alle komplexeren Diagramme zur Beschreibung der Wechselwirkung von Elektronen mit Photonen zusammengesetzt werden. Dabei sind folgende Regeln zu beachten:

- Energie- und Impulserhaltung gelten für jeden Vertex.
- Linien, die das Diagramm verlassen, sind reale Teilchen, für welche der Energieerhaltungssatz $\sum W_i = const$ gelten muss, wobei für die Teilchenenergie in relativistischer Form $W_i^2 = p_i^2 c^2 + m_i^2 c^4$ und für das Photon $p_i = h\nu_i / c$ gilt.

Tabelle 6.4 Die einfachsten FEYNMAN-Diagramme für e^-, e^+ und γ sowie für einige elementare elektromagnetische Wechselwirkungen

	Diagramm	Beschreibung
1		Freies Elektron e^-
2		Freies Positron e^+
3		Freies Photon γ
4		Elektron emittiert Photon
5		Elektron absorbiert Photon
6		Positron emittiert Photon
7		Positron absorbiert Photon
8	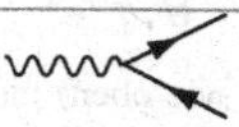	γ-Vernichtung durch e^- e^+-Paarerzeugung
9	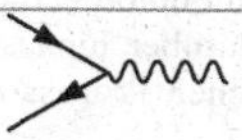	e^- e^+-Paarvernichtung durch γ-Erzeugung
10	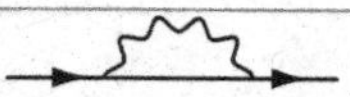	Selbstenergie des Elektrons (eine Schleife)
11		Vakuumpolarisation (eine Schleife)

- Linien, die Vertices verbinden, repräsentieren *virtuelle Teilchen,* für welche die Beziehungen zwischen W, p, und m nicht zu gelten brauchen, die jedoch auch nicht beobachtet werden können!
- Vertices werden durch Kopplungskonstanten repräsentiert, *virtuelle Teilchen* durch sogenannte Propagatoren. Die Feinstrukturkonstante $\alpha = e^2/(4\pi\varepsilon_0\hbar c)$ nach (6.102) ist die *Kopplungskonstante* der elektromagnetischen Wechselwirkung zwischen Teilchen und Photonen: Die Wechselwirkungsamplitude wird $\propto Z\sqrt{\alpha}$ für Z-fach geladene Teilchen.
- Der *Propagator* für Bosonen ist $f(q) \propto 1/(|qc|^2 + m_{\text{boson}}^2 c^4)$ – mit dem Impuls q des Bosons. Speziell für das Photon wird $f(q) \propto 1/|qc|^2$.
- Die Gesamtamplitude ist das Produkt aus Kopplungskonstanten und Propagator. Der Streuquerschnitt ist proportional dem Betragsquadrat der Amplitude.

In Tab. 6.5 sind Beispiele von vollständigen FEYNMAN-Diagrammen für einige wichtige Wechselwirkungsprozesse zusammengestellt (in niedrigster Ordnung). Wir verzichten hier auf eine detaillierte mathematische Beschreibung dieser Graphen.

Tabelle 6.5 Verschiedene elektromagnetische Wechselwirkungen und ihre FEYNMAN-Graphen in niedrigster Ordnung

Bsp.	Prozess	Diagramm
1	COULOMB-Streuung $e^- + Ze$	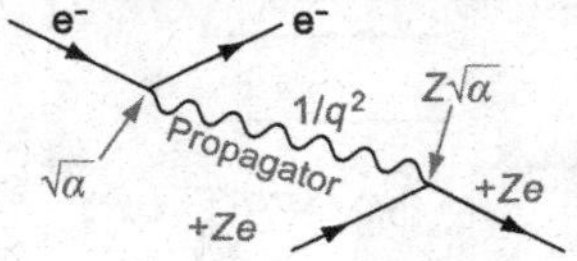 Die Streuamplitude an den zwei Vertices ist $\propto \sqrt{\alpha}$ bzw. $\propto Z\sqrt{\alpha}$. Das virtuelle Photon erhält vom Elektron einen Rückstoßimpuls $q = \sqrt{2m_e W} \sin\theta/2$. Die Gesamtamplitude ist daher $\propto \sqrt{\alpha} \times Z\sqrt{\alpha}/q^2$. Somit wird der Streuquerschnitt: $\frac{d\sigma}{d\Omega} \propto \frac{Z^2\alpha^2}{q^4} \propto \frac{Z^2 e^4}{W^2 \sin^4\theta/2}$. (6.91) Dies ist die wohlbekannte RUTHERFORD'sche Streuformel.
2	e^-e^+-Streuung	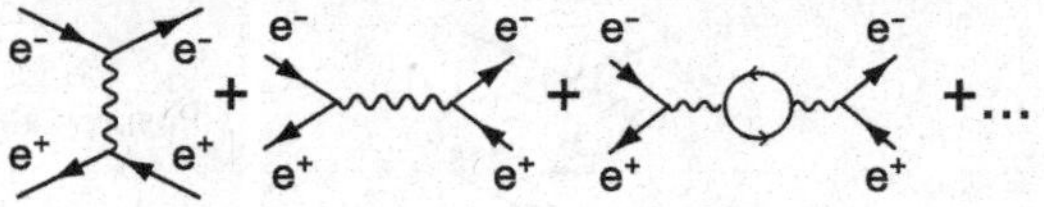 Zusätzlich zum COULOMB-Term (erstes Diagramm, wie oben) muss hier die Annihilation von Elektron und Positron zu einem virtuellen Photon berücksichtigt werden, welches sodann wieder ein e^-e^+-Paar ‚erzeugt'. Darüber hinaus gibt es Prozesse höherer Ordnung. Als Beispiel zeigen wir einen solchen Prozess mit einer Schleife (engl.: *one loop*).
3	COMPTON-Streuung	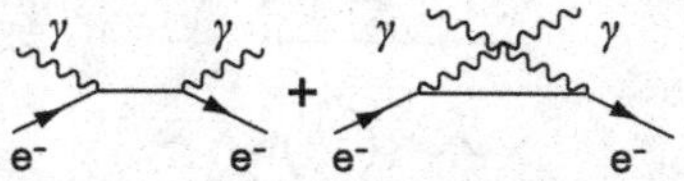

Die nachfolgenden Prozesse benötigen zusätzlich eine Wechselwirkung mit dem Atomkern, sodass Energie- und Impulserhaltung erfüllt werden können. Die schwarzen Kreuze symbolisieren den Atomkern, mit denen das Elektron wechselwirkt.

Bsp.	Prozess	Diagramm
4	Paarerzeugung $e^+e^- \to \gamma$	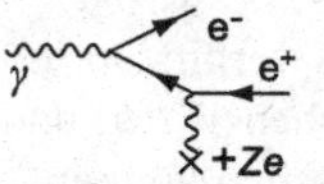
5	Bremsstrahlung: $e + Ze \to e + Ze + \gamma$	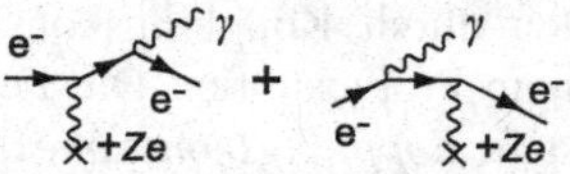
6	Im COULOMB-Potenzial gebundenes Elektron. In der aktuellen Literatur wird der sogenannte ‚DIRAC-COULOMB-Propagator' durch zwei parallele Linien repräsentiert. Er fasst mehrere Beiträge zusammen. $e^- + Ze$	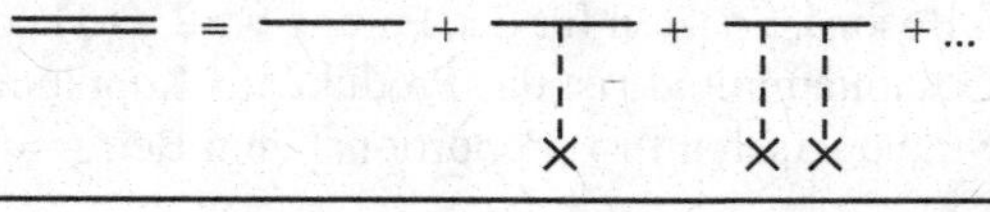

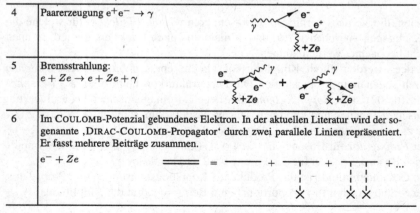

Lediglich für die COULOMB-Streuung haben wir angedeutet, wie man das zugrunde liegende Konzept nutzen kann: Die wohlbekannte Streuformel von RUTHERFORD ergibt sich in diesem Fall zwanglos.

6.5.7 Zur Theorie der LAMB-Shift

Im Rahmen der QED hat das elektromagnetische Feld selbst in seinem Grundzustand eine endliche Amplitude – man spricht vom Vakuumfeld. Ihr entspricht die Nullpunktsenergie des quantisierten harmonischen Oszillators, durch welchen die QED das elektromagnetische Feld darstellt. Ein Elektron kann daher virtuelle Photonen emittieren und wieder reabsorbieren, wie dies das FEYNMAN-Diagramm Abb. 6.30a für die sogenannte *Selbstenergie* des Elektrons andeutet. Als Folge wird das Elektron gewissermaßen hin-und-her geworfen und führt eine ‚Zitterbewegung' aus, die dazu führt, dass das Elektron effektiv über einen (immer noch sehr kleinen) räumlichen Bereich verschmiert erscheint, anstatt als punktförmige Ladung zu wirken. Durch diese scheinbare Ladungsverteilung ‚sieht' das Elektron ein effektives Potenzial, welches bei sehr kleinen Abständen r gegenüber dem $\propto -Z/r$ COULOMB-Potenzial leicht angehoben ist. Das führt schließlich zu einer Erhöhung der Energie solcher Wellenfunktionen, die eine endliche Wahrscheinlichkeit am Ursprung haben. Das betrifft also insbesondere s-Elektronen.

In der Tat ist die experimentell beobachtete LAMB-Shift (6.83) bzw. (6.89) positiv und nur für S-Zustände signifikant (siehe auch Abb. 6.28). Die QED macht quantitative Aussagen zu ΔW_{Lamb} im Rahmen einer störungstheoretischen Reihenentwicklung – im Prinzip mit beliebig guter Genauigkeit, sofern alle involvierten Naturkonstanten mit hinreichender Genauigkeit bekannt und die Rechengenauigkeit nicht begrenzt ist.

Da wir hier nicht in die Tiefen der QED gehen können, drehen wir die Frage einfach um und versuchen eine Abschätzung des ‚Zitterradius' r_L aus der gemessenen LAMB-Shift. Um diese Überlegung einfach zu halten, nehmen wir an, dass das Elektron für $r \le r_L$ ein konstantes Potenzial $-Z/r_L$ ‚sieht', anstelle von $-Z/r$ (in a.u.). In 1. *Ordnung Störungstheorie* erhalten wir auf diese Weise einen *genäherten Wert für die*

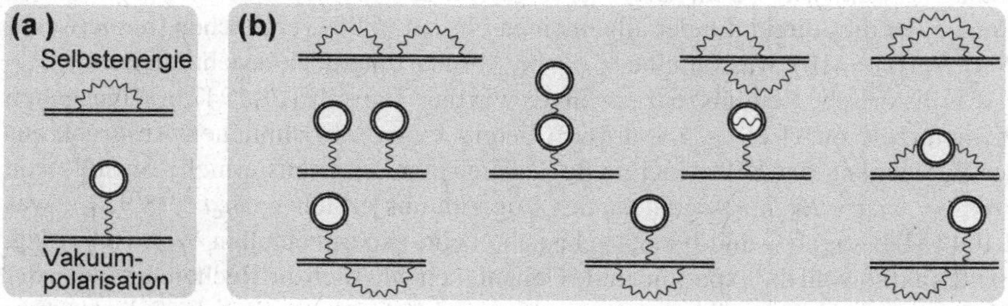

Abb. 6.30 FEYNMAN-Diagramme für (**a**) Einschleifen- und (**b**) Zweischleifen-Strahlungskorrekturen für die LAMB -Shift nach BEIERSDORFER (2010)

LAMB-*Shift* als dem Erwartungswert (3.41) der Störung $U(r) = -1/r_L - (-1/r)$, also der Differenz zwischen dem ‚verschmierten' Potenzial des ‚zitternden' Elektrons und einem reinen COULOMB-Potenzial. Da r_L sehr klein sein wird, können wir die radiale Wellenfunktion am Ursprung aus dem Störintegral herausziehen und erhalten (alle Größen in a.u.) für einen Zustand $|n\ell m\rangle$:

$$\Delta W_{\mathrm{Lamb}} = \left\langle n\ell \left| \frac{Z}{r} - \frac{Z}{r_L} \right| n\ell \right\rangle \tag{6.92}$$

$$= \left|\psi_{n\ell m}(0)\right|^2 4\pi Z \int_0^{r_L} \left(\frac{1}{r} - \frac{1}{r_L}\right) r^2 \mathrm{d}r = \left|\psi_{n\ell m}(0)\right|^2 \frac{2}{3}\pi Z r_L^2$$

Nach (2.127) ist für das H-Atom $|\psi_{n00}(0)|^2 = Z^3/(\pi n^3)$, sodass

$$\Delta W_{\mathrm{Lamb}} = \frac{2}{3}\frac{Z^4}{n^3} r_L^2. \tag{6.93}$$

Dieses einfache Ergebnis erklärt bereits den Unterschied zwischen der LAMB-Shift des H-Atoms im Grundzustand ($n = 1$) und im erstem angeregten Zustand ($n = 2$) um einen Faktor vor etwa 8, was dem experimentellen Befund (6.83) und (6.89) recht gut entspricht. Für $n = 2$ ergibt (6.93) mit $h\nu$ nach (6.83) einen ungefähren Wert für den Zitterradius $r_L \simeq 1.39 \times 10^{-3} a_0 \simeq 3.0 \times 10^{-2} \lambda_C = 7.36 \times 10^{-14}$ m, wobei λ_C die COMPTON-Wellenlänge (1.76) des Elektrons ist. Die QED liefert eine ähnliche Abschätzung (siehe z. B. EIDES *et al.* 2001 Eq. (28))

$$\langle r^2 \rangle = \frac{2\alpha}{\pi} \ln\left[(Z\alpha)^{-2}\right] \bar{\lambda}_C^2 = \frac{2\alpha^3}{\pi} \ln\left[(Z\alpha)^{-2}\right] a_0^2, \tag{6.94}$$

was einem Wert für $\sqrt{\langle r^2 \rangle} \simeq 3.4 \times 10^{-2} \lambda_C$ für den Zitterradius entspricht (effektiver Wert für den charakteristischen Aufenthaltsbereich des Elektrons) – der offensichtlich deutlich kleiner als die COMPTON-Wellenlänge ist aber zwei Größenordnungen über dem Protonenradius ($r_\mathrm{p} \simeq 0.86 \times 10^{-15}$ m) liegt. Und die Obergrenze für eine potenzielle Ausdehnung des Elektrons liegt nochmals drei Größenordnungen darunter. Mit (6.94) würde man eine LAMB-Shift (in a.u.) von

$$\Delta W_{\mathrm{Lamb}} = \frac{\alpha}{\pi} \frac{Z^4 \alpha^2}{n^3} \times \frac{4}{3} \ln\left[(Z\alpha)^{-2}\right]$$

erhalten. Wenn wir $4/3 \ln[(Z\alpha)^{-2}] = 13$ (für $Z = 1$) als $F(Z\alpha)$ interpretieren, können wir dies direkt mit der allgemeinen Formel (6.90) vergleichen (numerischer Wert $F(1\alpha) = 10$), was für eine so grobe Abschätzung doch beachtlich ist.

Als historische Reminiszenz erwähnen wir, dass Hans BETHE 1947 in seiner ersten Pionierarbeit zur H $2\mathrm{S}_{1/2}$ LAMB-Shift bereits einen sehr ähnlichen Ausdruck aus der Berechnung der Selbstenergie des gebundenen Elektrons erhielt. Anstelle von $1/\alpha^2 = m_\mathrm{e}c^2/E_\mathrm{h}$ im Argument des Logarithmus erhielt er $m_\mathrm{e}c^2/(8.9 E_\mathrm{h})$, was $\simeq$1040 MHz ergab – und bereits sehr nahe beim experimentellen Wert (6.83) lag. Heute sind sowohl die experimentelle Genauigkeit wie auch die Rechenmethoden der QED um viele Größenordnungen besser, und es ist klar, dass neben der Selbstenergie auch die Vakuumpolarisation berücksichtigt werden muss (siehe Abb. 6.30a) – und natürlich auch Strahlungskorrekturen höherer Ordnung. Der interessierte Leser mag

Tabelle 6.6 Die wichtigsten Beiträge der QED zur LAMB-Shift für die 1S-, 2S- und 2P-Zustände im atomaren Wasserstoff im Vergleich mit den gegenwärtig besten experimentellen Werten

Beitrag	**$1s_{1/2}$ MHz**	**$2s_{1/2}$–$2p_{1/2}$ MHz**	**$2p_{1/2}$ MHz**	**$2p_{3/2}$ MHz**
Selbstenergie (eine Schleife)	8383.339466(83)[a]	1072.958444[f]	−12.84692(2)[e]	12.54795(2)[e]
Vakuumpolarisation (eine Schleife)	−214.816607(15)[a]	−26.852075(2)[g]	−0.00035[e]	−0.00008[e]
Zweischleifenkorrektur	0.7310(33)[a]		0.02598(7)[e]	−0.01279(7)[e]
Protonradius	1.253(50)[a]	0.1566(62)[g]	0	0
Rückstoßkorrektur	2.401782(10)[a]		−0.0145[e]	−0.0177[e]
Strahlungsrückstoß	−0.0123(7)[a]			
Weitere Korrekturen	0.002(1)[a]		−0.0002[e]	0.0001[e]
Theorie (Summe)	**8172.894(51)[a]**	**1057.844(2.5)[d]**	**−12.83599(8)[e]**	**12.51746(8)[e]**
Experiment	**8172.840(22)[b]**	**1057.847(9)[c]**		

[a] BIRABEN (2009)
[b] EIDES *et al.* (2001)
[c] KRAMIDA *et al.* (2015)
[d] JENTSCHURA *et al.* (2005)
[e] JENTSCHURA und PACHUCKI (1996)
[f] JENTSCHURA *et al.* (2001)
[g] Größenordnung: $1s_{1/2}$ skaliert $\propto 1/n^3$

die relevanten Zweischleifenkorrekturen in Abb. 6.30b bewundern. Es muss also eine ganze Reihe von zusätzlichen Effekten berücksichtigt werden.

Für das H-Atom in den $n = 1$ und 2 Niveaus ist der gegenwärtige Stand der Dinge in Tab. 6.6 zusammengestellt. Wir können hier nicht weiter auf die aktuelle Diskussion eingehen, die zwischen den Experten andauert. Die Übereinstimmung von Theorie und Experiment ist bereits jetzt wahrhaftig eindrucksvoll.

Im Augenblick scheint der Protonenradius r_p die größte Unsicherheit bei einem stringenten Vergleich zwischen der QED für gebundene Zustände und dem Experiment zu sein. Der offizielle Messwert ändert sich über die Jahre hinweg deutlich: Während MOHR *et al.* (2012) noch $r_p = 0.8775(51)$ fm angaben (und dieser Wert nach wie vor auch so benutzt wird, siehe z. B. YEROKHIN und SHABAEV 2015), gilt aktuell nach CODATA 2014 $r_p = 0.8751(61)$ fm (MOHR *et al.* 2015; NIST 2014). Unabhängige Messungen aus der Kernphysik ergeben unterschiedliche Werte und haben größere Fehlerbalken – ein irritierender Befund, denn das Proton ist ja einer der wichtigsten Bausteine der Materie, und seine Größe ist nur so ungenau bekannt!

Die jüngste, faszinierende Entwicklung in diesem Kontext löste die Messung der LAMB-Shift am myonischem Wasserstoff durch POHL *et al.* (2010) aus. Das Myon (siehe Abschn. 1.5.2 auf Seite 53) ist der größere Bruder des Elektrons. Seine Masse ist etwa 200-mal größer bei sonst mehr oder weniger gleichen Eigenschaften. Daher bleibt im myonischen Wasserstoff, μ-p, die gesamte Physik des H-Atoms im

Prinzip erhalten – bis auf die Werte der Messgrößen. Insbesondere ist im μ-p der BOHR'sche Radius 200-mal kleiner und damit ist die Aufenthaltswahrscheinlichkeit des Myons in der Nähe des Protons entsprechend größer. Daraus folgt natürlich, dass die LAMB-Shift wesentlich massiver von der Struktur des Protons abhängt als beim Wasserstoffatom. Die μ-p $2S_{1/2} - 2P_{1/2}$ LAMB-Shift, welche die POHL *et al.* Kollaboration erfolgreich messen konnte, beträgt 49881.88(76) GHz. Auf der Basis von FS- und HFS-Rechnungen und der QED erschlossen sie aus ihren Messungen einen Wert für den Protonenradius von $r_p = 0.84184(67)$ fm – um 5 Standardabweichungen verschieden von den o. g. CODATA-Werten, wobei die Messgenauigkeit die offiziellen Werte um eine Größenordnung übertrifft!

Diese Arbeit zog eine Flut von Folgearbeiten nach sich, ohne dass bislang diese Diskrepanz zwischen den beiden Protonenradien geklärt werden konnte, die mithilfe des myonischen bzw. des elektronischen Wasserstoffs bestimmt wurden. Dies könnte möglicherweise weitreichende Konsequenzen auch für die Theorie der Elementarteilchen haben (siehe z. B. CARLSON und FREID 2015).

Was haben wir in Abschnitt 6.5 gelernt?

- Die LAMB-Shift manifestiert sich am deutlichsten als Aufspaltung der $2s_{1/2}$- und $2p_{1/2}$-Terme im atomaren H – für welche die DIRAC-Theorie identische Energiewerte vorhersagt. Wir merken uns $\nu(2s_{1/2}) - \nu(2p_{1/2}) \simeq 1060\,\text{MHz}$.
- Sie wurde 1947 von LAMB und RETHERFORD mithilfe der Mikrowellenspektroskopie entdeckt und war der Auslöser für die Entwicklung der QED. Heute ist die Zweiphotonenspektroskopie am H- und D-Atom die Methode der Wahl. Sie hat eine erstaunliche Präzision erreicht, nicht zuletzt durch die Arbeiten von HÄNSCH und Mitarbeitern, die dafür die Laser-Frequenzkammtechnik kombiniert mit modernsten Atomuhren einsetzten.
- Die Übereinstimmung mit ebenso genauen QED-Berechnungen ist überzeugend. Wir haben uns mit einer Reihe von FEYNMAN-Diagrammen vertraut gemacht, die hilfreich für das Verständnis der Ursachen von Strahlungskorrekturen sind, wie man sie für den Vergleich mit hoch präziser Spektroskopie an Atomen und Molekülen heute benötigt. In dieser Terminologie entsteht die LAMB-Shift überwiegend durch die Selbstenergie des Elektrons, korrigiert um Einflüsse der Vakuumpolarisation – beides sind sogenannte Einschleifenprozesse.
- In einer etwas bildhaften Sprache entsteht die LAMB-Shift durch die Wechselwirkung des Atomelektrons mit dem Vakuumfeld der elektromagnetischen Strahlung. Diese führt zu einer *Zitterbewegung* des Elektrons, das daher ein verschmiertes COULOMB-Potenzial ‚sieht'. Daraus folgt eine Energieerhöhung von Zuständen, in welchen die Elektronen dem Atomkern nahe kommen, also im Wesentlichen nur für s-Zustände.
- Die Schwerionenphysik bildet auch ein ergiebiges Feld für die Untersuchung der LAMB-Shift, insbesondere da man die Strahlungskorrekturen der QED typischerweise in eine Reihe von Potenzen $(\alpha Z)^n$ entwickelt: Bei großem Z ist aber αZ nicht mehr klein gegen 1.

6.6 Anomales magnetisches Moment des Elektrons

Das magnetische Moment des Elektrons hatten wir in (6.28) eingeführt. Wegen der negativen Ladung des Elektrons ist es negativ

$$\mu_e = -g_s \mu_B s = g_e \mu_B s \quad \text{mit} \quad s = 1/2 \quad \text{und} \quad \mu_B = \frac{e\hbar}{2m_e}.$$

In der DIRAC-Theorie hat der g-Faktor des Elektrons exakt den Wert $g_s = 2$, und daher sollte $\mu_e = -\mu_B$ sein. Die tatsächlich beobachteten Werte weichen davon allerdings leicht ab, wie wir bereits mehrfach erwähnt haben. Die Größe

$$a_e = (g_s - 2)/2 = |\mu_e/\mu_B| - 1 \tag{6.95}$$

bezeichnet man als *Anomalie des magnetischen Moments des Elektrons.*

Wir sind jetzt in der Lage, diese Abweichung sinnvoll einzuordnen. Auch hier liegt die Ursache in der Wechselwirkung des Elektrons mit dem Vakuumfeld. Doch sehen wir uns zunächst die Experimente zur Bestimmung von a_e an. Auch hierbei handelt es sich wieder um eine Messung von unglaublicher Präzision. Alle Experimente zur $g_s - 2$ Bestimmung basieren im Prinzip auf einem sehr genauen Vergleich der (nichtrelativistischen) Zyklotronfrequenz des Elektrons im externen B-Feld, für die nach (1.109)

$$\omega_c = \frac{e}{m_e} B \tag{6.96}$$

gilt, mit der LARMOR-Präzessionsfrequenz seines magnetischen Moments nach (1.159):

$$\omega_s = g_s \omega_L = g_s \frac{e}{2m_e} B \tag{6.97}$$

Aus der Kenntnis beider kann man die Anomalie $(\omega_s - \omega_c)/\omega_c = (g_s - 2)/2$ berechnen. Ein älteres Experiment dieser Art ist seiner besonderen Anschaulichkeit wegen in Abb. 6.31 skizziert. Ein 100 ns-, 100 keV-Elektronenstrahl wird partiell durch Streuung an einer Goldfolie polarisiert. Die Elektronen driften auf Zyklotronbahnen durch die Messanordnung in eine magnetische Falle, wobei ihre Polarisation senkrecht zum Magnetfeld und zu ihrer Geschwindigkeit gerichtet ist. Nach einer wohldefinierten Zeit werden sie aus der Falle heraus gepulst, und ihre Polarisation wird mithilfe einer zweiten Goldfolie gemessen. Wäre $g_s = 2$, dann würde der Spin nach jeder vollen Kreisbahn wieder in Ausgangsrichtung polarisiert sein. Durch die Anomalie ist die Spinpräzessionszeit und die Umlaufzeit unterschiedlich, sodass man auf diese Weise a_e direkt bestimmen kann.

Die heute genaueste Methode geht auf DEHMELT und Mitarbeiter zurück (VAN DYCK *et al.* 1986), und nutzt ebenfalls die Differenz zwischen ω_s und ω_c, allerdings auf höchst raffinierte und kompakte Weise. Dabei gelang es VAN DYCK *et al.* (1987), ein einzelnes Elektron in einer sogenannten PENNING-*Falle* zu speichern. Sie konnten $g_s - 2$ so erstmals hoch präzise bestimmen. DEHMELT und PAUL (1989) erhielten für die Entwicklung und Anwendung solcher Ionenfallen den NOBEL-Preis – zusammen mit Norman RAMSEY, der für seine (schon in Abschn. 6.1.7 besprochene) Methode der separierten, oszillierenden Felder geehrt wurde. Beide Entwicklungen sind essentiell für die Präzisionsmesstechnik, wie wir sie heute z. B. in Atomuhren, in

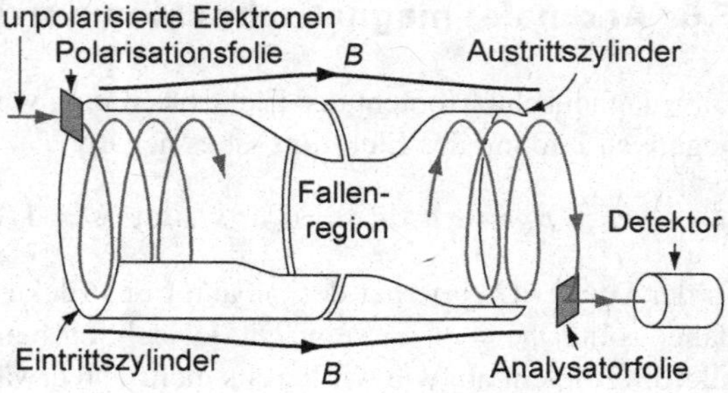

Abb. 6.31 Schematische Darstellung der experimentelle Anordnung zur Messung von $g_s - 2$ nach WESLEY und RICH (1971); Details sind im Text beschrieben

hochauflösenden Massenspektrometern und vielen anderen Anwendungen kennen und nutzen. Wie in Abb. 6.32a illustriert, bewegt sich das Elektron in der PENNING-Falle in einem parallel zur Fallenachse ausgerichteten Magnetfeld B von einigen Tesla (T). Es wird durch dieses B-Feld und ein elektrisches Quadrupolpotenzialfeld im Zentrum der Falle gehalten(Äquipotenzialflächen $x^2 + y^2 - 2z^2 = const$).[13]

Die *klassische Bewegung* eines Elektrons in solch einer Falle wird durch drei Eigenfrequenzen bestimmt: eine *axiale Frequenz*

$$\omega_z = \sqrt{\frac{2eU_0}{m_e d_0^2}} \quad \text{mit } d_0^2 = \rho_0^2 + 2z_0^2,$$

und *zwei Radialfrequenzen,*

$$\bar{\omega}_c = \frac{\omega_c}{2} + \sqrt{\frac{\omega_c^2}{4} - \frac{\omega_z^2}{2}}, \quad \text{die modifizierte Zyklotronfrequenz,} \tag{6.98}$$

$$\text{und} \quad \bar{\omega}_m = \frac{\omega_c}{2} - \sqrt{\frac{\omega_c^2}{4} - \frac{\omega_z^2}{2}}, \quad \text{die Magnetonfrequenz.} \tag{6.99}$$

Quantenmechanisch kommt noch die LARMOR-Frequenz (6.97) des Spins hinzu. Für hinreichend tiefe Temperaturen und hohe Magnetfelder macht es Sinn, für dieses System quantenmechanische Lösungen zu suchen (SCHRÖDINGER- bzw. DIRAC-Gleichung). Das Elektron kann in dieser Falle nur diskrete Energieeigenzustände W_{nm} annehmen, die einer Kombination von Elektronenspinzuständen und harmonischem Oszillator zugeordnet sind, den sogenannten LANDAU-Niveaus:

$$W_{nm} = \frac{g_s}{2}\hbar\omega_c m_s + \left(n + \frac{1}{2}\right)\hbar\bar{\omega}_c - \frac{1}{2}\hbar\delta\left(n + \frac{1}{2} + m_s\right)^2. \tag{6.100}$$

Der erste Term beschreibt die Spinzustände mit der Projektionsquantenzahl m_s des Elektronenspins, der zweite die modifizierten Zyklotronresonanzen und der dritte ist

[13] Komplementär dazu benutzt die sogenannte PAUL-*Falle* ein ähnliches elektrisches Quadrupolfeld und stabilisiert die radiale Bewegung durch ein oszillierendes elektrisches Feld.

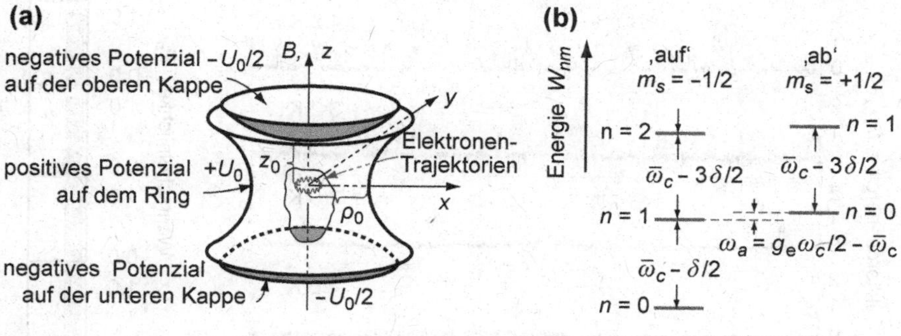

Abb. 6.32 (**a**) PENNING-Falle für die Bestimmung von $g - 2$ nach VAN DYCK *et al.* (1986). (**b**) Simplifiziertes Schema der Eigenfrequenzen des *Geoniums*

der führende relativistische Korrekturterm mit $\delta/\omega_c = \hbar\omega_c/m_e c^2$. Man bezeichnet dieses System auch als *Geoniumatom*. Seine niedrigsten Termlagen (genauer: Die Kreisfrequenzen) sind in Abb. 6.32b dargestellt. Durch Kühlung auf niedrige Temperaturen kann man tatsächlich ein einzelnes Elektron ‚einsperren', in die energetisch tiefsten Zustände bringen und seine Bewegung durch induzierte Ströme nachweisen. Es geht bei der Messung dann um eine möglichst exakte Bestimmung der Anomaliefrequenz $\omega_a = g_s\omega_c/2 - \bar{\omega}_c$ zwischen den Zuständen $n = 0, m_s = 1/2$ und $n = 1, m_s = -1/2$ wie in Abb. 6.32b angedeutet. Daraus kann man bei Kenntnis von ω_c und der axialen Frequenz ω_z die Elektronenanomalie a_e bestimmen.

Die präzise Messung erfordert ein grundsätzliches Verständnis der Physik in diesen PENNING-Fallen, das in den vergangenen zwei Dekaden erheblich geschärft wurde und zu vielerlei methodischen Verbesserungen geführt hat. Wir können hier nicht auf die Details eingehen und verweisen den interessierten Leser auf die Originalliteratur, insbesondere auf die Arbeiten von GABRIELSE und Mitarbeitern (PEIL und GABRIELSE 1999; HANNEKE *et al.* 2008), denen es gelang, eine Fülle unvermeidlicher experimenteller Unvollkommenheiten trickreich zu überwinden und so die Genauigkeit um einen Faktor 10 zu steigern. Dabei ist es ihnen u. a. auch erstmals gelungen, die Besetzung der in Abb. 6.32b skizzierten Quantenzustände in der makroskopischen PENNING-Falle direkt nachzuweisen. Dies ist in Abb. 6.33 illustriert, wo die Häufigkeit von Quantensprüngen zwischen den einzelnen n-Zuständen direkt nachgewiesen wird. Die Zahl der beobachteten Quantensprünge nimmt entsprechend der thermischen Besetzung der angeregten Zustände in der Falle mit der Temperatur ab, wie in der Populationsanalyse in Abb. 6.33 rechts dokumentiert. Bei den tiefsten Temperaturen ist in der Tat nur noch der Grundzustand besetzt.

Wir hatten ein analoges Experiment bei elektronischen Übergängen in einzelnen atomaren Ionen bereits in Abschn. 4.7.3 auf Seite 243 besprochen. Man beachte, dass es sich bei dem hier diskutierten Fall um *Quantenzustände in einem makroskopischen System* handelt. Dieses Experiment ist daher auch im Kontext aktueller Diskussionen

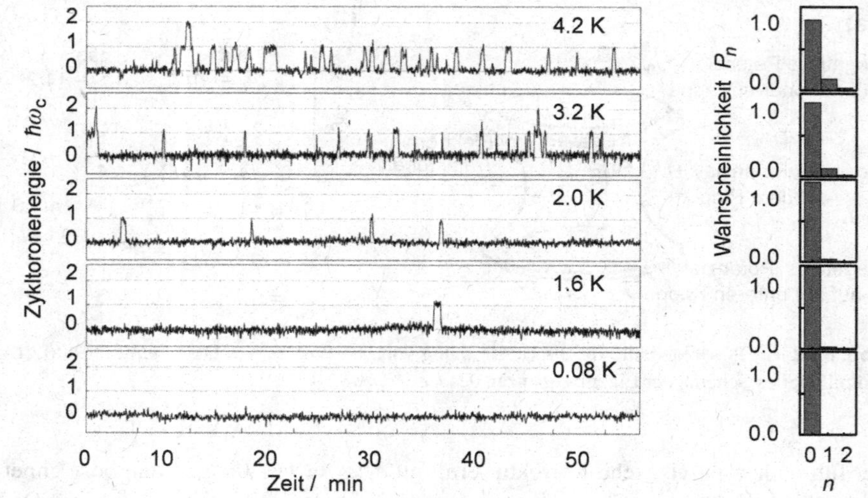

Abb. 6.33 Quantensprünge zwischen den niedrigsten Zuständen des Einelektronen-Zyklotron-Oszillators nehmen dramatisch ab, wenn der Resonator gekühlt wird. Rechts ist die darauf aufbauende Populationsanalyse der n-Zustände in der Falle gezeigt. Adaptiert von PEIL und GABRIELSE (1999)

zu den Grenzen der Quantenmechanik bzw. ihrer Übertragung in die makroskopische Welt von Bedeutung!

Bei der bislang präzisesten, direkten experimentellen Bestimmung des Verhältnisses zwischen magnetischem Moment μ_e des Elektrons und BOHR'schem Magneton μ_e/μ_B von GABRIELSE und Mitarbeitern (ODOM *et al.* 2006; HANNEKE *et al.* 2008) wurde der Einelektronen-Zyklotronoszillator (Geonium) unter 100 mK gekühlt. Das Magnetfeld betrug 10.6 T. Dann gilt $\nu_s \approx \bar{\nu}_c \approx 149$ GHz während die axiale Frequenz auf $\nu_z \approx 200$ MHz eingestellt wurde. Die Magnetronfrequenz betrug $\nu_m \approx 134$ kHz. Der von HANNEKE *et al.* (2008) publizierte Wert für (6.95) war $a_e = 1.159\,652\,180\,73(28) \times 10^{-3}$. Dagegen ist der aktuell empfohlene Wert (CODATA NIST 2014; MOHR *et al.* 2015)[14]

$$a_e = (g_s - 2)/2 = |\mu_e/\mu_B| - 1 = 1.159\,652\,180\,91(26) \times 10^{-3}. \qquad (6.101)$$

In diesem Zusammenhang sollte man wissen, dass die Bestimmung der fundamentalen physikalischen Konstanten heute auf einem komplexen System von gewichteten Mittelwerten einer ganzen Reihe von Präzisionsmessungen verschiedener Messgrößen basiert (a_e ist eine davon). Die so gewonnen Naturkonstanten werden

[14]Der Vollständigkeit halber notieren wir hier auch den Wert der Anomalie für das Myon, μ, der ebenfalls mit hoher (wenn auch etwas niedrigerer) Genauigkeit bekannt ist: $a_\mu = 1.165\,920\,89(63) \times 10^{-3}$.

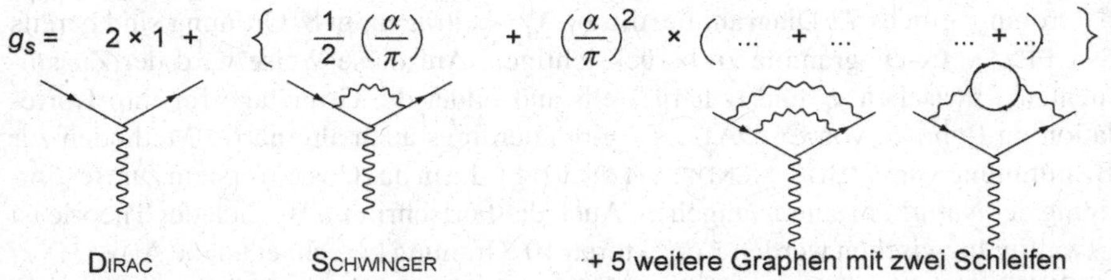

Abb. 6.34 FEYNMAN-Diagramme für g_s in 1. Ordnung, 2. Ordnung (eine Schleife) und einige Beispiele für die 4. Ordnung (Zweischleifenbeiträge). Man beachte, dass der offene Photonpropagator Wechselwirkung mit dem Magnetfeld andeutet

regelmäßig im Rahmen des CODATA-Systems aktualisiert und sind nicht unabhängig voneinander. Jede Änderung im System der Konstanten ändert auch die anderen Konstanten. So ist nach CODATA (2014) der Wert für die Feinstrukturkonstante[15]

$$\alpha = \frac{e^2}{4\pi\varepsilon_0\hbar c} = 1/137.035999139(31), \tag{6.102}$$

und für den Korrelationskoeffizienten zwischen a_e und α wird $r = 0.9903$ angegeben. Die numerischen Werte beider Konstanten hängen also sehr stark voneinander ab. Dabei ist ihr präziser theoretischer Zusammenhang entscheidend.

Die Theorie für die Anomalie des magnetischen Moments des Elektrons wurde erstmals bereits von J. SCHWINGER entwickelt. Nach seinen Überlegungen ist der erste, nichtverschwindende Term für a_e von 2. Ordnung in der QED und beträgt $a_e = \alpha/2\pi = 1.161 \times 10^{-3}$. Das liegt bereits sehr nahe am damaligen experimentellen Wert von LAMB und RETHERFORD. Abbildung 6.34 zeigt die Diagramme bis zur 2. Ordnung der Störungsentwicklung vollständig, zusammen mit zwei weiteren Korrekturen der 4. Ordnung (die weiteren 5 möglichen Diagramme 4. Ordnung sind ebenfalls Zweischleifendiagramme und nicht schwer zu erraten).

Die Ergebnisse solcher QED-Berechnungen wird oft als

$$a_e^{\text{QED}} = A_1 + A_2(m_e/m_\mu) + A_2(m_e/m_\tau) + A_3(m_e/m_\mu, m_e/m_\tau)$$

geschrieben, wobei sogar die virtuelle Erzeugung von μ- und τ-Leptonen berücksichtigt ist. Jeder dieser individuellen Terme wird in eine Störungsreihe entwickelt:

$$A_i = A_i^{(2)}\left(\frac{\alpha}{\pi}\right) + A_i^{(4)}\left(\frac{\alpha}{\pi}\right)^2 + A_i^{(6)}\left(\frac{\alpha}{\pi}\right)^3 + \cdots.$$

Natürlich trägt die A_1-Reihe am stärksten bei (in 2. Ordnung ist $A_1^{(2)} = 1/2$ und entspricht der SCHWINGER-Theorie). Bei der *ab initio* Auswertung der Störungsreihe für diese Koeffizienten muss man vor allem für gute Buchführung Sorge tragen: In

[15] HANNEKE *et al.* (2008) gaben noch den Wert $\alpha = 1/137.035999084(51)$ an.

6. Ordnung gibt es 72 Diagramme, die zu $A_1^{(6)}$ beitragen, in 8. Ordnung sind bereits 891 FEYNMAN-Diagramme zu berücksichtigen. Auf diese Weise wird der Zusammenhang zwischen a_e und α hergestellt und bildet die Grundlage für ihre Korrelation im Rahmen von CODATA. Es gibt allerdings auch alternative Methoden zur Bestimmung von α (BOUCHENDIRA *et al.* 2011), die in das Gesamtsystem zur Bestimmung der Naturkonstanten eingehen. Auch der Fortschritt im Bereich der Theorie ist gewaltig: Inzwischen werden Korrekturen 10. Ordnung berechnet (siehe AOYAMA *et al.* 2015), wobei auch hadronische und elektroschwache Wechselwirkungen berücksichtigt werden. Der Vergleich mit immer weiter verbesserten Präzisionsmessungen könnte möglicherweise auch zu kritischen Tests für das Standardmodell der Elementarteilchenphysik führen (siehe GABRIELSE 2013).

Was haben wir in Abschnitt 6.6 gelernt?

- Die Abweichung des g_s-Faktors vom Wert 2 wird *Anomalie des magnetischen Moments des Elektrons* genannt, $a_e = (g_s - 2)/2 \simeq 1.16 \times 10^{-3}$ und kann heute mit der verblüffenden Genauigkeit von etwa 3×10^{-10} bestimmt werden.
- Experimentell misst man diesen Wert mit ausgeklügelten Techniken in Elektronenfallen (PENNING-Falle, zuerst von DEHMELT für diesen Zweck eingesetzt), wobei quasi-makroskopische Zustände des Elektrons präpariert werden – das sogenannte *Geonium*. Im Wesentlichen misst man dabei den Unterschied zwischen der LARMOR- und der Zyklotronfrequenz.
- Die präzise Bestimmung des magnetischen Moments des Elektrons bietet eine weitere Möglichkeit, das Potenzial der QED zu testen. Während die dominanten Beiträge hier in zweiter Ordnung Störungsrechnung beitragen (Einfachschleife), werden inzwischen bereits Korrekturen bis zur 10. Ordnung berechnet und Terme mit starker und schwacher Wechselwirkung berücksichtigt.

Akronyme und Terminologie

AMO: ‚Atome, Moleküle und Optische', Physik.

AOM: ‚Akustooptischer Modulator', Gerät, welches die Frequenz von Licht moduliert und verschiebt, basierend auf BRAGG-Reflexion (siehe Abschn. 1.4.9) an stehenden Schallwellen, typischerweise im RF-Frequenzbereich.

a.u.: ‚atomare Einheiten', siehe Abschn. 2.6.2 auf Seite 129.

CCD: ‚Ladungsgekoppeltes elektronisches Bauelement (engl. *Charge coupled device*)', Halbleiterbauelement, typischerweise für die digitale Bildaufnahme (z. B. in elektronischen Kameras).

CRD: ‚Gedämpfter optischer Resonator (engl: *Cavity Ring Down*)', spezielle Art der Spektroskopie, bei welcher die Dämpfung von elektromagnetischer Strahlung in einem Resonator hoher Güte ausgenutzt wird.

CW: ‚Kontinuierliche Welle (engl. *Continuous Wave*)', kontinuierlicher Lichtstrahl, Laserstrahl u. ä. (im Gegensatz zum Lichtimpuls).

E1: ‚Elektrischer Dipol-‘, Übergang, induziert durch die Wechselwirkung eines elektrischen Dipols (z. B. Elektron + Atomkern) mit der elektrischen Feldkomponente der elektromagnetischen Strahlung (Kap. 4).

EBIT: ‚Elektronenstrahl-Ionenquelle/Falle (engl. *Electron Beam Ion Trap*)‘, effiziente Quelle für Strahlen von hochgeladenen Ionen.

FEL: ‚Freie-Elektronen-Laser‘, Quelle für laserartige Strahlung, welche die Lichtverstärkung in einem räumlich oszillierenden, hochrelativistischen Elektronenstrahl ausnutzt (siehe Abschn. 10.6.5 auf Seite 590).

FPI: ‚FABRY-PÉROT-Interferometer‘, wird für die Hochpräzisionspektroskopie und als Laserresonator eingesetzt (Abschn. 6.1.2 auf Seite 304).

FS: ‚Feinstruktur‘, Aufspaltung von atomaren und molekularen Energieniveaus durch Spin-Bahn-Kopplung und andere relativistische Effekte (Kap. 6).

FWHM: ‚Volle Halbwertsbreite (engl. *Full Width at Half Maximum*)‘.

gute Quantenzahl: ‚Quantenzahl für Eigenwerte von solchen Observablen, die gleichzeitig mit dem HAMILTON-Operator gemessen werden können (s. Abschn. 2.6.5)‘

HCI: ‚Hochgeladene Ionen (engl: *Highly Charged Ions*)‘.

HFS: ‚Hyperfeinstruktur‘, Aufspaltung von atomaren und molekularen Energieniveaus durch Wechselwirkung der aktiven Elektronen mit dem Atomkern (Kap. 9).

IR: ‚Infrarot‘, Spektralbereich der elektromagnetischen Strahlung. Wellenlängenbereich zwischen 760 nm und 1 mm nach ISO 21348 (ISO 21348, 2007).

M1: ‚Magnetischer Dipol-‘, Übergang, induziert durch die Wechselwirkung eines magnetischen Dipols (z. B. Elektronenspin) mit der magnetischen Feldkomponente der elektromagnetischen Strahlung (siehe Kap. 5).

MW: ‚Mikrowelle‘, Bereich elektromagnetischer Strahlung. In der Spektroskopie bezeichnet man mit MW meist Wellenlängen von 1 mm bis 1 m bzw. Frequenzen zwischen 0.3 GHz und 300 GHz; ISO 21348 (ISO 21348, 2007) definiert MW als Wellenlängenbereich zwischen 1 mm und 15 mm.

NIST: ‚National Institute of Standards and Technology‘, Standorte Gaithersburg (MD) und Boulder (CO), USA. http://www.nist.gov/index.html.

NLO: ‚Nichtlineare Optik‘, Wechselwirkung von Licht mit Materie, bei welcher die Polarisation von höheren (>2) Potenzen des elektrischen Feldes abhängt.

PTB: ‚Physikalisch-Technische Bundesanstalt‘, das nationale Metrologie-Institut (Standorte Braunschweig und Berlin) mit wissenschaftlich-technischen Dienstleistungsaufgaben http://www.ptb.de/cms/dieptb.html.

QDT: ‚Quantendefekttheorie‘, interpretiert die experimentell beobachtete Energieverschiebung der atomaren Energieniveaus als Phasenverschiebung in den radialen Wellenfunktionen und macht Vorhersagen für Streuprozesse (Abschn. 3.2.6 auf Seite 165).

QED: ‚Quantenelektrodynamik‘, kombiniert die Quantentheorie mit der klassischen Elektrodynamik und der speziellen Relativitätstheorie und erlaubt eine vollständige Beschreibung der Licht-Materie-Wechselwirkung.

REMPI: ‚Resonant verstärkte Multiphotonenionisation (engl. *Resonantly Enhanced Multi Photon Ionization*)‘, Ionisation von Atomen und Molekülen durch mehrere Photonen über einen resonanten Zwischenzustand.

RF: ‚Radiofrequenz‘, Spektralbereich der elektromagnetischen Strahlung. Frequenzbereich von 3 kHz bis zu 300 GHz oder Wellenlängen von 100 km bis 1 mm; ISO 21348 (2007) definiert RF als Wellenlängen von 100 m bis 0.1 mm; in der Spektroskopie meint man meist Frequenzen von 100 kHz bis zu einigen GHz.

SHG: ‚Erzeugung der zweiten Harmonischen (engl. *Second Harmonic Generation*)‘, Verdopplung der Grundfrequenz, meist bezogen auf IR- oder VIS-Licht, typisch mithilfe von Methoden der nichtlinearen Optik (NLO).

SI: ‚Système international d’Unités‘, internationales System der Maßeinheiten (m, kg, s, A, K, mol, cd), Details findet man z. B. auf der Website des *Bureau International des Poids et Mesures* (BIPM) http://www.bipm.org/en/si/ oder bei der *Physikalisch-Technischen Bundesanstalt* (PTB) http://www.ptb.de/cms/fileadmin/internet/publikationen/ptb_mitteilungen/mitt2007/Heft2/PTB-Mitteilungen_2007_Heft_2.pdf.

UV: ‚Ultraviolett', Spektralbereich der elektromagnetischen Strahlung mit Wellenlängen zwischen 100 nm und 400 nm (nach ISO 21348, 2007).

VIS: ‚Sichtbar (engl. *Visible*)', Spektralbereich der elektromagnetischen Strahlung mit Wellenlängen zwischen 380 nm und 760 nm (nach ISO 21348, 2007).

VUV: ‚Vakuumultraviolett', Spektralbereich der elektromagnetischen Strahlung mit Wellenlängen zwischen 10 nm und 200 nm (nach ISO 21348, 2007).

XFEL: ‚Freie-Elektronen RÖNTGEN-Laser', wie FEL jedoch speziell dafür konstruiert, kohärente, kurze, laserartige RÖNTGEN-Impulse zu erzeugen; Details siehe Abschn. 10.6.5.

XUV: ‚Weiche Röntgenstrahlung (manchmal auch extremes UV genannt)', Spektralbereich der elektromagnetischen Strahlung. Wellenlängenbereich zwischen 0.1 nm und 10 nm (nach ISO 21348, 2007), manchmal auch bis zu 40 nm.

Literatur

AOYAMA, T., M. HAYAKAWA, T. KINOSHITA und M. NIO: 2015. 'Tenth-order electron anomalous magnetic moment: Contribution of diagrams without closed lepton loops'. *Phys. Rev. D*, **91**, 033 006.

BEIERSDORFER, P.: 2010. 'Testing QED and atomic-nuclear interactions with high-Z ions'. *J. Phys. B: At. Mol. Phys.*, **43**, 074 032.

BETHE, H. A.: 1947. 'The electromagnetic shift of energy levels'. *Phys. Rev.*, **72**, 339–341.

BIRABEN, F.: 2009. 'Spectroscopy of atomic hydrogen how is the Rydberg constant determined?' *Eur. Phys. J. ST*, **172**, 109–119.

BJORKEN, J. D. und S. D. DRELL: 1964. *Relativistic Quantum Mechanics*. New York: McGraw Hill.

BORN, M. und E. WOLF: 2006. *Principles of Optics*. Cambridge University Press, 7. (erweiterte) Aufl.

BOUCHENDIRA, R., P. CLADE, S. GUELLATI-KHELIFA, F. NEZ und F. BIRABEN: 2011. 'New determination of the fine structure constant and test of the quantum electrodynamics'. *Phys. Rev. Lett.*, **106**, 080–801.

BRINK, D. M. und G. R. SATCHLER: 1994. *Angular Momentum*. Oxford: Oxford University Press, 3. Aufl., 182 Seiten.

CARLSON, C. E. und M. FREID: 2015. 'Extending theories on muon-specific interactions'. *Phys. Rev. D*, **92**, 095 024.

DEHMELT, H. G. und W. PAUL: 1989. 'NOBEL-Preis in Physik: „for the development of the ion trap technique"', Stockholm. http://nobelprize.org/nobel_prizes/physics/laureates/1989/.

VAN DYCK, R. S., P. B. SCHWINBERG und H. G. DEHMELT: 1986. 'Electron magnetic-moment from geonium spectra - early experiments and background concepts'. *Phys. Rev. D*, **34**, 722–736.

VAN DYCK, R. S., P. B. SCHWINBERG und H. G. DEHMELT: 1987. 'New high-precision comparison of electron and positron g-factors'. *Phys. Rev. Lett.*, **59**, 26–29.

EDMONDS, A. R.: 1964. *Drehimpulse in der Quantenmechanik. Übersetzung von "Angular Momentum in Quantum Mechanics", Princeton University Press*, Bd. 53/53a. Mannheim: BI Hochschultaschenbuch, 162 Seiten.

EIDES, M. I., H. GROTCH und V. A. SHELYUTO: 2001. 'Theory of light hydrogenlike atoms'. *Phys. Rep.*, **342**, 63–261.

EPP, S. W. *et al.*: 2015. 'Single-photon excitation of K alpha in heliumlike Kr34+: Results supporting quantum electrodynamics predictions'. *Phys. Rev. A*, **92**, 020–502.

FALKE, S. *et al.*: 2014. 'A strontium lattice clock with 3 x 10(-17) inaccuracy and its frequency'. *New J. Phys.*, **16**, 073 023.

Feynman, R. P.: 1949. 'Space-time approach to quantum electrodynamics'. *Phys. Rev.*, **76**, 769–789.

Gabrielse, G.: 2013. 'The standard model's greatest triumph'. *Phys. Today*, **66**, 64–65.

Galtier, S., H. Fleurbaey, S. Thomas, L. Julien, F. Biraben und F. Nez: 2015. 'Progress in spectroscopy of the 1s-3s transition in hydrogen'. *J. Phys. Chem. Ref. Data*, **44**, 031 201.

Glauber, R. J.: 2005. 'Nobel-Preis in Physik (Anteil 1/2): „for his contribution to the quantum theory of optical coherence"', Stockholm. http://nobelprize.org/nobel_prizes/physics/laureates/2005/.

Gross, B., A. Huber, M. Niering, M. Weitz und T. W. Hänsch: 1998. 'Optical ramsey spectroscopy of atomic hydrogen'. *Europhys. Lett.*, **44**, 186–191.

Grynberg, G. und B. Cagnac: 1977. 'Doppler-free multi-photonic spectroscopy'. *Rep. Prog. Phys.*, **40**, 791–841.

Gumberidze, A. *et al.*: 2005. 'Quantum electrodynamics in strong electric fields: The ground-state lamb shift in hydrogenlike uranium'. *Phys. Rev. Lett.*, **94**, 223 001 – and personal communication from T. Stöhlker.

Hall, J. L. und T. W. Hänsch: 2005. 'Nobel-Preis in Physik (Anteil je 1/4): „for their contributions to the development of laser-based precision spectroscopy, including the optical frequency comb technique"', Stockholm. http://nobelprize.org/nobel_prizes/physics/laureates/2005/.

Hanneke, D., S. Fogwell und G. Gabrielse: 2008. 'New measurement of the electron magnetic moment and the fine structure constant'. *Phys. Rev. Lett.*, **100**, 120–801.

Hänsch, T. W. und Gruppe: . 'Hydrogen Spectroscopy, Hyperfine Splitting', München: Max-Planck-Gesellschaft. http://www2.mpq.mpg.de/~haensch/hydrogen/index.php/H1s2sResearch/HFS, letzter Zugriff: 15.5.2016.

Hänsch, T. W., M. H. Nayfeh, S. A. Lee, S. M. Curry und I. S. Shahin: 1974. 'Precision-measurement of Rydberg constant by laser saturation spectroscopy of balmer alpha line in hydrogen and deuterium'. *Phys. Rev. Lett.*, **32**, 1336–1340.

Hänsch, T. W., A. L. Schawlow und G. W. Series: 1979. 'Spectrum of atomic-hydrogen'. *Sci.Am.*, **240**, 94.

Hänsch, T. W., I. S. Shahin und A. L. Schawlow: 1971. 'High-resolution saturation spectroscopy of sodium *D* lines with a pulsed tunable dye laser'. *Phys. Rev. Lett.*, **27**, 707–710.

Hänsch, T. W., I. S. Shahin und A. L. Schawlow: 1972. 'Optical resolution of Lamb shift in atomic-hydrogen by laser saturation spectroscopy'. *Nature-Physical Science*, **235**, 63.

Hänsch, T. W., J. Alnis, P. Fendel, M. Fischer, C. Gohle, M. Herrmann, R. Holzwarth, N. Kolachevsky, T. Udem und M. Zimmermann: 2005. 'Precision spectroscopy of hydrogen and femtosecond laser frequency combs'. *Phil. Trans. R. Soc. Lond. Ser. A*, **363**, 2155–2163.

Huntemann, N., B. Lipphardt, C. Tamm, V. Gerginov, S. Weyers und E. Peik: 2014. 'Improved limit on a temporal variation of m(p)/m(e) from comparisons of yb+ and cs atomic clocks'. *Phys. Rev. Lett.*, **113**, 210–802.

ISO 21348: 2007. 'Space environment (natural and artificial) – Process for determining solar irradiances'. Genf, Schweiz: Internationale Organisation für Normung.

Jefferts, S. und D. Meekhof: 2011. 'NIST-F1 cesium fountain atomic clock', NIST. http://www.nist.gov/physlab/div847/grp50/primary-frequency-standards.cfm, letzter Zugriff: 8 Jan 2014.

Jentschura, U. und K. Pachucki: 1996. 'Higher-order binding corrections to the Lamb shift of 2p states'. *Phys. Rev. A*, **54**, 1853–1861.

Jentschura, U. D., S. Kotochigova, E. O. L. Bigot, P. J. Mohr und B. N. Taylor: 2005. 'The energy levels of hydrogen and deuterium (version 2.1)', NIST. http://physics.nist.gov/PhysRefData/HDEL/, letzter Zugriff: 8 Jan 2014.

Jentschura, U. D., P. J. Mohr und G. Soff: 2001. 'Electron self-energy for the K and L shells at low nuclear charge'. *Phys. Rev. A*, **63**, 042 512.

JENTSCHURA, U. D., A. MATVEEV, C. G. PARTHEY, J. ALNIS, R. POHL, T. UDEM, N. KOLACHEVSKY und T. W. HÄNSCH: 2011. 'Hydrogen-deuterium isotope shift: From the 1s-2s-transition frequency to the proton-deuteron charge-radius difference'. *Phys. Rev. A*, **83**, 042 505.

JOHNSON, W. R. und G. SOFF: 1985. 'The Lamb shift in hydrogen-like atoms, 1 less-than-or-equal-to Z less-than-or-equal-to 110'. *At. Data Nucl. Data Tables*, **33**, 405–446.

KARSHENBOIM, S. G.: 2005. 'Precision physics of simple atoms: QED tests, nuclear structure and fundamental constants'. *Phys. Rep.*, **422**, 1–63.

KOLACHEVSKY, N. N. und K. Y. KHABAROVA: 2014. 'Precision laser spectroscopy in fundamental studies'. *Physics-Uspekhi*, **57**, 1230–1238.

KRAMIDA, A. E., Y. RALCHENKO, J. READER und NIST ASD TEAM: 2015. 'NIST Atomic Spectra Database (version 5.3)', NIST. http://physics.nist.gov/asd, letzter Zugriff: 16.1.2016.

KROEMER, H.: 2004. 'The Thomas precession factor in spin-orbit interaction'. *Am. J. Phys.*, **72**, 51–52.

LAMB, W. E. und P. KUSCH: 1955. 'NOBEL-Preis in Physik: „for his discoveries concerning the fine structure of the hydrogen spectrum, and for his precision determination of the magnetic moment of the electron, respectively"', Stockholm. http://nobelprize.org/nobel_prizes/physics/laureates/1955/.

LE TARGAT, R. *et al.*: 2013. 'Experimental realization of an optical second with strontium lattice clocks'. *Nature Communications*, **4**, 2109.

MATVEEV, A. *et al.*: 2013. 'Precision measurement of the hydrogen 1s-2s frequency via a 920-km fiber link'. *Phys. Rev. Lett.*, **110**, 230–801.

MICHELSON, A. A.: 1907. 'NOBEL-Preis in Physik: „for his optical precision instruments and the spectroscopic and metrological investigations carried out with their aid"', Stockholm. http://www.nobelprize.org/nobel_prizes/physics/laureates/1907/.

MOHR, P. J., D. B. NEWELL und B. N. TAYLOR: 2015. 'CODATA Recommended Values of the Fundamental Physical Constants: 2014'. *arXiv:1507.07956 [physics.atom-ph]*, 1–11. http://arxiv.org/abs/1507.07956, letzter Zugriff: 10. Jan. 2016.

MOHR, P. J., B. N. TAYLOR und D. B. NEWELL: 2012. 'CODATA recommended values of the fundamental physical constants: 2010'. *Rev. Mod. Phys.*, **84**, 1527–1605. http://physics.nist.gov/constants, letzter Zugriff: 20. 6. 2014.

NIERING, M. *et al.*: 2000. 'Measurement of the hydrogen 1s-2s transition frequency by phase coherent comparison with a microwave cesium fountain clock'. *Phys. Rev. Lett.*, **84**, 5496–5499.

NIST: 2014. 'The 2014 CODATA Recommended Values of the Fundamental Physical Constants', Gaithersburg, MD 20899: NIST, National Institute of Standards and Technology. http://physics.nist.gov/cuu/Constants/, letzter Zugriff: 14.5.2016.

ODOM, B., D. HANNEKE, B. D'URSO und G. GABRIELSE: 2006. 'New measurement of the electron magnetic moment using a one-electron quantum cyclotron'. *Phys. Rev. Lett.*, **97**, 030 801.

PALMER, C. und E. LOEWEN: 2005. 'Diffraction grating handbook', New York: Newport corporation. http://www.gratinglab.com/Information/Handbook/Cover.aspx, letzter Zugriff: 8 Jan 2014.

PARTHEY, C. G. *et al.*: 2011. 'Improved measurement of the hydrogen 1s-2s transition frequency'. *Phys. Rev. Lett.*, **107**, 203 001.

PAYNE, A. T., C. T. CHANTLER, M. N. KINNANE, J. D. GILLASPY, L. T. HUDSON, L. F. SMALE, A. HENINS, J. A. KIMPTON und E. TAKACS: 2014. 'Helium-like titanium x-ray spectrum as a probe of QED computation'. *J. Phys. B: At. Mol. Phys.*, **47**, 185 001.

PEIL, S. und G. GABRIELSE: 1999. 'Observing the quantum limit of an electron cyclotron: QND measurements of quantum jumps between fock states'. *Phys. Rev. Lett.*, **83**, 1287–1290.

POHL, R. *et al.*: 2010. 'The size of the proton'. *Nature*, **466**, 213–216.

POSTAVARU, O., Z. HARMAN und C. H. KEITEL: 2011. 'High-precision metrology of highly charged ions via relativistic resonance fluorescence'. *Phys. Rev. Lett.*, **106**, 033 001.

PTB: 2016. 'Zeitnormale: Realisierung der SI-Sekunde', Braunschweig: Physikalisch-Technische Bundesanstalt (PTB); *wir danken Andreas Bauch sehr herzlich für wichtige Hinweise zum aktuellen Stand der Genauigkeit von Atomuhren*. http://www.ptb.de/cms/ptb/fachabteilungen/abt4/fb-44/ag-441/realisierung-der-si-sekunde.html, letzter Zugriff: 29.04.2016.

RAMSEY, N. F.: 1950. 'A molecular beam resonance method with separated oscillating fields'. *Phys. Rev.*, **78**, 695–699.

RAMSEY, N. F.: 1989. 'NOBEL-Preis in Physik: „for the invention of the separated oscillatory fields method and its use in the hydrogen maser and other atomic clocks and the separated oscillatory fields method"', Stockholm. http://nobelprize.org/nobel_prizes/physics/laureates/1989/.

SICK, I.: 2015. 'Form factors and radii of light nuclei'. *J. Phys. Chem. Ref. Data*, **44**, 031 213.

STECK, D.: 2010. 'Alkali D line data'. http://steck.us/alkalidata/, letzter Zugriff: 8 Jan 2014.

STONE, A.: 2006. 'Wigner coefficient calculator', UK: University of Cambridge. http://www-stone.ch.cam.ac.uk/wigner.shtml, letzter Zugriff: 8 Nov 2015.

TAMM, C., N. HUNTEMANN, B. LIPPHARDT, V. GERGINOV, N. NEMITZ, M. KAZDA, S. WEYERS und E. PEIK: 2014. 'Cs-based optical frequency measurement using cross-linked optical and microwave oscillators'. *Phys. Rev. A*, **89**, 023 820.

TOMONAGA, S.-I., J. SCHWINGER und R. P. FEYNMAN: 1965. 'NOBEL-Preis in Physik: „for fundamental work in quantum electrodynamics, with deep-ploughing consequences for the physics of elementary particles"', Stockholm. http://nobelprize.org/nobel_prizes/physics/laureates/1965/.

WEITZ, M., A. HUBER, F. SCHMIDT-KALER, D. LEIBFRIED und T. W. HÄNSCH: 1994. 'Precision-measurement of the hydrogen and deuterium 1s ground state Lamb shift'. *Phys. Rev. Lett.*, **72**, 328–331.

WESLEY, J. C. und A. RICH: 1971. 'High field electron g-2 measurement'. *Phys. Rev. A*, **4**, 1341.

YEROKHIN, V. A. und V. M. SHABAEV: 2015. 'Lamb shift of n=1 and n=2 states of hydrogen-like atoms, 1 <= z <= 110'. *J. Phys. Chem. Ref. Data*, **44**, 033 103.

ZARE, R. N.: 1988. *Angular Momentum: Understanding Spatial Aspects in Chemistry and Physics*. New York: John Wiley & Sons, 368 Seiten.

Helium und andere Zweielektronensysteme 7

Bislang hatten wir unsere Betrachtungen auf Systeme beschränkt, die sich als effektive Einelektronensysteme in einem abgeschirmten, anziehenden COULOMB*-Potenzial beschreiben ließen. Für die überwiegende Anzahl der Atome ist dieses einfache Modell aber nicht aufrecht zu erhalten, weil sich ja die Elektronen paarweise gegenseitig abstoßen und dem* PAULI*-Prinzip gehorchen müssen. Am Beispiel des Heliumatoms mit seinen zwei Elektronen kann man die grundlegenden Probleme und Methoden am deutlichsten kennen und verstehen lernen.*

Überblick

Nach einer allgemeinen Einführung und einer Übersicht über die experimentellen Beobachtungen (Abschn. 7.1) werden in Abschn. 7.2 die quantenmechanischen Fundamente der Mehrelektronensysteme besprochen. Mit diesem Thema sollte man vertraut sein oder durch Lektüre dieses Abschnitts werden. Darauf aufbauend führt Abschn. 7.3 die Austauschwechselwirkung und die charakteristischen Elektronenkonfigurationen für angeregte Zustände ein. Die Spin-Bahn-Wechselwirkung für He und He-ähnliche Ionen wird in Abschn. 7.4 angesprochen – eine auch für spätere Kapitel wichtige Abrundung von Kap. 6. In Abschn. 7.5 werden Auswahlregeln für E1-Übergänge in Mehrelektronensystemen behandelt. Das führt uns in Abschn. 7.6 zum Thema *Doppelanregung,* welches weit über die Atomphysik hinaus von Bedeutung ist: Isolierte Zustände, die in Kontinua eingebettet sind, gibt es in allen Gebieten der Physik. Die sich daraus ergebenden Interferenzstrukturen in den Spektren, die als FANO-*Resonanzen* bekannt sind, werden auf einfache Weise erklärt und illustriert. Schließlich behandelt Abschn. 7.7 die Erdalkaliatome und das Hg-Atom: Sie sind auf analoge Weise mit dem He-Atom verwandt wie die Alkaliatome mit dem H-Atom.

I.V. Hertel und C.-P. Schulz, *Atome, Moleküle und optische Physik 1,*
Springer-Lehrbuch, DOI 10.1007/978-3-662-53104-4_7

7.1 Einführung und empirische Befunde

7.1.1 Grundlagen

Helium stellt mit der Kernladungszahl $Z = 2$ das einfachste aller Mehrelektronensysteme dar. Dennoch entzieht es sich, wie jedes Mehrelektronensystem, einer exakten Berechnung seiner Eigenschaften – dies gilt für das klassische Dreikörperproblem ebenso wie für die Quantenmechanik des Heliumatoms.

Helium ist ein sehr seltenes Element. Sein Vorhandensein auf der Erde verdankt es dem radioaktiven α-Zerfall: Es besteht aus einem α-Teilchen, das zwei Elektronen eingefangen hat. Typischerweise wird es aus speziellen Erdgasquellen isoliert, wo es mit bis zu 7 % gefunden wird. Es gibt zwei Isotope: ${}^4_2$He (mit einer relativen Häufigkeit von $w_{rel} = 99.999863(3)\,\%$, einer Atommasse $m({}^4_2\text{He}) = 4.0026032497(10)\,\text{u}$ und einem Kernspin $I = 0$) und das sehr seltene ${}^3_2$He (mit $w_{rel} = 0.000137(3)\,\%$, $m({}^3_2\text{He}) = 3.0160293097(9)\,\text{u}$ und $I = 1/2$).

Im Grundzustand werden die zwei Elektronen des He durch $1s^2\,{}^1\text{S}_0$ beschrieben. Das erste Ionisationspotenzial für die Abtrennung *eines* Elektrons beträgt 24.5873876 eV. Für die Ionisation des zweiten Elektrons (d. h. für das wasserstoffähnliche Ion He^+, spektroskopisch He II genannt) wird eine Energie $Z^2 E_\text{h}/2 = 54.4177630\,\text{eV}$ benötigt. Die gesamte Bindungsenergie beider Elektronen beträgt somit 79.0051506 eV.

Dem entsprechend erstreckt sich das Spektrum des Heliums vom infraroten Spektralbereich (IR), über das sichtbare (VIS), das ultraviolette (UV) bis weit ins vakuumultraviolette Spektralgebiet (VUV) – so genannt, weil man wegen der Luftabsorption im Vakuum arbeiten muss. Abbildung 7.1 zeigt ein typisches Spektrum im UV/VIS Bereich, das aus Daten von Kramida *et al.* (2015) zusammengestellt wurde. Markiert *(online rot)* sind einige wenige charakteristische Emissionslinien, die auf den $1s2s\,{}^{1,3}$S- und $1s2p\,{}^{1,3}$P-Niveaus enden. Dieses UV/VIS-Spektrum ist freilich nur ein Ausschnitt aus dem Gesamtspektrum des Heliums. Man kann sich leicht vorstellen, dass es in der Frühzeit der Atomphysik nicht ganz trivial war, daraus ein konsistentes Termschema zu ermitteln. Zumal es ein besonderes Merkmal der optischen Emission und Absorption des Heliums ist, dass *zwei scheinbar voneinander unabhängige Spektren auftreten – ein Singulett- und ein Triplettsystem,* die jeweils eine in sich geschlossene Zuordnung zu Termenergien erfordern. Man sprach daher

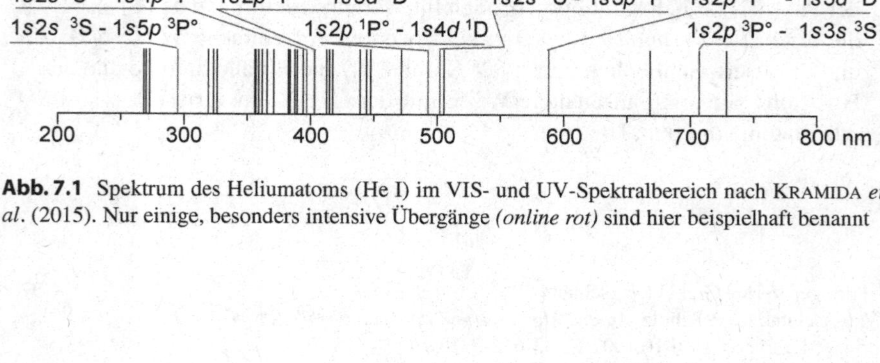

Abb. 7.1 Spektrum des Heliumatoms (He I) im VIS- und UV-Spektralbereich nach Kramida *et al.* (2015). Nur einige, besonders intensive Übergänge *(online rot)* sind hier beispielhaft benannt

in der Anfangszeit der Spektroskopie geradezu von zwei Arten von Helium: Para- und Orthohelium. Das ist inzwischen natürlich vollständig verstanden – es handelt sich dabei um zwei verschiedene Weisen, wie sich die Spins der beiden Elektronen zueinander einstellen. Helium mit seinen zwei Elektronen ist somit *das* Prototyp-Atom, an welchem man alle grundlegenden Phänomene von Mehrelektronensystemen am klarsten studieren kann. Von besonderer Bedeutung (für alle Bereiche der Physik) ist dabei die *Austauschwechselwirkung,* die wir hier erstmals kennenlernen und verstehen werden.

7.1.2 Das Termschema des He I

In Abb. 7.2 sind die Termlagen des neutralen He-Atoms unterhalb der Ionisationsschwelle zusammenfassend schematisch dargestellt, wie sie aus umfangreichem experimentellen Material erschlossen wurden. Es gibt, wie schon erwähnt, zwei Termsysteme, die wir entsprechend der Aufspaltung ihrer Linien in eine Feinstruktur als Singulett- und Triplettsystem bezeichnen. Der Grundzustand des Heliumatoms gehört dem Singulettsystem an. Optische Dipolübergänge (E1) werden nur innerhalb der beiden Systeme beobachtet (mit Pfeilen in Abb. 7.2 angedeutet). Es zeigt sich aber, dass z. B. durch Stoßprozesse sehr wohl Übergänge vom Singulett zum

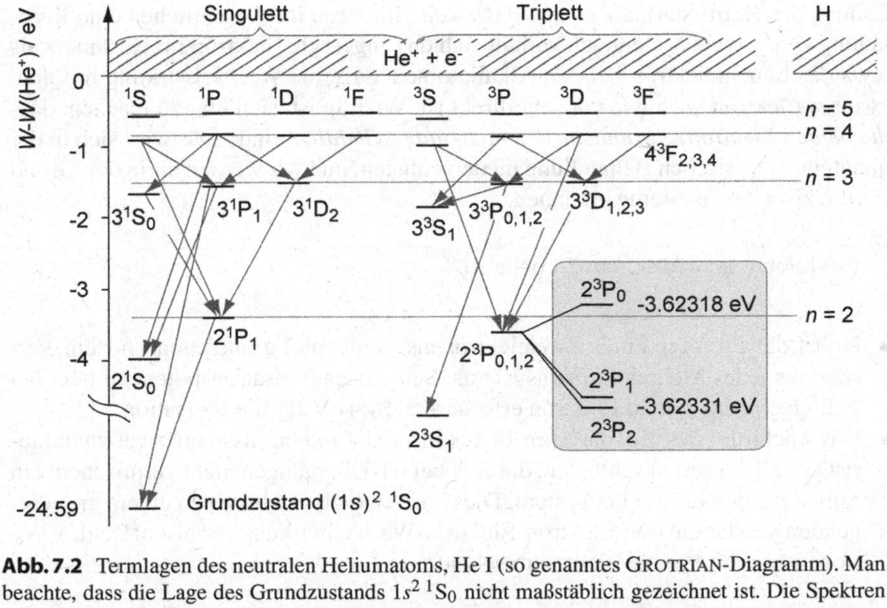

Abb. 7.2 Termlagen des neutralen Heliumatoms, He I (so genanntes GROTRIAN-Diagramm). Man beachte, dass die Lage des Grundzustands $1s^2\,{}^1S_0$ nicht maßstäblich gezeichnet ist. Die Spektren zerfallen in ein Singulett- und ein Triplettsystem. Das *Inset* zeigt die (invertierte) Triplettaufspaltung der $1s2p\,{}^3P_{0,1,2}$-Zustände. Zum Vergleich sind rechts die äquivalenten Energien des H-Atoms eingezeichnet. Man sieht, dass der Quantendefekt mit wachsendem n rasch abnimmt. Er liegt hier stets deutlich unter 1

Triplettsystem induziert werden können und umgekehrt – wir werden solche Prozesse in Bd. 2 ausführlich besprechen.

Offenbar ist die ℓ-Entartung des Wasserstoffatoms beim He aufgehoben: eine Folge der Abschirmung der Kernladung, welche jedes der beiden Elektronen durch das jeweils andere Elektron erfährt. Ähnlich wie bei den Alkaliatomen kann man die Termlagen rein empirisch durch effektive Quantenzahlen n^* mit einem Quantendefekt $\mu = n - n^*$ oder durch eine effektive Ladung Z^* charakterisieren:

$$W_n = -\frac{Z^2 E_\mathrm{h}}{2n^{*2}} = -\frac{Z^{*2} E_\mathrm{h}}{2n^2} \tag{7.1}$$

Für den Grundzustand des neutralen He ergibt sich mit der gemessenen Bindungsenergie von 24.5873876 eV $n^* \simeq 0.7439$ bzw. $Z^* \simeq 1.344$. Aus der ‚Sicht' eines der beiden Elektronen ist das COULOMB-Potenzial des Atomkerns also schon im Grundzustand erheblich abgeschirmt. Für alle einfach angeregten Zustände des He liegt der Quantendefekt $\mu = n - n^*$ deutlich unter 1 und konvergiert für die $1sns\,^1S_0$-Niveaus rasch zu nur $\mu \simeq 0.139$ und nimmt für größere n ebenso wie mit dem Drehimpuls ℓ rasch ab.

Ebenso konvergiert Z^* rasch gegen 1 und bereits für $n > 3$ und $\ell > 0$ liegen die Energien sowohl für die Singulett- wie auch für die Tripletterme nahe bei denen des atomaren Wasserstoffs. Wenn wir $1sn\ell$ als Konfiguration für die beiden Elektronen annehmen, so können wir das auch gut verstehen: Das $1s$-Elektron befindet sich in einem nahezu H-Atom-artigen Zustand (allerdings mit $Z = 2$). Es schirmt die Ladung des Kerns stark ab, sodass das zweite Elektron im Wesentlichen eine Kernladung $Z = 1$ ‚sieht'. Dennoch verhält sich das angeregte Elektron im He anders als etwa das Leuchtelektron bei den Alkaliatomen, da seine Wechselwirkung mit dem zweiten Elektron nach wie vor sehr direkt ist. Wichtig ist, sich klar zu machen, dass *die beiden Elektronen grundsätzlich nicht unterscheidbar* sind! Das wird sich in der quantenmechanischen Behandlung niederschlagen, und wir werden darin den Grund für die zwei Termsysteme erkennen.

Was haben wir in Abschnitt 7.1 gelernt?

- He ist der Prototyp eines Zweielektronensystems und grundlegend für ein Verständnis jedes Mehrelektronensystems. Sein erstes Ionisationspotenzial liegt bei $\simeq 24.6$ eV, das zweite Elektron erfordert $\simeq 54.4$ eV für die Ionisation.
- Das Spektrum des He, das vom IR bis ins VUV reicht, lässt auf zwei charakteristische Termserien schließen, die sich bei E1-Übergängen nicht vermischen: ein Singulett- und ein Triplettsystem. Dies wird sich als Schlüssel zu einem grundlegenden Verständnis der Elektron-Elektron-Wechselwirkung erweisen: Beide Elektronen sind im Prinzip nicht unterscheidbar.

7.2 Etwas Quantenmechanik für zwei Elektronen

7.2.1 HAMILTON-Operator für das Zweielektronensystem

Bislang haben wir noch keine formalen Instrumente für die Behandlung von Mehrelektronensystemen eingeführt. Wir erweitern hier einfach die allgemeine Regel, die wir bereits zur Aufstellung der Ausdrücke von Observablen (Operatoren) bei Einelektronensystemen benutzt haben, indem wir die Energien für beide Elektronen einfach addieren. Wenn wir also die isolierten Elektronen 1 und 2 durch je einen Ortsvektor $\boldsymbol{r}_1$ bzw. $\boldsymbol{r}_2$ beschreiben, wie schematisch in Abb. 7.3 skizziert, so erhalten wir für die beiden HAMILTON-Operatoren

$$\widehat{H}_1 = \frac{\widehat{\boldsymbol{p}}_1^2}{2m_e} - \frac{Ze^2}{4\pi\varepsilon_0 r_1} \quad \text{und} \quad \widehat{H}_2 = \frac{\widehat{\boldsymbol{p}}_2^2}{2m_e} - \frac{Ze^2}{4\pi\varepsilon_0 r_2}, \tag{7.2}$$

zu denen man noch die repulsive COULOMB-Energie der beiden Elektronen hinzu nehmen muss

$$\widehat{H}_{ee} = \frac{e^2}{4\pi\varepsilon_0 r_{12}}. \tag{7.3}$$

Der volle HAMILTON-Operator für das Zweielektronensystem wird somit

$$\widehat{H} = \widehat{H}_1 + \widehat{H}_2 + \widehat{H}_{ee} = \frac{\widehat{\boldsymbol{p}}_1^2}{2m_e} - \frac{Ze^2}{4\pi\varepsilon_0 r_1} + \frac{\widehat{\boldsymbol{p}}_2^2}{2m_e} - \frac{Ze^2}{4\pi\varepsilon_0 r_2} + \frac{e^2}{4\pi\varepsilon_0 r_{12}}. \tag{7.4}$$

Man beachte, dass der Wechselwirkungsterm $\widehat{H}_{ee}$ von

$$r_{12} = |\boldsymbol{r}_1 - \boldsymbol{r}_2| = r_1^2 + r_2^2 - 2r_1 r_2 \cos\theta_{12}, \tag{7.5}$$

abhängt und somit *die ursprüngliche sphärische Symmetrie bricht* – aufgrund derer der Einelektronenfall relativ leicht zu behandeln war.

Im weiteren Kapitel werden wir den HAMILTON-Operator wieder in a.u. schreiben (sofern nicht anders vermerkt):

$$\widehat{H} = \widehat{H}_1 + \widehat{H}_2 + \widehat{H}_{ee} = -\frac{\Delta}{2} - \frac{Z}{r_1} - \frac{\Delta}{2} - \frac{Z}{r_2} + \frac{1}{r_{12}} \tag{7.6}$$

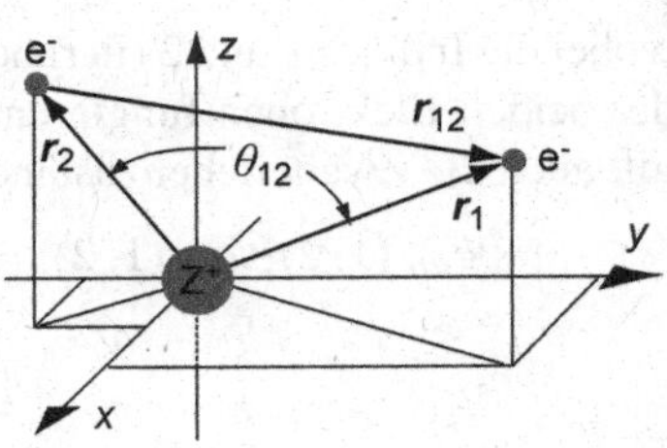

Abb. 7.3 Koordinaten für ein Zweielektronensystem

7.2.2 Zweiteilchenwellenfunktionen

Mit (7.6) haben wir jetzt einen HAMILTON-Operator, der von zwei Koordinaten abhängt. Wir werden weiterhin Polarkoordinaten benutzen, und die Wellenfunktionen werden jetzt von den Koordinaten $\{r_1, \theta_1, \varphi_1, r_2, \theta_2, \varphi_2\}$ abhängen. Der einfachste *Ansatz* für eine Wellenfunktion wäre dann

$$\Psi(\boldsymbol{r}_1, \boldsymbol{r}_2) = \psi_1(r_1, \theta_1, \varphi_1)\psi_2(r_2, \theta_2, \varphi_2). \tag{7.7}$$

Dieser *Produktansatz ist streng genommen nur für das Modell unabhängiger Teilchen gültig,* d. h. für zwei Elektronen, die völlig unkorreliert sind und voneinander nur ihr jeweils gemitteltes Potenzial erleben. Es zeigt sich, dass dies eine gute 1. Näherung für die einfach angeregten $1sn\ell$-Zustände im He ist. Für den He-Grundzustand ebenso wie für doppelt angeregte Zustände, wo die zwei Elektronen eng miteinander wechselwirken, ist diese Näherung freilich nur sehr begrenzt brauchbar.

Wenn wir die Definition der Wellenfunktion als Wahrscheinlichkeitsamplitude im Einteilchenfall konsequent weiter entwickeln, die wir in (2.5) eingeführt haben, wird die *Wahrscheinlichkeit, Elektron* 1 *am Ort* $\boldsymbol{r}_1$ *und zugleich Elektron* 2 *am Ort* $\boldsymbol{r}_2$ in einem Volumenelement $\mathrm{d}^3\boldsymbol{r}_1\mathrm{d}^3\boldsymbol{r}_2$ zu finden, gegeben durch

$$\begin{aligned}\mathrm{d}w_{12} &= \left|\Psi(\boldsymbol{r}_1, \boldsymbol{r}_2)\right|^2 \mathrm{d}^3\boldsymbol{r}_1\mathrm{d}^3\boldsymbol{r}_2 \\ &= \left|\psi_1(r_1, \theta_1, \varphi_1)\right|^2 \left|\psi_2(r_2, \theta_2, \varphi_2)\right|^2 \mathrm{d}^3\boldsymbol{r}_1\mathrm{d}^3\boldsymbol{r}_2.\end{aligned} \tag{7.8}$$

Damit wird die Wahrscheinlichkeit, Elektron 1 am Ort $\boldsymbol{r}_1$ *und Elektron* 2 *irgendwo* zu finden

$$\mathrm{d}w_1 = \mathrm{d}^3\boldsymbol{r}_1 \int_2 \left|\Psi(\boldsymbol{r}_1, \boldsymbol{r}_2)\right|^2 \mathrm{d}^3\boldsymbol{r}_2 = \left|\psi_1(r_1, \theta_1, \varphi_1)\right|^2 \mathrm{d}^3\boldsymbol{r}_1. \tag{7.9}$$

Auf diese Weise definieren wir Einelektronenwellenfunktionen (Orbitale) $\psi_1(r_1, \theta_1, \varphi_1)$ und entsprechend $\psi_2(r_2, \theta_2, \varphi_2)$ und bestimmen diese so, dass sie orthogonal und auf 1 normiert sind.

Die Indizes 1 und 2, oder allgemeiner μ und μ', repräsentieren wieder den üblichen Satz von Quantenzahlen:

$$\mu = \{n_\mu \ell_\mu m_\mu m_{s\mu}\}, \qquad \mu' = \{n_{\mu'} \ell_{\mu'} m_{\mu'} m_{s\mu'}\} \tag{7.10}$$

Der Vollständigkeit halber schließen wir hier auch die Projektionsquantenzahl $m_s = \pm 1/2$ des Elektronenspin. Wir werden sie in Abschn. 7.3 explizit benutzen.

In der kompakten *bra-ket* Form werden solche Zweiteilchen-Produktzustände geschrieben als

$$\left|\Psi_{\mu\mu'}(1,2)\right\rangle = \left|\psi_\mu(\boldsymbol{r}_1)\psi_{\mu'}(\boldsymbol{r}_2)\right\rangle = |n_\mu \ell_\mu m_\mu n_{\mu'} \ell_{\mu'} m_{\mu'}\rangle, \tag{7.11}$$

wobei die Indizes 1 und 2 (in runden Klammern) als Abkürzung für die Koordinaten der beiden Elektronen fungieren. Mit orthonormierten Einteilchenorbitalen $\psi_\mu(\boldsymbol{r}_j)$ gilt auch die Zweiteilchenzustände:

$$\begin{aligned}\left\langle \Psi_{\mu\mu'}(1,2) \middle| \Psi_{\lambda\lambda'}(1,2)\right\rangle &= \left\langle \psi_\mu(1) \middle| \psi_\lambda(1)\right\rangle \left\langle \psi_{\mu'}(2) \middle| \psi_{\lambda'}(2)\right\rangle \\ &= \langle n_\mu \ell_\mu m_\mu | n_\lambda \ell_\lambda m_\lambda\rangle \langle n_{\mu'} \ell_{\mu'} m_{\mu'} | n_{\lambda'} \ell_{\lambda'} m_{\lambda'}\rangle \\ &= \delta_{\mu\lambda}\delta_{\mu'\lambda'}.\end{aligned} \tag{7.12}$$

Es ist wichtig festzuhalten, dass der HAMILTON-*Operator* (7.6) *für das Zweielektronensystem* in dieser Form *nicht vom Elektronenspin abhängt!* Der gesamte Einfluss der relativen Orientierung der beiden Spins wird durch die notwendige Antisymmetrisierung berücksichtigt, die in Abschn. 7.3 zu diskutieren sein wird. *Für den Augenblick ignorieren wir den Spin gänzlich und wir notieren, dass der* HAMILTON-*Operator sich nicht ändert, wenn wir zwei Elektronen vertauschen,* d. h. ihre Ortsvektoren $\boldsymbol{r}_1$ und $\boldsymbol{r}_2$.

7.2.3 Nullte Näherung: keine e^-e^--Wechselwirkung

Im Geiste der Störungsrechnung beginnen wir zunächst damit, das ‚ungestörte' Problem zu definieren, von dessen bekannter Lösung wir ausgehen. Wir vernachlässigen dafür also in (7.4) den repulsiven Abschirmungsterm (7.3), dessen Behandlung wir auf später verschieben, und schreiben den HAMILTON-*Operator in* 0. *Ordnung* in a.u.:

$$\widehat{H}_0 = \widehat{H}_1 + \widehat{H}_2 \quad \text{mit} \quad \widehat{H}_i = \frac{\widehat{\boldsymbol{p}}_i^2}{2} - \frac{Z}{r_i} \tag{7.13}$$

$\widehat{H}_i$ beschreibt einfach das Eigenwertproblem des Einteilchensystems, d. h. das wasserstoffähnliche He^+-Ion. Seine Energien W_{n_i} sind gegeben durch

$$\widehat{H}_i |n_i \ell_i m_i\rangle = W_{n_i} |n_i \ell_i m_i\rangle = -\frac{Z^2}{2n_i^2} |n_i \ell_i m_i\rangle . \tag{7.14}$$

Für das Zweiteilchensystem wird damit in 0. Näherung

$$\begin{aligned} \widehat{H}_0 |\Psi\rangle &= \left[\widehat{H}_1 |\psi_1\rangle\right] |\psi_2\rangle + \left[\widehat{H}_2 |\psi_2\rangle\right] |\psi_1\rangle \\ &= \left[\widehat{H}_1 |n_1 \ell_1 m_1\rangle\right] |n_2 \ell_2 m_2\rangle + \left[\widehat{H}_2 |n_2 \ell_2 m_2\rangle\right] |n_1 \ell_1 m_1\rangle \\ &= (W_{n_1} + W_{n_2}) |n_2 \ell_2 m_2\rangle |n_1 \ell_1 m_1\rangle = (W_{n_1} + W_{n_2}) |\Psi\rangle , \end{aligned}$$

woraus für die Energie des He-Atoms in 0. Näherung

$$W_{n_1 n_2}^{(0)} = W_{n_1} + W_{n_2} = -\frac{Z^2}{2} \left(\frac{1}{n_1^2} + \frac{1}{n_2^2} \right) \tag{7.15}$$

folgt. Man beachte, dass diese Energien in Bezug auf das vollständig getrennte Gesamtsystem $He^{++} + e^- + e^-$ kalibriert sind. Experimentell gemessen werden Spektrallinien, d. h. Energiedifferenzen. Tabelliert findet man typisch Term-Energien $W_{n_1 \ell_1 n_2 \ell_2} - W_{1s^2} > 0$ und Ionisationspotenziale $W_I > 0$ in Bezug auf den $He(1s^2)$-Grundzustand (z. B. KRAMIDA *et al.* 2015). (Alternativ werden in der Literatur auch *Bindungsenergien* für das Valenzelektron in Bezug auf die erste Ionisationsschwelle angegeben $W_{n_1 \ell_1 n_2 \ell_2} + W_I(\mathrm{I})$.)

Abbildung 7.4 vergleicht für He mit $Z = 2$ die tatsächlichen, experimentell bestimmten Energien (links) mit der Näherung 0. Ordnung (rechts) – für das neutrale Atom (He I) wie auch für das Ionensystem $He^+ + e^-$ (He II). Die Ionisierungsenergie des wasserstoffähnlichen He^+-Ion ($Z = 2$) kann mithilfe der SCHRÖDINGER-Gleichung berechnet werden zu $W_I^{(0)}(\mathrm{II}) = Z^2 E_\mathrm{h}/2 = 2E_\mathrm{h} = 54.422\ldots\,\mathrm{eV}$. Das

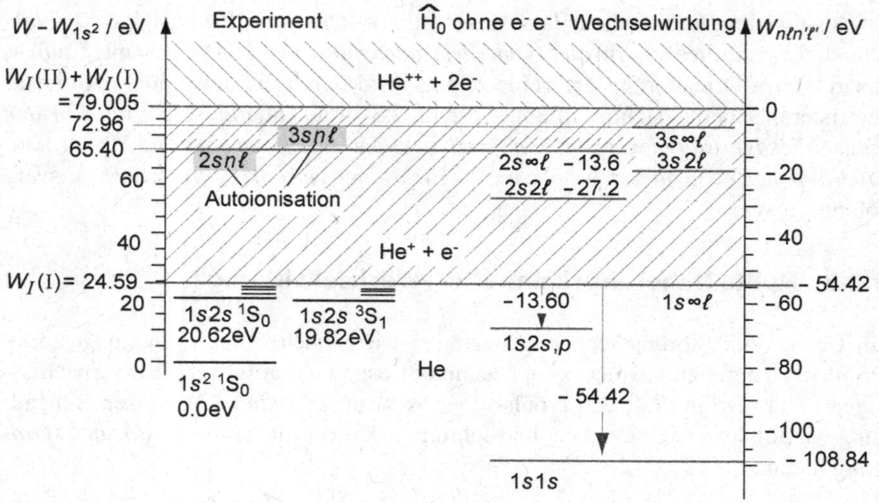

Abb. 7.4 Experimentell bestimmte Energien des He und des He^+ (links, schwarz) und Ansätze der Störungsrechnung in 0. Ordnung (rechts, *online rot*)

sind die mehr oder weniger exakten Werte nach KRAMIDA *et al.* (2015). Gegenwärtig ist der beste, gemessene Wert[1]

$$W_I(\text{II}) = W_I\left[\text{He}^+(1s)\right] = 54.41776203\,\text{eV}, \tag{7.16}$$

während der Wert des Ionisationspotenzials von neutralem He

$$W_I(\text{I}) = W_I\left[\text{He}\left(1s^2\right)\right] = 24.58738777\,\text{eV}\,. \tag{7.17}$$

ist. Daher ergibt sich für den (richtigen) Wert der Gesamtenergie des neutralen He-Grundzustands

$$W_{1s^2} = -W_I(\text{I}) - W_I(\text{II}) = -79.0051498\,\text{eV} = -2.903387219E_\text{h}. \tag{7.18}$$

Dagegen ergibt die Näherung 0. Ordnung nach (7.15)

$$W_{1s^2}^{(0)} = -\frac{Z^2}{2}E_\text{h} \times 2 = -4E_\text{h} = -108.8\,\text{eV}, \tag{7.19}$$

und $W_I^{(0)}(\text{I}) = W_I^{(0)}(\text{II})$. Ähnlich ergibt sich für die 0. Ordnung der Bindungsenergie eines Elektrons in einem $n\ell$-Zustand $Z^2(-(1+1/n^2)+1)/2E_\text{h} = -2E_\text{h}/n^2$, speziell $-E_\text{h}/2 = -13.6\,\text{eV}$ für die $1s2s$- oder $1s2p$-Zustände (die *Anregungsenergie wäre in* 0. Ordnung $-E_\text{h}/2 - (-2E_\text{h}) = 1.5E_\text{h}$).

Wie in Abb. 7.4 dokumentiert, liegen die *tatsächlichen Energien offensichtlich viel höher als Folge der Abschirmung* des attraktiven COULOMB-Potenzials durch

[1]Der Unterschied ergibt sich aus der notwendigen kinematischen Korrektur mit $\bar{m}_\text{e}/m_\text{e}$ für die endliche Masse, und aus weiteren Korrekturen wie z. B. der LAMB-Verschiebung.

den repulsiven $1/r_{12}$-Term. Offensichtlich stellt dies die Theorie vor eine größere Herausforderung, wenn man eine Genauigkeit erreichen will, die der des Experiments entspricht!

Noch komplexer wird die Situation, wenn wir zwei angeregte Elektronen in einem $n\ell$-Zustand betrachten. In 0. Ordnung würde eine $2\ell 2\ell'$-Konfiguration zu einer Anregungsenergie $3E_\mathrm{h}$ führen – was höher ist, als das erste Ionisationspotenzial in 0. Ordnung. Daher liegen solche Zustände bereits im Kontinuum des einfach ionisierten Heliums und haben eine Anregungsenergie E_h in Bezug auf den $\mathrm{He}^+ 1s\,^2S_0$-Grundzustand – wie in Abb. 7.4 gezeigt. Es gibt solche Zustände in der Tat, und wir werden diese Art der *Doppelanregung* und das sich daraus ergebende Phänomen der FANO-Resonanzen werden wir in Abschn. 7.6 detailliert besprechen.

7.2.4 Störungstheorie für den He-Grundzustand

Die Abschirmung (7.3) hat also einen erheblichen Einfluss. In einem ersten Schritt kann man versuchen, dies im Rahmen der Störungsrechnung zu berücksichtigen. Da $\widehat{H}_\mathrm{ee} > 0$ ist, erwarten wir in der Tat, damit dem experimentellen Wert näher zu kommen. Beim He-Grundzustand befinden sich beide Elektronen im $1s$-Zustand, und mit (7.11) wird die *Wellenfunktion oder der Zustandsvektor in* 0. *Näherung:*

$$\Psi_{1s^2}(\boldsymbol{r}_1, \boldsymbol{r}_2) = \psi_{1s}(\boldsymbol{r}_1)\psi_{1s}(\boldsymbol{r}_2) \quad \text{oder} \quad \left|1s^2\right\rangle = |100\rangle|100\rangle \tag{7.20}$$

Wir benutzen also die Eigenfunktionen des H-Atoms (mit $Z = 2$). Damit wird in 1. *Ordnung* Störungsrechnung nach (3.41) der Korrekturterm zur Energie:

$$\begin{aligned}\Delta W = W_{1s^2} - W_{1s^2}^{(0)} &= \langle \Psi_{1s^2}|\widehat{H}_\mathrm{ee}|\Psi_{1s^2}\rangle = \langle \Psi_{1s^2}|\frac{1}{r_{12}}|\Psi_{1s^2}\rangle \\ &= \langle 100|\langle 100|\frac{1}{r_{12}}|100\rangle|100\rangle = \int \mathrm{d}^3\boldsymbol{r}_1 \int \mathrm{d}^3\boldsymbol{r}_2 \frac{1}{r_{12}}|\psi_{100}(\boldsymbol{r}_1)|^2|\psi_{100}(\boldsymbol{r}_2)|^2 .\end{aligned} \tag{7.21}$$

Um dieses 6-fach-Integral auszuwerten, setzen wir die $1s$-Wellenfunktion nach Tab. 2.2 auf Seite 136 ein:

$$\psi_{100}(\boldsymbol{r}) = Y_{00}(\theta, \varphi)R_{1s}(r) = (Z)^{3/2}\pi^{-1/2}\mathrm{e}^{-Zr} .$$

Damit wird das Integral explizit geschrieben als

$$\Delta W = \frac{(Z)^6}{\pi^2}\int \mathrm{e}^{-2Zr_1}\mathrm{d}^3\boldsymbol{r}_1 \int \frac{\mathrm{e}^{-2Zr_2}}{r_{12}}\mathrm{d}^3\boldsymbol{r}_2,$$

und der Kehrwert des Abstands zweier Elektronen $1/r_{12}$ kann in eine Potenzreihe nach (F.2b) entwickelt werden – wobei die LEGENDRE-Polynome benutzt werden. Wir überlassen die Details den interessierten Lesern als Übungsaufgabe und kommunizieren lediglich das Ergebnis der Integration für den ersten Term dieser Reihe als endgültiges Resultat (mit $Z = 2$):

$$\Delta W = \frac{5}{8}ZE_\mathrm{h} = 34.01\,\mathrm{eV}$$

Tabelle 7.1 Einelektronenbindungsenergien/eV (oder Ionisationspotenziale) von He und He-ähnlichen Ionen im Grundzustand: Die experimentellen Daten nach KRAMIDA *et al.* (2015) werden mit der 0. und 1. Ordnung Störungstheorie verglichen

	Exper.	**0. Ordn.**	**1. Ordn.**
H^-	0.76	13.6	−3.4
He	24.58741	54.4	20.4
Li^+	75.64018	122.4	71.4
Be^{++}	153.8945	217.7	149.6
B^{3+}	259.3752	340.1	255.1
C^{4+}	392.0872	489.9	387.7

Somit wird die Grundzustandsenergie in 1. Ordnung Störungsrechnung

$$W_{1s^2}^{(1)} = -E_h Z^2 + \frac{5}{8} Z E_h = -74.79\,\mathrm{eV}, \tag{7.22}$$

angesichts der Simplizität des Ansatzes eine schon beachtlich gute Übereinstimmung auf ca. 5 % mit dem experimentellen Resultat (7.18).

Es ist instruktiv, die Bindungsenergien oder Ionisationspotenziale $W_I(\mathrm{I})$ nach (7.17) in 0. und 1. Ordnung Störungsrechnung nach (7.19) und (7.22) mit den experimentell bestimmten Werten zu vergleichen. Dies ist in Tab. 7.1 für die isoelektronische Serie He-artiger Ionen zusammengestellt. Offensichtlich ist die relative Genauigkeit der Störungsrechnung 1. Ordnung umso besser, je höher die Kernladungszahl ist. Ganz unbefriedigend ist sie für das H-Anion, da hier im Gegensatz zum experimentellen Befund ein nichtbindender Grundzustand vorhergesagt wird. Beim vierfach ionisierten Kohlenstoffatom trifft die 1. Ordnung Störungsrechnung den experimentellen Wert schon mit einer Genauigkeit von 1 %.

Am Rande notieren wir hier, dass der He-artige $1s^2\,{}^1S_0$-Zustand des H^- der einzige existierende und experimentell dokumentierte stabile Zustand des Wasserstoffanions ist.

7.2.5 Variationsrechnung und aktueller Status

Variationsrechnung ist eine wichtige Methode in der Quantenmechanik für die Bestimmung von Energien, insbesondere bei Grundzuständen. Helium ist dabei ein besonders überzeugendes Beispiel für die Effizienz solcher Methoden, und wir werden Variationsverfahren noch bei vielen anderen Beispielen einsetzen. Das Variationsprinzip (nach den Erfindern auch RITZ- oder RAYLEIGH-RITZ-*Methode* genannt) macht von einem allgemein gültigen Theorem Gebrauch, nach welchem der minimale Energiewert, den man für eine gegebene Funktionsklasse von Wellenfunktionen

ϕ ermitteln kann, immer die bestmögliche ist:

$$W = \min \frac{\langle \Psi | \widehat{H} | \Psi \rangle}{\langle \Psi | \Psi \rangle} = \min \frac{\int \Psi^* \widehat{H} \Psi \, \mathrm{d}^3 \boldsymbol{r}}{\int \Psi^* \Psi \, \mathrm{d}^3 \boldsymbol{r}} \quad (7.23)$$
$$\text{mit } \Psi(\boldsymbol{r}) = \sum_\mu c_\mu \psi_\mu(\boldsymbol{r}_1, \boldsymbol{r}_2).$$

Hier bezieht sich $\boldsymbol{r}$ auf den vollen Konfigurationsraum für beide Elektronen, und die Koeffizienten c_μ müssen variiert werden, bis das Minimum von W erreicht ist.

Man wählt also eine parametrisierte Funktion zur Beschreibung des Grundzustands, die im Prinzip die Eigenschaften des He-Atoms möglichst gut beschreiben kann. Sodann berechnet man die Energie (Erwartungswert des HAMILTON-Operators) als Funktion der die Wellenfunktion definierenden Parameter und variiert diese so, dass die Energie minimal wird. Man löst also einfach eine Extremwertaufgabe mit den Methoden der Analysis. Speziell für Helium haben sich die von HYLLERAAS (1929) vorgeschlagenen Wellenfunktionen

$$\Psi(s, t, u) = \exp(-ks) \sum_{\ell mn}^{N} c_{\ell,2m,n} s^\ell t^{2m} u^n \quad (7.24)$$
$$\text{mit } s = r_1 + r_2, \; t = r_1 - r_2 \text{ und } u = r_{12}$$

sehr bewährt. Man berechnet damit den Erwartungswert der Energie

$$W = \langle \Psi(s, t, u) | \widehat{H} | \Psi(s, t, u) \rangle / \langle \Psi(s, t, u) | \Psi(s, t, u) \rangle \quad (7.25)$$

und variiert k und die Koeffizienten $c_{\ell,2m,n}$, um die minimale Energie W zu erhalten. Die entsprechende Wellenfunktion beschreibt natürlich nicht mehr zwei unabhängige Teilchen, deren Wellenfunktion ja durch das Produkt zweier Einteilchenorbitale gegeben wäre. Vielmehr sind die *Elektronen in einer* HYLLERAAS-*artigen Wellenfunktion hoch korreliert,* sie beeinflussen einander also mehr, als sich durch ein gemitteltes Potenzial beschreiben ließe.

Mit diesem Ansatz erzeugen typischerweise schon 5 Parameter eine hohe Genauigkeit. Auf diese Weise erhielt bereits HYLLERAAS für das Helium $W_{1s1s} = -79.001$ eV, was mit dem heutigen experimentellen Wert von 79.005 153 83(4) eV nach KRAMIDA *et al.* (2015) zu vergleichen wäre. Moderne ‚State-of-the-Art' Rechnungen ergeben – unter Berücksichtigung aller relevanten Korrekturen wie LAMB-Shift, Kernausdehnung usw. und Umrechnung auf den aktuellen Wert von R_∞ – eine ungeahnte Übereinstimmung mit dem Experiment (siehe z. B. DRAKE und MARTIN 1998, mit einer Genauigkeit von etwa 10^{-7}). So findet man z. B. $W_I\left[\mathrm{He}(1s^2)\right] =$ 24.587 387 81(97) eV (Theorie) und 24.587 388 804(25) eV (Experiment).

Was haben wir in Abschnitt 7.2 gelernt?

- Der HAMILTON-Operator (7.6) eines Zweielektronensystems ergibt sich durch Addition aller Energie der beiden Elektronen zuzüglich der gegenseitigen Abstoßung der beiden Elektronen.

- Der einfachste Ansatz für eine Zweiteilchenwellenfunktion ist das Produkt der Einelektronenwellenfunktionen für Elektron 1 und 2. Solch ein einfaches *Modell der unabhängigen Teilchen* ist oft als Näherung 0. und 1. Ordnung vernünftig.
- Wenn man das Abschirmungspotenzial $1/r_{12}$ vernachlässigt, führt dies zu Energien, die beim He erheblich zu tief liegen. Es werden aber interessante doppelt angeregte Zustände vorhergesagt.
- Berücksichtigt man jedoch den $1/r_{12}$-Term in 1. Ordnung Störungstheorie, so führt bereits eine wasserstoffartige $(1s)^2$ Produktwellenfunktion für den He($1s^2$) Grundzustand zu Energien, die auf 5 % mit dem Experiment übereinstimmen.
- Exzellente Übereinstimmung erhält man mit Variationsverfahren entsprechend (7.23). Man nennt dieses Verfahren auch RAYLEIGH-RITZ-*Methode*. Für den He-Grundzustand haben sich die sog. HYLLERAAS-Wellenfunktionen (7.24) sehr bewährt. Sie implizieren eine starke Korrelation zwischen den beiden Elektronen.

7.3 PAULI-Prinzip und angeregte Zustände in He

7.3.1 Austausch von zwei identischen Teilchen

Bisher haben wir noch nicht explizit berücksichtigt, dass die beiden Elektronen quantenmechanisch ununterscheidbar sind, einen Spin 1/2 haben, damit Fermionen sind, und dem PAULI-Prinzip gehorchen müssen (siehe auch Abschn. 3.1.2). Bevor wir diesen Aspekt speziell für das He-Atom besprechen, nutzen wir den Anlass, um Vielteilchenwellenfunktionen etwas allgemeiner zu behandeln.

Die in Abschn. 7.2.2 eingeführten Zweiteilchenwellenfunktionen lassen sich problemlos für ein System mit $\mathcal{N}$ identische Teilchen erweitern. Um die Spineigenschaften der Teilchen zu berücksichtigen, führen wir sogenannte *Spinorbitale*, welche charakterisiert werden durch die drei Ortsquantenzahlen $n\ell m$ *und* die Spinquantenzahl $m_s = \pm 1/2$ (Orientierung des Spins in Bezug auf die z-Achse):

$$\psi_{n\ell m m_s}(\boldsymbol{q}_i) = \psi^{s}_{n\ell m}(r_i, \theta_i, \varphi_i)\chi^{m_s}_{1/2}(s_i). \tag{7.26}$$

Wir haben hier eine 4-dimensionale Koordinate $\boldsymbol{q}_i$ für jedes Teilchen eingeführt, welche den Vektor $\boldsymbol{r}_i$ *und* eine symbolische Spinvariable s_i umfasst. Die Gesamtwellenfunktion für einen $\mathcal{N}$-Teilchen-Quantenzustand schreibt man dann formal als $\Psi(\boldsymbol{q}_1, \boldsymbol{q}_2 \dots \boldsymbol{q}_j \dots \boldsymbol{q}_{\mathcal{N}})$. In Abschn. 3.1.2 auf Seite 150 haben wir bereits die Symmetrieeigenschaften erwähnt:

> Beim Austausch zweier identischer Teilchen verhalten sich die Zustandsvektoren (Wellenfunktionen) *symmetrisch für Bosonen* und *antisymmetrisch für Fermionen*.

Definiert man einen *Austauschoperator* $\widehat{P}_{ij}$, *der Teilchen i und j vertauscht*, kann man dies wie folgt in mathematischer Form schreiben:

- für **Bosonen**

$$\widehat{P}_{ij}\Psi(q_1..q_i..q_j..q_{\mathcal{N}}) = \Psi(q_1..q_j..q_i..q_{\mathcal{N}}) = \Psi(q_1..q_i..q_j..q_{\mathcal{N}}) \tag{7.27}$$

- für **Fermionen**

$$\widehat{P}_{ij}\Psi(q_1..q_i..q_j..q_{\mathcal{N}}) = \Psi(q_1..q_j..q_i..q_{\mathcal{N}}) = -\Psi(q_1..q_i..q_j..q_{\mathcal{N}}) \tag{7.28}$$

Letztere Beziehung ist dem PAULI-Prinzip (3.3) vollständig äquivalent: Man nehme an, zwei Teilchen, sagen wir Teilchen i und Teilchen j, seien entgegen dem PAULI-Prinzip im gleichen Quantenzustand. In diesem Fall führt der Austausch zweier Teilchen offensichtlich zu

$$\Psi(q_1..q_i..q_j..q_{\mathcal{N}}) = \Psi(q_1..q_j..q_i..q_{\mathcal{N}}). \tag{7.29}$$

Für Fermionen widerspricht dies aber (7.28), es sei denn $\Psi \equiv 0$. Somit können zwei identische Fermionen nach dem Symmetrieprinzip nicht im gleichen Spinorbital existieren, was der klassischen Formulierung nach PAULI JR. (1925) entspricht:

„Es gibt niemals zwei oder mehr äquivalente Elektronen in einem Atom, für welche die Werte aller Quantenzahlen identisch sind."

Im Gegensatz dazu besteht für Bosonen kein Konflikt zwischen (7.29) und (7.27), sodass beliebig viele identische Bosonen das gleiche Spinorbital haben können; d. h. den selben Satz von Quantenzahlen.

7.3.2 Symmetrien der Orts- und Spin-Wellenfunktionen

Für ein Zweielektronensystem wie He und He-artige Ionen ist es sinnvoll, die *Gesamtwellenfunktion* als Produkt[2]

$$\Psi(1,2) \equiv \Psi(q_1,q_2) = \Psi^{\mathrm{s}}(\boldsymbol{r}_1,\boldsymbol{r}_2)\chi(s_1,s_2) \equiv \Psi^{\mathrm{s}}(1,2)\chi(1,2) \tag{7.30}$$

eines *Raumanteils der Wellenfunktion* $\Psi^{\mathrm{s}}(\boldsymbol{r}_1,\boldsymbol{r}_2)$, welchen wir bislang ausschließlich behandelt haben, und einer *Spinfunktion für die zwei Elektronen* $\chi(1,2)$ zu schreiben.

Wir können dann den Austauschoperator getrennt auf Orts- und Spinanteil der Wellenfunktion anwenden. Da die Elektronen nicht unterscheidbar sind, und da

$$\widehat{P}_{12}\Psi^{\mathrm{s}}(\boldsymbol{r}_1,\boldsymbol{r}_2) = \Psi^{\mathrm{s}}(\boldsymbol{r}_2,\boldsymbol{r}_1), \tag{7.31}$$

[2] Wenn keine Mehrdeutigkeiten entstehen können, werden wir im Folgenden $\boldsymbol{r}_j$ sowie s_j und q_j mit j abkürzen.

gehören die Zustände $\Psi^s(\boldsymbol{r}_1, \boldsymbol{r}_2)$ und $\Psi^s(\boldsymbol{r}_2, \boldsymbol{r}_1)$ zum gleichen, nicht entarteten Eigenwert. Sie können sich lediglich um einen skalaren Faktor λ unterscheiden:

$$\widehat{P}_{12}\Psi^s(\boldsymbol{r}_1, \boldsymbol{r}_2) = \Psi^s(\boldsymbol{r}_2, \boldsymbol{r}_1) = \lambda\Psi^s(\boldsymbol{r}_1, \boldsymbol{r}_2)$$

Nochmalige Anwendung von $\widehat{P}_{12}$ auf diese Gleichung muss den Originalzustand wieder reproduzieren, daher muss $\lambda^2 = 1$ sein und somit $\lambda = \pm 1$, d. h.

$$\Psi^s(\boldsymbol{r}_2, \boldsymbol{r}_1) = \pm\Psi^s(\boldsymbol{r}_1, \boldsymbol{r}_2). \tag{7.32}$$

Der *Ortsteil der Wellenfunktion* kann also entweder *symmetrisch* oder *antisymmetrisch* in Bezug auf die Vertauschung zweier Elektronen sein. Wir bezeichnen diese Wellenfunktionen mit $\Psi_+^s(\boldsymbol{r}_1, \boldsymbol{r}_2)$ bzw. $\Psi_-^s(\boldsymbol{r}_1, \boldsymbol{r}_2)$.

Da die Elektronen Fermionen sind (Spin 1/2) gilt für die Gesamtwellenfunktion im He

$$\Psi(1, 2) = -\Psi(2, 1) \tag{7.33}$$

als Spezialfall von (7.28). Mit (7.30) folgt daraus offensichtlich, dass

- der Ortsanteil $\Psi^s(\boldsymbol{r}_1, \boldsymbol{r}_2)$ der Wellenfunktion symmetrisch sein muss, wenn die Spinfunktion $\chi(1, 2)$ antisymmetrisch ist, und umgekehrt, dass
- der Ortsanteil $\Psi^s(\boldsymbol{r}_1, \boldsymbol{r}_2)$ der Wellenfunktion antisymmetrisch sein muss, wenn die Spinfunktion $\chi(1, 2)$ symmetrisch ist.

Für die Spinfunktionen haben wir in Abschn. 6.2.5 auf Seite 325 bereits die notwendigen Werkzeuge entwickelt: Zwei Elektronen mit Spin $s = 1/2$ koppeln zu einem Gesamtspin

$$\widehat{\boldsymbol{S}}_1 + \widehat{\boldsymbol{S}}_2 = \widehat{\boldsymbol{S}} \tag{7.34}$$

mit $S = 1$ oder $S = 0$. Die entsprechenden Spinkombinationen und Zustandsvektoren $|\chi(1, 2)\rangle = |\chi_S^{M_S}\rangle$ wurden in Tab. 6.1 auf Seite 330 zusammengestellt. Wir haben dort zwei verschiedene Typen von Spinfunktionen identifiziert: die symmetrischen *Triplettfunktionen* mit $S = 1$ und $M_S = -1, 0, +1$

$$\begin{aligned} |\chi_1^1\rangle &= |\alpha(1)\alpha(2)\rangle, \qquad |\chi_1^{-1}\rangle = |\beta(1)\beta(2)\rangle \quad \text{und} \\ |\chi_1^0\rangle &= \frac{|\alpha(1)\beta(2)\rangle + |\beta(1)\alpha(2)\rangle}{\sqrt{2}} \end{aligned} \tag{7.35}$$

und die antisymmetrische *Singulettfunktion* mit $S = 0$ und $M_S = 0$

$$|\chi_0^0\rangle = \frac{|\alpha(1)\beta(2)\rangle - |\beta(1)\alpha(2)\rangle}{\sqrt{2}}. \tag{7.36}$$

Zur Erinnerung: Die Ziffern (1) und (2) zeigen an, welchem der beiden Elektronen der Spin α bzw. β zugeordnet wird, wobei

$$|\alpha(1)\beta(2)\rangle = \left|\tfrac{1}{2}\, -\tfrac{1}{2}\right\rangle, \qquad |\beta(1)\alpha(2)\rangle = \left|-\tfrac{1}{2}\, \tfrac{1}{2}\right\rangle \quad \text{usw.}$$

kompakte Schreibweisen für $|m_{s1}m_{s2}\rangle = |s_1m_{s1}\rangle|s_2m_{s2}\rangle$ sind.

Man beachte die Orthonormalität der Gesamtspinfunktionen:

$$\langle \chi_{S'}^{M'_S} | \chi_S^{M_S} \rangle = \delta_{S'S} \delta_{M'_S M_S} \tag{7.37}$$

Analog dazu setzt sich der Gesamtbahndrehimpuls des Systems aus den Bahndrehimpulsen der zwei Elektronen zusammen:

$$\widehat{\boldsymbol{L}}_1 + \widehat{\boldsymbol{L}}_2 = \widehat{\boldsymbol{L}}. \tag{7.38}$$

Für den *Grundzustand* haben wir bislang lediglich den *Ortsanteil* (7.20) der Wellenfunktion besprochen, der hier *symmetrisch* in Bezug auf Vertauschung von $\boldsymbol{r}_1$ und $\boldsymbol{r}_2$ ist. Daher muss die entsprechende *Spinfunktion antisymmetrisch* sein. Nach dem PAULI-Prinzip (Gesamtwellenfunktion antisymmetrisch, wenigstens eine Quantenzahl unterschiedlich) ist daher keine Triplettkonfiguration im Grundzustand erlaubt und die vollständige Wellenfunktion des Grundzustands ist

$$\left|\Psi_{1s^2}(1,2)\right\rangle = \left|\Psi_{1s^2}^{s}(\boldsymbol{r}_1,\boldsymbol{r}_2)\right\rangle \frac{|\alpha(1)\beta(2)\rangle - |\beta(1)\alpha(2)\rangle}{\sqrt{2}}. \tag{7.39}$$

In diesem Fall ist die Mitführung der Spinkoordinate lediglich eine Formalität, welche die Energie nicht verändert, denn als solcher ist der HAMILTON-Operator (7.6) unabhängig von den Spins.[3] Zusammenfassend stellen wir fest, dass der Grundzustand von He mit $\ell_1 = \ell_2 = 0$, einem Gesamtspin $S = 0$ und einem Gesamtbahndrehimpuls $L = 0$ ein Singulettzustand ist, den wir mit $1s^2\,{}^1\mathrm{S}_0$ kennzeichnen.

Wir benutzen hier die Terminologie, die wir in Abschn. 6.2.6 auf Seite 329 eingeführt haben, d. h. wir ordnen dem *Gesamtspin* und dem *Gesamtbahndrehimpuls* die Großbuchstaben S bzw. L zu und charakterisieren die Zustände des He durch $n_1\ell_1 n_2\ell_2\ {}^{2S+1}L_J$.

Wie schon in Abschn. 6.2.6 auf Seite 329 erwähnt, wird dieses Kopplungsschema RUSSEL-SAUNDERS-*Kopplung (oder LS-Kopplung)* genannt. Eine Alternative dazu wäre die *jj-Kopplung,* wo zunächst der Spin $\boldsymbol{s}$ und der Bahndrehimpuls $\boldsymbol{\ell}$ jedes Elektrons miteinander zum Gesamtdrehimpuls $\boldsymbol{j}$ jedes Einzelelektrons koppeln; sodann koppeln in diesem Schema die resultierenden $\boldsymbol{j}_i$ zu eine Gesamtdrehimpuls $\boldsymbol{J}$ beider Elektronen. In Abschn. 7.3.4 werden wir noch genauer analysieren, warum He tatsächlich nach dem *LS* und nicht nach dem *jj*-Schema koppelt.

Allgemein lassen sich die *Gesamtwellenfunktionen eines Zweielektronensystems* in *LS*-Kopplung wie folgt schreiben:

$$\text{Singulettzustand:}\quad \Psi_\mathrm{S}(1,2) = \Psi_+^{s}(1,2)\chi_0^0(1,2) \quad \text{oder} \tag{7.40}$$

$$\text{Triplettzustand:}\quad \Psi_\mathrm{T}(1,2) = \Psi_-^{s}(1,2)\chi_1^{M_S}(1,2) \quad \text{mit}\ M_S = -1, 0, 1 \tag{7.41}$$

Wir spezialisieren dies jetzt für die angeregten Zustände des He und betrachten die Elektronenkonfiguration $\{n_1\ell_1 n_2\ell_2\}$, wobei $n_1 \neq n_2$ angenommen wird. Im Folgenden werden wir den entsprechenden Ortsanteil der Wellenfunktionen als Produkt

---

[3] Wir bemerken hier aber eine wichtige Besonderheit für Singulettzustände: Die Wellenfunktion (der Zustand) ist nicht separabel, d. h. wir können ihn nicht mehr einfach als direktes Produkt zweier getrennter Elektronen schreiben. Man nennt solche Zustände *verschränkt,* siehe auch Anhang C.3.

von Orbitalen des Typs $\psi^{s}_{n_1\ell_1}(\boldsymbol{r}_1)\psi^{s}_{n_2\ell_2}(\boldsymbol{r}_2)$ approximieren. Da beide Elektronen im Prinzip ununterscheidbar sind, müssen die Ortsanteile der Orbitale zu symmetrischen oder antisymmetrischen Linearkombinationen zusammengefügt werden:

$$\Psi^{s}_{+}(1,2) = \frac{1}{\sqrt{2}}\left[\psi^{s}_{n_1\ell_1m_1}(\boldsymbol{r}_1)\psi^{s}_{n_2\ell_2m_2}(\boldsymbol{r}_2) + \psi^{s}_{n_1\ell_1m_1}(\boldsymbol{r}_2)\psi^{s}_{n_2\ell_2m_2}(\boldsymbol{r}_1)\right] \tag{7.42}$$

$$\Psi^{s}_{-}(1,2) = \frac{1}{\sqrt{2}}\left[\psi^{s}_{n_1\ell_1m_1}(\boldsymbol{r}_1)\psi^{s}_{n_2\ell_2m_2}(\boldsymbol{r}_2) - \psi^{s}_{n_1\ell_1m_1}(\boldsymbol{r}_2)\psi^{s}_{n_2\ell_2m_2}(\boldsymbol{r}_1)\right] \tag{7.43}$$

Wir betonen an dieser Stelle, *dass dieser Ansatz bereits eine wesentliche Näherung impliziert:* Wir benutzen hier das sogenannte Modell der *unabhängigen Teilchen.* Für den Grundzustand des He ist das keine gute Näherung: Wie wir in Abschn. 7.2.4 und 7.2.5 gesehen haben, sind die beiden Elektronen im $1\,^1S_0$-Zustand direkt miteinander korreliert. Dagegen zeigt sich, dass für einfach angeregte Zustände das Modell unabhängiger Teilchen eine recht gute Näherung ist.

7.3.3 Störungstheorie für einfach angeregte Zustände

Wir betrachten jetzt solche angeregten Zustände, bei denen sich *eines* der Elektronen immer noch im *1s-Grundzustand* $|100\rangle$, das *andere* aber in einem *angeregten Zustand* $|n\ell m\rangle$ befindet. Mit dem HAMILTON-Operator (7.6) erhalten wir in 1. Ordnung Störungsrechnung für *Singulett-* (7.40) bzw. *Triplettzustände* (7.41) eine Gesamtenergie

$$\begin{aligned} W_S &= W^{(0)} + \langle\Psi_S|\widehat{H}_{ee}(r_{12})|\Psi_S\rangle = W_1 + W_2 + H^{(1)}_{ee\,+} \quad \text{bzw.} \\ W_T &= W^{(0)} + \langle\Psi_T|\widehat{H}_{ee}(r_{12})|\Psi_T\rangle = W_1 + W_2 + H^{(1)}_{ee\,-}. \end{aligned} \tag{7.44}$$

Wir müssen jetzt das Diagonalmatrixelement $H^{(1)}_{ee\,\pm}$ berechnen, also die Energieverschiebung in Bezug auf das ungestörte System ($W^{(0)} = W_1 + W_2$). Da der HAMILTON-Operator nicht explizit vom Spin abhängt und die Spinfunktionen (7.37) orthonormal sind, können wir sie vor das Integral ziehen:

$$H^{(1)}_{ee\,\pm} = \langle\Psi_{S,T}|\widehat{H}_{ee}|\Psi_{S,T}\rangle = \left\langle\Psi^{s}_{\pm}(1,2)\right|\frac{1}{r_{12}}\left|\Psi^{s}_{\pm}(1,2)\right\rangle.$$

Setzen wir (7.42) und (7.43) ein, so führt dies zu

$$\begin{aligned} H^{(1)}_{ee\,\pm} = \frac{1}{2}\big\langle\psi^{s}_{100}(\boldsymbol{r}_1)\psi^{s}_{n\ell m}(\boldsymbol{r}_2) \pm \psi^{s}_{100}(\boldsymbol{r}_2)\psi^{s}_{n\ell m}(\boldsymbol{r}_1)\big| \\ \frac{1}{r_{12}}\big|\psi^{s}_{100}(\boldsymbol{r}_1)\psi^{s}_{n\ell m}(\boldsymbol{r}_2) \pm \psi^{s}_{100}(\boldsymbol{r}_2)\psi^{s}_{n\ell m}(\boldsymbol{r}_1)\big\rangle. \end{aligned} \tag{7.45}$$

Man verifiziert leicht, dass dieser Störungsterm auch als

$$H^{(1)}_{ee\,+} = J_{n\ell} + K_{n\ell} \quad \text{für Singuletterme bzw. als} \tag{7.46}$$

$$H^{(1)}_{ee\,-} = J_{n\ell} - K_{n\ell} \quad \text{für Tripletterme} \tag{7.47}$$

geschrieben werden kann, wobei wir zur Abkürzung das COULOMB-*Integral*

$$J_{n\ell} = \iint |\psi^{s}_{100}(\boldsymbol{r}_1)|^2 \frac{1}{r_{12}} |\psi^{s}_{n\ell m}(\boldsymbol{r}_2)|^2 \mathrm{d}^3\boldsymbol{r}_1 \mathrm{d}^3\boldsymbol{r}_2 \quad \text{und} \tag{7.48}$$

$$K_{n\ell} = \iint \psi^{s*}_{100}(\boldsymbol{r}_1)\psi^{s*}_{n\ell m}(\boldsymbol{r}_2)\frac{1}{r_{12}}\psi^{s}_{100}(\boldsymbol{r}_2)\psi^{s}_{n\ell m}(\boldsymbol{r}_1)\mathrm{d}^3\boldsymbol{r}_1 \mathrm{d}^3\boldsymbol{r}_2, \tag{7.49}$$

das *Austauschintegral,* eingeführt haben. Der Einfluss dieser beiden Integrale $J_{n\ell}$ und $K_{n\ell}$ auf die Gesamtenergie ist in Abb. 7.5 illustriert.

Das COULOMB-*Integral* hat eine sehr anschauliche Bedeutung. Führen wir

$\rho(\boldsymbol{r}_1) = e\left|\psi^{s}(\boldsymbol{r}_1)\right|^2$, die Ladungsdichte des Elektrons 1 am Ort $\boldsymbol{r}_1$ und

$w(\boldsymbol{r}_2) = \left|\psi^{s}(\boldsymbol{r}_2)\right|^2$, die Aufenthaltswahrscheinlichkeit von Elektron 2 am Ort $\boldsymbol{r}_2$

ein, so können wir damit (7.48) als

$$J_{n\ell} = \int \mathrm{d}^3\boldsymbol{r}_2 w_{n\ell m}(\boldsymbol{r}_2)\left\{e\int \mathrm{d}^3\boldsymbol{r}_1 \frac{\rho_{100}(\boldsymbol{r}_1)}{4\pi\varepsilon_0 r_{12}}\right\} \tag{7.50}$$

schreiben. Man kann also das COULOMB-Integral wie folgt lesen: {} ist die (abstoßende) Wechselwirkungsenergie des Elektrons 2 am Ort $\boldsymbol{r}_2$ mit der Ladungsverteilung des anderen Elektrons, welches sich im Zustand $|100\rangle$ befindet (integriert über die gesamte Ladungsverteilung). Die äußere Integration mittelt dann über die Aufenthaltswahrscheinlichkeit des Elektrons 2 im ganzen Raum. Insgesamt gibt das Integral die gemittelte, elektrostatische Abstoßung der beiden Elektronen wieder. Sie führt zu einer Termanhebung wie in Abb. 7.5 skizziert. Dagegen entzieht sich das Austauschintegral $K_{n\ell}$ einer anschaulichen Deutung. Es ist zwar auch elektrostatischer Natur ($1/r_{12}$-Term), aber es entsteht durch den typisch quantenmechanischen Effekt des Austauschs der beiden Elektronen als Folge der Symmetrisierung bzw. Antisymmetrisierung der Ortsfunktion. Dies wird besonders deutlich, wenn man die Störterme (7.46) und (7.47) formal einheitlich als Operator schreibt:

$$\widehat{H}^{(1)}_{\mathrm{ee}} = J_{n\ell} - \frac{1}{2}(1 + 4\widehat{\boldsymbol{S}}_1\widehat{\boldsymbol{S}}_2)K_{n\ell}, \tag{7.51}$$

sodass der gesamte HAMILTON-Operator

$$\widehat{H} = \widehat{H}_1 + \widehat{H}_2 + J_{n\ell} - \frac{1}{2}(1 + 4\widehat{\boldsymbol{S}}_1\widehat{\boldsymbol{S}}_2)K_{n\ell} \tag{7.52}$$

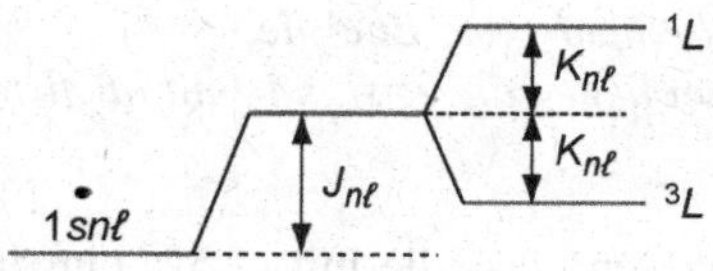

Abb. 7.5 Einfach angeregter He($1sn\ell$)-Zustand mit Gesamtbahndrehimpuls L (Quantenzahl): Anhebung des Terms durch COULOMB-Abschirmung $J_{n\ell}$ und Aufspaltung in Singulett- (^1L) und Triplettzustände (^3L) durch Austauschentartung (Austauschintegral $K_{n\ell}$)

wird. Man verifiziert die Identität dieses Ausdrucks mit (7.6) unter Benutzung der binomischen Formel

$$\widehat{S}_1\widehat{S}_2 = \frac{1}{2}(\widehat{S}^2 - \widehat{S}_1^2 - \widehat{S}_2^2) = \frac{1}{2}\left(\widehat{S}^2 - \frac{3}{4} - \frac{3}{4}\right) = \frac{1}{4}(2\widehat{S}^2 - 3)$$

und der Eigenwertgleichung für den Gesamtspin $\widehat{S} = \widehat{S}_1 + \widehat{S}_2$ (in a.u. $\widehat{=}\hbar$)

$$\widehat{S}^2|SM_S\rangle = S(S+1)|SM_S\rangle.$$

Man findet in der Tat, dass für $S = 0$ bzw. 1 der Erwartungswert von (7.51) identisch zu (7.46) bzw. (7.47) ist.

Man spricht von der *Austauschwechselwirkung geradezu als von einer eigenen Art von Kraft, die aus dem Antisymmetrisierungsgebot der Gesamtwellenfunktion bei Fermionen resultiert.* Die Austauschwechselwirkung erzwingt die Aufspaltung in Singulett- und Triplettterm. Die Größe dieser Kraft wird durch das Austauschintegral $K_{n\ell}$, also durch eine rein elektrostatische Wechselwirkung bestimmt. Die Zustände, welche den HAMILTON-Operator diagonal machen, müssen offenbar so beschaffen sein, dass auch $\widehat{S}_1\widehat{S}_2$ diagonal wird, was durch die Diagonalisierung von $\widehat{S}^2$ geschieht. Unser ursprünglicher Ansatz, zunächst die Spins entsprechend $\widehat{S} = \widehat{S}_1 + \widehat{S}_2$ zu koppeln, findet also im Auftreten des Operators $\frac{1}{2}(1 + 4\widehat{S}_1\widehat{S}_2)K_{n\ell}$ im HAMILTON-Operator seine nachträgliche Begründung. Wir werden das im folgenden Abschnitt noch etwas präzisieren.

Wir weisen noch einmal darauf hin, dass entsprechend dem in Abb. 7.5 skizzierten Schema, Triplettzustände stets niedrigere Energien als Singulettzustände haben (für ansonsten gleiche Quantenzahlen). Ein zweiter Blick auf Abb. 7.2 bestätigt diese Feststellung. Die physikalische Ursache dafür ist nach dem oben Gesagten ebenfalls klar: Bei den Triplettzuständen ist die Spinfunktion symmetrisch, die Ortsfunktion antisymmetrisch. Das heißt aber, dass die Wahrscheinlichkeitsamplitude dafür, dass die beiden Elektronen sich am gleichen Ort aufhalten Null sein muss. Anders ausgedrückt: Die Elektronen im Triplettzustand vermeiden einander, während die Elektronen im Singulettzustand durchaus am gleichen Ort sein können. Das führt zu einer im Mittel kleineren abstoßenden Wechselwirkung bei Tripletts im Vergleich zu Singuletts. Da die Abstoßung einen positiven Beitrag zur Gesamtenergie liefert, liegen Tripletts demnach tiefer als Singuletts.

Ganz allgemein gilt die sogenannte HUND*'sche Regel:*

- *Bei ansonsten gleichen Quantenzahlen haben die Zustände mit der höchsten Multiplizität $2S + 1$ die niedrigste Energie.*
- *Unter diesen wiederum liegen die Zustände mit höchstem L am tiefsten.*

Es sei hier darauf hingewiesen, dass die mit (7.52) eingeführte Schreibweise des HAMILTON-Operators mit Austauschwechselwirkung auch für Vielteilchensysteme gilt, wo man über die $\widehat{S}_i\widehat{S}_j$ Terme aller Elektronenpaare zu summieren hat. Sie spielt eine zentrale Rolle beim HEISENBERG-Modell zur Beschreibung des *Ferromagnetismus* von Festkörpern: Die Größe der Austauschwechselwirkung ist es, die bestimmt, ob die Parallelstellung vieler Spins energetisch besonders günstig ist – und damit ob ein Material ferromagnetisch sein kann oder nicht.

Abschließend erwähnen wir einen jüngeren, systematischen und quantitativen Vergleich zwischen experimentellen Werten und der oben skizzierten 1. Ordnung Störungsrechnung für die $1sn\ell$-Serie in einfach angeregtem He. HUTEM und BOONCHUI (2012) haben COULOMB- und Austauschintegrale unter Benutzung von Wasserstofforbitalen und einer Reihenentwicklung in Kugelflächenfunktionen explizit ausgewertet. Sie fanden z. B. für die ersten angeregten Zustände $1s2s\,{}^1\mathrm{S}$ und ${}^3\mathrm{S}$ eine Diskrepanz von 5.3 % bzw. 2.4 %, und für die $1s2p\,{}^1\mathrm{P}$- und ${}^3\mathrm{P}$-Zustände 7.2 % bzw. 4.1 % (wie erwartet liegen die Ergebnisse in 1. Ordnung etwas höher als das Experiment). Für größere n werden die Abweichungen signifikant kleiner, sind aber immer noch größer als 1 % beim $n = 4$ Niveau. Offensichtlich erfordert die gegenwärtig erreichte spektroskopische Genauigkeit wesentlich bessere theoretische Näherungsmethoden. Wir werden auf ‚State-of-the-Art' Berechnungen noch in Kap. 10 zurückkommen.

7.3.4 Ein Nachgedanke: Welche Kraft stellt die Spins parallel oder antiparallel?

Was ist das für eine Kraft, die da auf die Spins wirkt? Es handelt sich definitiv nicht um eine magnetische Kraft, denn bislang haben wir ja das magnetische Moment des Elektrons (also die Spin-Bahn-Wechselwirkung und ähnliche) noch gar nicht berücksichtigt. Dennoch ziehen es die Spins offenbar vor, sich parallel oder antiparallel zu orientieren; die nachstehenden Überlegungen sollen uns helfen, dies zu verstehen.

Drehen wir die Frage einmal um: Man könnte ja versucht sein, anstatt der Gesamtwellenfunktion (7.30) eine andere Linearkombination von Einelektronenorbitalen zu wählen, sofern diese nur das Antisymmetrisierungsgebot (7.33) erfüllen. Eine mögliche Realisierung solcher Zustände sind sogenannte SLATER-*Determinanten,* die wir in Kap. 10 noch ausführlich besprechen und nutzen werden. Für den vorliegenden Fall des einfach angeregten He-Atoms sind das die folgenden Ausdrücke:

$$
\begin{aligned}
\Psi_1(1,2) &= \frac{1}{\sqrt{2}} \begin{vmatrix} \psi^{\mathrm{s}}_{1s}(1)\alpha(1) & \psi^{\mathrm{s}}_{n\ell}(1)\alpha(1) \\ \psi^{\mathrm{s}}_{1s}(2)\alpha(2) & \psi^{\mathrm{s}}_{n\ell}(2)\alpha(2) \end{vmatrix} \\
\Psi_2(1,2) &= \frac{1}{\sqrt{2}} \begin{vmatrix} \psi^{\mathrm{s}}_{1s}(1)\alpha(1) & \psi^{\mathrm{s}}_{n\ell}(1)\beta(1) \\ \psi^{\mathrm{s}}_{1s}(2)\alpha(2) & \psi^{\mathrm{s}}_{n\ell}(2)\beta(2) \end{vmatrix} \\
\Psi_3(1,2) &= \frac{1}{\sqrt{2}} \begin{vmatrix} \psi^{\mathrm{s}}_{1s}(1)\beta(1) & \psi^{\mathrm{s}}_{n\ell}(1)\alpha(1) \\ \psi^{\mathrm{s}}_{1s}(2)\beta(2) & \psi^{\mathrm{s}}_{n\ell}(2)\alpha(2) \end{vmatrix} \\
\Psi_4(1,2) &= \frac{1}{\sqrt{2}} \begin{vmatrix} \psi^{\mathrm{s}}_{1s}(1)\beta(1) & \psi^{\mathrm{s}}_{n\ell}(1)\beta(1) \\ \psi^{\mathrm{s}}_{1s}(2)\beta(2) & \psi^{\mathrm{s}}_{n\ell}(2)\beta(2) \end{vmatrix} .
\end{aligned}
\tag{7.53}
$$

Die in Klammern () gesetzten Ziffern bezeichnen wieder die Koordinaten von Elektron 1 bzw. 2. Offensichtlich kann man $\alpha(1)\alpha(2)$ bzw. $\beta(1)\beta(2)$ aus $\Psi_1(1,2)$ bzw. $\Psi_4(1,2)$ vor die Klammer ziehen, sie entsprechen also den Triplettzuständen $\Psi_{\mathrm{T}}(1,2) = \Psi_-^{\mathrm{s}}(1,2)\chi_1^{\pm 1}(1,2)$ mit antisymmetrischer Ortsfunktion nach (7.41), die wir auch bislang zur Beschreibung der angeregten He-Zustände benutzt haben. Dagegen lassen sich die Zustände $\Psi_2(1,2)$ und $\Psi_3(1,2)$ nicht mit einem der schon bekannten Zustände identifizieren – obwohl sie eindeutig antisymmetrisch gegen Vertauschung von Elektron 1 und 2 sind, denn das impliziert ja die Vertauschung zweier Reihen der Determinanten und das bedeutet definitionsgemäß einen Vorzeichenwechsel des Werts der Determinanten.

Um nun die Bedeutung der Zustandsfunktionen $\Psi_1(1,2)$ bis $\Psi_4(1,2)$ zu verstehen, benutzen wir sie, um den HAMILTON-Operator (7.6) als Matrix darzustellen. Multiplizieren wir einfach den Operator von links mit $\langle\Psi_j(1,2)|$ und von rechts mit $|\Psi_i(1,2)\rangle$ und machen wir Gebrauch von der Orthonormalitätsbeziehung (7.37) für die Spinfunktionen, so erhalten wir die 4×4-Matrix

$$\widehat{H} = \begin{pmatrix} W_{1s} + W_{n\ell} + J_{n\ell} - K_{n\ell} & 0 & 0 & 0 \\ 0 & 0 & 0 & 0 \\ 0 & 0 & 0 & 0 \\ 0 & 0 & 0 & W_{1s} + W_{n\ell} + J_{n\ell} - K_{n\ell} \end{pmatrix} + \begin{pmatrix} 0 & 0 & 0 & 0 \\ 0 & W_{1s} + W_{n\ell} + J_{n\ell} & -K_{n\ell} & 0 \\ 0 & -K_{n\ell} & W_{1s} + W_{n\ell} + J_{n\ell} & 0 \\ 0 & 0 & 0 & 0 \end{pmatrix}. \tag{7.54}$$

Wir haben sie in als Summe eines diagonalen und eines nichtdiagonalen Anteils geschrieben. Man verifiziert leicht, dass $J_{n\ell}$ und $K_{n\ell}$ in der Tat dem COULOMB-Integral und dem Austauschintegral, (7.48) bzw. (7.49), entsprechen, während W_{1s} und $W_{n\ell}$ die Einteilchenenergien im $1s$- und $n\ell$-Zustand sind. Offensichtlich diagonalisieren die SLATER-Determinanten (7.54) den HAMILTON-Operator nur teilweise. Sie sind also kein vollständiger Satz von Eigenfunktionen. Wir können aber versuchen, die nichtdiagonalen Terme, d. h. den 2×2 Block in der Mitte der zweiten Matrix in (7.54) zu diagonalisieren. Wir wenden die Standardprozedur an und schreiben die charakteristische Gleichung

$$\det(\widehat{H} - W) = 0,$$

von welcher wir zwei Lösungen für W erhalten, nämlich die noch fehlenden Eigenenergien $W_\pm = W_{1s} + W_{n\ell} + J_{n\ell} \pm K_{n\ell}$. Und wir stellen freudig fest, dass dieses Resultat genau das gleiche ist, das wir in 1. Ordnung Störungsrechnung nach (7.44) mit (7.46) und (7.47) mit den ‚korrekten' Zustandsfunktionen (7.40) bzw. (7.41) erhalten hatten. Letztere, d. h. $\Psi_+^{\mathrm{s}}(1,2)\chi_0^0(1,2)$ bzw. $\Psi_-^{\mathrm{s}}(1,2)\chi_1^0(1,2)$, sind natürlich auch das Resultat der Diagonalisierungsprozedur, die wir eben skizziert haben: Sie sind einfach Linearkombinationen von $\Psi_2(1,2)$ und $\Psi_3(1,2)$ zu den Eigenwerten W_+ bzw. W_-, während $\Psi_1(1,2)$ und $\Psi_4(1,2)$ bereits Teile des Triplettsystems darstellen.

Zusammenfassend erkennen wir die Austauschwechselwirkung in (7.54) als *den* Nichtdiagonalterm $-K_{nl}$, der dafür sorgt, dass sich eine parallele oder antiparallele

Orientierung der Elektronenspins einstellt! Kombinationen von Spinorbitalen, die den Spin und den Bahndrehimpuls nicht gleichzeitig diagonalisieren, sind keine Eigenwerte des hier relevanten HAMILTON-Operators.

Diese Feststellung basiert freilich auf der stillschweigenden Annahme, die (7.54) zugrunde liegt, dass die Austauschwechselwirkung bei weitem alle anderen Störungen überwiegt. Für hohe Z wird sich dies signifikant ändern, da die Spin-Bahn-Wechselwirkung (oder LS-Wechselwirkung) mit Z zunimmt. Wir werden in Abschn. 10.4.1 auf Seite 557 sehen, dass die LS-Wechselwirkung in der Tat stärker als die Austauschwechselwirkung sein kann. Es wird dann sinnvoll sein, den HAMILTON-Operator zunächst bezüglich der dominanten LS-Wechselwirkung zu diagonalisieren und dann die Austauschwechselwirkung als kleinere Störung zu behandeln. Auf diese Weise erklärt sich problemlos der Übergang von RUSSEL-SAUNDERS-Kopplung (oder LS-Kopplung) zur jj-Kopplung bei Atomen mit hoher Kernladungszahl Z.

Was haben wir in Abschnitt 7.3 gelernt?

- Die beiden Elektronen des Heliumatoms sind prinzipiell nicht unterscheidbar. Daher müssen die He-Wellenfunktionen antisymmetrisiert werden, um dem PAULI-Prinzip Rechnung zu tragen. Das führt zur Bildung von Singulett- und Triplettzuständen für antiparallel bzw. parallel orientierte Elektronenspins.
- Daher kann der $1s^2$-Grundzustand nur ein Singulettzustand sein, da die räumlichen Quantenzahlen der beiden Elektronen identisch sind.
- Im Gegensatz dazu existieren für einfach angeregte $1sn\ell$-Konfigurationen sowohl Singulett- als auch Triplettzustände. Als gute Näherung 1. Ordnung kann der Ortsanteil im unabhängigen Teilchenmodell beschrieben werden, also als Linearkombination von Produktwellenfunktion der entsprechenden Einelektronenorbitale, die nach (7.40) entsprechend symmetrisiert bzw. antisymmetrisiert werden, je nachdem es sich um Singulett- bzw. Triplettzustände handelt.
- Eine gute Abschätzung für die Energie dieser Zustände erhält man in 1. Ordnung nach $W_{1sn\ell} = W_{1s} + W_{n\ell} + J_{n\ell} \pm K_{n\ell}$ – mit dem COULOMB-Integral $J_{n\ell}$, das die Abstoßung der beiden Elektronen berücksichtigt, und dem Austauschintegral $K_{n\ell}$, welches die Austauschenergie der beiden Elektronen charakterisiert.
- Die Austauschenergie $K_{n\ell}$ ist dafür verantwortlich, dass sich Elektronen entweder antiparallel oder parallel als Singulett- bzw. Triplettsystem orientieren.

7.4 Feinstruktur

Bei genauerem Hinsehen findet man natürlich, dass infolge der Spin-Bahn-Wechselwirkung (LS Wechselwirkung) auch die Niveaus des He aufgespalten sind und eine Feinstruktur (FS) besitzen – sofern $S, L > 0$ ist – ganz analog wie in Kap. 6 besprochen. Man findet, dass lediglich die He-Triplettniveaus ($S = 1$) aufgespalten sind, während die Singulettzustände ($S = 0$) unaufgespalten bleiben (wie es der

Name besagt). Die Größenordnung der FS-Aufspaltung in He ist ähnlich wie beim Wasserstoffatom. Die größte Aufspaltung findet man bei He $1s2p\,^3$P-Zustand (insgesamt ca. 1.06 cm^{-1} bzw. 0.00013 eV, siehe Inset in Abb. 7.2 auf Seite 377). Diesen Wert hat man mit der Singulett-Triplettaufspaltung zwischen den 2^1P- und 2^3P-Zuständen zu vergleichen (2048 cm^{-1} bzw. 0.25 eV). Die FS-Wechselwirkung ist also beim He eine sehr kleine Störung im Vergleich zur Austauschwechselwirkung und die Beschreibung der He-Termniveaus als Singulett- und Triplettzustände ist eine hervorragende Näherung.

Um die Feinstrukturzustände zu beschreiben, beginnen wir also mit dem Gesamtspin $\widehat{\boldsymbol{S}} = \widehat{\boldsymbol{S}}_1 + \widehat{\boldsymbol{S}}_2$ und dem Gesamtbahndrehimpuls $\widehat{\boldsymbol{L}} = \widehat{\boldsymbol{L}}_1 + \widehat{\boldsymbol{L}}_2$ der beiden Elektronen, die bereits durch die Austauschwechselwirkung gekoppelt sind, wie gerade besprochen. Unter dem Einfluss der *LS*-Kopplung bildet sich für jede Elektronenkonfiguration $\{n_1\ell_1 n_2\ell_2 LS\}$ des Systems ein Gesamtdrehimpuls $\widehat{\boldsymbol{J}} = \widehat{\boldsymbol{L}} + \widehat{\boldsymbol{S}}$. Die Regeln, die wir bereits in Abschn. 6.2.5 auf Seite 325 für die Drehimpulse individueller Elektronen benutzt haben, gelten entsprechend angepasst auch hier. Die dazu gehörigen Eigenzustände der beiden Elektronen des Systems werden so konstruiert, dass sie $\widehat{\boldsymbol{J}}^2$ und $\widehat{J}_z$ diagonalisieren – in voller Analogie zu (6.53). Sie können wie folgt explizit geschrieben werden:

$$\left|(LS)JM_J\right\rangle = \sum_{m_\ell, m_s} \left|(\ell_1\ell_2)LM_L\right\rangle \left|(s_1s_2)SM_S\right\rangle \left\langle LM_LSM_S\middle|(LS)JM_J\right\rangle \tag{7.55}$$

Wie bereits erwähnt, wird dieses kombinierte Kopplungsschema für die Gesamtdrehimpulse $\widehat{\boldsymbol{L}}$ und $\widehat{\boldsymbol{S}}$ RUSSEL-SAUNDERS-*Kopplung* (oder *LS-Kopplung*) genannt. Auch hier spalten, wie im Einelektronenfall, die Multipletts in $2S+1$ Komponenten auf (sofern $S \leq L$).

Allerdings kann man jetzt die Größe der Aufspaltung nicht mehr einfach aus $\xi(\boldsymbol{r})\widehat{\boldsymbol{LS}}$ berechnen, wie das im Einelektronenfall möglich war (wenigstens für kleine Kernladungszahlen Z). Der HAMILTON-Operator muss vielmehr alle magnetischen Wechselwirkung zwischen individuellen Elektronen berücksichtigen und wird Terme vom Typ

$$\widehat{H}_{LS} = \sum \xi_i(\boldsymbol{r}_i)\widehat{\boldsymbol{L}}_i\widehat{\boldsymbol{S}}_i \tag{7.56}$$

enthalten, aber auch Terme des Typs $\widehat{\boldsymbol{L}}_2\widehat{\boldsymbol{S}}_1, \widehat{\boldsymbol{L}}_1\widehat{\boldsymbol{S}}_2$ (Spin-andere-Bahn) ebenso wie die Spin-Spin-Wechselwirkung. Letztere ist auch nicht einfach $\propto \widehat{\boldsymbol{S}}_1\widehat{\boldsymbol{S}}_2$ sondern muss die korrekte Dipole-Dipole-Wechselwirkung berücksichtigen. Wir werden in Kap. 9 diese Art von Problemen anlässlich der Hyperfeinwechselwirkung zwischen Elektronenspin und Kernspin zu behandeln haben. Die dafür erforderlichen Berechnungen sind ziemlich kompliziert und können auch nicht mehr mithilfe der einfachen Intervallregel (6.67) zusammengefasst werden. Wir wollen hier nicht weiter in die Details gehen. Wir notieren aber, dass die Abweichungen von der einfachen Intervallregel besonders stark für kleine Z sind, insbesondere für He. Abbildung 7.6 (links) zeigt für diesen Fall die FS-Niveaus des angeregten $2\,^3$P-Triplettzustands mit der höchsten FS-Aufspaltung in He. Die Termlagen sind vollständig invertiert, d. h. das größte J hat die niedrigste Energie. Zum Vergleich sind die FS-Aufspaltungen auch für die

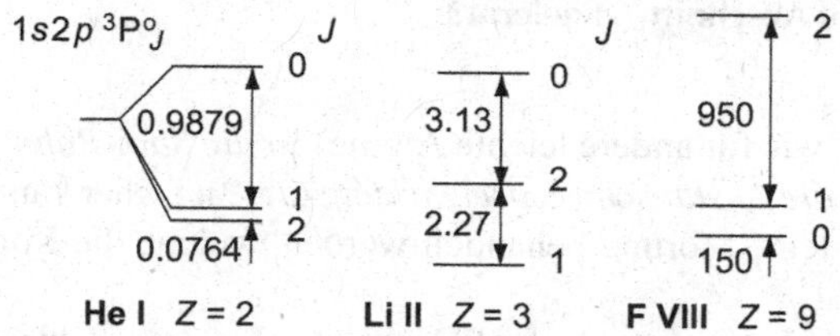

Abb. 7.6 Feinstrukturaufspaltung des $1s2p\,^3\mathrm{P}^\circ_J$-Zustands in He und He-ähnlichen Ionen. Man beachte die Inversion der Triplettzustände bei kleinem Z. Alle Energien in cm^{-1}, verschiedene Skalen für jedes der drei Systeme

He-ähnlichen Ionen Li^+ und F^{7+} gezeigt. Beim Fluor-Ion ist zumindest die Ordnung der Zustände wieder ‚normal'. Freilich ist auch hier die Intervallregel (6.67), nach der die Abstände der FS-Niveaus proportional dem jeweils höheren J sein sollten, nicht wirklich erfüllt.

Für größere Z (und einfach angeregte Zustände) überwiegt die *Spin-eigene-Bahn-Wechselwirkung* vom Typ $\xi_2(\boldsymbol{r}_2)\widehat{\boldsymbol{L}}_2\widehat{\boldsymbol{S}}_2$ (wobei sich die 2 auf das angeregte Elektron bezieht) und die FS-Aufspaltung kann in Analogie zu den Einelektronensystemen näherungsweise wieder durch

$$V_{LS} = \langle \xi_2(\boldsymbol{r}_2)\rangle \langle \widehat{\boldsymbol{L}}_2\widehat{\boldsymbol{S}}_2\rangle = \frac{a}{2}\big(J(J+1) - L(L+1) - S(S+1)\big) \qquad (7.57)$$

beschrieben werden. Wir illustrieren das in Abb. 7.7 am Beispiel der Erdalkalimetalle. Ihre Rolle in Bezug auf He entspricht derjenigen der Alkaliatome in Bezug aufs Wasserstoffatom: Sie haben zwei Valenzelektronen über einer geschlossenen Edelgasschale (siehe auch Abschn. 7.7.1). Man sieht, dass die Intervallregel für Mg wieder einigermaßen gut erfüllt ist.

Wir erinnern uns aber daran, dass die Feinstrukturaufspaltung nach (6.66) mit $\alpha^2 Z^4/n^3$ zunimmt. Für große Z und nicht zu große n kann sie daher erheblich werden. Wir werden darauf noch einmal in Kap. 10 zurückkommen und feststellen, dass die RUSSEL-SAUNDERS-*Kopplung für große Z zusammenbricht*.

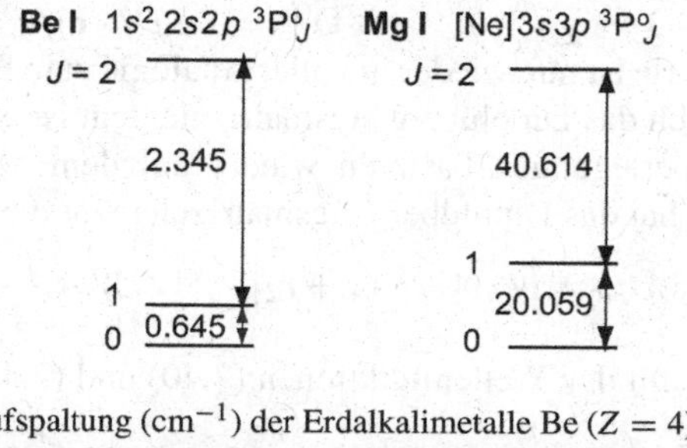

Abb. 7.7 Feinstrukturaufspaltung (cm^{-1}) der Erdalkalimetalle Be ($Z = 4$) und Mg ($Z = 12$). Die Terme sind normal geordnet, d. h. zu höherem J gehört eine höhere Energie. Man beachte, dass beim Magnesium die LANDÉ'sche Intervallregel $\Delta W_{FS} \propto J$ sehr gut erfüllt ist

Was haben wir in Abschnitt 7.4 gelernt?

- Für He (ebenso wie für andere leichte Atome) *ist die Spin-Bahn-Kopplung* (7.57) *viel kleiner als die Austauschwechselwirkung* (7.49). Daher kann die Spin-Bahn-Kopplung als kleine Störung behandelt werden, welche die Kopplung der Spins nicht beeinflusst.
- Eine quantitative Interpretation der Feinstruktur für Zweielektronensysteme geht vom Gesamtspin $\widehat{\boldsymbol{S}} = \widehat{\boldsymbol{S}}_1 + \widehat{\boldsymbol{S}}_2$ und dem Gesamtbahndrehimpuls $\widehat{\boldsymbol{L}} = \widehat{\boldsymbol{L}}_1 + \widehat{\boldsymbol{L}}_2$ aus, die ihrerseits wieder zum Gesamtdrehimpuls $\widehat{\boldsymbol{J}} = \widehat{\boldsymbol{L}} + \widehat{\boldsymbol{S}}$ des Systems koppeln.
- Der FS-Aufspaltung ist im Fall des He von ähnlicher Größenordnung wie beim H-Atom. Leider können aber die dort für die Aufspaltung benutzten Formeln ebenso wenig angewendet werden wie die LANDÉ'sche Intervallregel (jedenfalls nicht für leichte Atome): Spin-Spin-Wechselwirkung und Spin-andere-Bahn-Wechselwirkung müssen ebenfalls berücksichtigt werden.

7.5 Elektrische Dipolübergänge

Zu Beginn dieses Kapitels haben wir bereits die Auswahlregeln für E1-Übergänge im He eingeführt. Wir wollen jetzt noch einige elementare Fragen zur Absorption und Emission von Photonen in Vielelektronensystemen ansprechen, wobei wir das Zweielektronensystem He als ein (hoffentlich) noch leicht durchschaubares Beispiel benutzen. Wir müssen jetzt unsere Definition des Dipoloperators (4.54) erweitern. Für ein Elektron am Ort $\boldsymbol{r}_i$ war das Dipolmoment einfach $\boldsymbol{\mathcal{D}}_i = e\boldsymbol{r}_i$. Für $\mathcal{N}$ aktive Elektronen müssen die Störungsenergien (4.55) aller potenziell aktiven Elektronen addiert werden:

$$U(\boldsymbol{r}, t) = -\left(\sum_{i=1}^{\mathcal{N}} \boldsymbol{\mathcal{D}}_i\right) \cdot \boldsymbol{E}(t) = \frac{ieE_0}{2} \sum \boldsymbol{r}_i \cdot \left(\mathbf{e}\mathrm{e}^{-\mathrm{i}\omega t} + \mathbf{e}^* \mathrm{e}^{\mathrm{i}\omega t}\right) \tag{7.58}$$

Hier ist $\boldsymbol{E}(t)$ wieder die elektrische Feldkomponente der Welle und E_0 repräsentiert deren Amplitude. Der Dipolübergangsoperator (4.56) ist für eine Vielelektronensystem entsprechend $\widehat{\mathsf{D}} = \sum_{i=1}^{\mathcal{N}} \widehat{\mathsf{D}}^{(i)}$ mit $\widehat{\mathsf{D}}^{(i)} = -(\boldsymbol{\mathcal{D}}_i \cdot \mathbf{e})/e = \boldsymbol{r}_i \cdot \mathbf{e}$. Die zeitabhängige Störungstheorie ist nun wieder in voller Analogie zum Einelektronensystem anzuwenden. Lediglich das Dipolübergangsmatrixelement ist etwas komplizierter.

Die folgenden Überlegungen basieren wieder auf dem Modell unabhängiger Teilchen. Für das He hat das Dipolübergangsmatrixelement die Form:

$$\widehat{\mathsf{D}}_{ba} = \left\langle \Psi_b(1,2) \middle| \boldsymbol{r}_1 + \boldsymbol{r}_2 \middle| \Psi_a(1,2) \right\rangle \cdot \mathbf{e}. \tag{7.59}$$

Explizit erhalten wir mit den Wellenfunktionen (7.40) und (7.41)

$$\widehat{\mathsf{D}}_{ba} = \left\langle \Psi_{b\pm}^{\mathrm{s}}(1,2) \chi_{S_b}^{M_{S_b}}(1,2) \middle| \boldsymbol{r}_1 + \boldsymbol{r}_2 \middle| \Psi_{a\pm}^{\mathrm{s}}(1,2) \chi_{S_a}^{M_{S_a}}(1,2) \right\rangle \cdot \mathbf{e},$$

wobei wir wieder $(\boldsymbol{r}_1) = (1)$ und $(\boldsymbol{r}_2) = (2)$ abkürzen. Wir notieren zunächst, dass weder $\boldsymbol{r}_1$ noch $\boldsymbol{r}_2$ direkt auf die Spinkomponente der Wellenfunktion wirkt. Daher können wir letztere aus dem Integral herausziehen und die Orthonormalitätsrelationen für die Spinfunktionen anwenden:

$$\begin{aligned}\widehat{\mathsf{D}}_{ba} &= \langle \Psi^{s}_{b\pm}(1,2) | \boldsymbol{r}_1 + \boldsymbol{r}_2 | \Psi^{s}_{a\pm}(1,2) \rangle \langle \chi^{M_{S_b}}_{S_b}(1,2) | \chi^{M_{S_a}}_{S_a}(1,2) \rangle \cdot \mathbf{e} \\ &= \langle \Psi^{s}_{b\pm}(1,2) | \boldsymbol{r}_1 + \boldsymbol{r}_2 | \Psi^{s}_{a\pm}(1,2) \rangle \cdot \mathbf{e} \delta_{S_b S_a} \delta_{M_{S_b} M_{S_a}} . \end{aligned} \tag{7.60}$$

Dies ist ein sehr wichtiges Resultat: Die *Spinzustände bleiben bei* E1-*Übergängen* im He *unverändert.* Es gibt also keine E1-Übergänge zwischen *Singulett- und Triplettsystem* (diese sogenannten *Interkombinationslinien* sind verboten). Entsprechend bleibt auch die + und − Symmetrie der Ortswellenfunktion bei E1-Übergängen unverändert (da der Spin nicht beteiligt ist, gilt dies sogar für E-Übergänge jeder Ordnung). *Diese Auswahlregel erklärt also die experimentelle Beobachtung zweier quasi-isolierter Systeme von Spektrallinien – historisch als ‚Para-' und ‚Ortho-' Helium* bezeichnet – d. h. die *Übergänge* finden *nur innerhalb* des Singulett- *oder* des Triplettsystems statt.

Für He gilt diese Regel ziemlich streng. Für He-artige Ionen mit großem Z beobachtet man aber zunehmend auch (schwache) Interkombinationslinien: Mit wachsendem Z wird auch die Spin-Bahn-Wechselwirkung (7.57) stärker und muss berücksichtigt werden. Dies führt zu einer Vermischung des Singulett- bzw. Triplettcharakters von Zuständen, die im Modell unabhängiger Teilchen in Reinform vorliegen (sogenannte *Konfigurationswechselwirkung,* CI). So können dann auch Interkombinationslinien auftreten.

Über das Interkombinationsverbot hinaus unterstützt das *Modell der unabhängigen Teilchen* eine weitere, wichtige Auswahlregel: *Erlaubt sind danach nur reine Einelektronenübergänge,* selbst innerhalb des Singulett- oder Triplettsystems – d. h. im Rahmen dieses Modells *können sich bei einem* E1-*Übergang mit einem Photon nur die Quantenzahlen eines Elektrons ändern.* Der Beweis ist recht instruktiv:

Im Modell unabhängiger Teilchen kann die Ortswellenfunktion als symmetrische oder antisymmetrische Linearkombination aus Produkten von Einelektronenwellenfunktionen nach (7.42) bzw. (7.43) geschrieben werden. Sei die Anfangskonfiguration $\{a\} = \{1a, 2a\} = \{n_{1a}\ell_{1a}m_{1a}, n_{2a}\ell_{2a}m_{2a}\}$, die Konfiguration nach der Wechselwirkung $\{b\} = \{1b, 2b\} = \{n_{1b}\ell_{1b}m_{1b}n_{2b}\ell_{2b}m_{2b}\}$. Das Dipolübergangsmatrixelement zwischen diesen Zuständen ist dann

$$\begin{aligned}\widehat{\mathsf{D}}_{ba} &= \langle \Psi^{s}_{b\pm}(1,2) | \boldsymbol{r}_1 + \boldsymbol{r}_2 | \Psi^{s}_{a\pm}(1,2) \rangle \cdot \mathbf{e} \\ &= \frac{1}{2} \langle \psi^{s}_{1b}(1)\psi^{s}_{2b}(2) \pm \psi^{s}_{1b}(2)\psi^{s}_{2b}(1) | \boldsymbol{r}_1 \\ &\quad + \boldsymbol{r}_2 | \psi^{s}_{1a}(1)\psi^{s}_{2a}(2) \pm \psi^{s}_{1a}(2)\psi^{s}_{2a}(1) \rangle \cdot \mathbf{e} . \end{aligned} \tag{7.61}$$

Wir halten fest, dass $\boldsymbol{r}_1$ dazu nur über den Teil der Wellenfunktion beiträgt, der von $\boldsymbol{r}_1$ abhängt, während $\boldsymbol{r}_2$ nur für den von $\boldsymbol{r}_2$ abhängigen Teil der Wellenfunktion relevant ist. Daher kann man die Komponenten von (7.61) faktorisieren. Dies führt zu Ausdrücken des Typs

$$
\begin{aligned}
\widehat{\mathsf{D}}_{ba} = & \frac{1}{2}\langle\psi^{s}_{1b}(1)|\psi^{s}_{1a}(1)\rangle\langle\psi^{s}_{2b}(2)|\boldsymbol{r}_2\cdot\boldsymbol{e}|\psi^{s}_{2a}(2)\rangle \\
& \pm\frac{1}{2}\langle\psi^{s}_{1b}(1)|\psi^{s}_{2a}(1)\rangle\langle\psi^{s}_{2b}(2)|\boldsymbol{r}_2\cdot\boldsymbol{e}|\psi^{s}_{1a}(2)\rangle \\
& \pm\frac{1}{2}\langle\psi^{s}_{2b}(1)|\psi^{s}_{1a}(1)\rangle\langle\psi^{s}_{1b}(2)|\boldsymbol{r}_2\cdot\boldsymbol{e}|\psi^{s}_{2a}(2)\rangle \\
& +\frac{1}{2}\langle\psi^{s}_{2b}(1)|\psi^{s}_{2a}(1)\rangle\langle\psi^{s}_{1b}(2)|\boldsymbol{r}_2\cdot\boldsymbol{e}|\psi^{s}_{1a}(2)\rangle + \cdots,
\end{aligned}
$$

und entsprechende Ausdrücke, in welchen $\boldsymbol{r}_2$ durch $\boldsymbol{r}_1$ ersetzt ist und umgekehrt. Das wiederum führt zu identischen Ergebnissen (man hat ja über den ganzen Raum zu integrieren). Unter Berücksichtigung der Orthonormalität der Einelektronenwellenfunktionen impliziert dies

$$
\begin{aligned}
\widehat{\mathsf{D}}_{ba} = & \,\delta_{1b1a}\langle\psi^{s}_{2b}(\boldsymbol{r})|\boldsymbol{r}\cdot\boldsymbol{e}|\psi^{s}_{2a}(\boldsymbol{r})\rangle \\
& \pm\delta_{1b2a}\langle\psi^{s}_{2b}(\boldsymbol{r})|\boldsymbol{r}\cdot\boldsymbol{e}|\psi^{s}_{1a}(\boldsymbol{r})\rangle \\
& \pm\delta_{2b1a}\langle\psi^{s}_{1b}(\boldsymbol{r})|\boldsymbol{r}\cdot\boldsymbol{e}|\psi^{s}_{2a}(\boldsymbol{r})\rangle \\
& +\delta_{2b2a}\langle\psi^{s}_{1b}(\boldsymbol{r})|\boldsymbol{r}\cdot\boldsymbol{e}|\psi^{s}_{1a}(\boldsymbol{r})\rangle,
\end{aligned}
\tag{7.62}
$$

d. h. eine der Quantenzahlen muss vor und nach dem Übergang gleich bleiben. Was übrig bleibt von den Doppelintegralen über $\boldsymbol{r}_1$ und $\boldsymbol{r}_2$, sind also lediglich Matrixelemente für Einelektronenübergänge: Ihre Auswertung führt zu den Standardauswahlregeln, wie wir sie in Abschn. 4.4 auf Seite 213 für Einelektronensysteme abgeleitet haben. Daher *erlaubt das Modell der unabhängigen Teilchen in der Tat nur Einelektronenübergänge.*

Speziell gilt für Konfigurationen, wo sich ursprünglich ein Elektron im Grundzustand 100 befindet, dass nur Übergänge vom Typ $\{100n\ell m\} \longleftrightarrow \{100n'\ell'm'\}$ oder $\{100n\ell m\} \longleftrightarrow \{n'\ell'm'n\ell m\}$ stattfinden können, wobei im Übrigen die üblichen Auswahlregeln $\Delta\ell = \pm1$ und $\Delta m = \pm1, 0$ gelten – zusammen mit $S_b = S_a$ – also mit dem Interkombinationsverbot für E1-Übergänge. Man beachte jedoch, dass die Auswahlregel (7.60) für die Spinprojektionsquantenzahl M_S bei Feinstrukturübergängen innerhalb des Triplettsystems durch die ΔJ und ΔM_J Regeln ersetzt werden muss, die wir in Abschn. 6.4 auf Seite 339 besprochen haben.

Was haben wir in Abschnitt 7.5 gelernt?

- Der Dipolübergangsoperator für ein $\mathcal{N}$ -Elektronensystem ist $\widehat{\mathsf{D}} = \sum_{i=1}^{\mathcal{N}} \widehat{\mathsf{D}}^{(i)}$ mit $\widehat{\mathsf{D}}^{(i)} = \boldsymbol{r}_i \cdot \boldsymbol{e}$.
- Die spezielle Struktur der Singulett- und Triplettwellenfunktionen führt dazu, dass E1-Übergänge zwischen beiden Systemen (Interkombinationslinien) streng verboten sind.
- Das Modell unabhängiger Elektronen erlaubt nur E1-Übergänge, bei welchen sich die Quantenzahlen von einem und nur einem Elektron ändern.

- Die übliche $\Delta\ell = \pm 1$ und $\Delta m = \pm 1, 0$ Auswahlregeln gelten für dieses eine Elektron. Außerdem muss für Feinstrukturübergänge $\Delta J = 0, \pm 1$ mit $0 \not\leftrightarrow 0$ gelten.

7.6 Doppelanregung und Autoionisation

7.6.1 Doppelt angeregte Zustände

In der vorangehenden Diskussion angeregter He-Zustände haben wir (meist stillschweigend) angenommen, dass sich eines der beiden Elektronen in seinem $1s$-Grundzustand aufhält, während sich das andere in einem angeregten $n\ell$-Orbital befindet. Man kann sich aber durchaus auch Konfigurationen vorstellen, wo beide Elektronen angeregt sind – unabhängig von der Frage, wie solche Zustände bevölkert werden können. Das Modell unabhängiger Teilchen ergibt in 0. Ordnung Störungstheorie Energien nach (7.15). Betrachten wir als Beispiel eine Serie mit der Konfiguration $2\ell n\ell'$ ($n \geq 2$). Für diese ergibt sich (in a.u.)

$$W^{(0)}_{2\ell n\ell'} = -\frac{Z^2}{2}\left(\frac{1}{4} + \frac{1}{n^2}\right) \geq -\frac{Z^2}{4}.$$

Für He ($Z = 2$) erwartet man diese doppelt angeregten Zustände also bei Energien $\geq -1E_\mathrm{h} = -27.2\,\mathrm{eV}$, während die Bindungsenergie des He^+-Ions $-2E_\mathrm{h} = -54.4\,\mathrm{eV}$ ist. Daher liegen diese doppelt angeregten Zustände $\{2\ell n\ell'\}$ im Ionisationskontinuum des $\mathrm{He}^+ + \mathrm{e}^-$ und konvergieren gegen den einfach angeregten $\mathrm{He}^+(2s)$-Zustand bei $-2E_\mathrm{h}/4 = -13.6\,\mathrm{eV}$. Die $\{3\ell n\ell'\}$ Serie hat entsprechend Energien $\geq -13E_\mathrm{h}/18 = -19.6\,\mathrm{eV}$ und konvergiert gegen den $\mathrm{He}^+(3s)$-Zustand bei $-2E_\mathrm{h}/9 = -6.0\,\mathrm{eV}$.

COULOMB- und Austauschwechselwirkung heben die untere Grenze dieser Serien etwas an, aber der allgemeine Befund bleibt bestehen: Diese doppelt angeregten Zustände sind in die Ionisationskontinua eingebettet. Die erwarteten Grenzen dieser Serien sind schematisch in Abb. 7.4 auf Seite 382 rechts als horizontale Linien eingezeichnet *(online rot)* und mit $2s\infty\ell$ bzw. $3s\infty\ell$ markiert. Serien solcher Absorptionslinien werden in der Tat experimentell beobachtet. Diese dabei (doppelt) angeregten Zustände befinden sich in den beiden grau schattierten Energiebereichen links in Abb. 7.4. Sie entsprechen aber keinen stabilen, stationären Zuständen und zerfallen in der Regel innerhalb sehr kurzer Zeit in ein Ion und ein Elektron – man spricht von *Autoionisation.*

7.6.2 Autoionisation, FANO-Profil

Autoionisation und verwandte Phänomene sind ein faszinierendes und wichtiges Thema – nicht nur in der Atomphysik. Wir wollen uns daher an dieser Stelle mit ihren charakteristischen Phänomenen vertraut machen und versuchen, die Physik hinter den bemerkenswerten experimentellen Beobachtungen zu verstehen.

Auf den ersten Blick wundert man sich, wie solche Zustände überhaupt bevölkert werden können, denn Doppelanregung ist ja nach (7.62) verboten für E1-Übergänge im Rahmen des Modells unabhängiger Teilchen. Nun ist dieses *Konzept der unabhängigen Teilchen freilich weit davon entfernt, perfekt zu sein.* Wir haben das ja bereits beim Grundzustand gesehen. Im Fall der doppelt angeregten Zustände mit zwei Elektronen können diese einander natürlich sehr nahe kommen. Es ist dann nicht mehr ausreichend, das jeweils andere Elektron lediglich durch eine gemittelte Abschirmung zu berücksichtigen. Moderne theoretische Berechnungen schließen die Korrelation daher explizit durch verschiedene Techniken ein, z. B. durch sog. CI-Methoden, d. h. durch Linearkombination mehrerer Konfigurationen, oder – sehr elegant – durch geschickt gewählte, *nicht kartesische Koordinatensysteme,* in welchen der Abstand der beiden Elektronen eine freie Koordinate ist. Mit solchen korrelierten Wellenfunktionen kann man in der Tat E1-Übergänge in einem Zweielektronensystem des Typs

$$h\nu + \mathrm{He}(1s^2) \rightarrow \mathrm{He}(n\ell n'\ell') \tag{7.63}$$

beschreiben. Sehr schönen Beispiele für solche Spektren erhält man in hoch auflösenden Absorptionsexperimenten mit Synchrotronstrahlung. Einige Beispiele, nämlich die $2\ell n\ell'$- und $3\ell n\ell'$-Serien, sind in Abb. 7.8 gezeigt. *Man beachte,* dass die Charakterisierung der einzelnen Linien bereits die Komplexität der korrelierten Elektronenzustände andeutet, die nicht eindeutig durch die Konfigurationen $\{2\ell n'\ell'\}$ und $\{3\ell n'\ell'\}$ beschrieben werden können. Wir können hier aber nicht auf die rechnerischen Details eingehen.

Abbildung 7.8 führt natürlich sofort zu der Frage nach der Ursache der sehr auffälligen Linienformen, die in diesen Spektren beobachtet werden. Das Experiment misst direkt den Strom der He^+-Ionen als Funktion der Photonenenergie des monochromatisierten, sehr schmalbandigen Synchrotronstrahls, der durch eine mit He gefüllte Zelle geschickt wird.[4] Wir notieren hier zunächst, dass die beobachteten Linien zu Übergängen in Zuständen vom Typ $\mathrm{He}(n\ell n'\ell') = \mathrm{He}^{**}$ entsprechen,[5] die energetisch tatsächlich in das Ionisationskontinuum $\mathrm{He}^+(1s) + \mathrm{e}^-$ eingebettet sind. Die beiden hier gezeigten Serien $2\ell n'\ell'$ und $3\ell n'\ell'$ von doppelt angeregten Zuständen, die hier gezeigt sind, konvergieren für $n' \rightarrow \infty$ gegen die entsprechenden ionischen, wasserstoffähnlichen Zustände $\mathrm{He}^+(2\ell)$ bzw. $\mathrm{He}^+(3\ell)$.

Die doppelt angeregten Zustände können im Prinzip in niedriger liegende Zustände durch Emission eines Photons zerfallen. Alternativ – und weit effizienter – zerfallen sie einfach durch Ionisation, denn sie liegen energetisch ja im Ionisationskontinuum:

$$\mathrm{He}(n\ell n'\ell') = \mathrm{He}^{**} \rightarrow \mathrm{He}^+(1s) + \mathrm{e}^-. \tag{7.64}$$

[4] *Man beachte,* dass die gezeigten *Signale nicht durch Differenziation erzeugt wurden,* wie das in der Spektroskopie gelegentlich der besseren Positionierbarkeit der Linienzentren wegen getan wird – die Abbildung zeigt die genuinen Linienformen.

[5] Zwei Sterne ** gelten als Abkürzung für die Doppelanregung.

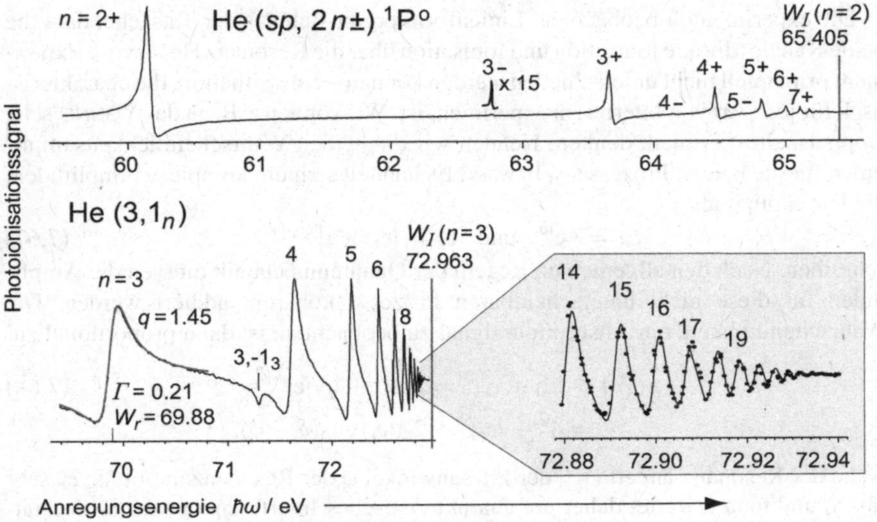

Abb. 7.8 He-Autoionisationsspektren aufgenommen mit monochromatisierter, schmalbandiger Synchrotronstrahlung. Oben: Serie (sp, $2n\pm$) (DOMKE *et al.* 1991); unten links: Serie ($3, 1_n$); unten rechts: vergrößerter Ausschnitt (SCHULZ *et al.* 1996). Vertikale Linien *(online rot)* markieren die Grenzen $He^+(n = 2)$ bzw. $He^+(n = 3)$, gegen welche die beiden Serien konvergieren. Für den Zustand ($3, 1_3$) zeigt die glatte Kurve *(online rot)* beispielhaft ein angepasstes FANO-Profil (7.70) mit den Parametern q, γ und W_{res}

Diesen Prozess nennt man *Autoionisation*. Das zweite Elektron geht dabei in den Grundzustand über, hier in den des $He^+(1s)$-Ions. Die ursprünglich vom $He(1s^2)$ absorbierte Energie $\hbar\omega$, die zur Anregung des He^{**}-Zustands führte, wird zum Teil für die Ionisation gebraucht (W_I, wobei in der Bilanz $He^+(1s)$ aus $He(1s^2)$ entsteht). Die restliche Energie $W_{kin} = \hbar\omega - W_I[He(1s^2)]$ wird als kinetische Energie auf das emittierte Elektron übertragen.

Die merkwürdigen, unterschiedlichen Formen der Autoionisationslinien, die sehr deutlich in Abb. 7.8 zu sehen sind, kann man durch eine spezielle Form der Interferenz erklären: Der Endzustand $He^+ + e^-(W_{kin})$ kann im Prinzip auf zwei verschiedene Weisen erreicht werden (man spricht von zwei Kanälen):

- Entweder wird die Ionisation auf direktem Wege erreicht
$$\hbar\omega + He\left(1s^2\right) \to He^+(1s) + e^-(W_{kin}), \tag{7.65}$$
- oder die doppelt angeregten Zustände werden zunächst angeregt, die sodann ins Kontinuum zerfallen:
$$\hbar\omega + He\left(1s^2\right) \to He^{**} \to He^+ + e^-(W_{kin}). \tag{7.66}$$

In beiden Fällen ist die Energiebilanz identisch:
$$\hbar\omega = W_{kin} + W_I\left[He\left(1s^2\right)\right].$$

Die experimentell beobachtete Linienform ergibt sich aus der Tatsache, dass die beide Kanäle (direkte Ionisation und Ionisation über die Resonanz He**) vom Experiment prinzipiell nicht unterschieden werden können – eine Situation, die charakteristisch für jede Art von Interferenzexperiment ist. Wir können z. B. an das YOUNG'sche Doppelspaltexperiment denken. Nennen wir die beiden Wahrscheinlichkeitsamplituden für die beiden Prozesse c_d bzw. c_r. Es handelt sich um komplexe Amplituden, die wir explizit als

$$c_\mathrm{d} = A\mathrm{e}^{\mathrm{i}\delta} \quad \text{und} \quad c_\mathrm{r} = \left|c_\mathrm{r}(W)\right|\mathrm{e}^{\mathrm{i}\phi(W)} \tag{7.67}$$

schreiben. Nach den allgemeinen Regeln der Quantenmechanik müssen die Amplituden für diese nicht unterscheidbaren Prozesse kohärent addiert werden. Die Wahrscheinlichkeit, ein Absorptionssignal zu beobachten, ist dann proportional zu

$$\begin{aligned} S(W) &= |c_\mathrm{d} + c_\mathrm{r}|^2 = \left|A\mathrm{e}^{\mathrm{i}\delta} + |c_\mathrm{r}|\mathrm{e}^{\mathrm{i}\phi}\right|^2 \\ &= A^2 + |c_\mathrm{r}|^2 + 2A|c_\mathrm{r}|\cos(\delta - \phi). \end{aligned} \tag{7.68}$$

Nahe der Resonanz ändert sich der Phasenwinkel ϕ der Resonanzamplitude c_r sehr rasch, und man erwartet daher ein charakteristisches Interferenzmuster, wie es tatsächlich in den Autoionisationsspektren Abb. 7.8 beobachtet wird. Eine quantitative Behandlung dieses Phänomens wurde erstmals von FANO (1961) beschrieben. Kurz zusammengefasst geht man davon aus, dass Amplitude A und Phase δ der direkten Photoionisation im Energiebereich um die Resonanz herum praktisch konstant sind und nicht von der Photonenenergie $W = \hbar\omega$ abhängen. Für $c_\mathrm{r}(W)$ nimmt man dagegen das typische Verhalten einer (komplexen) Resonanzamplitude an, das man etwa vom harmonischen Oszillator her kennt, wenn W durch die Resonanz läuft. Wir haben dies bereits im Zusammenhang mit der normalen optischen Absorption im Bereich einer Resonanzlinie in Abschn. 5.1.2 besprochen. Wie in Abb. 5.2a skizziert, steigt der Betrag $|c_\mathrm{r}(W)|$ im Bereich der Resonanzenergie W_r rasch an, die Linienbreite sei Γ, während sich die Phase von 0 nach π ändert. Durch die Überlagerung von $c_\mathrm{r}(W)$ mit c_d erhält man dann in der Tat sehr ausgeprägte Strukturen, wie sie im Experiment beobachtet werden. Das berühmte FANO*'sche Linienprofil* (genauer, das BEUTLER-FANO -Profil; BEUTLER war der Spektroskopiker, der erstmals solche Linienformen beobachtete) charakterisiert man durch:[6]

$$\frac{(q+\epsilon)^2}{1+\epsilon^2} \quad \text{mit} \quad \epsilon = \frac{W - W_\mathrm{r}}{\Gamma/2} \tag{7.70}$$

Dabei ist Γ die Linienbreite, ϵ die reduzierte Energie, und q der sogenannte FANO-*Parameter*. Letzterer enthält die relative Phase und die Kopplungsstärke zwischen direktem und resonantem Ionisationsprozess. Als Beispiel haben wir die in Abb. 7.8

[6]Zur Anpassung an das gemessene Signal muss man die ursprüngliche Formel leicht verallgemeinern, z. B. zu

$$S(\epsilon) = \frac{C}{q^2+1}\frac{(q+\epsilon)^2}{1+\epsilon^2} + \left(A^2 - \frac{C}{q^2+1}\right), \tag{7.69}$$

womit das Untergrundsignal A^2 und die Stärke der Resonanz C berücksichtigt wird.

gezeigten experimentellen Daten für die He(3, 1_3) Linie mit diesem Profil angepasst – und erhalten nahezu perfekte Übereinstimmung!

7.6.3 Resonanzlinienprofile

Resonanzen des diskutierten Typs werden in vielen Bereichen der Physik beobachtet. Man findet sie in der optischen Spektroskopie, wie hier diskutiert, in der Atom- und Molekülphysik, aber auch in der Kernphysik und in der Hochenergiephysik, ebenso wie im Bereich der Festkörperphysik.

Wir wollen jetzt versuchen, das FANO-*Profil* solcher Resonanzen etwas besser zu verstehen. Sie entstehen immer dann, wenn ein Endzustand auf verschiedene Weise erreicht werden kann, wobei ein Kanal dabei einem resonanten, quasi-stabilen Zustand entspricht. Um dieses Verhalten, das quantitativ durch das FANO-Profil (7.70) beschrieben wird, zu verstehen, visualisieren wir die Anregungsamplituden in der komplexen Ebene.

Mit der normierten Energie ϵ nach (7.70) schreibt man Betrag $|c_r(\epsilon)|$ und Phase $\phi(\epsilon)$ der Resonanzamplitude c_r – oder alternativ Real- und Imaginärteil – nach (5.14a)–(5.15b), skaliert mit der Resonanzstärke B:

$$\left|c_r(\epsilon)\right| = \frac{B}{\sqrt{\epsilon^2+1}} \quad \text{und} \quad \tan\left[\phi(\epsilon)\right] = -\frac{1}{\epsilon} \quad \text{oder} \tag{7.71}$$

$$\mathrm{Re}(c_r) = -\epsilon\frac{|c_r(\epsilon)|^2}{B} \quad \text{und} \quad \mathrm{Im}(c_r) = \frac{|c_r(\epsilon)|^2}{B}. \tag{7.72}$$

Die Resonanzamplitude hatten wir bereits Abb. 5.2 auf Seite 253 illustriert. Abbildung 7.9 zeigt nun eine *alternative Darstellungsform in der komplexen Ebene.* Mit (7.72) verifiziert man leicht:

$$\left[\mathrm{Re}(c_r)\right]^2 + \left[\mathrm{Im}(c_r) - \frac{B}{2}\right]^2 = \left(\frac{B}{2}\right)^2 \tag{7.73}$$

Wenn also die reduzierte Energie ϵ über die Resonanz ($\epsilon = 0$) durchgestimmt wird, so rotiert c_r in der komplexen Ebene auf einem Kreis mit dem Radius $B/2$ um das Zentrum bei $(0, \mathrm{i}B/2)$.

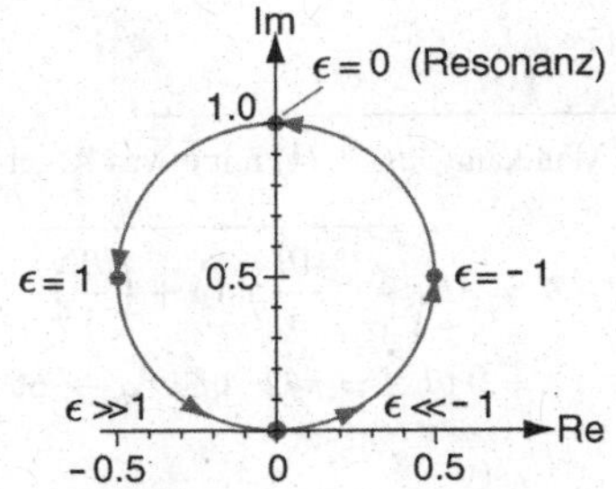

Abb. 7.9
Resonanzamplitude $c_r(\epsilon)$ in der komplexen Ebene, $B = 1$

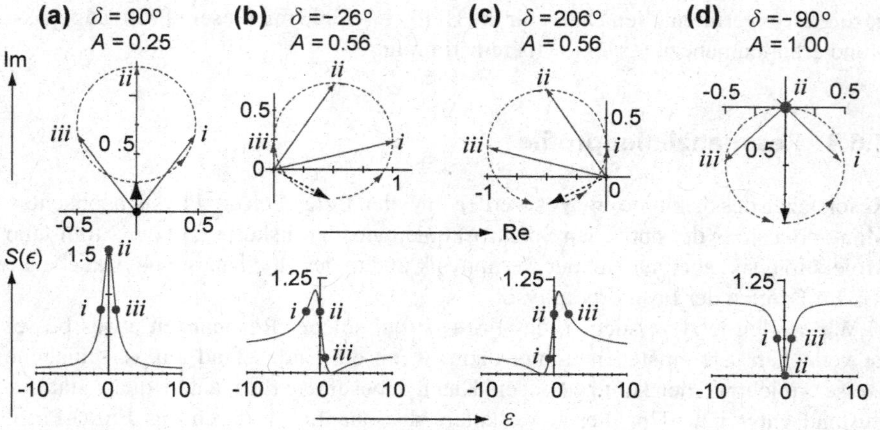

Abb. 7.10 *Obere Reihe:* Absorptionsamplituden in der komplexen Ebene (volle Pfeile, *online rot*) als Summe von direkter Ionisationsamplitude $c_\mathrm{d} = A\exp(\mathrm{i}\delta)$ gestrichelter, schwarzer Pfeil) und resonanter Amplitude nach (7.71) mit $B = 1$. *Untere Reihe:* Korrespondierende Absorptionsprofile (Ionisationssignale) $S(\epsilon)$. Je nach Parametern entstehen sehr unterschiedliche FANO-Linienprofile als Funktion der reduzierten Energie $\epsilon = (W - W_\mathrm{r})/(\Gamma/2)$. Für jedes der Beispiele sind an den komplexen Amplituden drei verschiedene Energiebereiche angedeutet: $\epsilon_i < \epsilon_{ii} = 0 < \epsilon_{iii}$

Wir müssen nun zu dieser Resonanzamplitude $c_\mathrm{r}(\epsilon)$ lediglich die (als konstant angenommene) direkte Amplitude c_d entsprechend (7.68) addieren. Mit (7.71) wird das Profil der Resonanzlinie (d. h. des Absorptions- bzw. Ionisationsquerschnitts):

$$\sigma(W) \propto \left|A\mathrm{e}^{\mathrm{i}\delta} + |c_\mathrm{r}(\epsilon)|\,\mathrm{e}^{\mathrm{i}\phi(\epsilon)}\right|^2 = \left|A\mathrm{e}^{\mathrm{i}\delta} + \frac{-\epsilon B}{\epsilon^2+1} + \frac{\mathrm{i}B}{\epsilon^2+1}\right|^2. \tag{7.74}$$

Autoionisationsresonanzen beobachtet man in der Nähe von Resonanzen $\epsilon \simeq 0$ ($W = \hbar\omega \simeq W_\mathrm{r}$) als Struktur auf dem Hintergrund des direkten Ionisationssignals. Je nach Phasenlage δ und der relativen Größe A/B der direkten Amplitude ergeben sich durch vektorielle Addition der Amplituden c_d und $c_r(\epsilon)$ in der komplexen Ebene sehr unterschiedliche Linienprofile, wie in Abb. 7.10 illustriert.[7]

Die Formen reichen von einem reinen, zusätzlichen Absorptionsprofil, wenn der Phasenwinkel $\delta = -90°$ ist oder die direkte Amplitude verschwindet (a), über dispersionsartige Profile (b) und (c) bis hin zur vollständigen Auslöschung des direkten

[7] Man kann aus (7.74) mit etwas Algebra auch die modifizierte FANO-Formel (7.69) gewinnen:

$$C = AB\sqrt{4 + \frac{4B}{A}\sin\delta + \left(\frac{B}{A}\right)^2} \quad \text{und} \quad q = -\frac{C/(AB) + B/A + 2\sin\delta}{2\cos\delta} \quad \text{für } \cos\delta \neq 0,$$

$q = 0$ für $\delta = \pi/2$ und $q \to \infty$ für $\delta = -\pi/2$; C und damit auch q sind doppeldeutig.

Ionisationssignals bei Resonanz, wenn direkte Amplitude und Resonanzamplitude gegenphasig und gleich groß sind (d).

Was haben wir in Abschnitt 7.6 gelernt?

- Doppelt angeregte Zustände in He, die ins Ionisationskontinuum von $He^+ + e^-$ eingebettet sind, können durch E1-Übergänge angeregt werden, weil das Modell der unabhängigen Elektronen bei diesen Zuständen nicht mehr streng gilt.
- Ausgeprägte Interferenzstrukturen werden beobachtet. Sie ergeben sich durch kohärente Überlagerung der Wahrscheinlichkeitsamplituden für direkte Ionisation und Autoionisation über einen doppelt angeregten Zustand. Sie können durch ein FANO-Profil nach (7.70) beschrieben werden.
- Dieses kann man leicht verstehen, wenn man die direkte und die resonante Amplitude in der komplexen Ebene darstellt. Während die erstere konstant angenommen wird, ändert sich der Betrag der letzteren schnell im Bereich der Resonanz und die Phase läuft von 0 nach π entsprechend (7.71).

7.7 Quasi-Zweielektronensysteme

7.7.1 Atome der Erdalkalimetalle

Die Atome der Erdalkalimetalle spielen in Bezug auf das He-Atom eine ähnliche Rolle wie die Alkaliatome in Bezug auf das H-Atom: Ihre beiden potenziell aktiven Elektronen sind vom Atomkern durch $Z - 2$ Elektronen der vollständig gefüllten (edelgasartigen) Ionenrümpfe abgeschirmt. In völliger Analogie zu den Alkaliatomen (Abschn. 3.2.3 auf Seite 161) mit einem Elektron ist der HAMILTON-Operator für die zwei Valenzelektronen der Erdalkaliatome im Wesentlichen der des He, bis auf den Unterschied, dass in (7.6) das reine COULOMB-Potenzial des Atomkerns jetzt durch ein abgeschirmtes Potenzial zu ersetzen ist, das für hinreichend große Abstände vom Kern in $2/r_1$ (bzw. $2/r_2$) übergeht. Entsprechend sind die Termschemata und Spektren auch denen des He sehr ähnlich, wenn auch im Detail noch reicher an Struktur, wozu auch weitere Serien von doppelt angeregten Zuständen gehören. Die Spektren sind sehr gut bei KRAMIDA *et al.* (2015) dokumentiert: Energieniveaus, Tabellen der Wellenlängen und Übergangswahrscheinlichkeiten, GROTRIAN-Diagramme und simulierte Spektren können dort innerhalb von Sekunden zusammengestellt werden. Wir zeigen hier daher in Abb. 7.11 lediglich das GROTRIAN-Diagramm von Be als ein typisches Beispiel.

Die Grundzustandskonfiguration von Be I ist $1s^2 2s^2$, sein erstes Ionisationspotenzial ist 9.32 eV und der Grundzustand des Be^+-Ions (Be II) hat die Konfiguration $1s^2 2s$. Um den ersten angeregten Zustand von Be^+ ($2s^2 2p\,^2P_{3/2,1/2}$) zu erreichen, sind zusätzlich 3.96 eV erforderlich. Für die Ablösung des zweiten Valenzelektrons benötigt man 18.21 eV. Die doppelt angeregten Zustände der Erdalka-

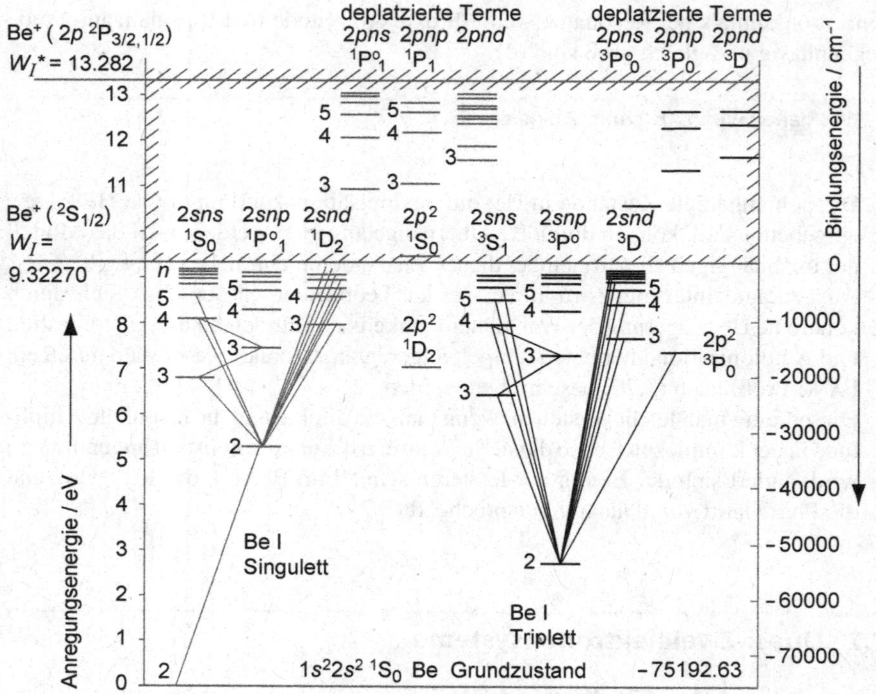

Abb. 7.11 Termschema des Berylliumatoms nach KRAMIDA *et al.* (2015) (GROTRIAN-Diagramm für die stärksten Übergänge $A_{ab} > 5 \times 10^6\,\mathrm{s}^{-1}$). Die Singuletterme sind *online als rote,* die Tripletterme *als schwarze Linien* gekennzeichnet

lien (hier *„deplatzierte Terme"* genannt) liegen teilweise bereits unterhalb der Ionisationsgrenze wie in Abb. 7.11 für die Be** $2pnp\,^{1,3}$P Serie gezeigt. Doppelt angeregte Zustände oberhalb der Ionisationsgrenze zeigen die typischen Autoionisationsprofile – zum Teil mit überlappenden Linienstrukturen. Singulett-Triplett-Interkombinationslinien sind wie beim He verboten, obwohl schwache Übergänge bereits beim Mg beobachtet werden und das Übergangsverbot wird mit wachsendem Z zunehmend gelockert: Die Spin-Bahn-Kopplung induziert bei hohem Z die charakteristische Konfigurationswechselwirkung zwischen Singulett- und Tripletttermen, sodass die ursprüngliche Annahme der Spinerhaltungsregel (7.60) in E1-Übergängen nicht länger gültig bleibt.

Die *Feinstrukturaufspaltung* im ersten angeregten $^3\mathrm{P}^o_J$-Zustand ist für das Be-Atom noch sehr schwach (siehe Abb. 7.7 auf Seite 397), 0.645 cm^{-1} ($J = 0 \leftrightarrow J = 1$) und 2.345 cm^{-1} ($J = 1 \leftrightarrow J = 2$). Für Mg ist sie bereits 20.059 cm^{-1} bzw. 40.714 cm^{-1} – in beiden Fällen normal geordnet (im Gegensatz zu He) und in letzterem Fall sogar in guter Übereinstimmung mit der LANDÉ'schen Intervallregel (6.67). Bei den schwereren Erdalkalimetallen wird die Spin-Bahn-Wechselwirkung rasch zunehmend bedeutsam und führt zu recht großen FS-Aufspaltungen und verstärktem Auftreten von Interkombinationslinien.

7.7.2 Quecksilber

Als letztes Beispiel eines Atoms mit einem Quasi-Zweielektronensystem besprechen wir noch das Quecksilber, Hg. Seine Grundzustandskonfiguration ist $[\mathrm{Xe}]4f^{14}\,5d^{10}\,6s^2$, d. h. die Schalen K bis N sind vollständig gefüllt, ebenso wie alle Unterschalen der O-Schale bis auf die $5f$-Elektronen. Der Aufbau der g-Schale beginnt mit den zwei $6s^2$-Valenzelektronen.

Abbildung 7.12 zeigt einen Teil des Hg-Emissionsspektrums, konstruiert aus den NIST-Daten, wobei eine etwas unrealistisch hohe Elektronentemperatur ($T_\mathrm{e} = 15\,000\,\mathrm{K}$) angenommen wurde, die es uns erlaubt, eine Reihe von Übergängen zu höher liegenden Zuständen zu erkennen. In einer typischen Gasentladung bei niedrigen Temperaturen ist der $6s^2\,{}^1\mathrm{S}_0 - 6s6p\,{}^3\mathrm{P}^\mathrm{o}_1$ Übergang bei weitem die dominanteste Linie, was auf das Zusammentreffen einer recht beachtlichen Übergangswahrscheinlichkeit ($A_{ab} = 8 \times 10^6\,\mathrm{s}^{-1}$) und einer niedrigen Anregungsenergie des Übergangs ($W_\mathrm{exc} = 4.89\,\mathrm{eV}$) zurückzuführen ist: Die Besetzungsdichte des angeregten $6^3\mathrm{P}^\mathrm{o}_1$-Zustands ist wegen $\propto \exp(-W_\mathrm{exc}/k_\mathrm{B}T_\mathrm{e})$ hoch genug. Man beachte, dass es sich um eine Interkombinationslinie handelt, welche in reiner RUSSEL-SAUNDERS-Kopplung (LS-Kopplung) vollständig verboten wäre. Quecksilber gehört mit seiner Kernladungszahl $Z = 80$ und einer Nukleonenzahl von $A = 196$ bis 204 zu den schwersten Elementen des Periodensystems. Die LS-Kopplung beginnt hier zusammenzubrechen, da die Spin-Bahn-Wechselwirkung $\propto Z^4/n^3$ wächst (siehe Abschn. 6.3.2 auf Seite 335). Trotzdem klassifiziert man auch weiterhin die Zustände als Singulett- und Triplettsystem, wie in Abb. 7.13 gezeigt.

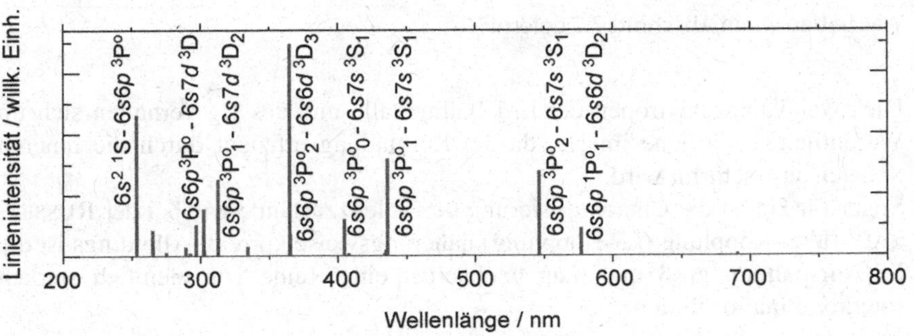

Abb. 7.12 Modelliertes ‚Stick-Spektrum' von Hg im UV und VIS nach KRAMIDA *et al.* (2015) (SAHA-LTE-Spektrum bei einer Elektronentemperatur von 1.23 eV)

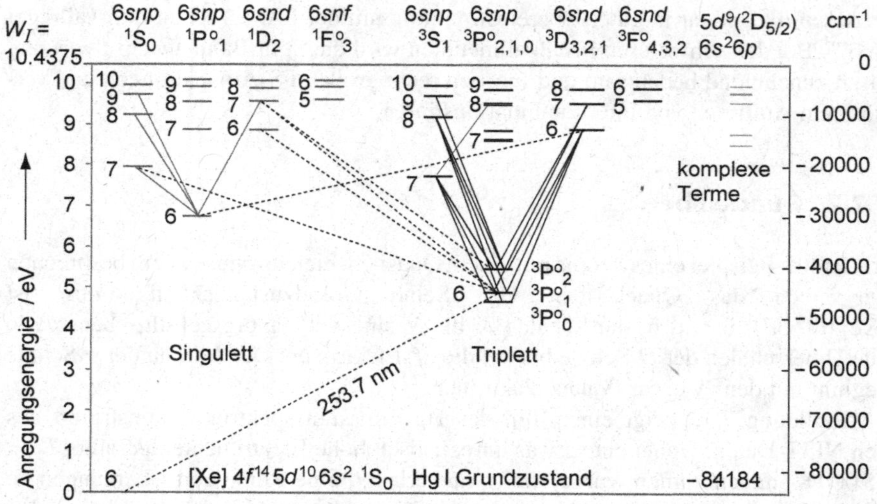

Abb. 7.13 Termschema des Quecksilberatoms nach KRAMIDA *et al.* (2015) (GROTRIAN-Diagramm der stärksten Übergänge in Hg, $A_{ab} > 1 \times 10^6\,s^{-1}$). Singuletterme sind *online durch rote,* Triplettterme durch *schwarze Linien* gekennzeichnet. Interkombinationslinen sind gestrichelt

Das Termschema zeigt eine beachtlich große FS-Aufspaltung der $6\,^3P_J$-Zustände. Mit $1767\,cm^{-1}$ ($J = 0 \leftrightarrow J = 1$) und $4631\,cm^{-1}$ ($J = 1 \leftrightarrow J = 2$) sind die Terme dennoch normal geordnet und ihre Abstände sind in ordentlicher Übereinstimmung mit der LANDÉ'schen Intervallregel. Die FS-Aufspaltung kommt in eine ähnliche Größenordnung wie die Singulett-Triplett-Aufspaltung, die im Fall der der $6\,^1P^o_1$- und $6\,^3P^o_2$-Zustände etwa $10\,026\,cm^{-1}$ beträgt. Dennoch, die Linie mit der höchsten Übergangswahrscheinlichkeit ist $6s6p\,^3P^o_2 - 6s6d\,^3D_3$ ($A_{ab} = 1.3 \times 10^8\,s^{-1}$) – immer noch ein reiner, *LS*-erlaubter Übergang innerhalb des Triplettsystems.

Was haben wir in Abschnitt 7.7 gelernt?

- Die zwei Valenzelektronen der Erdalkalimetalle und des Hg verhalten sich im Wesentlichen wie jene im He, da die Kernladung effizient durch die inneren Schalen abgeschirmt wird.
- Sogar für Hg ist die Charakterisierung der Valenzzustände wie bei der RUSSEL-SAUNDERS-Kopplung (*LS*-Kopplung) näherungsweise korrekt. Allerdings ist die FS-Aufspaltung groß und man beobachtet eine Reihe von ziemlich starken Interkombinationslinien.

Akronyme und Terminologie

a.u.: ‚atomare Einheiten', siehe Abschn. 2.6.2. auf Seite 129.

CI: ‚Konfigurationswechselwirkung (engl. *Configuration Interaction*)', Mischung von Zuständen mit verschiedenen Elektronenkonfigurationen in Strukturberechnungen für Atome und Moleküle durch lineare Superposition von SLATER-Determinanten (siehe Abschn. 10.2.3 auf Seite 553).

E1: ‚Elektrischer Dipol-', Übergang, induziert durch die Wechselwirkung eines elektrischen Dipols (z. B. Elektron + Atomkern) mit der elektrischen Feldkomponente der elektromagnetischen Strahlung (Kap. 4).

FS: ‚Feinstruktur', Aufspaltung von atomaren und molekularen Energieniveaus durch Spin-Bahn-Kopplung und andere relativistische Effekte (Kap. 6).

IR: ‚Infrarot', Spektralbereich der elektromagnetischen Strahlung. Wellenlängenbereich zwischen 760 und 1 mm nach ISO 21348 (2007).

NIST: ‚National Institute of Standards and Technology', Standorte Gaithersburg (MD) und Boulder (CO), USA. http://www.nist.gov/index.html.

PTB: ‚Physikalisch-Technische Bundesanstalt', das nationale Metrologie-Institut (Standorte Braunschweig und Berlin) mit wissenschaftlich-technischen Dienstleistungsaufgaben http://www.ptb.de/cms/dieptb.html.

UV: ‚Ultraviolett', Spektralbereich der elektromagnetischen Strahlung mit Wellenlängen zwischen 100 und 400 nm (nach ISO 21348, 2007).

VIS: ‚Sichtbar (engl. *Visible*)', Spektralbereich der elektromagnetischen Strahlung mit Wellenlängen zwischen 380 und 760 nm (nach ISO 21348, 2007).

VUV: ‚Vakuumultraviolett', Spektralbereich der elektromagnetischen Strahlung mit Wellenlängen zwischen 10 und 200 nm (nach ISO 21348, 2007).

Literatur

DOMKE, M., C. XUE, A. PUSCHMANN, T. MANDEL, E. HUDSON, D. A. SHIRLEY, G. KAINDL, C. H. GREENE, H. R. SADEGHPOUR und H. PETERSEN: 1991. 'Extensive double-excitation states in atomic helium'. *Phys. Rev. Lett.*, **66**, 1306–1309.

DRAKE, G. W. F. und W. C. MARTIN: 1998. 'Ionization energies and quantum electrodynamic effects in the lower 1sns and 1snp levels of neutral helium (^{4}He I)'. *Can. J. Phys.*, **76**, 679–698.

FANO, U.: 1961. 'Effects of configuration interaction on intensities and phase shifts'. *Phys. Rev.*, **124**, 1866–78.

HUTEM, A. und S. BOONCHUI: 2012. 'Evaluation of Coulomb and exchange integrals for higher excited states of helium atom by using spherical harmonics series'. *J. Math. Chem.*, **50**, 2086–2102.

HYLLERAAS, E. A.: 1929. 'New calculation of the energy of helium in the ground-state, and the deepest terms of ortho-helium'. *Zeitschrift für Physik*, **54**, 347–366.

ISO 21348: 2007. 'Space environment (natural and artificial) – Process for determining solar irradiances'. Genf, Schweiz: Internationale Organisation für Normung.

KRAMIDA, A. E., Y. RALCHENKO, J. READER und NIST ASD TEAM: 2015. 'NIST Atomic Spectra Database (version 5.3)', NIST. http://physics.nist.gov/asd, letzter Zugriff: 16.1.2016.

PAULI JR., W.: 1925. 'Über den Zusammenhang des Abschlusses der Elektronengruppen im Atom mit der Komplexstruktur der Spektren'. *Zeitschrift f. Physik*, **31**, 765–783.

SCHULZ, K., G. KAINDL, M. DOMKE, J. D. BOZEK, P. A. HEIMANN, A. S. SCHLACHTER und J. M. ROST: 1996. 'Observation of new Rydberg series and resonances in doubly excited helium at ultrahigh resolution'. *Phys. Rev. Lett.*, **77**, 3086–3089.

Atome in externen Feldern

8

Erste Überlegungen zur Wechselwirkung von externen Magnetfeldern mit Atomen hatten wir schon in Kap. 1 und 2 angestellt, und durch elektromagnetische Wechselfelder induzierte Dipolübergänge wurden in Kap. 4 und 5 ausführlich behandelt. Wir wollen dies jetzt verallgemeinern und vertiefen. Dieses Kapitel bildet zugleich die Basis für das Verständnis vieler wichtiger makroskopischer Phänomene, so etwa der magnetischen und optischen Eigenschaften von Materie. Zugleich führt es in die Behandlung von Atomen in starken Laserfeldern ein – ein wichtiger Zweig der aktuellen Forschung.

Überblick

Die Abschn. 8.1–8.3 beziehen sich auf statische Felder und gehören heute zum klassischen Kernbestand der modernen Atomphysik, mit dem sich die Leser unbedingt vertraut machen sollten – selbst wenn dies auf den ersten Blick etwas anstrengend erscheinen mag. Auch die Molekülphysik kann auf diese Grundlagen ebenso wenig verzichten wie eine am *atomistischen Verständnis von Prozessen und Eigenschaften der Materie* orientierte Plasma- oder Festkörperphysik. Dies wird in den Abschn. 8.1.6, 8.1.7, 8.1.8, 8.2.10 und 8.3 für eine Reihe ausgewählter Beispiele illustriert. In Abschn. 8.4 erweitern wir das Gelernte auf Wechselfelder. Auch hier geben wir Hinweise zum mikroskopischen Verständnis der Eigenschaften makroskopischer Materie, etwa des Brechungsindexes, und weisen auf moderne Entwicklungen hin, die das Studium dieser ‚klassischen' Themen erhellen mögen. So geht es z. B. in Abschn. 8.4.4 um *schnelles und langsames Licht*. Schließlich beginnen wir in Abschn. 8.5 mit einer ersten Annäherung an *ultrakurze Laserimpulse* und Atome in starken Laserfeldern.

Atome in elektromagnetischen Feldern – seien es statische Felder oder elektromagnetische Wellen – sind uns in vorangehenden Kapiteln bereits mehrfach

I.V. Hertel und C.-P. Schulz, *Atome, Moleküle und optische Physik 1*,
Springer-Lehrbuch, DOI 10.1007/978-3-662-53104-4_8

begegnet. Zur quantenmechanischen Beschreibung haben wir bislang meist die Dipolnäherung benutzt. Diese Vereinfachung müssen wir jetzt für einige der zu behandelnden Fälle aufgeben. Wir führen im HAMILTON-Operator die Wechselwirkung mit dem elektromagnetischen Feld semiklassisch exakt über das Vektorpotenzial $\boldsymbol{A}$ des Feldes ein, wie in Anhang H.1 im Detail ausgeführt. Dazu ist $\widehat{\boldsymbol{p}}$ durch $\widehat{\boldsymbol{p}} + e\boldsymbol{A}$ zu ersetzen, und somit wird aus dem Feinstruktur-HAMILTON-Operator nach (6.38)

$$\widehat{H}_{\mathrm{FS}} = \frac{\widehat{\boldsymbol{p}}^2}{2m_{\mathrm{e}}} + V(r) + \widehat{V}_{LS}$$

der volle HAMILTON-Operator eines Atoms im externen elektromagnetischen Feld

$$\widehat{H} = \underbrace{\frac{\widehat{\boldsymbol{p}}^2}{2m_{\mathrm{e}}}}_{\text{kin. Energie}} + \underbrace{V(r)}_{\text{Potenzial}} + \underbrace{\frac{a\widehat{\boldsymbol{L}}\cdot\widehat{\boldsymbol{S}}}{\hbar^2}}_{\substack{\text{Spin-Bahn}\\ \text{FS}}} + \underbrace{\frac{e\boldsymbol{A}\cdot\widehat{\boldsymbol{p}}}{m_{\mathrm{e}}}}_{\substack{\text{Dipol, Quadrupol}\\ \text{Paramagnetismus}\\ \chi_{\mathrm{M}}>0\\ \text{Polarisierbarkeit}}} + \underbrace{\frac{e^2}{2m_{\mathrm{e}}}\boldsymbol{A}^2}_{\substack{\text{Diamagnetismus}\\ \chi_{\mathrm{M}}<0\\ \text{ponderomot. Pot.}}}. \tag{8.1}$$

Wie in Kap. 4, Abschn. 5.4 und in Anhang H.1 erläutert, führt der Term $e\boldsymbol{A}\cdot\widehat{\boldsymbol{p}}/m_{\mathrm{e}}$ im Rahmen der Dipolentwicklung zu den uns geläufigeren elektrischen bzw. magnetischen Dipolwechselwirkungen $e\boldsymbol{r}\cdot\boldsymbol{E}$ und $g_J\mu_{\mathrm{B}}\widehat{\boldsymbol{J}}\cdot\boldsymbol{B}$, die wir nachfolgend für statische Felder auswerten (Abschn. 8.1 bzw. 8.2). Sie sind u. a. auch für Polarisierbarkeit und Brechungsindex bzw. Paramagnetismus verantwortlich, die in Abschn. 8.2.10 und 8.4.2 bzw. Abschn. 8.1.7 kurz behandelt werden. Wenn man die Ortabhängigkeit von $\boldsymbol{A}\cdot\widehat{\boldsymbol{p}}$ in eine Reihe entwickelt, erschließt dieser Term aber auch die elektrische Quadrupol- (Abschn. 5.4 auf Seite 272) und weitere Multipolwechselwirkungen. Der in $\boldsymbol{A}$ quadratische Term in (8.1) schließlich führt zum Diamagnetismus, den wir in Abschn. 8.1.8 behandeln, sowie zum sogenannten ponderomotorischen Potenzial in intensiven Feldern, auf das wir in Abschn. 8.5.1 eingehen.

8.1 Atome in einem statischen magnetischen Feld

8.1.1 Der allgemeine Fall

Pionierarbeiten zu Atomen in einem magnetischen Feld wurden bereits zu Ende des 19. Jahrhunderts durchgeführt (der zweite NOBEL-Preis in Physik wurde dafür vergeben, und zwar an LORENTZ und ZEEMAN 1902). Wir knüpfen an unsere früheren Überlegungen zum ZEEMAN-Effekt in Abschn. 2.7 auf Seite 140 und zur Spin-Bahn-Wechselwirkung in Abschn. 6.2 auf Seite 321 an. Letztere ist nach (6.35) (ohne externes Feld)

$$\widehat{V}_{LS} = \frac{(\alpha a_0)^2}{2}\xi(r)\frac{\widehat{\boldsymbol{L}}\cdot\widehat{\boldsymbol{S}}}{\hbar^2} = a\,\frac{\widehat{\boldsymbol{L}}\cdot\widehat{\boldsymbol{S}}}{\hbar^2}, \tag{8.2}$$

oder in a.u. geschrieben

$$\widehat{V}_{LS} = \frac{\alpha^2}{2}\xi(r)\widehat{\boldsymbol{L}} \cdot \widehat{\boldsymbol{S}} = a\widehat{\boldsymbol{L}} \cdot \widehat{\boldsymbol{S}}. \tag{8.3}$$

Mit (6.36) und (6.49) wird ihr Erwartungswert (d. h. die FS-Aufspaltung)

$$V_{LS} = \langle \widehat{V}_{LS} \rangle = \frac{a}{2}\big[J(J+1) - L(L+1) - S(S+1)\big], \tag{8.4}$$

mit der Feinstrukturkonstanten $\alpha \simeq 1/137$ und dem Spin-Bahn-Kopplungsparameter $a = (\alpha a_0)^2 \langle \xi(r) \rangle / 2$. Wir erinnern uns, dass für ein Quasi-Einelektronensystem $\xi(r) = (\mathrm{d}V/\mathrm{d}r)/r$ ist. Im Folgenden werden wir der Klarheit wegen SI-Einheiten benutzen. Die Quantenzahlen für den Bahndrehimpuls, den Spin und den Gesamtdrehimpuls bezeichnen wir wieder mit L, S und J, die entsprechenden Projektionsquantenzahlen mit M_L, M_S und M_J (auch *magnetische Quantenzahlen* genannt).

Die Wechselwirkungsenergie $\widehat{V}_B$ eines Elektrons im externen Magnetfeld $\boldsymbol{B}$ hängt von den magnetischen Momenten $\boldsymbol{\mathcal{M}}_L$ und $\boldsymbol{\mathcal{M}}_S$ des Bahndrehimpulses $\widehat{\boldsymbol{L}}$ bzw. des Elektronenspins $\widehat{\boldsymbol{S}}$ und dem externen Magnetfeld $\boldsymbol{B}$ ab. Das gesamte magnetische Moment ergibt sich zu $\widehat{\boldsymbol{\mathcal{M}}}_J = \widehat{\boldsymbol{\mathcal{M}}}_L + \widehat{\boldsymbol{\mathcal{M}}}_S$.

Wir definieren dafür analog zu (6.27) und (6.28) den g_J-Faktor eines beliebigen Drehimpulses $\widehat{\boldsymbol{J}}$ bei negativer Ladung als[1]

$$\widehat{\boldsymbol{\mathcal{M}}}_J = -g_J \mu_\mathrm{B} \widehat{\boldsymbol{J}}/\hbar \quad \text{mit der Projektion} \quad \widehat{\mathcal{M}}_{Jz} = -g_J \mu_\mathrm{B} \widehat{J}_z/\hbar. \tag{8.5}$$

Hier ist $\mu_\mathrm{B} = e\hbar/2m_\mathrm{e}$ wieder das BOHR'schen Magneton.

Legen wir $\boldsymbol{B} \parallel z$ fest, so haben wir (6.30) und (6.31) zu addieren und erhalten

$$\widehat{V}_B = -\widehat{\boldsymbol{\mathcal{M}}}_J \cdot \boldsymbol{B} = -(\widehat{\boldsymbol{\mathcal{M}}}_L + \widehat{\boldsymbol{\mathcal{M}}}_S) \cdot \boldsymbol{B} = \frac{\mu_\mathrm{B}}{\hbar}(g_L \widehat{L}_z + g_s \widehat{S}_z)B \tag{8.6}$$

Wir setzen jetzt links die z-Komponente von $\widehat{\boldsymbol{\mathcal{M}}}_J$ nach (8.5) und rechts die g-Faktoren $g_L = 1$ (Bahn) und $g_s = 2$ (Spin) ein und benutzen $\widehat{J}_z = \widehat{L}_z + \widehat{S}_z$:

$$\widehat{V}_B = -\widehat{\mathcal{M}}_{Jz} B = g_J \mu_\mathrm{B} \frac{\widehat{J}_z}{\hbar} B = \mu_\mathrm{B} \frac{\widehat{L}_z + 2\widehat{S}_z}{\hbar} B = \mu_\mathrm{B} \frac{\widehat{J}_z + \widehat{S}_z}{\hbar} B. \tag{8.7}$$

Aus den Erwartungswerten dieser Beziehung werden wir im Folgenden u. a. den g_J-Faktor bestimmen.

Wir betrachten das Problem für das vollständig ungestörte System als gelöst:

$$\widehat{H}_0 |nLM_L SM_S\rangle = W_{nLS} |nLM_L SM_S\rangle$$

Hierbei umfasst $\widehat{H}_0$ alle elektrostatischen Wechselwirkungen (einschließlich Austausch bei Mehrelektronensystemen), aber eben nicht die Spin-Bahn-Wechselwirkung: Spin und Bahn sind in dieser Lösung 0. Ordnung ungekoppelt, wobei n, L, S, M_L und M_S *gute Quantenzahlen* sind. Wir beschränken unsere Überlegungen zunächst auf solche Fälle, wo die Störung durch ein magnetisches Feld und/oder

[1] Zur Wahl des Vorzeichens in (8.5) siehe Fußnote 30 auf Seite 86.

durch Spin-Bahn-Wechselwirkung klein ist im Vergleich zur Energiedifferenz zwischen benachbarten Zuständen $n'L'S$ oder $n'L'S'$, sodass bei der Berechnung der Niveauaufspaltung *nur Unterzustände dieses einen nLS-Multipletts beitragen.*

Benutzen wir für $\widehat{\boldsymbol{L}} \cdot \widehat{\boldsymbol{S}}$ in (8.2) die binomische Formel $\widehat{\boldsymbol{J}}^2 = \left(\widehat{\boldsymbol{L}}^2 + \widehat{\boldsymbol{S}}\right)^2$ und setzen (8.7) ein, dann wird der (bis auf den in $\boldsymbol{A}$ quadratischen Term) vollständige

HAMILTON-Operator eines Atoms im statischen magnetischen Feld:

$$\begin{aligned} \widehat{H} = \widehat{H}_0 &+ \widehat{V}_{LS} &+ \widehat{V}_B \\ = \underbrace{\widehat{H}_0}_{\text{ungestört}} &+ \underbrace{a\frac{\widehat{\boldsymbol{J}}^2 - \widehat{\boldsymbol{L}}^2 - \widehat{\boldsymbol{S}}^2}{2\hbar^2}}_{\text{Spin-Bahn-Wechselwirkung}} &+ \underbrace{\mu_B \frac{\widehat{J}_z + \widehat{S}_z}{\hbar} B}_{\text{magnet. Wechselwirkung}} \end{aligned} \tag{8.8}$$

Es ist wichtig festzuhalten, dass *weder LM_LSM_S noch $LSJM_J$ ein Satz* guter Quantenzahlen *für diesen kombinierten* HAMILTON-Operator ist: Wie in Abschn. 6.2.5 auf Seite 325 besprochen, diagonalisieren die $|LM_LSM_S\rangle$ Zustände nicht die Spin-Bahn-Wechselwirkung. Andererseits diagonalisieren die $|LSJM_J\rangle$ Zustände zwar die Spin-Bahn-Wechselwirkung, aber nicht die magnetische Wechselwirkung in (8.8): $\widehat{S}_z$ und $\widehat{\boldsymbol{J}}^2$ kommutieren ja nicht, da $\widehat{\boldsymbol{J}}^2$ auch die Komponenten $\widehat{S}_x$ und $\widehat{S}_y$ enthält. Dagegen kommutiert definitionsgemäß $\widehat{J}_z$ sowohl mit $\widehat{\boldsymbol{J}}^2$ wie auch mit $\widehat{\boldsymbol{L}}^2$ und $\widehat{\boldsymbol{S}}^2$ (denn $\widehat{J}_z = \widehat{L}_z + \widehat{S}_z$), und somit gilt $[\widehat{H}, \widehat{J}_z] = 0$.

Wie im *allgemeinen Fall,* wo magnetische *und* Spin-Bahn-Wechselwirkungen gleich wichtig sind, bleibt $M_J = M_L + M_S$ also *eine gute Quantenzahl des Systems, während J keine gute Quantenzahl* ist.

Wenn wir das Problem störungstheoretisch lösen wollen, so müssen wir in 0. Ordnung das am besten passende Kopplungsschema nehmen, $|LM_LSM_S\rangle$ *oder* $|LSJM_J\rangle$ – je nachdem welches die Zustände ungefähr am besten beschreibt. Das hängt von der Größenordnung des magnetischen Feldes ab, wie in Tab. 8.1 zusammengefasst. Die beiden Grenzfälle – für sehr kleines bzw. sehr großes Magnetfeld – werden anomaler ZEEMAN-Effekt bzw. PASCHEN-BACK-Effekt genannt.

Bevor wir nun ins Detail gehen, ist es nützlich, ein Gefühl für die Größenordnung der magnetischen Wechselwirkung zu entwickeln. Nach (8.7) wird sie Werte der Größenordnung $\mu_B B$ annehmen. Ohne große Anstrengungen kann man im Labor magnetische Felder bis zu 1 T oder 2 T erreichen, wenn man *Weicheisenkerne* oder heute auch *Permanentmagnete* benutzt. Mit *State-of-the-Art supraleitenden Magneten* erreicht man 10 T bis 30 T, was für hohe Auflösung bei NMR- und

Tabelle 8.1 Grenzfälle des ZEEMAN-Effekts

B-Feld	Störung	Optimale Basis	Effekt
niedriges $B \ll a/\mu_B$	$V_B \ll V_{LS}$	$\lvert LSJM_J\rangle$	anomaler ZEEMAN-Effekt
hohes $B \gg a/\mu_B$	$V_{LS} \ll V_B$	$\lvert LM_LSM_S\rangle$	PASCHEN-BACK-Effekt

EPR-Spektroskopie notwendig wird. Mit $\mu_B = 5.788 \times 10^{-5}\,\mathrm{eV\,T^{-1}}$, $B < 30\,\mathrm{T}$ und $\langle \widehat{L}_z + 2\widehat{S}_z \rangle / \hbar \simeq 1$ erwartet man Aufspaltungen bis zu einem Maximalwert von etwa

$$\langle V_B \rangle < 2 \times 10^{-3}\,\mathrm{eV} \mathrel{\widehat{=}} 14\,\mathrm{cm}^{-1}, \tag{8.9}$$

was etwa $10^{-3} - 10^{-4}$ der typischen elektronischen Anregungsenergien von Valenzelektronen entspricht. Nach Tab. 6.2 auf Seite 337 ist diese obere Grenze deutlich größer als etwa die Feinstrukturaufspaltung des $2p\,^2\mathrm{P}$-Zustands in H oder Li (0.37 bzw. 0.36) cm^{-1}. Und für He und Be haben wir gesehen, dass die FS-Aufspaltung bei etwa $1\,\mathrm{cm}^{-1}$ liegt. Jedoch gilt für die schwereren Alkaliatome, von Na aufwärts, dass die magnetische Aufspaltung, die mit Labormagneten erreicht werden kann, meist unter der FS-Aufspaltung der angeregten Zustände liegt.

Um nun sowohl Elemente mit niedrigen wie auch mit hohem Z und Zustände mit niedrigen wie auch mit hohen Hauptquantenzahlen n behandeln zu können, müssen wir beide Grenzfälle in Betracht ziehen, die in Tab. 8.1 zusammengestellt sind.

8.1.2 ZEEMAN-Effekt in schwachen Feldern

In der Praxis ist der Fall mit schwachem Magnetfeld, $B \ll a/\mu_B$, besonders wichtig. In 1. Ordnung beginnen wir jetzt mit dem HAMILTON-Operator $\widehat{H}_0 + \widehat{V}_{LS}$, dessen Eigenzustände $|JM_J\rangle \equiv |LSJM_J\rangle$ Spin-Bahn-gekoppelt sind, wie wir das in Abschn. 6.2.5 auf Seite 325 besprochen haben. Die $2S+1$ Niveaus eines Multipletts $^{2S+1}L_J$ werden durch den Gesamtdrehimpuls J charakterisiert, mit jeweils $2J+1$ entarteten Unterzuständen $|LSJM_J\rangle$. In einem externen Magnetfeld müssen wir $\widehat{V}_B$ nach (8.7) hinzufügen, welches wir dann in 2. Ordnung als kleine Störung behandeln. Die zusätzliche magnetische Energie wird also

$$\begin{aligned} V_B = \langle \widehat{V}_B \rangle = g_J \mu_B M_J B &= \frac{\mu_B}{\hbar} \langle JM_J | \widehat{J}_z + \widehat{S}_z | JM_J \rangle B \\ &= \frac{\mu_B}{\hbar} \left[\langle JM_J | \widehat{J}_z | JM_J \rangle + \langle JM_J | \widehat{S}_z | JM_J \rangle \right] B. \end{aligned} \tag{8.10}$$

Mit $\langle JM_J | \widehat{J}_z | JM_J \rangle = M_J \hbar$ erhalten wir

$$V_B = g_J \mu_B M_J B = \left[1 + \frac{\langle JM_J | \widehat{S}_z | JM_J \rangle}{\hbar M_J} \right] \mu_B M_J B.$$

Im nächsten Schritt setzen wir etwas Drehimpulsalgebra nach Anhang D.1.2 ein. Durch Anwendung des Projektionstheorems in der Form von (D.17) auf die Matrixelemente von $\widehat{S}_z$ wird die magnetische Energie

$$V_B = g_J \mu_B M_J B = \left[1 + \frac{\langle JM_J | \widehat{\boldsymbol{S}} \cdot \widehat{\boldsymbol{J}} | JM_J \rangle}{J(J+1)\hbar^2} \right] \mu_B M_J B. \tag{8.11}$$

Mithilfe der binomischen Formel kann man nun $2\widehat{\boldsymbol{S}} \cdot \widehat{\boldsymbol{J}} = \widehat{\boldsymbol{J}}^2 + \widehat{\boldsymbol{S}}^2 - (\widehat{\boldsymbol{J}} - \widehat{\boldsymbol{S}})^2 = \widehat{\boldsymbol{J}}^2 + \widehat{\boldsymbol{S}}^2 - \widehat{\boldsymbol{L}}^2$ weiter auswerten. Setzen wir das ins obige Matrixelement ein, so erhalten wir die Eigenwerte $J(J+1)\hbar^2$ usw. und finden damit den numerischen Faktor in eckigen Klammern als

$$g_J = \left[1 + \frac{\langle JM_J|\widehat{\boldsymbol{S}} \cdot \widehat{\boldsymbol{J}}|JM_J\rangle}{J(J+1)\hbar^2}\right] = \frac{3J(J+1) + S(S+1) - L(L+1)}{2J(J+1)}. \tag{8.12}$$

Wir haben also den LANDÉ'schen g_J-Faktor berechnet, den wir rein phänomenologisch bereits in (1.158) eingeführt hatten. Zusammenfassend wird die magnetische Energie einer *negativen Ladung* mit Gesamtdrehimpuls J und Projektion M_J

$$V_B = -\widehat{\boldsymbol{\mathcal{M}}} \cdot \boldsymbol{B} = -\mathcal{M}_{Jz} B = g_J \mu_B M_J B, \tag{8.13}$$

mit g_J nach (8.12) und $\mathcal{M}_{Jz} = -g_J \mu_B M_J$, dem Erwartungswert der z-Komponente des gesamten magnetischen Moments des Elektrons, wie in (8.7) definiert. Daher spaltet jedes J-Niveau eines Multipletts im externen (nicht zu hohen) Magnetfeld in $2J+1$ Komponenten mit gleichem energetischen Abstand auf.

Wir weisen hier darauf hin, dass die obige Ableitung *bei niedrigen Magnetfeldern auch für ein Mehrelektronensystem in* RUSSEL-SAUNDERS-*Kopplung* (*LS-Kopplung*) *gilt.* Die zentrale Annahme bei der Ableitung des g_J-Faktors aus dem HAMILTON-Operator (8.8) ist die Proportionalität der magnetischen Momente von Elektronenbahn und Spin zu den jeweiligen Drehimpulsen mit $g_L = 1$ bzw. $g_s = 2$. Das impliziert auch, dass für den Gesamtbahndrehimpuls und den Gesamtspin die Summen $\boldsymbol{L} = \sum_i \boldsymbol{L}_i$ bzw. $\boldsymbol{S} = \sum_i \boldsymbol{S}_i$ gelten, wobei sich i auf die beteiligten Elektronen bezieht. Erst nach dieser Kopplung, so wird angenommen, bildet sich der Gesamtdrehimpuls $\boldsymbol{J} = \boldsymbol{L} + \boldsymbol{S}$. Es ist gerade diese Annahme, die das RUSSEL-SAUNDERS-Kopplungsschema definiert.

Das Vektormodell

In Abb. 8.1 wird diese etwas abstrakte Ableitung durch das Vektormodell veranschaulicht, das wir in Abschn. 6.2.5 auf Seite 325 eingeführt haben. Es ist freilich nicht ganz zwingend in seiner Logik, und man muss eigentlich schon wissen, was herauskommt. Es macht aber die Beziehung zwischen Drehimpulsaddition und daraus

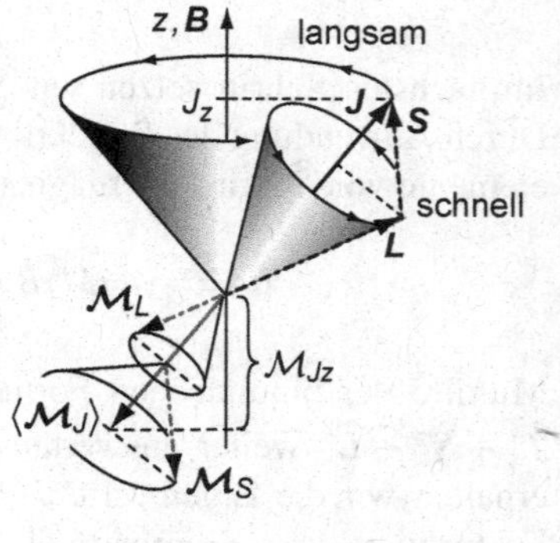

Abb. 8.1 Vektormodell für den ‚anomalen' ZEEMAN-Effekt

resultierendem magnetischen Moment sehr plausibel. Wir wählen die z-Achse parallel zum $\boldsymbol{B}$-Feld. Man geht von der Definition des Gesamtdrehimpulses durch die Vektoren von Bahndrehimpuls und Spin aus:

$$\boldsymbol{J} = \boldsymbol{L} + \boldsymbol{S}.$$

Da die Kopplung von $\boldsymbol{L}$ an $\boldsymbol{S}$ viel stärker als die magnetische Wechselwirkung ist, rotieren beide schnell um $\boldsymbol{J}$, während $\boldsymbol{J}$ wiederum langsam um $\boldsymbol{B}$ rotiert. Das wirksame magnetische Moment von $\boldsymbol{J}$ wird dann $\langle \boldsymbol{\mathcal{M}}_J \rangle = \langle \boldsymbol{\mathcal{M}}_L + \boldsymbol{\mathcal{M}}_S \rangle$, womit wir andeuten, dass die jeweiligen Momente – wegen der schnellen Präzession um $\boldsymbol{J}$ – zu mitteln sind. Das entspricht einer Projektion auf die $\boldsymbol{J}$-Richtung. Nach (8.6) ergibt sich aus diesem gemittelten magnetischen Moment $\langle \boldsymbol{\mathcal{M}}_J \rangle$ die effektive Wechselwirkung im Magnetfeld $\boldsymbol{B}$ als

$$V_B = -\langle \boldsymbol{\mathcal{M}}_L + \boldsymbol{\mathcal{M}}_S \rangle \cdot \boldsymbol{B} = -\langle \boldsymbol{\mathcal{M}}_J \rangle \cdot \boldsymbol{B} = -\mathcal{M}_{Jz} B. \tag{8.14}$$

Dagegen präzediert $\boldsymbol{J}$ mit viel kleinerer Frequenz um $\boldsymbol{B}$ herum und die magnetischen Momente werden auf den Einheitsvektor $\boldsymbol{J}/|\boldsymbol{J}|$ projiziert. Die Größe der gemittelten Momente $\langle\,\rangle$ ergibt sich einfach aus den entsprechenden Skalarprodukten $\boldsymbol{\mathcal{M}} \cdot \boldsymbol{J}/|\boldsymbol{J}|$. Zusammenfassend schreibt man (8.14) mit $\boldsymbol{\mathcal{M}}_L = -\mu_\mathrm{B} \boldsymbol{L}/\hbar$ und $\boldsymbol{\mathcal{M}}_S = -2\mu_\mathrm{B} \boldsymbol{S}/\hbar$

$$\begin{aligned} V_B = -\langle \boldsymbol{\mathcal{M}}_J \rangle \cdot \boldsymbol{B} &= -\left(\frac{\boldsymbol{\mathcal{M}}_L \cdot \boldsymbol{J}}{|\boldsymbol{J}|} \frac{\boldsymbol{J}}{|\boldsymbol{J}|} + \frac{\boldsymbol{\mathcal{M}}_S \cdot \boldsymbol{J}}{|\boldsymbol{J}|} \frac{\boldsymbol{J}}{|\boldsymbol{J}|} \right) \cdot \boldsymbol{B} \\ &= \frac{\mu_\mathrm{B}}{\hbar} \left(\frac{\boldsymbol{L} \cdot \boldsymbol{J} + 2\boldsymbol{S} \cdot \boldsymbol{J}}{\boldsymbol{J}^2} \right) \boldsymbol{J} \cdot \boldsymbol{B} = \left[\frac{(\boldsymbol{J} + \boldsymbol{S}) \cdot \boldsymbol{J}}{\boldsymbol{J}^2} \right] \mu_\mathrm{B} \frac{J_z}{\hbar} B = g_J \mu_\mathrm{B} M_J B. \end{aligned}$$

Offensichtlich ist das Verhältnis des Skalarprodukts zu $\boldsymbol{J}^2$ in rechteckigen Klammern der g_J-Faktor. Vergleicht man diese semiklassische Beziehung mit (8.12) und (8.13) findet man, dass sie äquivalent sind: Man muss lediglich wieder die binomische Formel für das Skalarprodukt $\boldsymbol{S} \cdot \boldsymbol{J}$ anwenden und $\boldsymbol{J}^2$, $\boldsymbol{S}^2$ und $\boldsymbol{L}^2$ durch die entsprechenden quantenmechanischen Erwartungswerte $J(J+1)\hbar^2$ usw. ausdrücken.

Beispiele

- **Singulettsystem:** Wir erinnern uns an den sog. ‚normalen' ZEEMAN-Effekt, den wir bereits in Abschn. 2.7 auf Seite 140 eingeführt haben. Das Standardexperiment ist in Abb. 4.18 auf Seite 224 skizziert. Wir sind jetzt in der Lage, auch die besondere Situation zu identifizieren, bei welcher die klassisch erwartete Aufspaltung in drei Komponenten tatsächlich beobachtet wird: Der Gesamtspin muss $S = 0$ sein, sodass keine Feinstruktur in diesem Fall beobachtet wird. Ein typisches Beispiel ist He, wo die Spins beider Elektronen $s_1 = 1/2$ und $s_2 = 1/2$ zu einem Triplett ($S = 1$) oder eben zu einem Singulett ($S = 0$) zusammengesetzt werden können, wie im Detail in Abschn. 7.3 auf Seite 386 erläutert wurde. Im letzteren Fall ist $J = L$, wozu nach (8.12) dann ein g-Faktor $g_J = 1$ gehört. Somit haben, unabhängig von J (oder L), alle JM_J-Unterzustände im Singulettsystem die gleiche Aufspaltung $\mu_\mathrm{B} B$ zwischen benachbarten Niveaus M_J und $M_J + 1$. Abbildung 8.2

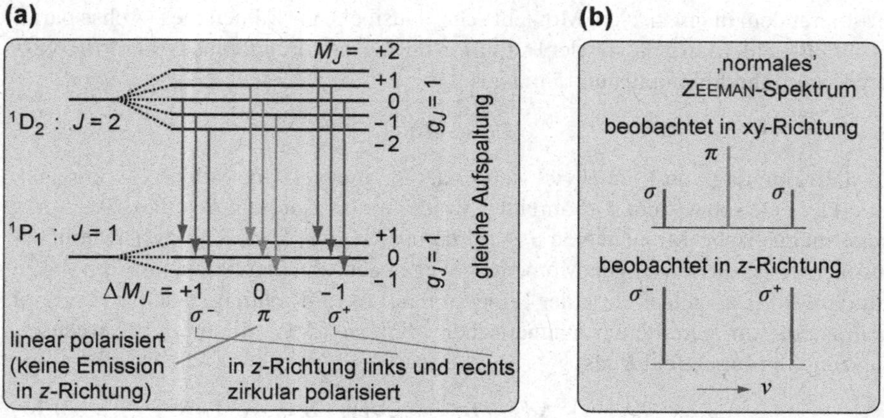

Abb. 8.2 Sogenannter ‚normaler' ZEEMAN-Effekt am Beispiel des $^1P \leftrightarrow {}^1D$ Übergangs (z. B. im He-Singulettsystem). (**a**) Termschema. (**b**) Spektrum (schematisch); da g_J den gleichen Wert in den oberen wie in den unteren Niveaus hat, sieht man nur das klassische Triplett der Linien (*online rot*: σ-Komponenten, *online rosa*: π-Komponenten)

Abb. 8.3 ZEEMAN-Triplett-Termschema mit erlaubten E1-Übergängen; darunter das erwartete Spektrum (schematisch)

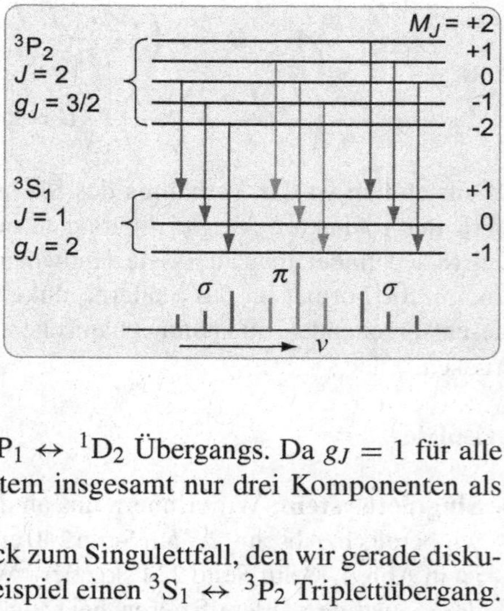

illustriert dies für das Beispiel eines $^1P_1 \leftrightarrow {}^1D_2$ Übergangs. Da $g_J = 1$ für alle J ist, beobachtet man im Singulettsystem insgesamt nur drei Komponenten als Summe aller Übergänge.

- **Triplettsystem:** Dies ist das Gegenstück zum Singulettfall, den wir gerade diskutiert haben. Abbildung 8.3 zeigt als Beispiel einen $^3S_1 \leftrightarrow {}^3P_2$ Triplettübergang. Nach (8.12) sind die LANDÉ'schen g-Faktoren hier in den unteren und oberen Zuständen unterschiedlich, nämlich $g(^3S_1) = 2$ bzw. $g(^3P_2) = 3/2$, sodass im magnetischen Feld insgesamt neun Linien verschiedener Frequenz beobachtet werden. Das ist unterhalb des Termschemas in Abb. 8.3 angedeutet.
- **Dublettsystem:** Für $S = 1/2$ gibt es $2S + 1 = 2$ Feinstrukturniveaus mit den Gesamtdrehimpulsen $J = |L \pm 1/2|$. Der g-Faktor (8.12) ist

$$g_J = \frac{J + 1/2}{L + 1/2}.$$

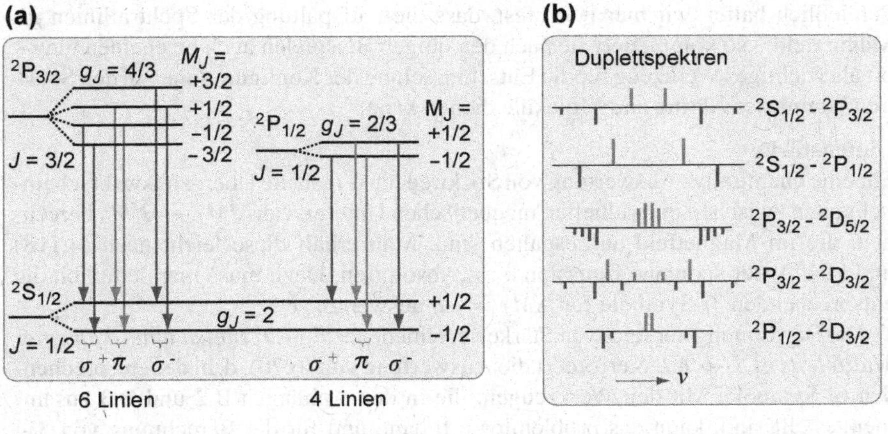

Abb. 8.4 Alkalidubletts (**a**) Aufspaltung der $^2S_{1/2}$- und $^2P_{1/2,3/2}$-Zustände in einem magnetischen Feld mit erlaubten E1-Übergängen (z. B. für die Na D_2- und D_1-Linien). (**b**) Entsprechende Dublettspektren (schematisch) und weitere Beispiele

Die besonders wichtigen $^2S_{1/2} \leftrightarrow {}^2P_{3/2,1/2}$-Übergänge (z. B. das Dublett der Na-D-Linien) haben g-Faktoren $g(^2S_{1/2}) = 2$, $g(^2P_{1/2}) = 2/3$ oder $g(^2P_{3/2}) = 4/3$. Das führt zu einer Niveauaufspaltung, wie sie in Abb. 8.4a gezeigt wird. In Abb. 8.4b sind die entsprechenden Spektren skizziert. Es zeigt sich, dass sie recht komplex werden können. Für den späteren Gebrauch fassen wir für das Beispiel $^2P_{3/2,1/2}$ die gesamte Feinstrukturaufspaltung explizit zusammen. Im schwachen Magnetfeld erhalten wir durch Addition von (8.4) und (8.13) mit $g_{3/2} = 4/3$ und $g_{1/2} = 2/3$:

$$V_B + V_{LS} = \begin{cases} \frac{4}{3}\mu_B B M_J + \dfrac{a}{2} & \text{für } J = \frac{3}{2},\ M_J = -\frac{3}{2}, -\frac{1}{2}, \frac{1}{2}, \frac{3}{2} \\ \frac{2}{3}\mu_B B M_J - a & \text{für } J = \frac{1}{2},\ M_J = \pm\frac{1}{2}. \end{cases} \tag{8.15}$$

- **Septett:** Bei schwereren Atomen werden auch Linien mit sehr hoher Multiplizität beobachtet. Als Beispiel ist in Abb. 8.5 die (berechnete) Aufspaltung einer Linie des Cr I Spektrums gezeigt. Ohne ins Detail zu gehen, soll hier lediglich illustriert werden, wie kompliziert solche Spektren bei größeren Atomen sein können.

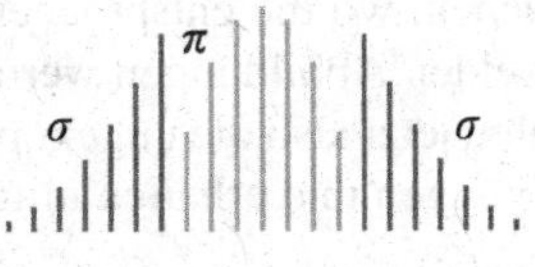

Abb. 8.5 Stick-Spektrum (berechnet) von Übergängen zwischen magnetisch aufgespaltenen Unterniveaus in einem Septett $^7S_3 \leftarrow {}^7P_4$, wie z. B. Cr I $3d^5(^6S)4s \leftrightarrow 3d^5(^6S)4p$) bei 425.4 nm; *online rosa:* π, *online rot:* $\sigma^\pm$ Komponenten, detektiert in der xy Ebene

Schließlich halten wir hier noch fest, dass die Aufspaltung der Spektrallinien im Magnetfeld – so kompliziert sie nach den obigen Beispielen auch erscheinen mag – oft als wichtiges Werkzeug für die Entschlüsselung der Konfigurationen in den Spektren komplexer Atome und Moleküle dienen kann.

Linienstärke

Für eine quantitative Auswertung von Spektren muss man die Übergangswahrscheinlichkeiten zwischen individuellen magnetischen Unterniveaus $JM_J \leftrightarrow J'M'_J$ berechnen, die im Magnetfeld aufgespalten sind. Man erhält diese leicht nach (4.118) und (4.124) für spontane Emission bzw. Absorption. Dazu muss man lediglich die entsprechenden $3j$-Symbole für $\Delta M_J = -q$ auswerten.

Die Berechnung der relativen Stärke verschiedener $J \leftrightarrow J'$ *Linien innerhalb eines Multipletts* $nLS \leftrightarrow n'L'S$ erfordert die Auswertung von (6.70), d. h. der entsprechenden $6j$-Symbole. Mit den Werkzeugen, die in den Anhängen B.2 und B.3 zusammengestellt sind, kann das problemlos erfolgen, und für die Berechnung von $3j$-, $6j$- und $9j$-Symbolen sind im Internet eine Reihe von Java-Applets verfügbar (z. B. STONE 2006).

8.1.3 PASCHEN-BACK-Effekt

Der Fall sehr hoher Magnetfelder $B \gg a/\mu_\mathrm{B}$ kann insbesondere für leichte Atome wie H, He oder Li, aber auch für alle hoch angeregten Zustände relevant werden, da die FS-Wechselwirkung, d. h. a, nach (6.66) mit der Hauptquantenzahl wie $1/n^3$ abnimmt. Auch in den extremen Magnetfeldern, wie sie in einigen Sternatmosphären herrschen, kann dieser Fall eintreten.

In 1. Ordnung vernachlässigen wir jetzt die Spin-Bahn-Kopplung vollständig und beginnen mit dem HAMILTON-Operator

$$\begin{aligned}\widehat{H}_{PB} &= \widehat{H}_0 + \widehat{V}_B \\ &= \widehat{H}_0 + \frac{\mu_\mathrm{B}}{\hbar}(\widehat{L}_z + 2\widehat{S}_z)B. \end{aligned} \tag{8.16}$$

$\widehat{\boldsymbol{L}}$ und $\widehat{\boldsymbol{S}}$ sind also entkoppelt. Man spricht dann vom PASCHEN-BACK-*Effekt*. In dieser Näherung sind sowohl $\widehat{L}_z$ und $\widehat{S}_z$ wie auch $\widehat{J}_z$ wohldefiniert und kommutieren mit $\widehat{H}$. Daher sind LSM_LM_S gute Quantenzahlen ebenso wie $M_J = M_L + M_S$.

Im Vektormodell kann man das einleuchtend veranschaulichen, wie in Abb. 8.6 gezeigt: Beide Drehimpulse präzedieren um das externe Magnetfeld $\boldsymbol{B}$. Wir können das direkt mit Abb. 8.1 vergleichen, wo die entsprechende Situation im schwachen Magnetfeld dargestellt ist (in beiden Abbildungen werden $L = 1, S = 1, M_J = 3/2$ maßstäblich gezeigt). Wir wählen jetzt also die ungekoppelten Zustände $|M_LM_S\rangle$ als Ausgangsbasis unserer Überlegungen und erhalten mit (8.16)

$$\begin{aligned}\widehat{V}_B|M_LM_S\rangle &= \frac{\mu_\mathrm{B}}{\hbar}B(\widehat{L}_z + 2\widehat{S}_z)|M_LM_S\rangle \\ &= \mu_\mathrm{B}B(M_L + 2M_S)|M_LM_S\rangle.\end{aligned}$$

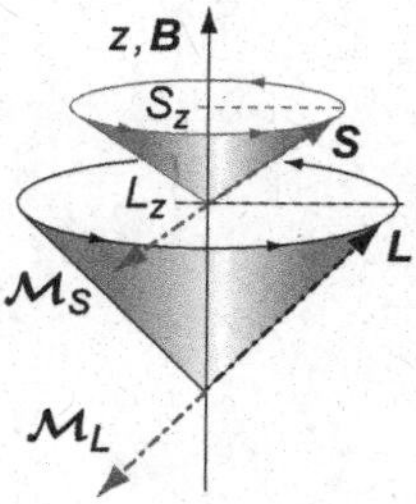

Abb. 8.6 Vektormodell für den ZEEMAN-Effekt in hohen Magnetfeldern (PASCHEN-BACK-Effekt)

Die Aufspaltung im Magnetfeld ist dann einfach

$$V_B = \mu_B B(M_L + 2M_S). \tag{8.17}$$

Dies ist sogar exakt richtig, sofern wir die Spin-Bahn-Wechselwirkung gegenüber der Aufspaltung im Magnetfeld als vollständig vernachlässigbar ansehen können. Neben den Quantenzahlen M_L, M_S und $M_J = M_L + M_J$ ist auch die z-Komponente $v = \mathcal{M}_z/\mu_B = M_L + 2M_S$ des magnetischen Moments (in Einheiten des BOHR'schen Magnetons) μ_B angegeben, welche die Aufspaltung bestimmt. Man beachte, dass das mit $v = 0$ charakterisierte Niveau zweifach entartet ist, da es auf zwei Arten aus M_L und M_S zusammengesetzt werden kann. Auf diese Weise bleibt die Zahl der Zustände die gleiche wie im schwachen Magnetfeld, nämlich $(2 \times (3/2) + 1) + (2 \times (1/2) + 1) = 6$. Umgekehrt gehören zu $M_J = \pm 1/2$ sowohl die Aufspaltungen $\pm\mu_B B$ wie auch 0. M_J ist zwar eine gute Quantenzahl, bestimmt aber die Zustände nicht eindeutig.

Für die Identifizierung erlaubter optischer Übergänge muss man jetzt bedenken, dass $\widehat{\boldsymbol{L}}$ und $\widehat{\boldsymbol{S}}$ völlig entkoppelt sind. Und da der Dipoloperator nur auf den Bahnanteil $\widehat{\boldsymbol{L}}$ und nicht auf den Spin $\widehat{\boldsymbol{S}}$ wirkt, sind die *Auswahlregeln im starken Magnetfeld* für E1-Übergänge

$$\Delta M_L = 0, \pm 1, \qquad \Delta M_S = 0 \quad \text{und} \quad \Delta L = \pm 1 \tag{8.18}$$

wie in Abb. 8.7 angedeutet. Da im oberen wie im unteren Zustand die Aufspaltung nur von $v = M_L + 2M_S$ abhängt, sind sechs verschiedene Übergänge möglich. Es werden aber nur drei Frequenzen beobachtet: Im hohen Magnetfeld gibt es nur das klassische, ‚normale' ZEEMAN-Triplett. Verschiedene Energien können zum gleichen M_J gehören, aber eine spezifische Energie kann auch verschiedenen M_J entsprechen.

8.1.4 Präzedieren Drehimpulse wirklich?

Bevor wir die obigen Überlegungen generalisieren, wollen wir uns kurz der durchaus berechtigten Frage widmen, ob magnetische Momente und damit Drehimpulse in einem externen Magnetfeld (oder auch im Magnetfeld eines anderen Drehimpulses, z. B. bei der Spin-Bahn-Kopplung) eigentlich wirklich präzedieren und ggf. mit welcher Frequenz. Man könnte ja auch argumentieren, dass die suggestiven

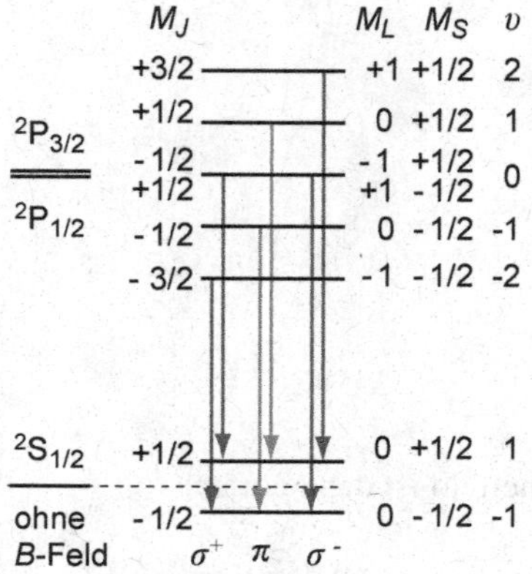

Abb. 8.7 PASCHEN-BACK-Effekt: Aufspaltung und E1-Übergänge im hohen Magnetfeld, illustriert am Beispiel $^2P_{3/2,\,1/2} \leftrightarrow {}^2S_{1/2}$ (vergleiche Abb. 8.4, schwaches $\boldsymbol{B}$-Feld). Man sieht hier das klassische Linientriplett wie beim ‚normalen' ZEEMAN-Effekt. Neben den magnetischen Quantenzahlen $M_J = M_L + M_S$ der Niveaus ist auch die Projektion des magnetischen Moments $\upsilon = M_L + 2M_S$ auf die B- oder z-Achse angegeben, welche die Aufspaltung bestimmt

Bilder des Vektormodells Abb. 8.1 auf Seite 418 und Abb. 8.6 auf Seite 423 nur eine Wahrscheinlichkeit wiedergeben, den Drehimpuls in einer gewissen Richtung vorzufinden.

Um die Frage zu beantworten, betrachten wir als einfaches Beispiel den Spin eines Elektrons in einem isolierten $^2S_{1/2}$-Atom ($L = M_L = 0$) und denken uns, dass zum Zeitpunkt $t = 0$ das externe Magnetfeld $\boldsymbol{B} \parallel z$ eingeschaltet werde. Die Richtung des Spins im Raum sei zu diesem Zeitpunkt durch den Polarwinkel θ_0 und den Azimutwinkel φ_0 bestimmt. Man kann sich dies z. B. so realisiert vorstellen, dass der Spin in einem STERN-GERLACH-Magneten präpariert werde, dessen Achsen im Raum gegenüber $\boldsymbol{B}$ entsprechend ausgerichtet seien. Dieser besondere Spinzustand zur Zeit $t = 0$ wird nach (C.16) beschrieben durch

$$|\chi\rangle = \cos\frac{\theta_0}{2}\exp\left(-\mathrm{i}\frac{\varphi_0}{2}\right)\left|\frac{1}{2}\frac{1}{2}\right\rangle + \sin\frac{\theta_0}{2}\exp\left(\mathrm{i}\frac{\varphi_0}{2}\right)\left|\frac{1}{2}\,-\frac{1}{2}\right\rangle, \tag{8.19}$$

in der Basis der Spinzustände $|SM_S\rangle = |\frac{1}{2} \pm \frac{1}{2}\rangle$. Im magnetischen Feld werden sich beide Spinkomponenten nach (2.16) mit der Zeit $\propto \exp(-V_B t/\hbar)$ ändern – entsprechend deren Energien V_B im magnetischen Feld. Mit (8.17) ist $V_B = 2\mu_B B M_S$ und die Spinzustände als Funktion der Zeit sind dann

$$\begin{aligned}|\chi(t)\rangle = {} & \cos\frac{\theta_0}{2}\exp\left(-\mathrm{i}\frac{\varphi_0}{2}\right)\exp\left(-\mathrm{i}\frac{\mu_B B}{\hbar}t\right)\left|\frac{1}{2}\frac{1}{2}\right\rangle \\ & + \sin\frac{\theta_0}{2}\exp\left(\mathrm{i}\frac{\varphi_0}{2}\right)\exp\left(\mathrm{i}\frac{\mu_B B}{\hbar}t\right)\left|\frac{1}{2}\,-\frac{1}{2}\right\rangle.\end{aligned}$$

Das können wir auch so schreiben:

$$|\chi(t)\rangle = \cos\frac{\theta_0}{2}\exp\left(-\mathrm{i}\frac{\varphi(t)}{2}\right)\left|\frac{1}{2}\frac{1}{2}\right\rangle + \sin\frac{\theta_0}{2}\exp\left(\mathrm{i}\frac{\varphi(t)}{2}\right)\left|\frac{1}{2}\,-\frac{1}{2}\right\rangle,$$
$$\text{wobei}\quad \varphi(t) = \varphi_0 + \frac{2\mu_B B}{\hbar}t = \varphi_0 + \omega_j t. \tag{8.20}$$

Hier ist ω_j die verallgemeinerte LARMOR-Frequenz für den Spin des Elektrons wie in (1.159) definiert. Wie man sieht wächst der Azimutwinkel des Spin mit $\omega_j t$ während der Polarwinkel sich nicht ändert: *Der Spin präzediert also in der Tat mit der* LARMOR-*Frequenz* um die Achse des Magnetfeld, und zwar genau in die Richtung, die in Abb. 8.1 auf Seite 418 und Abb. 8.6 auf Seite 423 angedeutet ist. Die Präzessions(kreis)frequenz ω_L ist dabei unabhängig vom Polarwinkel. Dieses Ergebnis entspricht auch dem klassischen Bild, das wir uns für einen klassischen Kreisel gemacht hatten (Abschn. 1.9.2 auf Seite 80, siehe insbesondere Abb. 1.35), auf dessen magnetisches Moment das externe Magnetfeld ein Drehmoment ausübt – bis auf den Faktor $g \cong 2$, der das magnetische Moment des Elektrons richtig zu beschreiben gestattet. Im Übrigen erinnern wir daran, dass es gerade diese Präzession mit der LARMOR-Frequenz ist, die zur genauen Vermessung der Anomalie des magnetischen Moments des Elektrons benutzt wird. Wie in Abschn. 6.6 auf Seite 363 erklärt, nutzt man dabei im Wesentlichen den Unterschied zwischen LARMOR-Frequenz und Zyklotronfrequenz aus, um die sehr kleine Abweichung des LANDÉ-Faktors für das magnetische Moment des Elektrons vom Wert $g = 2$ zu vermessen.

Um auch noch ein Gefühl für die relevanten Zeiten zu entwickeln, nehmen wir einmal $B = 0.5$ T an. Dann ist die LARMOR-Präzessionszeit $h/2\mu_B B = 71.4$ ps. Das inneratomare Feld, welches der Elektronenspin im $2p$-Zustand des Wasserstoffatoms vom Bahndrehimpuls ‚sieht', liegt etwa in der gleichen Größenordnung. Man verifiziert dies, indem man die Spin-Bahn-Aufspaltung nach (6.66) durch μ_B dividiert. Allerdings ist dieser Wert proportional Z^4/n^3. So kann das Magnetfeld eines Elektronenspins bei hohem Z am Kernort leicht 30 T oder mehr sein – vergleichbar mit den höchsten Magnetfeldern, die mit supraleitenden Magneten erzeugt werden können. Die Präzessionszeit reduziert sich dann entsprechend.

In der Theorie des Magnetismus benutzt man gelegentlich den Begriff des „Austauschfeldes", insbesondere im Zusammenhang mit dem Ferromagnetismus. Um solch ein (hypothetisches) Austauschfeld zu bestimmen, dividiert man einfach die Austauschwechselwirkung – die ja für den Ferromagnetismus verantwortlich ist – durch μ_B, wie wir das im gegenwärtigen Kontext auch getan haben. Die Numerik dieser Prozedur kann leicht zu ‚Feldern' führen, die um Größenordnungen über denen liegen, die wir hier diskutiert haben. Dies ist aber freilich nur ein mathematisches Konstrukt! Wie wir in (7.49) im Kontext des He-Atoms gelernt haben, ist die *Austauschwechselwirkung rein elektrostatischer Natur,* erzwungen durch die Antisymmetrisierung der elektronischen Wellenfunktion – und *definitiv nicht durch magnetische Felder erzeugt*. Das Beispiel des He zeigt übrigens sehr deutlich, dass die Austauschwechselwirkung in der Größenordnung von eV sein kann. Dagegen ist die Spin-Bahn-Wechselwirkung (Abb. 7.6 auf Seite 397) winzig – sie ist magnetischer Natur.

8.1.5 Zwischen schwachem und starkem Magnetfeld

In dem vorangehenden Abschnitten haben wir die Energieaufspaltung im externen Magnetfeld von zwei Grenzfällen her betrachtet: Für den Fall, dass die Spin-Bahn-Kopplung V_{LS} groß im Vergleich zur Wechselwirkung des atomaren magnetischen Moments mit dem äußeren Magnetfeld V_B war, haben wir mit LS-gekoppelten Zuständen $|n(LS)JM_J\rangle$ als erste Näherung begonnen. Im umgekehrten Grenzfall, V_B groß gegenüber V_{LS}, war es angemessen, mit der ungekoppelten Basis $|nLM_LSM_S\rangle$ zu beginnen und V_{LS} später als kleine Störung zu addieren.

Zwischen diesen beiden Grenzfällen, wenn also beide Wechselwirkungen ähnliche Größenordnung haben, müssen wir den HAMILTON-Operator (8.8) aber wirklich diagonalisieren. Wir schreiben

$$\begin{aligned} \widehat{H} &= \widehat{H}_0 + \widehat{H}_{BLS} \quad \text{mit} \\ \widehat{H}_{BLS} &= \widehat{V}_B + \widehat{V}_{LS} = \frac{a}{\hbar^2}\widehat{\boldsymbol{L}} \cdot \widehat{\boldsymbol{S}} + \frac{\mu_B}{\hbar}(\widehat{L}_z + 2\widehat{S}_z)B. \end{aligned} \tag{8.21}$$

Wenn wir das ungestörte System als gelöst im Rahmen der ungekoppelten Basis $|nLM_LSM_S\rangle$ ansehen, also

$$\widehat{H}_0|nLM_LSM_S\rangle = W_{nLS}|nLM_LSM_S\rangle$$

setzen und annehmen, dass nur Zustände einer Hauptquantenzahl n wesentlich zur Lösung des Problems beitragen, dann wird eine Linearkombination

$$|LS\upsilon M_J\rangle = \sum_{M_L M_S} c_{M_L M_S}|LM_LSM_S\rangle \tag{8.22}$$

von ungekoppelten Zuständen der nächstliegendste Ansatz für das gestörte System sein. Die Eigenwerte von $\widehat{H}_{BLS}$ geben die gesuchten Aufspaltungen $V_{\upsilon,M_J}(B)$ der Energieniveaus:

$$\widehat{H}_{BLS}|LS\upsilon M_J\rangle = V_{\upsilon,M_J}(B)|LS\upsilon M_J\rangle \tag{8.23}$$

Man beachte, dass $|LS\upsilon M_J\rangle$ auch Eigenzustände von $\widehat{J}_z = \widehat{L}_z + \widehat{S}_z$ sind:

$$\widehat{J}_z|LS\upsilon M_J\rangle = M_J\hbar|LS\upsilon M_J\rangle \quad \text{mit} \quad M_J = M_L + M_S \tag{8.24}$$

Wie wir bereits im Grenzfall hoher Felder gesehen haben, spezifiziert die magnetische Quantenzahl M_J als solche die Eigenzustände des gesamten Systems nicht vollständig. Der zusätzliche Parameter υ ist so gewählt, dass er für hohe Felder in $\upsilon = M_L + 2M_S = M_J + M_S$ übergeht. Er ist daher Eigenwert der normierten Projektion $\widehat{\mathcal{M}}_z/\mu_B$ des magnetischen Moments auf die z-Achse. Es kann mehrere Lösungen für jeden Wert M_J geben, aber auch mehrere M_J-Werte für einen bestimmten Wert von υ. In Abb. 8.7 auf Seite 424 haben wir dazu bereits als Beispiel die Energielagen einen $^2P_{3/2}$-Zustand zusammengestellt. Abbildung 8.8 skizziert nun schematisch die Verbindung dieser Termlagen im Hochfeld zu denen beim schwachen B-Feld – und zwar so, dass sich M_J aus $M_L + M_S$ ergibt. Nun ist die Beziehung $M_J = M_L + M_S$ aber noch keine eindeutige Regel für den Wechsel vom niedrigen zum hohen Feld. Wir müssen das Problem vollständig lösen. Dafür müssen wir

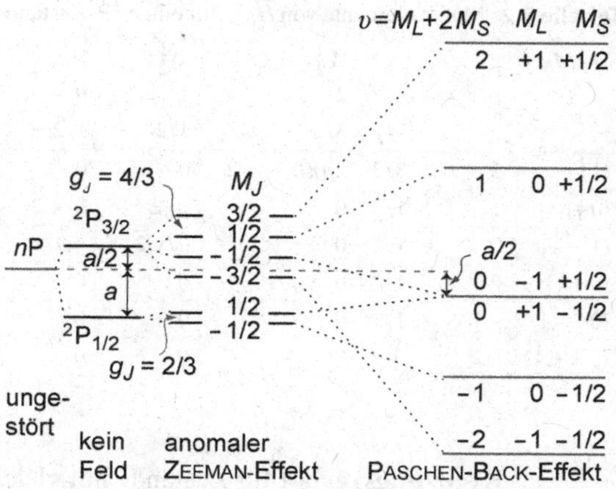

Abb. 8.8 Schema des Übergangs vom niedrigen zu hohem *B*-Feld (schräge, gepunktete Linien). Die Niveauaufspaltungen sind nicht maßstäblich gezeichnet. Die gestrichelte horizontale Linie deutet die energetische Lage eines hypothetischen *nL*-Niveaus ohne Spin-Bahn-Wechselwirkung und ohne äußeres Feld an

den *kombinierten* HAMILTON-*Operator* (8.21) für die magnetische *und* die Spin-Bahn-Wechselwirkung *diagonalisieren* und geeignete Koeffizienten $c_{M_L M_S}$ für die Zustände $|LSvM_J\rangle$ nach (8.22) finden. Benutzen wir (8.17), so können wir $\widehat{H}_{BLS}$ in Matrixform scheiben:

$$\begin{aligned}&\langle LM_L' SM_S' | \widehat{H}_{BLS} | LM_L SM_S \rangle \\ &= \mu_B (M_L + 2M_S) B \times \delta_{M_L' M_L} \delta_{M_S' M_S} + \frac{a}{\hbar^2} \langle LM_L' SM_S' | \widehat{\boldsymbol{L}} \cdot \widehat{\boldsymbol{S}} | LM_L SM_S \rangle\end{aligned} \tag{8.25}$$

Die Matrixelemente von $\widehat{\boldsymbol{L}} \cdot \widehat{\boldsymbol{S}}$ findet man in Anhang D.3.2. Speziell benutzen wir hier das wichtige Resultat, dass *die nichtdiagonalen Matrixelemente dann und nur dann nicht verschwinden, wenn* $M_J' = M_L' + M_S' = M_L + M_S = M_J$ ist:

$$\langle LM_L' SM_S' | \widehat{H}_{BLS} | LM_L SM_S \rangle = \cdots \times \delta_{(M_L' + M_S')(M_L + M_S)} . \tag{8.26}$$

Die Struktur der sich daraus ergebenden $\widehat{H}_{BLS}$-Matrix ist sehr übersichtlich: Nur Zustände mit $M_J' = M_J$ wechselwirken miteinander. In Tab. 8.2 sind die Ergebnisse für einen ^{2}P-Zustand zusammengestellt.

Die HAMILTON-Matrix (8.26) kann leicht diagonalisiert werden. Der Ansatz (8.22) führt zu folgendem System von linearen Gleichungen:

$$\left\{ \langle LM_L' SM_S' | \widehat{H}_{BLS} - W \widehat{\mathbf{1}} | LM_L SM_S \rangle \right\} \times \begin{pmatrix} c_{-L,-S} \\ c_{-L+1,-S} \\ \cdots \\ c_{L,S} \end{pmatrix} = 0 \tag{8.27}$$

Hier repräsentiert $\{\ldots\}$ die Matrix für $\widehat{H}_{BLS} - W \widehat{\mathbf{1}}$. Die Eigenenergien W erhält man im allgemeinen Fall durch Lösung der Säkulargleichung

$$\det \left\{ \langle M_L', M_S' | \left(\widehat{H}_{BLS} - W \widehat{\mathbf{1}} \right) | M_L, M_S \rangle \right\} = 0. \tag{8.28}$$

Eine wichtige Konsequenz der Tatsache, dass nach (8.26) Zustände mit gleichem M_J koppeln, ist das

Tabelle 8.2 Matrixelemente von $\widehat{H}_{BLS}$ für einen ^{2}P-Zustand in der ungekoppelten $|LM_LSM_S\rangle$ Basis

M_LM_S			$\|1\frac{1}{2}\rangle$	$\|0\frac{1}{2}\rangle$	$\|1-\frac{1}{2}\rangle$	$\|-1\frac{1}{2}\rangle$	$\|0-\frac{1}{2}\rangle$	$\|-1-\frac{1}{2}\rangle$
	v		**2**	**1**	**0**	**0**	**−1**	**−2**
		M_J	**3/2**	**1/2**	**1/2**	**−1/2**	**−1/2**	**−3/2**
$\langle 1\frac{1}{2}\|$	2	3/2	$2\mu_B B + a/2$	0	0	0	0	0
$\langle 0\frac{1}{2}\|$	1	1/2	0	$\mu_B B$	$a/\sqrt{2}$	0	0	0
$\langle 1-\frac{1}{2}\|$	0	1/2	0	$a/\sqrt{2}$	$-a/2$	0	0	0
$\langle -1\frac{1}{2}\|$	0	− 1/2	0	0	0	$-a/2$	$a/\sqrt{2}$	0
$\langle 0-\frac{1}{2}\|$	−1	− 1/2	0	0	0	$a/\sqrt{2}$	$-\mu_B B$	0
$\langle -1-\frac{1}{2}\|$	−2	− 3/2	0	0	0	0	0	$-2\mu_B B + a/2$

Kreuzungsverbot für Zustände mit gleichem $M_J = M_L + M_S$.

Denn dort, wo ihre Energien gleich wären, wird die Entartung ja durch die endlichen, nichtdiagonalen Matrixelemente aufgehoben.

Als Beispiel wollen wir dies für den wichtigen Fall des $^2P_{3/2,1/2}$-Dubletts (Tab. 8.2) im Detail ansehen. Hier ist die HAMILTON-Matrix offenbar für $M_J = \pm 1/2$ nichtdiagonal. Die Säkulargleichung (8.28) faktorisiert in diesem Fall in vier recht bequeme Ausdrücke:

$$
\begin{aligned}
2\mu_B B + a/2 - W \quad &= 0 \\
\begin{vmatrix} \mu_B B - W & a/\sqrt{2} \\ a/\sqrt{2} & -a/2 - W \end{vmatrix} &= 0 \\
\begin{vmatrix} -a/2 - W & a/\sqrt{2} \\ a/\sqrt{2} & -\mu_B B - W \end{vmatrix} &= 0 \\
-2\mu_B B + a/2 - W \quad &= 0.
\end{aligned}
$$

Die sechs Lösungen $W_i = V_{v,M_J}(B)$ sind die gesuchten Energieaufspaltungen des $^2P_{3/2,1/2}$-Dubletts für beliebiges B-Feld, mit

$$x = \frac{\mu_B B}{a}: \qquad \frac{V_{2,3/2}}{a} = 2x + \frac{1}{2} \tag{8.29}$$

$$\frac{V_{1,1/2}}{a} = \frac{1}{2}x - \frac{1}{4} + \frac{3}{4}\sqrt{1 + \frac{4}{9}x + \left(\frac{2}{3}x\right)^2} \tag{8.30}$$

$$\frac{V_{0,1/2}}{a} = \frac{1}{2}x - \frac{1}{4} - \frac{3}{4}\sqrt{1 + \frac{4}{9}x + \left(\frac{2}{3}x\right)^2} \tag{8.31}$$

$$\frac{V_{0,-1/2}}{a} = -\frac{1}{2}x - \frac{1}{4} + \frac{3}{4}\sqrt{1 - \frac{4}{9}x + \left(\frac{2}{3}x\right)^2} \tag{8.32}$$

$$\frac{V_{-1,-1/2}}{a} = -\frac{1}{2}x - \frac{1}{4} - \frac{3}{4}\sqrt{1 - \frac{4}{9}x + \left(\frac{2}{3}x\right)^2} \tag{8.33}$$

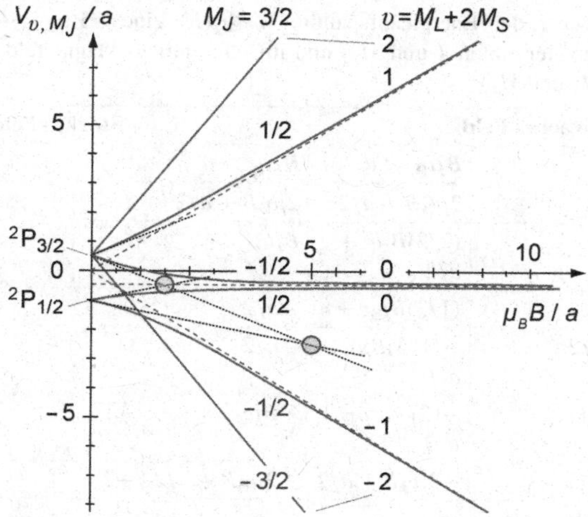

Abb. 8.9 Übergang vom niedrigen zum hohen Magnetfeld B für das Beispiel eines $^2P_{3/2,1/2}$-Systems. Gezeichnet sind als volle Linien *(online rot)* die Aufspaltungen $V_{\upsilon M_J}$ der Niveaus als Funktion der Feldstärke B. Die Parameter $M_J = M_L + M_S$ und $\upsilon = M_L + 2M_S$ charakterisieren die 6 Zustände (siehe Text). Gestrichelte *(online rot)* bzw. gepunktete *(online schwarz)* Linien zeigen Extrapolationen für den Fall sehr niedrigen bzw. sehr hohen Felds; zwei vermiedene Kreuzungen sind durch Kreise *(online rosa)* markiert; die Energieaufspaltung $V_{\upsilon M_J}$ ist in Einheiten des Feinstrukturparameters a angegeben, die Feldstärke in Einheiten a/μ_B

$$\frac{V_{-2,-3/2}}{a} = -2x + \frac{1}{2}. \tag{8.34}$$

Das Ergebnis dieser Diagonalisierung von $\widehat{H}_{BLS}$ ist maßstäblich in Abb. 8.9 dargestellt. Im niedrigen Feld ist die Aufspaltung proportional zu $g_J M_J B$, im hohen Feld zu $\upsilon B = (M_L + 2M_S)B$.

Das Kreuzungsverbot impliziert hier eine Abstoßung der je zwei Terme mit gleichem $M_J = 1/2$ und $M_J = -1/2$. Man sieht, dass die lineare Aufspaltung V_{υ,M_J} bei $g_{3/2} = 4/3$ und $g_{1/2} = 2/3$ im Fall sehr niedriger Felder nur über einen kleinen Bereich des Magnetfeldes gilt, da dies sonst zu zwei *Kreuzungen* führen würde (in Abb. 8.9 durch Kreise markiert, *online rosa*), die vermieden werden. Während diese Zustände mit $M_J = \pm 1/2$ zu den $^2P_{1/2}$- und $^2P_{3/2}$-Dublett-Niveaus gehören und stark wechselwirken, sind die $M_J = \pm 3/2$ Zustände des $^2P_{3/2}$-Terms überhaupt nicht vom $^2P_{1/2}$-Niveau beeinflusst – letzterer hat ja einfach keine $M_J = \pm 3/2$ Komponente. Daher ist die Aufspaltung dieser Terme – bei allen Feldstärken – immer linear in B: $V_{\pm 2,\pm 3/2} = \pm 2\mu_B B + a/2$.

Mit den Eigenwerten (8.29)–(8.34) kann man nun das Gleichungssystem (8.27) für die Koeffizienten $c_{M_L M_S}$ lösen, die nach (8.22) die entsprechenden Zustände $|LS\upsilon M_J\rangle$ bestimmen. Im Falle kleiner B-Felder sind dies näherungsweise die entsprechenden Clebsch-Gordan-Koeffizienten, während für hohe Felder einer der $|LM_L SM_S\rangle$ Zustände die lineare Überlagerung dominiert – es zeigt sich, dass dies der Zustand

Tabelle 8.3 Grenzwerte der Energieaufspaltung $V_{v,M_J}(B)$ eines $^2P_{3/2,1/2}$-Dubletts im sehr schwachen (links, Quantenzahlen J und M_J) und im sehr starken Magnetfeld (rechts, Quantenzahlen $v = M_J + 2M_S$ und M_J)

Schwaches Feld			Starkes Feld		
J	M_J	$B\mu_B \ll a$	$B\mu_B \gg a$	v	M_J
3/2	3/2	$2\mu_B B + a/2$	$2\mu_B B + a/2$	2	3/2
3/2	1/2	$(2/3)B\mu_B + a/2$	$B\mu_B$	1	1/2
1/2	1/2	$(1/3)B\mu_B - a$	$-a/2$	0	1/2
1/2	−1/2	$-(1/3)B\mu_B - a$	$-a/2$	0	−1/2
3/2	−1/2	$-(2/3)B\mu_B + a/2$	$-B\mu_B$	−1	−1/2
3/2	−3/2	$-2\mu_B B + a/2$	$-2\mu_B B + a/2$	−2	−3/2

mit $M_L = 2M_J - v$ und $M_S = v - M_J$ ist. Wir verzichten darauf, hier noch weiter in die Details dieser aufwendigen, aber im Grunde trivialen Rechnung zu gehen.

Es ist aber instruktiv, zu verifizieren, dass die allgemeinen Lösungen (8.29)–(8.34) im Grenzfall für schwache und starke Felder in die bereits in Abschn. 8.1.2 und 8.1.3 abgeleiteten Lösungen übergehen. Tabelle 8.3 fasst die Resultate zusammen, die man durch Entwicklung der Wurzeln für $B\mu_B \ll a$ und $B\mu_B \gg a$ in eine Potenzreihe nach $x = B\mu_B/a$ bzw. $1/x = a/B\mu_B$ erhält; die Zustände lassen sich in diesen Grenzfällen charakterisieren durch die Quantenzahlen J, M_J bzw. v, M_J.

Wenn wir die drei linken Spalten in Tab. 8.3 mit (8.15) vergleichen, dann sehen wir, dass die Abhängigkeit der Termenergien vom magnetischen Feld in der Tat reproduziert wird. Und entsprechend stimmen die drei rechten Spalten mit (8.17) für den Paschen-Back-Effekt überein, wenn man den Beitrag $\pm a/2$ der Feinstruktur bei sehr hohen Feldern vernachlässigt. Die verbleibenden kleinen Verschiebungen der Termenergien sind schematisch in Abb. 8.8 und 8.9 angedeutet – am evidentesten für die $|LSvM_J\rangle = |1\ 1/2\ 0\ 1/2\rangle$ und $|1\ 1/2\ 0\ {-1/2}\rangle$ Zustände.

8.1.6 Vermiedene Kreuzungen

Probleme der soeben besprochenen Art – wie ändern sich entartete oder nahezu entartete Energieniveaus von Quantensystemen unter dem Einfluss externer oder interner Felder (von magnetischer oder elektrischer Natur) – sind von recht allgemeiner Bedeutung. Die Fragestellung wurde erstmals von Breit-Rabi (1931) für die Aufspaltung von Hyperfeinniveaus in Magnetfeldern behandelt (sogenannte Breit-Rabi-Formel, Gl. 9.51). Prominente Beispiele findet man bei der magnetischen Resonanzspektroskopie, also bei der Elektronenspinresonanz (EPR) und bei der Kernspinresonanz (NMR), die wir in Kap. 9 ausführlicher behandeln werden. Ähnliche Probleme gibt es aber auch in anderem Kontext – z. B. bei der Bildung von Molekülbindungen oder bei atomaren Stoßprozessen, wie wir in Bd. 2 sehen werden. Wo immer zwei oder mehr ursprünglich energetisch getrennte Zustände einer Wechselwirkung ausgesetzt sind, die größer ist als der ursprüngliche Energieabstand, kann man im Prinzip eine Kreuzung der Energie als Funktion der Störung erwarten. Solch eine durch die Störung verursachte Entartung bedarf der besonderen Betrachtung.

Wir behandeln das Problem für den allgemeinen Fall. Dabei beschränken wir uns freilich auf die einfachste Situation, in welcher nur zwei relevante Zustände $|1\rangle$ und $|2\rangle$ beteiligt sind. Sei $\widehat{H}_0$ der ungestörte HAMILTON-Operator und $V(q)$ die Störung als Funktion eines charakteristischen experimentellen Parameters q (z. B. die Feldstärke eines magnetischen oder elektrischen Feldes, der Abstand zweier Atome usw.). Nehmen wir an, dass in 0. Ordnung

$$\widehat{H}_0|1^{(0)}\rangle = W_1^{(0)}|1^{(0)}\rangle \quad \text{und} \quad \widehat{H}_0|2^{(0)}\rangle = W_2^{(0)}|2^{(0)}\rangle$$

gilt. Wir suchen Eigenzustände $|a\rangle$ und Eigenenergien W_a für das gestörte System:

$$\begin{aligned} &(\widehat{H}_0 + V(q))|a\rangle = W_a|a\rangle \quad \text{mit} \quad a = 1 \text{ oder } 2 \\ \text{oder} \quad &(\widehat{H}_0 + V(q) - W_a)|a\rangle = (W_a^{(0)} + V(q) - W_a)|a\rangle = 0. \end{aligned}$$

Durch Multiplikation von links mit $\langle b|$ (wobei wiederum $b = 1$ oder 2 sein kann) erhält man ein System von linearen Gleichungen

$$\begin{pmatrix} W_1^{(0)} - W + V_{11} & V_{12} \\ V_{12}^* & W_2^{(0)} - W + V_{22} \end{pmatrix} \begin{pmatrix} c_1 \\ c_2 \end{pmatrix} = 0 \tag{8.35}$$

für die Entwicklungskoeffizienten c_{ab} der Eigenzustände:

$$\begin{aligned} |1\rangle &= c_{11}|1^{(0)}\rangle + c_{12}|2^{(0)}\rangle \quad \text{und} \\ |2\rangle &= c_{21}|1^{(0)}\rangle + c_{22}|2^{(0)}\rangle. \end{aligned}$$

Lösungen existieren, wenn und nur wenn die Säkulargleichung gilt:

$$\begin{vmatrix} W_1^{(0)} - W + V_{11} & V_{12} \\ V_{12}^* & W_2^{(0)} - W + V_{22} \end{vmatrix} = 0 \tag{8.36}$$

$$(W_1^{(0)} - W + V_{11})(W_2^{(0)} - W + V_{22}) - |V_{12}|^2 = 0.$$

Die entsprechenden Energien W_1 und W_2 sind also

$$\begin{aligned} W_{1,2} = &\frac{W_2^{(0)} + W_1^{(0)}}{2} + \frac{V_{11} + V_{22}}{2} \\ &\pm \frac{1}{2}\sqrt{(W_1^{(0)} - W_2^{(0)} + V_{11} - V_{22})^2 + 4|V_{12}|^2}. \end{aligned} \tag{8.37}$$

Im Fall, dass die Diagonalterme der Störmatrix $V_{12} = V_{21}^* = 0$ sind, ergeben sich offenbar die gleichen Resultate wie bei der Störungsrechnung 1. Ordnung im nicht entarteten Fall:

$$W_1^{(1)} = W_1^{(0)} + V_{11} \quad \text{und} \quad W_2^{(1)} = W_2^{(0)} + V_{22}.$$

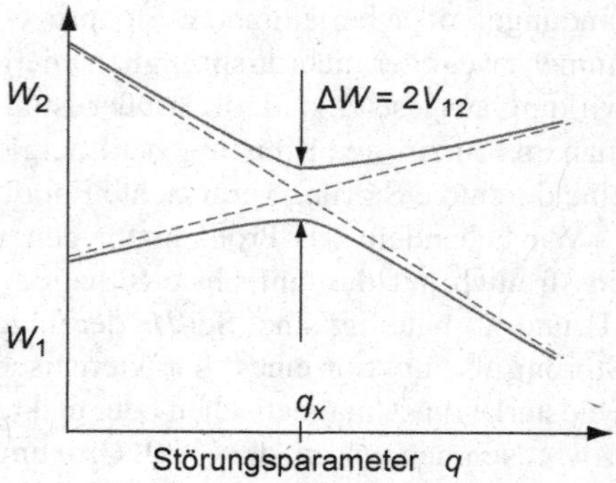

Abb. 8.10 Vermiedene Kreuzung; aufgetragen sind die Energien W_1 und W_2 zweier Zustände als Funktion eines Störparameters q mit Wechselwirkung $V_{12}(q)$ *(volle Linien)* bzw. ohne *(gestrichelt)*; der Störparameter q kann z. B. ein äußeres elektrisches oder magnetisches Feld sein, oder auch der Abstand zwischen zwei Atomen

Sofern also $V_{12} = V_{21}^* = 0$, kann es – abhängig von $V_{11}(q)$ und $V_{22}(q)$ als Funktion eines Störparameters q – Kurvenkreuzungen durchaus geben. Für einen bestimmten Wert $q = q_x$ kann dann $\Delta W^{(1)}(q) = W_1^{(0)} - W_2^{(0)} + V_{11} - V_{22} = 0$ werden.

Wenn die zwei Zustände aber miteinander wechselwirken, d. h. $V_{12}(q_x) \neq 0$, dann wird diese Kurvenkreuzung vermieden, wie in Abb. 8.10 skizziert, und die Lösung der Säkulargleichung (8.37) ergibt am (vermiedenen) Kreuzungspunkt q_x eine Aufspaltung

$$\Delta W = W_1 - W_2 = 2|V_{12}(q_x)|. \tag{8.38}$$

Wir halten fest: Die Energieverläufe (Potenzialkurven) zweier Zustände $|a\rangle$ und $|b\rangle$ *kreuzen sich* bei Änderung eines Störparameters q *nicht,* wenn das Wechselwirkungspotenzial an der angenäherten Kreuzung endlich ist, wenn also $V_{ab} \neq 0$. Man nennt diese Situation eine *vermiedene Kreuzung.*

Speziell bei dem in Abschn. 8.1.5 behandelten Beispiel der Änderung von Zustandsenergien im Magnetfeld hatten wir ja gesehen, dass die Matrixelemente (8.25) der Störung $\widehat{H}_{BLS}$ nicht verschwinden, sofern $M_J = M_L + M_S = M'_L + M'_S = M_J$ ist. Zustände mit gleichem $M_L + M_S = M_J$ koppeln und können sich daher nicht kreuzen, wie in Abb. 8.9 auf Seite 429 gezeigt *(Kreuzungsverbot).*

8.1.7 Paramagnetismus

Die magnetischen Eigenschaften der Materie sind durch die magnetischen Dipolmomente (Spin, Bahn) ihrer Konstituenten (Atome, Moleküle) bestimmt. Zur Einführung in dieses wichtige Themenfeld skizzieren wir den Zusammenhang der makroskopisch messbaren Größe *magnetische Volumensuszeptibilität* mit den atomaren Eigenschaften, die wir in diesem Abschnitt kennengelernt haben.

Das magnetische Moment pro Volumeneinheit in einem Material (z. B. in einem Ensemble von Atomen) nennt man *Magnetisierung* $\mathfrak{M}$. Der *magnetische Fluss* $\boldsymbol{B}$ im Material ist nach den allgemeinen Grundlagen der Elektrodynamik mit der *magnetischen Feldstärke* $\boldsymbol{H}$ über

$$\boldsymbol{B} = \mu_0 \boldsymbol{H} + \mu_0 \mathfrak{M} = \mu_0(1 + \chi_{\mathrm{M}})\boldsymbol{H} = \mu_r \mu_0 \boldsymbol{H} \tag{8.39}$$

verbunden, wobei $\boldsymbol{H}$ und $\mathfrak{M}$ in $\mathrm{A\,m^{-1}}$ gemessen werden, $\boldsymbol{B}$ in $\mathrm{V\,s\,m^{-2}}$, $\mu = \mu_r\mu_0$ ist die *magnetische Permeabilität* ($\mu_0 = 4\pi \times 10^{-7}\,\mathrm{N\,A^{-2}}$), μ_r die relative magnetische Permeabilität und $\chi_\mathrm{M} = \mu_r - 1$ die magnetische Suszeptibilität (beide dimensionslos). Gelegentlich wird auch χ_Mmol pro mol angegeben (die sogenannte molare Suszeptibilität).

Es geht hier also darum,

$$\mathfrak{M} = (\mu_r - 1)\boldsymbol{H} = \chi_\mathrm{M}\boldsymbol{H} = \frac{\chi_\mathrm{M}}{(1+\chi_\mathrm{M})\,\mu_0}\boldsymbol{B} \tag{8.40}$$

auf mikroskopische Größen zurückzuführen – wobei wir berücksichtigen, dass χ_M in der Regel eine sehr kleine Größe ist, und dass in 0. Näherung $B \cong \mu_0 H$ gilt. Für ein einzelnes Atom in einem $|JM_J\rangle$ Zustand ist $\mathcal{M}_{Jz} = -g_J\mu_\mathrm{B}M_J$ das effektive magnetische Moment, projiziert auf die Richtung des externen Feldes, was nach (8.13) für nicht zu hohe Magnetfelder gilt. Für das ganze Ensemble muss man $\mathcal{M}_{Jz}$ über die Besetzung der magnetischen Unterzustände mitteln, die im thermischen Gleichgewicht (im Wesentlichen) entsprechend einer BOLTZMANN-Verteilung nach (1.54) besetzt sind. Mit der magnetischen Energie $V_B(M_J)$ eines Atoms im Zustand $|JM_J\rangle$ erhalten wir für den Mittelwert:

$$\overline{\mathcal{M}_{Jz}} = \frac{\sum\limits_{M_J}\mathcal{M}_{Jz}\exp(-V_B(M_J)/k_\mathrm{B}T)}{\sum\exp(-V_B(M_J)/k_\mathrm{B}T)}. \tag{8.41}$$

Im Nenner steht der richtigen Normierung wegen die Zustandssumme. Bei nicht allzu tiefen Temperaturen T ist die Energie $V_M(M_J)$ der Einzelmagneten nach (8.13) sehr klein gegen die thermische Energie k_BT: Typisch ist $V_M(M_J) \simeq 10^{-5}\,\mathrm{eV} \ll k_BT \simeq 0.010\,\mathrm{eV}$. Daher können wir die Zustandssumme $= 1$ setzen und die Summanden im Zähler von (8.41) entwickeln:

$$\begin{aligned}\mathcal{M}_{Jz}\exp\bigl(-V_B(M_J)/k_\mathrm{B}T\bigr) &\simeq -g_J\mu_\mathrm{B}M_J\left(1 - \frac{V_B(M_J)}{k_\mathrm{B}T}\right)\\ &= -g_J\mu_\mathrm{B}M_J + (\mu_\mathrm{B}g_JM_J)^2\frac{B}{k_\mathrm{B}T}.\end{aligned}$$

Wir setzen dies in (8.41) ein und berücksichtigen, dass wegen der in gleicher Anzahl vorkommenden positiven ($M_J > 0$) und negativen ($M_J < 0$) magnetischen Momente $\mathcal{M}_z$ sich die Entwicklungsterme 0. Ordnung zu Null summieren. Dagegen ergibt sich in 1. Ordnung ein endlicher Beitrag $\propto B/T$ für die Magnetisierung pro Volumeneinheit:

$$\langle\mathfrak{M}\rangle = N\overline{\mathcal{M}_{Jz}} = \frac{C}{T}B$$

Hier ist N die Teilchendichte des untersuchten Materials (Dimension L^{-3}). Mit (8.40) ergibt sich daraus der als

$$\text{CURIE'sches Gesetz}\quad \chi_\mathrm{M} = \frac{C}{T} \tag{8.42}$$

wohlbekannte Zusammenhang der *magnetischen Suszeptibilität für den Paramagnetismus* mit der Temperatur.

Für nicht zu dichte Materie kann man die CURIE-*Konstante* C leicht für konkrete Fälle von L, S und J auswerten. Wenn man den Parameterbereich zu tiefen Temperaturen und/oder hohen Feldern erweitert, führt die Summe (8.41) zur sogenannten LANGEVIN-*Funktion* mit der Variablen B/T, die zu einer Sättigung der Magnetisierung bei größerem B führt. Man muss dann freilich auch berücksichtigen, dass bei strengerer Betrachtung im allgemeinen Fall $\chi_M = \partial\mathfrak{M}/\partial H$ wird. Als einfache, problemlose Übung möge der Leser sich den Fall $L = 0$, $S = J = 1/2$ überlegen.

Paramagnetismus erfordert also einen nichtverschwindenden Gesamtdrehimpuls des untersuchten Materials. Im Grundzustand, in welchem wir Materie üblicherweise vorfinden, ist der Bahndrehimpuls oft Null und der Paramagnetismus wird durch die Elektronenspins der untersuchten Atome oder Moleküle definiert. Es zeigt sich, dass in der Natur gar nicht so viele Substanzen mit ungesättigten Elektronenspins vorkommen. Typische Beispiele sind die Alkalimetalle und eine Reihe weiterer Metalle (nicht aber die Erdalkalien). Unter den Molekülen gibt es recht wenige. Ein Beispiel ist das O_2 im ${}^3\Sigma_1$-Grundzustand, das wir in Band 2 behandeln werden.

8.1.8 Diamagnetismus

Der Diamagnetismus ist aller Materie eigen. Er ist insbesondere dann von Bedeutung, wenn es keine permanenten magnetischen Momente des Atoms gibt. Gegenüber dem Paramagnetismus (sofern vorhanden) ist der Diamagnetismus ein deutlich kleinerer Effekt, der nach der LENZ'schen Regel dem externen Magnetfeld entgegenwirkt. Er beschreibt in klassischer Sichtweise das Abbremsen der Rotation der Elektronen um den Atomkern durch das externe B-Feld: Das vom externen Feld induzierte magnetische Moment eines Atoms ist

$$\mathcal{M}_{Jz} = \widetilde{\chi}_M H \cong \widetilde{\chi}_M B/\mu_0, \tag{8.43}$$

wobei $\widetilde{\chi}_M$ die magnetische Suszeptibilität *pro Teilchen* ist (Dimension L^3). Da also $\mathcal{M}_{Jz}$ von B abhängt, müssen wir die magnetische Energie (6.29) als Differenzialgleichung lesen, d. h. sie baut sich infolge des wachsenden magnetischen Feldes auf:

$$\begin{aligned} \mathrm{d}V_{\mathrm{dmag}} &= -\mathcal{M}_{Jz}\mathrm{d}B = -\frac{\widetilde{\chi}_M B}{\mu_0}\mathrm{d}B\,, \quad \text{sodass} \\ V_{\mathrm{dmag}} &= -\frac{1}{2}\frac{\widetilde{\chi}_M}{\mu_0}B^2 \quad \text{oder} \quad \widetilde{\chi}_M = -\mu_0\frac{1}{B}\frac{\mathrm{d}V_{\mathrm{dmag}}}{\mathrm{d}B}. \end{aligned} \tag{8.44}$$

Wir berechnen $\widetilde{\chi}_M$ nun mithilfe des *letzten Terms* im HAMILTON-Operator (8.1), in den das Vektorpotenzial quadratisch eingeht. Im statischen $\boldsymbol{B}$ Feld ist nach (H.11) das Vektorpotenzial $\boldsymbol{A} = (\boldsymbol{B} \times \boldsymbol{r})/2$. Damit wird der diamagnetische Anteil des HAMILTON-Operators (8.1)

$$\widehat{V}_{\mathrm{dmag}} = \frac{e^2}{2m_e}\frac{1}{4}(\boldsymbol{B}\times\boldsymbol{r})\cdot(\boldsymbol{B}\times\boldsymbol{r}) = \frac{e^2}{8m_e}B^2r^2\sin^2\theta\,,$$

wobei θ der Winkel zwischen $\boldsymbol{B}$ und $\boldsymbol{r}$ ist. Für ein sphärisch symmetrisches Atom mittelt man den Winkel über den Raum $\langle\sin^2\theta\rangle = 2/3$ und erhält so in 1. Ordnung Störungsrechnung für die diamagnetische Energie

$$\langle\widehat{V}_{\mathrm{dmag}}\rangle = \frac{e^2}{8m_{\mathrm{e}}}B^2\langle r^2\rangle\langle\sin^2\theta\rangle = \frac{e^2}{12m_{\mathrm{e}}}B^2\langle r^2\rangle \tag{8.45}$$

mit $\langle r^2\rangle$, dem Erwartungswert des quadratischen Elektronenabstands vom Atomkern. Die so erhaltene diamagnetische Energie (8.45) ist sodann mit (8.44) zu vergleichen. So erhalten wir schließlich mit $\mu_0 = 1/(\varepsilon_0 c^2)$, mit der Feinstrukturkonstante α und mit der atomaren Längeneinheit a_0:

$$\widetilde{\chi}_{\mathrm{M}} = -\mu_0\frac{e^2}{6m_{\mathrm{e}}}\langle r^2\rangle = -\frac{2\pi}{3}a_0^3\alpha^2\left\langle\frac{r^2}{a_0^2}\right\rangle = -1.12\times10^{-4}a_0^3\left\langle\frac{r^2}{a_0^2}\right\rangle. \tag{8.46}$$

Die diamagnetische Suszeptibilität ist also erwartungsgemäß negativ und extrem klein. Für Atome im Grundzustand liegt der Erwartungswert von r^2 in der Größenordnung von a_0^2. (Im Fall des atomaren Wasserstoffs können wir geschlossene Ausdrücke nach Abschn. 2.6.10 auf Seite 138 benutzen.)

Mit der Teilchendichte N bzw. alternativ mit der AVOGADRO-Konstante N_{A} ergeben sich die makroskopischen Quantitäten pro Volumen bzw. pro Mol zu

$$\chi_{\mathrm{M}} = \widetilde{\chi}_{\mathrm{M}}N \quad \text{und} \quad \chi_{\mathrm{Mmol}} = \widetilde{\chi}_{\mathrm{M}}N_{\mathrm{A}}. \tag{8.47}$$

Mit dieser Definition und mit (8.47) findet man, dass selbst für Festkörpermaterialien in dichtester Kugelpackung die makroskopische diamagnetische Suszeptibilität nur von der Größenordnung $\chi_{\mathrm{M}} \simeq -0.83\times10^{-4}$ ist. Beiläufig erwähnen wir, dass zwar der Wert von $\widetilde{\chi}_{\mathrm{M}}$ mit $\langle r^2\rangle$ steigt, die Teilchendichte aber mit $1/\langle r^3\rangle$ fällt, sodass die makroskopische Größe χ_{M} mit der Größe der Atome abnimmt.

Wir notieren an dieser Stelle noch, dass in der üblichen Atomspektroskopie die diamagnetische Energie winzig ist und keinerlei Rolle spielt. Das ändert sich allerdings signifikant, wenn man mit hohen RYDBERG-Zuständen arbeitet. Da der Radius der Atome mit n^2 wächst und für $\langle r^2\rangle \simeq a_0^2n^4$ gilt, wird das Verhältnis von diamagnetischen Term (8.45) zu normaler Magnetfeldaufspaltung (8.10)

$$\frac{\langle\widehat{V}_{\mathrm{dmag}}\rangle}{\langle V_B\rangle} \simeq \frac{e}{6g_J\hbar}Ba_0^2n^4 \sim 10^{-6}\ldots10^{-7}\frac{B}{\mathrm{T}}n^4. \tag{8.48}$$

Für $n = 34$ liegt dieses Verhältnis bereits bei nur 1 T schon bei ~1. *Bei der Spektroskopie von RYDBERG-Zuständen im Magnetfeld kann man also den diamagnetischen Term nicht mehr vernachlässigen.*

Was haben wir in Abschnitt 8.1 gelernt?

- Die Wechselwirkungsenergie eines Elektrons mit einem äußeren magnetischen Feld kann durch $\widehat{V}_B = \mu_{\mathrm{B}}(\widehat{L}_z + 2\widehat{S}_z)B/\hbar$ beschrieben werden.
- Für niedrige Magnetfelder B (Spin-Bahn-Wechselwirkung $\widehat{V}_{LS} = a\widehat{\boldsymbol{L}}\cdot\widehat{\boldsymbol{S}}/\hbar^2 \gg \widehat{V}_B$) benutzt man die $|(LS)JM_J\rangle$ Basis und betrachtet $\widehat{V}_B$ als kleine Störung. Mit dem LANDÉ-Faktor g_J nach (8.12) ist die Energie dann $g_J\mu_{\mathrm{B}}M_JB$.

- Im Grenzfall hoher Magnetfelder, d. h. bei sehr niedriger Kernladungszahl Z und extrem hohem B-Feld, oder bei sehr hoher Hauptquantenzahl n, behandelt man $\widehat{V}_B$ im ungekoppelten $|LM_LSM_S\rangle$-Schema, während $\widehat{V}_{LS}$ eine kleine Störung ist. In diesem Fall sind L, S, M_L und M_S ebenso gute Quantenzahlen wie $M_J = M_L + M_S$. Zusätzlich wird $\upsilon = M_L + 2M_S$ eingeführt.
- Vektormodelle sind hilfreich zur Visualisierung der Projektion von magnetischen Momenten aufeinander und auf die Richtung eines externen Feldes. Sie basieren auf der Präzession von magnetischen Momenten mit der LARMOR-Frequenz, welche nach den Regeln der Quantenmechanik verifiziert werden kann.
- Durch Diagonalisierung des vollen HAMILTON-Operators (8.8) mit den Matrixelementen nach Tab. 8.2 kann man auch die Verhältnisse *zwischen* schwachem und starkem Feld exakt behandeln. Die Energien werden durch Formeln vom BREIT-RABI-Typ (8.29)–(8.34) beschrieben. Charakteristisch ist die Wechselwirkungen zwischen Zuständen mit gleichem M_J, die zu *vermiedenen Kreuzungen* zwischen diesen Zuständen führt.
- Vermiedene Kreuzungen sind auch darüber hinaus wichtig: Es gibt sie immer dort, wo quasi-entartete Zustände miteinander durch nichtdiagonale Wechselwirkungen koppeln, die von einem charakteristischen Parameter des Quantensystems abhängen.
- Die makroskopische magnetische Suszeptibilität χ_M von Materie kann aus der mikroskopischen Energie des atomaren Dipolmoments in einem magnetischen Feld abgeleitet werden. Speziell ergibt sich auf diese Weise das CURIE'sche Gesetz $\chi_M = C/T$ für die Temperaturabhängigkeit der Suszeptibilität in paramagnetischen Materialien ebenso wie die diamagnetische Suszeptibilität ($\chi_M < 0$). Letztere ist sehr klein, wächst aber für große Hauptquantenzahlen $\propto n^4$.

8.2 Atome im elektrischen Feld

8.2.1 Einführung

Die Aufspaltung der Energieterme im statischen elektrischen Feld, der sogenannte STARK-*Effekt*, entdeckt von Johannes STARK 1913 (NOBEL-Preis 1919), spielte in der traditionellen Spektroskopie nur eine begrenzte Rolle, da leicht erzeugbare statische elektrische Felder typischerweise klein sind im Vergleich zu den inneratomaren elektrischen Feldern (siehe Tab. 8.4). Letztere sind von der Größenordnung

$$E_{\text{atom}} = \frac{Ze}{4\pi\varepsilon_0 a_0^2} = 5.14 \times 10^{11} \times Z \frac{\text{V}}{\text{m}}. \qquad (8.49)$$

Im Vergleich dazu liegt selbst die Durchbruchsfeldstärke in Luft mit etwa $10\,\text{kV}\,\text{cm}^{-1} = 10^6\,\text{V}\,\text{m}^{-1}$ weit unter dem für deutliche Effekte benötigten Feld.

Tabelle 8.4 Typische elektrische Feldstärken

Beispiel	$\|E\|/\mathrm{Vm}^{-1}$
In einer elektrischen Starkstromleitung	10^{-2}
In der Nähe eines aufgeladenen Plastikkammes	10^{3}
Oberfläche der Trommel eines Photokopierers oder Laserdruckers	10^{5}
Elektrischer Durchbruch in Luft	10^{6}
Im H-Atom beim Abstand der ersten BOHR'schen Bahn	5×10^{11}
Im Fokus eines Kurzpulslasers bei einer Intensität $I = 10^{20}$ W cm^{-2}	3×10^{13}
Auf der Oberfläche eines Urankerns	3×10^{22}

8.2.2 Bedeutung

Dennoch gibt es eine Reihe von Gründen, warum wir uns mit diesem Thema sehr gründlich beschäftigen müssen:

1. *Elektrische Felder spielen eine zentrale Rolle beim Aufbau der Materie:* sei es im Kristallgitter, sei es bei der Molekülbildung. Das Verständnis und die Berechenbarkeit des Einflusses elektrischer Felder, welche Nachbaratome erzeugen, bildet die Basis unseres Verständnisses für viele Eigenschaften der Materie.
2. So ist z. B. die *Polarisierbarkeit* von Atomen, die sich einander nähern, ein typischer Effekt, der in diese Klasse fällt. Dabei stoßen sich die Elektronenhüllen ab. Das führt zur Bildung zweier Dipole. Wir können mit diesem Konzept z. B. das langreichweitige Potenzial beschreiben, mit der sich die beiden Atome anziehen. Wir werden das in Abschn. 8.3 vertiefen. Entsprechende Überlegungen sind unverzichtbar beim Verständnis der Molekülbildung.
3. Von ganz zentraler Bedeutung für viele Gebiete der Physik ist die Polarisierbarkeit von Atomen und Molekülen in statischen, aber auch in zeitlich wechselnden elektrischen und magnetischen Feldern. Im Feld einer elektromagnetischen Welle führt die Polarisierbarkeit zum *Brechungsindex.* Die Abhängigkeit des Brechungsindex von der Frequenz (Dispersion) kann auf atomistischer Grundlage verstanden werden, wie wir in Abschn. 8.4.2 zeigen werden.
4. In Kap. 6 wurde mit Beispielen belegt, dass Spektrallinien heute durchaus mit relativen *Genauigkeiten* bis hin zu 10^{13} oder 10^{14} gemessen werden können. Schon Felder von einigen V m^{-1} bedeuten eine ernsthafte Beeinträchtigung solcher Präzisionsmessungen!

5. In der modernen Atom- und Molekülphysik spielen hoch angeregte RYDBERG-*Zustände* eine wichtige Rolle. Da der Radius angeregter Zustände mit n^2 wächst, nimmt das relevante inneratomare Feld mit n^{-4} ab. Bei $n = 100$ ist das inneratomare Feld also schon auf einige $\mathrm{kV\,cm^{-1}}$ abgesunken. Mit entsprechenden externen Feldern, die leicht im Labor zu erzeugen sind, kann man also bei RYDBERG-Atomen signifikante Änderungen der elektronischen Termlagen bewirken.
6. Von großer Bedeutung sind heute auch sehr *starke elektromagnetische Wechselfelder,* wie man sie im Fokus intensiver, ultrakurzer Laserimpulse erzeugen kann. Die Amplitude der elektrischen Feldstärke E_0 ergibt sich aus der Laserintensität I nach (4.3) zu
$$\frac{E_0}{\mathrm{V\,m^{-1}}} = 2745\sqrt{\frac{I}{\mathrm{W\,cm^{-2}}}}. \tag{8.50}$$
Mit modernen Höchstfeldlasern kann man heute Intensitäten über $10^{20}\,\mathrm{W\,cm^{-2}}$ herstellen. Das heißt, wir können im Labor Felder erzeugen, die sogar deutlich über den inneratomaren Feldern nach (8.49) liegen. Derzeit werden weltweit mehrere Lasersysteme aufgebaut, die sogar noch weit darüber hinaus führen sollen – mit der Vision, Materie unter extremsten Bedingungen im Labor untersuchen zu können, wie sie sonst nur im Inneren von Sternen vorkommen. Schlagworte sind dabei z. B. hochrelativistische Plasmadynamik (Ionenbeschleunigung, Kernfusion) oder neue Zugänge zur Teilchenphysik (extreme Energiedichten können zur Teilchenbildung führen).

8.2.3 Atome im statischen, elektrischen Feld

Ein statisches elektrisches Feld, das ja ein polares Vektorfeld darstellt (im Gegensatz zum axialen Magnetfeld) bricht die Symmetrie des HAMILTON-Operators. Wir berücksichtigen die ‚Störung' durch das elektrische Feld, indem wir in 1. Näherung wie in Kap. 4 wieder auf die klassische Dipolenergie zurückgreifen. Wir ignorieren hier also vorerst den fünften Term in (8.1) und ersetzen den vierten durch

$$V_E(\boldsymbol{r}) = -\boldsymbol{\mathcal{D}} \cdot \boldsymbol{E} = e\boldsymbol{r} \cdot \boldsymbol{E}. \tag{8.51}$$

Wir notieren hier zunächst, dass dieser Störoperator *die übliche Inversionssymmetrie des* HAMILTON-*Operators für Atome bricht,* denn damit wird $\widehat{H}(\boldsymbol{r}) \neq \widehat{H}(-\boldsymbol{r})$. Um die Matrixelemente bequem berechnen zu können, schreiben wir V_E um in

$$V_E(\boldsymbol{r}) = ezE = eEr\cos\theta = eErC_{10}(\theta,\varphi) \quad \text{für } \boldsymbol{E}\| z, \tag{8.52}$$

wobei wir von (4.75) und von den renormierten Kugelfunktionen C_{kq} nach (B.29) Gebrauch gemacht haben. Man beachte, dass das Quadrat des Drehimpulsoperators $\widehat{\boldsymbol{L}}^2$ (was Differenziation nach θ einschließt) nicht mit dieser Störung kommutiert. Somit kommutiert $\widehat{\boldsymbol{L}}^2$ auch nicht mehr mit $\widehat{H}$ und L ist damit keine gute Quantenzahl mehr.[2] Lediglich $\widehat{L}_z$ kommutiert (auch mit elektrischem Feld V_E nach (8.52)) nach wie vor mit dem HAMILTON-Operator. Denn $C_{10}(\theta,\varphi) = C_{10}(\theta)$ und $V_E(\boldsymbol{r})$ *hängen nicht von* φ ab, wogegen $\widehat{L}_z = \mathrm{i}\hbar\partial/\partial\varphi$ nur auf φ wirkt und $\widehat{S}_z$ überhaupt nicht auf die Ortskoordinaten wirkt. Somit bleiben M_L und M_S im elektrischen Feld gute Quantenzahlen. Wie wir sehen werden, hängt die Wechselwirkungsmatrix nur von $|M_L|$ ab. Daher ist es sinnvoll, die Eigenzustände durch $\widehat{L}_z^2$ bzw. $|M_L|$ zu charakterisieren. Im Extremfall erwarten wir eine Überlagerung vieler Orbitale mit unterschiedlichem L zum gleichen Wert von $|M_L|$: Es findet eine sogenannte *Hybridisierung* statt, die z. B. für die chemische Bindung von entscheidender Bedeutung ist.

Bei den nachfolgenden Überlegungen werden wir uns der Einfachheit halber auf Systeme mit *einem* aktiven (Valenz- oder Leucht-)Elektron konzentrieren. Sie gelten aber im Prinzip auch für Mehrelektronensysteme, sofern sich die weiteren Elektronen durch einen Zustand ohne Bahndrehimpuls beschreiben lassen. Im allgemeinsten Fall hat man in (8.51) den Vektor $\boldsymbol{r}$ durch eine Summe $\sum \boldsymbol{r}_i$ über alle Elektronenkoordinaten zu ersetzen. Außerdem verkomplizieren sich für gekoppelte Systeme die benutzten Reduktionsformeln der Matrixelemente entsprechend.

8.2.4 Vorüberlegungen zur Störungstheorie

Zunächst stellen wir in Tab. 8.5 auf der nächhsten Seite die jetzt zu untersuchende elektrische Wechselwirkung (STARK-Effekt) den bisher schon behandelten Wechselwirkungen in der Störungshierarchie gegenüber und fassen die wichtigsten beobachteten Effekte zusammen.

Um die Bedeutung des STARK-Effekts einordnen zu können, schätzen wir mit (8.52) die Größenordnung des Wechselwirkungspotenzials durch

$$\langle V_E(\boldsymbol{r})\rangle \simeq ea_0E$$

ab, wobei wir davon ausgehen, dass die winkelabhängigen Matrixelemente von der Größenordnung 1 und das radiale Matrixelement von der Größenordnung $\langle r\rangle \simeq a_0$ sein wird. Bei der Durchbruchsfeldstärke in Luft $E_{\max} = 10^6\,\mathrm{V\,m^{-1}}$ wird damit

$$\langle V_E(\boldsymbol{r})\rangle < 5\times10^{-5}\,\mathrm{eV} \mathrel{\hat{=}} 0.4\,\mathrm{cm^{-1}}.$$

Wir erwarten also in der Tat einen sehr kleinen Effekt, der im Vergleich zu (8.9) noch deutlich kleiner ist als mit dem ZEEMAN-Effekt im Labor erreichbar.

Wir unterscheiden zwei Grenzfälle, je nach Größe des Nicht-COULOMB-Terms V_{nC} in der Störungshierarchie (siehe auch Tab. 8.5 auf der nächsten Seite):

- $\langle V_{nC}(r)\rangle \ll \langle V_E(\boldsymbol{r})\rangle$: Dann hebt erstmals das elektrische Feld die L-Entartung auf. Wir haben eine Störungsrechnung mit Entartung durchzuführen (siehe Abschn. 3.3.4 auf Seite 178) und finden den sogenannten *linearen* STARK-*Effekt*.

[2] Das ist anders als beim Atom im externen Magnetfeld nach (8.7), wo das Wechselwirkungspotenzial ja proportional zu $\widehat{L}_z + 2\widehat{S}_z$ war, was mit $\widehat{\boldsymbol{L}}^2$ kommutierte – allerdings nicht mit $\widehat{\boldsymbol{J}}^2$.

Tabelle 8.5 Störungshierarchie für Quasi-Einelektronenatome: Übersicht über die Wechselwirkungen und ihre Konsequenzen (GQZ steht hier für gute Quantenzahl)

H-artig $\widehat{H} = \widehat{H}_C(r)$	**Alkaliartig** $+V_{nC}(r)$	**FS-Aufspaltung** $+V_{LS}$	**Zeeman-Effekt** $+V_B$	**Stark-Effekt** $+V_E(\boldsymbol{r})$
rein COULOMB $\widehat{T}_{kin} + C/r$	elektrostatisch *nicht* $\propto 1/r$	Spin-Bahn $\propto \widehat{\boldsymbol{L}} \cdot \widehat{\boldsymbol{S}}$	ext. B-Feld $\mu_B(\widehat{L}_z + 2\widehat{S}_z)B$	ext. E-Feld $e\boldsymbol{r} \cdot \boldsymbol{E}$
L-Entartung	L-Entartung aufgehoben		M-Entartung aufgehoben	$\|M\|$-Entartung aufgehoben
		$(LS)JM_J$-Kopplung	$[\widehat{H}, \widehat{S}_z] \neq 0$ J nicht mehr GQZ	$[\widehat{H}, \widehat{\boldsymbol{L}}^2] \neq 0$ L nicht mehr GQZ

- $\langle V_{nC}(r)\rangle \gg \langle V_E(\boldsymbol{r})\rangle$: Die L-Entartung ist bereits aufgehoben. Wegen der Symmetrie des Störpotenzials – z hat ungerade Parität – verschwinden alle Diagonalmatrixelemente. Daher gibt es erst einen Effekt in 2. Ordnung Störungsrechnung, den sogenannten *quadratischen* STARK-*Effekt* $\propto E^2$!

8.2.5 Matrixelemente

Die Störung V_E durch das elektrische Feld (8.51) hat keinerlei Einfluss auf den Spin – im Gegensatz zum B-Feld (8.8). Der Spin S und seine Projektion M_S bleiben also erhalten. Dies erleichtert die Auswertung der Matrixelemente

$$\begin{aligned}&\langle\gamma' J' M' | V_E(\boldsymbol{r}) | \gamma JM\rangle \\ &= eE\langle\gamma' J' M' | rC_{10}(\theta) | \gamma JM\rangle = eE\langle\gamma'|r|\gamma\rangle\langle J'M'|C_{10}(\theta)|JM\rangle\end{aligned} \tag{8.53}$$

erheblich. Wir berechnen diese jetzt für den späteren Gebrauch. Wir haben hier alle die radiale Wellenfunktion beschreibenden Quantenzahlen in γ und die Drehimpulsquantenzahl in JM zusammengefasst. Je nachdem ob die Stärke der Wechselwirkung klein oder groß gegenüber der FS-Wechselwirkung ist, sind letztere wieder am zweckmäßigsten im ungekoppelten $|LM_LSM_S\rangle$ oder im gekoppelten Schema $|(LS)JM_J\rangle$ zu beschreiben. Dabei stehen L, S und J für den gesamten Bahndrehimpuls und Spin bzw. Gesamtdrehimpuls des Systems, während das E-Feld nur auf ein aktives Elektron mit dem Bahndrehimpuls ℓ wirkt (für unsere Zwecke werden wir $L = \ell$ setzen; die nachfolgende Rechnung lässt sich aber unschwer auch auf gekoppelte Bahndrehimpulse erweitern). Die hier auszuwertenden Matrixelemente sind im Prinzip die gleichen, die wir in Kap. 4 schon bei der Beschreibung von E1-Übergängen mit linear polarisiertem Licht benutzt hatten. Wir erhalten also auch die *gleichen Auswahlregeln* wie in Abschn. 4.4 auf Seite 213.

Starkes elektrisches Feld

Zunächst betrachten wir den Fall des starken elektrischen Feldes, also den ungekoppelten Fall. Die Störmatrix ergibt sich dabei aus

$$\begin{aligned}\langle\gamma' S' M_s' L' M'|V_E|\gamma S M_s L M\rangle &= eEr_{n'\ell' n\ell}\langle S' M_s' L' M'|C_{10}|S M_s L M\rangle \\ &= eEr_{n'\ell' n\ell}\langle L' M'|C_{10}|L M\rangle \delta_{S'S}\delta_{M_s' M_s}\end{aligned} \tag{8.54}$$

$$\text{mit} \quad r_{n'\ell' n\ell} = \langle n'\ell'|r|n\ell\rangle = \int_0^\infty R_{n'\ell'}(r) R_{n\ell}(r) r^3 \mathrm{d}r \tag{8.55}$$

und den radialen Wellenfunktionen $R_{n\ell}(r)$. Unter Benutzung von (D.28) und (D.29) erhalten wir

$$\begin{aligned}\langle\gamma' L' M'|V_E|\gamma L M\rangle &= eEr_{n'\ell' n\ell}(-1)^{2L+L'+M'}\sqrt{2L'+1}\begin{pmatrix} L' & 1 & L \\ -M' & 0 & M\end{pmatrix} \\ &\quad \times \langle L'\|\mathrm{C}_1\|L\rangle \qquad (8.56)\\ &= eEr_{n'\ell' n\ell}\delta_{M'M}\delta_{L'L\pm 1}\times(-1)^M\sqrt{(2L'+1)(2L+1)} \\ &\quad \times \begin{pmatrix} L' & 1 & L \\ -M & 0 & M\end{pmatrix}\begin{pmatrix} L' & 1 & L \\ 0 & 0 & 0\end{pmatrix}, \qquad (8.57)\end{aligned}$$

wobei wir für (8.57) ein reines Einelektronensystem mit $L = \ell$ und $L' = \ell'$ angenommen und von den Symmetrien (B.37) und (B.49) der $3j$-Symbole Gebrauch gemacht haben: *Das Matrixelement verschwindet also nur dann nicht, wenn $L' = L \pm 1$ ist*, womit wie bereits besprochen, L keine gute Quantenzahl mehr ist, während die *Projektionsquantenzahl $M' = M$ erhalten* bleibt. Im Gegensatz zum Magnetfeld, wo der Drehimpuls (ein axialer Vektor) im Störterm auftritt, wirkt im Falle des elektrischen Feldes die Größe z (abgeleitet von dem polaren Vektor $\boldsymbol{r}$) nicht auf die Projektion des Drehimpulses. Mithilfe der Ausdrücke für spezielle $3j$-Symbole (B.52) erhalten wir schließlich:

$$\langle\gamma'(L+1)M|V_E|\gamma L M\rangle = eEr_{n'\ell' n\ell}\sqrt{\frac{(L+1)^2 - M^2}{(2L+1)(2L+3)}} \tag{8.58}$$

$$\langle\gamma'(L-1)M|V_E|\gamma L M\rangle = eEr_{n'\ell' n\ell}\sqrt{\frac{L^2 - M^2}{(2L-1)(2L+1)}}. \tag{8.59}$$

Die *Matrixelemente sind also von M^2 und damit vom Betrag $|M|$ der Projektionsquantenzahl abhängig*. Das liegt daran, dass sich bei Inversion (wobei $+M$ zu $-M$ wird) zwar das Vorzeichen von V_E ändert, zugleich aber auch das Vorzeichen einer (und nur einer) der am Integral beteiligten Kugelflächenfunktionen (da für diese ja $L' = L \pm 1$ gilt).

Nach (8.58) und (8.59) ist der Einfluss des elektrischen Feldes um so geringer, je größer $|M| \leq L$ ist. *Zustände mit der höchsten Projektionsquantenzahl werden daher am wenigsten vom* STARK-*Effekt beeinflusst.* Wir kommen darauf noch in Abschn. 8.2.7 zurück.

Die Matrixelemente lassen also nochmals erkennen, dass $\widehat{\boldsymbol{L}}^2$ nicht mit z vertauscht und damit auch nicht mehr mit $\widehat{H}$. Andererseits ist der Eigenwert M wegen der Unabhängigkeit der Matrixelemente vom Vorzeichen spezifischer, als es der Beobachtbarkeit entspricht. Es empfiehlt sich in solchen Fällen statt der üblichen komplexen Basis für die Drehimpulseigenfunktion eine reelle Basis zu benutzen, die in Anhang E beschrieben wird.

Schwaches elektrisches Feld

Wir berechnen jetzt die Matrixelemente des STARK-Effekts im gekoppelten Schema $|(LS)JM\rangle$, also für den Fall $V_E \ll V_{LS}$, wenn die elektrische Wechselwirkung klein gegenüber der Spin-Bahn-Wechselwirkung ist. Da das elektrische Feld (im Gegensatz zum Magnetfeld) nicht auf den Spin wirkt, bleibt dieser erhalten. Den zu (8.56) entsprechenden Ausdruck für das Matrixelement kann man, wie in Abschn. D.3.1 beschrieben, entkoppeln und erhält nach (D.51):

$$\begin{aligned}&\langle\gamma' L' S J' M'|V_E|\gamma LSJM\rangle\\&\quad= eEr_{n'\ell' n\ell}\sqrt{(2J'+1)(2J+1)(2L'+1)(2L+1)}\\&\quad\times \delta_{M'M}\delta_{L'L\pm 1}\times(-1)^{M-S}\begin{pmatrix} J' & J & 1\\ -M & M & 0\end{pmatrix}\begin{Bmatrix} L' & L & 1\\ J & J' & S\end{Bmatrix}\begin{pmatrix} L' & 1 & L\\ 0 & 0 & 0\end{pmatrix}.\end{aligned}\tag{8.60}$$

Speziell wird nach (D.54) für ein Einelektronensystem mit $S = 1/2$:

$$\begin{aligned}&\langle\gamma' L' S J' M'|V_E|\gamma LSJM\rangle\\&\quad= eEr_{n'\ell' n\ell}\delta_{M'M}\delta_{L'L\pm 1}\times(-1)^{M-3/2}\\&\quad\times\sqrt{(2J'+1)(2J+1)}\begin{pmatrix} J' & J & 1\\ -M & M & 0\end{pmatrix}\begin{pmatrix} J' & J & 1\\ -1/2 & 1/2 & 0\end{pmatrix},\end{aligned}\tag{8.61}$$

was sich mit (B.52) und (B.54) einfach schreiben lässt:

$$\begin{aligned}\langle\gamma' L' S J' M'|V_E|\gamma LSJM\rangle &= eEr_{n'\ell' n\ell}\delta_{M'M}\delta_{L'L\pm 1}\\&\times(-1)^{2J}\begin{cases}\frac{\sqrt{(J+1)^2-M^2}}{(2J+2)} & \text{für } J' = J+1,\\ \frac{(-1)^{2M-1}(2J+1)}{2J(J+1)(2J+2)}M & \text{für } J' = J \text{ und}\\ \frac{\sqrt{J^2-M^2}}{2J} & \text{für } J' = J-1\end{cases}\end{aligned}\tag{8.62}$$

Auch hier gilt, dass die Projektionsquantenzahl M erhalten bleibt (hier die Projektion von J), und dass nur Matrixelemente mit $L' = L \pm 1$ nicht verschwinden. Auch die Regel, dass die Zustände mit der höchsten Projektionsquantenzahl $|M|$ am wenigsten beeinflusst werden, bleibt gültig, denn die konkrete Auswertung von (8.62) zeigt, dass der gegenläufige Term für $J' = J$ nur einen sehr kleinen Beitrag liefert.

8.2.6 Störungsreihe

Wir spezifizieren im Folgenden den STARK-Effekt weiter für Quasi-Einelektronensysteme. Je nachdem, ob bei den betrachteten Ausgangszuständen die ℓ-Entartung im Wesentlichen noch besteht (etwa fürs H-Atom, H-ähnliche, hohe RYDBERG-Zustände) oder bereits aufgehoben ist (wie etwa bei Alkaliatomen) müssen wir

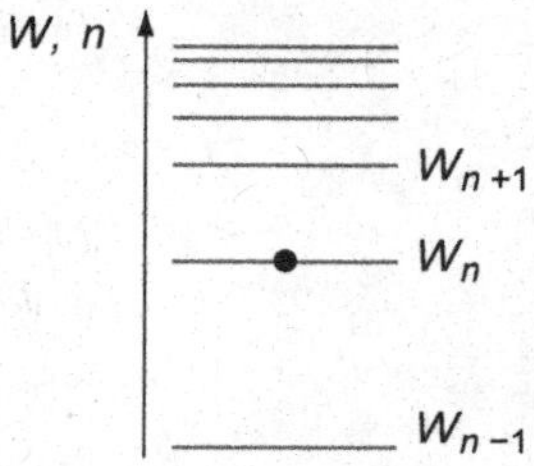

Abb. 8.11 Typische Lage von Energieniveaus in einem Atom; wir betrachten die STARK -Verschiebung für den mit *schwarzem Punkt* markierten Zustand

Störungsrechnung mit Entartung oder alternativ eine Störungsentwicklung anset-zen.[3] In letzterem Fall sind Energie und Wellenfunktion eines Zustands $|a\rangle$ in 2. Ordnung:

$$W_a = W_a^{(0)} + \langle a|V_E|a\rangle + \sum_{b\neq a} \frac{\langle a|V_E|b\rangle^2}{W_a - W_b} \text{ bzw. } \psi_a = \psi_a^{(0)} + \sum_{b\neq a} \frac{\langle a|V_E|b\rangle}{W_a - W_b}\psi_b^{(0)}$$

Nach (8.57) und (8.60) gilt generell $\langle a|V_E|b\rangle \propto \delta_{\ell\ell\pm 1}$, es verschwindet also der Diagonalterm. Setzen wir das Störpotenzial V_E nach (8.52) ein, so wird

$$W_a - W_a^{(0)} = |eE|^2 \sum_{b\neq a} \frac{|z_{ab}|^2}{W_a - W_b} = |eE|^2 \sum_{b\neq a} \frac{r_{ab}^2 |\langle a|C_{10}|b\rangle|^2}{W_a - W_b}, \tag{8.63}$$

und die Energieänderung hängt vom Quadrat der Feldstärke ab: Wir beobachten also einen *quadratischen* STARK-Effekt – sofern die Entartung bereits aufgehoben ist. Für effektive Einelektronensysteme haben wir für $|a\rangle$ und $|b\rangle$, je nach Kopplungsfall, $|n\ell m_\ell\rangle$ bzw. $|n\ell sJM\rangle$ einzusetzen. Es wechselwirken (mischen) nur Zustände mit gleichem m_ℓ oder M und $\Delta\ell = \pm 1$, wobei die Wechselwirkung im Gegensatz zum Magnetfeld nur vom Betrag der Projektionsquantenzahl $|m_\ell|$ bzw. $|M|$ abhängt.

8.2.7 Quadratischer STARK-Effekt

Wir können qualitative Aussagen bereits anhand der allgemeinen Formel (8.63) und mit Blick auf die typischen, in Abb. 8.11 gezeigten Termlagen machen:

a) Der STARK-Effekt wird stets zu einer Absenkung der Terme führen, da die Atomniveaus typischerweise nach oben enger werden, wie in Abb. 8.11 skizziert. Es gibt also in der Reihenentwicklung (8.63) stets sehr viel mehr und enger benachbarte Terme für die $W_a - W_b < 0$ ist, als solche, für die das Umgekehrte gilt. Dies ist besonders deutlich ausgeprägt für den Grundzustand;

[3]Man beachte, dass dies von der Messgenauigkeit abhängt: Für sehr schwache elektrische Felder und sehr hohe Genauigkeit sind sogar beim H-Atom die Niveaus mit gleichem n bereits durch die FS-Wechselwirkung aufgespalten.

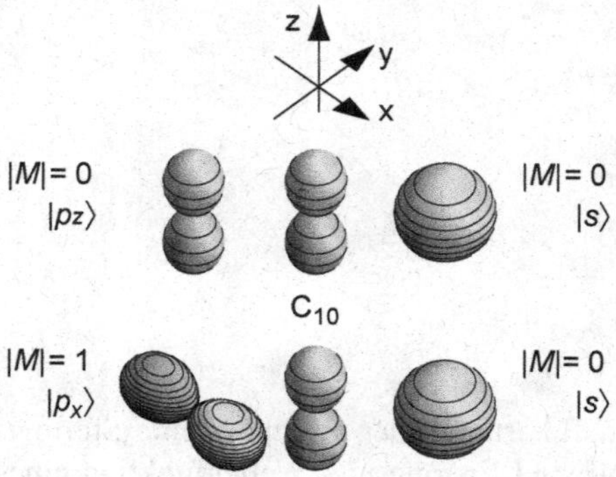

Abb. 8.12 Abschätzung der relativen Größe der Matrixelemente der Störung $\langle 2p_z|C_{10}|2s\rangle$ *(obere Reihe)* und $\langle 2p_x|C_{10}|2s\rangle$ *(untere Reihe)*; es ist offensichtlich, dass die drei Komponenten des Integrals im oberen Fall sehr viel besser überlappen als im unteren; der absolute Betrag des Matrixelements mit der Projektionsquantenzahl $|m| = 0$ (also $\langle 2p_z|C_{10}|2s\rangle$) ist daher wesentlich größer

b) höhere Zustände haben einen größeren STARK-Effekt, da $W_a - W_b$ mit wachsender Hauptquantenzahl n immer kleiner wird;
c) innerhalb eines Niveaus werden Zustände um so weniger abgesenkt, je größer $|m_\ell|$ ist, wie schon oben erwähnt.

Letzteres liest man im ungekoppelten Fall direkt aus den Ausdrücken (8.58) und (8.59) ab. Es gilt aber auch für $|M|$ im gekoppelten Fall, wie die konkrete Auswertung der Matrixelemente (8.62) zeigt. Anschaulich kann man sich das anhand von Abb. 8.12 klar machen, wo die Komponenten des Matrixelements $\langle 2p_q\,|C_{10}|\,2s\rangle$ illustriert sind. Physikalisch gesprochen lassen sich positive und negative Ladungen für den $|2p_z\rangle$-Zustand durch das $\boldsymbol{E}$-Feld leichter entlang der z-Achse verschieben als für den $|2p_x\rangle$ oder $|2p_y\rangle$ Zustand. In letzterem Fall muss die positive Ladung ja geradezu aus der negativen Ladungswolke herausgezogen werden, wie in Abb. 8.13 illustriert.

Man beobachtet also beim quadratischen STARK-Effekt eine typische Abhängigkeit der Energie von der angelegten elektrischen Feldstärke für die verschiedenen $|M|$-Zustände, wie sie Abb. 8.14 am Beispiel eines $^2\mathrm{P}_{3/2,1/2}$-Dubletts schematisch illustriert.

Entsprechend der Aufspaltung nach $|M|$ findet man bei der Beobachtung von Emissions- oder Absorptionsspektren von Atomen im elektrischen Feld auch nur

Abb. 8.13 Veranschaulichung, warum ein $M = 0$-Zustand leichter polarisierbar ist als ein $|M| = 1$-Zustand

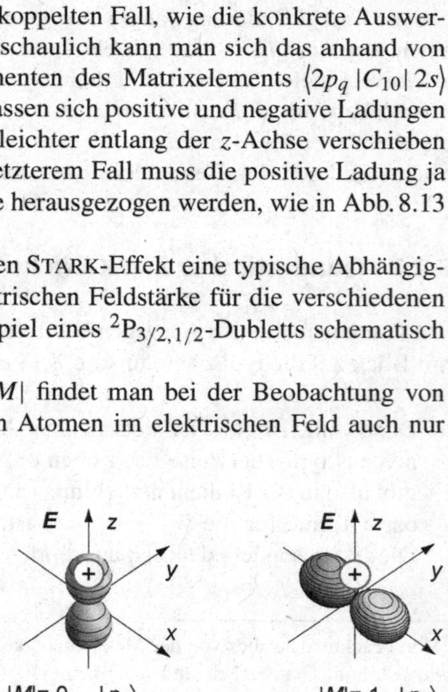

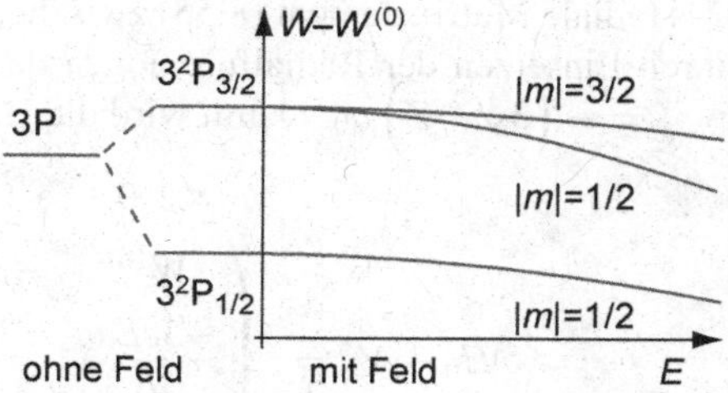

Abb. 8.14 Quadratischer STARK-Effekt für das Beispiel Na $3\,^2\mathrm{P}_{1/2,3/2}$

zwei Polarisationskomponenten π und σ: Diese sind senkrecht zueinander linear polarisiert, da durch das elektrische Feld keine Orientierung aufgeprägt wird – wiederum in Gegensatz zur Situation im Magnetfeld, wo bei zwei verschiedenen Frequenzen zirkular polarisiertes Licht σ^+ (LHC) und σ^- (RHC) emittiert wird.

8.2.8 Linearer STARK-Effekt

Ganz anders ist das Verhalten, wenn das externe $\boldsymbol{E}$-Feld erstmals die ℓ-Entartung aufhebt. Nehmen wir also an, dass Zustände unterschiedlicher Parität in Abwesenheit des $\boldsymbol{E}$-Felds entartet seien. Das gilt im Wesentlichen nur für die H-ähnlichen Atome (solange die FS vernachlässigt werden kann) ebenso wie ganz allgemein für extrem hohe Felder (z. B. bei der Molekülbildung) oder auch bei hochangeregten RYDBERG-Zuständen mit höherem Drehimpuls, wo die Abweichung vom COULOMB-Feld vernachlässigbar ist, wie wir in Abschn. 8.2.9 sehen werden.

Für den $1s\,^2\mathrm{S}$-Grundzustand des H-Atoms verschwinden alle Matrixelemente von V_E nach (8.57) oder (8.62) wegen $\delta_{L\,L\pm1}$. Am Grundzustand des H-Atoms gibt es also keinen linearen STARK-Effekt. Anders beim ersten angeregten Zustand H($2s$, $2p$), wo wir ohne elektrisches Feld vier entartete Zustände haben (wir vernachlässigen wieder die FS), die wir in der reellen Basis

$$|2s0\rangle, \quad |2p_z\rangle, \quad |2p_x\rangle, \quad |2p_y\rangle \tag{8.64}$$

schreiben. Die beiden Zustände $|2s0\rangle$, $|2p_z\rangle$ werden durch $M = 0$ charakterisiert, während $|2p_x\rangle$ und $|2p_y\rangle$ zur Projektionsquantenzahl $|M| = 1$ gehören. Nach (8.57) verschwinden alle Diagonalmatrixelemente sowie alle Matrixelemente zu unterschiedlichem m_ℓ und m'_ℓ. Nach (8.58) bzw. (8.59) verschwinden lediglich zwei Matrixelemente nicht:

$$\langle 2p_z|V_E|2s0\rangle = \langle 2s0|V_E|2p_z\rangle = \frac{1}{\sqrt{3}}eEr_{2s2p}. \tag{8.65}$$

Das radiale Matrixelement (8.55) zwischen den Zuständen $|2s\rangle$ und $|2p\rangle$ erhält man durch Einsetzen der Radialfunktionen des H-Atoms nach Tab. 2.2 auf Seite 136: $r_{2s2p} = -\left(3\sqrt{3}/Z\right) a_0$. Damit wird die HAMILTON-Matrix

$$\widehat{H}_0 + V_E = \begin{array}{c} \begin{matrix} 2s0 & 2p_z & 2p_x & 2p_y \end{matrix} \\ \begin{pmatrix} W^{(0)} & -3eEa_0 & 0 & 0 \\ -3eEa_0 & W^{(0)} & 0 & 0 \\ 0 & 0 & W^{(0)} & 0 \\ 0 & 0 & 0 & W^{(0)} \end{pmatrix} \end{array} \begin{matrix} 2s0 \\ 2p_z \\ 2p_x \\ 2p_y \end{matrix}. \tag{8.66}$$

Hierbei ist $\widehat{H}_0|\psi\rangle = W^{(0)}|\psi\rangle$, und die SCHRÖDINGER-Gleichung

$$(\widehat{H}_0 + V_E - W)|\psi\rangle = 0$$

kann algebraisch gelöst werden. Da nur zwei Zustände koppeln, haben wir für die Koeffizienten $c_{n\ell,m_\ell}$ die linearen Gleichungen

$$\begin{pmatrix} W^{(0)} - W & -3eEa_0 \\ -3eEa_0 & W^{(0)} - W \end{pmatrix} \begin{pmatrix} c_{2s0} \\ c_{2p_z} \end{pmatrix} = 0 \tag{8.67}$$

zu lösen. Die Säkulargleichung dafür ist

$$\left(W^{(0)} - W\right)^2 - (3eEa_0)^2 = 0.$$

Man erhält 2 mögliche Lösungen für die Energieeigenwerte:

$$\begin{aligned} W^{(0)} - W_{1,2} &= \pm 3eEa_0 \quad \text{oder} \\ W_1 &= W^{(0)} + 3eEa_0 \quad \text{und} \\ W_2 &= W^{(0)} - 3eEa_0 \end{aligned} \tag{8.68}$$

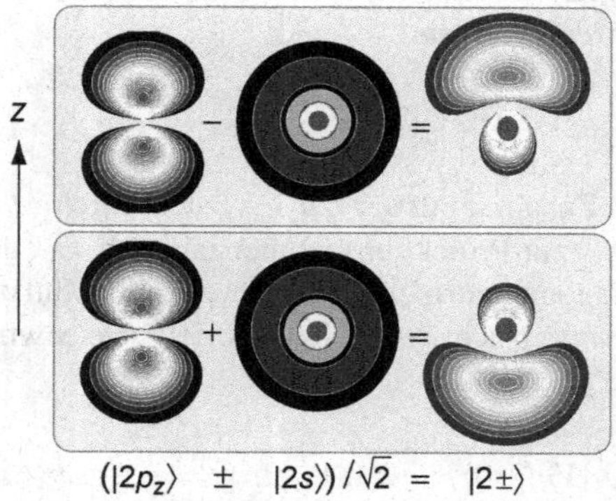

Abb. 8.15 Dipolzustände (sogenannte STARK-Zustände $|2\pm\rangle$ für das angeregte H-Atom im elektrischen Feld als Summe bzw. Differenz von $|2p_z\rangle$ und $|2s\rangle$)

Mit (8.67) können wir jetzt auch die Koeffizienten c_{2s0} und c_{2p_z} bestimmen und erhalten (in richtiger Normierung) zwei Lösungen

$$(1)\quad c_{2s0} = -c_{2p_z} = 1/\sqrt{2} \quad \text{und} \quad (2)\quad c_{2s0} = c_{2p_z} = 1/\sqrt{2}$$

für W_1 bzw. W_2. Insgesamt werden die *Eigenenergien* und *Eigenzustände* des H-Atoms im $n = 2$ Niveau unter dem Einfluss eines externen elektrischen Felds zu

$$(1)\quad W^{(0)} + 3eEa_0\colon\quad |2-\rangle = \left(|2s0\rangle - |2p_z\rangle\right)/\sqrt{2} \tag{8.69a}$$

$$(2)\quad W^{(0)} - 3eEa_0\colon\quad |2+\rangle = \left(|2s0\rangle + |2p_z\rangle\right)/\sqrt{2} \tag{8.69b}$$

$$(3)\quad W^{(0)}\colon\quad |2p_x\rangle \tag{8.69c}$$

$$(4)\quad W^{(0)}\colon\quad |2p_y\rangle. \tag{8.69d}$$

Diese *Dipolzustände* entsprechen Ladungsverteilungen der Elektronen, die schematisch in Abb. 8.15 illustriert sind. Die Energie W_a im elektrischen Feld (einschließlich des hier nicht explizit ausgewerteten quadratischen STARK-Effekts) hängt von der Feldstärke E ab, wie in Abb. 8.16 skizziert.

Die asymmetrische Ladungsverteilung der Zustände $|2-\rangle$ und $|2+\rangle$ bedingt übrigens ein *Dipolmoment* $\mathcal{D}_{\text{at}}$ *dieser speziellen, angeregten Zustände im elektrischen Feld*. Wir können die Absenkung bzw. Anhebung der Energie auch als Wechselwirkung dieses Dipolmoments mit dem elektrischen Feld auffassen. Dessen Größe liest man sofort aus den Energien (8.68) ab, denn die Wechselwirkungsenergie wird ja effektiv

$$\langle V_E\rangle = W_a - W_a^{(0)} = \pm 3eEa_0 = \boldsymbol{\mathcal{D}}_{\text{at}} \cdot \boldsymbol{E}. \tag{8.70}$$

Daraus ergibt sich ein Dipolmoment des H-Atoms in den Zuständen $|2-\rangle$ und $|2+\rangle$ von $3ea_0$ bzw. $-3ea_0$.

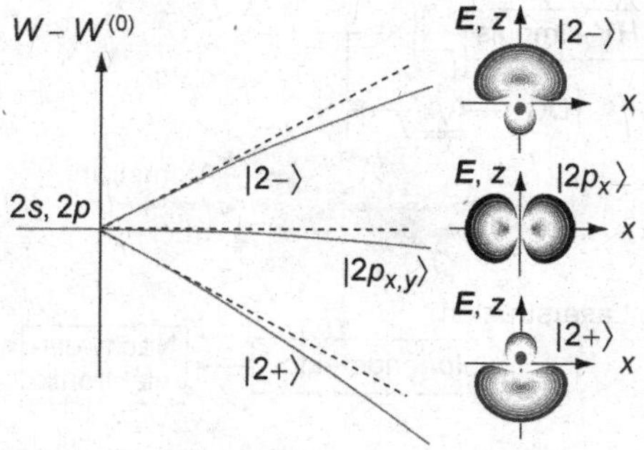

Abb. 8.16 STARK-Effekt für die H(2s, 2p)-Zustände als Funktion der Feldstärke (schematisch): Linearer STARK-Effekt als Grenzfall bei entarteten Zuständen *(gestrichelte Linien, online schwarz)* und Übergang zum quadratischen STARK-Effekt *(volle Linien, online rot)*; rechts sind die entsprechenden Orbitale angedeutet (siehe Abb. 8.15 auf der vorherigen Seite)

8.2.9 Ein Beispiel: RYDBERG-Zustände des Li

Als experimentelles Beispiel für den STARK-Effekt seien hier hoch angeregte Zustände (RYDBERG-Atome) diskutiert. Dies ist ein weites Feld und nach wie vor Gegenstand aktueller Forschung. Wir beschränken uns auf ein besonders schönes Pionierexperiment von ZIMMERMAN *et al.* (1979). Es ist ein Benchmarkexperiment für einschlägige theoretische (s. z. B. MENENDEZ *et al.* 2005) und experimentelle (s. z. B. FEYNMAN *et al.* 2015) Untersuchungen und erlaubt es uns, das Verständnis des STARK-Effekts anschaulich zu vertiefen.

Der experimentelle Aufbau ist relativ einfach, wie in Abb. 8.17 schematisch angedeutet. Ein Li-Atomstrahl (siehe Fußnote 28 auf Seite 81 in Kap. 1) wird durch einen resonanten Mehrphotonenprozess mit drei Laserfrequenzen angeregt: zunächst $2s \rightarrow 2p$ (671 nm), sodann $2p \rightarrow 3s$ (813 nm) und schließlich $3s \rightarrow 15p$ (626 nm). Bei festgehaltenem DC-STARK-Feld wird der letzte Laser über ca. $100\,\mathrm{cm}^{-1}$ durchgestimmt. Die Anregung der RYDBERG-Zustände wird durch Ionisation in einem gepulsten elektrischen Feld nachgewiesen (HV-Impuls), der kurz nach dem Laserimpuls angelegt wird.

Die Spektren wurden für viele (feste) elektrische Feldstärken aufgenommen und sind in Abb. 8.18 als schwarze, vertikale Linienspuren mit horizontalen Absorptionsprofilen reproduziert. Die schrägen Linien in Abb. 8.18 *(online rot)* geben die theoretisch erwartete Energieabhängigkeit der relevanten Zustände als Funktion der elektrischen Feldstärke wieder. Die experimentell beobachteten Absorptionsspektren folgen ganz offensichtlich in sehr eindrucksvoller Weise der theoretischen Interpretation. Es gibt zwei Sätze von Spektren für $M = 0$ und $|M| = 1$ Zustände, die durch parallel bzw. senkrecht zum E-Feld linear polarisiertes Licht (π bzw. σ) angeregt werden. Im Falle des oben diskutierten H($2s$, $2p$)-Zustands würde dies der Anre-

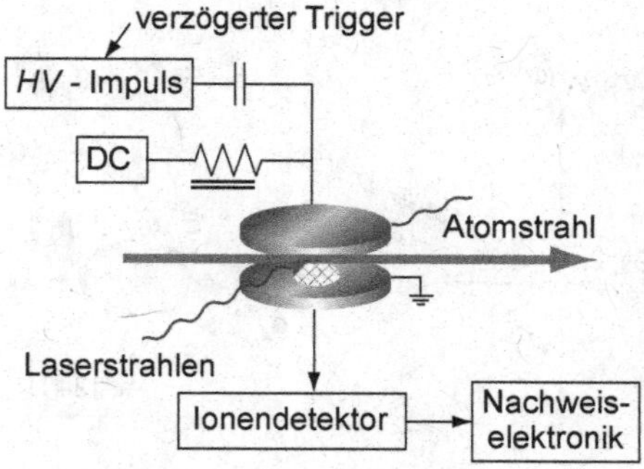

Abb. 8.17 Experimenteller Aufbau nach ZIMMERMAN *et al.* (1979) für RYDBERG -Spektroskopie in einem elektrischen Feld. Zwei Lasersysteme sind auf die Übergänge $2s - 2p$ bzw. $2p - 3s$ im Li-Atom abgestimmt und regen die Atome in den $3s$-Zustand an; dieser wird durch einen abstimmbaren Laser weiter in die $n = 15$-Region angeregt. Kurz nach der Anregung wird zusätzlich zum STARK-Feld ein gepulstes Hochspannungsfeld (HV) angelegt, welches alle RYDBERG-Atome ionisiert; detektiert wird das Ionensignal

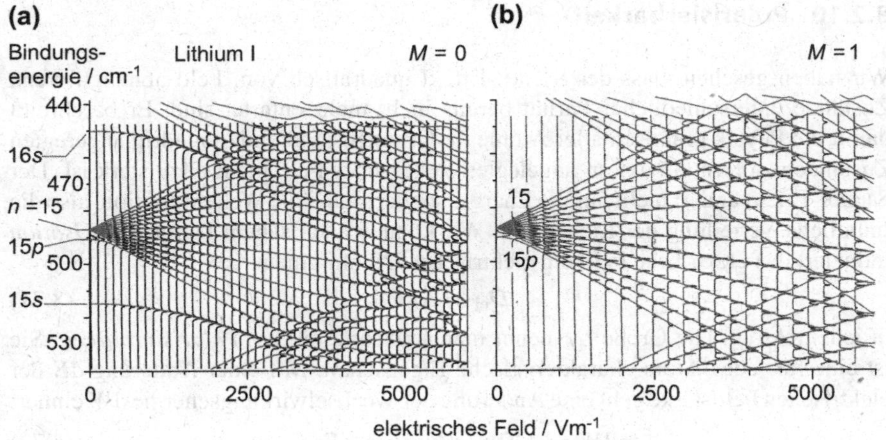

Abb. 8.18 RYDBERG-Niveaus $n \simeq 15$ im atomaren Li in einem elektrischen Feld als Funktion der Feldstärke nach ZIMMERMAN *et al.* (1979); (**a**) $|M| = 0$, (**b**) $|M| = 1$. Die vertikalen Spektren *(online schwarz)* repräsentieren die experimentell beobachteten Anregungswahrscheinlichkeiten, die schrägen, teilweise gewellten Linien *(online rot)* zeigen die berechneten Termlagen

gung der Zustände $|2-\rangle$ und $|2+\rangle$ (mit π-Licht) bzw. $|2p_x\rangle$ und $|2p_y\rangle$ (mit σ-Licht) entsprechen.

Im hier vorliegenden Fall $n = 15$ sind praktisch alle Niveaus mit $2 \le \ell \le 14 = n - 1$ ohne elektrisches Feld entartet (das sind 13 Niveaus). Daher spalten diese Niveaus mit wachsendem Feld durch linearen STARK-Effekt auf. Beim $15p$-Zustand und sehr kleinem elektrischen Feld ($\lesssim 300\,\mathrm{V\,m^{-1}}$) ist die Entartung bereits aufgehoben, und man sieht, dass die Energie mit wachsendem Feld zunächst quadratisch abgesenkt wird. Bei größerem Feld überwiegt dann aber auch V_E gegenüber der ursprünglichen Aufspaltung und es setzt auch für $15p$ der lineare STARK-Effekt ein. Analoges gilt auch für den $15s$- und den $16s$-Zustand, allerdings kommen wir hier wegen der größeren Anfangsaufspaltung erst bei etwa $2000\,\mathrm{V\,m^{-1}}$ in den linearen Bereich. Dort gibt es aber, wie in Abb. 8.18a für $M = 0$ deutlich wird, schon zahlreiche, vermiedene Kreuzungen mit den Nachbarniveaus $n = 14$ bzw. $15s$.

Interessant ist es auch, die Zustände zu $M = 0$ und $|M| = 1$ zu vergleichen. Zwar ist wegen der Störungsrechnung mit Entartung das Aufspaltungsmuster sehr ähnlich, jedoch sieht man deutlich, dass die Wechselwirkung – und damit die Abstoßung der Terme an den vermiedenen Kreuzungen – für $|M| = 1$ sehr viel kleiner als für $M = 0$ ist. Man muss sehr genau hinsehen, um die vermiedenen Kreuzungen überhaupt zu sehen. Dies reflektiert die Größe der nichtdiagonalen Matrixelemente nach (8.58) und (8.59).

8.2.10 Polarisierbarkeit

Wir haben gesehen, dass der STARK-Effekt quadratisch vom Feld abhängt, wenn Zustände unterschiedlicher Parität bereits nicht mehr entartet sind. Er beschreibt damit die Physik praktisch aller Atome im Grundzustand und in niedrig angeregten Zuständen, sofern ein extern angelegtes elektrisches Feld nicht allzu stark ist. Der STARK-Effekt ändert nicht nur die Energie sondern auch die Wellenfunktion, also die räumliche Verteilung der Elektronen. Wir können auch sagen: Durch *Polarisation* induziert das elektrische Feld ein elektrisches Dipolmoment

$$\boldsymbol{\mathcal{D}}_{\mathrm{el}} = \alpha_E \boldsymbol{E} \tag{8.71}$$

in jedem Atom. Die Größe α_E nennt man (mikroskopische) *Polarisierbarkeit*. Sie ist eine für jedes Atom charakteristische Eigenschaft. Mit einer Änderung $\mathrm{d}\boldsymbol{E}$ der elektrischen Feldstärke geht eine Änderung der Wechselwirkungsenergie $\mathrm{d}W$ einher:

$$\mathrm{d}W = -\boldsymbol{\mathcal{D}}_{\mathrm{el}} \cdot \mathrm{d}\boldsymbol{E} = -\alpha_E \boldsymbol{E}\mathrm{d}\boldsymbol{E}. \tag{8.72}$$

Somit wird die gesamte Energie des induzierten Dipols

$$W - W^{(0)} = -\int \alpha_E \boldsymbol{E}\mathrm{d}\boldsymbol{E} = -\frac{\alpha_E}{2}E^2. \tag{8.73}$$

Umgekehrt können wir aus einer bekannten Energieänderung im elektrischen Feld E das Dipolmoment und die Polarisierbarkeit α_E berechnen. Mit (8.72) können wir

$$-\mathcal{D}_{\mathrm{el}} = \frac{\partial W}{\partial E}$$

schreiben. Damit wird unter Benutzung von (8.63) die Polarisierbarkeit für den Zustand $|a\rangle$:

$$\begin{aligned} \alpha_E &= \frac{\mathcal{D}_{\mathrm{el}}}{E} = -\frac{1}{E}\frac{\partial W_a}{\partial E} = -\frac{e^2}{E}\frac{\partial |E|^2}{\partial E}\sum_{b\neq a}\frac{|z_{ab}|^2}{W_a - W_b} \\ &= 2e^2 \sum_{b\neq a}\frac{|z_{ab}|^2}{W_b - W_a} = 2e^2 \sum_{b\neq a}\frac{r_{ab}^2 |\langle a|C_{10}|b\rangle|^2}{W_b - W_a}. \end{aligned} \tag{8.74}$$

Zweckmäßigerweise mittelt man über alle anfänglichen Unterzustände mit der Projektionsquantenzahl M_a. Setzt man die Kreisfrequenzen der Übergänge $\omega_{ba} = W_{ba}/\hbar$ mit $W_{ba} = W_b - W_a$ ein und benutzt die in (5.27) definierte Oszillatorenstärke $\mathrm{f}_{ba}^{(\mathrm{opt})}$, so kann man die Polarisierbarkeit α_E in kompakter Form schreiben:[4]

---

[4]Die Einheit der Polarisierbarkeit im SI-System ist $[\alpha_E] = \mathrm{A^2\,s^4\,kg^{-1}} = \mathrm{C\,m^2\,V^{-1}}$. In a.u. entspricht das $\alpha_E^{(\mathrm{au})} = \alpha_E/(4\pi\epsilon_0 a_0^3)$. Oft wird aber auch noch das (überholte) esu-System in diesem Zusammenhang benutzt (siehe auch Anhang A.3) mit

$$\alpha_E^{(\mathrm{esu})} = \frac{\alpha_E}{4\pi\epsilon_0} \quad \text{oder} \quad \frac{\alpha_E^{(\mathrm{esu})}}{\mathrm{cm}^3} = \frac{10^6}{4\pi\epsilon_0\,\mathrm{m}^3}\alpha_E,$$

womit wir andeuten, dass $\alpha_E^{(\mathrm{esu})}$ häufig in cm^3 angegeben wird. Diese Skalierung erlaubt einen direkten Vergleich zwischen der Polarisierbarkeit und dem Volumen der zu polarisierenden Atome.

$$\alpha_E = \frac{e^2}{m_e} \sum_{b \neq a} \frac{f_{ba}^{(opt)}}{\omega_{ba}^2} \tag{8.75}$$

Wir notieren beiläufig, dass die obige Diskussion der dielektrischen Polarisation sich auf die sog. *induzierte Polarisation* bezieht. Die Situation ist ganz anders, wenn das Medium aus Teilchen mit einem permanenten Dipolmoment besteht, z. B. aus Wassermolekülen. In diesem Fall werden die permanenten Dipole dazu tendieren, sich parallel zum elektrischen Feld auszurichten. Ähnlich wie beim Paramagnetismus muss man dann die Energetik und Statistik dieses Ausrichtungsprozesses berücksichtigen, um diese sogenannte *Orientierungspolarisation* zu berechnen.

Um eine (grobe) Abschätzung zur Größenordnung der Polarisierbarkeit zu erhalten, erinnern uns an die THOMAS-REICHE-KUHN-Summenregel (5.28). Für ein Einelektronensystem gilt $\sum f_{ba}^{(opt)} = 1$, und wenn wir aus (8.75) die kleinste oder die größte auftretende Kreisfrequenz ω_{ba} vor die Summe ziehen, so erhalten wir damit eine obere bzw. untere Grenze für α_E. *Für das* H-*Atom* gilt $E_h(1-(1/2)^2)/2 \leq \hbar\omega_{ba} \leq E_h/2$. Mit $E_h = e^2/(4\pi\varepsilon_0 a_0)$ und $a_0 = 4\pi\varepsilon_0\hbar^2/\left(m_e e^2\right)$ ergibt *diese Abschätzung*

$$4\pi\varepsilon_0\, 4a_0^3 \leq \alpha_E \leq 4\pi\varepsilon_0 \frac{64}{9} a_0^3. \tag{8.76a}$$

Man vergleiche

$$\alpha_E = 4\pi\varepsilon_0 \times 9/2 a_0^3, \tag{8.76b}$$

den *quantenmechanisch exakten Wert für das H-Atom* im Grundzustand (siehe z. B. BAYE 2012, Gl. 3). Wir notieren, dass α_E (bis auf die inverse elektrische Konstante $4\pi\varepsilon_0$) etwa dem Atomvolumen $V_{at} = (4\pi/3)\, a_0^3$ entspricht, wenn wir denn a_0 als dafür charakteristischen Radius ansehen wollen.[5]

Bei unserem Paradebeispiel *Natrium* ist die Oszillatorenstärke fast ausschließlich auf den einen Hauptübergang $3s - 3p$ ($\bar{\nu}_{3p-3s} = 1.696 \times 10^4\ \mathrm{cm}^{-1}$) konzentriert, sodass wir in sehr guter Näherung $f_{3p-3s} \simeq 1$ setzen und alle anderen Übergänge vernachlässigen können. So erhalten wir nach (8.75)

$$\alpha_E = 4\pi\varepsilon_0 \frac{e^2}{4\pi\varepsilon_0 m_e (2\pi c \bar{\nu}_{3p-3s})^2} = 4\pi\varepsilon_0\, 2.48 \times 10^{-29}\ \mathrm{m}^3. \tag{8.77}$$

Auch diesen Wert können wir mit dem Atomvolumen $V_{at} \simeq 1.7 \times 10^{-29}\ \mathrm{m}^3$ vergleichen, das wiederum dem Radius für maximale Aufenthaltswahrscheinlichkeit entspricht, hier $r_{Na} \simeq 3a_0$ (siehe Abb. 3.10).

In jedem Falle sehen wir, dass die (statische) *Polarisierbarkeit proportional zur dritten Potenz der Ausdehnung des zu polarisierenden Objekts* ist. Wir merken uns

$$\alpha_E \simeq 4\pi\varepsilon_0 V_{at}, \tag{8.78}$$

[5]Eigentlich ist beim H-Atom im Abstand a_0 vom Kernort ja lediglich die Wahrscheinlichkeit maximal, ein Elektron anzutreffen.

wobei V_{at} ein charakteristisches Volumen des Atoms im Sinne der eben besprochenen Beispiele ist. In diesem Kontext ist es lehrreich, den quantenmechanisch exakten Ausdruck (8.75) für α_E mit dem klassischen Modell (J.J. THOMSON) zu vergleichen. Man betrachtet die Elektronenhülle des Atoms als gleichmäßig mit Ladung gefüllte Kugel vom Radius a mit der Ladungsdichte $\rho = 3e/(4\pi a^3)$ – hier für ein Elektron. Nach den Regeln der klassischen Elektrostatik findet man im Inneren der Ladungskugel für das Feld im Abstand z vom Zentrum

$$E = \frac{z\rho}{3\varepsilon_0} = \frac{ez}{4\pi\varepsilon_0 a^3}.$$

Eine Verschiebung der Kernladung um z (bei konstant gedachter Elektronendichte) führt also zu einem Dipolmoment

$$\mathcal{D} = ez = 4\pi\varepsilon_0 a^3 E.$$

Alternativ kann man Atome als harmonische Oszillatoren der Eigenfrequenz ω_0 betrachten. Die harmonische, für die Schwingung verantwortliche Kraft $F_{\text{harm}} = m_e\omega_0^2 z$ wird durch die elektrische Kraft $F_{\text{el}} = eE$ im Feld E kompensiert:

$$F_{\text{harm}} = m_e\omega_0^2 z = F_{\text{el}} = eE.$$

Diese Auslenkung z entspricht dann einem Dipolmoment

$$\mathcal{D} = ez = \frac{e^2}{m_e\omega_0^2} E.$$

Aus beiden Betrachtungsweisen kann man entsprechend der Definition (8.71) einen *klassischen Ausdruck für die Polarisierbarkeit* entnehmen:

$$\alpha_E = 4\pi\varepsilon_0 a^3 \tag{8.79a}$$

$$= \frac{e^2}{m_e}\frac{1}{\omega_0^2}. \tag{8.79b}$$

Interpretieren wir den Radius a der klassischen Ladungskugel als BOHR'schen Radius a_0, dann ist die klassische Vorhersage für α_E um einen Faktor 4 zu klein.[6]

Vergleichen wir (8.79b) mit (8.75), so entspricht die klassische Formel einem Atom mit nur einer Übergangsfrequenz $\omega_{ba} = \omega_0$. Das quantenmechanische Ergebnis teilt also die Oszillationsfähigkeit des einen Elektrons auf alle Übergangsfrequenzen auf.

---

[6]Setzt man die Ausdrücke rechts in (8.79a) und (8.79b) gleich, so ergibt sich damit für $\hbar\omega_0 = E_h = e^2/(4\pi\varepsilon_0 a_0)$. Im Vergleich zum quantenmechanischen Wert $E_h/2$ für die Bindungsenergie des H-Atoms liegt dies ‚nur' um einen Faktor 2 zu hoch, und entsprechend ist die klassische Polarisierbarkeit um einen Faktor 4 zu klein.

8.2.11 Elektrische Suszeptibilität

In Analogie zu den in Abschn. 8.1.7 behandelten magnetischen Eigenschaften der Materie, leitet man die makroskopische *elektrische Suszeptibilität* χ_E von der mikroskopischen Eigenschaft *Polarisierbarkeit* α_E ab. *Elektrische Flussdichte* $\boldsymbol{D}$ (auch *Verschiebung*), *elektrisches Feld* $\boldsymbol{E}$ und *Dipoldichte* $\mathfrak{P}$ eines Mediums (auch dielektrische *Polarisation*) sind miteinander durch[7]

$$\boldsymbol{D} = \varepsilon_0 \boldsymbol{E} + \mathfrak{P} = \varepsilon_0(1+\chi_\mathrm{E})\boldsymbol{E} = \varepsilon_r \varepsilon_0 \boldsymbol{E} \quad \text{oder} \tag{8.80a}$$

$$\mathfrak{P} = (\varepsilon_r - 1)\varepsilon_0 \boldsymbol{E} = \chi_\mathrm{E}\varepsilon_0 \boldsymbol{E} = \frac{\chi_\mathrm{E}}{1+\chi_\mathrm{E}}\boldsymbol{D} \tag{8.80b}$$

verknüpft. Hierbei ist $\varepsilon = \varepsilon_r \varepsilon_0$ die makroskopische *dielektrische Permittivität* mit der *elektrischen Feldkonstanten* $\varepsilon_0 = 1/\mu_0 c^2$ und der *relativen dielektrischen Permittivität* ε_r (früher *Dielektrizitätskonstante*). Die *Dipoldichte wird* in $[\mathfrak{P}] = \mathrm{C\,m^{-2}}$ gemessen. Sie hängt mit der Polarisierbarkeit über

$$\mathfrak{P} = N\alpha_E \boldsymbol{E}, \tag{8.81}$$

zusammen, wobei N wieder die Teilchendichte ist (Zahl der Atome pro Volumeneinheit). Somit wird die dielektrische Suszeptibilität

$$\chi_\mathrm{E} = (\varepsilon_r - 1) = \frac{N\alpha_E}{\varepsilon_0} \tag{8.82a}$$

$$\text{oder pro Atom } \widetilde{\chi}_\mathrm{E} = \frac{\chi_\mathrm{E}}{N} = \frac{\alpha_E}{\varepsilon_0} = \frac{e^2}{\varepsilon_0 m_\mathrm{e}} \sum_{b \neq a} \frac{f_{ba}^{(\mathrm{opt})}}{\omega_{ba}^2}. \tag{8.82b}$$

Für die oben genannten Beispiele ergeben sich aus den Werten für α_E nach (8.76b) und (8.77) die atomaren Suszeptibilitäten zu $\widetilde{\chi}_\mathrm{E} = 4\pi \times 4.5 a_0^3 = 8.38 \times 10^{-30}\,\mathrm{m^3}$ für H-Atome und $\widetilde{\chi}_\mathrm{E} = 3.12 \times 10^{-28}\,\mathrm{m^3}$ für Na-Atome. Etwas allgemeiner schätzt man nach (8.78) ab: $\widetilde{\chi}_\mathrm{E} \simeq 4\pi V_\mathrm{at}$. Nun ist für Festkörper und Flüssigkeiten die Teilchendichte N von der Größenordnung des reziproken Atomvolumens, $N \simeq V_\mathrm{at}^{-1}$, sodass die makroskopische Suszeptibilität von der Größenordnung $\chi_\mathrm{E} = N\widetilde{\chi}_\mathrm{E} \simeq 4\pi$ wird. Anders als ihr magnetisches Gegenstück ist die dielektrische Suszeptibilität χ_E also in der Regel keine kleine Größe. Sie kann beachtlich hohe Werte annehmen, was entsprechend auch für die die relative dielektrische Permittivität $\varepsilon_r = 1 + \chi_\mathrm{E}$ gilt. So liegt ε_r für diverse Kunststoffe zwischen 3 und 6, für Quarz und Gläser zwischen 4 und 8, für Saphir und Rubin zwischen 9 und 13. Besonders herausragend ist flüssiges Wasser, für welches bei Normalbedingungen $\varepsilon_r = 80$ ist – allerdings handelt es sich in diesem Fall um Orientierungspolarisation, da das Wassermolekül selbst bereits ein hohes, permanentes Dipolmoment von $1.86\,\mathrm{D} = 0.728\,ea_0$ besitzt.

Abschließend weisen wir bereits hier darauf hin, dass ε_r und χ_E stark von der Frequenz des angelegten Feldes abhängig sein können (obwohl die Polarisierbarkeit

[7] Diese Definition der Dipoldichte $\mathfrak{P}$ unterscheidet sich leicht von der entsprechenden Definition der Magnetisierung (magnetisches Moment pro Volumen) $\mathfrak{M}$ nach (8.39), da $[\boldsymbol{B}] = \mathrm{V\,s\,m^{-2}} = \mathrm{kg\,A^{-1}\,s^{-2}}$ ist, wogegen $[\mathfrak{M}] = \mathrm{A\,m^{-1}}$ gilt, was durch μ_0 kompensiert wird.

nicht von der Richtung und damit vom Vorzeichen des elektrischen Feldes abhängig ist). Dies führt u. a. zur Dispersion des optischen Brechungsindexes. In Abschn. 8.4 werden wir uns damit näher befassen.

Was haben wir in Abschnitt 8.2 gelernt?

- Die Wechselwirkung von Atomen mit einem statischen elektrischen Feld $\boldsymbol{E}$ wird durch die Dipolenergie $e\boldsymbol{r} \cdot \boldsymbol{E} = erC_{10}(\theta)E$ bestimmt, wobei wir annehmen, dass das Feld parallel zu z gerichtet ist. Dieser Operator bricht die Symmetrie des HAMILTON-Operators, sodass der Bahndrehimpuls L keine gute Quantenzahl mehr ist – im Gegensatz zu M. Nur zwischen Zuständen mit L und $L \pm 1$ verschwinden die Matrixelemente der Wechselwirkung nicht. Sie sind unabhängig vom Elektronenspin.
- Daraus folgt, dass die Energieänderung der LM-Niveaus in einem elektrischen Feld (STARK-Effekt genannt) von M^2 abhängt. Wenn die L-Entartung bereits aufgehoben ist (also für alle Atome bis auf das H-Atom), ist der STARK-Effekt quadratisch in E und negativ. Für $L > 0$ spalten die Niveaus in $L + 1$ Unterniveaus auf, während isolierte s-Zustände keinen STARK-Effekt zeigen.
- Wenn die L-Entartung noch nicht aufgehoben ist oder die Aufspaltung der L-Niveaus klein gegenüber der Dipolenergie ist, dann mischt der Dipoloperator die verschiedenen L-Zustände – lediglich M bleibt erhalten. Die Aufspaltung der neuen Zustände ist dann linear in E (für nicht zu hohe Felder).
- Typischerweise ist die STARK-Aufspaltung in der Spektroskopie ein kleiner Effekt. Da sie aber quadratisch vom radialen Matrixelement abhängt, wächst sie mit der Hauptquantenzahl $\propto n^4$ und wird für RYDBERG-Zustände erheblich.
- Die dielektrische Polarisierbarkeit α_E von Atomen ergibt sich – wie der quadratische STARK-Effekt – ebenfalls aus der Dipolwechselwirkung im Feld. Nach (8.75) erhält man sie als Summe über alle relevanten Oszillatorenstärken, dividiert durch das Quadrat der jeweiligen Kreisfrequenz für den Übergang. Sie ist mit der dielektrischen Permittivität ε_r und mit der dielektrischen Suszeptibilität χ_E durch (8.82a) verbunden. Für eine Abschätzung kann man $\alpha_E \simeq 4\pi\varepsilon_0 V_\mathrm{at}$ setzen, wobei V_at ein charakteristisches Atomvolumen angibt.

8.3 Langreichweitige Potenziale

Wir wollen uns jetzt kurz mit der Frage beschäftigen, wie zwei Atome oder Moleküle bzw. deren Ionen miteinander bei Annäherung auf einen Abstand R wechselwirken. Dabei interessiert uns der Abstandsbereich, bei welchem die Teilchen noch keine chemische Bindung eingehen, also gewissermaßen das Vorfeld zur Bildung makroskopischer Materie. Viele Fragen der Plasmaphysik, der Streuphysik, der kinetischen Gastheorie usw. können auf dieser Basis beantwortet werden. Eine ausführliche, exakte Darstellung findet man bei BUCKINGHAM (1967). Wir fassen hier die zentralen Ergebnisse zusammen und versuchen, sie plausibel zu machen.

Monopol – Monopol: R^{-1} In diesem einfachsten Fall geht es um die Wechselwirkung eines Ions der Ladung $q_1 e$ mit einem anderen der Ladung $q_2 e$. Dabei gilt das COULOMB-Gesetz:

$$V(R) = \frac{q_1 q_2 e^2}{4\pi\varepsilon_0 R} \propto R^{-1}. \tag{8.83}$$

Monopol – permanenter Dipol: R^{-2} Nach den Regeln der Elektrostatik ist das Potenzial eines Dipols, z. B. eines zweiatomigen, heteronuklearen Moleküls, im Feld $\boldsymbol{E}$ einer Ladung qe (Abb. 8.19) gegeben durch:

$$V(R) = -\boldsymbol{\mathcal{D}} \cdot \boldsymbol{E} = -\frac{qe\boldsymbol{\mathcal{D}} \cdot \mathbf{e}_R}{4\pi\varepsilon_0 R^2} = -\frac{qeD}{4\pi\varepsilon_0 R^2}\cos\theta \tag{8.84}$$
$$\propto -R^{-2} \quad \text{mit } \mathbf{e}_R = \boldsymbol{R}/R.$$

Für den späteren Gebrauch notieren wir noch das elektrische Feld, welches sich durch Gradientenbildung $-\mathrm{grad}(V(R,\theta)/qe)$ aus (8.84) ergibt:

$$\boldsymbol{E} = \frac{1}{4\pi\varepsilon_0 R^3}\left[3\mathbf{e}_R(\boldsymbol{\mathcal{D}} \cdot \mathbf{e}_R) - \boldsymbol{\mathcal{D}}\right]. \tag{8.85}$$

permanenter Dipol – permanenter Dipol: R^{-3} Zwei heteronukleare, zweiatomige Moleküle mit permanentem Dipolmoment repräsentieren diesen Fall prototypisch. Wie in Abb. 8.20 angedeutet, können beide Dipole in Bezug ihren Abstandsvektor $\boldsymbol{R}$ verschieden ausgerichtet sein. Die Kombination von (8.84) und (8.85) ergibt:

$$V(R) = -\boldsymbol{\mathcal{D}}_1 \cdot \boldsymbol{E}(\boldsymbol{\mathcal{D}}_2) = \frac{1}{4\pi\varepsilon_0 R^3}\left[\boldsymbol{\mathcal{D}}_1 \cdot \boldsymbol{\mathcal{D}}_2 - 3(\boldsymbol{\mathcal{D}}_1 \cdot \mathbf{e}_R)(\boldsymbol{\mathcal{D}}_2 \cdot \mathbf{e}_R)\right]$$
$$= \frac{\mathcal{D}_1 \mathcal{D}_2}{4\pi\varepsilon_0 R^3}\left[\cos\theta_{12} - 3\cos\theta_1\cos\theta_2\right] \propto R^{-3}. \tag{8.86}$$

Monopol – Quadrupol: R^{-3} Ohne Beweis kommunizieren wir, dass die gleiche Abstandsabhängigkeit für die Wechselwirkung einer Punktladung mit einer Quadrupolverteilung der Ladung gilt. Letztere kann z. B. ein neutrales Atom in einem p-Zustand oder ein homonukleares Molekül sein:

$$V(R) \propto R^{-3}. \tag{8.87}$$

Monopol – induzierter Dipol: R^{-4} Dies ist ein besonders wichtiger Fall, den man oft antrifft, z. B. wenn ein Elektron (Ladung $-e$) oder ein Ion der Ladung $\pm qe$ mit

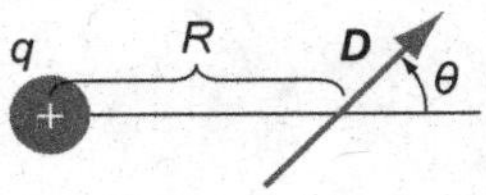

Abb. 8.19 Geometrie: Monopol – permanenter Dipol

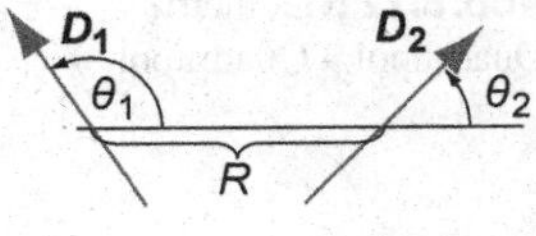

Abb. 8.20 Geometrie: permanenter Dipol – permanenter Dipol

Abb. 8.21 Geometrie: Monopol – induzierter Dipol

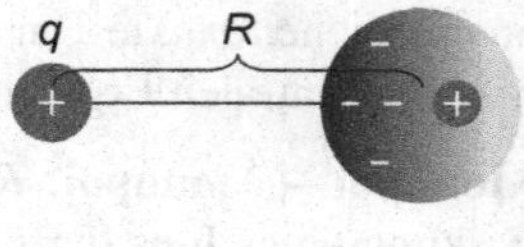

einem neutralen Atom wechselwirkt und seine Ladungswolke polarisiert, wie in Abb. 8.21 angedeutet. Mit der Polarisierbarkeit α_E der Elektronenhülle nach (8.75) ergibt sich:

$$V(R) = -\int \boldsymbol{\mathcal{D}}_{\text{ind}} \cdot \mathrm{d}\boldsymbol{E} = -\int \alpha_E \boldsymbol{E} \cdot \mathrm{d}\boldsymbol{E} = -\frac{\alpha_E}{2}\left(E(R)\right)^2 \tag{8.88}$$

$$= -\frac{\alpha_E}{2}\left(\frac{qe}{4\pi\varepsilon_0 R^2}\right)^2 = -\frac{\alpha_E (qe)^2}{32\pi^2\varepsilon_0^2}\frac{1}{R^4} \quad \text{oder} \quad = -\frac{\alpha_E^{(\text{au})} q^2}{2R^4} \quad \text{in } a.u.$$

Dabei ist $\alpha_E^{(\text{au})} = \alpha_E/(4\pi\varepsilon_0 a_0^3) = \alpha_E^{(\text{esu})}/a_0^3$ (siehe Fußnote 4 auf Seite 450). Dies ist das sogenannte *Polarisationspotenzial,* das stets anziehend ist. Um die Größenordnung abzuschätzen, betrachten wir ein H-Atom im Feld eines einfach geladenen Ions und benutzen (8.78) als Näherung für die Polarisierbarkeit. Damit wird $V(R)/E_\text{h} = -(2\pi/3)(R/a_0)^{-4}$, sodass das Polarisationspotenzial im Abstand von fünf BOHR'schen Radien ($R = 5a_0$) bei etwa -0.1 eV liegt.

Quadrupol – Quadrupol: R^{-5} Wichtige Beispiele für diesen Fall sind etwa die Wechselwirkung zweier homonuklearer, zweiatomiger Moleküle oder die Wechselwirkung eines angeregten Atoms in einem p_x-Zustand mit einem solchen Molekül. Die Geometrie ist in Abb. 8.22 skizziert. Wiederum ohne Beweis kommunizieren wir hier die Abhängigkeit des Potenzials vom Abstand:

$$V(R) = \frac{F(\theta_1, \theta_2)}{R^5} \propto R^{-5}. \tag{8.89}$$

permanenter Dipol – induzierter Dipol: R^{-6} Ein Beispiel für diesen Fall ist die Wechselwirkung eines heterogenen Moleküls mit einem neutralen Atom, wie in Abb. 8.23 angedeutet. Auch dieser Fall kann leicht hergeleitet werden, da der induzierte Dipol stets parallel zum Feld des permanenten Dipols ausgerichtet sein wird. In Analogie zum Fall Monopol – induzierter Dipol erhält man das Potenzial

$$V(R) = -\int \boldsymbol{\mathcal{D}}_{\text{ind}} \cdot \mathrm{d}\boldsymbol{E} = -\int \alpha_E \boldsymbol{E} \cdot \mathrm{d}\boldsymbol{E} = -\frac{\alpha_E}{2}\left(E(R)\right)^2$$

$$= -\frac{\alpha_E}{2}\left(\frac{1}{4\pi\varepsilon_0 R^3}\left[3\mathbf{e}_R(\boldsymbol{\mathcal{D}} \cdot \mathbf{e}_R) - \boldsymbol{\mathcal{D}}\right]\right)^2 \tag{8.90}$$

$$= -\frac{\alpha_E D^2}{2(4\pi\varepsilon_0)^2 R^6}\left(1 + 3\cos^2\theta\right) \propto -\alpha_E R^{-6},$$

Abb. 8.22 Geometrie: Quadrupol – Quadrupol

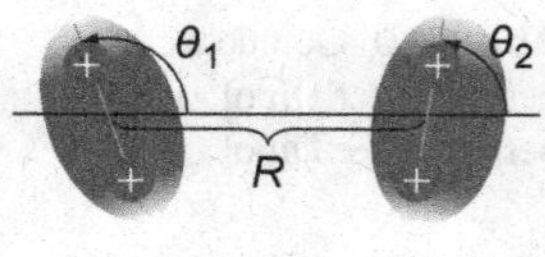

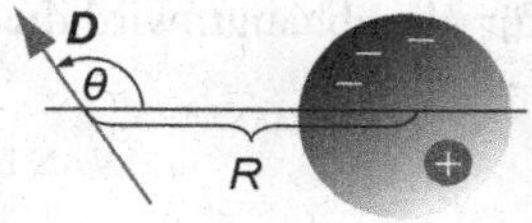

Abb. 8.23 Geometrie: permanenter Dipol – induzierter Dipol

wobei die zweite Zeile mit (8.85) folgt. In den Grenzfällen $\mathcal{D} \parallel \boldsymbol{R}$ und $\mathcal{D} \perp \boldsymbol{R}$ ergibt die Winkelabhängigkeit in Klammern die Faktoren 4 bzw. 1. In jedem Fall findet man ein anziehendes, nicht isotropes Potenzial proportional zu R^{-6}.

induzierter Dipol – induzierter Dipol: R^{-6} Das berühmte VAN DER WAALS-Potenzial entsteht stets zwischen neutralen Atomen oder Molekülen und ist proportional zu deren Polarisierbarkeit. Es sorgt für die Anziehung von Atomen und Molekülen über weite Abstände, sofern keine andere Wechselwirkung der oben diskutierten Art dominiert.

Man kann sich diese Wechselwirkung durch spontane Fluktuationen der Ladungsverteilungen entstanden denken, die zu einer Dipolbildung in einem der Atome führen. Dieser ursprüngliche Dipol induziert durch Polarisation wiederum einen Dipol in dem anderen Atom und so weiter, bis sich eine stabile Situation ergibt, wie sie in Abb. 8.24 skizziert ist.

Die sich ergebende Dipol-Dipol-Wechselwirkung führt zu einem Ausdruck ganz ähnlich wie (8.90) – bis auf den Umstand, dass es hier keine Vorzugsrichtung gibt und man über alle Ausrichtungswinkel θ zu mitteln hat. Die quantenmechanische Berechnung entwickelt die elektrostatische Wechselwirkung aller beteiligten Ladungen (Valenzelektronen und Ionenrümpfe) für große R in eine Reihe nach $1/R^N$. Summiert man über alle Elektronenkoordinaten $\boldsymbol{r}_A$ (am Atom A) und $\boldsymbol{r}_B$ (am Atom B) so ergeben sich typische Dipolterme $\widehat{H}_{\mathrm{di}} \propto (e\boldsymbol{r}_A)(e\boldsymbol{r}_B)/R^3$, die (8.86) entsprechen.

Man muss diese in 2. Ordnung Störungstheorie behandeln (in 1. Ordnung verschwinden die Dipolterme neutraler Ladungsverteilungen). Die Wechselwirkungsenergie in 2. Ordnung ist dann das gesuchte Polarisationspotenzial:

$$V(R) = \sum_{b \neq a} \frac{|\langle a|\widehat{H}_{\mathrm{di}}|b\rangle|^2}{W_a - W_b}. \tag{8.91}$$

Hier spezifiziert a wieder den Anfangszustand (meist der Grundzustand der Atome) und b alle relevanten Zwischenzustände. Auch hier gilt, wie in Abschn. 8.2.7 besprochen, dass für die meisten aller relevanten Terme $W_a - W_b < 0$ gilt, und die Summe negativ wird. Vergleichen wir dies mit (8.74), so sieht man, dass dies im Wesentlichen darauf hinausläuft, die Polarisierbarkeit der beiden Atome zu berechnen. Da $\widehat{H}_{\mathrm{di}} \propto R^{-3}$, und da $V(R)$ nach (8.91) quadratisch von den Matrixelementen

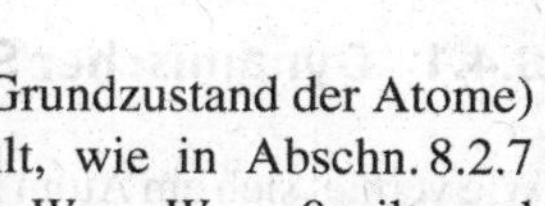

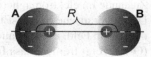

Abb. 8.24 Geometrie: Induzierter Dipol – induzierter Dipol

für $\widehat{H}_{\mathrm{di}}$ abhängt, wird die Wechselwirkung insgesamt attraktiv und proportional zu $-R^{-6}$ sein:

$$\text{VAN DER WAALS-Potenzial} \quad V(R) = -\frac{C}{R^6}. \tag{8.92}$$

Der Ausdruck (8.91) kann näherungsweise ausgewertet werden (siehe BUCKINGHAM 1967), und man findet

$$V(R) = -\frac{3}{2(4\pi\varepsilon_0)^2} \frac{W_A W_B}{W_A + W_B} \frac{\alpha_A \alpha_B}{R^6}. \tag{8.93}$$

Die Schlüsselparameter sind hier die beiden Polarisierbarkeiten α_A und α_B, zusammen mit den Bindungsenergien W_A und W_B, der beteiligten Teilchen A bzw. B, wofür man typischerweise die entsprechenden Ionisationspotenziale einsetzt.

Die Kraft, die der VAN DER WAALS-Wechselwirkung entspricht, nennt man oft Dispersionskraft, da die Polarisierbarkeit $\alpha_E(\omega)$ im nicht statischen Fall auch von der (Kreis-)Frequenz des äußeren elektrischen Feldes abhängt.

Was haben wir in Abschnitt 8.3 gelernt?

- Die langreichweitigen Wechselwirkungspotenziale zwischen Ionen, Atomen und Molekülen spielen eine wichtige Rolle in der Spektroskopie wie auch in der Streuphysik. Sie werden durch die Struktur der wechselwirkenden Teilchen und ihre Polarisierbarkeit bestimmt.
- Für große R ist das Potenzial $\propto 1/R$ für die Wechselwirkung *Monopol – Monopol*, $\propto -1/R^2$ für *Monopol – permanenter Dipol*, $\propto -1/R^3$ für *permanenter Dipol – permanenter Dipol*, $\propto -1/R^4$ für *Monopol – induzierter Dipol*, $\propto -1/R^5$ für *Quadrupol – Quadrupol*, und $\propto -1/R^6$ für *Dipol – induzierter Dipol* ebenso wie für *induzierter Dipol – induzierter Dipol*.

8.4 Atome in einem oszillierenden elektromagnetischen Feld

8.4.1 Dynamischer STARK-Effekt

Wie verhält sich ein Atom im elektromagnetischen Wechselfeld? Optische Übergänge erhält man, wie in Kap. 4 diskutiert, bei resonanter Einstrahlung. Aber auch bei nichtresonanter Einstrahlung gibt es – viel schwächere – Übergänge, die man analog zum STARK-Effekt in 2. Ordnung Störungsrechnung berechnet. Wir werden uns in Band 2 noch eingehend mit dieser sogenannten RAMAN-*Streuung* befassen.

Hier wollen wir dagegen fragen, ob sich auch die energetischen Lagen der Zustände im elektromagnetischen Wechselfeld ändern. Die Antwort ist natürlich ja: Der quadratische STARK-Effekt unterscheidet ja gar nicht zwischen positivem und negativem Feld. Eine genauere Überlegung im Rahmen der Quantenelektrodynamik (QED) zeigt freilich, dass für die Berechnung der Energieverschiebung die zusätzliche, vom Photon eingebrachte Energie in (8.63) im Resonanznenner zu berücksichtigen ist – man spricht von ‚angezogenen' Atomen bzw. Zuständen *(dressed atoms, dressed states)*. Auch wenn wir nur ein Niveau betrachten, müssen wir die Möglichkeit in Betracht ziehen, dass für sehr kurze Zeit Δt ‚virtuell' ein Photon emittiert bzw. absorbiert wird, wie wir dies in Abschn. 6.5.6 auf Seite 355 schon im Zusammenhang mit den FEYNMAN-Diagrammen diskutiert haben. Dies ist möglich, auch wenn wir nicht in Resonanz mit einem atomaren Übergang einstrahlen: Die Energie eines Zustands ist ja nur mit einer Unsicherheit ΔW bestimmbar, die mit der Beobachtungszeit über die Unschärferelation $\Delta W \Delta t > \hbar$ zusammenhängt, für die also $\Delta W > \hbar/\Delta t$ gilt. Für sehr kurze Zeit werden die Niveaus beliebig unscharf und können auch quasi ‚angeregt' werden. Man spricht in diesem Kontext (etwas unkorrekt) auch von *virtuellen* Zwischenniveaus.

Wir erwarten also eine Verschiebung der Niveaus durch einen modifizierten quadratischenSTARK-Effekt. Die saubere Ableitung der dynamischen Polarisierbarkeit erfordert etwas Aufwand. Wir beschränken uns auf eine heuristische Betrachtung, indem wir die Gesamtenergie des Systems W_a *vor* Absorption oder Emission eines eingestrahlten Photons (Kreisfrequenz ω) durch

$$W_a \to W_a + n\hbar\omega$$

und die Zwischenzustandsenergie W_b durch

$$W_b \to W_b + (n \mp 1)\hbar\omega.$$

ersetzen – mit $\pm$, je nachdem, ob ein Photon absorbiert oder emittiert wird. Setzen wir diese Energien in den Ausdruck (8.74) für die statische Polarisierbarkeit ein, summieren über Emissions- und Absorptionsterme und mitteln über alle Anfangszustände, so erhalten wir im dynamischen Fall:

$$\alpha_E(\omega) = e^2 \frac{1}{g_a} \sum_{b \neq a, m_a} \left[\frac{|z_{ba}|^2}{W_b - W_a - \hbar\omega} + \frac{|z_{ba}|^2}{W_b - W_a + \hbar\omega} \right].$$

Dabei steht der erste Term für Absorption, der zweite für Emission. Wir ersetzen schließlich wieder $W_b - W_a = \hbar\omega_{ba}$ und es wird:

$$\alpha_E(\omega) = e^2 \frac{1}{g_a} \sum_{b \neq a, m_a} \left[\frac{|z_{ba}|^2/\hbar}{\omega_{ba} - \omega} + \frac{|z_{ba}|^2/\hbar}{\omega_{ba} + \omega} \right] \tag{8.94}$$

$$\alpha_E(\omega) = \frac{2e^2}{\hbar} \frac{1}{g_a} \sum_{b \neq a, m_a} \frac{\omega_{ba}|z_{ba}|^2}{\omega_{ba}^2 - \omega^2} = \frac{e^2}{m_e} \sum_{b \neq a} \frac{f_{ba}^{(\text{opt})}}{\omega_{ba}^2 - \omega^2}. \tag{8.95}$$

Hier haben wir wieder die Oszillatorenstärken $f_{ba}^{(\text{opt})}$ nach (5.27) eingesetzt. Im statischen Grenzfall $\omega \to 0$, geht dies offensichtlich in den Ausdruck für die statische Polarisierbarkeit (8.75) über. Umgekehrt können wir für sehr hohe Frequenzen $\omega \gg \omega_{ba}$ die Quadrate der Übergangskreisfrequenzen ω_{ba}^2 in den Nennern von

(8.95) ganz vernachlässigen, sodass wir Gebrauch von der THOMAS-REICHE-KUHN-Summenregel (5.28) für $\mathfrak{f}_{ba}^{(\mathrm{opt})}$ machen können und erhalten (für ein aktives Elektron)

$$\alpha_E(\omega) \to -\frac{e^2}{m_e\omega^2} \quad \text{für} \quad \omega \gg \omega_{ba}, \tag{8.96}$$

wobei das Minuszeichen andeutet, dass die induzierten Dipole umgekehrtes Vorzeichen haben, wie das polarisierende elektromagnetische Feld.

Abschließend berechnen wir nun nach (8.73) die Verschiebung der atomaren Niveaus, wobei wir jetzt die dynamische Polarisierbarkeit nach (8.94) benutzen. Der dynamische STARK-Effekt wird somit:

$$W_a - W_a^{(0)} = -\frac{\alpha_E(\omega)}{2}\langle E^2\rangle = -\frac{\alpha_E(\omega)}{4}E_0^2 = -\frac{\alpha_E(\omega)}{2}\frac{I}{\varepsilon_0 c}$$

$$W_a - W_a^{(0)} = \frac{e^2 I}{2\varepsilon_0 c m_e}\sum_{b\neq a}\frac{\mathfrak{f}_{ba}^{(\mathrm{opt})}}{\omega_{ba}^2 - \omega^2}. \tag{8.97}$$

Dabei haben wir zeitlich über das Quadrat $\langle E(t)\rangle^2 = \langle E_0\cos(\omega t)\rangle^2$ der elektrischen Feldstärke gemittelt und mit (4.2) in Beziehung zur Intensität I der elektromagnetischen Strahlung gesetzt.

8.4.2 Brechungsindex

Aus der Optik wissen wir, dass der Brechungsindex n und die relative dielektrische Permittivität über

$$n = \sqrt{\varepsilon_r} \tag{8.98}$$

zusammenhängen (wobei man annimmt, dass die relative magnetische Permeabilität in guter Näherung $\mu = 1$ ist). Mit der dynamischen Polarisierbarkeit (8.95) und (8.82a) erhält man daher den Brechungsindex n aus

$$n^2 - 1 = \varepsilon_r - 1 = \chi_E = \frac{N\alpha_E(\omega)}{\varepsilon_0} = \frac{Ne^2}{\varepsilon_0 m_e}\sum_{b\neq a}\frac{\mathfrak{f}_{ba}^{(\mathrm{opt})}}{\omega_{ba}^2 - \omega^2}. \tag{8.99}$$

Die Resonanzfrequenzen für typische optische Materialien liegen üblicherweise weit jenseits des sichtbaren Spektralgebiets, sodass die Dispersion $\mathrm{d}n/\mathrm{d}\lambda < 0$ wird (sogenannte ‚normale' Dispersion). In der Optik drückt man (8.99) häufig auch als Funktion der Wellenlänge $\lambda = 2\pi c/\omega$ aus und erhält nach kurzer Rechnung die sogenannte SELLMEIER-Gleichung:

$$n^2 = 1 + \sum_i \frac{B_i\lambda^2}{\lambda^2 - C_i}. \tag{8.100}$$

Üblicherweise wird diese Gleichung als empirischer Befund eingeführt, wobei typischerweise drei Paare von experimentell bestimmten, sog. SELLMEIER-Koeffizienten B_i, C_i, angegeben werden (eine umfassende Sammlung von Daten für optische Materialien findet man z. B. bei POLYANSKIY 2012).

In Medien niedriger Dichte (Gase) ist $n \simeq 1$, sodass $n^2 - 1 = (n-1)(n+1) \simeq 2(n-1)$ gilt. Dann erhalten wir als gute Näherung

$$n \simeq 1 + \frac{Ne^2}{2\varepsilon_0 m_e} \sum_{b \neq a} \frac{f_{ba}^{(\mathrm{opt})}}{\omega_{ba}^2 - \omega^2}. \tag{8.101}$$

Dagegen ist in kondensierter Materie die Teilchendichte von der Größenordnung $N \simeq 1/V_{\mathrm{at}}$, sodass $\chi_{\mathrm{E}} = N\alpha_E(\omega)/\varepsilon_0$ mit (8.78) durchaus Werte von 4π und darüber annehmen kann, wie schon in Abschn. 8.2.11 besprochen. Daher muss man eine wichtige Modifikation an obiger Betrachtung anbringen: In dichten Medien erfahren die Atome ein elektrisches Feld, das sogenannte LORENTZ-Feld, das (eben aufgrund des Brechungsindex im Medium) gegenüber dem Feld im umgebenden Vakuum (bzw. in Luft) bereits modifiziert ist. Anstelle von (8.99) führt dies nach CLAUSIUS-MOSSOTI zu der Formel:

$$\frac{n^2 - 1}{n^2 + 2} = \frac{Ne^2}{3\varepsilon_0 m_e} \sum_{b \neq a} \frac{f_{ba}^{(\mathrm{opt})}}{\omega_{ba}^2 - \omega^2} \tag{8.102}$$

Im Grenzfall $n \simeq 1$ geht dies aber natürlich wieder in (8.101) über.

8.4.3 Resonanzen – Dispersion und Absorption

Bislang haben wir stillschweigend angenommen, dass die Frequenz der Strahlung weit von irgendwelchen Resonanzen $\omega_{ba} = \omega$ entfernt ist. Um nun auch Frequenz- bzw. Wellenlängenbereiche in der Nähe von Resonanzen berücksichtigen zu können, müssen wir die Schwingungsdämpfung einführen, d. h. wir müssen die endlichen Lebensdauern $\tau_b = 1/\gamma_b$ der angeregten Zustände berücksichtigen. Wie in Abschn. 5.1.1 auf Seite 248 führen wir dazu eine komplexe Energie (oder Übergangsfrequenz) $\omega_{ba} \to \omega_{ba} - \mathrm{i}\gamma_b/2$ ein, ersetzen also

$$\frac{1}{\omega_{ba} \pm \omega} \quad \Rightarrow \quad \frac{1}{\omega_{ba} \pm \omega - \mathrm{i}\gamma_b/2}.$$

In (8.94)–(8.102) führt dies zu einer komplexen Polarisierbarkeit bzw. zu einem *komplexen, frequenzabhängigen Brechungsindex*

$$n_{\mathrm{c}}(\omega) = n(\omega) + \mathrm{i}\kappa(\omega). \tag{8.103}$$

Für dünne Medien wird (8.101) nun ersetzt durch einen *Realteil und einen Imaginärteil*:

$$n(\omega) = 1 + \frac{Ne^2}{4\varepsilon_0 m_e} \sum_{b \neq a} \frac{f_{ba}^{(\mathrm{opt})}}{\omega_{ba}} \left[\frac{\omega_{ba} - \omega}{(\omega_{ba} - \omega)^2 + \frac{\gamma_b^2}{4}} + \frac{\omega_{ba} + \omega}{(\omega_{ba} + \omega)^2 + \frac{\gamma_b^2}{4}} \right] \tag{8.104}$$

$$\kappa(\omega) = \frac{Ne^2}{4\varepsilon_0 m_e} \sum_{b \neq a} \frac{f_{ba}^{(\mathrm{opt})}}{2\omega_{ba}} \left[\frac{\gamma_b}{(\omega_{ba} - \omega)^2 + \frac{\gamma_b^2}{4}} + \frac{\gamma_b}{(\omega_{ba} + \omega)^2 + \frac{\gamma_b^2}{4}} \right]. \tag{8.105}$$

Weit von den Resonanzen entfernt, d. h. für vernachlässigbares γ_b, gewinnt man aus (8.104) die ursprünglichen Beziehungen (8.101) zurück. Im allgemeinen Fall ist aber der Wellenvektor komplex, und man muss

$$\boldsymbol{k} \rightarrow \frac{2\pi}{\lambda_0} n_c \mathbf{e}_k = \frac{2\pi}{\lambda_0}(n + \mathrm{i}\kappa)\mathbf{e}_k$$

ersetzen, mit den Einheitsvektor $\mathbf{e}_k$ in Ausbreitungsrichtung. Somit wird das elektrische Feld (4.1) in einem Medium jetzt

$$\boldsymbol{E}(\boldsymbol{r}, t) = \frac{\mathrm{i}}{2} E_0 \left(\mathbf{e} \mathrm{e}^{\mathrm{i}(2\pi n z/\lambda_0 - \omega t)} + \mathbf{e}^* \mathrm{e}^{-\mathrm{i}(2\pi n z/\lambda_0 - \omega t)} \right) \mathrm{e}^{-2\pi\kappa z/\lambda_0}, \tag{8.106}$$

wobei wir angenommen haben, dass sich das Licht entlang der z-Achse ausbreite. Die Vakuumwellenlänge λ_0 wird also verkürzt zu $\lambda = \lambda_0/n$, während κ exponentielle Dämpfung der Welle impliziert (in physikalischen Texten wird κ häufig *Extinktionskoeffizient* genannt). Die Intensität der Strahlung $I \propto |\boldsymbol{E}(\boldsymbol{r}, t)|^2$ nimmt mit der durchlaufenen Strecke z ab nach

$$I = I_0 \exp(-4\pi\kappa z/\lambda_0). \tag{8.107}$$

Vergleichen wir dies mit dem LAMBERT-BEER'schen-Gesetz (4.21), so sehen wir, dass wir hiermit eine mikroskopische Interpretation des dort eingeführten *Absorptionskoeffizienten* $\mu = 4\pi\kappa/\lambda_0$ gefunden haben, die mit $\kappa = \kappa(\omega)$ natürlich frequenzabhängig ist.

In der Nachbarschaft einer isolierten Resonanz, $\omega \simeq \omega_{ba}$, dominiert ein Term die Summen (8.104) und (8.105). Der reelle Brechungsindex ist dann

$$n(\omega) = 1 + \frac{Ne^2 \mathfrak{f}_{ba}^{(\mathrm{opt})}}{4\varepsilon_0 m_\mathrm{e} \omega_{ba} \gamma_b} \frac{(\omega - \omega_{ba})/\gamma_b}{[(\omega - \omega_{ba})/\gamma_b]^2 + 1/4}. \tag{8.108}$$

Er zeigt also nahe einer Resonanz die charakteristische Region anomaler Dispersion mit $\mathrm{d}n/\mathrm{d}\lambda > 0$ (oder $\mathrm{d}n/\mathrm{d}\omega < 0$). Für den Absorptionskoeffizienten finden wir mit (4.21), (8.107) und (8.105) das bekannte LORENTZ-Profil:

$$\mu(\omega) = \frac{4\pi\kappa}{\lambda_{ba}} = \frac{Ne^2}{4\varepsilon_0 c m_\mathrm{e}} \frac{\mathfrak{f}_{ba}^{(\mathrm{opt})}}{[(\omega - \omega_{ba})/\gamma_b]^2 + 1/4}. \tag{8.109}$$

Wie in Abb. 8.25 illustriert, kann der Realteil von n des Brechungsindex nach (8.104) mehrere Regionen normaler und anomaler Dispersion haben, während der Imaginärteil κ nach (8.105) Absorption mit mehreren LORENTZ-Profilen verschiedener Stärke repräsentiert. Offensichtlich korrespondieren diese Absorptionslinien mit den Bereichen anomaler Dispersion im Realteil $n(\omega)$.

8.4.4 Schnelles und langsames Licht

Wir wollen die Diskussion über die Wechselwirkung von elektromagnetischer Strahlung mit einem Medium und dessen Beeinflussung durch das Licht nicht beenden, ohne einen faszinierenden, vielbeachteten Aspekt moderner Optik zumindest zu erwähnen, der möglicherweise in Zukunft auch von praktischer Bedeutung sein

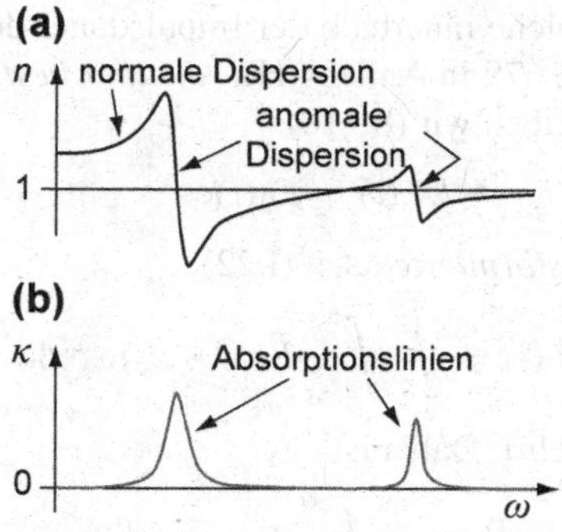

Abb. 8.25 Komplexer Brechungsindex $n_c(\omega)$ (schematisch) als Funktion der Frequenz ω des eingestrahlten Lichts; (**a**) Realteil n (Brechungsindex) und (**b**) Imaginärteil (Extinktionskoeffizient) $\kappa \propto \mu$. Die gezeigten Absorptionslinien in $\kappa(\omega)$ entsprechen den Regionen der anomalen Dispersion des Brechungsindex $n(\omega)$

kann (z. B. BOYD *et al.* 2010 und weitere Veröffentlichungen im gleichen *Sonderheft* von J. Opt.). Die wesentlichen Ingredienzen hierzu, die wir kurz rekapitulieren, lernt man schon im Grundstudium.

Eine ebene Welle (8.106) breite sich in $+z$-Richtung aus. Wir stellen sie der Einfachheit halber ohne Polarisation eindimensional und komplex dar:

$$E^+(t,z) = E_0 \mathrm{e}^{\mathrm{i}[\omega t - k(\omega) z]} \tag{8.110}$$
$$\text{wobei} \quad k(\omega) = 2\pi n/\lambda_0 = 2\pi/\lambda$$

Wir benutzen also nur den zweiten Exponentialterm von (8.106) (mit positivem Exponenten)[8] und ignorieren der Übersichtlichkeit halber hier auch die Absorption. Dabei sind λ_0 und $\lambda = \lambda_0/n$ die Wellenlängen *in vacuo* bzw. im Medium und $k(\omega)$ der Realteil (Ausbreitung) des Wellenvektors im Medium mit $n(\omega)$ nach (8.104). Die Positionen konstanter Phase $\Phi = \omega t - kz$ werden durch $z = (\omega/k)t - \Phi/k$ beschrieben und propagieren mit der

$$\textbf{Phasengeschwindigkeit} \quad v_\mathrm{p}(\omega) = \left.\frac{\mathrm{d}z}{\mathrm{d}t}\right|_{\Phi=const} = \frac{\omega}{k(\omega)} = \frac{c}{n(\omega)}. \tag{8.111}$$

Es gelten die bekannten Beziehungen $v_\mathrm{p} = \nu\lambda$, $c = \nu\lambda_0$ und $\omega = 2\pi\nu$.

Um Information zu transportieren, muss man eine erkennbare Struktur auf die Welle aufprägen, d. h. die *Amplitude* $E_0(t,z)$ *wird von Ort und Zeit abhängig,* man spricht von einer *Feldeinhüllenden.* Im Geist der sogenannten SVE-Näherung *(Slowly Varying Envelope)* betrachten wir eine *quasi-monochromatische Welle* mit einer Trägerfrequenz ω_c, der ein Lichtimpuls der Dauer $\Delta t \gg 1/\omega_\mathrm{c}$ aufgeprägt wird

[8] Wir benutzen hier die Notation von Anhang I.2, wo die Beziehungen zur vollen Beschreibung der Welle zusammengestellt sind – im gegenwärtigen Fall würden weitere Details lediglich zusätzlichen Platz verbrauchen, ohne weitere Einsicht zu bringen.

(so bleibt die Welle als solche innerhalb der Impulsdauer deutlich erkennbar, siehe auch Fußnote 20 auf Seite 679 in Anhang H). *An einer bestimmten Stelle im Raum,* sagen wir bei $z = 0$, schreiben wir (8.110)

$$E^{+}(t) = E_0(t)\mathrm{e}^{\mathrm{i}\omega_c t} \tag{8.112}$$

als *inverse* FOURIER-*Transformierte* nach (I.22),

$$E^{+}(t) = \frac{1}{2\pi}\int_{-\infty}^{\infty} \widetilde{E}(\omega - \omega_c)\mathrm{e}^{\mathrm{i}\omega t}\mathrm{d}\omega, \tag{8.113}$$

wie in Anhang I.2 ausgeführt. Dabei ist

$$\widetilde{E}(\omega) = \int_{-\infty}^{\infty} E_0(t)\mathrm{e}^{-\mathrm{i}\omega t}\mathrm{d}t \tag{8.114}$$

die FOURIER-*Transformierte der Feldeinhüllenden*

$$E_0(t) = \frac{1}{2\pi}\int_{-\infty}^{\infty} \widetilde{E}(\omega)\mathrm{e}^{\mathrm{i}\omega t}\mathrm{d}\omega. \tag{8.115}$$

Wenn wir nun die Ortsabhängigkeit beschreiben wollen, so müssen wir die Dispersion berücksichtigen. Wie wir im vorangehenden Abschnitt gesehen haben, hängen in einem Medium n und damit auch v_p von ω ab, und der *Wellenvektor* $k(\omega)$ ist *nicht einfach proportional zu* ω. Da aber nur ein kleiner Frequenzbereich in der Nähe von ω_c beiträgt, können wir k um $k_c = \omega_c/v_p(\omega_c)$ entwickeln:

Mit den Abkürzungen $\Delta\omega = \omega - \omega_c$ und $v_g = \dfrac{\mathrm{d}\omega}{\mathrm{d}k}$ wird

$$k(\omega) = k_c + \Delta\omega \left.\frac{\mathrm{d}k}{\mathrm{d}\omega}\right|_{\omega_c} = k_c + \frac{\Delta\omega}{v_g}. \tag{8.116}$$

Für die Beschreibung des Wellenpaketes am Ort z (anstelle bei $z = 0$) ersetzen wir die Zeit t wieder durch $t - k(\omega)z/\omega$ wie in (8.110) und setzen die Entwicklung für $k(\omega)$ in (8.113) ein. Damit erhalten wir

$$\begin{aligned} E^{+}(t) \to & E_0^{+}(t - kz/\omega) \\ & \simeq \frac{1}{2\pi}\int_{\Delta\omega=-\infty}^{\Delta\omega=\infty} \widetilde{E}(\Delta\omega)\mathrm{e}^{\mathrm{i}(\omega_c+\Delta\omega)t-\mathrm{i}(k_c+\Delta\omega/v_g)z}\mathrm{d}\omega \\ & = \mathrm{e}^{\mathrm{i}(\omega_c t - k_c z)}\left[\frac{1}{2\pi}\int_{-\infty}^{+\infty} \widetilde{E}(\Delta\omega)\mathrm{e}^{\mathrm{i}(t-z/v_g)\Delta\omega}\mathrm{d}(\Delta\omega)\right]. \end{aligned}$$

Im letzten Schritt haben wir ausgenutzt, dass $\mathrm{d}(\Delta\omega) = \mathrm{d}\omega$. Wenn wir den Ausdruck in eckigen Klammern mit (8.115) vergleichen, so erkennen wir, dass die Feldamplitude in der Zeit gerade um z/v_g versetzt ist. Wir können also das elektrische Feld der Welle bei $t - kz/\omega$ als

$$E_0^{+}(t - kz/\omega) = E_0\left(t - \frac{z}{v_g}\right)\mathrm{e}^{\mathrm{i}(\omega_c t - k_c z)} \tag{8.117}$$

schreiben und erkennen, dass sich die Trägerwelle mit der Frequenz ω_c und dem Wellenvektor k_c ausbreitet, genau wie (8.110), während $E_0(t - z/v_g)$ die Form des

Wellenpaketes beschreibt. Wenn $E_0(t)$ ein Maximum bei $t = 0$ hat, was mit einer entsprechenden Wahl von $\widetilde{E}(\omega)$ erreicht wird, so findet man an einem anderen Ort z im Raum dieses Maximum $E_0(0)$ offensichtlich zur Zeit $t = z/v_g$. Charakteristische Strukturen des Wellenpaketes breiten sich also mit dieser sogenannten

$$\textbf{Gruppengeschwindigkeit} \quad v_g = \frac{d\omega}{dk} = \frac{c}{n + \omega \frac{dn}{d\omega}} = \frac{c}{n_g} \tag{8.118}$$

aus. Dabei haben wir $d\omega/dk = 1/(dk/d\omega)$ benutzt und $k = \omega n/c$ aus (8.111) nach ω differenziert. In Analogie zum Brechungsindex $n = c/v_p$ (den man auch *Phasenindex* nennen kann) führt man einen

$$\textbf{Gruppenindex} \quad n_g = \frac{c}{v_g} = n + \omega \frac{dn}{d\omega} \tag{8.119}$$

ein. Für sichtbares Licht ist bei transparenten Materialien in aller Regel $n > 1$ und $dn/d\omega > 0$ (normale Dispersion), sodass typischerweise $v_g < v_p < c$ gilt: Lichtimpulse breiten sich in Medien langsamer aus als im Vakuum.

Soweit die kanonische Diskussion zur Phasen- und Gruppengeschwindigkeit. Die Diskussion zu *langsamem und schnellem Licht* beginnt mit der Beobachtung, dass die Dispersion unter gewissen Bedingungen negativ sein kann – wie dies bereits in Abb. 8.25 auf Seite 463 skizziert ist: Als Standardverhalten der Dispersion von gewöhnlichen optischen Materialen in der Nähe einer Resonanz.[9] Ein Blick auf die Formel für den Gruppenindex (8.119) zeigt, dass man tatsächlich n kleiner als 1, ja sogar negativen Brechungsindex antreffen kann – was im Prinzip impliziert, dass die Gruppengeschwindigkeit größer als die Lichtgeschwindigkeit im Vakuum sein kann, $v_g > c$. Man spricht dann von *superluminalen* Ausbreitungsphänomenen. Und wenn gar $n < 0$ wird, und damit $v_g < 0$, so würde dies bedeuten, dass sich Licht rückwärts ausbreiten könnte, ehe es denn überhaupt angekommen wäre. Im Gegensatz dazu kann es andere Bereiche des Spektrums geben, für welche v_g extrem klein wird, sodass Licht gewissermaßen ‚kriecht' oder ganz gestoppt wird. Und tatsächlich wurden solche Phänomene in den letzten Jahren in sehr ausgefallenen experimentellen Aufbauten auch beobachtet (siehe z. B. Boyd und Gauthier 2002). Um unsere Leser aber schon vorab zu beruhigen: Eine Verletzung von Einstein's Paradigma, nach welchem Information niemals schneller als mit Vakuumlichtgeschwindigkeit übertragen werden kann, ist auf keinen Fall aufgrund dieser Art von Gruppengeschwindigkeit $v_g > c$ verletzt.

Wir wollen diese Phänomene *quantitativ* auf der Basis einfacher Fallstudien veranschaulichen. Betrachten wir Na-Dampf als Medium, durch welches Licht propagieren soll. Na repräsentiert für diese Betrachtungen eine sehr gute Annäherung an ein Zwei-Niveau-System, wenn wir nur eine Kreisfrequenz ω des Lichts in der Nähe des $3\,^2S \rightarrow 3\,^2P$ Übergangs zulassen (Na-D-Linie). Für die Targetdichte wollen

[9] Heute gibt es darüber hinaus eine Vielfalt von künstlichen, speziell als ‚smart', ‚meta' oder ‚nano' entwickelten Materialien, wie auch photonische Fasern mit ausgedehnten Bereichen von ganz ungewöhnlichen optischen Eigenschaften.

wir $N = 2 \times 10^{13}\,\text{cm}^{-3}$ annehmen, was sich in einer Gaszelle problemlos realisieren lässt. Die übrigen hier relevanten Parameter für diesen Übergang sind die Oszillatorenstärke der Na-D-Linie, $\mathfrak{f}_{\text{NaD}} = 0.98$, die Zerfallswahrscheinlichkeit für den angeregten Zustand $A = \gamma = 6.15 \times 10^7\,\text{s}^{-1}$ (entsprechend einer Lebensdauer $\tau = 16.2\,\text{ns}$), die Übergangskreisfrequenz der Resonanz $\omega_r \simeq 3.2 \times 10^{15}\,\text{s}^{-1}$ und die Wellenlänge $\lambda_r \simeq 589\,\text{nm}$ *(in vacuo)*. Damit wird der Vorfaktor in (8.108) gerade $Ne^2\mathfrak{f}_{\text{NaD}}/(4\varepsilon_0 m_e \omega_r \gamma) = 0.08$ und $\omega_r/\gamma = 5.2 \times 10^7$.

In Abb. 8.26 ist die Situation in der Nähe der Resonanzlinie als Funktion von $\omega - \omega_r$ maßstäblich abgebildet, in Einheiten der Linienbreite. Abbildung 8.26a zeigt den reellen Brechungsindex (Phasenindex), (b) den Absorptionskoeffizienten. Man erkennt, dass n den typischen Wechsel zwischen normaler und anomaler Dispersion durchläuft und schließlich zurück zum Normalwert geht – dessen Werte hier nahe bei 1 liegen und für den (8.108) gilt. Andererseits ist die Absorption sehr beachtlich im Gegensatz zu den eher moderaten Änderungen im Brechungsindex. Abbildung 8.26c zeigt den Gruppenindex n_g nach (8.119). Die Änderungen im Resonanzbereich sind dramatisch. Dementsprechend variiert auch die Gruppengeschwindigkeit (8.118) über die Resonanz hinweg sehr rasch, wie in Abb. 8.26d gezeigt ist. Bei Annäherung an die Resonanz wird v_g sehr klein, steigt dann wieder an, geht durch Null für $\omega - \omega_r = \pm\gamma/2$, begleitet von zwei Singularitäten in jedem Fall und nimmt einen sehr kleinen negativen Wert bei Resonanz $\omega - \omega_r = 0$ an.

Allgemein gesagt, sind Experimente, die versuchen, dieses im Resonanzbereich erwartete Verhalten auch tatsächlich zu beobachten, extrem schwierig – wobei das Hauptproblem darin besteht, dass die interessantesten Effekte, die auf $|v_g| \ll c$ oder

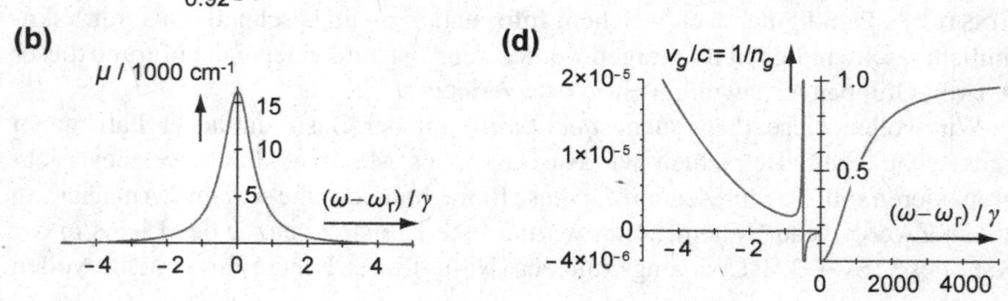

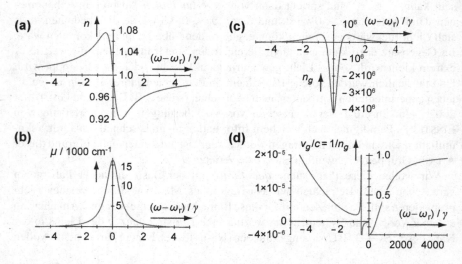

Abb. 8.26 (**a**) Brechungsindex (mit normaler und anomaler Dispersion) und (**b**) Absorption in der Nähe einer Resonanzlinie. Die hier gezeigten Daten gelten maßstäblich für das Beispiel der Na-D-Linie bei $N = 2 \times 10^{13}\,\text{cm}^{-3}$. Zum Vergleich ist in (**c**) der Gruppenbrechungsindex und in (**d**) die Gruppengeschwindigkeit gezeigt; man beachte die unterschiedlichen Skalen für die linke und rechte Seite von (**d**) (das Profil ist insgesamt symmetrisch zur Achse durch $\omega - \omega_r = 0$)

$|v_g| > c$ oder gar auf $v_g < 0$ basieren, gerade dort erwartet werden, wo die Absorption besonders hoch ist. Anstelle passiver Zwei-Niveau-Systeme untersucht man daher Drei- oder Mehr-Niveau-Schemata, die zugleich als Verstärker wirken können, wenn sie mit entsprechenden Lasern gepumpt werden. Jenseits atomarer Gase untersucht man heute speziell entwickelte Festkörpermaterialien, z. B. dotierte, lichtdurchlässige Fasern, photonische Kristalle und Anordnungen von Quantenpunkten.

Die Ausbreitung von Lichtimpulsen schneller als Licht wurde ebenso beobachtet, wie das Abbremsen solcher Impulse. Eine detaillierte Analyse erlaubt es, alle bislang berichteten Beobachtungen nach den Grundgesetzen der Optik zu verstehen – auch wenn sie zunächst als mysteriöse „superluminale" Effekte erscheinen mögen: Information kann in solchen Anordnungen transportiert werden, aber nicht schneller als die Lichtgeschwindigkeit im Vakuum. Genuine Diskontinuitäten in einer Welle breiten sich stets mit Geschwindigkeiten kleiner als c aus, während Vorboten der Welle den Beobachter auch schon früher erreichen können. Ohne Beweis erwähnen wir dazu, dass Energietransport in einer elektromagnetischen Welle stets mit einer Ausbreitungsgeschwindigkeit

$$c_f = \frac{2n}{n^2+1}c \tag{8.120}$$

erfolgt, die definitiv kleiner ist als c, die Lichtgeschwindigkeit im Vakuum.

Während solche superluminale Effekte lediglich ein faszinierendes Thema der Grundlagenforschung sein mögen, ist das umgekehrte Phänomen, Licht, das sich mit sehr niedrigen Geschwindigkeiten $v_g \ll c$ ausbreitet, vielleicht weniger spektakulär, könnte aber von weit größerer praktischer Relevanz für die Nachrichtentechnik sein: Man kann sich spezielle Verzögerungsleitungen, Datenschalter oder optische Datenspeicher vorstellen, die von einem Laser angesteuert werden, wenn der Datenverkehr kurzzeitig blockiert ist. Abbildung 8.26d zeigt im Prinzip, wie niedrig die Gruppengeschwindigkeit für ω nahe einer Resonanzlinie sein kann.

Einen bedeutender Durchbruch gelang bereits Hau *et al.* (1999), die zum ersten Mal in einem sehr kalten Atomgas (um präzise zu sein: einem Bose-Einstein-Kondensat) eine Gruppengeschwindigkeit bis hinunter zu 17 m s^{-1} zeigen konnten. Abbildung 8.27 zeigt ein Beispiel aus dieser Arbeit. Man sieht zwei Lichtimpulse

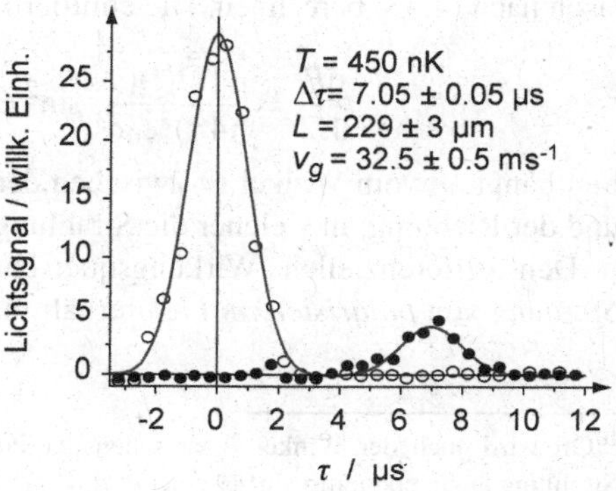

Abb. 8.27 Extrem abgebremstes Licht nach Hau *et al.* (1999). Man sieht den unverzögerten Eingangsimpuls *(offene Kreise)* an und den um ca. 7 µs verzögerten Impuls im Bose-Einstein-Kondensat *(volle Kreise)*. Die Verzögerung entspricht einer Lichtgeschwindigkeit von ca. 32 m s^{-1}

im Vergleich: den unverzögerten Referenzimpuls und den Signalimpuls, der um ca. 7 µs (!) verzögert wurde. Seither wurden weitere Fortschritte gemacht und viele Konzepte erprobt. Mit der Entwicklung neuer Materialien erscheinen auch technologische Anwendungen realisierbar (wir verweisen die Leser auf einen Review und auf das bereits erwähnte Sonderheft: BOYD und GAUTHIER 2002; BOYD *et al.* 2010 und dort zitierte Referenzen).

8.4.5 Elastische Lichtstreuung

Mit dem Rüstzeug, welches in den vorangehenden Abschnitten entwickelt wurde, können wir das bislang noch nicht behandelte, wichtige Thema Lichtstreuung jetzt leicht nachtragen. Licht kann nicht nur absorbiert werden, wobei Atome oder Moleküle des absorbierenden Mediums angeregt werden, wie in Kap. 4 ausführlich behandelt. Licht kann auch elastisch gestreut werden.

Wir erwähnen zunächst die starke elastische Lichtstreuung, die man an Staub- und Rauchpartikeln oder kleinen Wassertropfen im Dampf oder Nebel beobachten kann (z. B. im Scheinwerferlicht von Autos oder in Diskotheken und bei Laser-shows). Sie wird MIE-*Streuung* genannt (nach Gustav MIE, 1868–1957). Sie ist dominant, wenn die streuenden Teilchen Abmessungen von der Größenordnung der Wellenlänge oder größer haben. Die Winkelverteilung der MIE-Streuung hängt von Größe und Form der Streuteilchen ab und ist für die Identifizierung und Analyse von Nano- und Mikroteilchen oft ein wichtiges Werkzeug. Zwar kann der Streuquerschnitt direkt aus den MAXWELL-Gleichungen mit entsprechenden Randbedingungen berechnet werden. Dies kann allerdings recht aufwendig werden und soll hier daher nicht weiter ausgeführt werden (eine sehr detaillierte Behandlung findet man in BORN und WOLF 2006).

Hier werden wir uns auf die Lichtstreuung von Atomen (und Molekülen) konzentrieren, die im Wesentlichen dadurch bewirkt wird, dass Atome durch die elektromagnetische Strahlung polarisiert werden. Das oszillierende elektrische Feld $\boldsymbol{E}(t)$ der Welle induziert ein zeitabhängiges Dipolmoment $\boldsymbol{\mathcal{D}}(t) = \alpha_E \boldsymbol{E}(t)$ im Atom, mit der in Abschn. 8.2.10 behandelten Polarisierbarkeit α_E. Diese Dipole strahlen nun ihrerseits mit der Frequenz des eingestrahlten Feldes. Man kann diese Emission klassisch nach (4.33) berechnen. Die emittierte Leistung P pro Raumwinkel ist danach

$$\frac{\mathrm{d}P}{\mathrm{d}\Omega} = \frac{\overline{|\ddot{\boldsymbol{\mathcal{D}}}(t)|^2}}{(4\pi)^2 \varepsilon_0 c^3} \sin^2\Theta = \frac{\alpha_E^2 \overline{|E|^2} \omega^4}{(4\pi)^2 \varepsilon_0 c^3} \sin^2\Theta \tag{8.121}$$

und hängt ab vom Winkel Θ zwischen der Polarisation der einfallenden Strahlung und der Richtung, in welcher die Strahlung nachgewiesen wird.[10]

Den differenziellen Wirkungsquerschnitt für diese sogenannte RAYLEIGH-*Streuung* von *polarisiertem Licht* erhält man durch Division von $\mathrm{d}P/\mathrm{d}\Omega$ durch die

[10] Oft wird auch der Winkel ϑ zwischen der Polarisation der einfallenden und der gestreuten Strahlung angegeben, mit $\sin^2\Theta = \cos^2\vartheta$.

einfallende Lichtintensität $I = c\varepsilon_0 \overline{|E|^2} = c\varepsilon_0 E_0^2/2$:

$$\text{für polarisiertes Licht:} \quad \frac{d\sigma_R}{d\Omega} = \frac{\alpha_E^2 \omega^4}{16\pi^2 \varepsilon_0^2 c^4} \sin^2 \Theta = \frac{3}{8\pi} \sigma_R \sin^2 \Theta \tag{8.122}$$

Die Integration über alle Azimut- und alle Polarwinkel ergibt einen Faktor $8\pi/3$, sodass sich *als integraler* RAYLEIGH-*Streuquerschnitt*

$$\sigma_R = \frac{\alpha_E^2 \omega^4}{6\pi \varepsilon_0^2 c^4} = \frac{8\pi^3 \alpha_E^2}{3\varepsilon_0^2 \lambda^4} \tag{8.123}$$

ergibt. Gleichung (8.122) repräsentiert wieder die typische Strahlungscharakteristik in Doughnut-Form, die wir bereits bei der Resonanzfluoreszenz in Abschn. 4.5 auf Seite 221 kennengelernt haben. Man kann die RAYLEIGH-Streuung ganz bequem an einem Laserstrahl beobachten: Abhängig von der Laserintensität sieht man die Streustrahlung im abgedunkelten Labor selbst in staubfreier, trockener Luft und verifiziert leicht, dass die Emission in Richtung des linearen Polarisationsvektors des Lasers völlig verschwindet (also senkrecht zum Laserstrahl in einer bestimmten azimutalen Richtung) und senkrecht dazu maximal wird.

Für unpolarisiertes Licht muss man (8.122) über die zwei Polarisationsrichtungen mitteln und erhält

$$\text{für unpolarisiertes Licht:} \quad \frac{d\sigma_R}{d\Omega} = \frac{3}{16\pi} \sigma_R \left(1 + \cos^2 \theta\right), \tag{8.124}$$

wobei θ jetzt der Streuwinkel des Photons ist, also der Winkel zwischen der Richtung des einfallenden und des gestreuten Lichts.

Für niedrige Kreisfrequenzen ω im IR- und oft auch im VIS-Spektralbereich ist α_E im Wesentlichen unabhängig von der einfallenden Frequenz und entspricht dem statischen Wert (8.75). Wir können also für jede Atomsorte eine mittlere Oszillatorfrequenz ω_0 definieren:

$$\frac{1}{\omega_0^2} = \sum_{b \neq a} \frac{f_{ba}^{(\text{opt})}}{\omega_{ba}^2} \tag{8.125}$$

Damit wird der winkelintegrierte elastische Streuquerschnitt (8.123) für $\omega \ll \omega_0$

$$\sigma_R \simeq \sigma_e \frac{\omega^4}{\omega_0^4}. \tag{8.126}$$

Dies ist formal identisch mit der klassischen Streuformel, die schon Lord RAYLEIGH formulierte, indem er ω_0 als *die* Eigenfrequenz des Atomelektrons annahm.

Die Proportionalität $\sigma_R \propto \lambda^{-4}$ in (8.123) gibt eine ganz klare Antwort auf die häufig gestellte Frage „Warum ist der Himmel blau?“. Blaues Licht wird sehr viel effizienter gestreut als rotes Licht – im Wesentlichen durch molekularen Sauerstoff und Stickstoff als Hauptkonstituenten der Luft. Der Himmel, den wir als elastisch gestreutes Licht der Sonne wahrnehmen, erscheint daher blau. Umgekehrt erklärt dies auch die rote Farbe der auf- und untergehenden Sonne.

Man beachte aber, dass für mittlere Photonenenergien – im Gegensatz zum klassischen, niederenergetischen Grenzfall (8.126) – der elastische Streuquerschnitt

(8.123) ausgeprägte Strukturen über einen breiten Bereich von Wellenlängen zeigt, wie man es entsprechend den Resonanznennern in der Formel (8.94) für die Polarisierbarkeit erwartet. In der Nähe von Resonanzfrequenzen wird besonders intensive Streuung beobachtet – selbst, wenn die Absorption noch vernachlässigbar ist.

Schließlich wird im Grenzfall *sehr hoher Photonenenergien* $W = \hbar\omega \gg \hbar\omega_0$ (mit ω_0 nach Gl. 8.125) die Polarisierbarkeit entsprechend (8.96) einfach $\alpha_E = -e^2/(m_e\omega^2)$. In diesem Fall nähert sich der integrale Streuquerschnitt nach (8.122)–(8.124) dem sogenannten THOMSON-*Querschnitt* (gemessen in der Einheit „barn“, siehe Anhang A.2)

$$\sigma_R \xrightarrow[\omega\gg\omega_0]{} \sigma_e = \frac{e^4}{6\pi\varepsilon_0^2 m_e^2 c^4} = \frac{8\pi}{3}\alpha^4 a_0^2 = \frac{8\pi}{3}\left(\frac{\alpha}{2\pi}\lambda_C\right)^2 = \frac{8\pi}{3}r_e^2 = 0.665\,\mathrm{b}\,. \tag{8.127}$$

Der differenzielle THOMSON-Wirkungsquerschnitt wird damit

$$\text{für polarisiertes Licht} \quad \frac{d\sigma_e}{d\Omega} = r_e^2 \sin^2\Theta \quad \text{und} \tag{8.128a}$$

$$\text{für unpolarisiertes Licht} \quad = \frac{r_e^2}{2}(1+\cos^2\theta)\,. \tag{8.128b}$$

Die Elektronen verhalten sich dann also gewissermaßen *wie freie Elektronen,* für welche dieser Querschnitt erstmals von J.J. THOMSON auf einer vollkommen klassischen Basis abgeleitet wurde. Hier ist α wieder die Feinstrukturkonstante, a_0 die atomare Längeneinheit, λ_C die COMPTON-Wellenlänge und r_e der klassische Elektronenradius (siehe Anhang A). Der Ausdruck $(8\pi/3)\,r_e^2$ in (8.127) hat eine recht suggestive Form; wir erinnern aber daran, dass r_e nichts mit einem Radius des Elektrons zu tun hat – das Elektron ist so punktförmig, wie wir es heute messen können.

In der obigen Diskussion haben wir weder die Teilcheneigenschaften des Photons noch die spezielle Relativitätstheorie berücksichtigt. Beide haben aber eine große Bedeutung für hohe Photonenenergien W, wenn also $\gamma = W/m_e c^2$ nicht mehr klein gegen 1 ist. *Für wirklich freie Elektronen* muss gleichzeitig die Energie- *und* die Impulserhaltung erfüllt sein, sodass Elektron und Photon auch bei der elastischen Streuung etwas Energie austauschen: Es findet also COMPTON-Streuung statt, die wir bereits in Abschn. 1.4.2 auf Seite 33 kurz eingeführt hatten. Wir schreiben (1.75) jetzt

$$\frac{W'}{W} = \frac{1}{1+\gamma(1-\cos\theta)} \tag{8.129}$$

wobei $W = \hbar\omega$ und $W' = \hbar\omega'$ die Energien von einfallendem und gestreutem Photon sind und θ der Streuwinkel des Photons in Bezug auf den einfallenden Lichtstrahl. Ohne Ableitung kommunizieren wir hier die (relativistisch korrekte) KLEIN-NISHINA-Formel für den differenziellen, über die Polarisation gemittelten COMPTON-Streuquerschnitt:

$$\frac{d\sigma_C}{d\Omega} = \frac{r_e^2}{2}\left(\frac{W'}{W}\right)^2\left[\frac{W}{W'} + \frac{W'}{W} - 1 + \cos^2\theta\right]. \tag{8.130}$$

Man beachte, dass *im nichtrelativistischen Grenzfall niedriger Energie,* also für $\gamma = W/m_e c^2 \ll 1$, die COMPTON-Verschiebung nach (8.129) verschwindet, d. h. $W'/W \simeq 1$ wird. Die KLEIN-NISHINA-Formel (8.130) reproduziert dann den differenziellen THOMSON-Querschnitt (8.128b) für die elastische Photonenstreuung *an einem freien Elektron,* gemittelt über die Polarisationen.

Mit diesem Hinweis haben wir die elastische *Lichtstreuung* von Atomen (oder Molekülen), d. h. *von gebundenen Elektronen* noch nicht vollständig behandelt. Zum einen haben wir bis jetzt stets nur *ein einziges* aktives Elektron berücksichtigt. Für den langwelligen Spektralbereich und sogar im Bereich atomarer Resonanzen kann man das (im Prinzip) einfach heilen, indem man (8.125) oder (8.95) über eine hinreichende Zahl von Absorptionsfrequenzen summiert und so implizit alle $\mathcal{N}_e$ Elektronen eines Systems berücksichtigt. Unabhängig davon wird der Streuprozess jeweils nur von einigen wenigen Resonanzübergängen bestimmt, die der Frequenz der einfallenden Strahlung am nächsten liegen.

Bei höheren Energien, $W = \hbar\omega \gg \hbar\omega_{ba}$, speziell bei der Streuung von RÖNTGEN- und Gamma-Strahlung, wird die Wellenlänge vergleichbar oder sogar kleiner als die Abmessungen der Atome und Moleküle. Dann muss – wie eben erklärt – Energie- und Impulserhaltung berücksichtigt werden. Bei Vielelektronensystemen kompliziert das die Situation erheblich (eine ausführliche Diskussion findet man z. B. bei KANE *et al.* 1986). Meist wird die *Formfaktornäherung* benutzt: Man berücksichtigt explizit die Wahrscheinlichkeitsdichten aller Elektronen, für die man die Streuamplituden summiert. Dabei unterscheidet man zwei Fälle (siehe z. B. HANSON 1986 wo auch explizit beschrieben wird, wie man Polarisationswinkel in Streuwinkel umrechnet):

1. Das Gegenstück zur RAYLEIGH-Streuung (elastisch) wird bei diesen Energien *kohärente Streuung* genannt. Man argumentiert, dass der Rückstoßimpuls $\hbar\boldsymbol{q} = \hbar\boldsymbol{k} - \hbar\boldsymbol{k}'$ des gestreuten Photons vom Atom als Ganzes aufgenommen wird, und der Streuprozess somit ohne nennenswerten Energieaustausch stattfindet (mit $q = 2k\sin(\theta/2)$). Daher bleibt die Photonenenergie erhalten und die Strahlung von allen Elektronen wird entsprechend ihrer Dichte kohärent überlagert. Von (8.128b) leitet man den differenziellen *Wirkungsquerschnitt für die kohärente Streuung unpolarisierter Strahlung ab:*
$$\frac{d\sigma_R}{d\Omega} = \frac{r_e^2}{2}\mathcal{F}^2(q,Z)\bigl(1+\cos^2\theta\bigr) \qquad (8.131)$$
Hierbei ist $\mathcal{F}(q,Z)$ der atomare Formfaktor definiert wie in (1.96), mit Betonung der Abhängigkeit von der Ordnungszahl Z des Atoms.
2. COMPTON-Streuung von Atomen, *inkohärente Streuung* genannt, wird ganz analog beschrieben, wobei aber die KLEIN-NISHINA-Formel (8.130) benutzt wird – jetzt werden freilich die Wirkungsquerschnitte für Photonen mit unterschiedlichen Endenergien inkohärent addiert. Wie z. B. von HUBBELL *et al.* (1975) im Detail ausgeführt, generalisiert man die Definition der Atomformfaktoren so, dass auch angeregte Zustände berücksichtigt werden:
$$\mathcal{F}^{(b)}(q,Z) = \langle b|\sum_{i=1}^{Z}\exp(\mathrm{i}\boldsymbol{q}\cdot\boldsymbol{r}_i)|a\rangle \quad \text{sodass } \mathcal{F}^{(a)}(q,Z) = \mathcal{F}(q,Z). \qquad (8.132)$$

Hier beschreibt $|a\rangle$ den Grundzustand und $|b\rangle$ jeden angeregten Zustand, der eine Rolle spielt. Man definiert damit eine *inkohärente Streufunktion,* im Wesentlichen durch Addition der Wirkungsquerschnitte:

$$S(q, Z) = \sum_{b \neq a} \left| \mathcal{F}^{(b)}(q, Z) \right|^2 \tag{8.133}$$

Der differenzielle *Wirkungsquerschnitt für inkohärente Streuung von unpolarisierter Strahlung* ist dann:

$$\frac{\mathrm{d}\sigma_{aC}}{\mathrm{d}\Omega} = \frac{r_e^2}{2} S(q, Z) \left(\frac{W'}{W} \right)^2 \left[\frac{W}{W'} + \frac{W'}{W} - \sin^2\theta \right]. \tag{8.134}$$

State-of-the-Art numerische Werte für die Formfaktoren aller Atome findet man z. B. bei CHANTLER *et al.* (2005) und BERGER *et al.* 2010. Die Daten schließen winkelintegrierte, kohärente und inkohärente Streuquerschnitte ein, ebenso wie Daten für die Photoionisation aller Atome. Man findet, dass die integrierten Wirkungsquerschnitte mit zunehmender Photonenenergie abnehmen, und zwar sowohl für die kohärente, wie auch für die inkohärente Lichtstreuung.

Abschließend erwähnen wir noch, dass THOMSON-Streuung an einem relativistischen Elektronenstrahl ein interessantes Thema mit Anwendungspotenzial für die Erzeugung von kurzen RÖNTGEN-Blitzen sein kann. Wir werden darauf in Abschn. 10.6.2 auf Seite 579 noch kurz zurückkommen.

Was haben wir in Abschnitt 8.4 gelernt?

- In einem oszillierenden elektromagnetischen Feld (Kreisfrequenz ω) ändert sich auch die Energie der Atomniveaus (sogenannter *dynamischer* STARK-Effekt). Wegen der quadratischen Natur der Wechselwirkung kann man den Effekt einfach dadurch beschreiben, dass man ω_{ba}^2 durch $\omega_{ba}^2 - \omega^2$ ersetzt (wobei ω_{ba} die entsprechenden Anregungsfrequenzen angibt). Die atomare Polarisierbarkeit $\alpha_E(\omega)$ im Wechselfeld erhält man mit der gleichen Substitution aus dem statischen Grenzfall α_E.
- Der Brechungsindex $n = \sqrt{\varepsilon_r}$ eines Mediums der Teilchendichte N ergibt sich aus der Polarisierbarkeit der Atome zu $n^2 = 1 + N\alpha_E(\omega)/\varepsilon_0$.
- In den meisten Bereichen des Spektrums ist $\mathrm{d}n/\mathrm{d}\omega > 0$. Man spricht dann von *normaler Dispersion,* während $\mathrm{d}n/\mathrm{d}\omega < 0$ die sog. anomale Dispersion charakterisiert, die man in der Nähe von Resonanzen antrifft. Dazu gehört jeweils auch Absorption von Strahlung. Einführung der entsprechenden Dämpfungskonstanten (Linienbreite der Übergänge) führt zu einem komplexen, frequenzabhängigen Brechungsindex $n_c(\omega) = n(\omega) + \mathrm{i}\kappa(\omega)$.
- Wir unterscheiden Phasen- und Gruppengeschwindigkeit einer elektromagnetischen Welle, $v_p = \omega/k = c/n$ bzw. $v_g = \mathrm{d}\omega/\mathrm{d}k = c/(n + \omega\mathrm{d}n/\mathrm{d}\omega)$. Typischerweise ist $v_g < v_p < c$. In der Umgebung von Resonanzen wird v_g aber sehr

klein und ändert sich im Bereich anomaler Dispersion rasch. Dabei kann sogar $v_g > c$ oder gar $v_g < 0$ werden. Dennoch findet Informationstransport stets nur mit Geschwindigkeiten statt, die $\leq c$ sind.

8.5 Atome im starken Laserfeld

Die stürmische Entwicklung leistungsstarker Ultrakurzpulslaser erlaubt es, ganz neue Dimensionen der Wechselwirkung von Licht mit Materie zu erschließen. Wir beenden dieses Kapitel mit einer kurzen Einführung in dieses Themenfeld.[11] Die Strahlungsintensität $I = W/(A\Delta t)$ in einem fokussierten Laserimpulses skaliert mit der Gesamtenergie W des Impulses, der Fläche im Fokus A und der Impulsdauer Δt. So ist z. B. die Intensität eines 10 fs Laserimpulses 10^6 Mal höher als die eines klassischen 10 ns Impulses gleicher Energie, den man typischerweise in der Spektroskopie einsetzt. Wie in Abschn. 8.2.2 besprochen und in Tab. 8.4 mit Zahlen belegt, können gigantische elektrische Feldstärken auf diese Weise erzeugt werden. Gegenwärtig übertreffen sie die Feldstärke, die ein $1s$-Elektron des H-Atoms im Mittel erfährt, um zwei Größenordnungen. Und die experimentellen Grenzen werden weiter vorangeschoben.

Atome und Moleküle, die solchen extremen Bedingungen ausgesetzt sind, reagieren mit einer Fülle erstaunlicher Phänomene – und erfordern auch neue theoretische Ansätze, die sich von den in Abschn. 8.2 beschriebenen unterscheiden.

8.5.1 Ponderomotorisches Potenzial

Bekannterweise kann bei der Wechselwirkung mit einem elektromagnetischen Feld auf ein freies Elektron aus Impulserhaltungsgründen keine Energie dauerhaft übertragen werden (die COMPTON-Streuung, die wir in Abschn. 8.4.5 auf Seite 468 behandelt haben, ist nur für sehr hohe Photonenenergien $\hbar\omega$ von Bedeutung). Wenn aber ein dritter Partner beteiligt ist (z. B. ein Atomkern), so kann die Energie- und Impulsbilanz mit dessen Hilfe befriedigt werden. Bei der Beschreibung von Atomen und Molekülen im starken Laserfeld benutzt man in aller Regel den semiklassischen Ansatz, der diesen Aspekt nicht explizit berücksichtigt. Wir haben die semiklassische Näherung ja bereits bei den elektromagnetisch induzierten Übergängen erfolgreich eingesetzt. Mit zunehmender Intensität der Strahlung wächst im Sinne des Korrespondenzprinzips auch die Berechtigung des semiklassischen Ansatzes.

Als Ausgangspunkt betrachten wir zunächst einmal die klassische, nichtrelativistische Bewegungsgleichung eines freien Elektrons in einem oszillierenden elek-

[11] Zu aktuellen Fragestellungen und Perspektiven dieses sehr aktiven Forschungsgebiets siehe z. B. HICKSTEIN *et al.* (2012), LANDSMAN und KELLER (2015) und dort zitierte Referenzen.

trischen Feld der Amplitude E_0 und Frequenz ω:

$$m_e \frac{dv}{dt} = eE_0 \cos \omega t$$

Die Geschwindigkeit des Elektrons und seine kinetische Energie im stationären Fall sind dann

$$v(t) = \frac{eE_0}{m_e \omega} \sin \omega t \quad \Rightarrow \quad \frac{1}{2} m_e v^2 = \frac{e^2 E_0^2}{2 m_e \omega^2} \sin^2 \omega t, \tag{8.135}$$

und für seine Auslenkung um einen Mittelpunkt herum gilt

$$x = -\frac{eE_0}{\omega^2 m_e} \cos(\omega t) = -x_0 \cos(\omega t). \tag{8.136}$$

Für die Auslenkungsamplitude x_0 berechnet man mit (4.2)

$$x_0 = \frac{eE_0}{\omega^2 m_e} = \frac{e}{\omega^2 m_e} \sqrt{\frac{2I}{\varepsilon_0 c}} = \frac{e \lambda^2}{4\pi^2 c^2 m_e} \sqrt{\frac{2I}{\varepsilon_0 c}}, \tag{8.137}$$

woraus in handlichen Einheiten

$$x_0/\,\mathrm{nm} = 1.3607 \times 10^{-7} [\lambda/\,\mathrm{nm}]^2 \sqrt{I/\left(10^{12}\,\mathrm{W\,cm^{-2}}\right)} \quad \text{wird.} \tag{8.138}$$

Die mittlere Energie U_p in dieser *Zitterbewegung („quiver motion") wird ponderomotorisches Potenzial* genannt

$$U_p = \overline{\frac{1}{2} m_e v^2} = \frac{e^2 E_0^2}{4 m_e \omega^2} = \frac{1}{4} m_e \omega^2 x_0^2.$$

Wenn wir (4.2) einsetzen, erhalten wir

$$U_p = \frac{e^2 I}{2\varepsilon_0 c m_e \omega^2} = \frac{e^2 I \lambda^2}{8\pi^2 \varepsilon_0 c^3 m_e} \propto I \lambda^2, \quad \text{oder} \tag{8.139}$$

$$U_p/\,\mathrm{eV} = 9.3375 \times 10^{-8} [\lambda/\,\mathrm{nm}]^2 \left[I/\left(10^{12}\,\mathrm{W\,cm^{-2}}\right)\right]. \tag{8.140}$$

*Dieser Ausdruck entspricht genau dem im Vektorpotenzial **A** quadratischen Term* $(e^2/2m_e)\,\boldsymbol{A}^2$ des (semiklassischen) HAMILTON-Operators (8.1) bzw. (H.1), der semiklassisch und formal korrekt die Wechselwirkung eines Atoms mit einem elektromagnetischen Feld beschreibt. Die Umrechnung von $\boldsymbol{A}^2$ in Intensität I ist in Anhang H.1 ausgeführt und ergibt dort den Ausdruck (H.14), der identisch zu (8.139) ist.

Die Größenordnung von U_p und x_0 illustriert Abb. 8.28 für verschiedene Wellenlängen λ als Funktion der Laserintensität I. Die vollen Linien *(online rot)* beziehen sich auf die Grundwelle $\lambda = 800\,\mathrm{nm}$ des Ti:Sa-Laser – des „Arbeitspferds" der Ultrakurzzeitphysik. Nehmen wir als Beispiel ein Elektron im Fokus des Lasers bei einer Intensität von $10^{14}\,\mathrm{W\,cm^{-2}}$. Das ponderomotorische Potenzial entspricht dann $U_p = 5.976\,\mathrm{eV}$. Und nach (8.138) wird die entsprechende Auslenkungsamplitude $x_0 = 0.87\,\mathrm{nm}$ – das ist eine weite Elektronenbewegung im Vergleich zu typischen Atomabmessungen von einigen 0.1 bis 0.25 nm (siehe Abschn. 3.1.5 auf Seite 155).

Man kann sich leicht vorstellen, dass Elektronen, die an ein Atom oder Molekül gebunden sind, in solch hohen Feldern erhebliche Veränderungen ihrer Wellenfunktionen und Termenergien erfahren. Wir müssen das ponderomotorische Potenzial

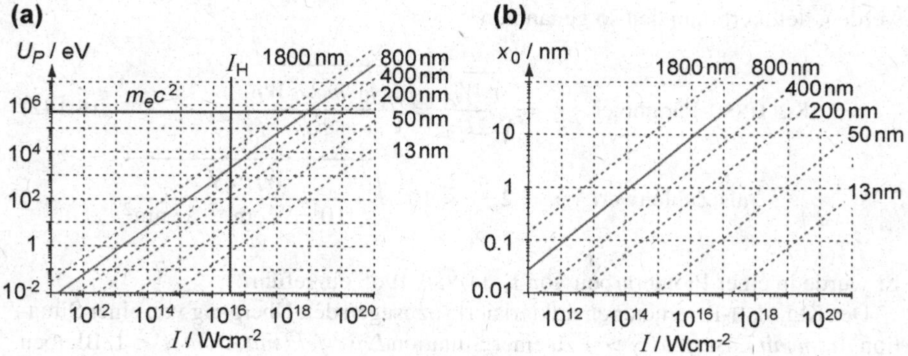

Abb. 8.28 (**a**) Ponderomotorisches Potenzial und (**b**) maximale Amplitude eines Elektrons im Feld eines kurzen Laserimpulses der Intensität I bei den durch schräge Linien *(online rot)* gekennzeichneten Wellenlängen $\lambda = (13 - 1800)$ nm; die vollen schrägen Linien entsprechen jeweils der Wellenlänge $\lambda = 800$ nm des Ti:Sa-Lasers; die elektrische Feldstärke bei der mit I_H markierten Intensität entspricht derjenigen, die im H-Atom beim Abstand a_0 vom Kern herrscht

(8.139) also mit der Bindungsenergie des Elektrons im Atom vergleichen. Im moderaten Falle wird dies zu einer Energieverschiebung führen, die wir im Zusammenhang mit dem dynamischen STARK-Effekt ja bereits kennengelernt haben. In der Tat zeigt ein Vergleich von U_p nach (8.139) mit (8.97), dass im Grenzfall hoher Frequenzen $\omega \gg \omega_{ba}$ mit $\sum f_{ba}^{(\mathrm{opt})} = 1$ beide Ausdrücke identisch werden.

Allerdings erwarten wir für wirklich starke und insbesondere auch für längerwellige Laserfelder, wie sie in Abb. 8.28 charakterisiert sind, einen Zusammenbruch der bislang entwickelten Atomphysik gebundener Zustände. Zwei spezifische Grenzen zur Charakterisierung eines ultraintensiven Laserfeldes sind in Abb. 8.28a eingetragen: Zum einen wird das System hochrelativistisch, wenn $U_\mathrm{p} > m_\mathrm{e}c^2$ ist. Die hierfür erforderliche Laserintensität fällt nach (8.139) mit dem Quadrat der Wellenlänge. Zum anderen wird oberhalb einer Intensität I_H das elektrische Feld im Laserfokus größer als das atomare Feld E_H, welches ein Elektron im H-Atom bei einem Kernabstand a_0 erfährt. Diese Intensität ist wellenlängenunabhängig:

$$I_\mathrm{H} = \frac{\varepsilon_0 c}{2} E_\mathrm{H}^2 = \frac{\varepsilon_0 c}{2}\left(\frac{e}{4\pi\varepsilon_0 a_0^2}\right)^2 = 3.51 \times 10^{16}\,\mathrm{W\,cm^{-2}}\,. \qquad (8.141)$$

8.5.2 KELDISH-Parameter

Es gibt noch eine weitere Grenze, oberhalb derer ein Laserfeld als hoch anzusehen ist: Sie leitet sich aus dem Verhältnis von Ionisationspotenzial W_I zu ponderomotorischem Potenzial U_p ab. Aus Gründen, die wir in Abschn. 8.5.4 diskutieren werden, definiert man den so genannten

$$\text{Keldysh-Parameter} \quad \gamma = \sqrt{\frac{W_I}{2U_\mathrm{p}}} = \sqrt{\frac{\varepsilon_0 c m_\mathrm{e} \omega^2 W_I}{e^2 I}}, \tag{8.142}$$

$$\text{als Zahlenwert} \quad \gamma = 2.31 \times 10^3 \sqrt{\frac{W_I/\,\mathrm{eV}}{I/10^{12}\,\mathrm{W\,cm^{-2}}\,\lambda/\,\mathrm{nm}^2}}.$$

Er wurde in einer Pionierarbeit von KELDYSH 1965 eingeführt.

Der KELDISH-Parameter charakterisiert sozusagen den Übergang von einer Situation *Atom mit Laserfeld* $\gamma > 1$ zu einer Situation *Laserfeld mit Atom* $\gamma < 1$. Bleiben wir bei unserem obigen Beispiel und betrachten wir ein H-Atom mit $W_I = 13.6\,\mathrm{eV}$ in einem Strahlungsfeld von $I = 10^{14}\,\mathrm{W\,cm^{-2}}$ bei $\lambda = 800\,\mathrm{nm}$. Dann wird $\gamma \simeq 1$. Bei dieser Intensität wird also die atomare Energie vergleichbar mit der vom Feld eingebrachten Energie – für ein H-Atom würden wir dies als intensives Laserfeld bezeichnen. Wir merken uns an dieser Stelle, dass der KELDYSH-Parameter wellenlängenabhängig ist: Je größer die Wellenlänge, desto wirksamer ist das Laserfeld!

8.5.3 Von der Multiphotonenionisation zur Sättigung

Mit der Multiphotonenionisation (MPI) hatten wir uns schon in Abschn. 5.5.5 auf Seite 289 beschäftigt und sie bis dort im Sinne der Störungsrechnung behandelt: Bis zur $\mathcal{N}$ten Ordnung für die $\mathcal{N}$-Photonenabsorption. Wie dort beschrieben, hängt der Wirkungsquerschnitt für MPI von der Laserintensität $\propto I^{\mathcal{N}}$ ab. Wenn die benutzten Laserfelder vergleichbar mit den inneratomaren Feldern werden, ist dieser Ansatz natürlich nur noch begrenzt sinnvoll. Das Verhalten von Atomen und Molekülen in solchen starken Laserfeldern zeigt viele, auf den ersten Blick überraschende Phänomene. In einem gewissen Sinne kann man sagen, dass die Prozesse umso klassischer werden, je höher die Intensität ist. So werden zum Beispiel bei sehr hohen Intensitäten die Atomniveaus stark verschoben und Elektronen können durch *Tunneln* oder Prozesse *Über die Barriere* austreten, wie wir gleich sehen werden, und ihre Energie wird (jedenfalls für einen Teil der austretenden Elektronen) umso höher, je höher die Lichtintensität ist – ein Phänomen, das der Beobachtung beim üblichen Photoeffekt direkt zu widersprechen scheint.

Der Übergang zwischen dem Bereich der Störungsrechnung, dem Tunneln und der Ionisation „Über die Barriere" ist freilich fließend. Ein sehr schönes experimentelles Beispiel ist die von LAROCHELLE *et al.* (1998) untersuchte Multiphotonenionisation (MPI) von Xe mit Femtosekundenlaserimpulsen bei 800 nm. Die in Abb. 8.29 vorgestellten Ergebnisse gelten bis heute als „Benchmark" für solche Experimente. Gezeigt wird die gemessene Ausbeute an Xe^+-Ionen als Funktion der Laserintensität im Vergleich mit verschiedenen theoretischen Deutungsversuchen. Das Ionisationspotenzial von Xe ist $W_I = 13.44\,\mathrm{eV}$, und bei $\lambda = 800\,\mathrm{nm}$ wird $W_I/\hbar\omega = 8.67$, sodass mindestens 9 Photonen für die Ionisation benötigt werden. Mit einer Ionenausbeute $\propto I^{\mathcal{N}}$ würde man im doppelt-logarithmischer Darstellung eine Gerade der Steigung $\mathcal{N} = 9$ erwarten. Wie in Abb. 8.29 erkennbar, wird dies in der Tat auch beobachtet – allerdings nur für die niedrigsten Intensitäten. Bei mittleren Intensitäten scheinen die experimentellen Daten eher einem Potenzgesetz $\propto I^5$ zu folgen. Xe ist ein recht komplexes Atom mit einer dichten Folge von Zuständen oberhalb des ersten angeregten Zustands – letzterer würde ca. 5 Photonen für seine Anregung benötigen. Offensichtlich wird bei solch hohen Intensitäten die Resonanzbedingung für Anregungen infolge des dynamischen STARK-Effekts ausgewaschen. Und nachdem die erste Anregungsstufe erreicht wurde, kann das Atom rasch mithilfe der weiteren, nahe-resonanten Zwischenzustände ionisiert werden.

Wie man ebenfalls in Abb. 8.29 sieht, verlangsamt sich der Anstieg der Ionenausbeute oberhalb von ca. $10^{14}\,\mathrm{W\,cm^{-2}}$ dramatisch weiter. Man kann sagen, dass bei diesen Intensitäten im Zentrum des Laserfokus bereits alle Atome ionisiert sind. Der weitere, schwache Anstieg entsteht nur dadurch, dass auch in den Randzonen des Laserstrahls, der durch ein GAUSS-Profil zu charakterisieren ist, Zug um Zug diese *Sättigungsintensität* erreicht wird, dass sich also das Ionisationsvolumen effektiv vergrößert. Als obere Skala haben wir in Abb. 8.29 den KELDYSH-Parameter (8.142) aufgetragen. Man sieht, dass Sättigung offensichtlich in einem Intensitätsbereich erreicht wird, bei welchem $\gamma \simeq 1$ wird, also dort, wo das noch moderate Feld in ein sehr starkes Feld übergeht.

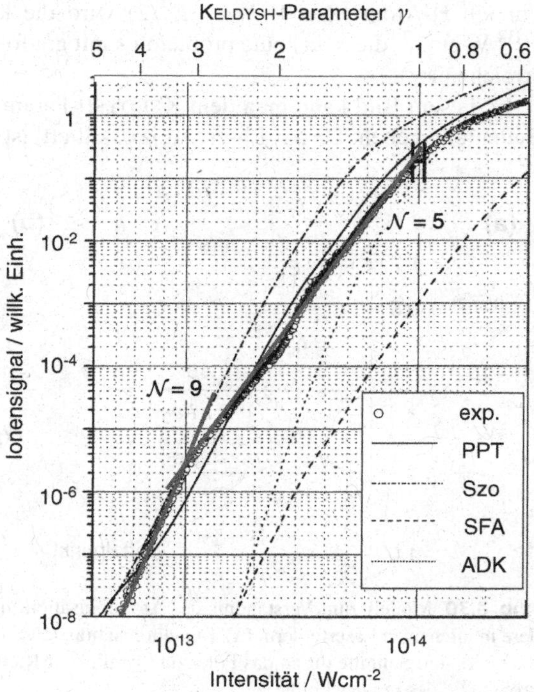

Abb. 8.29 Multiphotonenionisation: Ionensignal aus Xe bei 800 nm als Funktion der Laserintensität nach LAROCHELLE *et al.* (1998). Die Steigung im *log–log*-Maßstab gibt mit (5.92) einen Hinweis auf die Zahl der Photonen $\mathcal{N}$, die am Prozess beteiligt sind. Die Steigung der beiden fetten Geraden *(online rot)* entsprechen $9\hbar\omega$ bzw. $5\hbar\omega$. Für die direkte MPI von Xe sind wenigstens 9 Photonen erforderlich, wie man es bei den niedrigsten Intensitäten auch beobachtet. Bei einer Intensität $I = 10^{14}\,\mathrm{W\,cm^{-2}}$ ist der Prozess gesättigt. Die Ionenausbeute wird mit verschiedenen Theorien verglichen (zu Details siehe Originalarbeit)

8.5.4 Tunnelionisation

Bei sehr hohen Intensitäten kann das (oszillierende) elektrische Feld so groß werden, dass es das atomare elektrische Feld maßgeblich verändert. Nehmen wir an, das Atom könne für das auslaufende Elektron im Wesentlichen als COULOMB-Potenzial der Ladung Ze beschrieben werden, so ‚sieht' das Elektron im Feld eines linear in z-Richtung polarisierten Laserimpulses ein zeitabhängiges Potenzial

$$V(r,t) = -\frac{Ze^2}{4\pi\varepsilon_0 r} - eE(t)z \quad \text{mit} \quad z = r\cos\theta, \tag{8.143}$$

wie dies für das Maximum der Feldoszillation mit zwei verschiedenen Amplituden E_0 in Abb. 8.30a bzw. b illustriert ist.

Die Elektronen können aus dem Atom „heraustunneln", wie in Abb. 8.30a skizziert, oder sogar „Über die Barriere" aus dem Atom austreten (b), sofern diese hinreichend stark abgesenkt wird. Man berechnet die kritische Intensität I_{cr}, bei welcher dieser Fall eintritt, indem man für den Sattelpunkt des Potenzials $V(r_s) = -W_I$ fordert. Mit $\mathrm{d}V(r)/\mathrm{d}r|_{r_s} = 0$ findet man

$$I_{cr} = \frac{\pi^2 c\varepsilon_0^3}{2Z^2e^6}(W_I)^4 \tag{8.144}$$

$$\frac{I_{cr}}{\mathrm{W\,cm^{-2}}} \simeq \frac{4.0\times 10^9}{Z^2}\left(\frac{W_I}{\mathrm{eV}}\right)^4.$$

Für ein H-Atom ($Z = 1$, $W_I = E_h/2$) wird die kritische Intensität $I_{cr} = 1.37 \times 10^{14}\,\mathrm{W\,cm^{-2}}$, die man heute problemlos mit gut fokussierten Femtosekundenlasern erreichen kann.

In diesem Bild kann man dem KELDYSH-Parameter nun auch eine anschauliche Bedeutung geben: Da das Laserfeld ja oszilliert, ist die entscheidende Frage, ob das

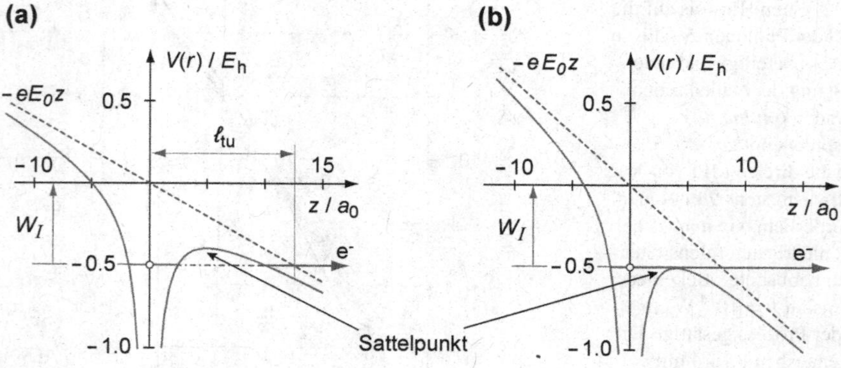

Abb. 8.30 Modell zum Verständnis der Atomionisation im starken elektrischen Feld, insbesondere in intensiven Laserfeldern: (**a**) Tunnelionisation, (**b**) Elektronenemission „Über die Barriere". Skizziert sind Schnitte durch das Potenzial parallel zur Richtung des $\boldsymbol{E}$-Feldes zum Zeitpunkt des größten Feldes in z-Richtung

Elektron schnell genug aus dem Atom austreten kann, ehe das Feld sein Vorzeichen gewechselt hat. Wir betrachten den Fall Abb. 8.30a und schätzen die Strecke ℓ_{tu}, welche das Elektron durchtunneln muss, der Einfachheit halber für ein sogenanntes „Zero-Range-Potential" ab (gestrichelte Linie, *online rot*). Aus Abb. 8.30a liest man ab:

$$\ell_{tu} = W_I/(eE_0) \tag{8.145}$$

In dieser Situation ist die kinetische Energie des Elektrons $W_{kin} = W_I$, seine Geschwindigkeit ist $v = \sqrt{2W_I/m_e}$, und folglich wird die Tunnelzeit

$$t_{tu} = \frac{\ell_{tu}}{v} = \frac{\sqrt{m_e W_I}}{\sqrt{2}eE_0} = \frac{\sqrt{\varepsilon_0 c m_e W_I}}{2\sqrt{e^2 I}}. \tag{8.146}$$

Um dem Elektron zu erlauben, das Atom endgültig zu verlassen, muss die Tunnelzeit deutlich kürzer sein als eine halbe Oszillationsperiode,[12] sagen wir $t_{tu} < 1/(2\omega)$. Man definiert den KELDYSH-Parameter dann als

$$\gamma = 2\omega t_{tu} = \sqrt{\frac{\varepsilon_0 c m_e \omega^2 W_I}{e^2 I}}, \tag{8.147}$$

in Übereinstimmung mit (8.142). Sättigung des Ionensignals, die nach Abb. 8.29 bei hohen Laserintensitäten (entsprechend $\gamma \lesssim 1$) beobachtet wird, findet demnach bei Intensitäten und Frequenzen statt, bei welchen das Elektron genügend Zeit hat, um aus dem Atom auszutreten, ehe das Feld seinen Maximalwert E_0 erreicht hat. Nach dieser Vorstellung vom Ionisationsprozess wird die Ionisation offensichtlich um so wahrscheinlicher, je langsamer das Feld oszilliert, d. h. bei größeren Wellenlängen ist die Ionisation im starken Laserfeld effizienter.

Dagegen vernachlässigt die (im Wesentlichen) klassische ADK-Theorie (AMMOSOV *et al.* 1986) die Frequenzabhängigkeit vollständig. Sie führt dennoch oft zu erstaunlich guten Ergebnissen bei Atomen und nimmt an, dass Sättigung erreicht wird, wenn das Feld hoch genug ist, um Ionisation direkt „Über die Barriere" zu ermöglichen, wie in Abb. 8.30b skizziert. Um einen typischen Wert zu nennen: Für das H-Atom wird bei der kritischen Intensität (8.144) und $\lambda = 800$ nm der KELDISH-Parameter gerade $\gamma = 0.9$. Ein detailliertes Verständnis der relevanten Prozesse ist Gegenstand der aktuellen Forschung (siehe z. B. WANG *et al.* 2014; LAI *et al.* 2015; LANDSMAN und KELLER 2015). Einige wichtige Konsequenzen besprechen wir nachfolgend.

[12] Man sollte dieser Argumentation nur *cum grano salis* folgen: „Tunneln" ist ein quantenmechanischer Prozess, während das Elektron im klassischen Bild das Atom nur „Über die Barriere" verlassen kann. Wenn man heute also dem Zeitablauf solcher Ionisationsprozesse mit Attosekunden-Impulsen auf die Spur kommen möchte, darf man nicht vergessen, dass dafür auch die Unschärferelation $\Delta W \Delta t \geq \hbar$ gilt.

8.5.5 Rückstreuung

Wenn zeitlicher Verlauf und Intensität des Laserimpulses günstig sind, kann das Elektron sogar zum Atom zurückkehren. Diese sogenannte *Rückstreuung* („rescattering") *der Elektronen* wurde erstmals von CORKUM (1993) mit einer einfachen klassischen Trajektorienrechnung beschrieben. Wenn im starken Feld ein Elektron aus dem Atom austritt, so hängt seine Trajektorie wesentlich davon ab, wann genau es seine Bahn antritt. Es zeigt sich, dass Elektronen unter geeigneten Bedingungen tatsächlich zum Atom zurückkehren können – nämlich dann, wenn sie sich zum Zeitpunkt der Vorzeichenumkehr des oszillierenden elektrischen Feldes noch nicht zu weit vom Atom entfernt haben. CORKUM konnte zeigen, dass das *rückgestreute Elektron* (am Ursprung) *eine kinetische Energie* bis zu

$$3.17 \times U_\mathrm{p} \geq W_\mathrm{kin}^{(\mathrm{el})} \tag{8.148}$$

erreichen kann, und zwar genau dann, wenn der Phasenwinkel des als $E(t) \propto \cos(\omega t + \phi)$ angenommenen Feldes zum Zeitpunkt des Elektronenaustritts $t = 0$ gerade $\phi \simeq 17°$ ist. Die Physik dieser rückgestreuten Elektronen ist sehr interessant und nach wie vor Gegenstand aktueller Forschung.

So können diese Elektronen z. B. ein zweites Elektron aus dem Atom herausschlagen, was zur sogenannten *nicht-sequenziellen Doppelionisation* führt und sich in einem sehr speziellen Verhalten des MPI-Wirkungsquerschnitts für die Multiphotonenionisation wiederspiegelt. Dies ist in Abb. 8.31 für das He-Atom illustriert.

Grundsätzlich erwartet man bei Mehrelektronensystemen A natürlich Prozesse vom Typ:

$$\begin{aligned}
\mathrm{A} + \mathcal{N}_1\hbar\omega &\rightarrow \mathrm{A}^+ + \mathrm{e}^- \\
\mathrm{A}^+ + \mathcal{N}_2\hbar\omega &\rightarrow \mathrm{A}^{2+} + \mathrm{e}^- \\
&\dots \\
\mathrm{A}^{q+} + \mathcal{N}_{q+1}\hbar\omega &\rightarrow \mathrm{A}^{(q+1)+} + \mathrm{e}^- .
\end{aligned}$$

Wenn diese Prozesse getrennt nacheinander verlaufen, spricht man von einer stufenweisen oder sequenziellen Ionisation. Aber man kann sich bei stark korrelierten Systemen natürlich auch die Emission mehrerer Elektronen in einem Schritt vorstellen – oder eben die Mehrfachionisation durch rückgestreute Elektronen, was in der Bilanz

$$\begin{aligned}
\mathrm{A} + N_1\hbar\omega &\rightarrow \mathrm{A}^+ + \mathrm{e}^- \left(W_\mathrm{kin}^{(\mathrm{el})} \leq 3.17 U_\mathrm{p}\right) \\
\mathrm{A}^{2+} + 2\mathrm{e}^- &\leftarrow \mathrm{A}^+ + \mathrm{e}^- \hookleftarrow
\end{aligned}$$

ebenfalls einem nichtsequenziellen Prozess entspricht. Charakteristisch für die nichtsequenzielle Ionisation ist ein Knick in der doppelt-logarithmischen Auftragung des Ionensignals als Funktion der Intensität, wie dies in Abb. 8.31 deutlich für das He^{++}-Signal zu erkennen ist (*nseq* kennzeichnet den nichtsequenziellen Anteil).

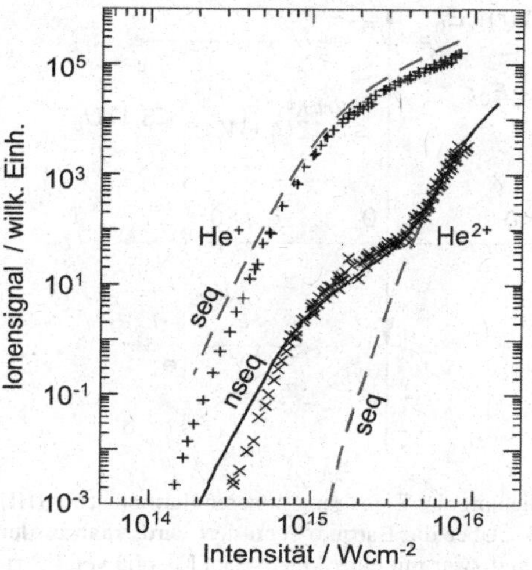

Abb. 8.31 Nicht-sequenzielle Doppelionisation von He durch Multiphotonenprozesse mit 160 fs Impulsen bei 780 nm und Vergleich mit verschiedenen Theorien nach WATSON *et al.* (1997). Die Ausbeute an He^+ (+) und He^{2+} (×) Ionen wurde von WALKER *et al.* (1994) gemessen. Sie werden mit zwei Modellrechnungen verglichen: Gestrichelte, mit ‚seq' markierte Linien *(online rot)* berücksichtigen nur *ein* aktives Elektron, die vollen, mit ‚nseq' markierten Linien *(online schwarz)* berücksichtigen *zwei* aktive Elektronen

8.5.6 Erzeugung höherer Harmonischer (HHG)

Die rückgestreuten Elektronen können nicht nur ein zweites Elektron herausschlagen, sie können u. U. auch wieder vom Atom eingefangen werden und dabei ihrerseits elektromagnetische Strahlung aussenden: Dies führt zur Erzeugung von elektromagnetischen Wellen, deren Frequenzen höhere Harmonische der eingestrahlten Grundwelle sind. Man spricht von *High Harmonic Generation* (HHG), ein Prozess der in den letzten zwei Jahrzehnten erhebliches Interesse gefunden hat und Grundlage der Attosekundenphysik geworden ist (einen Überblick geben z. B. KOHLER *et al.* 2012).

Der Mechanismus der HHG ist in Abb. 8.32 schematisch skizziert. Das rückgestreute Elektron hat ggf. einen hohen Energieüberschuss, den es bei einem Wiedereinfang als Strahlung abgeben kann. Wie schon in Abschn. 8.5.5 erwähnt, kann die Energie des rückgestreuten Elektrons bis zu $W_{kin} \leq 3.17\, U_\mathrm{p}$ betragen. Wie in Abb. 8.32 illustriert, werden nach (8.148) beim Wiedereinfang des Elektrons in das Atom Photonenenergien bis zu $\hbar\omega_\mathrm{HHG} \leq 3.17\, U_\mathrm{p} + W_I$ emittiert.

Man benutzt diesen HHG-Prozess inzwischen sehr erfolgreich, um kurze Impulse elektromagnetischer Strahlung im weichen Röntgenbereich (XUV) zu erzeugen. Man strahlt dazu einen stark fokussierten Femtosekundenlaserimpuls in ein dichtes Gastarget (z. B. in einen Gasjet oder auch in eine gasgefüllte Kapillare) ein und erhält die XUV-Strahlung in Vorwärtsrichtung. Sie enthält in der Regel ein breites

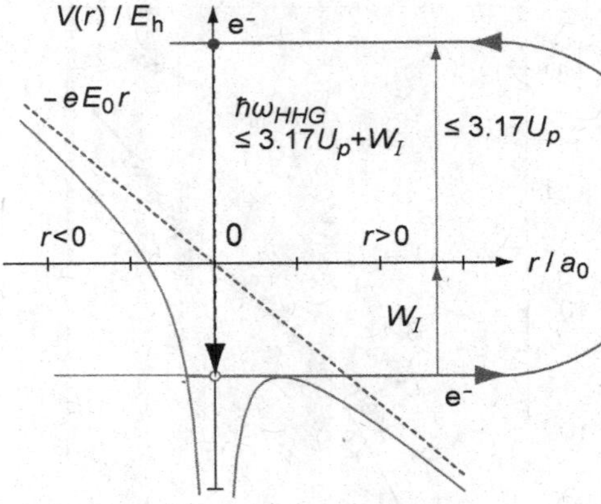

Abb. 8.32 Veranschaulichung der Erzeugung höherer Harmonischer (HHG). Wenn ein Elektron im richtigen Augenblick „Über die Barriere" emittiert wird, kann es durch das invertierte Feld *zurückgestreut* werden, und zwar mit einer kinetischen Energie von bis zu $W_{\mathrm{kin}} \leq 3.17U_{\mathrm{p}}$. Diese Energie + Ionisationspotenzial ist im Prinzip für die HHG verfügbar

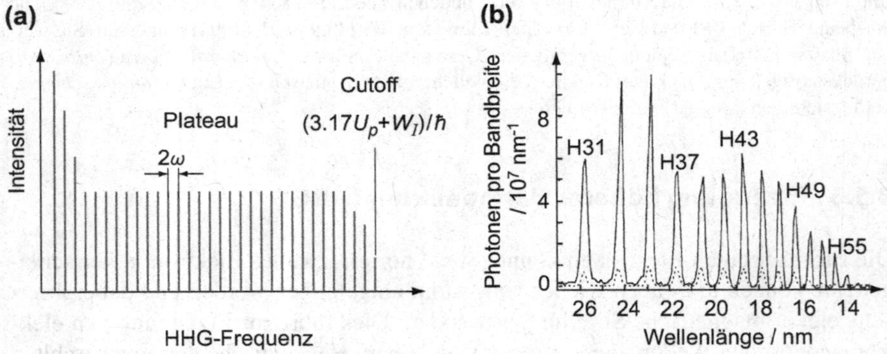

Abb. 8.33 (**a**) Schema eines HHG-Spektrums mit *Plateau* und *Cutoff* bei $3.17U_{\mathrm{p}} + W_I$. Die Frequenzabstände sind 2ω. (**b**) Beispiel eines experimentell beobachteten HHG-Spektrums nach BALCOU *et al.* (2002). 30 fs Impulse bei ca. 800 nm wurden in einen Ne-Gasjet fokussiert.eps

Spektrum von Harmonischen der Grundfrequenz $\omega_{\mathrm{HHG}} = (2\mathcal{N} + 1)\omega$, wobei aus Symmetriegründen nur die ungeraden Harmonischen der eingestrahlten Grundwelle wieder emittiert werden, wie schematisch in Abb. 8.33a gezeigt.

Das Schema deutet die besonders hohe Effizienz der Konversion für niedrige Harmonische an, gefolgt von einem langen *Plateau* mit Frequenzen im Abstand von 2ω bis zum *Cutoff* bei $3.17U_{\mathrm{p}} + W_I$, den man anhand von Abb. 8.32 leicht versteht. In Abb. 8.33b ist als typisches Beispiel das HHG-Spektrum von Neon gezeigt. Wie in der Abbildung dokumentiert, kann man durch geschickte Wahl der Fokussierungsbedingungen die emittierte Intensität beeinflussen – eine Folge der nichtlinearen Erzeugung, bei der auch die Phasenbeziehung aller Oszillatoren eine wichtige Rolle spielt. Durch spezielle zeitliche und räumliche Impulsformung kann man sogar einzelne Harmonische dominant machen und so die Effizienz der Frequenzwandlung erheblich verbessern. Die HHG wird inzwischen zunehmend als zeitaufgelöste Strahlungsquelle im weichen Röntgenbereich genutzt und hat erhebliches Potenzial für die Röntgenspektroskopie. Die im Grenzfall erreichbare kürzeste Wellenlänge hängt von der Laserintensität, vom gewählten Targetgas und von der eingestrahlten Frequenz ab (da $U_p \propto \lambda^2$). Im Prinzip sollten daher Treiberlaser im mittleren IR effizienter sein als solche im nahen IR (einen experimentellen Beleg findet man z. B. bei POPMINTCHEV *et al.* 2012).

Es zeigt sich, dass diese Harmonischen kohärent sind. Wenn man sie trickreich überlagert (siehe z. B. TZALLAS *et al.* 2003) und geschickt filtert, so wird durch Interferenz eine geeignete FOURIER-Summe gebildet, und es gelingt tatsächlich, einzelne Impulse einer Dauer von weit unter 1 fs zu erzeugen (der Rekord liegt z.Zt. deutlich unter 100 as).[13] In den letzten 20 Jahren hat die Erzeugung von kohärenten (laserartigen) *Attosekundenimpulsen* durch Superposition mehrerer hoher Harmonischer rasante Fortschritte gemacht. Wie stets, wenn eine Messmethode um eine Größenordnung verbessert wird, eröffnet sich auch hier ein vielfältiges Potenzial für Grundlagenforschung und Anwendung. Man darf gespannt sein, wie sich die *„Attosekundenphysik"* in den kommenden Jahren entwickelt (siehe z. B. AGOSTINI und DIMAURO 2004; SCRINZI *et al.* 2006; KRAUSZ und IVANOV 2009; SANSONE *et al.* 2011; LANDSMAN und KELLER 2015).

8.5.7 Ionisation oberhalb der Schwelle (ATI)

Zum Abschluss dieses Kapitels kommen wir noch einmal kurz auf ATI-Prozesse zurück, die wir bereits in Abschn. 5.5.5 auf Seite 289 eingeführt hatten. Wie entwickeln sich diese nun in starken Laserfeldern als Funktion der Intensität der Strahlung – gewissermaßen auf dem Weg von MPI über den Tunnelbereich hin zur Ionisation „Über die Barriere"?

Als besonders suggestives Beispiel zeigen wir in Abb. 8.34 die von PAULUS *et al.* (1994) untersuchten Spektren für Ar mit wunderschönen Serien von aufgelösten ATI-Peaks. Argon hat ein Ionisationspotenzial von $\simeq 15.4$ eV, die benutzten Laserintensitäten entsprechen daher nach (8.147) KELDYSH-Parametern γ von (a) 1.88, (b) 1.33, (c) 0.94 und (d) 0.7. Es wird also gerade der kritische, hier angesprochene Übergangsbereich zwischen moderater Intensität und Ionisation „Über die Barriere" überstrichen. Dies wird in den Elektronenspektren evident: Während bei der niedrigsten Intensität (a) ein relativ unspektakuläres ATI-Spektrum beobachtet wird, das man durchaus mit dem in Abb. 5.13 auf Seite 290 für Xe gezeigten vergleichen kann, zeigen die höheren Intensitäten sehr deutliche Strukturen im Intensitätsverlauf, die uns an die im letzten Abschnitt besprochenen Plateaus bei der HHG-Erzeugung erin-

[13]Zur Erinnerung: Eine Attosekunde (1 as) ist definiert durch 1 as = 10^{-18} s.

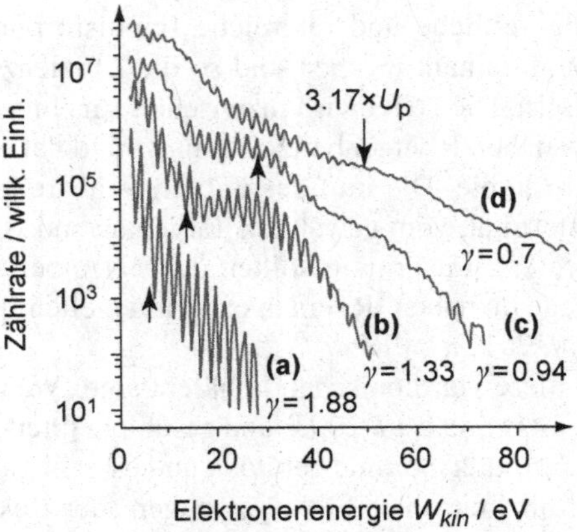

Abb. 8.34 ATI-Spektren für Ar nach PAULUS *et al.* 1994, aufgenommen für Laserimpulse von 40 fs und 630 nm bei Intensitäten von (**a**) $6 \times 10^{13}\,\mathrm{W\,cm^{-2}}$, (**b**) $1.2 \times 10^{14}\,\mathrm{W\,cm^{-2}}$, (**c**) $2.4 \times 10^{14}\,\mathrm{W\,cm^{-2}}$ und (**d**) $4.4 \times 10^{14}\,\mathrm{W\,cm^{-2}}$ (die Messkurven sind der besseren Übersicht wegen vertikal leicht versetzt; die *schwarzen Pfeile* deuten das Maximum der klassischen Rückstreuenergie bei $3.17 \times U_p$ an)

nern. Diese waren ja eine Folge der Rückstreuung der schon aus dem Atom gelösten Elektronen.

Und so liegt es nahe, auch diese, hier in den ATI-Spektren beobachteten Plateaus/ Schwebungen mit der Rückstreuung in Verbindung zu bringen: Offenbar können auch rückgestreute Elektronen weitere Photonen absorbieren. Ohne eine Erklärung der Einzelheiten dieser Spektren zu versuchen, deuten wir in Abb. 8.34 die jeweils maximale Energie $3.17 \times U_p$ der rückgestreuten Elektronen im klassischen Modell durch Pfeile an. Man könnte nun die Beobachtung so deuten, dass diese zum Atom rückgekehrten Elektronen dort weitere Photonen absorbieren und mit entsprechend höheren Energien den atomaren Bereich endgültig verlassen. Freilich sollte man für einen so komplexen Vorgang wie diesen kombinierten ATI-Über-die-Barriere-Rückstreuprozess ein so einfaches klassisches Modell nicht überstrapazieren. Entsprechende quantenmechanische Modellrechnungen zeigen dagegen recht plausible Übereinstimmungen mit dem Experiment.

Interessanterweise kann man ATI auch an ganz großen Molekülen beobachten, wie dies in Abb. 8.35 am Beispiel C_{60} nach CAMPBELL *et al.* 2000 gezeigt wird. Das Ionisationspotenzial ist hier mit ca. 7.6 eV viel kleiner als beim Argon, die Intensitäten sind aber qualitativ mit denen in Abb. 8.34 vergleichbar, wie die entsprechenden KELDYSH-Parameter γ belegen.

Auch hier kann man, wenn auch nur schwach, eine Art verlängertes Plateau bei höheren Intensitäten erkennen. Deutlich ist auch, dass das Elektronensignal jenseits von $3.17 \times U_p$ langsamer abnimmt, wenn die Laserintensität höher ist. Allerdings verschmieren die sonst sehr klaren ATI-Peaks im Elektronenspektrum, wenn die Laserintensität zu hoch wird: Dieses große Vielteilchensystem C_{60} besitzt 240

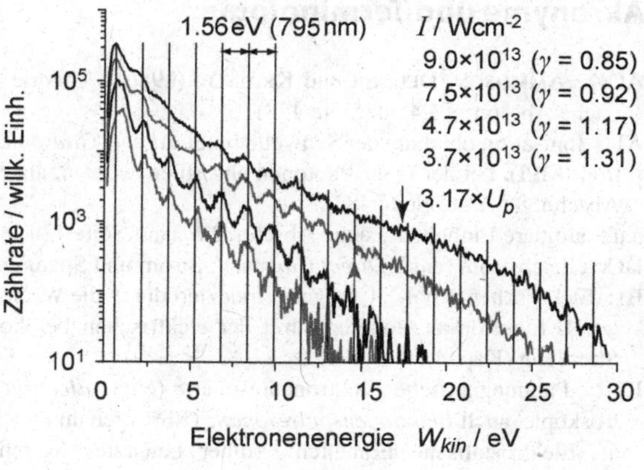

Abb. 8.35 ATI-Spektren von C_{60} nach CAMPBELL *et al.* (2000); die Laserintensitäten für die vier Messkurven sind in der Legende aufgeführt. Die vertikalen *grauen* Linien im Abstand von einer Photonenenergie (für 795 nm) erlauben die Identifikation der ATI-Maxima

Valenzelektronen, und die Wechselwirkung zwischen ihnen thermalisiert die Elektronenbewegung bei den höchsten Intensitäten. Ähnliche Trends kann man auch bei Ar erkennen: In diesem Sinne kann man C_{60} mit seiner hohen Symmetrie als eine Art *Superatom* betrachten.

Was haben wir in Abschnitt 8.5 gelernt?

- Moderne Kurzpulslaser erlauben die Erzeugung extrem hoher Intensitäten I der elektromagnetischen Strahlung. Die entsprechenden elektrischen Feldstärken können durchaus um Größenordnungen höher werden als die inneratomaren elektrischen Felder. Daher muss im HAMILTON-Operator (8.1) auch der im Vektorpotenzial $\boldsymbol{A}$ quadratische Term berücksichtigt werden. Er führt zum ponderomotorischen Potenzial (8.140), $U_\mathrm{p} \propto I\lambda^2$.
- Der KELDYSH-Parameter $\gamma = \sqrt{W_I/2U_\mathrm{p}}$ charakterisiert die Feldstärke: Ein Feld wird als hoch angesehen, wenn $\gamma \lesssim 1$ ist.
- Rückstreuung eines Elektrons, das zunächst im elektrischen Feld emittiert, dann aber durch den Vorzeichenwechsel des Feldes gezwungen wird, zurückzukehren, erweist sich als nützliches Konzept für das Verständnis von nichtsequenzieller Ionisation, HHG und ATI in elektromagnetischer Strahlung hoher Intensität. Ein rückgestreutes Elektron kann im Feld eine kinetische Energie bis zu $3.17 \times U_\mathrm{p}$ aufnehmen.
- HHG durch intensive Femtosekunden-Laserimpulse bietet exzellente Möglichkeit für die zeitaufgelöste Spektroskopie mit kurzen Impulsen im weichen RÖNTGEN-Bereich. Zugleich ist diese HHG-Strahlung die Grundlage für Attosekundenimpulse.

Akronyme und Terminologie

ADK: ‚AMMOSOV, DELONE und KRAINOV (1986)', Theorie der Ionisation im starken Laserfeld (siehe Abschn. 8.5.4 auf Seite 478).

ATI: ‚Ionisation oberhalb der Schwelle (engl. *Above-Threshold-Ionization*)', Multiphotonenionisation (MPI), bei der mehr Photonen absorbiert werden, als zur Ionisation notwendig sind (siehe Abschn. 8.5.7 auf Seite 483).

a.u.: ‚atomare Einheiten', siehe Abschn. 2.6.2 auf Seite 129.

DC: ‚Gleichstrom (engl. *Direct Current*)', Strom und Spannung konstant in eine Richtung gepolt.

E1: ‚Elektrischer Dipol-', Übergang, induziert durch die Wechselwirkung eines elektrischen Dipols (z. B. Elektron + Atomkern) mit der elektrischen Feldkomponente der elektromagnetischen Strahlung (Kap. 4).

EPR: ‚Paramagnetische Elektronenresonanz (engl. *Electron Paramagnetic Resonance*)', Spektroskopie, auch *Elektronenspinresonanz* (ESR) genannt (siehe Abschn. 9.5.2 auf Seite 529).

esu: ‚Elektrostatische Einheiten', früher benutztes System von Einheiten, äquivalent zum GAUSS'schen System für elektrische Größen (siehe Anhang A.3).

FS: ‚Feinstruktur', Aufspaltung von atomaren und molekularen Energieniveaus durch Spin-Bahn-Kopplung und andere relativistische Effekte (Kap. 6).

gute Quantenzahl: ‚Quantenzahl für Eigenwerte von solchen Observablen, die gleichzeitig mit dem HAMILTON-Operator gemessen werden können (s. Abschn. 2.6.5)'

HHG: ‚Erzeugung hoher harmonischer Frequenzen (engl. *High Harmonic Generation*)', in intensiven Laserfeldern.

HV: ‚Hochspannung (engl. *High Voltage*)', elektrische Spannungen über 1000 V.

IR: ‚Infrarot', Spektralbereich der elektromagnetischen Strahlung. Wellenlängenbereich zwischen 760 nm und 1 mm nach ISO 21348 (2007).

LHC: ‚Linkshändig zirkular (engl. *Left Handed Circularly*)', polarisiertes Licht, auch σ^+-Licht.

MPI: ‚Multiphotonenionisation', Ionisation von Atomen und Molekülen durch gleichzeitige Absorption mehrerer Photonen.

NIST: ‚National Institute of Standards and Technology', Standorte Gaithersburg (MD) und Boulder (CO), USA. http://www.nist.gov/index.html.

NMR: ‚Nukleare magnetische Resonanz', universell einsetzbare spektroskopische Methode (siehe Abschn. 9.5.3 auf Seite 533).

PTB: ‚Physikalisch-Technische Bundesanstalt', das nationale Metrologie-Institut (Standorte Braunschweig und Berlin) mit wissenschaftlich-technischen Dienstleistungsaufgaben http://www.ptb.de/cms/dieptb.html.

QED: ‚Quantenelektrodynamik', kombiniert die Quantentheorie mit der klassischen Elektrodynamik und der speziellen Relativitätstheorie und erlaubt eine vollständige Beschreibung der Licht-Materie-Wechselwirkung.

RHC: ‚Rechtshändig zirkular (engl. *Right Handed Circularly*)', polarisiertes Licht, auch σ^--Licht.

SI: ‚Système international d'Unités', internationales System der Maßeinheiten (m, kg, s, A, K, mol, cd), Details findet man z. B. auf der Website des *Bureau International des Poids et Mesures* (BIPM) http://www.bipm.org/en/si/ oder bei der *Physikalisch-Technischen Bundesanstalt* (PTB) http://www.ptb.de/cms/fileadmin/internet/publikationen/ptb_mitteilungen/mitt2007/Heft2/PTB-Mitteilungen_2007_Heft_2.pdf.

SVE: ‚Langsam variierende Einhüllende (engl. *Slowly Varying Envelope*)', Näherung für die Amplitude elektromagnetischer Wellen (siehe Fußnote 20 auf Seite 679 und Bd. 2, Kap. Licht).

Ti:Sa: ‚Titan-Saphir (engl. *Ti:Sapph*)', Laser, das ‚Arbeitspferd' der Ultrakurzzeit-Laserphysik und -Technik.

UV: ‚Ultraviolett', Spektralbereich der elektromagnetischen Strahlung mit Wellenlängen zwischen 100 und 400 nm (nach ISO ISO 21348 2007).

VIS: ‚Sichtbar (engl. *Visible*)', Spektralbereich der elektromagnetischen Strahlung mit Wellenlängen zwischen 380 und 760 nm (nach ISO 21348 2007).

XUV: ‚Weiche Röntgenstrahlung (manchmal auch extremes UV genannt)', Spektralbereich der elektromagnetischen Strahlung. Wellenlängenbereich zwischen 0.1 und 10 nm (nach ISO 21348 2007), manchmal auch bis zu 40 nm.

Literatur

AGOSTINI, P. und L. F. DIMAURO: 2004. 'The physics of attosecond light pulses'. *Rep. Prog. Phys.*, **67**, 813–855.

AMMOSOV, M. V., N. B. DELONE und V. P. KRAINOV: 1986. 'Tunnel ionization of complex atoms and of atomic ions in an alternating electromagnetic field'. *Sov. Phys. JETP*, **64**, 1191–1194.

BALCOU, P. et al.: 2002. 'High-order-harmonic generation: towards laser-induced phase-matching control and relativistic effects'. *Appl. Phys. B*, **74**, 509–515.

BAYE, D.: 2012. 'Exact nonrelativistic polarizabilities of the hydrogen atom with the lagrange-mesh method'. *Phys. Rev. A*, **86**, 062 514.

BERGER, M. J., J. H. HUBBELL, S. M. SELTZER, J. CHANG, J. S. COURSEY, R. SUKUMAR, D. S. ZUCKER und K. OLSEN: 2010. 'XCOM: Photon cross sections database (version 1.5)', NIST. http://physics.nist.gov/xcom, letzter Zugriff: 8 Jan 2014.

BORN, M. und E. WOLF: 2006. *Principles of Optics*. Cambridge University Press, 7. (erweiterte) Aufl.

BOYD, R., O. HESS, C. DENZ und E. PASPALKALIS: 2010. 'Slow light'. *J. Opt.*, **12**, 100 301.

BOYD, R. W. und D. J. GAUTHIER: 2002. '„Slow" and „Fast" Light'. In: 'Progress in Optics', Bd. 43, 497–530. Amsterdam: Elsevier.

BREIT, G. und I. I. RABI: 1931. 'Measurement of nuclear spin'. *Phys. Rev.*, **38**, 2082–2083.

BUCKINGHAM, A. D.: 1967. 'Permanent and induced molecular moments and long-range intermolecular forces'. In: 'Adv. Chem. Phys.', Bd. 12, 107.

CAMPBELL, E. E. B., K. HANSEN, K. HOFFMANN, G. KORN, M. TCHAPLYGUINE, M. WITTMANN und I. V. HERTEL: 2000. 'From above threshold ionization to statistical electron emission: The laser pulse-duration dependence of C_{60} photoelectron spectra'. *Phys. Rev. Lett.*, **84**, 2128–2131.

CHANTLER, C. T., K. OLSEN, R. A. DRAGOSET, J. CHANG, A. R. KISHORE, S. A. KOTOCHIGOVA und D. S. ZUCKER: 2005. 'X-ray form factor, attenuation, and scattering tables (version 2.1)', NIST. http://physics.nist.gov/ffast, letzter Zugriff: 7 Jan 2014.

CORKUM, P. B.: 1993. 'Plasma perspective on strong-field multi-photon ionization'. *Phys. Rev. Lett.*, **71**, 1994–1997.

FEYNMAN, R., J. HOLLINGSWORTH, M. VENNETTILLI, T. BUDNER, R. ZMIEWSKI, D. P. FAHEY, T. J. CARROLL und M. W. NOEL: 2015. 'Quantum interference in the field ionization of Rydberg atoms'. *Phys. Rev. A*, **92**, 043 412.

HANSON, A. L.: 1986. 'The calculation of scattering cross-sections for polarized X-rays'. *Nucl. Instrum. Meth. A*, **243**, 583–598.

HAU, L. V., S. E. HARRIS, Z. DUTTON und C. H. BEHROOZI: 1999. 'Light speed reduction to 17 metres per second in an ultracold atomic gas'. *Nature*, **397**, 594–598.

HICKSTEIN, D. D. *et al.*: 2012. 'Direct visualization of laser-driven electron multiple scattering and tunneling distance in strong-field ionization'. *Phys. Rev. Lett.*, **109**, 073 004.

HUBBELL, J. H., W. J. VEIGELE, E. A. BRIGGS, R. T. BROWN, D. T. CROMER und R. J. HOWERTON: 1975. 'Atomic form factors, incoherent scattering functions, and photon scattering cross sections'. *J. Phys. Chem. Ref. Data*, **4**, 471–538.

ISO 21348: 2007. 'Space environment (natural and artificial) – Process for determining solar irradiances'. Genf, Schweiz: Internationale Organisation für Normung.

KANE, P. P., L. KISSEL, R. H. PRATT und S. C. ROY: 1986. 'Elastic-scattering of gamma-rays and X-rays by atoms'. *Phys. Rep.*, **140**, 75–159.

KELDYSH, L. V.: 1965. 'Ionization in the field of a strong electromagnetic wave'. *Sov. Phys. JETP*, **20**, 1307.

KOHLER, M. C., T. PFEIFER, K. Z. HATSAGORTSYAN und C. H. KEITEL: 2012. 'Frontiers of atomic high-harmonic generation'. In: E. Arimondo *et al.*, Hrsg., 'Adv. At. Mol. Opt. Phys.', Bd. 61, 159–207.

KRAUSZ, F. und M. IVANOV: 2009. 'Attosecond physics'. *Rev. Mod. Phys.*, **81**, 163–234.

LAI, X. Y., C. POLI, H. SCHOMERUS und C. F. d. M. FARIA: 2015. 'Influence of the coulomb potential on above-threshold ionization: A quantum-orbit analysis beyond the strong-field approximation'. *Phys. Rev. A*, **92**, 043 407.

LANDSMAN, A. S. und U. KELLER: 2015. 'Attosecond science and the tunnelling time problem'. *Phys. Rep.*, **547**, 1–24.

LAROCHELLE, S., A. TALEBPOUR und S. L. CHIN: 1998. 'Non-sequential multiple ionization of rare gas atoms in a ti:sapphire laser field'. *J. Phys. B: At. Mol. Opt. Phys.*, **31**, 1201–1214.

LORENTZ, H. A. und P. ZEEMAN: 1902. 'Nobel-Preis in Physik: „in recognition of the extraordinary service they rendered by their researches into the influence of magnetism upon radiation phenomena"', Stockholm. http://nobelprize.org/nobel_prizes/physics/laureates/1902/.

MENENDEZ, J. M., I. MARTIN und A. M. VELASCO: 2005. 'The stark effect in atomic Rydberg states through a quantum defect approach'. *Int. J. Quantum Chem.*, **102**, 956–960.

PAULUS, G. G., W. NICKLICH, H. L. XU, P. LAMBROPOULOS und H. WALTHER: 1994. 'Plateau in above-threshold ionization spectra'. *Phys. Rev. Lett.*, **72**, 2851–2854.

POLYANSKIY, M.: 2012. 'RefractiveIndex.Info', MediaWiki. http://refractiveindex.info, letzter Zugriff: 1. 3. 2014.

POPMINTCHEV, T. et al.: 2012. 'Bright coherent ultrahigh harmonics in the kev x-ray regime from mid-infrared femtosecond lasers'. *Science*, **336**, 1287–1291.

SANSONE, G., L. POLETTO und M. NISOLI: 2011. 'High-energy attosecond light sources'. *Nature Photonics*, **5**, 656–664.

SCRINZI, A., M. Y. IVANOV, R. KIENBERGER und D. M. VILLENEUVE: 2006. 'Attosecond physics'. *J. Phys. B: At. Mol. Phys.*, **39**, R1–R37.

STARK, J.: 1919. 'Nobel-Preis in Physik: „for his discovery of the Doppler effect in canal rays and the splitting of spectral lines in electric fields"', Stockholm. http://nobelprize.org/nobel_prizes/physics/laureates/1919/.

STONE, A.: 2006. 'Wigner coefficient calculator', UK: University of Cambridge. http://www-stone.ch.cam.ac.uk/wigner.shtml, letzter Zugriff: 8 Nov 2015.

TZALLAS, P., D. CHARALAMBIDIS, N. A. PAPADOGIANNIS, K. WITTE und G. D. TSAKIRIS: 2003. 'Direct observation of attosecond light bunching'. *Nature*, **426**, 267–271.

WALKER, B., B. SHEEHY, L. F. DIMAURO, P. AGOSTINI, K. J. SCHAFER und K. C. KULANDER: 1994. 'Precision-measurement of strong-field double-ionization of helium'. *Phys. Rev. Lett.*, **73**, 1227–1230.

WANG, C., X. LAI, Z. HU, Y. CHEN, W. QUAN, H. KANG, C. GONG und X. LIU: 2014. 'Strong-field atomic ionization in elliptically polarized laser fields'. *Phys. Rev. A*, **90**, 013 422.

WATSON, J. B., A. SANPERA, D. G. LAPPAS, P. L. KNIGHT und K. BURNETT: 1997. 'Nonsequential double ionization of helium'. *Phys. Rev. Lett.*, **78**, 1884–1887.

ZIMMERMAN, M. L., M. G. LITTMAN, M. M. KASH und D. KLEPPNER: 1979. 'Stark structure of the Rydberg states of alkali-metal atoms'. *Phys. Rev. A*, **20**, 2251–2275.

Hyperfeinstruktur

9

Wir kommen jetzt zu einer weiteren Stufe der Verfeinerung bei unserem Verständnis von Atomspektren, zur sogenannten Hyperfeinstruktur (HFS). *Sie ist durch die Wechselwirkung der Atomhülle mit dem Atomkern bestimmt. Neben ihrer generellen, spektroskopischen Bedeutung für die Atom-, Molekül- und Kernphysik, in jüngster Zeit auch bei ultrakalten Bosonen und Fermionen und somit bei der Quanteninformationsverarbeitung, bildet die Wechselwirkung zwischen Atomkern und seiner elektronischen Umgebung die Grundlage für die* NMR- *und* EPR-*Spektroskopie, die heute zu den wichtigsten Methoden der Strukturaufklärung in Molekülphysik, Chemie, Biologie, Medizin und Materialforschung gehören.*

Überblick

Dies ist kein ganz einfaches Kapitel. Dennoch wird sich der Leser früher oder später damit auseinandersetzen müssen, denn es handelt sich um eine wichtige, nicht zuletzt auch aus methodischer Sicht grundlegende Thematik. Nach einer Einführung in die zugrunde liegenden Wechselwirkungen in Abschn. 9.1 und 9.2 behandeln wir in Abschn. 9.3 den ZEEMAN-Effekt, hier auf den Kernspin angewandt, wiederum für schwaches, starkes und beliebiges Feld wie in Abschn. 8.1.2–8.1.6. Die elektrischen Wechselwirkungen in Abschn. 9.4 und die Isotopieverschiebung in Abschn. 9.4.2 sind Besonderheiten der Wechselwirkungen der Kerne mit der Elektronenhülle und erfordern etwas mathematischen Aufwand, wobei von den Formeln der Anhänge Gebrauch gemacht wird. Abschließend führt Abschn. 9.5 in drei wichtige Beispiele für interessante, aktuelle experimentelle Verfahren der magnetischen Resonanzspektroskopie ein: Molekularstrahlspektroskopie, EPR- und schließlich NMR-Spektroskopie. Die einzelnen Abschnitte bauen aufeinander auf, sind jedoch für das Verständnis des nachfolgenden Kapitels nicht zwingend erforderlich.

I.V. Hertel und C.-P. Schulz, *Atome, Moleküle und optische Physik 1*,
Springer-Lehrbuch, DOI 10.1007/978-3-662-53104-4_9

9.1 Einführung

Tabelle 9.1 gibt einen Überblick über die Hierarchie der Störpotenziale, die wir bereits in früheren Kapiteln besprochen haben, jetzt unter Einschluss der *Hyperfeinwechselwirkungen* zwischen der Elektronenhülle des Atoms und dem Atomkern. Diese führt zur *Hyperfeinstruktur* (HFS) der Atom- und Molekülniveaus, die wir in diesem Kapitel behandeln. Das *magnetische Moment* eines Atomkerns

$$\widehat{\mathcal{M}}_I = g_I \mu_N \widehat{\boldsymbol{I}}/\hbar, \quad \text{mit seiner Projektion} \quad \widehat{\mathcal{M}}_{Iz} = g_I \mu_N \widehat{I}_z/\hbar \tag{9.1}$$

auf die z-Achse ist proportional zum *Kernspin* $\boldsymbol{I}$ (Quantenzahl I), zum *g_I-Faktor des Kerns* und zum *Kernmagneton*

$$\begin{aligned} \mu_N &= \frac{e\hbar}{2m_p} = \frac{m_e}{m_p}\mu_B = 5.050\,783\,699\,(31) \times 10^{-27}\ \mathrm{J\,T^{-1}} \\ &\cong 3.152 \times 10^{-8}\ \mathrm{eV\,T^{-1}} = h \times 7.623\,\mathrm{MHz\,T^{-1}}. \end{aligned} \tag{9.2}$$

Man beachte das positive Vorzeichen in der Definition (9.1) für das magnetische Kernmoment (positive Kernladung), im Gegensatz zum negativ geladenen Elektron. Für das magnetische Moment des Elektrons gilt nach (6.28)

$$\widehat{\mathcal{M}}_S = -g_s \mu_B \frac{\widehat{\boldsymbol{S}}}{\hbar} = g_e \mu_B \frac{\widehat{\boldsymbol{S}}}{\hbar} \quad \text{mit} \quad \mu_B = \frac{e\hbar}{2m_e} = \frac{m_p}{m_e}\mu_N, \tag{9.3}$$

dem BOHR*'schen Magneton* nach (1.148).[1]

Tabelle 9.2 gibt eine Übersicht über typische Beispiele von Kernmomenten als quantitative Basis für die folgende Diskussion. Wir erinnern uns, dass *Protonen, Neutronen und Atomkerne keine Elementarteilchen sind – im Gegensatz zum Elektron.* Daher sind die *g-Faktoren der Atomkerne,* $g_I = \mathcal{M}_I / I\mu_N$, nicht einmal näherungsweise ganze Zahlen und überwiegend (aber nicht ausschließlich) positiv, wogegen $g_e \simeq -2.0023$ ist. Man beachte, dass das Kernmagneton (9.1) sehr klein ist, nämlich $\mu_N \simeq \mu_B/1836$, weshalb auch die HFS nur eine sehr kleine Störung der atomaren Energielagen darstellt.

Die üblichen Eigenwertgleichungen für Drehimpulse gelten auch für den Kernspin. Der Betrag ergibt sich aus

$$\widehat{\boldsymbol{I}}^2 |IM_I\rangle = \hbar^2 I(I+1)|IM_I\rangle, \tag{9.4}$$

und es gibt $2I+1$ mögliche Orientierungen des Kernspins in Bezug auf eine gegebene z-Achse:

$$\widehat{I}_z |IM_I\rangle = M_I \hbar |IM_I\rangle \text{ mit } M_I = -I, -I+1, \ldots I. \tag{9.5}$$

---

[1] Zur Wahl der Vorzeichen in (9.1) und (9.3) siehe Fußnote 30 auf Seite 86. Zum direkten Vergleich von Atomkern und Elektronen benutzen wir aber gelegentlich auch $g_e = -g_s = -|g_s|$ nach CODATA (MOHR *et al.* 2012, 2015; NIST 2014, letztere Referenz bietet die aktuellsten Daten).

Tabelle 9.1 Hierarchie der Wechselwirkungen im Rahmen der Störungstheorie für die Atomphysik (geordnet nach relativer Stärke)

	Wechselwirkung	Charakteristik	Hinweise
1.	COULOMB	ℓ-Entartung	Nur für das H-Atom und H-ähnliche Ionen
2.	Abweichung vom Z/r Potenzial	Aufhebung der ℓ-Entartung	Für Alkaliatome und alle anderen
3.	Spin-Bahn $\boldsymbol{J} = \boldsymbol{L} + \boldsymbol{S}$ für kleines Z $\boldsymbol{J} = \sum \boldsymbol{J}_i$ für großes Z	Feinstrukturaufspaltung	$(2S + 1)$ FS-Niveaus (S Elektronenspin), jeweils $(2J + 1)$-fach entartet
4a.	Externes Feld	Magnetisch	$(2J + 1)$-fache Entartung aufgehoben
4b.	Externes Feld	Elektrisch	Dito. aber Zustände mit $M = \pm\|M\|$ bleiben entartet
Abhängig von der Feldstärke kann 3. auch nach 4. einzuordnen sein			
5.	Strahlungskorrekturen	LAMB-Shift	empfindlicher Test für die QED
6.	Atomkern – Elektronenwolke (analog zu 3. aber wesentlich schwächer)	Hyperfeinstruktur $\boldsymbol{F} = \boldsymbol{J} + \boldsymbol{I}$	$2I + 1$ Zustände (I Kernspin), jeweils $(2F + 1)$-fach entartet
a	Volumeneffekte	Form und Masse des Atomkerns	Isotopieverschiebung der Spektrallinien
b	Magnetischer Dipol – $\boldsymbol{B}_j$-Feld der Elektronenwolke	Hyperfeinaufspaltung	
c	Elektrisches Quadrupolmoment – $\boldsymbol{E}$-Feld des Elektronenwolke	Zusätzliche Verschiebung	
7a.	Externes Feld	Magnetisch	$(2F + 1)$-fache Entartung aufgehoben
7b.	Externes Feld	Elektrisch	Analog zu 4b

Anm. zu 6. mit 7.: Wichtiges spektroskopisches Werkzeug für die Kernphysik wie auch für die Chemie (Atomkerne als Probe für die chemische Umgebung, NMR)

Tabelle 9.2 Eigenschaften einiger Hadronen und Atomkerne (STONE 2005; MOHR *et al.* 2015). Die Notation ${}^{A}_{Z}X$ bezeichnet einen Atomkern X mit Z Protonen (Ordnungszahl des Atoms) und der Gesamtzahl $\mathcal{A}$ der Nukleonen im Kern (Massenzahl). Die Einheit des Kernquadrupolmoments ist 1 **eb** $= e \times 1$ b (siehe Anhang A.2), wobei 1 b $= 10^{-24}$ m einem mittleren Kernquerschnitt entspricht

Nukleon bzw. Atomkern	**Spin I**	**LANDÉ-Faktor** $g_I = \mathcal{M}_I/(I\mu_N)$	**Magnetisches Moment** $\mathcal{M}_I/\mu_N$	**Quadrupol-moment**[a] **Q/ eb**	NMR[b]
Proton p	1/2	5.585 694 702(17)	2.792 847 3508(85)	0	+
Neutron n	1/2	−3.826 085 45(90)	−1.913 042 73(45)	0	
Deuteron ${}^{2}_{1}$D	1	0.857 438 2311(48)	0.857 438 2311(48)	0.0286(2)	
${}^{3}_{2}$He	1/2	−4.255 250 616(50)	−2.127 625 308(25)	0	
${}^{4}_{2}$He	0	–	0	0	
${}^{6}_{3}$Li	1	0.8220473(6)	0.8220473(6)	−0.00083(8)	
${}^{7}_{3}$Li	3/2	2.1709513(13)	3.256427(2)	−0.0406	
${}^{12}_{6}$C	0	–	0	0	
${}^{13}_{6}$C	1/2	+1.4048236(28)	+0.7024118(14)	0	+
${}^{14}_{7}$N	1	0.40376100(6)	+0.40376100(6)	+0.02001(10)	
${}^{15}_{7}$N	1/2	−0.56637768(10)	−0.28318884(5)	0	+
${}^{16}_{8}$O	0	–	0	0	
${}^{19}_{9}$F	1/2	+5.257736(16)	+2.628868(8)	0	+
${}^{23}_{11}$Na	3/2	1.478348(2)	+2.217522(2)	+0.109(3)	
${}^{29}_{14}$Si	1/2	−1.11058(6)	−0.55529(3)	0	+
${}^{31}_{15}$P	1/2	+2.2632(6)	+1.13160(3)	0	+
${}^{39}_{19}$K	3/2	0.26098(2)	+0.39147(3)	+0.049(4)	
${}^{67}_{30}$Zn	5/2	0.3501916(4)	+0.875479(9)	+0.150(15)	
${}^{85}_{37}$Rb	5/2	0.541192(4)	+1.35298(10)	+0.23(4)	
${}^{129}_{54}$Xe	1/2	−1.555952(16)	−0.777976(8)	0	
${}^{133}_{55}$Cs	7/2	0.7377214(9)	+2.582025(3)	−0.00371(14)	
${}^{199}_{80}$Hg	1/2	1.0117710(18)	+0.5058855(9)	0	
${}^{201}_{80}$Hg	3/2	−0.3734838(9)	−0.5602257(14)	+0.38(4)	
${}^{235}_{92}$U	7/2	−0.108(10)	−0.38(3)	4.936(6)	
Vergleich		g_e bzw. g_μ	μ_e/μ_N bzw. μ_μ/μ_N		
Elektron e⁻	1/2	−2.002319...	−1838.28197234(17)	EPR	
Myon μ⁻	1/2	−2.002331...	−8.89059705(20)	–	

Beachte: für $I = 0$ oder $I = 1/2$ ist das Quadrupolmoment stets $Q \equiv 0$

[a]Eine genaue Definition für Q gibt (9.69); siehe auch Anhang F.2 und speziell Fußnote 14 auf Seite 662

[b]Mit „+“ markierte Isotope sind besonders für NMR besonders geeignet

Wenn kein externes magnetisches Feld vorhanden ist, führt die Hyperfeinwechselwirkung zur Kopplung von Kernspin $\widehat{\boldsymbol{I}}$ und Gesamtdrehimpuls der $\widehat{\boldsymbol{J}}$ Elektronenhülle: $\widehat{\boldsymbol{I}}$ und $\widehat{\boldsymbol{J}}$ bilden den *Gesamtdrehimpuls des ganzen Atoms* (Elektronenhülle *und* Atomkern)

$$\widehat{\boldsymbol{F}} = \widehat{\boldsymbol{I}} + \widehat{\boldsymbol{J}}. \tag{9.6}$$

In vollständiger Analogie zur FS-Kopplung (Kap. 6) brauchen wir lediglich die Drehimpulse nach folgendem Schema zu ersetzen:

$$\begin{array}{ccc} \widehat{\boldsymbol{L}} & \widehat{\boldsymbol{S}} & \widehat{\boldsymbol{J}} \\ \downarrow & \downarrow & \downarrow \\ \widehat{\boldsymbol{J}} & \widehat{\boldsymbol{I}} & \widehat{\boldsymbol{F}} \end{array} \tag{9.7}$$

Entsprechend gilt im gekoppelten $(JI)F$-Schema:

$$\widehat{\boldsymbol{F}}^2 |JIFM_F\rangle = \hbar^2 F(F+1)|JIFM_F\rangle \quad \text{mit} \tag{9.8}$$
$$F = J - I, J - I + 1, \ldots, J + I \quad \text{für } I < J \quad \text{und}$$
$$F = I - J, I - J + 1, \ldots, J + I \quad \text{für } I > J$$

Das Vektormodell in Abb. 9.1a erlaubt es wieder, diese Beziehungen zu visualisieren, hier am Beispiel eines $^2P_{3/2}$-Niveaus: Zunächst koppelt der Bahndrehimpuls $\boldsymbol{L}$ (hier $L = 1$) mit dem Elektronenspin $\boldsymbol{S}$ (hier $S = 1/2$) und bildet den Gesamtdrehimpuls $\boldsymbol{J}$ der Elektronenhülle (hier $J = 3/2$). Bahndrehimpuls und Spin präzedieren um $\boldsymbol{J}$ herum, welches schließlich zusammen mit dem Kernspin $\boldsymbol{I}$ (hier $I = 3/2$) den Gesamtdrehimpuls $\boldsymbol{F}$ des Atoms bildet (hier $F = 3$). $\boldsymbol{J}$ und $\boldsymbol{I}$ präzedieren ihrerseits um $\boldsymbol{F}$, dessen Betrag $|\boldsymbol{F}| = \hbar\sqrt{F(F+1)}$ ist (hier $= 3.46\hbar$). Schlussendlich hat $\boldsymbol{F}$ wieder $2F+1$ mögliche Orientierungen im Raum, $M_F = -F, -F+1, \ldots F$, wie in Abb. 9.1b skizziert.

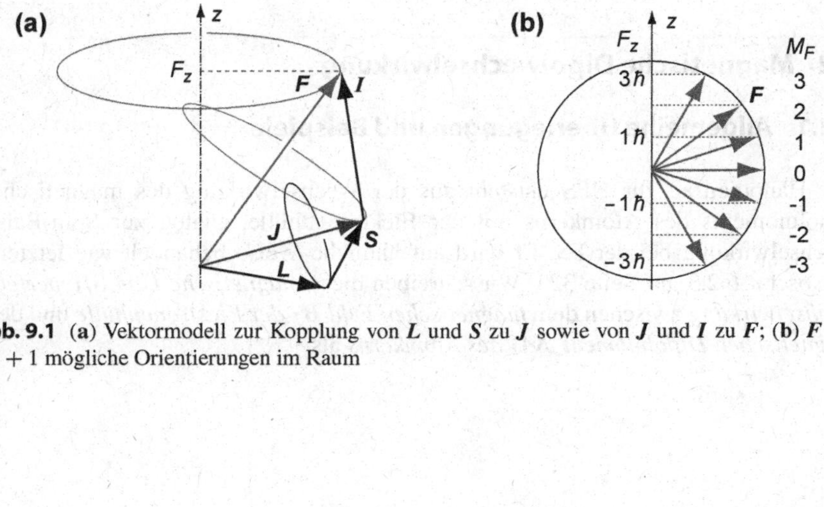

Abb. 9.1 (a) Vektormodell zur Kopplung von $\boldsymbol{L}$ und $\boldsymbol{S}$ zu $\boldsymbol{J}$ sowie von $\boldsymbol{J}$ und $\boldsymbol{I}$ zu $\boldsymbol{F}$; (b) $\boldsymbol{F}$ hat $2F+1$ mögliche Orientierungen im Raum

Der HAMILTON-Operator nach (8.1) ist entsprechend zu ergänzen und umfasst jetzt neben der Spin-Bahn-Wechselwirkung (LS) auch die Hyperfeinwechselwirkungsterme $\widehat{H}_{\mathrm{HFS}}$, ggf. einschließlich der entsprechenden magnetischen Wechselwirkungen mit einem äußeren Feld:

$$\widehat{H} = \widehat{H}_0 + \widehat{V}_{LS} + \overbrace{\underbrace{\widehat{V}_{\mathrm{MD}} + \widehat{V}_B}_{\widehat{H}_{\mathrm{MD}B}} + \widehat{V}_{\mathrm{vol}} + \widehat{V}_Q}^{\widehat{H}_{\mathrm{HFS}}} . \tag{9.9}$$

Nachfolgend betrachten wir Zug um Zug die verschiedenen Beiträge zur HFS: Die magnetische Dipolwechselwirkung ($\widehat{V}_{\mathrm{MD}}$), den HFS-ZEEMAN-Effekt ($\widehat{V}_B$), die sog. Volumenshift ($\widehat{V}_{\mathrm{vol}}$) und schließlich die elektrische Quadrupolwechselwirkung ($\widehat{V}_Q$).

Was haben wir in Abschnitt 9.1 gelernt?

- Die Hyperfeinstruktur wird durch die Wechselwirkung der Elektronenhülle mit dem Atomkern verursacht. Die magnetischen Eigenschaften der Atomkerne werden durch das Kernmagneton μ_{N} und den g_I-Faktor der Kerne beschrieben. Während μ_{N} etwa drei Größenordnungen kleiner ist als μ_{B} für das Elektron, haben die g-Faktoren ähnliche Größenordnung.
- Drehimpulskopplung zwischen dem Kernspin $\widehat{\boldsymbol{I}}$ und dem Gesamtdrehimpuls $\widehat{\boldsymbol{J}}$ der elektronischen Ladungswolke führt zu einem Gesamtdrehimpuls $\widehat{\boldsymbol{F}}$ des Atoms als Ganzes. Die Kopplung erfolgt ganz analog zur Kopplung von Elektronenspin $\widehat{\boldsymbol{S}}$ und Bahndrehimpuls $\widehat{\boldsymbol{L}}$ zum Gesamtdrehimpuls $\widehat{\boldsymbol{J}}$ der Hülle.
- Zusätzlich zur magnetischen Dipolwechselwirkung und zur Wechselwirkung mit externen Feldern, wird die HFS auch durch Volumenshift und elektrostatische Quadrupolwechselwirkung bestimmt.

9.2 Magnetische Dipolwechselwirkung

9.2.1 Allgemeine Überlegungen und Beispiele

Der Hauptbeitrag zur HFS entsteht aus der Wechselwirkung des magnetischen Dipolmoments des Atomkerns mit der Elektronenhülle, analog zur Spin-Bahn-Wechselwirkung bei der FS. Er wird auf ähnliche Weise behandelt wie letzterer in Abschn. 6.2.3 auf Seite 323. Wir schreiben diese *magnetische Dipol-Hyperfeinwechselwirkung* zwischen dem *magnetischen Feld* $\boldsymbol{B}_J$ *der Elektronenhülle* und dem *magnetischen Dipolmoment* $\boldsymbol{\mathcal{M}}_I$ *des Atomkerns* als

$$\widehat{V}_{\mathrm{MD}} = -\widehat{\mathcal{M}}_I \cdot \widehat{\boldsymbol{B}}_J = -\frac{g_I \mu_{\mathrm{N}}}{\hbar} \widehat{\boldsymbol{I}} \cdot \widehat{\boldsymbol{B}}_J = A \frac{\widehat{\boldsymbol{I}} \cdot \widehat{\boldsymbol{J}}}{\hbar^2} \quad \text{mit der} \tag{9.10}$$

magnetischen HFS-Dipol-Kopplungskonstanten $A = g_I \mu_{\mathrm{N}} \beta_J$. (9.11)

$\widehat{\boldsymbol{B}}_J$ ist der Operator des gemittelten magnetischen Felds der Elektronenhülle, projiziert auf deren Gesamtdrehimpuls $\widehat{\boldsymbol{J}}$. Dieses Magnetfeld wird durch die Bahnbewegung der Elektronen *und* das magnetische Moment ihrer Spins verursacht. Die Beziehung zu $\widehat{\boldsymbol{J}}$ schreiben wir

$$\widehat{\boldsymbol{B}}_J = -\beta_J \widehat{\boldsymbol{J}} / \hbar. \tag{9.12}$$

In Analogie zur Behandlung der Feinstruktur kann man $\widehat{V}_{\mathrm{MD}}$ diagonalisieren, indem man den Kernspin $\boldsymbol{I}$ und den Drehimpuls $\boldsymbol{J}$ der Elektronenhülle nach (9.6) koppelt. In Analogie zu (6.47) wird dann

$$\widehat{\boldsymbol{I}} \cdot \widehat{\boldsymbol{J}} = \frac{1}{2} \left(\widehat{\boldsymbol{F}}^2 - \widehat{\boldsymbol{I}}^2 - \widehat{\boldsymbol{J}}^2 \right). \tag{9.13}$$

Die Änderung der Eigenenergie ergibt sich damit und mit (9.10) zu

$$W_{\mathrm{MD}} = \langle \widehat{V}_{\mathrm{MD}} \rangle = \frac{A}{2} \left[F(F+1) - I(I+1) - J(J+1) \right], \tag{9.14}$$

analog zu (6.62). Dieser Ausdruck gibt bereits eine gute phänomenologische Beschreibung der empirisch beobachteten Hyperfeinaufspaltung. Die Berechnung von β_J und damit von A wird im nächsten Abschnitt behandelt.

Wie bei der Feinstrukturaufspaltung folgt aus (9.14) die LANDÉ'sche *Intervallregel:*

$$\Delta W_{\mathrm{MD}} = W_{\mathrm{MD}}(F) - W_{\mathrm{MD}}(F-1) = AF. \tag{9.15}$$

Der energetische Abstand ΔW_{MD} *zweier benachbarter* HFS-*Niveaus* F *und* $F-1$ *in einem* HFS-*Multiplett ist proportional zu* F.

Wir zeigen einige Beispiele: Für den Grundzustand und den ersten angeregten Zustand des *Wasserstoffatoms* (H) ist die Hyperfeinstruktur in Abb. 9.2 abgebildet. Mit $I = 1/2$ (Proton) erhalten wir für den $1s\,^2\mathrm{S}_{1/2}$-Grundzustand ($J = 1/2$) eine HFS-Aufspaltung in ein Dublett mit $F = 0$ und 1 (numerische Werte in der Abbildung). Das gilt auch für die angeregten $2s\,^2\mathrm{S}_{1/2}$- und $2p\,^2\mathrm{P}_{1/2}$-Zustände. Auch der $2p\,^2\mathrm{P}_{3/2}$-Zustand ($J = 3/2$) bildet ein HFS-Dublett, jedoch mit $F = 1$ und 2.

Das Deuteron (d = pn) hat den Kernspin $I = 1$. Wie in Abb. 9.3 gezeigt, ist die HFS-Struktur des Wasserstoffisotops *Deuterium* (D) daher deutlich verschieden von der des H-Atoms. Der $1s\,^2\mathrm{S}_{1/2}$-Grundzustand und die angeregten Zustände mit $J = 1/2$ (d. h. $2s\,^2\mathrm{S}_{1/2}$ und $2p\,^2\mathrm{P}_{1/2}$) spalten ebenfalls in Dubletts auf, jetzt jedoch mit $F = 1/2$ und $3/2$. Dagegen bildet der $2p\,^2\mathrm{P}_{3/2}$-Zustand ein Triplett mit $F = \{J - I, J - I + 1, J + I\} = \{1/2, 3/2, 5/2\}$.

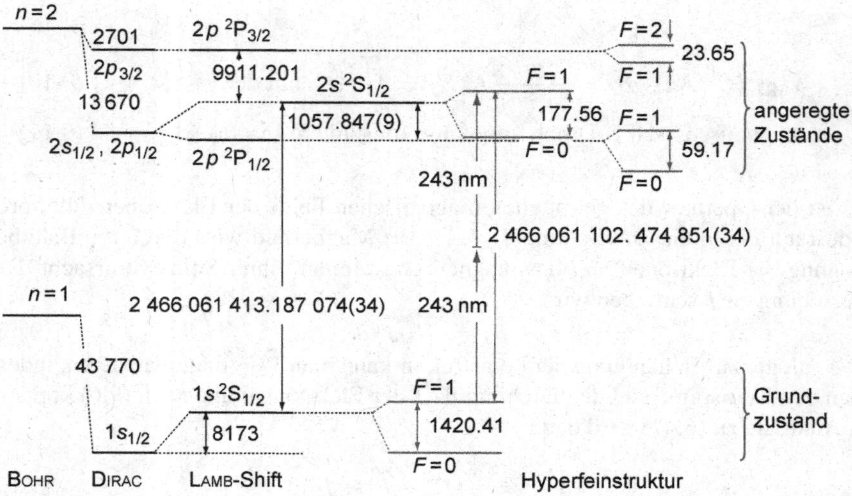

Abb. 9.2 Fein- und Hyperfeinstruktur des H-Atoms (zu vergleichen mit Abb. 6.28 auf Seite 351). Alle Energieaufspaltungen ($/h$) werden in MHz angegeben und sind der Sammlung von KRAMIDA *et al.* (2015) entnommen. Der Kernspin des Protons (H^+) ist $I = 1/2$. Der Abstand zwischen Grundzustand und angeregtem Zustand ist nicht maßstabsgerecht gezeichnet: Die Aufspaltungen werden nach rechts im Bild mehr und mehr vergrößert

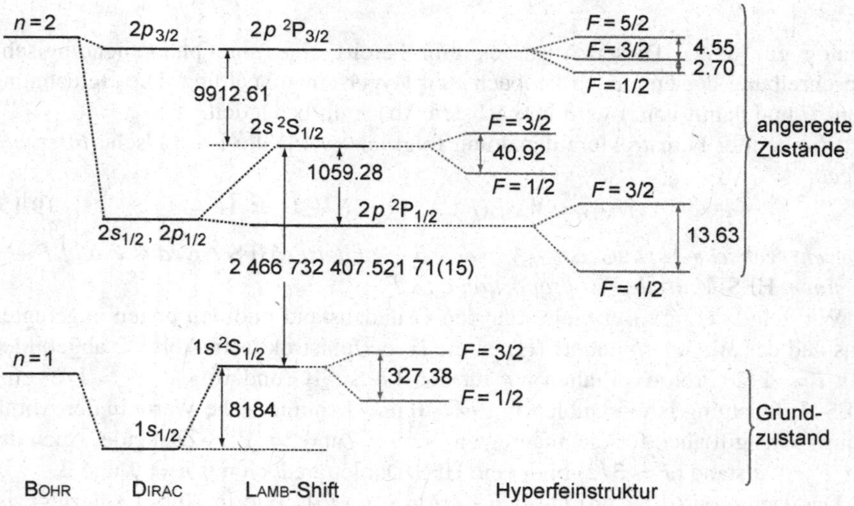

Abb. 9.3 Fein- und Hyperfeinstruktur des Deuteriumatoms. Der Kernspin von D ist $I = 1$; sonst wie in Abb. 9.2

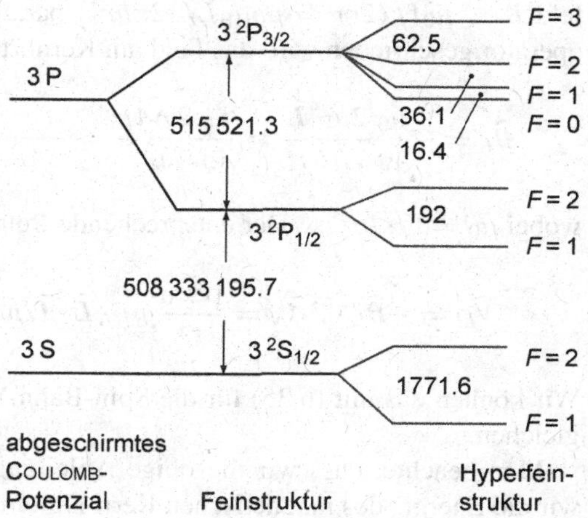

Abb. 9.4 Hyperfeinstruktur des Natriumatoms (Na) im $3\,^2S_{1/2}$-Grundzustand und in den angeregten $3\,^2P_{1/2,3/2}$-Zuständen. Die gezeigten Niveauaufspaltungen sind nicht maßstabsgetreu; die HFS-Aufspaltung wurden aus ARIMONDO *et al.* (1977) entnommen, die FS-Aufspaltungen aus KRAMIDA *et al.* (2015) (alle Energien/h in MHz)

Noch leicht komplizierter ist die Situation z. B. beim Natrium (Na) wie in Abb. 9.4 dargestellt. Mit dem Kernspin $I = 3/2$ kann es bis zu $(2I + 1) = 4$ HFS-Niveaus geben. Der $3s\,^2S_{1/2}$-Grundzustand bildet wieder ein HFS-Dublett (da $J = 1/2$ ist) mit $F = I \pm J = \{1, 2\}$. Das gilt auch für den niedrigeren der beiden angeregten FS-Dubletts $3p\,^2P_{1/2}$. Dagegen bildet das $3p\,^2P_{3/2}$, $J = 3/2$ Niveau tatsächlich ein Quartett mit den Komponenten $F = \{J-I, J-I+1, J-I+2, J+I\} = \{0, 1, 2, 3\}$.

9.2.2 Das magnetische Feld der Elektronenhülle

Die atomare Hyperfeinstruktur wurde in der Vergangenheit sehr gründlich untersucht und die relevanten Parameter sind inzwischen für die meisten Atome wohlbekannt. Heute wird die HFS als sehr empfindliche Probe in der Molekül- und Festkörperspektroskopie eingesetzt. Für einen quantitativen Vergleich mit der Theorie, d. h. für die Berechnung von A, muss man (9.12) auswerten und das magnetische Feld $\boldsymbol{B}_J$ der Elektronenhülle am Ort des Atomkerns auswerten. Ähnlich wie im Fall der Spin-Bahn-Wechselwirkung, die wir in Abschn. 6.2.3 auf Seite 323 behandelt haben.

Allerdings müssen wir jetzt neben dem von den Elektronenbahnen generierten Magnetfeld auch das Feld der magnetischen Momente der Elektronen berücksichtigen. Dies macht die Auswertung etwas komplizierter. Glücklicherweise sind die Magnetfelder der Bahnen und der Spins additiv und wir können deren Beiträge $\boldsymbol{B}_L$ bzw. $\boldsymbol{B}_S$ im Folgenden nacheinander behandeln.

Bezüglich $\boldsymbol{B}_L$ ist die Situation sogar etwas übersichtlicher als im FS-Fall, u. a. weil hier keine Rücktransformation der Koordinaten mit dem THOMAS-Faktor erforderlich ist: Ein Elektron im Abstand r vom Kern mit Bahndrehimpuls L entspricht einem Kreisstrom $I{=}eL/\left(2\pi m_e r^2\right){=}\mu_B L/\left(\pi\hbar r^2\right)$ mit dem BOHR'schen Magneton $\mu_B = e\hbar/2m_e$. Dieser Strom führt nach der klassischen Elektrodynamik zu einem magnetischen Dipolmoment $\mathcal{M}_L = -\mu_B \boldsymbol{L}/\hbar$ und (im Zentrum) zu einem Magnetfeld $B = \mu_0 I/(2r) = \mu_0 \mu_B L/\left(2\pi\hbar r^3\right)$ parallel zum Drehimpuls $\boldsymbol{L}$. Als Vektoroperator geschrieben wird das Feld am Kernort also

$$\widehat{\boldsymbol{B}}_L = -\frac{\mu_0}{4\pi}\frac{2\mu_B}{\hbar}\frac{\widehat{\boldsymbol{L}}}{r^3} = \frac{\mu_0}{4\pi}\frac{2\widehat{\boldsymbol{\mathcal{M}}}_L}{r^3} = -\frac{e}{4\pi\varepsilon_0 m_e c^2}\frac{1}{r^3}\widehat{\boldsymbol{L}} = -\frac{\alpha^2 a_0}{r^3}\widehat{\boldsymbol{L}}, \tag{9.16}$$

wobei $\mu_0 = 1/\varepsilon_0 c^2$ ist. Der entsprechende Beitrag zur HFS-Dipolenergie ist damit

$$\widehat{V}_{LI} = -\widehat{\boldsymbol{B}}_L \cdot \widehat{\boldsymbol{\mathcal{M}}}_N = \frac{\alpha^2 a_0}{r^3} g_I \mu_N \widehat{\boldsymbol{L}} \cdot \widehat{\boldsymbol{I}}/\hbar = \frac{\alpha^2}{2} g_I \frac{m_e}{m_p}\frac{a_0^3}{r^3}\frac{\widehat{\boldsymbol{L}} \cdot \widehat{\boldsymbol{I}}}{\hbar^2} E_h. \tag{9.17}$$

Wir können das mit (6.35) für die Spin-Bahn-Wechselwirkung im Fall der FS vergleichen.[2]

Man beachte, dass wir die obige Ableitung von (9.17) erhalten haben, indem wir die Energie des magnetischen Kern-Dipolmoments $\widehat{\boldsymbol{\mathcal{M}}}_N$ im magnetischen Feld $\widehat{\boldsymbol{B}}_L$ der Elektronenhülle bestimmt haben. Man erhält natürlich das gleiche Ergebnis, wenn man die Energie des elektronischen Dipolmoments $\widehat{\boldsymbol{\mathcal{M}}}_L$ im Feld $\widehat{\boldsymbol{B}}_I$ des lokalisierten Kerndipolmoments berechnet.

Kommen wir nun zum Elektronenspin. Sein magnetisches Moment $\widehat{\boldsymbol{\mathcal{M}}}_s$ generiert ein magnetisches Dipolfeld (z. B. JACKSON 1999, Gl. (5.56))

$$\widehat{\boldsymbol{B}}_s = \frac{\mu_0}{4\pi}\frac{1}{r^3}(3\mathbf{e}_r \widehat{\boldsymbol{\mathcal{M}}}_s \cdot \mathbf{e}_r - \widehat{\boldsymbol{\mathcal{M}}}_s), \tag{9.18}$$

wo $\mathbf{e}_r = \boldsymbol{r}/r$ der Einheitsvektor in $\boldsymbol{r}$-Richtung ist. Die sich daraus ergebende Wechselwirkung hängt nicht nur vom Winkel zwischen $\widehat{\boldsymbol{S}}$ und $\widehat{\boldsymbol{I}}$ sowie vom Abstand r zwischen Elektron und Atomkern ab, sondern auch vom Winkel zwischen $\boldsymbol{r}$ und $\widehat{\boldsymbol{S}}$. Setzen wir das magnetische Moment $\widehat{\boldsymbol{\mathcal{M}}}_s = -g_s \mu_B \widehat{\boldsymbol{S}}/\hbar$ des Elektronenspins $\widehat{\boldsymbol{S}}$ ein und addieren wir das Magnetfeld $\boldsymbol{B}_L$ der Elektronenbahn nach (9.16), so erhalten wir das Gesamtfeld $\boldsymbol{B}_J$ der Elektronenhülle für $r > 0$. Die Singularitäten bei $r = 0$ (verschwindender Abstand zwischen Atomkern und Elektron) müssen gesondert betrachtet werden. Wir gehen hier nicht auf die Details der Analyse ein und kommunizieren lediglich die Ergebnisse für das *gesamte magnetische Feld,* welches ein *Elektron* im Abstand *r am Atomkerns erzeugt:*

$$\widehat{\boldsymbol{B}}_J = -\frac{\mu_0 \mu_B}{2\pi\hbar}\left[\frac{\widehat{\boldsymbol{L}}}{r^3} + \frac{g_s}{2r^3}(3\mathbf{e}_r \widehat{\boldsymbol{S}} \cdot \mathbf{e}_r - \widehat{\boldsymbol{S}}) + \widehat{\boldsymbol{S}}\frac{4\pi g_s}{3}\delta(\boldsymbol{r})\right]. \tag{9.19}$$

Insgesamt wird damit die

[2] Der wesentlichste Unterschied ist das Verhältnis von Elektronen- zu Protonenmasse, $m_e/m_p \simeq 1/1836$, das die Größenordnung der HFS-Aufspaltung bestimmt. Der Elektronenspin $\widehat{\boldsymbol{S}}$ wurde hier durch den Kernspin $\widehat{\boldsymbol{I}}$ ersetzt und damit auch der g_s-Faktor durch g_I. Außerdem fehlt ein Faktor 1/2 – wir brauchen hier keinen THOMAS-Faktor anzuwenden. Schließlich konnten wir den Ausdruck $\xi(r)$ durch a_0^3/r^3 (wie bei der FS des H-Atoms) ersetzen – eine Konsequenz der Lokalisierung des magnetischen Kernmoments am Atomkern.

magnetische HFS-Dipolwechselwirkung (9.10) von Elektron und Atomkern:

$$\widehat{V}_{\mathrm{MD}} = \frac{\mu_0}{4\pi}\frac{\mu_{\mathrm{B}} g_I \mu_{\mathrm{N}}}{\hbar^2}\left[\frac{2}{r^3}\widehat{\boldsymbol{I}}\cdot\widehat{\boldsymbol{L}} + \frac{g_s}{r^3}(3\,\widehat{\boldsymbol{I}}\cdot\boldsymbol{e}_r\,\widehat{\boldsymbol{S}}\cdot\boldsymbol{e}_r - \widehat{\boldsymbol{I}}\cdot\widehat{\boldsymbol{S}}) + \frac{8\pi g_s}{3}\delta(\boldsymbol{r})\widehat{\boldsymbol{I}}\cdot\widehat{\boldsymbol{S}}\right] \tag{9.20}$$

Den Term $\propto \delta(\boldsymbol{r})$, der nur am Ort des Atomkerns relevant wird, nennt man FERMI-*Kontaktterm*. Ausdrücklich sei darauf hingewiesen, dass (9.20) nur für System mit effektiv einem Elektron und einem Atomkern streng gültig ist. Bei Vielelektronensystemen müssen die Felder aller Elektronenbahnen und ihrer Spins, projiziert auf $\widehat{L}_z$ und $\widehat{S}_z$, addiert werden. Für Moleküle und Festkörpermaterialien muss außerdem über alle relevanten Atomkerne an ihren jeweiligen Positionen summiert werden.

Wir notieren beiläufig, dass (9.20) für $L = 0$ (abgesehen vom FERMI-Kontakt-Term) völlig *analog zur Wechselwirkung zweier elektrischer Dipole* im Abstand r nach (8.86) strukturiert ist.

Verschwindenden Bahndrehimpuls $L = 0$ trifft man bei vielen Atomen und bei den meisten organischen Molekülen an, sofern es sich nicht um Radikale handelt. Man kann (9.20) dann auch

$$\widehat{V}_{\mathrm{MD}} = \widehat{\boldsymbol{S}}\cdot\mathsf{A}\widehat{\boldsymbol{I}}, \tag{9.21}$$

schreiben, mit dem sogenannten HFS-*Kopplungstensor*

$$\mathsf{A} = \frac{\mu_0}{4\pi}\frac{g_s\mu_{\mathrm{B}} g_I \mu_{\mathrm{N}}}{\hbar^2}\left[\frac{1}{r^3}(3\boldsymbol{e}_r\boldsymbol{e}_r - 1) + \frac{8\pi}{3}\delta(\boldsymbol{r})\right]. \tag{9.22}$$

Dieser Tensor spielt eine Schlüsselrolle in der Theorie aller magnetischen Resonanzmethoden (EPR, NMR usw.). Er enthält nur Operatoren, die aus den Komponenten des Ortsvektors $\boldsymbol{r}$ abgeleitet sind. Um die Hyperfeinaufspaltung in 1. Ordnung zu berechnen, muss man lediglich die Diagonalmatrixelemente von (9.21) berechnen, d. h. man muss über alle Drehimpulse und Ortskoordinaten mitteln. Bei der Mittelung über die Raumkoordinaten ist lediglich der A-Tensor auszuwerten. Wir werden gleich sehen, dass dies für Atome, die ja in sphärischen Koordinaten beschrieben werden, einfach zu einer Mittelung über $\langle 1/r^3\rangle$ führt, ganz ähnlich wie wir das auch schon bei der Feinstrukturwechselwirkung festgestellt hatten. Im Fall komplexer Moleküle oder Festkörper wird diese Mittelung aber wesentlich aufwendiger, und man erhält (abgesehen von dem speziell zu behandelnden $\delta(\boldsymbol{r})$-Term) einen gemittelten HFS-*Kopplungstensor* vom Typ

$$\langle\mathsf{A}\rangle = \frac{\mu_0}{4\pi}\frac{g_s\mu_{\mathrm{B}} g_I \mu_{\mathrm{N}}}{\hbar^2}\begin{pmatrix} \left\langle\frac{3x^2 - r^2}{r^5}\right\rangle & \left\langle\frac{3xy}{r^5}\right\rangle & \left\langle\frac{3xz}{r^5}\right\rangle \\ \left\langle\frac{3yx}{r^5}\right\rangle & \left\langle\frac{3y^2 - r^2}{r^5}\right\rangle & \left\langle\frac{3yz}{r^5}\right\rangle \\ \left\langle\frac{3zx}{r^5}\right\rangle & \left\langle\frac{3zy}{r^5}\right\rangle & \left\langle\frac{3z^2 - r^2}{r^5}\right\rangle \end{pmatrix}. \tag{9.23}$$

wobei die Mittelung über die Elektronenhülle durch $\langle \ldots \rangle$ angedeutet ist. Wie man durch Vergleich mit Tab. E.2 auf Seite 652 feststellt, sind die Elemente von $\langle \mathsf{A} \rangle$ quadrupolartige Ausdrücke, welche die Elektronendichte charakterisieren. Diese bestimmt also die HFS. Bei einer anisotropen Verteilung von Elektronen wird der Kernspin daher eine empfindliche Sonde für diese Ladungsverteilung und somit ein wichtiges Hilfsmittel für die Strukturbestimmung.

9.2.3 Nichtverschwindender Bahndrehimpuls

Kehren wir aber zu den Atomen zurück und beschränken uns zunächst auf den Bereich $r > 0$. Das macht dann Sinn, wenn der Bahndrehimpuls größer als Null ist, bei Einteilchenproblem also für $\ell > 0$. Denn diese Elektronen halten sich überhaupt nicht am Kern auf. Der $\delta(\boldsymbol{r})$-Term wird also für die Bestimmung des magnetischen Feldes und der HFS Dipolwechselwirkung nach (9.19) bzw. (9.20) obsolet.

Um die Matrixelemente im gekoppelten Schema $|n((\ell S)JI)FM_F\rangle$ (effektiv ein Einelektronensystem) zu berechnen, muss etwas ernsthafte Drehimpulsalgebra angewandt werden, mit $6j$- oder sogar $9j$-Symbolen, wie in Anhang B.4 skizziert. Letztere erlauben die Umkopplung von vier Drehimpulsen ℓSJI zu F in ähnlicher Weise wie die $6j$-Symbole das für drei Drehimpulse ermöglichen, und wie wir das im Zusammenhang mit der Feinstruktur erwähnt haben. Wir können hier nur grob den Gedankengang einer solchen Analyse skizzieren.

Zunächst schätzen wir das mittlere magnetische Feld $\langle \boldsymbol{B}_J \rangle$ der Elektronenhülle ab. Dazu erinnern wir an das Projektionstheorem (D.16), das bereits erfolgreich im Zusammenhang mit der Spin-Bahn-Kopplung benutzt wurde. Wir wenden es auf den Tensoroperator $\widehat{\boldsymbol{B}}_J$ an,

$$\langle \gamma JM' | \widehat{B}_{Jq} | \gamma JM \rangle = \frac{\langle \gamma JM | \widehat{\boldsymbol{B}}_J \cdot \widehat{\boldsymbol{J}} | \gamma JM \rangle}{J(J+1)\hbar^2} \langle \gamma JM' | \widehat{J}_q | \gamma JM \rangle ,$$

und schreiben dies symbolisch für alle Komponenten q in Vektorschreibweise

$$\widehat{\boldsymbol{B}}_J = \left\langle \frac{\widehat{\boldsymbol{B}}_J \cdot \widehat{\boldsymbol{J}}}{J(J+1)\hbar} \right\rangle \frac{\widehat{\boldsymbol{J}}}{\hbar}. \tag{9.24}$$

Vergleichen wir das mit dem Originalansatz (9.12), so haben wir offenbar einen Ausdruck gefunden für

$$\beta_J = -\left\langle \frac{\widehat{\boldsymbol{B}}_J \cdot \widehat{\boldsymbol{J}}}{J(J+1)\hbar} \right\rangle. \tag{9.25}$$

Setzen wir nun (9.19) für $r > 0$ und $\widehat{\boldsymbol{J}} = \widehat{\boldsymbol{L}} + \widehat{\boldsymbol{S}}$ ein, so haben wir folgenden Ausdruck auszuwerten:

$$\beta_J = \frac{\mu_0}{4\pi} \left\langle \frac{\mu_\mathrm{B}}{r^3 J(J+1)\hbar^2} \left[2\widehat{\boldsymbol{L}} + g_s (3\widehat{\boldsymbol{S}} \cdot \mathbf{e}_r \mathbf{e}_r - \widehat{\boldsymbol{S}}) \right] \cdot (\widehat{\boldsymbol{L}} + \widehat{\boldsymbol{S}}) \right\rangle. \tag{9.26}$$

Da $\widehat{\boldsymbol{L}} = \boldsymbol{r} \times \widehat{\boldsymbol{p}}$ und somit $\boldsymbol{r} \cdot \widehat{\boldsymbol{L}} = 0$ ist, führt das zu

$$\beta_J = \frac{\mu_0}{4\pi} \frac{\mu_\mathrm{B}}{J(J+1)\hbar^2} \left\langle \frac{1}{r^3} \right\rangle \left\langle 2\widehat{\boldsymbol{L}}^2 + g_s \left(3(\widehat{\boldsymbol{S}} \cdot \mathbf{e}_r)^2 - \widehat{\boldsymbol{S}}^2 \right) \right\rangle. \tag{9.27}$$

Hier kann die Mittelung über die radialen und winkelabhängigen Komponenten separat ausgeführt werden. Für $s = 1/2$ finden wir mit (2.106), dass

$$3(\widehat{\boldsymbol{S}} \cdot \boldsymbol{e}_r)^2 - \widehat{\boldsymbol{S}}^2 = 0, \tag{9.28}$$

und schließlich erhalten wir mit $\langle \ell | \widehat{\boldsymbol{L}}^2 | \ell \rangle = \hbar^2 \ell(\ell+1)$

$$\beta_J = \frac{\mu_0}{4\pi} \mu_B \frac{2\ell(\ell+1)}{J(J+1)} \left\langle n\ell \left| \frac{1}{r^3} \right| n\ell \right\rangle. \tag{9.29}$$

Somit wird die magnetische HFS-*Dipol-Kopplungskonstante* (9.11) *für ein effektives Einelektronensystem mit* $\ell > 0$

$$A = \frac{\mu_0}{4\pi} \mu_B \mu_N g_I \frac{2\ell(\ell+1)}{J(J+1)} \left\langle n\ell \left| \frac{1}{r^3} \right| n\ell \right\rangle, \quad \text{oder} \tag{9.30}$$
$$= \frac{\alpha^2}{4} \frac{m_e}{m_p} g_I \frac{2\ell(\ell+1)}{J(J+1)} \left\langle n\ell \left| \frac{1}{r^3} \right| n\ell \right\rangle \quad \text{in a.u.}$$

Im Rückblick rechtfertigt dieses bemerkenswerte Resultat unseren etwas laxen Umgang mit den Mittelungsprozessen: Da ℓ ja eine gute Quantenzahl in jedem Kopplungsschema ist, müssen wir nur die Diagonalmatrixelemente von der HFS-Dipolwechselwirkung berücksichtigen (jedenfalls solange kein elektrisches Feld wirkt). Vergleicht man mit der FS, speziell mit dem Ergebnis für die Spin-Bahn-Kopplungskonstante a nach (6.36) bzw. (6.37), so fällt vor allem der Faktor $\ell(\ell+1)/J(J+1)$ auf, der die Projektion des magnetischen Feldes $\boldsymbol{B}_L$ auf $\boldsymbol{J}$ berücksichtigt.[3]

Im besonderen Fall von H *und* H-*ähnlichen Ionen finden wir* mit dem Erwartungswert von $\langle 1/r^3 \rangle$ nach (2.130)

$$A = \frac{\mu_0}{\pi} \frac{1}{J(J+1)(2\ell+1)} g_I \mu_N \mu_B \frac{Z^3}{a_0^3 n^3}, \quad \text{oder} \tag{9.31}$$
$$= \alpha^2 \frac{m_e}{m_p} g_I \frac{1}{J(J+1)(2\ell+1)} \frac{Z^3}{n^3} \quad \text{in a.u.}$$

Wie wir gleich sehen werden, gilt diese spezielle Formel sogar für $\ell = 0$.

9.2.4 Der Fermi-Kontaktterm

Wir kehren noch einmal zum Hamilton-Operator (9.20) zurück und diskutieren jetzt den Term mit der Deltafunktion $\delta(\boldsymbol{r})$, den Fermi-*Kontaktterm*. Er spielt nur für $\ell = 0$ eine Rolle, da die Radialwellenfunktion nach (2.120) für kleine r mit $R_{n\ell}(r) \propto r^\ell$ verschwindet. Nur s-Zustände haben am Ursprung eine endliche Wahrscheinlichkeit $|\psi_{n\ell 0}(0)|^2$. Wie wir gerade festgestellt haben, verschwinden im Einelektronenfall

[3] Zu den Größenordnungen siehe auch Fußnote 2 auf Seite 498.

all übrigen Terme in (9.22) für $\ell = 0$, sodass der Kontaktterm in der Tat auch den einzigen Beitrag zur HFS liefert, und (9.20) wird

$$\widehat{V}_{\mathrm{MD}} = \mu_0 g_s \mu_{\mathrm{B}} g_I \mu_{\mathrm{N}} \frac{2}{3} \delta(r) \frac{\widehat{\boldsymbol{S}} \cdot \widehat{\boldsymbol{I}}}{\hbar^2} \quad \text{für } \ell = 0. \tag{9.32}$$

Das Diagonalmatrixelement davon lässt sich leicht auswerten. Im Kopplungsschema $|LSJIFM_F\rangle$ wenden wir wieder die binomische Formel an

$$\frac{\langle \widehat{\boldsymbol{S}} \cdot \widehat{\boldsymbol{I}} \rangle}{\hbar^2} = \frac{1}{2}\left[F(F+1) - S(S+1) - I(I+1)\right] \quad \text{und} \tag{9.33}$$

$$\langle \delta(\boldsymbol{r}) \rangle = \int \left|\psi_{n00}(\boldsymbol{r})\right|^2 \delta(\boldsymbol{r}) \mathrm{d}^3\boldsymbol{r} = \left|\psi_{n00}(0)\right|^2.$$

Damit ergibt sich schließlich für effektive Einelektronensysteme die *HFS-Aufspaltung bei $\ell = 0$ in 1. Ordnung Störungstheorie:*

$$\begin{aligned} W_{\mathrm{MD}} &= \frac{2\mu_0}{3} g_s \mu_{\mathrm{B}} g_I \mu_{\mathrm{N}} \langle \left| \delta(\boldsymbol{r}) \widehat{\boldsymbol{S}} \cdot \widehat{\boldsymbol{I}} \right| \rangle / \hbar^2 \qquad (9.34) \\ &= \frac{2\mu_0}{3} g_s \mu_{\mathrm{B}} g_I \mu_{\mathrm{N}} \left|\psi_{n00}(0)\right|^2 \frac{1}{2} \left[F(F+1) - S(S+1) - I(I+1)\right]. \end{aligned}$$

Nach (9.14) wird somit die *magnetische* HFS-*Dipol-Kopplungskonstante*

$$A = \frac{2\mu_0}{3} g_s g_I \mu_{\mathrm{B}} \mu_{\mathrm{N}} \left|\psi_{n00}(0)\right|^2 = \frac{2\pi\alpha^2}{3} \frac{m_{\mathrm{e}}}{m_{\mathrm{p}}} g_s g_I \left|\psi_{n00}(0)\right|^2 a_0^3 E_{\mathrm{h}}. \tag{9.35}$$

Speziell für das Wasserstoffatom und wasserstoffähnliche Ionen gilt nach (2.127)

$$\left|\psi_{n00}(0)\right|^2 = \frac{Z^3}{\pi a_0^3 n^3}. \tag{9.36}$$

Interessanterweise erhält man bei $\ell = 0$ (d. h. $J = S = 1/2$) genau den gleichen Ausdruck (9.31) für A, den wir bereits im Fall $\ell > 0$ gefunden haben. Für Präzisionsmessungen muss man natürlich auch hier wieder $a_0 \to a_0 m_{\mathrm{e}}/\bar{m}_{\mathrm{e}}$ setzen und auch den genauen Wert für g_s einsetzen.

9.2.5 Einige Zahlenwerte

Wir kommunizieren hier einige Zahlenwerte explizit. Zunächst halten wir fest:

$$\frac{2\pi\alpha^2}{3} \frac{m_{\mathrm{e}}}{m_{\mathrm{p}}} \frac{E_{\mathrm{h}}}{h} = 399.642\,\mathrm{MHz}.$$

Für das H-Atom im Grundzustand ($n = 1$, $\ell = 0$, $J = S = 1/2$, $F = 0$ oder 1) erhalten wir mit $g_I \simeq 5.5857$, $g_s = 2.0023$, (9.36) und $m_{\mathrm{e}}/\bar{m}_{\mathrm{e}} = 1.000\,544\,6$ die Hyperfeinkopplungskonstante zu $A/h \simeq 1420.4$ MHz. Nach der Intervallregel (9.15) ist die Aufspaltung des HFS-Dubletts im Grundzustand des H-Atoms gerade A und somit etwa eine halbe Größenordnung kleiner als die LAMB-Shift (6.89). Man kann A/h als M1-Übergang mithilfe von Mikrowellen bestimmen. Die erste Präzisionsbestimmung wurde von RAMSEY und Mitarbeitern mit einem Wasserstoffmaser durchgeführt (CRAMPTON *et al.* 1963). Der gegenwärtig *empfohlene Wert* (KARSHENBOIM 2005) *für die* HFS-*Aufspaltung des Grundzustands* im H-Atom ist

$$\Delta\nu_{\mathrm{HFS}}(1s_{1/2}) = 1420.405751768(1)\ \mathrm{MHz}, \quad \text{d. h.}\ \lambda = c/\nu \simeq 21.1\,\mathrm{cm}$$

und galt bis vor wenigen Jahren mit 13 Dezimalen als eine der am besten bestimmten Größen der Physik.[4] Diese berühmte 21 cm Linie des atomaren Wasserstoffs ist von großer Bedeutung in der aktuellen Radioastronomie. Mithilfe dieses Übergangs wurde z. B. das Vorkommen von atomarem Wasserstoff im Weltraum vermessen und kartiert.

Die HFS-*Aufspaltung der angeregten Zustände ist wesentlich kleiner*. Mit der, wie wir gerade festgestellt haben, auch für $\ell = 0$ gültigen Formel (9.31) berechnet man für H *im* $2s\,^2\mathrm{S}_{1/2}$-*Zustand*

$$\Delta\nu_{\mathrm{HFS}}(2s_{1/2}) = \Delta\nu_{\mathrm{HFS}}(1s_{1/2})/8 \cong 178\ \mathrm{MHz},$$

was in diesem Fall fast eine ganze Größenordnung kleiner als die entsprechende LAMB-Shift ist. Für die $2p\,^2\mathrm{P}_{1/2}$- und $2p\,^2\mathrm{P}_{3/2}$-Zustände ist die HFS-Aufspaltung noch einmal um einen Faktor 3 bzw. 7.5 kleiner.

Die HFS-*Aufspaltung beim Deuteriumatom im Grundzustand* ($I = 1$, $F = 1/2$ und $3/2$) ist wegen des wesentlich kleineren Faktors $g_I = 0.8574382284$ signifikant kleiner als beim H-Atom. Sie ist ebenfalls mit hoher Genauigkeit bekannt:

$$\Delta\nu_{\mathrm{HFS}}(1s_{1/2}) = 327.38435230(25)\ \mathrm{MHz}. \tag{9.37}$$

Bei den Alkaliatomen ist die HFS vergleichsweise groß, trotz der größeren Hauptquantenzahl n. Dies ist durch die wesentlich höhere effektive Kernladungszahl Z_{eff} bedingt, die nach (9.31) wie $A \propto (Z_{\mathrm{eff}}/n)^3$ in die Aufspaltung eingeht. Auch sind die Werte von F größer, was ebenfalls zu größerer Aufspaltung führt, nach der Intervallregel (9.15) um einen Faktor 2 für $^{23}_{11}\mathrm{Na}$ im Grundzustand ($I = 3/2 \Rightarrow F = 2$) im Vergleich zu $^1_1\mathrm{H}$ ($I = 1/2 \Rightarrow F = 1$). Andererseits ist der mittlere Radius des $3s$-Elektrons im Na um einen Faktor 7 größer als der $1s$ Radius im H-Atom (siehe Abb. 3.4 auf Seite 156 in Abschn. 3.2), was sowohl $\langle 1/r^3\rangle$ wie auch $|\psi_{n00}(0)|^2$ entsprechend reduziert. Schließlich ist auch der g_I-Faktor von Na nur 1/4 des Wertes vom Proton. Der experimentelle Wert bei Natrium ist

$$\Delta\nu_{\mathrm{HFS}}(3s_{1/2}) \simeq 1772\ \mathrm{MHz},$$

wie bereits oben erwähnt, was plausibel ist: Mit (9.31) schätzen wir eine effektive Ladung $Z_{\mathrm{eff}} \simeq 4.6$ ab. Das ist mit der tatsächlichen Kernladungszahl $Z = 11$ für Na zu vergleichen, die entsprechend abgeschirmt ist.

---

4 Diese Genauigkeit wurde aber inzwischen u. a. von der Bestimmung der Frequenz des $1\mathrm{S}_{1/2}{-}2\mathrm{S}_{1/2}$ Übergangs im H-Atom deutlich übertroffen. Siehe auch Fußnote 11 auf Seite 523.

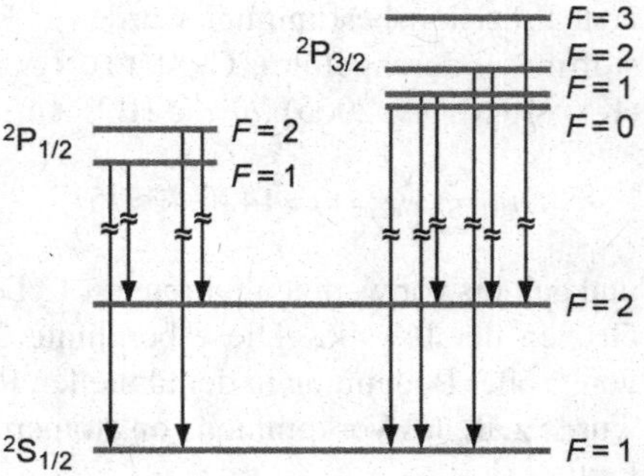

Abb. 9.5 E1-Übergänge zwischen den Hyperfeinkomponenten der Na-D-Dubletts $^2P \rightarrow {}^2S$ mit $I = 3/2$ (schematisch, nicht maßstäblich)

9.2.6 Optische Übergänge zwischen HFS-Multipletts

Auswahlregeln und Übergangswahrscheinlichkeiten für optische (E1) Dipolübergänge zwischen zwei HFS-Zuständen $|a\rangle$ und $|b\rangle$ bestimmt man in voller Analogie zu den für FS-Übergänge in Abschn. 6.4 auf Seite 339 abgeleiteten. Man muss lediglich die Quantenzahlen nach dem Schema (9.7) ersetzen. Insbesondere gelten die Dreiecksrelation und die Auswahlregel der Projektionsquantenzahlen für entsprechend q-polarisiertes Licht:

$$\text{für HFS-Übergänge} \quad \delta(F_a F_b 1) = 1 \quad \text{sowie} \quad \Delta M_F = q = 0, \pm 1$$

Als Beispiel fasst Abb. 9.5 schematisch die optisch erlaubten HFS-Übergänge zwischen den Dubletts $^2P_{1/2}$, $^2P_{3/2} \rightarrow {}^2S_{1/2}$ im Na($I = 3/2$) zusammen. Ein Teil des experimentellen Spektrums wurde in Abschn. 6.1.3 auf Seite 308 gezeigt.

Auch zur Berechnung der Linienintensitäten geht man analog zu den FS-Multipletts vor und kommt auf Ausdrücke mit reduzierten Matrixelementen und $6j$-Symbolen, aus denen sich Intensitätsverhältnisse auf gleiche Weise wie bei den Feinstrukturmultipletts ergeben. Will man die reduzierten Matrixelemente quantitativ bestimmen, so muss man die Reduktion danach nochmals anwenden, um die Hyperfeinstruktur- *und* Feinstrukturkopplung aufzulösen. So kommt man schließlich zu Ausdrücken, die sich wieder mithilfe von $6j$- und $3j$-Symbolen bestimmen lassen – bis auf das für jedes Atom und jeden Übergang charakteristische Radialmatrixelement, das die Linienstärke letztlich bestimmt. Natürlich gilt auch die Paritätserhaltung. Für den Fall *nur eines* beteiligten Leuchtelektrons gilt $\ell_b = \ell_a \pm 1$. Ansonsten ergeben sich keine grundlegend neuen Aspekte.

Was haben wir in Abschnitt 9.2 gelernt?

- Die magnetische FS-Dipolwechselwirkung $\widehat{V}_{\mathrm{MD}} = -\widehat{\boldsymbol{\mathcal{M}}}_I \cdot \widehat{\boldsymbol{B}}_J$ wird im gleichen Geist wie die Spin-Bahn-Wechselwirkung für die FS berechnet, mit dem effektiven Magnetfeld $\widehat{\boldsymbol{B}}_J = -\beta_J \widehat{\boldsymbol{J}}/\hbar$ der Elektronenhülle. Folgerichtig ergibt sich die Niveauaufspaltung (9.14) in voller Analogie zu (6.62) für FS.

- Unterschiede zur FS-Wechselwirkung ergeben sich aus der Lokalisierung des Atomkerns und dem zusätzlichen Beitrag des Elektronenspins zum Feld $\widehat{\boldsymbol{B}}_J$. Dies führt zu etwas komplexeren Ausdrücken für die Wechselwirkungsenergie (9.20)–(9.22).
- Wir unterscheiden den Fall des nichtverschwindenden Bahndrehimpulses, in welchem die Erwartungswerte $\langle 1/r^3 \rangle$ die Aufspaltung bestimmen, und den Fall des Bahndrehimpulses Null, in welchem der FERMI-Kontaktterm relevant ist, d. h. die Elektronendichte am Kernort. Interessanterweise führt die Berechnung der HFS-Aufspaltung im Fall des H-Atoms und der H ähnlichen Ionen dennoch zum formal gleichen Endresultat (9.31).
- Die HFS-Aufspaltung im Grundzustand des H-Atoms ist um etwa den Faktor 5, im ersten angeregten Zustand um fast einen Faktor 10 kleiner als die entsprechende LAMB-Shift.
- Für optische Übergänge (E1) zwischen HFS-Multipletts gelten die entsprechend angepassten Standardregeln, also $\delta(F_a F_b 1) = 1$ und $\Delta M_F = 0, \pm 1$.

9.3 ZEEMAN-Effekt der Hyperfeinstruktur

Der ZEEMAN-Effekt wird ebenfalls auf ganz ähnliche Weise wie bei der Feinstruktur behandelt. Einige Besonderheiten und die Tatsache, dass die NMR-Spektroskopie darauf aufbaut, machen dennoch eine gründliche Diskussion notwendig. Auch das hochaktuelle Feld der ultrakalten Atome und ggf. darauf aufbauende Ansätze zur Quanteninformationsverarbeitung erfordern ein detailliertes Verständnis der Hyperfeinstruktur von Atomen in magnetischen Feldern.

9.3.1 Hyperfein-HAMILTON-Operator mit Magnetfeld

Wir müssen die Wechselwirkung (6.29) zwischen dem externen, magnetischen Feld $\boldsymbol{B}$ und den magnetischen Momenten der Elektronenhülle $\widehat{\boldsymbol{\mathcal{M}}}_J$ und des Atomkerns $\widehat{\boldsymbol{\mathcal{M}}}_I$ zum HAMILTON-Operator (9.10) im feldfreien Fall hinzufügen:

$$\begin{aligned}\widehat{H}_{\mathrm{MD}B} &= \widehat{V}_{\mathrm{MD}} + \widehat{V}_B = -\boldsymbol{\mathcal{M}}_I \cdot \boldsymbol{B}_J - \widehat{\boldsymbol{\mathcal{M}}}_J \cdot \boldsymbol{B} - \widehat{\boldsymbol{\mathcal{M}}}_I \cdot \boldsymbol{B} \\ &= A\frac{\widehat{\boldsymbol{I}} \cdot \widehat{\boldsymbol{J}}}{\hbar^2} + \left(g_J \mu_{\mathrm{B}} \frac{\widehat{J}_z}{\hbar} - g_I \mu_{\mathrm{N}} \frac{\widehat{I}_z}{\hbar} \right) B. \end{aligned} \tag{9.38}$$

In der zweiten Zeile haben wir wie üblich $\boldsymbol{B} \parallel z$ angenommen. Den ersten Term haben wir gerade im Detail behandelt. Der Einfachheit halber – und für viele Zwecke ausreichend – vernachlässigt man in der Regel den dritten Term, da einerseits $g_J \mu_B \gg g_I \mu_N$ und bei nicht allzu großem B auch $A \gg g_I \mu_N B$ gilt.

Das funktioniert freilich nicht für wirklich sehr hohe B-Felder, wie man sie heute mit supraleitenden Magneten herstellen kann (also $\gtrsim$ einige Tesla), und in der NMR- und EPR-Spektroskopie einsetzt. Bei der NMR ist häufig auch $J = 0$. Dann bestimmt die direkte Wechselwirkung des Kernspins mit dem externen Feld die ZEEMAN-Aufspaltung – ggf. modifiziert durch von den Molekülen verursachte lokale Anisotropien des Feldes. Wir werden daher – leicht abweichend von der üblichen Behandlung in atomphysikalischen Textbüchern – *unterscheiden zwischen schwachem, starkem und sehr starkem* externen B-Feld, je nachdem ob

$$g_J\mu_B B \ll A, \qquad g_I\mu_N B \ll A \ll g_J\mu_B B, \qquad \text{oder} \qquad A \ll g_I\mu_N B$$

gilt, und müssen zumindest im letzteren Falle den Term $\propto \widehat{I}_z B$ voll berücksichtigen.

In jedem Fall gilt, dass weder $\widehat{J}_z$ noch $\widehat{I}_z$ mit $\widehat{\boldsymbol{I}} \cdot \widehat{\boldsymbol{J}}$ vertauscht. Daher sind, streng genommen, weder F und M_F noch M_S oder M_I gute Quantenzahlen.

9.3.2 Schwache Magnetfelder

Für sehr kleine Magnetfelder können wir das Kopplungsschema $\widehat{\boldsymbol{J}} + \widehat{\boldsymbol{I}} = \widehat{\boldsymbol{F}}$ mit den Zuständen $|[(LS)JI]\, FM_F\rangle$ dennoch als gute 0. Näherung ansetzen und so den Term $\widehat{\boldsymbol{I}} \cdot \widehat{\boldsymbol{J}}$ auf die übliche Weise diagonalisieren. Dann schreibt man den HFS-HAMILTON-Operator (9.38) analog (8.8) unter Vernachlässigung des Terms $\propto B\widehat{I}_z$:

$$\widehat{H}_{MDB} \simeq A\frac{\widehat{\boldsymbol{I}} \cdot \widehat{\boldsymbol{J}}}{\hbar^2} + g_J\mu_B\frac{\widehat{\boldsymbol{J}}}{\hbar} \cdot \boldsymbol{B} = \frac{A}{2\hbar^2}\left(\widehat{\boldsymbol{F}}^2 - \widehat{\boldsymbol{J}}^2 - \widehat{\boldsymbol{I}}^2\right) + g_J\mu_B B\frac{\widehat{J}_z}{\hbar}. \tag{9.39}$$

Die Betragsquadrate der Drehimpulse haben die bekannten Eigenwerte $\hbar^2 F \cdot (F+1)$ usw., und $g_J\mu_B B\widehat{J}_z/\hbar$ wird als Störung behandelt.

Trotz der formalen Ähnlichkeit mit der Situation bei der Feinstrukturaufspaltung im Magnetfeld gibt es einen erheblichen praktischen Unterschied. Um dies zu sehen, schreiben wir ganz formal den $\widehat{V}_{MD}$-Term in (9.38) auf zwei Weisen:

$$A\frac{\widehat{\boldsymbol{I}} \cdot \widehat{\boldsymbol{J}}}{\hbar^2} = g_I\mu_N\frac{\widehat{\boldsymbol{I}}}{\hbar} \cdot \boldsymbol{B}_J \quad \text{oder alternativ als} \tag{9.40a}$$

$$A\frac{\widehat{\boldsymbol{I}} \cdot \widehat{\boldsymbol{J}}}{\hbar^2} = g_J\mu_B\frac{\widehat{\boldsymbol{J}}}{\hbar} \cdot \boldsymbol{B}_I \tag{9.40b}$$

Die erste Betrachtungsweise haben wir bei unserer obigen Ableitung benutzt: Der Kernspin $\boldsymbol{I}$ stellt sich im Magnetfeld der Hülle ein. Bei der zweiten Schreibweise betrachtet die Aufspaltung der Unterzustände $|JM_J\rangle$ der Elektronenhülle im Feld $\boldsymbol{B}_I$ des magnetischen Kernmoments.

a) Nach (9.40a) erhalten wir eine Abschätzung der Größenordnung des Feldes B_J der Elektronenhülle am Ort des Atomkerns. Speziell für das H-Atom im $1s\,^2S_{1/2}$-Grundzustand mit $A = 5.87 \times 10^{-6}$ eV und $g_I = 5.5857$ wird:

$$B_J \simeq A/(g_I\mu_N) \simeq 33.3 \text{ T}\,. \tag{9.41}$$

Wir erinnern uns: Ein Weicheisenmagnet kann bei Sättigung typischerweise ein Feld bis zu 2 T erzeugen, ein einfacher supraleitender Magnet einige T und nur ein *State-of-the-Art* Hochfeldmagnet kann 30 T oder mehr erreichen. *Das magnetische Feld der Elektronenhülle in Atomen und Molekülen ist also um Größenordnungen stärker, als typische Magnetfelder, die man bequem im Labor erreichen kann.*

b) Alternativ schätzen wir nach (9.40b) das *mittlere magnetische Feld des Atomkerns am Ort des oder der Elektronen ab* (mit $g_J = g_s \simeq 2$) und erhalten einen direkten Vergleich zwischen dem ersten und dem zweiten Term in (9.39):

$$B_I \simeq A/(g_J \mu_B) \simeq 0.05 \text{ T} \tag{9.42}$$

Daher wird *der Übergang vom Fall des schwachen* ($B \ll B_I$) *zum starken Feld* ($B \gg B_I$) bei der HFS-ZEEMAN-*Aufspaltung bei Magnetfeldern erreicht, die man bequem im Labor herstellen kann* – im Gegensatz zum PASCHEN-BACK-Effekt bei der FS.

Für in diesem Sinne schwache Magnetfelder, $B \ll B_I$ nach (9.42) sind J, I, F und M_F näherungsweise gute Quantenzahlen, und in Analogie zur FS kann in (9.39) der Term $\propto B$ als Störung im gekoppelten Schema $|JIFM_F\rangle$ behandelt werden:

$$\begin{aligned} W_{\mathrm{MD}} = {} & \frac{A}{2}\left[F(F+1) - J(J+1) - I(I+1)\right] \\ & + g_J \mu_B \langle JIFM_F | \frac{\widehat{J}_z}{\hbar} | JIFM_F \rangle B. \end{aligned} \tag{9.43}$$

Die Auswertung des Diagonalmatrixelements von $\widehat{J}_z/\hbar$ ergibt in Analogie zu (8.11)

$$g_J \langle JIFM_F | \frac{\widehat{J}_z}{\hbar} | JIFM_F \rangle = g_J \frac{\langle FM_F | \widehat{\boldsymbol{J}} \cdot \widehat{\boldsymbol{F}} | FM_F \rangle}{F(F+1)\hbar^2} M_F = g_F M_F$$

mit dem HFS-g-Faktor

$$g_F = g_J \frac{F(F+1) + J(J+1) - I(I+1)}{2F(F+1)}. \tag{9.44}$$

Wie in Abb. 9.6a gezeigt, kann man dies wieder im Vektordiagramm visualisieren. Das magnetische Moment $\widehat{\mathcal{M}}_J = g_J \mu_B \widehat{\boldsymbol{J}}/\hbar$ der Elektronenhülle wird gemittelt infolge der Präzession von $\widehat{\boldsymbol{J}}$ und $\widehat{\boldsymbol{I}}$ um $\widehat{\boldsymbol{F}}$ herum. Der Beitrag von $\widehat{\mathcal{M}}_I$ kann hier vernachlässigt werden – im Gegensatz zu dem von $\widehat{\mathcal{M}}_S$ bei der Behandlung der Feinstrukturaufspaltung: Daher ergibt sich ein kleiner, aber wichtiger Unterschied zwischen den g-Faktoren für die FS nach (8.12) und dem für die HFS nach (9.44). Die Hyperfeinaufspaltung (9.43) in einem schwachen externen Feld B wird schließlich:

$$W_{\mathrm{MD}B} = \frac{A}{2}\left[F(F+1) - J(J+1) - I(I+1)\right] + g_F \mu_B B M_F. \tag{9.45}$$

Als typisches Beispiel zeigt Abb. 9.7 die HFS-Aufspaltung des Grundzustands und des ersten angeregten Zustands im Natriumatom.

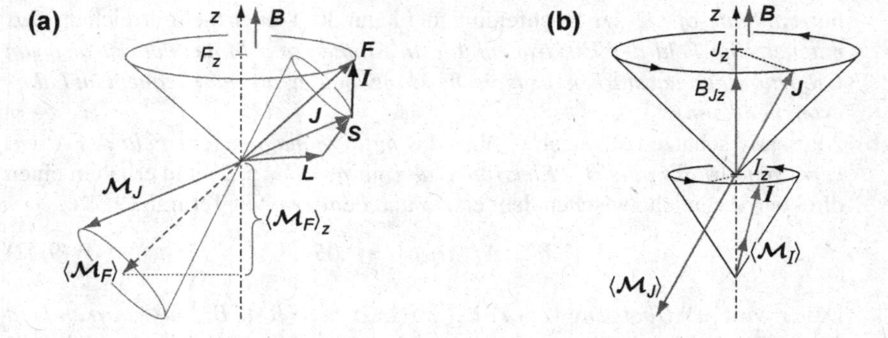

Abb. 9.6 Vektormodell für den ZEEMAN-Effekt bei der HFS; (**a**) im schwachen B-Feld, (**b**) im starken B-Feld

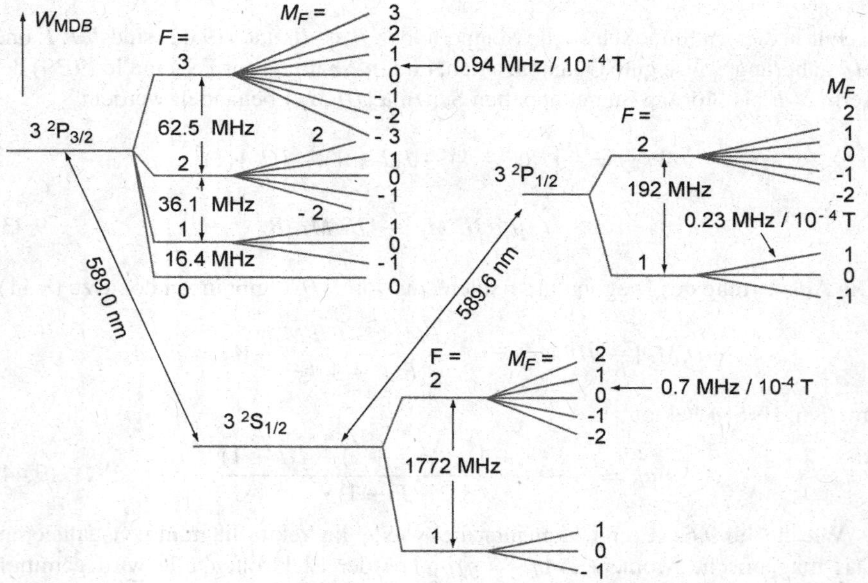

Abb. 9.7 Zur Hyperfeinstruktur der Na-D-Linien; Aufspaltung im schwachen Magnetfeld für den $3\,^2S_{1/2}$-Grundzustand sowie für die $3\,^2P_{1/2}$ und $3\,^2P_{3/2}$ angeregten Zustände (schematisch, nicht maßstäblich)

9.3.3 Starke und sehr starke Magnetfelder

Betrachten wir jetzt den umgekehrten Fall hoher Felder $B \gg B_I$, bei denen die Kopplung von $\widehat{\boldsymbol{I}}$ und $\widehat{\boldsymbol{J}}$ zu $\widehat{\boldsymbol{F}}$ aufgebrochen sei. Das externe Feld B sei aber immer noch sehr viel kleiner als das zum Aufbrechen der Spin-Bahn-Kopplung $(LS)J$ benötigte Feld, d. h. $B \ll a/\mu_B$, mit der LS-Kopplungskonstante a nach (6.36). Wir benutzen den

HAMILTON-Operator daher in der ursprünglichen Form (9.38) und müssen jetzt etwas anders auswerten: Die stärkste Wechselwirkung ist die magnetische Wechselwirkung von $\mathcal{M}_J$ mit dem externen Feld $\boldsymbol{B}$. Wie im Vektormodell in Abb. 9.6b skizziert, führt dies zu einer schnellen Präzession von $\boldsymbol{J}$ um $\boldsymbol{B}$, das wir wieder parallel zur z-Achse annehmen. Dies ist verbunden mit der Bildung der $2J+1$ (anomalen) ZEEMAN-Niveaus. Bei nicht zu hohen externen Feldern $B < B_J$ ist die nächst kleinere Wechselwirkung die zwischen magnetischem Moment $\mathcal{M}_I$ des Kerns und dem Feld $\boldsymbol{B}_J = -\beta_J \boldsymbol{J}/\hbar$ der Elektronenhülle. Wir erinnern uns, dass B_J in der Größenordnung von 30 T liegt. Man kann sich $\boldsymbol{B}_J$ aufgeteilt denken in eine statische Komponente $\boldsymbol{B}_{Jz}$ und in eine Komponente, die in der xy-Ebene rotiert. Da die Präzession von $\boldsymbol{J}$ und damit des $\boldsymbol{B}_J$ -Feldes viel schneller ist als die des sehr schwach wechselwirkenden $\boldsymbol{I}$, mitteln sich die Komponenten $\boldsymbol{B}_{Jx}$ und $\boldsymbol{B}_{Jy}$ des Hüllenfeldes weg. Daher präzediert $\boldsymbol{I}$ im $\boldsymbol{B}_{Jz}$ Feld, also um die z-Achse.

Wir erinnern uns an die Definition (9.11) der HFS-Kopplungskonstanten ($A = g_I \mu_N \beta_J$) und schreiben den HAMILTON-Operator (9.38) mit (B.8) dem Problem angepasst in der sphärischen Basis:

$$\widehat{H}_{\mathrm{MD}B} = A\frac{\widehat{J}_z\widehat{I}_z - \widehat{J}_+\widehat{I}_- - \widehat{J}_-\widehat{I}_+}{\hbar^2} + \left(g_J\mu_\mathrm{B}\frac{\widehat{J}_z}{\hbar} - g_I\mu_\mathrm{N}\frac{\widehat{I}_z}{\hbar}\right)B. \qquad (9.46)$$

Das angemessene Kopplungsschema ist jetzt natürlich $|JM_JIM_I\rangle$ für ungekoppelte Drehimpulse $\boldsymbol{J}$ und $\boldsymbol{I}$. Mit dieser Basis ergeben sich die HFS-Energien in 1. Ordnung Störungsrechnung aus den Diagonalmatrixelementen von $\widehat{H}_{\mathrm{MD}B}$ zu

$$W_{\mathrm{MD}B} = AM_JM_I + (g_J\mu_\mathrm{B}M_J - g_I\mu_\mathrm{N}M_I)B. \qquad (9.47)$$

Die Terme mit $\widehat{J}_+\widehat{I}_-$ und $\widehat{J}_-\widehat{I}_+$ haben nach (B.17) keine Diagonalkomponente. Wie wir im letzten Abschnitt gesehen haben, können sie aber bei kleinen Feldern keinesfalls vernachlässigt werden. Bei großem B-Feld mittelt sich aber ihr Beitrag weg (das ist das mathematische Äquivalent für die schnelle Rotation in der xy-Ebene); somit beschreibt der Term AM_JM_I die verbleibende Wechselwirkung der Elektronenhülle mit dem Kernspin. Wir erkennen (8.13) in dem Term $g_J\mu_\mathrm{B}BM_J$, der die Spin-Bahn-Wechselwirkung mit dem externen Magnetfeld B widerspiegelt, während die Wechselwirkung des Kernspins mit B durch $g_I\mu_\mathrm{N}M_IB$ beschrieben wird – von Bedeutung nur für sehr hohe externe Felder.

Abbildung 9.8 zeigt schematisch den Übergang vom schwachen zum (mittel) starken Feld $g_I\mu_\mathrm{N}B \ll A \ll g_J\mu_\mathrm{B}B$ für das bereits recht komplexe Beispiel des Na $3^2\mathrm{P}_{3/2}$-Zustands. Nach (8.12) haben wir $g_J = 4/3$, und mit $I = 3/2$ und $g_I = 1.478$ (siehe Tab. 9.2). Der experimentelle Wert für die HFS-Konstante ist $A/h \simeq 20$ MHz. Damit entspricht ein externes Feld von $B \simeq 1.8$ T gerade $g_I\mu_\mathrm{N}B = A$, während sich für $B \simeq 10^{-3}$ T entsprechend $g_J\mu_\mathrm{B}B = A$ ergibt. Im rechten Teil von Abb. 9.8 auf der vorherigen Seite haben wir $g_I\mu_\mathrm{N}M_IB$ vollständig vernachlässigt; er ist daher für externe Magnetfelder $B = 10^{-2}$ bis $\sim 10^{-1}$ T gültig. Jeder FS-Term ist hier in $(2I+1) = 4$ Unterniveaus aufgespalten. Die Abstände zwischen den Termen sind $3A/2$ und $A/2$ für $|M_J| = 3/2$ bzw. $1/2$. Für den Übergang vom schwachen zum starken Feld gilt wieder das *Kreuzungsverbot* wie im Fall der FS-Aufspaltung in externen Feldern: Zustände mit gleichem $M_J + M_I$ dürfen sich nicht kreuzen (was

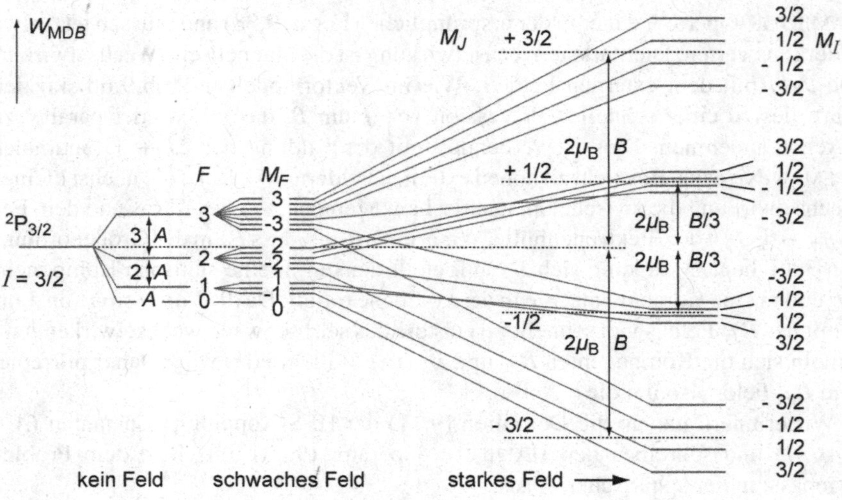

Abb. 9.8 Hyperfeinaufspaltung im schwachen und starken magnetischen Feld, schematisch für einen $^2P_{3/2}$-Zustand mit $I = 3/2$ (z. B. Na)

dem Kreuzungsverbot für $M_L + M_S$ in Abschn. 8.1.5 auf Seite 426 entspricht). Das führt zum Übergang von Zuständen mit $M_F \to M_J + M_I$, wie in Abb. 9.8 *schematisch* illustriert.

Für noch höhere Felder (oberhalb einiger Tesla), wie sie heute mit supraleitenden Magneten zugänglich sind, muss man auch den Term $g_I \mu_N M_I B$ berücksichtigen. Jedoch ist dann der Gesamtdrehimpuls J keine gute Quantenzahl mehr, da bei $B \simeq 10$ T für die Spin-Bahn-Kopplungskonstante $a \simeq g_J \mu_B B$ gilt, was die Sache noch einmal komplizierter macht. Wir erhalten dann ein Bild wie beim PASCHEN-BACK-Effekt in Abb. 8.8 auf Seite 427 rechts. Jedoch wird jeder der dort gezeigten 6 Zustände jetzt noch einmal 4-fach aufgespalten. Die jeweils höchsten Energien gehören zu $M_I = -3/2$.

9.3.4 Beliebige Felder, BREIT-RABI-Formel

Da die Aufspaltungsmuster im Fall noch höherer Felder recht komplex werden, wollen wir uns im Folgenden auf zwei deutlich einfachere Fälle konzentrieren und ihren Energien als Funktion des angelegten Magnetfeldes folgen. Wir hatten schon festgestellt, dass es keiner besonders starken Magnetfelder bedarf, um $\widehat{I}$ und $\widehat{J}$ zu entkoppeln. Der allgemeine Fall, wo das Feld weder als stark noch als schwach angenommen werden kann, kommt daher bei der Untersuchung oder Nutzung der Hyperfeinkopplung am häufigsten vor – im Gegensatz zur FS. Will man zugleich noch den Fall wirklich sehr starker Felder berücksichtigen, so muss man – wie wir das für die FS in Abschn. 8.1.5 auf Seite 426 beschrieben haben – den ganzen

HAMILTON-Operator (9.38) diagonalisieren. Als Basis kann man *entweder* $|(JI)FM_F\rangle$ *oder* $|JM_JIM_I\rangle$ Zustände benutzen.

Benutzt man $|(JI)FM_F\rangle$ als Basis, so wird $\widehat{\boldsymbol{I}} \cdot \widehat{\boldsymbol{J}}$ diagonal und man muss die Matrixelemente von $\widehat{J}_z$ und $\widehat{I}_z$ berechnen. Diese gestaltet sich ganz ähnlich wie in Abschn. 8.1.5 auf Seite 426. Wir skizzieren dies hier für eines der einfachsten Beispiele: Kernspin $I = 1/2$ und Hüllendrehimpuls $J = 1/2$ mit $g_J \simeq 2$. Das ist z. B. beim Grundzustand des H-Atoms mit $\ell = 0$ und $J = S = 1/2$ der Fall.

Bei diesem Beispiel entfällt auch die (im Wesentlichen triviale) Komplikation der Kopplung bzw. Entkopplung von Spin und Bahn. Die nach (D.65) und (D.66) berechneten Matrixelemente von $\widehat{J}_z/\hbar$ fassen wir in Matrixform zusammen:

$$\frac{\langle JIF'M'_F|\widehat{J}_z|JIFM_F\rangle}{\hbar} = \left(\begin{array}{cc|cccc} \mathbf{F} & \mathbf{M_F} & \mathbf{1\,1} & \mathbf{1\,0} & \mathbf{1\,-1} & \mathbf{0\,0} \\ \mathbf{F'} & \mathbf{M'_F} & & & & \\ \hline \mathbf{1} & \mathbf{1} & -\frac{1}{2} & 0 & 0 & 0 \\ \mathbf{1} & \mathbf{0} & 0 & 0 & 0 & \frac{1}{2} \\ \mathbf{1} & \mathbf{-1} & 0 & 0 & \frac{1}{2} & 0 \\ \mathbf{0} & \mathbf{0} & 0 & \frac{1}{2} & 0 & 0 \end{array}\right).$$

Da J und I in diesem Fall den gleichen Wert haben, sieht die entsprechende Matrix für $\widehat{I}_z$ *fast identisch* aus: Lediglich das Nebendiagonalelement hat umgekehrtes Vorzeichen, nach (D.45) und (D.46). Der feldfreie Term in (9.39) ist diagonal im $(JI)FM_F$ Kopplungsschema:

$$\frac{\langle JIFM'_F|\widehat{V}_{\mathrm{MD}}|JIFM_F\rangle}{\hbar} = \delta_{M'_F M_F}\frac{A}{2}\big[F(F+1) - I(I+1) - J(J+1)\big].$$

Für $J = I = 1/2$ haben wir $F = 1$ und 0, sodass dies zu $A/4$ bzw. $-3A/4$ wird. Mit der Abkürzung

$$\mu_\pm = \frac{g_J}{2}\left(\mu_\mathrm{B} \pm \mu_\mathrm{N}\frac{g_I}{g_J}\right), \tag{9.48}$$

wird der ganze HFS-HAMILTON-Operator (9.39)

$$\widehat{H}_{\mathrm{MD}B} = \left(\begin{array}{cc|cccc} \mathbf{F} & \mathbf{M_F} & \mathbf{1\,1} & \mathbf{1\,0} & \mathbf{1\,-1} & \mathbf{0\,0} \\ \hline \mathbf{1} & \mathbf{1} & A/4 - \mu_- B & 0 & 0 & 0 \\ \mathbf{1} & \mathbf{0} & 0 & A/4 & 0 & \mu_+ B \\ \mathbf{1} & \mathbf{-1} & 0 & 0 & A/4 + \mu_- B & 0 \\ \mathbf{0} & \mathbf{0} & 0 & \mu_+ B & 0 & -3A/4 \end{array}\right).$$

Offenbar mischen nur Zustände mit $M_F = 0$. Wir müssen also

$$(\widehat{H}_{\mathrm{MD}B} - W)|\psi\rangle = 0$$

diagonalisieren, wozu die Säkulargleichung zu lösen ist:

$$\det(\widehat{H}_{\mathrm{MD}B} - W) = 0$$

Die Lösungen für $M_F = \pm 1$ (mit $M_J = M_I = 1/2$ bzw. $M_J = M_I = -1/2$) sind:

$$W_{\pm 1} = \frac{A}{4} \pm \mu_- B \tag{9.49}$$

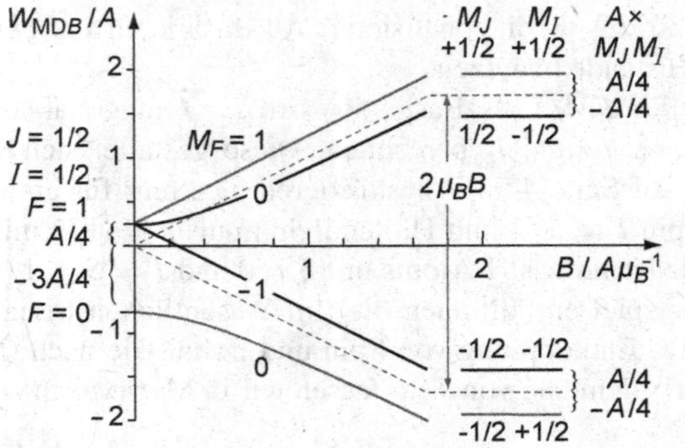

Abb. 9.9 ZEEMAN-Effekt bei der HFS: Übergang vom schwachen zum starken Magnetfeld für $I = J = 1/2$ (z. B. H-Atom). *Links*: Energien nach der BREIT-RABI-Formel (9.51). Volle Linien *(online rot* und *schwarz)* beziehen sich auf $M_I = +1/2$ bzw. $-1/2$; gestrichelte Linien *(online rot)* zeigen die Energien, die man ohne HFS erwarten würde. *Rechts* (nicht maßstäblich): Extrapolation zu moderat hohen B-Feldern nach (9.47) – jedoch ohne den kleinen $g_I \mu_N M_I B$-Term

Für die gemischten Terme $M_F = 0$ ($M_J = \pm 1/2$ und $M_I = \mp 1/2$) findet man:

$$W_{0\pm} = -\frac{A}{4} \pm \frac{A}{2}\sqrt{1 + (2\mu_+ B/A)^2}. \tag{9.50}$$

Man verifiziert durch Einsetzen, dass für niedrige und mittlere Felder die so gefundenen vier Eigenenergien in etwas allgemeinerer Form als BREIT- RABI-*Formel* (1931) geschrieben werden können, die für $J = 1/2$ gültig ist:[5]

$$W = -\frac{A}{2(2I+1)} \pm \frac{A}{2}\sqrt{1 + \frac{2M_F}{I+1/2}\frac{g_J \mu_B B}{A} + \left(\frac{g_J \mu_B B}{A}\right)^2}. \tag{9.51}$$

Wir erkennen die Ähnlichkeit mit der Aufspaltung der Feinstrukturniveaus im externen Magnetfeld für ein $J = 3/2, 1/2$ Dublett nach (8.30)–(8.33).

Durch Entwicklung der Wurzel verifiziert man leicht, dass sich (9.49) und (9.50) für sehr schwache Felder $\mu_B B \ll A$ auch

$$W_{MDB} \underset{B \to 0}{\to} W_{MD} + g_F \mu_B B M_F$$

schreiben lassen, wobei W_{MD} durch (9.14) gegeben ist, während $g_I \mu_N B$ wieder vernachlässigt wird. Wir haben somit den Ausdruck (9.45) für schwache Felder wiedergewonnen – mit $g_F = g_J/2$ nach (9.44) für $I = J = 1/2$. Im umgekehrten Grenzfall $B \gg A/\mu_B$ führt die Entwicklung der Wurzel in (9.51) wieder zu (9.47).

Abbildung 9.9 illustriert (9.49) und (9.50) als Funktion des externen Magnetfeldes B (wobei $g_I \mu_N B$ vernachlässigt wird). In Analogie zur Feinstrukturaufspaltung im

[5]Man beachte, dass das $\pm$ Zeichen vor der Wurzel mit Bedacht anzuwenden ist: Es gibt nur $(2J+1)(2I+1)$ verschiedene Energien, die wirklich zu Eigenzuständen des Systems gehören.

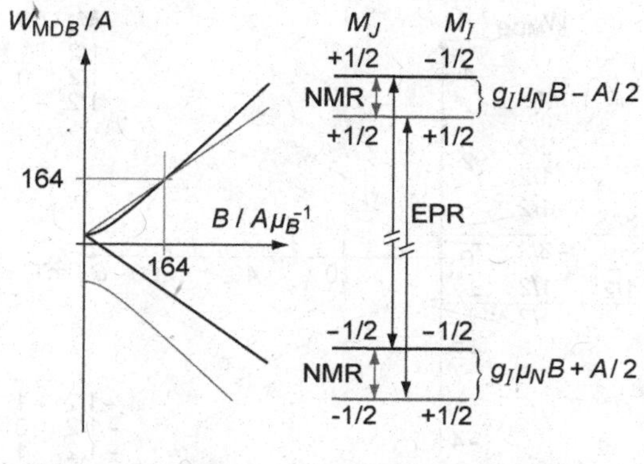

Abb. 9.10 ZEEMAN-Effekt bei der HFS: Bei sehr hohen B-Feldern. *Links:* Erweiterung von Abb. 9.9 zu (sehr) hohen Feldern für das Beispiel eines H-Atoms nach (9.49)–(9.50). Für hinreichend hohe Feldstärken B gilt (9.47), jetzt unter Einschluss es $g_I \mu_N M_I B$-Terms (nicht maßstäblich). *Rechts:* Grenzfall $A \ll g_I \mu_N B$. Gezeigt sind auch mögliche M1-Übergänge im Mikrowellenbereich (EPR) sowie im Radiofrequenzbereich (NMR)

Magnetfeld sehen wir ein lineares Verhalten für sehr kleine Felder und Abstoßung der Terme mit gleicher Projektionsquantenzahl des Gesamtdrehimpulses, hier für $M_F = 0$, im Übergangsbereich zu starken Feldern.

So unbedeutend der Term $g_I \mu_N B$ nun aber für schwache und moderat starke Felder ist, so wichtig wird er im Hochfeld, wie man es heute z. B. in der EPR-Spektroskopie benutzt. Dieser Übergang vom moderat starkem zu sehr starkem Feld wird in Abb. 9.10 illustriert. Für diesen Grenzfall sind die Aufspaltungen rechts angedeutet (nicht maßstäblich): *Das Vorzeichen der Kernspinorientierung bei den Niveaus mit der höchsten Energie hat sich umgedreht im Vergleich zu niedrigeren Magnetfeldern!* Nach (9.47) geschieht dieser Wechsel, wenn $AM_J M_I - g_I \mu_N M_I B = 0$ ist, für atomaren Wasserstoff liegt diese Feldstärke bei $B \simeq 164 A \mu_B^{-1} \simeq 3$ T.

Für die spätere Diskussion haben wir in Abb. 9.10 auch die Übergänge eingetragen, welche für die EPR- bzw. NMR-Spektroskopie relevant sind. Sie liegen im Mikrowellen- bzw. Radiofrequenzbereich. Bei beiden handelt es sich um M1-Übergänge.

In allen obigen Überlegungen haben wir das Kopplungsschema $|JIFM_F\rangle$ als Ausgangspunkt genutzt. Natürlich kann man die Diagonalisierung auch in der ungekoppelten Basis $|JM_J IM_I\rangle$ vornehmen und erhält die gleichen Energien. In diesem Fall sind der zweite und dritte Term im HAMILTON-Operator (9.38) bereits diagonal, und man hat lediglich die Matrixelemente für $\widehat{\boldsymbol{I}} \cdot \widehat{\boldsymbol{J}}$ zu berechnen. In Abb. 9.11 illustrieren wir dies für die HFS von ^{6}Li als ein zweites Beispiel. ^{6}Li hat als Fermion in ultrakalten, atomaren Gasen Bedeutung gewonnen, da es sich zur Molekülbildung durch FESHBACH-Resonanzen im Magnetfeld eignet. Seine HFS ist noch recht übersichtlich. Der HAMILTON-Operator, den man aus (9.46) mit (B.14) und (B.15) ableitet, ist in Tab. 9.3 als Matrix zusammengefasst.

Auch dieser HAMILTON-Operator lässt sich problemlos diagonalisieren, und man findet eine Lösung entsprechend der BREIT-RABI-Formel. Abbildung 9.11 zeigt die

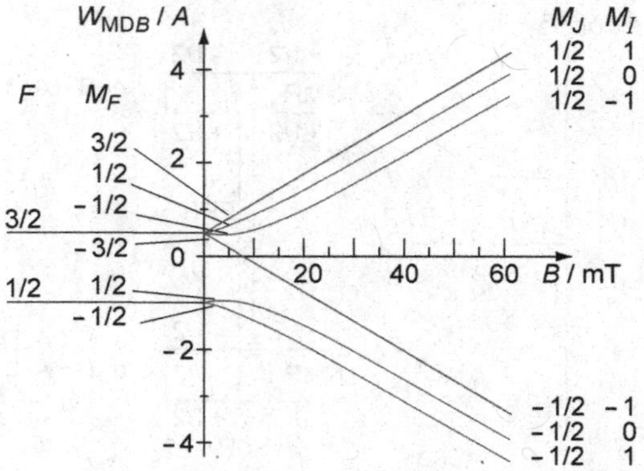

Abb. 9.11 Hyperfeintermlagen von ^{6}Li (ein Fermion) im elektronischen Grundzustand $2s\,^2S_{1/2}$ im schwachen und mittelstarken Magnetfeld. Die Energien sind in Einheiten der Hyperfeinkopplungskonstante angegeben ($A \simeq h\,222$ MHz)

Tabelle 9.3 $\widehat{H}_{MDB}$ für ^{6}Li im elektronischen Grundzustand $2s\,^2S_{1/2}$ für die ungekoppelte Basis $|JM_JIM_I\rangle$. Der Kernspin ist $I = 1$, die HFS-Kopplungskonstante ist $A = h \times 221.864(64)$ MHz (WALLS *et al.* 2003); mit (9.48) und Tab. 9.2 wird $\mu_+ = 1.0016\mu_B$ und $\mu_- = 1.0007\mu_B$

M_J	M_I	$\frac{1}{2}$ 1	$\frac{1}{2}$ 0	$-\frac{1}{2}$ 1	$\frac{1}{2}$ −1	$-\frac{1}{2}$ 0	$-\frac{1}{2}$ −1
$\frac{1}{2}$	1	$\frac{A}{2} + \mu_- B$	0	0	0	0	0
$\frac{1}{2}$	0	0	$\mu_B B$	$\frac{A}{2}\sqrt{2}$	0	0	0
$-\frac{1}{2}$	1	0	$\frac{A}{2}\sqrt{2}$	$-\frac{A}{2} - \mu_+ B$	0	0	0
$\frac{1}{2}$	−1	0	0	0	$-\frac{A}{2} + \mu_+ B$	$\frac{A}{2}\sqrt{2}$	0
$-\frac{1}{2}$	0	0	0	0	$\frac{A}{2}\sqrt{2}$	$-\mu_B B$	0
$-\frac{1}{2}$	−1	0	0	0	0	0	$\frac{A}{2} - \mu_- B$

Termlagen als Funktion des angelegten Magnetfeldes. Die Reihenfolge der Terme rechts in Abb. 9.11 gilt auch hier wieder nur für mittlere Feldstärken. Für sehr große B-Felder (oberhalb von einigen Tesla) invertieren die Terme mit positiver Energieverschiebung W_{MDB}, ähnlich wie wir das für Abb. 9.10 beschrieben haben.

Was haben wir in Abschnitt 9.3 gelernt?

- Der Hyperfein-HAMILTON-Operator (9.38) in einem externen Magnetfeld B besteht aus drei Termen: $\widehat{\boldsymbol{I}} \cdot \widehat{\boldsymbol{J}}$ Wechselwirkung ($\propto A$), Wechselwirkung von B mit dem Elektronenspin ($\propto \widehat{J}_z B$) und Wechselwirkung von B mit dem Kernspin ($\propto \widehat{I}_z B$).
- In schwachen Magnetfeldern $B \ll B_I$ kann der letzte Term vernachlässigt werden, die gekoppelten $(IJ)FM_F$ HFS-Niveaus spalten linear mit B auf (wobei $B_I \simeq A/(g_J\mu_B)$ das Magnetfeld ist, welches das Elektron vom Atomkern ‚spürt').

- Bei sehr hohen Feldern $B \gg B_J$ bricht die $(IJ)F$-Kopplung auf, und die ungekoppelten JM_JIM_I Niveaus spalten linear mit B auf (wobei $B_J \simeq A/(g_I\mu_N)$ das magnetische Feld ist, welches der Atomkern vom Elektron ‚spürt').
- Zwischen diesen Grenzfällen beschreiben Gleichungen vom BREIT-RABI-Typ (9.51) die Aufspaltung. Dabei *kreuzen* sich Niveaus mit gleichem $M_F = M_J + M_I$ *nicht*.

9.4 Isotopieverschiebung und elektrostatische Kernwechselwirkungen

Neben den magnetischen Dipolwechselwirkungen $\widehat{V}_{MD}$ und externen Feldern beeinflussen auch Atommasse $\mathcal{A}$ (bei gleicher Ordnungszahl Z) und die Form des Atomkerns die atomaren Energieniveaus. Die sogenannte *Isotopieverschiebung* (IS) und die *Quadrupolwechselwirkung* ändern zwar die Zahl der Hyperfeinniveaus nicht, ändern aber deren absolute Lage. Die meisten der folgenden Überlegungen werden wieder am Beispiel von effektiven Einelektronensystemen dargestellt. Sie können aber problemlos verallgemeinert werden, indem man über alle Elektronenkoordinaten summiert.

9.4.1 Potenzialentwicklung

Das Wechselwirkungspotenzial der Ladungen eines Atomkerns der Ladungsdichte $\rho_n(\boldsymbol{R})$ mit einem Hüllenelektron am Ort $\boldsymbol{r}$ ergibt sich nach Abb. 9.12 aus:

$$V_{e-n}(\boldsymbol{r}) = \int V(\boldsymbol{R},\boldsymbol{r})\rho_n(\boldsymbol{R})\mathrm{d}^3\boldsymbol{R}, \tag{9.52}$$

$$\text{mit} \quad V(\boldsymbol{R},\boldsymbol{r}) = -\frac{e}{4\pi\varepsilon_0|\boldsymbol{r}-\boldsymbol{R}|} \tag{9.53}$$

$$\text{und der Kernladung} \quad Ze = \int \rho_n(\boldsymbol{R})\mathrm{d}^3\boldsymbol{R}. \tag{9.54}$$

Betrachten wir das Potenzial des Elektrons in der Nähe des Atomkerns. Da die Ausdehnung der Kernladung sehr klein gegenüber der Atomhülle ist, können wir das Elektronenpotenzial in sehr guter Näherung um den Ursprung herum entwickeln:

$$V(\boldsymbol{R},\boldsymbol{r}) = -\frac{e}{4\pi\varepsilon_0 r} + \sum_{\alpha=1}^{3} \left.\frac{\partial V}{\partial x_\alpha}\right|_0 X_\alpha + \frac{1}{2}\sum_{\alpha\beta}^{3} \left.\frac{\partial^2 V}{\partial x_\alpha \partial x_\beta}\right|_0 X_\alpha X_\beta + \cdots, \tag{9.55}$$

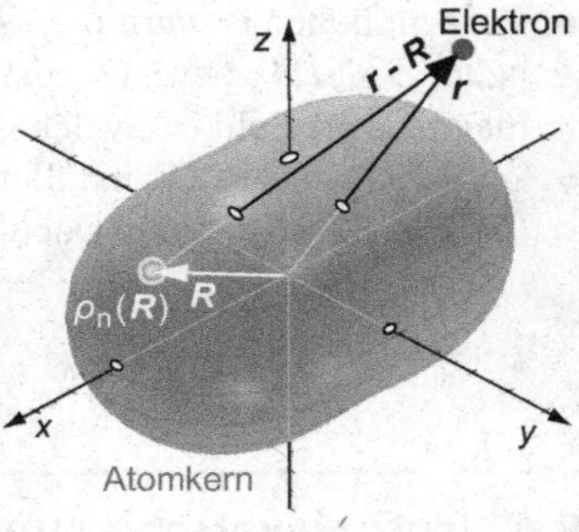

Abb. 9.12 Atomkern und Elektron mit der Kernkoordinate $\boldsymbol{R}$ und dem Ortsvektor des Elektrons $\boldsymbol{r}$, die das Wechselwirkungspotenzial nach (9.52)–(9.54) bestimmen

wobei $x_1 = x$, $x_2 = y$ und $x_3 = z$ (ebenso für X_α). Daher wird (9.52) zu

$$V_{\text{e-n}}(\boldsymbol{r}) = -\frac{e^2 Z}{4\pi\varepsilon_0 r} + \sum_{\alpha=1}^{3} \left.\frac{\partial V}{\partial x_\alpha}\right|_0 \int \rho_\text{n}(\boldsymbol{R}) X_\alpha \mathrm{d}^3\boldsymbol{R} \tag{9.56}$$

$$+ \frac{1}{2}\sum_{\alpha\beta} \left.\frac{\partial^2 V}{\partial x_\alpha \partial x_\beta}\right|_0 \int \rho_\text{n}(\boldsymbol{R}) X_\alpha X_\beta \mathrm{d}^3\boldsymbol{R} + \cdots . \tag{9.57}$$

Mit dem ersten Term in (9.56) haben wir die COULOMB-Energie einer Punktladung Ze erfasst, die bereits im ungestörten HAMILTON-Operator für das Atom enthalten ist (nahe am Atomkern ist dies auch für ein Mehrelektronensystem korrekt). Der zweite Term wäre proportional zu einem Dipolmoment des Atomkerns, das aber aus Symmetriegründen verschwindet. Die ersten nichtverschwindenden, hier relevanten Terme sind die zweiter Ordnung nach (9.57) – offensichtlich handelt es sich um Tensorkomponenten. Nun kann man immer ein Koordinatensystem finden, in welchem die Achsen so ausgerichtet sind, dass dieser Tensor diagonal wird:

$$\frac{1}{2}\sum_{\alpha\beta} V_{\alpha\beta} \int \rho_\text{n}(\boldsymbol{R}) X_\alpha X_\beta \mathrm{d}^3\boldsymbol{R}$$

$$= \frac{1}{2}\sum_{\alpha} V_{\alpha\alpha} \int \rho_\text{n}(\boldsymbol{R}) X_\alpha^2 \mathrm{d}^3\boldsymbol{R} \tag{9.58}$$

$$= \frac{1}{6}\sum_{\alpha} V_{\alpha\alpha} \left[\int \rho_\text{n}(\boldsymbol{R}) R^2 \mathrm{d}^3\boldsymbol{R} + \int \rho_\text{n}(\boldsymbol{R}) \left(3X_\alpha^2 - R^2\right) \mathrm{d}^3\boldsymbol{R} \right] \tag{9.59}$$

$$= V_{\text{vol,}}(\boldsymbol{r}) + V_Q(\boldsymbol{r}) \tag{9.60}$$

Die zweite Zeile haben wir hier sehr bewusst in zwei Anteile umgeschrieben. Den ersten nennt man *Volumenterm*, der zweite ist eine Summe über Komponenten eines Tensors ohne Spur, des sogenannten *Quadrupoltensors*. Die entsprechenden Energieverschiebungen erhält man in 1. Ordnung Störungstheorie, indem man $V_\text{vol}(\boldsymbol{r})$ bzw. $V_Q(\boldsymbol{r})$ mit der Wahrscheinlichkeitsverteilung der Elektronen $|\psi_\text{el}(\boldsymbol{r})|^2$ multipliziert und über den gesamten $\boldsymbol{r}$-Raum integriert. Wir werden das in den folgenden zwei Unterabschnitten erklären.

9.4.2 Isotopieverschiebung

Unterschiede zwischen den Isotopen ergeben sich für Atome gleicher Ladung Z aber unterschiedlicher Massenzahl $\mathcal{A}$. Wir unterscheiden zwei Einflüsse von spektroskopischer Relevanz: Der sogenannte *Masseneffekt* ist einfach kinematischer Natur. Dagegen ist die *Volumenshift* $V_{\mathrm{vol}}(\boldsymbol{r})$ in (9.59)–(9.60) durch die endliche Größe des Atomkerns und die daraus folgenden kleinen Abweichungen vom reinen Z/r Potenzial bedingt. Bei Atomen mit großem Z dominiert sie bei Weitem die IS.

Aus der IS kann man wichtige Informationen über den Atomkern entnehmen. Ein typisches Beispiel für ein optisches Spektrum verschiedener Isotope zeigt Abb. 9.13. Die Isotopieverschiebung von Atomkernen verschiedener Massen und Formen wurde Mitte des letzten Jahrhunderts sehr intensiv untersucht und hat mit einer Fülle von spektroskopischen Daten wesentlich zum Verständnis der Kernstruktur beigetragen (siehe z. B. ANGELI 2004). Jüngere Untersuchungen konzentrieren sich auf die systematische Untersuchung künstlicher Isotope für eine große Zahl von Ordnungs- und Massenzahlen und erlauben insbesondere die Kernradien dieser Isotope zu vermessen. Andererseits werden auch Hochpräzisionsmessungen für leichte Atome durchgeführt, insbesondere für die Isotope von He^+ und Li^+. Wie bereits Kap. 6 erwähnt, erlauben diese Messungen sehr empfindliche Tests der Theorie in Hinblick auf relativistische Effekte und Strahlungskorrekturen zu den atomaren Energie, welche die QED vorhersagt. Nachfolgend besprechen wir einige Einzelheiten.

Masseneffekt

Wie bereits in Abschn. 1.7.4 und 2.6.1 erläutert, muss man für eine präzise Berechnung der Eigenenergien von Zuständen in Einelektronensystemen die Elektronenmasse m_e in der SCHRÖDINGER-Gleichung durch die reduzierte Masse $\bar{m}_e = m_e/(1 + m_e/M)$ ersetzten, wobei M die Kernmasse ist. So kann man die Bewegung des Schwerpunkts abtrennen und das eigentliche System wie ein Einteilchensystem behandeln. Da die Masse linear in den HAMILTON-Operator über

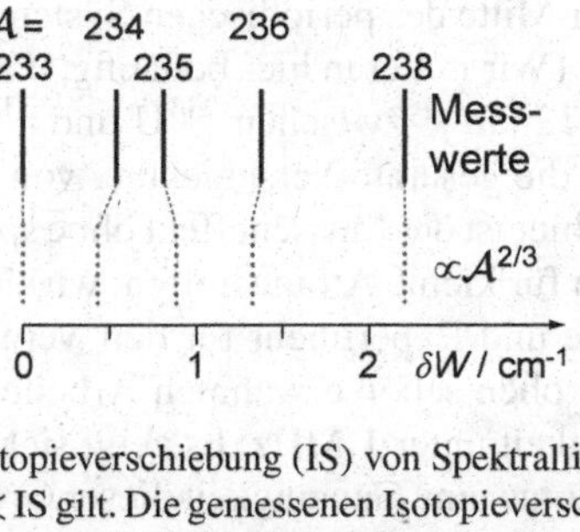

Abb. 9.13 Beispiel für die Isotopieverschiebung (IS) von Spektrallinien im VIS-Spektralbereich, hier für Uran, wo für die HFS $\ll$ IS gilt. Die gemessenen Isotopieverschiebungen einer Spektrallinie bei 424.44 nm (^{238}U) nach SMITH *et al.* (1951) sind als Funktion der Nukleonenzahl $\mathcal{A}$ durch volle vertikale, *schwarze* Linien angedeutet. Zum Vergleich geben wir die entsprechend $\propto \mathcal{A}^{2/3}$ skalierten Positionen als vertikale, gepunktete Linien an *(online rot)*; zur Erklärung siehe S. 519 ff. insbes. Gl. (9.64)

$p^2/2m_e$ eingeht und $m_e/M \ll 1$ erhält man in sehr guter Näherung die entsprechende Energieänderung (also die kinematische Korrektur) zu

$$\frac{\delta W}{W} = -\delta\left(\frac{m_e}{M}\right). \tag{9.61}$$

Wenn man also die optischen Übergangsfrequenzen verschiedener Isotope vergleichen will, braucht man gar nicht den absoluten Wert der Termenergien zu kennen. Dieser Umstand ist von besonderer Bedeutung für die präzise Interpretation der Spektren von Atomen kleiner Ordnungszahlen. Diese Verschiebung ist natürlich am größten für atomaren Wasserstoff zwischen den Isotopen ^{1}H und ^{1}D mit

$$\frac{\delta W}{W} \simeq \frac{1}{1836}\left(\frac{1}{1} - \frac{1}{2}\right) = 2.72 \times 10^{-4}.$$

Für die LYMAN-α-Linie beträgt dieser Unterschied 22.4 cm^{-1}, in ausgezeichneter Übereinstimmung von Theorie und Experiment. Ein genauer Vergleich erfordert natürlich auch eine detaillierte Kenntnis von HFS und LAMB-Shift für beide Atomkerne, wie bereits in Abschn. 9.2.5 und 6.5.4 auf Seite 349 behandelt (einen Überblick über Präzisionsmessungen gibt JENTSCHURA *et al.* 2011).

Ganz allgemein erhält man eine gute 1. Näherung für den Masseneffekt, wenn man alle Größen mit $\bar{a}_0 = a_0 m_e/\bar{m}_e$ und $\bar{E}_h = E_h \bar{m}_e/m_e$ umskaliert. Der Effekt ist am größten für kleine Atome. Wir müssen aber darauf hinweisen, dass diese Art der kinematischen Korrektur *streng nur für Einelektronensysteme gilt*. Für Vielelektronenatome wird die Abtrennung der Kernbewegung nicht mehr trivial, denn man muss diese Bewegung ja in Bezug auf *alle* Elektronen berücksichtigen (siehe z. B. DRAKE *et al.* 2005). Eine detaillierte Analyse zeigt z. B. für das He-Atom, dass diese Separation der Bewegung des Massenschwerpunktes zusätzlich einen Term $-(\bar{m}_e/M)\nabla_{r_1}\nabla_{r_2}$ (in a.u.) erfordert, die sogenannte *Massenpolarisation.* Ihr Erwartungswert ist nicht trivial zu berechnen und hängt vom elektronischen Zustand des Systems ab. Glücklicherweise führt dies nur für kleine $\mathcal{A}$ zu signifikanten Beiträgen. Jenseits der Mitte des periodischen Systems kann man (9.61) als sehr gute Näherung anwenden (Wir notieren hier beiläufig, dass der Masseneffekt insgesamt beim Uran nur 0.0012 cm^{-1} zwischen ^{233}U und ^{238}U beträgt – was mit dem experimentellen Wert für die gesamte Verschiebung von 2.20 cm^{-1} zu vergleichen ist (siehe Abb. 9.13), d. h. hier ist der Masseneffekt ohne spektroskopische Relevanz).

Andererseits kann man für kleine Atome hoffen, wirklich eine quantitative Übereinstimmung von Theorie und Experiment für den Vergleich der Spektren zweier Isotope zu erreichen. Die oben schon erwähnten Arbeiten an Isotopen von He und Li erreichen eine Genauigkeit unter 1 MHz. Es zeigt sich aber, dass selbst für diese anscheinend einfachen Atome eine Genauigkeit dieser Größenordnung für die Theorie erhebliche Anstrengungen erfordert. Neben der Massenpolarisation müssen dazu auch die Strahlungskorrekturen (QED) in höherer Ordnung berücksichtigt und eine vollständige Analyse aller HFS-Beiträge durchgeführt werden, wie wir das fürs H-Atom vorgestellt haben. Schließlich muss auch die Volumenshift berechnet werden, der sich der folgenden Abschnitt widmet.

Volumenshift

Wir diskutieren nun also den Volumenterm in (9.59) der die Wechselwirkung der Kernladungsverteilung mit dem Feld der Elektronen in Kernnähe berücksichtigt. Er ist nur von Bedeutung, wenn das Elektron eine endliche Aufenthaltswahrscheinlichkeit am Kernort hat, also für s-Zustände.[6] Wir schreiben den Erwartungswert von R^2 für den Atomkern als

$$\int \rho_n(\boldsymbol{R}) R^2 \mathrm{d}^3\boldsymbol{R} = Ze\langle R^2\rangle,$$

und benutzen die POISSON-Gleichung für die elektronische Ladungswolke bei $r = 0$,

$$\sum_\alpha V_{\alpha\alpha}|_0 \equiv \Delta V|_0 = \left.\frac{\rho_{el}(\boldsymbol{r})}{\varepsilon_0}\right|_{r=0} = \frac{e}{\varepsilon_0}|\psi_{el}(0)|^2.$$

Damit wird die Volumenshift der Energieniveaus

$$W_{vol} = \frac{1}{6}\sum V_{\alpha\alpha}\left(\int \rho_n(\boldsymbol{R}) R^2 \mathrm{d}^3\boldsymbol{R}\right) = \frac{Ze^2}{6\varepsilon_0}|\psi_{el}(0)|^2\langle R^2\rangle. \qquad (9.62)$$

Der Volumenterm ergänzt also den reinen COULOMB-Term der 0. Ordnung in (9.56) und trägt zur Isotopieverschiebung bei: Durch die zwar kleine, aber endliche Ausdehnung des Atomkerns bewegen sich s-Elektronen in der Nähe des Ursprungs in einen von Z/r abweichenden Potenzial. Für größere Atomkerne wird diese Störung signifikant. Der Erwartungswert von $\langle R^2\rangle$ hängt direkt von der Ladungsverteilung ab und damit von der Anzahl der Nukleonen im Atomkern. Man muss dabei bedenken, dass (selbst bei den einfachsten Atomen) die experimentellen Messungen mit der Theorie nur aufgrund der Differenz δW_{vol} zwischen verschiedenen Isotopen verglichen werden können – die Absolutwerte können bei Weitem nicht genau genug berechnet werden. Für diese Differenzen können allerdings anhand von Präzisionsmessungen sogar Terme höherer Ordnung $\delta W_{vol} = C_1\langle R^2\rangle + C_2\langle R^4\rangle + \cdots$ analysiert werden (FRICKE *et al.* 1995).

Abbildung 9.14 illustriert – sehr schematisch – die Potenziale zweier unterschiedlicher Isotope $\mathcal{A} = i$ und $\mathcal{A} = k$ bei gleicher Ordnungszahl Z in und nahe dem Atomkern, die sich aus der verschiedenen Ausdehnung dieser Kerne ergeben. Man kann δW_{vol} aus der Differenz $\delta\langle R^2\rangle$ der Erwartungswerte für die Quadrate der Kernradien abschätzen. Summiert man (9.62) über alle s-Elektronen (j) in der Hülle, so ergibt sich

$$\delta W_{vol} = \frac{Ze^2}{6\varepsilon_0}\delta\langle R^2\rangle \sum |\psi_j(0)|^2.$$

Die Volumenshift nach (9.62) sollte z. B. die Unterschiede der Linienposition für die Isotope des Urans erklären, die wir in Abb. 9.13 gezeigt haben. Nach dem

[6] Eine relativistisch korrekte Behandlung zeigt, dass neben den $s_{1/2}$-Elektronen auch $p_{1/2}$-Elektronen einen kleinen Beitrag liefern.

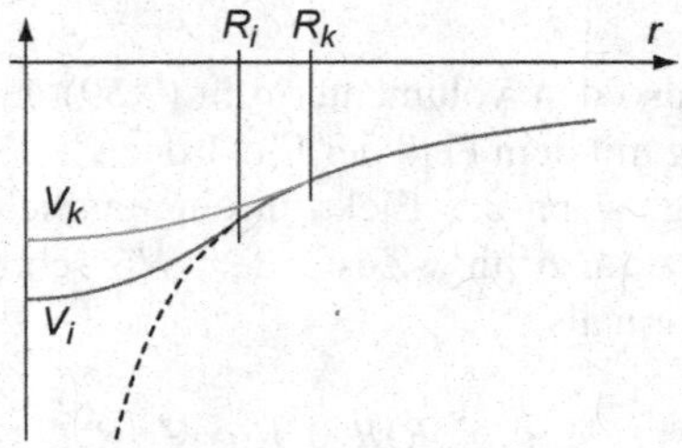

Abb. 9.14 Schematische Illustration eines modifizierten COULOMB-Potenzials V_i *(online rot)* und V_k *(online rosa)* durch die endliche Größe der Atomkerne für zwei verschiedene Isotope i und k eines Atoms – mit den effektiven Radien R_i und R_k; die schwarz gestrichelte Linie deutet das entsprechende COULOMB-Potenzial an

Tröpfchenmodell von George GAMOV und Carl Friedrich VON WEIZSÄCKER schätzt man den Kernradius R_c grob nach

$$R_c = R_{LD}\mathcal{A}^{1/3}, \tag{9.63}$$

was nach ANGELI (2004) das gesamte Periodensystem recht gut reproduziert,[7] wenn man $R_{LD} = 0.9542$ fm annimmt (zum Vergleich ist der Protonenradius $R_p = 0.8751(61)$ fm). Wir erwarten daher eine Volumenshift

$$W_{vol} \propto \langle R^2 \rangle \simeq R_{LD}^2 \mathcal{A}^{2/3}. \tag{9.64}$$

Wie in Abb. 9.13 dokumentiert, folgen die Isotopieverschiebung für ^{233}U bis ^{238}U diesem Skalierungsgesetz recht gut.

Wenn man verlässliche Abschätzungen über den mittleren quadratischen Kernradius $\langle R^2 \rangle$ aus der Isotopieverschiebung ermitteln will, muss man die Elektronendichte am Kernort sehr genau kennen – und man muss natürlich auch alle anderen Parameter kennen, die eine solche Messung für diesen speziellen Übergang bestimmen. Die heutige experimentelle Genauigkeit erfordert und rechtfertigt entsprechend aufwendige, nicht störungstheoretische Rechnungen, zumindest für einige Atome mit niedrigem Z. Tabelle 9.4 illustriert, was derzeit *State-of-the-Art* ist. Zusammengestellt sind Präzisionsmessungen für einige $2\,^3S_1 \leftrightarrow 2, 3\,^3P$-Übergänge in ^{3}He und ^{4}He nach MORTON *et al.* (2006). Für diese Bestimmung von R_c des ^{3}He-Isotops musste auch die Hyperfeinstruktur von ^{3}He berücksichtigt (Übergänge $F = 3/2 \longleftrightarrow F = 1/2$ und $F = 1/2 \longleftrightarrow F = 1/2$) und der bekannte Wert R_c für ^{4}He benutzt werden.

---

[7] Allerdings erhält man einen noch besseren Fit der experimentellen Daten, wenn man Terme proportional zu $\mathcal{A}^{-1/3}$ und $\mathcal{A}^{-1}$ in (9.63) hinzufügt.

Tabelle 9.4 Isotopieverschiebung für das Beispiel ^{3}He und ^{4}He nach MORTON *et al.* (2006). Gemessene und berechnete Werte für δW_{vol} und die Bestimmung eines mittleren Kernradius R_c für ^{3}He mithilfe des bekannten Werts $R_c(^4\text{He}) = 1.673(1)$ fm

Übergangsdifferenz	Messung/MHz	δW_{vol}/MHz	R_c (^{3}He)/fm
^{3}He($2\,^3S_1\,3/2 \leftrightarrow 2\,^3P_0\,1/2$) − ^{4}He($2\,^3S_1 \leftrightarrow 2\,^3P_0$)	45394.413 (137)	42184.368 (166)	1.985 (41)
^{3}He($2\,^3S_1\,3/2 \leftrightarrow 2\,^3P_0\,1/2$) − ^{4}He($2\,^3S_1 \leftrightarrow 2\,^3P_1$)	1480.573 (30)	33668.062 (30)	1.963 (6)
^{3}He($2\,^3S_1\,3/2 \leftrightarrow 2\,^3P_0\,1/2$) − ^{4}He($2\,^3S_1 \leftrightarrow 2\,^3P_2$)	810.599 (3)	33668.066 (3)	1.9643 (11)
Elektron-Nukleon-Streuung			1.959 (30)
Kerntheorie			1.96 (1)

9.4.3 Quadrupol-Wechselwirkungsenergie

Während für elektronische s-Zustände – und etwas allgemeiner für $s_{1/2}$- und $p_{1/2}$-Zustände – die elektrostatische HFS-Wechselwirkung zwischen Elektron und Atomkern vollständig durch die Volumenshift (9.62) bestimmt wird, hat die Quadrupolwechselwirkung ihre Ursache in einer nicht vollkommen sphärischen Form der Atomkerne wie in Abb. 9.15 skizziert – in der englischsprachigen Literatur spricht von „*oblate*“ (oblatenförmig) bzw. „*prolate*“ (zigarrenförmig).

Wenn der Atomkern eine solche, nichtsphärische Form hat und das Potenzial der Elektronenhülle ebenfalls nichtsphärische Komponenten am Kernort besitzt, führt dies zu einer sogenannten Quadrupol-Verschiebung der Energieterme. Dieser Quadrupolterm verschwindet, wenn der Kernspin $I = 0$ oder $I = 1/2$ ist, oder wenn für den Gesamtdrehimpuls des betrachteten elektronischen Zustands $j = 0$ oder $j = 1/2$ ist gilt – wie wir im Folgenden zeigen werden.

Die Umformulierung von (9.58) in (9.59) entspricht der irreduziblen Form, wie in Anhang F ausgeführt wird. Es ist daher sinnvoll, das Potenzial (9.53) konsequent in reduzierte Kugelflächenfunktionen nach (F.2b) zu entwickeln. Außerhalb des Atomkerns (d. h. für $r > R$), kann der Quadrupolterm $V_Q(\boldsymbol{r})$ in (9.59) als Skalarprodukt zweier Tensoroperatoren vom Rang 2 geschrieben werden, wie in (D.19) definiert.

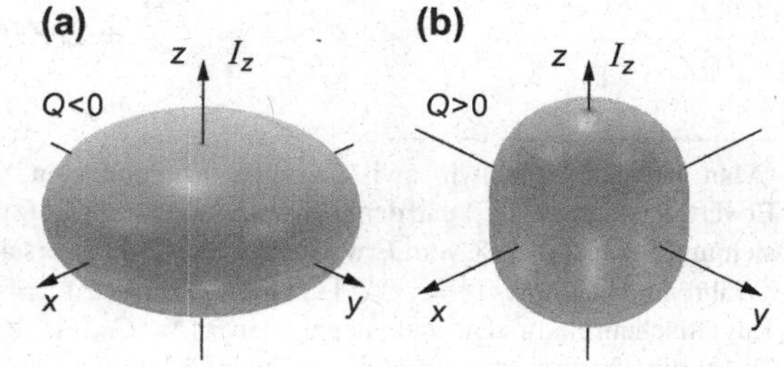

Abb. 9.15 Atomkerne mit Quadrupolmoment: (**a**) oblatenförmige (engl. *oblate*), wird durch $Q < 0$ charakterisiert, (**b**) zigarrenförmig (engl. *prolate*) wird durch $Q > 0$ charakterisiert

Explizit kann die Energieverschiebung durch Quadrupolwechselwirkung aus (F.5) entnommen werden und wird in 1. Ordnung Störungsrechnung

$$W_Q = \left\langle ZeR^2 \mathsf{C}_2^{(\boldsymbol{R})} \cdot \frac{(-e)}{4\pi\varepsilon_0} \frac{1}{r^3} \mathsf{C}_2^{(\boldsymbol{r})} \right\rangle = \frac{-Ze^2}{4\pi\varepsilon_0} \langle \mathsf{Q}_2 \cdot \mathsf{U}_2 \rangle, \tag{9.65}$$

wo die Klammern $\langle \dots \rangle$ eine Mittelung andeuten, d. h. eine Multiplikation mit der Wahrscheinlichkeitsdichte $\rho_n(\boldsymbol{R})/(Ze) \times |\psi_{el}(\boldsymbol{r})|^2$ und Integration über die Kernkoordinaten *und* die elektronischen Koordinaten, $\boldsymbol{R}$ bzw. $\boldsymbol{r}$. Die Tensoroperatoren 2. Ranges, $\mathsf{C}_2^{(\boldsymbol{R})}$ und $\mathsf{C}_2^{(\boldsymbol{r})}$, sind die renormierten Kugelflächenfunktionen (B.29) in Bezug auf Kern- bzw. elektronische Koordinaten. Somit beschreiben die Tensoroperatoren Q_2 und U_2 (ebenfalls Rang 2) in kompakter Weise die Ladungsverteilungen im Atomkern bzw. in der Atomhülle und ihre Wechselwirkung. Ihre Tensorkomponenten[8,9] beziehen sich auf die Ladungsverteilungen

des **Atomkerns** $\quad Q_{2q} = R^2 C_{2q}(\Theta, \Phi)$ bzw. (9.66)

der **Hüllenelektronen** $\quad U_{2m} = \frac{1}{r^3} C_{2m}(\theta, \varphi).$ (9.67)

Erstere Definition (der *Quadrupoltensor des Atomkerns*) ist identisch zu (F.14) für $\ell = 2$, während letztere zwar ähnlich zum Quadrupoltensor der Elektronenhülle ist, sich aber durch den Gewichtsfaktor $1/r^3$ anstelle von r^2 vom ihm unterscheidet. Da die Kernkoordinaten $\boldsymbol{R}$ und die elektronischen Koordinaten $\boldsymbol{r}$ unabhängig voneinander sind, kann man auch die Mittelung $\langle \dots \rangle$ jeweils unabhängig über die entsprechenden Wellenfunktionen durchführen.

Betrachten wir nun zuerst den Atomkern: Wir wählen die Richtung des Kernspins als Referenzachse und nehmen Rotationssymmetrie um diese Achse an. Der *Quadrupoltensor des Atomkerns* hat dann nur eine nichtverschwindende Komponente:

$$Q_{20} = R^2 C_{20}(\cos\Theta) = \frac{3X_3^2 - R^2}{2} \tag{9.68}$$

Ihr Erwartungswert für einen wohldefinierten Kernzustand $|IM\rangle$ ist $\langle Q_{20}\rangle = \langle IM|Q_{20}|IM\rangle$. Im Prinzip kann man dies über die Besetzungswahrscheinlichkeiten $w(M)$ des Atomkerns mitteln – es sei denn ein reiner $|IM\rangle$ Zustand würde präpariert. Man definiert das sogenannte

Kernquadrupolmoment $$Q = \int \rho_n(\boldsymbol{R})\big(3X_3^2 - R^2\big)\mathrm{d}^3\boldsymbol{R} = 2eZ\langle Q_{20}\rangle, \tag{9.69}$$

[8]Man beachte, dass wir zwischen den Komponenten Q_{2q} des *Quadrupoltensors* mit den Erwartungswerten $\langle Q_{2q}\rangle$ und dem *Kernquadrupolmoment* Q unterscheiden, dessen Definition (9.69) sich um den Faktor $2eZ$ vom Erwartungswert $\langle Q_{20}\rangle$ unterscheidet.

[9]Während $r^k C_{kq}(\theta,\varphi) = r^k \sqrt{4\pi/(2k+1)}\, Y_{kq}(\theta,\varphi) = \mathcal{C}_{kq}(\boldsymbol{r})$ die (renormierten) regulären Kugelflächenfunktionen sind, nennt man $r^{-k-1} C_{kq}(\theta,\varphi) = r^{-k-1}\sqrt{4\pi/(2k+1)}\, Y_{kq}(\theta,\varphi) = \mathcal{I}_{kq}(\boldsymbol{r})$ die (renormierten) irregulären Kugelflächenfunktionen.

mit der Normalisierung (9.54). Numerische Werte findet man z. B. in Tab. 9.2.[10]

Q kann berechnet werden, wenn man die Struktur des Atomkerns kennt, d. h. die Verteilung der Kernladung $\rho_n(\boldsymbol{R})$. In der Praxis benutzt man aber meist die HFS, um Q zu bestimmen und mit angemessenen kernphysikalischen Strukturrechnungen zu vergleichen. In Abb. 9.15a für $Q < 0$ (oblatenförmig) und Abb. 9.15b für $Q > 0$ (zigarrenförmig) sind die unterschiedlichen Formen von Atomkernen skizziert.[11]

Der Kernspin I kann als Ursache solcher Abweichungen der Form des Atomkerns von der reinen Kugelform angesehen werden (siehe Tab. 9.2). Mit (F.25) können die Matrixelemente von Q_{20} reduziert werden zu

$$\langle IM|Q_{20}|IM\rangle = \frac{3M^2 - I(I+1)}{\sqrt{(2I+3)(I+1)I(2I-1)}}\langle I\|\mathsf{Q}_2\|I\rangle, \tag{9.70}$$

wobei M die Projektionsquantenzahl des Kernspins I auf eine gegebene Achse im Labor ist (z. B. definiert durch die z-Achse einer orientierten, nicht isotropen Atomhülle). Den *Maximalwerte* von $\langle IM|Q_{20}|IM\rangle$ erhält man für $M = I$. Multipliziert mit $2eZ$ nennt man ihn diesen Wert das *spektroskopische Kernquadrupolmoment:*

$$Q_s = 2eZ\langle II|Q_{20}|II\rangle = 2Ze\sqrt{\frac{I(2I-1)}{(2I+3)(I+1)}}\langle I\|\mathsf{Q}_2\|I\rangle. \tag{9.71}$$

Somit wird das reduzierte Matrixelement[12] des Kernquadrupoltensors

$$\langle I\|\mathsf{Q}_2\|I\rangle = \langle R^2\rangle\langle I\|\mathsf{C}_2\|I\rangle = \frac{Q_s}{2Ze}\sqrt{\frac{(2I+3)(I+1)}{I(2I-1)}}. \tag{9.72}$$

Damit können wir (9.70) in das Kernquadrupolmoment im Zustand $|IM\rangle$ umschreiben:

$$Q(M) = 2Ze\langle IM|Q_{20}|IM\rangle = \frac{3M^2 - I(I+1)}{I(2I-1)}Q_s.$$

Weitere Details findet man in Anhang F.3.1 und in den klassischen Lehrbüchern (z. B. BLATT und WEISSKOPF 1952).

---

[10] Üblicherweise wird e nicht in den publizierten Daten angegeben. Da der Erwartungswert $\langle Q_{2q}\rangle$ des Quadrupol*tensors* in Einheiten b angegeben werden sollte, benutzen wir, um Missverständnisse auszuschließen, für das Quadrupol*moment* Q die (nicht-SI) Einheit **eb** (siehe Anhang A.2).

[11] Es ist wichtig festzuhalten, dass diese Zuordnung des Vorzeichens von Q für *zigarrenförmig* und *oblatenförmig* nur für die Quadrupolmomente nach (9.68) gilt, welche die Ladungswolke charakterisieren. Das Vorzeichen ändert sich, wenn man die allgemeine Definition von Tensoroperatoren benutzt, die mithilfe von Drehimpulsen konstruiert werden, wie in Anhang F.3.2 ausführlich erläutert.

[12] Man beachte, dass in der kernphysikalischen Literatur mehrere unterschiedliche Normalisierungen für die reduzierten Matrixelemente benutzt werden (siehe Fußnote 9 auf Seite 631 in Anhang D).

Zusammenfassend ist das spektroskopische Kernquadrupolmoment Q_s der Erwartungswert von $2ZeQ_{20}$ im Kernzustand $|IM = I\rangle$ in Bezug auf das Laborkoordinatensystem. Es muss vom intrinsischen Kernquadrupolmoment Q_i unterschieden werden, dass sich auf die Symmetrieachse des Atomkerns bezieht, die identisch mit dem Kernspin ist. Typischerweise muss der Kernspin I nicht in Richtung der Symmetrieachse des Atomkerns zeigen. Wenn der Atomkern rotationssymmetrisch ist (was oft aber nicht zwingend der Fall ist) dann sind spektroskopisches und intrinsisches Kernquadrupolmoment durch folgende Beziehung miteinander verbunden (siehe z. B. NEYENS 2003):

$$Q_s = \frac{3M_K^2 - I(I+1)}{(2I+3)(I+1)} Q_i \tag{9.73}$$

Hier ist M_K die Projektionsquantenzahl von I auf die Kernachse. Wie man sieht, gilt selbst für den Maximalwert $M_K = I$, dass $Q_s < Q_i$. Dies ist letztlich die Konsequenz daraus, dass die Kernachse statistisch auf einem Konus um den Kernspin herum orientiert ist ($\sqrt{I(I+1)} > I$). Nur im Grenzfall von großen Werten für $I = M_K$ werden beide Größen identisch.

Wir betonen hier nochmals, dass Atomkerne (wie auch die Elektronenhülle) nur dann ein *Quadrupolmoment haben können, wenn ihr Spin $I > 1/2$* ist (entsprechend muss für den Gesamtdrehimpuls $J > 1/2$ gelten): Das reduzierte Matrixelement (9.70) unterliegt der Dreiecksrelation $\delta(I2I) = 1$, d. h. $I \geq 1$ muss gelten.

Wenden wir uns nun der Elektronenhülle des Atoms zu: Der Tensor $\mathsf{U}_2^{(r)}$, definiert in (9.67), *charakterisiert ihr elektrisches Feld.* Seine Null-Komponente kann

$$U_{20} = -\frac{3z^2 - r^2}{2r^5} = \frac{1}{r^3} C_{20}(\theta) \tag{9.74}$$

geschrieben werden und seine Matrixelemente sind

$$\langle JM_J | U_{20} | JM_J \rangle = \frac{3M_J^2 - J(J+1)}{\sqrt{(2J+3)(J+1)J(2J-1)}} \langle J \| \mathsf{U}_2 \| J \rangle. \tag{9.75}$$

Das reduzierte Matrixelement

$$\langle J \| \mathsf{U}_2 \| J \rangle = -\left\langle \frac{1}{r^3} \right\rangle \langle J \| \mathsf{C}_2^{(r)} \| J \rangle \tag{9.76}$$

kann für Quasi-Einelektronensysteme problemlos berechnet werden. Wieder muss der Erwartungswert von $1/r^3$ ausgewertet werden, und $\langle s\ell J \| \mathsf{C}_2^{(r)} \| s\ell J \rangle$ ist im $s\ell J$-gekoppelten Schema durch (D.50) und (D.53) gegeben.

9.4.4 HFS-Niveauaufspaltung

Wir können jetzt die gesamte HFS-Niveauaufspaltung durch magnetische Dipol- und elektrische Quadrupolwechselwirkung berechnen. Für die Quadrupol-Wechselwirkungsenergie (9.65) müssen wir dazu die Matrixelemente

$$\langle IJFM_F | \mathsf{Q}_2 \cdot \mathsf{U}_2 | IJF'M_F' \rangle$$

des Skalarprodukts $\mathsf{U}_2 \cdot \mathsf{Q}_2$ berechnen. Sie sind nach (D.47) glücklicherweise diagonal in F und M_F und hängen nicht von M_F ab. Mit (D.48) können wir also (9.65) umschreiben zu

$$W_Q = \frac{Ze^2}{4\pi\varepsilon_0}\sqrt{(2I+1)}\sqrt{(2J+1)} \times (-1)^{F+J+I} \begin{Bmatrix} I & I & 2 \\ J & J & F \end{Bmatrix} \langle J\|\mathsf{U}_2\|J\rangle\langle I\|\mathsf{Q}_2\|I\rangle. \tag{9.77}$$

Dies werte man durch Einsetzen von (9.76), (9.72) und den expliziten Ausdrücken für die 6*j*-Symbole (B.71) aus. W_Q ist additiv zur magnetischen Dipolwechselwirkung (9.14) so lange $W_Q \ll W_{\mathrm{MD}}$ gilt. Außer für wirklich sehr schwere Atomkerne ist das meist eine vernünftige Annahme. Summiert man beide Terme, so ergibt sich

$$W_{\mathrm{HFS}} = W_{\mathrm{MD}} + W_Q = \frac{1}{2}AK + B\frac{\frac{3}{2}K(K+1) - 2I(I+1)J(J+1)}{2I(2I-1)2J(2J-1)} \tag{9.78}$$
$$\text{mit } K = F(F+1) - I(I+1) - J(J+1).$$

A ist die magnetische Dipol-Hyperfeinkopplungskonstante nach (9.30) und (9.35) für $\ell > 0$ bzw. $\ell = 0$. Die sogenannte *Quadrupol-Kopplungskonstante* erhält man aus

$$B = \frac{e}{4\pi\varepsilon_0}\frac{2J-1}{2J+2}\left\langle\frac{1}{r^3}\right\rangle Q_\mathrm{s} = \frac{2J-1}{2J+2}\left\langle\frac{a_0^3}{r^3}\right\rangle\frac{Q_\mathrm{s}}{ea_0^2}E_\mathrm{h}. \tag{9.79}$$

Manchmal wird (9.78) in der etwas allgemeineren Form

$$W_{\mathrm{HFS}} = A\widehat{\boldsymbol{I}}\cdot\widehat{\boldsymbol{J}} + B\frac{\langle 6(\widehat{\boldsymbol{I}}\cdot\widehat{\boldsymbol{J}})^2 + 3\widehat{\boldsymbol{I}}\cdot\widehat{\boldsymbol{J}} - 2\widehat{\boldsymbol{I}}^2\widehat{\boldsymbol{J}}^2\rangle}{2I(2I-1)2J(2J-1)}, \tag{9.80}$$

geschrieben, wo der Mittelungsprozess wieder im Geist des Vektormodells interpretiert wird. Setzt man $\langle\widehat{\boldsymbol{I}}^2\rangle = I(I+1)$, $\langle\widehat{\boldsymbol{J}}^2\rangle = J(J+1)$ und $\langle\widehat{\boldsymbol{I}}\cdot\widehat{\boldsymbol{J}}\rangle = K/2$ ein, so erhält man wieder (9.78).

Ein typisches Beispiel für den Einfluss der Quadrupolwechselwirkung auf die HFS zeigt Abb. 9.16 als Funktion von B/A. Die hier angenommene Kopplung entspricht

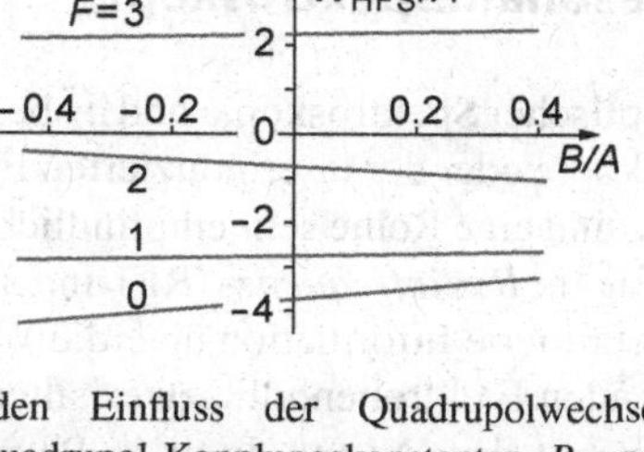

Abb. 9.16 Beispiel für den Einfluss der Quadrupolwechselwirkung auf die HFS-Struktur als Funktion der Quadrupol-Kopplungskonstanten B und der magnetischen Dipol-Hyperfeinkopplungskonstanten A; angenommen wird $I = J = 3/2$

den ersten angeregten Zuständen der Hauptisotope der kleineren Alkaliatome: Im Fall des $3P_{3/2}$-Zustands in ^{23}Na findet man $B/A = 0.155$, für den $4P_{3/2}$-Zustand in ^{39}K ist $B/A = 0.472$ (ARIMONDO *et al.* 1977).

Wir betonen auch hier noch einmal, dass (9.78) *nur für* $I > 1/2$ *gültig ist,* da das Quadrupolmoment für $I = 0$ und $1/2$ verschwindet. Entsprechend verschwindet auch (9.76), was die Elektronenhülle beschreibt, wenn $J = 0$ oder $= 1/2$ oder auch $\ell = 0$ ist.

Was haben wir in Abschnitt 9.4 gelernt?

- Masse, Größe und Form des Atomkerns tragen zu Verschiebungen der Energien von Hyperfeinniveaus bei.
- Nur für kleine Atome ist die einfache, kinematische Massenkorrektur für endliche Kernmasse von spektroskopischer Bedeutung.
- Um den Einfluss von Größe und Form des Atomkerns zu bestimmen, entwickelt man das Wechselwirkungspotenzial zwischen Atomkern und Elektronenhülle in eine Multipolreihe und findet, dass die quadratischen Terme (Quadrupol) die ersten nichtverschwindenden Beiträge liefern.
- Die endliche Größe des Atomkerns reduziert die Bindungsenergie von s-Elektronen um die sogenannte Volumenshift $W_{\mathrm{vol}} \propto \langle R^2 \rangle$, die von der Größenordnung $\delta W_{\mathrm{vol}}/W_{\mathrm{vol}} \simeq 10^{-4}$ für die schwersten Atome ist. Bei großem Z macht sich diese Isotopieverschiebung in messbaren Verschiebungen der Spektrallinien für Atome mit gleichem Z aber unterschiedlichem $\mathcal{A}$ bemerkbar.
- Quadrupol-Verschiebungen spiegeln die nicht sphärische Gestalt von Atomen mit endlichem Spin $I > 1/2$ wieder und werden durch das Kernquadrupolmoment (9.69) bestimmt. Dabei ändert sich die Energie individueller Hyperfeinniveaus F, wenn auch die Elektronenhülle ein Quadrupolmoment besitzt ($J > 1/2$ und $\ell > 0$).
- Die gesamte HFS-Aufspaltung wird durch (9.78) gegeben. Die magnetische Dipol- und die elektrische Quadrupol-Kopplungskonstanten, A nach (9.79) bzw. nach (9.30) ($\ell > 0$) und B nach (9.35), bestimmen die Größenordnung.

9.5 Magnetische Resonanzspektroskopie

Neben hochauflösender optischer Spektroskopie und insbesondere den Methoden der DOPPLER freien Spektroskopie oder der laserinduzierten Fluoreszenz, die wir u. a. in Kap. 6 besprochen haben, sind eine Reihe sehr empfindlicher und genauer Methoden der Resonanzspektroskopie im *Radiofrequenz-* (RF) und *Mikrowellenbereich* (MW) entwickelt worden, um detaillierte Information über die Wechselwirkung der Atomkerne mit der sie umgebenden Elektronenhülle zu erhalten (die Pionierexperimente von RABI (1944), wurden mit dem NOBEL-Preis in Physik geehrt). Diese Methoden spielen heute eine Schlüsselrolle in der modernen Molekülphysik und in der chemischen Analytik. Da die DOPPLER-Verschiebung und -Verbreiterung proportional zur absorbierten Frequenz ist, kann man sie praktisch vollständig unterdrücken, wenn man FS und HFS direkt durch die entsprechenden Übergangsfrequenzen zwischen diesen Niveaus induziert. Wir haben bereits die Schlüsselideen im Zusammenhang mit den LAMB-Shift-Experimenten in den Abschn. 6.5.2 auf Seite 347 und 6.5.3 besprochen. Hier werden wir Methoden der Molekularstrahlspektroskopie mit RF und MW einführen und die Grundprinzipien der EPR- und NMR-Spektroskopie vorstellen. Eine Vielfalt weiterer Methoden, einschließlich der Infrarot- und RAMAN-Spektroskopie müssen wir auf Bd. 2 verschieben.

9.5.1 Molekularstrahl-Resonanzspektroskopie

RAMSEY 1989 und seine Mitarbeiter haben bereits 1946 bahnbrechende Arbeiten zur Mikrowellen- und Radiofrequenz-Resonanzspektroskopie an magnetisch oder elektrisch präparierten und geführten Atom- und Molekularstrahlen durchgeführt. Die heute in der Molekülspektroskopie – auch für recht komplexe Moleküle – benutzten Apparaturen basieren im Wesentlichen noch auf dem Design der Gruppe aus den 1970er Jahren (siehe z. B. GALLAGHER *et al.* 1972), wenn natürlich auch die Detektions- und Datenaufnahmetechnik um Größenordnungen verbessert wurde. Abbildung 9.17 illustriert das Prinzip einer elektrisch fokussierenden Molekularstrahl-Resonanzapparatur für Untersuchungen von magnetischen Dipolübergängen (M1) im RF- und MW-Bereich.

Man muss zunächst einen Molekülstrahl des zu untersuchenden Atoms oder Moleküls erzeugen (siehe Fußnote 28 auf Seite 81 in Kap. 1). In elektrischen Quadrupolfeldern werden die Objekte dann selektiert und auf den Detektor fokussiert. Wir gehen hier nicht näher auf die Details ein, erwähnen aber, dass dieses Verfahren im Wesentlichen das elektrostatische Äquivalent zum STERN-GERLACH-Experiment (Abschn. 1.9.1 auf Seite 79) ist, wo man magnetische Dipole im inhomogenen Magnetfeld ablenkt. Eine Quadrupolanordnung besteht aus vier langen, symmetrisch und parallel zur Strahlachse angeordneten Metallzylindern auf alternierendem Potenzial. Sie erzeugt in der Nähe der Strahlachse ein inhomogenes elektrisches Feld

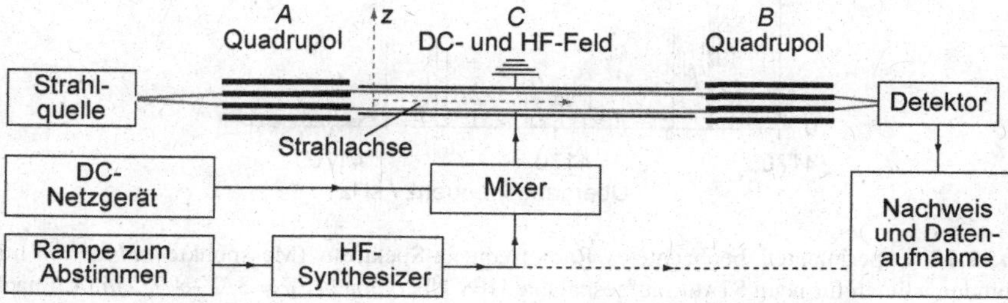

Abb. 9.17 Schema eines RAMSEY-Molekularstrahl-Resonanzspektrometers zur Untersuchung von M1-Übergängen in Molekülen nach GALLAGHER *et al.* (1972); Details im Text

$E \propto \rho^2$, wenn ρ hier den Abstand zur Strahlachse bezeichnet. Dieses Feld lenkt elektrische Dipole entsprechend ihrem Dipolmoment und ihrer Ausrichtung im Raum ab und kann so konfiguriert werden, dass genau eine Ausrichtung des Dipolmoments bezüglich der z-Achse auf die Strahlachse fokussiert wird. Dies funktioniert auch, wenn man – wie bei Atomen erforderlich – das Dipolmoment ggf. erst durch den STARK-Effekt erzeugen muss (siehe Abschn. 8.2.8 auf Seite 445).

Bei der RAMSEY-Apparatur erfolgt diese Fokussierung nun in zwei Quadrupolfeldern A und B so, dass eine bestimmte Dipolausrichtung auf den Detektor fokussiert wird. Im Bereich C dazwischen liegt an einem ebenen Plattenkondensator ein homogenes elektrisches Gleichfeld (DC) und ein RF-Feld senkrecht zur z-Richtung an (ggf. kann an diese Stelle auch ein Mikrowellenresonator treten). Induziert man nun mit dem RF-Feld einen M1-Übergang im untersuchten Atom oder Molekül, dann ändert sich auch die Komponente des elektrischen Dipolmoments bezüglich der z-Achse, die daher nicht mehr fokussiert wird. Einen Übergang detektiert man also durch eine entsprechende Reduktion des am Detektor registrierten Signals. Anstatt die RF durchzustimmen benutzt man in der Regel bequemer den STARK-Effekt und stimmt die Resonanzübergänge mit dem DC-Feld im Übergangsbereich C auf die eingestrahlte, feste RF-Frequenz ab.

Zur Illustration der hohen Auflösung dieses Verfahrens zeigen wir in Abb. 9.18 ein im elektrischen Feld durch den STARK-Effekt aufgespaltenes Hyperfeinspektrum an dem polaren, zweiatomigen Molekül Lithiumiodid (LiI) – das eine erstaunlich reiche Struktur bei einem Molekül zeigt, das auf den ersten Blick recht einfach aussieht. Bemerkenswert ist die beeindruckende Übereinstimmung des berechneten „Stick"-Spektrums mit dem gemessenen Spektrum.

Wenn man alle anderen experimentellen Ungenauigkeiten minimiert, wird die Auflösungsgrenze in solchen Messungen durch die Unschärferelation bestimmt: Die Wechselwirkungszone C hat eine endliche Länge, rechnen wir mit 2 m (so der Aufbau von GALLAGHER *et al.* 1972 auf den für Abb. 9.18 indirekt verwiesen wird). Bei

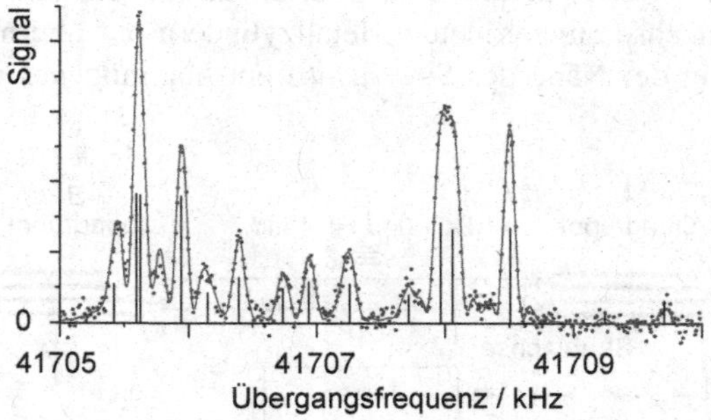

Abb. 9.18 Experimentell beobachtetes Radiofrequenz-Spektrum (Messpunkte *online rot* mit Verbindungslinien für neun STARK-aufgespaltene HFS-Übergänge ($F_1 = 3/2 \rightarrow 7/2$) in LiI nach CEDERBERG *et al.* (2005); die Moleküle befinden sich im Vibrationsgrundzustand ($v = 0$) und sind leicht rotationsangeregt, ($J = 3$). Die *schwarzen, vertikalen Linien* repräsentieren ein berechnetes „Stick"-Spektrum

einer geschätzten mittleren Geschwindigkeit des Molekularstrahls von ca. 270 m s^{-1} (LiI bei ca. $T = 1200$ K) liegt die Wechselwirkungszeit bei fast 10 ms, was der in Abb. 9.18 dokumentierten Linienbreite der Spektrallinien (FWHM $\approx$100 Hz) entspricht. Angesichts heutiger Ansprüche an Präzisionsspektroskopie möchte man dies gerne noch verbessern. Es ist jedoch nicht trivial, die Länge der Wechselwirkungszone C zu vergrößern und dabei die elektrischen Gleich- und Wechselfelder hinreichend stabil zu halten. Daher hat RAMSEY (1950) seine geniale *Streifenmethode* entwickelt, welche die Wechselwirkungszone effektiv vergrößert, ohne neue Unsicherheiten einzuführen. Wir haben dieses Verfahren bereits in Abschn. 6.1.7 auf Seite 315 besprochen und anhand einer modernen Atomuhr illustriert. In dem Aufbau von Abb. 9.17 müsste man dazu den Bereich C in zwei kurze Wechselwirkungsgebiete aufspalten, die dann entsprechend zu stabilisieren und kontrollieren wären. Dazwischen könnten die Atome oder Moleküle sich dann frei über eine Zeit t bewegen, sodass die Auflösung $\nu/\Delta\nu \propto t$ verbessert würde.

9.5.2 EPR-Spektroskopie

Als Elektronenspinresonanz, heute meist *Paramagnetische Elektronenresonanz (engl.* Electron Paramagnetic Resonance*)* (EPR) genannt, bezeichnet man M1-Übergänge, die in einem Quantensystem mit einem oder mehreren ungepaarten Elektronen in einem externen Magnetfeld induziert werden. Sie bildet die Basis für einen wichtigen Zweig der modernen Molekül- und Festkörperspektroskopie. Häufig ist dabei der Bahndrehimpuls $\ell = 0$. Der Elektronenspin $\boldsymbol{S}$ orientiert sich mit $M_S = \pm 1/2$ parallel oder antiparallel zum externen $\boldsymbol{B}$-Feld. Ohne Wechselwirkung des Elektrons mit seiner molekularen Umgebung hängt die Energie des Systems nur von der Orientierung des Elektronenspins im Magnetfeld $\boldsymbol{B}$ ab. Wie in Abschn. 6.2.2 auf Seite 322 beschrieben, ist die Wechselwirkungsenergie des Elektronenspins ohne Bahndrehimpuls in einem externen Feld $B \parallel z$ gegeben durch

$$W_S/h = -\widehat{\mathcal{M}}_S\boldsymbol{B}/h = g_s\mu_B M_S B/h \simeq \pm 2 \times 14 \text{ GHz} \frac{1}{2} B/\text{T}, \tag{9.81}$$

wo $\pm$ gilt, je nachdem ob der Spin parallel oder antiparallel zur Feldrichtung orientiert ist. Übergänge zwischen beiden Zuständen können durch ein *Mikrowellenfeld* induziert werden. In diesem Fall wirkt das elektromagnetische Feld durch sein magnetische Feldkomponente (siehe Anhang H.1.1) auf das magnetische Moment des Spins und induziert magnetische Dipolübergänge (M1), wie wir das in Abschn. 5.4 auf Seite 272 beschrieben haben.

Die Auswahlregeln erfordern jetzt keine Änderung von ℓ, sodass die Übergänge jetzt typischerweise innerhalb eines $n\ell$-Niveaus erfolgen (was auch für $\ell \neq 0$ möglich ist). Natürlich muss wieder der Gesamtdrehimpuls des Systems Photon+Atom (bzw. Molekül) erhalten bleiben. Mit dem Drehimpuls des Photons $J_{\text{ph}} = 1$ muss daher die Dreiecksrelation $\delta(J_a 1 J_b) = 1$ auch für M1-Übergänge erfüllt sein. Im einfachsten Fall gilt $J_a = J_b = S = 1/2$, wobei für die

Spinprojektion auf die Feldrichtung

$$\Delta M_S = \pm 1 \tag{9.82}$$

gelten muss. Die Mikrowellenfrequenz, die für einen typischen EPR-Übergang benötigt wird, ist daher

$$\Delta W_S/h = 2W_S/h = 2g_s\mu_B M_S B/h \simeq 28\ \mathrm{GHz}\, B/\mathrm{T}, \tag{9.83}$$

entsprechend der LARMOR-Frequenz des Elektrons im Feld B.

Abbildung 9.19 zeigt schematisch die Energieaufspaltung des magnetischen Moments eines freien Elektrons im externen Magnetfeld B im Vergleich zur Kernspinresonanz (NMR) mit Protonen (^{1}H). Letztere wird in Abschn. 9.5.3 besprochen. Für beide Methoden zeigt Abb. 9.19 typische MW- und RF-Frequenzbänder, die in der aktuellen Forschung bei den entsprechenden Magnetfeldern benutzt werden. Für die chemische Analytik wird das X-Band nach wie vor als Standardmethode genutzt. Allerdings werden bei zunehmender Komplexität der untersuchten Moleküle auch sehr hohe Magnetfelder eingesetzt (*Hochfeld*-EPR), die nur mit ‚State-of-the-Art' supraleitenden Magneten erreicht werden können. Die Auflösung erhöht sich entsprechend.

Die EPR-Spektroskopie lebt nun davon, dass das magnetische Moment des Elektrons eine sehr empfindliche Probe für magnetische Felder in einer molekularen Umgebung ist. In einem komplexen Molekül wechselwirken die *ungepaarten Elektronen* z. B. mit den Kernspins verschiedener Atome, was zu charakteristischen spektroskopischen Mustern führt, aus denen man sehr detaillierte Information über die Molekülstruktur gewinnen kann. Beim konventionellen, kontinuierlichen EPR-Verfahren (CW-EPR) wird das Spektrum vermessen, indem man die Frequenz der

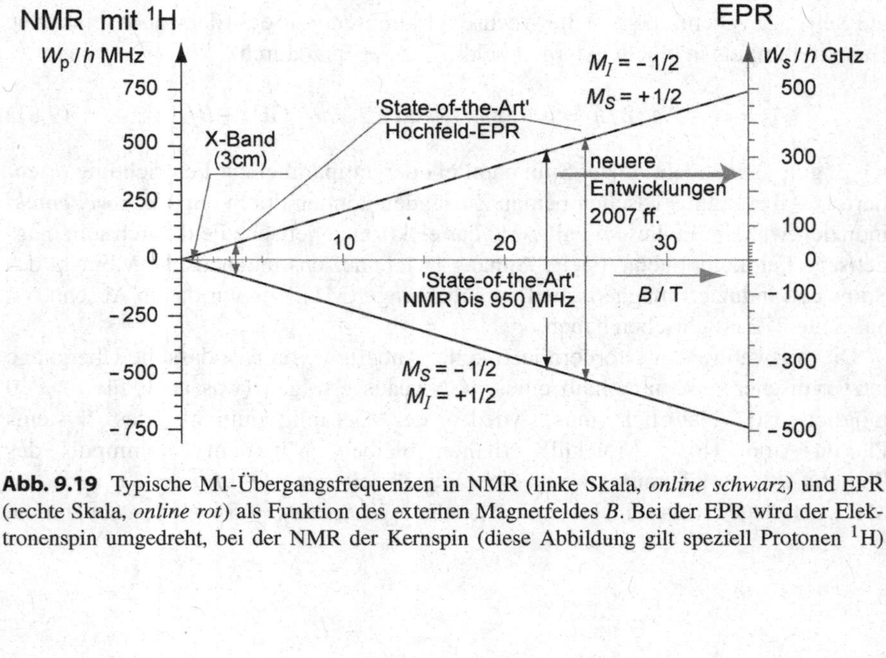

Abb. 9.19 Typische M1-Übergangsfrequenzen in NMR (linke Skala, *online schwarz*) und EPR (rechte Skala, *online rot*) als Funktion des externen Magnetfeldes B. Bei der EPR wird der Elektronenspin umgedreht, bei der NMR der Kernspin (diese Abbildung gilt speziell Protonen ^{1}H)

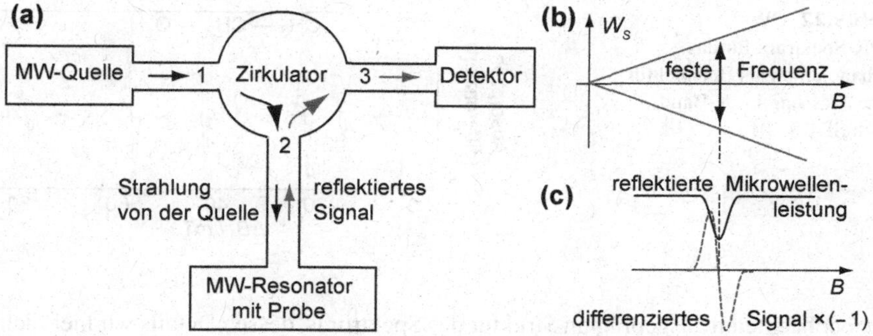

Abb. 9.20 (**a**) Schema einer *Mikrowellenbrücke* in einem CW-EPR-Spektrometer. Die Mikrowelle tritt am Punkt 1 in den sogenannten *Zirkulator* ein, der sie an Punkt 2 vollständig in die Probe eintreten lässt. Im Gegensatz dazu wird das reflektierte Signal, das an Punkt 2 eintritt, zum Punkt 3 weitergeleitet. (**b**) Spektren werden bei einer festen Frequenz aufgenommen, das magnetische Feld B wird durchgestimmt, sodass sich die Energie W_S ändert (gerade Linien, *online rot*). (**c**) Das entsprechende Absorptionssignal (volle Linie *online schwarz*) als Funktion von B; das Signal ist hier in differenzierter Form aufgetragen, sodass sich eine dispersionsartige Linienform ergibt (gestrichelt, *online rot*)

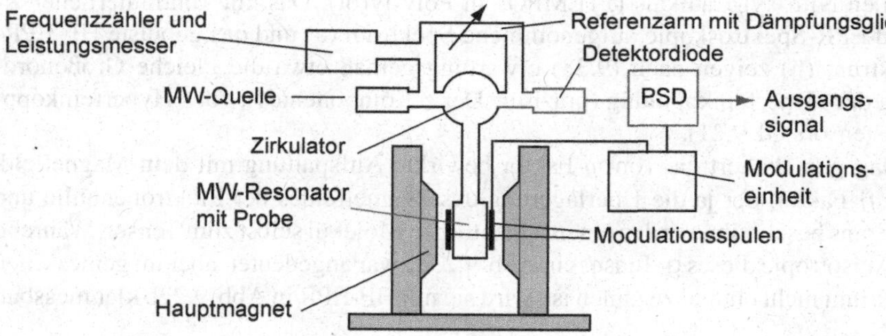

Abb. 9.21 Vollständige Übersicht (schematisch) über ein CW-EPR-Spektrometer mit Mikrowellenbrücke nach Abb. 9.20. Das Magnetfeld wird vom Hauptmagneten und von den Modulationsspulen erzeugt. Die Probe wird in den Mikrowellenresonator eingebracht, und das Signal wird mit einem Phasenempfindlichen Detektor (PSD) nachgewiesen

eingestrahlten Welle konstant hält und das Magnetfeld durchstimmt. Einen charakteristischen Versuchsaufbau skizzieren Abb. 9.20 und 9.21. Trifft man auf eine Resonanz, so treten Verluste im Mikrowellenresonator auf, die man sehr empfindlich detektieren kann. Anders als in der optischen Spektroskopie beobachtet man hier der besseren Auflösbarkeit wegen meist ein differenziertes (dispersionsartiges) Signal.

Abbildung 9.22 zeigt ein Beispiel für ein experimentelles EPR-Spektrum. Die unterschiedlichen HFS-Kopplungskonstanten a für die beteiligten Atome führen zu

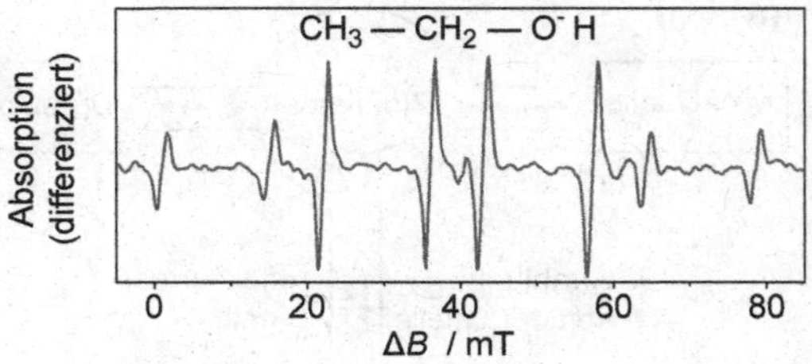

Abb. 9.22 CW-EPR-Spektrum für das Äthanolanion als Beispiel für eine Messung im X-Band nach SDBS 2013

der beobachteten ausgeprägten Struktur des Spektrums, dessen Details wir hier nicht diskutieren können.

Es ist offensichtlich, dass die erreichbare Auflösung umso höher wird, je größer das Magnetfeld ist (und damit auch je höher die Mikrowellenfrequenz ist, bei der die Resonanz auftritt). Moderne Methoden der EPR-Spektroskopie arbeiten mit Frequenzen bis zu 700 GHz und benutzen supraleitende Magneten bis zu 30 T (Hochfeld-EPR).

So kann man auch feine strukturelle Details in größeren Molekülen und insbesondere in Radikalen sichtbar machen. Dies illustriert Abb. 9.23 am Beispiel eines stabilen Nitroxyl-Radikals („TEMPO" in Polystyrol). Das mit kontinuierlicher X-Band EPR-Spektroskopie aufgenommene Spektrum (a) und das gepulste HF-EPR-Spektrum (b) zeigen nach (9.38) erwartungsgemäß etwa die gleiche Größenordnung der Hyperfeinkopplung (präziser: Der z-Komponente A_{zz} des Hyperfeinkopplungstensors Gl. 9.21).

Dagegen skaliert die vom g-Faktor bewirkte Aufspaltung mit dem Magnetfeld. Der g_J-Faktor, der ja die Überlagerung des Magnetfeldes der Elektronenhülle und des Spins beschreibt, wird in einem anisotropen Molekül selbst zum Tensor. Während die Anisotropie dieses g-Tensors in Abb. 9.23a zwar angedeutet, aber im gemessenen Spektrum nicht einmal zu ahnen ist, wird sie mit HF-EPR in Abb. 9.23b klar messbar.

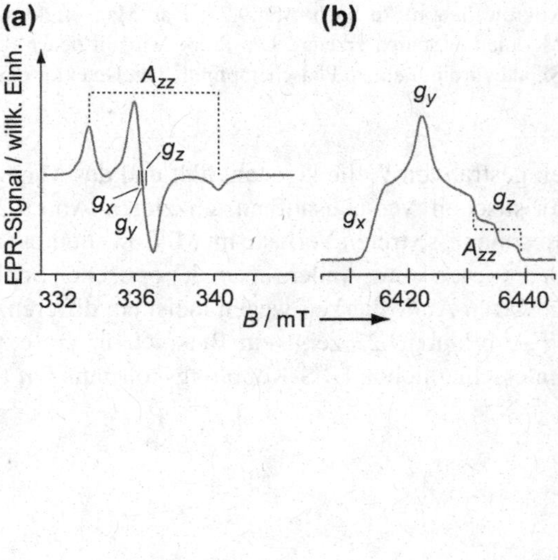

Abb. 9.23 Vergleich von (**a**) einem X-Band CW-EPR-Spektrum und (**b**) einem gepulsten Hochfeld-EPR-Spektrum am Beispiel eines komplexen Moleküls nach PRISNER *et al.* (2007); beachte, dass das Signal (**a**) differenziert ist, im Gegensatz zu (**b**)

9.5.3 NMR-Spektroskopie

In Abb. 9.19 auf Seite 530 sind auch die entsprechenden Frequenzen für die *Kernspinresonanz* (NMR, *Nuclear Magnetic Resonance*) mit Protonen eingetragen. Für die Energien der Kernorientierungszustände $|IM_I\rangle$ im externen Magnetfeld und die Übergänge zwischen ihnen gilt analoges wie beim Elektronenspin. Speziell beim Proton (^{1}H), welches nicht an ein atomares Feld gekoppelt ist (also im Falle von $^1S_0$-Zuständen), spaltet die Energie im externen B-Feld ebenfalls in zwei Zustände mit

$$W_\mathrm{p}/h = -g_\mathrm{p}\mu_\mathrm{N}M_I B/h = \mp 42.56\ \mathrm{MHz}\,\frac{1}{2}B/\mathrm{T}$$

auf, wobei $g_\mathrm{p} = 5.58569471(5)$ der g-Faktor des Protons und $M_I = \pm 1/2$ seine Spinprojektionsquantenzahl ist. Auch hier können magnetische Dipolübergänge (M1) induziert werden – nämlich durch die Wechselwirkung der magnetischen Komponente des angelegten elektromagnetischen Wechselfeldes mit dem magnetischen Kernmoment. Die Frequenzen dieser Kernspinresonanzen liegen jetzt freilich im Radiofrequenzbereich (RF) bis zu einigen 100 MHz:

$$\Delta W_\mathrm{p}/h = g_\mathrm{p}\mu_\mathrm{N}B/h = 42.56\ \mathrm{MHz}\,B/\mathrm{T}. \tag{9.84}$$

Die Messverfahren der NMR sind im Prinzip ähnlich denen der EPR – abgesehen davon, dass die Mikrowellenstrahlung hier durch ein magnetisches RF-Feld ersetzt wird. Abbildung 9.24 zeigt schematisch ein typisches NMR-Spektrometer.

Die NMR-Spektroskopie hat sich zu einem der wichtigsten Werkzeuge für die Untersuchung von komplexen Molekülstrukturen bis hin zu Proteinen entwickelt. Die Resonanzfrequenz eines beobachteten Kerns hängt sehr empfindlich von seiner lokalen Umgebung ab, und neben Protonen gibt es eine Reihe weiterer Atomkerne, die sich als Sonde eignen – man ist also nicht wie bei der EPR auf ungepaarte Elektronen angewiesen. Charakteristisch ist eine diamagnetische (bei unvollständig gefüllten p-Schalen ggf. auch paramagnetische) Abschirmung, die sogenannte *chemische*

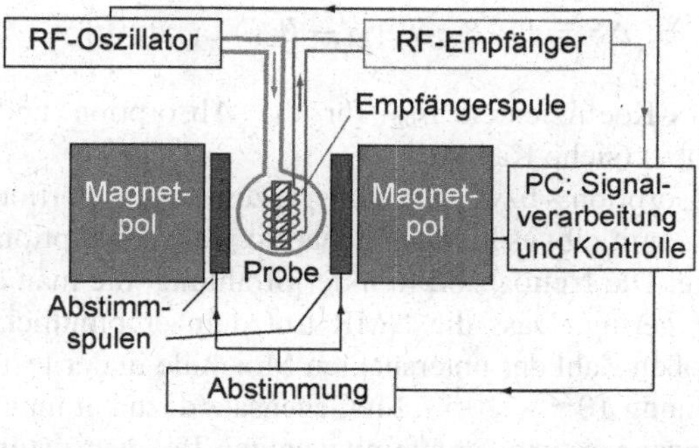

Abb. 9.24 Vereinfachtes Schema eines NMR-Spektrometers; ein (magnetisches) RF-Feld fester Frequenz wird senkrecht zum externen Hauptfeld B angelegt. Letzteres wird über die Resonanz abgestimmt; dabei wird durch RF-Absorption ein Kernspinflip in der Probe induziert, der seinerseits in der Empfängerspule einen nachweisbaren Strom erzeugt; dieses Signal wird verstärkt, gefiltert und in einem Datenaufnahmesystem (PC) registriert

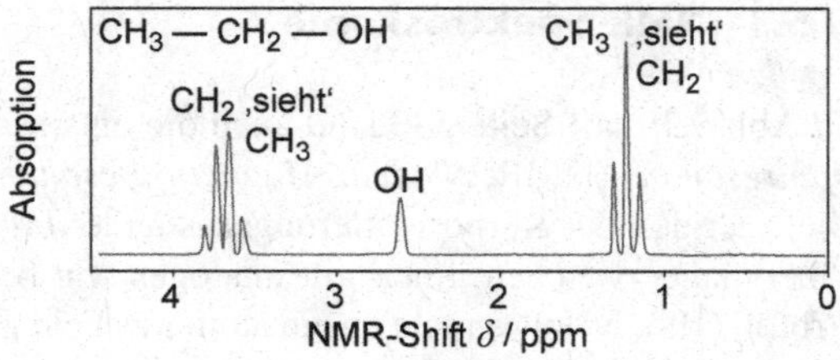

Abb. 9.25 ^{1}H-NMR-Spektrum von Äthanol, aufgenommen bei 89.56 MHz in $CDCl_3$ nach SDBS 2013

Verschiebung δ (üblicherweise angegeben in *ppm* gegenüber der Referenzsubstanz TMS, Tetramethylsilan), die zu veränderten NMR-Resonanzfrequenzen

$$\Delta W_p/h = g_p \mu_N (1 - \delta) B/h. \tag{9.85}$$

führen. Einen ganz wesentlichen Einfluss haben dabei auch die Magnetfelder benachbarter Kernmomente.

Abbildung 9.25 zeigt als charakteristisches, experimentelles Beispiel das ^{1}H-NMR Spektrum von Äthanol. Es ist durch den Einfluss der Felder benachbarter Protonen charakterisiert: Die $\mathcal{N} = 3$ Protonen des Methylradikals bilden ein Quartett ($I_{ges} = \mathcal{N} \times 1/2 = 3/2$, Entartung $2 \times I_{ges} + 1 = \mathcal{N} + 1 = 4$; sogenannte $\mathcal{N}+1$ Regel). Sie verändern das NMR-Signal am Methylen entsprechend. Umgekehrt bilden die $\mathcal{N} = 2$ Protonen des Methylens ein Triplett und bestimmen das NMR-Signal des Methylradikals.

Ein gewisses Problem der NMR ist der geringe Besetzungsunterschied der zwei Zustände mit $M_I = \pm 1/2$. Er ist gegeben durch

$$\frac{N_{+1/2} - N_{-1/2}}{N_{+1/2}} = 1 - \exp\left(-\frac{\Delta W_p}{k_B T}\right) \simeq \frac{\Delta W_p}{k_B T}. \tag{9.86}$$

Als Zahlenwert ergibt sich z. B. 6.9×10^{-6} für Protonen bei einem Magnetfeld von 1 T bei Raumtemperatur. Das heißt, dass der relative Besetzungsunterschied weniger als 10^{-5} beträgt. Andererseits ist das erwartete Absorptionssignal

$$\Delta S = h\nu (B_{12} N_{+1/2} - B_{21} N_{-1/2}) \rho(\nu) \tag{9.87}$$

mit dem EINSTEIN-Koeffizienten B_{ba} für die Absorption und der spektralen Strahlungsdichte $\rho(\nu)$ (siehe Kap. 4).

Die Zahl der Absorptions- bzw. Emissionsprozesse ist proportional zur Besetzung der Zustände, und somit gibt es hier fast genau so viele Absorptions- wie induzierte Emissionsvorgänge. Die Nettoabsorption der Strahlung, die man detektieren kann, ist jedenfalls sehr gering. Dass die NMR trotzdem empfindlich genug ist, liegt letztlich an der großen Zahl der untersuchten Moleküle in der festen oder flüssigen Probe (Größenordnung $10^{22} - 10^{23}$). Im Gegensatz dazu hat man es z. B. bei einer Atomstrahlresonanzapparatur zwar nur mit wenigen Teilchen zu tun, dafür kann man aber in der Regel von einem 100 % igen Besetzungsunterschied ausgehen. Man sieht mit (9.86) und (9.87) sofort, dass für ein gutes NMR-Signal hohe Magnetfelder und tiefe Temperaturen entscheidend sind.

Eine erhebliche Steigerung der Nachweisempfindlichkeit gelingt bei der NMR (wie auch bei der EPR) durch gepulste Anregung: Ein RF-Impuls hinreichender Bandbreite regt die relevanten Übergänge simultan an, man misst die Antwort des Systems darauf als Funktion der Zeit und mittelt über viele solcher Spektren. Die FOURIER-Transformierte dieses Signals ergibt dann das eigentliche NMR-Spektrum, wobei man zugleich auch Information über das Relaxationsverhalten des Systems erhält. Ganz entscheidende, weitere Verbesserungen haben sogenannte 2D- oder auch multidimensionale Verfahren gebracht, bei denen man mehrere RF-Impulse unterschiedlicher Frequenz in ausgewählten zeitlichen Sequenzen einstrahlt. Man kann auf diese Weise die Antwort des Systems auf eine Kernspinanregung zeitlich verfolgen und Korrelationen zwischen den verschiedenen aktiven Kerne identifizieren. Räumliche Anisotropien der Molekülkristalle, die insbesondere die Festkörper-NMR erheblich stören können, kann man dabei heute mithilfe des sogenannten *magic-angle-spinning* (MAS) überlisten: Ähnlich wie bei der Photoelektronenspektroskopie (siehe Abschn. 5.5.3 auf Seite 284) wird der Einfluss solcher Anisotropien u. a. durch das LEGENDRE-Polynom $P_2(\cos\theta)$ bestimmt (θ beschreibt hier die Orientierung der Kristallachse). Lässt man nun die Probe hinreichend schnell um den magischen Winkel $\theta_{\mathrm{mag}} = 54.736°$, bei dem P_2 verschwindet, rotieren, so mitteln sich solche Anisotropien weg, und man beobachtet scharfe Linien.

Neben der Protonen-NMR spielt auch die ^{13}C-NMR eine sehr wichtige Rolle, insbesondere bei der Untersuchung großer Biomoleküle. Das Kohlenstoffisotop ^{13}C hat ein natürliches Vorkommen von 1.1 % und kann bei Bedarf auch angereichert werden. Es hat wie das Proton den Kernspin 1/2, jedoch mit $g_I = 1.4048236(28)$ nur etwa 1/4 des gyromagnetischen Verhältnisses des Protons $g_{\mathrm{p}} = 5.58$. Daher wird auch die Aufspaltung der Niveaus nach (9.84) nur $\Delta W_{\mathrm{p}}/h = g_I \mu_{\mathrm{N}} B = 10.71\ \mathrm{MHz}\, B/\mathrm{T}$. Das führt zwar nach (9.86) vordergründig zu geringerer Empfindlichkeit. Umgekehrt impliziert dies aber auch eine geringere Wechselwirkung mit der Umgebung und damit den Vorteil, dass – im Gegensatz zur ^{1}H-NMR – selbst in großen, komplexen Strukturen noch scharfe Linien beobachtet werden, während man die geringere Niveauaufspaltung durch entsprechend höhere Felder in supraleitenden Magneten inzwischen gut kompensieren kann. Damit verfügt man in großen Biomolekülen über hinreichend viele, ggf. auch spezifisch platzierbare Sonden *(isotope labelling)*, die in Kombination mit multidimensionalen Verfahren und MAS heute eine außerordentlich genaue Bestimmung von räumlichen Strukturen auch großer Biomoleküle in Festkörperumgebung erlauben.

EPR- und NMR-Spektroskopie sind heute hoch entwickelte, extrem leistungsfähige Methoden der Strukturanalyse, die es in außerordentlich vielfältigen Ausprägungen gibt. Neben den eben angedeuteten Verfahren kommen auch Doppelresonanzmethoden mit simultanen oder aufeinander folgenden optischen Übergängen, die Kombination von Elektronenspin- und Kernspinflips, verschiedene zeitaufgelöste Verfahren, räumlich auflösende und bildgebende Verfahren usw. zur Anwendung. Es handelt sich um ein sehr umfangreiches Forschungsgebiet und um breite Anwendungsfelder in Physik, Chemie, Biologie, Medizin und Werkstoffforschung. Darüber geben zahlreiche Monografien und Sammelwerke im Detail Auskunft. Eine Reihe von NOBEL-Preisen, z. B. an ERNST (1991), WÜTHERICH (2002) und LAUTERBUR und MANSFIELD (2003) illustriert wichtige Entwicklungsschritte und unterstreicht die Bedeutung des Feldes. Wir wollen es hier bei diesen einführenden Betrachtungen belassen.

Was haben wir in Abschnitt 9.5 gelernt?

- Magnetische Resonanzspektroskopie nutzt M1-Übergänge zwischen verschiedenen magnetischen Unterniveaus eines $n\ell$-Niveaus im RF- und MW-Bereich (wodurch DOPPLER-Verbreiterungen vermieden werden). Heute nutzt man magnetische Felder bis zu $\simeq$30 T. Die Übergangsfrequenzen beim Umklappen von Elektronenspin und Photonenspin sind in Abb. 9.19 zusammengefasst.
- ‚Klassische' Molekularstrahlspektroskopie wird auch heute noch betrieben. Sie benutzt elektrische oder magnetische Felder zur Führung und Fokussierung der untersuchten Atome und Moleküle in speziell präparierten magnetischen Unterzuständen. Dies werden in einem magnetischen Feld durch die untersuchten Übergänge entvölkert.
- In der EPR-Spektroskopie studiert man das Umklappen von Elektronenspins im MW-Spektralbereich. Man kann sie bei Molekülen mit ungepaarten Elektronen in flüssiger oder fester Phase anwenden. Der g-Tensor eine Elektrons wirkt als hochselektive Probe für die Strukturanalyse der chemischen Umgebung, z. B. in großen Molekülradikalen.
- NMR-Spektroskopie ist heute einer der mächtigsten Methoden für die chemische Analyse. Meist wird das Umklappen der Spins von ^{1}H-Kernen benutzt. Aber auch andere Atomkerne, wie z. B. ^{13}C, können als Proben in großen Molekülen eingesetzt werden. Die beobachteten Übergangsfrequenzen (bzw. die entsprechenden Magnetfelder) sind empfindliche Proben für die lokale chemische Umgebung dieser Atomkerne.

Akronyme und Terminologie

a.u.: ‚atomare Einheiten', siehe Abschn. 2.6.2 auf Seite 129.

CW: ‚Kontinuierliche Welle (engl. *Continuous Wave*)', kontinuierlicher Lichtstrahl, Laserstrahl u. ä. (im Gegensatz zum Lichtimpuls).

DC: ‚Gleichstrom (engl. *Direct Current*)', Strom und Spannung konstant in eine Richtung gepolt.

E1: ‚Elektrischer Dipol-', Übergang, induziert durch die Wechselwirkung eines elektrischen Dipols (z. B. Elektron + Atomkern) mit der elektrischen Feldkomponente der elektromagnetischen Strahlung (Kap. 4).

EPR: ‚Paramagnetische Elektronenresonanz (engl. *Electron Paramagnetic Resonance*)', Spektroskopie, auch *Elektronenspinresonanz* (ESR) genannt (siehe Abschn. 9.5.2 auf Seite 529).

FS: ‚Feinstruktur', Aufspaltung von atomaren und molekularen Energieniveaus durch Spin-Bahn-Kopplung und andere relativistische Effekte (Kap. 6).

FWHM: ‚Volle Halbwertsbreite (engl. *Full Width at Half Maximum*)'.

HFS: ‚Hyperfeinstruktur', Aufspaltung von atomaren und molekularen Energieniveaus durch Wechselwirkung der aktiven Elektronen mit dem Atomkern (Kap. 9).

IS: ‚Isotopenverschiebung', von Spektrallinien bei verschiedener Atommasse aber gleichem Z (Teil der HFS).

M1: ‚Magnetischer Dipol-', Übergang, induziert durch die Wechselwirkung eines magnetischen Dipols (z. B. Elektronenspin) mit der magnetischen Feldkomponente der elektromagnetischen Strahlung (siehe Kap. 5).

MAS: ‚um den magischen Winkel drehen (engl. *Magic angle spinning*)', schnelle Rotation einer Festkörperprobe beim NMR, um Inhomogenitäten auszugleichen.

MW: ‚Mikrowelle', Bereich elektromagnetischer Strahlung. In der Spektroskopie bezeichnet man mit MW meist Wellenlängen von 1 mm bis 1 m bzw. Frequenzen zwischen 0.3 und 300 GHz; ISO 21348 (2007) definiert MW als Wellenlängenbereich zwischen 1 und 15 mm.

NIST: ‚National Institute of Standards and Technology', Standorte Gaithersburg (MD) und Boulder (CO), USA. http://www.nist.gov/index.html.

NMR: ‚Nukleare magnetische Resonanz', universell einsetzbare spektroskopische Methode (siehe Abschn. 9.5.3 auf Seite 533).

QED: ‚Quantenelektrodynamik', kombiniert die Quantentheorie mit der klassischen Elektrodynamik und der speziellen Relativitätstheorie und erlaubt eine vollständige Beschreibung der Licht-Materie-Wechselwirkung.

RF: ‚Radiofrequenz', Spektralbereich der elektromagnetischen Strahlung. Frequenzbereich von 3 kHz bis zu 300 GHz oder Wellenlängen von 100 km bis 1 mm; ISO21348 (2007) definiert RF als Wellenlängen von 100 m bis 0.1 mm; in der Spektroskopie meint man meist Frequenzen von 100 kHz bis zu einigen GHz .

VIS: ‚Sichtbar (engl. *Visible*)', Spektralbereich der elektromagnetischen Strahlung mit Wellenlängen zwischen 380 und 760 nm (nach ISO21348 2007).

Literatur

ANGELI, I.: 2004. 'A consistent set of nuclear rms charge radii: properties of the radius surface $r(N, Z)$'. *At. Data Nucl. Data Tables*, **87**, 185–206.

ARIMONDO, E., M. INGUSCIO und P. VIOLINO: 1977. 'Experimental determination of hyperfine-structure in alkali atoms'. *Rev. Mod. Phys.*, **49**, 31–75.

BLATT, J. M. und V. F. WEISSKOPF: 1952. *Theoretical Nuclear Physics*. New York: John Wiley & Sons, Inc., 1979 Springer-Verlag New York Aufl.

BREIT, G. und I. I. RABI: 1931. 'Measurement of nuclear spin'. *Phys. Rev.*, **38**, 2082–2083.

CEDERBERG, J. et al.: 2005. 'An anomaly in the isotopomer shift of the hyperfine spectrum of LiI'. *J. Chem. Phys.*, **123**, 134–321.

CRAMPTON, S. B., N. F. RAMSEY und D. KLEPPNER: 1963. 'Hyperfine separation of ground-state atomic hydrogen'. *Phys. Rev. Lett.*, **11**, 338.

DRAKE, O. W. F., W. NÖRTERSHÄUSER und Z.-C. YAM: 2005. 'Isotope shifts and nuclear radius measurements for helium and lithium'. *Can. J. Phys.*, **83**, 311–325.

ERNST, R. R.: 1991. 'NOBEL-Preis in Chemie: „for his contributions to the development of the methodology of high resolution nuclear magnetic resonance (nmr) spectroscopy"', Stockholm. http://nobelprize.org/nobel_prizes/chemistry/laureates/1991/.

FRICKE, G., C. BERNHARDT, K. HEILIG, L. A. SCHALLER, L. SCHELLENBERG, E. B. SHERA und C. W. DEJAGER: 1995. 'Nuclear ground state charge radii from electromagnetic interactions'. *At. Data Nucl. Data Tables*, **60**, 177–285.

GALLAGHER, T. F., R. C. HILBORN und N. F. RAMSEY: 1972. 'Hyperfine spectra of $^{7}Li^{35}Cl$ and $^{7}Li^{37}Cl$'. *J. Chem. Phys.*, **56**, 5972–9.

ISO 21348: 2007. 'Space environment (natural and artificial) – Process for determining solar irradiances'. Genf, Schweiz: Internationale Organisation für Normung.

JACKSON, J. D.: 1999. *Classical Electrodynamics*. New York: John Wiley & sons, 3 Aufl., 808 Seiten.

JENTSCHURA, U. D., A. MATVEEV, C. G. PARTHEY, J. ALNIS, R. POHL, T. UDEM, N. KOLACHEVSKY und T. W. HÄNSCH: 2011. 'Hydrogen-deuterium isotope shift: From the 1s-2s-transition frequency to the proton-deuteron charge-radius difference'. *Phys. Rev. A*, **83**, 042 505.

KARSHENBOIM, S. G.: 2005. 'Precision physics of simple atoms: QED tests, nuclear structure and fundamental constants'. *Phys. Rep.*, **422**, 1–63.

KRAMIDA, A. E., Y. RALCHENKO, J. READER und NIST ASD TEAM: 2015. 'NIST Atomic Spectra Database (version 5.3)', NIST. http://physics.nist.gov/asd, letzter Zugriff: 16.1.2016.

LAUTERBUR, P. C. und S. P. MANSFIELD: 2003. 'NOBEL-Preis in Physiologie oder Medizin: „for their discoveries concerning magnetic resonance imaging"', Stockholm. http://nobelprize.org/nobel_prizes/medicine/laureates/2003/.

MOHR, P. J., D. B. NEWELL und B. N. TAYLOR: 2015. 'CODATA Recommended Values of the Fundamental Physical Constants: 2014'. arXiv:1507.07956 *[physics.atom-ph]*, 1–11. http://arxiv.org/abs/1507.07956, letzter Zugriff: 10. Jan. 2016.

MOHR, P. J., B. N. TAYLOR und D. B. NEWELL: 2012. 'CODATA recommended values of the fundamental physical constants: 2010'. *Rev. Mod. Phys.*, **2013**, 1527–1605. http://physics.nist.gov/constants, letzter Zugriff: 8 Jan 2014.

MORTON, D. C., Q. WU und G. W. F. DRAKE: 2006. 'Nuclear charge radius for ^{3}He'. *Phys. Rev. A*, **73**, 034 502.

NEYENS, G.: 2003. 'Nuclear magnetic and quadrupole moments for nuclear structure research on exotic nuclei'. *Rep. Prog. Phys.*, **66**, 633–689.

NIST: 2014. 'The 2014 CODATA Recommended Values of the Fundamental Physical Constants', Gaithersburg, MD 20899: NIST, National Institute of Standards and Technology. http://physics.nist.gov/cuu/Constants/, letzter Zugriff: 14.5.2016.

PRISNER, T. F., M. BENNATI und M. M. HERTEL: 2007. 'Experimental example of an EPR spectrum in the X band and high field EPR'. *private communication*.

RABI, I. I.: 1944. 'NOBEL-Preis in Physik: „for his resonance method for recording the magnetic properties of atomic nuclei"', Stockholm. http://nobelprize.org/nobel_prizes/physics/laureates/1944/.

RAMSEY, N. F.: 1950. 'A molecular beam resonance method with separated oscillating fields'. *Phys. Rev.*, **78**, 695–699.

RAMSEY, N. F.: 1989. 'NOBEL-Preis in Physik: „for the invention of the separated oscillatory fields method and its use in the hydrogen maser and other atomic clocks and the separated oscillatory fields method"', Stockholm. http://nobelprize.org/nobel_prizes/physics/laureates/1989/.

SDBS: 2013. 'Spectral database for organic compounds', National Institute of Advanced Industrial Science and Technology (AIST), Japan. http://sdbs.db.aist.go.jp, letzter Zugriff: 13.1.2016.

SMITH, D. D., G. L. STUKENBROEKER und J. R. MCNALLY Jr.: 1951. 'New data on isotope shifts in uranium spectra: U^{236} and U^{234}'. *Phys. Rev.*, **84**, 383–4.

STONE, N. J.: 2005. 'Table of nuclear magnetic dipole and electric quadrupole moments'. *At. Data Nucl. Data Tables*, **90**, 75–176.

WALLS, J., R. ASHBY, J. J. CLARKE, B. LU und W. A. VAN WIJNGAARDEN: 2003. 'Measurement of isotope shifts, fine and hyperfine structure splittings of the lithium D lines'. *Eur. Phys. J. D*, **22**, 159–162.

WÜTHERICH, K.: 2002. 'NOBEL-Preis in Chemie (Anteil 1/2): „for his development of nuclear magnetic resonance spectroscopy for determining the three-dimensional structure of biological macromolecules in solution"', Stockholm. http://nobelprize.org/nobel_prizes/chemistry/laureates/2002/.

Vielelektronenatome

10

Es geht hier darum, die Eigenzustände und Energien für Systeme mit vielen Elektronen zu berechnen. Dabei müssen wir die Gesamtheit aller Elektronen in gleicher Weise behandeln. Da die Abstoßung der Elektronen untereinander von vergleichbarer Größenordnung ist wie die COULOMB*-Anziehung des Kerns, kann man das Problem nicht mehr mit einfachen störungstheoretischen Methoden lösen.*

Überblick

In diesem Schlusskapitel von Band 1 kommt vieles zusammen, in das wir früher eingeführt haben. In den Abschn. 10.1 bis 10.2 skizzieren wir darüber hinausgehend die klassischen Verfahren zur Berechnung der Wellenfunktionen von Vielelektronenatomen, und in Abschn. 10.3 folgt ein kurzer Exkurs zur Dichtefunktionaltheorie. Mit steigender Ordnungszahl Z wächst aber nicht nur die Zahl der Elektronen und die Komplexität des Problems schlechthin. Auch die Bedeutung der verschiedenen Wechselwirkungen ändert sich: War für leichte Atome die LS-Kopplung eine gute Beschreibung, so wird diese mit wachsender Spin-Bahn-Wechselwirkung ($\propto Z^4$) immer weniger relevant, wie wir in Abschn. 10.4 illustrieren. Auch die Energieskala insgesamt ändert sich – grob gesprochen mit Z^2. Zwar bleiben die Übergangsenergien für Quantensprünge der äußersten Elektronen meist nach wie vor im VIS- oder UV-Spektralbereich; der Leser kann sich in Abschn. 10.4 anhand charakteristischer Beispiele etwas mit dem „Zoo" der Energieniveaus und Kopplungsschemata komplexer Atome vertraut machen. Änderungen in den inneren Atomschalen sind aber mit der Emission und Absorption von Röntgenstrahlung verbunden, dem Abschn. 10.5 gewidmet ist – als Ergänzung zu Kap. 4. Auch unser Verständnis der Photoionisation (Kap. 5) wird durch Beispiele für Vielelektronensysteme vertieft. Schließlich macht Abschn. 10.6 den Leser mit modernen Quellen für die Erzeugung von Röntgenstrahlen bekannt.

I.V. Hertel und C.-P. Schulz, *Atome, Moleküle und optische Physik 1*,
Springer-Lehrbuch, DOI 10.1007/978-3-662-53104-4_10

10.1 Zentralfeldnäherung

Die grundlegende Ausgangsannahme zur Lösung des Vielelektronenproblems bleibt nach wie vor das *Modell der unabhängigen Teilchen. Jedes Elektron,* so diese Annahme, *bewegt sich im gemittelten Potenzial aller anderen* ($\mathcal{N}-1$) *Elektronen* ohne direkte Korrelation zu deren individuellen, momentanen Koordinaten. Die Bewegungen jedes einzelnen Elektrons sind also nur insoweit von den anderen abhängig, als diese gemeinsam ein mittleres Abstoßungspotenzial bestimmen. Die radialen Wellenfunktionen der einzelnen Elektronenorbitale in diesem Potenzial werden vom Typ her den Wassenstoffeigenfunktionen sehr ähnlich sein, was sich z. B. im asymptotischen Verhalten bei kleinem und großen r und in der Zahl der Nulldurchgänge manifestiert. Dennoch sind reine Wasserstofforbitale für größere $\mathcal{N}$ und Z keine gute 0. Näherung mehr. Man muss die SCHRÖDINGER-Gleichung also numerisch lösen und sodann das Modell der unabhängigen Teilchen Zug um Zug verfeinern. Die meisten grundlegenden Beobachtungen lassen sich mit dieser Herangehensweise schon ohne großen Aufwand erstaunlich gut beschreiben.

10.1.1 HAMILTON-Operator für ein Vielelektronensystem

Wir betrachten ein Atom mit der Kernladungszahl Z und $\mathcal{N}$ Elektronen. Auch hier berücksichtigen wir zunächst wieder nur die elektrostatischen Kräfte und vernachlässigen magnetische Wechselwirkungen sowie relativistische und QED-Effekte. Ausgehend von dem in Kap. 7 gemachten Ansatz für das Zweielektronensystem He ist jetzt über die kinetische Energie, die COULOMB-Anziehung des Kerns und die COULOMB-Abstoßung aller Elektronen zu summieren, und man erhält als HAMILTON-Operator für das Vielelektronensystem

$$\widehat{H} = \sum_{j=1}^{\mathcal{N}} \left(\frac{\widehat{\boldsymbol{p}}_j^2}{2m_e} - \frac{Ze^2}{4\pi\varepsilon_0 r_j} \right) + \frac{1}{2} \sum_{j}^{\mathcal{N}} \sum_{k \neq j}^{\mathcal{N}} \frac{e^2}{4\pi\varepsilon_0 r_{jk}} \tag{10.1}$$

$$\text{mit } r_{jk} = |\boldsymbol{r}_j - \boldsymbol{r}_k|. \tag{10.2}$$

Der Faktor $1/2$ vor der Doppelsumme erlaubt es uns, die Gleichung in j und k symmetrisch zu schreiben und so das jeweils doppelte Auftreten der Abstoßungsterme mit $1/r_{kj}$ bzw. $1/r_{jk}$ zu kompensieren. Wie üblich benutzen wir atomare Einheiten und schreiben (10.1)

$$\widehat{H} = \sum_{j=1}^{\mathcal{N}} \widehat{h}_j^e + \frac{1}{2} \sum_{j}^{\mathcal{N}} \sum_{k \neq j}^{\mathcal{N}} \frac{1}{|\boldsymbol{r}_j - \boldsymbol{r}_k|} \tag{10.3}$$

$$\text{mit } \quad \widehat{h}_j^e = -\frac{1}{2}\Delta_j - \frac{Z}{r_j}, \tag{10.4}$$

wobei letzteres den HAMILTON-Operator der *nicht abgeschirmten Einzelelektronen* im Feld des Atomkerns repräsentiert.

Die vollständige SCHRÖDINGER-Gleichung, die es zu lösen gilt, lautet somit

$$\widehat{H}\Psi(\boldsymbol{q}_1, \boldsymbol{q}_2, \dots, \boldsymbol{q}_{\mathcal{N}}) = W\Psi(\boldsymbol{q}_1, \boldsymbol{q}_2, \dots, \boldsymbol{q}_{\mathcal{N}}). \tag{10.5}$$

Hier bezieht sich $\boldsymbol{q}_j$ auf Orts- $(r_j, \theta_j, \varphi_j)$ *und* Spinkoordinaten (s_j) des Elektrons j.

Im Gegensatz zu den simplen Modellen, mit welchen sich einfach angeregte Zustände in He beschreiben lassen (siehe Abschn. 7.3 auf Seite 386), kann man bei Vielelektronensystemen im Allgemeinen die repulsiven Terme in (10.3) nicht mehr als eine (kleine) Störung behandeln, vor allem weil man ja über viele Elektronen zu summieren hat. Streng gesehen machen die Terme $\propto |\boldsymbol{r}_j - \boldsymbol{r}_k|^{-1}$ das Potenzial anisotrop und für jedes Elektron verschieden.

Auch sei daran erinnert, dass die $\mathcal{N}$ *Elektronen* völlig *ununterscheidbar* sind *und* $\mathcal{N}$ *verschiedene Spinorbitale besetzen*. Jedes davon ist durch einen spezifischen Satz von Quantenzahlen charakterisiert, der sich von allen anderen unterscheidet (PAULI-Prinzip). Die Gesamtwellenfunktion muss bezüglich des Austauschs zweier Teilchen antisymmetrisiert werden.

Dies alles führt zu erheblichen Komplikationen, und jeder Versuch die SCHRÖDINGER-Gleichung (10.5) für größere Atome direkt zu lösen – und sei es auf numerische Weise – wird beliebig aufwendig. Man ist daher auf intelligente Näherungsverfahren angewiesen, von denen wir die zwei wichtigsten in Abschn. 10.2 bzw. 10.3 skizzieren werden.

10.1.2 Zentralsymmetrisches Potenzial

Zunächst aber wollen wir die wesentlichen, allen Näherungsverfahren zugrunde liegenden Konzepte erläutern – dabei *ignorieren wir für den Augenblick* die Komplikationen, dies sich aus der *Antisymmetrisierung* ergeben.

Die Grundidee der Zentralfeldnäherung ist es, die repulsiven Kräfte zwischen den Elektronen durch ein zentralsymmetrisches Potenzial zu repräsentieren. Dieses erlaubt es dann – wenigstens im Prinzip – das Problem zu separieren, und die SCHRÖDINGER-Gleichung (10.5) durch ein *Produkt von Einteilchen-Wellenfunktionen (Orbitalen)* für jedes Elektron zu lösen:

$$\Psi(\boldsymbol{r}_1, \boldsymbol{r}_2, \dots, \boldsymbol{r}_j, \dots, \boldsymbol{r}_{\mathcal{N}}) = \psi_1(\boldsymbol{r}_1)\psi_2(\boldsymbol{r}_2) \cdots \psi_\mu(\boldsymbol{r}_j) \cdots \psi_{\mathcal{N}}(\boldsymbol{r}_{\mathcal{N}}). \tag{10.6}$$

Dies ist im Wesentlichen die mathematische Formulierung des Modells unabhängiger Teilchen (Elektronen).

Die Indizes $1, 2, \dots, \mu, \dots, \mathcal{N}$ der Einteilchen-Wellenfunktionen repräsentieren die üblichen Sätze 7.10 von Quantenzahlen

$$\mu = \{n_\mu \ell_\mu m_\mu m_{s\mu}\} \tag{10.7}$$

für die $\mathcal{N}$ besetzten Orbitale der $\mathcal{N}$ atomaren Elektronen. Zusammen charakterisieren sie die Gesamtwellenfunktion $\Psi(1, 2, \dots, \mu, \dots, \mathcal{N})$ und die Gesamtenergie $W = W\{1, 2, \dots, \mu, \dots, \mathcal{N}\}$. Die einzelnen Orbitale werden als orthonormal angenommen, d. h. $\langle\psi_\mu(\boldsymbol{r})\psi_\lambda(\boldsymbol{r})\rangle = \delta_{\mu\lambda}$.

Für Elektron j kann das zentralsymmetrische Potenzial als

$$V_j(r_j) = \langle \Psi | \sum_{k \neq j}^{\mathcal{N}} \frac{1}{|\boldsymbol{r}_j - \boldsymbol{r}_k|} | \Psi \rangle \tag{10.8}$$

geschrieben werden, wobei $\langle \Psi | \; | \Psi \rangle$ wieder die *Integration über alle Elektronen* $k \neq j$ symbolisiert. Für sehr kleine und für sehr große r_j wird sich dieses Potenzial so verhalten, wie wir das im Fall von nur einem aktiven Elektron für die Alkaliatome beschrieben haben (siehe (3.10) und Abb. 3.9b auf Seite 162).

Mit diesem Potenzial kann der HAMILTON-Operator (10.3) so umgeschrieben werden, dass er aus zwei Teilen besteht: aus einem symmetrischen Teil

$$\widehat{H}_c = \sum_{j=1}^{\mathcal{N}} \left[\widehat{h}_j^e + \frac{1}{2} V_j(r_j) \right] \tag{10.9}$$

und einer (möglichst kleinen) Störung, welche sich als Differenz zwischen (10.3) und (10.9) ergibt:

$$\widehat{H}_{nc} = \widehat{H} - \widehat{H}_c = \frac{1}{2} \sum_j^{\mathcal{N}} \left[\sum_{k \neq j}^{\mathcal{N}} \frac{1}{r_{jk}} - V_j(r_j) \right] \tag{10.10}$$

$\widehat{H}_{nc}$ enthält alle nicht sphärisch symmetrischen Teile der Wechselwirkung. Sein Diagonalmatrixelement verschwindet in 1. Ordnung und wird *in der Zentralfeldnäherung insgesamt vernachlässigt*.

Man kann $\widehat{H}_{nc}$ aber als Störung höherer Ordnung berücksichtigen. Typischerweise ist diese klein, wenn man bereits ‚vernünftige' Orbitale zur Bestimmung von $V_j(r_j)$ benutzt hat. Die sogenannte MØLLER-PLESSET-Störungstheorie berücksichtigt gerade diese restlichen Unterschiede durch Korrekturen 2. (MP2), 3. (MP3) oder 4. Ordnung (MP4).

10.1.3 HARTREE-Gleichungen und SCF-Methode

Man muss also Einteilchenwellenfunktionen (Orbitale) $\psi_1(\boldsymbol{r})$, $\psi_2(\boldsymbol{r})$ bis $\psi_{\mathcal{N}}(\boldsymbol{r})$ für alle $\mathcal{N}$ Elektronen finden – wobei zunächst noch die Spinabhängigkeit vernachlässigt wird. Um die entsprechenden Einteilchen-SCHRÖDINGER-Gleichungen zu ermitteln, folgt man dem Variationsprinzip, das wir bereits in Abschn. 7.2.5 auf Seite 384 eingeführt haben. Ausgehend von dem Produktansatz (10.6) und dem HAMILTON-Operator (10.9) minimiert man die Gesamtenergie $\langle \psi | \widehat{H} | \psi \rangle$ des Systems. Wir wollen uns hier nicht mit den Einzelheiten aufhalten, sondern skizzieren, wie die Grundidee zu plausiblen Resultaten führt.

Die Orbitale $\psi_\mu(\boldsymbol{r})$ findet man als Eigenfunktionen der $\mathcal{N}$ SCHRÖDINGER-Gleichungen

$$\left[\widehat{h}^e + V_\mu(r) \right] \psi_\mu(\boldsymbol{r}) = W_{n\ell} \psi_\mu(\boldsymbol{r}), \tag{10.11}$$

die sich um durch ihr jeweiliges repulsives Potenzial $V_\mu(r)$ unterscheiden, welches nach (10.8) über alle Elektronen außer eben dem jeweiligen Elektron μ gemittelt wird. Gleichung (10.11) löst man durch die üblichen Ortswellenfunktionen

$$\psi_{n\ell m}(\boldsymbol{r}) = R_{n\ell}(r) Y_{\ell m}(\theta, \varphi). \tag{10.12}$$

Natürlich sind die Radialfunktionen $R_{n\ell}(r)$ hier nicht einfach wasserstoffartig. Vielmehr wird man, wie wir dies bereits für Quasi-Einelektronensysteme in Abschn. 3.2.4 auf Seite 162 gezeigt haben, mit dem Ansatz

$$R_{n\ell}(r) = u_{n\ell}(r)/r$$

numerische Lösungen der radialen SCHRÖDINGER-Gleichung

$$\frac{\mathrm{d}^2 u_{n\ell}}{\mathrm{d}r^2} + 2\left[W_{n\ell} + \frac{Z}{r} - V_\mu(r) - \frac{\ell(\ell+1)}{r^2}\right] u_{n\ell}(r) = 0 \tag{10.13}$$

zu finden haben.

Soweit sieht das alles ziemlich unkompliziert aus. Jedoch ist die Bestimmung des zentralsymmetrischen, repulsiven Potenzials nach (10.8) keineswegs trivial: Im Prinzip muss man ja die Orbitale aller Elektronen schon kennen, um den Mittelungsprozess durchführen zu können!

Nehmen wir also für den Augenblick einmal an, wir kennten die Orbitale. Zur Mittelung über die Abstoßung von Elektron j durch alle anderen Elektronen $k \neq j$ müssen wir (10.6) in (10.8) von rechts und links einsetzen und über alle anderen Koordinaten integrieren. Da die Orbitale orthonormal sind, führt dies zu dem relativ einfachen Ausdruck

$$V_\mu(r) = \sum_{\mu' \neq \mu}^{\mathcal{N}} \langle \psi_{\mu'}(\boldsymbol{r}') | \frac{1}{|\boldsymbol{r} - \boldsymbol{r}'|} | \psi_{\mu'}(\boldsymbol{r}') \rangle = \sum_{\mu' \neq \mu}^{\mathcal{N}} \int \mathrm{d}^3 \boldsymbol{r}' \frac{|\psi_{\mu'}(\boldsymbol{r}')|^2}{|\boldsymbol{r} - \boldsymbol{r}'|}. \tag{10.14}$$

Während μ sich auf die Quantenzahlen von Elektron j bezieht, muss über alle anderen $\mathcal{N} - 1$ besetzten Orbitale von $\mu' = 1$ bis $\mathcal{N}$ summiert werden.

Nun kann man ganz formal diesen Ausdruck wieder in (10.11) einsetzen und erhält so für jedes besetzte Orbital $\mu = 1$ bis $\mathcal{N}$:

$$\widehat{h}^{\mathrm{e}} \psi_\mu(\boldsymbol{r}) + \left[\sum_{\mu' \neq \mu}^{\mathcal{N}} \int \mathrm{d}^3 \boldsymbol{r}' \frac{|\psi_{\mu'}(\boldsymbol{r}')|^2}{|\boldsymbol{r} - \boldsymbol{r}'|}\right] \psi_\mu(\boldsymbol{r}) = \epsilon_\mu^{(\mathrm{H})} \psi_\mu(\boldsymbol{r}). \tag{10.15}$$

Diese gekoppelten *Integrodifferenzialgleichungen* für $\psi_\mu(\boldsymbol{r})$ heißen *HARTREE-Gleichungen*. Jede von ihnen enthält die Lösungen $\psi_{\mu'}(\boldsymbol{r}')$ aller anderen! Es ist eine anspruchsvolle Aufgabe, dieses Gleichungssystem zu lösen. In der Praxis geschieht das iterativ, wie wir im nächsten Abschnitt erläutern werden. Wir weisen nochmals darauf hin, dass dabei die *Potenziale $V_\mu(r)$ im Prinzip für jedes Elektronenorbital verschieden sein können.*

Wenn man diese Lösungen schließlich gewonnen hat, ergibt sich in 1. Ordnung (HARTREE-Näherung) die Gesamtwellenfunktion Ψ nach (10.6) aus den $\mathcal{N}$ Orbitalen

ψ_μ. Der entsprechende Erwartungswert der Gesamtenergie $W_{\text{Hartree}}\{1, 2, \ldots, \mathcal{N}\}$ des Systems ergibt sich nach (10.9) unter Benutzung von (10.14) für die gemittelten repulsiven Potenziale:

$$W_{\text{Hartree}} = \langle \Psi | \widehat{H}_c | \Psi \rangle = \sum_{\mu=1}^{\mathcal{N}} \epsilon_\mu + \frac{1}{2} \sum_{\mu=1}^{\mathcal{N}} \sum_{\mu' \neq \mu}^{\mathcal{N}} J_{\mu\mu'} \tag{10.16}$$

$$\text{mit } \epsilon_\mu = \left\langle \psi_\mu(\boldsymbol{r}) \middle| \widehat{h}^{\mathrm{e}} \middle| \psi_\mu(\boldsymbol{r}) \right\rangle = \int \mathrm{d}^3\boldsymbol{r}\, \psi_\mu^*(\boldsymbol{r}) \widehat{h}^{\mathrm{e}} \psi_\mu(\boldsymbol{r}) \tag{10.17}$$

$$\text{und } J_{\mu\mu'} = \left\langle \psi_\mu(\boldsymbol{r}) \psi_{\mu'}(\boldsymbol{r}') \middle| |\boldsymbol{r} - \boldsymbol{r}'|^{-1} \middle| \psi_\mu(\boldsymbol{r}) \psi_{\mu'}(\boldsymbol{r}') \right\rangle \tag{10.18}$$

$$= \iint \mathrm{d}^3\boldsymbol{r}\, \mathrm{d}^3\boldsymbol{r}' \frac{|\psi_\mu(\boldsymbol{r})|^2 |\psi_{\mu'}(\boldsymbol{r}')|^2}{|\boldsymbol{r} - \boldsymbol{r}'|}.$$

Hier ist ϵ_μ die Energie, welche ein einzelnes Elektron im unabgeschirmten COULOMB-Potenzial des Atomkerns haben würde, und $J_{\mu\mu'}$ ist die gemittelte Abstoßung zwischen zwei Elektronen, die wir bereits als COULOMB-Integral in Abschn. 7.3.3 auf Seite 390 eingeführt haben.

Man beachte, dass durch den Faktor 1/2 die Gesamtenergie W_{Hartree} *nicht gleich der Summe über alle Energien der einzelnen Orbitale* $\epsilon_\mu^{(\mathrm{H})}$ nach (10.15) ist. Ohne diesen Faktor 1/2 würden die Abstoßungsenergien doppelt gezählt werden.

10.1.4 HARTREE-Verfahren

Die Suche nach der besten Wellenfunktion ψ_μ für alle $\mathcal{N}$ besetzten Orbitale basiert auf einem Iterationsverfahren, welches zuerst HARTREE eingeführt und erprobt wurde. SLATER hat es dann auf der Basis der Variationsmethode begründet. Schematisch ist dieses *Verfahren zur Bestimmung eines selbstkonsistenten Potenzialfeldes* (SCF) in Abb. 10.1 auf der nächsten Seite dargestellt.

Man rät zunächst eine plausible 0. Näherung für die zentralsymmetrischen Potenziale $V_\mu(r)$ aller Elektronen der untersuchten Konfiguration. Ein möglicher Ansatz dafür ist das sogenannte THOMAS-FERMI-Potenzial, das wir im nächsten Abschnitt behandeln werden. Mit diesem Potenzial berechnet man alle Elektronenorbitale der Konfiguration. Diese Orbitale benutzt man nun, um verbesserte Potenziale V_μ nach (10.14) zu bestimmen. Mit den so gewonnenen Potenzialen wiederholt man sodann die Prozedur. Am Ende jeder Iteration der Integration prüft man, ob die neuen Orbitale mit denen des vorherigen Laufs übereinstimmen. Solange diese Übereinstimmung innerhalb gewisser, vorgegebener Grenzen nicht erreicht ist, wird das Verfahren wiederholt, bis die Rechnung konvergiert, sich also reproduziert. Das so gewonnene Potenzial nennt man *selbstkonsistent*.

10.1.5 THOMAS-FERMI-Potenzial

Häufig benutzt man als Ansatz für ein Wechselwirkungspotenzial 0. Ordnung das sogenannte THOMAS-FERMI-Modell. Man nimmt dabei an, dass sich die Elektronen

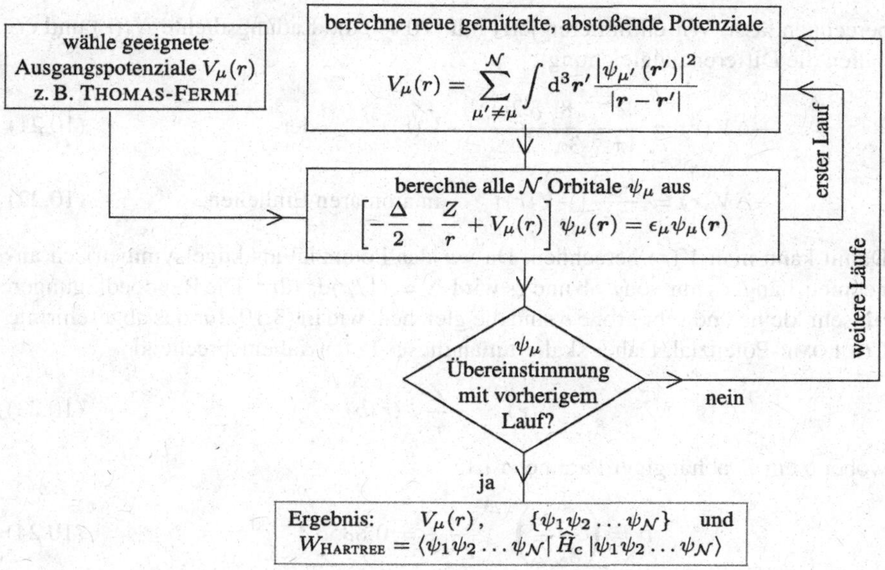

Abb. 10.1 Schema zur Ermittlung eines selbstkonsistenten Potenzialfeldes für Vielelektronensysteme (SCF-Verfahren) illustriert am Beispiel der HARTREE-Näherung

im COULOMB-Potenzial des Atomkerns ähnlich wie bei einem Fermi-Elektronengas verteilen, das wir in Abschn. 2.4.3 auf Seite 115 eingeführt hatten.

Nun handelt es sich hier aber nicht mehr um ein Kastenpotenzial, in dem sich die Elektronen bewegen. Vielmehr sind sie in einem Potenzial $V(r) < 0$ verteilt, das sich aus dem COULOMB-Potenzial des Atomkerns und der Abschirmung durch alle Elektronen zusammensetzt, wie wir das in Abschn. 3.2.3 auf Seite 161 skizziert haben. Daher ist die maximale kinetische Energie ϵ_F, welche die Elektronen im Atom haben können, durch $\epsilon_F(r) \leq -V(r)$ gegeben. Die Elektronendichte 2.59 wird somit ortsabhängig:

$$N_e(r) = \frac{1}{3\pi^2}\left(\frac{2m_e}{\hbar^2}\right)^{3/2} |V(r)|^{3/2}. \tag{10.19}$$

Man nimmt nun an, dass sich das elektrostatische Potenzial $-V(r)/e$ nach der klassischen Elektrostatik aus der Ladungsdichte $-eN_e(r)$ über die POISSON-Gleichung

$$\Delta\big(-V(r)\big) = -\frac{e^2}{\varepsilon_0} N_e(r) \tag{10.20}$$

berechnen lässt. Wir eliminieren jetzt mit (10.19) die Ladungsdichte $N_\mathrm{e}(r)$ und erhalten die Differenzialgleichung

$$-\Delta V(r) = \frac{e^2}{4\pi\varepsilon_0}\frac{8}{3\pi}\frac{\sqrt{2m_\mathrm{e}^3}}{\hbar^3}\left(-V(r)\right)^{3/2} \quad \text{oder} \tag{10.21}$$

$$-\Delta V(r) = \frac{8\sqrt{2}}{3\pi}\left(-V(r)\right)^{3/2} \quad \text{in atomaren Einheiten.} \tag{10.22}$$

Damit kann man $V(r)$ berechnen. Da wir das Potenzial als kugelsymmetrisch annehmen, hängt es nur von r ab und es wird $\Delta = (1/r)\mathrm{d}^2/\mathrm{d}r^2$. Die Randbedingungen für sehr kleine und sehr große r sind die gleichen, wie in (3.10) für das abgeschirmte COULOMB-Potenzial. Daher skaliert man dieses Potenzial entsprechend

$$V(r) = -\frac{Z}{r}\Phi(r/b), \tag{10.23}$$

wobei b ein Z-abhängiger Parameter ist:

$$b = \left(\frac{3\pi}{8\sqrt{2}}\right)^{2/3}\frac{1}{Z^{1/3}} = 0.8853 Z^{-1/3}. \tag{10.24}$$

Damit und mit $x = r/b$ erhält man schließlich aus (10.22) die sogenannte

$$\text{THOMAS-FERMI-Gleichung:} \quad \frac{\mathrm{d}^2\Phi}{\mathrm{d}x^2} = \frac{\Phi^{3/2}}{x^{1/2}}. \tag{10.25}$$

Die Grenzwerte für $\Phi(x)$ sind 1 und 0 für $x \to 0$ bzw. $x \to \infty$. Die THOMAS-FERMI-Gleichung wird in der Literatur über Differenzialgleichungen behandelt (siehe z. B. ZWILLINGER 1997). Sie beschreibt mit (10.23) ein universelles Potenzial, das mit Z skaliert. Die Elektronendichte (in a.u.) ergibt sich daraus zu

$$N_\mathrm{e}(x) = \frac{Z}{4\pi b^3}\left(\frac{\Phi}{x}\right)^{3/2} \quad \text{für } x \geq 0. \tag{10.26}$$

In der Literatur findet man Tabellen für die THOMAS-FERMI-Funktion $\Phi(x)$ ebenso wie gute analytische Näherungsformeln, z. B. nach LATTER (1955):

$$\begin{aligned}\Phi(x) \simeq \big(1 &+ 0.02747x^{1/2} + 1.243x - 0.1486x^{3/2} \\ &+ 0.2302x^2 + 0.007298x^{5/2} + 0.006944x^3\big)^{-1}.\end{aligned} \tag{10.27}$$

Man beachte, dass diese Funktion $\Phi(x)$ mit (10.23) das volle Modellpotenzial für das Atom einschließlich der Kernladung Z angibt, das von Z Elektronen abgeschirmt wird – also das Potenzial, welches eine unendlich kleine Probeladung erfahren würde. Für eines der Atomelektronen kann man daher z. B. ein Potenzial $[-(Z-1)\Phi(r/b) - 1]/r$ als Ausgangspotenzial in die SCF-Berechnung von Atomorbitalen einsetzen. Abb. 10.2 zeigt dieses Modellpotenzial für das Beispiel Neon ($Z = 10$) im Vergleich mit reinen COULOMB-Potenzialen als Grenzfälle für ganz kleine und ganz große Abstände.

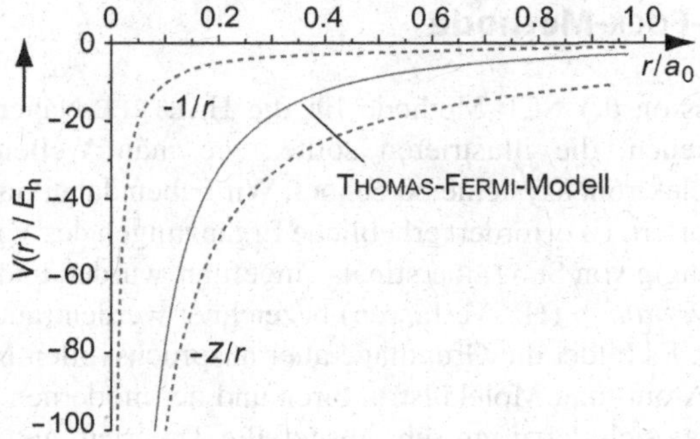

Abb. 10.2 THOMAS-FERMI-Potenzial für den Atomrumpf von Neon ($Z = 10$). Die volle Linie *(online rot)* zeigt $-(9\Phi(r/b)+1)/r$: Das ist das gemittelte Potenzial, welches ein Valenzelektron ‚sieht'. Zum Vergleich sind auch die reinen COULOMB-Potenziale für den Neonatomkern $-10/r$ (Grenzwert für $r \to 0$) und das komplett abgeschirmte Potenzial $-1/r$ gezeigt (Grenzwert für $r \to \infty$)

Was haben wir in Abschnitt 10.1 gelernt?

- Der HAMILTON-Operator (10.1) für ein Vielelektronensystem mit einer Kernladung Z und $\mathcal{N}$ Elektronen enthält – zusätzlich zur Summe über alle HAMILTON-Operatoren für die einzelnen Elektronen – die repulsiven Potenziale zwischen den $\mathcal{N}$ Elektronen, welche das gesamte Wechselwirkungspotenzial anisotrop machen.
- Eine überraschend gute Näherung von zentraler Bedeutung ist das Modell der unabhängigen Teilchen (Elektronen), nach welcher die Gesamtwellenfunktion als Produkt (10.6) aller einzelnen Elektronenorbitale geschrieben werden kann. Sie basiert auf der Zentralfeldnäherung, welche die repulsiven Potenziale der Elektronen durch ein zentralsymmetrisches Abschirmpotenzial repräsentiert.
- Mathematisch kann dies durch $\mathcal{N}$ gekoppelte Integrodifferenzialgleichungen ausgedrückt werden. Ohne Antisymmetrisierung (d. h. unter Vernachlässigung des Elektronenaustauschs) führt dieser Ansatz zu den HARTREE-Gleichungen (10.15).
- Typischerweise werden sie in einem Iterationsverfahren gelöst, bei welchem in jeder Iterationsschleife die $\mathcal{N}$ Orbitale durch numerische Integration der Radialgleichungen berechnet werden; das Abschirmpotenzial dafür erhält man aus einer Mittelung über alle Orbitale aus der vorangehenden Iterationsschleife. Dies wird so lange wiederholt, bis sich die Orbitale nach jeder Iterationsschleife reproduzieren, d. h. bis sie *selbstkonsistent sind* (SCF-Näherung).
- Eine gutes Ausgangspotenzial für dieses Verfahren erhält man mit dem THOMAS-FERMI-Modell. Es geht von einer statistischen Verteilung aller Elektronen im COULOMB-Potenzial des Z-fach geladenen Atomkerns aus. Einen geschlossenen Ausdruck dafür gibt (10.23) mit (10.27).

10.2 HARTREE-FOCK-Methode

Die obige Diskussion der SCF-Methode für die HARTREE-Näherung ist als Einführung zu verstehen, die illustrieren sollte, wie man Wellenfunktionen und Energien für Vielelektronensysteme berechnet. Wir haben dabei bislang das PAULI-Prinzip völlig ignoriert. Es erfordert erhebliche Ergänzungen des Vorgehens, die von FOCK und unabhängig von SLATER erstmals eingeführt wurden und als sogenanntes HARTREE-FOCK-*Verfahren* (HF-Verfahren) bezeichnet werden (auch HF-Näherung oder HF-Theorie). Es bildet die Grundlage aller anspruchsvollen Methoden für die Berechnung von Atom- und Molekülstrukturen und der modernen Quantenchemie. In Detail handelt es sich dabei um sehr ausgefeilte Theorien, und wir können hier keine Einführung zum tatsächlichen Gebrauch dieser Methoden geben (wir verweisen statt dessen auf die zahlreichen Lehrbücher der Quantenchemie, z. B. SZABO und OSTLUND 1996). Im Folgenden skizzieren wir lediglich einige der wesentlichen Ingredienzen.

10.2.1 PAULI-Prinzip und SLATER-Determinante

Um zu berücksichtigt, dass die $\mathcal{N}$ Elektronen in einem Atom ununterscheidbar sind, müssen wir die Gesamtwellenfunktion in der SCHRÖDINGER-Gleichung (10.5) antisymmetrisieren. Der HAMILTON-Operator (10.3) bleibt unverändert und ist nicht explizit spinabhängig. Im Rahmen der HF-Theorie wird der Spin über sogenannte *Spinorbitale* $\psi_\mu(\boldsymbol{q}_\mu) = \psi_\mu^{\mathrm{s}}(\boldsymbol{r}_j)\chi_\mu(j)$ eingeführt (die wir bereits beim He in Abschn. 7.3.1 auf Seite 386 angewendet hatten). Die Produktwellenfunktionen nach (10.6) schreiben sich jetzt also

$$\begin{aligned}
&\Psi(\boldsymbol{q}_1,\ldots,\boldsymbol{q}_\mathcal{N})\\
&= \psi_1(\boldsymbol{q}_1)\psi_2(\boldsymbol{q}_2)\ldots\psi_\mu(\boldsymbol{q}_2)\ldots\psi_\mathcal{N}(\boldsymbol{q}_\mathcal{N})\\
&= \psi_1^{\mathrm{s}}(\boldsymbol{r}_1)\chi_1(1)\psi_2^{\mathrm{s}}(\boldsymbol{r}_2)\chi_2(2)\ldots\psi_\mu^{\mathrm{s}}(\boldsymbol{r}_j)\chi_\mu(j)\ldots\psi_\mathcal{N}^{\mathrm{s}}(\boldsymbol{r}_\mathcal{N})\chi_\mathcal{N}(\mathcal{N}).
\end{aligned}$$

Die Indizes $\mu = \{n_\mu \ell_\mu m_\mu m_{s_\mu}\}$ repräsentieren wieder die charakteristischen vier Quantenzahlen für jedes Elektron. Antisymmetrisierung erreicht man jetzt am bequemsten mithilfe der sogenannten SLATER-*Determinante* (einer $\mathcal{N}\times\mathcal{N}$-Matrix), die eine antisymmetrische Summe von Produktwellenfunktionen darstellt:

$$\Psi(\boldsymbol{q}_1,\boldsymbol{q}_2,\ldots,\boldsymbol{q}_\mathcal{N}) =
\frac{1}{\sqrt{\mathcal{N}!}}\begin{vmatrix}
\psi_1(\boldsymbol{q}_1) & \psi_2(\boldsymbol{q}_1) & \ldots & \psi_\mu(\boldsymbol{q}_1) & \ldots & \psi_\mathcal{N}(\boldsymbol{q}_1)\\
\psi_1(\boldsymbol{q}_2) & \psi_2(\boldsymbol{q}_2) & \ldots & \psi_\mu(\boldsymbol{q}_2) & \ldots & \psi_\mathcal{N}(\boldsymbol{q}_2)\\
\ldots & \ldots & \ldots & \ldots & \ldots & \ldots\\
\psi_1(\boldsymbol{q}_j) & \psi_2(\boldsymbol{q}_j) & \ldots & \psi_\mu(\boldsymbol{q}_j) & \ldots & \psi_\mathcal{N}(\boldsymbol{q}_j)\\
\ldots & \ldots & \ldots & \ldots & \ldots & \ldots\\
\psi_1(\boldsymbol{q}_\mathcal{N}) & \psi_2(\boldsymbol{q}_\mathcal{N}) & \ldots & \psi_\mu(\boldsymbol{q}_\mathcal{N}) & \ldots & \psi_\mathcal{N}(\boldsymbol{q}_\mathcal{N})
\end{vmatrix} \tag{10.28}$$

Austausch zweier Teilchen bedeutet also Austausch zweier Reihen dieser Determinante, was bekanntlich das Vorzeichen ändert. Diese Gesamtwellenfunktion $\Psi(\boldsymbol{q}_1, \boldsymbol{q}_2, \ldots, \boldsymbol{q}_N)$ ist also in der Tat antisymmetrisch bezüglich des Austauschs zweier Elektronen.

Man verifiziert wieder das PAULI-Prinzip (siehe Abschn. 7.3.1 auf Seite 386): Wenn irgendwelche zwei Sätze von Quantenzahlen identisch sein sollten, z. B. 1 und 2, dann sind zwei ganze Spalten identisch und die Determinante wird $\equiv 0$.

Die explizite Schreibweise (10.28) der SLATER-Determinante ist zwar sehr klar aber etwas länglich zu schreiben und zu lesen. Meist kürzt man daher ab und schreibt z. B. als Zustandsvektor:

$$|\Psi\rangle = \frac{1}{\sqrt{\mathcal{N}!}}\left|\det\left[\psi_1^{\mathrm{s}}(1)\chi_1(1)\ldots\psi_\mu^{\mathrm{s}}(j)\chi_\mu(j)\ldots\psi_{\mathcal{N}}^{\mathrm{s}}(\mathcal{N})\chi_{\mathcal{N}}(\mathcal{N})\right]\right\rangle \tag{10.29}$$

Beispiele – eingeschränktes vs. nicht eingeschränktes HF

Sehen wir uns noch einmal das He-Atom als einfachstes Beispiel an – jetzt in der gerade eingeführten Terminologie. Aus Kap. 7 kennen wir ja bereits die Resultate, mit denen wir vergleichen müssen. Die allgemeine HARTREE-FOCK-Wellenfunktion von He lautet:

$$\left|\Psi(1,2)\right\rangle = \frac{1}{\sqrt{2!}}\left|\det\left[\psi_1^{\mathrm{s}}(1)\chi_1(1)\psi_2^{\mathrm{s}}(2)\chi_2(2)\right]\right\rangle.$$

Im allgemeinsten Fall sind die Ortswellenfunktionen für verschiedene Elektronen unterschiedlich. Wenn wir diese Möglichkeiten grundsätzlich voll zulassen, dann spricht man von *nicht eingeschränktem* (engl. *unrestricted*) HARTREE-FOCK (UHF).

Bei abgeschlossenen Schalen nimmt man oft an, dass jedes Ortsorbital zweifach besetzt ist, einmal mit einem Elektron des Spins α und einmal mit einem Elektron des Spins β. Diese Näherung für abgeschlossene Schalen nennt man *eingeschränktes* (engl. *restricted*) HARTREE-FOCK (RHF). Dies ist offensichtlich eine vernünftige Näherung für den Grundzustand des He, da die zwei Elektronen absolut identisch sind, beide befinden sich in einem $1s$-Orbital:

$$\begin{aligned}\Psi_{1s^2}(1,2) &= \frac{1}{\sqrt{2!}}\left|\det\left[\psi_{1s}^{\mathrm{s}}(1)\alpha(1)\psi_{1s}^{\mathrm{s}}(2)\beta(2)\right]\right\rangle \\ &= \psi_{1s}^{\mathrm{s}}(\boldsymbol{r}_1)\psi_{1s}^{\mathrm{s}}(\boldsymbol{r}_2)\frac{\alpha(1)\beta(2)-\beta(1)\alpha(2)}{\sqrt{2}}.\end{aligned}$$

Dies ist genau das Resultat (7.39) für den Grundzustand des He: Ein Singulettzustand mit Gesamtspin $S = 0$, $M_S = 0$. Für die angeregten Zustände ist die Situation etwas komplizierter – abgesehen von den trivialen Fällen $\alpha(1) = \alpha(2)$ und $\beta(1) = \beta(2)$. Die SLATER-Determinante schreibt sich in UHF

$$\begin{aligned}\Psi_{1sn\ell}(1,2) &= \frac{1}{\sqrt{2!}}\left|\det\left[\psi_{1s}^{\mathrm{s}}(1)\alpha(1)\psi_{n\ell}^{\mathrm{s}}(2)\beta(2)\right]\right\rangle \\ &= \frac{\psi_{1s}^{\mathrm{s}}(\boldsymbol{r}_1)\psi_{n\ell}^{\mathrm{s}}(\boldsymbol{r}_2)\alpha(1)\beta(2)-\psi_{n\ell}^{\mathrm{s}}(\boldsymbol{r}_1)\psi_{1s}^{\mathrm{s}}(\boldsymbol{r}_2)\beta(1)\alpha(2)}{\sqrt{2}}.\end{aligned}$$

Man beachte, dass dies weder Singulett- noch Triplettzustände sind. Wir wissen daher aus Abschn. 7.3 auf Seite 386, dass es sich hierbei nicht um Eigenzustände des

HAMILTON-Operators (10.9) für das angeregte He-System handelt. Wir haben bereits in Abschn. 7.3.4 auf Seite 393 beschrieben, wie man diesen Umstand korrigieren kann, indem man Singulett- und Triplettzustände durch Linearkombinationen von SLATER-Determinanten bildet.

Sehen wir uns kurz noch das Li-Atom an. Seine Grundzustandskonfiguration ist $1s^2 2s$ und die entsprechende SLATER-Determinante dafür ist

$$\begin{aligned} \Psi_{1s^2 2s}(1,2,3) &= \frac{1}{\sqrt{3!}} \left| \det\left[\psi^{\mathrm{s}}_{1s}(1)\alpha(1)\psi^{\mathrm{s}}_{1s'}(2)\beta(2)\psi^{\mathrm{s}}_{2s}(3)\alpha(3)\right]\right\rangle \\ \text{oder alternativ} &= \frac{1}{\sqrt{3!}} \left| \det\left[\psi^{\mathrm{s}}_{1s}(1)\alpha(1)\psi^{\mathrm{s}}_{1s'}(2)\beta(2)\psi^{\mathrm{s}}_{2s}(3)\beta(3)\right]\right\rangle . \end{aligned}$$

Im ersten Fall haben Elektron 1 und 3 identische Spins, im zweiten Fall sind die Spins von 1 und 3 umgekehrt, während 2 und 3 identische Spins haben. Offensichtlich sind die zwei Elektronen im $1s$-Orbital nicht mehr völlig äquivalent, wie durch die Notation $1s'$ angedeutet. Daher macht es Sinn, UHF anzuwenden. Wir werden in Kürze sehen, wie sich dies auswirkt, wenn man tatsächlich Spinorbitale in einer HARTREE-FOCK-Rechnung bestimmt. Selbstverständlich ist ein solches UHF-Verfahren teurer[1] als RHF. Deshalb beschränkt man die Berechnung großer Systeme mit vielen Elektronen häufig auf RHF.

Wir erwähnen schließlich noch, dass all Sätze von Spinorbitalen wieder orthonormal sein müssen. Für Orbitale mit umgekehrten Spins ist dies automatisch gegeben, denn $\langle\alpha\beta\rangle = \langle\beta\alpha\rangle = 0$. Das führt beim UHF schließlich zu einem Satz von orthogonalen Ortsorbitalen für den Spin α und einem Satz von orthogonalen Ortsorbitalen für Spin β – die jedoch *nicht gegenseitig orthogonal* sind.

Gleichzeitige Messung von Observablen

Hier sind noch ein paar Worte zur gleichzeitigen Messung von Observablen angebracht: Nach (B.2) kommutieren die Drehimpulsoperatoren $\widehat{\mathbf{L}}_j^2$ und $\widehat{\boldsymbol{L}}_j$ für Elektron j. Da $\widehat{\boldsymbol{L}}_j^2$ Teil des Δ_j Operators ist und mit jeder Funktion von $\boldsymbol{r}_j$ kommutiert, kommutiert also auch $\widehat{\boldsymbol{L}}_j$ mit dem Einteilchen-HAMILTON -Operator. Damit kommutieren auch $\widehat{\boldsymbol{L}} = \sum \widehat{\boldsymbol{L}}_j$ und $\widehat{\boldsymbol{L}}^2$ ebenso wie $\widehat{L}_z$ mit dem $\mathcal{N}$-Teilchen HAMILTON-Operator. Und da letzter völlig unabhängig von den Spins ist, kommutiert dieser auch mit $\widehat{\boldsymbol{S}} = \sum \widehat{\boldsymbol{S}}_j$ ebenso wie mit $\widehat{\boldsymbol{S}}^2$ und mit $\widehat{S}_z$.

- *Man kann also voll antisymmetrisierte Zustände* $|\gamma L S M_L M_S\rangle$ erzeugen, die *sowohl Eigenzustände des* HAMILTON-Operators *als auch gleichzeitig Eigenzustände des Gesamtdrehimpulses und des Gesamtspins sind.*

Wir haben solche Zustände bereits für atomares He vorgestellt. Für den Grundzustand des He stellt die obige SLATER-Determinante einen solchen Zustand dar. Für

[1] Dieser aus der Ökonomie entlehnte Begriff kennzeichnet aufwendige Rechnungen, die lange Rechenzeit bzw. größere Ausstattung der Rechner benötigen.

die angeregten Zustände sind aber zur Diagonalisierung von $\widehat{H}_c$ *Linearkombinationen mehrerer* SLATER-*Determinanten* notwendig, um RUSSEL-SAUNDERS (LS)-gekoppelte Eigenzustände $|\gamma LSM_L M_S\rangle$ zu erzeugen. In Abschn. 7.3.4 auf Seite 393 haben wir dies bereits im Detail für das Beispiel des He-Atoms und seiner ersten angeregten Zustände erläutert.

10.2.2 HARTREE-FOCK-Gleichungen

Mit der HARTREE-FOCK-*Methode* (HF) bestimmt man die SLATER-Determinante (10.29) auf solche Weise, dass sie den Erwartungswert des HAMILTON-Operators (10.3) minimiert – was dann (in 1. Ordnung) die Gesamtenergie des Systems ergibt und (10.16) ersetzt:[2]

$$W_{\mathrm{HF}} = \langle\Psi|\widehat{H}|\Psi\rangle = \sum_{\mu=1}^{\mathcal{N}} \epsilon_\mu + \frac{1}{2}\sum_{\mu=1}^{\mathcal{N}}\sum_{\mu'=1}^{\mathcal{N}} [J_{\mu\mu'} - K_{\mu\mu'}]. \tag{10.30}$$

Wie bei der HARTREE-Näherung ist ϵ_μ die Energie (10.17) der einzelnen Elektronen im unabgeschirmten COULOMB-Feld des Atomkerns, während $J_{\mu\mu'}$ das COULOMB-Integral (10.18) repräsentiert Der Unterschied zwischen (10.30) und (10.16) sind die *charakteristischen Austauschintegrale*

$$\begin{aligned} K_{\mu\mu'} &= \left\langle\psi_\mu(\boldsymbol{q})\psi_{\mu'}(\boldsymbol{q}')\right|\left|\boldsymbol{r}-\boldsymbol{r}'\right|^{-1}\left|\psi_{\mu'}(\boldsymbol{q})\psi_\mu(\boldsymbol{q}')\right\rangle \\ &= \langle\chi_\mu|\chi_{\mu'}\rangle^2 \iint \mathrm{d}^3\boldsymbol{r}\,\mathrm{d}^3\boldsymbol{r}'\,\frac{\psi_\mu^{\mathrm{s}*}(\boldsymbol{r})\psi_{\mu'}^{\mathrm{s}*}(\boldsymbol{r}')\psi_{\mu'}^{\mathrm{s}}(\boldsymbol{r})\psi_\mu^{\mathrm{s}}(\boldsymbol{r}')}{|\boldsymbol{r}-\boldsymbol{r}'|}. \end{aligned} \tag{10.31}$$

Wir sind diesen bereits in Abschn. 7.3.3 auf Seite 390 für den Fall des He begegnet. Sie sind – sozusagen – Repräsentanten der Austauschwechselwirkung. Das Skalarprodukt vor dem Integral ist $= 1$, wenn die Orbitale den gleichen Spin haben und wird $= 0$, wenn der Spin umgekehrt ist.

Wir wollen hier nicht durch die Details des sich hier anschließenden Variationsverfahrens gehen. Das wesentliche Ergebnis ist ein Satz von $\mathcal{N}$ *gekoppelten Integrodifferenzialgleichungen,* dieses Mal für die Spinorbitale. Diese sogenannten HARTREE-FOCK-*Gleichungen* kann man als

$$\widehat{h}^{\mathrm{e}}\psi_\mu(\boldsymbol{r}) + \left[\sum_{\mu'=1}^{\mathcal{N}} V_{\mu'\mu'}^{\mathrm{d}}(\boldsymbol{r})\right]\psi_\mu(\boldsymbol{r}) - \left[\sum_{\mu'=1}^{\mathcal{N}} V_{\mu'\mu}^{\mathrm{ex}}(\boldsymbol{r})\psi_{\mu'}(\boldsymbol{r})\right] = \epsilon_\mu^{(\mathrm{HF})}\psi_\mu(\boldsymbol{r}) \tag{10.32}$$

schreiben. Die Summen sind über alle besetzten Spinorbitale auszuführen (siehe Fußnote 2).

---

[2]Man mag sich hier wundern, warum die Summe nicht die Werte $\mu' = \mu$ ausschließt. Man beachte aber, dass sich in diesem Fall gerade das COULOMB- und das Austauschintegral gegenseitig aufheben.

Die Funktionen $V^{\mathrm{d}}_{\mu'\mu'}(\boldsymbol{q}_j)$ und $V^{\mathrm{ex}}_{\mu'\mu}(\boldsymbol{q}_j)$ werden *direkte Potenziale* (oder COULOMB-*Terme*) bzw. *Austauschpotenziale* genannt. Es handelt sich aber nicht wirklich um Potenziale im üblichen Sinne. Sie werden vielmehr über die Spinorbitale $\psi_\mu(\boldsymbol{q}_j)$ mit $\boldsymbol{q} = \{\boldsymbol{r}, s\}$ definiert, welche wiederum über die HF-Gleichungen definiert werden. Das direkte Potenzial entspricht im Wesentlichen dem Abschirmterm im Zentralpotenzial (10.14) der HARTREE-Methode:

$$V^{\mathrm{d}}_{\mu'\mu'}(\boldsymbol{r}') = \langle \psi_{\mu'}(\boldsymbol{q}') \| \boldsymbol{r} - \boldsymbol{r}'|^{-1} | \psi_{\mu'}(\boldsymbol{q}') \rangle = \int \mathrm{d}^3 r' \, \frac{\psi^*_{\mu'}(\boldsymbol{r}')\psi_{\mu'}(\boldsymbol{r}')}{|\boldsymbol{r} - \boldsymbol{r}'|}. \tag{10.33}$$

Im Prinzip beinhaltet dieses Matrixelement von $1/|\boldsymbol{r} - \boldsymbol{r}'|$ die Integration über die Raumkoordinaten $\boldsymbol{r}$ *und* das Skalarprodukt der Spinfunktionen. Da aber Bra- und Ket-Vektor in $V^{\mathrm{d}}_{\mu'}$ den gleichen Zustände entsprechen, ist das Spinprodukt stets $= 1$. Im Gegensatz dazu ist das Austauschpotenzial ein sogenanntes *nichtlokales Potenzial*

$$\begin{aligned} V^{\mathrm{ex}}_{\mu'\mu}(\boldsymbol{r}) &= \langle \psi_{\mu'}(\boldsymbol{q}') \| \boldsymbol{r} - \boldsymbol{r}'|^{-1} | \psi_{\mu}(\boldsymbol{q}') \rangle \\ &= \int \mathrm{d}\boldsymbol{q}' \, \frac{\psi^*_{\mu'}(\boldsymbol{q}')\psi_{\mu}(\boldsymbol{q}')}{|\boldsymbol{r} - \boldsymbol{r}'|} = \langle \chi_{\mu'} | \chi_{\mu} \rangle^2 \int \mathrm{d}^3 r' \, \frac{\psi^{\mathrm{s}*}_{\mu'}(\boldsymbol{r}')\psi^{\mathrm{s}}_{\mu}(\boldsymbol{r}')}{|\boldsymbol{r} - \boldsymbol{r}'|} \end{aligned} \tag{10.34}$$

mit den charakteristisch ausgetauschten Sätzen von Quantenzahlen μ' vs. μ. Es erfordert die Kenntnis des Orbitals μ, das über (10.32) zu bestimmen ist (und nicht lediglich den Mittelwert über alle anderen Orbitale μ' wie beim direkten Potenzial).

Daher ist (10.32) keine Eigenwertgleichung für die Spinorbitale. Wir erwähnen beiläufig, das man – ganz formal – einen sogenannten FOCK-*Operator* definiert, der es erlaubt, (10.32) so umzuschreiben, dass es *aussieht, als wäre es eine Eigenwertgleichung*. Da aus unserer Sicht kein tieferer Einblick in die atomare oder molekulare Struktur gewonnen werden kann, verzichten wir hier auf weitere Einzelheiten.

Die Lösung der HARTREE-FOCK-*Gleichungen* für die Spinorbitale kann im Prinzip wieder durch Iteration erreicht werden – ganz im Sinne des für die HARTREE-Methode beschriebenen Schemas nach Abschn. 10.1.4. Alternativ führt man eine vordefinierte Basis ein (z. B. spezielle GAUSS-artige Funktionen) aus denen man durch Linearkombination die Orbitale konstruiert. Man wendet dann wieder ein Variationsverfahren auf die Koeffizienten dieser Linearkombinationen an und gelangt so zu einer Algebraisierung des ganzen Problems.

In jedem Fall erhält man schließlich die Bindungsenergien W_μ aller Elektronen, die Symmetrien der Zustände und die Orbitale sowie die effektiven *selbstkonsistenten Potenziale*. Wir erinnern daran, dass schließlich die Gesamtenergie nach (10.30) zu berechnen ist und sich *nicht* (!) einfach als Summe über alle Orbitalenergien $\epsilon^{(\mathrm{HF})}_\mu$ ergibt (welche die repulsiven Terme doppelt enthalten würde).

Die SLATER-Determinanten (HF-Zustände) sind aber nicht notwendigerweise bereits eine korrekte Beschreibung des Atoms. Sie stellen aber einen guten Ausgangspunkt dafür dar. Wie oben bereits erwähnt, muss man im nächsten Schritt den Gesamt-HAMILTON-Operator diagonalisieren. So lange die Spin-Bahn-Wechselwirkung keine wesentliche Rolle dabei spielt (d. h. für leichte Atome, für welche der $\widehat{\boldsymbol{L}} \cdot \widehat{\boldsymbol{S}}$-Term vernachlässigt oder als kleine Störung behandelt werden kann), kann man $\widehat{L}^2$ und $\widehat{S}^2$ durch *Linearkombinationen* mehrerer HF-Zustände *innerhalb einer Konfiguration* diagonalisieren. Dafür muss man etwas Drehimpulsalgebra mit den entsprechenden CLEBSCH-GORDAN-Koeffizienten einsetzen. Wir haben dies bereits im Detail in Abschn. 7.3.4 auf Seite 393 am Beispiel des He-Atoms erläutert.

Die so erhaltenen Zustände beschreiben das System so gut, wie es im Rahmen des Modells unabhängiger Teilchen und der RUSSEL-SAUNDERS-*Kopplung* (LS-Kopplung) möglich ist.

10.2.3 Konfigurationswechselwirkung (CI)

Ganz unabhängig von dieser ‚trivialen' LS- oder Spin-Bahn-Diagonalisierung ist das Modell der unabhängigen Elektronen, die sich einfach in einem abgeschirmten Zentralfeld bewegen, eine Näherung, die für *State-of-the-Art* Ansprüche an Genauigkeit nicht genügt: Es gibt Korrelationen zwischen den Elektronen, die mit einer einfachen Produktwellenfunktion aus nur einer Konfiguration nicht erfasst werden. Es gibt eine Reihe von ‚post HF' Näherungen, wie z. B. die schon in Abschn. 10.1.2 erwähnte MLLER-PLESSET-Störungstheorie. Bezüglich der Austauschwechselwirkung müssen wir aber feststellen, dass die Nichtlokalität des Potenzials eine Schlüsseleigenschaft ist, die sich nicht ohne Weiteres durch einen einfachen Störungsansatz behandeln lässt. Trotzdem wird oft versucht, den Austausch durch ausgeklügelte Quasi-Potenziale zu berücksichtigen (siehe z. B. Abschn. 10.3).

Einige gravierende Konsequenzen, die sich aus der Vernachlässigung der Korrelationen ergeben, haben wir bereits im Zusammenhang mit den autoionisierenden, doppelt angeregten Zuständen des He besprochen (siehe Abschn. 7.6.1 auf Seite 401). Man kann versuchen, dies dadurch zu berücksichtigen, dass man eine *Linearkombination mehrerer Konfigurationen* benutzt. Man spricht dann von *Konfigurationswechselwirkung* (CI). Dazu führt man z. B. eine Variationsrechnung durch, bei der man die Anteile der verschiedenen Konfigurationen so lange variiert, bis die Gesamtenergie ein Minimum wird.

Den Unterschied zwischen HARTREE-FOCK-Resultat (ggf. unter Berücksichtigung der Spindiagonalisierung) und dem exakten Ergebnis nennt man *Korrelationsenergie*:

$$W_{\mathrm{cor}} = W_{\mathrm{exact}} - W_{\mathrm{HF}}. \tag{10.35}$$

Für He im Grundzustand beträgt $W_{\mathrm{cor}} = -0.114\,\mathrm{eV}$ (1.4 %), für Neon bereits $-10.3\,\mathrm{eV}$, das sind 3 % der Gesamtenergie von $-3507\,\mathrm{eV}$. Für Atome der Größe von Neon (und *a fortiori* für größere) muss man also schon Anstrengungen weit über das HF-Verfahren hinaus unternehmen, wenn die Ergebnisse der Rechnungen im Rahmen der heutigen spektroskopischen Genauigkeit mit dem Experiment auch nur vergleichbar werden sollen. Bei größeren Atomen kommt erschwerend die zunehmende Spin-Bahn-Kopplung hinzu, die man ebenfalls bei anspruchsvollen CI-Rechnungen berücksichtigen muss. Ein zusätzliches Problem ist die Tatsache, dass die Anregungsenergien, die man in der Spektroskopie misst, immer nur als Differenz bestimmbar sind – in der Regel eine Differenz zwischen sehr großen

Gesamtbindungsenergien für alle Elektronen. Das kann zu einem erheblichen relativen Fehler in der Differenz, also der Messgröße, führen, selbst wenn die relative Genauigkeit der Gesamtenergie befriedigend erscheint.

10.2.4 KOOPMAN'sches Theorem

Hilfreich in diesem Kontext ist das sogenannte KOOPMAN'*sche Theorem*: Es besagt, dass die für jedes Orbital mit den HF-Gleichungen (10.32) berechneten Energien $\epsilon_\mu^{(\mathrm{HF})}$ (etwas genauer: Die für jeden Satz von Quantenzahlen μ berechneten Energien) näherungsweise gleich der Ionisationsenergie für das jeweilige Elektron sind. Folglich ist im Falle von nur einem aktiven Valenzelektron

die Anregungsenergie in einem Atom (oder Molekül) ungefähr gleich der Differenz der Orbitalenergien des Valenzelektrons nach und vor der Anregung.

Das ist natürlich nur eine Näherung 1. Ordnung, da die Änderung der gesamten Atomstruktur durch den Ionisationsprozess dabei nicht berücksichtigt wird.

Heute benutzt man das HARTREE-FOCK-Verfahren fast ausschließlich als Ausgangsbasis für (meist sehr ausgefeilte) CI-Prozeduren. Diese sind keineswegs nur auf Atome beschränkt. Ähnliche und meist noch weit komplexere Methoden werden in der Molekülphysik und der Quantenchemie, aber auch in der Festkörperphysik eingesetzt. Eine Vielzahl sehr mächtiger Programme sind heute auch kommerziell erhältlich (weitere Hinweise dazu in den einschlägigen Kapiteln von Bd. 2). Eine detaillierte Beschreibung würde den Rahmen dieses Lehrbuchs freilich sprengen.

Was haben wir in Abschnitt 10.2 gelernt?

- Das HARTREE-FOCK-Verfahren (HF-Verfahren) benutzt voll antisymmetrisierte Wellenfunktionen für die Elektronen, die als SLATER-Determinanten nach (10.28) aus Spinorbitalen $\psi_\mu(\boldsymbol{q}_\mu) = \psi_\mu^{\mathrm{s}}(\boldsymbol{r}_j)\chi_\mu(j)$ zusammengesetzt sind.
- Letztere werden durch Lösung der HARTREE-FOCK-Gleichungen (10.32) bestimmt. Diese sind ein Satz gekoppelter Integrodifferenzialgleichungen mit nichtlokalen Austauschpotenzialen.
- Die HF-Gesamtenergie erhält man nach (10.30) als Summe der einzelnen (unabgeschirmten) Elektronenenergien, den COULOMB-Abschirmenergien und den Austauschintegralen. Im allgemeinen Fall muss man aber den vollständigen HAMILTON-Operator durch eine Linearkombination von SLATER-Determinanten für eine bestimmte Elektronenkonfiguration diagonalisieren – wobei im Fall der LS-Kopplung gleichzeitig $\widehat{\boldsymbol{L}}^2$ und $\widehat{\boldsymbol{S}}^2$ zu diagonalisieren sind.
- Diese HF-Energien sind noch immer eine Näherung: Sie entsprechen dem Modell der unabhängigen Elektronen, die sich in einem (gemittelten) Zentralfeld bewegen. Um die Elektronenkorrelation zu berücksichtigen, muss man weitergehen,

im einfachsten Fall zur MØLLER-PLESSET-Störungstheorie. Eine grundlegende Behandlung erfordert aber CI, d. h. eine lineare Überlagerung mehrerer Elektronenkonfigurationen.

- Das KOOPMAN'sche Theorem erlaubt eine nützliche Abschätzung 1. Ordnung für Ionisationspotenziale und Anregungsenergien, sofern nur ein einzelnes Valenzelektron an den Übergängen beteiligt ist.

10.3 Dichtefunktionaltheorie

Walter KOHN (1998) erhielt den NOBEL-Preis in Chemie für die Entwicklung der sogenannten *Dichtefunktionaltheorie* (DFT). Diese Theorie beschreibt heute *die* Methode der Wahl für eine Fülle von Anwendungen in der Atom-, Molekül- und Festkörperphysik zur Bestimmung von Energie und Struktur komplexer Systeme (insbes. für Grundzustände). Anders als bei den bisher besprochenen Verfahren liegt bei der DFT die Aufmerksamkeit nicht auf der Wellenfunktion – für die physikalische Interpretation ist diese in der Regel nur indirekt relevant. Statt dessen ist die DFT, wie der Name schon sagt, eine Methode zur Bestimmung der Elektronendichten.

Zentrales Ziel ist es, die Grundzustandseigenschaften eines wechselwirkenden Vielteilchensystems lediglich durch Einteilchendichten zu charakterisieren. *Der Ausgangspunkt der* DFT *ist die Tatsache (durch* HOHENBERG *und* KOHN *bewiesen), dass die Kenntnis der Elektronendichte im Grundzustand $\rho(\boldsymbol{r})$ für irgendein elektronisches System (mit oder ohne Wechselwirkungen) das System vollständig charakterisiert.* Im Bild unabhängiger Teilchen, d. h. für Elektronen, die nur über ein gemitteltes Potenzial miteinander und mit dem (externen) Feld eines oder auch vieler Atomkerne (im Molekül oder Festkörper) wechselwirken, ist die Elektronendichte eines Systems mit $\mathcal{N}$ Elektronen gegeben durch

$$\rho(\boldsymbol{r}) = \sum_{j=1}^{\mathcal{N}} \left|\psi_j(\boldsymbol{r})\right|^2. \tag{10.36}$$

Die sogenannten KOHN-SHAM-*Orbitale* ψ_j erhält man durch Lösung der Eigenwertgleichung (in a.u.)

$$\left[-\frac{1}{2}\Delta + v_{\mathrm{KS}}(\boldsymbol{r})\right]\psi_j(\boldsymbol{r}) = \epsilon_j \psi_j(\boldsymbol{r}). \tag{10.37}$$

Das von der Dichte abhängige (effektive) KOHN-SHAM-*Potenzial*

$$v_{\mathrm{KS}}(\boldsymbol{r}) = v_0(\boldsymbol{r}) + \int \frac{\rho(\boldsymbol{r}')\mathrm{d}^3\boldsymbol{r}'}{|\boldsymbol{r} - \boldsymbol{r}'|} + v_{\mathrm{xc}}\big(\rho(\boldsymbol{r})\big) \tag{10.38}$$

setzt sich zusammen aus einem externen Potenzial v_0 (für ein Atom mit der Kernladungszahl Z ist das einfach $-Z/r$), der gegenseitigen Abstoßung der Elektronen (der zweite Term) und einem nichtklassischen Austauschpotenzial $v_{\mathrm{xc}}(\rho(\boldsymbol{r}))$. Letzteres ist die ‚funktionale Ableitung' der Austauschenergiefunktion $W_{\mathrm{xc}}(\rho(\boldsymbol{r}))$ nach $\rho(\boldsymbol{r})$:

$$v_{\mathrm{xc}}(\boldsymbol{r}) = \frac{\delta W_{\mathrm{xc}}(\rho(\boldsymbol{r}))}{\delta \rho(\boldsymbol{r})}. \tag{10.39}$$

Das Wesen der Austauschwechselwirkung wurde ja in Kap. 7 ausführlich abgehandelt.

Die selbstkonsistent zu lösenden Gl. (10.36)–(10.38) nennt man die KOHN-SHAM-*Gleichungen*. Ohne Austausch sind sie äquivalent zum HARTREE-Verfahren. Das eigentliche Problem der DFT ist es dann also, eine angemessene Behandlung des Austauschpotenzials zu finden. Im einfachsten Fall, der sogenannten *Local density approximation* (LDA), wählt man ein lokales Potenzial, welches aus einem lokalen Dichtefunktional bestimmt wird, das ähnlich wie beim THOMAS-FERMI-Modell (Abschn. 10.1.5) direkt mit der Elektronendichte

$$W_{\mathrm{xc}}\big(\rho(\boldsymbol{r})\big) = \int \epsilon_{\mathrm{xc}}\big[\rho(\boldsymbol{r})\big]\rho(\boldsymbol{r})\mathrm{d}^3\boldsymbol{r} \tag{10.40}$$

zusammenhängt. Hier ist $\epsilon_{\mathrm{xc}}(\rho)$ die Austauschkorrelationsenergie pro Elektron bei konstanter Elektronendichte ρ.

Der Gesamtzustand des Systems wird jedenfalls durch eine entsprechende SLATER-Determinante $\Psi_{\rho(\boldsymbol{r})}$ von KOHN-SHAM-Orbitalen nach (10.28) beschrieben. Das Verfahren insgesamt ist dann ein Variationsverfahren: Die Elektronendichte $\rho(r)$, welche die KOHN-SHAM-Orbitale letztlich definiert, wird solange optimiert, bis der Erwartungswert des HAMILTON-Operators (10.3)

$$W = \langle \Psi_{\rho(\boldsymbol{r})} | \widehat{H} | \Psi_{\rho(\boldsymbol{r})} \rangle \tag{10.41}$$

ein Minimum ist, was man in mathematischer Form auch

$$\delta W \equiv \delta \langle \Psi_{\rho(\boldsymbol{r})} | \widehat{H} | \Psi_{\rho(\boldsymbol{r})} \rangle = 0 \tag{10.42}$$

schreibt. Dann gibt (10.41) die im Rahmen der DFT beste Grundzustandsenergie, und mit dem dazu gehörenden $\rho(\boldsymbol{r})$ hat man auch die beste Elektronendichteverteilung für den Grundzustand gefunden. Leider können wir hier nicht auf Details dieser immer wichtiger werdenden Methode eingehen.

Abbildung 10.3 zeigt einige typische Resultate für Elektronendichten von Atomen, die mit einem einfachen PC-Programm berechnet wurden, das man im Internet finden kann (SCHUMACHER 2011). Nach den Autoren benutzt das Programm das „Xalpha-Funktional", und „das Modell ist nicht spinpolarisiert und nichtrelativistisch. Insgesamt hat es eine Genauigkeit zwischen LDA und LSDA". Aufgetragen ist in Abb. 10.3 die radiale Elektronendichte $4\pi r^2 N_{\mathrm{e}}(r) = 4\pi \sum_{n_j \ell_j} r^2 R^2_{n_j \ell_j}(r)$, summiert über alle besetzten Orbitale $n_j \ell_j$, sodass $4\pi \int_0^\infty r^2 N_{\mathrm{e}}(r)\mathrm{d}r = Z$ ist. Die Maxima dieser Verteilung zeigen die verschiedenen besetzten Schalen. Zum Vergleich wird auch die vollkommen glatte THOMAS-FERMI-Elektronendichte (10.26) gezeigt – ganz offensichtlich kann sie nur als 0. Näherung benutzt werden.

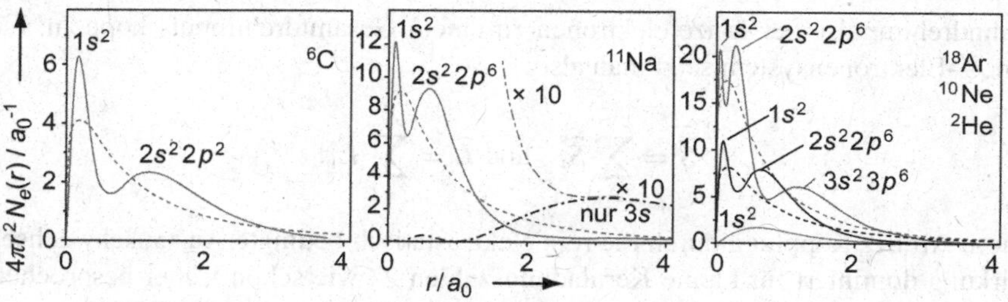

Abb. 10.3 Mit LDA-DFT berechnete radiale Elektronendichten für eine Reihe von Atomen *(volle Linien)* in atomaren Einheiten a.u. Zum Vergleich sind als *gestrichelte Linien* auch die Dichten einzeichnet, die man mithilfe des THOMAS-FERMI-Potenzials erhält. Für Na mit seinem isolierten Valenzelektron in einem 3*s*-Orbital wurde die radiale Dichte mit einem Faktor 10 multipliziert *(schwarze, strichpunktierte Linie)*

Ein Standardlehrbuch zur DFT ist PARR und YANG (1989). Basierend auf dieser mächtigen Methode wurden inzwischen eine Reihe von Varianten entwickelt. Weitgehende Fortschritte wurden in den letzten Jahren insbesondere bei der *zeitabhängigen Dichtefunktionaltheorie* (TDDFT) gemacht, die inzwischen eine Schlüsselrolle bei Strukturrechnungen der Physikalischen Chemie und Quantenchemie spielt und auch Simulationen der dynamischen Prozesse in komplexen Quantensystemen erlaubt. Sie ermöglichen mit gewissen Tricks auch die Berechnung angeregter Zustände und vor allem optischer Übergänge. Wir verweisen interessierte Leser auf den exzellenten Review von MARQUES und GROSS (2004) sowie auf aktuelle Fortschrittsberichte und Leistungsvergleiche (z. B. CASIDA 2009; LAURENT und JACQUEMIN 2013).

Was haben wir in Abschnitt 10.3 gelernt?

- Unter Dichtefunktionaltheorie (DFT) versteht man eine sehr effiziente, selbstkonsistente und vielfältig genutzte Methode zur Berechnung der elektronischen Struktur komplexer Systeme. Ihre zeitabhängige Version TDDFT erlaubt auch die Berechnung angeregter Zustände in von Atomen, Molekülen und Kondensierter Materie.
- DFT konzentriert sich auf Elektronendichten anstelle von Wellenfunktionen und benutzt verschiedene Näherungen mit ausgeklügelten Funktionalen – und nur im einfachsten Falle rein lokale Potenziale (LDA).

10.4 Komplexe Spektren

10.4.1 Spin-Bahn-Wechselwirkung und Kopplungsschemata

Bislang hatten wir uns bei der Beschreibung von Mehrelektronenatomen ganz auf die elektrostatische Wechselwirkung beschränkt und schon beim He-Atom festgestellt, dass Austauschkräfte dafür sorgen, dass die Spindrehimpulse und die

Bahndrehimpulse der Einzelelektronen zu einem Gesamtdrehimpuls koppeln. Für ein $\mathcal{N}$-Elektronensystem setzt man also:

$$\widehat{\boldsymbol{S}} = \sum_{i=1}^{\mathcal{N}} \widehat{\boldsymbol{S}}_i \quad \text{und}\ \widehat{\boldsymbol{L}} = \sum_{i=1}^{\mathcal{N}} \widehat{\boldsymbol{L}}_i .$$

Diese Art der Kopplung durch die rein elektrostatisch bedingte Austauschwechselwirkung dominiert für kleine Kernladungszahlen Z, wie schon früher besprochen. Man nennt sie RUSSEL-SAUNDERS- oder (etwas missverständlich) LS-*Kopplung*.

Im Gegensatz dazu ist die *Spin-Bahn-Wechselwirkung magnetischen Ursprungs*. Solange sie klein ist, wie wir das beim He gesehen haben, können wir sie als Störung zusätzlich berücksichtigen. Typischerweise ist sie proportional zu $\widehat{\boldsymbol{L}} \cdot \widehat{\boldsymbol{S}}$ und zu Z^4 (siehe Abschn. 6.2.4 auf Seite 325). Unter dem Einfluss dieser Störung koppeln schließlich Gesamtspin und Gesamtbahndrehimpuls der aktiven Elektronen zu einem Gesamtdrehimpuls

$$\widehat{\boldsymbol{J}} = \widehat{\boldsymbol{L}} + \widehat{\boldsymbol{S}}.$$

Bis auf den Fall sehr kleiner Werte von Z berücksichtigt man meist nur die Wechselwirkung der Spins mit der eigenen Bahn und vernachlässigt die Spin-Spin- wie auch die Spin-andere-Bahn-Wechselwirkungen. Dies führt dann zu Feinstrukturaufspaltungen, die man sehr ähnlich wie im Fall der Quasi-Einelektronensysteme behandeln kann. Dies gilt auch für die ZEEMAN-Aufspaltung, die man in einem externen Magnetfeld beobachtet.

Sobald aber die Spin-Bahn-Terme vergleichbar oder gar größer werden als die Austauschwechselwirkung – was bei großem Z geschieht – beschreibt die RUSSEL-SAUNDERS- (LS-)Kopplung die physikalische Realität immer schlechter. L und S sind also eigentlich keine guten Quantenzahlen mehr, auch wenn man sie häufig noch zur Charakterisierung der Zustände benutzt. Wir hatten das schon an der Aufweichung der Auswahlregeln für optische Übergänge gesehen, z. B. werden beim Hg-Atom sehr starke Interkombinationslinien beobachtet, auch wenn man im Termschema (Abb. 7.13 auf Seite 410) noch Singulett- und Triplettzustände unterscheidet.

Im Extremfall *bei sehr hohem* Z müssen wir das Kopplungsschema völlig ändern und zunächst als stärkste Kraft die *Spin-eigene-Bahn-Wechselwirkung* berücksichtigen. Die am besten geeignete Beschreibung ist dann die sogenannte jj-*Kopplung* der $\mathcal{N}$ atomaren Elektronen: Zuerst koppeln alle individuellen Bahndrehimpulse $\widehat{\boldsymbol{L}}_i$ der $\mathcal{N}$ Elektronen mit ihrem jeweiligen Spin $\widehat{\boldsymbol{S}}_j$ ($s_i = 1/2$) zu einem individuellen Gesamtdrehimpuls $\widehat{\boldsymbol{J}}_i$ (Quantenzahl j_i) entsprechend den allgemeinen Regeln für die Drehimpulskopplung. Erst dann koppeln die individuellen $\widehat{\boldsymbol{J}}_i$ miteinander (unter dem Einfluss der Austauschwechselwirkung, die jetzt als Störung behandelt werden kann) und bilden den Gesamtdrehimpuls $\widehat{\boldsymbol{J}}$ des Atoms:

$$\widehat{\boldsymbol{J}}_i = \widehat{\boldsymbol{L}}_i + \widehat{\boldsymbol{S}}_i \quad \Rightarrow \quad \widehat{\boldsymbol{J}} = \sum_{i=1}^{\mathcal{N}} \widehat{\boldsymbol{J}}_i \tag{10.43}$$

Es gibt auch eine Reihe von Varianten zwischen LS- und jj-Kopplung, die wir z. T. im Folgenden an Beispielen kennen lernen wollen.

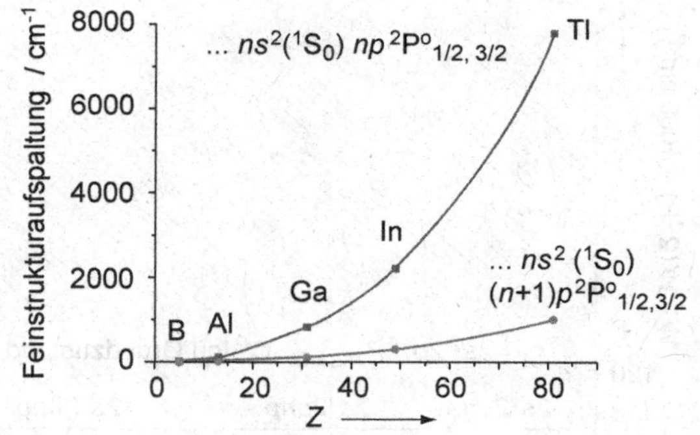

Abb. 10.4 Dublettaufspaltung in der 3. Hauptgruppe des Periodensystems als Funktion der Ordnungszahl Z; für den Grundzustand $ns^2(^1S_0)np\,^2P^0_{1/2,3/2}$ *(online rot)* und für den angeregten Zustand $ns^2(^1S_0)(n{+}1)p\,^2P^0_{1/2,\,3/2}$ *(grau)*

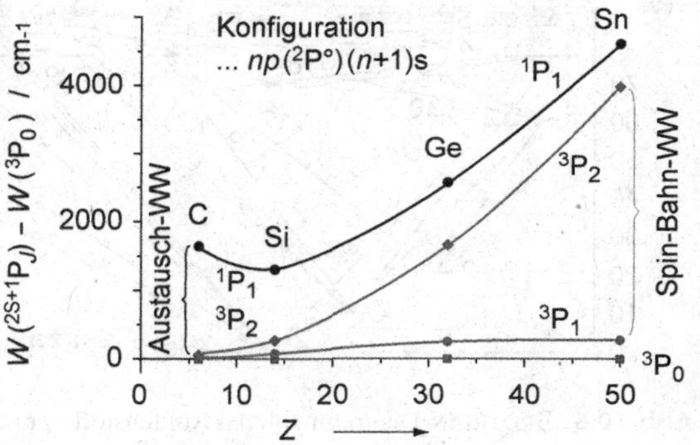

Abb. 10.5 Austauschwechselwirkung und Feinstrukturaufspaltung als Funktion von Z am Beispiel von $np(n{+}1)s$-Termen in der 4. Gruppe des Periodensystems. Aufgetragen ist hier die Differenz der Zustandsenergien zum $^3P_0$-Zustand

Wir illustrieren zunächst in Abb. 10.4 die wachsende Feinstrukturaufspaltung am Beispiel der Elemente der 3. Hauptgruppe des Periodensystems (Tab. 3.1.4). Während die FS für das Element Bor (B) praktisch vernachlässigbar ist, kommt sie für Thallium (Tl) in die Größenordnung von eV.

Besonders deutlich erkennt man den Übergang von der LS-Kopplung zur jj-Kopplung, wenn man die Größe der Spin-Bahn-Wechselwirkung direkt mit der Austauschwechselwirkung vergleichen kann. Dies ist z. B. in der 4. Hauptgruppe möglich: Abb. 10.5 zeigt die angeregten $ns^2np(n+1)s$ Konfigurationen für die Singulett- und Triplettzustände mit ihrer jeweiligen Feinstrukturaufspaltung. Für das Kohlenstoffatom (kleines Z) dominiert die Austauschwechselwirkung ganz eindeutig und trennt die $^1P_1$- und ^3P_J-Zustände um nahezu 0.2 eV, während die Feinstrukturaufspaltung für die ^3P_J-Zustände fast vernachlässigbar ist. Dagegen wird für große Z, besonders deutlich beim Zinn (Sn), die Feinstrukturaufspaltung (also die Spin-Bahn-WW) vergleichbar mit oder gar größer als die Austauschwechselwirkung, weshalb die Russel-Saunders-Kopplung kaum noch die Realität beschreibt. Das nächste Element in dieser Gruppe, das Blei (Pb), wird hier nicht gezeigt. Obwohl die spektroskopischen Daten noch immer als Singuletts und Tripletts charakterisiert werden (Kramida *et al.* 2015), dokumentieren fehlende Terme in diesem Schema deutlich den Übergang von der LS- zur jj-Kopplung.

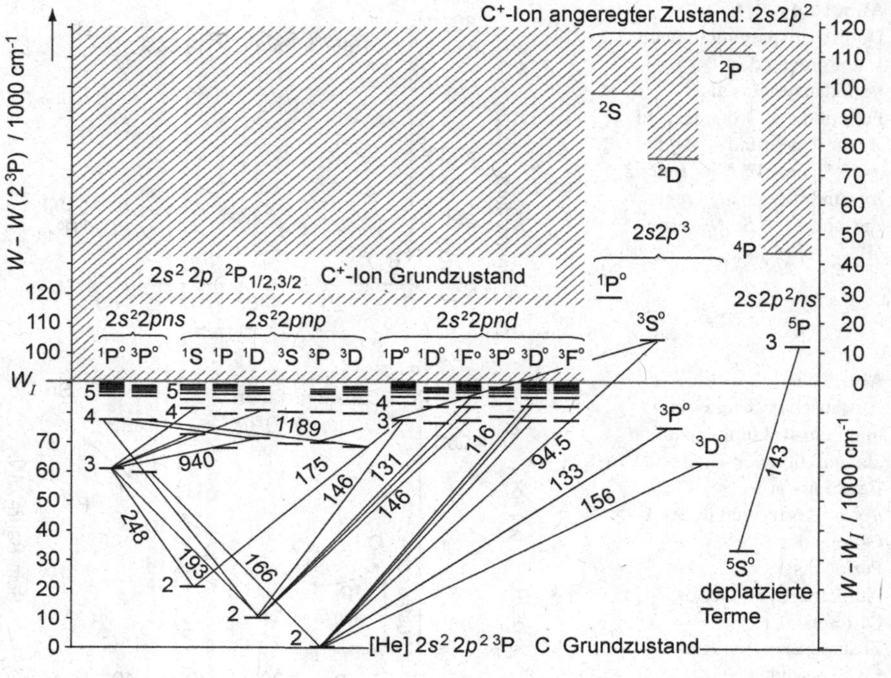

Abb. 10.6 GROTRIAN-Diagramm für das Kohlenstoffatom ${}_6$C; $W_I(\rightarrow {}^2P^o_{1/2}) = 90820.42\,\mathrm{cm}^{-1}\,hc$. Energien sind in 1000 cm^{-1} angegeben: *links* Anregungsenergien des neutralen Atoms (C I), *rechts* Anregungsenergien des Ions (C II); die Wellenlängen an den Übergängen sind in nm angegeben (auf ganze Zahlen gerundet)

10.4.2 Beispiele für komplexe Spektren

Die folgenden Abb. 10.6, 10.7, 10.8, 10.9 und 10.10 repräsentieren einige typische Beispiele für komplexe Atomspektren, die wir kurz diskutieren wollen. Wir zeigen hier vier ausgewählte GROTRIAN-*Diagramme,* die neben den Termlagen auch die wichtigsten Übergänge andeuten. Der Übersichtlichkeit halber haben wir aber bei weitem nicht alle bekannten Terme und Übergänge eingetragen. Die Diagramme enthalten eine Fülle von Informationen als Ergebnis vieler Jahre detaillierter spektroskopischer Arbeit. Die vollständigen Datensätze findet man in der NIST-Datenbank (KRAMIDA *et al.* 2015), wo die aus der Literatur entnommenen, sorgfältig analysierten und ausgewerteten Informationen zu praktisch allen Elementen in nutzerfreundlicher Weise zusammengefasst sind.

Als typisches und besonders bedeutendes Beispiel eines Elements der 4. Gruppe diskutieren wir zunächst Kohlenstoff, dessen GROTRIAN-Diagramm Abb. 10.6 zeigt. Nach den HUND'schen Regeln ist die Grundzustandskonfiguration [He]$2s^2\,2p^2$ ein Triplett (${}^3P_0$), wobei die Spins der beiden $2p$-Elektronen parallel stehen (symmetrisch), die Bahnorbitale aber (wegen des PAULI-Prinzips) antiparallel. Da

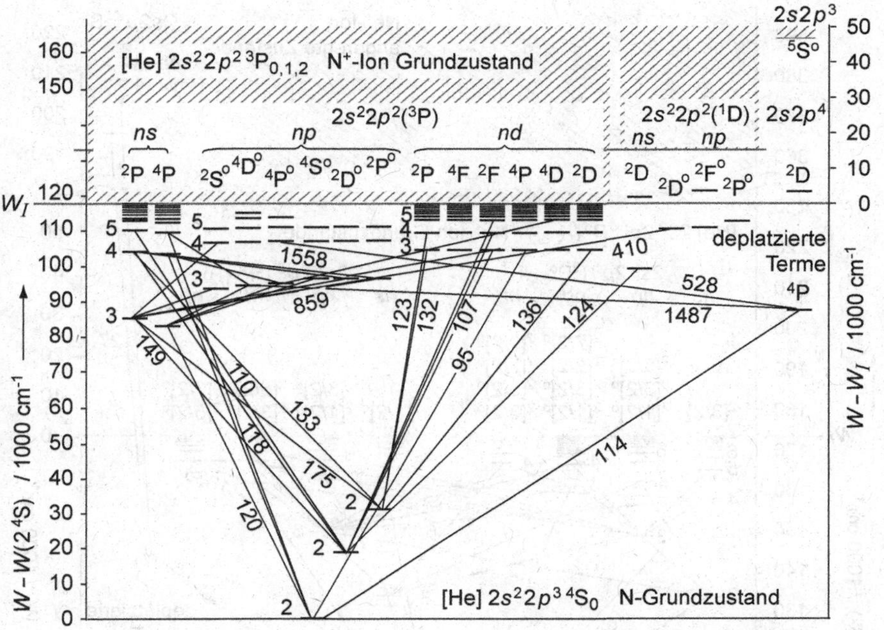

Abb. 10.7 GROTRIAN-Diagramm für das Stickstoffatom $_7$N; $W_I(\rightarrow\ ^3\mathrm{P}_0) = 117\,225.7\,\mathrm{cm}^{-1}\,hc$, $W_I(\rightarrow\ ^1\mathrm{D}) = 132\,541.9\,\mathrm{cm}^{-1}\,hc$. Sonst wie in Abb. 10.6

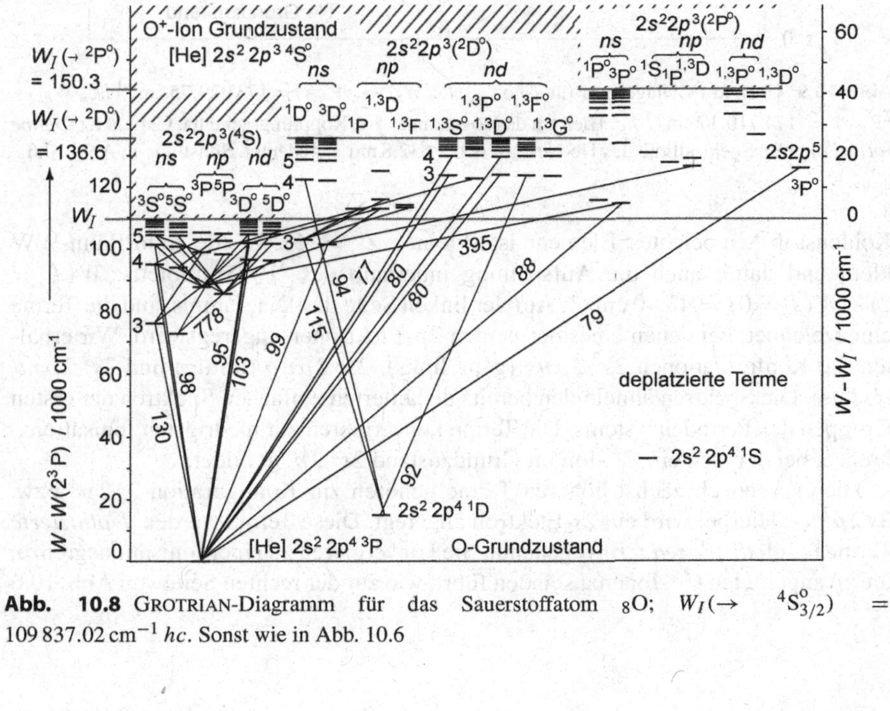

Abb. 10.8 GROTRIAN-Diagramm für das Sauerstoffatom $_8$O; $W_I(\rightarrow\ ^4\mathrm{S}^{\mathrm{o}}_{3/2}) = 109\,837.02\,\mathrm{cm}^{-1}\,hc$. Sonst wie in Abb. 10.6

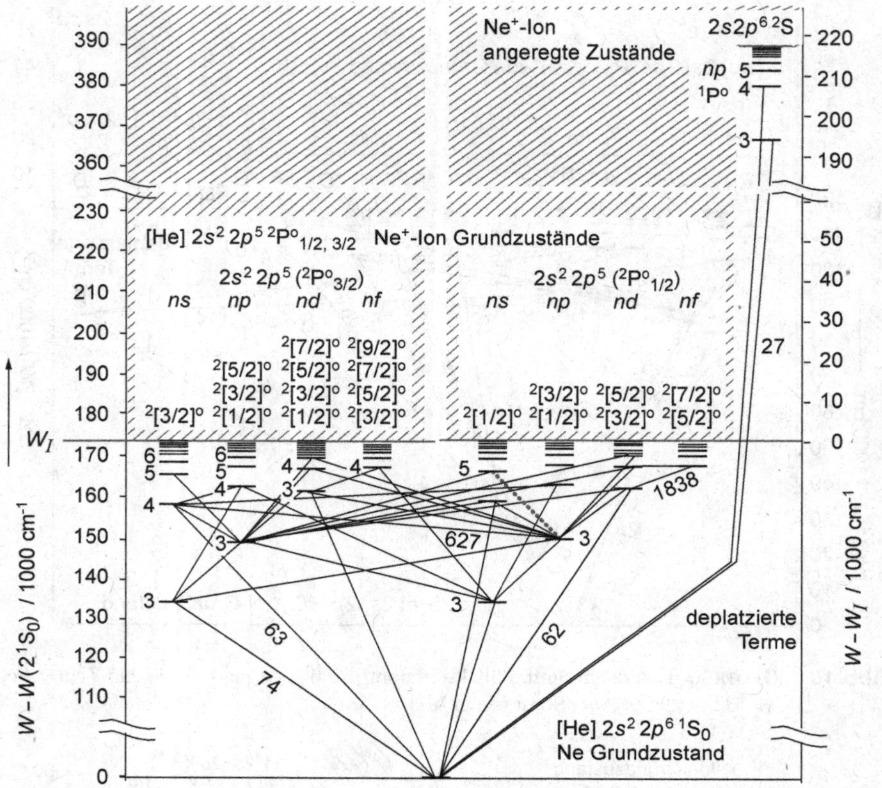

Abb. 10.9 GROTRIAN-Diagramm für Neon $_{10}$Ne; $W_I(\to\,^2\mathrm{P}^{\mathrm{o}}_{3/2}) = 173\,929.75\,\mathrm{cm}^{-1}\,hc$, $W_I(\to\,^2\mathrm{P}^{\mathrm{o}}_{1/2}) = 174\,710.17\,\mathrm{cm}^{-1}\,hc$. Hier gilt das sogenannte j-ℓ-Kopplungsschema. Gepunktet *(online rot)* ist die rote Spektrallinie des He-Ne-Lasers bei 632.8 nm angedeutet. Sonst wie in Abb. 10.6

Kohlenstoff ein leichtes Element ist (kleines $Z = 6$), ist die Spin-Bahn-WW klein und damit auch die Aufspaltung innerhalb des $^3\mathrm{P}_J$-Multipletts: $W(J = 2) - W(J = 0) = 43.40\,\mathrm{cm}^{-1}$. Auf der linken Seite des Diagramms sind die Terme eingezeichnet, bei denen eines der beiden $2p$-Elektronen angeregt wird. Wir erhalten die Konfigurationen $2s^2\,2p\,ns$ (ganz links), $2s^2\,2p\,np$ (mittig) und $2s^2\,2p\,nd$ (rechts). Die Spektren ähneln den bereits diskutierten einfachen Spektren der ersten Gruppen des Periodensystems. Die Terme konvergieren zur niedrigsten Ionisationsgrenze, bei der sich ein C^+-Ion im Grundzustand $2s^2\,2p\,^2\mathrm{P}$ bildet.

Die energetisch nächst höheren Terme gehören zur Konfiguration $2s\,2p^3$ bzw. $2s\,2p^2\,ns$. Hierbei wird ein $2s$-Elektron angeregt. Diese Terme werden *deplatzierte* Terme (engl. *displaced terms*) genannt. Sie konvergieren zu einer Ionisationsgrenze, die zu angeregten C^+-Ionenzuständen führt, wie auf der rechten Seite von Abb. 10.6

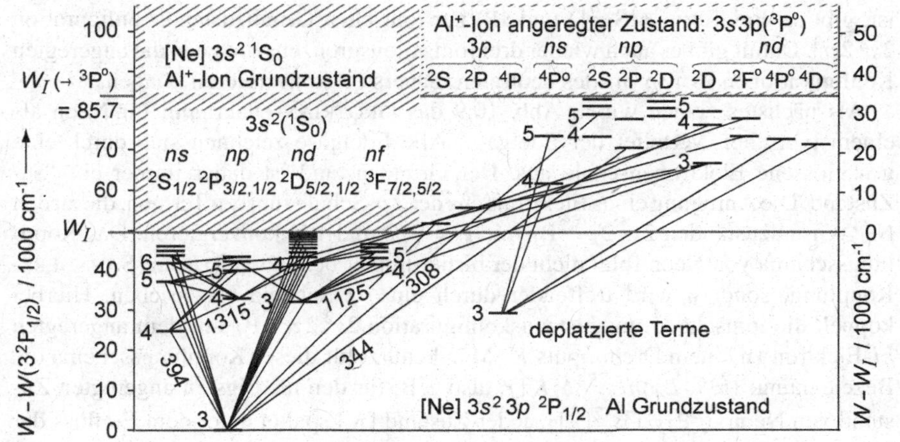

Abb. 10.10 GROTRIAN-Diagramm für Aluminium $_{13}$Al; $W_I(\rightarrow {}^1S_0) = 48\,278.37\,\mathrm{cm}^{-1}\,hc$. Sonst wie Abb. 10.6

angedeutet ist. Experimentell sind meist nur die niedrigsten *deplatzierten* Terme bekannt.

Die Struktur der Energiediagramme für die schwereren Elemente der 4. Gruppe (Si, Ge, Sn und Pb) ist ähnlich. Allerdings nimmt die Spin-Bahn-WW mit der Ordnungszahl zu, wie dies schon in Abb. 10.5 auf Seite 559 am Beispiel der $ns^2\,np\,(n+1)s$ Konfiguration gezeigt wurde.

Atomarer Stickstoff, dessen GROTRIAN-Diagramm Abb. 10.7 zeigt, ist ein Vertreter der 5. Elementgruppe des Periodensystems. Der Grundzustand ist ein Quartettterm (^{4}S°) mit der Konfiguration [He]$2s^2\,2p^3$. Die angeregten Terme, bei denen eines der drei $2p$-Elektronen angeregt wird, lassen sich in drei Gruppen unterteilen, je nachdem zu welchem N$^+$-Ionenzustand sie konvergieren: ^{3}P, ^{1}D oder ^{1}S. Auf der linken Seite des Diagramms sind die Konfigurationen $2s^2\,2p^2\,ns$, $2s^2\,2p^2\,np$ und $2s^2\,2p^2\,nd$ mit ihren jeweiligen Multipletts angegeben, die zum Grundzustand $2s^2\,2p^2\,{}^3$P des N$^+$-Ions konvergieren. Rechts daneben stehen die weniger bekannten Terme der Konfigurationen $2s^2\,2p^2\,ns$ und $2s^2\,2p^2\,np$, die zum N$^+$($2s^2\,2p^2\,{}^1$D)-Zustand konvergieren. Terme, die zum $2s^2\,2p^2\,{}^1$S-Zustand des N$^+$-Ions konvergieren, sind für Stickstoff nicht bekannt, werden aber bei den schwereren Elementen der 5. Gruppe (z. B. bei As) beobachtet. Die ^{4}P und ^{2}D auf der rechten Seite des Diagramms gehören zur Konfiguration $2s\,2p^4$, bei der ein stärker gebundenes $2s$-Elektron angeregt wird. Das sind hier die bereits am Beispiel des Kohlenstoff diskutierten *deplatzierten* Zustände.

Das GROTRIAN-Diagramm von Sauerstoff, einem typischen Vertreter der 6. Gruppe des Periodensystems, ist in Abb. 10.8 dargestellt. Die Grundzustandskonfiguration $2s^2\,2p^4$ führt zu den gleichen drei Termen ^{3}P, ^{1}D und ^{1}S wie bei der 4. Gruppe, nur die Reihenfolge der ^{3}P-Multipletts ist invertiert: Bei Sauerstoff ist der ^{3}P$_2$-Term der energetisch niedrigste. Da das O$^+$-Ion isoelektronisch zum Stickstoff ist, gibt es drei Terme (^{4}S, ^{2}D und ^{2}P) zur ionischen Grundzustandskonfiguration $2s^2\,2p^3$. Damit gibt es auch wieder drei Ionisationsgrenzen, zu denen die angeregten Konfigurationen $2s^2\,2p^3\,nl$ des neutralen Sauerstoff konvergieren können.

Als nächstes zeigen wir in Abb. 10.9 das GROTRIAN-Diagramm für Neon als einem typischen Vertreter der Edelgase. Alle Edelgase zeichnen sich durch eine geschlossene Elektronenschale aus. Der Grundzustand ist daher immer ein $^1\mathrm{S}_0$-Zustand. Die Anregung eines Elektrons aus der $2p$-Schale führt zu Termen, die zu den Ne^+-Grundzuständen $2s^2\,2p^5\,{}^2\mathrm{P}_j$ mit $j = 3/2$ und $1/2$ konvergieren. Das Kopplungsschema von Neon folgt nicht der bisher immer benutzten RUSSEL-SAUNDERS-Kopplung, sondern wird treffender durch ein j-ℓ-Schema beschrieben. Hierbei koppelt die ionische Grundzustandskonfiguration $2s^2\,2p^5\,{}^2\mathrm{P}_j$ mit dem angeregten nl-Elektron zu einem Drehimpuls K. Man benutzt für dieses Kopplungsschema die Bezeichnung: $({}^{2S+1}L_j)nl\;{}^{2S+1}[K]_J$, also z. B. für den niedrigsten angeregten Zustand von Neon: $({}^2\mathrm{P}_{3/2})3s\;{}^2[\frac{3}{2}]_2$. Jeder Zustand $[K]$ spaltet unter dem Einfluss der Kopplung von K mit dem Elektronenspin in ein Dublett mit $J = K \pm \frac{1}{2}$ auf. In allen Edelgasen sind daher einige der niedrigsten angeregten Zustände mit $J = 0$ oder 2 *metastabil,* da sie nicht zum $^1\mathrm{S}_0$-Grundzustand zerfallen können.

Das bekannte rote Licht des Helium-Neon-Lasers entspricht einem Übergang zwischen hochangeregten Zuständen im Neon: $({}^2\mathrm{P}_{1/2})3p\;{}^2[\frac{3}{2}]_2 \leftarrow ({}^2\mathrm{P}_{1/2})5s\;{}^2[\frac{1}{2}]_1$ (in Abb. 10.9 gepunktet, *online rot,* 632.99 nm im Vakuum, 632.8 nm in Luft).[3] Die Besetzung des oberen Zustands erfolgt über Stöße mit Helium im metastabilen, angeregten $1s2s\;{}^1\mathrm{S}_0$-Zustand, der nahezu gleiche Anregungsenergie (20.62 eV) besitzt wie der Neon $({}^2\mathrm{P}_{1/2})5s\;{}^2[\frac{1}{2}]_1$-Zustand (20.52 eV). Die Entvölkerung des unteren Laserniveaus wird durch Stöße mit den Glaswänden der Laserzelle unterstützt – weshalb diese Laserrohre nur recht kleine Durchmesser haben dürfen, was die Leistung des He-Ne Lasers insgesamt begrenzt.

Bei Neon wurden auch einige schwache Absorptionslinien im XUV-Bereich beobachtet. Diese Übergänge gehen vom Grundzustand zu hochangeregten Termen mit der Konfiguration $2s\,2p^6\,np$. Dies sind wieder die deplatzierten Terme, bei denen ein $2s$-Elektron in ein np-Niveau angeregt wird. Man findet diese Terme auch bei den schwereren Edelgasen.

Zum Abschluss betrachten wir das Spektrum von Aluminium (Al), für welches Abb. 10.10 das GROTRIAN-Diagramm zeigt. Die Grundzustandskonfiguration $[\mathrm{Ne}]3s^2\,3p$ enthält nur ein einziges Elektron in der p-Schale. Das führt dazu, dass die Zustände, bei denen das $3p$-Elektron angeregt wird, ein einfaches, alkaliartiges Termschema bilden, wie dies auf der linken Seite des Diagramms dargestellt ist. Alle angeregten Terme konvergieren in diesem Fall zum Al^+-Grundzustand $3s^2\;{}^1\mathrm{S}_0$. Daneben gibt es auch komplexe Terme, wie auf der rechten Seite des Diagramms dargestellt. Hier wird ein Elektron aus der $3s$-Schale angeregt, und es gibt drei Terme zur Elektronenkonfiguration $3s\,3p^2$, wobei das $^4\mathrm{P}_J$ -Multiplett die niedrigste Energie

[3] In der Laserliteratur wird der Übergang meist mit $3s_2 \rightarrow 2p_8$ charakterisiert, entsprechend der sogenannten PASCHEN-Notation, in welcher – etwas unsystematisch – alle Terme lediglich nach den Quantenzahlen des Valenzelektrons $n\ell$ und sodann nach Energie geordnet werden.

hat. Die Terme der höher angeregten Konfigurationen $3s\,3p\,nl$ konvergieren letztlich zum angeregten Zustand $3s\,3p\,^3$P des Al^+-Ions.

Was haben wir in Abschnitt 10.4 gelernt?

- Mit zunehmender Ordnungszahl nimmt auch die Spin-Bahn-WW $\propto Z^4$ zu und die RUSSEL-SAUNDERS-Kopplung (LS-Kopplung) ist zunehmend schlechter für die Beschreibung der Termschemata geeignet.
- Im Grenzfall von sehr hohem Z koppeln Bahn- und Spindrehimpuls unter dem Einfluss der Spin-Bahn-WW für jedes Elektron zu j und erst dann koppeln die verschiedenen j unter dem Einfluss der jetzt schwächeren Austausch-WW in einem jj-Kopplungsschema.
- Für eine Reihe von Beispielen komplexer Atome haben wir die Termschemata (als GROTRIAN-Diagramme) besprochen. Sie zeigen erwartungsgemäß eine zunehmend komplexere Struktur. Die angeregten Zustände von Edelgasen beschreibt man sinnvollerweise in einem j-ℓ-Kopplungsschema.
- Wir merken uns, dass C, N und O jeweils 3 niedrigste Multiplettniveaus besitzen, die zur Konfiguration $2s^2 2p^2$, $2s^2 2p^3$ bzw. $2s^2 2p^4$ gehören. Diese Niveaus haben Abstände von 1000 bis 2000 cm^{-1} und folgen den HUND'schen Regeln. Im Fall des Sauerstoffatoms (O) ist der niedrigste Term ein ^{3}P, gefolgt von ^{1}D und ^{1}S.

10.5 RÖNTGEN-Spektroskopie und Photoionisation

RÖNTGEN-Spektroskopie ist heute nicht nur in der modernen Forschung und bei der Strukturaufklärung von Materialien ein außerordentlich wichtiges Werkzeug – sei es für Biomoleküle, Nanomaterialien, Polymere oder neue Werkstoffe – sondern auch für analytische Zwecke in Physik, Chemie, Medizin und Technik unverzichtbar. So bedient sich etwa die Stoffanalyse in vielen Anwendungsfeldern der RÖNTGEN-Spektroskopie, z. B. bei historischen Fundobjekten oder bei der Bestimmung der Farbzusammensetzung von Bildern alter Meister zum Entlarven von Fälschungen – um nur zwei nicht ganz alltägliche Beispiele zu nennen. Zur breiten Nutzung der RÖNTGEN-Spektroskopie tragen ganz wesentlich die heute zahlreich verfügbaren, modernen Elektronenspeicherringe bei, deren ausschließliche Aufgabe die Erzeugung und Anwendung von Synchrotronstrahlung, insbesondere im VUV-, XUV- und RÖNTGEN-Spektralbereich ist. Da es sich bei der Erzeugung und den Nachweismethoden um typisch optische Physik handelt, und da Atome mit hohem Z dabei eine wichtige Rolle spielen, darf das Thema hier nicht fehlen. Natürlich können wir nur einige elementare Aspekte dieses wichtigen Forschungsgebiets besprechen und werden uns in diesem Abschnitt auf die Terminologie, auf wichtige Methoden und Schlüsselbeobachtungen der Spektroskopie konzentrieren. In Abschn. 10.6 werden wir uns sodann mit den wichtigsten Quellen für die Erzeugung von RÖNTGEN-Strahlung als Voraussetzung für die Spektroskopie befassen. Für weitere Details verweisen wir auf die einschlägige Spezialliteratur (z. B. das recht umfassende Buch von ATTWOOD 2007).

10.5.1 Absorption und Emission von inneren Schalen

Bislang haben wir praktisch ausschließlich die Spektren der Valenzelektronen, also der äußersten Atomschale betrachtet. Wir wenden uns jetzt den inneren Schalen zu, insbesondere für hohe Z. Wegen der charakteristischen Abhängigkeit der Energien vom Quadrat der Kernladungszahl Z erwarten wir die entsprechenden Spektren im sehr kurzwelligen Spektralbereich. Bei Uran (U) z. B. hat ein Elektron der K-Schale eine Bindungsenergie von mehr als 110 keV. Interessanterweise sind diese Spektren aber in gewisser Hinsicht viel einfacher zu überschauen als die zuletzt betrachteten GROTRIAN-Diagramme komplexer Atomhüllen: Da alle inneren Schalen voll gefüllt sind, können Übergänge zwischen zwei Niveaus dieser Schalen nur dann stattfinden, wenn in einer Schale durch Stöße oder Photoionisation ein Loch erzeugt wird.

Wir diskutieren die Prozesse anhand eines schematischen Termschemas für ein Element ‚Tg‘ (Target) mit hoher Ordnungszahl Z, wie es in Abb. 10.11 skizziert ist. Orbitale und Gesamtdrehimpuls sind wieder mit $n\ell j$ charakterisiert, die Bezeichnung der Schalen K, L, M, N ... und ihrer Unterschalen folgt dem üblichen, in Abschn. 3.1.3 auf Seite 151 eingeführten Schema. Wir stellen uns vor, dass alle inneren Schalen voll besetzt sind. Typischerweise beobachtet man dann drei Typen von Prozessen:

- Absorption eines Photons kann im Wesentlichen nur ins Kontinuum erfolgen, da alle inneren Schalen besetzt sind. Das führt zur *Photoionisation*

$$\begin{aligned} &\mathrm{Tg}(n\ell) + \hbar\omega \to \mathrm{Tg}^{+}(n\ell)^{-1} + \mathrm{e}^{-}\left(\epsilon\ell'\right) \\ &\text{mit der Energiebilanz } \hbar\omega - W_I = \epsilon, \end{aligned} \tag{10.44}$$

  wobei $W_I = W_K, W_L, W_M$ usw. das Ionisationspotenzial der jeweiligen Schale bedeutet. Die kinetische Energie des herausgeschlagenen Elektrons ist ϵ und $(n\ell^{-1})$ soll andeuten, dass im Atomrumpf ein entsprechendes ‚*Loch*‘ entstanden ist. Da die Energiebilanz durch das freie Elektron erfüllt werden kann, beobachtet man hier als Funktion der Energie sogenannten *Kanten*: Sobald $\hbar\omega > W_I$ für eine entsprechende Schale wird, kann ionisiert werden, der Photoionisationsquerschnitt springt auf einen endlichen Wert und fällt dann mit der Energie wieder ab, wie schon in Abschn. 5.5 auf Seite 277 besprochen. Wir kommen darauf gleich noch einmal zurück, und diskutieren jetzt zunächst die beiden anderen Prozesse.
- Wenn nun ein solches Loch in einer inneren Schale existiert, kann es durch spontane Emission aus einem höheren Niveau $n'\ell'$ wieder aufgefüllt werden. Dabei werden die sogenannten *charakteristischen Emissionslinien*

$$\begin{aligned} &\mathrm{Tg}^{+}\left\{(n\ell)^{-1}\ldots n'\ell'\right\} \to \mathrm{Tg}^{+}\left\{n\ell\ldots\left(n'\ell'\right)^{-1}\right\} + \hbar\omega \\ &\text{mit der Energiebilanz } W_{n'\ell'} - W_{n\ell} = \hbar\omega. \end{aligned} \tag{10.45}$$

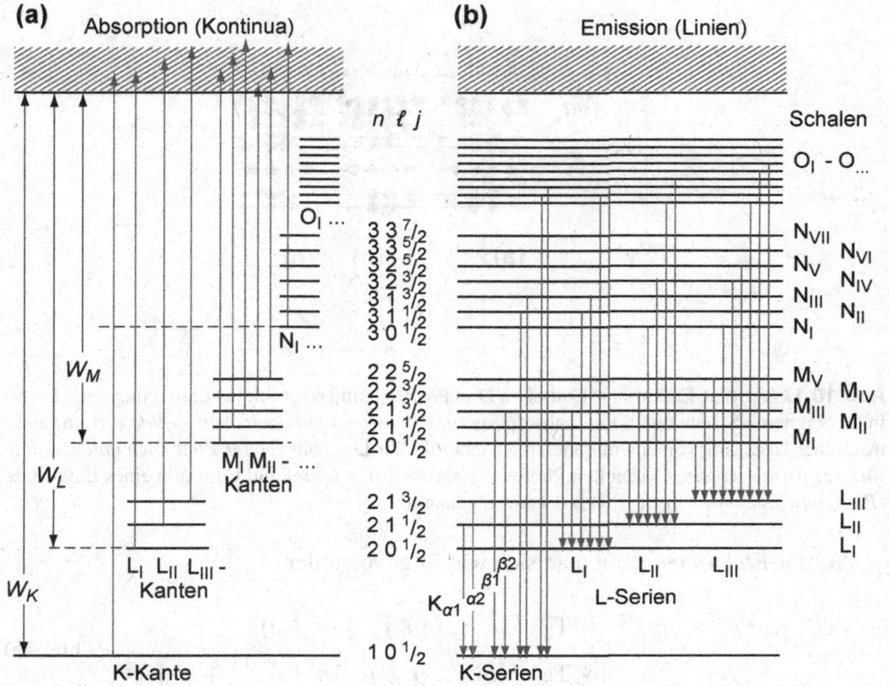

Abb. 10.11 Absorption und Emission von RÖNTGEN-Strahlung: (**a**) Absorption ist nur ins Ionisationskontinuum möglich, da die Zwischenniveaus voll besetzt sind; (**b**) Emission charakteristischer RÖNTGEN-Strahlung nach Erzeugung von ‚Löchern' in den K, L, M, ... Schalen. Linien mit Pfeilen nach oben *(online rot)* entsprechen den Photonenenergien, Doppelpfeile und horizontale Linien *(online schwarz)* charakterisieren die Energetik des Systems

beobachtet. Es handelt sich also hier im Gegensatz zu den eben besprochenen Absorptionskanten um ein Spektrum diskreter Emissionslinien. Wegen des ν^3 Faktors (siehe Gl. 4.38) ist dieser Prozess gerade im RÖNTGEN-Gebiet besonders effizient und um viele Größenordnungen wahrscheinlicher als etwa die Absorption eines zweiten Photons. Die erwarteten Linienspektren lassen sich im Prinzip aus Abb. 10.11 ablesen. Es handelt sich im Wesentlichen um Einelektronenspektren, die man fast ebenso einfach verstehen kann, wie das Spektrum des Wasserstoffatoms bzw. der Alkaliatome – nur werden hier gewissermaßen *Löcher angeregt* anstatt Elektronen. Auch darauf werden wir gleich zurückkommen.

- Schließlich gibt es noch einen dritten, sehr wichtigen Prozess. Anstatt wie in (10.45) beschrieben, die Energie beim Füllen eines Loches durch ein Photon abzustrahlen, kann die frei werdende Energie ggf. auch dazu genutzt werden, ein anderes Elektron herauszuschlagen. Diesen Prozess der *Emission* sogenannter

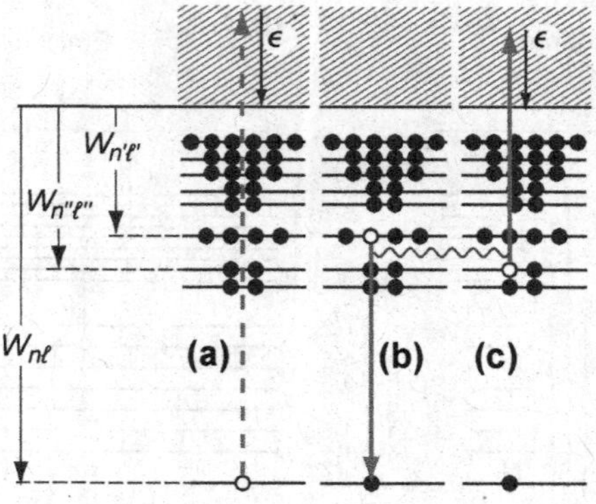

Abb. 10.12 AUGER-Elektronen-Emission. Drei Prozesse sind relevant: (**a**) Erzeugung eines Lochs in einer inneren Schale durch Photoabsorption *(gestrichelter Pfeil nach oben, online rot)*, (**b**) elektronischer Übergang von einem höheren Niveau füllt das Loch auf *(voller Pfeil nach unten, online rot)*, (**c**) Austausch eines virtuellen Photons *(gewellte graue Linie)* und Emission eines Elektronss *(Pfeil aufwärts, online rot)*, AUGER-Elektron genannt

AUGER-*Elektronen* kann man sich wie folgt vorstellen:

$$\begin{aligned} \mathrm{Tg}^{+}\{(n\ell)^{-1}\ldots n'\ell'\} &\to \mathrm{Tg}^{+}\{n\ell\ldots(n'\ell')^{-1}\}+(\hbar\omega) \\ &\to \mathrm{Tg}^{++}\{n\ell\ldots(n'\ell')^{-1}(n''\ell'')^{-1}\}+\mathrm{e}^{-}(\epsilon\ell'''), \end{aligned} \tag{10.46}$$

wobei ein ‚virtuelles' Photon $(\hbar\omega)$ zwischen den beiden Elektronen ausgetauscht wird, wobei auf letzteres hinreichends viel Energie übertragen wird, um das Atom verlassen zu können. Man liest aus Abb. 10.12a, b, dass die Energiebilanz gegeben ist durch

$$\epsilon = W_{n'\ell'} + W_{n''\ell''} - W_{n\ell}. \tag{10.47}$$

10.5.2 Charakteristische RÖNTGEN-Spektren – MOSLEY'sches Gesetz

Aus naheliegenden Gründen gibt es bei weitem nicht so umfangreiches und so präzises spektroskopisches Material für die Absorption und Emission der inneren Schalen, wie für die Atomhüllen: Erst in den letzten Dekaden wurden mit den dedizierten Elektronenspeicherringen für Synchrotronstrahlung intensive, abstimmbare RÖNTGEN-Quellen exzellenter Qualität verfügbar. Immerhin ist das verfügbare Material gut dokumentiert und theoretisch untermauert. Wir benutzen hier die Datenbank von CHANTLER *et al.* 2005, die sowohl die charakteristischen Emissionslinien für alle Elemente tabelliert vorhält als auch die Wirkungsquerschnitte für Photoionisation und die Absorptionskanten über einen breiten Energiebereich verfügbar macht. Die Daten beruhen meist auf *State-of-the-Art ab initio* Berechnungen, die an entsprechendem experimentellen Material erprobt wurden.

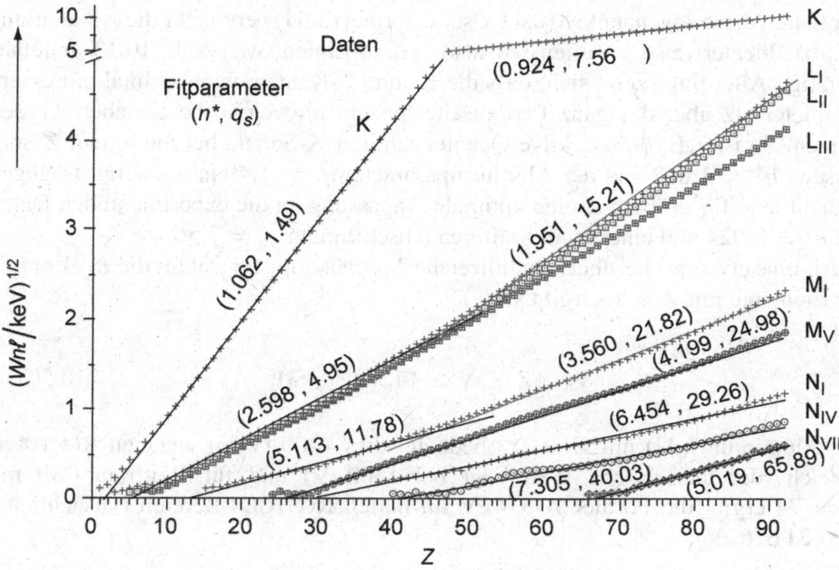

Abb. 10.13 MOSLEY-Diagramm für alle Elemente (nur die niedrigsten Absorptionskanten sind hier aufgeführt, der Index $n\ell$ entspricht hier den Kanten K, L_I, L_{II} usw.) (kompiliert nach den Tabellen in CHANTLER *et al.* 2005). Die Symbole entsprechen den Daten *(online rot), graue und schwarze Linien* zeigen die Ergebnisse der Fits mit (10.49). Die *Zahlen in Klammern* sind die Parameter (n^*, q_s). Man sieht, dass die inneren Schalen mit einem Parametersatz nicht optimal über das gesamte Periodensystem angepasst werden können

Abbildung 10.13 stellt die Energien der RÖNTGEN-Absorptionskanten für die K-, L_I-, L_{II}-,... und einige höhere Schalen für alle natürlichen Elemente des Periodensystems zusammen. Dieses sogenannte MOSLEY-*Diagramm* basiert auf der Annahme, dass die Übergangsenergien in Anlehnung an die RYDBERG-RITZ-Formel 1.135 für effektive Einelektronensysteme mit einer Kernladungszahl $Z^* = Z - q_s$ beschrieben werden können:

$$W = -\frac{(Z - q_s)^2}{n^{*2}} \frac{E_\mathrm{h}}{2} \qquad (10.48)$$

Man beachte, dass dies auch dem KOOPMAN'schen Theorem entspricht (siehe Abschn. 10.2.4) – wobei man annimmt, dass sich Löcher komplementär zu den Elektronen verhalten. Man interpretiert also die empirisch bestimmten Ionisationsenergien der verschiedenen Schalen (d.h. die Energien der Absorptionskanten) *grosso modo* durch die Kombination von einem Abschirmparameter q_s *und* dem Quantendefekt $n - n^*$. Aufzutragen ist dann die Quadratwurzel dieser Energien als Funktion von Z, wie dies (10.48) suggeriert:

$$\sqrt{|W_{n\ell}|} = \sqrt{\frac{E_\mathrm{h}}{2}} \frac{Z^*}{n^*} = \frac{Z - q_s}{n^*} \sqrt{\frac{E_\mathrm{h}}{2}}. \qquad (10.49)$$

Wir hatten diese sogenannte MOSLEY'sche Formel (3.34) bereits für die Alkaliatome benutzt. Idealerweise erwarten wir also gerade Linien, was Abb. 10.13 ungefähr bestätigt. Allerdings zeigt sich, dass die K- und L-Kanten nicht optimal mit einem Parametersatz über das ganz Periodische System hinweg so beschrieben werden können. So ist z. B. die effektive Quantenzahl der K-Schale bei niedrigem Z sehr passend $n^* = 1.062$ und der Abschirmparameter $q_s = 1.49$ ist moderat. Dagegen erreicht man für größere Z eine optimale Anpassung an die experimentellen Daten mit $n^* = 0.924$ und einer recht kräftigen Abschirmung $q_s = 7.56$.

Als eine etwas grobe, aber sehr hilfreiche Abschätzungsformel für die K_α-Energie der Elemente mit $Z > 13$ ergibt sich

$$W_{K\alpha}(Z)/\,\mathrm{eV} \simeq 14 \times (Z-3)^2. \tag{10.50}$$

Für Aluminium (Al) mit $Z = 13$ bedeutet dies 1400 eV im weichen RÖNTGEN-Bereich (der tatsächliche Wert liegt bei 1560 eV) und für Wolfram (W) mit $Z = 74$ ergibt die Formel 70 574 eV im harten RÖNTGEN-Bereich (tatsächlicher Wert 71 676 eV).

10.5.3 Wirkungsquerschnitte für die Photoionisation mit RÖNTGEN-Strahlung

Wir kommen nun zur Photoionisation von Vielelektronenatomen. Sie ist die bei weitem wichtigste Ursache für die Absorption von RÖNTGEN-Strahlung für Photonenenergien bis zu einigen 100 keV. In diesem Energiebereich werden *Photoionisationsquerschnitte* σ_a typischerweise in barn, $[\sigma_a] = 1\,\mathrm{b}$, angegeben (siehe Anhang A.2). Oft findet man auch den *Absorptionskoeffizienten* μ (Dimension L^{-1}) tabelliert. Wir haben diese Größe bereits in Abschn. 1.3.1 auf Seite 18 eingeführt, und zwar zusammen mit dem LAMBERT-BEER'schen Gesetz $I = I_0 \exp(-\mu d)$ für die Abschwächung der Intensität I beim Durchgang durch Materie der Dicke d. Mit der Teilchendichte N_a des Absorbers wird $\mu = N_a \sigma_a$. Der sogenannte *Massenabsorptionskoeffizient* μ/ρ (mit der Dimension $\mathsf{L}^2\mathsf{M}^{-1}$) bezieht sich auf die absorbierende Masse pro Flächeneinheit anstelle auf die Dicke d. Mit der Dichte $\rho = N_a m_a$ (m_a = Atommasse) ergibt dies die Beziehung $\mu/\rho = \sigma_a/m_a$.

In Abschn. 5.5 auf Seite 277 haben wir die Photoionisation für leichte Atome bereits recht detailliert behandelt. Für hohe Energien sollte die 1. BORN'sche Näherung eine erste, grobe Abschätzung liefern, auch wenn wir davon keine exakten Vorhersagen erwarten können. Nach (5.77) ist der Wirkungsquerschnitt für die Photoionisation in FBA

$$\sigma_{ens} \propto \frac{Z^5}{n^3(2\hbar\omega)^{7/2}} \tag{10.51}$$

für *ein* Elektron in einem wasserstoffartigen s-Orbital bei Photonenenergien $\hbar\omega \gg |W_{n\ell}|$. Offensichtlich wächst der Wirkungsquerschnitt mit der Atomzahl Z stark an

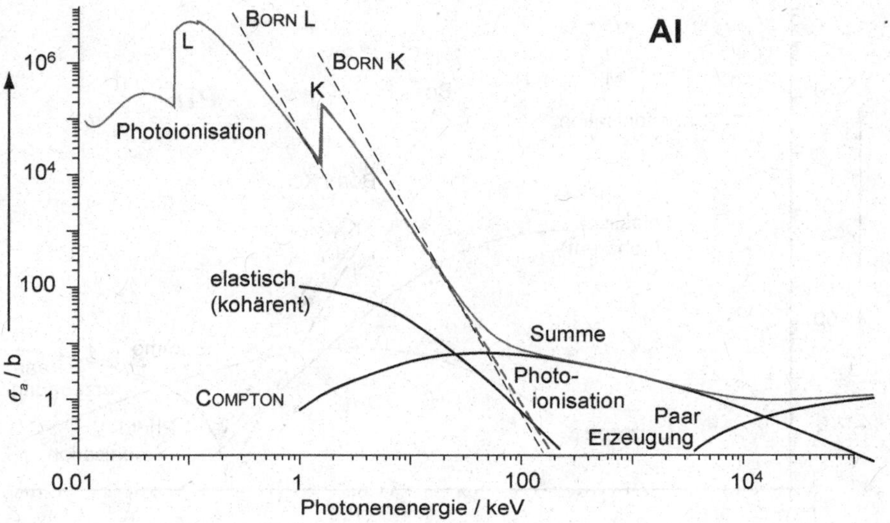

Abb. 10.14 Photoabsorptionsquerschnitt (in barn) für Aluminium (Al) als Funktion der Photonenenergie. Der Hauptbeitrag kommt von der Photoionisation. Bei höheren Energien dominiert die Paarerzeugung (nach CHANTLER *et al.* 2005). *Schwarz gestrichelte Linien* reproduzieren den Photoionisationsquerschnitt nach der BORN'schen Näherung

und nimmt mit zunehmender Hauptquantenzahl n ab (was der entsprechenden Elektronenschale entspricht). Für höhere Drehimpulse ℓ (p, d usw.) sind ist diese Formel entsprechend zu modifizieren. Für den Gesamtquerschnitt muss (10.51) überdies mit der Zahl $\mathcal{N}_{n\ell}$ der aktiven Elektronen für jede Schale multipliziert werden, sodass für die Elektronenschale $n\ell$ der Wirkungsquerschnitt $\sigma_a = \mathcal{N}_{n\ell}\sigma_{\epsilon n\ell}$ wird. Die BORN'sche Näherung ist natürlich nur ein erster, sehr grober Ansatz zur Abschätzung der allgemeinen Trends. Man findet eine Reihe verbesserter Näherungsformeln in der Literatur. Man sollte mit diesen aber nicht zuviel Zeit verlieren, wenn es darum geht, praktische Probleme zu lösen. Denn inzwischen findet man exzellente Datenbanken in der Literatur, auf die man verlässlich zurückgreifen kann. Wir benutzen hier die NIST-X-ray Datenbank von CHANTLER *et al.* (2005) und BERGER *et al.* (2010) und zeigen in Abb. 10.14 den totalen Wirkungsquerschnitt σ_a für die Photoabsorption durch Aluminium (Al) über einen breiten Bereich von Photonenenergien. Al steht hier als Beispiel für ein leichtes Atom ($Z = 13$). Als Gegenstück dazu präsentiert Abb. 10.15 den Querschnitt σ_a für Blei (Pb) als Beispiel für ein schweres Element ($Z = 82$), das als sehr guter Absorber für RÖNTGEN-Strahlung bekannt ist und häufig als Schutz vor RÖNTGEN- und γ-Strahlung benutzt wird.

Für die L-Kante von Blei bei 16 keV liest man z. B. in Abb. 10.15 eine Wirkungsquerschnitt von $\sigma_a \simeq 52\,000$ b ab, also etwa 200× soviel wie für Al bei der gleichen Photonenenergie. Mit der Atommasse $m_a = 207$ u entspricht dies einem Massenabsorptionskoeffizienten von etwa $\mu/\rho = 15.0\,\mathrm{m}^2\,/\,\mathrm{kg}$. Das bedeutet z. B., dass eine

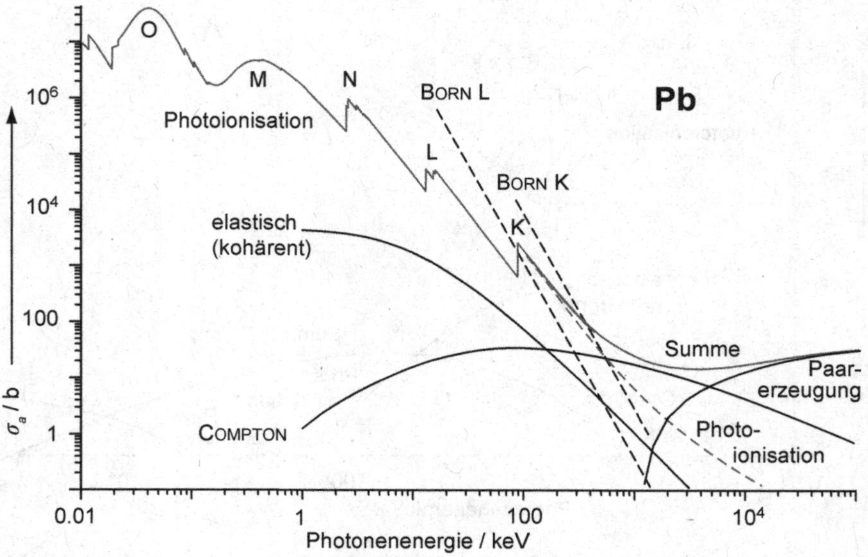

Abb. 10.15 Photoabsorptionsquerschnitt (in barn) für Blei (Pb) als Funktion der Photonenenergie. Sonst wie Abb. 10.14

Schutzweste mit gerade einmal 67 g Blei pro m^2 RÖNTGEN-Strahlung von 16 keV bereits auf $1/e \simeq 37\,\%$ reduziert.

Wie in Abb. 10.14 und 10.15 durch gestrichelte Linien angedeutet, gibt die BORN'sche Näherung Trend und Größenordnung der Querschnitte in etwa wieder. Die tatsächlichen Wirkungsquerschnitte unterscheiden sich aber quantitativ und sind deutlich strukturierter. Mit zunehmender Energie fällt der Wirkungsquerschnitt typisch $\propto (\hbar\omega)^{-5/2} \propto \lambda^{2.5}$ (und nicht $\propto (\hbar\omega)^{-7/2}$, wie von der BORN'schen Näherung vorhergesagt). Er steigt sprunghaft bei jeder *Absorptionskante* an, ändert sich also um einen endlichen Wert, sobald die Photonenenergie hoch genug ist, um die entsprechende Schale zu ionisieren – wie es auch nach Abb. 10.11 verständlich wird. Wir erinnern uns: Mithilfe des KOOPMAN'schen Theorems nach Abschn. 10.2.4 kann man die Energetik eines einzelnen Elektrons unabhängig von der Gesamtstruktur des Atoms verstehen. Die Energie einer Kante ist einfach die HF-Orbitalenergie $W_{n\ell}$ entsprechend (10.32). Man erkennt bei Al und Pb sehr deutlich die K- und L-Kanten, bei letzterem auch die N-, M- und O-Kanten.

Abbildung 10.14 und 10.15 illustrieren auch, dass energetische Photonen nicht nur durch Photoionisation gedämpft werden. Ohne hier in die Details zu gehen, fassen wir die wichtigsten Mechanismen für die Absorption und Streuung von RÖNTGEN-Strahlung zusammen (siehe auch Abschn. 8.4.5 auf Seite 468):

1. Photoionisation (photoelektrischer Effekt) nach Gl. (10.44)

$$\mathrm{Tg} + \hbar\omega \rightarrow \mathrm{Tg}^+ + \mathrm{e}^-$$

2. COMPTON-Streuung

$$e + h\nu \rightarrow e' + h\nu'$$

3. Paarerzeugung

$$\hbar\omega \rightarrow e^- + e^+ \quad \text{für } \hbar\omega \geq 2m_e c^2$$

4. THOMSON-Streuung (elastisch)

$$\hbar\omega \rightarrow \hbar\omega; \boldsymbol{k} \rightarrow \boldsymbol{k}'$$

Offensichtlich dominiert die Photoionisation den Absorptionsquerschnitt bei Photonenenergien unterhalb von einigen 100 keV. Oberhalb von $2m_e c^2 = 1.022\,\text{MeV}$ kann ein Elektron-Positron-Paar gebildet werden. Wegen des gleichzeitig zu erfüllenden Impulssatzes ist dies nur in Gegenwart eines dritten Teilchens, vorzugsweise eines Atomkerns mit hohem Z möglich. Entsprechend nimmt der Absorptionsquerschnitt für harte γ-Strahlung wieder zu, besonders stark für Pb. Für Energien um 1 MeV herum spielt die inelastische Photonenstreuung (COMPTON-Streuung) eine wesentliche Rolle. Sie wird durch die KLEIN-NISHINA-Formel (8.130) beschrieben.

Neben diesen drei Prozessen spielt die elastische (auch kohärente oder THOMSON) Streuung von Photonen eine (untergeordnete) Rolle. Bei Energien deutlich unter $2m_e c^2 = 1.022\,\text{MeV}$, aber weit oberhalb typischer Atomresonanzen, erwartet man Wirkungsquerschnitte $\sigma_{\text{el}} \simeq Z^2\sigma_e$, wie in Abschn. 8.4.5 auf Seite 468 besprochen. Mit dem THOMSON-Querschnitt $\sigma_e = 0.665\,\text{b}$ verifiziert man dies für Abb. 10.14 ($Z = 13$, Al) und Abb. 10.15 ($Z = 82$, Pb) bei den niedrigsten Energien. Wenn die Photonenenergie in den relativistischen Bereich kommt (LORENTZ-Faktor $\gamma \gtrsim 1$), fällt der elastische Wirkungsquerschnitt dramatisch ab (wie erwartet, da die Oszillationsamplituden von relativistischen Elektronen wesentlich kleiner als die bei klassischen Energien sein werden). Man findet ungefähr, dass $\sigma_{\text{el}} \propto (\hbar\omega)^{-2} \propto 1/\gamma^2$ wird.

10.5.4 Photoionisation bei mittleren Energien

Wir hatten uns in Abschn. 5.5 auf Seite 277 recht ausführlich damit beschäftigt, wie man im Prinzip Photoionisationsquerschnitte zu berechnen hat. Wir hatten uns dort als ein besonders einfaches Beispiel das H-Atom angesehen und die BORN'sche Näherung diskutiert. Im vorangehenden Abschnitt haben wir uns dann auf den Verlauf der Photoabsorptionsquerschnitte für zwei ausgewählte Metallatome für Photonenenergien vom VUV bis in den harten RÖNTGEN-Bereich konzentriert. Hier wollen wir nun für Argon (Ar), ein Edelgasatom mittlerer Kernladungszahl ($Z = 18$), die Photoionisation noch etwas detaillierter behandeln, um das typische Verhalten des Wirkungsquerschnitts für niedrige und mittlere Photonenenergien von der Schwelle bis zu einigen keV an einem nicht trivialen Beispiel kennen zu lernen.

Abbildung 10.16 zeigt den Verlauf des Photoionisationsquerschnitts für Ar in verschiedenen Energiebereichen. Experimentelle Resultate verschiedener Arbeitsgruppen und theoretische Rechnungen werden verglichen und ergänzen einander

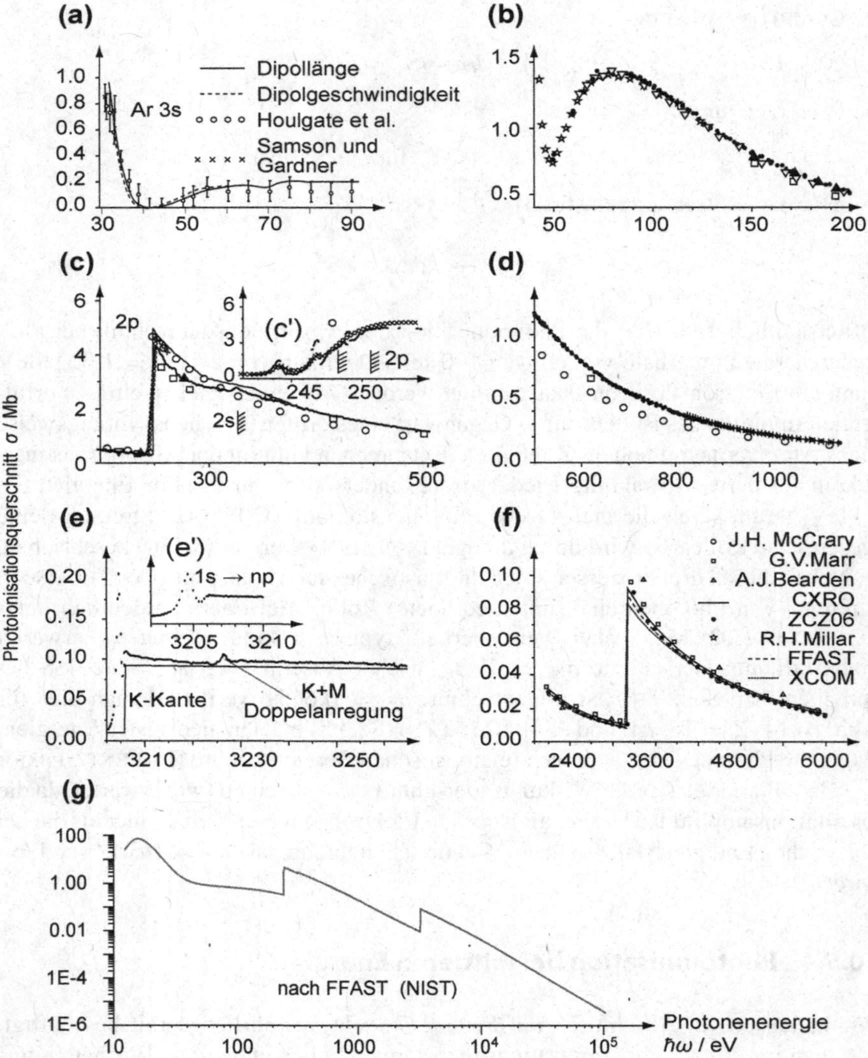

Abb. 10.16 Photoionisationsquerschnitt von Argon (Ar) in verschiedenen Energiebereichen aus verschiedenen Quellen – Vergleich von Experiment und Theorie. SAHA (1989): (**a**) Partieller Ionisationsquerschnitt für den 3*s*-Zustand mit einem typischen COOPER-Minimum und Vergleich mit der MCHF Theorie. SUZUKI und SAITO (2005): (**b**) Gesamtquerschnitt bis zur Energie 200 eV (nur experimentelle Daten), (**c**) Experiment oberhalb der L-Kante bis zu 500 eV, (**c′**) vergrößerter Ausschnitt nahe der L-Kante, (**d**) 500 eV bis 1150 eV. ZHENG *et al*. (2006): (**e**) nahe der K-Kante mit hoher und (**e′**) sehr hoher Auflösung. (**f**) K-Kante für einen breiteren Energiebereich. Daten von FFAST nach (CHANTLER *et al*. 2005) (**g**): Übersicht für den gesamten Energiebereich

offenbar recht gut, auch wenn wir perfekte Übereinstimmung bei einem so komplexen Problem kaum erwarten dürfen. Wir gehen auf die einzelnen Experimente und Besonderheiten der Rechnungen hier nicht ein. Neuere Experimente werden fast ausschließlich an modernen Elektronenspeicherringen gewonnen (siehe Abschn. 10.6.2). Man erkennt diese Daten in Abb. 10.16 an ihrem kleineren Fehlerbalken und konsistenterem Verlauf. So manches interessante Ergebnis wurde freilich noch mit ausgewählten Linienspektren von Spektrallampen oder RÖNTGEN-Röhren gewonnen. Abbildung 10.16a gibt dafür ein schönes Beispiel. Gezeigt wird der Photoionisationsprozess

$$\mathrm{Ar}\big([\mathrm{Ne}]3s^2 3p^6\,{}^1\mathrm{S}\big) + \hbar\omega \longrightarrow \mathrm{Ar}^+\big([\mathrm{Ne}]3s(3s)^{-1}3p^6\big) + \mathrm{e}^-(\epsilon p) \qquad (10.52)$$

aus einer einzelnen Unterschale, der M_I-Schale ($3s^2$). Man kann dies durch Messung der kinetischen Energie ϵ des auslaufenden, freien Elektrons von der Ionisation anderer Schalen experimentell unterscheiden. Der Endzustand ist hier ein ${}^1\mathrm{P}^\circ$.

Das Termschema von Ar ist dem von Ne (siehe Abb. 10.9) recht ähnlich. Zusätzlich zu den vollen K- und L-Schalen, $[\mathrm{Ne}] = 1s^2 2s^2 2p^6$, ist beim Ar die M-Schale mit den $3s$- und $3p$-Elektronen gefüllt. Das erste Ionisationspotenzial für die Konfiguration $[\mathrm{Ne}]\,3s^2 3p^5$ liegt bei $W_I = 15.76\,\mathrm{eV}$. Um ein $3s$-Elektron zu ionisieren, sind weitere 13.48 eV erforderlich. Die Daten in Abb. 10.16a zeigen also den Verlauf des Prozesses (10.52) direkt oberhalb seiner energetischen Schwelle. Dieser spezielle Prozess trägt übrigens nur wenige Prozent zum gesamten Photoionisationsquerschnitt bei.

Man sieht sehr eindrucksvoll, dass dieser spezielle, partielle Photoionisationsquerschnitt zwar mit dem üblichen Sprung auf einen endlichen Wert an der Schwelle beginnt, dann aber rasch abnimmt und bei knapp über 40 eV-Photonenenergie (ca. 12 eV Elektronenenergie) praktisch auf Null absinkt, bevor das Signal wieder ansteigt. Ein solches, sogenanntes COOPER-*Minimum* ist nichts Ungewöhnliches bei der Photoionisation komplexer Atome oberhalb der Ionisationsschwelle. Man kann das leicht verstehen, wenn man sich den theoretischen Hintergrund klar macht: Der Photoionisationsquerschnitt (5.88) enthält zwei Matrixelemente nach (5.89), die im Wesentlichen durch den Überlapp zwischen gebundenen und Kontinuumswellenfunktionen bestimmt sind (gewichtet mit dem Abstand r). Die Matrixelemente können, je nach Lage der Knoten der Wellenfunktion, positive und negative Werte annehmen und ändern sich natürlich mit der Energie des Kontinuumselektrons. Dabei kann es vorkommen, dass sich die zwei Matrixelemente in (5.88) für eine Energie gerade kompensieren. Alternativ kann ein Matrixelement von einem positiven zu einem negativen Werte wechseln und hat dann zwangsweise einen Nulldurchgang bei einer bestimmten Energie, was zu verschwindendem Querschnitt führt. Im vorliegenden Fall ist die Sache sogar noch ein wenig komplexer, da die zu benutzende Wellenfunktion ja eine Vielteilchenfunktion ist, die nicht nur die reine „Sollkonfiguration" nach (10.52) enthält. Hier ist das dominante Matrixelement $\langle \ldots 3s \ldots\ {}^1\mathrm{S}\,|r|\,\epsilon p\ {}^1\mathrm{P}^0\rangle$, wo der Beitrag der $3s^2 3p^6$-Konfiguration teilweise durch eine starke CI mit der $3s^2 3p^5 3d$-Konfiguration kompensiert wird. Entsprechend aufwendig ist die in Abb. 10.16a dargestellte sogenannte *Multikonfigurations*-HARTREE-FOCK (MCHF)-Rechnung, welche die Ergebnisse sehr gut interpretiert. Sie weicht in ihrer Längen- bzw. Geschwindigkeitsform nicht wesentlich voneinander ab, was ja auch ein Indiz für die Qualität der Rechnung ist (siehe Fußnote 12 auf Seite 210 in Kap. 4).

Abbildung 10.16b zeigt den totalen Photoionisationsquerschnitt für den Energiebereich zwischen 40 und 100 eV, der hier von der Ionisation der sechs $3p$-Elektronen dominiert wird. Auch hier gibt es wieder ein COOPER-Minimum, diesmal bei ca. 50 eV, dessen Gegenstück gewissermaßen das nachfolgende Maximum bei ca. 80 eV bildet.

In Abb. 10.16c und c′ werden Details der Ionisation im Bereich der L-Kante illustriert: Die Ionisationsschwellen liegen (Bezeichnungen siehe Abb. 10.11 auf Seite 567) für L_{III}, L_{II} bzw. L_I bei 248.4 eV, 250.6 eV bzw. 326.2 eV. Der Beitrag der $2s$-Elektronen (L_I) ist dabei, ähnlich wie bei der M-Schale, sehr gering. Unterhalb der L_{III} und L_{II} Schwellen sieht man in (c′) Autoionisationsresonanzen angedeutet, wie wir sie in Abschn. 7.6.2 auf Seite 401 kennengelernt haben.

Abbildung 10.16d zeigt den relativ langweiligen Abfall oberhalb der L-Kanten aber noch deutlich unterhalb der K-Kante. Diese wird schließlich bei 3205.9 eV erreicht und ist in Abb. 10.16e, e′ und f im Detail gezeigt. In (e) kann man die Doppelanregung der K- und L-Schale $1s3p \to 4p^2$ sehen (ein autoionisierender Zustand). Die herausragendste Struktur in diesem Energiebereich ist zweifelsohne die Anregung von RYDBERG-Zuständen $1s \to np$ $(n \geq 4)$ knapp unterhalb der K-Kante, die in (e′) vergrößert dargestellt ist.

Abbildung 10.16g schließlich gibt einen Gesamtüberblick über den Energiebereich von der Schwelle bis zu 100 keV in einer log-log-Darstellung, die wir wieder aus der NIST-Datenbank (CHANTLER *et al.* 2005) entnommen haben. Diese Daten reproduzieren freilich nur die Tendenzen insgesamt.

Wir können diesen Abschnitt nicht beschließen, ohne zumindest erwähnt zu haben, dass auch viele Messungen des Anisotropieparameters β durchgeführt wurden (siehe Abschn. 5.5.3 auf Seite 284), der zusätzliche Information enthält – wir verzichten hier aber auf die Reproduktion von entsprechenden Daten und ihre Diskussion.

Was haben wir in Abschnitt 10.5 gelernt?

- Absorption und Emission von RÖNTGEN-Strahlung aus (und in) die inneren Atomschalen *ist bestimmt durch das* PAULI-*Prinzip,* das Übergänge in vollständig gefüllte Schalen verbietet.
- Absorption (bei nicht zu hoher Photonenenergie, $\hbar\omega$) ist hauptsächlich durch die Photoionisation bestimmt. Der Absorptionsquerschnitt als Funktion von $\hbar\omega$ zeigt die typischen *Kantenstrukturen* im Spektrum, welche auch die Ionisationspotenziale der verschiedenen Schalen dokumentieren. Jenseits dieser nimmt der Wirkungsquerschnitt rasch ab (siehe Abb. 10.14 und 10.15).
- *Bei mittleren Photonenenergien* zeigen die Wirkungsquerschnitte für Photoionisation eine *reiche Struktur*. So können z. B. kurz oberhalb der Ionisationsgrenzen sogenannte COOPER-Minima auftreten. Die entstehen, wenn sich zwei Radialmatrixelemente für die Übergänge von gebundenen zu Kontinuumszuständen gerade kompensieren oder beim Nulldurchgang eines dominanten Matrixelements.

- Die *Absorptionskanten* W_I werden recht gut durch das MOSLEY'*sche Gesetz beschrieben, welches* $\sqrt{W_I} \propto Z - q_s$ vorhersagt.
- Darauf basierend gibt (10.50) eine sehr grobe, aber nützliche *Abschätzung der* K_α*-Strahlungsenergie.*
- Bei $\hbar\omega > 100\,\mathrm{keV}$ wird der Wirkungsquerschnitt für die Photoabsorption durch COMPTON-Streuung dominiert, für $\hbar\omega > 1\,\mathrm{MeV}$ beginnt die Paarerzeugung eine Rolle zu spielen.
- Übergänge von Elektronen von höheren in niedrigere Niveaus können nur in Elektronenlöcher stattfinden. Dies führt zur Emission von *charakteristischer* RÖNTGEN-*Spektren,* ähnlich denen der Quasi-Einelektronensysteme (Alkaliatome).
- Alternativ können beim Füllen von Löchern in inneren Schalen AUGER-*Elektronen* emittiert werden , welche die Überschussenergie tragen.

10.6 Quellen für RÖNTGEN-Strahlung

10.6.1 RÖNTGEN-Röhren

Das klassische Gerät zur Erzeugung von RÖNTGEN-Strahlung (nach ihrem Entdecker Wilhelm C. RÖNTGEN 1901 benannt, der dafür den NOBEL-Preis in Physik erhielt) ist die RÖNTGEN-Röhre. Auch heute erfreut sich dieses recht einfache Verfahren nach wie vor großer Beliebtheit und Anwendungsbreite. Ein typisches, *State-of-the-Art* Beispiel einer ganz kleinen RÖNTGEN-Röhre für analytische Zwecke illustriert Abb. 10.17 als Photo und Schema. Ein Elektronenstrahl, erzeugt durch einen heißen Kathodendraht und einen negativ vorgespannten, fokussierenden WEHNELT-Zylinder, trifft auf eine Metallanode und wird dort im elektrischen Feld der Atomkerne (vorzugsweise mit hohem Z) *abgebremst.* Das führt zur sogenannten RÖNTGEN-*Bremsstrahlung.* Gleichzeitig wird ein Teil der Anodenatome durch Elektronenstoß ionisiert, was zur Lochbildung in inneren Schalen dieser Atome führt und damit die Emission *charakteristischer* RÖNTGEN-*Strahlung* ermöglicht.

Abbildung 10.18 illustriert das Spektrum einer Rheniumanode (Rh) für verschiedene Elektronenenergien. Die hier gezeigte Messung wurde zur Abschwächung der hohen Intensität als RÖNTGEN-Streuspektrum unter 90° aufgenommen. Dabei weist man hinter einem Kristallspektrometer sowohl elastisch wie auch inelastisch (COMPTON-Effekt) gestreute Röntgenstrahlung nach. In Abb. 10.18 sind die Literaturwerte der K_α-, K_β- und $L_{\alpha,\beta}$-Emissionslinien für Rh sowie die daraus nach (1.75) resultierenden Energien der inelastisch gestreuten Photonen angedeutet. Das schwache Signal bei 8.02 keV (Cu$-K_\alpha$-Linie) rührt von einer kleinen Verunreinigung her.

Man sieht, dass die RÖNTGEN-Bremsspektren natürlich keine höhere Energie haben können als der sie erzeugende Elektronenstrahl, dessen kinetische Energie an der Anode $W_{\mathrm{kin}} = eU$ sich aus der angelegten Hochspannung U ergibt (HV in Abb. 10.18). Übersetzt in Wellenlängen ergibt sich daraus für die *kürzeste, bei der*

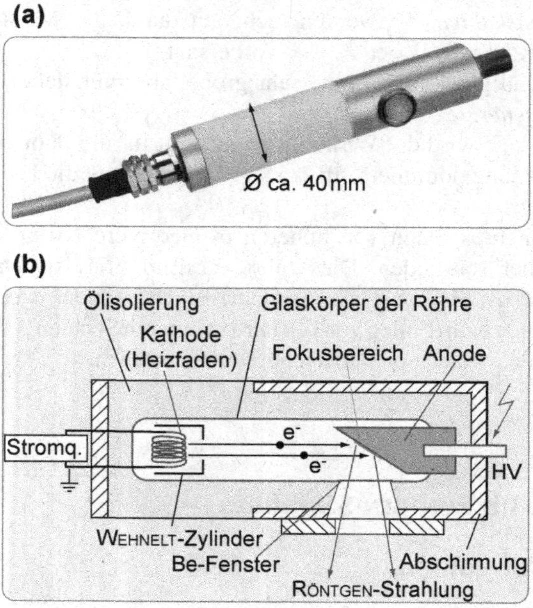

Abb. 10.17 Beispiel für eine moderne RÖNTGEN-Röhre. (**a**): Photo einer Miniatur-RÖNTGEN-Röhre mit Seitenaustritt der Strahlung. (**b**): Konstruktion dieser Röhre schematisch (Photo und Schema haben freundlicherweise HASCHKE und LANGHOFF 2007, zur Verfügung gestellt)

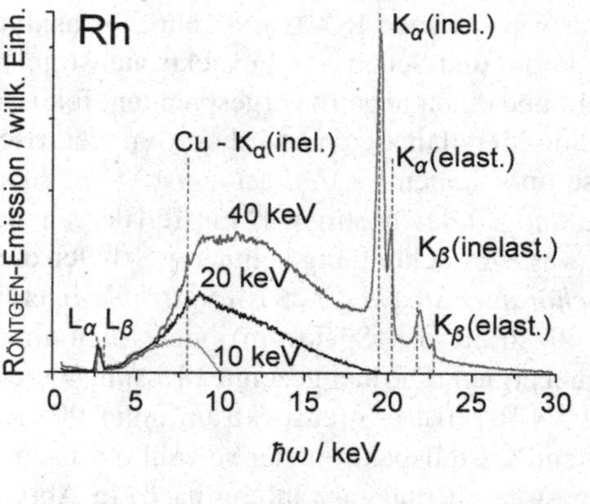

Abb. 10.18 RÖNTGEN-Bremsstrahlung und charakteristische Strahlung der in Abb. 10.17 gezeigten Röhre mit einer Rheniumanode (Rh) bei drei verschiedenen Elektronenenergien. Die Kontinua der Bremsstrahlung sowie die charakteristische Strahlung (bei 40 keV) K_α, K_β und $L_{\alpha,\beta}$ sind klar zu erkennen (die Spektren wurden freundlicherweise von HASCHKE und LANGHOFF 2007 zur Verfügung gestellt)

RÖNTGEN-*Bremsstrahlung emittierte Wellenlänge* $\lambda_{\min}$ die sogenannte *Regel von* DUANE-HUNT:

$$\lambda_{\min} = \frac{hc}{eU} \tag{10.53}$$

10.6.2 Synchrotronstrahlung, Einführung

Für die Spektroskopie mit VUV, XUV und RÖNTGEN-Strahlung stehen heute an vielen Orten der Welt Speicherringe für hochrelativistische Elektronen zur Erzeugung von Synchrotronstrahlung (SR) zur Verfügung und werden intensiv genutzt. Wie wir sehen werden, wurde der theoretische Hintergrund für diese Art der Strahlung erstmals von Julian SCHWINGER aufgeklärt (NOBEL-Preis in Physik 1965 zusammen mit TOMONAGA und FEYNMAN).

Bei der sogenannten 3. Generation von SR-Quellen verwendet man extrem gut gebündelte Elektronenstrahlen.[4] Sie werden in großen, insgesamt kreisförmigen oder elliptischen Strukturen gespeichert. Die Elektronen werden durch *Ablenkmagnete (magnetische Dipolfelder)* im Speicherring geführt und auf einer gekrümmten Bahn *beschleunigt*. Zwischen den Dipolen liegen gerade Strecken und diverse magnetische Strukturen zur Fokussierung, überwiegend Quadrupolmagnete. Es werden aber auch andere Strukturen wie Sextupol- oder Oktupolmagnete benötigt, um die Chromatizität zu kontrollieren, d. h. die Variation der Fokussierungseigenschaften mit der endlichen Bandbreite der Elektronenimpulse.

Elektromagnetische Wellen, sogenannte *Synchrotronstrahlung* (SR), *werden dort abgestrahlt*, wo die Elektronen abgelenkt und somit beschleunigt werden, also in den *Dipolmagneten*. Die Gesamtenergie im Ring wird aber konstant gehalten, indem man die Strahlungsverluste durch iterative Nachbeschleunigung in Mikrowellenresonatoren kompensiert, die in den geraden Strecken des Speicherrings angeordnet sind. Typische, im folgenden Text genannte Daten beziehen sich auf den *Berliner Elektronenspeicherring für Synchrotronstrahlung* (BESSY II) in Berlin-Adlershof als Beispiel (sofern nicht anders erwähnt).

In Abb. 10.19 ist die Topografie von BESSY II schematisch skizziert. Es handelt sich um einen Ring von 240 m Umfang, in dem Elektronen einer nominalen Energie von 1.7 GeV mit einem Strom von 100 bis 400 mA gespeichert werden (zur Kollimation des Strahls siehe Fußnote 4 auf vorherigen Seite). 32 Dipolmagnete bringen den Strahl auf seine Ringbahn. Dazwischen liegen 16 gerade, etwa 4 m lange Teilstücke, in denen sogenannte *Undulatoren* oder *Wiggler* betrieben werden können (siehe Abschn. 10.6.4). Die Umlaufzeit der Elektronen beträgt ca. 0.8 µs, die Elektronen befinden sich in Bündeln (*Bunches*) von etwa 2 ns zeitlichem Abstand und einer Impulsdauer von typischerweise ca. 15 ps. Im Ring befinden sich etwa 350 solcher Bunches, gefolgt von einem ca. 100 ns langem Freiraum. Die Elektronen werden in

---

[4]Man charakterisiert die Strahlfokussierung durch die sogenannte *Emittanz*, das ist die räumliche Ausdehnung des Elektronenstrahls multipliziert mit seinem Divergenzwinkel. BESSY II, zum Beispiel, besitzt eine Emittanz von (4 bis 6) nm rad in horizontaler und <0.1 nm rad in vertikaler Richtung.

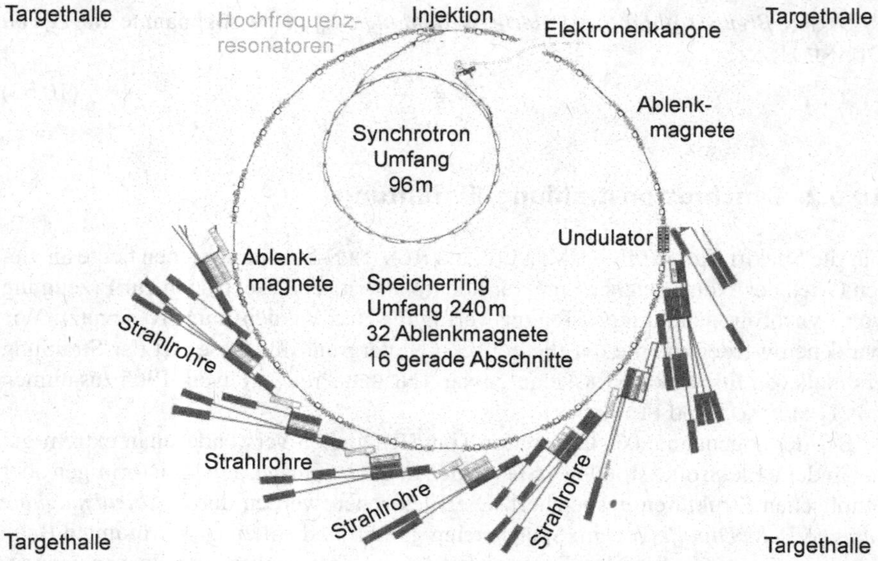

Abb. 10.19 Topografie von BESSY II schematisch. Die Elektronen werden in einem Mikrotron vorbeschleunigt, in einem kleinen Synchrotron weiter auf Nominalenergie beschleunigt und sodann in den Hauptspeicherring injiziert. Die emittierte Strahlungsenergie wird in den Hochfrequenzresonatoren kompensiert. Zwischen den Ablenkmagneten *(online rot)* gibt es gerade Abschnitte für den Einbau von ‚Wellenlängenschiebern' und Multipolmagneten zur Fokussierung. Die ‚Strahlrohre' – Austrittsrohre der Strahlung für die Nutzer – sind hier der Übersichtlichkeit halber nur in der unteren Bildhälfte eingetragen. Nur ein Undulator ist angedeutet als Beispiel für verschiedene Wellenlängenschieber (Wir danken Prof. JAESCHKE *et al.* 2007, für die zur Verfügung gestellten Details und Skizzen)

einem kleineren Synchrotron, welches im inneren Ring zu erkennen ist, erzeugt und dann über mehrere Stunden im Ring gespeichert. Über 50 Experimentierstationen, sogenannte Strahlrohre, sind für den Nutzerbetrieb installiert.

Der Vorteil solcher Synchrotronstrahlungsquellen ist ihre hohe *Brillanz* und das erzeugte *breite Spektrum elektromagnetischer Wellen,* typischerweise von der Terahertzregion bis in den weichen oder gar harten Röntgenbereich. Durch geeignete Monochromatoren lässt sich damit intensive, bequem abstimmbare, quasimonochromatische Strahlung geringer Divergenz für spektroskopische Experimente verschiedenster Art erzeugen. Weitere wichtige Anwendungsgebiete der Synchrotronstrahlung sind RÖNTGEN-Mikroskopie, Holografie und Lithografie.

Brillanz ist hier nicht einfach ein Schlagwort, sondern eine messbare, charakteristische Größe von SR. Man ist letztlich interessiert an der Zahl von Photonen $\mathcal{N}$, die pro Zeit t, pro Fläche[5] ΔF und pro Raumwinkel Ω ($[\Omega] = \mathrm{sr}$, siehe Anhang A.4) emittiert werden. Dies führt zu der Standarddefinition des *Photonenflusses*

[5] Gemeint ist die Projektion der Quellenfläche normal zur Ausbreitungsrichtung.

$$\Phi = \frac{\mathrm{d}^2\mathcal{N}}{\mathrm{d}t\,\mathrm{d}F}$$

und der *Strahldichte* (siehe Tab. 1.6 auf Seite 45, engl. *Radiance*)

$$L = \frac{\hbar\omega \mathrm{d}\Phi}{\mathrm{d}\Omega} = \frac{\hbar\omega \mathrm{d}^3\mathcal{N}}{\mathrm{d}t\,\mathrm{d}F\,\mathrm{d}\Omega}, \tag{10.54}$$

($[L] = \mathrm{W\,m^{-2}\,sr^{-1}}$) mit der Photonenenergie $\hbar\omega = W = hc/\lambda = hc\bar{\nu}$. Als *spektrale Strahldichte* (engl. *Spectral Radiance*) bezeichnet man

$$\widetilde{L}_W = \frac{\mathrm{d}L}{\mathrm{d}W} = \frac{\hbar\omega \mathrm{d}^2\Phi}{\mathrm{d}\Omega\,\mathrm{d}W} = \frac{W\mathrm{d}^4\mathcal{N}}{\mathrm{d}t\,\mathrm{d}F\,\mathrm{d}\Omega \mathrm{d}W}, \tag{10.55}$$

also die *Strahldichte pro Energieintervall* (oder pro Frequenz-, Wellenzahl- oder Wellenlängenintervall). Für Synchrotronstrahlung benutzt man eine speziell definierte Variante davon, die sogenannte *Brillanz* (engl. *Brilliance*)

$$B = \frac{\Delta^2\Phi}{\Delta\Omega \times 10^{-3}\Delta W/W}, \tag{10.56}$$

die sich auf *die relative Bandbreite* $\mathrm{d}W/W = \mathrm{d}\nu/\nu = \mathrm{d}\lambda/\lambda$ *bezieht*. Meist wird die Brillanz in der Einheit

$$\frac{\text{Photonen}}{\mathrm{s}\cdot\mathrm{mm}^2\cdot\mathrm{mrad}^2\cdot 0.1\,\%\,\text{Bandbreite}} = \mathrm{Sch} \tag{10.57}$$

angegeben.

Zu Ehren von SCHWINGER kürzen diese etwas komplizierte Einheit hier mit „Sch" ab.[6]

---

[6]Diese in (10.57) definierte ‚Einheit' mag etwas verwirren. Gemeint ist einfach, dass B die Zahl der Photonen angibt, die pro Sekunde in einen Raumwinkel $\Delta\Omega = 1\,\mathrm{mrad}^2$ von einer Fläche $\Delta F = 1\,\mathrm{mm}^2$ der Quelle in ein Energieintervall $\Delta W = 10^{-3}W$ ausgesendet werden. Somit emittiert die Quelle

$$\frac{\text{Photonen}}{\mathrm{s}} = B\cdot\frac{\Delta F}{\mathrm{mm}^2}\cdot\frac{\Delta\Omega}{\mathrm{mrad}^2}\cdot\frac{\Delta W}{10^{-3}W}.$$

in einen beliebigen Raumwinkel $\Delta\Omega$ und in ein Energieintervall ΔW. Ausgedrückt durch die bei gewöhnlichen Lichtquellen meist verwendete spektrale Strahldichte (10.55) würde man schreiben

$$\frac{\text{Photonen}}{\mathrm{s}} = \frac{\widetilde{L}_W}{\hbar\omega}\cdot\Delta F\cdot\Delta\Omega\cdot\Delta W.$$

Mit (10.55), (10.56) und $W = \hbar\omega$ wird also

$$\frac{B}{\mathrm{Sch}} = 10^{-3}\widetilde{L}_W\,\mathrm{mm}^2\,\mathrm{mrad}^2\,.$$

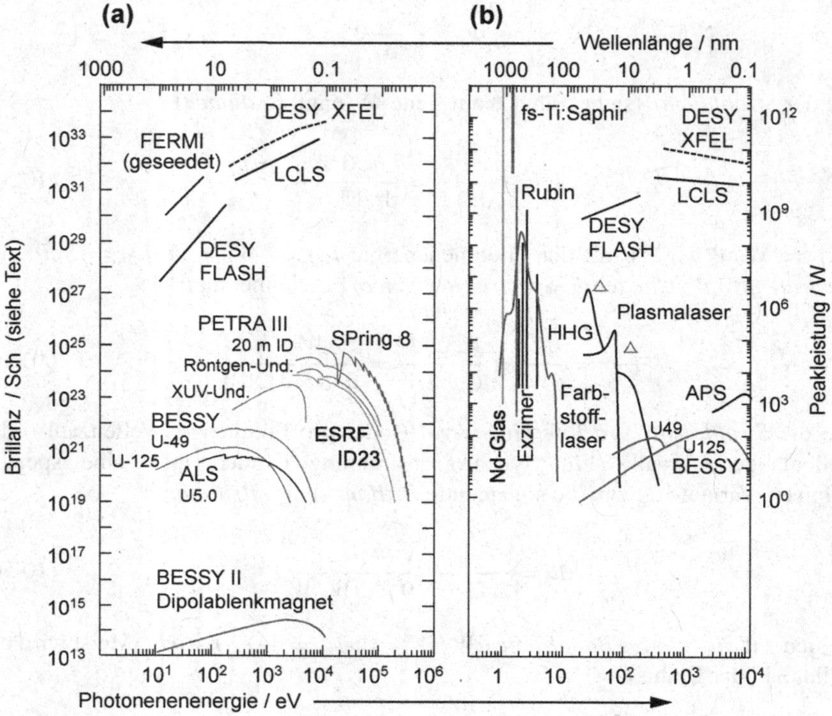

Abb. 10.20 (**a**) Brillanz verschiedener Synchrotronstrahlungsquellen der 3. Generation, einschließlich Wellenlängenschiebern (ID), speziell auch für Undulatoren (Und.) sowie für Freie-Elektronen-Laser (FEL) als Funktion der Photonenenergie. (**b**) Vergleich der Peakleistung dieser Quellen mit einer Reihe von Lasersystemen

Abbildung 10.20a gibt eine Übersicht über die spektrale Brillanz einer Reihe von Synchrotronstrahlungsquellen der 3. und 4. Generation einschließlich Wellenlängenschiebern wie Undulatoren und Wigglern sowie auch den neuen *Freie-Elektronen-Lasern* (FEL) – einige davon bereits in Betrieb, einige noch im Bau (gestrichelte Linien). Zum Vergleich ist auch die an Dipolablenkmagneten erreichbare Brillanz in Abb. 10.20a unten eingetragen. Mit ca. 3×10^{14} Sch ist selbst diese um viele Größenordnungen höher als etwa die Sonneneinstrahlung auf die Erde (Maximum im sichtbaren Spektralbereich ca. 3×10^{10} Sch), übliche Röntgenröhren mit $10^7 - 10^{10}$ Sch und andere konventionelle Laborlichtquellen – mit Ausnahme der Laserquellen. Die hervorragende Abstimmbarkeit und der breite, damit zugängliche Wellenlängenbereich lassen SR im extrem kurzwelligen Spektralbereich, vor allem im RÖNTGEN-Gebiet, selbst gegenüber Laserquellen deutlich überlegen sein.

Brillanz beschreibt nicht nur, wie viele Photonen pro Raumwinkel, Fläche und Wellenlängenintervall verfügbar sind. Der Begriff definiert auch, wie gut die Strahlung fokussiert werden kann: Je weniger ausgedehnt eine Lichtquelle ist, und je kleiner ihr Emittanzwinkel, desto besser kann sie auf ein Target fokussiert werden. Wie im Anhang von Bd. 2 noch näher ausgeführt werden wird, ist nach der HELMHOLTZ-LAGRANGE-*Beziehung* (für paraxiale Strahlen äquivalent zum ABBE*'schen Sinusgesetz*) das Produkt von $n^2 \Delta F \Delta \Omega$ eine Konstante, wenn man Licht-, Elektronen- oder Ionenstrahlen abbildet. Im hier besprochenen Falle ist (bei konstantem Brechungsindex $n \simeq 1$) damit auch B entlang des Lichtstrahls und seiner Optiken konstant (vorausgesetzt, dass keine Photonen verloren gehen). Synchrotronstrahlung entspringt typisch einer Fläche von einigen 10^{-2} mm^2 und ist ausgesprochen gut kollimiert. SR-Quellen sind daher konventionellen Lichtquellen um viele Größenordnungen überlegen.

Man beachte jedoch, dass die Divergenz von Laserquellen in der Regel noch deutlich besser ist als SR. Auch sei darauf hingewiesen, dass aus experimenteller Sicht die *Spitzenleistung einer Quelle* oft von größerer Bedeutung ist als ihre Brillanz – um nämlich ein Signal zu erhalten. Abbildung 10.20b vergleicht daher typische Laserquellen mit repräsentativen SR-Quellen unter diesem Gesichtspunkt. Die Spitzenleistung bestimmt letztlich die Zahl der Photonen, die für ein Experiment zur Verfügung stehen – pro Zeiteinheit. Auch die Gesamtzahl aller Photonen, also die verfügbare Messzeit kann entscheidend für ein Experiment sein, sodass selbst gewöhnliche RÖNTGEN-Röhren nach wie vor benutzt werden, da sie Langzeitexperimente ermöglichen. Sie kommen insbesondere dort zum Einsatz, wo die hohe Spitzenleistung von SR nicht genutzt werden kann – z. B. wegen potenzieller Strahlenschäden an delikaten Targets.

Dennoch machen (neben der Brillanz) auch die exzellente Abstimmbarkeit, der breite Wellenlängenbereich und die inzwischen gute Verfügbarkeit und Nutzerfreundlichkeit moderner, öffentlich geförderter SR-Quellen diese zu unverzichtbaren Einrichtungen für eine Vielzahl von Anwendungen. Dies gilt insbesondere für den VUV-, XUV- wie auch für den weichen und harten RÖNTGEN-Bereich, wo SR unstreitig auch modernen Laserquellen überlegen ist.

10.6.3 Synchrotronstrahlung, Quantitative Beziehungen

Der Ausgangspunkt für eine streng relativistische Ableitung der Intensitäts- und Winkelverteilung von SR ist 4.32, welche die Strahlungscharakteristik eines beschleunigten Elektrons im Ruhesystem beschreibt. Die Beschleunigung bei der Kreisbewegung (z. B. in den Ablenkmagneten eines Synchrotronrings) ist senkrecht zur Geschwindigkeit gerichtet. Die Strahlungscharakteristik muss mithilfe der LORENTZ-Transformation ins Laborsystem übertragen werden. Das Ergebnis ist eine hoch kollimierte Winkelverteilung des *Lichtstrahls tangential zur Bahn des Elektrons*. Die Theorie wurde erstmals in einer berühmten Arbeit von Julian SCHWINGER (1949) beschrieben. Die dabei abgeleitete Formel ist so präzise, dass Synchrotronstrahlung heute sogar als Kalibrationsstandard für die Strahlungsmetrologie benutzt wird, indem man bei sehr niedrigen Strömen die Zahl der Elektronen im Ring tatsächlich *zählt*.

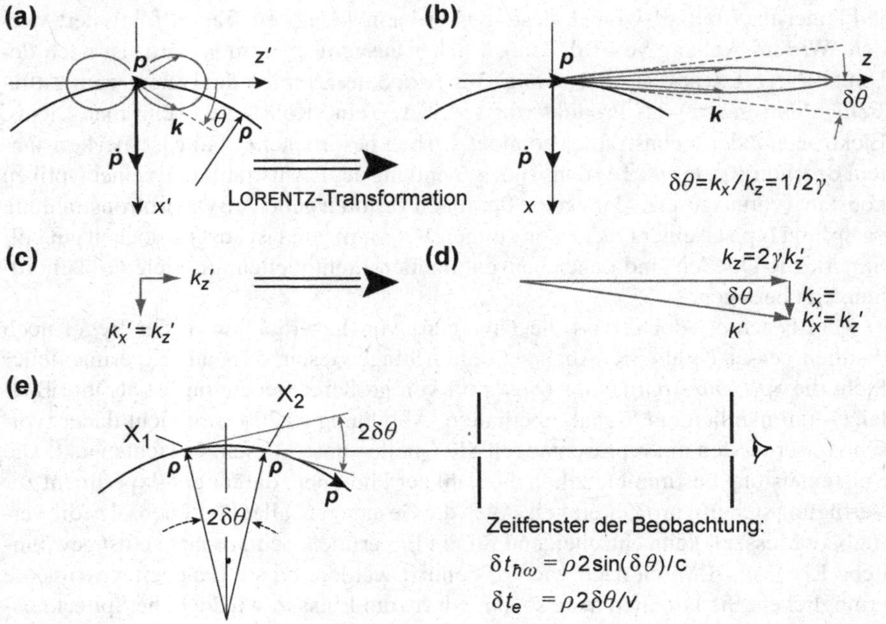

Abb. 10.21 Zum Verständnis der Erzeugung von Synchrotronstrahlung (SR): Polardiagramm der Winkelverteilung (**a**) einer klassischen Strahlungsverteilung eines Elektrons auf einer Kreisbahn, die in dessen Ruhesystem beobachtet wird und (**b**) seine LORENTZ-Transformierte bei hochrelativistischer Bewegung; (**c**) Komponenten des Wellenvektors in mitbewegten Koordinatensystem des Elektrons und (**d**) dasselbe im Laborsystem; (**e**) *Beobachtungsfenster* für die Strahlung dieses Elektrons

Ohne in die Details der nicht ganz triviale Theorie zu gehen, fassen wir in Abb. 10.21 einige Grundüberlegungen auf schematische Weise zusammen. Wir wenden dazu die Terminologie an, die wir in Abschn. 1.2 eingeführt haben. Die *apostrophierten Größen* beziehen sich auf das mitbewegte Ruhesystem des Elektrons (auch Eigensystem), *nicht apostrophierte Größen* aufs Laborsystem. Sei die Gesamtenergie des Elektrons W_e mit $\gamma = W_e/(m_e c^2) = (1-\beta^2)^{-1/2}$, die Energie des emittierten Photons $\hbar\omega'$ bzw. $\hbar\omega$, die entsprechenden Wellenzahlen k' bzw. k. Im $\boldsymbol{B}$-Feld des Ablenkmagneten werden die hochrelativistischen Elektronen ($\beta \cong 1$, $\gamma \gg 1$) auf eine kreisförmige Bahn beschleunigt, deren instantaner *Krümmungsradius* sich nach (1.107) zu $\rho \simeq \gamma m_e c/(eB)$ ergibt. In seinem mitbewegten Ruhesystem $x'y'z'$ (man wählt $z' \parallel \boldsymbol{p}$) emittiert das Elektron die charakteristische Strahlung eines HERTZ'schen Dipols, wie in Abb. 10.21a angedeutet, mit einer Winkelverteilung $\propto \cos^2\theta$ nach (4.32).

Wenn man dieses Strahlungsprofil ins Laborsystem transformiert, wird die Frequenz und der Wellenvektor k_z in z-Richtung dramatisch verändert, während die x-Komponente $k'_x = k_x$ konstant bleibt. Daher führt die relativistische DOPPLER-Verschiebung (1.28) zu einer starken Kollimation der Strahlung in Richtung der Trajektorie, wie in Abb. 10.21b skizziert – eine Schlüsseleigenschaft der Synchrotronstrahlung. Für $\beta \simeq 1$ erhält man nach (1.30) $k_z = 2\gamma k'_z$. Daraus ergibt sich für die emittierte Strahlung ein sehr kleiner (voller) *Divergenzwinkel*

$$2\,\delta\,\theta \simeq 2\frac{k_x}{k_z} = \frac{1}{\gamma}, \qquad (10.58)$$

wie man in Abb. 10.21c und d abliest. Dies sei durch Zahlen illustriert: Bei BESSY II mit seiner Elektronenenergie von 1.7 GeV ist $\gamma \simeq 3300$, sodass der *volle Divergenzwinkel* $2\,\delta\,\theta \simeq 1'$ wird, in Worten *eine Bogenminute*![7]

Aus (10.58) können wir sogar eine Abschätzung der Bandbreite der Strahlung erhalten. Dazu stellt man sich einen Beobachter eines einzelnen Elektrons vor, der die Strahlung in großer Distanz zum Ring wahrnimmt, also mit beliebig guter Winkelauflösung. Er ‚sieht', wie in Abb. 10.21e skizziert, das Elektron nur für eine (sehr kurze) Zeit zwischen den Punkten X_1 und X_2. Aus der sehr kleinen, aber endlichen intrinsischen Divergenz der Strahlung $2\,\delta\,\theta$ ergibt sich dieses Bogensegment zu $\rho 2\,\delta\,\theta$, das Elektron braucht zu dessen Durchlaufen die Zeit $\delta\,t_{\mathrm{e}} = \rho 2\,\delta\,\theta/v$, das Licht braucht aber nur $\delta\,t_{\hbar\omega} = \rho\sin(2\,\delta\,\theta)/c \simeq \rho 2\,\delta\,\theta/c$. Der Beobachter ‚sieht' die Lichtemission des Elektrons also verschmiert über einen Zeitraum[8]

$$\delta\,t \simeq \delta\,t_e - \delta\,t_{\hbar\omega} = 2\,\delta\,\theta\rho\left(\frac{1}{v} - \frac{1}{c}\right) = \frac{\rho}{\gamma}\left(\frac{1}{v} - \frac{1}{c}\right) = \frac{\rho}{\gamma c}\frac{1-\beta}{\beta} \simeq \frac{\rho}{2\gamma^3 c}.$$

Hier haben wir (1.15) für $\beta \simeq 1$ benutzt. Setzen wir $\delta\,t$ nun in die Unschärferelation (1.143) für Zeit und Energie ein, so schätzt man daraus die charakteristische Bandbreite von SR zu $\Delta W \simeq \hbar/\,\delta\,t = \hbar 2\gamma^3 c/\rho$ ab. Die exakte Rechnung bestätigt die Größenordnung dieser Abschätzung: In der SCHWINGER'schen Rechnung ist die sogenannte *kritische Energie*

$$W_{\mathrm{c}} = \hbar\omega_{\mathrm{c}} = \frac{3\hbar c}{2}\frac{\gamma^3}{\rho} = \frac{3\gamma^2\hbar e B}{2m_{\mathrm{e}}} \qquad (10.59)$$

ein entscheidender Parameter, der auch die maximal erreichbare Photonenenergie angibt. Die entsprechende *kritische Wellenlänge* ist

$$\lambda_{\mathrm{c}} = \frac{4\pi\rho}{3\gamma^3} = \frac{4\pi m_{\mathrm{e}} c}{3\gamma^2 e B}. \qquad (10.60)$$

Zur Charakterisierung der Winkelverteilung der Strahlung gibt man für praktische Zwecke anstelle der Polar- (θ) und Azimutwinkel (φ) meist zwei orthogonale Winkel an, χ (in der Ringebene) und ψ (normal dazu). Die Originalformel für den

---

[7] In einem realen Experiment hängt der Emissionswinkel natürlich entscheidend vom experimentellen Aufbau ab, der eine gewisse Länge der Elektronenbahn ‚einsieht'. Der intrinsische Divergenzwinkel $\delta\,\theta$ der Quelle kann nur senkrecht zu Strahlebene direkt gemessen werden. In horizontaler Richtung begrenzen die Aperturblenden des Experiments die Divergenz des nutzbaren SR-Strahls.

[8] Diese Zeit bezieht sich auf das Licht, welches ein einzelnes Elektron emittiert. Das hat nichts mit der tatsächlich messbaren Dauer der SR-Lichtimpulse von Elektronenbündeln zu tun. Typischerweise haben die Impulse in modernen Synchrotrons eine Dauer von einigen ps.

Photonenfluss (Gl. II.32 in der Arbeit von SCHWINGER 1949) wird auf verschiedene Weise umgeschrieben. Eine kompakte Form ist:[9]

$$\frac{\mathrm{d}^3\Phi}{\mathrm{d}\chi\mathrm{d}\psi\mathrm{d}\omega/\omega} = \frac{3\alpha}{4\pi^2}\frac{I/e}{\Delta F}\left(\frac{\omega}{\omega_c}\right)^2\gamma^2(1+x^2)^2 \times\left(K_{2/3}^2(\xi)+\frac{x^2}{1+x^2}K_{1/3}^2(\xi)\right) \tag{10.61}$$

Hier ist I der Elektronenstrom im Ring und ΔF die emittierende Fläche. Die Einheit Sch (SCHWINGER), die wir oben eingeführt haben, ist kompatibel mit dieser im Wesentlichen dimensionslosen Formel (bis auf $\mathrm{cm}^{-2}\,\mathrm{s}^{-1}$). K_n ist die generalisiert BESSEL-Funktion zweiter Ordnung, die in mathematischen Standardprogrammen verfügbar ist, und die Variablen x und ξ sind wie folgt definiert:

$$x = \gamma\psi \quad \text{und} \quad \xi = \frac{\hbar\omega}{2W_\mathrm{c}}(1+x^2)^{3/2} \tag{10.62}$$

Die beiden Komponenten in (10.61), $\propto K_{2/3}^2(\xi)$ und $\propto [x^2/(1+x^2]K_{1/3}^2(\xi)$ beschreiben, wie eine genauere Analyse zeigt, die Verteilung der Strahlungsintensität für die zwei Polarisationsrichtungen. Die erste gilt für linear polarisiertes Licht in der Ringebene, die zweite Komponente bezieht sich auf die Polarisation senkrecht zum Ring. Diese verschwindet in der Ringebene und hat eine Phasenverschiebung von $\pi/4$ bezüglich der Komponente in der Ebene. Die Überlagerung beider Komponenten führt dazu, dass SR-Licht, welches oberhalb und unterhalb der Ringebene emittiert wird, elliptisch polarisiert ist. Dies ist ein einzigartiges Potenzial der SR. Sie kann mit elliptischer oder sogar zirkularer Polarisation bereitgestellt werden, und zwar für alle Wellenlängen. Typischerweise wird solche Strahlung an ganz speziellen, dafür eingerichteten Strahlrohren angeboten. Für eine kompakte Beschreibung der Strahlungscharakteristik mit Polarisation parallel zur Ringebene als Funktion der Photonenenergie $\hbar\omega$ setzt man $\psi = 0$ und erhält die bequeme numerische Beziehung:

$$\frac{\mathrm{d}^3\Phi}{\mathrm{d}\chi\mathrm{d}\psi\mathrm{d}\omega/\omega} = 1.326\times10^{13}\frac{I/\mathrm{A}}{\Delta F/\mathrm{mm}^2}(W_\mathrm{e}/\,\mathrm{GeV})^2 S_\mathrm{hor}(\xi)\ \mathrm{Sch}. \tag{10.63}$$

Alternativ integriert man über den Emissionswinkel ψ normal zur Ringebene:

$$\frac{\mathrm{d}^2\Phi}{\mathrm{d}\chi\mathrm{d}\omega/\omega} = 2.4577\times10^{13}\frac{I/\mathrm{A}}{\Delta F/\mathrm{mm}^2}(W_\mathrm{e}/\,\mathrm{GeV}) S_\mathrm{int}(\xi)\ \mathrm{mrad\ Sch}. \tag{10.64}$$

[9]Für Leser, die diese Umformulierungen nachvollziehen wollen: SCHWINGER benutzt das esu-System, und seine Formel (II.32) gibt die Energie, welche entlang der Bahn über den ganzen Ringwinkel $\chi = 2\pi$ emittiert wird. Für die Definition der Brillanz muss man dies durch 2π dividieren. Nun ist $2\pi\rho/c = t_\mathrm{e}$ die Umlaufperiode für ein Elektron auf einer Kreisbahn. Andererseits gibt $\mathcal{N}_\mathrm{e} = 2\pi\rho I/(ec)$ die Zahl der Elektronen im Ring bei einem Strom von I. Mit einer abstrahlenden Fläche ΔF und der Feinstrukturkonstante $\alpha = e^2/(4\pi\varepsilon_0\hbar c)$ erhält man (10.61).

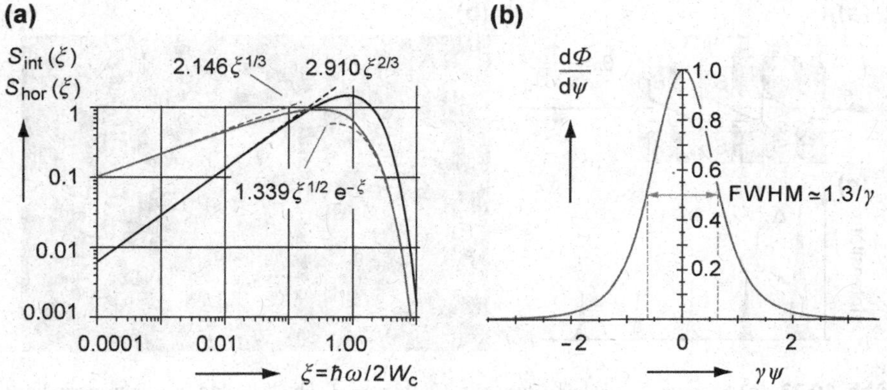

Abb. 10.22 Charakteristische Energie- und Winkelverteilung von SR an einem Ablenkmagneten. (**a**) Als Funktion der Photonenenergie, S_{hor} nach (10.63) in der Ringebene ($\psi = 0$) und S_{int} integriert über alle ψ entsprechend (10.64). (**b**) Energie integrierte Intensität (10.66) als Funktion des Winkels ψ oberhalb und unterhalb der Ringebene mit der charakteristischen FWHM$\simeq 1.3/\gamma$

Dabei ergibt sich $S_{\mathrm{hor}}(\xi)$ direkt aus (10.61) für $x = \gamma\psi = 0$ und $\xi = W/2W_{\mathrm{c}}$. Und für $S_{\mathrm{int}}(\xi)$ findet man nach einigen Umformungen und Integration:

$$\begin{aligned} S_{\mathrm{hor}}(\xi) &= 4\xi^2 K_{2/3}^2(\xi) \\ S_{\mathrm{int}}(\xi) &= 2\xi \int_\xi^\infty K_{5/3}(z)\mathrm{d}z. \end{aligned} \qquad (10.65)$$

Beide Funktionen sind in Abb. 10.22a illustriert. Man sieht, dass das Maximum der Brillanz der SR knapp unterhalb der kritischen Energie bei $\xi = W/2W_{\mathrm{c}} \lesssim 1$ erreicht wird. Für BESSY II liegt dieser Wert z. B. bei $W_{\mathrm{c}} = 2.5\,\mathrm{keV}$, und die nutzbare Spektralverteilung an den Dipolmagneten erstreckt sich bis etwa 10 keV.

Schließlich ergibt die Integration von (10.61) über alle Photonenenergien $\hbar\omega$ die Gesamtverteilung bezüglich des Winkels ψ normal zur Ringebene, die in Abb. 10.22b dargestellt ist:

$$\frac{\mathrm{d}\Phi}{\mathrm{d}\psi} \propto \left(1 + x^2\right)^{-5/2} \left(1 + \frac{5}{7}\frac{x^2}{1 + x^2}\right). \qquad (10.66)$$

Der FWHM-Winkel ist $\simeq 1.3/\gamma$, in plausibler Übereinstimmung mit der groben Abschätzung $2\,\delta\,\psi = 1/\gamma$ nach (10.58).

Die gesamte Strahlung kann – nach entsprechender Umschreibung – aus (4.32) oder durch Integration von (10.64) über alle Frequenzen erhalten werden:

$$P = \frac{e^2\gamma^2}{6\pi\varepsilon_0 m_{\mathrm{e}}^2 c^3}\left|\frac{\mathrm{d}\boldsymbol{p}}{\mathrm{d}t}\right|^2 = \frac{e^2 c}{6\pi\varepsilon_0}\frac{\gamma^4}{\rho^2} = \frac{e^4}{6\pi\varepsilon_0}\frac{W_{\mathrm{e}}^2 B^2}{m_{\mathrm{e}}^4 c^3}. \qquad (10.67)$$

Dieser Ausdruck ist offensichtlich das relativistische Analog zu (4.32), wobei im letzten Schritt (1.108) und $\gamma = W_{\mathrm{e}}/(m_{\mathrm{e}}c^2)$ eingesetzt wurde. Man beachte die starke, inverse Proportionalität zur 4. Potenz der Masse des strahlenden Teilchens, hier des

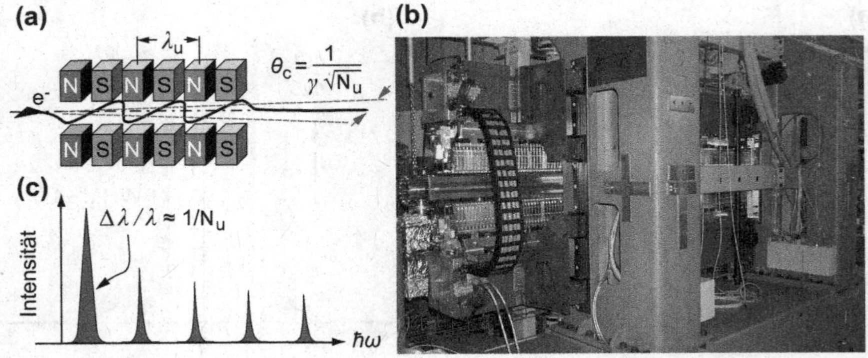

Abb. 10.23 (**a**) Schema eines Undulators mit $\mathcal{N}_u$ (hier = 3) abwechselnd gepolten, periodisch angeordneten Magnetfeldern. Sie zwingen das Elektron auf eine oszillierende Bahn. Der Öffnungswinkel des zentralen Strahlungskonus ist um einen Faktor $1/\sqrt{\mathcal{N}_u}$ kleiner als beim Ablenkmagneten. (**b**) Photo eines U49 Undulators für Röntgenspektroskopie bei BESSY II. (**c**) Typisches Spektrum aus einem Undulator in der Oszillationsebene mit ungeraden Harmonischen (Wir danken Eberhard JAESCHKE *et al.* 2007 für die Fotografie)

Elektrons. Daher ist das *Elektron das Teilchen der Wahl,* wenn man *Synchrotronstrahlung erzeugen will.*

10.6.4 Undulatoren und Wiggler

Eine noch erheblichere Verbesserung der Brillanz und eine Erweiterung des Wellenlängenbereichs kann mit sogenannten *Undulatoren* und *Wigglern* bewirkt werden. Es handelt sich dabei um periodisch angeordnete lineare Folgen von Dipolablenkmagneten, die abwechselnd in Nord-Süd- und Süd-Nord-Richtung gepolt sind. Sie werden in den geraden Teil des Speicherringes eingebaut und zwingen dort die Elektronen auf eine rasch oszillierende periodische Bahn, was wieder zu Abstrahlung führt. Schematisch ist dies in Abb. 10.23a dargestellt und in Abb. 10.23b mit dem Photo eines Undulators U49 bei BESSY II illustriert. Die emittierte Strahlung berechnet man für jeden der Undulatormagnete – ganz analog zur Rechnung für Ablenkmagnete – durch LORENTZ-Transformation aus dem Ruhesystem des strahlenden Elektrons, was wieder zu einem stark gebündelten Vorwärtspeak führt. Grob schätzt man die Wellenlänge der emittierten Strahlung wie folgt ab: Das Elektron ‚sieht' die Periodenlänge λ_u der Dipolanordnung aufgrund der LORENTZ-Kontraktion (1.27) verkürzt auf $\lambda' = \lambda_u/\gamma$. Bei der Emission führt die Dopplerverschiebung wieder zu einer verkürzten Wellenlänge

$$\lambda = \frac{\lambda_u}{\gamma}\gamma(1-\beta\cos\theta) \simeq \lambda_u\big(1-\beta+\beta\theta^2/2\big) \simeq \frac{\lambda_u}{2\gamma^2}\big(1+\gamma^2\theta^2\big),$$

wobei $\cos\theta$ für kleine Emissionswinkel θ in Reihe entwickelt wurde und (1.15) für $\beta \cong 1$ eingesetzt wurde.

Die genaue Rechnung führt zur *Undulatorgleichung* für die sogenannte Resonanzwellenlänge:

$$\lambda_r = \frac{\lambda_u}{2\gamma^2}\left(1 + \frac{K^2}{2} + \gamma^2\theta^2\right). \tag{10.68}$$

Hier ist K der dimensionslose *magnetische Ablenk-* oder *Undulatorparameter*

$$K = \frac{eB\lambda_u}{2\pi m_e c} = 0.93373\frac{B}{\mathrm{T}}\frac{\lambda_u}{\mathrm{cm}} \tag{10.69}$$

mit der Feldstärke des magnetischen Feldes B in den Undulatormagneten. Die Resonanzwellenlänge λ_r hängt also von der Undulatorwellenlänge λ_u, der Strahlenergie über γ, dem Undulatorparameter K und bemerkenswerterweise auch noch vom Emissionswinkel θ ab. Eine detaillierte Analyse zeigt, dass man zwischen zwei recht unterschiedlichen Situationen zu unterscheiden hat: Zwischen *Undulatoren* mit $K \leq 1$ und *Wigglern* mit $K \gg 1$.

Entscheidend für einen Undulator ($K \leq 1$) ist es, dass die Oszillationsamplituden klein bleiben, sodass die von jedem der $\mathcal{N}_u$ Magnetpaare ausgehenden Wellen konstruktiv interferieren können. Dies führt zu einer partiell kohärenten Strahlung mit einer

deutlich reduzierten Bandbreite $\Delta\omega/\omega = \Delta\lambda/\lambda \simeq 1/\mathcal{N}_u$

um die Resonanzfrequenz $\omega_r = c/(2\pi\lambda_r)$ herum – ähnlich wie bei der Vielstrahlinterferenz an einem Beugungsgitter. Die ist zugleich verbunden mit einer *entsprechenden Erhöhung der Intensität* und einer

entsprechend schmaleren Winkelverteilung $\delta\theta \to \theta_c \simeq 1/\gamma\sqrt{\mathcal{N}_u}$.

Zugleich können auch höhere Harmonische $\omega_n = n\omega_r$ der Resonanzfrequenz emittiert werden, wie dies in Abb. 10.23c angedeutet ist. Die Rechnung zeigt, dass in Vorwärtsrichtung nur ungerade Harmonische $n = 2j+1$ emittiert werden, wobei aber die Fundamentale $j = 0$ dominiert. Bei Synchrotronstrahlungsquellen der dritten oder vierten Generation werden Undulatoren wegen ihrer überlegenen Eigenschaften sehr häufig für Anwendungen eingesetzt, die intensive kurzwellige Strahlung erfordern (siehe Abb. 10.20).

Im Gegensatz dazu werden bei Wigglern (mit $K \gg 1$) die Emissionskegel weiter und die Wellen können sich nicht mehr kohärent überlagern. Die charakteristische Eigenschaft von Wigglern ist die Erzeugung von sehr hohen Harmonischen und eine größere Bandbreite. Mit zunehmendem K dominieren die Harmonischen das Gesamtspektrum, das dann ein breites Kontinuum wird. Im Prinzip ist dieses Spektrum nicht sehr von dem eines Dipolmagneten verschieden – bis auf die Tatsache, dass die Wigglerstrahlung bei einer vorgegebenen Elektronenenergie sehr viel intensiver und zu deutlich höheren Photonenenergien verschoben ist. Wiggler stellen daher eine nützliche Quelle für weiche und harte RÖNTGEN-Strahlung dar.

10.6.5 Freie-Elektronen-Laser (FEL)

Bei einem sehr langen Undulator mit sehr vielen Magnetelementen und geeignetem Design kann die kohärent überlagerte Strahlung aus allen Einzelmagneten so stark werden, dass sie auf den erzeugenden Elektronenstrahl zurückwirkt und dabei in diesem eine Bunchstruktur erzeugt: Die Elektronen ‚reiten' sozusagen auf der elektromagnetischen Welle. Es gibt also die typische Rückkopplung und Verstärkung der Strahlung, die zur vollständigen Kohärenz der Strahlung führen kann und für einen Laser charakteristisch ist. Solche Geräte nennt man *Freie-Elektronen-Laser* (FEL). Der Aufbau ist im Prinzip sehr ähnlich wie der in Abb. 10.23 auf S. 588 für einen Undulator gezeigte, nur eben mit sehr vielen Magneten und einem ausschließlich dafür dedizierten Elektronenstrahl.

Die ersten System, die über viele Jahre hinweg erfolgreich gearbeitet haben, waren für den infraroten Spektralbereich gebaut worden. Gegenwärtig sind eine Reihe von FELs im Aufbau oder bereits im Betrieb. Sie erzeugen intensive Impulse weicher oder sogar harter Röntgenstrahlung (einige davon mit fs Impulsdauern). Eine Vielfalt von Methoden wird angewandt, einige davon benutzen das sogenannte SASE-Prinzip *(Selbst verstärkte spontane Emission)*, die z. B. für FLASH *(**F**ree Electron **LAS**er in **H**amburg)* bei DESY angewandt wird, dem weltweit ersten VUV-Laser. Auch beim XFEL *(**X**-ray **F**ree **E**lectron **L**aser)* wird dieses Prinzip eingesetzt werden. Effizienter, aber auch schwieriger zu realisieren sind Konzepte wo XFEL-Aktivität ‚geseedet' wird, indem man sie mit kohärenten, wenn auch schwachen Laserimpulsen anstößt, die als hohe Harmonische (HHG) eines Titan-Saphir-Lasers erzeugt werden, wie in Abschn. 8.5.6 auf Seite 481 erläutert. Auf diesem Prinzip basiert FERMI, der seit 2013 in Betrieb ist. Ab 2017 wird auch FLASH II als ‚geseedeter' FEL zur Verfügung stehen.

Ein Blick auf Abb. 10.20 auf Seite 582 zeigt, dass uns mit diesen neuen Quellen ein methodischer ‚Quantensprung' für die Untersuchung der Wechselwirkung von Licht und Materie bevorsteht. Nicht nur ist die Brillanz dieser Anlagen größer als man noch vor wenigen Jahren zu träumen glaubte. Noch wichtiger ist wohl die Zeitstruktur dieser Quellen, die für die Erzeugung kohärenter Femtosekundenimpulse im weichen und harten RÖNTGEN-Bereich konzipiert sind. Sie werden eine neue Generation von Experimenten ermöglichen, auf die man gespannt sein darf. So etwa die Chance, ein komplettes RÖNTGEN-Beugungsbild großer Biomoleküle mit nur einem einzigen Lichtblitz zu erzeugen, was die extremen Mühen und Unwägbarkeiten der bisher notwendigen Kristallisation solcher Objekte umgehen würde – um nur ein Beispiel von vielen zu nennen.

10.6.6 Relativistische THOMSON-Streuung

Ohne hier auf Details eingehen zu können, sei dieses interessante und aktuelle Themenfeld wenigstens erwähnt, wobei wir auf die Einführung in die kohärente, elastische Lichtstreuung in Abschn. 8.4.5 auf Seite 468 aufbauen. Die Idee ist im Prinzip recht einfach: Wenn man einen Laserstrahl (Photonenenergie $\hbar\omega_L$) an einem hochrelativistischen Elektronenstrahl ($\gamma = W_e/m_e c^2 \gg 1$) streut, erfährt die Strahlung zweimal die relativistische DOPPLER-Verschiebung – auf dem Hinweg und bei der Wiederabstrahlung. Bei einer Frontalkollision zwischen Laser und Elektronenstrahl und Beobachtung in Richtung des Elektronenstrahls hat die emittierte Strahlung daher nach (1.30) eine Energie

$$\hbar\omega_X \simeq 4\hbar\omega_L\gamma^2. \tag{10.70}$$

Man verifiziert leicht, dass selbst bei moderaten Elektronenenergien im Bereich von keV bis MeV hochenergetische Strahlung erzeugt werden kann. So kann z. B. bei der Wechselwirkung eines 50 MeV-Elektronenstrahls mit einem Titan-Saphir-Laser (800 nm) RÖNTGEN-Strahlung von 60 keV-Photonen entstehen. Das Problem mit diesem Konzept zur Erzeugung von kurzen RÖNTGEN-Impulsen ist natürlich der extrem kleine THOMSON-Wirkungsquerschnitt. Wenn aber hochintensive Laserfelder benutzt werden, so kommen nichtlineare Effekte zur Geltung (nichtlineare, relativistische THOMSON-Streuung), wobei im Wesentlichen die magnetische Feldkomponente der Strahlung wirkt. Das Thema ist Gegenstand der aktuellen Forschung siehe z. B. CHUNG *et al.* 2011; LI *et al.* 2015; HACK *et al.* 2016).

10.6.7 Laserbasierte RÖNTGEN-Quellen

Wie schon angedeutet, werden diese neuen Großanlagen für kurze RÖNTGEN-Impulse nur begrenzte Messzeiten zur Verfügung stellen können, und viele Experimente stehen bereits in der Warteschlange. Es ist daher sinnvoll, nach Alternativen zu suchen, die vielleicht nicht ganz die herausragenden Spezifikationen der XFELs besitzen, die aber dafür wesentlich leichter zugänglich und verfügbar sind. Eine Klasse solcher Quellen bilden die laserbasierten RÖNTGEN-Quellen. Dabei sind insbesondere solche Quellen zu nennen, bei denen durch fokussierte, sehr kurze und intensive Lichtimpulse Atome eines Metalltargets ionisiert und die freigesetzten Elektronen im Feld des Lichtimpulses auf kinetische Energien von bis zu 100 keV beschleunigt werden. Beim Wiedereintritt in das Target können diese Elektronen wie bei einer RÖNTGEN-Röhre Bremsstrahlung oder charakteristische Strahlung auslösen. Da das Beschleunigungsfeld nur für die ultrakurze Dauer des Lichtimpulses zur Verfügung steht, erhält man bei Verwendung dünner Targets charakteristische RÖNTGEN-Impulse von ca. 100 fs Dauer (WEISSHAUPT *et al.* 2015 geben eine detaillierte Analyse der dabei ablaufenden Prozesse).

Ein Beispiel für die Realisierung einer solchen Quelle zeigt Abb. 10.24a. Sie besteht im Wesentlichen aus einem Cu-Target, das mit einem intensiven Titan-Saphir-Laserimpuls (5 mJ, 50 fs, 800 nm), der auf wenige μm^2 fokussiert wird. Da das Target verdampft wird, muss man als Target ein sich bewegendes Band benutzen. Auch muss die den Laser fokussierende Optik durch ein ebenfalls rasch bewegtes Plastikband vor Verdampfungsrückständen geschützt werden. Das Spektrum in Abb. 10.24b und die damit durchgeführten zeitaufgelösten RÖNTGEN-Beugungsexperimente zeigen, dass man auf diese Weise hinreichend Signal für die Erschließung der Ultrakurzzeitdynamik in Nichtgleichgewichtszuständen der Materie erhält. Man darf auch hier

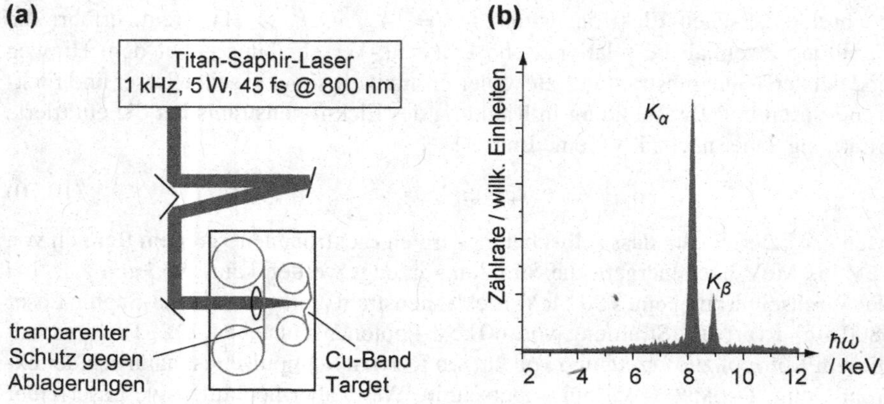

Abb. 10.24 Laserbasierte RÖNTGEN-Quelle für kurze Impulse nach ZHAVORONKOV *et al.* (2005). (**a**) Schema eines experimentellen Aufbaus mit einem bewegten Cu-Band als Quelle und einem beweglichen Band zum Schutz der Fokussierungsoptik für den Titan-Saphir Laser-Pumpstrahl. (**b**) Gemessenes, charakteristisches RÖNTGEN-Spektrum

auf die weitere Entwicklung – insbesondere im Wettbewerb mit den entstehenden neuen XFEL's – gespannt sein.

Was haben wir in Abschnitt 10.6 gelernt?

- Kompakte, nach klassischem Vorbild aufgebaute RÖNTGEN-Röhren werden auch heute noch erfolgreich in der RÖNTGEN-Spektroskopie eingesetzt. Die kürzeste, mit ihnen erzeugbare Wellenlänge ist nach dem DUANE-HUNT'schen Gesetz $\lambda_{\text{min}} = hc/eU$.
- Gehobene Ansprüche bezüglich Photonenfluss, großer Bandbreite sowie Abstimmbarkeit und geringer Winkeldivergenz erfüllt die Synchrotronstrahlung (SR). Zahlreiche dedizierte Elektronen-Synchrotronstrahlungsquellen stehen heute zur Verfügung und erlauben Experimente vom infraroten bis in den weichen und harten RÖNTGEN-Bereich. Sie nutzen die Strahlung, welche hochrelativistische Elektronen ($\gamma \gg 1$) abstrahlen, die durch ein Magnetfeld B auf eine Kreisbahn beschleunigt werden. Man charakterisiert diese Strahlung durch ihre sogenannte Brillanz, also durch ihren Photonenfluss pro strahlende Fläche, pro Raumwinkel und pro relative Bandbreite nach (10.56).
- Nach der präzisen SCHWINGER'schen Theorie wird die SR-Intensität maximal für Photonenenergien knapp unterhalb der kritischen Energie $W_c \propto \gamma^2 B$ nach (10.59), fällt dann aber für $h\nu > W_c$ rasch ab. Die Winkeldivergenz der SR ist von der Größenordnung $1/\gamma$. In der Ringebene abgestrahlte SR ist linear in dieser Ebene polarisiert. Oberhalb und unterhalb der Ringebene wird elliptisch, bzw. zirkular polarisiertes Licht abgestrahlt.

- Die Gesamtintensität der Strahlung ist $\propto W_e^2 B^2$ (Elektronenenergie W_e, Magnetfeld B). Spezielle, räumlich oszillierende, periodische Magnetstrukturen (Undulatoren und Wiggler) erlauben eine deutliche Erweiterung der Photonenenergie und eine weitere Erhöhung der Brillanz. Die konsequente Weiterentwicklung davon sind Freie-Elektronen-Laser (FEL), die heute ultrakurze RÖNTGEN-Impulse zur Verfügung stellen können und zunehmend verfügbar werden.

Akronyme und Terminologie

a.u.: ‚atomare Einheiten', siehe Abschn. 2.6.2 auf Seite 129.

BESSY: ‚Berliner Elektronenspeicherring-Gesellschaft für Synchrotronstrahlung', speziell BESSY II, gehört zu Deutschlands dritter Generation von Synchrotronstahlungsquellen (in Berlin-Adlerhof).

CI: ‚Konfigurationswechselwirkung (engl. *Configuration Interaction*)', Mischung von Zuständen mit verschiedenen Elektronenkonfigurationen in Strukturberechnungen für Atome und Moleküle durch lineare Superposition von SLATER-Determinanten (siehe Abschn. 10.2.3 auf Seite 553).

DFT: ‚Dichtefunktionaltheorie', heute eine der Standardmethoden für die Berechnung atomarer und molekularer Elektronendichteverteilungen und Energien (siehe Abschn. 10.3 auf Seite 555).

esu: ‚Elektrostatische Einheiten', früher benutztes System von Einheiten, äquivalent zum GAUSS'schen System für elektrische Größen (siehe A.3).

FBA: ‚Erste (engl. *First*) Ordnung der BORN'schen Näherung', Näherung zur Beschreibung der Wellenfunktion im Kontinuum durch eine ebene Welle; wird bei der Photoionisation (BORN'sche Näherung) und in der Streuphysik (siehe Bd. 2) benutzt.

FEL: ‚Freie-Elektronen-Laser', Quelle für laserartige Strahlung, welche die Lichtverstärkung in einem räumlich oszillierenden, hochrelativistischen Elektronenstrahl ausnutzt (siehe Abschn. 10.6.5 auf Seite 590).

FERMI: ‚Free Electron Laser Radiation for Multidisciplinary Investigations', ‚geseedeter' FEL in Triest, Italien.

FLASH: ‚Freie Elektronen LASer in Hamburg'.

FS: ‚Feinstruktur', Aufspaltung von atomaren und molekularen Energieniveaus durch Spin-Bahn-Kopplung und andere relativistische Effekte (Kap. 6).

FWHM: ‚Volle Halbwertsbreite (engl. *Full Width at Half Maximum*)'.

gute Quantenzahl: ‚Quantenzahl für Eigenwerte von solchen Observablen, die gleichzeitig mit dem HAMILTON-Operator gemessen werden können (s. Abschn. 2.6.5)'.

HF: ‚HARTREE-FOCK-Methode', Näherungsverfahren zur Lösung der SCHRÖDINGER-Gleichung bei Vielelektronensystemen unter Einschluss der Austauschwechselwirkung (siehe Abschn. 10.2 auf Seite 548).

HHG: ‚Erzeugung hoher harmonischer Frequenzen (engl. *High Harmonic Generation*)', in intensiven Laserfeldern.

HV: ‚Hochspannung (engl. *High Voltage*)', elektrische Spannungen über 1000 V.

LDA: ‚Lokale Dichtenäherung (engl. *Local Density Approximation*)', einfachste Form der Dichtefunktionaltheorie.

LS: ‚L für Bahndrehimpuls und S für Spin', leider wird diese Abkürzung in zwei gegensätzlichen Zusammenhängen benutzt: i) LS-Wechselwirkung charakterisiert die Spin-Bahn-Wechselwirkungsenergie, wogegen ii) LS-Kopplung ein Kopplungsschema für Drehimpulse in Vielelektronensystemen bezeichnet, bei dem Bahndrehimpulse und die Spins aller beteiligten Elektronen zunächst getrennt gekoppelt werden zu L bzw. S, und sodann L und S ihrerseits zu J gekoppelt werden.

LSDA: ‚Lokale Spindichtenäherung (engl. *Local Spin Density Approximation*)', ähnlich wie LDA, jedoch für Elektronen mit nur einer Spinorientierung.

MCHF: ‚Multikonfigurations-HARTREE-FOCK-Methode', spezielle Variante des HF; berücksichtigt mehrere Elektronenkonfigurationen bei der Berechnung von Wellenfunktionen für Vielelektronensysteme (siehe Abschn. 10.5.4 auf Seite 573).

MP2: ‚MØLLER-PLESSET-Korrektur 2 Ordnung', Störungsansatz zur Korrektur von HF-Energien bezüglich der Beiträge von nichtsphärischen Potenzialen.

MP3: ‚MØLLER-PLESSET-Korrektur 3 Ordnung', Störungsansatz zur Korrektur von HF-Energien bezüglich der Beiträge von nichtsphärischen Potenzialen.

MP4: ‚MØLLER-PLESSET-Korrektur 4 Ordnung', Störungsansatz zur Korrektur von HF-Energien bezüglich der Beiträge von nichtsphärischen Potenzialen.

NIST: ‚National Institute of Standards and Technology', Standorte Gaithersburg (MD) und Boulder (CO), USA. http://www.nist.gov/index.html.

PTB: ‚Physikalisch-Technische Bundesanstalt', das nationale Metrologie-Institut (Standorte Braunschweig und Berlin) mit wissenschaftlich-technischen Dienstleistungsaufgaben http://www.ptb.de/cms/dieptb.html.

QED: ‚Quantenelektrodynamik', kombiniert die Quantentheorie mit der klassischen Elektrodynamik und der speziellen Relativitätstheorie und erlaubt eine vollständige Beschreibung der Licht-Materie-Wechselwirkung.

RHF: ‚eingeschränkte HARTREE-FOCK-Methode (engl. *Restricted* HARTEE-FOCK)', Näherungsverfahren für abgeschlossene Schalen; die Ortsorbitale für die beiden Spineinstellungen werden als identisch angenommen.

SASE: ‚Selbstverstärkte spontane Emission (engl. *Self-Amplified Spontaneous Emission*)', ein Schema für den Betrieb von FEL.

SCF: ‚selbstkonsistentes Potenzialfeld (engl. *Self Consistent Field*)', Verfahren zur iterativen Bestimmung eines sich selbst reproduzierenden Potenzials für Vielelektronensysteme.

SR: ‚Synchrotronstrahlung, elektromagnetische Strahlung in' einem breiten Spektralgebiet, die durch relativistische Elektronen auf gekrümmten Bahnen erzeugt wird.

TDDFT: ‚Zeitabhängige Dichtefunktionaltheorie (engl. *Time Dependent Density Functional Theory*)', fortgeschrittene Variante der DFT, die auch die Berechnung angeregter Zustände erlaubt.

UHF: ‚uneingeschränkte HARTREE-FOCK-Methode (engl. *Unrestricted* HARTREE-FOCK)', Näherungsverfahren für offene Schalen; die Ortsorbitale für die beiden Spineinstellungen können unterschiedlich sein.

UV: ‚Ultraviolett', Spektralbereich der elektromagnetischen Strahlung mit Wellenlängen zwischen 100 nm und 400 nm nach (nach ISO 21348, 2007).

VIS: ‚Sichtbar (engl. *Visible*)', Spektralbereich der elektromagnetischen Strahlung mit Wellenlängen zwischen 380 nm und 760 nm nach (nach ISO 21348, 2007).

VUV: ‚Vakuumultraviolett', Spektralbereich der elektromagnetischen Strahlung mit Wellenlängen zwischen 10 nm und 200 nm (nach ISO 21348, 2007).

WW: ‚Wechselwirkung'.

XFEL: ‚Freie-Elektronen RÖNTGEN-LASER', wie FEL jedoch speziell dafür konstruiert, kohärente, kurze, laserartige RÖNTGEN-Impulse zu erzeugen; Details siehe Abschn. 10.6.5.

XUV: ‚Weiche Röntgenstrahlung (manchmal auch extremes UV genannt)', Spektralbereich der elektromagnetischen Strahlung. Wellenlängenbereich zwischen 0.1 nm und 10 nm (nach ISO 21348, 2007), manchmal auch bis zu 40 nm.

Literatur

ATTWOOD, D.: 2007. *Soft X-rays and Extreme Ultraviolet Radiation, Principles and Applications*. Cambridge, UK: Cambridge University Press.

BERGER, M. J., J. H. HUBBELL, S. M. SELTZER, J. CHANG, J. S. COURSEY, R. SUKUMAR, D. S. ZUCKER und K. OLSEN: 2010. 'XCOM: Photon cross sections database (version 1.5)', NIST. http://physics.nist.gov/xcom, letzter Zugriff: 8 Jan 2014.

CASIDA, M. E.: 2009. 'Time-dependent density-functional theory for molecules and molecular solids'. *Journal of Molecular Structure-Theochem*, **914**, 3–18.

CHANTLER, C. T., K. OLSEN, R. A. DRAGOSET, J. CHANG, A. R. KISHORE, S. A. KOTOCHIGOVA und D. S. ZUCKER: 2005. 'X-ray form factor, attenuation, and scattering tables (version 2.1)', NIST. http://physics.nist.gov/ffast, letzter Zugriff: 7 Jan 2014.

CHUNG, S. Y., H. J. LEE, K. LEE und D. E. KIM: 2011. 'Generation of a few femtosecond keV X-ray pulse via interaction of a tightly focused laser copropagating with a relativistic electron bunch'. *Phys. Rev. ST Accel. Beams*, **14**, 060 705.

HACK, S., S. VARRO und A. CZIRJAK: 2016. 'Interaction of relativistic electrons with an intense laser pulse: High-order harmonic generation based on Thomson scattering'. *Nucl Instrum Methods Phys Res B*, **369**, 45–49.

HASCHKE, M. und N. LANGHOFF: 2007. 'Mikrofokus-Kleinleistungsröntgenquelle und Spektrum – private Mitteilung', Siehe auch: IfG – Institute for Scientific Instruments GmbH. http://www.ifg-adlershof.de/, letzter Zugriff: 5. Apr 2016.

ISO 21348: 2007. 'Space environment (natural and artificial) – Process for determining solar irradiances'. Genf, Schweiz: Internationale Organisation für Normung.

JAESCHKE, E., W. EBERHARD und M. SAUERBORN: 2007. 'Technische Daten, Skizzen und Abbildungen zu BESSY II'. Wir danken sehr herzlich für das überlassene Material.

KOHN, W.: 1998. 'NOBEL-Preis in Chemie: „for his development of the density-functional theory"', Stockholm. http://nobelprize.org/nobel_prizes/chemistry/laureates/1998/.

KRAMIDA, A. E., Y. RALCHENKO, J. READER und NIST ASD TEAM: 2015. 'NIST Atomic Spectra Database (version 5.3)', NIST. http://physics.nist.gov/asd, letzter Zugriff: 16.1.2016.

LATTER, R.: 1955. 'Atomic energy levels for the Thomas-Fermi and Thomas-Fermi-Dirac potential'. *Phys. Rev.*, **99**, 510–519.

LAURENT, A. D. und D. JACQUEMIN: 2013. 'Td-dft benchmarks: A review'. *Int. J. Quantum Chem.*, **113**, 2019–2039.

LI, J.-X., K. Z. HATSAGORTSYAN, B. J. GALOW und C. H. KEITEL: 2015. 'Attosecond Gamma-Ray Pulses via Nonlinear Compton Scattering in the Radiation-Dominated Regime'. *Phys. Rev. Lett.*, **115**, 204 801.

MARQUES, M. A. L. und E. K. U. GROSS: 2004. 'Time-dependent density functional theory'. *Annu. Rev. Phys. Chem.*, **55**, 427–455.

PARR, R. G. und W. YANG: 1989. *Density Functional Theory of Atoms and Molecules*. International Series of Monographs on Chemistry. New York, Oxford: Oxford University Press, 333 Seiten.

RÖNTGEN, W. C.: 1901. 'NOBEL-Preis in Physik: „in recognition of the extraordinary services he has rendered by the discovery of the remarkable rays subsequently named after him"', Stockholm. http://nobelprize.org/nobel_prizes/physics/laureates/1901/.

SAHA, H. P.: 1989. 'Threshold behavior of the M-shell photoionization of argon'. *Phys. Rev. A*, **39**, 2456–2460.

SCHUMACHER, E.: 2011. 'FDAlin programme, computation of atomic orbitals (Windows and Linux)', Chemsoft, Bern. http://www.chemsoft.ch/qc/fda.htm, letzter Zugriff: 5 Jan 2014.

SCHWINGER, J.: 1949. 'On the classical radiation of accelerated electrons'. *Phys. Rev.*, **75**, 1912–1925.

SUZUKI, I. H. und N. SAITO: 2005. 'Total photoabsorption cross-section of Ar in the sub-keV energy region'. *Radiat. Phys. Chem.*, **73**, 1–6.

SZABO, A. und N. S. OSTLUND: 1996. *Modern Quantum Chemistry*. Dover, first, revised Aufl.

TOMONAGA, S.-I., J. SCHWINGER und R. P. FEYNMAN: 1965. 'NOBEL-Preis in Physik: „for fundamental work in quantum electrodynamics, with deep-ploughing consequences for the physics of elementary particles"', Stockholm. http://nobelprize.org/nobel_prizes/physics/laureates/1965/.

WEISSHAUPT, J., V. JUVE, M. HOLTZ, M. WOERNER und T. ELSAESSER: 2015. 'Theoretical analysis of hard x-ray generation by nonperturbative interaction of ultrashort light pulses with a metal'. *Structural Dynamics*, **2**, 024 102.

ZHAVORONKOV, N., Y. GRITSAI, M. BARGHEER, M. WÖRNER, T. ELSÄSSER, F. ZAMPONI, I. USCHMANN und E. FÖRSTER: 2005. 'Microfocus Cu K_α source for femtosecond X-ray science'. *Opt. Lett.*, **30**, 1737–1739.

ZHENG, L., M. Q. CUI, Y. D. ZHAO, J. ZHAO und K. CHEN: 2006. 'Total photoionization crosssections of Ar and Xe in the energy range of 2.1–6.0 keV'. *J. Electron Spectrosc.*, **152**, 143–147.

ZWILLINGER, D.: 1997. *Handbook of Differential Equations*. Boston, MA: Academic Press, 3 Aufl.

Anhänge

Überblick
Diese Anhänge bieten eine Auswahl von Formeln und mathematischen Zusammenhängen, die zum atom- und molekülphysikalischen Standard und ‚Handwerkszeug' gehören. Wir verweisen im Haupttext dieses Buches in vielfältigem Kontext darauf. Dabei ist die Kenntnis der mathematischen Ableitung nicht unbedingt erforderlich, weshalb in diesen Anhängen auch keine in sich geschlossene, axiomatische Vollständigkeit geboten wird. Vielmehr geben die Anhänge eine kompakte Zusammenstellung wichtiger Formeln und Gleichungen, eingebettet in Hinweise zu ihrer Ableitung, die dem Leser die Hintergründe ohne großen Aufwand plausibel machen sollen. Für eine vertiefte Beschäftigung mit diesen wichtigen Themen verweisen wir auf die einschlägige Literatur, insbesondere auf BRINK und SATCHLER (1994), BLUM (2012) und EDMONDS (1964).

Anhang A gibt eine aktuelle, tabellierte Übersicht über die wichtigsten physikalischen Naturkonstanten, basierend auf den international verbindlichen CODATA Publikationen, die auch in der AMO-Physik benutzt werden. Es schließen sich einige Anmerkungen zum SI-Einheitensystem und zur Dimensionsanalyse an.

Anhang B definiert Drehimpulsoperatoren und führt in die Anfangsgründe der Drehimpulsalgebra ein, mit $3j$-Symbolen (bzw. CLEBSCH-GORDAN-Koeffizienten), $6j$-Symbolen (bzw. RACAH-Funktionen) und $9j$-Symbolen.

Anhang C bietet einen rezeptartigen Zugang zu dem wichtigen Thema Koordinatenrotation für Drehimpulse und irreduzible Tensoroperatoren.

Anhang D beschäftigt sich mit den Regeln zur Auswertung und Umformung der Matrixelemente von Tensoroperatoren. Dazu gehört das WIGNER-ECKART-Theorem, Linienstärken und Auswahlregeln für elektromagnetisch induzierte Übergänge und die Reduktion von Kopplungsschemata ebenso wie einige nützliche geometrische Relationen. Schließlich folgen Hinweise für die Auswertung von radialen Matrixelementen.

I.V. Hertel und C.-P. Schulz, *Atome, Moleküle und optische Physik 1*,
Springer-Lehrbuch, DOI 10.1007/978-3-662-53104-4

Anhang E formuliert den Begriff der Parität in der AMO-Physik und stellt – alternativ zu den üblicherweise benutzten Eigenfunktionen der Drehimpulse – die reflexionssymmetrische Basis vor, wie sie typischerweise in der Quantenchemie benutzt wird. Das Konzept wird schließlich ausgedehnt auf halbzahlige Drehimpulse.

Anhang F führt in das Konzept der Multipolentwicklung ein und stellt einige wichtige, darauf aufbauende Beziehungen vor. Zwei alternative Darstellungen werden benutzt: Sie basieren auf räumlichen Koordinaten oder alternativ auf einer Kombination von Drehimpulsoperatoren.

Anhang G beschreibt das Konzept der Faltung und illustriert es am Beispiel von häufig gebrauchten Verteilungsfunktionen.

Anhang H stellt die formale Basis für die Behandlung von elektromagnetisch induzierten Übergängen bereit – im Haupttext werden diese eher pragmatisch und heuristisch eingeführt. Dabei wird auch die wichtige THOMAS-REICHE-KUHN-Summenregel abgeleitet.

Anhang I stellt die Grundlagen von FOURIER Transformationen vor, mit spezieller Betonung von elektromagnetischen Wellen.

In **Anhang** J diskutieren wir schließlich das Verhalten und die korrekte Normierung von Wellenfunktionen im Kontinuum. Beides ist wichtig für die Behandlung von Ionisations- und Streuprozessen.

Naturkonstante und Einheiten

A

A.1 Fundamentale Naturkonstante (Tabelle)

Moderne Physik benötigt die genaue und verlässliche Kenntnis einer relativ großen Zahl sogenannter *Naturkonstanten* (auch *Elementarkonstanten*).[1] Sie werden mit kontinuierlich steigender Präzision im Rahmen von CODATA, einer dauerhaften internationalen Zusammenarbeit, gemessen und regelmäßig neu festgelegt. Tabelle A.1 gibt einen Überblick über die aktuell gültigen Werte (2014) für in der AMO-Physik besonders wichtige Naturkonstante.

A.2 SI und atomare Einheiten

Im Allgemeinen benutzen wir in diesen Lehrbüchern konsequent SI-Einheiten: Meter (m), Kilogramm (kg), Sekunde (s), Ampere (A), Kelvin (K), Mol (mol) und Candela (cd) – *das* internationale Einheitensystem (siehe z. B. NIST 2000a; GÖBEL *et al*. 2007; THOMPSON und TAYLOR 2008).

Zusätzlich zu diesen 7 *Basisgrößen* (NIST 2000b, Tabelle 1) verwenden wir

- vom SI *abgeleitete Einheiten* (ibid. Tabelle 2 und 3) soweit gebräuchlich oder nützlich, wie z. B. Joule (J), Volt (V) oder Grad Celsius (°C),
- einige „akzeptierte Einheiten außerhalb des SI" (NIST 2000c) wie das *Elektronenvolt*, $1\,\mathrm{eV} = e \times \mathrm{V} = 1.602 \times 10^{-19}\,\mathrm{J}$, das *Barn*, $1\,\mathrm{b} = 100\,\mathrm{fm}^2 = 10^{-28}\,\mathrm{m}^2$ oder die astronomische Längeneinheit $1\,\mathrm{ua} = 149597870700\,\mathrm{m}$.

[1] Engl. *Fundamental Physical Constants*

I.V. Hertel und C.-P. Schulz, *Atome, Moleküle und optische Physik 1*,
Springer-Lehrbuch, DOI 10.1007/978-3-662-53104-4

Tabelle A.1 2014 von CODATA empfohlene Werte der Naturkonstanten nach NIST (2014), veröffentlicht in MOHR *et al.* (2015)

Konstante		Wert	Gleichung
Universalkonstante			
Lichtgeschwindigkeit im Vakuum	c	$2.997\,924\,58 \times 10^{8}$ m s^{-1}	Definiert
Magnetische Konstante	μ_0	$4\pi \times 10^{-7}$ N A^{-2}	Definiert
Elektrische Konstante	ε_0	$8.854\,187\,817\ldots \times 10^{-12}$ F m^{-1}	$\frac{1}{\mu_0 c^2} = \frac{10^7}{4\pi c^2}$
Charakteristische Vakuum- impedanz	Z_0	$376.730\,313\,461\ldots\,\Omega$	$c\mu_0 = 1/(\varepsilon_0 c) = \sqrt{\mu_0/\varepsilon_0}$
Gravitationskonstante	G	$6.67408(31) \times 10^{-11}$ m^3 kg^{-1} s^{-2}	
	$G/\hbar c$	$6.70861(31) \times 10^{-39}$ (GeV $/c^2)^{-2}$	
PLANCK'sche Konstante	h	$6.626\,070\,040(81) \times 10^{-34}$ J s	
		$4.135\,667\,662(25) \times 10^{-15}$ eV s	
Durch 2π	$\hbar$	$1.054\,571\,800(13) \times 10^{-34}$ J s	$h/2\pi$
Durch 2π mal c	$\hbar c$	$197.326\,9788(12)$ MeV fm	
PLANCK-Masse	m_{P}	$2.176\,470(51) \times 10^{-8}$ kg	$\sqrt{\hbar c/G}$
PLANCK-Länge	ℓ_{P}	$1.616\,229(38) \times 10^{-35}$ m	$\hbar/\,(m_{\mathrm{P}}c)$
PLANCK-Temperatur	T_{P}	$1.416\,808(33) \times 10^{32}$ K	$m_{\mathrm{P}}c^2/k_{\mathrm{B}}$
PLANCK-Zeit	t_{P}	$5.391\,16(13) \times 10^{-44}$ s	ℓ_{P}/c
Elektromagnetische Konstante			
Elementarladung[a]	e	$1.602\,176\,6208(98) \times 10^{-19}$ C	
BOHR'sches Magneton	μ_{B}	$927.400\,9994(57) \times 10^{-26}$ J T^{-1}	$e\hbar/(2m_{\mathrm{e}})$
		$5.788\,381\,8012(26) \times 10^{-5}$ eV T^{-1}	
	μ_{B}/h	$13.996\,245\,042(86) \times$ GHz T^{-1}	
Kernmagneton	μ_{N}	$5.050\,783\,699(31) \times 10^{-27}$ J T^{-1}	$e\hbar/(2m_{\mathrm{p}})$
		$3.152\,451\,2550(15) \times 10^{-8}$ eV T^{-1}	
	μ_{N}/h	$7.622\,593\,285(47)$ MHz T^{-1}	
JOSEPHSON-Konstante	K_{J}	$483597.8525(30) \times 10^{9}$ Hz V^{-1}	$2e/h$
VON KLITZING-Konstante	R_{K}	$25812.8074555(59)\,\Omega$	h/e^2
Atomare und nukleare Konstante			
Elektronenmasse	m_{e}	$9.109\,383\,56(11) \times 10^{-31}$ kg	
	m_{e}	$5.485\,799\,090\,70(16) \times 10^{-4}$ u	
Elektron g-Faktor[b]	g_{e}	$-2.002\,319\,304\,361\,82(52)$	$\mu_{\mathrm{e}}/\mu_{\mathrm{B}}$
g_{e}-Anomalie	a_{e}	$1.159\,652\,180\,91(26) \times 10^{-3}$	$\|g_{\mathrm{e}}/2\| - 1$

(Fortsetzung)

Tabelle A.1 (Fortsetzung)

Konstante		**Wert**	**Gleichung**
Protonenmasse	m_p	$1.672\,621\,898(21) \times 10^{-27}$ kg	
Proton-Elektron-Massenverhältnis	$\frac{m_e}{m_p}$	$1836.152\,673\,89(17)$	
Neutronenmasse	m_n	$1.674\,927\,471(21) \times 10^{-27}$ kg	
Masse des He-Kerns	m_α	$6.644\,657\,230(82) \times 10^{-27}$ kg	
Atomare Masseneinheit	1 u	$1.660\,539\,040(20) \times 10^{-27}$ kg	$\equiv m(^{12}\mathrm{C})/12$
RYDBERG-Konstante	R_∞	$10\,973\,731.568\,508(65)\ \mathrm{m}^{-1}$	$E_h/(2hc)$
Atomare Energieeinheit	E_h	$27.211\,386\,02(17)$ eV	$e^4 m_e/(4\pi\varepsilon_0\hbar)^2$
Atomare Längeneinheit (BOHR'scher Radius)	a_0	$0.529\,177\,210\,67(12) \times 10^{-10}$ m	$4\pi\varepsilon_0\hbar^2/m_e e^2$ $E_h a_0^2 = \hbar^2/m_e$
Atomare Zeiteinheit	t_0	$2.418\,884\,326\,509(14) \times 10^{-17}$ s	$\hbar/E_h$
Feinstrukturkonstante	α	$7.297\,352\,5698(24) \times 10^{-3}$ $1/137.035\,999\,139(31)$	$e^2/(4\pi\varepsilon_0\hbar c)$ $= \sqrt{E_h/m_e c^2}$
Klassischer Elektronenradius[c]	r_e	$2.817\,940\,3227(19) \times 10^{-15}$ m	$\alpha^2 a_0$
COMPTON-Wellenlänge	λ_C	$2.426\,310\,2367(11) \times 10^{-12}$ m	$h/m_e c = 2\pi\alpha a_0$
THOMSON-Wirkungsquerschnitt	σ_e	$0.665\,245\,871\,58(91) \times 10^{-28}\ \mathrm{m}^2$	$(8\pi/3)\alpha^4 a_0^2$ $= (8\pi/3) r_e^2$
Protonenradius (QMW)[d]	R_p	$0.8751(61) \times 10^{-15}$ m	
BOLTZMANN-Konstante	k_B	$1.380\,648\,52(79) \times 10^{-23}\ \mathrm{J\,K^{-1}}$	
STEFAN-BOLTZMANN-Konstante	σ_B	$5.670\,367(13) \times 10^{-8}\ \mathrm{W\,m^{-2}\,K^{-4}}$	$\frac{2}{15}\frac{\pi^5 k_B^4}{h^3 c^2}$
AVOGADRO-Konstante	N_A	$6.022\,140\,857(74) \times 10^{23}\ \mathrm{mol}^{-1}$	
Molvolumen[e]	V_m	$22.413\,962(13) \times 10^{-3}\ \mathrm{m^3\,mol^{-1}}$	
LOSCHMIDT-Konstante[e]	N_L	$2.686\,7811(15) \times 10^{25}\ \mathrm{m}^{-3}$	N_A/V_m
a.u. des elektrischen Dipolmoments	ea_0	$8.478\,353\,552(52) \times 10^{-30}$ C m	
Energieäquivalente	1 eV 1 J 1 u	$1.602\,176\,6208(98) \times 10^{-19}$ J $6.241\,509\,126(38) \times 10^{18}$ eV $0.931\,494\,0954(57)$ GeV	$e \times 1$ V 1 J / 1 eV $1\,\mathrm{u}\,c^2/1\,\mathrm{eV}$

(Fortsetzung)

Tabelle A.1 (Fortsetzung)

Konstante		Wert	Gleichung
	m_e	0.510 998 9463(61) MeV	$m_e c^2$
	1 cm^{-1}	1.239 841 9739(76) × 10^{-4} eV	$hc/1$ eV
eV in a.u.	1 eV	3.674 932 248(23) × $10^{-2} E_h$	1 eV $/2R_\infty hc$
eV in chemischen Einheiten	1 eV	96.485 3329(13) kJ mol^{-1} 23.061 ... kcal mol^{-1}	1 eV $\times N_A$
eV in Wellenzahlen	1 eV	8 065.544 005(50) cm^{-1}	1 eV $/hc$
eV in Grad K	1 eV	1.160 452 21(67) × 10^4 K	1 eV $/k_B$

[a]Wie CODATA benutzen wir den Kursivbuchstaben e für die Elementarladung – im Unterschied zur EULER'schen Zahl e

[b]Beim g-Faktor des Elektrons unterscheiden wir $g_e < 0$ nach CODATA und NIST-Datenbank von dem meist in der Literatur benutzten, positiv definierten $g_s = -g_e$

[c]Reine Rechengröße: Zweimal die COULOMB-Energie einer homogen mit der Ladung e belegten Kugelschale vom Radius r_e, also $2 \times e^2/(8\pi\varepsilon_0 r_e)$ ist gerade gleich der Massenenergie $m_e c^2$ des Elektrons. Ein etwaiger Radius des Elektrons ist mindestens drei Größenordnungen kleiner

[d]Quadratischer Mittelwert (QMW) des Radius der Ladungsverteilung

[e]Unter Normalbedingungen 273.15 K und 101.325 kPa, in Deutschland nach DIN 1343 geregelt (engl. *STP*)

- und machen eine Ausnahme für die gelegentlich gebrauchte (nicht-SI)-Einheit *Elektron-Barn,* $1\,\mathrm{eb} = e \times 1\,\mathrm{b} = 1.6022 \times 10^{-47}\,\mathrm{A\,s\,m^{-2}}$.

Wir weisen ausdrücklich darauf hin, dass alle Werte von Naturkonstanten und anderen physikalischen Größen, die in den obigen Tabellen zusammengestellt sind oder an anderer Stelle in diesen Lehrbüchern benutzt werden, den derzeit gültigen Definitionen des SI und den aktuellen Messwerten nach CODATA 2014 (MOHR *et al*. 2015) entsprechen. Diese werden in regelmäßigen Abständen aktualisiert. Die geplante Neudefinition einiger Basiseinheiten wird in den nächsten Jahren weitere Änderungen mit sich bringen. Die neuen SI-Einheiten sollen ganz auf Naturkonstanten beruhen. Dies wurde bereits von CGPM (2011) beschlossen und 2014 bestätigt (siehe auch WIKIPEDIA CONTRIBUTORS 2016).

Alternativ benutzen wir oft atomare Einheiten (a.u.), die in der Atom- und Molekülphysik häufig gebraucht werden. Wir betrachten diese jedoch nur als vereinfachende Abkürzungen: Man formt Gleichungen so um, dass die physikalischen Größen *Länge, Zeit und Energie* nur in Kombinationen

$$r/a_0, \quad t/t_0, \quad \text{und} \quad W/E_h \tag{A.1}$$

auftreten und im übrigen frei von Einheiten sind. Darüber hinaus treten dann nur dimensionslose Parameter auf, wie z. B. die Feinstrukturkonstante α.

Oft ist es hilfreich, die Gleichungen in dieser Form zu belassen, die zugleich eine Dimensionsanalyse impliziert. Gelegentlich lassen wir der einfachen Schreibweise wegen die entsprechenden Einheiten a_0, t_0, und E_h aber auch weg (z. B. in einer SCHRÖDINGER-Gleichung), wenn dadurch keine Mehrdeutigkeiten entstehen können. Die entsprechenden physikalischen Größen werden dann in a_0, t_0, und E_h gemessen. Weitere Details zu den a.u. sind in Abschn. 1.7.3 auf Seite 69 erläutert.

Wir betonen aber, dass es *sehr irreführend* ist, wenn man davon spricht, „$\hbar = e = m_e = 1$ zu setzen" – wie das gelegentlich (meist in der theoretischen Literatur) formuliert wird. Dies gilt auch für relativistische Ausdrücke, wo man immer wieder die verwirrende Aussage antrifft, dass „$c = 1$ gesetzt" werde – selbst in allgemeinen Texten, spezifisch ausgeprägt in der Teilchenphysik!

A.3 SI- und GAUSS-Einheiten

Der aufmerksame Leser wird eine Reihe von Hinweisen auf (meist ältere) oft nützliche Literaturstellen antreffen, wo noch GAUSS'sche Einheiten benutzt werden (GAUSS-Einheiten sind äquivalent zu esu bzw. emu für elektrostatische bzw. elektromagnetische Größen). Selbst in der aktuellen Literatur, speziell in theoretischen Arbeiten, wird dieses System gelegentlich noch benutzt. Offensichtlich sind die scheinbaren Vorteile einer gegenüber dem SI verkürzten Schreibweise einiger Gleichungen manchen Autoren wichtiger als allgemeine Anschlussfähigkeit. Daher kommunizieren wir in Tab. A.2 einige Konversionsregeln zwischen dem SI und dem GAUSS'schen System. Wir folgen dabei im Wesentlichen dem *Anhang zu Einheiten und Dimensionen* von JACKSON (1999).

A.4 Radiant und Steradiant

Radiant (rad) und Steradiant (sr) sind zwei etwas ‚verdächtige' Einheiten, die häufig in der AMO-Physik benutzt werden. Sie sind aber genuine „vom SI-abgeleitete Einheiten" (NIST 2000b, Tabelle 3). Eine kurze Klarstellung ist hier angebracht.

Radiant und Steradiant kann man sich anhand von Abb. A.1 veranschaulichen. Der Radiant (rad) ist *in zwei Dimensionen* für *ebene Winkel* φ definiert als die Länge ℓ eines Bogens auf einem Kreis vom Radius r, dividiert durch eben diesen Radius:

$$\varphi = \frac{\ell}{r}. \tag{A.2}$$

Winkel sind also (wie auch Raumwinkel) eigentlich dimensionslose Größen, die man aber mit der Einheit Radiant (rad) bzw. Winkelgrad (°) kennzeichnet. Mit dem vollen Umfang $2\pi r$ des Kreises wird der volle Winkel also $\varphi = 2\pi\,\mathrm{rad} = 360°$, sodass $1\,\mathrm{rad} = 360°/(2\pi) = 57.296°$ entspricht.

Tabelle A.2 Beziehungen und Konversionen zwischen SI und GAUSS'schem System

Größe/Beziehungen	SI	GAUSS
Lichtgeschwindigkeit	$c = \sqrt{1/\mu_0\varepsilon_0}$	c
dielektrische Permittivität	$\varepsilon_r\varepsilon_0$	ε_r
magnetische Permeabilität	$\mu_r\mu_0$	μ_r
elektrisches Feld $\boldsymbol{E}$, Flussdichte $\boldsymbol{D}$, Dipoldichte $\mathfrak{P}$	$\boldsymbol{D} = \varepsilon_0\boldsymbol{E} + \mathfrak{P} = \varepsilon_r\varepsilon_0\boldsymbol{E}$ $E^{\text{esu}} = E^{\text{SI}}\sqrt{4\pi\varepsilon_0}$	$\boldsymbol{D} = \boldsymbol{E} + 4\pi\mathfrak{P} = \varepsilon_r\boldsymbol{E}$ $E^{\text{SI}} = E^{\text{esu}}/\sqrt{4\pi\varepsilon_0}$
magnetische Feldstärke $\boldsymbol{H}$ und Fluss $\boldsymbol{B}$, Magnetisierung $\mathfrak{M}$	$\boldsymbol{B} = \mu_0(\boldsymbol{H} + \mathfrak{M}) = \mu_r\mu_0\boldsymbol{H}$ $B^{\text{emu}} = B^{\text{SI}}\sqrt{4\pi/\mu_0}$	$\boldsymbol{B} = \boldsymbol{H} + 4\pi\mathfrak{M} = \mu_r\boldsymbol{H}$ $B^{\text{SI}} = B^{\text{emu}}\sqrt{\mu_0/4\pi}$
MAXWELL-Gleichungen	$\nabla\boldsymbol{D} = \rho$	$\nabla\boldsymbol{D} = 4\pi\rho$
	$\nabla \times \boldsymbol{E} = -\partial\boldsymbol{B}/\partial t$	$\nabla \times \boldsymbol{E} = -(1/c)\partial\boldsymbol{B}/\partial t$
	$\nabla\boldsymbol{B} = 0$	$\nabla\boldsymbol{B} = 0$
	$\nabla \times \boldsymbol{H} = \boldsymbol{J} + \partial\boldsymbol{D}/\partial t$	$\nabla \times \boldsymbol{H} = (1/c)(\boldsymbol{J} + \partial\boldsymbol{D}/\partial t)$
LORENTZ-Kraft	$\boldsymbol{F} = q(\boldsymbol{E} + \boldsymbol{v} \times \boldsymbol{B})$	$\boldsymbol{F} = q(\boldsymbol{E} + (\boldsymbol{v}/c) \times \boldsymbol{B})$
Ladung, Strom, usw. Einheit	$q^{\text{esu}} = q^{\text{SI}}/\sqrt{4\pi\varepsilon_0}$ $1\,\text{C} = 1\,\text{A s}$ $\widehat{=} 2.9979 \times 10^9\,\text{esu}$	$q^{\text{SI}} = \sqrt{4\pi\varepsilon_0}q^{\text{esu}}$ $1\text{esu} = 1\sqrt{\text{dyn}}\,\text{cm}$ $\widehat{=}\sqrt{4\pi\varepsilon_0}\sqrt{10^{-9}}\sqrt{\text{N}}\,\text{m}$ $= 3.3356 \times 10^{-10}\,\text{C}$
COULOMB-Potenzial	$V(r) = q_1q_2/(4\pi\varepsilon_0 r)$	$V(r) = q_1q_2/r$
Einheit des elektrischen Dipolmoments DEBYE	C m $1\text{D} = 3.33564 \times 10^{-30}\,\text{C m}$	esu cm $1\text{D} = 10^{-18}$esu cm
Polarisierbarkeit	$\alpha_E^{\text{esu}} = \alpha_E^{\text{SI}}/(4\pi\varepsilon_0)$	$\alpha_E^{\text{SI}} = (4\pi\varepsilon_0)\alpha_E^{\text{esu}}$
BOHR'sches Magneton $\mu_{\text{B}} =$	$e\hbar/(2m_e)$	$e\hbar/(2m_{\text{e}}c)$

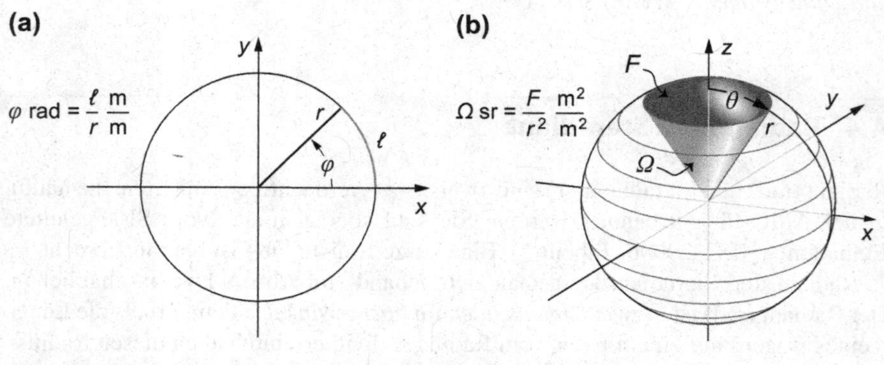

Abb. A.1 Zur Definition von (**a**) Radiant und (**b**) Steradiant

Der Steradiant (sr) ist *in drei Dimensionen* definiert, und zwar als *der Raumwinkel* Ω der eine beliebige Oberfläche der Größe F auf einer Kugel des Radius r charakterisiert. Der Raumwinkel Ω ist definiert als diese Oberfläche F dividiert durch das Quadrat des Kugelradius:

$$\Omega = \frac{F}{r^2}. \tag{A.3}$$

Mit der Oberfläche $4\pi r^2$ der Kugel wird der volle Raumwinkel also 4π sr. Und wie in Abb. A.1b gezeigt, gilt für einen Konus mit dem *Öffnungswinkel* 2θ

$$\Omega = \iint d\Omega = 2\pi \int_0^\theta \sin\theta d\theta = 2\pi(1 - \cos\theta). \tag{A.4}$$

1 sr entspricht somit einem Winkel $\theta = \arccos(1 - 1/(2\pi)) = 0.57195\,\mathrm{rad} = 32.77°$ – was gleichbedeutend mit einem Konus des Öffnungswinkels $\vartheta = 2\theta = 65.54°$ ist.

Wir halten noch einmal fest, dass – ausgedrückt in SI *Basiseinheiten* – sowohl rad $= \mathrm{m\,m^{-1}}$ wie auch sr $= \mathrm{m^2\,m^{-2}}$ die Einheit 1 besitzen, also dimensionslos sind. Die Symbole rad und sr können also dort benutzt werden, wo es vorteilhaft erscheint, die entsprechenden Observablen von anderen zu unterscheiden ...sie können aber auch weggelassen werden, wenn keine Verwechslungsgefahr besteht.

Für sehr kleine Winkel kann man (A.4) entwickeln als

$$\lim_{\theta \to 0} \Omega = \pi\theta^2 + O(\theta^4).$$

Die Divergenz eines gut gebündelten Strahls (Licht, Elektronen, Ionen usw.) wird oft in mrad^2 angegeben, was einem vollen Divergenzwinkel $\vartheta = 2\theta$ in mrad entspricht. Für einen konischen Strahl mit axialer Symmetrie und sehr kleinem Öffnungswinkel ergibt sich somit der Divergenz-Raumwinkel zu

$$\Omega = \frac{\pi}{4} 10^{-6} \left(\frac{\vartheta}{\mathrm{mrad}}\right)^2 \mathrm{sr}.$$

Ein Öffnungswinkel von $\vartheta = 1\,\mathrm{mrad}$ entspricht also einem Raumwinkel $\Omega = (\pi/4)10^{-6}$ sr.

Man beachte aber, dass der Raumwinkel eines *rechteckigen* Strahlprofils bei kleiner Divergenz ϑ^2 (gemessen in mrad^2) einfach $\Omega = 10^{-6}(\vartheta/\,\mathrm{mrad})^2$ sr wird.

A.5 Dimensionsanalyse

In Physik und Technik erweist sich eine *Dimensionsanalyse* oft als sehr nützliches Werkzeug, um

- eine ersten Test zur Gültigkeit eines physikalischen Ausdrucks zu gewinnen,
- ein Vermutung über die Beziehung zwischen verschiedenen physikalischen Größen anzustellen oder
- Größenordnungen aus einer gegebenen Beziehung abzuschätzen.

An vielen Stellen dieser Lehrbücher nutzen wir diese Möglichkeiten. Hier fassen wir die dabei benutzte Terminologie kurz zusammen:

1. *Physikalische Größen,* wie etwa die Elektronenmasse, haben typischerweise

   - einen symbolischen Namen, wie z. B. „m_e“,
   - einen *numerischen Wert,* hier $9.1094\cdots \times 10^{-31}$, und
   - eine *Einheit,* hier „kg“.
   - Zusammen schreibt man diese physikalische Größe: $m_\mathrm{e} = 9.1094\cdots \times 10^{-31}\,\mathrm{kg}$.

2. Bei einer *Dimensionsanalyse* versuchen wir, spezifische Einheiten für Masse, Länge usw. zu vermeiden, da physikalische Gesetze ja unabhängig von der speziellen Wahl der Einheiten sein müssen. Wir benutzen statt dessen einen *Basissatz von Dimensionen:* Masse (M), Länge (L), Zeit (T), Ladung (Q), und Temperatur (Θ) – alle in aufrechten Großbuchstaben ohne Serifen geschrieben. Für die meisten Zwecke können alle anderen physikalischen Dimensionen als Produkt von Potenzen dieser Dimensionen geschrieben werden, z. B. ist die Dimension der Kraft MLT^{-2}, der Energie $\mathsf{ML}^2\mathsf{T}^{-2}$, des elektrischen Stroms QT^{-1}, oder der BOLTZMANN-Konstante (k_B) $\mathsf{ML}^2\mathsf{T}^{-2}\Theta^{-1}$ (mit der thermischen Energie $W_\mathrm{therm} = k_\mathrm{B}T$).
3. Der Übersichtlichkeit halber benutzen wir aber gelegentlich auch *einige weitere Buchstaben oder Abkürzungen* für die Dimensionen von physikalischen Größen, z. B. für das Volumen $\mathsf{V} = \mathsf{L}^3$, für die Energie $\mathsf{Enrg} = \mathsf{ML}^2\mathsf{T}^{-2}$ oder $\mathsf{R} = \mathsf{L}^{-3/2}$ für die Dimension einer radialen Wellenfunktion.
4. Gelegentlich führen wir den Begriff $\mathsf{Teilchen}$ o. ä. der Klarheit halber ein – auch wenn es sich dabei um dimensionslose Zahlen handelt.
5. Die *Einheit* einer physikalischen Größe A oder ihrer Dimension A wird als diese Größe in eckigen Klammern $[A]$ bzw. $[\mathsf{A}]$ geschrieben. Zum Beispiel würde die Einheit eines Potenzials $V(r)$ durch $[V(r)] = \mathrm{eV}$ gegeben – und etwas allgemeiner gilt $[\mathsf{Enrg}] = \mathrm{eV}$ oder $[\mathsf{Enrg}] = \mathrm{J}$, beides sind akzeptable Einheiten.

Drehimpulse, 3*j*- und 6*j*-Symbole

B

Wir stellen hier die wichtigsten, im Haupttext des Buches gebrauchten Beziehungen für Drehimpulse in kompakter Form zusammen. Eng damit verbunden sind die $3j$-, $6j$- und $9j$-Symbole, die bei der Kopplung von Drehimpulsen auftreten. Sie spielen in der gesamten Atom- und Molekülphysik eine wichtige Rolle. Wir folgen hierbei – mit einer wichtigen Ausnahme bezüglich der Normierung der sphärischen Komponenten der Drehimpulse – den Definitionen von BRINK und SATCHLER (1994), die völlig identisch mit denen von EDMONDS (1964) sind. Die allgemeinen, expliziten Ausdrücke für die $3j$-, $6j$- und $9j$-Symbole sind recht kompliziert und in den beiden genannten Texten, sowie in vielen Lehrbüchern der Quantenmechanik ausführlich dokumentiert. Für die konkrete praktische Auswertung gibt es heute eine Reihe von sehr bequem handhabbaren $3j$-, $6j$- und $9j$-Rechnern im WWW (s. z. B. STONE 2006) wie auch in analytischen Standardprogrammen (z. B. Mathematica). Deshalb beschränken wir uns hier auf die Definitionen, Symmetrie- und Orthogonalitätsrelationen, einige Matrixelementen sowie eine Auswahl von wichtigen Spezialfällen (die wir aus mehreren Quellen entnommen haben: EDMONDS 1964; BRINK und SATCHLER 1994; WEISSTEIN 2004a; 2004b).

B.1 Drehimpulse

B.1.1 Allgemeine Definitionen

Ganz *allgemein definiert* man den *Drehimpulsoperator* $\widehat{\boldsymbol{J}}$ als *Vektoroperator* mit drei reellen, HERMITE'schen Komponenten $\widehat{J}_x$, $\widehat{J}_y$ und $\widehat{J}_z$

$$\widehat{J}_i^\dagger = \widehat{J}_i \quad \text{für} \quad i = x, y, z, \tag{B.1}$$

die folgende *Vertauschungsrelationen* befriedigen:

$$[\widehat{J}_x, \widehat{J}_y] = \mathrm{i}\hbar\widehat{J}_z, \qquad [\widehat{J}_z, \widehat{J}_x] = \mathrm{i}\hbar\widehat{J}_y, \qquad [\widehat{J}_y, \widehat{J}_z] = \mathrm{i}\hbar\widehat{J}_x \quad \text{und} \quad \left[\widehat{\boldsymbol{J}}^2, \widehat{J}_i\right] = 0$$

I.V. Hertel und C.-P. Schulz, *Atome, Moleküle und optische Physik 1*,
Springer-Lehrbuch, DOI 10.1007/978-3-662-53104-4

In kompakter Form schreibt man:

$$\widehat{\boldsymbol{J}} \times \widehat{\boldsymbol{J}} = \mathrm{i}\hbar \widehat{\boldsymbol{J}} \quad \text{und} \quad \left[\widehat{\boldsymbol{J}}^2, \widehat{\boldsymbol{J}}\right] = 0 \tag{B.2}$$

Alternativ kann man $\widehat{\boldsymbol{J}}$ aus drei *sphärischen Komponenten* $\widehat{J}_\pm$ *und* $\widehat{J}_0$ konstruieren (sogenannte *Helizitätsbasis*), die eine *irreduzible Darstellung der Rotationsgruppe vom Rang* 1 ist. Sie werden aus den reellen Komponenten abgeleitet:[2]

$$\widehat{J}_+ = -\frac{1}{\sqrt{2}}\left(\widehat{J}_x + \mathrm{i}\widehat{J}_y\right), \qquad \widehat{J}_- = +\frac{1}{\sqrt{2}}\left(\widehat{J}_x - \mathrm{i}\widehat{J}_y\right) \quad \text{und} \quad \widehat{J}_0 \equiv \widehat{J}_z. \tag{B.3}$$

Die inversen Beziehungen sind:

$$\widehat{J}_x = -\frac{1}{\sqrt{2}}\left(\widehat{J}_+ - \widehat{J}_-\right), \qquad \widehat{J}_y = \frac{\mathrm{i}}{\sqrt{2}}\left(\widehat{J}_+ + \widehat{J}_-\right). \tag{B.4}$$

Wir halten fest, dass diese Operatoren in völlig analoger Weise wie die sphärischen Komponenten (4.75) des Ortsvektors $\boldsymbol{r}$ in der Helizitätsbasis konstruiert sind, die wir im Zusammenhang mit Dipolübergängen in Abschn. 4.4.2 auf Seite 215 eingeführt haben.

Die *sphärischen Komponenten* $\widehat{J}_\pm$ sind *nicht* HERMITE*'sch,* vielmehr gilt

$$\widehat{J}_+^\dagger = -\widehat{J}_- \quad \text{und} \quad \widehat{J}_-^\dagger = -\widehat{J}_+. \tag{B.5}$$

Ihre Vertauschungsrelationen leitet man aus (B.2) ab:

$$\left[\widehat{J}_0, \widehat{J}_\pm\right] = \pm\hbar\widehat{J}_\pm \quad \text{und} \quad \left[\widehat{J}_+, \widehat{J}_-\right] = -\hbar\widehat{J}_0, \tag{B.6}$$

$$\left[\widehat{\boldsymbol{J}}^2, \widehat{J}_\pm\right] = 0 \quad \text{und} \quad \left[\widehat{\boldsymbol{J}}^2, \widehat{J}_0\right] = 0. \tag{B.7}$$

Das *Skalarprodukt zweier Drehimpulse* $\widehat{\boldsymbol{J}}_1$ und $\widehat{\boldsymbol{J}}_2$ ist

$$\widehat{\boldsymbol{J}}_1 \cdot \widehat{\boldsymbol{J}}_2 = \widehat{J}_{1x}\widehat{J}_{2x} + \widehat{J}_{1y}\widehat{J}_{2y} + \widehat{J}_{1z}\widehat{J}_{2z} = -\widehat{J}_{1+}\widehat{J}_{2-} + \widehat{J}_{10}\widehat{J}_{20} - \widehat{J}_{1-}\widehat{J}_{2+} \tag{B.8}$$

entsprechend der allgemeinen Definition von Skalarprodukten für Tensoroperatoren nach (D.19). Man kann $\widehat{\boldsymbol{J}}^2$ daher alternativ in der reellen oder in der Helizitätsbasis ausdrücken:

$$\widehat{\boldsymbol{J}}^2 = \widehat{J}_x^2 + \widehat{J}_y^2 + \widehat{J}_z^2 = -\widehat{J}_+\widehat{J}_- + \widehat{J}_0^2 - \widehat{J}_-\widehat{J}_+ = \sum_{q=-1}^{+1} (-1)^q \widehat{J}_q \widehat{J}_{-q}. \tag{B.9}$$

[2] Sehr oft findet man diese *Leiteroperatoren* in Lehrbüchern (selbst bei BRINK und SATCHLER 1994) definiert als $J_\pm = J_x \pm \mathrm{i}J_y$. So sind sie jedoch *nicht* die sphärischen Komponenten des $\widehat{\boldsymbol{J}}$-Vektoroperators *und* führen zu unsymmetrischen Vertauschungsregeln. Mit der von uns verwendeten Definition – sie wird z. B. auch von BLUM (2012) und von WEISSBLUTH (1978) verwendet – erfüllen die $\widehat{J}_\pm$ beide Funktionen: Als Leiter- oder Stufenoperatoren *und* als sphärische Komponenten von $\widehat{\boldsymbol{J}}$.

Die Operatoren $\widehat{J}_+$ und $\widehat{J}_-$ spielen eine Schlüsselrolle bei der Konstruktion von Drehimpulszuständen. Mithilfe der Vertauschungsrelationen (B.6)–(B.7) kann man *Drehimpulszustände* konstruieren, ohne die Kugelflächenfunktionen (2.80)–(2.83) zu benutzen, die ja ausschließlich Bahndrehimpulse mit ganzzahligen Quantenzahlen ℓ repräsentieren. Die gesamte Algebra für Drehimpulszustände kann auf diese Weise hergeleitet werden.

Nehmen wir an, $|JM\rangle$ seien Eigenzustände von $\widehat{J}_z = \widehat{J}_0$ mit Eigenwerten $\hbar M$, so folgt aus (B.6), dass $\widehat{J}_+|JM\rangle$ und $\widehat{J}_-|JM\rangle$ ebenfalls Eigenzustände von $\widehat{J}_0$ mit $\hbar(M+1)$ bzw. $\hbar(M-1)$ sind:

$$\begin{aligned} \widehat{J}_0\widehat{J}_\pm|JM\rangle &= \widehat{J}_\pm\widehat{J}_0|JM\rangle \pm \hbar\widehat{J}_\pm|JM\rangle \\ &= \hbar(M\pm 1)\widehat{J}_\pm|JM\rangle . \end{aligned} \tag{B.10}$$

Mit (B.7) sind die neuen Zustände $\widehat{J}_\pm|JM\rangle$ wiederum Eigenzustände von $\widehat{\boldsymbol{J}}^2$. Die Operatoren $\widehat{J}_+$ bzw. $\widehat{J}_-$ sind also Auf- und Absteigeoperatoren (auch *Leiteroperatoren*) für die Projektionsquantenzahl M. Nach (B.10) *wächst oder fällt* M *in Schritten von eins*. Man kann zeigen (hier ohne Beweis), dass M *einen Minimal- und einen Maximalwert*

$$-J \le M \le J \tag{B.11}$$

hat. Es ist offensichtlich, dass minimaler und maximaler Wert von $M = \pm J$ nur dann in Schritten von 1 miteinander verbunden werden können ($M = -J, -J+1, \ldots, J-1, J$), wenn *sowohl M als auch J entweder ganze Zahlen oder halbzahlig sind* – wie dies im Experiment beobachtet wird: Zu den Bahndrehimpulsen gehören ganzzahlige Drehimpulse, halbzahlige Werte ergeben sich aus der Beteiligung von Teilchen mit Spin 1/2. Die Zustände, die man auf diese Weise erzeugt, gehorchen den üblichen Eigenwertgleichungen und sind orthonormiert:

$$\widehat{\boldsymbol{J}}^2|JM\rangle = \hbar^2 J(J+1)|JM\rangle \text{ und } \widehat{J}_z|JM\rangle = \widehat{J}_0|JM\rangle = \hbar M|JM\rangle \tag{B.12}$$

$$\langle J'M'|JM\rangle = \delta_{J'J}\delta_{M'M} \tag{B.13}$$

Mit etwas Algebra kann man zeigen, dass die einzigen nichtverschwindenden Matrixelemente der sphärischen Drehimpulskomponenten $\widehat{J}_0$, $\widehat{J}_+$ und $\widehat{J}_-$ die folgenden sind:

$$\langle JM|\widehat{J}_0|JM\rangle = \langle JM|\widehat{J}_z|JM\rangle = \hbar M \quad \text{und} \tag{B.14}$$

$$\langle JM\pm 1|\widehat{J}_\pm|JM\rangle = \mp\frac{\hbar}{\sqrt{2}}a(\pm M) \tag{B.15}$$

$$\text{mit} \quad a(M) = \sqrt{J(J+1) - M(M+1)} \tag{B.16}$$

Alternativ kann man dafür schreiben:

$$\widehat{J}_\pm|JM\rangle = \mp\frac{\hbar}{\sqrt{2}}a(\pm M)|JM\pm 1\rangle \quad \text{und} \quad \widehat{J}_0|JM\rangle = \hbar M|JM\rangle \tag{B.17}$$

Schließlich notieren wir noch, dass alle Beziehungen, die wir hier für den allgemeinen Drehimpuls $\widehat{\boldsymbol{J}}$ kommuniziert haben, völlig äquivalent zu denen sind, die wir für den Bahndrehimpuls $\widehat{\boldsymbol{L}}$ in Abschn. 2.5 auf Seite 118 abgeleitet haben (auch dort kann man natürlich die sphärischen Komponenten $\widehat{L}_\pm$ einführen). Im Gegensatz zu $\widehat{L}$ bezieht sich aber der allgemeine Drehimpuls $\widehat{\boldsymbol{J}}$ nicht explizit auf den Ortsraum und speziell auf Winkel in Polarkoordinaten. Auch ist er eben nicht auf ganzzahlige Werte von J und M beschränkt.

B.1.2 Bahndrehimpuls – Kugelflächenfunktionen

Eine spezielle Art des Drehimpulses ist der in Abschn. 2.5 auf Seite 118 eingeführte Bahndrehimpuls. Wie dort beschrieben, können die entsprechenden *Operatoren durch räumlichen Koordinaten repräsentiert* werden – oder genauer: Die *Operatoren des Quadrats des Bahndrehimpulses* $\widehat{\mathbf{L}}^2$ und der *Komponenten* von $\widehat{\mathbf{L}}$ können als *Differenzialoperatoren* bezüglich der Azimut- und Polarwinkel *in Polarkoordinaten* ausgedrückt werden. Besonders wichtig sind

$$\widehat{\boldsymbol{L}}^2 = \widehat{L}_x^2 + \widehat{L}_y^2 + \widehat{L}_z^2 = -\hbar^2 \left[\frac{1}{\sin\theta} \frac{\partial}{\partial\theta} \left(\sin\theta \frac{\partial}{\partial\theta} \right) + \frac{1}{\sin^2\theta} \frac{\partial^2}{\partial\varphi^2} \right] \tag{B.18}$$

$$\text{und} \quad \widehat{L}_z = -\mathrm{i}\hbar \frac{\partial}{\partial\varphi} \tag{B.19}$$

mit den *Kugelflächenfunktionen*[3] $Y_{\ell m}(\theta, \varphi)$ als gemeinsamen Eigenfunktionen. Diese Operatoren haben die Eigenwerte $\hbar^2 \ell(\ell + 1)$ bzw. $\hbar m$ entsprechend (B.12). Hier ist $\ell = 0, 1, 2, \ldots$ und m ist eine beliebige ganze Zahl zwischen $-\ell \le m \le \ell$.

Ohne Beweis kommunizieren wir hier die Kugelflächenfunktionen,

$$Y_{\ell m}(\theta, \varphi) = (-1)^m \sqrt{\frac{2\ell + 1}{4\pi} \frac{(\ell - m)!}{(\ell + m)!}} P_\ell^m(\cos\theta) \exp(\mathrm{i}m\varphi) \tag{B.20}$$

$$\text{mit} \quad \int_0^{2\pi} \mathrm{d}\varphi \int_0^{\pi} Y_{\ell m}^*(\theta, \varphi) Y_{\ell' m'}(\theta, \varphi) \sin\theta \mathrm{d}\theta = \delta_{\ell'\ell} \delta_{m'm}. \tag{B.21}$$

$P_\ell^m(x)$ sind die *assoziierten* LEGENDRE-*Polynome*

$$P_\ell^m(x) = \sqrt{\left(1 - x^2\right)^m} \frac{\mathrm{d}^m P_\ell(x)}{\mathrm{d}x^m} = \frac{1}{2^\ell \ell!} \sqrt{\left(1 - x^2\right)^m} \frac{\mathrm{d}^{\ell+m}}{\mathrm{d}x^{\ell+m}} \left(x^2 - 1\right)^\ell, \tag{B.22}$$

die ihrerseits von den gewöhnlichen LEGENDRE-*Polynomen*

$$P_\ell(x) = \frac{1}{2^\ell \ell!} \frac{\mathrm{d}^\ell}{\mathrm{d}x^\ell} \left(x^2 - 1\right)^\ell \tag{B.23}$$

[3] Engl. *Spherical Harmonics*.

abgeleitet werden. Als Funktion von $\cos\theta$ sind die ersten LEGENDRE-*Polynome*:

$$\begin{aligned} P_0(\cos\theta) &= 1 \\ P_1(\cos\theta) &= \cos\theta \\ P_2(\cos\theta) &= \frac{3}{2}\cos^2\theta - \frac{1}{2} \\ P_3(\cos\theta) &= \frac{5}{2}\cos^3\theta - \frac{3}{2}\cos\theta \\ P_4(\cos\theta) &= \frac{1}{8}\left(35\cos^4\theta - 30\cos^2\theta + 3\right) \end{aligned} \tag{B.24}$$

Wir notieren weiterhin deren Orthogonalitätsrelationen

$$\int_{4\pi} P_\ell(\cos\theta) P_{\ell'}(\cos\theta)\mathrm{d}\Omega = \frac{4\pi}{2\ell+1}\delta_{\ell\ell'}.$$

Mit $P_0(\cos\theta) = 1$ folgt für alle LEGENDRE-Polynome mit $\ell > 0$

$$\int_{4\pi} P_\ell(\cos\theta)\mathrm{d}\Omega = 0. \tag{B.25}$$

Die Definition (B.20) der Kugelflächenfunktionen $Y_{\ell m}(\theta,\varphi)$ impliziert die sogenannte *Phasenkonvention* nach CONDON und SHORTLEY (1951) mit dem Faktor $(-1)^m$, sodass für das c.c.

$$Y^*_{\ell m}(\theta,\varphi) = (-1)^m Y_{\ell -m}(\theta,\varphi) \tag{B.26}$$

gilt. Bei Inversion am Ursprung ($\boldsymbol{r} \to -\boldsymbol{r}$) führt dies zu

$$Y_{\ell m}(\pi-\theta, \pi+\varphi) = (-1)^\ell Y_{\ell -m}(\theta,\varphi). \tag{B.27}$$

Man bezeichnet diese Eigenschaft der Kugelflächenfunktionen als *positive bzw. negative Parität,* je nachdem ob ℓ *gerade oder ungerade* ist, wie ausführlich in Anhang E beschrieben wird. In kompakter Form erhält man, gut für rechnerische Zwecke nutzbar,

$$\begin{aligned} Y_{\ell m}(\theta,\varphi) &= \frac{(-1)^{\ell+m}}{2^\ell \ell!}\sqrt{\frac{(2\ell+1)(\ell-m)!}{4\pi(\ell+m)!}}(\sin\theta)^m \frac{\mathrm{d}^{\ell+m}(\sin\theta)^{2\ell}}{\mathrm{d}(\cos\theta)^{\ell+m}}\exp(\mathrm{i}m\varphi) \\ &= \frac{(-1)^{\ell}}{2^\ell \ell!}\sqrt{\frac{(2\ell+1)(\ell+m)!}{4\pi(\ell-m)!}}(\sin\theta)^{-m} \frac{\mathrm{d}^{\ell-m}(\sin\theta)^{2\ell}}{\mathrm{d}(\cos\theta)^{\ell-m}}\exp(-\mathrm{i}m\varphi). \end{aligned} \tag{B.28}$$

Der einfacheren Schreibweise wegen, benutzt man oft auch die sogenannten *renormierten Kugelflächenfunktionen*

$$C_{\ell m}(\theta,\varphi) = \sqrt{\frac{4\pi}{2\ell+1}} Y_{\ell m}(\theta,\varphi) = (-1)^m\sqrt{\frac{(\ell-m)!}{(\ell+m)!}} P^m_\ell(\cos\theta)\exp(\mathrm{i}m\varphi), \tag{B.29}$$

wobei wir $Y_{\ell m}(\theta,\varphi)$ aus (B.20) eingesetzt haben. Als spezielle Werte halten wir

$$Y_{\ell m}(0,\varphi) = \sqrt{(2\ell+1)/(4\pi)}\delta_{m,0} \quad \text{bzw.} \quad C_{\ell m}(0,\varphi) = \delta_{m,0} \tag{B.30}$$

fest. Explizite Ausdrücke für die renormierten Kugelflächenfunktionen bis $\ell = 3$ sind in Tab. B.1 zusammengestellt. Eine graphische Illustration der Winkelabhängigkeit bis $\ell = 2$ gibt Abb. 2.6 auf Seite 124.

Tabelle B.1 Renormierte Kugelflächenfunktionen $C_{\ell k}$ nach (B.28) und (B.29)

ℓ	m	Symbol	$\widehat{L}^2$	$\widehat{L}_z$	$C_{\ell k}(\theta,\varphi)=\sqrt{4\pi/(2\ell+1)}Y_{\ell m}(\theta,\varphi)$
0	0	s	0	0	$C_{00}=1$
1	0	p_0	$2\hbar^2$	0	$C_{10}=\cos\theta$
	±1	$p_{\pm1}$	$2\hbar^2$	$\pm\hbar$	$C_{1\pm1}=\mp\sqrt{\frac{1}{2}}\sin\theta\cdot e^{\pm i\varphi}$
2	0	d_0	$6\hbar^2$	0	$C_{20}=\frac{1}{2}(3\cos^2\theta-1)$
	±1	$d_{\pm1}$	$6\hbar^2$	$\pm\hbar$	$C_{2\pm1}=\mp\sqrt{\frac{3}{2}}\sin\theta\cos\theta\cdot e^{\pm i\varphi}$
	±2	$d_{\pm2}$	$6\hbar^2$	$\pm2\hbar$	$C_{2\pm2}=\sqrt{\frac{3}{8}}\sin^2\theta\cdot e^{\pm i2\varphi}$
3	0	f_0	$12\hbar^2$	0	$C_{30}=\frac{1}{2}(5\cos^3\theta-3\cos\theta)$
	±1	$f_{\pm1}$	$12\hbar^2$	$\pm\hbar$	$C_{3\pm1}=\mp\frac{1}{4}\sqrt{3}e^{\pm i\varphi}\sin\theta(5\cos\theta^2-1)$
	±2	$f_{\pm2}$	$12\hbar^2$	$\pm2\hbar$	$C_{3\pm2}=\sqrt{\frac{15}{8}}\cos\theta\sin^2\theta e^{\pm 2i\varphi}$
	±3	$f_{\pm3}$	$12\hbar^2$	$\pm3\hbar$	$C_{3\pm3}=\mp\frac{\sqrt{5}}{4}\sin^3\theta\cdot e^{\pm 3i\varphi}$

B.2 Kopplung von zwei Drehimpulsen

Das zentrale Anliegen dieses Abschnitts ist die Einführung von CLEBSCH-GORDAN-Koeffizienten und 3*j*-Symbolen.

B.2.1 Definitionen

Wenn zwei Drehimpulse $\widehat{\boldsymbol{J}}_1$ und $\widehat{\boldsymbol{J}}_2$ zu einem dritten

$$\widehat{\boldsymbol{J}}_1+\widehat{\boldsymbol{J}}_2=\widehat{\boldsymbol{J}}$$

koppeln, so konstruiert man die Eigenzustände $|JM\rangle$ zu letzterem aus den Produkten der ungekoppelten Zustände $|J_1M_1\rangle$ und $|J_2M_2\rangle$ nach

$$|J_1J_2JM\rangle=\sum_{M_1M_2}|J_1M_1J_2M_2\rangle\langle J_1M_1J_2M_2|J_1J_2JM\rangle. \tag{B.31}$$

Formal kann man $\sum|J_1M_1J_2M_2\rangle\langle J_1M_1J_2M_2|\equiv\widehat{\mathbf{1}}$ einfach als quantenmechanischen Einheitsoperator lesen (siehe Abschn. 2.3.1 auf Seite 105), der vor den gekoppelten Zustand $|J_1J_2JM\rangle$ geschrieben wird. J_1, J_2 und J sind die entsprechenden (ganz- oder halbzahligen) Drehimpulsquantenzahlen, während M_1, M_2 und M die jeweiligen Projektionsquantenzahlen in Bezug auf die z-Achse bezeichnen. Die Umkehrtransformation ist

$$|J_1M_1J_2M_2\rangle=\sum_{JM}|J_1J_2JM\rangle\langle J_1J_2JM|J_1M_1J_2M_2\rangle, \tag{B.32}$$

und die Koeffizienten $\langle J_1 J_2 J M | J_1 M_1 J_2 M_2 \rangle$ sind das Komplex-Konjugierte von $\langle J_1 M_1 J_2 M_2 | J_1 J_2 J M \rangle$ in (B.31). Nach allgemeiner Übereinkunft wählt man die *Phase so, dass diese Koeffizienten reell sind:*

$$\langle J_1 J_2 J M | J_1 M_1 J_2 M_2 \rangle = \langle J_1 M_1 J_2 M_2 | J_1 J_2 J M \rangle = C^{J_1 J_2 J}_{M_1 M_2 M} . \tag{B.33}$$

Sie werden CLEBSCH-GORDAN-*Koeffizienten* genannt. Sie sind dann und nur dann ungleich Null, wenn zwei Bedingungen erfüllt sind:

1. *Für die Quantenzahlen* J_i *muss* $\delta(J_1 J_2 J) = 1$ sein, wobei die *Dreiecksrelation* definiert ist durch:

$$\delta(j_1 j_2 j_3) = \begin{cases} 1 & \text{für} \quad |j_2 - j_1| \leq j_3 \leq |j_2 + j_1| \\ 0 & \text{sonst} \end{cases} \tag{B.34}$$

2. *Für die Projektionsquantenzahlen* $M_i = M_1, M_2$ und M muss gelten:

$$\begin{aligned} -J_i, -J_i + 1, \ldots \leq M_i \leq J_i \quad &\text{und} \\ M = M_1 + M_2 & \end{aligned} \tag{B.35}$$

Die CLEBSCH-GORDAN-*Koeffizienten verschwinden,* wenn die Dreiecksrelation nicht erfüllt ist, wenn also $\delta(J_1 J_2 J) = 0$ ist oder wenn $M \neq M_1 + M_2$ ist.

Alternativ zu den CLEBSCH-GORDAN-Koeffizienten werden die

$$\text{WIGNER 3j-Symbole} \quad \begin{pmatrix} J_1 & J_2 & J_3 \\ M_1 & M_2 & M_3 \end{pmatrix}$$

benutzt. Mit den CLEBSCH-GORDAN-Koeffizienten verbindet sie

$$\langle J_1 M_1 J_2 M_2 | J M \rangle = (-1)^{J_1 - J_2 + M} (2J+1)^{1/2} \begin{pmatrix} J_1 & J_2 & J \\ M_1 & M_2 & -M \end{pmatrix} . \tag{B.36}$$

Sie sind bezüglich der drei Drehimpulse völlig symmetrisch definiert. Man *beachte hier aber das Minuszeichen* vor dem M in der letzten Spalte. *Die* $3j$*-Symbole verschwinden, es sei denn*

$$\delta(J_1 J_2 J) = 1 \quad \text{und} \quad M_1 + M_2 = M \quad \text{gilt.} \tag{B.37}$$

B.2.2 Orthogonalität und Symmetrien

Die folgenden Orthonormalitätsrelationen gelten:

$$\sum_{JM} \langle J_1 M_1' J_2 M_2' | J M \rangle \langle J_1 M_1 J_2 M_2 | J M \rangle = \delta_{M_1 M_1'} \delta_{M_2 M_2'} \delta(J_1 J_2 J) \tag{B.38}$$

$$\sum_{M_1 M_2} \langle J_1 M_1 J_2 M_2 | J' M' \rangle \langle J_1 M_1 J_2 M_2 | J M \rangle = \delta_{M M'} \delta_{J J'} \delta(J_1 J_2 J) . \tag{B.39}$$

Entsprechend gilt für die $3j$-Symbole:

$$\sum_{JM}(2J+1)\begin{pmatrix} J_1 & J_2 & J \\ M_1 & M_2 & M \end{pmatrix}\begin{pmatrix} J_1 & J_2 & J \\ M_1' & M_2' & M \end{pmatrix} = \delta_{M_1M_1'}\delta_{M_2M_2'}\delta(J_1J_2J)$$

$$(2J+1)\sum_{M_1M_2}\begin{pmatrix} J_1 & J_2 & J \\ M_1 & M_2 & M \end{pmatrix}\begin{pmatrix} J_1 & J_2 & J' \\ M_1 & M_2 & M' \end{pmatrix} = \delta_{JJ'}\delta_{MM'}\delta(J_1J_2J) \quad \text{(B.40)}$$

$$\text{und damit auch} \quad \sum_{M_1M_2}\begin{pmatrix} J_1 & J_2 & J \\ M_1 & M_2 & M \end{pmatrix}^2 = \frac{\delta(J_1J_2J)}{(2J+1)}. \quad \text{(B.41)}$$

Die $3j$-Symbole sind symmetrisch bezüglich des zyklischen Austauschs ihrer Spalten; ihr Vorzeichen ändert sich ggf. nach $(-1)^{J_1+J_2+J}$, wenn zwei Spalten vertauscht werden oder wenn das Vorzeichen aller Projektionsquantenzahlen geändert wird:

$$\begin{pmatrix} J_1 & J_2 & J \\ M_1 & M_2 & M \end{pmatrix} = \begin{pmatrix} J_2 & J & J_1 \\ M_2 & M & M_1 \end{pmatrix} = \begin{pmatrix} J & J_1 & J_2 \\ M & M_1 & M_2 \end{pmatrix} \quad \text{(B.42)}$$

$$= (-1)^{J_1+J_2+J}\begin{pmatrix} J_2 & J_1 & J \\ M_2 & M_1 & M \end{pmatrix} \text{ usw.} \quad \text{(B.43)}$$

$$= (-1)^{J_1+J_2+J}\begin{pmatrix} J_1 & J_2 & J \\ -M_1 & -M_2 & -M \end{pmatrix}. \quad \text{(B.44)}$$

B.2.3 Allgemeine Formeln

Die $3j$-Symbole können entweder mithilfe geeigneter Rekursionsbeziehungen oder nach der folgenden Formel von RACAH berechnet werden:

$$\begin{aligned}
&\begin{pmatrix} J_1 & J_2 & J_3 \\ M_1 & M_2 & M_3 \end{pmatrix} \\
&= (-1)^{J_1-J_2-M_3}\delta_{(M_1+M_2)-M_3}\sqrt{\Delta(J_1J_2J_3)} \qquad \text{(B.45)}\\
&\times\sqrt{(J_1+M_1)!(J_1-M_1)!(J_2+M_2)!(J_2-M_2)!(J_3+M_3)!(J_3-M_3)!}\\
&\times\sum_t(-1)^t\, t!\{(J_3-J_2+t+M_1)!(J_3-J_1+t-M_2)!\\
&\times(J_1+J_2-J_3-t)!(J_1-t-M_1)!(J_2-t+M_2)!\}^{-1}
\end{aligned}$$

Hier wird der sogenannte Dreieckskoeffizient benutzt:

$$\Delta(abc) = \frac{(a+b-c)!(a-b+c)!(-a+b+c)!}{(a+b+c+1)!} \quad \text{(B.46)}$$

Man muss (B.45) über alle Werte von t summieren, die zu nicht negativen Argumenten der Fakultätsausdrücke in (B.46) führen. Es gibt eine Reihe von schnellen und einfach zugänglich Rechenprogrammen für die $3j$-Symbole, wie bereits erwähnt (z. B. STONE 2006 ein Java-Skript, auch für $6j$- und $9j$-Symbole).

B.2.4 Spezialfälle

Geschlossene Ausdrücke für einige häufig vorkommende Fälle sind oft nützlich. Die $3j$-Symbole werden besonders einfach, wenn einer der drei Drehimpulse verschwindet:

$$\begin{pmatrix} J_1 & J_2 & 0 \\ M_1 & M_2 & 0 \end{pmatrix} = \frac{(-1)^{J_1-M_1}\delta_{J_1J_2}\delta_{-M_1M_2}}{\sqrt{2J_1+1}} \tag{B.47}$$

Ein recht kompakter Ausdruck gilt, wenn alle Projektionsquantenzahlen verschwinden, und *wenn $S = J_1 + J_2 + J$ gerade ist:*

$$\begin{pmatrix} J_1 & J_2 & J \\ 0 & 0 & 0 \end{pmatrix} = (-1)^{S/2}\left[\frac{(S-2J_1)!(S-2J_2)!(S-2J)!}{(S+1)!}\right]^{1/2} \times \frac{(S/2)!}{(S/2-J_1)!(S/2-J_2)!(S/2-J)!}. \tag{B.48}$$

Dagegen findet man *im Fall, dass $S = J_1 + J_2 + J$ ungerade ist,* nach (B.44):

$$\begin{pmatrix} J_1 & J_2 & J \\ 0 & 0 & 0 \end{pmatrix} = 0 \tag{B.49}$$

Oft benutzte Beziehungen sind:

$$\begin{pmatrix} J+\frac{1}{2} & J & \frac{1}{2} \\ M & -M-\frac{1}{2} & \frac{1}{2} \end{pmatrix} = (-1)^{J-M-1/2}\sqrt{\frac{J-M+1/2}{(2J+1)(2J+2)}} \tag{B.50}$$

$$\begin{pmatrix} J+1 & J & 1 \\ M & -M-1 & 1 \end{pmatrix} = (-1)^{J-M-1}\sqrt{\frac{(J-M)(J-M+1)}{(2J+1)(2J+2)(2J+3)}} \tag{B.51}$$

$$\begin{pmatrix} +1 & J & 1 \\ M & -M & 0 \end{pmatrix} = (-1)^{J-M-1}\sqrt{\frac{2(J-M+1)(J+M+1)}{(2J+1)(2J+2)(2J+3)}} \tag{B.52}$$

$$\begin{pmatrix} J & J & 1 \\ M & -M-1 & 1 \end{pmatrix} = (-1)^{J-M}\sqrt{\frac{(J-M)(J+M+1)}{J(2J+1)(2J+2)}} \tag{B.53}$$

$$\begin{pmatrix} J & J & 1 \\ M & -M & 0 \end{pmatrix} = (-1)^{J-M}\frac{M}{\sqrt{J(J+1)(2J+1)}} \tag{B.54}$$

$$\begin{pmatrix} J & J & 2 \\ M & -M-2 & 2 \end{pmatrix} = \tag{B.55}$$

$$= (-1)^{J-M}\sqrt{\frac{6(J-M-1)(J-M)(J+M+1)(J+M+2)}{(2J+3)(2J+2)(2J+1)2J(2J-1)}}$$

$$\begin{pmatrix} J & J & 2 \\ M & -M-1 & 1 \end{pmatrix} = \tag{B.56}$$

$$= (-1)^{J-M}(1+2M)\sqrt{\frac{6(J+M+1)(J-M)}{(2J+3)(2J+2)(2J+1)2J(2J-1)}}$$

$$\begin{pmatrix} J & J & 2 \\ M & -M & 0 \end{pmatrix} = (-1)^{J-M} \frac{2[3M^2 - J(J+1)]}{\sqrt{(2J+3)(2J+2)(2J+1)2J(2J-1)}}. \quad \text{(B.57)}$$

Man beachte: Formel (B.53) wird bei BRINK und SATCHLER (1994) leicht fehlerhaft angegeben.

B.3 RACAH-Funktion und 6*j*-Symbole

B.3.1 Definition

Häufig hat man es mit der Kopplung von drei Drehimpulsvektoren zu tun. Ein typischer Fall ist die Hyperfeinstruktur (HFS), wo bei einem Einelektronensystem Bahndrehimpuls, Elektronenspin und Kernspin miteinander gekoppelt sind. Bei zwei Elektronen, von denen eines einen nichtverschwindenden Drehimpuls ℓ hat – z. B. Hg($6sn\ell$) – koppeln die Spins der beiden Elektronen mit diesem Bahndrehimpuls. Auch bei vielen Problemen der Molekülphysik finden wir diese Situation. So kann z. B. die Molekülrotation mit Bahndrehimpuls und Spin der Elektronen koppeln usw. Aber auch bei optischen Übergängen zwischen Zuständen mit Spin-Bahn-Kopplung koppelt ja der Photonenspin mit den Drehimpulsen und führt zu entsprechenden Auswahlregeln.

Allgemein geht man bei *drei Drehimpulsen* von den Produktzuständen

$$|j_1 m_1\rangle |j_2 m_2\rangle |j_3 m_3\rangle = |j_1 m_1 j_2 m_2 j_3 m_3\rangle$$

in einer ungekoppelten Darstellung aus. Ganz formal ist der *Vektoroperator des Gesamtdrehimpulses*

$$\widehat{\boldsymbol{J}} = \widehat{\boldsymbol{J}}_1 + \widehat{\boldsymbol{J}}_2 + \widehat{\boldsymbol{J}}_3,$$

und es gilt, die Eigenzustände von $\widehat{\boldsymbol{J}}^2$ und $\widehat{J}_z$ zu den Eigenwerten $J(J+1)\hbar^2$ und $M\hbar$ zu finden. Man kann diese *Eigenzustände* des Gesamtdrehimpulses *auf zwei verschiedene Weisen bilden,* indem man die in Anhang B.2 beschriebene Kopplung *zweier* Drehimpulse zu Grunde legt. Man kann zunächst $\widehat{\boldsymbol{J}}_1$ und $\widehat{\boldsymbol{J}}_2$ zu $\widehat{\boldsymbol{J}}_{12}$ und sodann $\widehat{\boldsymbol{J}}_{12}$ mit $\widehat{\boldsymbol{J}}_3$ zu $\widehat{\boldsymbol{J}}$ zusammensetzten. Nach (B.31) ergibt sich aus den Produktzuständen $|j_1 m_1\rangle\, |j_2 m_2\rangle$

$$|(j_1 j_2) J_{12} M_{12}\rangle = \sum_{m_1 m_2} |j_1 m_1\rangle |j_2 m_2\rangle \langle j_1 m_1 j_2 m_2 | J_{12} M_{12}\rangle,$$

woraus dann mit $|j_3 m_3\rangle$

$$\big|(j_1 j_2) J_{12} j_3;\, JM\big\rangle = \sum_{M_{12} m_3} \big|(j_1 j_2) J_{12} M_{12}\big\rangle \big|j_3 m_3\big\rangle \big\langle J_{12} M_{12} j_3 m_3 \big| JM\big\rangle \quad \text{(B.58)}$$

folgt. Dieser Zustand ist zugleich Eigenzustand von $\widehat{\boldsymbol{J}}^2$, $\widehat{J}_z$ und $\widehat{\boldsymbol{J}}_{12}$ mit J_{12} als zusätzlicher Quantenzahl des Systems.

Alternativ koppelt man zuerst $\widehat{\boldsymbol{J}}_2$ mit $\widehat{\boldsymbol{J}}_3$ zu $\widehat{\boldsymbol{J}}_{23}$ und verbindet dann $\widehat{\boldsymbol{J}}_{23}$ mit $\widehat{\boldsymbol{J}}_1$ zu $\widehat{\boldsymbol{J}}$. So ergeben sich die Eigenzustände für Gesamtdrehimpuls $\widehat{\boldsymbol{J}}^2$ und seine z-Komponente $\widehat{J}_z$:

$$\left|j_1(j_2 j_3)J_{23};\,JM\right\rangle = \sum_{m_1 M_{23}} |j_1 m_1\rangle \left|(j_2 j_3)J_{23}M_{23}\right\rangle\!\left\langle j_1 m_1 J_{23} M_{23}\middle|JM\right\rangle \tag{B.59}$$

Dieser Zustand ist zugleich auch Eigenzustand von $\widehat{\boldsymbol{J}}_{23}^2$, und in diesem Fall ist also J_{23} eine zusätzliche Quantenzahl. Die beiden Repräsentationen sind natürlich nicht linear unabhängig voneinander, denn sie beschreiben ja den gleichen Unterraum der Drehimpulszustände. Man kann die Zustände in jedem der beiden Kopplungsschemata durch eine Linearkombination im anderen ausdrücken:

$$\begin{aligned}&\left|(j_1 j_2)J_{12} j_3;\,JM\right\rangle \\ &= \sum_{J_{23}} \left|j_1(j_2 j_3)J_{23};\,JM\right\rangle\!\left\langle j_1(j_2 j_3)J_{23};\,JM\middle|(j_1 j_2)J_{12} j_3;\,JM\right\rangle.\end{aligned} \tag{B.60}$$

Die Entwicklungskoeffizienten sind Skalare und unabhängig von M. In symmetrischer Schreibweise *benutzt* man die sogenannte *W-Funktion* nach RACAH (1942) bzw. das *$6j$-Symbol:*

$$\begin{aligned}&\left\langle j_1(j_2 j_3)J_{23};\,JM\middle|(j_1 j_2)J_{12} j_3;\,JM\right\rangle \\ &= (2J_{12}+1)^{1/2}(2J_{23}+1)^{1/2}\,W(j_1 j_2 J j_3;\,J_{12} J_{23})\end{aligned} \tag{B.61}$$

$$\text{mit } W(j_1 j_2 J j_3;\,J_{12} J_{23}) = (-1)^{-j_1-j_2-j_3-J}\begin{Bmatrix} j_1 & j_2 & J_{12} \\ j_3 & J & J_{23}\end{Bmatrix}. \tag{B.62}$$

B.3.2 Orthogonalität und Symmetrien

Damit die $6j$-Symbole nichtverschwinden, müssen 6 Drehimpulse nach den obigen Definitionen gekoppelt werden. Das erfordert *Dreiecksrelationen zwischen diesen Drehimpulsen.* Schematisch müssen für alle im Folgenden durch Sterne gekennzeichneten Kombinationen von Drehimpulsen Dreiecksrelationen erfüllt sein:

$$\begin{Bmatrix} \star & \star & \star \\ & & \end{Bmatrix},\quad \begin{Bmatrix} \star & & \\ & \star & \star \end{Bmatrix},\quad \begin{Bmatrix} & \star & \\ \star & & \star \end{Bmatrix},\quad \begin{Bmatrix} & & \star \\ \star & \star & \end{Bmatrix} \tag{B.63}$$

Die $6j$-Symbole sind invariant gegen Vertauschung irgendwelcher zwei Spalten und gegen Vertauschung der Reihen:

$$\begin{Bmatrix} j_1 & j_2 & J_{12} \\ j_3 & J & J_{23}\end{Bmatrix} = \begin{Bmatrix} j_1 & J_{12} & j_2 \\ j_3 & J_{23} & J\end{Bmatrix} = \begin{Bmatrix} j_2 & J_{12} & j_1 \\ J & J_{23} & j_3\end{Bmatrix} = \begin{Bmatrix} J & J_{23} & j_1 \\ j_2 & J_{12} & j_3\end{Bmatrix},\quad \text{usw.} \tag{B.64}$$

Schließlich gelten verschieden Summenregeln für die $6j$-Symbole. Wir notieren

$$\sum_k (-1)^{2k}(2k+1)\begin{Bmatrix} j_1 & j_2 & k \\ j_2 & j_1 & J\end{Bmatrix} = 1 \tag{B.65}$$

und die Orthogonalitätsbeziehung

$$\sum_J (2J+1)\,(2J'+1)\begin{Bmatrix} j_1 & j_2 & J' \\ j_3 & j_4 & J \end{Bmatrix}\begin{Bmatrix} j_1 & j_2 & J'' \\ j_3 & j_4 & J \end{Bmatrix} = \delta_{J'J''}. \tag{B.66}$$

B.3.3 Allgemeine Formeln

Man kann explizite Ausdrücke für die $6j$-Symbole aus (B.58)–(B.60) entwickeln. Nach RACAH ergibt sich dabei folgende allgemeine Formel:

$$\begin{Bmatrix} j_1 & j_2 & J_{12} \\ j_3 & J & J_{23} \end{Bmatrix} \tag{B.67}$$

$$= \sqrt{\Delta(j_1 j_2 J_{12})\Delta(j_1 J J_{23})\Delta(j_3 j_2 J_{23})\Delta(j_3 J J_{12})}\sum_t \frac{(-1)^t (t+1)!}{f(t)}$$

$$\begin{aligned} \text{mit } f(t) &= (t-j_1-j_2-J_{12})!(t-j_1-J-J_{23})!(t-j_3-j_2-J_{23})! \\ &\quad \times (t-j_3-J-J_{12})!(j_1+j_2+j_3+J-t)! \\ &\quad \times (j_2+J_{12}+J+J_{23}-t)!(J_{12}+j_1+J_{23}+j_3-t)! \end{aligned}$$

mit dem Dreieckskoeffizient $\Delta(abc)$ nach (B.46). Auch hier ist wieder über alle nichtverschwindenden Terme zu summieren, und wir empfehlen wieder die Benutzung der einschlägigen Online-Rechenprogramme (z. B. STONE 2006) Java-Skript, auch für $3j$- und $9j$-Symbole).

Die $6j$-Symbole können auch als Summen über Produkte von $3j$-Symbolen entwickelt werden. Eine wichtige Beziehung ist die sog. Kontraktionsformel:

$$\begin{aligned} &\sum_{\mu_1\mu_2\mu_3} (-1)^{j_1+j_2+j_3+\mu_1+\mu_2+\mu_3}\begin{pmatrix} \ell_1 & j_2 & j_3 \\ m_1 & \mu_2 & -\mu_3 \end{pmatrix} \\ &\quad \times \begin{pmatrix} j_1 & \ell_2 & j_3 \\ -\mu_1 & m_2 & \mu_3 \end{pmatrix}\begin{pmatrix} j_1 & j_2 & \ell_3 \\ \mu_1 & -\mu_2 & m_3 \end{pmatrix} \\ &\quad = \begin{pmatrix} \ell_1 & \ell_2 & \ell_3 \\ m_1 & m_2 & m_3 \end{pmatrix}\begin{Bmatrix} \ell_1 & \ell_2 & \ell_3 \\ j_1 & j_2 & j_3 \end{Bmatrix}. \end{aligned} \tag{B.68}$$

Für den Spezialfall, dass $\ell_1+\ell_2+\ell_3$ gerade ist und $j_3 = 1/2$, ergibt sich eine besonders einfache Beziehung:

$$\begin{aligned} \begin{pmatrix} j_1 & j_2 & \ell_3 \\ -1/2 & 1/2 & 0 \end{pmatrix} &= -(-1)^{-\ell_1-\ell_2-j_2-j_1}\sqrt{(2\ell_1+1)(2\ell_2+1)} \\ &\quad \times \begin{Bmatrix} \ell_1 & \ell_2 & \ell_3 \\ j_2 & j_1 & 1/2 \end{Bmatrix}\begin{pmatrix} \ell_1 & \ell_2 & \ell_3 \\ 0 & 0 & 0 \end{pmatrix}. \end{aligned} \tag{B.69}$$

B.3.4 Spezialfälle

Auch hier kommunizieren wir einige geschlossene Ausdrücke für spezielle Fälle, die gelegentlich sehr nützlich sind.

Mit $s = a + b + c$ und $X = b(b+1) + c(c+1) - a(a+1)$ gilt:

$$\begin{Bmatrix} a & b & c \\ 0 & d & e \end{Bmatrix} = \frac{(-1)^s \delta(abc)\delta_{be}\delta_{cd}}{\sqrt{(2b+1)(2c+1)}} \tag{B.70}$$

$$\begin{Bmatrix} a & b & c \\ 1 & c & b \end{Bmatrix} = \frac{2(-1)^{s+1} X}{\sqrt{2b(2b+1)(2b+2)2c(2c+1)(2c+2)}} \tag{B.71}$$

$$\begin{Bmatrix} a & b & c \\ 2 & c & b \end{Bmatrix} = \frac{2(-1)^s}{\sqrt{(2b-1)2b(2b+1)(2b+2)(2b+3)}} \times \frac{[3X(X-1) - 4b(b+1)c(c+1)]}{\sqrt{(2c-1)2c(2c+1)(2c+2)(2c+3)}} \tag{B.72}$$

$$\begin{Bmatrix} a+\frac{1}{2} & a & \frac{1}{2} \\ b+\frac{1}{2} & b & c+\frac{1}{2} \end{Bmatrix} = \frac{(-1)^{s+1}}{2} \sqrt{\frac{(s-2c+1)(2+s)}{(2a+1)(a+1)(2b+1)(b+1)}} \tag{B.73}$$

$$\begin{Bmatrix} a+\frac{1}{2} & a & \frac{1}{2} \\ b & b+\frac{1}{2} & c \end{Bmatrix} = \frac{(-1)^{s+1}}{2} \sqrt{\frac{(s-2c+1)(2+s)}{(2a+1)(a+1)(2b+1)(b+1)}}. \tag{B.74}$$

B.4 Vier Drehimpulse und $9j$-Symbole

Ganz kurz wollen wir abschließend noch die Kopplung von vier Drehimpulsen j_1, j_2, j_3 und j_4 ansprechen. Auch hier kann die Kopplung in unterschiedlicher Reihenfolge stattfinden. So kann man $|(j_1 j_2) j_{12}, (j_3 j_4) j_{34}; jm\rangle$ oder alternativ $|(j_1 j_3) j_{13}, (j_2 j_4) j_{24}; jm\rangle$ koppeln. Die zwei Schemata hängen miteinander über eine unitäre Transformation zusammen:

$$\begin{aligned} &|(j_1 j_3) j_{13}, (j_2 j_4) j_{24}; jm\rangle \\ &= \sum_{j_{12}, j_{34}} |(j_1 j_2) j_{12}, (j_3 j_4) j_{34}; jm\rangle \langle (j_1 j_2) j_{12}, (j_3 j_4) j_{34}; j \, |(j_1 j_3) j_{13}, (j_2 j_4) j_{24}; j\rangle . \end{aligned} \tag{B.75}$$

In kompakter Form kann man diese Umkopplungskoeffizienten so schreiben:

$$\begin{aligned} &\langle (j_1 j_2) j_{12}, (j_3 j_4) j_{34}; j \, |(j_1 j_3) j_{13}, (j_2 j_4) j_{24}; j\rangle = \\ &= [(2j_{12}+1)(2j_{34}+1)(2j_{13}+1)(2j_{24}+1)]^{1/2} \begin{Bmatrix} j_1 & j_2 & j_{12} \\ j_3 & j_4 & j_{34} \\ j_{13} & j_{24} & j \end{Bmatrix} \end{aligned} \tag{B.76}$$

In der letzten Zeile haben wir ein sogenanntes WIGNER $9j$-*Symbol* benutzt {*in geschweifter Klammer*}.

Jede Spalte und jede Reihe muss jetzt eine Dreiecksrelation erfüllen. Eine ungerade Zahl von Vertauschungen zwischen den Spalten oder zwischen den Reihen ändert lediglich das Vorzeichen entsprechend $(-1)^{\Sigma \text{alle } j\text{'s}}$.

Die Orthonormalitätsbeziehung für die $9j$-Symbole lautet

$$\sum_{j_{13},j_{24}} (2j_{12}+1)(2j_{34}+1)(2j_{13}+1)(2j_{24}+1) \times \begin{Bmatrix} j_1 & j_2 & j_{12} \\ j_3 & j_4 & j_{34} \\ j_{13} & j_{24} & j \end{Bmatrix} \begin{Bmatrix} j_1 & j_2 & j_{12} \\ j_3 & j_4 & j_{34} \\ j'_{13} & j'_{24} & j \end{Bmatrix} = \delta_{j_{13}j'_{13}}\delta_{j_{24},j'_{24}}.$$

Für den späteren Gebrauch kommunizieren wir hier noch eine nützliche Formel für den Fall, dass eines der j's verschwindet. Dann reduziert sich das $9j$-Symbol zu einem $6j$-Symbol:

$$\begin{Bmatrix} a & b & c \\ d & e & f \\ g & h & 0 \end{Bmatrix} = \frac{\delta_{cf}\delta_{gh}(-1)^{b+d+c+g}}{[(2c+1)(2g+1)]^{1/2}} \begin{Bmatrix} a & b & c \\ e & d & g \end{Bmatrix}. \tag{B.77}$$

Koordinatendrehung

C

Wir stellen hier die wichtigsten Formeln für die Rotation des Koordinatensystems zusammen und zeigen die Konsequenzen für Drehimpulszustände und Tensoroperatoren auf – ohne in die Details der Ableitungen zu gehen.

C.1 EULER-Winkel

Man spezifiziert eine Koordinatenrotation durch die drei EULER-*Winkel* (α, β, γ). Wie in Abb. C.1 gezeigt, wird die Rotation in drei Schritten durchgeführt:

$$(xyz) \to \left(x'y'z'\right) \to \left(x''y''z''\right) \to \left(x^{\#}y^{\#}z^{\#}\right).$$

Zunächst rotiert man das System um seine ursprüngliche z-Achse $(z' = z)$ um den Winkel α. Die folgende Rotation um den Winkel β um die neue y'-Achse $(y'' = y')$ bringt z' in Richtung z'' und x' in Richtung x''. Die abschließende Rotation um den Winkel γ findet um die $z'' = z^{\#}$ Achse statt ($x'' \to x^{\#}$ und $y'' \to y^{\#}$).

C.2 Drehmatrizen

Der Operator, der diese Drehung bewirkt, wird vom Drehimpulsoperator $\widehat{\boldsymbol{J}}$ abgeleitet:

$$\widehat{\mathfrak{D}}(\alpha\beta\gamma) = \exp(-\mathrm{i}\gamma \widehat{J}_{z''}) \exp(-\mathrm{i}\beta \widehat{J}_{y'}) \exp(-\mathrm{i}\alpha \widehat{J}_z).$$

Die entsprechenden Elemente der *Drehmatrix,* etwas präziser: Die *Matrixelemente der irreduziblen Darstellung* $\widehat{\mathfrak{D}}_J$ *der Drehgruppe* $SO(3)$, können mit etwas Drehim-

I.V. Hertel und C.-P. Schulz, *Atome, Moleküle und optische Physik 1,*
Springer-Lehrbuch, DOI 10.1007/978-3-662-53104-4

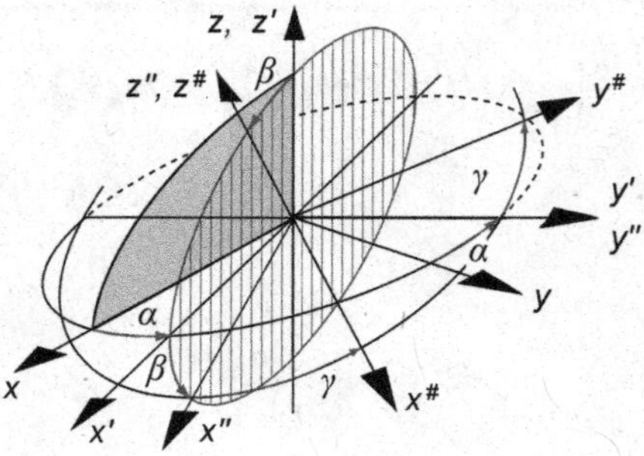

Abb. C.1 Definition der EULER-Winkel (α, β, γ) zur Drehung des Koordinatensystems (xyz) in das System$(x^\# y^\# z^\#)$

pulsalgebra abgeleitet werden (wir folgen der Notation von BRINK und SATCHLER 1994)[4] und werden geschrieben als

$$\mathfrak{D}^J_{MN}(\alpha\beta\gamma) = \langle JM|\widehat{\mathfrak{D}}(\alpha\beta\gamma)|JN\rangle = \exp(-\mathrm{i}\alpha M) d^J_{MN}(\beta) \exp(-\mathrm{i}\gamma N) \tag{C.1}$$

mit der *reduzierten Drehmatrix*

$$\begin{aligned} d^J_{MN}(\beta) = \sum_t (-1)^t \frac{[(J+M)!(J-M)!(J+N)!(J-N)!]^{1/2}}{(J+M-t)!(J-N-t)t(t+N-M)!} \\ \times (\cos\beta/2)^{2J+M-N-2t} (\sin\beta/2)^{2t+N-M}. \end{aligned} \tag{C.2}$$

Spezielle Fälle sind

$$d^J_{M0}(\beta) = (-1)^M \sqrt{\frac{(J-M)!}{(J+M)!}} P^M_J(\cos\beta) \quad \text{wenn} \quad M > 0 \tag{C.3}$$

$$\text{und} \quad d^J_{00}(\beta) = P_J(\cos\beta), \quad \text{sodass} \tag{C.4}$$

$$\mathfrak{D}^J_{M0}(\alpha\beta\gamma) = C^*_{JM}(\beta,\alpha) = \sqrt{\frac{4\pi}{2k+1}} Y^*_{JM}(\beta,\alpha). \tag{C.5}$$

Wir notieren einige wichtige Symmetrieeigenschaften

$$\mathfrak{D}^J_{MN}(\alpha\beta\gamma)^* = (-1)^{M-N}\mathfrak{D}^J_{-M-N}(\alpha\beta\gamma) = \mathfrak{D}^J_{NM}(-\gamma-\beta-\alpha), \tag{C.6}$$

$$d^J_{MN}(\beta) = (-1)^{M-N} d^J_{NM}(\beta) = d^J_{-N-M}(\beta) = d^J_{NM}(-\beta) \tag{C.7}$$

$$= (-1)^{J-M} d^J_{M-N}(\pi-\beta) = (-1)^{J+M'} d^J_{M-N}(\pi+\beta). \tag{C.8}$$

$$d^J_{MN}(\pi) = (-1)^{J+M}\delta_{-MN} \quad \text{und} \tag{C.9}$$

$$d^J_{MN}(0) = \delta_{MN} = (-1)^{2J} d^J_{MN}(2\pi). \tag{C.10}$$

Explizit kommunizieren wir Formeln für die häufig vorkommenden Fälle $J = 1/2$, $J = 1$, und $J = 2$ nach BRINK und SATCHLER (1994):

$$d^{\frac{1}{2}}_{\frac{1}{2}\frac{1}{2}} = d^{\frac{1}{2}}_{-\frac{1}{2}-\frac{1}{2}} = \cos\left(\frac{\beta}{2}\right) \qquad d^{\frac{1}{2}}_{-\frac{1}{2}\frac{1}{2}} = -d^{\frac{1}{2}}_{\frac{1}{2}-\frac{1}{2}} = \sin\left(\frac{\beta}{2}\right) \tag{C.11}$$

[4] Danach wird das Koordinatensystem gedreht. Eine ebenfalls in der Literatur anzutreffende Konvention dreht die Zustände.

$$d^1_{11} = d^1_{-1-1} = \cos^2\left(\frac{\beta}{2}\right) \qquad d^1_{1-1} = d^1_{-11} = \sin^2\left(\frac{\beta}{2}\right)$$
$$d^1_{01} = d^1_{-10} = -d^1_{0-1} = -d^1_{10} = \frac{\sin\beta}{\sqrt{2}} \qquad d^1_{00} = \cos\beta \tag{C.12}$$

$$d^2_{22} = d^2_{-2-2} = \cos^4(\beta/2) \tag{C.13}$$
$$d^2_{20} = d^2_{02} = d^2_{-20} = d^2_{0-2} = (\sqrt{3/8})\sin^2\beta \qquad d^2_{21} = -d^2_{-1-2}0 = -d^2_{-2-1} = d^2_{12} = -\sin\beta(1+\cos\beta)/2$$
$$d^2_{2-2} = d^2_{-22} = \sin^4(\beta/2) \qquad d^2_{2-1} = d^2_{1-2}0 = -d^2_{-21} = -d^2_{-12} = \sin\beta(1+\cos\beta)/2$$
$$d^2_{11} = d^2_{-1-1} = (2\cos\beta - 1)(1+\cos\beta)/2 \qquad d^2_{1-1} = d^2_{-11} = (2\cos\beta + 1)(1-\cos\beta)/2$$
$$d^2_{00} = (3\cos^2\beta - 1)/2 \qquad d^2_{10} = d^2_{0-1} = -d^2_{01} = -d^2_{-10} = (\sqrt{3/2})\sin\beta\cos\beta.$$

Ein Drehimpulszustand $|JN\rangle^\#$ im neuen System kann ausgedrückt werden durch Eigenzustände $|JM\rangle$ im ursprünglichen System:

$$|JN\rangle^\# = \widehat{\mathfrak{D}}_J|JN\rangle = \sum_M |JM\rangle\langle JM|\widehat{\mathfrak{D}}(\alpha\beta\gamma)|JN\rangle = \sum_M |JM\rangle\mathfrak{D}^J_{MN}(\alpha\beta\gamma)$$
$$= \exp(-\mathrm{i}\gamma N)\sum_M |JM\rangle\exp(-\mathrm{i}\alpha M)d^J_{MN}(\beta). \tag{C.14}$$

Ganz analog werden auch die Kugelflächenfunktionen Y_{kq} oder Vektoren ($k = 1$ $q = -1, 0, 1$) unter Koordinatenrotation transformiert. Dies gilt ganz allgemein für die sogenannten irreduziblen *Tensoroperatoren* T_{kq} vom Rang k, die wir in Anhang D behandeln werden. Ihre Komponenten $T_{kq'}(\theta^\#, \varphi^\#)$ im neuen Koordinatensystem können durch die Tensorkomponenten im alten System entsprechend

$$T_{kq'}\left(\theta^\#, \varphi^\#\right) = \sum_q T_{kq}(\theta,\varphi)\mathfrak{D}^k_{qq'}(\alpha\beta\gamma)$$
$$= \exp\left(-\mathrm{i}\gamma q'\right)\sum_q T_{kq}(\theta,\varphi)\exp(-\mathrm{i}\alpha q)d^k_{qq'}(\beta) \tag{C.15}$$

ausgedrückt werden, mit den Winkeln θ, φ und $\theta^\#$, $\varphi^\#$ im alten bzw. neuen System.

Wir illustrieren diese Prozedur anhand eines besonders einfachen und wichtigen Beispiels für ein Teilchen mit Spin $s = 1/2$. Wir wollen einen *Spinzustand,* der im neuen System $x^\# y^\# z^\#$ einen Basiszustand $|1/2\ 1/2\rangle^\#$ repräsentiert, durch eine Linearkombination der beiden Basiszustände im alten xyz-System beschreiben, in welchem er *in die Richtung* $\varphi = \alpha$, $\theta = \beta$ *zeigt*. Setzen wir für diesen Fall $d^{1/2}_{MN}(\beta)$ nach (C.11) in (C.14) ein, so erhalten wir

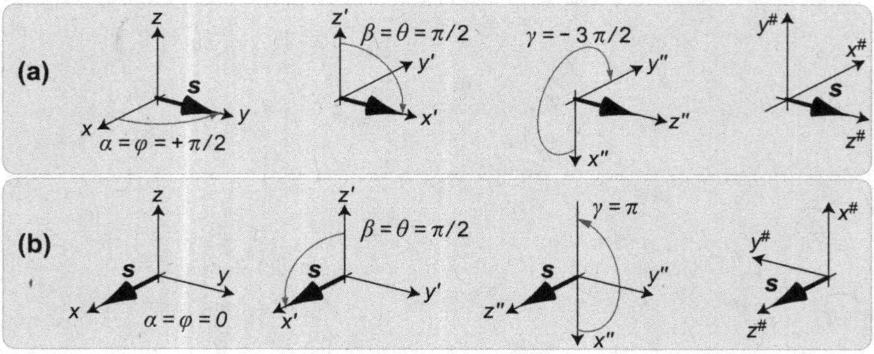

Abb. C.2 Rotation, um einen Spin $\boldsymbol{s}$ im alten xyz-System zu beschreiben, der im neuen $x^\# y^\# z^\#$-System (**a**) in die $+y$-Richtung bzw. (**b**) in die $+x$-Richtung zeigt

$$\left|\frac{1}{2}\right\rangle^{\#} = e^{-\mathrm{i}\gamma/2}\left[e^{-\mathrm{i}\alpha/2}\cos\left(\frac{\beta}{2}\right)\left|\frac{1}{2}\right\rangle + e^{\mathrm{i}\alpha/2}\sin\left(\frac{\beta}{2}\right)\left|-\frac{1}{2}\right\rangle\right]. \tag{C.16}$$

(Der einfachen Schreibweise wegen haben wir hier $J = 1/2$ weggelassen.) Der dritte EULER-Winkel γ um die endgültige $z^\#$-Achse ist etwas willkürlich und trägt nur zu einem freien Phasenfaktor bei.[5] Abbildung C.2a zeigt die Drehwinkel für den speziellen Fall, bei welchem $\boldsymbol{s}$ in die Richtung der $+y$-Achse des (xyz)-Koordinatensystems zeigt. Daher sind die obligatorischen Drehwinkel $\alpha = \varphi = \pi/2$ und $\beta = \theta = \pi/2$. Wir wählen $\gamma = -3\pi/2$, machen Gebrauch von (C.11)–(C.13) und erhalten so mit (C.16) für diesen speziellen Spinzustand

$$\left|+\frac{1}{2}\right\rangle^{\#(y)} = \frac{1}{\sqrt{2}}\left[\mathrm{i}\left|+\frac{1}{2}\right\rangle - \left|-\frac{1}{2}\right\rangle\right]. \tag{C.17}$$

Wenn der Spin s in die $-y$-Richtung zeigt, führen wir genau die gleiche Drehung aus und finden nach (C.14)

$$\left|-\frac{1}{2}\right\rangle^{\#(y)} = \frac{1}{\mathrm{i}\sqrt{2}}\left[\mathrm{i}\left|+\frac{1}{2}\right\rangle + \left|-\frac{1}{2}\right\rangle\right]. \tag{C.18}$$

Etwas kompakter bezeichnen wir die Spinzustände parallel und antiparallel zur y-Achse mit $|\alpha\rangle^{(y)}$ bzw. $|\beta\rangle^{(y)}$, und jene, die sich auf die z-Achse beziehen, mit $|\alpha\rangle$ und $|\beta\rangle$. Die Gleichungen (C.17) und (C.18) können dann geschrieben werden:

$$|\alpha\rangle^{(y)} = \frac{1}{\sqrt{2}}\left[\mathrm{i}|\alpha\rangle - |\beta\rangle\right] \quad \text{und} \quad |\beta\rangle^{(y)} = \frac{1}{\mathrm{i}\sqrt{2}}\left[\mathrm{i}|\alpha\rangle + |\beta\rangle\right]. \tag{C.19}$$

[5] Man beachte aber, dass für den Spin 1/2 diese letzte Rotation modulo 4π definiert ist – anstatt modulo 2π (eine weitere Volldrehung um die $z^\#$-Achse ändert das Vorzeichen). Daher hat im Fall von $J = 1/2$ z. B. der Winkel $\gamma = -3\pi/2$ in Abb. C.2 nicht den gleichen Effekt wie $\gamma = \pi/2$.

Der Vollständigkeit halber beschreiben wir auch den Zustand, in welchem der Spin *s in die* $\pm x$*-Richtung zeigt*. Wie in Abb. C.2b illustriert, sind die EULER-Winkel in diesem Fall $(0, \pi/2, \pi)$ und wir erhalten

$$\left|\pm\frac{1}{2}\right\rangle^{\#(x)} = \frac{\mp 1}{\sqrt{2}}\left[|\alpha\rangle \pm |\beta\rangle\right]. \tag{C.20}$$

Alle diese Zustände sind natürlich Eigenzustände des Quadrats des Spins $\widehat{S}^2$ mit der Spinquantenzahl $s = 1/2$. Der Eigenwert von $\widehat{S}^2$ ist hier $\hbar^2 s(s+1) = 3\hbar^2/4$. Speziell $|\alpha\rangle$ und $|\beta\rangle$ sind auch Eigenzustände von $\widehat{S}_z$, die Spinprojektion auf die z-Achse mit Eigenwerten $\hbar/2$ bzw. $-\hbar/2$.

Wie sieht es mit den Zuständen $|\alpha\rangle^{(y)}$ und $|\beta\rangle^{(y)}$ aus? Wir überlassen dies den aktiven Lesern als kleine Übung, die mit ein paar Zeilen Algebra (für komplexe Zahlen) gelöst werden kann: Unter Benutzung von (B.4), (B.16) und (B.17) kann man zeigen, dass die Spinzustände $|\alpha\rangle^{(y)}$ und $|\beta\rangle^{(y)}$ tatsächlich Eigenzustände der Spinkomponente in y-Richtung mit den Eigenwerten $\pm\hbar/2$ sind:

$$\widehat{S}_y|\alpha\rangle^{(y)} = \frac{\hbar}{2}|\alpha\rangle^{(y)} \quad \text{und} \quad \widehat{S}_y|\beta\rangle^{(y)} = -\frac{\hbar}{2}|\beta\rangle^{(y)}. \tag{C.21}$$

Das gilt natürlich auch für $\widehat{S}_x$ und die entsprechenden Spinzustände, die in $\pm x$-Richtung zeigen.

C.3 Verschränkte Zustände

Für Vielelektronensysteme müssen wir Spinfunktionen konstruieren, die berücksichtigen, dass es sich um identische, nicht unterscheidbare Teilchen handelt. Wir haben dies im Haupttext bei mehreren Gelegenheiten besprochen, siehe z. B. Tab. 6.1 im Zusammenhang mit der Feinstruktur und in Abschn. 7.3 auf Seite 386, wo das He-Atom behandelt wurde. Betrachten wir letzteres mit seinen zwei Elektronen – im $(1s)^2\ {}^1S_0$-Grundzustand – oder irgendeinen Singulettzustand mit zwei Elektronen im Kontinuum nach der Ionisation (mit einer symmetrischen Ortsfunktion). Die zwei Spins der Elektronen sind antiparallel, und da wir nicht unterscheiden können, welches dieser beiden Elektronen welchen Spin hat, haben wir die antisymmetrische Beschreibung ihres Gesamtzustands zu betrachten. Nach (7.36) ist das

$$|\chi_0^0\rangle = \frac{1}{\sqrt{2}}\left[\left|\alpha(1)\beta(2)\right\rangle - \left|\beta(1)\alpha(2)\right\rangle\right], \tag{C.22}$$

wobei die Zahlen in Klammern sich auf Elektron (1) bzw. Elektron (2) beziehen. Offensichtlich ist dieser Zustand der zwei Elektronen inseparabel, er kann also nicht als einfaches Produkt zweier Zustände (Wellenfunktionen) der einzelnen Elektronen geschrieben werden. Man nennt solche Zustände *verschränkt*.

Gl. (C.22) bezieht sich auf ein spezielles Koordinatensystem und $|\alpha\rangle$ bzw. $|\beta\rangle$ beschreiben die Spinprojektion bezüglich der z-Achse dieses Systems. Der Operator des Gesamtspins (Gesamtdrehimpulses) ist $\widehat{\boldsymbol{S}} = \widehat{\boldsymbol{S}}_1 + \widehat{\boldsymbol{S}}_2$ und der Singulettzustand

(C.22) ist so konstruiert, dass die entsprechenden Eigenwerte von $\widehat{S}^2$ und $\widehat{S}_z$ sind Null:[6]

$$\widehat{S}_z|\chi_0^0\rangle = (\widehat{S}_{1z} + \widehat{S}_{2z})|\chi_0^0\rangle = 0 \quad \text{und} \quad \widehat{S}^2|\chi_0^0\rangle = 0 \tag{C.23}$$

Es ist nun spannend zu sehen, was passiert, wenn wir dieses verschränkte System antisymmetrischer Spinzustände in Bezug auf eine andere Referenzachse beschreiben, sagen wir auf die y-Achse bezogen. Man kann die neuen Zustände in völliger Analogie zu (C.22) aus Spinzuständen mit Drehimpuls parallel und antiparallel zur y-Achse formulieren:

$$|\chi_y^0\rangle = \frac{1}{\sqrt{2}}\left[|\alpha(1)\beta(2)\rangle^{(y)} - |\beta(1)\alpha(2)\rangle^{(y)}\right]. \tag{C.24}$$

Genau wie in (C.23) haben wir jetzt $\widehat{S}_y|\chi_y^0\rangle = 0$, d. h. die Projektion des Gesamtspins auf die y-Achse ist ebenfalls Null. Die Beziehung (C.19) zwischen den $|\alpha\rangle^{(y)}$ und $|\beta\rangle^{(y)}$ Zuständen einerseits und den $|\alpha\rangle$ und $|\beta\rangle$ Zuständen andererseits parallel zur z-Achse kann jetzt in (C.24) eingesetzt werden: Mit wenigen Zeilen Algebra (in denen viele Terme sich aufheben) gewinnt man wieder (C.22), d. h. den Singulettzustand in Bezug auf die z-Achse. Somit hängt die Definition dieser *verschränkten Zustände nicht von der Wahl der Koordinaten ab* und die Projektion des Drehimpulses ist Null bezüglich jeden Koordinatensystems.

So viel an dieser Stelle über Koordinatendrehung bei verschränkten Zuständen. Verschränkung ist ein sehr aktives Feld der modernen Forschung mit weitreichenden Konsequenzen, nicht nur wegen seiner konzeptionellen und philosophischen Implikationen (beginnend mit der berühmten Arbeit EINSTEIN *et al.* 1935 inzwischen fast 7000 Mal zitiert), aber auch in Hinblick auf eine Reihe von interessanten technischen Anwendungen wie Quantenkryptografie oder Quantencomputer. Wir können hier nicht weiter ins Detail dieses weiten Themenfeldes gehen und verweisen die Leser auf einige jüngere Übersichtsarbeiten (TICHY *et al.* 2011; HORODECKI *et al.* 2009; RAIMOND *et al.* 2001) und das entsprechende Kapitel bei BLUM 2012.

C.4 Reelle Drehmatrizen

Zum Nachschlagen kommunizieren wir bereits hier die notwendigen Formeln für die Koordinatendrehung (FANO 1960) bei den *reellen* Kugelflächenfunktionen, Tensoren, Operatoren und Zustandsvektoren, die wir in Anhang E einführen werden. In diesem Fall wird die Transformation mithilfe von

$$T'_{kq'p'}(\theta^\#, \varphi^\#) = \sum_{qp} T_{kqp}(\theta, \varphi)\mathfrak{D}^k_{qp,q'p'}(\alpha\beta\gamma) \tag{C.25}$$

[6] Die erste Beziehung ist offensichtlich, da jeder der Operatoren $\widehat{S}_{1z}$ und $\widehat{S}_{2z}$ nur auf einen der Zustände wirkt, die jeweils Eigenwerte $\pm\hbar/2$ haben, d. h. sie kompensieren einander. Letztere Beziehung kann man leicht als Übungsaufgabe mit der Hilfe von (B.8) und (B.17) verifizieren.

durchgeführt, wobei p und $p' = \pm 1$ sein können. Die reellen Drehmatrizen erhält man durch Anwendung der komplexen Matrizen (C.15) auf die definierenden Gl. (E.5) und schließlich Rücktransformation in die komplexe Basis. Man findet:[7]

$$\text{Für } k \geq q, q' > 0: \tag{C.26}$$

$$\mathfrak{D}^k_{qp,q'p'}(\alpha\beta\gamma)$$

$$= (-1)^{-q} \begin{cases} (-1)^{q'} d^k_{qq'}(\beta)\cos(\alpha q + \gamma q') + p' d^k_{q-q'}(\beta)\cos(\alpha q - \gamma q') \\ \quad \text{wenn } p = p' \\ (-1)^{q'} p' d^k_{qq'}(\beta)\sin(\alpha q + \gamma q') + d^k_{q-q'}(\beta)\sin(\alpha q - \gamma q') \\ \quad \text{wenn } p \neq p' \end{cases}$$

$$\text{Für } q \text{ oder } q' = 0: \tag{C.27}$$

$$\mathfrak{D}^k_{qp,q'p'}(\alpha\beta\gamma) = (-1)^{-q+q'}\sqrt{2}d^k_{qq'}(\beta) \begin{cases} \cos(q\alpha + q'\gamma) & \text{if } p = p' \\ \sin(q\alpha - q'\gamma) & \text{if } p \neq p' \end{cases}$$

$$\text{speziell} \quad \mathfrak{D}^k_{qp,0+}(\alpha\beta\gamma) = C_{kqp}(\beta,\alpha) \quad \text{(siehe Gl. E.7)}$$

$$\text{Für } q = q' = 0: \quad \mathfrak{D}^k_{0+,0+}(\alpha\beta\gamma) = d^k_{00}(\beta). \tag{C.28}$$

[7] Siehe auch HERTEL und STOLL (1978), Gl. (15); einige kleine Tippfehler wurden hier korrigiert.

Tensoroperatoren und Matrixelemente

D

In diesem Anhang werden irreduzible Tensoroperatoren definiert, und einige wichtige Werkzeuge für die Auswertung ihrer Matrixelemente zusammengestellt. Diese Beziehungen spielen eine zentrale Rolle für die Auswertung der Übergangswahrscheinlichkeiten bei der optischen Anregung atomarer und molekularer Zustände ebenso wie bei der Analyse stoßinduzierter Prozesse.

D.1 Tensoroperatoren

D.1.1 Definition

Nach RACAH (1942) definiert man als *irreduziblen Tensor* T_k *des Rangs k* jeden Operator, dessen $2k+1$ Komponenten $\widehat{T}_{kq}$ $(q = -k, -k+1, \dots k)$ in Bezug auf den allgemeinen Drehimpulsoperator $\widehat{\boldsymbol{J}}$ die gleichen Vertauschungsrelationen erfüllen wie die Kugelflächenfunktionen $Y_{kq}(\theta, \varphi)$. Folgen wir RACAH (1942) so bedeutet dies in unserer Notation (B.3)[8] für die sphärischen Komponenten des Drehimpulsoperators $\widehat{\boldsymbol{J}}$:

$$[\widehat{J}_z, \widehat{T}_{kq}] = q\widehat{T}_{kq} \quad \text{und} \tag{D.1}$$

$$[\widehat{J}_\pm, \widehat{T}_{kq}] = \mp\sqrt{\frac{1}{2}(k \mp q)(k \pm q + 1)}\,\widehat{T}_{kq\pm 1} \tag{D.2}$$

BRINK und SATCHLER (1994) definieren – völlig äquivalent – einen sphärischen Tensor(-operator) T_k des Rangs k als eine Größe, die durch $2k+1$ Komponenten bestimmt wird, welche sich unter Koordinatenrotation in gleicher Weise transformiert

[8] Wir benutzten $\widehat{J}_\pm = \mp\frac{1}{\sqrt{2}}(\widehat{J}_x \pm i\widehat{J}_y)$, während RACAH mit $\mp(\widehat{J}_x \pm i\widehat{J}_y)$ arbeitet. Siehe auch Fußnote 2 auf Seite 608 in Anhang B.

I.V. Hertel und C.-P. Schulz, *Atome, Moleküle und optische Physik 1*,
Springer-Lehrbuch, DOI 10.1007/978-3-662-53104-4

wie die irreduzible Darstellung $\mathfrak{D}_k$ der Rotationsgruppe (siehe Anhang C):

$$\widehat{T}'_{kq} = \sum_s \widehat{T}_{ks} \mathfrak{D}^k_{sq}(\alpha\beta\gamma). \tag{D.3}$$

Dabei ist $\widehat{T}'_{kq}$ die Komponente des Tensors im neuen Koordinatensystem, ausgedrückt durch die Komponenten $\widehat{T}_{ks}$ des Tensors im alten, ungestrichenen System nach Drehung um die EULER-Winkel $\alpha\beta\gamma$. Ein wichtiges Beispiel für Tensoroperatoren sind die Kugelflächenfunktionen $Y_{\ell m}(\theta\varphi)$ (Rang ℓ), oder allgemeiner die Eigenzustände $|jm\rangle$ des Drehimpulses (Rang j).

Der *adjungierte (oder* HERMITE*'sch konjugierte) Operator* $\widehat{T}^\dagger_{kq}$ des Tensoroperators $\widehat{T}_{kq}$ ist definiert (siehe Abschn. 2.3.1 auf Seite 105) durch

$$\left\langle \widehat{T}^\dagger_{kq} J'M' | JM \right\rangle = \langle J'M' | \widehat{T}_{kq} JM \rangle = \left\langle JM | \widehat{T}^\dagger_{kq} J'M' \right\rangle^*, \tag{D.4}$$

mit der Phasenkonvention $\widehat{T}^\dagger_{kq} = (-1)^q \widehat{T}_{k-q}$ nach CONDON und SHORTLEY (1951). Wenn $\widehat{T}_{kq}$ einfach eine komplexe Funktion ist, so ist dies äquivalent mit $\widehat{T}^\dagger_{kq} = \widehat{T}^*_{kq}$, wie z. B. bei den Kugelflächenfunktionen (B.26). Einen Tensor nennt man

$$\textit{selbstadjungiert} \text{ oder } \textit{HERMITE'sch}, \text{ wenn } \widehat{T}^\dagger_{kq} = \widehat{T}_{kq} \text{ gilt.} \tag{D.5}$$

Nach (D.4) bedeutet dies offensichtlich, dass die Diagonalmatrixelemente (und damit die Eigenwerte) des Operators reell sind: Messbare, reelle Größen werden durch *HERMITE'sche Operatoren beschrieben.*

Tensoren vom Rang 1 nennt man *Vektoroperatoren,* so z. B. der Ortsvektor $\boldsymbol{r}$, der Einheitsvektor der Polarisation $\mathbf{e}$, das Dipolmoment $\mathcal{D}$, wie auch alle Drehimpulsoperatoren, wie $\widehat{\boldsymbol{S}}$, $\widehat{\boldsymbol{L}}$, $\widehat{\boldsymbol{J}}$, $\widehat{\boldsymbol{I}}$ oder $\widehat{\boldsymbol{F}}$. Die Komponenten von Vektoroperatoren $\widehat{V}$ in der sphärischen Basis sind

$$\widehat{V}_{\pm 1} = \mp \frac{1}{\sqrt{2}} [\widehat{V}_x \pm \mathrm{i} \widehat{V}_y]; \qquad \widehat{V}_0 = \widehat{V}_z. \tag{D.6}$$

D.1.2 WIGNER-ECKART-Theorem

Bei der Auswertung der Matrixelemente von Tensoroperatoren ist das WIGNER-ECKART-*Theorem* sehr hilfreich. Es besagt, dass für jeden irreduziblen Tensoroperator eines Rangs k die Matrixelemente zwischen Zuständen $|J'M'\rangle$ und $|JM\rangle$ auf identische Weise von den Projektionsquantenzahlen M, M', und q abhängen:

$$\langle \gamma' J' M' \mid \widehat{T}_{kq} \mid \gamma J M \rangle$$

$$= \langle JMkq | J'M' \rangle \langle \gamma' J' \| \mathsf{T}_k \| \gamma J \rangle \tag{D.7}$$

$$= (-1)^{J-k+M'} \sqrt{2J'+1} \begin{pmatrix} J' & J & k \\ -M' & M & q \end{pmatrix} \langle \gamma' J' \| \mathsf{T}_k \| \gamma J \rangle \tag{D.8}$$

$$= (-1)^{J'-M'} \sqrt{2J'+1} \begin{pmatrix} J' & k & J \\ -M' & q & M \end{pmatrix} \langle \gamma' J' \| \mathsf{T}_k \| \gamma J \rangle. \tag{D.9}$$

Das so definierte[9] *reduzierte Matrixelement* $\langle\gamma' J' \| \mathsf{T}_k \| \gamma J\rangle$ ist *unabhängig von* M', M *und* q. Wegen der Eigenschaften der $3j$-Symbole sind die Matrixelemente *nur dann nicht Null, wenn* $M' = M - q$ *und die Dreiecksrelation* $\delta(J'kJ) = 1$ *gilt*!

In der Praxis bestimmt man reduzierte Matrixelemente, indem man lediglich ein nichtverschwindendes Matrixelement des Operators auswertet (vorzugsweise ein besonders einfaches) und es dann durch den entsprechenden CLEBSCH-GORDAN-Koeffizienten dividiert, z. B. $\langle J' \| \mathsf{T}_k \| J\rangle = \langle J'0|\widehat{T}_{k0}|J0\rangle / \langle J'0|Jk00\rangle$, wenn $J' + J + k$ gerade ist.

Ein wichtiges Beispiel ist das reduzierte Matrixelement eines Drehimpulses. Mit (B.14) wird $\langle J'M'|\widehat{J}_z|JM\rangle = \delta_{J'J}\delta_{M'M} M\hbar$, und nach (D.9) gilt dafürauch

$$\langle J'M'|\widehat{J}_z|JM\rangle = (-1)^{J'-M'}\sqrt{2J'+1}\begin{pmatrix} J' & 1 & J \\ -M' & 0 & M \end{pmatrix}\langle J' \| \widehat{\boldsymbol{J}} \| J\rangle.$$

Setzt man das $3j$-Symbol nach (B.54) ein, so erhält man schließlich:

$$\langle J' \| \widehat{\boldsymbol{J}} \| J\rangle = \delta_{J'J}\sqrt{J(J+1)}\hbar \tag{D.10}$$

Das WIGNER-ECKART-Theorem erlaubt es auch, zwei Matrixelemente von verschiedenen Tensoroperatoren, S_k und T_k des gleichen Ranges k miteinander auf einfache Weise zu vergleichen. Ihr Verhältnis R kann nämlich mithilfe eines beliebigen Paares von (nichtverschwindenden) Matrixelementen einer ihrer Komponenten bestimmt werden:

$$R(J', J, \mathsf{T}, \mathsf{S}) = \frac{\langle\gamma' J' \| \mathsf{T}_k \| \gamma J\rangle}{\langle\gamma' J' \| \mathsf{S}_k \| \gamma J\rangle} = \frac{\langle\gamma' J' M'|\widehat{T}_{kq}|\gamma J M\rangle}{\langle\gamma' J' M'|\widehat{S}_{kq}|\gamma J M\rangle}. \tag{D.11}$$

Speziell können wir für den Vektoroperator $\widehat{\boldsymbol{V}}$ mit (D.7) schreiben:

$$\langle\gamma' J' M'|\widehat{\boldsymbol{V}}_q|\gamma J M\rangle = R\langle\gamma' J' M'|\widehat{\boldsymbol{J}}_q|\gamma J M\rangle \tag{D.12}$$

Das gilt, unabhängig von M und M' für alle Komponenten $\widehat{\boldsymbol{V}}_q$.

Die Diagonalmatrixelemente eines *Skalarprodukts* $\widehat{\boldsymbol{V}} \cdot \widehat{\boldsymbol{J}}$ kann man als

$$\langle\gamma J M|\widehat{\boldsymbol{V}} \cdot \widehat{\boldsymbol{J}}|\gamma J M\rangle = \sum_{M'}\langle\gamma J M|\widehat{\boldsymbol{V}}|\gamma J M'\rangle \cdot \langle\gamma J M'|\widehat{\boldsymbol{J}}|\gamma J M\rangle \tag{D.13}$$

---

9 Unsere Definition der reduzierten Matrixelemente entspricht BRINK und SATCHLER (1994), beschränkt sich aber auf Tensoren mit ganzzahligem Rang, sodass $(-1)^{2k} = 1$. Man beachte, dass diese Definition *nicht symmetrisch* in J' und J ist, vielmehr gilt $\sqrt{(2J'+1)}\langle\gamma' J' \| \mathsf{T}_k \| \gamma J\rangle = \sqrt{(2J+1)}\langle\gamma J \| \mathsf{T}_k \| \gamma' J'\rangle$. RACAH (1942) und EDMONDS (1964) und andere benutzten eine symmetrische Definition: $\langle\gamma' J' \| \mathsf{T}_k \| \gamma J\rangle_{\mathrm{Racah}} = \sqrt{2J'+1}\langle\gamma' J' \| \mathsf{T}_k \| \gamma J\rangle$.

schreiben, wofür wir einfach den quantenmechanischen Einheitsoperator $\widehat{\mathbf{1}} = \sum_{M'} |\gamma J M'\rangle\langle\gamma J M'|$ eingesetzt haben. Mit (D.12) wird dieser Ausdruck

$$\begin{aligned}\langle\gamma J M|\widehat{\boldsymbol{V}}\cdot\widehat{\boldsymbol{J}}|\gamma J M\rangle &= R\sum_{M'}\langle\gamma J M|\widehat{\boldsymbol{J}}|\gamma J M'\rangle\langle\gamma J M'|\widehat{\boldsymbol{J}}|\gamma J M\rangle \\ &= R\langle\gamma J M|\widehat{\boldsymbol{J}}^2|\gamma J M\rangle = RJ(J+1)\hbar^2.\end{aligned} \tag{D.14}$$

In der zweiten Reihe haben wir den Eigenwert (B.12) von $\widehat{\boldsymbol{J}}^2$ eingesetzt, sodass schließlich

$$R = \frac{\langle\gamma J M|\widehat{\boldsymbol{V}}\cdot\widehat{\boldsymbol{J}}|\gamma J M\rangle}{J(J+1)\hbar^2} \tag{D.15}$$

wird. Setzt man dies wiederum in (D.12) ein, so ergibt sich das sehr nützliche *Projektionstheorem*

$$\langle\gamma J M'|\widehat{V}_q|\gamma J M\rangle = \frac{\langle\gamma J M|\widehat{\boldsymbol{V}}\cdot\widehat{\boldsymbol{J}}|\gamma J M\rangle}{J(J+1)\hbar^2}\langle\gamma J M'|\widehat{J}_q|\gamma J M\rangle. \tag{D.16}$$

Wenn man sich klarmacht, dass $(\boldsymbol{V}\cdot\boldsymbol{J})\boldsymbol{J}/J(J+1)\hbar^2$ die Projektion von $\boldsymbol{V}$ auf den Einheitsvektor $\boldsymbol{J}/\sqrt{J(J+1)}\hbar$ des Drehimpulses ist, wird die physikalische Bedeutung des Projektionstheorems offensichtlich. Es wird z. B. gebraucht, um in einem gekoppelten Drehimpulsschema die Matrixelemente der einzelnen Komponenten des Gesamtdrehimpulses $\widehat{J}$ auszuwerten. Speziell für $q = 0 \mathrel{\widehat{=}} z$ erhält man mit $\langle\gamma J M'|\widehat{J}_z|\gamma J M\rangle = \hbar M\delta_{M'M}$

$$\langle\gamma J M|\widehat{V}_z|\gamma J M\rangle = \frac{\langle\gamma J M|\widehat{\boldsymbol{V}}\cdot\widehat{\boldsymbol{J}}|\gamma J M\rangle}{J(J+1)\hbar}M. \tag{D.17}$$

D.2 Produkte von Tensoroperatoren

Das *direkte Produkt* von Matrizen ist ein wichtiges Konzept der Matrizenalgebra (siehe z. B. BLUM 2012 Anhang A). Wenn A N-dimensional ist und B ist n-dimensional, dann ist das direkte Produkt $A\otimes B$ Nn-dimensional.

Ganz ähnlich kann man aus den Tensoroperatoren R_{k_1} und U_{k_2} vom Rang k_1 bzw. k_2 neue Tensoroperatoren mit $(2k_1+1)(2k_2+1)$ Komponenten konstruieren. Diese neuen Tensoren T_K vom Rang K mit $|k_1-k_2|\le K\le|k_1+k_2|$ können wiederum in irreduzibler Form als direktes Produkt $\mathsf{R}_{k_2}\otimes\mathsf{U}_{k_2}$ ausgedrückt werden:

$$\begin{aligned}\widehat{T}_{KQ} = [\mathsf{R}_{k_2}\otimes\mathsf{U}_{k_2}]_{KQ} &= \sum_{q_1q_2}\widehat{R}_{k_1q_1}\widehat{U}_{k_2q_2}\langle k_1q_1k_2q_2|KQ\rangle \\ &= \sum_q\widehat{R}_{k_1q}\widehat{U}_{k_2Q-q}\langle k_1qk_2Q-q|KQ\rangle.\end{aligned} \tag{D.18}$$

Hier ist $\langle k_1 k_2 q_1 q_2 | K\, Q\rangle$ ein CLEBSCH-GORDAN-Koeffizient, wie durch (B.31) im Zusammenhang mit der Kopplung von Drehimpulsen eingeführt.

Speziell wird mit (B.36) und (B.47) das *Skalarprodukt* (Rang $K = 0$) von zwei Tensoroperatoren des gleichen Rangs k einfach

$$\mathsf{R}_k \cdot \mathsf{U}_k = \sum (-1)^q \widehat{R}_{kq} \widehat{U}_{k-q}. \tag{D.19}$$

Dies ist die Verallgemeinerung des üblichen Skalarprodukts von zwei Vektoren $\boldsymbol{R}$ und $\boldsymbol{S}$ (siehe z. B. (B.8)). Das Ergebnis ist eine skalare Größe.

D.2.1 Produkte von Kugelflächenfunktionen

Die Anwendung der soeben abgeleiteten Zusammenhänge auf die renormierten Kugelflächenfunktionen nach (B.29), $C_{kq} = \sqrt{4\pi/(2k+1)}Y_{kq}$, führt zu einer Reihe nützlicher Formeln. Mit dem Skalarprodukt (D.19) der zwei Tensoroperatoren $\mathsf{C}_\ell^{(1)} = \mathsf{C}_\ell^{(1)}(\theta_1, \varphi_1)$ und $\mathsf{C}_\ell^{(2)} = \mathsf{C}_\ell^{(2)}(\theta_2, \varphi_2)$ bei verschiedenen Winkeln wird

$$\mathsf{C}_\ell^{(1)} \cdot \mathsf{C}_\ell^{(2)} = \sum_{m=-\ell}^{\ell} (-1)^m C_{\ell m}(\theta_1, \varphi_1) C_{\ell -m}(\theta_2, \varphi_2). \tag{D.20}$$

Legt man das Koordinatensystem so, dass $\theta_2 \varphi_2$ die z-Achse definiert, dann wird $C_{\ell -m}(\theta_2 \varphi_2) = \delta_{m0}$, und die Summe reduziert sich auf $C_{\ell 0}(\vartheta, 0) = P_\ell(\cos\vartheta)$, wobei ϑ den Winkel zwischen den zwei durch $(\theta_1 \varphi_1)$ und $(\theta_2 \varphi_2)$ gegebenen Raumrichtungen bezeichnet. Schreiben wir

$$(-1)^m C_{\ell -m} = C^*_{\ell m},$$

so erhalten wir das *Additionstheorem* für die renormierten *Kugelflächenfunktionen:*

$$P_\ell(\cos\vartheta) = \sum_{m=-\ell}^{\ell} C_{\ell m}(\theta_1, \varphi_1) C^*_{\ell m}(\theta_2, \varphi_2) \tag{D.21}$$

$$= \sum_{m=0,\, p=\pm 1}^{\ell} C_{\ell m p}(\theta_1, \varphi_1) C_{\ell m p}(\theta_2, \varphi_2). \tag{D.22}$$

Die zweite Zeile lässt sich leicht verifizieren, indem man die Definition reeller Tensoroperatoren (E.5) auf die (renormierten) reellen Kugelfunktionen $C_{\ell m p}(\theta, \varphi)$ nach (E.7) anwendet. Aus (D.18) lässt sich außerdem eine nützliche Entwicklungsformel für das Produkt zweier Kugelflächenfunktionen zum gleichen Winkel ableiten. Es gilt

$$\sum_{m'm} \langle kq|\ell'\ell m'm\rangle C_{\ell' m'}(\theta, \varphi) C_{\ell m}(\theta, \varphi) = \langle k0|\ell'\ell 00\rangle C_{kq}(\theta, \varphi), \tag{D.23}$$

wobei die Normierungskonstante $\langle k0|\ell'\ell 00\rangle$ aus der Definition der Kugelflächenfunktionen bei $\theta = \varphi = 0$ ableiten lässt. Benutzen wir die Orthogonalitätsrelationen (B.38) für die CLEBSCH-GORDAN-Koeffizienten, so erhalten wir die inverse Beziehung:

$$C^*_{\ell'm'}(\theta,\varphi)C_{\ell m}(\theta,\varphi) = \sum_{kq} C_{kq}(\theta,\varphi)\langle kq|\ell'\ell m'm\rangle\langle k0|\ell'\ell 00\rangle \tag{D.24}$$

D.2.2 Matrixelemente der Kugelflächenfunktionen

Die oft benötigten Matrixelemente der Kugelflächenfunktionen in einer $|\ell m\rangle$ Basis, normiert nach

$$\langle \ell'm'|C_{kq}|\ell m\rangle = \frac{\sqrt{(2\ell'+1)(2\ell+1)}}{4\pi}\int C^*_{\ell'm'}(\theta,\varphi)C_{kq}(\theta,\varphi)C_{\ell m}(\theta,\varphi)\mathrm{d}\Omega, \tag{D.25}$$

können evaluiert werden, indem man die letzten beiden Funktionen durch die Entwicklung (D.24) ersetzt:

$$\begin{aligned}\langle \ell'm'|C_{kq}|\ell m\rangle &= \frac{\sqrt{(2\ell'+1)(2\ell+1)}}{4\pi}\\ &\quad\times\sum_{k'q'}\left[\int C^*_{\ell'm'}(\theta,\varphi)C_{k'q'}(\theta,\varphi)\mathrm{d}\Omega\right]\langle k'q'|k\ell qm\rangle\langle k'0|k\ell 00\rangle\\ &= \sqrt{\frac{2\ell+1}{2\ell'+1}}\sum_{k'q'}\delta_{k'\ell'}\delta_{q'm'}\langle k'q'|k\ell qm\rangle\langle k'0|k\ell 00\rangle\end{aligned}$$

Damit erhalten wir schließlich:

$$\langle \ell'm'|C_{kq}|\ell m\rangle = \sqrt{\frac{2\ell+1}{2\ell'+1}}\langle k\ell qm|\ell'm'\rangle\langle k\ell 00|\ell'0\rangle \tag{D.26}$$

$$\begin{aligned}\langle \ell'm'|C_{kq}|\ell m\rangle &= (-1)^{m'}\sqrt{(2\ell'+1)(2\ell+1)}\times\delta_{m'm+q}\delta(\ell'k\ell)\\ &\quad\times\begin{pmatrix}\ell' & k & \ell\\ 0 & 0 & 0\end{pmatrix}\begin{pmatrix}\ell' & k & \ell\\ -m' & q & m\end{pmatrix}\end{aligned} \tag{D.27}$$

$$\langle \ell'm'|C_{kq}|\ell m\rangle = (-1)^{\ell'-m'}\sqrt{2\ell'+1}\begin{pmatrix}\ell' & k & \ell\\ -m' & q & m\end{pmatrix}\langle \ell'\|\mathsf{C}_k\|\ell\rangle \tag{D.28}$$

Die letzte Gleichung ist einfach das WIGNER-ECKART-Theorem für dieses Matrixelement. Ein Vergleich der letzten beiden Gleichungen ergibt das reduzierte Matrixelement von C_k:

$$\langle \ell'\|\mathsf{C}_k\|\ell\rangle = (-1)^{\ell'}\sqrt{(2\ell+1)}\begin{pmatrix}\ell' & k & \ell\\ 0 & 0 & 0\end{pmatrix} \tag{D.29}$$

Wir erinnern uns, dass dieser Ausdruck Null ist, wenn $\ell'+k+\ell$ ungerade ist. Wir halten weiterhin fest, dass

$$\langle \ell\|\mathsf{C}_k\|\ell'\rangle = (-1)^{\ell-\ell'}\frac{\sqrt{(2\ell'+1)}}{\sqrt{(2\ell+1)}}\langle \ell'\|\mathsf{C}_k\|\ell\rangle. \tag{D.30}$$

Für $k = 0$ bedeutet dies

$$\langle \ell' \| \mathsf{C}_0 \| \ell \rangle = \delta_{\ell'\ell}, \tag{D.31}$$

und für $\ell = \ell'$ erhält man allgemein mit (B.48)

$$\langle \ell \| \mathsf{C}_k \| \ell \rangle = \frac{(-1)^{k/2} k! (\ell + k/2)!}{(k/2)!^2 (\ell - k/2)!} \sqrt{\frac{(2\ell+1)(2\ell-k)!}{(2\ell+k+1)!}}. \tag{D.32}$$

Man beachte, dass dieser Ausdruck nur für gerade k gilt. *Für ungerade* k *verschwindet das reduzierte Matrixelement.* Für den Spezialfall C_2 erhält man:

$$\langle \ell \| \mathsf{C}_2 \| \ell \rangle = -\frac{\sqrt{\ell(\ell+1)}}{\sqrt{(2\ell-1)(2\ell+3)}}. \tag{D.33}$$

Man beachte das Minuszeichen!

Von besonderer Bedeutung in Bezug auf die *Auswahlregel für elektrische Dipolübergänge* ist nach (4.79) *der Fall* $k = 1$. Wegen (B.34) und (B.49) gilt die

$$\textit{Paritätserhaltung:} \quad \ell = \ell' \pm 1 \tag{D.34}$$

(siehe auch Anhang E). Mit (B.48) sind nur die Matrixelemente

$$\langle \ell' \| \mathsf{C}_1 \| \ell \rangle = \begin{cases} \sqrt{\frac{\ell+1}{2\ell+3}} & \text{für } \ell' = \ell + 1 \\ -\sqrt{\frac{\ell}{(2\ell-1)}} & \text{für } \ell' = \ell - 1, \end{cases} \tag{D.35}$$

ungleich Null, und wegen (B.42)–(B.44) gilt

$$\begin{aligned} \langle \ell' m' | C_{1q} | \ell m \rangle &= (-1)^q \langle \ell\, -m | C_{1q} | \ell'\, -m' \rangle \\ &= \langle \ell'\, -m' | C_{1-q} | \ell\, -m \rangle = (-1)^q \langle \ell m | C_{1-q} | \ell' m' \rangle. \end{aligned} \tag{D.36}$$

Somit gilt bei Dipolübergängen für die Projektionsquantenzahl die *Auswahlregel* $\Delta m = q$. Die Matrixelemente verschwinden, sofern nicht $m' = m \pm 1$ oder $m' = m$ gilt. Eine detaillierte Auswertung von (D.28) unter Benutzung von (B.51)–(B.54) führt zu:

$$\langle (\ell+1) m | C_{10} | \ell m \rangle = \sqrt{\frac{(\ell - m + 1)(\ell + m + 1)}{(2\ell+1)(2\ell+3)}} \tag{D.37}$$

$$\langle (\ell+1)(m+1) | C_{11} | \ell m \rangle = \sqrt{\frac{(\ell + m + 1)(\ell + m + 2)}{2(2\ell+1)(2\ell+3)}} \tag{D.38}$$

$$\langle (\ell+1)(m-1) | C_{1-1} | \ell m \rangle = \sqrt{\frac{(\ell - m + 1)(\ell - m + 2)}{2(2\ell+1)(2\ell+3)}} \tag{D.39}$$

$$\langle (\ell-1) m | C_{10} | \ell m \rangle = \sqrt{\frac{(\ell - m)(\ell + m)}{(2\ell-1)(2\ell+1)}} \tag{D.40}$$

$$\langle (\ell-1)(m+1) | C_{11} | \ell m \rangle = -\sqrt{\frac{(\ell - 1 - m)(\ell - m)}{2(2\ell-1)(2\ell+1)}} \tag{D.41}$$

$$\big\langle(\ell-1)(m-1)\big|C_{1-1}|\ell m\rangle = -\sqrt{\frac{(\ell-1+m)(\ell+m)}{2(2\ell-1)(2\ell+1)}}. \tag{D.42}$$

Für den besonders einfachen Fall von $s \leftrightarrow p$ Übergängen findet man, dass für alle erlaubten Übergänge die Amplituden gleich sind:

$$\begin{aligned}\langle 10|C_{10}|00\rangle &= \langle 00|C_{10}|10\rangle = \langle 11|C_{11}|00\rangle \\ &= \langle 1\,-1|C_{1-1}|00\rangle = \langle 00|C_{11}|1\,-1\rangle = \langle 00|C_{1-1}|11\rangle = \sqrt{1/3}\end{aligned} \tag{D.43}$$

D.3 Reduktion von Matrixelementen

Oft müssen Matrixelemente von Tensoroperatoren $\widehat{T}_{KQ}$ für ein Schema mit gekoppelten Drehimpulsen ausgewertet werden, so etwa für $|(LS)JM\rangle$ Zustandsvektoren. Typischerweise sind diese Operatoren nach (D.18) aus zwei Operatoren $\widehat{R}_{k_1q_1}(1)$ und $\widehat{U}_{k_2q_2}(2)$ gebildet, von denen einer nur auf die erste (L), der andere nur auf die zweite Komponente (S) der Zustände wirkt.

Mit dem WIGNER-ECKART-Theorem (D.9) werden die Matrixelemente von $\widehat{T}_{KQ}$ zwischen den Zuständen $|\gamma LSJM\rangle$ und $|\gamma' L'SJ'M'\rangle$

$$\begin{aligned}&\big\langle L'S'J'M'\big|\widehat{T}_{KQ}|LSJM\rangle \\ &= (-1)^{J-K+M'}\sqrt{2J'+1}\begin{pmatrix} J' & J & K \\ -M' & M & Q\end{pmatrix}\langle L'S'J'\|\mathsf{T}_K\|LSJ\rangle.\end{aligned} \tag{D.44}$$

Für die Auswertung der reduzierten Matrixelemente von Tensorprodukten stellt die *Drehimpulsalgebra* nützliche Werkzeuge bereit. In einfachen Fällen kann man mit einfacher Algebra unter Benutzung der $6j$-Symbole (B.60) die reduzierten Matrixelemente im gekoppelten Schema $|(LS)JM\rangle$ so umformen, dass sie im ungekoppelten Schema $|LM_L\rangle|SM_S\rangle$ ausgedrückt werden. Wir kommunizieren hier lediglich einige wichtige Resultate. *Wenn* $\mathsf{R}_k^{(1)}$ *nur auf den ersten Drehimpuls im gekoppelten Schema wirkt, und* $\mathsf{U}_k^{(2)} \equiv \widehat{\mathbf{1}}$ *ist, dann gilt:*

$$\begin{aligned}\big\langle L'S'J'\big\|\mathsf{R}_k^{(1)}\big\|LSJ\big\rangle &= \delta_{S'S}(-1)^{k+L'+S+J}\sqrt{(2J+1)(2L'+1)} \\ &\times\begin{Bmatrix} L' & L & k \\ J & J' & S\end{Bmatrix}\langle L'\|\mathsf{R}_k\|L\rangle.\end{aligned} \tag{D.45}$$

Wenn umgekehrt $\mathsf{R}_k^{(1)} \equiv \widehat{\mathbf{1}}$ *und* $\mathsf{U}_k^{(2)}$ *nur auf den zweiten Drehimpuls im gekoppelten Schema wirkt, erhalten wir:*

$$\begin{aligned}\big\langle L'S'J'\big\|\mathsf{U}_k^{(2)}\|LSJ\big\rangle &= \delta_{L'L}(-1)^{k+L+S+J'}\sqrt{(2J+1)(2S'+1)} \\ &\times\begin{Bmatrix} S' & S & k \\ J & J' & L\end{Bmatrix}\langle S'\|\mathsf{U}_k\|S\rangle.\end{aligned} \tag{D.46}$$

Man beachte: Wegen der wohldefinierten Phasen der CLEBSCH-GORDAN-Koeffizienten ist die Reihenfolge der Drehimpulse nicht willkürlich. Für das Skalarprodukt (Rang $K = 0$) von zwei Tensoroperatoren des Rangs k wird die Reduktionsformel besonders übersichtlich. Wir bemerken zunächst, dass nach (D.7)

$$\langle j_1' j_2' J' M' | (\mathsf{R}_k \cdot \mathsf{S}_k)_{00} | j_1 j_2 J M \rangle = \delta_{M'M} \delta_{J'J} \langle j_1' j_2' J \| \mathsf{R}_k \cdot \mathsf{S}_k \| j_1 j_2 J \rangle \tag{D.47}$$

gilt, wobei wir den geschlossenen Ausdruck (B.47) für das $3j$-Symbol benutzt haben. Sofern nur über die Drehimpulse zu mitteln ist, kann man (D.47) explizit evaluieren, indem man auf der linken Seite der Gleichung den quantenmechanischen Einheitsoperator in das Skalarprodukt $\mathsf{R}_k \cdot \mathsf{S}_k$ einsetzt. Sodann wird jeder Teil nach (D.45) reduziert. Durch Anwendung der Orthogonalitätsrelationen nach RACAH (1942) findet man für das *reduzierte Matrixelement des Skalarprodukts:*

$$\begin{aligned} \langle j_1' j_2' J \| \mathsf{R}_k \cdot \mathsf{S}_k \| j_1 j_2 J \rangle &= \sqrt{(2j_1' + 1)} \sqrt{(2j_2' + 1)} \\ &\times (-1)^{J + j_1 + j_2'} \begin{Bmatrix} j_1' & j_1 & k \\ j_2 & j_2' & J \end{Bmatrix} \langle j_1' \| \mathsf{R}_k \| j_1 \rangle \cdot \langle j_2' \| \mathsf{S}_k \| j_2 \rangle \end{aligned} \tag{D.48}$$

Etwas anders ist die Situation, wenn ein Tensor T_K das *Produkt zweier Tensoroperatoren* R_{k_1} und S_{k_2} ist, die aus den gleichen *Koordinaten, Impulsen* usw. konstruiert sind und die somit auf das gleiche Quantensystem wirken. Man erhält in diesem Fall durch einfache Umkopplung (EDMONDS 1964, Gl. 7.1.1):

$$\begin{aligned} \langle j' \| (\mathsf{R}_{k_1} \mathsf{S}_{k_2})_K \| j \rangle &= \sqrt{2K + 1} (-1)^{K + j + j'} \\ &\times \sum_{\bar{j}} \begin{Bmatrix} k_1 & k_2 & K \\ j & j' & \bar{j} \end{Bmatrix} \langle j' \| \mathsf{R}_k \| \bar{j} \rangle \langle \bar{j} \| \mathsf{S}_k \| j \rangle . \end{aligned} \tag{D.49}$$

D.3.1 Matrixelemente der Kugelflächenfunktionen in *LS*-Kopplung

Besonders häufig werden im gekoppelten Schema auch die Matrixelemente des Operators der Kugelflächenfunktionen Y_k (bzw. renormiert $\mathsf{C}_k = \sqrt{4\pi/(2k+1)}\mathsf{Y}_k$) benötigt. Wir haben diese in Anhang D.2.2 bereits in der Basis reiner $n\ell$-Zustände vorgestellt. Für LS-gekoppelte Bahndrehimpulse mit den Quantenzahlen ℓ und ℓ' wird das reduzierte Matrixelement $\langle \ell' \| \mathsf{C}_k \| \ell \rangle$ durch (D.27) gegeben.[10] Im gekoppelten Schema mit einem Gesamtspin S ist das reduzierte Matrixelement (D.45):

$$\begin{aligned} \langle \ell' S J' \| \mathsf{C}_k \| \ell S J \rangle &= \delta_{S'S} \sqrt{(2J+1)(2\ell'+1)(2\ell+1)} \\ &\times (-1)^{-S - \ell' - \ell - J} \begin{Bmatrix} \ell' & \ell & k \\ J & J' & S \end{Bmatrix} \begin{pmatrix} \ell' & k & \ell \\ 0 & 0 & 0 \end{pmatrix} . \end{aligned} \tag{D.50}$$

---

[10] Die folgenden Ausdrücke sind auch für Vielelektronensysteme gültig, sofern es nur ein aktives Leuchtelektron gibt (während die übrigen Elektronen insgesamt keinen Bahndrehimpuls besitzen, wie dies für die Alkaliatome oder für He unterhalb der ersten Ionisationsschwelle gilt). Hier ist ℓ' und ℓ identisch mit dem Gesamtbahndrehimpuls L' bzw. L, während der Gesamtspin $S \geq 1/2$ des Systems im Prinzip zu mehreren Elektronen gehören kann.

Dieser Ausdruck verschwindet nur dann nicht, wenn $\ell' + \ell + k$ gerade ist. Daher wird aus (D.44) jetzt

$$\begin{aligned}&\left\langle \ell' S' J' M' \left| C_{kq} \right| \ell S J M \right\rangle \\ &= \delta_{S'S} \sqrt{(2J'+1)(2J+1)(2\ell'+1)(2\ell+1)} \\ &\quad \times (-1)^{M'-S} \begin{pmatrix} J' & J & k \\ -M' & M & q \end{pmatrix} \begin{Bmatrix} \ell' & \ell & k \\ J & J' & S \end{Bmatrix} \begin{pmatrix} \ell' & k & \ell \\ 0 & 0 & 0 \end{pmatrix}.\end{aligned} \tag{D.51}$$

Die Inversion des reduzierten Matrixelements führt in diesem Fall zu

$$\left\langle \ell S J \| \mathsf{C}_k \| \ell' S J' \right\rangle = (-1)^{J-J'} \frac{\sqrt{(2J'+1)}}{\sqrt{(2J+1)}} \left\langle \ell' S J' \| \mathsf{C}_k \| \ell S J \right\rangle. \tag{D.52}$$

Spezialfall: Spin 1/2

Für den Fall $S = s = 1/2$ (für ein effektives Einteilchensystem mit Spin 1/2 – z. B. ein Elektron in einem Atom oder ein einziges aktives Proton in einem Atomkern) ergibt (B.69) angewandt auf (D.50)

$$\left\langle \ell' \tfrac{1}{2} j' \right\| \mathsf{C}_k \left\| \ell \tfrac{1}{2} j \right\rangle = (-1)^{j-1/2+k} \sqrt{(2j+1)} \times \begin{pmatrix} j' & j & k \\ 1/2 & -1/2 & 0 \end{pmatrix}. \tag{D.53}$$

Dieser Ausdruck ist sogar unabhängig von ℓ und ℓ' (wobei natürlich $\ell' + \ell + k$ gerade sein muss) und man erhält für (D.51):

$$\begin{aligned}\left\langle \ell' \tfrac{1}{2} j' m' \right| C_{kq} \left| \ell \tfrac{1}{2} j m \right\rangle &= (-1)^{j'-m'+j-1/2+k} \sqrt{(2j'+1)(2j+1)} \\ &\quad \times \begin{pmatrix} j & j' & k \\ m & -m' & q \end{pmatrix} \begin{pmatrix} j' & j & k \\ 1/2 & -1/2 & 0 \end{pmatrix}.\end{aligned} \tag{D.54}$$

Für eine Auswertung der Linienstärken in E1-Übergängen stellen wir hier einige Werte für das reduzierte Matrixelement von C_1 für den Fall des Einelektronensystems zusammen:

$$\left\langle \ell' \tfrac{1}{2} j' \right\| \mathsf{C}_1 \left\| \ell \tfrac{1}{2} j \right\rangle : \tag{D.55}$$

j'	j = 1/2	3/2	5/2
1/2	$-\sqrt{1/3}$	$\sqrt{1/3}$	0
3/2	$-\sqrt{1/3}$	$-\sqrt{1/15}$	$\sqrt{2/5}$
5/2	0	$-\sqrt{2/5}$	$-\sqrt{1/35}$

D.3.2 Skalarprodukte von Drehimpulsoperatoren

Skalarprodukte von gekoppelten Drehimpulsoperatoren wertet man am bequemsten mithilfe der binomischen Formeln aus. Wir illustrieren dies beispielhaft für das Produkt von Bahndrehimpuls $\widehat{\boldsymbol{L}}$ und Spin $\widehat{\boldsymbol{S}}$. Wie in Abschn. 6.2 auf Seite 321 erläutert, ist der Operator $\widehat{\boldsymbol{L}} \cdot \widehat{\boldsymbol{S}}$ entscheidend für die Spin-Bahn-Wechselwirkung. Der Operator $\widehat{\boldsymbol{L}} \cdot \widehat{\boldsymbol{S}}$ kommutiert mit dem Quadrat $\widehat{\boldsymbol{J}}^2$ und mit der Projektion $\widehat{J}_z$ des Operators des Gesamtdrehimpulses $\widehat{\boldsymbol{J}} = \widehat{\boldsymbol{L}} + \widehat{\boldsymbol{S}}$. Wenn ein Quantensystem durch Eigenzustände

$|LSJM_J\rangle$ beschrieben werden kann, also im *Schema der gekoppelten Drehimpulse,* sind L, S, J und M_J gute Quantenzahlen. Mit der ersten binomischen Formel erhält man

$$\begin{aligned}
&\left\langle LSJ'M'_J \left|\widehat{\boldsymbol{L}}\cdot\widehat{\boldsymbol{S}}\right| LSJM_J\right\rangle \\
&= \frac{1}{2}\left\langle LSJ'M'_J \left|\widehat{\boldsymbol{J}}^2 - \widehat{\boldsymbol{L}}^2 - \widehat{\boldsymbol{S}}^2\right| LSJM_J\right\rangle \\
&= \frac{\hbar^2}{2}\left[J(J+1) - L(L+1) - S(S+1)\right]\delta_{J'J}\delta_{M'_J M_J}\,. \qquad \text{(D.56)}
\end{aligned}$$

Oft muss man die Matrixelemente auch in der *ungekoppelten Basis* von Eigenzuständen $|LM_LSM_S\rangle$ beschreiben, z. B. im Fall starker Magnetfelder wie in Abschn. 8.1.3 auf Seite 422 beschrieben. Für ungekoppelte $\widehat{\boldsymbol{L}}$ und $\widehat{\boldsymbol{S}}$ greift man daher auf die Definition des Skalarprodukts nach (B.8) zurück

$$\begin{aligned}
&\langle LM'_LSM'_S|\widehat{\boldsymbol{L}}\cdot\widehat{\boldsymbol{S}}|LM_LSM_S\rangle \\
&= -\langle LM'_LSM'_S|\widehat{L}_+\widehat{S}_-|LM_LSM_S\rangle \qquad \text{(D.57)} \\
&\quad -\langle LM'_LSM'_S|\widehat{L}_-\widehat{S}_+|LM_LSM_S\rangle + \langle LM'_LSM'_S|\widehat{L}_z\widehat{S}_z|LM_LSM_S\rangle,
\end{aligned}$$

und benutzt die Matrixelemente (B.14)–(B.17) für die Drehimpulse. Da die Operatoren $\widehat{L}_q$ nur auf die LM_L-Komponente der Zustandsvektoren wirken, und $\widehat{S}_q$ nur auf die SM_S-Komponente, erkennt man, dass das Matrixelement nur dann nicht verschwindet, wenn

$$M'_J = M'_L + M'_S = M_L + M_S = M_J\,. \qquad \text{(D.58)}$$

Daher ist $M_J = M_L + M_S$ eine gute Quantenzahl, obwohl J keine ist. Drei Typen von nichtverschwindenden *Matrixelementen gibt es im ungekoppelten System:*

$$\begin{aligned}
&\langle L(M_L+1)S(M_S-1)|\widehat{\boldsymbol{L}}\cdot\widehat{\boldsymbol{S}}|LM_LSM_S\rangle \\
&= \langle L(M_L+1)S(M_S-1)|\widehat{L}_+\widehat{S}_-|LM_LSM_S\rangle \\
&= \hbar^2\sqrt{[L(L+1)-M_L(M_L+1)][S(S+1)-M_S(M_S-1)]/4} \qquad \text{(D.59)}
\end{aligned}$$

$$\begin{aligned}
&\langle L(M_L-1)S(M_S+1)|\widehat{\boldsymbol{L}}\cdot\widehat{\boldsymbol{S}}|LM_LSM_S\rangle \\
&= -\langle LS\,M_L-1\,M_S+1|\widehat{L}_-\widehat{S}_+|LM_LSM_S\rangle \\
&= \hbar^2\sqrt{[L(L+1)-M_L(M_L-1)][S(S+1)-M_S(M_S+1)]/4} \qquad \text{(D.60)}
\end{aligned}$$

$$\begin{aligned}
&\langle LM_LSM_S|\widehat{\boldsymbol{L}}\cdot\widehat{\boldsymbol{S}}|LM_LSM_S\rangle \\
&= -\langle LM_LSM_S|\widehat{L}_z\widehat{S}_z|LM_LSM_S\rangle = \hbar^2 M_LM_S \qquad \text{(D.61)}
\end{aligned}$$

Tabelle D.1 stellt LS-Matrixelemente zusammen, und zwar beispielhaft für einen ^{2}P-Zustand ($L = 1$, $S = 1/2$).

Tabelle D.1 Matrixelemente von $\widehat{\boldsymbol{L}} \cdot \widehat{\boldsymbol{S}}/\hbar^2$ für einen ^{2}P-Zustand in der ungekoppelten Basis $|LM_LSM_S\rangle$, mit $v = M_L + 2M_S$

M_LM_S		$\|1\,\frac{1}{2}\rangle$	$\|0\,\frac{1}{2}\rangle$	$\|1\,-\frac{1}{2}\rangle$	$\|-1\,\frac{1}{2}\rangle$	$\|0\,-\frac{1}{2}\rangle$	$\|-1\,-\frac{1}{2}\rangle$
	v	**2**	**1**	**0**	**0**	**−1**	**−2**
	M_J	**3/2**	**1/2**	**1/2**	**−1/2**	**−1/2**	**−3/2**
$\langle 1\,\frac{1}{2}\|$		1/2	0	0	0	0	0
$\langle 0\,\frac{1}{2}\|$		0	0	$1/\sqrt{2}$	0	0	0
$\langle 1\,-\frac{1}{2}\|$		0	$1/\sqrt{2}$	−1/2	0	0	0
$\langle -1\,\frac{1}{2}\|$		0	0	0	−1/2	$1/\sqrt{2}$	0
$\langle 0\,-\frac{1}{2}\|$		0	0	0	$1/\sqrt{2}$	0	0
$\langle -1\,-\frac{1}{2}\|$		0	0	0	0	0	1/2

D.3.3 Komponenten der Drehimpulse

Als ein weiteres Beispiel berechnen wir nun die z-Komponenten eines Drehimpulses, der nur auf einen Teil des gekoppelten Systems wirkt. Typische Anwendungen sind die Komponenten von S_z oder L_z bei der Spin-Bahn-Kopplung im Schema $|(SL)JM_J\rangle$, oder I_z und $\widehat{J}_z$ im Hyperfeinkopplungsschema $|(IJ)FM_F\rangle$. Wir benutzen hier letztere Quantenzahlen, die je nach Anwendung entsprechend zu ersetzen sind.

Zunächst wird nach (D.45) das reduzierte Matrixelement von $\widehat{\boldsymbol{J}}$

$$\begin{aligned} \langle I'J'F'\|\widehat{\boldsymbol{J}}\|IJF\rangle &= \\ &= (-1)^{1+I'+J'+F}\delta_{I'I}\sqrt{(2F+1)(2J'+1)}\begin{Bmatrix} J' & J & 1 \\ F & F' & I \end{Bmatrix}\langle J'\|J\|J\rangle \\ &= \hbar(-1)^{1+I'+J'+F}\delta_{I'I}\delta_{J'J}\sqrt{(2F+1)J(J+1)(2J'+1)}\begin{Bmatrix} J' & J & 1 \\ F & F' & I \end{Bmatrix}, \end{aligned} \tag{D.62}$$

wobei im letzten Schritt (D.10) benutzt wurde. Die nichtverschwindenden Matrixelemente der Komponenten von $\widehat{\boldsymbol{J}}$ können jetzt mit dem WIGNER-ECKART-Theorem (D.7) umgeschrieben werden, z. B.

$$\begin{aligned} &\langle JIF'M'_F|\widehat{J}_z|JIFM_F\rangle \\ &= (-1)^{F-1+M_F}\delta_{M'_FM_F}\sqrt{2F'+1}\begin{pmatrix} F' & F & 1 \\ -M_F & M_F & 0 \end{pmatrix}\langle JIF'\|\widehat{\boldsymbol{J}}\|JIF\rangle. \end{aligned} \tag{D.63}$$

Wenn man (D.62) einsetzt, folgt

$$\begin{aligned} &\langle JIF'M'_F|\widehat{J}_z|JIFM_F\rangle \\ &= \hbar(-1)^{2F+M_F+I+J}\delta_{M'_FM_F} \\ &\times\sqrt{(2F'+1)(2F+1)(2J+1)(J+1)J}\begin{pmatrix} F' & F & 1 \\ -M_F & M_F & 0 \end{pmatrix}\begin{Bmatrix} J & J & 1 \\ F & F' & I \end{Bmatrix}. \end{aligned} \tag{D.64}$$

Diese Matrixelemente sind also diagonal in M_F, I und J. Wir können schließlich die expliziten Ausdrücke für die $3j$-Symbole nach (B.53) und (B.54) einsetzen. Dabei müssen wir zwei Fälle unterscheiden:

a) $F' = F$

$$\begin{aligned}\frac{\langle JIFM_F|\widehat{J_z}|JIFM_F\rangle}{\hbar} &= (-1)^{3F+I+J}\frac{M_F\sqrt{(2F+1)(2J+1)(J+1)J}}{\sqrt{F(F+1)}}\begin{Bmatrix} J & J & 1 \\ F & F & I \end{Bmatrix} \\ &= \frac{(-1)^{2I+2J+1}}{2}M_F\frac{F(F+1)+J(J+1)-I(I+1)}{F(F+1)} \end{aligned} \tag{D.65}$$

außer für $F = 0$, wo $\langle JIFM_F|\widehat{J_z}|JIFM_F\rangle/\hbar = 0$ ist.

b) $F' = F + 1$

$$\begin{aligned}\frac{\langle JI(F+1)M_F|\widehat{J_z}|JIFM_F\rangle}{\hbar} &= (-1)^{3F+I+J+1}\begin{Bmatrix} J & J & 1 \\ F & F+1 & I \end{Bmatrix} \\ &\quad\times\sqrt{\frac{2(F+M_F+1)(F-M_F+1)(2J+1)(J+1)J}{(2F+2)}} \\ &= \frac{(-1)^{4F+2I+2J+2}}{2}\sqrt{1-\left(\frac{M_F}{F+1}\right)^2} \\ &\quad\times\sqrt{\frac{(J+I-F)(F+J+I+2)((F+1)^2+(J-I)^2)}{(2F+1)(2F+3)}}. \end{aligned} \tag{D.66}$$

Im letzten Schritt haben wir auch noch den expliziten Ausdruck (B.71) für das $6j$-Symbol eingesetzt, um diese nützliche, kompakte Beziehung herzuleiten.

D.4 Elektromagnetisch induzierte Übergänge

Die vermutlich wichtigste Anwendung für die hier beschriebenen Werkzeuge ist die Auswertung von Matrixelementen für elektromagnetisch induzierte Übergänge. Wir wollen hier elektrische Dipol- (E1) und Quadrupolübergänge (E2), aber auch magnetische Dipolübergänge (M1) besprechen.

D.4.1 Elektrische Dipolübergänge

Zunächst behandeln wir die Emission oder Absorption eines Photons durch einen E1-Übergang. Wie ausführlich in Kap. 4 besprochen und in (4.65)–(4.68) zusammengefasst, ist die Wahrscheinlichkeit für solche Übergänge zwischen einem Zustand $|a\rangle = |\gamma JM\rangle$ und einem Zustand $|b\rangle = |\gamma' J'M'\rangle$ proportional zum Betragsquadrat von Matrixelementen des Typs

$$\left|\langle\gamma' J'M'|\boldsymbol{r}\cdot\mathfrak{e}|\gamma JM\rangle\right|^2 = \left|\langle\gamma'\ell'|r|\gamma\ell\rangle\right|^2 \left|\sum_{q=-1}^{1}\langle J'M'|C_{1q}|JM\rangle\cdot\mathfrak{e}_q^*\right|^2. \qquad \text{(D.67)}$$

Da C_1 als Tensor von Rang 1 betrachtet werden kann, enthält dieser Ausdruck im Prinzip die $(2\times1+1)(2\times1+1)$ Komponenten des Produkttensors. Man kann diese in irreduzibler Form durch Tensoren vom Rang 0 (im Wesentlichen die Gesamtintensität), Rang 1 (sogenannte Orientierung) und Rang 2 (sogenanntes Alignment) ausdrücken. Wir werden darauf noch im Anhang zu Band 2 zurückkommen.

Für Atome mit niedrigem Z ist LS-Kopplung charakteristisch – nach dem Schema $|\gamma LSJM\rangle$ bzw. $|\gamma' L'S'J'M'\rangle$. In diesem Fall werden die Auswahlregeln durch die Matrixelemente $\langle S'L'J'M'|C_{1q}|SLJM\rangle$ bestimmt. Gl. (D.51) faktorisiert diese Matrixelemente in ihre wichtigen Komponenten. Während eines elektromagnetisch induzierten Übergangs ändert sich der Elektronenspin nicht, d. h. $\Delta S = 0$. Für E1-Übergänge gilt $k = 1$, und mit $q = 0, \pm1$ bestimmt das erste $3j$-Symbol in (D.51) die *Auswahlregeln* für J und M: $\Delta M = q$ und $\delta(J1J') = 1$. Daher ist $M' = M \pm 1$ oder $M' = M$ und $J' = J \pm 1$ oder $J' = J$, wobei freilich $0 \nleftrightarrow 0$ streng verboten ist. Schließlich repräsentiert das letzte $3j$-Symbol auch noch die Auswahlregel für die Parität $L' = L \pm 1$.

D.4.2 Elektrische Quadrupolübergänge

Nach (5.56) ist das entscheidende Matrixelement für E2 Ubergänge ($k = 2$)

$$\begin{aligned}
\langle b|\widehat{\mathsf{D}}|a\rangle^{(\mathrm{E2})} &= \frac{(-1)^{q+1}\pi}{\sqrt{3}\lambda_{ba}}\langle b|Q_{2q\pm}|a\rangle \\
\text{mit}\quad \langle b|Q_{2q+}|a\rangle &= \frac{1}{\sqrt{2}}\langle b|r^2|a\rangle\left[(-1)^q\langle b|C_{2q}|a\rangle + \langle b|C_{2-q}|a\rangle\right] \qquad \text{(D.68)} \\
\text{und}\quad \langle b|Q_{2q-}|a\rangle &= \frac{1}{\sqrt{2}\mathrm{i}}\langle b|r^2|a\rangle\left[(-1)^q\langle b|C_{2q}|a\rangle - \langle b|C_{2-q}|a\rangle\right],
\end{aligned}$$

wo wir die Definitionen (E.5) eingesetzt haben. Aus $k = 2$ folgt $q = 0, \pm1$ oder ±2. In LS-Kopplung benutzen wir wieder (D.51) zur Auswertung. Auch hier gilt $\Delta S = 0$ und mit der Dreiecksrelation $\delta(JJ'2) = 1$ lesen wir aus den $3j$-Symbolen, dass der Gesamtdrehimpuls J sich um $0, \pm1$ oder ±2 Einheiten von $\hbar$ ändern kann, jetzt mit der Randbedingung $0 \nleftrightarrow 0$ *und* $1/2 \nleftrightarrow 1/2$. Mit $\Delta M = q$ folgt, dass in Emission und Absorption Übergänge mit $M' = M$, mit $M \pm 1$ und sogar mit $M \pm 2$

möglich sind. Außerdem gilt auch für Quadrupolübergänge Paritätserhaltung, was mit dem letzten $3j$-Symbol in (D.51) bedeutet, dass $L' = L$ oder $L' = L \pm 2$ gelten muss.

D.4.3 Magnetische Dipolübergänge

Die Auswahlregeln für M1-Übergänge werden aus dem Matrixelement (5.53) abgeleitet

$$\langle a|eE_0\widehat{\mathsf{D}}|b\rangle^{(\mathrm{M1})} \propto \langle b|\widehat{\boldsymbol{L}} + 2\widehat{\boldsymbol{S}}|a\rangle_{\boldsymbol{B}} = \langle b|\widehat{e2vecJ} + \widehat{\boldsymbol{S}}|a\rangle_{\boldsymbol{B}}, \tag{D.69}$$

wo der Index $\boldsymbol{B}$ andeutet, dass das Koordinatensystem für den Bahndrehimpuls $\widehat{\boldsymbol{L}}$ und den Spin $\widehat{\boldsymbol{S}}$ so gewählt wird, dass die z-Achse parallel zum magnetischen RF-Feld ist, welches den Übergang induziert. Die spezielle Polarisationsabhängigkeit kann wieder mithilfe des WIGNER-ECKART-Theorems (D.9) ausgedrückt werden. Da wir Dipolübergänge mit $k = 1$ besprechen, erhalten wir:

$$\begin{aligned}\langle b|\widehat{\boldsymbol{L}} + 2\widehat{\boldsymbol{S}}|a\rangle_{\boldsymbol{B}} &= \langle\gamma'|\gamma\rangle(-1)^{J-1+M'}\sqrt{2J'+1} \\ &\times \begin{pmatrix} J' & J & 1 \\ -M' & M & q \end{pmatrix}\left[\langle J'\|\widehat{\boldsymbol{L}}\|J\rangle + 2\langle J'\|\widehat{\boldsymbol{S}}\|J\rangle\right].\end{aligned} \tag{D.70}$$

Mit $\langle\gamma'|\gamma\rangle$ charakterisieren wir das Überlappintegral für den Radialteil der Wellenfunktion zwischen Ausgangs- und Endzustand bei einem Übergang. Das $3j$-Symbol bestimmt die Auswahlregeln für die magnetischen Quantenzahlen M, wobei q sich hier auf die Richtung des magnetischen Feldes bezieht (nicht auf das elektrische Feld wie beim E1-Übergang). Bei spektroskopischen Experimenten, typischerweise mit Radiofrequenz- (RF) oder Mikrowellenstrahlung (MW), benutzt man ein externes, statisches Magnetfeld $\boldsymbol{B}_{\mathrm{st}}$, welches die z-Achse definiert. Wenn der Feldvektor $\boldsymbol{B}$ des Strahlungsfeldes in diese z-Richtung zeigt (d. h. wenn der $\boldsymbol{E}$-Vektor und damit der Polarisationsvektor $\mathfrak{e}$ sowie der Wellenvektor $\boldsymbol{k}$ in der xy-Ebene liegen), dann werden $q = 0$ Übergänge mit $M = M'$ induziert. Um dagegen $\Delta M = \pm 1$ Übergänge zu induzieren ($q = \pm 1$), muss der induzierende $\boldsymbol{B}$-Vektor des Wellenfeldes senkrecht zum statischen Feld $\boldsymbol{B}_{\mathrm{st}}$ ausgerichtet sein.

Die zwei reduzierten Matrixelements in (D.70) bestimmen die Auswahlregeln für die Quantenzahlen J, L und S. Sie sind (für nicht zu hohe statische Magnetfelder) nach (D.45) und (D.46) im gekoppelten System auszuwerten. Mit (D.10) wird $\langle L'\|\boldsymbol{L}\|L\rangle = \delta_{L'L}\hbar\sqrt{L(L+1)}$ und $\langle S'\|\boldsymbol{S}\|S\rangle = \delta_{S'S}\hbar\sqrt{S(S+1)}$. Daher erhalten wir

$$\begin{aligned}\langle L'S'J'\|\widehat{\boldsymbol{L}}\|LSJ\rangle &= \delta_{S'S}\delta_{L'L}(-1)^{k+L'+S'+J}\sqrt{(2J+1)(2L'+1)} \\ &\times \begin{Bmatrix} L & L & 1 \\ J & J' & S \end{Bmatrix}\hbar\sqrt{L(L+1)} \quad \text{und}\end{aligned} \tag{D.71}$$

$$\begin{aligned}\langle L'S'J'\|\widehat{\boldsymbol{S}}\|LSJ\rangle &= \delta_{S'S}\delta_{L'L}(-1)^{k+L+S+J'}\sqrt{(2J+1)(2S'+1)} \\ &\times \begin{Bmatrix} S & S & 1 \\ J & J' & L \end{Bmatrix}\hbar\sqrt{S(S+1)}.\end{aligned} \tag{D.72}$$

Somit ändert sich der gesamte Bahndrehimpuls L und der gesamte Spin S der Elektronen eines LS-gekoppelten Systems bei einem M1-Übergang nicht! Im Gegensatz dazu sind Übergänge mit $J' = J \pm 1$ oder $J' = J$ möglich, nicht aber $0 \nleftrightarrow 0$.

Wir erinnern uns nun daran, dass die radialen Wellenfunktionen für verschiedene Hauptquantenzahlen, aber sonst identischen Konfigurationen, orthogonal sind. Daher ist *nur für Übergänge innerhalb eines elektronischen Zustands* $\langle\gamma'|\gamma\rangle \neq 0$. Es gibt also keine M1-Übergänge zwischen verschiedenen elektronischen Zuständen. Natürlich gilt dies wiederum nur für reine LS-Kopplung. Im Fall von Konfigurationswechselwirkung oder jj-Kopplung muss man die Situation im Detail analysieren. Schließlich erwähnen wir noch, dass alle oben vorgetragenen Überlegungen *mutatis mutandis auch für* hyperfein gekoppelte System gelten – weshalb dieses Schema vor der Auswertung des LS-gekoppelten Schemas bearbeitet werden muss.

D.5 Radiale Matrixelemente

Auch die in (D.67) mit $\langle\gamma'\ldots|\boldsymbol{r}\cdot\boldsymbol{e}|\gamma\ldots\rangle$ angesprochenen Radialteile der Matrixelemente muss man auswerten, um quantitative Angaben für Übergangswahrscheinlichkeiten für E1-Übergänge zu erhalten. In der Regel kann der Radialteil vollständig aus dem Matrixelement herausgezogen und unabhängig berechnet werden. Für Quasi-Einelektronensysteme mit Radialfunktionen $|\gamma\ell\rangle$ wird

$$\langle\gamma'\ell'|r|\gamma\ell\rangle = \int_0^\infty r^3 \mathrm{d}r\, R_{n'\ell'}(r) R_{n\ell}(r). \tag{D.73}$$

Man braucht diese Radialmatrixelemente sowohl für die Bestimmung der Übergangswahrscheinlichkeiten von E1-Übergängen, die wir in Kap. 4 behandelt haben, wie auch für eine quantitative Beschreibung des STARK-Effekts nach Kap. 8. Dazu muss man die radialen Eigenfunktionen kennen, und diese hängen von ℓ ab – auch wenn der speziell von ℓ abhängige Winkelanteil der Matrixelemente nach (D.51) bereits absepariert ist.

In geschlossener Form können diese Matrixelemente *nur für das Wasserstoffatom und H-ähnliche Ionen* angegeben werden. Mit den bekannten Radialfunktionen (2.122) findet man

$$\langle n'\ell'|r|n\ell\rangle = 4\left(\frac{a_0}{Z}\right)\sqrt{\frac{(n-\ell-1)!}{[(n+\ell)!]^3}}\sqrt{\frac{(n'-\ell'-1)!}{[(n'+\ell')!]^3}} \tag{D.74}$$
$$\times \int_0^\infty L_{n'+\ell'}^{2\ell'+1}(\rho') L_{n+\ell}^{2\ell+1}(\rho) \mathrm{e}^{-(\rho'+\rho)/2} \rho'^{\ell'+2} \rho^{\ell+1} \mathrm{d}\rho,$$

wobei $\rho = 2Zr/(na_0)$ und $\rho' = 2Zr/(n'a_0)$ ist, und die assoziierten LAGUERRE'schen Polynome sind

$$L_{n+\ell}^{2\ell+1}(\rho) = \sum_{k=0}^{n-\ell-1} (-1)^{k+1} \frac{[(n+\ell)!]^2}{(n-\ell-1-k)!(2\ell+1+k)!} \frac{\rho^k}{k!}.$$

Tabelle D.2 Radiale Übergangsmatrixelemente für das Wasserstoffatom und H-ähnliche Ionen

n'	ℓ'	n	ℓ	$\langle n'\ell'\|r\|n\ell\rangle$ / (a_0/Z)
1	0	2	1	$128\sqrt{6}/243 \simeq 1.290$
1	0	3	1	$27\sqrt{6}/128 \simeq 0.516$
1	0	4	1	$6144\sqrt{15}/78\,125 \simeq 0.305$
1	0	5	1	$250\sqrt{30}/6561 \simeq 0.209$
2	0	3	1	$13\,824\sqrt{12}/15\,625 \simeq 3.065$
2	0	4	1	$512\sqrt{30}/2187 \simeq 1.282$
2	0	5	1	$576\,000\sqrt{60}/5764\,801 \simeq 0.774$
2	1	3	0	$3456\sqrt{18}/15\,625 \simeq 0.938$
2	1	3	2	$27\,648\sqrt{180}/78\,125 \simeq 4.748$

Für nicht zu große Werte von n und ℓ kann man (D.74) in geschlossener Form auswerten, wofür analytische Standardprogramme wie Maple, MuPAD, MATLAB oder Mathematica auf einem PC oder Laptop eingesetzt werden können. Wir stellen Tab. D.2 einige charakteristische Ergebnisse für $\langle n'\ell'|r|n\ell\rangle$ in (Z-skalierten) atomaren Einheiten a_0/Z zusammen.

Für sehr hohe Werte von n und ℓ (RYDBERG-Atome) gibt es angepasste Alternativen. In der Regel genügt es, $\langle n', \ell-1|r|n, \ell\rangle$ für $n' \neq n$ zu berechnen. Basierend auf früheren Arbeiten in geschlossener Form findet man z. B. von TOWLE *et al.* (1996), wiederum in Einheiten a_0/Z,

$$\begin{aligned}\langle n', \ell-1|r|n, \ell\rangle = {} & \frac{(-)^{n'-\ell}}{4Z}\left[\frac{(n'+\ell-1)!(n+\ell)!}{(n'-\ell)!(n-\ell-1)!}\right]^{1/2} \\ & \times \frac{(4n'n)^{\ell+1}}{(n'+n)^{n'+n}}\left[\frac{(4n'n)^{\nu}(n-n')^{N-\nu-1}N!}{(2\ell-1+\nu)!(N-\nu)!}\right. \\ & \times {}_2F_1(-\nu, -2\ell+1; N-\nu+1; x) \\ & - \frac{(-4n'n)^{\nu'}(n-n')^{N'-\nu'-1}N'!}{(n+n')^2(2\ell-1+\nu')!(N'-\nu')!} \\ & \left.\times {}_2F_1\big(-\nu', -2\ell+1-\nu'; N'-\nu'+1; x\big)\right].\end{aligned} \tag{D.75}$$

Hier ist ${}_2F_1(\alpha, \beta; \gamma; x)$ die hypergeometrische Reihe

$${}_2F_1(\alpha, \beta; \gamma; x) = \sum_t \frac{(\alpha)_t(\beta)_t}{(\gamma)_t t!}x^t \tag{D.76}$$

$$\begin{aligned}\text{mit } (\alpha)_t &= \alpha(\alpha+1)\cdots(\alpha+t-1) \\ x &= -\big(n'-n\big)^2/4n'n \\ \nu &= \min\big(n'_r, n_r\big) \qquad N = \max\big(n'_r, n_r\big), \\ \nu' &= \min\big(n'_r, n_r+2\big) \qquad N' = \max\big(n'_r, n_r+2\big),\end{aligned}$$

und $n_r = n - \ell$ sowie $n'_r = n' - \ell - 1$ sind radiale Quantenzahlen. Die hypergeometrische Reihe ist stets endlich, da α und β negative Zahlen sind. Ausführliche Tabellen zu Linienstärken $S(n'\ell' s j' - n\ell s j)$ bzw. Intensitäten $(2j' + 1)A(jj')$, die (4.114) entsprechen, findet man ebenfalls bei TOWLE *et al.* (1996) für RYDBERG-Zustände von H und H-ähnlichen Ionen. Da letztlich alle Atome für hinreichend hohe Werte von n und ℓ wasserstoffartig werden, haben diese Ergebnisse allgemeine Bedeutung.

Parität und Reflexionssymmetrie

E

Paritätserhaltung spielt in der gesamten modernen Physik eine Schlüsselrolle und wird in diesen Lehrbüchern durchgängig angewandt. Wir geben hier eine kurze Einführung in die Begriffe Parität und Reflexionssymmetrie aus der Perspektive der Atom- und Molekülphysik.

E.1 Parität

Der Paritätsoperator $\widehat{\mathcal{P}}$ bezieht sich auf die räumliche Symmetrie von Quantenzuständen und ist definiert durch

$$\widehat{\mathcal{P}}\psi(\boldsymbol{r}) = \psi(-\boldsymbol{r}). \tag{E.1}$$

Wir haben das Zentralkraftproblem in Polarkoordinaten behandelt. Wenn $\boldsymbol{r} \to -\boldsymbol{r}$ wird, ändern sich diese wie $(r, \theta, \varphi) \to (r, \pi-\theta, \varphi+\pi)$. Sofern die Wechselwirkung räumlich isotrop ist (wie z. B. das COULOMB-Potenzial), hat diese Inversion keinen Einfluss auf den HAMILTON-Operator. $\widehat{\mathcal{P}}$ und $\widehat{H}$ kommutieren also:

$$[\widehat{\mathcal{P}}, \widehat{H}] = 0$$

Daher sind die Eigenfunktionen des HAMILTON-Operators auch Eigenfunktionen des Paritätsoperators. Wir unterscheiden Zustände mit *positiver und negativer Parität* (alternativ spricht man auch von *gerader und ungerader* Parität, Funktionen, Zuständen). $\widehat{\mathcal{P}}$ hat die Eigenwerte $P_{\mathrm{at}} = \pm 1$ und es gilt

$$\widehat{\mathcal{P}}\psi(\boldsymbol{r}) = \psi(-\boldsymbol{r}) = \pm\psi(\boldsymbol{r}).$$

Das Produkt von zwei Funktionen (Zuständen) ungleicher Parität hat negative Parität, während das Produkt zweier Funktionen (Zustände) mit der gleichen Parität positive Parität hat. Wir notieren, dass das Integral über den ganzen Raum für eine Funktion $F^{(\mathrm{odd})}(\boldsymbol{r})$ mit ungerader Parität

$$\int_0^{2\pi}\int_0^{\pi} F^{(\mathrm{odd})}(\boldsymbol{r})\mathrm{d}\Omega \equiv 0 \tag{E.2}$$

I.V. Hertel und C.-P. Schulz, *Atome, Moleküle und optische Physik 1*,
Springer-Lehrbuch, DOI 10.1007/978-3-662-53104-4

ist. Für atomare Orbitale schreiben wir explizit

$$\widehat{\mathcal{P}}\psi_{n\ell m}(\boldsymbol{r}) = \widehat{\mathcal{P}}R_{n\ell}(r)Y_{\ell m}(\theta,\varphi) = R_{n\ell}(r)Y_{\ell m}(\pi-\theta,\varphi+\pi).$$

Mit der Definition der Kugelflächenfunktionen nach (B.28) findet man

$$Y_{\ell m}(\pi-\theta,\varphi+\pi) = (-1)^{\ell}Y_{\ell m}(\theta,\varphi),$$

sodass die Parität der Zustände $\psi_{n\ell m}(\boldsymbol{r})$ durch $P_{\text{at}} = (-1)^{\ell}$ gegeben ist. Kugelflächenfunktionen, die sich um $\Delta\ell = \pm 1$ unterscheiden, haben umgekehrte Parität.

Für den Ortsoperator gilt die Beziehung

$$\widehat{\mathcal{P}}\boldsymbol{r} = -\boldsymbol{r}, \tag{E.3}$$

und somit hat auch der *Dipoloperator* $\mathcal{D} = -e\boldsymbol{r}$ *ungerade Parität.* So trivial wie diese Feststellung klingen mag: Sie hat entscheidende Konsequenzen im Zusammenhang mit den Auswahlregeln für optische Übergänge. Wie in Kap. 4 detailliert beschrieben, darf für E1-Übergänge das Integral

$$\int_0^{2\pi}\int_0^{\pi} Y_{\ell_b m_b}(\theta,\varphi)\,\boldsymbol{r}\,Y_{\ell_a m_a}(\theta,\varphi)\mathrm{d}\Omega$$

nicht verschwinden. Daher muss, wegen (E.2) und (E.3), das Produkt

$$Y_{\ell_b m_b}(\theta,\varphi)Y_{\ell_a m_a}(\theta,\varphi)$$

ungerade Parität haben! Elektrische Dipolübergänge (E1) sind also nur erlaubt, wenn Anfangszustand $|\ell_a m_a\rangle$ und Endzustand $|\ell_b m_b\rangle$ verschiedene Parität haben. Nach (D.34) lautet die Auswahlregel für Einelektronensysteme $\Delta\ell = \pm 1$.

Etwas allgemeiner – mit Betonung des Teilchenaspekts – schreibt man dem *Photon ungerade Parität zu,* $P_{\text{ph}} = -1$. Die Auswahlregel (4.86) für Dipolübergänge kann also direkt elegant aus der *allgemeinen Paritätserhaltung für das Gesamtsystem* abgeleitet werden – unter Einschluss von Atom *und* Photon. Da das Photon mit seiner negativen Parität während der Absorption verschwindet und bei der Emission erscheint, müssen Absorption und Emission von einem Wechsel der Parität des Atomsystems begleitet werden, was zur Auswahlregel $\Delta\ell = \pm 1$ führt.

E.2 Vielelektronensysteme

Bei der obigen Diskussion haben wir stillschweigend angenommen, dass es sich um ein einzelnes Leuchtelektron mit $|\ell m\rangle$ handelt, und wir haben den Spin ignoriert. Das Paritätskonzept kann aber auch auf Vielelektronensysteme ausgedehnt werden, wenn man annimmt, dass der Ortsteil der Gesamtwellenfunktion $|\gamma LM\rangle$ als Produkt von Einelektronenorbitalen geschrieben werden kann (oder als eine Linearkombination solcher Produkte in Form von SLATER-Determinanten). Die Gesamtparität eines $\mathcal{N}$-Elektronensystems ist dann das Produkt aller Paritäten der einzelnen Elektronenorbitale. Eine Konfiguration $\{n_1\ell_1 n_2\ell_2 \ldots n_k\ell_k \ldots n_{\mathcal{N}}\ell_{\mathcal{N}}\}$ hat also mit

$$\lambda = \sum\nolimits_1^{\mathcal{N}} \ell_i$$

gerade bzw. ungerade Parität, je nachdem ob

$$(-1)^\lambda = \pm 1$$

positiv bzw. negativ ist, d. h. je nachdem ob λ gerade oder ungerade ist. Im Prinzip hat man über alle Elektronen eines Atoms zu summieren. In der Praxis genügt es meist, über alle Elektronen in offenen Schalen zu summieren.

E.3 Reflexionssymmetrie von Orbitalen – reelle und komplexe Basiszustände

An dieser Stelle sind einige Anmerkungen zur Wahl der Basiszustände oder Wellenfunktionen und ihre Symmetrien angebracht. Der Einfachheit halber besprechen wir auch hier zunächst wieder Einelektronensysteme und ignorieren deren Spin.

Um verschiedene Probleme der Atom- oder Molekülphysik zu behandeln, kann die Wahl eines bestimmten Satzes von Basiszuständen sinnvoller sein als die eines andern. Der in der Atomphysik meist gebrauchte Satz von Wellenfunktionen (Zuständen) für den Winkelanteil sind die (komplexen) Kugelflächenfunktionen.

Es gibt aber eine Reihe von Problemen, wo eine andere Wahl sinnvoller sein kann, z. B. bei der Wechselwirkung mit einem externen elektrischen Feld (siehe Abschn. 8.2 auf Seite 436). In diesem Fall sind die Eigenzustände lineare Kombinationen von Zuständen mit $\pm M$, und $|M|$ bleibt eine gute Quantenzahl, während das Vorzeichen von M unbestimmt ist. Ähnliches gilt für optische Übergänge, wo Anregung mit linear polarisiertem Licht zu einer speziellen Linearkombination von verschiedenen Basiszuständen führen kann, wie wir das in Kap. 4 beschrieben haben. *All diese Linearkombinationen* sind per Definition ebenfalls *reine Zustände,* und im Prinzip kann man eine unendliche Zahl solcher Zustände finden, die – ordentlich orthonormalisiert – ihrerseits als Basiszustände dienen könnten. In den meisten Lehrbüchern der Quantenmechanik werden die Zustände $|\ell m\rangle$ (oder $|LM\rangle$) etwas überbetont, und man ist versucht zu glauben, dass nur diese ein sinnvolle Basis für atomare Systeme darstellen. Das ist aber nur richtig, wenn ein System am besten durch das Betragsquadrat des Bahndrehimpulses $\widehat{\boldsymbol{L}}^2$ und seine z-Komponente $\widehat{L}_z$ charakterisiert wird. Die Messungen, die man beschreiben möchte, müssen solche Zustände präparieren, die beide Operatoren gleichzeitig diagonalisieren, sodass

$$\begin{aligned} \widehat{\boldsymbol{L}}^2 |LM\rangle &= L(L+1)\hbar^2 |LM\rangle \\ \widehat{L}_z |LM\rangle &= M\hbar |LM\rangle \end{aligned} \tag{E.4}$$

gilt. Und tatsächlich bleibt der HAMILTON-Operator ja z. B. diagonal in dieser Basis, wenn man ein Magnetfeld in z-Richtung anlegt, wie in Abschn. 2.7 auf Seite 140 und Abschn. 8.1 auf Seite 414 beschrieben. Solche Eigenschaften, zusammen mit der Tatsache, dass die entsprechenden Kopplungs- und Drehmatrizen intensiv tabelliert und mit einem flexiblen Formelapparat ausgestattet sind, macht ihre generelle Benutzung so attraktiv. Der Preis, den man dafür zu zahlen hat, ist die Benutzung von Linearkombinationen oft schon bei relativ einfachen Situationen, wie etwa für Atome in elektrischen Feldern, bei einer Dipolanregung mit linear polarisiertem Licht, wie auch in der Molekülphysik und Chemie.

Deshalb konstruiert man reelle Tensoroperatoren $\widehat{T}_{kqp}$ (Observable, Kugelflächenfunktionen usw.) als Linearkombinationen aus den komplexen Größen.

Mit $\widehat{T}_{k-q} = (-1)^q \widehat{T}^*_{kq}$ und $p = \pm 1$ definiert man für $0 < q \le k$

$$\widehat{T}_{kqp} = \frac{\mathrm{i}^{(p-1)/2}}{\sqrt{2}}\left[(-1)^q\ \widehat{T}_{kq} + p\widehat{T}_{k-q}\right] = \frac{\mathrm{i}^{(p-1)/2}}{\sqrt{2}}(-1)^q\left[\widehat{T}_{kq} + p\widehat{T}^*_{kq}\right], \tag{E.5}$$

während $\widehat{T}_{k0+} = \widehat{T}_{k0}$ und $\widehat{T}_{k0-} = 0$ für $q = 0$ gilt.

In voller Analogie dazu werden die reellen Drehimpulszustände definiert:

$$|JMp\rangle = \frac{\mathrm{i}^{(p-1)/2}}{\sqrt{2}}\left[(-1)^q\ |JM\rangle + p|J-M\rangle\right] \quad \text{für } 0 < M \le J \tag{E.6}$$

$$|J0+\rangle = |J0\rangle \quad \text{und} \quad |J0-\rangle = 0 \quad \text{für } M = 0$$

Man beachte, dass die Beziehungen zwischen reellen und komplexen Einheitsvektoren der Polarisation (4.7) auf gleiche Weise konstruiert sind. Durch Einsetzen von (B.20) in (E.5) erhalten wir schließlich die *reellen Kugelflächenfunktionen*

$$\begin{aligned}
Y_{kqp}(\theta,\varphi) &= \sqrt{\frac{2k+1}{4\pi}}\,C_{kqp}(\theta,\varphi) && \text{mit}\\
C_{kq+}(\theta,\varphi) &= \sqrt{\frac{2(k-q)!}{(k+q)!}}\,P_k^q(\cos\theta)\cos(q\varphi) && \text{und}\\
C_{kq-}(\theta,\varphi) &= \sqrt{\frac{2(k-q)!}{(k+q)!}}\,P_k^q(\cos\theta)\sin(q\varphi) && \text{für } 0 < q \le k, \text{ sowie}\\
C_{k0+}(\theta,\varphi) &= P_k^0(\cos\theta) \quad \text{und} \quad C_{k0-}(\theta,\varphi) \equiv 0 && \text{für } q = 0.
\end{aligned} \tag{E.7}$$

Dabei werden die assoziierten LEGENDRE-Polynome $P_k^q(x)$ nach (B.22) benutzt. Tabelle E.1 gibt explizite Ausdrücke der *renormierten reellen Kugelflächenfunktionen* $C_{kqp}(\theta,\varphi)$ für $0 \le k \le 3$. Ihre Orthogonalitätsrelationen sind

$$\int_0^{2\pi} \mathrm{d}\varphi \int_0^{\pi} C^*_{kqp}(\theta,\varphi)C_{k'q'p'}(\theta,\varphi)\sin\theta\mathrm{d}\theta = \frac{4\pi}{2k+1}\delta_{kk'}\delta_{qq'}\delta_{pp'}. \tag{E.8}$$

Die Rotation von reellen Tensoroperatoren, reellen Zuständen und reellen Kugelflächenfunktionen erfolgt nach (C.25) unter Benutzung der reellen Rotationsmatrizen (C.26)–(C.28).

Die reellen Kugelflächenfunktionen sind Eigenfunktionen von $\widehat{\boldsymbol{L}}^2$ und $\widehat{L}_z^2$,

$$\begin{aligned}
\widehat{\boldsymbol{L}}^2 Y_{kqp} &= k(k+1)\hbar^2 Y_{kqp}\\
\widehat{L}_z^2 Y_{kqp} &= q^2\hbar^2 Y_{kqp} \quad \text{mit} \quad q = 0, 1, \ldots, k.
\end{aligned} \tag{E.9}$$

Sie sind aber weder Eigenfunktionen von $\widehat{L}_z$ noch von $\widehat{L}_x$ oder $\widehat{L}_y$. Statt dessen sind die reellen Kugelflächenfunktionen und die entsprechenden reellen Zustände (Elektronenorbitale) durch wohldefinierte Reflexionssymmetrie charakterisiert – nicht nur

Tabelle E.1 Renormierte, reelle Kugelflächenfunktionen C_{kqp} für $k = 1$ bis 3

k	$p = +1$	$p = -1$
0	$C_{00+} = 1$	$C_{00-} = 0$
1	$C_{10+} = \cos\theta$	$C_{10-} = 0$
	$C_{11+} = \sin\theta\cos\varphi$	$C_{11-} = \sin\theta\sin\varphi$
2	$C_{20+} = (3\cos^2\theta - 1)/2$	$C_{20-} = 0$
	$C_{21+} = \sqrt{3}\sin\theta\cos\theta\cos\varphi$	$C_{21-} = \sqrt{3}\sin\theta\cos\theta\sin\varphi$
	$C_{22+} = (\sqrt{3}/2)\sin^2\theta\cos 2\varphi$	$C_{22-} = (\sqrt{3}/2)\sin^2\theta\sin 2\varphi$
3	$C_{30+} = (5\cos^3\theta - 3\cos\theta)/2$	$C_{30-} = 0$
	$C_{31+} = (\sqrt{6}/4)\sin\theta(5\cos^2\theta - 1)\cos\varphi$	$C_{31-} = (\sqrt{6}/4)(5\cos^2\theta - 1)\sin\varphi$
	$C_{32+} = (\sqrt{15}/2)\cos\theta\sin^2\theta\cos 2\varphi$	$C_{32-} = (\sqrt{15}/2)\cos\theta\sin^2\theta\sin 2\varphi$
	$C_{33+} = (\sqrt{10}/4)\sin^3\theta\cos 3\varphi$	$C_{33-} = (\sqrt{10}/4)\sin^3\theta\sin 3\varphi$

bezüglich der xy-Ebene (die auch eine Symmetrieebene der komplexen Basis ist) – sondern auch in Bezug auf die xz- und die yz-Ebene.

So ist z. B. *Reflexion einer Wellenfunktion an der xz-Ebene äquivalent mit zum Ersetzen von φ durch $-\varphi$.* Im Falle der komplexen Basis führt dies zu $Y_{kq}(\theta, -\varphi) = Y^*_{kq}(\theta, \varphi) = (-1)^q Y_{k-q}(\theta, \varphi)$, also zu keiner evidenten Symmetrie. Wenn wir diese Operation aber auf die Definition der reellen Kugelflächenfunktionen (E.5) anwenden, so finden wir für die *Reflexion an der xz-Ebene*

$$\widehat{\sigma}_v(xz)Y_{kqp} = pY_{kqp} \quad \text{oder} \quad \widehat{\sigma}_v(xz)|JMp\rangle = p|JMp\rangle \tag{E.10}$$
$$\text{mit} \quad p = \pm 1 \,,$$

womit wir den *Reflexionsoperator* $\widehat{\sigma}_v(xz)$ eingeführt haben.

Oft will man (E.7) auch in kartesischen Koordinaten ausdrücken. Dazu definiert man die sogenannten *Solid-Harmonics,*[11] hier in renormierter Form, als

$$\begin{aligned} \mathcal{C}_{kq}(x, y, z) &= r^k C_{kq}(\theta, \varphi) \qquad\qquad (\text{E.11})\\ &= (-1)^q \sqrt{(k-q)!(k+q)!} \sum_{j=\max(-q,0)}^{(k-q)/2} \frac{(-1)^j (x+\mathrm{i}y)^{j+q}(x-\mathrm{i}y)^j z^{k-q-2j}}{2^{2j+q}(j+q)!j!(k-q-2j)!} . \end{aligned}$$

Wir haben für den geschlossenen Ausdruck in der zweiten Zeile eine sehr hilfreiche Beziehung von CAOLA (1978) benutzt, die wir in unsere Notation (B.29) für die renormierten Kugelflächenfunktionen eingesetzt haben. Setzt man diese Beziehung

[11] Wir benutzen im Folgenden diese englischsprachige Bezeichnung mit deutschem Bindestrich; in deutscher Sprechweise müsste man von „Kugelflächenfunktionen in kartesischen Koordinaten" sprechen.

wiederum in die Definition (E.5) für reelle Tensoroperatoren ein, so ergeben sich geschlossene Ausdrücke für die *renormierten Solid-Harmonics* $\mathcal{C}_{kqp}(x, y, z)$. Tabelle E.2 stellt diese für $0 \le k \le 3$ zusammen.

Abbildung E.1 illustriert graphisch die Winkelabhängigkeit der drei reellen Basis-Orbitale für $k = \ell = 1$: $|p_x\rangle$, $|p_y\rangle$ und $|p_z\rangle$ (kurz: p_x-, p_y- und p_z-Orbital)

Tabelle E.2 Renormierte, reelle Solid-Harmonics $\mathcal{C}_{kqp}$ für $k = 1$ bis 3

k	$p = +1$	$p = -1$
0	$\mathcal{C}_{00+} = 1$	$\mathcal{C}_{00-} = 0$
1	$\mathcal{C}_{10+} = z$	$\mathcal{C}_{10-} = 0$
1	$\mathcal{C}_{11+} = x$	$\mathcal{C}_{11-} = y$
2	$\mathcal{C}_{20+} = (3z^2 - r^2)/2$	$\mathcal{C}_{20-} = 0$
2	$\mathcal{C}_{21+} = \sqrt{3}zx$	$\mathcal{C}_{21-} = \sqrt{3}zy$
2	$\mathcal{C}_{22+} = \sqrt{3}(x^2 - y^2)/2$	$\mathcal{C}_{22-} = \sqrt{3}xy$
3	$\mathcal{C}_{30+} = z(5z^2 - 3r^2)/2$	$\mathcal{C}_{30-} = 0$
3	$\mathcal{C}_{31+} = \sqrt{6}x(5z^2 - r^2)/4$	$\mathcal{C}_{31-} = \sqrt{6}y(5z^2 - r^2)/4$
3	$\mathcal{C}_{32+} = \sqrt{15}z(x^2 - y^2)/2$	$\mathcal{C}_{32-} = \sqrt{15}zxy$
3	$\mathcal{C}_{33+} = \sqrt{10}x(x^2 - 3y^2)/4$	$\mathcal{C}_{33-} = \sqrt{10}y(3x^2 - y^2)/4$

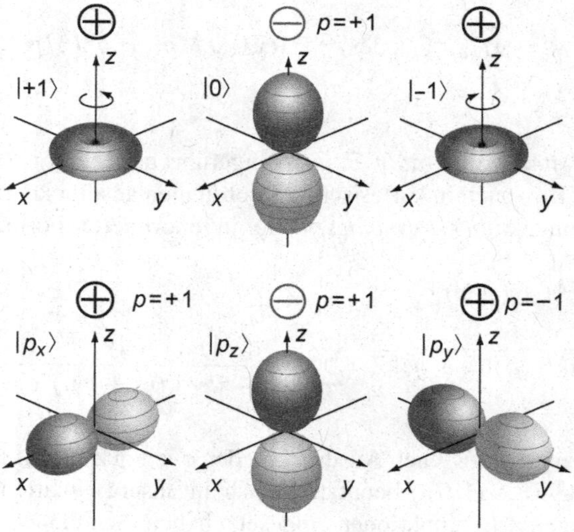

Abb. E.1 Winkelanteil für p-Orbitale (Kugelflächenfunktionen) in der komplexen (*obere Reihe*) und reellen (*untere Reihe*) Basis. Aufgetragen sind die quadratischen Beträge $|Y_{1q}|^2$ bzw. $|Y_{1q\pm}|^2$. Die Schattierungen (*online rot-grau*) deuten Regionen mit verschiedenen Vorzeichen der Funktionen an. Die $\oplus$ und $\ominus$ *Zeichen* zeigen positive bzw. negative Reflexionssymmetrie bezüglich der xy-Ebene an, während Reflexionssymmetrie bezüglich der xz Ebene nach (E.10) durch $p = +1$ und $p = -1$ gekennzeichnet ist und vergleicht sie mit den in der Atomphysik üblichen komplexen Basis-Orbitalen $|1\pm 1\rangle$ und $|10\rangle$. Die drei reellen Kugelflächenfunktionen für diese p-Orbitale haben also eine hantelartige Form, parallel zu den x-, y- bzw. z-Achsen des Atoms ausgerichtet. Im Gegensatz dazu besteht die komplexe Basis aus zwei ‚Doughnut'-artigen Orbitalen ($|1\pm 1\rangle$ mit umgekehrter Orientierung) während das $|10\rangle$ Orbital ebenfalls hantelförmig und identisch mit $|p_z\rangle$ ist.

Man könnte daran denken, diese Basiszustände mithilfe optischer bzw. elektromagnetischer Dipolübergänge anzuregen. Da die Elektronen aber auch noch einen Spin haben, sind ℓ und m_ℓ typischerweise keine guten Quantenzahlen. Daher ist die vollständig optische Präparation der Zustände, wie sie in Abb. E.1 gezeigt werden, nur in ganz speziellen Fällen möglich. Wenn man z. B. einen ${}^1S_0 \to {}^1P_1$ Übergang nutzen könnte, dann wäre es in der Tat möglich, alle fünf gezeigten, verschiedenen Zustände durch optische Dipolübergänge zu präparieren. In einem solchen Fall, der z. B. bei He anzutreffen ist, kompensieren sich die beiden Elektronenspins, aber nur ein Elektron ist optisch aktiv:

a) Die komplexen Basiszustände benötigen zirkular polarisiertes Licht für ihre Anregung: Links- bzw. rechtshändig polarisiertes Licht, das sich in z-Richtung ausbreitet, würde also den $|1+1\rangle$ (entsprechend Y_{1+1}) bzw. den $|1-1\rangle$ Zustand (entsprechend Y_{1-1}) anregen. Linear polarisiertes Licht, das sich senkrecht zur z-Achse ausbreitet, und dessen $\boldsymbol{E}$-Vektor parallel zur z-Achse ausgerichtet ist, regt den $|10\rangle$ Zustand an (äquivalent zu Y_{10}).
b) Die Zustände des reellen Basissatzes erfordern linear polarisiertes Licht für ihre Präparation, wobei der $\boldsymbol{E}$-Vektor parallel zur x-, y, bzw. z-Achse ausgerichtet sein muss, um die $|p_x\rangle$, $|p_y\rangle$ bzw. $|p_z\rangle$ Orbitale anzuregen – für die ersten beiden Fälle muss sich das Licht dabei in z-Richtung ausbreiten, in letzterem Fall wieder senkrecht dazu.

Allgemein gesprochen sind die reellen Zustände/Funktionen die Basis der Wahl, wenn das Vorzeichen des Drehimpulses keine Rolle spielt, also vor allem dann, wenn elektrische Felder dominieren. Dies gilt insbesondere für die Molekülphysik, in der Quantenchemie aber auch bei der Streuphysik, wie im Detail in Band 2 zu besprechen sein wird. Dort sind es die elektrostatischen Felder zwischen benachbarten Atomen, die eine sinnvolle z-Achse vorgeben, und die typischerweise so stark sind, dass die Spinquantenzahlen lediglich als Nachgedanke zu betrachten sind. Die Bahndrehimpulse und der Betrag ihrer Projektion auf die internukleare Achse werden dann gute Quantenzahlen. Reelle Atomorbitale (AO's), wie sie in der unteren Reihe in Abb. E.1 abgebildet sind und ihre linearen Kombinationen, die an verschiedene Atome gebunden sind, bilden die Basis für eine quantitative Behandlung der elektronischen Wellenfunktion in Molekülen.

Reflexionssymmetrie ist auch bei Stoßprozessen eine wichtige Eigenschaft. Wir werden dies in Band 2 ausführlich besprechen. Die Reflexionssymmetrie bezüglich der Streuebene ist bei binären Stoßprozessen eine wichtige Erhaltungsgröße der kombinierten Wellenfunktion aller Streuteilchen. Dabei kann entweder die

Reflexionssymmetrie beider Teilchen während des Streuprozesses erhalten bleiben, oder beide Stoßpartner ändern ihre Reflexionssymmetrie in Bezug auf die Streuebene.

E.4 Reflexionssymmetrie im allgemeinen Fall

Da Reflexionssymmetrie eine so wichtige Eigenschaft von atomaren und molekularen Zuständen ist, verallgemeinern wir dieses Konzept nun noch etwas. Bis hierher haben wir unsere Diskussion auf den räumlichen Aspekt der Orbitale beschränkt, was die Diskussion vereinfachte, da wir es nur mit ganzzahligen Drehimpulsen J zu tun hatten. In diesen Fällen ist die Reflexionssymmetrie eine intuitiv zugängliche Eigenschaft der Wellenfunktion. Es ist aber durchaus möglich, das Konzept auf halbzahlige Drehimpulse auszudehnen.

Wir beginnen damit, eine Reflexion $\widehat{\sigma}_v(ab)$ an einer vorgegebenen ab-Ebene als Inversion am Ursprung gefolgt von einer Rotation um den Winkel π um eine Achse senkrecht zu dieser Bezugsebene zu interpretieren. Das wird in Abb. E.2 für die xy-Ebene illustriert. Inversion am Ursprung bedeutet, dass der Paritätsoperator $\widehat{\mathcal{P}}$ die Zustandsvektoren $|JM\rangle$ mit $(-1)^\lambda$ multipliziert, wobei λ eine gerade oder ungerade ganze Zahl ist, je nachdem ob die Parität des Gesamtsystems gerade oder ungerade ist (typischerweise wird das durch den Bahndrehimpuls der Wellenfunktion bestimmt). Die Rotation um π erreicht man mithilfe der Rotationsmatrizen, die in Anhang C beschrieben werden. Somit wird der Zustand $|JM\rangle$ nach Reflexion an der xy-Ebene

$$\begin{aligned}\widehat{\sigma}_v(xy)|JM\rangle &= (-1)^\lambda \sum_{M'}^{J} \mathfrak{D}^J_{M'M}(\pi,0,0)\big|JM'\big\rangle = \mathrm{e}^{-\mathrm{i}M\pi}(-1)^\lambda|JM\rangle \\ &= (-1)^{\lambda+M}|JM\rangle. \end{aligned} \tag{E.12}$$

Wir halten hier beiläufig fest, dass mit dieser Beziehung die p-Zustände $|+1\rangle$ und $|-1\rangle$ in Abb. E.1 beide positive Reflexionssymmetrie bezüglich der xy-Ebene haben ($\lambda = 1, M = \pm 1$), während der Zustand $|0\rangle$ negative Reflexionssymmetrie besitzt ($\lambda = 1, M = \pm 0$), was nach Abb. E.1 anschaulich offensichtlich ist.

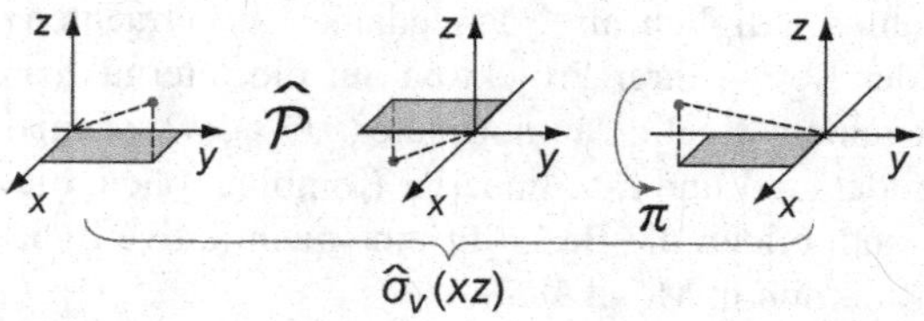

Abb. E.2 Schematische Darstellung der Reflexion $\sigma_v(xz)$ an der xz-Ebene, konstruiert aus einer Inversion am Ursprung ($\mathcal{P}$) kombiniert mit einer Rotation um den Winkel π um die y-Axis

Reflexion an der xz-Ebene führt zu

$$\begin{aligned}\widehat{\sigma}_v(xz)|J\,M\rangle &= (-1)^{\lambda}\sum_{M'}\mathfrak{D}^J_{M'M}(0,\pi,0)|J\,M'\rangle \\ &= (-1)^{\lambda}d^J_{-MM}(\pi)|J\,-M\rangle = (-1)^{\lambda+M+J}|J\,-M\rangle. \qquad \text{(E.13)}\end{aligned}$$

Wir haben hier die Symmetriebeziehung (C.9) für die reduzierten Rotationsmatrizen benutzt. An (E.12) und (E.13) sehen wir auch ganz formal, was beim Betrachten von Abb. E.1 evident ist, dass nämlich die $|J\,M\rangle$ Zustände, also die komplexe Standardrepräsentation, Eigenzustände bezüglich Reflexion $\widehat{\sigma}_v(xy)$ an der xy-Ebene sind, *nicht aber* bezüglich des Reflexionsoperators $\widehat{\sigma}_v(xz)$ an der xz-Ebene. Man überzeugt sich aber leicht, dass die nach (E.5) gebildeten, reellen Linearkombinationen von $|J\,M\rangle$ und $|J\,-M\rangle$ auch bezüglich der xz- und yz-Ebenen Reflexionssymmetrie besitzen.

In Analogie zu (E.5) kann man auch für den allgemeinen Fall (also *auch für halbzahliges* J) Zustände konstruieren, die eine wohldefinierte Reflexionssymmetrie bezüglich der xz-Ebene haben:

$$|J\,Mp\rangle = v(p,M)\left[(-1)^M|J\,M\rangle + (-1)^{\lambda+J}p|J\,-M\rangle\right] \quad \text{mit} \qquad \text{(E.14)}$$

$$v(p,M) = \begin{cases} 1/2 & \text{für } M=0 \\ \left\{\begin{matrix} 1/\sqrt{2} \\ -\mathrm{i}/\sqrt{2}\end{matrix}\right\} & \text{für } 0<M\le J \text{ und } \left\{\begin{matrix} p=1 & \text{bzw. } +\mathrm{i} \\ p=-1 & \text{bzw. } -\mathrm{i}\end{matrix}\right.\end{cases} \qquad \text{(E.15)}$$

Hier ist $p=\pm(-1)^J$ der Eigenwert des Reflexionsoperators $\widehat{\sigma}_v(xz)$ bezüglich der xz-Ebene. Wenden wir (E.13) auf (E.14) an, so stellen wir fest, dass $|J\,Mp\rangle$ in der Tat orthonormierte Eigenzustände von $\widehat{\sigma}_v(xz)$ sind:

$$\widehat{\sigma}_v(xz)|J\,Mp\rangle = p|J\,Mp\rangle \qquad \text{(E.16)}$$

Für ganzzahlige Werte von $J=k$, $M=q$ *und* $\lambda=J$ *ergibt sich wieder die bereits eingeführte Beziehung* (E.10) *mit* $p=\pm1$. *Für halbzahlige Werte von* J *werden aber die Eigenwerte des* $\widehat{\sigma}_v(xz)$ *Reflexionsoperators offensichtlich* $p=\pm\mathrm{i}$. Die gleichen Eigenwerte findet man für die Reflexion an der xy-Ebene. Jedoch gehören halbzahlige Zustände mit $\pm M$ zu unterschiedlicher Reflexionssymmetrie, während die Reflexionssymmetrie für ganzzahlige J (Kugelflächenfunktionen) von $|M|$ abhängt.

Im Allgemeinen sind $|J\,Mp\rangle$ Zustände nicht Eigenzustände der Komponenten des Drehimpulsoperators. Die Matrixelemente von $\widehat{J}_x$, $\widehat{J}_y$ und $\widehat{J}_z$ in der $|J\,Mp\rangle$ Basis nach (E.14) kann man mit (B.4) und (B.14)–(B.17) herleiten. Im Allgemeinen hat man verschiedene Fälle wie $J, M = 0, 1/2$, und 1 ebenso wie $p=\pm1$ oder $\pm\mathrm{i}$ zu unterscheiden. Wir notieren hier nur einige wenige spezielle Aspekte.

1. Die $|J\,Mp\rangle$ Zustände sind Eigenzustände von $\widehat{J}_z^2$. Man kann leicht zeigen, dass

$$\widehat{J}_z|J\,Mp\rangle = \mathrm{i}M\hbar\big|J\,M(-p)\big\rangle \times \left\{\begin{matrix} +1 & \text{für } p=+1 \text{ oder } +\mathrm{i} \\ -1 & \text{für } p=-1 \text{ oder } -\mathrm{i}\end{matrix}\right\}$$

gilt, sodass $\widehat{J}_z^2|J\,Mp\rangle = M^2\hbar^2|J\,Mp\rangle$. (E.17)

2. $\widehat{J}_z$ *ändert die Reflexionssymmetrie* von $+(-1)^J$ nach $-(-1)^J$ und umgekehrt. Das gilt auch für $\widehat{J}_x$.

$$\widehat{J}_x|JMp\rangle = a(M)\big|J(M+1)(-p)\big\rangle + a(-M)\big|J(M-1)(-p)\big\rangle, \tag{E.18}$$

wie man für $J \geq 1$ und $M > 0$ mit etwas Algebra leicht verifiziert. *Dagegen ändert $\widehat{J}_y$ die Reflexionssymmetrie nicht:*

$$\widehat{J}_y|JMp\rangle = a(M)\big|J(M+1)p\big\rangle - a(-M)\big|J(M-1)p\big\rangle, \tag{E.19}$$

wo $a(M)$ gegeben ist durch[12]

$$a(M) = \frac{\hbar}{\sqrt{2}}\sqrt{J(J+1) - M(M+1)}.$$

3. Als spezifisches Beispiel haben wir bereits die p-Orbitale $|p_x\rangle = |11+\rangle$, $|p_y\rangle = |11-\rangle$ und $|p_z\rangle = |10+\rangle$ beschrieben, die in der unteren Hälfte von Abb. E.1 gezeigt sind. Ohne Beweis notieren wir hier beiläufig die Beziehungen:

$$\begin{aligned} \widehat{J}_y|p_x\rangle &= -\mathrm{i}|p_z\rangle \\ \widehat{J}_y|p_z\rangle &= +1|p_x\rangle \\ \widehat{J}_y|p_y\rangle &= 0. \end{aligned} \tag{E.20}$$

4. Der einfachste und etwas ungewöhnliche Fall mit halbzahligem J ist ein reiner Spinzustand mit $\lambda = 0$ und $J = 1/2$, der z. B. ein Elektron in einem $^1\mathrm{S}_{1/2}$-Zustand beschreibt. Die Basiszustände in der $|JM\rangle$ Repräsentation sind $|\alpha\rangle = |1/2\ 1/2\rangle$ und $|\beta\rangle = |1/2\ -1/2\rangle$, für welche der Spin in $+z$- bzw. $-z$-Richtung zeigt. Reflexion an der xy-Ebene ergibt nach (E.12)

$$\widehat{\sigma}_v(xy)\left|\frac{1}{2}\frac{1}{2}\right\rangle = \mathrm{i}\left|\frac{1}{2}\frac{1}{2}\right\rangle \quad \text{und} \quad \widehat{\sigma}_v(xy)\left|\frac{1}{2}\ -\frac{1}{2}\right\rangle = -\mathrm{i}\left|\frac{1}{2}\ -\frac{1}{2}\right\rangle. \tag{E.21}$$

Wir sehen, dass die α- und β-Zustände umgekehrte Reflexionssymmetrie bezüglich der xy-Ebene haben. Die entsprechenden Zustände mit xz-Symmetrie erhält man von (E.14) ($\lambda =$ gerade) mit $p = \pm\mathrm{i}$:

$$|{+}\mathrm{i}\rangle = \frac{1}{\sqrt{2}}\left[\mathrm{i}\left|\frac{1}{2}\frac{1}{2}\right\rangle - \left|\frac{1}{2}\ -\frac{1}{2}\right\rangle\right] \tag{E.22}$$

$$|{-}\mathrm{i}\rangle = \frac{1}{\mathrm{i}\sqrt{2}}\left[\mathrm{i}\left|\frac{1}{2}\frac{1}{2}\right\rangle + \left|\frac{1}{2}\ -\frac{1}{2}\right\rangle\right]. \tag{E.23}$$

Diese Zustände sind identisch zu (C.17) bzw. (C.18). Wir haben sie dort durch Koordinatenrotation für einen Spin erhalten, der in die $\pm y$-Richtung zeigt. Reflexion an der xz-Ebene ergibt mit (E.13):

$$\widehat{\sigma}_v(xz)|{+}\mathrm{i}\rangle = \mathrm{i}|{+}\mathrm{i}\rangle \quad \text{bzw.} \quad \widehat{\sigma}_v(xz)|{-}\mathrm{i}\rangle = -\mathrm{i}|{-}\mathrm{i}\rangle. \tag{E.24}$$

---

[12] Diese Formeln gelten für alle $J \geq 1$ und $M \geq 1$. Die restlichen Fälle sind leicht aus der Definition (E.14) mit (B.4) und (B.14)–(B.17) abzuleiten.

In diesem speziellen Fall (und nur in diesem), sind diese bezüglich xy-Reflexion symmetrischen Zustände zugleich Eigenvektoren von $\widehat{J}_y$. Mit (B.4) und (B.14)–(B.17) verifiziert man leicht, dass

$$\widehat{J}_y|\pm\mathrm{i}\rangle = \pm\frac{\hbar}{2}|\pm\mathrm{i}\rangle. \tag{E.25}$$

Schließlich wenden wir das Konzept der Reflexionssymmetrie noch auf optische Übergänge an, die ausführlich in Kap. 4 behandelt werden. In Abschn. 4.1.2 auf Seite 185 werden die linearen ($\mathfrak{e}_x$, $\mathfrak{e}_y$) und zirkularen ($\mathfrak{e}_{+1}$, $\mathfrak{e}_{-1}$) Polarisationsvektoren eingeführt. Wir können diese als $|\mathfrak{e}_x\rangle$, $|\mathfrak{e}_y\rangle$ und $|\mathfrak{e}_{+1}\rangle$, $|\mathfrak{e}_{-1}\rangle$ schreiben, und damit als die reellen bzw. komplexen Repräsentationen der entsprechenden Photonenzustände ansehen. Dann sind die Definitionen (4.4)–(4.7) in voller Übereinstimmung mit (E.14). Da für das Photon $J = \lambda = 1$ und $M = \pm 1$ gilt, haben wir $p = +1$ für $|\mathfrak{e}_x\rangle$ und $p = -1$ für $|\mathfrak{e}_y\rangle$, d. h. *$|\mathfrak{e}_x\rangle$ und $|\mathfrak{e}_y\rangle$ haben positive bzw. negative Reflexionssymmetrie bezüglich der xz-Ebene*. Da der (voll quantisierte) HAMILTON-Operator für das System Photon + Atom invariant unter Reflexion an allen Ebenen durch das Atomzentrum ist, muss die *Reflexionssymmetrie der Zustandsvektoren, die das kombinierte System beschreiben, eine Erhaltungsgröße des Systems auch bei optischen Übergängen sein.* Abhängig davon ob wir Licht benutzen, das in x- oder y-Richtung polarisiert ist, wird das Atom also seine Reflexionssymmetrie bei einem optischen Übergang erhalten oder nicht, wie im Folgenden beschrieben:

$$\begin{aligned}|JMp;\,\mathfrak{e}_x\rangle &\longleftrightarrow \big|JMp;\ldots\big\rangle\\ |JMp;\,\mathfrak{e}_y\rangle &\longleftrightarrow \big|JM(-p);\ldots\big\rangle.\end{aligned}$$

Wird zum Beispiel der prototypische Übergang ${}^1\mathrm{S}_0 \leftrightarrow {}^1\mathrm{P}_1$ durch Licht induziert, welches linear in x-Richtung polarisiert ist, so wird dies nicht zu einer Änderung der Reflexionssymmetrie führen: Der ${}^1\mathrm{S}_0$-Zustand hat positive Reflexionssymmetrie bezüglich der xz-Ebene ebenso wie die ${}^1\mathrm{P}_1$-Hantel, die in x-Richtung zeigt (siehe Abb. E.1 auf Seite 652). Dagegen wird y-polarisiertes Licht ein hantelartiges Orbital anregen, das parallel zur y-Achse ausgerichtet ist und negative Reflexionssymmetrie hat.

Ein etwas weniger triviales Beispiel ist in Abb. E.3 gezeigt. In einem ${}^2\mathrm{S}_{1/2} \rightarrow {}^2\mathrm{P}_{1/2}$ Übergang sei der Anfangszustand $|J_a\rangle = |{+}\mathrm{i}\rangle$ gerade der in

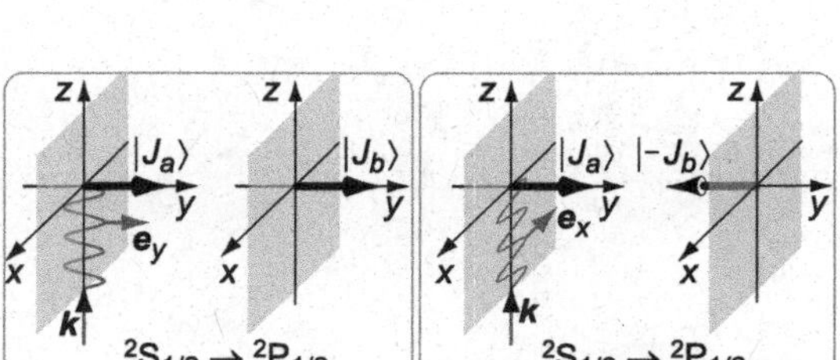

Abb. E.3 Illustration zweier Prozesstypen bei einem lichtinduzierten ${}^2\mathrm{S}_{1/2} \leftrightarrow {}^2\mathrm{P}_{1/2}$ Übergang. Linear in y-Richtung polarisiertes Licht erhält die Reflexionssymmetrie, linear in x-Richtung polarisiertes Licht ändert sie

(E.22) beschriebene: Der Spin zeigt in die $+y$-Richtung, und der Zustand hat $p = +\mathrm{i}$ Reflexionssymmetrie bezüglich der xz-Ebene. Da sich bei der Anregung in einen $^2P_{1/2}$-Zustand die Parität des Atoms ändert ($\lambda = 0 \rightarrow 1$), hat der Endzustand $|J_b\rangle$ mit dem Drehimpuls in $+y$-Richtung jetzt $p = -\mathrm{i}$ Symmetrie. Wenn wir also mit $\mathfrak{e}_y$ Licht anregen, hat das Gesamtsystem $|J_a\rangle|\mathfrak{e}_y\rangle$ vor dem Übergang $+\mathrm{i} \times (-1) = -\mathrm{i}$ Reflexionssymmetrie. Also muss auch der Endzustand $-\mathrm{i}$ Symmetrie haben, was einem $|J_b\rangle$ Zustand entspricht, der in $+y$-Richtung zeigt. Im Gegensatz dazu hätte bei Anregung mit $\mathfrak{e}_x$ polarisiertem Licht das Gesamtsystem $|J_a\rangle|\mathfrak{e}_x\rangle$ gerade $+\mathrm{i} \times (+1) = \mathrm{i}$ Symmetrie, die erhalten bleiben muss, was einer Umkehrung der Spinorientierung durch die Anregung in den $|-J_b\rangle$ Zustand entspricht.

Bezüglich der xy-Ebene ändern diese Übergänge die Reflexionssymmetrie nicht, denn das Licht breitet sich ja in z-Richtung aus, und linear in x- oder y-Richtung polarisierte Photonen können als Überlagerung von $|\mathfrak{e}_{+1}\rangle$ und $|\boldsymbol{e}_{-1}\rangle$ Photonen verstanden werden. Beide haben positive Reflexionssymmetrie bezüglich der xy-Ebene (in Analogie zu den $|+1\rangle$ und $|-1\rangle$ bei atomaren p-Zuständen in Abb. E.1). Sie können daher diese Reflexionssymmetrie nicht ändern. Formal sieht man das anhand von (E.12), da sich ja bei einem Dipolübergang λ und M um ± 1 bezüglich des Photonensystems ($z \parallel \boldsymbol{k}$) ändern. Daher bleibt $(-1)^{\lambda+M}$ während solch eines Übergangs konstant und die Reflexionssymmetrie bezüglich der xy-Ebene ändert sich nicht.

Multipolentwicklungen und Multipolmomente

F

Für Potenziale, die nahezu symmetrisch bezüglich eines Zentrums sind, aber eben nicht ganz, sind Näherungsansätze für große Abstände oft hilfreich. Für skalare Potenziale wie auch für Vektorpotenziale erweisen sich sogenannte Multipolentwicklungen als hilfreich. Wir behandeln hier den in der Atom- und Molekülphysik besonders wichtigen Fall eines elektrostatischen Potenzials, das eine um den Ursprung herum lokalisierte Ladungsverteilung erzeugt – wie z. B. bei der Wechselwirkung eines Atomkerns mit der Elektronenhülle des Atoms (siehe Abb. 9.12 auf Seite 516 in Kap. 9). Am Ende dieses Anhangs werden wir diese Begriffe etwas verallgemeinern und eine allgemeine Definition von Multipoltensoren und Multipolmomenten einführen.[13]

F.1 Reihenentwicklung

Zunächst stellen wir fest, dass sich der inverse Abstand zweier Punkte $\boldsymbol{r}$ und $\boldsymbol{r}'$ im Raum für $r' \ll r$ in eine Potenzreihe von $x = r'/r$ entwickeln lässt:

$$\begin{aligned}\frac{1}{|\boldsymbol{r}-\boldsymbol{r}'|} &= \frac{1}{\left(r^2-2\boldsymbol{r}\cdot\boldsymbol{r}'+r'^2\right)^{1/2}} = \frac{1}{r}\left(1-2x\cos\vartheta+x^2\right)^{-1/2} \\ &= \frac{1}{r}\left[1+x\cos\vartheta+x^2\left(\frac{3}{2}\cos^2\vartheta-\frac{1}{2}\right)+x^3\left(\frac{5}{2}\cos^3\vartheta-\frac{3}{2}\cos\vartheta\right)\right]\cdots\end{aligned} \tag{F.1}$$

Hier ist ϑ der Winkel zwischen $\boldsymbol{r}$ und $\boldsymbol{r}'$. Mit (B.24) identifizieren wir die winkelabhängigen Terme in Klammern als LEGENDRE-Polynome. Damit lässt sich diese

[13] Der Begriff „Multipolmoment“ wird in der Literatur für eine ganze Reihe leicht unterschiedlich definierter Größen benutzt. Soweit der Klarheit wegen erforderlich, werden wir auf solche Spezifikationen hinweisen (in Klammern).

I.V. Hertel und C.-P. Schulz, *Atome, Moleküle und optische Physik 1*,
Springer-Lehrbuch, DOI 10.1007/978-3-662-53104-4

Reihe elegant wie folgt darstellen (wobei $r' < r$ angenommen wird):

$$\frac{1}{|\boldsymbol{r}'-\boldsymbol{r}|} = \sum_{k=0}^{\infty} \frac{r'^k}{r^{k+1}} P_k(\cos\vartheta) = \tag{F.2a}$$

$$= \sum_{k=0}^{\infty} \frac{r'^k}{r^{k+1}} \sum_{q=-k}^{k} C_{kq}^{*}(\theta,\varphi) C_{kq}(\theta',\varphi') = \sum_{k=0}^{\infty} \frac{r'^k}{r^{k+1}} \mathsf{C}_k^{(r)} \cdot \mathsf{C}_k^{(r')} \tag{F.2b}$$

$$= \sum_{k=0}^{\infty} \frac{r'^k}{r^{k+1}} \sum_{q=0,p=\pm 1}^{k} C_{kqp}(\theta,\varphi) C_{kqp}(\theta',\varphi'). \tag{F.2c}$$

In der zweiten Reihe (F.2b) haben wir das *Additionstheorem* (D.21) für die renormierten Kugelflächenfunktionen benutzt, wobei θ, φ und θ', φ' die Winkel der Ortsvektoren $\boldsymbol{r}$ bzw. $\boldsymbol{r}'$ in Polarkoordinaten sind. Die darauf folgende Gleichheit entspricht (D.20) und der Notation (D.19) für das Skalarprodukt zweier Tensoren $\mathsf{C}_k^{(r)}$ und $\mathsf{C}_k^{(r')}$. Die dritte Zeile (F.2c) drückt diese Entwicklung durch die *reellen, renormierten* Kugelflächenfunktion nach Anhang E.3 aus.

F.2 Elektrostatisches Potenzial

Mit diesen Beziehungen schreiben wir die elektrostatische Wechselwirkungsenergie $\mathrm{d}V_{12}(\boldsymbol{r},\boldsymbol{r}')$ einer Punktladung $(-e)$ am Ort $\boldsymbol{r}$ mit einer Ladung dq am Ort $\boldsymbol{r}'$ als

$$\mathrm{d}V_{12}(\boldsymbol{r},\boldsymbol{r}') = \frac{1}{4\pi\varepsilon_0} \frac{-e\mathrm{dq}}{|\boldsymbol{r}'-\boldsymbol{r}|} = \frac{1}{4\pi\varepsilon_0} \sum_{k=0}^{\infty} \frac{-e}{r^{k+1}} \mathsf{C}_k^{(r)} \cdot r'^k \mathrm{dq} \mathsf{C}_k^{(r')}. \tag{F.3}$$

Für eine um den Ursprung herum ausgedehnte elektrische Ladung der Dichte $\rho(\boldsymbol{r}')$ ist $\mathrm{dq} = \rho(\boldsymbol{r}')\mathrm{d}^3\boldsymbol{r}'$, und die *gesamte Wechselwirkungsenergie* ergibt sich aus

$$V(\boldsymbol{r}) = \int \mathrm{d}V_{12}(\boldsymbol{r},\boldsymbol{r}') = \frac{-e}{4\pi\varepsilon_0} \int \frac{\rho(\boldsymbol{r}')}{|\boldsymbol{r}'-\boldsymbol{r}|} \mathrm{d}^3\boldsymbol{r}'. \tag{F.4}$$

Mit (F.3) können wir dies als *Multipolentwicklung*

$$V(\boldsymbol{r}) = \frac{-e}{4\pi\varepsilon_0} \sum_{k=0}^{\infty} \frac{1}{r^{k+1}} \sum_{q=-k}^{k} \overline{Q}_{kq} C_{kq}(\theta,\varphi) \quad \text{oder} \tag{F.5}$$

$$\text{in reeller Form} \quad = \frac{-e}{4\pi\varepsilon_0} \sum_{k=0}^{\infty} \frac{1}{r^{k+1}} \sum_{q=0,p=\pm 1}^{k} \overline{Q}_{kqp} C_{kqp}(\theta,\varphi) \tag{F.6}$$

beschreiben, wobei die *Multipolmomente* der Ladung

$$\overline{\mathcal{Q}}_{kq} = \int C_{kq}(\theta', \varphi') r'^k \rho(\boldsymbol{r}') \mathrm{d}^3\boldsymbol{r}', \quad \text{bzw. in reeller Form} \tag{F.7}$$

$$\overline{\mathcal{Q}}_{kqp} = \int C_{kqp}(\theta', \varphi') r'^k \rho(\boldsymbol{r}') \mathrm{d}^3\boldsymbol{r}' = \int \mathcal{C}_{kqp}(\boldsymbol{r}') \rho(\boldsymbol{r}') \mathrm{d}^3\boldsymbol{r}' \tag{F.8}$$

sind. In (F.7) haben wir nach Anhang E.3 die reellen, renormierten Kugelflächenfunktionen bzw. Solid-Harmonics $\mathcal{C}_{kqp}$ benutzt.

Diese Multipolentwicklungen, die von (F.3) abgeleitet wurden, sind vor allem dann nützlich, wenn $r' \ll r$ ist. Man benutzt sie z. B. zur Beschreibung des Potenzials, welches Elektronen weit entfernt vom Atomkern erfahren (d. h. für $\ell \geq 1$), oder auch für das Fernfeldpotenzial des gesamten Atoms, wenn es sich in einem wohldefinierten Polarisationszustand (mit $\ell \geq 1$) befindet.

Die Gesamtladung ergibt sich aus

$$\mathsf{q} = \overline{\mathcal{Q}}_{00} = \int \rho(\boldsymbol{r}') \mathrm{d}^3\boldsymbol{r}'. \tag{F.9}$$

Für einen Atomkern der Ordnungszahl Z (Protonen im Kern) ist $\mathsf{q} = Ze$, und für eine atomare Ladungswolke von $\mathcal{N}$ Elektronen gilt $\mathsf{q} = -\mathcal{N}e$.

Wenn diese Ladungsverteilungen durch eine Kern- oder eine Elektronenwellenfunktion des Typs

$$\rho(\boldsymbol{r}') = \mathsf{q}|\psi_{n\ell m}(\boldsymbol{r}')|^2 = \mathsf{q}|R_n(r') C_{\ell m}(\theta', \varphi')|^2$$

beschrieben werden können, kann man den Winkelanteil der Matrixelemente (F.7)–(F.8) auswerten, wie in Anhang D.2.2 beschrieben – soweit notwendig unter Anwendung der Umkopplungsregeln nach Anhang D.3. In diesem Fall finden wir nach (D.29), dass nur gerade Multipolmomente nicht verschwinden: $k = 0$ (Monopol), $k = 2$ (Quadrupol), $k = 4$ (Oktupol), usw.

Auch wenn man es mit einer beliebigen Ladungsverteilung zu tun hat, erhält man mit (F.8) bequem auswertbare Ausdrücke für die reellen Multipolmomente mit den renormierten, reellen Solid-Harmonics nach Tab. E.2.
So sind die Komponenten des Dipolmoments $\boldsymbol{\mathcal{D}}$

$$\begin{aligned} \mathcal{D}_z &= \overline{\mathcal{Q}}_{10+} = \int z' \rho(\boldsymbol{r}') \mathrm{d}^3\boldsymbol{r}' \qquad \overline{\mathcal{Q}}_{10-} = 0 \\ \mathcal{D}_x &= \overline{\mathcal{Q}}_{11+} = \int x' \rho(\boldsymbol{r}') \mathrm{d}^3\boldsymbol{r}' \qquad \mathcal{D}_y = \overline{\mathcal{Q}}_{11-} = \int y' \rho(\boldsymbol{r}') \mathrm{d}^3\boldsymbol{r}'. \end{aligned} \tag{F.10}$$

Und für die *reellen Quadrupolmomente* gilt:

$$\begin{aligned} \overline{\mathcal{Q}}_{20+} &= \frac{1}{2} \int (3z'^2 - r'^2) \rho(\boldsymbol{r}') \mathrm{d}^3\boldsymbol{r}' & \overline{\mathcal{Q}}_{20-} &= 0 \\ \overline{\mathcal{Q}}_{21+} &= \sqrt{3} \int z'x' \rho(\boldsymbol{r}') \mathrm{d}^3\boldsymbol{r}' & \overline{\mathcal{Q}}_{21-} &= \sqrt{3} \int z'y' \rho(\boldsymbol{r}') \mathrm{d}^3\boldsymbol{r}' \\ \overline{\mathcal{Q}}_{22+} &= \frac{\sqrt{3}}{2} \int (x'^2 - y'^2) \rho(\boldsymbol{r}') \mathrm{d}^3\boldsymbol{r}' & \overline{\mathcal{Q}}_{22-} &= \frac{\sqrt{3}}{2} \int x'y' \rho(\boldsymbol{r}') \mathrm{d}^3\boldsymbol{r}' \end{aligned} \tag{F.11}$$

Hat man ausschließlich positive oder nur negative Ladungsverteilungen zu beschreiben, dann kann man die *Dipolmomente zum Verschwinden bringen,* indem man den Koordinatenursprung entsprechend verschiebt, also einen Ladungsschwerpunkt definiert. Auch wenn positive und negative Ladungsverteilungen den selben Schwerpunkt haben, verschwindet das Dipolmoment – das ist charakteristisch für Atome, es sei denn, sie befinden sich, wie in Abschn. 8.2.8 auf Seite 445 beschrieben, in einem äußeren elektrischen Feld. Hat man es aber mit positiven *und* negativen Ladungen *unterschiedlicher Schwerpunkten zu tun,* was typisch für Moleküle ist (außer für homonukleare), dann ist das *Dipolmoment endlich.*

Dagegen sind die Quadrupolmomente $\overline{Q}_{2qp}$ nach (F.11) für eine nicht isotrope Ladungsverteilung stets endlich.

Explizit wird die Potenzialentwicklung (F.6) in kartesischen Koordinaten

$$V(\boldsymbol{r}) = \frac{-e}{4\pi\varepsilon_0}\left[\frac{\mathrm{q}}{r} + \frac{\boldsymbol{\mathcal{D}}\cdot\boldsymbol{r}}{r^3} + \frac{1}{2}\sum_{qp}\overline{Q}_{2qp}\frac{\mathcal{C}_{2qp}(x,y,z)}{r^5} + \cdots\right]. \tag{F.12}$$

Wir weisen aber darauf hin, dass in der Literatur eine ganze Reihe leicht unterschiedlicher Terminologien benutzt wird.[14]

F.3 Multipol-Tensoroperatoren

Eng verbunden mit den Multipolmomenten von Ladungsverteilungen, die wir gerade besprochen haben, sind die sogenannten irreduziblen, *räumlichen Multipol-Tensoroperatoren* (des Rangs k), die aber unabhängig von einer Ladungsverteilung definiert werden. Sie werden mithilfe des Ortsvektors konstruiert und haben die Komponenten

$$Q_{kq}(\boldsymbol{r}) = r^k C_{kq}(\theta,\varphi) = \mathcal{C}_{kq}(x,y,z) \tag{F.14}$$

$$\text{für} \quad -k \le q \le k, \tag{F.15}$$

[14]So entwickelt man in der klassischen Elektrodynamik (JACKSON 1999) üblicherweise nach Kugelflächenfunktionen in Standardnormierung, multipliziert also die Terme der Summe (F.12) mit $4\pi/(2\ell+1)$, sodass die vollständigen, komplexen Multipolmomente definiert sind als

$$q_{\ell m} = \int Y^*_{\ell m}(\Theta,\Phi)R^\ell\rho(\boldsymbol{R})\mathrm{d}^3\boldsymbol{R}.$$

In der Kernphysik definiert *das Kernquadrupolmoment* als

$$Q = \int (3z'^2 - r'^2)\rho(\boldsymbol{r}')\mathrm{d}^3\boldsymbol{r}' = 2\overline{Q}_{20+}, \tag{F.13}$$

wobei man man von Symmetrie um die z-Achse des Kerns ausgeht. Diese Definition benutzen wir ausschließlich in Kap. 9 und somit auch in Tab. 9.2 auf Seite 492.

wobei wir wieder die (renormierten) Solid-Harmonics (E.11) benutzen. Auch sie können wieder als reelle Größen nach (E.5) geschrieben werden:

$$Q_{kqp}(\boldsymbol{r}) = r^k C_{kqp}(x,y,z) = \mathcal{C}_{kqp}(x,y,z) \tag{F.16}$$

$$\text{für } 0 \le q \le k \text{ und } p = \pm 1 \tag{F.17}$$

Geschlossene Ausdrücke sind in Tab. E.2 auf Seite 652 zusammengestellt. Allgemeine Regeln für Tensoroperatoren haben wir in Anhang D behandelt.

Die *Erwartungswerte* $\langle Q_{kq}\rangle$, d. h. die Matrixelemente $\langle \gamma JM|Q_{2q}|\gamma JM\rangle$, die über die Wahrscheinlichkeitsverteilungen $w(M)$ der $|\gamma JM\rangle$ Zustände gemittelt werden, nennt man (räumliche) *Multipolmomente*:

$$\begin{aligned}\langle Q_{kq}\rangle &= \left\langle r^2\right\rangle \sum_M w(M)\langle JM|C_{kq}(\theta)|JM\rangle \\ &= \left\langle r^2\right\rangle \langle J\,\|\mathrm{C}_2\|\,J\rangle \sum_M w(M)\langle JM2q|JM\rangle\end{aligned} \tag{F.18}$$

Für die zweite Zeile haben wir wieder das WIGNER-ECKART-Theorem nach (D.7) benutzt. Die $\langle Q_{kq}\rangle$ charakterisieren die Teilchenverteilung im Raum (z. B. der Protonen im Atomkern oder der Elektronen in der Atomhülle oder für Elektronen *und* Kerne in einem Molekül).

Hat ein Quantensystem den Drehimpuls J, so erlauben die o. g. Definitionen (F.14) und (F.16) Multipol-Tensoroperatoren und Multipolmomente der Ränge $0 \le k \le 2J$ zu bilden. Sie alle haben wohldefinierte Parität

$$\widehat{\mathcal{P}} Q_{kq}(\boldsymbol{r}) = (-1)^k Q_{kq}(\boldsymbol{r}) \tag{F.19}$$

und Reflexionssymmetrie bezüglich der xy-Ebene (siehe auch Anhang E.4):

$$\widehat{\sigma}_v(xy) Q_{kq} = (-1)^{k+q} Q_{kq}. \tag{F.20}$$

Hier ist $\widehat{\sigma}_v(xy)$ der Reflexionsoperator in Bezug auf die xy-Ebene.

Die reellen Tensoroperatoren (F.16) und die entsprechenden Multipolmomente erlauben – im Gegensatz zur komplexen Darstellung – oft eine flexiblere und selbstevidente Beschreibung physikalischer Situationen. Sie werden so konstruiert, dass sie – zusätzlich zur Parität (F.19) und Reflexionssymmetrie in Bezug auf die xy-Ebene (F.20) auch eine wohldefinierte Reflexionssymmetrie $p = \pm 1$ bezüglich der xz-Ebene haben:

$$\widehat{\sigma}_v(xz) Q_{kqp} = p Q_{kqp} \tag{F.21}$$

Sie erweisen sich in der Praxis als nützliche Werkzeuge für die Beschreibung von Symmetrien, z. B. in Molekülen und Wechselwirkungsprozessen, so etwa bei Anregungsprozessen durch Photonen und in Stößen. Für Drehungen der reellen Multipolmomente im Raum können (C.25)–(C.28) benutzt werden.

F.3.1 Der Quadrupoltensor

Am häufigsten wird der *Quadrupoltensor* Q_2 mit seinen Komponenten $Q_{2q} = C_{2q}(x, y, z)$ nach Tab. E.2 benutzt. Höhere Momente werden zunehmend komplizierter. Wenn der Quantenzustand $|JM\rangle$ eines Objekts genau bekannt ist, erhält man die Komponenten seines Quadrupolmoments aus den Matrixelementen des Quadrupoltensors Q_2. Diese Matrixelemente kann man mithilfe des WIGNER-ECKART-Theorems (D.9) bestimmen:

$$\langle\gamma JM'|Q_{2q}|\gamma JM\rangle = (-1)^{J-M'}\sqrt{2J+1}\begin{pmatrix} J & J & 2 \\ M & -M' & q \end{pmatrix}\langle J\|\mathsf{Q}_k\|J\rangle \tag{F.22}$$

$$\text{mit } \langle J\|\mathsf{Q}_2\|J\rangle = \langle J\|\mathsf{C}_2\|J\rangle\langle\gamma J|r^2|\gamma J\rangle. \tag{F.23}$$

Man sieht, dass *Systeme mit Drehimpuls* $j = 0$ oder $1/2$ *kein Quadrupolmoment haben*, da die $3j$-Symbole die Dreiecksrelation $\delta(j'j2) = 1$ erfüllt sein muss.

Bei geeigneter Koordinatenwahl und Symmetrie um die z-Achse kann man sich auf die Beschreibung der Q_{20}-Komponente des Quadrupoltensors beschränken. Sie ist durch

$$Q_{20} = C_{20}(r, \theta) = \frac{3z^2 - r^2}{2} = r^2\frac{3\cos^2\theta - 1}{2} \tag{F.24}$$

gegeben, und das Diagonalmatrixelement wird mit (B.57)

$$\langle\gamma JM|Q_{20}|\gamma JM\rangle = \frac{3M^2 - J(J+1)}{\sqrt{(2J+3)(J+1)J(2J-1)}}\langle J\|\mathsf{C}_2\|J\rangle\langle r^2\rangle. \tag{F.25}$$

Die *Extrema* ergeben sich für $M = J$ und $M = 0$ zu

$$\langle\gamma JJ|Q_{20}|\gamma JJ\rangle = \sqrt{\frac{J(2J-1)}{(2J+3)(J+1)}}\langle J\|\mathsf{C}_2\|J\rangle\langle r^2\rangle \quad \text{und} \tag{F.26}$$

$$\langle\gamma J0|Q_{20}|\gamma J0\rangle = -\sqrt{\frac{J(J+1)}{(2J+3)(2J-1)}}\langle J\|\mathsf{C}_2\|J\rangle\langle r^2\rangle. \tag{F.27}$$

Wenn die radialen Wellenfunktionen $\mathcal{R}_{\gamma j}(r)$ bekannt sind, erhält man für das radiale Matrixelement

$$\langle r^2\rangle = \langle\gamma J|r^2|\gamma J\rangle = \int r^4|\mathcal{R}_{\gamma j}|^2 \mathrm{d}r.$$

Das reduzierte Matrixelement $\langle J\|\mathsf{C}_2\|J\rangle$ hängt aber noch vom Kopplungsschema der hier eingehenden Zustände ab. Für LS-Kopplung haben wir eine Sammlung wichtiger Ausdrücke für die renormierten Kugelflächenfunktionen in Abschn. D.3.1 zusammengestellt.

Speziell für ein *Quasi-Einelektronen-Fermionensystem* mit Spin $s = 1/2$ (ein aktives Atomelektron oder ein Proton im Atomkern) benutzen wir (D.54), um die Diagonalmatrixelemente zu erhalten:

$$\left\langle \ell\frac{1}{2}jm\middle|Q_{20}\middle|\ell\frac{1}{2}jm\right\rangle = \left\langle \ell\frac{1}{2}jm\middle|C_{20}\middle|\ell\frac{1}{2}jm\right\rangle\langle\gamma j|r^2|\gamma j\rangle$$

$$= (-1)^{2j-m-1/2}(2j+1)\begin{pmatrix} j & j & 2 \\ m & -m & 0 \end{pmatrix}\begin{pmatrix} j & j & 2 \\ 1/2 & -1/2 & 0 \end{pmatrix}\langle r^2\rangle$$

$$= -\frac{1}{4}\frac{3m^2 - j(j+1)}{j(j+1)}\langle r^2\rangle \tag{F.28}$$

Für die letzte Gleichung haben wir die $3j$-Symbole nach (B.57) und die Tatsache ausgenutzt, dass j halbzahlig ist, sodass $(-1)^{2j} = -1$. Der höchste (positive) Wert ergibt sich für $m = 0$, der niedrigste (negative) Wert für $m = j$:

$$\left\langle \ell\frac{1}{2}j0 \middle| Q_{20} \middle| \ell\frac{1}{2}j0 \right\rangle = \frac{1}{4}\langle r^2\rangle \tag{F.29}$$

$$\left\langle \ell\frac{1}{2}jj \middle| Q_{20} \middle| \ell\frac{1}{2}jj \right\rangle = -\frac{1}{4}\frac{2j-1}{j+1}\langle r^2\rangle \tag{F.30}$$

Die in Abschn. F.2 definierten Quadrupolmomente der Ladung hängen mit dem Erwartungswert für den Quadrupoltensor nach (F.18) über

$$\overline{Q}_{20} = \mathsf{q}\langle Q_{20}\rangle = \mathsf{q}\langle r^2\rangle\langle J\|\mathsf{C}_2\|J\rangle \sum w(M)\langle JM20|JM\rangle \tag{F.31}$$

zusammen. Für eine zigarrenförmige (engl. *prolate*) Ladungsverteilung, die durch Zustände mit kleinen Werten von M charakterisiert sind, führt (F.31) zu $\langle Q_{20}\rangle > 0$, während eine oblatenförmige (engl. *oblate*) Verteilung für große Werte $|M|$ und $\langle Q_{20}\rangle < 0$ steht (siehe z. B. Abb. 9.15 auf Seite 521).

In der Kernphysik wird (siehe auch Fußnote 2 auf Seite 608) unter Annahme von Zylindersymmetrie um die z-Achse *das Quadrupolmoment* eines Atomkerns

$$\text{traditionell als} \quad Q = 2eZ\langle Q_{20}\rangle \quad \text{definiert.}$$

Man beachte den Faktor $2eZ$ (die Gesamtladung ist eZ). Die Mittelung von $\langle\gamma JM|Q_{20}|\gamma JM\rangle$ über die Besetzung der Zustände $w(M)$ ist äquivalent zur Integration der Tensorkomponenten über eine Ladungsverteilung $\rho(\boldsymbol{r}) = eZ\langle|\psi(\boldsymbol{r})|^2\rangle$. Die Wahrscheinlichkeitsdichte $|\psi(\boldsymbol{r})|^2$ bezieht sich auf die Gesamtwellenfunktion aller geladenen Teilchen, die zur untersuchten Gestalt des Systems beitragen, während die Besetzung der Zustände $w(M)$ vom spezifischen Experiment abhängt.[15] Für ein System mit einem einzigen aktiven Teilchen des Spins 1/2 (z. B. ein Proton im Kern) in einem reinen $|jm_j = j\rangle$ Zustand gilt anstelle von (F.30) für das *Kernquadrupolmoment* daher (siehe auch BOHR und MOTTELSON 1998, Gl. 3-27)

$$Q_{\text{sp}} = 2\left\langle \ell\frac{1}{2}jj \middle| Q_{20} \middle| \ell\frac{1}{2}jj \right\rangle = -eZ\frac{2j-1}{2j+2}\langle\gamma j|r^2|\gamma j\rangle.$$

F.3.2 Allgemeine Multipol-Tensoroperatoren

Oft ist es wünschenswert, eine noch allgemeinere Form der irreduziblen Tensoroperatoren für Multipolentwicklungen einzusetzen. Anstatt die Operatoren mithilfe

[15] Den allgemeinen Formalismus werden wir in einem eigenen Kapitel *Dichtematrix* in Band 2 noch genauer erläutern.

des Ortsvektors zu konstruieren, kann man auch von Drehimpulsen ausgehen. Eine dabei häufig benutzte Methode, bei der man die Solid-Harmonics (FANO 1960) „polarisiert“, wurde von FALKOFF und UHLENBECK (1950) für Anwendungen in der Kernphysik eingeführt. In der Normierung von MACEK und HERTEL (1974) erhält man diese Tensoroperatoren nach

$$\widehat{T}_{kq\pm} = \sum_{i_1 i_2 \ldots i_k = 1}^{3} (\widehat{J}_{i_1} \widehat{J}_{i_2} \ldots \widehat{J}_{i_k}) \nabla_{i_1} \nabla_{i_2} \ldots \nabla_{i_k} \mathcal{C}_{kq\pm}(\boldsymbol{r}), \tag{F.32}$$

wo $i_j = 1$ bis 3 für x, y und z steht. Die Drehimpulse werden in a.u. gemessen, d. h. in Einheiten von $\hbar$. Wenn wir diese Vorschrift auf die geschlossenen Ausdrücke für die (renormierten) Solid-Harmonics Tab. E.2 auf Seite 652 anwenden, erhalten wir Tab. F.1.

Die $\widehat{T}_{k0}$ $(= \widehat{T}_{k0+})$ Komponenten sind offensichtlich diagonal in J und M. Explizit sind die Matrixelemente für $k = 1$

$$\langle JM|\widehat{T}_{10}|JM\rangle = M = \frac{M}{\sqrt{J(J+1)}} \langle J\|\mathsf{T}_1\|J\rangle. \tag{F.33}$$

Sie beschreiben die *Orientierung des Zustands* (nichtverschwindender Drehimpuls). Diese Gleichung folgt direkt aus dem WIGNER-ECKART-Theorem (D.9) und (B.54). Die Matrixelemente von $\widehat{T}_{20}$ charakterisieren das Alignment (Quadrupolmoment oder Anisotropie) der Ladungsverteilung in einem bestimmten Zustand:

$$\begin{aligned} \langle JM|\widehat{T}_{20}|JM\rangle &= 3M^2 - J(J+1) \\ &= \frac{2[3M^2 - J(J+1)]}{\sqrt{(2J+3)(2J+2)2J(2J-1)}} \langle J\|\mathsf{T}_2\|J\rangle \end{aligned} \tag{F.34}$$

Letztes folgt wieder aus dem WIGNER-ECKART-Theorem unter Benutzung von (B.57).

Tabelle F.1 Multipol-Tensoroperatoren, konstruiert aus Drehimpulsen für $k = 1$ bis 3 (für das Oktupolmoment $k = 3$ geben wir nur die $q = 0$ Komponente an); wir notieren hier auch die Beziehungen zu den häufig benutzten Parametern Orientierung (O_{1-}) und Alignment (A_{1+} bzw. A_{2+}) nach FANO und MACEK (1973)

k	$p = +1$	$p = -1$
0	$\widehat{T}_{00+} = 1$	$\widehat{T}_{00-} = 0$
1	$\widehat{T}_{10+} = \widehat{J}_z$	$\widehat{T}_{10-} = 0$
	$\widehat{T}_{11+} = \widehat{J}_x$	$\widehat{T}_{11-} = \widehat{J}_y = J(J+1)O_{1-}$
2	$\widehat{T}_{20+} = (3\widehat{J}_z^2 - \widehat{\boldsymbol{J}}^2)$	$\widehat{T}_{20-} = 0$
	$\widehat{T}_{21+} = \sqrt{3}(\widehat{J}_z\widehat{J}_x + \widehat{J}_x\widehat{J}_z) = J(J+1)\sqrt{3}A_{1+}$	$\widehat{T}_{21-} = \sqrt{3}(\widehat{J}_z\widehat{J}_y + \widehat{J}_y\widehat{J}_z)$
	$\widehat{T}_{22+} = \sqrt{3}(\widehat{J}_x^2 - \widehat{J}_y^2) = J(J+1)\sqrt{3}A_{2+}$	$\widehat{T}_{22-} = \sqrt{3}(\widehat{J}_x\widehat{J}_y + \widehat{J}_y\widehat{J}_x)$
3	$\widehat{T}_{30+} = (15\widehat{J}_z^3 - 9\widehat{\boldsymbol{J}}^2\widehat{J}_z + 3\widehat{J}_z)$	usw.

Die reduzierten Matrixelemente des Rangs $k = 1$ und $k = 2$ folgen direkt aus (F.33) bzw. (F.34):

$$\langle J \| \mathsf{T}_1 \| J \rangle = \sqrt{J(J+1)} \quad \text{und} \tag{F.35}$$
$$\langle J \| \mathsf{T}_2 \| J \rangle = \sqrt{(2J+3)(J+1)J(2J-1)} \tag{F.36}$$

Für beliebigen Rang k findet man:

$$\langle J \| \mathsf{T}_k \| J \rangle = \frac{k!}{2^k} \sqrt{\frac{(2J+k+1)!}{(2J+1)(2J-k)!}} \tag{F.37}$$

(siehe z. B. MACEK und HERTEL 1974, und weitere dort angegebene Quellen; man beachte aber, dass der Faktor $(2J+1)^{-1/2}$ spezifisch für die von uns benutzte Notation der reduzierten Matrixelemente nach BRINK UND SATCHLER ist).

Wir weisen darauf hin, dass diese *(allgemeinen) Multipol-Tensoroperatoren* und ihre Erwartungswerte auch für ungeraden Rang nicht verschwinden müssen – im Gegensatz zu den üblichen Multipolmomenten für Ladung und Raum wie oben besprochen. Dies ist eine direkte Konsequenz aus ihrer Konstruktion mithilfe von Drehimpulsen.

Im Rahmen eines gegebenen Satzes von Basiszuständen $|jm\rangle$ stellt das WIGNER-ECKART-Theorem eine direkte Beziehung her zwischen den Matrixelementen irgendeines Tensoroperators vom Rang k und denen eines anderen Tensoroperators vom gleichen Rang. So kann man, sagen wir die *räumlichen Multipoloperatoren* Q_{kq} nach (F.14), die aus den Ortskoordinaten konstruiert sind, mit den $\widehat{T}_{kq}$ des *Multipol-Tensoroperators* in Beziehung setzen. Mit (D.11) ist diese Beziehung einfach

$$\left\langle J'M' \middle| \widehat{T}_{kq} \middle| JM \right\rangle = \frac{\langle J' \| \mathsf{T}_k \| J \rangle}{\langle J' \| \mathsf{Q}_k \| J \rangle} \left\langle J'M' \middle| Q_{kq} \middle| JM \right\rangle, \tag{F.38}$$

mit $\langle J' \| \mathsf{Q}_k \| J \rangle$ wie in (F.23) definiert. Wir betonen, dass (F.38) auch für die entsprechenden Erwartungswerte gilt (also für die Multipolmomente).

Oft ist man nur an eben diesen Erwartungswerten der Tensoren in einer Basis von Bahndrehimpulsen mit bestimmtem $\ell = \ell'$ interessiert (wie wir im Anhang zu Band 2 ausführen werden). Wir können dann die geschlossenen Ausdrücke (D.32) für das reduzierte Matrixelement der renormierten Kugelflächenfunktionen nutzen. Diese verschwinden nur für geraden Rang k nicht. Wir notieren auch, dass ihr Vorzeichen stets negativ ist – im Gegensatz zu (F.37)! Also haben die *Multipolmomente* $\langle \widehat{T}_{kq} \rangle$ (konstruiert aus Drehimpulsen) *umgekehrtes Vorzeichen wie die* $\langle Q_{kq} \rangle$ (die aus Ortskoordinaten aufgebaut sind)!

Erwartungswerte der Multipol-Tensoroperatoren werden häufig genutzt, um Anisotropie und Orientierung von atomaren oder molekularen Systemen zu charakterisieren – insbesondere dann, wenn diese nicht einfach durch reine Zustände beschrieben werden können. Streng gesprochen werden sie in Einheiten $\hbar^k$ gemessen, aber meist wird diese Einheit unterdrückt. Wir werden sie als *Multipolmomente* bezeichnen, solang dies nicht zu Verwechslung mit den räumlichen Multipolmomenten führen kann, die aus Ortsvektoren konstruiert sind.[16] Weitere Einzelheiten werden im Kapitel zur Dichtematrix und im Anhang von Band 2 erläutert. Wir werden dort noch einen weiteren Typ von Tensoroperator zur Charakterisierung von anisotropen Zustandsbesetzung einführen, den sogenannten *statistischen Tensoroperator*. Seine Erwartungswerte nennt man *Zustandsmultipole,* die wiederum über einfache numerische Faktoren mit anderen irreduziblen Repräsentationen von Tensoroperatoren verknüpft sind – in Analogie zu (F.38).

[16] Es ist aber wichtig, sich daran zu erinnern, dass das Vorzeichen von $\langle \widehat{T}_{k0} \rangle$ umgekehrt ist wie das von $\langle Q_{k0} \rangle$. Wenn man über die Form von Ladungsverteilungen spricht, müssen wir beachten, dass *oblatenförmig* $\langle Q_{20} \rangle < 0$ und $\langle \widehat{T}_{20} \rangle > 0$ bedeutet, während zigarrenförmig durch $\langle Q_{20} \rangle > 0$ und $\langle \widehat{T}_{20} \rangle < 0$ charakterisiert ist.

Faltungen und Korrelationsfunktionen

G

In diesem Anhang sind alle Verteilungsfunktionen $f(x)$ so normiert, dass

$$\int_{-\infty}^{+\infty} f(x)\mathrm{d}x = 1. \tag{G.1}$$

In manchen Kapiteln dieser Lehrbücher benutzen wir aber auch unterschiedliche Normierungen, die je nach Anwendung angemessener sein können, wie z. B. die Normierung auf den Maximalwert $\max[f(x)] = 1$.

G.1 Definition und Motivation

Die mathematische Operation, die man *Faltung* nennt, quantifiziert den Überlapp zweier mathematischer Funktionen $f_1(x)$ und $f_2(x)$, wobei eine davon invertiert und verschoben wird. Eine Faltung wird definiert als

$$(f_1 * f_2)(x) := \int_{-\infty}^{\infty} f_1(\xi) f_2(x-\xi)\mathrm{d}\xi, \tag{G.2}$$

wodurch eine wichtige mathematische Prozedur beschrieben wird, die oft in der Experimentalphysik und in der Messtechnik benötigt wird.

Der Faltung verwandt ist die *Kreuzkorrelation* von zwei (möglicherweise komplexen) Funktionen:

$$G(x) = (f_1 \star f_2)(x) := \int_{-\infty}^{\infty} f_1^*(\xi) f_2(\xi + x)\mathrm{d}\xi \equiv f_1^*(-x) * f_2(x) \tag{G.3}$$

Beide Prozeduren sind identisch, wenn eine der Funktionen gerade ist, $f(-x) = f(x)$, was für die meisten physikalischen Anwendungen gilt.[17] Wenn $f_1 \equiv f_2$ ist, nennt man $G(x) = (f \star f)(x)$ eine *Autokorrelationsfunktion*.

[17] Eine alternative Methode zur Lösung von (G.3) wird durch $\mathcal{F}(f_1 \star f_2) = 2\pi\mathcal{F}(f_1)\mathcal{F}(f_2)$ beschrieben. $\mathcal{F}(f)$ ist hier die FOURIER-Transformierte von f (siehe Anhang I).

I.V. Hertel und C.-P. Schulz, *Atome, Moleküle und optische Physik 1*,
Springer-Lehrbuch, DOI 10.1007/978-3-662-53104-4

Faltung und Kreuzkorrelation sind wohldokumentiert in mathematischen Tabellenwerken wie auch im Web (oft mit illustrativen Animationen, siehe z. B. WEISSTEIN 2011). Wir konzentrieren diese kurze Erinnerung daher auf die Anwendungen, welche in der AMO-Physik am häufigsten vorkommen. Faltungen spielen insbesondere dann eine wichtige Rolle, wenn eine physikalische Observable analysiert und nachgewiesen wird, die als Funktion einer anderen Observablen ξ mit einer Wahrscheinlichkeit $f_1(\xi)$ vorkommt. Die Messeinrichtung wird ebenfalls niemals nur für genau einen Wert von ξ empfindlich sein. Vielmehr wird das Signal mit unterschiedlicher Nachweiswahrscheinlichkeit $f_2(\xi)$ je nach dem Wert von ξ registriert. Daher wird typischerweise der Detektor über den interessierenden Wertebereich x abgestimmt. Das sich so ergebende Signal als Funktion von x ist gerade die Faltung nach (G.3).

Zwei Rechteckprofile sind der einfachste Fall. So wird beispielsweise die Transmission von Licht durch zwei Spalte zu beschreiben sein, von denen einer vor dem anderen vorbeigeschoben wird. Die nachzuweisende Observable ist hier die Lichtintensität, die abzustimmende Variable x beschreibt die relative Position der beiden Spalte. Das Prinzip erläutert Abb. G.1, beginnend mit der Situation **(a)**, wo die Transmission noch Null ist. Der Spalt S_2 wird in $+x$-Richtung verschoben. Sobald die beiden Spalte beginnen, sich zu überlappen **(b)**, wird das Signal linear wachsen. Das Maximum des Signals wird erreicht, wenn der Überlapp vollständig ist, und bleibt konstant, solange die beiden Spalte sich voll überlappen **(c)**. Weiteres Verschieben reduziert das Signal wieder linear **(d)**, bis sie sich nicht mehr überlappen. Danach bleibt das Signal bei Null **(f)**. Das Transmissionsprofil insgesamt hat eine abgeflachte Dreiecksform (kräftige volle Linie in Abb. G.1). Wenn die Spalte gleiche Breite haben, ergibt sich ein Dreieck.

Typische Anwendungen findet man bei jeder Art der Spektroskopie von Atomen, Molekülen, Festkörpern wie auch in der Kern- und Elementarteilchenphysik: Das System absorbiert, emittiert, reflektiert – Photonen, Elektronen, Atome oder Elementarteilchen – als Funktion der Energie, der Frequenz oder Wellenlänge ξ oder anderer Parameter, die für die untersuchte Physik charakteristisch sind. Ein passender Detektor registriert das Signal mit einer spezifischen Nachweiswahrscheinlichkeit, die von ξ abhängt. Dies kann kontrolliert werden durch die Position des Spalts, den Neigungswinkel eines Gitters im Spektrometer, die Transmissionskurve eines Frequenz-

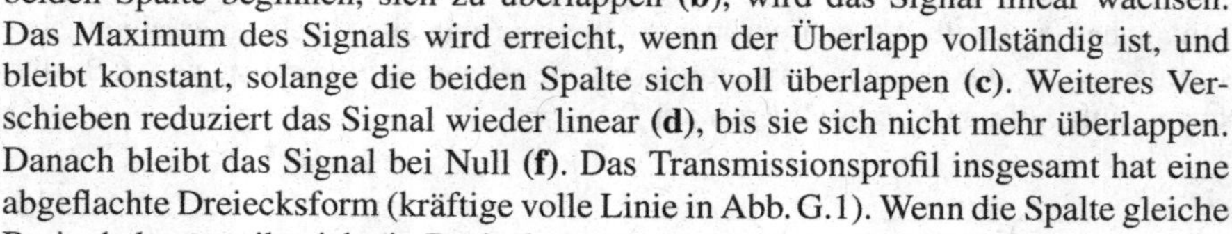

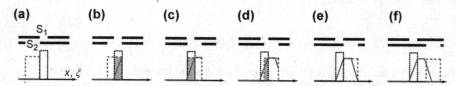

Abb. G.1 Faltung zweier Rechteckprofile schematisch. Zwei Spalte S_1 und S_2 ungleicher Weite entsprechen den rechteckigen Transmissionsprofilen (*gepunktet* und *gestrichelt*). Wenn der Spalt S_2 über den Spalt S_1 in x, ξ-Richtung verschoben wird, variiert der Überlapp der beiden Spalte wie durch die *graue Schattierung* angedeutet. Das sich daraus ergebende gemeinsame verursachte Transmissionssignal wird durch die *kräftige volle Linie* dargestellt (*online rot*)

filters oder eines Analysators für die Teilchenenergie. Ein Spektrum aufzunehmen bedeutet, den Wert des Parameters $\xi \to \xi - x$ zu variieren und somit das Nachweismaximum des Detektors zu verschieben – wohl wissend, dass links und rechts des Maximums immer noch (etwas weniger) Signal transmittiert wird. Der Detektor summiert schließlich über das transmittierte Signal (Integral (G.2)).

Faltung ist also bei jeder Messung am Werk, wenn in einem System verschiedene Prozesse gleichzeitig geschehen und einander überlagern. Ein Standardbeispiel ist die Verbreiterung einer Spektrallinie, die von Atomen oder Molekülen emittiert oder absorbiert wird. Die Teilchen können sich z. B. mit einer Geschwindigkeit bewegen, die durch eine BOLTZMANN-Verteilung beschrieben wird. Parallel dazu kommt es aber auch zu Stoßprozessen der emittierenden Atome. Während der erste Effekt zu einer signifikanten, inhomogenen Verbreiterung der Spektrallinie durch den DOPPLER-Effekt führt, können die Stoßprozesse zusätzlich zur Verbreitung der Emissions- oder Absorptionslinien beitragen. Das Zusammenwirken beider Verbreiterungsmechanismen beschreibt man durch eine Faltung der jeweiligen Linienprofile miteinander.

Die Physik dieser Prozesse wird in einigem Detail in Abschn. 5.1.1 auf Seite 248 besprochen und in Band 2 weiter vertieft. An dieser Stelle im Anhang fassen wir einige nützliche mathematische Ausdrücke zusammen, die benötigt werden, um solche Messungen quantitativ zu beschreiben. Das Ziel solcher Überlegungen ist natürlich eine intelligente *Entfaltung* des nachgewiesenen Signals als Funktion von x. Man versucht also das Originalprofil $f_1(\xi)$ möglichst originalgetreu aus dem gefalteten Signal wieder zu extrahieren. Dies ist in aller Regel kein einfacher Prozess und erfordert eine möglichst gute Kenntnis der grundsätzlichen Form der beiden an der Faltung beteiligten Profile. Oft wird man damit zufrieden sein, aus der gemessenen Faltung die Breite des Ausgangssignals $f_1(\xi)$ (z. B. mehrerer Spektrallinien) mithilfe geeigneter Faltungsformeln und mit Kenntnis der Form und Breite des Nachweisprofils zu ermitteln.

G.2 Korrelationsfunktionen und Kohärenzgrad

Die Kreuzkorrelation (G.3) – auch *Korrelationsfunktion erster Ordnung* genannt – wird in der Physik oft benutzt, um eine Observable an zwei verschiedenen Punkten in Raum $\boldsymbol{r}$ und/oder Zeit t miteinander zu ‚korrelieren'. Dabei kann es sich um eine Folge mehr oder weniger geordneter oder zufälliger Messsignale von Observablen handeln, oder auch um stationäre aber fluktuierende Signale oder einfach um statistisches Rauschen. Korrelationsfunktionen beschreiben die *Kohärenz* zwischen oder innerhalb solcher Signale in Raum und Zeit – oder etwas umgangssprachlicher: Korrelationsfunktionen messen Spuren von Ähnlichkeit an Signalen, die an räumlich und/oder zeitlich getrennten Punkten registriert werden.

Typische Observable, die uns besonders in der AMO-Physik häufig beschäftigen, sind das elektrische Feld oder die Intensität von elektromagnetischen Wellen, z. B. ein Impulsfolge (Wellenpakete) oder ein kontinuierlicher Lichtstrahl mit Fluktuationen.

Die Ausbreitung elektromagnetischer Wellen wird durch den Wellenvektor $\boldsymbol{k}$ und die Kreisfrequenz ω in der Kombination $\boldsymbol{kr} - \omega t$ charakterisiert. Das Feld[18] werde an zwei Stellen in Raum und Zeit durch $E_A(t) = E(\boldsymbol{r}, t)$ und $E_B(t') = E(\boldsymbol{r}', t')$ beschrieben. Im Folgenden halten wir $\boldsymbol{r}$ fest und konzentrieren uns auf die zeitliche Kohärenz. Die Korrelationsfunktion als Funktion der zeitlichen Verzögerung $\delta = t' - t$ ist dann

$$G^{(1)}(\delta) = \left\langle E_A^*(t) E_B(t+\delta) \right\rangle = \frac{1}{T_{av}} \int_{-T_{av}/2}^{T_{av}/2} E_A^*(t) E_B(t+\delta) \mathrm{d}t. \tag{G.4}$$

Die spitzen Klammern $\langle \ldots \rangle$ deuten hier Mittelung an, und die zweite Gleichheit gibt ein Rezept dafür, wie diese Mittelung im stationären Fall realisiert werden kann (z. B. für einen CW-Lichtstrahl oder für dauerhaftes Rauschen). Die Integration muss natürlich über eine ausreichend lange Zeit T_{av} durchgeführt werden, sodass alle statistischen Kurzzeitfluktuationen herausgemittelt werden.

Falls E_A und E_B quadratintegrierbare Funktionen[19] sind, integriert man wie in (G.3) über alle Zeiten, und der $1/T_{av}$ Faktor entfällt. In normierter Form wird die Korrelationsfunktion *(zeitlicher) Kohärenzgrad erster Ordnung* genannt:

$$g^{(1)}(\delta) = \frac{\langle E_A^*(t) E_B(t+\delta) \rangle}{[\langle |E_A(t)|^2 \rangle \langle |E_B(t)|^2 \rangle]^{1/2}}. \tag{G.5}$$

Korrelationsfunktionen werden u. a. häufig in der Ultrakurzzeitphysik benutzt, um die Form und Dauer von kurzen Laserimpulsen zu charakterisieren bzw. zu bestimmen (wir werden in Band 2 noch im Detail darauf zurückkommen). Bei solchen Messungen wird die Feldamplitude $E_A(t)$ (oder die Intensität $\propto |E_A(t)|^2$) eines Lichtimpulses *gefaltet* mit einem zweiten Impuls (dem Referenzimpuls), dessen Profil $E_B(t)$ (bzw. $\propto |E_B(t)|^2$) gut bekannt ist. Das erreicht man, indem einer der Impulse mit variabler Verzögerungszeit δ gegenüber dem anderen verschoben wird. Beide Signale werden miteinander multipliziert und über eine längere Zeit $T_{av} \gg 1/\omega$ gemittelt. Dieses Signal wird dann als Funktion der Verzögerungszeit δ registriert. Schlussendlich versucht man die gemessene Funktion zu *entfalten*.

Wenn $E_A(t)$ und $E_B(t)$ gleich sind (oder einfach in Ort und/oder Zeit gegeneinander verschoben sind), wird der Kohärenzgrad erster Ordnung (G.5) zur normierten *Autokorrelationsfunktion*

$$g^{(1)}(\delta) = \frac{\langle E^*(t) E(t+\delta) \rangle}{\langle |E(t)|^2 \rangle} = \frac{\langle E^*(t-\delta) E(t) \rangle}{\langle |E(t)|^2 \rangle} = g^{(1)}(-\delta). \tag{G.6}$$

[18] Der Einfachheit halber ignorieren wir hier den Vektorcharakter des Feldes und betrachten nur eine Polarisationskomponente. Die weitere Betrachtung ist im Übrigen unabhängig davon, ob E_A und E_B zwei unterschiedliche Felder oder tatsächlich das gleiche Feld an verschiedenen Punkten in Raum und Zeit beschreiben.

[19] Man nennt (etwas vereinfacht) eine Funktion $f(\boldsymbol{r})$ für ein Gebiet $\mathbb{D} \subset \mathbb{R}^n$ quadratintegrierbar (oder quadratintegrabel), wenn $\int_{\mathbb{D}} |f(\boldsymbol{r})|^2 \, \mathrm{d}^n \boldsymbol{r} < \infty$ gilt, wobei das Gebiet $\mathbb{D}$ meist der ganze $\mathbb{R}^n$ ist.

Die hier festgehaltene, *wichtige Symmetrie in Bezug auf den Nullpunkt folgt direkt aus der Definition* (G.4) für A = B. Wenn die Form des Impulses bereits bekannt ist, kann man daraus problemlos die Impulsdauer ableiten, wie wir in den nachfolgenden Beispielen zeigen werden.

Man beachte, dass sich der $1/T_{av}$ Faktor für die Mittelung in (G.5) und (G.6) herauskürzt: Diese Definition gilt für CW-Felder wie auch für Einzelimpulse oder Impulssequenzen. In der Praxis ist die Mittelung nicht trivial, insbesondere dann, wenn $E(t)$ nicht in analytischer Form bekannt ist.

Für CW-Felder kann die Mittelung $\langle \ldots \rangle$ sowohl *über die Zeit an einer bestimmten Position im Raum* – oder alternativ *über das ganze Ensemble im Raum zu einer bestimmten, festen Zeit* erfolgen. Man nennt ein solches System *ergodisch, wenn die zeitliche Mittelung das gleiche Ergebnis ergibt wie die Mittelung über ein repräsentatives Ensemble.* – Das gilt in aller Regel für physikalisch ‚vernünftige' Systeme. Meist ist es einfacher, eine zeitliche Mittelung durchzuführen, während die Mittelung über das ganze Ensemble (also über den gesamten Raum) ein recht schwieriges Unterfangen sein kann. *Nach dem Ergodizitätstheorem sind beide identisch.*

G.3 Gauss-Profil

In der Realität sind experimentelle Profile meist nicht einfach rechteckig. Um spezifisch zu werden, beginnen wir mit dem Gauss-*Profil,* das charakteristisch für viele physikalische Phänomene ist und oft auch eine gute Näherung für das Profil von Analysatoren darstellt. Normiert nach (G.1) schreiben wir das Gauss-*Profil* (auch *Normalverteilung* genannt):

$$f_G(x;w,x_0) = \sqrt{\frac{2}{\pi}}\frac{1}{w}\exp\left[-2(x-x_0)^2/w^2\right] \tag{G.7}$$

$$\text{oder} \quad = \frac{1}{\sigma\sqrt{2\pi}}\exp\left[-\frac{1}{2}(x-x_0)^2/\sigma^2\right]$$

Wir halten fest, dass $f_G(x_0) = \sqrt{2/\pi}/w$ das Maximum der Normalverteilung ist, und dass $f_G(x)$ bei $x = x_0 \pm w$ auf $1/\mathrm{e}^2$ dieses Wertes abgefallen ist. Der *Mittelwert* $\langle x\rangle$ und die *Varianz* $\sigma^2 = \langle (x - \langle x\rangle)^2\rangle$ sind durch

$$\langle x\rangle = \sqrt{\frac{2}{\pi}}\frac{1}{w}\int_{-\infty}^{+\infty} x\mathrm{e}^{-2(x-x_0)^2/w^2}\mathrm{d}x = x_0, \quad \text{und} \tag{G.8}$$

$$\sigma^2 = \left\langle \left(x - \langle x\rangle\right)^2\right\rangle = \sqrt{\frac{2}{\pi}}\frac{1}{w}\int_{-\infty}^{+\infty}(x-x_0)^2\mathrm{e}^{-2(x-x_0)^2/w^2}\mathrm{d}x = \frac{w^2}{4} \tag{G.9}$$

gegeben. Die sogenannte *Standardabweichung* vom Mittelwert ist also $\sigma = w/2$ und die

$$\text{FWHM ist} \quad \Delta x_{1/2} = \sqrt{2\ln 2}w = \sqrt{8\ln 2}\sigma \simeq 1.18w \simeq 2.36\sigma. \tag{G.10}$$

Ein wichtiges Beispiel ist die BOLTZMANN-Verteilung für die Geschwindigkeiten in einem Gas. Die $1D$-Verteilung bezüglich einer Komponente, sagen wir v_x, wird durch

$$w(v_x)\mathrm{d}v_x = \sqrt{\frac{m}{2\pi k_B T}}\exp\left(-\frac{mv_x^2}{2k_B T}\right)\mathrm{d}v_x \tag{G.11}$$

beschrieben, wobei die Teilchenmasse m, die absolute Temperatur T und die BOLTZMANN-Konstante k_B ist. Die mittlere Geschwindigkeit ist $\langle v_x \rangle = 0$ und die Varianz ist $\langle v_x^2 \rangle = k_B T/m$. Die DOPPLER-Verbreiterung von Spektrallinien (Abschn. 5.1.4 auf Seite 255) ist eine direkte Konsequenz dieser GAUSS-Verteilung. Wir erinnern an ihre Varianz $\omega_D^2 = \omega_{ba}^2 k_B T/(mc^2)$ nach (5.21) mit der Winkelfrequenz ω_{ba} des Übergangs und der Lichtgeschwindigkeit c.

Interessanterweise wird die Faltung (hier identisch zur Kreuzkorrelation) von zwei GAUSS-Profilen wieder ein GAUSS-Profil. Man verifiziert leicht (z. B. mithilfe von SWP 5.5 2005)

$$\begin{aligned}
&(f_G \star f_G)(x; w_2, x_2)\\
&= \frac{2}{\pi}\frac{1}{w_1 w_2}\int_{-\infty}^{\infty}\exp[-2(\xi - x_1)^2/w_1^2] \times \exp[-2(\xi - x_2 - x)^2/w_2^2]\mathrm{d}\xi\\
&= \sqrt{\frac{2}{\pi(w_1^2 + w_2^2)}}\exp\left(-2\frac{(x-(x_1-x_2))^2}{w_2^2 + w_1^2}\right).
\end{aligned} \tag{G.12}$$

Wenn also w_1 bzw. w_2 die $1/\mathrm{e}^2$ Breiten der beiden Verteilungen sind, ergibt sich die Gesamtbreite nach $w^2 = w_1^2 + w_2^2$, und die FWHM der Faltung ist daher das geometrische Mittel der beiden Breiten

$$\Delta x_{1/2} = 1.177w = 1.177\sqrt{w_1^2 + w_2^2} = \sqrt{(\Delta x_1)^2 + (\Delta x_2)^2}. \tag{G.13}$$

Somit ist auch die Autokorrelationsfunktion bzw. der Kohärenzgrad erster Ordnung für ein zeitliches GAUSS'sches Profil mit einer FWHM $\Delta t_{1/2}$ wieder ein solches. Nach (G.6) ergibt sich dafür eine

$$\text{FWHM:}\quad \Delta t_{1/2}^{\text{auto}} = \sqrt{2}\Delta t_{1/2}. \tag{G.14}$$

G.4 Hyperbolischer Sekans

Der hyperbolische Sekans und seine Potenzen sind weitere, häufig benutzte Linienprofile, insbesondere für Laserimpulse. Wir betrachten, normiert nach (G.1),

$$\begin{aligned}
f_H(x; w, x_0) &= \frac{\mathrm{sech}^2[(x-x_0)/w]}{2w} = \frac{1}{2w\cosh^2[(x-x_0)/w]}\\
&= \frac{1}{2w}\left(\frac{2}{\mathrm{e}^{(x-x_0)/w} + \mathrm{e}^{-(x-x_0)/w}}\right)^2,
\end{aligned} \tag{G.15}$$

$$\text{mit einer } FWHM \text{ von}\quad \Delta x = 2\left[\ln(\sqrt{2}+1)\right]w \simeq 1.76w. \tag{G.16}$$

Die Faltung führt zu einem nicht ganz trivialen Integral. Für die Autokorrelationsfunktion findet man (wieder in normierter Form)

$$(f_H \star f_H)(x; w) = \frac{1}{w} \frac{(x/w)\cosh(x/w) - \sinh(x/w)}{[\sinh(x/w)]^3} \tag{G.17}$$

$$\cong \frac{3\,\mathrm{sech}^4[x/(2.24445w)]}{4 \times 2.24445w} \simeq \frac{\mathrm{sech}^2[x/(1.5429w)]}{2 \times 1.5429w}$$

$$\text{alle mit einer FWHM von} \quad \Delta x \simeq 2.72w. \tag{G.18}$$

Die erste Gleichheit gilt exakt, die sech^4 Funktion ist eine hervorragende Näherung und die meist eingesetzte sech^2 Funktion ist immer noch eine gute Näherung für kleine Werte $|x| \lesssim 1.7$; in den fernen Flügeln liegt sie allerdings zu hoch.

G.5 LORENTZ-Profil

Das wohl wichtigste Profil, das immer wieder vorkommt, ist das LORENTZ-Profil. Es beschreibt z. B. die natürliche Linienbreite oder die Stoßverbreiterung (siehe Abschn. 5.1.1 auf Seite 248 und 5.1.3 auf Seite 254). Wir schreiben

$$f_L(x; \gamma, x_0) = \frac{2}{\gamma\pi} \frac{\gamma^2/4}{(x - x_0)^2 + \gamma^2/4} \tag{G.19}$$

$$\text{mit einer FWHM } \Delta x_{1/2} = \gamma, \tag{G.20}$$

wieder in normierter Form nach (G.1). Das LORENTZ-Profil ist ein besonders breites Profil (siehe Abb. 5.5 auf Seite 258), und während der Mittelwert $\langle x \rangle = x_0$ ist, divergiert seine Varianz $\langle x^2 \rangle$, da für große Werte von x der Integrand $x^2 f_L(x; \gamma, x_0) \to 1$ geht.

Die Faltung eines LORENTZ-Profils mit einem anderen LORENTZ-Profil ist wieder ein LORENTZ-Profil, für welches sich die Einzelbreiten addieren:

$$(f_L \star f_L)(x; \gamma_2, x_2) = \frac{2}{\gamma\pi} \frac{\gamma^2/4}{(x - (x_1 - x_2))^2 + \gamma^2/4} \tag{G.21}$$

$$\text{mit der FWHM} \quad \Delta x_{1/2} = \gamma = \gamma_1 + \gamma_2$$

Den Beweis verschieben wir auf Anhang I.4.5.

G.6 VOIGT-Profil

Die Faltung eines LORENTZ- mit einem GAUSS-Profil benötigt man z. B. für die Linienformen elektromagnetischer Übergänge in Atomen oder Molekülen in der Gasphase, wenn DOPPLER-Verbreiterung und Stoßverbreiterung in der gleichen

Größenordnung liegen (bei niedrigen Temperaturen kann das auch für DOPPLER-Breite und natürliche Linienbreite zutreffen). Dieses sogenannte VOIGT-*Profil*

$$f_{\mathrm{V}}(x;\sigma,\gamma)=(f_{\mathrm{G}}\star f_{\mathrm{L}})(x;\gamma,0)=\sqrt{\frac{2}{\pi}}\frac{1}{w}\frac{\gamma}{2\pi}\int_{-\infty}^{+\infty}\frac{\mathrm{e}^{-2\xi^2/w^2}}{(\xi-x)^2+\gamma^2/4}\mathrm{d}\xi, \quad \text{(G.22)}$$

kann nicht nach den Standardformeln für die Integration ausgewertet werden. Es gibt aber eine umfangreiche Literatur zu diesem Themenkomplex und spezielle Funktionen für die Lösung. Wir folgen hier im Wesentlichen NIST-DLMF (2013) und WIKIPEDIA CONTRIBUTORS (2014b). Normiert nach (G.1) und mit den oben eingeführten Definitionen für w und γ, kann die VOIGT-Funktion ausgedrückt werden durch

$$f_{\mathrm{V}}(x;w,\gamma)=\sqrt{\frac{2}{\pi}}\frac{\mathrm{Re}(\exp(-z^2)\,\mathrm{erfc}(-\mathrm{i}z))}{w} \quad \text{(G.23)}$$

$$\text{mit } z=\frac{\sqrt{2}}{w}(x+\mathrm{i}\gamma/2)\,, \quad \text{(G.24)}$$

wobei $\exp(-z^2)\,\mathrm{erfc}(-\mathrm{i}z)$ die sogenannte FADDEEVA-Funktion ist. Die komplementäre *Fehlerfunktion* $\mathrm{erfc}(x)=1-\mathrm{erf}(x)$ ist in den meisten modernen symbolischen Mathematikprogrammen implementiert (wir benutzen SWP 5.5 2005). Man findet sogar eine Näherungsformel für die Linienbreite (FWHM) des VOIGT-Profils,

$$\Delta\omega_V=0.5346\Delta\omega_{\mathrm{L}}+\sqrt{0.2166(\Delta\omega_{\mathrm{L}})^2+(\Delta\omega_D)^2}, \quad \text{(G.25)}$$

deren Genauigkeit mit 0.02 % angegeben wird. Dabei sind $\Delta\omega_{\mathrm{L}}$ und $\Delta\omega_D$ die FWHM der Kreisfrequenzen für LORENTZ- bzw. DOPPLER-Profil. Ein Beispiel für eine solche Faltung von DOPPLER-Profil und Stoßverbreiterung bei $\Delta\omega_{\mathrm{L}}=\Delta\omega_D$ zeigt Abb. 5.5 auf Seite 258. In diesem Fall gibt die Formel $\Delta\omega_V=1.638\Delta\omega_{\mathrm{L}}$.

Vektorpotenzial, Dipolnäherung, Oszillatorenstärke

H

H.1 Wechselwirkung des Felds einer elektromagnetischen Welle mit einem Elektron

Der Klarheit und Übersichtlichkeit wegen benutzen wir in diesen Lehrbüchern im Allgemeinen die *Dipollängennäherung* zur Beschreibung der Wechselwirkung von elektromagnetischen Wellen mit Atomen und Molekülen – von einigen Ausnahmen abgesehen. Es ist daher angemessen, diesen Ansatz etwas näher zu rechtfertigen, darüber hinausgehende Ansätze zu erläutern, und einige grundlegende Konzepte im Zusammenhang mit der Dipolnäherung zu entwickeln.

H.1.1 Vektorpotenzial

Die quantenmechanisch korrekte Formulierung der Wechselwirkung eines elektromagnetischen Feldes mit geladenen Teilchen erhält man durch Ersetzen des Impulsoperators $\widehat{\boldsymbol{p}} = -\mathrm{i}\hbar\nabla$ für ein Teilchen (Ladung q) durch $\widehat{\boldsymbol{p}}_{\text{field}} = \widehat{\boldsymbol{p}} - q\boldsymbol{A}$, wobei $\boldsymbol{A} = \boldsymbol{A}(r,t)$ das *Vektorpotenzial des Feldes* ist. Der HAMILTON-Operator für ein Elektron im Feld wird also

$$\begin{aligned}\widehat{H} &= \frac{\widehat{\boldsymbol{p}}^2_{\text{field}}}{2m_\mathrm{e}} + V(\boldsymbol{r}) = \frac{1}{2m_\mathrm{e}}(\widehat{\boldsymbol{p}} + e\boldsymbol{A})^2 + V(\boldsymbol{r}) \\ &= \frac{\widehat{\boldsymbol{p}}^2}{2m_\mathrm{e}} + V(\boldsymbol{r}) + \frac{e\widehat{\boldsymbol{p}}\cdot\boldsymbol{A}}{m_\mathrm{e}} + \frac{e^2}{2m_\mathrm{e}}\boldsymbol{A}^2 \end{aligned} \tag{H.1}$$

in der sogenannten COULOMB-*Eichung* des Feldes:

$$\nabla\cdot\boldsymbol{A} = 0 \tag{H.2}$$

Der HAMILTON-Operator (H.1) für *ein* Elektron lässt sich leicht für ein *Vielelektronensystem* verallgemeinern, indem man den Impuls $\boldsymbol{p}$ und den Ortsvektor $\boldsymbol{r}$ durch $\boldsymbol{p}_i$ bzw. $\boldsymbol{r}_i$ für jedes Elektron i ersetzt und über alle Elektronen summiert.

I.V. Hertel und C.-P. Schulz, *Atome, Moleküle und optische Physik 1*,
Springer-Lehrbuch, DOI 10.1007/978-3-662-53104-4

Vektorpotenzial $\boldsymbol{A}$ und elektrisches bzw. magnetisches Feld sind über

$$\boldsymbol{E}(\boldsymbol{r},t) = -\frac{\partial}{\partial t}\boldsymbol{A}(\boldsymbol{r},t) + \nabla V_{\text{ext}} \quad \text{bzw.} \quad \boldsymbol{B}(\boldsymbol{r},t) = \nabla \times \boldsymbol{A}(\boldsymbol{r},t) \tag{H.3}$$

miteinander verknüpft, also mit dem elektrischen Feldvektor $\boldsymbol{E}$, dem magnetischen Fluss $\boldsymbol{B} = \mu_0\mu_r\,\boldsymbol{H}$ und dem magnetischen Feld $\boldsymbol{H}$. Ein zusätzliches externes Potenzial wird ggf. durch $V_{\text{ext}}(\boldsymbol{r},t)$ beschrieben. Falls ein solches vorhanden ist, muss man es zu $V(\boldsymbol{r})$ in (H.1) hinzufügen.

Nicht berücksichtigt sind bislang alle mit dem Elektronenspin zusammenhängenden Terme, die aus der DIRAC-Gleichung folgen, und die wir in Kap. 6 eingeführt haben. Von allgemeiner Bedeutung ist die Spin-Bahn-Wechselwirkung. Sie lässt sich mit (6.35) ebenfalls problemlos in (H.1) einfügen.

Im Vakuum schreiben wir das Vektorpotenzial, das elektrische Feld und die magnetische Flussdichte für eine ebene elektromagnetische Welle als:

$$\boldsymbol{A}(\boldsymbol{r},t) = \frac{A_0}{2}\left(\mathbf{e}\mathrm{e}^{\mathrm{i}(\boldsymbol{kr}-\omega t)} + \mathbf{e}^*\mathrm{e}^{-\mathrm{i}(\boldsymbol{kr}-\omega t)}\right) = A_0\mathbf{e}\cos(\boldsymbol{kr}-\omega t) \tag{H.4}$$

$$\boldsymbol{E}(\boldsymbol{r},t) = \frac{\mathrm{i}E_0}{2}\left(\mathbf{e}\mathrm{e}^{\mathrm{i}(\boldsymbol{kr}-\omega t)} - \mathbf{e}^*\mathrm{e}^{-\mathrm{i}(\boldsymbol{kr}-\omega t)}\right) = E_0\mathbf{e}\sin(\boldsymbol{kr}-\omega t) \tag{H.5}$$

$$\boldsymbol{B}(\boldsymbol{r},t) = \frac{\mathrm{i}B_0}{2}\frac{\boldsymbol{k}}{k} \times \left(\mathbf{e}\mathrm{e}^{\mathrm{i}(\boldsymbol{kr}-\omega t)} - \mathbf{e}^*\mathrm{e}^{-\mathrm{i}(\boldsymbol{kr}-\omega t)}\right) = B_0\frac{\boldsymbol{k}}{k} \times \mathbf{e}\sin(\boldsymbol{kr}-\omega t) \tag{H.6}$$

Aus (H.3) leitet man die Beziehungen zwischen den Amplituden im Vakuum

$$E_0 = \omega A_0, \qquad B_0 = kA_0 = \frac{\omega}{c}A_0, \quad \text{und} \quad B_0 = E_0/c \tag{H.7}$$

ab, wobei $c = \omega/k = 1/\sqrt{\varepsilon_0\mu_0}$ benutzt wurde. In Medien ist die elektrische Konstante ε_0 durch die elektrische Permittivität $\varepsilon = \varepsilon_r\varepsilon_0$, die magnetische Konstante μ_0 durch die magnetische Permeabilität $\mu = \mu_0\mu_r$ und die Vakuumlichtgeschwindigkeit c durch die Phasengeschwindigkeit $v = 1/\sqrt{\varepsilon\mu}$ zu ersetzen.

H.1.2 Intensität

Den Energiefluss beschreibt der POYNTING-Vektor

$$\boldsymbol{S} = \boldsymbol{E} \times \boldsymbol{H} = \frac{\boldsymbol{E} \times \boldsymbol{B}}{\mu_r\mu_0}.$$

Mit $\boldsymbol{E} \perp \boldsymbol{B}$ erhalten wir seinen *Absolutwert* im Vakuum als

$$I_{\mathrm{f}}(\boldsymbol{r},t) = |\boldsymbol{S}| = \varepsilon_0 c|\boldsymbol{E}|^2 = \frac{\varepsilon_0 c[E_0(\boldsymbol{r},t)]^2}{4}\left|\mathbf{e}\mathrm{e}^{-\mathrm{i}\omega t} - \mathbf{e}^*\mathrm{e}^{\mathrm{i}\omega t}\right|^2 \tag{H.8}$$

$$= \frac{\varepsilon_0 c[E_0(\boldsymbol{r},t)]^2}{2}\left[1 + \sin(2\beta)\cos(2\omega t)\right], \tag{H.9}$$

üblicherweise Intensität genannt. Dabei ist $\mathbf{e}$ der Einheitsvektor der elliptischen Polarisation nach (4.15) mit dem Elliptizitätswinkel β. Offensichtlich *oszilliert die*

Intensität $I_f(\boldsymbol{r}, t)$ rasch (mit 2ω) in Raum und Zeit, wie durch den Index ,f' betont – abhängig von β. Unabhängig von β ist die über eine Periode gemittelte Intensität

$$\begin{aligned} I(\boldsymbol{r}, t) &= \langle I_f(\boldsymbol{r}, t)\rangle = \varepsilon_0 c \left\langle |\boldsymbol{E}(\boldsymbol{r}, t)|^2 \right\rangle = \varepsilon_0 c \omega^2 \left\langle |\boldsymbol{A}(\boldsymbol{r}, t)|^2 \right\rangle \\ &= \frac{\varepsilon_0 c}{2} [E_0(\boldsymbol{r}, t)]^2 = \frac{\varepsilon_0 c \omega^2}{2} [A_0(\boldsymbol{r}, t)]^2 = \frac{c}{2\mu_0} [B_0(\boldsymbol{r}, t)]^2 . \end{aligned} \tag{H.10}$$

Das elektrische Feld wird in Einheiten $[E_0] = \mathrm{V\,m^{-1}}$ gemessen, die Intensität in $[I] = \mathrm{W\,m^{-2}}$.

Im Prinzip können die Amplituden $E_0(\boldsymbol{r}, t)$, $A_0(\boldsymbol{r}, t)$ und $B_0(\boldsymbol{r}, t)$ wie auch die gemittelte Intensität $I(\boldsymbol{r}, t)$ noch *langsam* mit der Zeit t und dem Ort $\boldsymbol{r}$ variieren.[20]

Man beachte, dass alle Feldgrößen, die wir hier benutzen, quasimonochromatische Wellen repräsentieren: Ihre Bandbreite wird als sehr schmal gegenüber den untersuchten atomaren oder molekularen Absorptionslinien angenommen. Den Übergang zu einem kontinuierlichen Spektrum macht man, indem man $I \to \tilde{I}(\omega)\mathrm{d}\omega$ ersetzt, wobei die spektrale Intensitätsverteilung $\tilde{I}(\omega)$ (oder die spektrale Energiedichte $\tilde{u}(\omega) = \tilde{I}(\omega)/c$) sich auf die Einheit des Kreisfrequenzintervalls beziehen. Am Ende hat man dann noch über alle Frequenzen zu integrieren: $\int \ldots \mathrm{d}\omega$.

H.1.3 Statisches Magnetfeld

Für ein statisches, homogenes externes Magnetfeld $\boldsymbol{B}$ leitet man das Vektorpotenzial durch Inversion von (H.3) ab:

$$\boldsymbol{A} = -\frac{1}{2}\boldsymbol{r} \times \boldsymbol{B} = \frac{1}{2}\boldsymbol{B} \times \boldsymbol{r} \tag{H.11}$$

Dies lässt sich durch Einsetzen dieses Ausdrucks in (H.3) verifizieren.[21]

Für ein solches konstantes $\boldsymbol{B}$-Feld wird der HAMILTON-Operator (H.1)

$$\widehat{H} = \frac{\widehat{\boldsymbol{p}}^2}{2m_e} + V(r) + \frac{e}{2m_e}\widehat{\boldsymbol{L}} \cdot \boldsymbol{B} + \frac{e^2 A^2}{2m_e}, \tag{H.12}$$

wobei der dritte Term in (H.3) mithilfe der Identität $(\boldsymbol{B} \times \boldsymbol{r}) \cdot \widehat{\boldsymbol{p}} = \boldsymbol{B} \cdot (\boldsymbol{r} \times \widehat{\boldsymbol{p}})$ für das dreifache Skalarprodukt und der Definition des Bahndrehimpulses $\widehat{\boldsymbol{L}} = \boldsymbol{r} \times \widehat{\boldsymbol{p}}$

---

[20] Für diese Situation wurde die SVE-Näherung *(slowly varying envelope)* entwickelt. Sie fordert, dass $|\partial E_0/\partial t| \ll \omega_c E_0$ wie auch $|\partial E_0/\partial z| \ll E_0/\lambda_c$ gilt (dito für die anderen Komponenten). Dann kann man die Ableitungen dieser langsamen Amplitudenänderungen in zweiter Ordnung in der allgemeinen Wellengleichung vernachlässigen. (Mehr darüber in Band 2.)

[21] Das dreifache Vektorprodukt kann man entwickeln in

$$\nabla \times \boldsymbol{A} = \nabla \times \left(-\frac{1}{2}\boldsymbol{r} \times \boldsymbol{B}\right) = -\frac{1}{2}\left[(\boldsymbol{B} \cdot \nabla)\,\boldsymbol{r} - (\boldsymbol{r} \cdot \nabla)\,\boldsymbol{B} + \boldsymbol{r}\,(\nabla \cdot \boldsymbol{B}) - \boldsymbol{B}\,(\nabla \cdot \boldsymbol{r})\right].$$

Die beiden ersten Terme sind *Vektorgradienten*. Dabei wird $(\boldsymbol{B} \cdot \nabla)\,\boldsymbol{r} = \boldsymbol{B}$, und für ein homogenes $\boldsymbol{B}$ Feld gilt $(\boldsymbol{r} \cdot \nabla)\,\boldsymbol{B} = 0$. Der dritte Term verschwindet ebenfalls, da $\nabla \cdot \boldsymbol{B} = \operatorname{div} \boldsymbol{B} \equiv 0$. Mit $\operatorname{div} \boldsymbol{r} = 3$ folgt für den vierten Term $= -3\boldsymbol{B}$. Schließlich wird die gesamte rechte Seite der Gleichung $-(1/2)(\boldsymbol{B} - 3\boldsymbol{B}) = \boldsymbol{B}$, *q.e.d.*

umgeschrieben wurde. Dieser Term korrespondiert exakt zu (6.29) mit (6.27), d. h. wir haben hier das Wechselwirkungspotenzial eines externen magnetischen Feldes mit dem Bahndrehimpuls abgeleitet. Eine heuristische Ableitung wird in Abschn. 1.9.2 auf Seite 80 und 6.2.2 auf Seite 322 präsentiert.

Der letzte Term in (H.12) repräsentiert eine (meist) kleine Korrektur

$$\frac{e^2 \boldsymbol{A}^2}{2m_\mathrm{e}} = \frac{e^2}{8m_\mathrm{e}} r^2 B^2 \sin\theta, \tag{H.13}$$

wobei θ der Winkel zwischen externem Feld und Ortsvektor $\boldsymbol{r}$ des Elektrons im Atom ist. Wir schätzen ab, sagen wir für 30 T und $r = a_0$, einen Maximalwert von ca. 5×10^{-8} eV. Daher spielt dieser Term in der Spektroskopie nur dann eine Rolle, wenn extreme Genauigkeit gefordert wird, oder bei extrem großen Magnetfeldern oder bei sehr großen Atomradien (d. h. bei hoch liegenden RYDBERG-Zuständen). Andererseits ist gerade dieser *Term für den Diamagnetismus der Materie* verantwortlich.

H.1.4 Ponderomotorisches Potential

Bevor wir uns den Matrixelementen für die Wechselwirkung mit dem Feld im HAMILTON-Operator (H.1) zuwenden, wollen wir noch einen zweiten Blick auf den zu $\boldsymbol{A}^2$ proportionalen Term in (H.12) werfen – jetzt für ein Atom oder ein Molekül in einem elektromagnetischen Wellenfeld. Natürlich bringt dieser Term eine zusätzliche Zeitabhängigkeit der Energie in den HAMILTON-Operator ein. Mittelt man $\boldsymbol{A}^2$ über eine Periode, dann erhalten wir mit (H.10) eine Abschätzung für diesen Term als Funktion der Intensität I der Welle (des Lichts):

$$U_\mathrm{p} = \frac{e^2 \langle \boldsymbol{A}^2 \rangle}{2m_\mathrm{e}} = \frac{e^2 I}{2\varepsilon_0 c m_\mathrm{e} \omega^2} \tag{H.14}$$

Es zeigt sich, dass dies identisch zu dem Ausdruck (8.139) ist, der in Abschn. 8.5.1 auf Seite 473 als *ponderomotorisches Potenzial* U_p identifiziert wird. Dort wird ein vollkommen klassisches Bild für ein im elektrischen Feld der Welle oszillierendes Elektron benutzt, um diesen Zusammenhang ‚abzuleiten'.

In Hinblick auf die Laserspektroskopie ist das ponderomotorische Potenzial meist vernachlässigbar. Wie in Abschn. 8.5.1 auf Seite 473 beschrieben, führt es aber zu sehr interessanten Phänomenen, wenn die untersuchten Objekte sehr starker elektromagnetischer Strahlung ausgesetzt werden, wie man sie heute problemlos mit Kurzpulslasern erzeugen kann.

H.1.5 Beziehung zwischen den Matrixelementen von p und r

Für die nachfolgenden Überlegungen leiten wir jetzt eine wichtige Beziehung zwischen den Matrixelementen von Impuls- und Ortsvektor ab. Für Elektronen i und

j gelten die üblichen Vertauschungsregeln für kanonisch konjugierte Observable (Impuls und Ort):

$$[x_i, \widehat{p}_{yj}] = 0 \quad \text{und} \quad [x_i, \widehat{p}_{xj}] = \mathrm{i}\hbar\delta_{ij}, \quad \text{usw. für } y \text{ und } z. \tag{H.15}$$

Damit und mit der Identität

$$[\widehat{a}, \widehat{b}^2] = [\widehat{a}, \widehat{b}]\widehat{b} + \widehat{b}[\widehat{a}, \widehat{b}] \tag{H.16}$$

können wir schreiben

$$[x_i, \widehat{H}] = \left[x_i, \frac{\widehat{\boldsymbol{p}}^2}{2m_\mathrm{e}}\right] = \frac{\mathrm{i}\hbar}{m_\mathrm{e}}\widehat{p}_{xi} \quad \text{und somit} \quad [\boldsymbol{r}, \widehat{H}] = \frac{\mathrm{i}\hbar}{m_\mathrm{e}}\widehat{\boldsymbol{p}}, \tag{H.17}$$

wobei $\boldsymbol{r} = \sum \boldsymbol{r}_i$ und $\widehat{\boldsymbol{p}} = \sum \widehat{\boldsymbol{p}}_i$ ist. Somit ergibt sich für die Matrixelemente von $\widehat{\boldsymbol{p}}$ zwischen zwei Eigenzuständen $|a\rangle$ und $|b\rangle$ des HAMILTON-Operators

$$\langle b|\widehat{\boldsymbol{p}}|a\rangle = \frac{m_\mathrm{e}}{\mathrm{i}\hbar}\langle b|[\boldsymbol{r}, \widehat{H}]|a\rangle = \frac{m_\mathrm{e}}{\mathrm{i}\hbar}(W_a - W_b)\langle b|\boldsymbol{r}|a\rangle. \tag{H.18}$$

Mit $(W_a - W_b)/\hbar = -W_{ba}/\hbar = -\omega_{ba}$ ergibt sich die gesuchte Beziehung zwischen den Matrixelementen von $\widehat{\boldsymbol{p}}$ und $\boldsymbol{r}$ als

$$\langle b|\widehat{\boldsymbol{p}}|a\rangle = \mathrm{i}m_\mathrm{e}\omega_{ba}\langle b|\boldsymbol{r}|a\rangle. \tag{H.19}$$

H.1.6 Störung durch ein elektromagnetisches Feld; Dipolnäherung

Komplementär zu der heuristischen Ableitung der Dipolnäherung in Abschn. 4.3 auf Seite 202 behandeln wir jetzt den streng quantenmechanischen, zu $\boldsymbol{A} \cdot \widehat{\boldsymbol{p}}$ proportionalen Term im HAMILTON-Operator (H.1), der für elektromagnetisch induzierte Übergänge verantwortlich ist. Mit (H.4) und (H.7) wird

$$\begin{aligned}\widehat{U}(\widehat{\boldsymbol{p}}, \boldsymbol{r}, t) &= \frac{e\widehat{\boldsymbol{p}} \cdot \boldsymbol{A}}{m_\mathrm{e}} = \frac{eE_0}{2\omega m_\mathrm{e}}\widehat{\boldsymbol{p}} \cdot \left(\mathbf{e}\mathrm{e}^{\mathrm{i}(\boldsymbol{kr}-\omega t)} + \mathbf{e}^*\mathrm{e}^{-\mathrm{i}(\boldsymbol{kr}-\omega t)}\right) \\ &= \frac{-\mathrm{i}eE_0}{2}\left(\widehat{\mathsf{D}}\mathrm{e}^{-\mathrm{i}\omega t} - \widehat{\mathsf{D}}^*\mathrm{e}^{+\mathrm{i}\omega t}\right),\end{aligned} \tag{H.20}$$

und wir schreiben den *Übergangsoperator* $\widehat{\mathsf{D}}$ (Dimension L) und die *Störamplitude* eE_0 (Dimension Kraft MLT^{-2}) jetzt in voller Allgemeinheit

$$\widehat{\mathsf{D}} = \frac{\mathrm{i}\mathrm{e}^{\mathrm{i}\boldsymbol{k}\cdot\boldsymbol{r}}}{\omega m_\mathrm{e}}\widehat{\boldsymbol{p}} \cdot \mathbf{e} = \frac{\hbar\mathrm{e}^{\mathrm{i}\boldsymbol{k}\cdot\boldsymbol{r}}}{\omega m_\mathrm{e}}\nabla \cdot \mathbf{e} \quad \text{und} \tag{H.21}$$

$$eE_0 = e\omega A_0 = ecB_0 = e\sqrt{2I/(c\varepsilon_0)}. \tag{H.22}$$

Für elektromagnetische Wellen im IR-, VIS-, UV- oder VUV-Spektralbereich ist die Wellenlänge meist sehr groß gegenüber dem untersuchten Objekt (Atom). Wir können daher $\boldsymbol{k} \cdot \boldsymbol{r} \ll 1$ annehmen und in (H.21) die Exponentialfunktion in eine Reihe entwickeln:

$$\widehat{\mathsf{D}} = \frac{\mathrm{i}}{\omega m_\mathrm{e}}(1 + \mathrm{i}\boldsymbol{k} \cdot \boldsymbol{r} + \cdots)\widehat{\boldsymbol{p}} \cdot \mathbf{e} \tag{H.23}$$

In der *elektrischen Dipolnäherung* (kurz: *Dipolnäherung*) wird nur der erste Term berücksichtigt und man spricht von E1-*Übergängen*. Das relevante *Matrixelement* von $\widehat{\mathsf{D}}$ für den Übergang zwischen zwei Eigenzuständen $|a\rangle \to |b\rangle$ ist

$$\widehat{\mathsf{D}}_{ba} = \frac{-\mathrm{i}}{\omega_{ba} m_\mathrm{e}}\langle b|\widehat{\boldsymbol{p}}|a\rangle \cdot \mathbf{e} = -\frac{\hbar}{\omega_{ba} m_\mathrm{e}}\langle b|\boldsymbol{\nabla}|a\rangle \cdot \mathbf{e} \tag{H.24}$$

$$= \langle b|\boldsymbol{r}|a\rangle \cdot \mathbf{e} = \boldsymbol{r}_{ba} \cdot \mathbf{e}, \tag{H.25}$$

Wir haben (H.19) benutzt, um (H.25) zu erhalten. Die beiden Formen des Matrixelements für Dipolübergänge (H.24) und (H.25) nennt man *Dipolgeschwindigkeits-* (wegen $\widehat{\boldsymbol{v}} = \widehat{\boldsymbol{p}}/m_\mathrm{e}$) bzw. die *Dipollängennäherung*. Letztere stimmt mit der heuristisch gefundenen Form (4.57) in Abschn. 4.3.4 auf Seite 205 überein. Streng mathematisch sind beide Formen von $\widehat{\mathsf{D}}_{ab}$ *völlig äquivalent – wenn die benutzten Wellenfunktionen des ungestörten* HAMILTON-*Operators exakt sind.* Da aber in aller Regel die Wellenfunktionen nur näherungsweise bekannt sind (bis auf einige Spezialfälle wie das H-Atom) führen beide Formen meist zu leicht unterschiedlichen Ergebnissen und werden oft vergleichend in der Literatur benutzt.

Der Vollständigkeit halber notieren wir noch die Matrixelemente des Wechselwirkungspotenzials (H.20) in der *Dipolgeschwindigkeitsnäherung*

$$\widehat{U}_{ba}(t) = \langle b|\widehat{U}(\boldsymbol{r},t)|a\rangle = \frac{\mathrm{i}}{2}\frac{e\hbar}{\omega m_\mathrm{e}}\sqrt{\frac{2I(\omega)}{c\varepsilon_0}}\langle b|\boldsymbol{\nabla}|a\rangle \cdot \left(\mathbf{e}\mathrm{e}^{-\mathrm{i}\omega t} - \mathbf{e}^*\mathrm{e}^{+\mathrm{i}\omega t}\right) \tag{H.26}$$

und alternativ *in der Dipollängennäherung*

$$\widehat{U}_{ba}(t) = \langle b|\widehat{U}(\boldsymbol{r},t)|a\rangle = \frac{-\mathrm{i}}{2}E_0\langle b|e\boldsymbol{r}|a\rangle \cdot \left(\mathbf{e}\mathrm{e}^{-\mathrm{i}\omega t} - \mathbf{e}^*\mathrm{e}^{+\mathrm{i}\omega t}\right). \tag{H.27}$$

Alle obigen Ausdrücke beziehen sich auf Systeme mit nur einem aktiven Elektron, das in einem externen elektromagnetischen Wechselfeld angeregt oder abgeregt wird. Bei größeren Atomen und Molekülen *können mehr als ein Elektron aktiv sein (im Prinzip alle)* – ggf. sogar gleichzeitig. Solche Ereignisse führen typischerweise zu interessanten Phänomenen, wie z. B. Autoionisation (siehe Abschn. 7.6 auf Seite 401). Im Allgemeinen muss man also das entsprechende Wechselwirkungspotenzial über alle Elektronen summieren. Der Übergangsoperator (H.21) wird dann

$$\widehat{\mathsf{D}} = \frac{-\mathrm{i}}{\omega m_\mathrm{e}}\sum_{i=1}^{\mathcal{N}}\mathrm{e}^{\mathrm{i}\boldsymbol{k}\cdot\boldsymbol{r}_i}\widehat{\boldsymbol{p}}_i \cdot \mathbf{e} = \frac{-\hbar}{\omega m_\mathrm{e}}\sum_{i=1}^{\mathcal{N}}\mathrm{e}^{\mathrm{i}\boldsymbol{k}\cdot\boldsymbol{r}_i}\widehat{\boldsymbol{\nabla}}_i \cdot \mathbf{e}, \tag{H.28}$$

und in *Dipolnäherung* wird das Übergangsmatrixelement (H.24) bei einem Vielelektronensystem zu ersetzen sein durch

$$\widehat{\mathsf{D}}_{ba} = -\frac{\hbar}{\omega_{ba} m_e} \langle b| \sum_{i=1}^{\mathcal{N}} \nabla_i |a\rangle \cdot \mathfrak{e} = \langle b| \sum_{i=1}^{\mathcal{N}} \boldsymbol{r}_i |a\rangle \cdot \mathfrak{e}, \tag{H.29}$$

wobei erstere Identität der *Dipolgeschwindigkeits-* die zweite der *Dipollängennäherung* entspricht. Sie sind identisch, wenn (und nur wenn) die Wellenfunktionen exakt sind. Die Summe muss im Prinzip über alle Elektronen i des Systems ausgeführt werden, und $\mathcal{N}$ ist die Gesamtzahl aller Elektronen.

H.2 Linienstärke und Oszillatorenstärke

H.2.1 Definitionen

Mehrere, leicht unterschiedliche Größen werden in der Literatur benutzt, um die Gesamtstärke eines Dipolübergangs (E1) zu charakterisieren – zwischen den Niveaus a und b mit Drehimpulsquantenzahlen $j_a m_a$ bzw. $j_b m_b$ und Entartungen $g_a = 2j_a+1$ bzw. $g_b = 2j_b + 1$. Im Prinzip kann j der Bahndrehimpuls (L) oder der Gesamtdrehimpuls (J) sein, was immer dem jeweiligen Problem entspricht. *Man beachte, dass wir im Folgenden die Quantenzahlen* $\gamma_a j_a m_a := a$ abkürzen, aber wir benutzen a und b auch, um die entsprechenden Energieniveaus zu bezeichnen – solange keine Verwechslung möglich ist.

Wir folgen im Wesentlichen[22] CONDON und SHORTLEY (1951) und definieren eine *Linienstärke,* die symmetrisch in Bezug auf Anfangs- und Endniveaus des Übergangs ist und über alle Polarisationen summiert:

$$\begin{aligned} S(j_b j_a) \equiv S(j_a j_b) &:= \sum_{m_b m_a} |\boldsymbol{r}_{ba}|^2 \equiv \sum_{m_b m_a} |\langle \gamma_b j_b m_b | \boldsymbol{r} | \gamma_a j_a m_a\rangle|^2 \\ &= \sum_{m_b m_a} \left[|\langle b|x|a\rangle|^2 + |\langle b|y|a\rangle|^2 + |\langle b|z|a\rangle|^2 \right]. \end{aligned} \tag{H.30}$$

Die Dimension der so definierten Linienstärke ist L^2.

In *Polarkoordinaten* (siehe Gl. 4.75) kann man dies ausführlich schreiben als

$$\begin{aligned} S(j_b j_a) &= \sum_{m_b m_a q} \left| \langle \gamma_b j_b m_b | r_q | \gamma_a j_a m_a\rangle \right|^2 \equiv S(j_a j_b) \\ &= \left| \langle \gamma_b \| r \| \gamma_a \rangle \right|^2 \sum_q \sum_{m_b m_a} \left| \langle j_b m_b | C_{1q} | j_a m_a \rangle \right|^2. \end{aligned} \tag{H.31}$$

[22]Die Linienstärke $S^{CS}(j_b j_a)$, welche CONDON und SHORTLEY (1951) benutzen, ist mit der hier verwendeten Größe über $S^{CS}(j_b j_a) = eS(j_b j_a)$ verknüpft. – Unsere Schreibweise führt zu etwas kompakteren Formeln für die A und B Koeffizienten und für die Oszillatorenstärke $\mathfrak{f}_{ba}^{(\text{opt})}$.

Mit dem WIGNER-ECKART-Theorem in der Form (D.9) und mit den Orthogonalitätsrelationen für die $3j$-Symbole (B.41) erhalten wir die kompakten Beziehungen:[23]

$$\begin{aligned} S(j_b j_a) &= (2j_b+1)\left|\langle\gamma_b|r|\gamma_a\rangle\right|^2\langle j_b\|\mathsf{C}_1\|j_a\rangle^2 \\ &= (2j_a+1)\left|\langle\gamma_a|r|\gamma_b\rangle\right|^2\langle j_a\|\mathsf{C}_1\|j_b\rangle^2 \equiv S(j_a j_b). \end{aligned} \tag{H.32}$$

Wenn es sich um ein LS-gekoppeltes System handelt, kann man die reduzierten Matrixelemente $\langle J_a L_a S\|\mathsf{C}_1\|J_b L_b S\rangle^2$ mit (D.45) entkoppeln. Nutzen wir noch die Summenregeln (B.65) für die $6j$-Symbole, so erhalten wir

$$\sum_{J_a}\frac{S(J_b J_a)}{2J_b+1}\simeq\frac{S(L_b L_a)}{2L_b+1}, \tag{H.33}$$

wo das Gleichheitszeichen streng gilt, wenn die radialen Matrixelemente nicht von den individuellen Feinstrukturniveaus J, sondern nur von der Bahndrehimpulsquantenzahl L und der Hauptquantenzahl n abhängen – was eine gute Näherung für leichte Atome ist.

Komplementär zur Linienstärke, die symmetrisch ist und die Dimension L^2 besitzt, wird die sogenannte *Oszillatorenstärke* $\mathfrak{f}^{(\mathrm{opt})}(\mathfrak{e})$ definiert – *asymmetrisch und dimensionslos* für eine bestimmte Polarization mit dem Einheitsvektor $\mathfrak{e}$. Wir definieren sie zunächst *für einen spezifischen Übergang* von *einem* anfänglichen Unterzustand $|a\rangle = |j_a m_a\rangle$ zu *einem* Unterzustand $|b\rangle = |j_b m_b\rangle$ nach dem Übergang:

$$\mathfrak{f}^{(\mathrm{opt})}_{j_b m_b\leftarrow j_a m_a}(\mathfrak{e}) = \frac{2W_{ba}}{E_\mathrm{h}a_0^2}|\widehat{\mathsf{D}}_{ba}|^2 = \frac{2W_{ba}}{E_\mathrm{h}}\left|\frac{\boldsymbol{r}_{ba}}{a_0}\cdot\mathfrak{e}\right|^2. \tag{H.34}$$

Hier ist $\widehat{\mathsf{D}}_{ba}$ das Dipolübergangsmatrixelement (H.29). In der zweiten Gleichheit benutzen wir explizit die Dipollängenform für ein System mit einem einzelnen Elektron und $\boldsymbol{r}_{ba}$ wie in (4.79) definiert. Die Oszillatorenstärke ist also proportional zur Übergangswahrscheinlichkeit (4.66). Und da sie auch proportional zur absorbierten (oder emittierten) Photonenenergie $W_b - W_a = W_{ba} = \hbar\omega_{ba}$ ist, wird ihr Wert positiv für Absorption und negativ für Emission.

Für den speziellen Fall der *linearen Polarisation* mit $\boldsymbol{e}_\mathrm{lin}\|z$ ergibt sich damit ein einfacher Ausdruck für die Oszillatorenstärke:

$$\mathfrak{f}^{(\mathrm{opt})}_{j_b m_b\leftarrow j_a m_a} = 2\frac{W_{ba}}{E_\mathrm{h}}\left|\frac{z_{ba}}{a_0}\right|^2 = 2\frac{m_\mathrm{e}\omega_{ba}}{\hbar}|z_{ba}|^2 \tag{H.35}$$

Dies kann mit (4.75) und dem WIGNER-ECKART-Theorem in der Form (D.9) weiter ausgewertet werden:

$$\begin{aligned} |z_{ba}|^2 &= \left|\langle\gamma_b j_b m_b|r_0|\gamma_a j_a m_a\rangle\right|^2 \\ &= (2j_b+1)\left|\langle\gamma_b|r|\gamma_a\rangle\right|^2\langle j_b\|\mathsf{C}_1\|j_a\rangle^2\begin{pmatrix} j_a & 1 & j_b \\ -m_a & 0 & m_b\end{pmatrix}^2 \end{aligned} \tag{H.36}$$

[23] Man beachte, dass der Faktor 3, den die Summe über alle Polarisationen q erzeugt, kompensiert wird durch den Faktor $1/(2\times 1+1) = 1/3$, der von den Orthogonalitätsrelationen der CLEBSCH-GORDAN-Koeffizienten herrührt, wenn über m_a und m_b summiert wird.

Man beachte, dass dies Null wird, wenn $m_b \neq m_a$.

Im Experiment mittelt man typischerweise über alle anfänglichen Unterzustände $|j_a m_a\rangle$ und summiert über alle endgültigen Unterzustände $|j_b m_b\rangle$. Wenn das anfängliche Niveau *a isotrop besetzt ist,* erhält man *für einen beliebigen Einheitsvektor der Polarisation* $\mathfrak{e} = \sum_q a_q \mathfrak{e}_q$ bei einem Übergang vom Niveau j_b zum Niveau j_a mit (H.34) und (4.93)

$$\mathrm{f}^{(\mathrm{opt})}_{j_b j_a} = \frac{1}{g_a} \sum_{m_a m_b} \mathrm{f}^{(\mathrm{opt})}_{j_b m_b \leftarrow j_a m_a}(\mathfrak{e}) = \frac{2}{g_a} \frac{W_{ba}}{E_\mathrm{h}} \sum_{m_a m_b} \left| \frac{\boldsymbol{r}_{ba}}{a_0} \cdot \mathfrak{e} \right|^2 \tag{H.37}$$

$$= \frac{2}{g_a} \frac{W_{ba}}{E_\mathrm{h}} \sum_{m_a m_b} \left| \sum_{q=-1}^{1} \langle \gamma_b j_b m_b | r_q | \gamma_a j_a m_a \rangle \mathfrak{e}_q^* \cdot \sum_{q'=-1}^{1} \sum a_{q'} \mathfrak{e}_{q'} \right|^2$$

$$= \frac{2}{g_a} \frac{W_{ba}}{E_\mathrm{h}} \sum_{m_a m_b} \sum_{q=-1}^{1} |a_q|^2 |\langle \gamma_b | r | \gamma_a \rangle|^2 |\langle j_b m_b | C_{1q} | j_a m_a \rangle|^2. \tag{H.38}$$

Benutzt man (D.9), die Orthogonalitätsrelation (B.41) für die $3j$-Symbole und $\sum_q |a_q|^2 = 1$ (Einheitsvektor $\mathfrak{e}$), so kann die Summe ausgeführt werden:

$$\mathrm{f}^{(\mathrm{opt})}_{j_b j_a} = 2 \frac{W_{ba}}{E_\mathrm{h}} \frac{g_b}{g_a} \left| \langle \gamma_b | \frac{r}{a_0} | \gamma_a \rangle \right|^2 \langle j_b \| \mathrm{C}_1 \| j_a \rangle^2 \sum_{q=-1}^{1} |a_q|^2 \frac{1}{3} \tag{H.39}$$

$$\mathrm{f}^{(\mathrm{opt})}_{j_b j_a} = \frac{2}{3} \frac{W_{ba}}{E_\mathrm{h}} \frac{g_b}{g_a} \left| \langle \gamma_b | \frac{r}{a_0} | \gamma_a \rangle \right|^2 \langle j_b \| \mathrm{C}_1 \| j_a \rangle^2 \tag{H.40}$$

Schließlich vergleichen wir dies mit (H.32) und erhalten den Ausdruck

$$\mathrm{f}^{(\mathrm{opt})}_{j_b j_a} = \frac{2}{3 g_a} \frac{W_{ba}}{E_\mathrm{h}} \frac{S(j_b j_a)}{a_0^2} = \frac{2 m_\mathrm{e}}{3\hbar} \frac{\omega_{ba} S(j_b j_a)}{g_a}, \tag{H.41}$$

wie in Abschn. 5.2.2 auf Seite 260 benutzt. Wir notieren das sehr wichtige Resultat:

> *Die gemittelte Oszillatorenstärke für ein isotrop besetztes anfängliches Niveau – und daher die Wahrscheinlichkeit für Absorption oder induzierte Emission – ist unabhängig von der Polarisation.*

Daher können wir (H.35) einfach mitteln

$$\mathrm{f}^{(\mathrm{opt})}_{j_b j_a} = \frac{2}{g_a} \frac{W_{ba}}{E_\mathrm{h}} \sum_{m_a} \left| \frac{z_{ba}}{a_0} \right|^2 = \frac{2 m_\mathrm{e} \omega_{ba}}{\hbar} \frac{1}{g_a} \sum_{m_a} |z_{ba}|^2, \tag{H.42}$$

wobei wir ausgenutzt haben, dass hier $q = 0$ ist, und dass es somit nur Beiträge von $m_a = m_b$ gibt. Für einen anfänglich einfach entarteten ns-Zustand (H.42) wird dies zu (H.35) reduziert. Äquivalente Ausdrücke kann man von (H.41) mit (H.30) und dem Dipolmoment $\mathcal{D} = -e\boldsymbol{r}$ herleiten:

$$\mathrm{f}^{(\mathrm{opt})}_{j_b j_a} = \frac{2m_\mathrm{e}\hbar\omega_{ba}}{3g_a\hbar^2} \sum_{m_a m_b} \left|\langle\gamma_b j_b m_b|\boldsymbol{r}|\gamma_a j_a m_a\rangle\right|^2 \tag{H.43}$$

$$= \frac{2}{3g_a}\frac{W_{ba}}{E_\mathrm{h}} \sum_{m_a m_b} \left|\langle\gamma_b j_b m_b|\frac{\boldsymbol{r}}{a_0}|\gamma_a j_a m_a\rangle\right|^2 = \frac{8\pi^2 m_\mathrm{e} W_{ba}}{3g_a h^2 e^2} \sum_{m_a m_b} |\mathcal{D}_{ba}|^2. \tag{H.44}$$

Man beachte den Faktor 3 im Nenner im Vergleich zu (H.42), der die 3 identischen Beiträge der Komponenten von $|\boldsymbol{r}|^2 = |x|^2 + |y|^2 + |z|^2$ kompensiert.

H.2.2 Thomas-Reiche-Kuhn-Summenregel

Wir summieren die Oszillatorenstärke nach (H.35) über alle existierenden Endzustände $|b\rangle = |\gamma_b j_b m_b\rangle$ und schreiben den Ausdruck sinnvoll um:

$$\sum_b \mathrm{f}^{(\mathrm{opt})}_{j_b m_b \leftarrow j_a m_a} = \sum_b \frac{2m_\mathrm{e}\omega_{ba}}{\hbar}|z_{ba}|^2 = \sum_b \frac{2m_\mathrm{e}\omega_{ba}}{\hbar}\langle a|z|b\rangle\langle b|z|a\rangle \tag{H.45}$$

$$= \sum_b \frac{1}{\mathrm{i}\hbar}\big[\mathrm{i}m_\mathrm{e}\omega_{ba}\langle a|z|b\rangle\langle b|z|a\rangle - \mathrm{i}m_\mathrm{e}\omega_{ab}\langle a|z|b\rangle\langle b|z|a\rangle\big].$$

Jetzt wenden wir (H.19) an und erhalten

$$\begin{aligned}\sum_b \mathrm{f}^{(\mathrm{opt})}_{j_b m_b \leftarrow j_a m_a} &= \frac{1}{\mathrm{i}\hbar}\sum_b\big[\langle a|z|b\rangle\langle b|p_z|a\rangle - \langle a|p_z|b\rangle\langle b|z|a\rangle\big] \\ &= \frac{1}{\mathrm{i}\hbar}\big[\langle a|zp_z|a\rangle - \langle a|p_z z|a\rangle\big] = \frac{\langle a|zp_z - p_z z|a\rangle}{\mathrm{i}\hbar} = 1,\end{aligned} \tag{H.46}$$

wobei wir (2.43), die Vollständigkeitsrelation $\hat{\mathbf{1}} = \sum_b |b\rangle\langle b|$, benutzt haben. Im letzten Schritt wurden die Vertauschungsrelationen (H.15) und die Normierung $\langle a|a\rangle = 1$ eingesetzt.

Wir stellen fest, dass diese Ableitung nicht vom speziellen Anfangszustand $|a\rangle = |j_a m_a\rangle$ abhängt, da stets über alle Endzustände $|b\rangle$ summiert wird. Daher ist (H.46) auch für die gemittelte Oszillatorenstärke $f^{(\mathrm{opt})}_{j_b j_a}$ gültig. Somit haben wir die wichtige Thomas-Reiche-Kuhn-*Summenregel* abgeleitet:

$$\sum_b \mathrm{f}^{(\mathrm{opt})}_{j_b j_a} = 1 \tag{H.47}$$

Die Oszillatorenstärke wird in der Atom- und Molekülphysik oft benutzt, um Dipolübergänge zu charakterisieren. Sie erlaubt es, die Stärke verschiedener Übergänge auch in verschiedenen Atomen und Molekülen zu vergleichen. Für Systeme mit nur *einem aktiven Elektron gilt* $f^{(\mathrm{opt})}_{j_b j_a} \le 1$ (für jeden Übergang) und der Referenzwert ist das klassisch oszillierende Elektron mit einer Oszillatorenstärke von 1.

Für Systeme mit $\mathcal{N}_\mathrm{e}$ *aktiven Elektronen* hat man in (H.45) die Koordinate z des einen Elektrons durch $\sum_{i=1}^{\mathcal{N}_\mathrm{e}} z^{(i)}$ zu ersetzen und erhält die *Summenregel:*

$$\sum_b \mathfrak{f}_{j_b j_a}^{(\mathrm{opt})} = \mathcal{N}_\mathrm{e}. \tag{H.48}$$

Schließlich müssen wir darauf hinweisen, dass die gerade besprochene Summation auch das Ionisationskontinuum einschließen muss, um die Basis vollständig zu machen. In diesem Zusammenhang werden Kontinuumszustände üblicherweise *in der Energieskala normiert* (siehe Anhang J). Entsprechend definiert man die *optische Oszillatorenstärkendichte* (OOSD), $\mathrm{d}\mathfrak{f}^{(\mathrm{opt})}/\mathrm{d}\epsilon$, mit der Dimension Enrg^{-1}, wobei ϵ die Energie des emittierten Elektrons im Kontinuum ist. Somit schließt (H.48) die Summation über diskrete Zustände *und die* Integration über Energien jenseits des Ionisationspotenzials W_I ein:

$$\sum_b \mathfrak{f}_{j_b j_a}^{(\mathrm{opt})} \to \sum_b^{\text{discrete}} \mathfrak{f}_{j_b j_a}^{(\mathrm{opt})} + \int_{W_I}^{\infty} \frac{\mathrm{d}\mathfrak{f}_{\epsilon j_a}^{(\mathrm{opt})}}{\mathrm{d}\epsilon} \mathrm{d}\epsilon. \tag{H.49}$$

Offensichtlich muss für hohe Energien $\lim\limits_{W\to\infty} (\mathrm{d}\mathfrak{f}^{(\mathrm{opt})}/\mathrm{d}\epsilon) = 0$ gelten.

FOURIER-Transformation und Spektralverteilungen

I.1 Einführung und Übersicht

In der Physik ist die FOURIER-*Transformation* (FT) ein viel gebrauchtes mathematisches Werkzeug. Wir fassen in diesem Anhang die wichtigsten Definitionen und Beziehungen zusammen und illustrieren diese mit einigen praktischen Beispielen. Dabei konzentrieren wir uns auf die Beschreibung kurzer Lichtimpulse.

FOURIER- Transformierte basieren auf der *komplexen Form des* FOURIER-*Integrals,* das wir hier (ohne Beweis) voranstellen:

$$X(t) = \frac{1}{2\pi}\int_{-\infty}^{\infty} e^{i\omega t} d\omega \int_{-\infty}^{\infty} X(\tau) e^{-i\omega\tau} d\tau \tag{I.1}$$

$$\text{oder} \quad = \int_{-\infty}^{\infty} e^{2\pi i\nu t} d\nu \int_{-\infty}^{\infty} X(\tau) e^{-2\pi i\nu\tau} d\tau$$

Verschiedene, leicht unterschiedliche Notationen findet man hierzu in der Literatur. Wir benutzen die wohl am häufigsten in der modernen Physik benutzte Normierung mit der FOURIER-*Transformierten* [24] einer zeitabhängigen Funktion $X(t)$:

$$\widetilde{X}(\omega) = \mathcal{F}[X(t)] = \int_{-\infty}^{\infty} X(t) e^{-i\omega t} dt \tag{I.2}$$

Umgekehrt erhält man $X(t)$ über die *inverse* FOURIER-*Transformation*:

[24] In anderen Notationen wird der Vorfaktor $1/2\pi$ symmetrisch als $\sqrt{1/2\pi}$ angewendet oder auch ganz vermieden, indem man die Frequenz ν anstatt der Kreisfrequenz $\omega = 2\pi\nu$ benutzt.

I.V. Hertel und C.-P. Schulz, *Atome, Moleküle und optische Physik 1*,
Springer-Lehrbuch, DOI 10.1007/978-3-662-53104-4

$$X(t) = \mathcal{F}^{-1}\big[\widetilde{X}(\omega)\big] = \frac{1}{2\pi}\int_{-\infty}^{\infty} \widetilde{X}(\omega)e^{i\omega t}d\omega \tag{I.3}$$

Die komplex Konjugierte der FOURIER-Transformierten von $X(t)$ ist

$$\widetilde{X}^*(\omega) = \int_{-\infty}^{\infty} X^*(t)e^{i\omega t}dt, \tag{I.4}$$

und entsprechend ergibt die Umkehrung

$$X^*(t) = \frac{1}{2\pi}\int_{-\infty}^{\infty} \widetilde{X}^*(\omega)e^{-i\omega t}dt. \tag{I.5}$$

Wenn wir (I.1) umschreiben als

$$X(t) = \int_{-\infty}^{\infty} X(\tau)\left[\frac{1}{2\pi}\int_{-\infty}^{\infty} e^{i\omega(t-\tau)}d\omega\right]d\tau,$$

kann man den Ausdruck in den eckigen Klammern [...] als die DIRAC*'sche Deltafunktion* identifizieren:

$$\delta(t-\tau) = \mathcal{F}^{-1}\big[e^{-i\omega\tau}\big] = \frac{1}{2\pi}\int_{-\infty}^{\infty} e^{i\omega(t-\tau)}d\omega \tag{I.6}$$

$$\text{und äquivalent}\quad \delta(\omega_c - \omega) = \frac{1}{2\pi}\mathcal{F}\big[e^{i\omega_c t}\big] = \frac{1}{2\pi}\int_{-\infty}^{\infty} e^{-i(\omega-\omega_c)t}dt. \tag{I.7}$$

Daraus folgt eine wichtige Beziehung,

$$\int_{-\infty}^{\infty} |X(t)|^2 dt = \frac{1}{2\pi}\int_{-\infty}^{\infty} \big|\widetilde{X}(\omega)\big|^2 d\omega, \tag{I.8}$$

das sogenannte PLANCHEREL-*Theorem*.[25] Um es zu beweisen, muss man lediglich (I.2) und (I.3) einsetzen, die Integration umordnen und die DIRAC'sche Deltafunktion identifizieren. Wir überlassen es den Lesern, dies im Einzelnen auszuarbeiten. Wie wir weiter unten sehen werden, lässt sich mit dem PLANCHEREL-Theorem die Energieerhaltung für elektromagnetische Strahlung kompakt formulieren.

Für die Beschreibung von kurzen Lichtimpulsen notieren wir eine hilfreiche Beziehung für die FOURIER-Transformierte einer Schwingung, deren FOURIER-Transformierte $\widetilde{X}(\omega)$ nur in einem kleinen Bereich von Frequenzen um eine Trägerfrequenz ω_c herum einen endlichen Wert hat. Für die einhüllende Amplitude $X(t)$ gilt dann:

$$\begin{aligned} X(t)e^{i\omega_c t} &= e^{i\omega_c t}\frac{1}{2\pi}\int_{-\infty}^{\infty} \widetilde{X}(\omega)e^{i\omega t}d\omega \equiv \frac{1}{2\pi}e^{i\omega_c t}\int_{-\infty}^{\infty} \widetilde{X}(\omega-\omega_c)e^{i(\omega-\omega_c)t}d\omega \\ &= \frac{1}{2\pi}\int_{-\infty}^{\infty} \widetilde{X}(\omega-\omega_c)e^{i\omega t}d\omega = \mathcal{F}^{-1}\big[\widetilde{X}(\omega-\omega_c)\big] \end{aligned} \tag{I.9}$$

[25] Manchmal auch als RAYLEIGH's Theorie bezeichnet, oder als PARCEVAL'sches Theorem – welches sich aber eigentlich auf die FOURIER-Reihe bezieht.

Im letzten Schritt haben wir Gebrauch von der Definition der inversen FOURIER-Transformation (I.3) gemacht. Die Trägerfrequenz verschiebt also die FOURIER-Transformierte $\mathcal{F}[X(t)\exp(\mathrm{i}\omega_c t)]$ bezüglich $\mathcal{F}[X(t)]$ einfach zu positiven Frequenzen hin. Dies löst formal auch das Problem mit negativen Frequenzen in einer spektralen Verteilung $\widetilde{X}(\omega)$: Für jede physikalisch relevante Verteilung mit einer FWHM $= \gamma$ erwartet man $\omega_c \gg \gamma$, weshalb Beiträge negativer Frequenzen in (I.2) völlig vernachlässigbar sind. Eine analoge Beziehung gilt auch für eine Verschiebung um t_0 in der Zeit:

$$\widetilde{X}(\omega)\mathrm{e}^{-\mathrm{i}\omega t_0} = \mathcal{F}\big[X(t-t_0)\big] = \int_{-\infty}^{\infty} X(t-t_0)\mathrm{e}^{-\mathrm{i}\omega t}\,\mathrm{d}t$$

Eine weitere nützliche Beziehung betrifft die FOURIER-Transformation von Faltungen (siehe Anhang G). Der Beweis ist ähnlich wie der für das PLANCHEREL-Theorem.

1. Das *Faltungstheorem* besagt, dass die FOURIER-*Transformierte der Faltung zweier Funktionen* $X(t)$ *und* $Y(t)$ *das Produkt ihrer* FOURIER-*Transformierten* $\widetilde{X}(\omega)$ und $\widetilde{Y}(\omega)$ ist:

$$\mathcal{F}\big[(X*Y)(t)\big] = \mathcal{F}\big[X(t)\big]\mathcal{F}\big[Y(t)\big] = \widetilde{X}(\omega)\widetilde{Y}(\omega) \tag{I.10}$$

Man beweist dies wie folgt:

$$\begin{aligned}\mathcal{F}\big[(X*Y)(t)\big] &= \int_{-\infty}^{\infty}\left[\int_{-\infty}^{\infty} X(t')Y(t-t')\mathrm{d}t'\right]\mathrm{e}^{-\mathrm{i}\omega t}\mathrm{d}t\\ &= \int_{-\infty}^{\infty}\left[\int_{-\infty}^{\infty} X(t')\mathrm{e}^{-\mathrm{i}\omega t'}\mathrm{d}t'\right]Y(t-t')\mathrm{e}^{-\mathrm{i}\omega(t-t')}\mathrm{d}t\\ &= \left[\int_{-\infty}^{\infty} X(t')\mathrm{e}^{-\mathrm{i}\omega t'}\mathrm{d}t'\right]\left[\int_{-\infty}^{\infty} Y(t'')\mathrm{e}^{-\mathrm{i}\omega t''}\mathrm{d}t''\right].\end{aligned}$$

2. Die FOURIER-*Transformierte des Produkts zweier Funktionen ist die Faltung ihrer* FOURIER-*Transformierten*:

$$\mathcal{F}\big[X(t)Y(t)\big] = \frac{1}{2\pi}\mathcal{F}\big[X(t)\big]*\mathcal{F}\big[Y(t)\big] = \frac{1}{2\pi}(\widetilde{X}*\widetilde{Y})(\omega). \tag{I.11}$$

Der Beweis hierfür ist nur leicht komplexer als der vorangehende und involviert die DIRAC'sche Deltafunktion:

$$\begin{aligned}&\mathcal{F}\big[X(t)Y(t)\big]\\ &= \int_{-\infty}^{\infty}\left[\frac{1}{2\pi}\int_{-\infty}^{\infty}\widetilde{X}(\omega')\mathrm{e}^{\mathrm{i}\omega' t}\mathrm{d}\omega'\right]\left[\frac{1}{2\pi}\int_{-\infty}^{\infty}\widetilde{Y}(\omega'')\mathrm{e}^{\mathrm{i}\omega'' t}\mathrm{d}\omega''\right]\mathrm{e}^{-\mathrm{i}\omega t}\mathrm{d}t\\ &= \int_{-\infty}^{\infty}\left[\frac{1}{2\pi}\int_{-\infty}^{\infty}\widetilde{X}(\omega')\mathrm{e}^{\mathrm{i}\omega' t}\mathrm{d}\omega'\right]\\ &\quad\times\left[\frac{1}{2\pi}\int_{-\infty}^{\infty}\widetilde{Y}(\omega''-\omega')\mathrm{e}^{\mathrm{i}(\omega''-\omega')t}\mathrm{d}\omega''\right]\mathrm{e}^{-\mathrm{i}\omega t}\mathrm{d}t\end{aligned}$$

$$= \frac{1}{2\pi}\frac{1}{2\pi}\int_{-\infty}^{\infty}\int_{-\infty}^{\infty}\int_{-\infty}^{\infty}\widetilde{X}(\omega')\widetilde{Y}(\omega''-\omega')\mathrm{d}\omega'\mathrm{d}\omega''\mathrm{e}^{\mathrm{i}(\omega''-\omega)t}\mathrm{d}t$$
$$= \frac{1}{2\pi}\int_{-\infty}^{\infty}\int_{-\infty}^{\infty}\delta(\omega''-\omega)\widetilde{X}(\omega')\widetilde{Y}(\omega''-\omega')\mathrm{d}\omega'\mathrm{d}\omega''$$
$$= \frac{1}{2\pi}\int_{-\infty}^{\infty}\widetilde{X}(\omega')\widetilde{Y}(\omega-\omega')\mathrm{d}\omega'.$$

Auch die inversen Beziehungen werden ähnlich bewiesen:

$$\mathcal{F}^{-1}\big[(\widetilde{X}*\widetilde{Y})(\omega)\big] = 2\pi X(t)Y(t) \quad \text{und} \tag{I.12}$$
$$\mathcal{F}^{-1}\big[\widetilde{X}(\omega)\widetilde{Y}(\omega)\big] = (X*Y)(t). \tag{I.13}$$

3. In Analogie zu den Faltungstheoremen gelten die *Kreuzkorrelationstheoreme*

$$\mathcal{F}\big[(X\star Y)(t)\big] = \mathcal{F}\big[X(t)\big]^*\mathcal{F}\big[Y(t)\big] = \widetilde{X}^*(\omega)\widetilde{Y}(\omega) \quad \text{und} \tag{I.14}$$
$$\mathcal{F}\big[X^*(t)Y(t)\big] = \frac{1}{2\pi}\mathcal{F}\big[X(t)\big]\star\mathcal{F}\big[Y(t)\big] = \frac{1}{2\pi}(\widetilde{X}\star\widetilde{Y})(\omega) \tag{I.15}$$

ebenso wie die inversen Beziehungen.

Mit diesen Gleichungen folgt auch direkt eine sehr wichtige Beziehung *zwischen* FOURIER-*Transformierten und Autokorrelationsfunktion,* das sog. WIENER-KHINCHIN-*Theorem*:

$$\mathcal{F}^{-1}\big[\big|\widetilde{X}(\omega)\big|^2\big] = \int_{-\infty}^{\infty} X^*(\tau)X(\tau+t)\mathrm{d}\tau \quad \text{oder} \tag{I.16}$$
$$\big|\widetilde{X}(\omega)\big|^2 = \mathcal{F}\left[\int_{-\infty}^{\infty} X^*(\tau)X(\tau+t)\mathrm{d}\tau\right]. \tag{I.17}$$

I.2 Elektromagnetische Wellenfelder

Mithilfe dieser Werkzeuge können wir nun daran gehen, spezifische Wellenpakete, also kurze, kohärente Laserimpulse zu beschreiben. Wir weisen hier noch einmal darauf hin, dass elektromagnetische Felder reelle Observable sind, dass es also darum geht, messbare physikalische Größen zu beschreiben! Oft werden in der Literatur elektromagnetische Wellenfelder aber in komplexer Form geschrieben, um ihre Behandlung zu ‚vereinfachen'. Man muss sich aber trotz der größeren mathematischen Attraktivität der komplexen Form darüber im Klaren sein, dass man bei all zu naiver Anwendung leicht wichtige Aspekte übersehen kann, wie wir dies in Kap. 4 gesehen haben – anlässlich der Beschreibung von Lichtabsorption und induzierter Emission in quantenmechanischer Form.

Wir werden also den elektrischen Feldvektor $\boldsymbol{E}(\boldsymbol{r},t)$ eines Wellenpaketes als reelle Größe nach (4.1) schreiben und dabei explizit die beiden komplex konjugierten

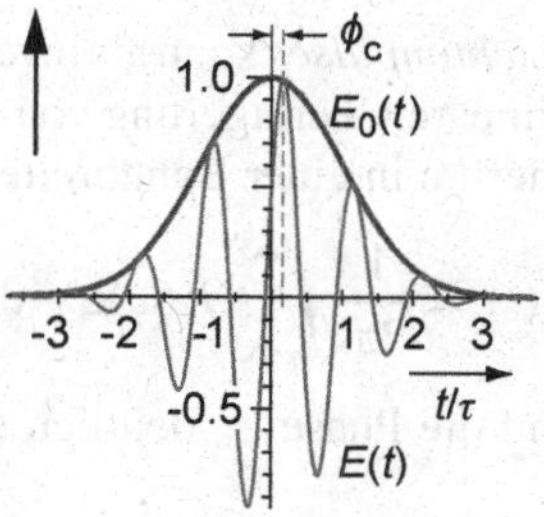

Abb. I.1 Kurzer Laserimpuls schematisch, mit dem rasch oszillierenden Feld $E(t)$ (graue Linie) und der deutlich langsamer veränderlichen Einhüllenden der Amplitude $E_0(t)$ (fette Linie, *online rot*) entsprechend der SVE-Näherung

Terme benutzen. Der Einfachheit halber ignorieren wir für die Rechnung aber die $\boldsymbol{r}$ Abhängigkeit[26] in $E_0(\boldsymbol{r}, t)$ und halten den Ort konstant ($\boldsymbol{kr} = 0$), sodass

$$\begin{aligned} \boldsymbol{E}(t) &= \frac{\mathrm{i}}{2} E_0(t)\left[\mathbf{e}\mathrm{e}^{-\mathrm{i}(\omega_c t - \phi_c)} - \mathbf{e}^* \mathrm{e}^{\mathrm{i}(\omega_c t - \phi_c)}\right] \equiv \frac{1}{2}\left[\mathbf{e}E^-(t) + \mathbf{e}^* E^+(t)\right] \\ \text{mit} \quad E^+(t) &= E_0(t)\mathrm{e}^{\mathrm{i}(\omega_c t - \phi_c)} = \left(E^-(t)\right)^*. \end{aligned} \tag{I.18}$$

Im Geist der SVE-Näherung haben wir hier $E_0(t)$ eingeführt, die zeitabhängige *Einhüllende der Feldamplitude* – hier *eine reelle Funktion der Zeit,* wie in Abb. I.1 skizziert.[27] Die relative Phase ϕ_c erlaubt es, die Trägeroszillationen bezüglich der Einhüllenden $E_0(t)$ genau zu positionieren. In der nichtlinearen Optik und in der Ultrakurzzeitphysik spielt diese Phase eine wichtige Rolle bei einer Reihe von Prozessen. Um die Dinge hier nicht zu kompliziert zu machen, nehmen wir im Folgenden an, dass ϕ_c konstant und unabhängig von der Zeit ist und konzentrieren uns auf eine genaue Beschreibung des $E^+(\boldsymbol{r}, t)$-Terms, aus dem die volle Welle nach (I.18) aufgebaut ist, der es uns aber erlaubt, die Vorteile der komplexen Arithmetik auszunutzen.

Im Rahmen der SVE-Näherung sind wir auch an der zeitlichen Abhängigkeit der Intensität des elektromagnetischen Feldes interessiert. Wenn wir die Ortsabhängigkeit ignorieren, ergibt sich nach (H.10) die mittlere Intensität zu

$$I(t) = \langle I_f(t) \rangle = \frac{\varepsilon_0 c}{2}\left[E_0(t)\right]^2 = \frac{\varepsilon_0 c}{2} E^-(t)E^+(t). \tag{I.19}$$

Hier bezeichnet $\langle I_f(t) \rangle$ die über eine Periode der schnellen Oszillation der Trägerfrequenz gemittelte Intensität. Der Vollständigkeit halber notieren wir auch die über eine Periode gemittelte Energiedichte des Feldes

$$\langle u_f(t) \rangle = \frac{\langle I_f(t) \rangle}{c} = \frac{\varepsilon_0}{2} E^-(t)E^+(t). \tag{I.20}$$

[26] Sofern notwendig, können wir den Wellenvektor einfach wieder einführen, indem wir $\pm\omega_c t \to \mp \boldsymbol{k}_c \boldsymbol{r} \pm \omega_c t$ ersetzen. In ähnlicher Weise werden wir die $\boldsymbol{r}$ Abhängigkeit der Amplitudeneinhüllenden im Hinterkopf behalten und, sofern notwendig, $E^\pm(t) \to E^\pm(\boldsymbol{r}, t)$ einsetzen.
[27] Siehe auch Fußnote 20 auf Seite 679 in Anhang H und das Kapitel über Licht in Band 2.

Das elektrische Feld eines *Lichtimpulses* kann als inverse FOURIER-Transformierte ausgedrückt werden, also als lineare Überlagerung von Oszillatoren mit Frequenzen ω um die Trägerfrequenz ω_c herum in einer Bandbreite $\delta\omega \ll \omega_c$:

$$E_0(t) = \frac{1}{2\pi}\int_{-\infty}^{\infty} \widetilde{E}(\omega)\mathrm{e}^{\mathrm{i}\omega t}\mathrm{d}\omega \tag{I.21}$$

Um die Trägerfrequenz ω_c und die Phase ϕ_c deutlich sichtbar zu machen, wenden wir (I.9) an:

$$\begin{aligned} E^+(t) &= E_0(t)\mathrm{e}^{\mathrm{i}(\omega_c t - \phi_c)} = \left(E^-(t)\right)^* \\ &= \frac{\mathrm{e}^{-\mathrm{i}\phi_c}}{2\pi}\int_{-\infty}^{\infty} \widetilde{E}(\omega - \omega_c)\mathrm{e}^{\mathrm{i}\omega t}\mathrm{d}\omega = \frac{1}{2\pi}\int_{-\infty}^{\infty} \widetilde{E}^+(\omega)\mathrm{e}^{\mathrm{i}\omega t}\mathrm{d}\omega \end{aligned} \tag{I.22}$$

Umgekehrt ist die FOURIER-Transformierte der Einhüllenden des Feldes

$$\widetilde{E}(\omega) = \int_{-\infty}^{\infty} E_0(t)\mathrm{e}^{-\mathrm{i}\omega t}\mathrm{d}t. \tag{I.23}$$

Alternativ kann man auch schreiben[28]

$$\begin{aligned} \widetilde{E}^+(\omega) &= \widetilde{E}(\omega - \omega_c)\mathrm{e}^{-\mathrm{i}\phi_c} = \left(\widetilde{E}^-(-\omega)\right)^* \\ &= \int_{-\infty}^{\infty} E^+(t)\mathrm{e}^{-\mathrm{i}\omega t}\mathrm{d}t = \mathrm{e}^{-\mathrm{i}\phi_c}\int_{-\infty}^{\infty} E_0(t)\mathrm{e}^{\mathrm{i}(\omega_c - \omega)t}\mathrm{d}t. \end{aligned} \tag{I.24}$$

Wir erinnern noch einmal daran, dass in unserer Terminologie $E_0(t)$ eine *reelle Größe* ist. $\widetilde{E}(\omega)$ wird *dann und nur dann reell,* wenn $E_0(t)$ symmetrisch um den Nullpunkt herum ist, während $\widetilde{E}^+(\omega)$ üblicherweise komplex ist. Mit diesen Definitionen hat $\left|\widetilde{E}^+(\omega)\right|$ *typischerweise eine ausgeprägte Resonanz für positive Werte der Kreisfrequenz* $\omega > 0$, sodass die Beiträge von negativen Frequenzen zur inversen FT nach (I.22) problemlos vernachlässigt werden können. In anderen Worten: *Es bedarf keiner erzwungenen Trunkierung der Integrationsgrenzen,* da ohnehin nur positive Frequenzen zum Ergebnis beitragen, wenn wir mit $\widetilde{E}^+(\omega)$ arbeiten. Die obigen Beziehungen werden wir nachfolgend anhand spezifischer Beispiele illustrieren.

---

[28]Obwohl $(E^+(t))^* = E^-(t)$ ist, müssen wir beachten, dass $(\widetilde{E}^+(\omega))^* \neq \widetilde{E}^-(\omega)$, denn

$$\begin{aligned} \left(\widetilde{E}^+(\omega)\right)^* &= \left(\int_{-\infty}^{\infty} E^+(t)\mathrm{e}^{-\mathrm{i}\omega t}\mathrm{d}t\right)^* = \int_{-\infty}^{\infty} \left(E^+(t)\right)^*\mathrm{e}^{\mathrm{i}\omega t}\mathrm{d}t \\ &= \int_{-\infty}^{\infty} E^-(t)\mathrm{e}^{\mathrm{i}\omega t}\mathrm{d}t = \widetilde{E}^-(-\omega). \end{aligned}$$

I.3 Das Intensitätsspektrum

Einsetzen von $E^{\pm}(t)$ nach (I.22) in den Ausdruck (I.19) für die periodengemittelte Intensität eines Lichtimpulses und Integration über alle Zeiten bestätigt das PLANCHEREL-Theorem (I.8) und ergibt die sogenannte Fluenz

$$F = \int_{-\infty}^{\infty} I(t)\mathrm{d}t = \frac{\varepsilon_0 c}{2}\frac{1}{2\pi}\int_{-\infty}^{\infty}\left|E^+(\omega)\right|^2\mathrm{d}\omega = \int_{-\infty}^{\infty}\tilde{I}(\omega)\mathrm{d}\omega \quad \text{(I.25)}$$

des Lichtimpulses, also die Gesamtenergie W_{tot} pro Fläche. Mit der zweiten Gleichheit haben wir die *spektrale Intensitätsverteilung*

$$\tilde{I}(\omega) = \frac{\varepsilon_0 c}{4\pi}\left|\widetilde{E}^+(\omega)\right|^2 = \frac{\varepsilon_0 c}{4\pi}\left|\widetilde{E}(\omega-\omega_c)\right|^2 \quad \text{(I.26)}$$

definiert. Sie ist für einen isolierten Impuls definiert und hat die Einheit $[\tilde{I}(\omega)] = \mathrm{J\,s\,m^{-2}}$. Die Annahme, dass dieser Ausdruck tatsächlich das „Spektrum“ der Strahlung beschreibt, ist keinesfalls so trivial wie oft angenommen: Denn (I.26) ist ja *nicht* die FOURIER-Transformierte der Intensität $I(t)$!

Man kann sich diese Definition aber verdeutlichen, indem man sich daran erinnert, wie optische (oder andere) elektromagnetische Spektren gemessen werden: Denken wir etwa an eine interferometrische Messung (FABRY-PÉROT-Interferometer, Beugungsgitter usw.), wo ein Signal S durch Überlagerung von zwei (oder mehreren) Amplituden erzeugt wird. Ein typisches Interferenzmuster entsteht aus, sagen wir den Wellenfeldern $E^+(t)$ und $E^+(t+\delta)$, die unterschiedliche optische Wege $c\delta$ zurückgelegt haben (entsprechend einer Verzögerungszeit δ). Das Signal ist dann

$$\begin{aligned} S &\propto \left(E^-(t)+E^-(t+\delta)\right)\left(E^+(t)+E^+(t+\delta)\right) \\ &= 2I_0 + 2\,\mathrm{Re}\left[E^-(t+\delta)E^+(t)\right], \end{aligned} \quad \text{(I.27)}$$

und nur der Interferenzterm [in eckigen Klammern] ist von Bedeutung für die Messung des Spektrums. Wenn man solch eine Messung mit kurzen Lichtimpulsen macht, wird (I.27) natürlich über alle (oder hinreichend lange) Zeiten integriert, was der Registrierung der Autokorrelationsfunktion von $E^+(t)$ entspricht. Um daraus das Spektrum zu erhalten, muss man das Signal nach (I.17) FOURIER-transformieren, was zu

$$\mathcal{F}\left[E^-(t)\star E^+(t)\right] = \frac{1}{2\pi}\left|\widetilde{E}^+(\omega)\right|^2 \propto \tilde{I}(\omega)$$

führt. In der Praxis geschieht diese FOURIER-Transformation durch die Winkeldispersion des Spektrografen. Für einen Gitterspektrografen kann man eine ähnliche Überlegung auf der Basis der wellenoptischen Interpretation des Brechungsindex anstellen.

Somit ist die Definition des Intensitätsspektrums nach (I.26) gerechtfertigt. Ordnungsgemäße Normierung wird durch das PLANCHEREL-Theorem in der Form (I.25) hergestellt, das einfach die Energieerhaltung konstatiert: Die Fluenz F ist unabhängig davon, ob man den Intensitätsverlauf über alle Zeiten oder die spektrale Intensitätsverteilung über alle Winkelfrequenzen integriert. Die Einheiten sind $[I(t)] = \mathrm{W\,m^{-2}}$ bzw. $[\tilde{I}(\omega)] = \mathrm{J\,s\,m^{-2}}$ und in jedem Fall ist $[F] = \mathrm{J\,m^{-2}}$.

Wichtig ist es, dabei zu beachten, dass obige Anwendung des PLANCHEREL-Theorems nur für quadratintegrierbare[29] Funktionen möglich ist, d. h. für Impulse elektromagnetischer Strahlung von endlicher Dauer. Wenn wir CW-*Lichtstrahlen* beschreiben wollen, dann müssen wir die Normierung ändern und die Integration über alle Zeiten durch *Mittelung über eine hinreichend lange Zeiten* T_{av} ersetzen. Anstatt die Fluenz nach dem PLANCHEREL-Theorems (I.25) ermittelt man dann

$$\bar{I} = \frac{1}{T_{\mathrm{av}}} \int_{-T_{\mathrm{av}}/2}^{T_{\mathrm{av}}/2} I(t)\mathrm{d}t = \frac{\varepsilon_0 c}{2T_{\mathrm{av}}} \int_{-T_{\mathrm{av}}/2}^{T_{\mathrm{av}}/2} \left|E^+(t)\right|^2 \mathrm{d}t = \int_{-\infty}^{\infty} \breve{I}(\omega)\mathrm{d}\omega, \tag{I.28}$$

die mittlere Intensität, gemessen in $[\bar{I}] = \mathrm{W\,m^{-2}}$, während $\breve{I}(\omega)$ die spektrale Intensitätsverteilung des Ensembles beschreibt und die Einheit $[\breve{I}(\omega)] = \mathrm{W\,s\,m^{-2}}$ hat.

Stationäre, quasi-monochromatische oder chaotische Lichtquellen, ihre Spektren und ihre Kohärenzeigenschaften werden in einem Kapitel über Licht in Band 2 noch ausführlicher behandelt. Wie dort ausgeführt wird, kann man sich einen solchen Lichtstrahl als statistisches Ensemble von Einzelimpulsen vorstellen, die durch individuelle Spektren $\tilde{I}_i(\omega)$ und individuelle Zeitkonstanten τ_i charakterisiert sind und die mit der Wahrscheinlichkeit $w(\tau_i)$ vorkommen. Man muss über diese Spektren integrieren und sie bezüglich der mittleren Zeitkonstante τ_c normieren. Für das Gesamtspektrum erhält man also

$$\breve{I}(\omega) = \left\langle \tilde{I}_i(\omega) \right\rangle = \frac{1}{\tau_c} \int_0^{\infty} w(\tau_i)\tilde{I}_i(\omega)\mathrm{d}\tau_i. \tag{I.29}$$

I.4 Spezielle Beispiele

Im Folgenden werden wir die meistgebrauchten Spektralprofile von Lichtimpulsen vorstellen. Die FOURIER-Transformierten, die wir hier zusammengestellt haben, können meist durch analytische Integration gefunden werden, sofern nötig auch mithilfe geeigneter Computerprogramme (z. B. SWP 5.5 2005). Man findet sie auch in Lehrbüchern oder im WWW (z. B. WEISSTEIN 2012; WIKIPEDIA CONTRIBUTORS 2014a). Wir benutzen hier (anders als in Anhang G) *eine auf 1 normierte Einhüllende* $h(t/t_0)$ der Feldamplitude und schreiben

$$E_0(t) = E_0\, h\,(t/t_0) \quad \text{mit} \quad h(0) = 1, \quad \text{woraus sich} \tag{I.30}$$

$$I_0 = \frac{\varepsilon_0 c}{2} E_0^2 \tag{I.31}$$

für das Maximum der über die Periode gemittelten Intensität ergibt. E_0 ist das Maximum der Feldamplitude und t_0 eine charakteristische Zeitkonstante.

[29] Siehe Fußnote 19 auf Seite 672.

Die Fluenz F, d. h. die Gesamtenergie pro Impuls und Fläche nach (I.25), ergibt sich somit zu

$$F = \int_{-\infty}^{\infty} I(t)\mathrm{d}t = I_0 \int_{-\infty}^{\infty} h^2(t/t_0)\mathrm{d}t. \qquad \text{(I.32)}$$

I.4.1 GAUSS-Verteilung

GAUSS'sche Impulsprofile sind die wohl meistgebrauchten, vor allem wegen ihrer bequemen mathematischen Eigenschaften. Die Feldeinhüllende in (I.18) ist hier

$$E_0(t) = E_0 h(t) = E_0 \exp\left(-\frac{t^2}{\tau_G^2}\right) \qquad \text{(I.33)}$$

mit einer FWHM$= 2\sqrt{\ln 2}\tau_G = 1.665\tau_G$. Die entsprechende, periodengemittelte Intensität (I.19) ist

$$I(t) = I_0 \exp\left(-2\frac{t^2}{\tau_G^2}\right)$$

$$\text{mit einer FWHM} \quad \Delta t_{1/2} = \sqrt{2\ln 2}\tau_G = 1.177\tau_G, \qquad \text{(I.34)}$$

und die Fluenz ergibt sich zu

$$F = I_0 \int_{-\infty}^{\infty} \exp\left[-2\frac{t^2}{\tau_G^2}\right]\mathrm{d}t = \sqrt{\frac{\pi}{2}}\frac{\tau_G}{2}\varepsilon_0 c E_0^2 = \sqrt{\frac{\pi}{2}}\tau_G I_0. \qquad \text{(I.35)}$$

Die FOURIER-Transformierte der Feldeinhüllenden ist wieder eine GAUSS-Verteilung:

$$\widetilde{E}(\omega) = \tau_G\sqrt{\pi}\exp\left[-\frac{\tau_G^2}{4}\omega^2\right] \quad \text{und} \qquad \text{(I.36)}$$

$$\widetilde{E}^+(\omega) = \widetilde{E}(\omega - \omega_c)\mathrm{e}^{-\mathrm{i}\phi_c} = \tau_G\sqrt{\pi}\exp\left[-\frac{\tau_G^2}{4}(\omega - \omega_c)^2 - \mathrm{i}\phi_c\right]. \qquad \text{(I.37)}$$

Somit wird nach (I.26) das (experimentell messbare) *Intensitätsspektrum*

$$\tilde{I}(\omega) = I_0\frac{\tau_G^2}{2}\exp\left[-\frac{\tau_G^2}{2}(\omega-\omega_c)^2\right] = \frac{I_0}{\omega_G^2}\exp\left[-\left(\frac{\omega-\omega_c}{\omega_G}\right)^2\right], \qquad \text{(I.38)}$$

$$\text{mit } \omega_G = \sqrt{2}/\tau_G \quad \text{und eine FWHM}$$

$$\Delta\omega_{1/2} = 2\sqrt{\ln 2}\omega_G = 2\sqrt{2\ln 2}/\tau_G = 2.355/\tau_G. \qquad \text{(I.39)}$$

Man verifiziert leicht, dass $\int_{-\infty}^{\infty}\tilde{I}(\omega)\mathrm{d}\omega = F$ wie in (I.35). Im Frequenzraum wird $\Delta\nu_{1/2} = \sqrt{2\ln 2}/(\pi\tau_G)$ und das häufig benutzte sogenannte *Zeit-Bandbreite-Produkt,* welches die GAUSS-Verteilung als solche charakterisiert, ist

$$\Delta t_{1/2}\Delta\nu_{1/2} = \frac{2\ln 2}{\pi} = 0.441. \tag{I.40}$$

I.4.2 Hyperbolischer Sekans

Eine weitere, häufig zur Beschreibung kurzer Lichtimpulse benutzte Verteilungsfunktion ist der schon in Anhang G.4 behandelte *hyperbolische Sekans*

$$E_0(t) = E_0 \operatorname{sech}\frac{t}{\tau_s} = \frac{E_0}{\cosh(t/\tau_s)} = \frac{2E_0}{\mathrm{e}^{t/\tau_s} + \mathrm{e}^{-t/\tau_s}} \tag{I.41}$$

mit einer FWHM von $2\ln(2+\sqrt{3})\tau_s = 2.634\tau_s$. Die entsprechende Intensitätsverteilung ist

$$I(t) = I_0 \operatorname{sech}^2(t/\tau_s) = I_0\left(\frac{2}{\mathrm{e}^{t/\tau_s} + \mathrm{e}^{-t/\tau_s}}\right)^2, \tag{I.42}$$

$$\text{mit einer FWHM} \quad \Delta t_{1/2} = 2\ln(1+\sqrt{2})\tau_s = 1.763\tau_s. \tag{I.43}$$

Diese Normierung führt zu einer Fluenz

$$F = I_0 \int_{-\infty}^{\infty} \operatorname{sech}^2(t/\tau_s)\mathrm{d}t = 2\tau_s I_0. \tag{I.44}$$

Die FOURIER-Transformierte der Feldeinhüllenden ist wieder ein hyperbolischer Sekans

$$\widetilde{E}(\omega) = E_0\pi\tau_s \operatorname{sech}\frac{\pi\tau_s\omega}{2} = \frac{2E_0\pi\tau_s}{\mathrm{e}^{\pi\tau_s\omega/2} + \mathrm{e}^{-\pi\tau_s\omega/2}} \quad \text{oder} \tag{I.45}$$

$$\widetilde{E}^+(\omega) = E_0\pi\tau_s \mathrm{e}^{-\mathrm{i}\phi_c} \operatorname{sech}\frac{\pi\tau_s(\omega-\omega_c)}{2}. \tag{I.46}$$

Das spektrale Intensitätsprofil für einen Impuls mit der Trägerfrequenz ω_c ist

$$\tilde{I}(\omega) = \frac{\varepsilon_0 c}{4}\pi E_0^2\tau_s^2 \operatorname{sech}^2\left[\frac{\pi\tau_s}{2}(\omega-\omega_c)\right]. \tag{I.47}$$

Bezüglich der Winkelfrequenz ist die FWHM

$$\Delta\omega_{1/2} = 4\operatorname{arcsech}(1/\sqrt{2})/(\pi\tau_s) = 1.122/\tau_s. \tag{I.48}$$

Entsprechend gilt auf der Frequenzskala $\Delta\nu_{1/2} = 0.179/\tau_s$. Damit wird das Zeit-Bandbreite-Produkt hier

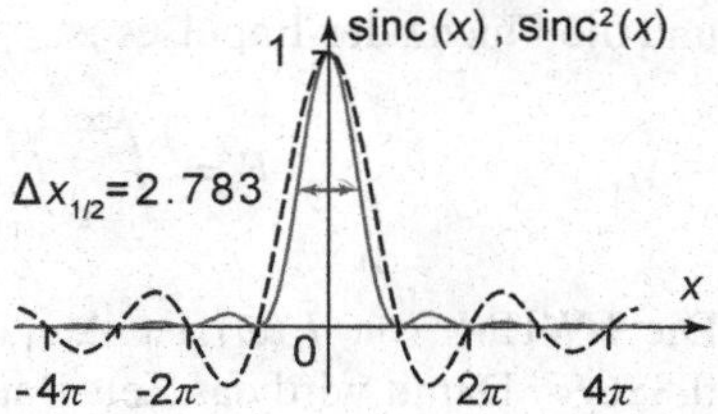

Abb. I.2 Die Funktionen $\text{sinc}(x) = \frac{\sin x}{x}$ (gestrichelt, *online schwarz*) und $\text{sinc}^2(x)$ (volle Linie, *online rot*); letztere hat eine FWHM von $\Delta x_{1/2} = 2.783$

$$\Delta t_{1/2} \Delta \nu_{1/2} = 0.315. \tag{I.49}$$

I.4.3 Rechteckiger Wellenzug

Auch Rechteckimpulse, also Wellenzüge endlicher Dauer mit konstanter Amplitude, sagen wir τ bzw. E_0, werden häufig als hilfreiche Konstrukte bei der Modellierung von Eigenschaften des Lichts benutzt. Nehmen wir an, die Trägerwelle mit der Kreisfrequenz $\omega_c = 2\pi/T_c$ beginne zur Zeit $t = -\tau/2$ und ende bei $t = +\tau/2$; eine relative Phase ϕ_c kann noch frei gewählt werden.[30] In unserer Standardform (I.18) schreiben wir das elektrische Feld der Welle explizit als

$$\boldsymbol{E}(t) = -\frac{\mathrm{i}}{2}\mathbf{e}^* \left\{ \begin{matrix} E_0 \mathrm{e}^{\mathrm{i}(\omega_c t - \phi_c)} & \text{für} & -\tau/2 < t < \tau/2 \\ 0 & \text{sonst} & \end{matrix} \right\} + \text{c.c.} \tag{I.50}$$

Die Intensitätsverteilung ist natürlich ebenfalls eine Rechteckfunktion mit $I_0 = \varepsilon_0 c E_0^2/2$. Die FOURIER-Transformierten von $E^+(t)$ bzw. $E(t)$ ergeben sich direkt aus (I.23) bzw. (I.24) zu

$$\begin{aligned} \widetilde{E}^+(\omega) &= -\frac{\mathrm{i}E_0}{2}\mathrm{e}^{-\mathrm{i}\phi_c} \int_{\tau/2}^{\tau/2} \exp\left[\mathrm{i}(\omega_c - \omega)t\right] \mathrm{d}t \\ &= -\mathrm{i}\frac{E_0\tau}{2} e^{-\mathrm{i}\phi_c} \,\text{sinc}\, \frac{(\omega_c - \omega)\tau}{2} \quad \text{bzw.} \end{aligned} \tag{I.51}$$

$$\widetilde{E}(\omega) = -\mathrm{i}\frac{E_0\tau}{2}\,\text{sinc}\,\frac{\omega\tau}{2} \tag{I.52}$$

mit der $\text{sinc}\, x = (\sin x)/x$ Funktion, die in Abb. I.2 skizziert ist. Die spektrale Intensitätsverteilung wird nach (I.26) somit

$$\widetilde{I}_i(\omega) = \frac{\varepsilon_0 c}{4\pi}\left|\widetilde{E}^+(\omega)\right|^2 = \frac{I_0\tau^2}{2\pi}\,\text{sinc}^2\left[\frac{(\omega - \omega_c)\tau}{2}\right], \tag{I.53}$$

[30] Mit $\phi_c = \phi_0 + \omega_c t_0$ lässt sich auch eine beliebige Anfangszeit t_0 des Rechteckimpulses vorgeben, wobei $0 < \phi_0 < 2\pi$.

und die Fluenz des Impulses ist

$$F = \int_{-\infty}^{\infty} I(t)\mathrm{d}t = \int_{-\infty}^{\infty} \tilde{I}(\omega)\mathrm{d}\omega = I_0\,\tau.$$

Die FWHM von $\tilde{I}_i(\omega)$ ist $\Delta\omega_{1/2} = 5.566/\tau$ und im Frequenzraum $\Delta\nu_{1/2} = 0.886/\tau$. Damit wird das Zeit-Bandbreite-Produkt in diesem Fall

$$\Delta t_{1/2}\Delta\nu_{1/2} = 0.886, \tag{I.54}$$

was offensichtlich viel größer ist als das der GAUSS- oder sech^2-Verteilungen.

Abschließend notieren wir noch beiläufig, dass alle obigen Ausdrücke auch für einen einfachen Rechteckimpuls (ohne Oszillationen) gelten, wenn man einfach $\omega_c = 0$ und $\phi_c = 0$ setzt.

I.4.4 Rechteckiges Spektrum

Ein weiterer wichtiger Fall ist ein rechteckiges Spektrum, also die quasi-inverse Situation. Solche Spektren können z. B. auftreten, wenn man aus einem breitbandigen Spektrum mit scharfen Bandpassfiltern einen bestimmten Teil herausschneidet. Das Spektrum wird also durch

$$\breve{I}(\omega) = \begin{cases} I/\Delta\omega & \text{für} \quad \omega_c - \frac{1}{2}\Delta\omega < \omega < \omega_c + \frac{1}{2}\Delta\omega \\ 0 & \text{sonst} \end{cases} \tag{I.55}$$

beschrieben, wobei I die mittlere, kontinuierliche Intensität des Lichtstrahls ist. Das Integral (I.3) kann in diesem Fall leicht ausgeführt werden und man erhält die inverse FOURIER-Transformierte:

$$\mathcal{F}^{-1}\big[\breve{I}(\omega)\big] = \frac{I}{2\pi}\mathrm{e}^{\mathrm{i}\omega_c t}\,\mathrm{sinc}\left(\frac{\Delta\omega t}{2}\right). \tag{I.56}$$

Es sei aber darauf hingewiesen, dass hiermit nicht der zeitliche Verlauf der Intensität erschlossen wird (in der Regel handelt es sich um CW-Licht), sondern dass hier nach (I.17) eine Aussage über die Autokorrelationsfunktion der untersuchten Wellenfelder gemacht wird. Diese Formel erweist sich z. B. beim Verständnis der Interferenzspektroskopie von Sternen als sehr wichtig, wie wir in Band 2 erläutern werden.

I.4.5 Exponentialverteilung und LORENTZ-Profil

Die einseitige Exponentialverteilung

$$h(x) = \begin{cases} 0 & \text{wenn} \quad x < 0 \\ \exp(-x) & \text{wenn} \quad x \geq 0 \end{cases} \tag{I.57}$$

benutzt man, um ein exponentiell abfallendes Feld (das mit einer Trägerfrequenz ω_c oszillieren kann) bzw. seine über die Periode gemittelte Intensität zu beschreiben:

$$E(t) = E_0 h\left(\frac{t}{2\tau_e}\right) \quad \text{und mit} \quad I_0 = \frac{\varepsilon_0 c}{2}|E_0|^2 \quad \text{wird}$$

$$I(t) = I_0 h\left(\frac{t}{\tau_e}\right) \quad \text{mit FWHM} \quad \Delta t_{1/2} = \tau_e \ln 2 = 0.693\tau_e \tag{I.58}$$

Die gesamte Fluenz ist einfach $F = \tau_e I_0$.

Die FOURIER-Transformierte der Feldeinhüllenden ist in diesem Fall komplex:

$$\widetilde{E}(\omega) = \frac{2\tau_e E_0}{1 + 2\mathrm{i}\tau_e\omega}, \quad \text{und}$$

$$\widetilde{E}^+(\omega) = \mathrm{e}^{-\mathrm{i}\phi_c}\frac{2\tau_e E_0}{1 + 2\mathrm{i}\tau_e(\omega - \omega_c)}.$$

Das Intensitätsspektrum wird damit eine LORENTZ-Verteilung

$$\tilde{I}(\omega) = \frac{\varepsilon_0 c}{4\pi}\left|\widetilde{E}^+(\omega)\right|^2$$

$$= \frac{2}{\pi}\frac{I_0\tau_e^2}{1 + [2\tau_e(\omega - \omega_c)]^2} = \frac{2I_0}{\pi\gamma^2}\frac{\gamma^2/4}{\gamma^2/4 + (\omega - \omega_c)^2}, \tag{I.59}$$

$$\text{mit einer FWHM} \quad \Delta\omega_{1/2} = \gamma = 1/\tau_e. \tag{I.60}$$

Auf der Frequenzskala ergibt sich $\Delta\nu_{1/2} = 1/(2\tau_e\pi) = 0.159/\tau_e$, womit das Zeit-Bandbreite-Produkt

$$\Delta t_{1/2}\Delta\nu_{1/2} = 0.110 \tag{I.61}$$

wird. Das ist ein außerordentlich kleines Zeit-Bandbreite-Produkt im Vergleich zu einer GAUSS- oder sech^2-Verteilung. Man beachte aber, dass der zeitliche Verlauf dieses „Impulses" durch einen extrem breiten Flügel bei positiven Zeiten charakterisiert ist, der sich in dem bekannten extrem langsamen Abfall des Lorentz-Profils mit der Frequenz widerspiegelt. Die Normierung $\int \tilde{I}(\omega)\mathrm{d}\omega = F = \tau_e I_0$ kann man leicht mit $\int_{-\infty}^{\infty} \mathrm{d}x/(1 + x^2) = \pi$ verifizieren.

Die zweiseitige Exponentialverteilung

$$E_0(t) = E_0 \exp\left[-|t|/(2\tau_{ee})\right] \tag{I.62}$$

ist eine etwas pathologische Einhüllende für einen Impuls mit

$$E^+(t) = E_0 \exp\left[\mathrm{i}(\omega_c t - \phi_c) - |t|/(2\tau_{ee})\right]. \tag{I.63}$$

Sie hat ein Intensitätsprofil

$$I(t) = I_0 \exp\left(-|t|/\tau_{ee}\right) \tag{I.64}$$

$$\text{mit einer Fluenz} \quad F = 2I_0\tau_{ee},$$

und eine FWHM $\Delta t_{1/2} = 2\ln 2\tau_{ee} = 1.386\tau_{ee}$.

Die FOURIER-Transformierten der Feldeinhüllenden ist jetzt eine (reelle) LORENTZ-Verteilung

$$\widetilde{E}(\omega) = \frac{4\tau_{\text{ee}} E_0}{1 + (2\tau_{\text{ee}}\omega)^2}, \quad \text{oder alternativ} \tag{I.65}$$

$$\widetilde{E}^{+}(\omega) = E_0 \mathrm{e}^{-\mathrm{i}\phi_{\text{c}}} \frac{\gamma}{\gamma^2/4 + (\omega - \omega_{\text{c}})^2}, \tag{I.66}$$

mit einer FWHM $\gamma = 1/\tau_{\text{ee}}$. Das Intensitätsspektrum ist dann durch

$$\tilde{I}(\omega) = \frac{\varepsilon_0 c}{4\pi} \left|\widetilde{E}^{+}(\omega)\right|^2 = \frac{I_0}{2\pi} \left(\frac{\gamma}{\gamma^2/4 + (\omega - \omega_{\text{c}})^2} \right)^2 \tag{I.67}$$

$$\text{mit einer FWHM} \quad \Delta\omega_{1/2} = \sqrt{\sqrt{2} - 1}\gamma = 0.644\gamma = 0.643/\tau_{\text{ee}} \tag{I.68}$$

gegeben. Das Zeit-Bandbreite-Produkt wird in diesem Fall

$$\Delta t_L \Delta\nu_{1/2} = \sqrt{\sqrt{2} - 1}(\ln 2)/\pi = 0.142. \tag{I.69}$$

Wir weisen darauf hin, dass (I.67) *kein* LORENTZ-Profil ist und nicht ganz problemlos zu falten ist. Es ist überhaupt kein typisches Profil, was sich für die Charakterisierung eines Impulses eignet: Es hat eine Spitze am Zeitnullpunkt und extrem weite Flügel, sowohl in der Zeit- wie auch in der Frequenzskala.

Nachtrag zur Faltung von LORENTZ -Profilen

Zum Nachschlagen schreiben wir (I.59) bzw. (I.66) noch einmal in normierter Form

$$\tilde{L}(\omega, \gamma) = \frac{1}{2\pi} \frac{\gamma}{\gamma^2/4 + (\omega - \omega_{\text{c}})^2}, \tag{I.70}$$

so dass $\int_{-\infty}^{\infty} \tilde{L}(\omega, \gamma) \mathrm{d}\omega = 1$. Die inverse FT wird durch (I.63) als

$$\mathcal{F}^{-1}\left[\tilde{L}(\omega, \gamma)\right] = \frac{1}{2\pi} \int_{-\infty}^{\infty} \tilde{L}(\omega, \gamma) \mathrm{e}^{\mathrm{i}\omega t} \mathrm{d}\omega = \frac{1}{2\pi} \mathrm{e}^{-\gamma|t|/2 + \mathrm{i}\omega_c t} \tag{I.71}$$

gegeben, mit $\gamma = 1/\tau_{\text{ee}}$. Wir haben jetzt $\phi_{\text{c}} = 0$ gesetzt.

Schließlich wollen wir hier noch den Beweis für die Additivität der Linienbreiten bei der Faltung von LORENTZ-Profilen nachtragen, die wir bereits in (G.21) eingeführt haben. Nach (I.12) ist die inverse FOURIER-Transformierte einer Faltung von zwei LORENTZ-Profilen proportional zum Produkt von deren inversen FOURIER-Transformierten. Also wird

$$\begin{aligned} &\mathcal{F}^{-1}\left[\tilde{L}_1(\omega, \gamma_1) * \tilde{L}_1(\omega, \gamma_2)\right] \\ &= 2\pi \times \frac{1}{2\pi} \mathrm{e}^{-\gamma_1|t|/2 - \mathrm{i}\omega_1 t} \times \frac{1}{2\pi} \mathrm{e}^{-\gamma_1|t|/2 + \mathrm{i}\omega_2 t} = \frac{1}{2\pi} \mathrm{e}^{-(\gamma_1+\gamma_2)|t|/2 + \mathrm{i}(\omega_2 - \omega_1)t}. \end{aligned} \tag{I.72}$$

Wir transformieren dies jetzt zurück, vergleichen mit (I.71) und erhalten:

$$\begin{aligned} L_1(x, \gamma_1) * L_1(x, \gamma_2) &= \frac{1}{2\pi} \mathcal{F}\left[\mathrm{e}^{-(\gamma_1+\gamma_2)|t|/2 + \mathrm{i}(\omega_2 - \omega_1)t}\right] \\ &= \frac{2}{(\gamma_1 + \gamma_2)\pi} \frac{(\gamma_1 + \gamma_2)^2/4}{(x - (\omega_2 - \omega_1))^2 + (\gamma_1 + \gamma_2)^2/4}. \end{aligned} \tag{I.73}$$

Die Faltung eines LORENTZ-Profils mit einem anderen führt also wiederum zu einem LORENTZ-Profil, dessen FWHM gerade die Summe der beiden Ausgangsprofilbreiten ist:

$$\gamma = \gamma_1 + \gamma_2 \tag{I.74}$$

I.5 FOURIER-Transformation in drei Dimensionen

Die FOURIER-Transformation kann auch auf n Dimensionen erweitert werden. Die dreidimensionale FT werden wir in Band 2 für die Behandlung von 3D-Wellenpaketen benötigen. Dabei hat man im Prinzip über ebene Wellen $\exp(-i\boldsymbol{k}\boldsymbol{r})$ im vollen Impuls- bzw. Wellenvektorraum $\boldsymbol{k}$ zu integrieren. Ähnliches gilt auch für die 1. BORN'sche Näherung u. ä. Die praktische Auswertung dieser 3D-FT und ihrer Inversen ist wesentlich komplexer als in einer Dimension. Ein vollständiger Werkzeugsatz für den 2D- und den 3D-Fall wurde vor nicht langer Zeit von BADDOUR (2009, 2010) publiziert. Wir fassen die entscheidenden Resultate für den 3D-Fall hier kurz zusammen.

Die Definition der 3D-FOURIER-*Transformation* ist – in Analogie zu (I.2) –

$$\widetilde{X}(\boldsymbol{k}) = \widetilde{X}(k_x, k_y, k_z) = \int_{\mathbb{R}^3} X(\boldsymbol{r}) \mathrm{e}^{-\mathrm{i}\boldsymbol{k}\boldsymbol{r}} \mathrm{d}^3\boldsymbol{r}\,, \tag{I.75}$$

und für ihr Inverses gilt – in Analogie zu (I.3) –

$$X(\boldsymbol{r}) = X(x, y, z) = \frac{1}{(2\pi)^3} \int_{\mathbb{R}^3} \widetilde{X}(\boldsymbol{k}) \mathrm{e}^{\mathrm{i}\boldsymbol{k}\boldsymbol{r}} \mathrm{d}^3\boldsymbol{k}. \tag{I.76}$$

Wir notieren hier beiläufig, dass die DIRAC'sche Deltafunktion in drei Dimensionen

$$\delta(\boldsymbol{k} - \boldsymbol{k}') = \frac{1}{(2\pi)^3} \int_{\mathbb{R}^3} \mathrm{e}^{\mathrm{i}(\boldsymbol{k}-\boldsymbol{k}')\boldsymbol{r}} \mathrm{d}^3\boldsymbol{r} \tag{I.77}$$

ist. Ihre charakteristischen Eigenschaften kann man wie folgt formulieren:

$$\begin{aligned} f(\boldsymbol{x}) &= \int_{\mathbb{R}^3} f(\boldsymbol{x}')\delta(\boldsymbol{x} - \boldsymbol{x}')\mathrm{d}^3\boldsymbol{x}' \\ &= \int_0^{2\pi} \mathrm{d}\varphi \int_0^{\pi} \sin\theta \mathrm{d}\theta \int_0^{\infty} f(\boldsymbol{x}')\delta(\boldsymbol{x} - \boldsymbol{x}') x'^2 \mathrm{d}x', \end{aligned} \tag{I.78}$$

$$\text{insbesondere sichert dies} \quad \int_{\mathbb{R}^3} \delta(\boldsymbol{x} - \boldsymbol{x}')\mathrm{d}^3\boldsymbol{x}' = 1. \tag{I.79}$$

In Hinblick auf (I.78) kann man die 3D-Deltafunktion schreiben als

$$\delta(\boldsymbol{x} - \boldsymbol{x}') = \frac{\delta(x - x')}{x'^2 \sin\theta} \delta(\theta - \theta')\delta(\varphi - \varphi'). \tag{I.80}$$

Für Probleme mit einer gewissen sphärischen Symmetrie (z. B. in der Atomphysik) ist es nützlich, (I.75) in sphärischen Polarkoordinaten (r, θ_r, φ_r) im Ortsraum oder im $\boldsymbol{k}$-Raum mit (k, θ_k, φ_k) zu formulieren:

$$\widetilde{X}(k, \theta_k, \varphi_k) = \int_0^{2\pi} \int_0^{\pi} \int_0^{\infty} X(r, \theta_r, \varphi_r) \mathrm{e}^{-\mathrm{i}\boldsymbol{k}\boldsymbol{r}} r^2 \sin\theta_r \mathrm{d}r \mathrm{d}\theta_r \mathrm{d}\varphi_r \tag{I.81}$$

Man entwickelt $X(r, \theta_r, \varphi_r)$ in eine Reihe von Kugelflächenfunktionen

$$X(\boldsymbol{r}) = X(r, \theta_r, \varphi_r) = \sum_{\ell=0}^{\infty} \sum_{m=-\ell}^{\ell} X_{\ell m}(r) Y_{\ell m}(\theta_r, \varphi_r), \quad \text{mit} \tag{I.82}$$

$$X_{\ell m}(r) = \int_0^{2\pi}\int_0^{\pi} X(r,\theta_r,\varphi_r)Y^*_{\ell m}(\theta_r,\varphi_r)\sin\theta_r \mathrm{d}\theta_r \mathrm{d}\varphi_r. \tag{I.83}$$

Auch die ebene Welle (I.81) kann nach (J.13) entwickelt werden, und man erhält die 3D-FOURIER-Transformierte im $\boldsymbol{k}$-Raum zu

$$\widetilde{X}(\boldsymbol{k}) = \widetilde{X}(k,\theta_k,\varphi_k) = 4\pi\sum_{\ell=0}^{\infty}\sum_{m=-\ell}^{\ell}(-\mathrm{i})^{\ell}\widehat{X}_{\ell m}(k)Y_{\ell m}(\theta_k,\varphi_k), \tag{I.84}$$

mit den *sphärischen* HANKEL-*Transformierten* von $X_{\ell m}(r)$

$$\widehat{X}_{\ell m}(k) = S_\ell\{X_{\ell m}(r)\} = \int_0^{\infty} X_{\ell m}(r) j_\ell(kr) r^2 \mathrm{d}r. \tag{I.85}$$

Die *inverse 3D*-FOURIER-*Transformation* wird – in Analogie zu (I.3) – definiert als

$$X(\boldsymbol{r}) = \frac{1}{(2\pi)^3}\int_{-\infty}^{\infty}\widetilde{X}(\boldsymbol{k})\mathrm{e}^{\mathrm{i}\boldsymbol{kr}}\mathrm{d}^3\boldsymbol{k}, \tag{I.86}$$

was wiederum komplementär zu (I.81) in sphärischen Koordinaten ausgedrückt werden kann. Man entwickelt $\widetilde{X}(\boldsymbol{k})$ in eine Reihe von Kugelflächenfunktionen

$$\widetilde{X}(\boldsymbol{k}) = X(k,\theta_k,\varphi_k) = \sum_{\ell=0}^{\infty}\sum_{m=-\ell}^{\ell}\widetilde{X}_{\ell m}(k)Y_{\ell m}(\theta_k,\varphi_k), \quad \text{mit} \tag{I.87}$$

$$\widetilde{X}_{\ell m}(k) = \int_0^{2\pi}\int_0^{\pi}\widetilde{X}(k,\theta_k,\varphi_k)Y^*_{\ell m}(\theta_k,\varphi_k)\sin\theta_k \mathrm{d}\theta_k \mathrm{d}\varphi_k. \tag{I.88}$$

Benutzen wir jetzt die *inverse, sphärische* HANKEL-*Transformierte* von $\widetilde{X}_{\ell m}(k)$,

$$\widehat{\widetilde{X}}_{\ell m}(r) = \frac{2}{\pi}\int_0^{\infty}\widetilde{X}(k) j_\ell(kr) k^2 \mathrm{d}k, \tag{I.89}$$

dann erhält man die *3D-Fourier-Transformierte in sphärischen Koordinaten*:

$$X(\boldsymbol{r}) = X(r,\theta_r,\varphi_r) = \frac{1}{4\pi}\sum_{\ell=0}^{\infty}\sum_{m=-\ell}^{\ell}(\mathrm{i})^{\ell}\widehat{\widetilde{X}}_{\ell m}(k)Y_{\ell m}(\theta_k,\varphi_k). \tag{I.90}$$

Durch Vergleich von (I.84) und (I.87) findet man die Beziehung

$$\widetilde{X}_{\ell m}(k) = 4\pi(-\mathrm{i})^{\ell}\widehat{X}_{\ell m}(k) = 4\pi(-\mathrm{i})^{\ell}S_\ell\{X_{\ell m}(r)\},$$

woraus man die Entwicklungskoeffizienten der FOURIER-Entwicklung erhält.

Kontinuum

J

J.1 Normierung von Kontinuumswellenfunktionen

Viele physikalische Probleme erfordern zusätzlich zur Behandlung von diskreten, gebundenen Zuständen auch die Berücksichtigung von ungebundenen Zuständen im Kontinuum – z. B. Streuprozesse, Photoionisation, Elektronenstoßionisation und ähnliche. In all diesen Fällen stellt die Normierung der Zustände im Kontinuum ein besonderes Problem dar, denn in der Regel handelt es sich dabei nicht um quadratintegrierbare Funktionen.[31] Wir wollen hier kurz Wege aufzeigen, wie man mit diesem Problem umgehen kann.

Für das *diskrete Spektrum* normiert man die radialen Wellenfunktion $R_{n\ell}(r)$ üblicherweise nach

$$\int R_{n\ell}(r) R_{n'\ell}(r) r^2 \mathrm{d}r = \int u_{n\ell}(r) u_{n'\ell}(r) \mathrm{d}r = \delta_{nn'}. \tag{J.1}$$

Im Folgenden benutzen wir Radialfunktionen der Form $u(r) = rR(r)$. Für das *kontinuierliche Spektrum* werden diese Radialfunktionen nach BETHE und SALPETER (1957) Gl. (4.11 ff.) *in der T-Skala normiert,* indem man

$$\int_0^\infty \mathrm{d}r u_{T\ell}(r) \int_{T-\Delta T}^{T+\Delta T} u_{T'\ell}(r) \mathrm{d}T' = 1 \tag{J.2}$$

fordert. Hier ist $T(k)$ irgendeine Funktion der Wellenzahl k im Kontinuum, möglicherweise auch k selbst. Bei der theoretischen Behandlung der Photoionisation wird häufig die Normierung in der ϵ-Skala benutzt, wobei ϵ die Elektronenenergie im Kontinuum ist. Die Integration über $\mathrm{d}T'$ braucht sich nur über ein kleines Intervall $2\Delta T$ um T herum zu erstrecken, da alle anderen Beiträge sich kompensieren.[32]

---

[31] Siehe Fußnote 3 auf Seite 610.

[32] Die Summe von (J.1) über alle n-Zustände im diskreten Spektrum wäre äquivalent zu dieser Integration in (J.2). Da wegen der Orthogonalität dabei nur ein Zustand beiträgt, ist das Resultat ebenfalls =1.

I.V. Hertel und C.-P. Schulz, *Atome, Moleküle und optische Physik 1*,
Springer-Lehrbuch, DOI 10.1007/978-3-662-53104-4

Mit solch einer Normierung können die Kontinuumswellenfunktionen jede Art von Wellenfunktion repräsentieren, einschließlich einer Partialwellenentwicklung (der Einfachheit halber *schreiben wir sie hier nur für ein Einelektronensystem aus*):

$$\varphi(r,\theta,\varphi) = \frac{1}{r}\sum_{\ell m} Y_{\ell m}(\theta,\varphi)\left[\sum_{n=\ell+1}^{\infty} a_{n\ell m}u_{n\ell}(r) + \int_{k=0}^{\infty} \mathrm{d}T(k)a_{\ell m}(T)u_{T\ell}(r)\right]. \tag{J.3}$$

Die Beziehung zwischen Normierung in T-Skala und Normierung in k-Skala gibt

$$u_T(r) = u_k(r) \times \left(\frac{\mathrm{d}T}{\mathrm{d}k}\right)^{-1/2} = u_k(r) \times \left(\frac{\mathrm{d}k}{\mathrm{d}T}\right)^{1/2}. \tag{J.4}$$

Speziell für die Normierung in der Energieskala mit

$$\epsilon = \frac{\hbar^2 k^2}{2\bar{M}} = \frac{m_\mathrm{e}}{\bar{M}} E_\mathrm{h} \frac{a_0^2 k^2}{2} \quad \text{und} \quad k = \sqrt{\frac{\bar{M}}{m_\mathrm{e}}}\frac{1}{a_0}\sqrt{\frac{2\epsilon}{E_\mathrm{h}}} \tag{J.5}$$

(für ein System mit der reduzierten Masse $\bar{M}$) erhalten wir

$$\frac{\mathrm{d}\epsilon}{\mathrm{d}k} = \frac{m_\mathrm{e}}{\bar{M}} E_\mathrm{h} a_0^2 k \quad \text{und} \quad \frac{\mathrm{d}k}{\mathrm{d}\epsilon} = \frac{\bar{M}}{m_\mathrm{e}}\frac{1}{E_\mathrm{h} a_0^2 k} = \sqrt{\frac{\bar{M}}{m_\mathrm{e}}}\frac{1}{a_0(2\epsilon E_\mathrm{h})^{1/2}}. \tag{J.6}$$

Für Elektronen mit der reduzierten Masse $\bar{M} = \bar{m}_\mathrm{e} \simeq m_\mathrm{e}$ erhalten wir in a.u. für $\epsilon = k^2/2$ und somit ganz einfach

$$\mathrm{d}\epsilon/\mathrm{d}k = k. \tag{J.7}$$

Um dies anhand eines Beispiels zu erläutern, besprechen wir eine allgemeine, radiale Wellenfunktion im Kontinuum. In a.u. ist diese *asymptotisch* (siehe z. B. BURKE 2006)

$$u_\ell(r) = b\sin\left(kr - \ell\pi/2 + \frac{Z}{k}\ln(2kr) + \sigma_\ell + \delta_\ell\right). \tag{J.8}$$

Hier ist Ze die Ladung eines COULOMB-Feldes (sofern dieses nicht abgeschirmt ist), die in $\sigma_\ell = \arg\Gamma(\ell + 1 - \mathrm{i}Z/k)$ eingeht und die das Gewicht der langsam veränderlichen COULOMB-Phase $(Z/k)\ln(2kr)$ bestimmt. Die Phasenverschiebung δ_ℓ repräsentiert den Einfluss weiterer, nicht-COULOMB'scher Wechselwirkungen. Für ein freies Teilchen verschwinden $(Z/k)\ln(2kr)$ wie auch σ_ℓ und δ_ℓ. Um den Normierungsfaktor b bei Normierung in der k-Skala zu erhalten, vernachlässigen wir die logarithmische Phase, schreiben $\tilde{\delta}_\ell = -\ell\pi/2 + \sigma_\ell + \delta_\ell$ und werten aus

$$\int_{k-\Delta k}^{k+\Delta k} \mathrm{d}k' u_\ell(r) = \frac{b}{2}\mathrm{i}\int_{k-\Delta k}^{k+\Delta k} \mathrm{d}k' \exp\left(\mathrm{i}(k'r + \tilde{\delta}_\ell)\right) - \text{c.c.}$$
$$= 2b\sin(kr + \tilde{\delta}_\ell)\frac{\sin\Delta kr}{r}.$$

Wenn man dies in (J.2) einsetzt und den schnell oszillierenden Term $\sin^2(kr + \tilde{\delta}_\ell)$ durch seinen Mittelwert $1/2$ ersetzt, kann man in der Tat über alle r integrieren,

$$2b^2\int_0^\infty \mathrm{d}r \sin(kr + \tilde{\delta}_\ell)\sin(kr + \tilde{\delta}_\ell)\frac{\sin\Delta kr}{r} = b^2\frac{\pi}{2},$$

wobei die Identität $\int_0^\infty \frac{\sin(|a|r)}{r} \mathrm{d}r = \frac{\pi}{2}$ benutzt wurde, sodass $b = \sqrt{2/\pi}$ wird. Die in der k-Skala normierte Radialfunktion wird also

$$u_\ell(r) = \sqrt{\frac{2}{\pi}} \sin\left(kr - \ell\pi/2 + \frac{Z}{k}\ln(2kr) + \sigma_\ell + \delta_\ell\right). \tag{J.9}$$

Um die Dimension von $u_{k\ell}(r)$ zu bestimmen, schreiben wir die Einheiten des Ausdrucks unter dem Integral in (J.2) als $[u \mathrm{d}r \mathrm{d}k] = 1$, oder als Dimensionsgleichung $\mathsf{u}^2\mathsf{L}^1\mathsf{L}^{-1} = 1$, sodass $\mathsf{u} = 1$ wird, d. h. $u_{k\ell}(r)$ ist in k-Skalen-Normierung dimensionslos. Der Klarheit halber mag es nützlich sein, die a.u. Einheiten explizit auszuschreiben, also $r \to r/a_0$ und $Z/k \to Z/(ka_0)$ in (J.9) zu ersetzen, sodass der Ausdruck unabhängig von den benutzten Einheiten wird.

Für die Normierung in ϵ-Skala nutzen wir (J.4)–(J.7) und erhalten in a.u.:

$$\begin{aligned} u_{\epsilon\ell}(r) &= \sqrt{\frac{2}{\pi}}\sqrt{\frac{\mathrm{d}k}{\mathrm{d}\epsilon}} \sin\left(kr - \ell\pi/2 + \frac{Z}{k}\ln(2kr) + \sigma_\ell + \delta_\ell\right) \\ &= \sqrt{\frac{2}{\pi k}} \sin\left(kr - \ell\pi/2 + \frac{Z}{k}\ln(2kr) + \sigma_\ell + \delta_\ell\right) \quad \text{oder explizit} \qquad \text{(J.10)} \\ &= \sqrt{\frac{2}{\pi E_\mathrm{h} a_0}} \left(\frac{m_\mathrm{e}}{\bar{M}} \frac{E_\mathrm{h}/2}{\epsilon}\right)^{1/4} \sin\left(kr - \ell\pi/2 + \frac{Z}{ka_0}\ln(2kr) + \sigma_\ell + \delta_\ell\right). \end{aligned} \tag{J.11}$$

Der letzte Ausdruck ist unabhängig von den benutzten Einheiten. Den Vorfaktor $(E_\mathrm{h}a_0)^{-1/2}$ erhält man wieder aus einer Dimensionsanalyse: Normiert in ϵ-Skala und mit (J.2) erhalten wir $[u^2 \mathrm{d}r \mathrm{d}\epsilon] = 1$, sodass $\mathsf{u}^2 = \mathsf{Enrg}^{-1}\mathsf{L}^{-1}$ und $\mathsf{u} = \mathsf{Enrg}^{-1/2}\mathsf{L}^{-1/2}$ wird. Für die Elektronenstreuung verschwindet der Massenfaktor $m_\mathrm{e}/\bar{M} \simeq 1$. Man beachte, dass verschiedene Autoren leicht unterschiedliche Notationen und Energieeinheiten benutzen (oft ohne dies überhaupt zu erwähnen).[33]

J.2 Dreidimensionale ebene Wellen

J.2.1 Partialwellenentwicklung

Ohne Beweis notieren wir, dass ebene, dreidimensionale Wellen als

$$\psi^{(\boldsymbol{k})}(\boldsymbol{r}) = \mathrm{e}^{\mathrm{i}\boldsymbol{k}\cdot\boldsymbol{r}} = 4\pi \sum_{\ell=0}^{\infty} \mathrm{i}^\ell j_\ell(kr) \sum_{m=-\ell}^{\ell} Y^*_{\ell m}(\theta_k, \varphi_k) Y_{\ell m}(\theta_r, \varphi_r) \tag{J.13}$$

[33] So wurde der Ausdruck (J.11) von COOPER (1962) für die Photoionisation eingeführt als

$$u_{\varepsilon\ell}(r) \to \pi^{-1/2}\varepsilon^{-1/4} \sin(\varepsilon^{1/2}r - \ell\pi/2 + Z\varepsilon^{1/2}\ln(2\varepsilon^{1/2}r) + \delta_\ell). \tag{J.12}$$

Hier ist $\varepsilon = 2\epsilon/E_\mathrm{h}$, d. h. Energien werden in RYDBERG-*Einheiten* $= E_\mathrm{h}/2$ gemessen, Längen aber in a_0.

geschrieben werden können. Hier sind (r, θ_r, φ_r) die Polarkoordinaten von $\boldsymbol{r}$, während (k, θ_k, φ_k) Betrag und Richtung des Wellenvektors $\boldsymbol{k}$ charakterisieren, und $j_\ell(kr) = u_\ell(kr)/(kr)$ die sphärischen BESSEL-Funktionen sind. Sie sind Lösungen der radialen SCHRÖDINGER-Gleichung (2.111) für verschwindendes Potenzial:

$$\frac{1}{2}\frac{\mathrm{d}^2 u_\ell}{\mathrm{d}r^2} - \left[\frac{k^2}{2} + \frac{\ell(\ell+1)}{2r^2}\right] u_\ell(r) = 0. \tag{J.14}$$

Man verifiziert leicht die einfachsten Beispiele:

$$j_0(x) = \operatorname{sinc} x = \frac{\sin x}{x} \quad \text{und} \quad j_1(x) = \frac{\sin x}{x^2} - \frac{\cos x}{x}. \tag{J.15}$$

Alle anderen können im Prinzip aus der Rekursionsformel

$$j_{\ell+1}(x) = \frac{2\ell+1}{x} j_\ell(x) - j_{\ell-1}(x) \tag{J.16}$$

abgeleitet werden. Asymptotisch gilt die Beziehung

$$j_\ell(x) = \left\{ \begin{array}{ll} x^\ell/[(2\ell+1)(2\ell-1)(2\ell-3)\cdots] & \text{für} \quad x \ll \ell \\ \sin(x - \ell\pi/2)/x & \text{für} \quad x \gg \ell \end{array} \right\}. \tag{J.17}$$

Mit dem Additionstheorem (D.21) und dem Winkel γ zwischen $\boldsymbol{k}$ und $\boldsymbol{r}$ kann man (J.13) auch schreiben als:

$$\psi^{(\boldsymbol{k})}(\boldsymbol{r}) = \mathrm{e}^{\mathrm{i}\boldsymbol{k}\cdot\boldsymbol{r}} = \sum_{\ell=0}^{\infty} (2\ell+1)\mathrm{i}^\ell j_\ell(kr) \mathrm{P}_\ell(\cos\gamma) \tag{J.18}$$

J.2.2 Normierung in der Impuls- und Energieskala

Die Wahrscheinlichkeitsdichte $|\psi^{(\boldsymbol{k})}|^2$ für ebene Wellen (J.13) oder (J.18) wird pro Wellenzahl zur dritten Potenz angegeben (Dimension L^3) bzw. pro Volumen (L^{-3}), somit ist sie insgesamt dimensionslos. Sie *kann in k-Skala normiert werden* (siehe z. B. OVCHINNIKOV *et al.* 2004)

$$\widetilde{\psi}^{(\boldsymbol{k})}(\boldsymbol{r}) = \frac{1}{(2\pi)^{3/2}} \mathrm{e}^{\mathrm{i}\boldsymbol{k}\cdot\boldsymbol{r}} = \langle \boldsymbol{r} | \boldsymbol{k} \rangle. \tag{J.19}$$

Um diese Normierung zu verifizieren, integrieren wir zunächst über den Ortsraum, wobei wir (I.77) benutzen:

$$\langle \boldsymbol{k}_2 | \boldsymbol{k}_1 \rangle_k = \int \widetilde{\psi}_2^{(\boldsymbol{k})*}(\boldsymbol{r}) \widetilde{\psi}_1^{(\boldsymbol{k})}(\boldsymbol{r}) \mathrm{d}^3\boldsymbol{r} \simeq a_0^3 \delta(\boldsymbol{k}a_0 - \boldsymbol{k}'a_0)$$

Zur üblichen Orthogonalität $\langle a|b \rangle = \delta_{ab}$ bei gebundenen Zuständen ist dies das Äquivalent für Zustände im Kontinuum. Da $\boldsymbol{k}a_0$ dimensionslos ist, bezieht sich dieser Ausdruck *auf das Wellenzahlintervall zur dritten Potenz* (Dimension L^3) und reflektiert so die eingebaute Zustandsdichte. Schließlich bestätigt die Integration über den k-Raum mit (I.79) die korrekte Normierung von (J.19):

$$\int \langle \boldsymbol{k} | \boldsymbol{k}' \rangle_k \mathrm{d}^3\boldsymbol{k}' = a_0^3 \int \delta(\boldsymbol{k}a_0 - \boldsymbol{k}'a_0) \mathrm{d}^3\boldsymbol{k}' \equiv 1.$$

Um die 3D-Normierung in der ϵ-Skala zu erhalten, stellen wir fest, dass

$$\mathrm{d}^3\boldsymbol{k} = k^2 \mathrm{d}k \mathrm{d}\Omega = k^2 \frac{\mathrm{d}k}{\mathrm{d}\epsilon} \mathrm{d}\epsilon \mathrm{d}\Omega$$

ist. Daher wird (J.4) in 3D

$$\widetilde{\psi}_\epsilon^{(\boldsymbol{k})}(\boldsymbol{r}) = k \left(\frac{\mathrm{d}k}{\mathrm{d}\epsilon} \right)^{1/2} \widetilde{\psi}^{(\boldsymbol{k})}(\boldsymbol{r}). \tag{J.20}$$

Speziell für die Konversion in die Energieskala ergibt sich mit (J.6)

$$\mathrm{d}^3\boldsymbol{k} = \frac{1}{E_\mathrm{h} a_0^2} k \mathrm{d}\epsilon \mathrm{d}\Omega, \tag{J.21}$$

und die dreidimensionale ebene Welle (J.19) wird, normiert in der Energieskala ϵ

$$\widetilde{\psi}_\epsilon^{(\boldsymbol{k})}(\boldsymbol{r}) = (2\pi)^{-3/2} \sqrt{\frac{k a_0}{a_0^3 E_h}} \mathrm{e}^{\mathrm{i}\boldsymbol{k}\cdot\boldsymbol{r}}. \tag{J.22}$$

Ihre Dimension ist jetzt $\mathsf{Enrg}^{-1/2}\mathsf{L}^{-3/2}$, sodass die Wahrscheinlichkeitsdichte $|\widetilde{\psi}_\epsilon^{(\boldsymbol{k})}(\boldsymbol{r})|^2$ korrekterweise pro Energie und Volumen angegeben wird.

Akronyme und Quellen

Akronyme und Terminologie

AMO: ‚Atome, Moleküle und Optische', Physik.

AO: ‚Atomorbital', Wellenfunktion eines einzelnen Elektrons im Atom (in der Regel stationär); die AO's aller Atomelektronen bilden eine typische Basis für Strukturrechnung.

a.u.: ‚atomare Einheiten', siehe Abschn. 2.6.2 auf Seite 129.

c.c.: ‚komplex-konjugiert'.

CW: ‚Kontinuierliche Welle (engl. *Continuous Wave*)', kontinuierlicher Lichtstrahl, Laserstrahl u.ä. (im Gegensatz zum Lichtimpuls).

E1: ‚Elektrischer Dipol-', Übergang, induziert durch die Wechselwirkung eines elektrischen Dipols (z. B. Elektron + Atomkern) mit der elektrischen Feldkomponente der elektromagnetischen Strahlung (Kap. 4).

E2: ‚Elektrischer Quadrupol-', Übergang, induziert durch die Wechselwirkung mit der elektrischen Feldkomponente der elektromagnetischen Strahlung in höherer Ordnung (Kap. 5).

emu: ‚Elektromagnetische Einheiten', früher benutztes System von Einheiten, äquivalent zum GAUSS'schen System für magnetische Größen (siehe Anhang A.3).

esu: ‚Elektrostatische Einheiten', früher benutztes System von Einheiten, äquivalent zum GAUSS'schen System für elektrische Größen (siehe Anhang A.3).

FT: ‚FOURIER-Transformation', siehe Anhang I.

FWHM: ‚Volle Halbwertsbreite (engl. *Full Width at Half Maximum*)'.

gute Quantenzahl: ‚Quantenzahl für Eigenwerte von solchen Observablen, die gleichzeitig mit dem HAMILTON-Operator gemessen werden können (s. Abschn. 2.6.5)'

HFS: ‚Hyperfeinstruktur', Aufspaltung von atomaren und molekularen Energieniveaus durch Wechselwirkung der aktiven Elektronen mit dem Atomkern (Kap. 9).

IR: ‚Infrarot', Spektralbereich der elektromagnetischen Strahlung. Wellenlängenbereich zwischen 760 nm und 1 mm nach ISO 21348 (2007).

M1: ‚Magnetischer Dipol-', Übergang, induziert durch die Wechselwirkung eines magnetischen Dipols (z. B. Elektronenspin) mit der magnetischen Feldkomponente der elektromagnetischen Strahlung (siehe Kap. 5).

I.V. Hertel und C.-P. Schulz, *Atome, Moleküle und optische Physik 1*,
Springer-Lehrbuch, DOI 10.1007/978-3-662-53104-4

MW: ‚Mikrowelle', Bereich elektromagnetischer Strahlung. In der Spektroskopie bezeichnet man mit MW meist Wellenlängen von 1 mm bis 1 m bzw. Frequenzen zwischen 0.3 GHz und 300 GHz; ISO 21348 (2007) definiert MW als Wellenlängenbereich zwischen 1 mm und 15 mm.

NIST: ‚National Institute of Standards and Technology', Standorte Gaithersburg (MD) und Boulder (CO), USA. http://www.nist.gov/index.html.

OOSD: ‚Optische Oszillatorenstärkendichte (engl. *Optical Oscillator Strength Density*)', charakterisiert die Stärke der Photoionisation pro Energieintervall (siehe Abschn. 5.5.1 auf Seite 278).

PTB: ‚Physikalisch-Technische Bundesanstalt', das nationale Metrologie-Institut (Standorte Braunschweig und Berlin) mit wissenschaftlich-technischen Dienstleistungsaufgaben http://www.ptb.de/cms/dieptb.html.

RF: ‚Radiofrequenz', Spektralbereich der elektromagnetischen Strahlung. Frequenzbereich von 3 kHz bis zu 300 GHz oder Wellenlängen von 100 km bis 1 mm; ISO 21348 (2007) definiert RF als Wellenlängen von 100 m bis 0.1 mm; in der Spektroskopie meint man meist Frequenzen von 100 kHz bis zu einigen GHz.

SI: ‚Système international d'Unités', internationales System der Maßeinheiten (m, kg, s, A, K, mol, cd), Details findet man z. B. auf der Website des *Bureau International des Poids et Mesures* (BIPM) http://www.bipm.org/en/si/ oder bei der *Physikalisch-Technischen Bundesanstalt* (PTB) http://www.ptb.de/cms/fileadmin/internet/publikationen/ptb_mitteilungen/mitt2007/Heft2/PTB-Mitteilungen_2007_Heft_2.pdf.

SVE: ‚Langsam variierende Einhüllende (engl. *Slowly Varying Envelope*)', Näherung für die Amplitude elektromagnetischer Wellen (siehe Fußnote 20 auf Seite 679 und Bd. 2, Kap. Licht).

UV: ‚Ultraviolett', Spektralbereich der elektromagnetischen Strahlung mit Wellenlängen zwischen 100 nm und 400 nm (nach ISO 21348, 2007).

VIS: ‚Sichtbar (engl. *Visible*)', Spektralbereich der elektromagnetischen Strahlung mit Wellenlängen zwischen 380 nm und 760 nm (nach ISO 21348, 2007).

VUV: ‚Vakuumultraviolett', Spektralbereich der elektromagnetischen Strahlung mit Wellenlängen zwischen 10 nm und 200 nm (nach ISO 21348, 2007).

Quellenverzeichnis

BADDOUR, N.: 2009. 'Operational and convolution properties of two-dimensional fourier transforms in polar coordinates'. *J. Opt. Soc. Am. A*, **26**, 1767–1777.

BADDOUR, N.: 2010. 'Operational and convolution properties of three-dimensional fourier transforms in spherical polar coordinates'. *J. Opt. Soc. Am. A*, **27**, 2144–2155.

BETHE, H. A. und E. E. SALPETER: 1957. *Quantum Mechanis of One- and Two-Electron Atoms*. Berlin, Göttingen, Heidelberg: Springer Verlag, 369 Seiten.

BLUM, K.: 2012. *Density Matrix Theory and Applications*. Atomic, Optical, and Plasma Physics. Berlin, Heidelberg: Springer Verlag, 3. Aufl., 343 Seiten.

BOHR, A. und B. R. MOTTELSON: 1998. *Nuclear Structure*, Bd. 1: Single-Particle Motion. Singapore: World Scientific, reprint from 1969 Aufl., 471 Seiten.

BRINK, D. M. und G. R. SATCHLER: 1994. *Angular Momentum*. Oxford: Oxford University Press, 3. Aufl., 182 Seiten.

BURKE, P.: 2006. 'Electron-atom, electron-ion and electron-molecule collisions'. In: G. W. F. Drake, Hrsg., 'Handbook of Atomic, Molecular and Optical Physics', 705–729. Heidelberg, New York: Springer.

CAOLA, M. J.: 1978. 'Solid harmonics and their addition theorems'. *J. Phys. A: Math. Gen.*, **11**, L23–L25.

CGPM: 2011. 'Resolution 1 of the General Conference on Weights and Measures (CGPM): On the possible future revision of the International System of Units, the SI', Bureau International des Poids et Mesures (BIPM). http://www.bipm.org/en/si/new_si/, letzter Zugriff: 17.04.2016.

CGPM: 2014. 'Resolution 1 of the 25th General Conference on Weights and Measures (CGPM): On the possible future revision of the International System of Units, the SI', Svres, France: Bureau International des Poids et Mesures (BIPM). http://www.bipm.org/en/measurement-units/new-si/, letzter Zugriff: 17.04.2016.

CONDON, E. U. und G. SHORTLEY: 1951. *The Theory of Atomic Spectra*. Cambridge, England: Cambridge University Press, 441 Seiten.

COOPER, J. W.: 1962. 'Photoionization from outer atomic subshells. A model study'. *Phys. Rev.*, **128**, 681–93.

EDMONDS, A. R.: 1964. *Drehimpulse in der Quantenmechanik. Übersetzung von "Angular Momentum in Quantum Mechanics", Princeton University Press*, Bd. 53/53a. Mannheim: BI Hochschultaschenbuch, 162 Seiten.

EINSTEIN, A., B. PODOLSKY und N. ROSEN: 1935. 'Can quantum-mechanical description of physical reality be considered complete?' *Phys. Rev.*, **47**, 777–780.

FALKOFF, D. L. und G. E. UHLENBECK: 1950. 'On the directional correlation of successive nuclear radiations'. *Phys. Rev.*, **79**, 323–333.

FANO, U.: 1960. 'Real representations of coordinate rotations'. *Journal of Mathematical Physics*, **1**, 417–423.

FANO, U. und J. H. MACEK: 1973. 'Impact excitation and polarization of emitted light'. *Rev. Mod. Phys.*, **45**, 553–573.

GÖBEL, E., I. M. MILLS und A. J. WALLARD: 2007. 'Das Internationale Einheitensystem'. *PTB Journal*, **117**, 148–180, Braunschweig: Physikalisch-Technische Bundesanstalt. http://www.ptb.de/cms/fileadmin/internet/publikationen/ptb_mitteilungen/mitt2007/Heft2/PTB-Mitteilungen_2007_Heft_2.pdf, letzter Zugriff: 16.04.2016.

HERTEL, I. V. und W. STOLL: 1978. 'Collision experiments with laser excited atoms in crossed beams'. In: 'Adv. Atom. Mol. Phys.', Bd. 13, 113–228. New York: Academic Press.

HORODECKI, R., P. HORODECKI, M. HORODECKI und K. HORODECKI: 2009. 'Quantum entanglement'. *Rev. Mod. Phys.*, **81**, 865–942.

ISO 21348: 2007. 'Space environment (natural and artificial) – Process for determining solar irradiances'. Genf, Schweiz: Internationale Organisation für Normung.

JACKSON, J. D.: 1999. *Classical Electrodynamics*. New York: John Wiley & sons, 3 Aufl., 808 Seiten.

MACEK, J. und I. V. HERTEL: 1974. 'Theory of electron-scattering from laser-excited atoms'. *J. Phys. B: At. Mol. Phys.*, **7**, 2173–2188.

MOHR, P. J., D. B. NEWELL und B. N. TAYLOR: 2015. 'CODATA Recommended Values of the Fundamental Physical Constants: 2014'. *arXiv:1507.07956 [physics.atom-ph]*, 1–11. http://arxiv.org/abs/1507.07956, letzter Zugriff: 10. Jan. 2016.

NIST: 2000a. 'International System of Units (SI)', Gathersburg: NIST. http://physics.nist.gov/cuu/Units/index.html, letzter Zugriff: 16.04.2016.

NIST: 2000b. 'International System of Units (SI): SI base units', NIST. http://physics.nist.gov/cuu/Units/units.html, letzter Zugriff: 16.04.2016.

NIST: 2000c. 'International System of Units (SI): Units outside the SI', NIST. http://physics.nist.gov/cuu/Units/outside.html, letzter Zugriff: 16.04. 2016.

NIST: 2014. 'The 2014 CODATA Recommended Values of the Fundamental Physical Constants', Gaithersburg, MD 20899: NIST, National Institute of Standards and Technology. http://physics.nist.gov/cuu/Constants/, letzter Zugriff: 14.5.2016.

NIST-DLMF: 2013. 'Digital library of mathematical functions: §7.19 Voigt functions,', NIST. http://dlmf.nist.gov/7.19, letzter Zugriff: 9 Jan 2014.

OVCHINNIKOV, S. Y., G. N. OGURTSOV, J. H. MACEK und Y. S. GORDEEV: 2004. 'Dynamics of ionization in atomic collisions'. *Phys. Rep.*, **389**, 119–159.

RACAH, G.: 1942. 'Theory of complex spectra II'. *Phys. Rev.*, **62**, 438–462.

RAIMOND, J. M., M. BRUNE und S. HAROCHE: 2001. 'Colloquium: Manipulating quantum entanglement with atoms and photons in a cavity'. *Rev. Mod. Phys.*, **73**, 565–582.

STONE, A.: 2006. 'Wigner coefficient calculator', UK: University of Cambridge. http://www-stone.ch.cam.ac.uk/wigner.shtml, letzter Zugriff: 8 Nov 2015.

SWP 5.5: 2005. 'Scientific work place', Poulsbo, WA 98370-7370, USA: MacKichan Software, Inc. http://www.mackichan.com/, letzter Zugriff: 9 Jan 2014.

THOMPSON, A. und B. N. TAYLOR: 2008. 'Guide for the Use of the International System of Units (SI)', Gaithersburg, MD, USA: NIST. http://physics.nist.gov/cuu/pdf/sp811.pdf, letzter Zugriff: 16.4.2016.

TICHY, M. C., F. MINTERT und A. BUCHLEITNER: 2011. 'Essential entanglement for atomic and molecular physics'. *J. Phys. B: At. Mol. Phys.*, **44**, 192 001.

TOWLE, J. P., P. A. FELDMAN und J. K. G. WATSON: 1996. 'A catalog of recombination lines from 100 GHz to 10 microns'. *Astrophys. J. Suppl. Ser.*, **107**, 747–760.

WEISSBLUTH, M.: 1978. *Atoms and Molecules.* Student Edition. New York, London, Toronto, Syndey, San Francisco: Academic Press, 713 Seiten.

WEISSTEIN, E. W.: 2004a. 'Wigner 3j-symbol', Wolfram Research, Inc., Champaign, IL, USA. http://mathworld.wolfram.com/Wigner3j-Symbol.html, letzter Zugriff: 8 Jan 2014.

WEISSTEIN, E. W.: 2004b. 'Wigner 6j-symbol', Wolfram Research, Inc., Champaign, IL, USA. http://mathworld.wolfram.com/Wigner6j-Symbol.html, letzter Zugriff: 8 Jan 2014.

WEISSTEIN, E. W.: 2011. 'Convolution', Wolfram Research, Inc., Champaign, IL, USA. http://mathworld.wolfram.com/Convolution.html, letzter Zugriff: 9 Jan 2014.

WEISSTEIN, E. W.: 2012. 'Fourier transform', Wolfram Research, Inc., Champaign, IL, USA. http://mathworld.wolfram.com/FourierTransform.html, letzter Zugriff: 9 Jan 2014.

WIKIPEDIA CONTRIBUTORS: 2014a. 'Fourier transform', Wikipedia, The Free Encyclopedia. http://en.wikipedia.org/wiki/Fourier_transform, letzter Zugriff: 9 Jan 2014.

WIKIPEDIA CONTRIBUTORS: 2014b. 'Voigt profile', Wikipedia, The Free Encyclopedia. http://en.wikipedia.org/wiki/Voigt_profile, letzter Zugriff: 9 Jan 2014.

WIKIPEDIA CONTRIBUTORS: 2016. 'Proposed redefinition of SI base units', Wikipedia, The Free Encyclopedia. http://en.wikipedia.org/wiki/Proposed_redefinition_of_SI_base_units, letzter Zugriff: 17.03.2016.

Sachverzeichnis

I.V. Hertel und C.-P. Schulz, *Atome, Moleküle und optische Physik 1*,
Springer-Lehrbuch, DOI 10.1007/978-3-662-53104-4

Q

R

S

Printed in the United States
By Bookmasters